Ernst von Meyer

Geschichte der Chemie

Von den ältesten Zeiten bis zur Gegenwart

Ernst von Meyer

Geschichte der Chemie

Von den ältesten Zeiten bis zur Gegenwart

ISBN/EAN: 9783955623432

Auflage: 1

Erscheinungsjahr: 2013

Erscheinungsort: Bremen, Deutschland

@ Bremen-university-press in Access Verlag GmbH, Fahrenheitstr. 1, 28359 Bremen. Alle Rechte beim Verlag und bei den jeweiligen Lizenzgebern.

GESCHICHTE DER CHEMIE

VON DEN
ÄLTESTEN ZEITEN BIS ZUR GEGENWART

ZUGLEICH EINFÜHRUNG IN
DAS STUDIUM DER CHEMIE

VON

DR. ERNST VON MEYER

O. PROFESSOR DER CHEMIE AN DER
TECHNISCHEN HOCHSCHULE DRESDEN

DRITTE VERBESSERTE UND VERMEHRTE AUFLAGE

LEIPZIG
VERLAG VON VEIT & COMP.
1905

Vorwort zur ersten Auflage

Fünfundvierzig Jahre sind verflossen, seitdem Hermann Kopps klassische „*Geschichte der Chemie*" zu erscheinen begann; und vor fünfzehn Jahren ließ derselbe unermüdliche Forscher seine „Entwicklung der Chemie in der neueren Zeit" folgen.

Nach der Veröffentlichung dieser umfassenden Werke, neben denen noch die *Histoire de la chimie* von Höfer genannt sei, und nachdem von Kopp selbst, sowie von anderen verschiedene historische Schriften, welche für kürzere Zeiträume die Entfaltung der Chemie schildern, erschienen sind, liegt der Gedanke nahe, daß ein reges Bedürfnis nach einem neuen chemischen Geschichtswerke nicht vorhanden sei.

Anstatt diese Frage näher zu erörtern, mögen der hiermit an die Öffentlichkeit tretenden Schrift einige Bemerkungen über Zweck und Anlage derselben vorausgeschickt werden.

Durch diese „Geschichte der Chemie" wird der Versuch gemacht, in engem Rahmen die Entwicklung des chemischen Wissens, insbesondere der daraus abgeleiteten allgemeinen Lehren der Chemie, von ihren Anfängen bis auf den heutigen Tag darzulegen. In jedem Zeitalter ist nach einer allgemeinen Darstellung der Hauptrichtungen, welche die Chemie eingeschlagen hat, die spezielle Ausbildung einzelner Zweige derselben mehr oder weniger eingehend besprochen.

Bei den allgemeinen Darlegungen war besonderer Wert zu legen auf die Entstehung einzelner wichtiger Ideen und deren Entfaltung zu bedeutsamen Lehrmeinungen oder umfassenden Theorien.

Dabei mußten die Träger und Förderer solcher Ansichten in ihrem Wirken geschildert werden, wenn eine lebendige Darstellung der einzelnen Zeitabschnitte und ihrer Eigentümlichkeiten erzielt werden sollte.

In den speziellen Teilen ist dagegen versucht, grundlegende Tatsachen, nach einzelnen Gebieten gesichtet und eng gedrängt, zusammenzufassen, um ein möglichst scharfes Bild des jeweiligen Standes der chemischen Kenntnisse zu geben.

Daß Vollständigkeit hierbei, sowie bei der Entwicklungsgeschichte theoretischer Ansichten nicht beabsichtigt war, braucht wohl kaum hervorgehoben zu werden. Aber die übersichtliche Darlegung der wichtigsten Lehren und Tatsachen, welche den heutigen Besitzstand der Wissenschaft begründet haben, ist angestrebt worden.

Die Entwicklung des chemischen Wissens in der neueren Zeit seit Boyle, inbesondere seit Lavoisier, bildet naturgemäß den Schwerpunkt der nachfolgenden Schilderungen. — Der Schwierigkeiten, welche hier zu bewältigen sind und welche um so mehr wachsen, je näher die Geschichtschreibung an die Gegenwart herantritt, bin ich mir vollauf bewußt gewesen. Man steht den letzten Phasen der Ausbildung theoretischer Ansichten allzu nahe, um sich den sicheren, unbefangenen Blick zu wahren, welcher zur geschichtlichen Darlegung derselben erforderlich ist. Trotzdem habe ich den Versuch gewagt, die Geschichte der Chemie bis zur Gegenwart fortzuführen.

Bei dieser Aufgabe hat mich unablässig das Streben geleitet, nach besten Kräften objektiv zu bleiben, sowie der lebhafte Wunsch, zur Klärung widerstreitender Meinungen über die Entwicklung und Bedeutung der heutigen chemischen Lehren wirksam beizutragen. Hier gilt es, ja es ist Pflicht des Geschichtschreibers, schon jetzt die der jüngsten Vergangenheit angehörenden Leistungen namhafter Forscher einer gleichmäßigeren und gerechteren Beleuchtung zu unterwerfen, als von manchen Seiten geschehen ist.

Leipzig, 7. Oktober 1888.

Ernst von Meyer.

Vorwort zur zweiten Auflage

Das Erscheinen der zweiten Auflage dieses Werkes darf wohl als erfreuliches Zeichen dafür gelten, daß ein reges Interesse an der geschichtlichen Entwicklung der Chemie vorhanden ist. Auch die englische, von Herrn Dr. G. Mac Gowan besorgte Übersetzung der ersten Auflage hat freundliche Aufnahme und weite Verbreitung gefunden.

Die jetzt vorgenommenen Änderungen bestehen vorwiegend in einer Bereicherung des tatsächlichen Inhaltes durch die Aufnahme der Ergebnisse neuer Forschungen und Publikationen. Wer die chemische Litteratur kennt, weiß, wie reich die Quellen sind, die stetig neue Nahrung und frisches Leben dem stattlichen Organismus der Chemie zuführen. Natürlich konnten nur besonders bedeutsame Experimentaluntersuchungen der letzten sechs Jahre berücksichtigt werden. — Aber auch durch andere Erscheinungen der Litteratur wurde gerade in diesem Zeitraume für die Geschichte der Chemie wichtiger Stoff herbeigebracht: es sei an den Briefwechsel von Justus Liebig mit Berzelius, mit Wöhler, an die Briefe und Aufzeichnungen von C. W. Scheele, die Briefe Priestleys, an die autobiographischen Mitteilungen Liebigs erinnert. — Dazu kamen manche sehr verdienstliche Werke, unter denen die gründlichen Forschungen Berthelots über die Chemie des frühen Mittelalters hervorragen. Andere, zum Teil schon früher erschienene Schriften, wie die von Ladenburg, Schorlemmer, Thorpe, Grimaux, haben die Entwicklung der Chemie während kürzerer Zeiträume oder das Leben und Wirken einzelner Forscher zum Gegenstand.

Der Charakter dieses Buches ist trotz mancher Umgestaltung einzelner Abschnitte unverändert geblieben, und so gilt das im Vorwort zur ersten Auflage über Anlage und Zweck desselben Gesagte auch für die zweite Auflage, die, wie ich hoffe, nicht nur als eine vermehrte, sondern auch als eine verbesserte bezeichnet werden darf.

Dresden, 11. September 1894.

Ernst von Meyer.

Vorwort zur dritten Auflage

Einige Geleitworte mögen auch der dritten Auflage dieser Geschichte der Chemie mit auf den Weg gegeben werden. Viele Anzeichen sprechen dafür, daß unter den heranwachsenden Jüngern der Chemie und überhaupt der Naturwissenschaft der geschichtliche Sinn, das Verständnis für das Werden der Wissenschaften im Zunehmen begriffen ist. Seit dem Erscheinen der zweiten Auflage (Ende 1894) hat sich dies in der Litteratur durch Erscheinen historisch wertvoller Werke gezeigt: die von Kahlbaum herausgegebenen Monographien aus der Geschichte der Chemie haben reiche Schätze (Biographien, Briefwechsel u. a.) zutage gefördert; eine Zeitschrift, die sich die Pflege der Geschichte der Naturwissenschaften und der Medizin zur Aufgabe stellt, erscheint seit drei Jahren und kommt dank der eifrigen Mitwirkung Kahlbaums auch der Chemie zu statten.

In andern Ländern regt sich ebenfalls dieser historische Sinn; um nur einige Beispiele zu nennen, sei an Berthelots die früheste Entwicklung der Chemie betreffenden Werke, an Thorpes geschichtliche Essays, an Guareschis Monographien erinnert.

Für die Bedeutung geschichtlicher Studien im Bereiche der allgemeinen Chemie ist in Wort und Schrift Wilhelm Ostwald, der unermüdliche Vorkämpfer auf physikalisch-chemischem Gebiete, warm eingetreten; nach ihm gibt es „kein wirksameres Mittel zur Belebung und Vertiefung des Studiums einer Wissenschaft, als das Eindringen in ihr geschichtliches Werden". — Auch die an unseren Hochschulen häufiger gehaltenen Vorlesungen über Geschichte der Chemie sprechen für die Belebung des Interesses an der Entwicklung unserer Wissenschaft.

Außer den oben genannten Werken wurden zur Vervollständigung dieser Auflage noch zahlreiche Veröffentlichungen benutzt; insbesondere war die schrankenlos wachsende Litteratur der experimentellen Forschungen zu verwerten. Wieviel Neues und darunter Bahnbrechendes mußte aufgenommen werden! Einzelne Abschnitte lassen, ohne näheren Vergleich mit der früheren Auflage, die für nötig gehaltene Umarbeitung erkennen. In allen Kapiteln, die der neuen Zeit gewidmet sind, ist versucht worden, durch Aufnahme des Neuen oder des richtiger Erkannten das Frühere zu ergänzen und zu bessern. — Dabei habe ich mich der wertvollen Hilfe einiger Fachgenossen zu erfreuen gehabt, denen ich hier aufrichtigst dafür danke. Herr Dr. Strunz, der verdienstvolle Kenner von Paracelsus, hat einige Änderungen empfohlen, durch die dieser vielgeschmähte Forscher richtiger gewertet ist. Mein Kollege, Herr Prof. Dr. Fr. Förster, hat mich durch zahlreiche Winke und wertvollen Rat bei der endgültigen Drucklegung der speziellen Geschichte der physikalischen Chemie wesentlich unterstützt. Herr Dr. ing. et phil. Hans Mehner (Ludwigshafen) endlich hat sich der Mühe unterzogen, sämtliche Druckbogen mit scharfem, kritischen Blick zu lesen und mich auf zahlreiche Versehen aufmerksam zu machen.

Möge das Buch in der neuen Gestalt sich wieder Freunde erwerben und dazu beitragen, den Sinn für das geschichtliche Werden unserer schönen Wissenschaft zu beleben und zu stärken!

Dresden, 7. Oktober 1904.

Ernst von Meyer.

Inhalt

	Seite
Einleitung	1
Älteste Zeit bis zum Auftreten der Alchemie	5

Theoretische Ansichten über die Zusammensetzung der Körper, insbesondere über die Elemente S. 6. Elementenlehre des Aristoteles S. 7. Empirisch-chemische Kenntnisse der Alten S. 8. Metallurgie S. 10. Gold, Silber S. 11. Kupfer, Eisen S. 12. Blei, Zinn etc. S. 13. Quecksilber S. 14. Glasbereitung, Keramik S. 15. Seifenbereitung, Färberei S. 16. Anfänge der Pharmazie S. 17. Organische Substanzen S. 18.

Zeitalter der Alchemie 20

Allgemeine Geschichte der Alchemie 22

Ursprung alchemistischer Bestrebungen S. 22. Alexandrinische Akademie S. 24. Alchemie bei den Arabern S. 26. Geber und seine Nachfolger S. 27. Alchemie in den Abendländern S. 28. Albertus Magnus, Roger Baco S. 29. Arnaldus Villanovanus und Raymund Lullus S. 30. Pseudo-Geber S. 31. Nikolaus Flamel u. a. S. 32. Pseudo-Basilius Valentinus S. 33.

Spezielle Geschichte der Alchemie 34

Theorien des alchemistischen Zeitalters S. 34. Lehren der Alexandriner S. 34. Pseudo-Geber S. 35. Ansichten späterer Alchemisten über Metalle S. 37. Stein der Weisen und die ihm zugeschriebenen Wirkungen S. 38.

Praktisch-chemische Kenntnisse der Alchemisten ... 41

Technische Chemie: Gold, Silber, Kupfer und andere Metalle S. 42. Färberei S. 44. Pharmazeutische Chemie S. 44.

Bekanntschaft der Alchemisten mit chemischen Präparaten S. 45. Alkalien, Säuren S. 46. Salze S. 47. Quecksilber-, Zink-, Wismutsalze, Antimonpräparate S. 49. Schwefel und Schwefelverbindungen S. 51. Organische Stoffe S. 52.

Schicksale der Alchemie in den letzten vier Jahrhunderten S. 53.

Rückblick auf die alchemistischen Bestrebungen S. 58.

Geschichte des iatrochemischen Zeitalters . 59

Allgemeine Geschichte desselben 61

Paracelsus und seine Schule S. 61. Paracelsus' iatrochemische Lehren S. 63. Turquet de Mayerne S. 67. Libavius S. 67. van Helmont und seine Zeitgenossen S. 68. Seine Leistungen S. 69. Sala, Sennert S. 73. Sylvius S. 73. Tachenius S. 74. Georg Agricola S. 76. B. Palissy S. 77. Glauber S. 78.

Seite

Spezielle Geschichte des iatrochemischen Zeitalters 79
 Technische Chemie: Metallurgie S. 80. Töpferei und Glasbereitung
 S. 81. Färberei etc. S. 82.
 Chemische, insbesondere offizinelle Präparate S. 83. Unorganische Verbindungen S. 83. Organische Verbindungen S. 87.

Geschichte des Zeitalters der Phlogistontheorie: von Boyle bis Lavoisier 90
Einleitung 90
 Allgemeine Geschichte dieser Zeit 93
  Robert Boyle S. 93. Mayow S. 96. Lemery, Homberg S. 97. Kunkel, Becher S. 98. Stahl und die Phlogistontheorie S. 99. Fr. Hoffmann S. 101. Boerhave S. 102.
  Entwicklung der Chemie, insbesondere der Phlogistontheorie, seit Stahl: Neumann, Eller, Pott S. 103. Marggraf S. 104. Geoffroy, Duhamel de Monceau S. 105. Rouelle, Macquer S. 106. Black S. 107. Cavendish S. 108. Priestley S. 109. Bergman S. 111. Scheele S. 112.
 Spezielle Geschichte des phlogistischen Zeitalters 114
  Die pneumatische Chemie und ihre Beziehungen zur Phlogistonlehre S. 114. Entdeckung des Sauerstoffs, Zusammensetzung der Luft S. 116.
  Ansichten über Elemente und chemische Verbindungen S. 120.
  Ansichten über die chemische Verwandtschaft und deren Ursachen S. 122. Verwandtschaftstafeln Geoffroys S. 123.
  Praktisch-chemische Kenntnisse der Phlogistiker: Entwicklung der analytischen Chemie S. 125. Boyle S. 126. Fr. Hoffmann, Marggraf, Scheele S. 127. Bergman S. 128. Anfänge der Gasanalyse S. 129.
  Technische Chemie: Metallurgie S. 130. Keramik, Färberei S. 131.
  Technisch-chemische Präparate: Säuren, Alkalien S. 131. Entdeckung von Elementen S. 133. Unorganische und organische Verbindungen S. 134.
  Pharmazeutische Chemie S. 137.
  Würdigung des Zeitalters der Phlogistonlehre S. 138.

Geschichte der neuen Zeit von Lavoisier bis auf unsere Tage 141
Einleitung 141
 Allgemeine Geschichte der Chemie während dieser Zeit . . . 142
  Lavoisier und die antiphlogistische Chemie S. 142. Lavoisiers Leben und seine Arbeiten S. 143. Seine Verbrennungstheorie S. 146. Sieg der antiphlogistischen Chemie über die Phlogistontheorie S. 150. Anfänge einer rationellen chemischen Nomenklatur S. 152. Guyton de Morveau S. 154. Berthollet S. 155. Fourcroy S. 156. Vauquelin S. 157.
  Zustand der Chemie in Deutschland am Ende des 18. Jahrhunderts S. 158. Klaproth S. 159. Chemie in England und Schweden S. 161.
  Entwicklung der Lehre von den chemischen Proportionen S. 162. J. B. Richter S. 163. Sein Neutralitätsgesetz S. 163. Begründung der Stöchiometrie S. 164. Proust S. 165. Streit mit Berthollet S. 166. Erkenntnis der konstanten Verbindungsverhältnisse S. 166.

Daltons Atomtheorie S. 168. Gesetz der multiplen Proportionen S. 169. Daltons Versuch, die relativen Atomgewichte zu bestimmen S. 172. Daltons Atomgewichte und chemischen Symbole S. 172.

Weitere Ausbildung der Atomtheorie: Th. Thomson S. 173. Wollaston S. 174. Humphry Davy S. 175. Seine Hauptleistungen S. 175. Gay-Lussac S. 178. Volumgesetz und andere wichtige Arbeiten S. 178. Prouts Hypothese und ihre Wirkungen S. 180. Berzelius S. 181. Überblick seiner Leistungen S. 183. Einfluß auf die Entwicklung der analytischen und organischen Chemie S. 184. Experimentaluntersuchungen S. 185. Lehr- und litterarische Tätigkeit S. 185. Allgemeine Charakteristik S. 187.

Ausbau der Atomtheorie durch Berzelius S. 189. Bestimmung der relativen Atomgewichte S. 190. Sauerstoffgesetz S. 191.

Einfluß von Gay-Lussacs Volumgesetz auf die Atomtheorie S. 192. Avogadro S. 193. Benutzung des Volumgesetzes durch Berzelius S. 194. Stand der Atomtheorie um 1818 S. 195. Dulong-Petitsche Regel S. 197. Einfluß der Lehre vom Isomorphismus auf die Atomtheorie (E. Mitscherlich, Berzelius) S. 198.

Atomgewichtssystem von Berzelius um 1826 S. 200. Versuch einer Änderung der Atomgewichte durch Dumas S. 201. Mißerfolg dieses Versuchs S. 202. Faradays elektrolytisches Gesetz S. 203.

Elektrochemische Theorien von Davy und von Berzelius S. 205. Das dualistische System von Berzelius S. 208. Chemische Nomenklatur und Zeichensprache S. 209.

Strömungen gegen den Dualismus S. 212. Entdeckung der Alkalimetalle S. 212. Erkenntnis der elementaren Natur des Chlors S. 213. Theorie der Wasserstoffsäuren (Davy und Dulong) S. 215. Lehre von den mehrbasischen Säuren (Liebig) S. 217.

Ausbildung dualistischer Lehren in der organischen Chemie S. 219. Entwicklung der organischen Chemie bis 1811 S. 219. Berzelius' Stellung zur organischen Chemie S. 220. Entwicklung der Ansichten von Radikalen S. 221.

Isomerien und deren Einfluß auf die Ausbildung der organischen Chemie S. 223. Beobachtungen von Liebig, Wöhler, Faraday, Berzelius S. 223. Präzisierung der Begriffe Isomerie, Polymerie, Metamerie durch Berzelius S. 224.

Ältere Radikaltheorie S. 225. Ätherintheorie (Dumas und Boullay) S. 225. Liebigs und Wöhlers Arbeit über Benzoylverbindungen S. 226. Äthyltheorie von Berzelius und von Liebig S. 227. Stand der Radikaltheorie um das Jahr 1837 S. 229. Präzisierung des Begriffs Radikal S. 231. Bunsens Arbeiten über Kakodylverbindungen S. 231. Bedeutung der Radikaltheorie S. 232.

Liebig, Wöhler, Dumas. Überblick ihrer wichtigsten Leistungen S. 233. Justus Liebig, sein Leben und Wirken S. 233. Lehrtätigkeit S. 235. — Litterarisches Wirken S. 236. Experimentaluntersuchungen S. 238. — Friedrich Wöhler S. 240. Lehrtätigkeit S. 240. Wissenschaftliche Leistungen S. 241. — J. B. Dumas, sein Leben und Wirken S. 242. Experimentaluntersuchungen S. 244.

Entwicklung unitarischer Ansichten in der organischen Chemie. Substitutionstheorien S. 245. Dumas' Substitutionsregeln S. 246. Laurents Substitutions- oder Kerntheorie S. 247. Beurteilung derselben S. 248. Dumas' Typentheorie S. 249. Sein unitarisches System S. 250. Erschütterung der dualistischen Lehre von Berzelius S. 250. Kampf von Berzelius gegen die Substitutionstheorie S. 251. Seine Niederlage S. 253.

	Seite
Verschmelzung der älteren Typenlehre mit der Radikaltheorie durch Laurent und Gerhardt S. 254. Leben von Laurent und Gerhardt S. 254. Gerhardts Theorie der Reste S. 255. Basizitätsgesetz S. 256. Gerhardts erste Klassifikation organischer Verbindungen S. 257. Seine Reform des Atomgewichtssystems S. 258. Trennung der Begriffe Molekül, Atom, Äquivalent durch Laurent und Gerhardt S. 260. Vorarbeiten für die neuere Typentheorie: Wurtz S. 262. A. W. Hofmann S. 263. Williamsons Untersuchungen über Ätherbildung S. 265. Seine typische Auffassung S. 266. Neuere Typentheorie von Gerhardt S. 267. Vorstufen derselben S. 267. Ableitung organischer Stoffe von Typen S. 269. Ansichten über Konstitution S. 270. Beurteilung der Typenlehre S. 271. Erweiterung der Typenlehre durch Kekulé S. 272. Gemischte Typen S. 273. Grubengas als Typus S. 274. Stand der Typenlehre im Jahre 1857 S. 275.	
Ausbildung der neueren Radikaltheorie durch Kolbe S. 275. Kolbes Leben und Wirken S. 276. Belebung der Radikaltheorie; Mitwirkung Franklands S. 277. Gepaarte Verbindungen S. 279. Beseitigung des Paarungsbegriffes durch Frankland S. 280. Kohlensäuretheorie Kolbes: Ableitung organischer Verbindungen aus unorganischen S. 281. Kolbes wichtigste Experimentaluntersuchungen (1857—1863) S. 282. Seine Stellung zur älteren und neueren Chemie S. 283. Kolbes reale Typen S. 284.	
Begründung der Lehre von der Sättigungskapazität der Grundstoffe durch Frankland	286
Vorstufen der Valenzlehre S. 287. Franklands Verdienst um dieselbe S. 288. Annahme einer wechselnden Sättigungskapazität S. 289. Erörterungen von Odling, Williamson, Wurtz u. a. S. 289. Erkenntnis der Valenz des Kohlenstoffs S. 290. Kekulés Verdienst, Anteil von Kolbe und Frankland S. 292 ff.	
Entwicklung der Chemie unter dem Einfluß der Valenzlehre während der letzten 45 Jahre	294
Anfänge der Strukturlehre: Kekulé S. 295. Couper S. 296. Präzisierung der Atomgewichte durch Cannizzaro S. 298. Erörterungen über das Wesen der Struktur von Butlerow und Erlenmeyer S. 298.	
Streitfragen über konstante und wechselnde Valenz der Grundstoffe S. 299. Franklands, Kolbes u. a. Forscher Ansichten über wechselnde Valenz S. 299. Erlenmeyer, Wurtz, Naquet S. 299. Kekulés Lehre von der konstanten Valenz S. 301. Gründe für die Annahme wechselnder Valenz S. 302.	
Weiterentwicklung der Strukturlehre. Hauptströmungen im Gebiete der organischen Chemie während der letzten vier Jahrzehnte S. 304. Ansichten über die Verkettung der Atome S. 305. Konstitution organischer Körper nach der Strukturtheorie S. 306. Gesättigte und ungesättigte Verbindungen S. 306. Theorie der aromatischen Verbindungen: Kekulé S. 307. Ladenburg S. 309. Claus, Baeyer S. 310. Konstitution des Pyridins, Pyrrols und ähnlicher Stoffe S. 311. Schärfere Fassung des Begriffs aromatische Verbindungen (V. Meyer) S. 312. Erforschung der Isomerien auf Grund strukturchemischer Vorstellungen S. 312. Stellungsisomerien S. 313. Tautomerie oder Desmotropie S. 315. Geometrische Isomerie (Wislicenus); Alloisomerie (Michael) S. 317. Vermeintliche Erkenntnis der Atomlagerung S. 318. Stereochemie des Stickstoffs S. 320. Ausbildung wichtiger Methoden zur Erforschung der Konstitution organischer Verbindungen S. 321. Synthetische Methoden (Wöhler, Kolbe, Frankland, Baeyer, Kekulé,	

Ladenburg, Fittig, Perkin u. a. S. 322. Chemisches Verhalten organischer Verbindungen S. 325.

Hauptströmungen im Gebiete der unorganischen und allgemeinen Chemie während der letzten 40 Jahre S. 327. Anwendung der Strukturlehre auf unorganische Verbindungen S. 328. Wichtige Forschungen im Gebiete der unorganischen Chemie S. 329. Periodisches System der Elemente (Newlands, L. Meyer, Mendelejeff) S. 331. Ergebnisse desselben S. 333. Rückschluß auf eine Urmaterie (Crookes) S. 334. Allgemeine Bedeutung physikalisch-chemischer Forschungen S. 335. Bedeutende Forscher auf diesem Gebiete: H. Kopp S. 335. W. Ostwald, van't Hoff, Willard Gibbs, Horstmann, Nernst u. a. S. 337.

Spezielle Geschichte einzelner Zweige der Chemie seit Lavoisier bis auf unsere Tage — 339

Einleitung 339

Geschichte der analytischen Chemie in der neueren Zeit . . . 341
Qualitative Analyse unorganischer Stoffe S. 341. Bedeutung der Spektralanalyse S. 342. Quantitative Analyse unorganischer Stoffe S. 343. Klaproth, Vauquelin, Lavoisier S. 343. Proust, Berzelius S. 344. H. Rose, Wöhler S. 345. R. Fresenius u. a. S. 346. Probierkunst S. 346. Entwicklung der Titrimetrie (Gay-Lussac, Bunsen, Mohr u. a.) S. 347. Gasanalyse (Bunsen) S. 348. Technische Gasanalyse (Winkler, Hempel) S. 349. — Analyse organischer Substanzen S. 349 ff. Lavoisier, Gay-Lussac, Berzelius, Liebig S. 350 ff. Gerichtlich-chemische Analyse S. 353. Technisch-chemische Untersuchungsmethoden S. 353. Analyse von Nahrungs- und Genußmitteln 354.

Spezielle Geschichte der unorganischen Chemie 356
Entdeckung von Elementen; Atomgewichtsbestimmungen derselben S. 356 ff. Halogene S. 357. Selen, Tellur, Bor S. 359. Kohlenstoff; Allotropie verschiedener Elemente S. 360. Alkalimetalle S. 362. Alkalische Erdmetalle, Beryllium S. 363. Kadmium, Thallium, Aluminium, Indium, Gallium S. 364. Metalle der Cergruppe S. 365. Chrom und Verwandte S. 366. Titan, Germanium, Vanadium und ähnliche Metalle S. 367 ff. Platinmetalle S. 368. Argon und andere Edelgase S. 370. Vermeintlich neue Elemente S. 371.

Unorganische Verbindungen: der Halogene S. 372. Schwefel-, Selen- und Tellurverbindungen S. 373. Stickstoffverbindungen und ähnliche S. 375 ff. Verbindungen der anderen Metalloide S. 378.

Verbindungen der Alkali- und Erdmetalle S. 379, der Metalle der Eisen- und Chromgruppe S. 381, Carbide S. 381. Verbindungen des Molybdäns, Wolframs S. 382, des Zinns, Vanadins, Goldes S. 383. Platinverbindungen etc. S. 384.

Geschichte der organischen Chemie im 19. Jahrhundert . . 385
Kohlenwasserstoffe und ihre Derivate S. 386. Alkohol und ähnliche Verbindungen S. 390. Karbonsäuren S. 393. Säurechloride, -anhydride, -amide S. 397. Oxy- und Amidosäuren S. 398. Aldehyde S. 400. Ketone und Ketonsäuren S. 403. Kohlenhydrate S. 406. Glukoside S. 408. Halogenderivate von Kohlenwasserstoffen etc. S. 409 ff. Nitround Nitrosoverbindungen S. 412. Schwefelverbindungen S. 414. Stickstoffverbindungen: Amine etc. S. 416. Phosphine, Arsine, Stibine S. 419. Azoverbindungen S. 420. Diazoverbindungen S. 421. Hydrazine S. 422. Isodiazoverbindungen S. 423. Cyanverbindungen S. 424. Pyridin- und Chinolinbasen S. 428. Beziehungen derselben zu Pflanzenalkaloiden S. 431. Pyrrol und analoge Verbindungen S. 433. Metallorganische Verbindungen S. 435.

	Seite
Geschichte der physikalischen Chemie in der neueren Zeit	437

Bestimmung von Dampfdichten und Verwertung dieser S. 439. Dissoziation S. 441. Verflüssigung von Gasen S. 441. Kinetische Gastheorie S. 442. Spektralanalyse S. 443. Atomvolume fester und flüssiger Stoffe S. 444. Siedepunktsregelmäßigkeiten S. 445. Spezifische Wärme fester Stoffe S. 446. Optisches Verhalten fester und flüssiger Stoffe (Lichtbrechung, Cirkularpolarisation) S. 447. Diffusion und ähnliches; Kolloide S. 450. Theorie der Lösungen; Elektrolytische Dissoziation S. 451 ff. Elektrolyse flüssiger oder gelöster Stoffe S. 453. Isomorphie und ähnliches S. 455. Geschichte der Thermochemie S. 457 ff. Photochemie S. 460. Radioaktivität S. 461.

Entwicklung der Verwandtschaftslehre seit Bergman S. 463. Bergmans Verwandtschaftslehre S. 464. Berthollets Verwandtschaftslehre S. 464. Verdrängung von Berthollets Ansichten durch andere Lehren S. 466. Wiederbelebung der ersteren S. 468. Neueste Entwicklung der Affinitätslehre 469.

Zur Geschichte der mineralogischen und geologischen Chemie während der letzten hundert Jahre 473

Ältere Geschichte S. 473. Berzelius' chemisches Mineralsystem S. 475. Andere Mineralsysteme S. 476. Neuere Entwicklung der Mineralchemie S. 476. Künstliche Bildung von Mineralien, Entwicklung der geologischen Chemie S. 477.

Entwicklung der Agrikulturchemie und der physiologischen Chemie 481

Agrikulturchemie S. 482. Lehre vom Humus (Thaer u. a.) S. 482. Reform der Agrikulturchemie durch Liebig S. 483. Ausbildung der Agrikulturchemie durch Liebig und seine Schule S. 484.

Entwicklung der Phytochemie S. 486. Wichtige phytochemische Untersuchungen S. 487.

Entwicklung der Zoochemie S. 489. Untersuchungen über Bestandteile des Tierkörpers, Eiweißstoffe etc. S. 490 ff. Chemie der tierischen Sekrete: Speichel, Magensaft, Galle, Blut S. 491. Milch, Harn S. 493. Lehre vom Gesamtstoffwechsel S. 494.

Gärung; Ansichten über dieselbe S. 496. Organisierte Fermente S. 497. Ungeformte Fermente S. 498. Fäulniserscheinungen S. 499. Ptomaine S. 499.

Beziehungen der Chemie zur Pathologie und Heilkunde S. 500. Bakteriologie S. 500. Antiseptische, narkotische, antipyretische Mittel S. 500 ff.

Beziehungen der Chemie zur Pharmazie S. 502.

Geschichte der technischen Chemie in den letzten hundert Jahren 504

Einleitung S. 504. Technisch-chemische Unterrichtsmittel S. 505.

Fortschritte der Metallurgie: Eisen, Stahl, Nickel S. 507. Silber, Galvanoplastik, Aluminium etc. S. 509. Elektrometallurgie S. 510. Mineralfarben S. 511.

Entwicklung der chemischen Großindustrie 512

Schwefelsäure S. 512. Sodaindustrie S. 514. Salzsäure, Chlor und Chlorkalk S. 516. Jod, Brom S. 517. Elektrochemische Industrie S. 517. Salpetersäure, Kalisalze S. 518. Schießpulver, Explosivstoffe, Zündwaren S. 519 ff.

Seifenfabrikation und zugehöriges S. 520. Ultramarin, Glasbereitung S. 521. Tonindustrie, Mörtel S. 523. Papierfabrikation S. 523. Stärke, Rübenzuckerindustrie S. 524.

Inhalt XV

Seite

Gärungsgewerbe S. 526. Spiritusfabrikation S. 526. Schnellessigbereitung S. 527.
Anilinfarben und andere Teerfarbstoffe S. 528. Rosanilinfarbstoffe, Anilinschwarz S. 528. Alizarin S. 529. Phtaleine, Azofarbstoffe S. 529 ff. Indigblau S. 530. Färberei S. 532. Gerberei S. 533.
Chemische Präparate S. 534 ff.
Steinkohlenteerprodukte S. 536. Trockene Destillation von Holz und Braunkohlen S. 537. Beleuchtungsstoffe S. 538. Heizstoffe S. 539.

Zur Entwicklung des chemischen Unterrichtes im 19. Jahrhundert, namentlich in Deutschland 542

Stand des Unterrichtswesens am Ende des 18. Jahrhunderts S. 542. Experimentalvorlesungen S. 543. Entwicklung des praktischen Unterrichtes: Berzelius S. 544. Liebig S. 544. Errichtung von Unterrichtslaboratorien in Deutschland S. 545. Unterrichtsverhältnisse in Frankreich, England etc. S. 547. Wichtige Verbesserungen der Laboratorien S. 548.

Chemische Litteratur: Lehrbücher S. 549. Encyklopädien und Handbücher S. 550. Zeitschriften S. 551. Jahresberichte S. 552. Bedeutung der Kritik S. 552.

Autorenregister S. 554.
Sachregister S. 564.

Erläuterung der bei Litteraturnachweisen gebrauchten Abkürzungen

Ann. Chem.	Liebigs Annalen der Chemie und Pharmazie (seit 1832).
Ann. Chim.	Annales de Chimie et de Physique (seit 1816 6 Serien).
Ann. de Chimie	Dieselbe Zeitschrift 1789—1815.
Ann. of Phil.	Annals of Philosophy von Th. Thomson.
Ber.	Berichte der Deutschen chemischen Gesellschaft (seit 1868).
Bull. soc. chim.	Bulletin de la société chimique de Paris (seit 1864).
Chem. Centr.	Chemisches Centralblatt (herausgegeben von R. Arendt, jetzt von Dr. Hesse).
Chem. Zeitschr.	Chemische Zeitschrift (herausgegeben von Ahrens).
Compt. rend.	Comptes rendus des séances de l'académie des sciences.
Crells Ann.	Chemische Annalen von L. v. Crell (1784—1805).
Gazz. Ital.	Gazetta Chimica Italiana.
Gilb. Ann.	Annalen der Physik von Gilbert und Gren (1798—1824).
Jahresber. Berz.	Jahresberichte über die Fortschritte der Chemie und Mineralogie von Berzelius (1821—1847).
Jahresber. d. Chemie	Jahresberichte über die Fortschritte der Chemie von Liebig u. a. (seit 1847).
Journ. de Phys.	Journal de Physique (1778—1794; 1798—1823).
Journ. chem. soc.	Journal of the chemical society (London, seit 1848).
Journ. pr. Chem.	Journal für praktische Chemie, seit 1834 (Neue Folge seit 1870).
Mon. scient.	Moniteur scientifique von Quesneville.
Philos. Tr.	Philosophical Transactions of the royal society (London, seit 1666).
Pogg. Ann.	Annalen der Physik und Chemie von Poggendorff, seit 1824 (Neue Folge seit 1877).
Proc. roy. soc.	Proceedings of the royal society of London.
Schweigg. Journ.	Journal für Chemie und Physik von Schweigger (1811 bis 1833).
Zeitschr. angew. Chem.	Zeitschrift für angewandte Chemie (Organ des Vereins deutscher Chemiker, herausgegeben von B. Rassow).
Zeitschr. anorg. Chem.	Zeitschrift für anorganische Chemie, begründet von G. Krüss (1892).
Zeitschr. Chem.	Zeitschrift für Chemie (1865—1871), aus der Kritischen Zeitschrift (1858—1864) hervorgegangen.
Zeitschr. Elektrochem.	Zeitschrift für Elektrochemie (herausgegeb. von R. Abegg).
Ztschr. phys. Chem.	Zeitschrift für physikalische Chemie, Stöchiometrie und Verwandtschaftslehre (Ostwald und van't Hoff) (seit 1887).

Einleitung

Die Chemie wird in neuerer Zeit, etwa seit 240 Jahren, als Lehre von der Zusammensetzung der Stoffe gekennzeichnet. Ihre erste Aufgabe besteht demnach in der Ermittelung der Bestandteile, aus denen die uns umgebende Körperwelt zusammengesetzt ist, sowie in der Auffindung der Mittel und Wege, aus jenen Bestandteilen die ursprünglichen, sowie neue chemische Verbindungen aufzubauen. Mit diesen analytischen und synthetischen Problemen geht die weitere Aufgabe Hand in Hand, die Gesetze festzustellen, nach denen die chemische Vereinigung von Stoffen sich vollzieht.

Die hier angedeuteten Probleme beschäftigen die Chemiker noch heute im weitesten Sinne des Wortes. — Die Aufgaben der Chemie waren aber in früheren Zeiten andere, und gerade durch die Verschiedenheit ihrer Ziele charakterisieren sich die verschiedenen Zeitalter, in welche sich die Geschichte dieser Wissenschaft gliedern läßt.

Die ältesten Völker, von denen sichere Nachrichten zu uns gelangt sind, die Ägypter, Phönizier, Israeliten u. a., besaßen wohl vereinzelte, durch Zufall erlangte Kenntnisse von chemischen Vorgängen, die jedoch nur der praktischen Nutzanwendung, nicht dem Versuche einer zusammenfassenden wissenschaftlichen Erklärung unterlagen. Ähnlichen Verhältnissen begegnen wir bei den ersten Kulturvölkern Europas, den Griechen und Römern, welche ihre Bekanntschaft mit chemischen Tatsachen zumeist den oben genannten Völkern verdankten. Nirgends trat im Altertum das Streben hervor, durch zielbewußtes, planvolles Experimentieren Aufschluß über chemische Prozesse zu gewinnen. Obwohl die Alten solche, heutzutage als unentbehrlich erkannte Stützen, wie sie der exakte Versuch gewährt, nicht besaßen, scheuten sie dennoch vor Spekulationen nicht zurück, durch welche die Beschaffenheit der gesamten Welt erklärt werden sollte; ja, diese theoretischen Ansichten über das Wesen der Materie, über die Elemente, aus denen die Welt bestehen soll, haben dem ältesten Zeitalter der Chemie sein eigenstes Gepräge erteilt. Auch haben manche dieser Lehren, insbesondere die des Aristoteles von den Elementen, lange Zeit fortgewirkt und insbesondere während des ganzen Mittelalters einen geradezu herrschenden Einfluß ausgeübt.

Aus der eben erwähnten Ansicht über die Elemente entwickelte sich die Lehre von der Metallverwandlung, oder vielmehr der feste Glaubenssatz, daß ein Element in ein anderes umwandelbar sei. Schon seit Beginn unserer Zeitrechnung richtete sich, zuerst in Ägypten, das Streben vieler auf die Überführung von unedlen Metallen in edle, auf die „Erzeugung" von Gold und Silber.

Die Kunst, dies zu vollbringen, wurde nachweislich zuerst im vierten Jahrhundert, wahrscheinlich aber schon früher, Chemia ($\chi\eta\mu\varepsilon\iota\alpha$) genannt.[1] Daß diese Auffassung des Begriffs Chemie, bzw. der Aufgaben, welche sie zu lösen hat, während der folgenden Jahrhunderte die herrschende blieb, dafür sprechen viele Anzeichen; diese Auffassung liegt z. B. der Definition des im elften Jahrhundert lebenden enzyklopädischen Schriftstellers Suidas zugrunde: „Chemie, die künstliche Darstellung von Silber und Gold", wie auch lange Zeit $\chi\varrho\upsilon\sigma\sigma\sigma\iota\iota\alpha$ (Goldmacherei) als eine sehr gebräuchliche Bezeichnung für Chemie angewendet wird.

Diese Aufgabe, deren Lösung die sogenannte Alchemie[2] anstrebte, kennzeichnet die alchemistische Zeit, welche, etwa von dem vierten Jahrhundert unserer Zeitrechnung beginnend, sich bis zur ersten Hälfte des sechzehnten erstreckt. Eine scharfe Bestimmung des Anfangs alchemistischer Bestrebungen ist unmöglich, da ihr Ursprung sich in unsicheres Dunkel verliert. Durch die Arbeiten der Alchemisten, welche auf alle nur denkbare Art den Stein der Weisen, mittels dessen nicht nur edle Metalle erzeugt, auch das Leben verlängert werden sollte, zu gewinnen suchten, wurde übrigens der Kreis von Kenntnissen chemischer Tatsachen bedeutend erweitert.

---

[1] Diese Bezeichnung ist ägyptischen Ursprunges und lehnt sich wahrscheinlich an das nordägyptische Wort *cham* oder *chêmî*, Namen für Ägypten, an. Dasselbe bedeutet aber auch „schwarz", und so herrscht noch einiger Zweifel, ob unter $\chi\eta\mu\varepsilon\iota\alpha$ in jener Zeit die ägyptische Kunst, oder — wie Hofmann in dem Artikel „Chemie" des Handwörterbuches (herausgegeben von A. Ladenburg) nachzuweisen sucht — die Beschäftigung mit einem schwarzen, für alchemistische Zwecke wichtigen Präparate verstanden wurde. Die Schreibweise $\chi\upsilon\mu\varepsilon\iota\alpha$ und Ableitung dieses Wortes aus $\chi\upsilon\mu\delta\varsigma$ sind als unrichtig zu betrachten.

[2] Diese Bezeichnung mit dem arabischen Präfix al hat sich frühzeitig eingebürgert.

In der ersten Hälfte des sechzehnten Jahrhunderts, etwa gleichzeitig mit der Reformation, also mit dem Anheben der neueren Zeit in der Weltgeschichte, beginnt eine andere Richtung in der Chemie sich geltend zu machen, ohne daß die alchemistischen Tendenzen sogleich verlöschen. Die Chemie, welche der Medizin schon in den voraufgehenden Zeiten durch Herstellung wirksamer Arzneimittel reichen Nutzen gebracht hat, wurde damals ausersehen, als Grundlage der gesamten Heilkunde zu dienen. Auf chemische Vorgänge im menschlichen Körper wurde Gesund- und Kranksein zurückgeführt; nur durch chemische Präparate sollte im letzteren Falle der normale Zustand wieder hergestellt werden können: kurz, das Aufgehen der Medizin in der Chemie, das Zusammenschmelzen beider, war das Losungswort, welches von Paracelsus ausgegeben wurde. van Helmont, de le Böe Sylvius, Tachenius u. a. waren die Hauptvertreter dieser Richtung, welche das Zeitalter der medizinischen Chemie oder kurz das iatrochemische kennzeichnet. Daß nebenher, durch die Beschäftigung einzelner, wie des Georg Agricola, die technische Chemie gefördert wurde, blieb ohne Einfluß auf die jene Zeit beherrschende Gesamtrichtung.

Die iatrochemische Strömung wurde allmählich, von der Mitte des siebzehnten Jahrhunderts an, durch eine andere verdrängt. Die Chemie strebte kraftvoll danach, einen selbständigen Zweig der Naturforschung zu bilden und sich von anderen Wissenschaften unabhängig zu machen. Die Geschichte der eigentlichen, selbständigen Chemie beginnt mit Robert Boyle, der als ihre Hauptaufgabe die Erkenntnis der Zusammensetzung der Körper lehrte.

Seit Erfassung und Präzisierung dieser Aufgabe kann man von der Chemie als einer Wissenschaft reden, welche ohne Rücksicht auf praktische Zwecke, lediglich um die Wahrheit zu erkennen, ein ideales Ziel auf dem Wege exakten Forschens zu erreichen strebte.

Das unstreitig wichtigste Problem, an dessen Lösung sich die hervorragenden Chemiker jener Zeit versuchten, bestand in der Frage nach der chemischen Ursache der Verbrennungserscheinungen. Seit Stahls Erklärungsversuch der letzteren, erblickte man in dem — wie man meinte — bei jeder Verbrennung entweichenden hypothetischen Feuerstoff, dem Phlogiston, das gemeinsame Prinzip der Brennbarkeit. Diese Lehre beherrschte dermaßen die Chemiker am Ende des siebzehnten und während des größten Teils des achtzehnten Jahrhunderts, daß man berechtigt ist, diese Zeit nach dem Absterben der Iatrochemie als das Zeitalter der Phlogiston-Theorie zu bezeichnen.

Die Beseitigung der letzteren und ihr Ersatz durch das antiphlogistische System Lavoisiers, bedeuten den Beginn des Zeitalters der Chemie, in welchem wir noch leben. Denn auf dem Grund, den Lavoisier und seine Mitarbeiter schufen, und welcher von Dalton, Berzelius und vielen anderen gefestigt worden ist, erhebt sich das Gebäude der neuen Chemie. Die Begründung und Entwickelung der chemischen Atomtheorie, der Ausbau letzterer in allen Teilen der chemischen Wissenschaft, kennzeichnen am schärfsten diese neueste Epoche, welcher die Zeit der Reform der Chemie durch Lavoisier als notwendiges Übergangsstadium vorhergeht, so daß man dieselbe als das Zeitalter der chemischen Atomlehre bezeichnen kann. Die Einsicht in diese Verhältnisse konnte nur auf Grund sorgfältiger quantitativer Untersuchungen gewonnen werden; die Wage wurde seit Lavoisier das wichtigste Instrument des Chemikers. Daraufhin hat H. Kopp die mit dem französischen Forscher beginnende Periode mit vollem Rechte das Zeitalter der quantitativen Untersuchungen genannt. — Zu der Hauptaufgabe der Chemie, welche in gründlichster Erforschung der Zusammensetzung der Stoffe besteht, hat sich in neuerer Zeit namentlich noch die gesellt: Beziehungen zwischen den physikalischen Eigenschaften der Stoffe und ihrer chemischen Zusammensetzung festzustellen. Die physikalische Chemie nebst der damit zusammenhängenden Verwandtschaftslehre hat in den letzten zwei Jahrzehnten eine außerordentliche Bedeutung und Vertiefung gewonnen. Alles aber wird von dem Lichte der Atomtheorie durchstrahlt, so daß man diese immer noch, trotz mancher Versuche, sie als entbehrlich hinzustellen, als den Leitstern der heutigen Chemie betrachten muß.

I
Älteste Zeit bis zum Auftreten der Alchemie

Nach der oben gegebenen Charakteristik dieses Zeitalters kann man dasselbe als das der rohen Empirie chemischer Tatsachen gegenüber bezeichnen. In schroffem Gegensatze zu der Abneigung der alten Völker gegen Experimente, durch welche der Natur die Geheimnisse abgelauscht werden müssen, steht ihre starke Hinneigung zur Spekulation, welche sich erkühnt, die letzte Ursache aller Dinge aufklären zu wollen. Aristoteles, der den Naturwissenschaften für lange Zeit die Richtung angab, hatte die Deduktion als den Weg bezeichnet, welcher zum Ziele führe. Statt sich auf Grund von genau beobachteten einzelnen Tatsachen zu allgemeinen Schlüssen zu erheben, wurde vorgezogen, vom Allgemeinen zum Besonderen herabzusteigen. Der Zustand der gesamten Naturwissenschaften, insbesondere der Chemie, in weit zurückliegenden Zeiten ist beredtes Zeugnis dafür, wie die ärgsten Irrtümer infolge des lediglich deduktiven Verfahrens sich eingeschlichen und fest eingebürgert haben.

Über die theoretischen Ansichten der Alten, insbesondere der Griechen und Römer, geben uns die philosophischen Schriften der beiden letzteren ziemlich genauen Aufschluß. Für Beurteilung des empirisch chemischen Wissens jener Zeiten sind von großem Werte einzelne Werke des Aristoteles (z. B. περὶ οὐρανοῦ und περὶ γενέσεως καὶ φθωρᾶς), sowie seines Schülers Theophrast Schrift: „περὶ λίθων". — Ganz besonders reichen Einblick in die Kenntnisse der Alten gewähren die von Dioskorides verfaßten Bücher über „materia medica" und einzelne Kapitel der „historia naturalis" des älteren Plinius. Dioskorides, gegen Mitte des ersten Jahrhunderts n. Chr. zu Anazarbos geboren, erweiterte seine schon bedeutenden Kenntnisse durch Erfahrungen, die er auf ausgedehnten Reisen sammelte; sein Ansehen als Arzt hat sich bei den türkischen Ärzten bis in die neue Zeit erhalten. — Das oben genannte Werk des Plinius enthält überaus wertvolle Berichte, welche den Zustand des naturwissenschaftlichen Erkennens seiner Zeit gut beurteilen lassen, zeigt aber auch, daß der Verfasser seinem ungeheuren Stoffe, den er aus älteren Schriften und Überlieferungen gesammelt,[1] nicht im geringsten aber durch Erfahrung sich zu eigen gemacht hatte, keineswegs gewachsen war.

Theoretische Ansichten über Zusammensetzung der Körper insbesondere über die Elemente.[2]

Die Frage nach den letzten Bestandteilen der Körper, nach den Elementen, welche die Welt bilden, hat schon die ältesten Völker lebhaft beschäftigt. Eine erschöpfende Darstellung der darüber angestellten Spekulationen zu geben, liegt nicht im Plane dieses Werkes; vielmehr kommt es darauf an, nur diejenigen Ansichten hervorzuheben, welche einen nachhaltigen Einfluß auf die chemischen Anschauungen späterer Zeiten ausgeübt haben.

Dies gilt in hervorragender Weise von der Elementarlehre, welche von Empedokles herrührt, aber gewöhnlich den Namen des Aristoteles trägt, kaum dagegen von den Ideen älterer griechischer Philosophen über die Urstoffe, aus denen die Welt entstanden sein sollte. Ansichten wie die des Thales (im 6. Jahrhundert v. Chr.), daß das Wasser der Grundstoff sei, oder die des Anaximenes, Heraklit (im 6. Jahrh. v. Chr.), welche der Luft bzw. dem Feuer die gleiche Rolle zuschrieben, haben für die Entwickelung chemischer Kenntnisse keinerlei Bedeutung gehabt.

Demokrit (im 5. Jahrh. v. Chr.) ging bei seinen Spekulationen ebenfalls von einer Urmaterie aus, zergliederte diese aber weiter, indem er sie aus kleinsten Teilen, Atomen, bestehen ließ, welche zwar durch Form und Größe, aber nicht dem Stoff nach voneinander verschieden seien. Alle Veränderungen in der Welt sollen auf Trennung und Wiedervereinigung der Atome beruhen, die in fortwährender Bewegung gedacht wurden. Durch Epikur erfuhr diese Lehre,

---

[1] Plinius, der Jüngere, charakterisierte das Werk seines Oheims als „opus diffusum, eruditum, nec minus varium, quam ipsa natura", und gleiche Bewunderung wurde demselben von anderen zeitgenössischen Schriftstellern zuteil. — In höchst dankenswerter Weise hat neuerdings E. O. v. Lippmann in einer Abhandlung „die chemischen Kenntnisse des Plinius" zusammenfassend beleuchtet (s. Mitteilungen aus dem Osterlaude Bd. 5, 370 ff.).
[2] Vergl. Kopp, Gesch. d. Chemie I, 29 ff. II, 267 ff. Hoefer, Hist. de la chimie I, 72 ff. Franz Strunz: Naturbetrachtung und Naturerkenntnis im Altertum (1904): ein treffliches Werk, welches aus sehr eingehenden Studien über die theoretischen Grundlagen der Naturbetrachtung, sowie über die praktischen Naturkenntnisse der alten Völker hervorgegangen ist.

welche an die neuere chemische Atomtheorie zwar anzuklingen scheint, jedoch in Wirklichkeit nichts mit ihr gemein hat, einige Erweiterung, wie man namentlich aus dem Lehrgedichte des Lucretius „*de rerum natura*" ersehen kann.

Die bekannten vier sogenannten Elemente, Luft, Wasser, Erde, Feuer, wurden zuerst von dem geistesgewaltigen Philosophen Empedokles aus Agrigent (um 440 v. Chr.) als Grundlagen der Welt betrachtet, doch sind sie von ihm und Aristoteles, der sie in seine Naturlehre aufnahm, nicht als verschiedene Grundstoffe angesehen worden, sondern als verschiedene Eigenschaften, deren Trägerin eine einzige Urmaterie war.[1] Als Hauptqualitäten (*primae qualitates* der späteren Scholastiker) galten dem Aristoteles die sich durch den Tastsinn kundgebenden: warm, kalt, trocken, feucht. Jedes der vier sogenannten Elemente ist durch den Besitz von zwei dieser Eigenschaften gekennzeichnet, und zwar ist die Luft warm und feucht, das Wasser feucht und kalt, die Erde kalt und trocken, das Feuer trocken und warm. Die Verschiedenheit der Körperwelt soll also auf die der Materie innewohnenden Eigenschaften zurückgeführt werden. Aus der Annahme, daß diese letzteren sich verändern können, entsprang unmittelbar die Überzeugung, daß die Stoffe ineinander verwandelt werden können. So begreift man leicht, daß, gestützt auf derartige Spekulationen, der Glaube an die Überführung von Wasser in Luft sich festsetzen konnte; denn beide haben die Feuchtigkeit miteinander gemein, die dem Wasser eigentümliche Kälte könne aber durch Zufuhr von Wärme in die zweite Hauptqualität der Luft umgewandelt werden. Nahe genug liegt es, bei diesen Betrachtungen an die Aggregatzustände der Stoffe und an die Umwandlung des einen in den anderen zu denken. Durch Verallgemeinerung solcher Ideen wurde ohne Zweifel der den Grundzug des alchemistischen Zeitalters bildende Glaube an die Möglichkeit der Metallverwandlung groß gezogen.

Aristoteles hielt seine vier Elemente für unzulänglich, um die Erscheinungen der Natur zu erklären; er machte die weitere Annahme eines fünften οὐσία genannten, welches eine ätherische, mehr geistige Beschaffenheit besitze und überall die Welt durchdringe. Als „*quinta essentia*" hat dasselbe bei den Anhängern der aristotelischen Lehre im Mittelalter eine große Rolle gespielt und

---

[1] Vergl. die geistvollen Ausführungen von Th. Gomperz in seinem Werke: Griechische Denker (Leipzig, Veit & Comp. 1894) S. 183 ff. Strunz, a. a. O. S. 64 ff.

zu arger Verwirrung Anlaß gegeben, insofern seine Bereitung von vielen angestrebt wurde, welche, der Auffassung des Aristoteles entgegen, ein körperliches Wesen darin vermuteten.

Einen hohen Grad von Warscheinlichkeit besitzt die Annahme, daß Empedokles und Aristoteles die Elementenlehre nicht aus sich selbst, sondern aus anderen Quellen geschöpft haben; es sei darauf hingewiesen, daß in den ältesten indischen Schriften gelehrt wird, die Welt bestehe aus jenen vier Elementen[1] und dem Äther,[2] dessen Verwandtschaft mit der οὐσία des Aristoteles sehr wahrscheinlich ist.

Wie weit die oben erörterten Ansichten des griechichen Philosophen über Elemente von der Auffassung der neueren Chemie abweichen, braucht nicht hervorgehoben zu werden.

Auch hinsichtlich des Begriffs „chemische Verbindung" begegnet man, wenn auch nur spärlich, Meinungen, welche den heutigen geradezu entgegengesetzt sind: die Entstehung eines Stoffes durch Wechselwirkung anderer wurde in jener Zeit als Erschaffung eines neuen Stoffes angesehen, und eine Vernichtung der ursprünglichen Substanzen, aus denen er hervorgegangen war, angenommen. Überall begnügte man sich mit theoretischen Erklärungen, ohne deren Richtigkeit mit Hilfe von Versuchen auf die Probe zu stellen. Dieser Mangel zeigt sich recht deutlich in der Art, wie sich die Alten den zahlreichen chemischen Tatsachen gegenüber verhielten, mit welchen sie auf empirischem Wege, meist wohl durch Zufall, bekannt wurden.

Empirisch-chemische Kenntnisse der Alten.[3]

Von den alten Kulturvölkern haben wohl in erster Linie die Ägypter ihre durch zufällige Beobachtungen erworbenen Kenntnisse von chemischen Vorgängen nützlich angewandt; das praktische Bedürfnis, der Wunsch, sich das Leben bequem zu gestalten, waren die Lehrmeister.

Ihr Land bildete eine Art Brennpunkt, in welchem sich das damalige chemische Wissen — wenn man ihre Bekanntschaft mit technischen Prozessen so nennen darf — vereinigte. Die Ägypter besaßen schon in frühesten Zeiten reiche Erfahrungen in der Be-

---

[1] Statt Luft wird als Element Wind aufgeführt.
[2] So lehrte Buddha, wie aus dem „Anguttara Nikâja Vol. I. fol. ce" hervorgeht (nach gütiger Mitteilung von Hrn. Dr. Pfungst). Daselbst wird als sechstes Element das Bewußtsein genannt.
[3] Vergl. Kopp, Gesch. d. Chemie Bd. III. u. IV. Höfer, a. a. O. I, 106 ff.

arbeitung von Metallen und Legierungen, in der Färberei, Glasbereitung, sowie in Herstellung und Anwendung pharmazeutischer und antiseptisch wirkender Präparate. Die eigentliche chemische Kunst, als „heilige" ($ἄγια\ τέχνη$) verehrt, wurde von der Priesterkaste als wertvoller, nutzbringender Schatz gehütet. Nur Auserwählte vermochten in diesen Schatz einzudringen. Daß Laboratorien, in denen allerlei chemische Operationen ausgeführt wurden, mit den Tempeln verbunden waren, hat sich aus Inschriften klar ergeben, die in solchen Räumen aufgefunden sind (z. B. in Dendera, Edfu).

Von den Ägyptern haben, wie kaum zu bezweifeln, die Phönizier und Israeliten ihre Kenntnisse in der Herstellung wichtiger technischer Produkte empfangen. In gleicher, ja noch verstärkter Weise ist den Griechen und später den Römern durch ihre innigen Beziehungen zu dem alten Lande *Chêmi* (s. S. 2 Anm.) ein Schatz von Erfahrungen erschlossen worden. Zur Verbreitung solcher praktischen Kenntnisse trugen die Mitteilungen hervorragender Philosophen, eines Solon, Pythagoras, Demokrit, Platon, die das Vertrauen der ägyptischen Priester zu gewinnen verstanden, wesentlich bei.

Alle diese so gewonnenen Kenntnisse aber waren und blieben empirische; die Zusammenfassung derselben unter gemeinschaftlichen wissenschaftlichen Gesichtspunkten erfolgte in viel späterer Zeit. In diesem Abschnitte sind nur die im Altertum bekannten Teile der angewandten Chemie zu besprechen. Daß ein Volk von der großen Begabung wie die Griechen es nicht verstanden hat, die zahlreich vorhandenen Beobachtungen auf diesen Gebieten zusammenzufassen und aus denselben Schlüsse zu ziehen, lag an der ganzen geistigen Richtung, insbesondere an der Überschätzung der deduktiven und der Mißachtung der induktiven Methode. Die Meinung des Aristoteles, daß „gewerbliches Schaffen zu niederer Sinnesart führe", war dabei gewiß maßgebend; diesem Grundsatze entsprechend hielten sich die gebildeten Griechen von der Ausübung und Beobachtung technisch chemischer Prozesse fern; eine theoretische Erklärung der dabei sich abspielenden Vorgänge lag außerhalb des Kreises ihrer Interessen. Dieser Teilnahmlosigkeit ist es gewiß zuzuschreiben, daß nur höchst selten die Entdeckung selbst der wichtigsten chemischen Prozesse sich an die Namen bestimmter historischer Personen knüpft, während die alten Schriftsteller über alle die Männer, welche haltlose Ansichten über die Zusammensetzung der Welt geäußert haben, genau berichten.

Bevor der Zustand der praktisch chemischen Kenntnisse im Altertum beschrieben wird, sei beiläufig bemerkt, daß infolge der

Bezeichnung verschiedener Produkte mit einem und demselben Namen häufig große Unsicherheit geherrscht hat. Die Stoffe wurden nicht nach ihrem chemischen Verhalten, dessen Untersuchung den alten Völkern zu fern lag, unterschieden, sondern nach ihrem Aussehen und nach ihrer Herkunft beurteilt, so daß Verwechslung oder Identifizierung ähnlicher Stoffe oft vorkommen. Die gleichen Stoffe, z. B. Soda, hielt man je nach ihrem Vorkommen für verschieden, wenn der äußere Habitus eine Ungleichheit anzuzeigen schien. Sorgfältiger Kritik hat es bedurft, und solche ist immer noch nötig, um die dadurch entstandenen Unklarheiten in den Angaben alter Schriftsteller zu beseitigen.

Metallurgie der alten Völker.[1]

In den frühesten Urkunden der orientalischen Kulturvölker (Ägypter, Israeliten, Inder u. a.) stößt man auf genaue Bekanntschaft mit der Bearbeitung verschiedener Metalle. Als diejenigen, welche diese Kunst gelehrt haben, werden auch von jüngeren Kulturvölkern mythische Personen genannt, bei den Griechen z. B. Prometheus, Kadmus etc. Sind die Übersetzungen der hebräischen, „Metalle" bedeutenden Worte des Alten Testamentes richtig, so haben die Israeliten sechs Metalle, nämlich: Gold, Silber, Kupfer, Eisen, Blei und Zinn gekannt; mit Sicherheit ist dies von den vier ersten zu behaupten, welche in der Natur gediegen vorkommen oder leicht gewonnen werden. Auf dem ältesten Denkmal finden sich diese in der eben angegebenen Reihenfolge verzeichnet.

Der Name „Metalle" kommt nach Plinius daher, daß dieselben nie vereinzelt auftreten, sondern in Gängen hintereinander, $\mu\varepsilon\tau'$ $\ddot{\alpha}\lambda\lambda\alpha$, gefunden werden.[2] Als charakteristisch für ein Metall wurde schon früh sein Glanz, sowie die Dehnbarkeit und Festigkeit desselben betrachtet. Über die Entstehung von Metallen und Erzen im Innern der Erde hatten sich die Alten die abenteuerlichsten Vorstellungen gebildet; sie glaubten auf Grund des gewichtigen Zeugnisses von Aristoteles, daß dieselben durch Zutritt von Luft zu den Eingeweiden der Erde erzeugt würden, und nahmen dementsprechend

---

[1] Vergl. die folgenden Werke: R. Andree: Die Metalle bei den Naturvölkern (Veit & Comp., Leipzig 1884). Beck, Geschichte des Eisens (Vieweg, Braunschweig, 1884. 4. Auflage 1891). A. Rössing: Geschichte der Metalle (Berlin 1901). O. Schrader: Sprachvergleichung und Urgeschichte (Jena 1883). Ferner verschiedene Abhandlungen von K. B. Hofmann, dem der Verfasser für mancherlei Mitteilungen zu großem Danke verpflichtet ist.

[2] Bei Herodot bedeutet $\mu\acute{\varepsilon}\tau\alpha\lambda\lambda o\nu$ Bergwerk.

an, daß in abgebauten Strecken der Bergwerke ein Nachwachsen der Erze stattfände. Diese Auffassung klingt noch lange nach. Manche metallurgische Prozesse waren den Griechen und namentlich den Römern näher bekannt; man findet bei Dioskorides, Plinius und späteren Schriftstellern ziemlich genaue Angaben über Erzeugung und Schmelzen der Erze; aber eine Erklärung der dabei stattfindenden chemischen Vorgänge wurde nicht im geringsten versucht.

Die edlen Metalle Gold[1] und Silber, deren Beständigkeit im Feuer den Alten nicht entgangen war, sind am frühesten, schon in vorgeschichtlicher Zeit bekannt und hoch geschätzt gewesen, was durch ihr gediegenes Vorkommen und die Leichtigkeit ihrer Verarbeitung hinlänglich erklärt wird.[2] Die ungewöhnliche Dehnbarkeit des Goldes erregte im hohen Maße das Staunen der alten Völker und ermöglichte frühzeitig die Vergoldung von Gegenständen, durch Bedecken mit dünnen Blättchen des Metalls. Die später gelernte Applikation eines Goldüberzuges mittels des Amalgamierungsverfahrens war zu Plinius' Zeit schon länger bekannt.

Im zweiten Jahrhundert v. Chr. begegnen wir den ersten Angaben[3] über ein schon seit Jahrhunderten ausgeübtes Kupellationsverfahren, durch welches das Gold von Beimengungen befreit werden soll, und zwar ist damals eine der sogenannten Bleiarbeit ähnliche Operation ausgeübt worden (Goldstaub wurde mit Blei und Salz tagelang geschmolzen). Auch die Reinigung des Goldes mittels Quecksilbers war zur Zeit des Plinius bekannt.

Das Silber, welches die rührigen Phönizier mutmaßlich aus Armenien und Spanien, wo reiche Silbererze noch jetzt vorkommen, den übrigen Kulturvölkern zuführten, wurde nach Strabos Bericht, also zu Beginn unserer Zeitrechnung, auf ganz ähnliche Weise wie

---

[1] Vergl. die fleißige Studie von H. Weißbach: „Das Gold im alten Ägypten" (Dresden 1901).

[2] Die Goldbergwerke Nubiens (der ägyptische Name *nub* = Gold hängt vielleicht mit der Bezeichnung jenes Landes zusammen) wurden von den Ägyptern sehr stark ausgebeutet; nach des Agatharchides, sowie Diodorus Siculus Berichten, die sich nicht ohne Mitgefühl für die zur Arbeit verwandten Sklaven lesen, schlemmte man das feingemahlene goldhaltige Erz und schmolz den schweren Rückstand; zu Ramses II. Zeit sollen die Bergwerke jährlich Gold im Werte von 2500 Millionen Mark geliefert haben. Das goldreiche Land Ophir, aus welchem die Phönizier das geschätzte Metall holten, wird in Indien, in Midian (Arabien) oder an der Ostküste Afrikas gesucht. Dasselbe regsame Handelsvolk erschloß den Griechen die ersten Goldbergwerke auf der Insel Thasos.

[3] Dieselben rühren von Agarthides her und finden sich bei Diodor.

das Gold durch Zusammenschmelzen mit Blei gereinigt. Die Trennung des Silbers von dem Gold ist vor unserer Zeitrechnung, wie es scheint, nicht bekannt gewesen; Archimedes wenigstens war nach einer bekannten Erzählung[1] nicht im Besitz eines Mittels, jene zu bewerkstelligen. Aus Andeutungen des Plinius geht jedoch hervor, daß zu seiner Zeit eine Art von Zementationsprozeß ausgeübt wurde, der wahrscheinlich in der Behandlung von silberhaltigem Gold mit Salz und Alaunschiefer bestanden hat.

Übrigens wurde die Legierung von Gold und Silber im Altertum als besonderes, eigenartiges Metall betrachtet und von den Ägyptern *asm*[2], von den Griechen $\mathring{\eta}\lambda\varepsilon\varkappa\tau\varrho o\varsigma$ genannt (Bernstein ist zum Unterschiede $\tau\grave{o}$ $\mathring{\eta}\lambda\varepsilon\varkappa\tau\varrho o\nu$). Auch daraus dürfte sich ergeben, daß ein Mittel zur Scheidung beider Elemente damals nicht bekannt war.

Die Angaben über das Kupfer (*Erz* genannt: $\chi\alpha\lambda\varkappa\acute{o}\varsigma$, *aes*[3]), welches seit unvordenklichen Zeiten bekannt ist (erstes Vorkommen in der neolithischen Steinzeit), beziehen sich häufig auf Legierungen desselben mit anderen Metallen, namentlich auf Bronze, welche bekanntlich sehr frühe Verwendung zu Waffen, Schmuck, sowie Gerätschaften gefunden hat. Das Kupfer, dessen Anwendung überall in prähistorische Zeiten zurückreicht, drängte sich an manchen Orten, z. B. in Ägypten, wo es gediegen vorkommt, gewissermaßen zum Gebrauch auf oder wurde aus Malachit und ähnlichen Kupfererzen leicht erschmolzen. Bronze kannten alle die genannten Kulturvölker, bevor sie den anderen Gemengteil derselben, das metallische Zinn, bereiten lernten. In altägyptischen Urkunden wird dieses niemals erwähnt. Über die Schmelzprozesse, durch welche das „Erz" der Alten gewonnen wurde, ist nichts Sicheres überliefert.

Das Eisen, dessen Gewinnung und Bearbeitung, obwohl erst nach der des Kupfers und der Bronze erfunden, dennoch bis in die ältesten Zeiten hinaufreicht[4], wurde in Schmelzöfen bereitet; näheres über diesen Schmelzprozeß ist durch alte Schriftsteller nicht über-

---

[1] Archimedes sollte feststellen, ob und wieviel Silber die Krone des Königs Hiero enthalte; er versuchte die Lösung dieser Aufgabe durch Bestimmung des spezifischen Gewichtes, also auf physikalischem, nicht auf chemischem Wege.

[2] Daraus bildeten die Griechen das Wort ἄσημον (*asem*).

[3] Das römische *aes* hat gleichen Stamm mit dem Sanskritwort *ayas* für Erz; die spätere Bezeichnung *cuprum* für Kupfer gilt als Abkürzung von *aes cyprium*, so genannt wegen seines Vorkommens auf Cypern.

[4] Nach Lepsius war das Eisen bei den Ägyptern bereits vor 5000 Jahren im Gebrauch und diente vorzugsweise zur Anfertigung harter Instrumente, während aus Bronze Gerätschaften aller Art hergestellt wurden.

liefert worden.[1] Die Erze, welche zur Verwendung gelangten, waren mutmaßlich Brauneisenstein und Magneteisenstein; daß meteorisches Eisen zuerst benutzt worden sei, ist eine unbewiesene, auch unwahrscheinliche Annahme. Frühzeitig (im alten Ägypten) lernte man das Härten des Eisens, zur Zeit des Plinius kannte man seine unliebsame Eigenschaft, die als Brüchigkeit bezeichnet wird; auch dessen Fähigkeit, durch Berührung mit dem Magnetstein die Eigentümlichkeit des letzteren vorübergehend anzunehmen, wurde beobachtet.

Das Blei[2] ist ebenfalls schon in ältester Zeit bekannt gewesen; es wurde insbesondere von den Griechen, sowie Römern in größtem Maßstabe gewonnen und verwertet. Über die Schmelzprozesse, welche wahrscheinlich auf Treibherden vorgenommen wurden, wissen wir wenig, da des Plinius Schilderungen unklar sind. Wohl aber ist uns manches über die Verwendung des Bleies zu Wasserleitungsröhren, zu Schreibtafeln, zu Münzen u. a. überliefert. Das Löten mit Blei oder mit einer Legierung von diesem und Zinn war wohl bekannt. Da häufig Kochgefäße aus Blei hergestellt wurden, so hatte man häufig das Auftreten der Bleikrankheit beobachtet. Trotzdem galt das Metall als Heilmittel.

Das Zinn ist, wie neue Funde in ägyptischen Gräbern gelehrt haben, schon in alter Zeit ziemlich rein hergestellt und zu mancherlei Zwecken verwendet worden. In römischer Zeit wurde es als *Plumbum candidum*[3] von dem *Plumbum nigrum*, dem Blei, unterschieden. Seine Legierung mit diesem spielt, wie schon erwähnt, als „Lot" eine wichtige technische Rolle. — Noch älter und bedeutungs-

---

[1] Altrömische Schmelzöfen nebst Zubehör sind kürzlich bei Eisenberg in der Pfalz ausgegraben worden. — Die Form von ägyptischen Geräten, welche beim Ausschmelzen des Eisens in Gebrauch waren, läßt sich annähernd aus Inschriften etc. erkennen; bemerkenswert ist, daß die Form altägyptischer Blasebälge sich in den Ländern Innerafrikas noch bis auf den heutigen Tag erhalten hat.

[2] Vergl. K. B. Hofmann: Das Blei bei den Völkern des Altertums (Berlin 1885).

[3] Das Wort „*stannum*", welches jetzt „Zinn" bedeutet, scheint zu Plinius' Zeit eine Legierung von Zinn und Blei oder Werkblei bezeichnet zu haben. Ob das κασσίτερος der Ilias metallisches Zinn bedeutet hat, ist ebenfalls zweifelhaft. Ebenso ungewiß erscheint es, woher die Phönizier das also bezeichnete Metall (resp. eine Legierung) geholt haben, ob aus Indien, wohin sie Handelsverbindungen hatten, oder aus Britannien und Iberien. Die Lautverwandtschaft des Sanskritwortes „*kastira*" mit κασσίτερος ist als Argument zugunsten der ersteren Annahme geltend gemacht worden (vergl. Al. v. Humboldt Kosmos, II, S. 409).

voller ist die Anwendung der Bronze,[1] der man schon bei den ältesten Kulturvölkern begegnet.

Das Zink[2] ist als Metall im Altertum gewiß nicht bekannt gewesen; wohl aber haben seine Legierungen mit Kupfer ($\chi\alpha\lambda\varkappa\acute{o}\varsigma$, $\acute{o}\varrho\varepsilon\iota\chi\alpha\lambda\varkappa\acute{o}\varsigma$) verbreitetste Anwendung gefunden. Das Messing, dessen zuerst bei Aristoteles als „Erz der Mossinöken" (daraus soll Mössing abgeleitet sein) Erwähnung geschieht, wurde lange Zeit als Kupfer, welches durch Schmelzen mit einer Erde *cadmia*[3] gelb gefärbt war, angesehen, erst viel später als Legierung erkannt. Die Farbenänderung des Kupfers durch gewisse Zusätze hat dann im alchemistischen Zeitalter bei der Frage der Metallverwandlung eine wichtige Rolle gespielt.

Über Quecksilber findet man die ersten Nachrichten bei Theophrast (um 300 v. Chr.), welcher die Gewinnung desselben aus Zinnober mittels Kupfer und Essig angibt und dasselbe als *„flüssiges Silber"* bezeichnet. Dioskorides beschreibt die Darstellung des Quecksilbers, welches er zuerst $\acute{v}\delta\varrho\acute{\alpha}\varrho\gamma\upsilon\varrho o\varsigma$ nannte, aus Zinnober und Eisen, also einen Vorgang einfacher Wahlverwandtschaft, ohne jedoch den geringsten Versuch einer Erklärung des Prozesses zu machen. Man bediente sich zur Ausführung dieser Operation eines höchst unvollkommenen Destillationsapparates. Plinius erwähnt die Reinigung des Metalles mittels Durchpressens durch Leder, auch seine Giftigkeit. Daß andere Metalle, namentlich Gold, durch Quecksilber verändert werden, war den Alten nicht entgangen (vergl. S. 11); ja Vitruvius gab eine genaue Vorschrift, wie man aus abgetragenen gestickten Gewändern mittels Quecksilbers das Gold wiedergewinnen könne. — Über einige im Altertum bekannte Metallverbindungen soll weiter unten berichtet werden.

---

[1] Der Name, über dessen Entstehung viel gestritten wird, rührt nach K. B. Hofmann wahrscheinlich von dem, eine Legierung bedeutenden $\beta\varrho o\nu\tau\acute{\eta}\sigma\iota o\nu$ her, welches Wort vielleicht dem Persischen entlehnt ist. Die schon zu Plinius' Zeit verbreitete Auffassung, daß Bronze aus (*aes*) *Brundusinum* hervorgegangen sei, soll sich nicht als stichhaltig erweisen.

[2] Vergl. K. B. Hofmanns Abhandlung in der Zeitschr. für Berg- und Hüttenwesen Bd. 41, Nr. 46—51. Sehr eingehende scharfsinnige Erörterungen hat P. Diergart auf die Frage verwandt, ob das von Strabo erwähnte „Scheinsilber" „$\psi\varepsilon\upsilon\delta\acute{\alpha}\varrho\gamma\upsilon\varrho o\varsigma$", das von manchen als Zink angesprochen wurde, in der Tat dieses Metall ist. Die Frage ist nach Diergart zu verneinen (vergl. Journ. pr. Chem. 66, 339; 67, 326; Zeitschr. angew. Chem. 1902, S. 511).

[3] Die „*cadmia*" wird schon 300 v. Chr. als Heilmittel gerühmt und bedeutet wohl sog. Ofenbruch (Zinkoxyd) oder auch zinkreiche Erze. Nach K. B. Hofmann ist es nicht unwahrscheinlich, daß das Wort *Galmei* aus *cadmia* hervorgegangen ist. Vergl. noch Neumann, Zeitschr. angew. Chem. 1902, S. 511.

Anfänge technischer Chemie bei den Alten.

Glasbereitung. — Die Kunst, Gefäße aus Glas zu verfertigen, hat ihren Ursprung in China und Ägypten, und besonders in Theben lange Zeit ihren Hauptsitz gehabt; sie gelangte von da zu den Phöniziern und anderen Völkern des Morgenlandes, nachweislich erst im fünften Jahrhundert v. Chr. zu den Griechen. Bei Plinius findet sich die erste bestimmte Angabe, daß Glas durch Schmelzen von Sand und Soda bereitet werde.[1]

Frühzeitig verstand man die künstliche Färbung von Gläsern mit Metalloxyden, namentlich mit Kupferoxyd. Nach den mancherlei altägyptischen Funden muß die damalige Glasbereitung auf einer sehr hohen Stufe gestanden haben; denn man war mit der Herstellung von Emaillen sowie künstlichen Edelsteinen vertraut. Nach Plinius verstand man Beryll, Opal, Saphir, Türkis, Amethyst u. a. nachzuahmen, aber dieselben auch von den wahren Edelsteinen zu unterscheiden (durch ihre größere Weichheit und Leichtigkeit).

Die älteste Glasfabrikation setzt jedenfalls die Bekanntschaft mit Soda oder Pottasche voraus; erstere wurde als Naturprodukt an gewissen Seen (z. B. in Macedonien, Ägypten) gefunden, das kohlensaure Kali aber schon in alten Zeiten durch Auslaugen der Asche von Pflanzen, nach Dioskorides auch durch Brennen von Weinstein gewonnen. Wegen ihrer ähnlichen Wirkungen wurden beide Salze[2] häufig verwechselt; sie fanden ausgedehnte Verwendung zur Seifenbereitung, wie direkt zum Waschen von Zeugen, Reinigen von Häuten, sowie der Zähne (ähnlich wie jetzt noch die an kohlensaurem Kali reiche Tabaksasche manchmal zu gleichem Zwecke dient), auch als Zusatz zu Arzneien. Endlich wird Pflanzenasche, sowie Salpeter, schon frühzeitig als wirksames Düngemittel gerühmt.

Der Töpferkunst ist mindestens ein ebenso hohes Alter zuzuschreiben, als der Bearbeitung edler Metalle und des Glases. Schon die alten Ägypter verstanden die ursprünglich einfachen irdenen Gefäße mit bunter Emaille zu überziehen. In späterer Zeit blühte die keramische Industrie bei den Etruskern, sowie in manchen Städten Süditaliens und Kleinasiens. Das Porzellan, von den

---

[1] Die Entstehung von Glas ist jedenfalls durch Zufall beobachtet worden, als man in Ägypten zum Ausschmelzen des goldhaltigen Sandes diesem Soda als Flußmittel zugesetzt hatte. Über die Verbreitung der Kenntnisse der Glasbereitung vergl. Mirus, Das Glas, seine Geschichte etc., in Zeitschr. angew. Chem. 1903, S. 267.

[2] Das hebräische „neter" bedeutet wahrscheinlich Soda, während das lateinische „nitrum" von Plinius für beide Alkalikarbonate gebraucht wird. Die Bezeichnung Alkali rührt von den Arabern her.

Chinesen entdeckt und gebraucht, blieb den alten Kulturvölkern gänzlich unbekannt.

Seifenbereitung. — Von nicht geringem Interesse ist die Tatsache, daß die Verseifung von Fetten mittels Alkalien behufs Gewinnung von Seife, also ein komplizierter Prozeß der organischen Chemie, schon in alten Zeiten ausgeübt wurde. Des Plinius Angaben darüber machen es wahrscheinlich, daß man in Germanien und in Gallien Seife aus tierischem Fett und Aschenlauge, welche durch Zusatz von Kalk verstärkt (kaustisch gemacht) wurde, bereitete; ja, es wurde ein Unterschied gemacht zwischen weicher und harter Seife, je nachdem Pottasche oder Soda — letztere aus der Asche von Strandpflanzen in Gallien gewonnen — zu deren Bereitung diente.[1]

Die **Färberei** gehörte ebenfalls zu den Künsten, in der es die Ägypter, Lydier, Phönizier und Israeliten weit gebracht hatten. So war denselben die Fixierung gewisser Farbstoffe auf Zeugen mittels Beizen bekannt, wobei der Alaun[2] eine wichtige Rolle spielte; die Purpurfärberei hatte bei den Phöniziern einen hohen Grad der Ausbildung erlangt. Plinius kennt die Anwendung des Krappfarbstoffes, sowie der Orseille (des gätulischen Purpurs). Indigblau scheint damals und schon früher sowohl zum Malen als zum Färben gedient zu haben; sonst wurden als **Malfarben** mineralische Stoffe[3] gebraucht, zur Zeit des Plinius hauptsächlich folgende: Bleiweiß, Zinnober, Mennige, Smalte,[4] Grünspan, Eisenoxyd, Kienruß. Letzterer diente, mit Gummi gemischt, auch als Tinte. Schwefelblei (Bleiglanz) hat — wie sich aus zahlreichen Untersuchungen[5] der neueren Zeit ergeben hat — die Grundlage der

---

[1] Zweifelhaft erscheint es nach K. B. Hofmanns Forschungen, ob das *sapo* der Römer Seife bedeutet hat und zum Reinigen diente, ob es nicht vielmehr eine Haarbeize gewesen ist.

[2] Unter στυπτηρία oder *alumen* der Alten sind allgemein Substanzen von adstringierenden Eigenschaften zu verstehen, meist bedeuten jene Worte Alaun, welcher infolge seiner Gewinnung aus Alaunschiefer mit Eisenvitriol verunreinigt war.

[3] Vergl. Kolbert in Mitteilungen zur Gesch. der Medizin und der Naturwissenschaften **1902**, S. 277.

[4] Davy hat in antiken Gläsern Kobalt nachgewiesen und angenommen, daß zu ihrer Herstellung Smalte gedient habe. Nach Angabe von Fouqué (Compt. rend. **108**, 325) enthalten ägyptische Gläser als färbenden Stoff nur Kupferoxyd. Jedoch sind neuerdings wieder an ägyptischen Figuren Kobalt enthaltende Schmelzfarben nachgewiesen worden (K. B. Hofmann).

[5] Zusammengestellt und kritisch gesichtet von K. B. Hofmann in seinem Vortrage: Über Mesdem (Mitteilungen des Vereins der Ärzte in Steiermark, 1894, Nr. 1 u. 2).

viel benutzten altägyptischen Schminke *mesdem* gebildet, nicht das natürliche Schwefelantimon, wie man früher annahm. Das *mesdem* war auch ein sehr geschätztes Heilmittel. Die Verwendung von Antimonpräparaten gehört späteren Zeiten an. — Die Schwefelarsenverbindungen, Realgar und Auripigment, dienten sowohl zum Färben, wie auch als Heilmittel, obwohl man deren giftige Wirkungen kannte. Kurz, eine stattliche Zahl färbender chemischer Verbindungen war den Alten zugänglich. Einige unter denselben sind die ältesten chemischen Präparate gewesen, welche fabrikmäßig dargestellt wurden.

Die zum Teil schon erwähnte Anwendung solcher künstlich bereiteter Produkte in der Medizin reicht ebenfalls bis in alte Zeiten zurück, wenn auch da nur von ersten Anfängen einer **pharmazeutischen Chemie** die Rede sein kann; aber ein Zusammenhang zwischen der chemischen Kunst und Pharmazie stellte sich schon sehr früh her, z. B. bei den Ägyptern, welche wohl die ersten waren, die eigentlich chemische Präparate zu Heilzwecken anwandten. So dienten Grünspan, Bleiweiß, Bleiglätte, Alaun, Soda, Salpeter zur Anfertigung von Salben und anderen Medikamenten; die Herstellung von Bleipflastern aus Bleiglätte und Öl wurde zur Zeit des **Dioskorides** viel betrieben. Eisenrost war ein sehr altes Heilmittel, dessen Verwendung man auf Äskulap zurückführte, Schwefel, sowie eisenhaltiger Kupfervitriol (*Chalcanthum*) gehörten schon vor unserer Zeitrechnung dem Arzneischatze an, während die so wichtigen Antimon- und Quecksilberpräparate erst im alchemistischen Zeitalter auftauchten.

Die meisten eben genannten offizinellen Verbindungen fanden auch zu anderen Zwecken Verwendung, wie schon für einige angegeben ist. Das Verbrennungsprodukt des Schwefels z. B. benutzte man zum Räuchern (**Homer**), zum Reinigen von Stoffen, zum Konservieren des Weines, zum Zerstören unechter Farbstoffe (**Plinius**), Kupfervitriol und Alaun zu Färbereizwecken. — Um die Übersicht über die Kenntnisse der Alten hinsichtlich chemischer Verbindungen abzuschließen, sei noch folgender Körper gedacht, zu deren Nutzanwendung frühzeitig Veranlassung gegeben war. Der Kalk wurde schon in alten Zeiten gebrannt und nach dem Löschen zur Bereitung von Mörtel benutzt, auch, wie schon erwähnt, zum Kaustisieren der Soda (S. 16). — Von Säuren kannten die Alten am längsten die **Essigsäure**[1] als rohen Weinessig; in allen sauren

---

[1] Von der auflösenden Kraft des Essigs, Mineralsubstanzen gegenüber, hatten die alten Völker abenteuerlichste Vorstellungen, wie namentlich aus den übereinstimmenden Berichten des **Livius** und **Plutarch** hervorgeht, daß Hannibal auf seinem Zuge über die Alpen Felsen mittels Essigs aus dem Wege

Pflanzensäften nahm man die Gegenwart derselben an. Die für die chemische Technik so wichtigen Mineralsäuren wurden erst im folgenden Zeitalter entdeckt.

Andere zu Beginn unserer Zeitrechnung und wohl schon früher bekannte organische Verbindungen waren Stärke[1] (aus Weizen), manche fette Öle aus Samen und Früchten (die ausgepreßt oder durch Auskochen mit Wasser vom Öl befreit wurden), Erdöl, (Naphtha), sowie Terpentinöl, welches durch Destillation des Fichtenharzes in sehr unvollkommenen Apparaten hergestellt wurde.[2] Von fetten Ölen waren Oliven-, Mandel-, Ricinusöl u. a. bekannt und dienten zu mancherlei Zwecken, das erstere z. B. zum Extrahieren von Duftstoffen aus Blumen, Blättern etc. Ätherische Öle kannte und verwendete man in großer Zahl. — Eine bedeutsame Rolle spielten in der Heilkunde die tierischen Fette; bemerkenswert ist u. a. die nach Plinius häufige Verwendung des Wollfettes, welches heute als Lanolin zu neuem Leben gelangt ist. — Den Rohrzucker scheint Plinius nicht gekannt zu haben. Häufig finden sich bei ihm Angaben über das Vorkommen und die merkwürdigen Wirkungen von Pflanzengiften (Alkaloiden).

Die bei den mancherlei Gärungsprozessen (bei der Wein-, Bier- und Brotbereitung) sich bildenden Stoffe (Weingeist, Kohlensäure etc.) blieben den alten Völkern unbekannt. Wohl bemerkten sie hier wie bei anderen Gelegenheiten, z. B. bei Beobachtung natürlicher Gasausströmungen, das Auftreten einer die Atmung hemmenden, unter Umständen tödlich wirkenden Luftart; jedoch lag es ihnen fern, in dieser ein von der atmosphärischen Luft verschiedenes Gas zu erkennen.

Dieser Mangel an Beobachtungsgabe, diese Abneigung, einer Erscheinung auf den Grund zu gehen, ja eine gewisse Indolenz natürlichen Vorgängen gegenüber sind charakteristische Merkmale der Naturbetrachtung der Alten. Statt Versuche mit Naturprodukten anzustellen, wurde vielmehr die Spekulation zu Hilfe gerufen, und auf die oberflächlichsten Beobachtungen hin entstanden

---

geräumt habe. Auch an die Erzählung des Plinius sei erinnert, nach welcher Kleopatra zur Bewahrheitung ihrer Versicherung, in einer Mahlzeit 1 Million Sesterzien verzehren zu können, kostbare Perlen in Essig aufgelöst habe, um sodann diesen Trank zu sich zu nehmen.

[1] ἄμυλον, welches nach seiner Bereitung ohne Mühlsteine so genannt wurde, und dessen Gewinnung Dioskorides beschrieben hat.

[2] Nach gütiger Mitteilung von Hrn. Prof. K. B. Hofmann findet sich die erste Beschreibung einer *destillatio per descensum* bei Aëtius (Ed. Aldina fol. 10).

Meinungen, welche, wenn von angesehener Seite geäußert, die Macht von Lehrsätzen erhielten. Wie anders als aus einem hochgradigen Mangel an Beobachtungstrieb könnte man des Aristoteles Behauptung erklären, daß ein mit Asche gefülltes Gefäß ebensoviel Wasser aufnehme, als ein gleich großes leeres! Als weiteres Beispiel für die Leichtgläubigkeit in jener Zeit diene die von Plinius ausgesprochene, allgemein geteilte Überzeugung, daß Luft in Wasser und umgekehrt dieses in Luft übergehen könne, daß ferner aus Wasser Erde entstehe, und der Bergkristall daraus hervorgegangen sei. Die Annahme, daß Wasser in Erde umgewandelt werden könne, ist häufig wieder aufgetaucht und hat bis in die neue Zeit hinein die Geister beschäftigt; wir werden darauf, als Gegenstand einer wichtigen Streitfrage, zurückkommen.

II
Zeitalter der Alchemie

In der Einleitung ist Ägypten als das Mutterland der alchemistischen Bestrebungen bezeichnet worden. Für die Ausbreitung und das Bekanntwerden derselben war die alexandrinische Akademie in den ersten Jahrhunderten unserer Zeitrechnung besonders tätig; sie war Trägerin und Vermittlerin der alchemistischen Ideen insbesondere zu der Zeit, als das weströmische Reich aus den Fugen ging.

Die Versuche, unedle Metalle in edle umzuwandeln, haben ihre Quelle in oberflächlichen Beobachtungen gehabt, die den Glauben an die Metallverwandlung kräftig zu stützen schienen. Zu solchen zufälligen Wahrnehmungen gehörte die Abscheidung von Kupfer aus Grubenwässern, welche sich in Kupferbergwerken angesammelt, und aus denen sich Kupfer auf eiserne Gerätschaften niedergeschlagen hatte. Was war natürlicher als eine „Transmutation" des Eisens in Kupfer anzunehmen! Für die Erzeugung von Gold oder Silber aus Kupfer schien die Überführung des letzteren in gelbe oder weiße Legierungen mittels erdiger Substanzen (Galmei, Arsenik) zu sprechen. Endlich wurde das Zurückbleiben von Gold und Silber aus ihren Amalgamen oder Legierungen mit Blei, nach dem Abtreiben des letzteren oder des Quecksilbers, als eine Erzeugung dieser edlen Metalle gedeutet.

Diesen, die Überzeugung von der Metallveredelung verstärkenden Umständen praktischer Natur, welche auf grober Selbsttäuschung der Beobachter beruhten, zum Teil aber von schlauen Betrügern verwertet wurden, gesellte sich die zuerst in diesem Zeitalter auftretende Neigung hinzu, chemische Tatsachen unter gemeinsamen Gesichtspunkten theoretisch zusammenzufassen.

Gerade in der Art, wie man die Zusammensetzung der Metalle zu deuten versuchte, lag ein mächtiger, fort und fort wirkender Reiz, an die Metallveredelung zu glauben und diese immer von neuem zu versuchen. Die ersten Anfänge einer experimentellen Richtung, der wir schon früh im alchemistischen Zeitalter begegnen, sind noch sehr unvollkommen, bedeuten aber dennoch einen wesentlichen Fortschritt, gegenüber der zuvor allein herrschenden deduktiven Methode deren Frucht meist in der Aufstellung mystischer Kosmogenien bestand. Die wenigen Beobachtungen waren auf solche Weise vereinzelt, ohne ein geistig sie verknüpfendes Band geblieben.

Daß die Anläufe, um zur Erkenntnis von Naturvorgängen auf induktivem Wege zu gelangen, auch in dem alchemistischen Zeitalter nur schwach waren, erklärt sich aus der Herrschaft der aristotelischen Ideen, welche, verquickt mit neuplatonischer Philosophie, die Geister fast während des ganzen Mittelalters in Fesseln schlugen. Selbst die christliche Theologie mußte mit diesem System paktieren; das Produkt gemeinsamer Arbeit war die Scholastik, welche allen geistigen Bestrebungen jener Zeit ihr Gepräge erteilte und dieselben in ihrer freien Entwickelung hemmte. Die Verwandtschaft alchemistischer Tendenzen mit der aristotelischen Philosophie wurde schon angedeutet (S. 7).

Die Begrenzung dieses Zeitalters von dem ersten bestimmten Auftreten alchemistischer Vorstellungen (4. Jahrh.) bis zu dem kühnen Versuch des Paracelsus, der Chemie die Medizin dienstbar zu machen (Anfang des 16. Jahrh.), ist deshalb naturgemäß, weil innerhalb dieses Zeitalters ein und derselbe Grundton in allen auf Chemie bezüglichen Fragen durchklingt: die Idee der Metallveredlung. Von der Ausführbarkeit der letzteren war man Jahrhunderte hindurch so fest überzeugt, daß fast alle, welche der Chemie ihre Kräfte weihten, und noch viele Unberufene hoffnungsvoll nach diesem ersehnten Ziele strebten. Die frühzeitig auftretende Beimengung astrologischen und kabbalistischen Unsinns zu den alchemistischen Bestrebungen läßt recht deutlich die Ausartung der letzteren erkennen.

Mit dem Erscheinen der neuen iatrochemischen Lehre hört die Alchemie keineswegs auf zu existieren, aber für die mehr und mehr in wissenschaftliche Bahnen einlenkende Chemie tritt sie zurück; wohl durchleuchten ihre verführerischen Probleme noch oft unheimlich das Lager der Chemiker und üben auf diese, selbst die hervorragendsten unter ihnen, einen merklichen Einfluß aus; aber auf die Hauptrichtung, welche die chemische Wissenschaft seit Boyle eingeschlagen hat, haben die alchemistischen Phantasien wesentlich nicht mehr eingewirkt. — Trotz dieses geringen Einflusses darf eine kurze Darlegung des Zustandes der Alchemie in den letzten vier Jahrhunderten nicht ganz fehlen und ist daher als Anhang diesem Abschnitte angefügt.

Allgemeine Geschichte der Alchemie.[1]

Ursprung und erstes Auftreten alchemistischer Bestrebungen.[2]

Die Quellen, aus denen der Glaube an die Ausführbarkeit der Metallverwandlung Nahrung erhielt, und welche im Laufe der Jahrhunderte zu dem breiten Strome ärgster Verirrungen anwuchsen, haben ihren Ursprung im grauen Altertume. Die Sicherheit eines Nachweises derselben hört hier vollständig auf; man steht mythischen und mystischen Überlieferungen gegenüber. Die ersten geschichtlichen Quellen fließen ebenfalls recht trüb und spärlich. Bei verschiedenen Völkern begegnet man bestimmten Anzeichen dafür, daß die Alchemie als eine geheime Wissenschaft betrieben und in Ehren gehalten worden ist.

Wenn man sich die Bedeutung des alten Ägyptens vergegenwärtigt, als eines Sitzes hoher Kultur, und insbesondere eines Landes, in dem die chemische Kunst gepflegt wurde, so wird man sich nicht wundern, daß von dort die ältesten sicheren Nachrichten über Alchemie herrühren. Ägyptische Quellen, teils solche, die uns der Papyrus von Leiden[3] erhalten hat, teils Schriften der Alexandriner aus dem 3.—7. Jahrh. n. Chr. bilden die wichtigsten Hilfsmittel zum Nachweise des historischen Ursprunges der Alchemie. Der Einfluß der in diesen Werken enthaltenen Lehren und praktischen Vorschriften auf die Alchemie des ganzen Mittelalters läßt sich bestimmt nachweisen.

Die Sage, nach der mit anderem Wissen auch die Kunst, Metalle zu veredeln, von Dämonen aus dem Himmel auf die Erde gebracht sei, war in den ersten Jahrhunderten unserer Zeitrechnung allgemein verbreitet; nach Zosimos von Panopolis soll das ge-

---

[1] Vergl. Kopp, *Gesch. d. Chemie* I, 40 ff. II, 141 ff.; ferner sein Werk: *Die Alchemie in älterer und neuerer Zeit* (Heidelberg 1886).

[2] Vergl. besonders M. Berthelot: *Les origines de l'alchimie* (Paris 1885) und *Introduction à l'étude de la chimie des anciens et du moyen-âge* (Paris 1889); ferner die treffliche Schrift von H. W. Schaefer: *Die Alchemie. Ihr ägyptisch-griechischer Ursprung etc.* Flensburg 1887. (Schulprogramm.) M. Berthelot hat sich durch Herausgabe, bezw. kritische Bearbeitung alter alchemistischer Werke (z. B. des Papyrus von Leiden, griechischer, sowie arabischer Handschriften) sehr großes Verdienst erworben in neuester Zeit sind von ihm in Verbindung mit Philologen herausgegeben: *Collection des anciens Alchimistes Grecs* und *La chimie en moyen-âge*).

[3] Dieses wichtige Dokument ist in Theben aufgefunden, dort wohl auch verfaßt worden; wann dies geschehen, läßt sich nicht genau ermitteln.

heimnisvolle Buch, in welchem jene Kunst gelehrt wurde, χῆμευ, und letztere χημεία bezeichnet worden sein. Diese Mythe entspricht gewiß einer ganz ähnlichen, in dem Apokryphenbuch Henoch aufbewahrten; ja, Anklängen an dieselbe begegnet man schon in der Genesis. Die späteren Alchemisten waren sogar geneigt, den Ursprung der Alchemie in die Zeit vor der Sintflut zu legen, in der Meinung, durch das hohe Alter erhalte ihre Kunst eine besondere Weihe. Überhaupt stempelten dieselben, unter Hinweis auf Stellen der heiligen Schrift, verschiedene biblische Persönlichkeiten zu Alchemisten, z. B. Moses und seine Schwester Mirjam, sowie den Evangelisten Johannes. Wenn solche, im Mittelalter entstandene Märchen Glauben fanden, so kann man sich nicht wundern, daß jene von alten Zeiten her überlieferten Erzählungen von dem Ursprunge dieser Kunst lange Zeit in Ansehen blieben.

Die erste Persönlichkeit, an welche die Alchemie ihren Ursprung anknüpfte, ist Hermes Trismegistos[1], der dreimal größte, gewesen; von ihm sollen Bücher über die heilige Kunst verfaßt worden sein; er wurde überhaupt als Erfinder aller Künste und Wissenschaften gefeiert. Die damals beliebten Ausdrücke Hermetik, hermetische Schriften, hermetische Kunst[2] haben noch bis in unser Jahrhundert hinein an diese durchaus mythische Persönlichkeit erinnert. Im römischen Ägypten waren zu Ehren dieses Hermes Säulen errichtet, auf denen man alchemistische Vorschriften in Hieroglyphen eingegraben hatte.

Wer ist nun dieser Hermes gewesen? Ohne Zweifel hat man in ihm, wie aus alten Überlieferungen hervorgeht, die personifizierte Idee einer Kraft zu suchen, nämlich die altägyptische Gottheit Thot (synon. Theuth), welche, mit dem Schlangenstabe als Symbol der Klugheit ausgestattet, von den Griechen mit ihrem Hermes verglichen wurde, daher diese letzte Bezeichnung auf den ägyptischen Gott überging.[3] Als heilige, göttliche Kunst wurde die Alchemie, deren Aufgabe insbesondere die Bearbeitung der Metalle war, geheim gehalten, von der Priesterkaste gehegt und gepflegt; nur den Söhnen

---

[1] Diese Benennung findet sich wohl zuerst bei dem griechischen Schriftsteller Tertullian (Ende des 2. Jahrhunderts unserer Zeitrechnung). Vergl. Schaefer a. a. O. S. 4 ff.

[2] Die Bezeichnung: spagirische Kunst (von σπάω, scheiden und ἀγείρω vereinigen abgeleitet) kommt erst im 16. Jahrhundert auf.

[3] Als Bestätigung dieser Identität ist der Umstand zu betrachten, daß in den Inschriften des dem *Thot* geweihten Tempels zu Dakke (am Nil) die drei Namen *Thot*, *Hermes*, *Mercurius*, ersterer in Hieroglyphen, Hermes in griechischen, der letzte in lateinischen Lettern vorkommen (Schaefer S. 7).

des Königs durften ihre Mysterien enthüllt werden. Ihr Ansehen wuchs in dem Maße, als der Glaube sich festsetzte, Ägypten verdanke der Alchemie seine Reichtümer.

Wann und auf welche Art sich Einflüsse anderer Völker auf die Alchemie der Ägypter geltend gemacht haben, ist schwer festzustellen. Von den Sterndeutern Babylons ist ohne Zweifel eine Verschmelzung mit der Astrologie und Magie vorgenommen worden; insbesondere die während vieler Jahrhunderte angenommenen Wechselbeziehungen zwischen der Sonne resp. den Planeten und den Metallen sind altbabylonischen Ursprungs. Nach der Mitteilung des Neuplatonikers Olympiodor (im 5. Jahrh. n. Chr.) entspricht das Gold der Sonne, das Silber dem Monde, das Kupfer der Venus, das Eisen dem Mars, das Zinn dem Jupiter, das Quecksilber dem Merkur, das Blei dem Saturn.[1] Da die Zahl sieben seit frühester Zeit im Orient als heilige galt, war für diese Beziehung zwischen Metallen und Planeten der Umstand gewiß von Bedeutung, daß man von beiden gerade sieben kannte. Lange Zeit, bis Ende des vorigen Jahrhunderts, sind die Metalle mit den Namen der Gestirne bezeichnet worden.

In den ersten Jahrhunderten unserer Zeitrechnung wurde — darauf lassen Stellen in den Werken des Dioskorides, Plinius und der Gnostiker schließen — die Umwandlung von Kupfer und Erzen in Silber und Gold als Tatsache angesehen.[2] Die schon bei Schriftstellern des ersten Jahrhunderts vorkommende „Verdoppelung der Metalle", welche auch im Papyrus von Leiden eine wichtige Rolle spielt, scheint ebenfalls auf Metallverwandlung hinzuweisen. Die Bezeichnung „Chemie" für diese Kunst kommt wohl zuerst in einem astrologischen Traktat des Julius Firmicus (im 4. Jahrh.) vor.

Die Angaben über die alchemistischen Bestrebungen mehren sich seit dieser Zeit, und zwar ist in den Schriften der damaligen alexandrinischen Gelehrten, namentlich von Zosimos, Synesius, Olympiodor manches darüber erhalten worden. Außer den eben Genannten sind noch einige pseudonyme Autoren, insbesondere Pseudodemokrit, als Zeugen für die Verbreitung der Alchemie herangezogen worden, jedoch ist die philologisch-historische Kritik noch nicht imstande gewesen, die Zeit genau festzustellen, in

---

[1] Schon bei Galen finden sich Andeutungen über den Einfluß der Planeten auf die Metalle. Vergl. auch J. Volhards anregenden Aufsatz: *Zur Geschichte der Metalle* in Zeitschr. f. Naturwissensch. Bd. 70.

[2] Auch in China beschäftigte man sich damals mit Alchemie; die Umwandlung von Zinn in Silber, von diesem in Gold galt als tatsächlich ausgeführt.

welcher die Werke jener verfaßt sind. Im Mittelalter scheute man sich nicht, die Schriften des falschen Demokrit, sowie eines Pseudo-Aristoteles als solche zu betrachten, welche von den berühmten Philosophen Demokrit und Aristoteles herrührten. Auch auf Thales, Heraklit, Platon führten die späteren Alchemisten unechte Schriften zurück, um das hohe Ansehen dieser Männer für ihre Zwecke zu benutzen.

Zosimos von Panopolis, enzyklopädischer Schriftsteller des 4. Jahrh., als eine der größten Autoritäten von den damaligen und den späteren Alchemisten verehrt, soll 28 Bücher, welche von Alchemie handelten, geschrieben haben, von denen aber nur spärliche Reste erhalten sind. Seine mystischen Rezepte lauten ganz unverständlich, doch ist von der Fixierung des Quecksilbers, von der Tinktur,[1] welche Silber in Gold umwandelt, sowie einem göttlichen Wasser (*Panacee*) deutlich die Rede. Auf das Werk des Pseudodemokrit: $\varphi v\sigma\iota\varkappa\grave{\alpha}$ $\varkappa\alpha\grave{\iota}$ $\mu v\sigma\tau\iota\varkappa\grave{\alpha}$ wird häufig Bezug genommen. Die bilderreiche geheimnisvolle Sprache des Zosimos ist offenbar auf die Werke der späteren Alexandriner, sowie weiterhin auf die der mittelalterlichen Alchemisten von maßgebendem Einfluß geblieben.

Die Zeit am Ende des 4. und Anfang des 5. Jahrh. ist offenbar die Periode der höchsten Blüte alchemistischer Studien bei den Alexandrinern gewesen; die auf uns gekommenen Werke des Synesius, sowie des Olympiodor, welcher den Beinamen $\pi o\iota\eta\tau\eta\varsigma$ (*operator*) trug, über Alchemie und Magie lassen freilich nur wenig Sicheres in bezug auf bestimmte Operationen und Kenntnisse chemischer Tatsachen erkennen.

Wie viele für die Geschichte der Chemie wertvolle Werke mit dem durch Zerstörung des Serapeums besiegelten Zusammensturz hellenischer Kultur in Ägypten verloren gegangen sind, läßt sich nicht entfernt ermessen. Daß aber die Kenntnisse chemischer Operationen, überhaupt chemisches Wissen und Können nicht gänzlich zugrunde gingen, dafür hatten einmal die frühzeitig entwickelten Beziehungen zwischen den Alexandrinern und byzantinischen Gelehrten gesorgt; denn vom 6. Jahrh. an fand die angewandte Chemie, zu der auch die alchemistischen Bestrebungen gezählt werden können, eine Pflanzstätte in Byzanz. Sodann aber wurden in Ägypten selbst die chemischen Kenntnisse durch jene Katastrophe nicht völlig ausgerottet; sie erwiesen sich dadurch lebensfähig, daß sie das Aufblühen gewisser Industriezweige

---

[1] Der später oft gebrauchten Bezeichnung „*mercurius philosophorum*" begegnet man zuerst bei Synesius.

beförderten, welche ohne sie vielleicht gar nicht zur Entwickelung gelangt wären. Endlich hatte sich die Überzeugung von der Metallveredelung schon zu fest gesetzt, als daß man diese Kunst, zu Reichtümern zu gelangen, hätte einschlummern lassen.

Die Alchemie bei den Arabern. — Zu neuer Blüte gelangten die in den Köpfen weniger Philosophen verborgenen Keime chemischer Kenntnisse durch die Araber, welche im 7. Jahrhundert Ägypten als Eroberer überfluteten. Dieselben schienen die Künste und Wissenschaften eher vernichten zu wollen, als daß man von ihnen eine Wiederbelebung derselben hätte erwarten sollen. Wunderbar, daß dieses ursprünglich der Wissenschaft fremde Volk zu einer Zeit, da in den meisten Ländern Europas die Kultur auf niedrigster Stufe verharrte, und alles unter dem Druck der durch die Völkerwanderung geschaffenen Umstände niedergebeugt war, sich der Pflege der Wissenschaften annahm und dieselben zu ungeahnter Blüte kommen ließ.[1]

Das Auftreten der Araber in Ägypten, wo sie manche kostbare literarische Schätze durch Feuer vernichteten, ließ eine derartige Sinnesänderung nicht ahnen; aber bald verstanden dieselben, die Elemente der Bildung von den unterjochten Völkern[2] in sich aufzunehmen, und so sehen wir, namentlich nach der Eroberung Spaniens (zu Anfang des 8. Jahrh.) viele Stätten der Gelehrsamkeit entstehen, zu denen in den nächsten Jahrhunderten die übrigen Länder Europas, zumal Frankreich, Italien, Deutschland, Scharen von Wißbegierigen sandten, welche daselbst vorzugsweise den Studien der Medizin, Mathematik und Optik obliegen konnten. Namentlich von den arabischen Akademien in Cordova und anderen Städten Spaniens aus, wo auch die Alchemie eifrig gepflegt wurde, fand diese ihren Weg nach den übrigen Abendländern, in denen sie jedoch erst im 13. Jahrhundert zu voller Entwickelung gelangen sollte.

---

[1] Al. v. Humboldt gab dieser Bedeutung der Araber in folgenden Sätzen Ausdruck (Kosmos II, S. 239): „Die Araber, ein semitischer Urstamm, verscheuchen teilweise die Barbarei, welche das von Völkerstürmen erschütterte Europa bereits seit 2 Jahrhunderten bedeckt hat. Sie führen zurück zu den ewigen Quellen griechischer Philosophie; sie tragen nicht bloß dazu bei, die wissenschaftliche Kultur zu erhalten, sie erweitern sie und eröffnen der Naturforschung neue Wege."

[2] Auf den wichtigen Anteil, welcher den Nestorianern an der Übertragung wissenschaftlichen Geistes und praktisch-chemischer Kenntnisse auf die Araber zufällt, sei kurz hingewiesen. Auf Grund neuer Forschungen (Berthelot u. a.) besteht kein Zweifel darüber, daß gerade in bezug auf chemisches Wissen die Araber dieser syrischen Kultur vieles, wenn nicht das meiste entlehnt haben.

Zu besonderer Berühmtheit und einem das ganze Mittelalter beherrschenden Ansehen gelangte der Arzt und Alchemist *Dschafar*, der unter dem Namen *Geber* den Abendländern bekannt blieb. Über sein Leben, das in das 9. und 10. Jahrhundert verlegt wird, weiß man nichts. Möglich auch, daß zuweilen Verwechselungen zwischen ihm und seinem (aus Tarsus stammenden) Schüler *Dschabir* vorgekommen sind.

Daß mit dem Namen *Geber* die Erinnerung an eine Persönlichkeit fortlebte, in der sich das chemische Wissen ihrer Zeit vereinigte, ist nicht in Abrede zu stellen. Aber erwiesen ist seit kurzem durch die verdienstvollen Bemühungen Berthelots und seiner Mitarbeiter[1], daß die, Geber zugeschriebenen lateinischen Schriften nicht von ihm herrühren können. Die älteste dieser, die berühmte *summa perfectionis magisterii* ist nicht vor Mitte des 14. Jahrhunderts geschrieben; noch späterer Zeit gehören die früher als echt angesehenen an: *De investigatione veritatis; de investigatione perfectionis metallorum.* Überhaupt sind alle vermeintlich Geberschen lateinischen Schriften apokryph. — Die auf uns gekommenen, von dem wahren Geber herrührenden arabischen Handschriften, die durch Berthelots Bemühungen jetzt bekannt geworden sind, lassen erkennen, daß ihm bisher Kenntnisse und Meinungen zugeschrieben sind, die er nicht gehabt hat. Vielmehr lehnt Geber sich eng an griechisch-alexandrinische Alchemisten an und weist viele mystische Elemente auf, z. B. den Glauben an den Einfluß der Sterne auf die Metalle. — Von der ihm zugeschriebenen Theorie der Metalle (s. u.) findet sich in den erhaltenen als echt zu betrachtenden Handschriften kein deutliches Anzeichen; auch erscheinen darin die chemischen Kenntnisse geringfügig. — Hiernach kann also Geber die Bedeutung, die man ihm, als vermeintlichem Verfasser der lateinischen Schriften lange beigemessen hat, nicht zukommen. In diesen letzteren haben sich die in den auf Geber folgenden 4—5 Jahrhunderten angesammelten Kenntnisse niedergeschlagen. Wir haben es also hier mit einem Pseudo-Geber zu tun.

Seine Nachfolger, berühmte arabische Ärzte, wie Maslema, Rhazes, Avicenna, Avenzoar, Abukases, Averrhoes, mögen auf die Entwickelung der Heilkunde und Pharmazie nachhaltigen Einfluß geübt haben. Einige haben gewiß die Chemie wesentlich bereichert, wie sich dies aus der merkwürdigen, etwa i. J. 975 ent-

---

[1] S. Note 2 auf S. 22; vergl. auch zwei Abhandlungen Berthelots in der *Revue des deux mondes 1893* (15. Septbr. u. 1. Oktbr.). — Der Orientalist Steinschneider hat ebenfalls die lateinischen, früher Geber zugeschriebenen Schriften als Machwerke des späteren Mittelalters erkannt.

standenen Schrift des nordpersischen Arztes Abu Mansur (Muwaffak): „Buch der pharmakologischen Grundsätze" deutlich erkennen läßt.[1] Für die Feststellung der chemischen Kenntnisse ist dieses Werk höchst wichtig (s. Beispiele im speziellen Teile), zugleich ist es die älteste Arzneimittellehre der Perser. Als bemerkenswert sei erwähnt, daß Rhazes die Transmutation der Metalle bestimmt annimmt, während Avicenna dieselbe bestreitet.

Alchemie in den christlichen Abendländern während des Mittelalters.

Die Lehren der ägyptisch-griechischen, sowie der arabischen Alchemisten fanden allmählich den Weg nach Frankreich, Italien, Deutschland; auch haben gewiß byzantinische Gelehrte, wie Michael Psellus, zur Verbreitung alchemistischer Ideen beigetragen. In der Tat läßt das erste mit Sicherheit nachgewiesene Auftreten eines Alchemisten in Deutschland am Hofe Adalberts von Bremen (um 1063), über welches Adam von Bremen berichtet, diesen östlichen Einfluß bestimmt erkennen; ein getaufter Jude Paulus nämlich behauptete, in Griechenland die Kunst, Kupfer in Gold umzuwandeln, erlernt zu haben, und hat, wie es scheint, jenen Kirchenfürsten betört. Dieser frühesten Nachricht alchemistischer Bestrebungen in Deutschland folgen bestimmte Mitteilungen erst im 13. Jahrhundert. In dieser Zeit gelangte die Alchemie, getragen von Namen, welche den Ruf größter Gelehrsamkeit in sich vereinigten, zu hoher Blüte.

Die Umwandlung unedler Metalle in edle mittels des Steines der Weisen bildete damals den Angelpunkt, um den sich alles chemische Wissen drehte. Von Vinzenz von Beauvais (in der ersten Hälfte des 13. Jahrh.) mit einiger Sicherheit behauptet, galt die Transmutation der Metalle Männern wie Albertus Magnus, Roger Baco, Arnaldus Villanovanus, Raymund Lullus, die nach der Zeit ihres Hauptwirkens dem 13. Jahrh. angehörten, für eine unumstößliche Tatsache. Nach ihren Behauptungen existiert der Stein der Weisen und besitzt die wunderbarsten Kräfte (s. u.). Ihre Lehrmeinungen wurzeln in denen der Aristoteliker, sowie der ägyptisch-griechischen Alchemisten. Im Anschluß an diese bedeutendsten Vertreter der Chemie, die sämtlich dem geistlichen

---

[1] Veröffentlicht und kommentiert von Dr. Achundow (Baku), herausgegeben von A. Kobert. Vergl. den darauf bezüglichen Vortrag von E. O. v. Lippmann: Zeitschr. angew. Chem. 1901, S. 640.

Stande angehörten, sei noch der berühmte Thomas von Aquino genannt, der zwar nicht die chemischen Kenntnisse wesentlich gefördert, wohl aber sich verschiedentlich für die Wahrheit der Metallveredelung ausgesprochen hat.

Der Bedeutung der vier zuvor Genannten für die Geschichte der Chemie entspricht es, einige biographische Notizen über sie einzuflechten; ihre Ansichten über das alchemistische Problem, sowie ihre praktischen chemischen Kenntnisse, sind in besonderen Abschnitten erörtert. An die Schriften jener Männer muß die Kritik mit Vorsicht herantreten, da viele in späterer Zeit verfaßte alchemistische Traktate unter Benutzung ihrer berühmten Namen in die Welt gegangen sind.

Albertus Magnus, eigentlich Albert von Bollstädt, i. J. 1193 zu Lauingen an der Donau geboren, lehrte als Dominikaner öffentlich in Hildesheim, Regensburg, Köln, Paris, wurde 1260 Bischof von Regensburg, zog aber schon 5 Jahre später die klösterliche Stille dem geräuschvollen Leben vor und starb im Dominikanerkloster zu Köln, nachdem er noch 15 Jahre lang sich wissenschaftlichen Arbeiten gewidmet hatte. Albertus Magnus stand schon bei seinen Zeitgenossen, mehr noch während des späteren Mittelalters im Rufe größter Gelehrsamkeit und vielseitigsten Wissens; die Stufenleiter desselben bezeichnet ein Schriftsteller des 15. Jahrhunderts, Tritheim, durch folgende Worte: „Magnus in magia naturali, major in philosophia, maximus in theologia." Auch wegen seines edlen Charakters wurde ihm die höchste Verehrung zuteil. Unter seinen zahlreichen Schriften nehmen die beiden: *De Alchymia* und *De rebus metallicis et mineralibus* für die Beurteilung seiner Stellung zur Alchemie die hervorragendste Bedeutung in Anspruch.

Roger Baco, um das Jahr 1214 in der Grafschaft Sommerset geboren, erwarb sich in Oxford und Paris neben theologischen naturwissenschaftliche Kenntnisse. Der Hochachtung vor seinem Staunen erregenden vielseitigen Wissen gab die Nachwelt Ausdruck in dem ihm beigelegten Titel *Doctor Mirabilis*. Da Baco sich nicht scheute, in manchen Fragen gegen den Autoritätsglauben seiner Zeit aufzutreten, so hatte er härteste Verfolgung und Strafen zu dulden; sein Tod fällt wahrscheinlich in das Jahr 1294.

Mit dem reichen Maß an Aufklärung, welche er besaß und verbreitete, steht in seltsamem, kaum begreiflichem Widerspruche seine feste Überzeugung von der Kraft des Steines der Weisen, der nicht nur ein millionenfaches Gewicht unedles Metall in Gold zu verwandeln, auch das Leben zu verlängern vermöge. Dieser offenen

Anerkennung von Wunderwirkungen, dieser Hinneigung zum Unfaßlichen stellt sich die Tatsache schroff gegenüber, daß Roger Baco als eine besondere Art der Forschung, durch welche neue Mittel zur Erkenntnis der Natur geschaffen werden, nämlich die bewußte überlegte Anstellung von Versuchen lehrte. Er ist als der intellektuelle Urheber der experimentalen Forschung anzusehen, wenn man an einen Namen das Einschlagen dieser Richtung anknüpfen will, welche, von der Chemie mehr und mehr adoptiert, dieser Wissenschaft ihr eigenartiges Gepräge aufgedrückt und ihre stetige Fortentwickelung gesichert hat. Die bedeutendsten Werke von Roger Baco sind die folgenden: *Opus majus. Speculum alchemiae. Breve breviarium de dono Dei.*

Der Ausbreitung und Erweiterung praktisch chemischer Kenntnisse hat Baco allem Anschein nach nur wenig genützt.

In dem Leben und Wirken der beiden namhaften Alchemisten Arnaldus Villanovanus und Raymund Lullus spiegelt sich recht deutlich das alchemistische Treiben jenes Jahrhunderts; freilich herrscht bezüglich vieler Punkte namentlich im Leben des Lullus sowie auch bezüglich der ihm zugeschriebenen Werke große Unsicherheit. Beide Männer haben jedenfalls bei ihren Lebzeiten und während der folgenden Jahrhunderte in großem Ansehen bei allen Alchemisten gestanden. Arnald Villanovanus, dessen Herkunft ungewiß ist, wirkte in der zweiten Hälfte des 13. Jahrhunderts in Barcelona als Arzt, mußte aber, da seine Lehrmeinungen bei der Geistlichkeit großes Ärgernis erregten, von dort fliehen und fand erst, nachdem er weder in Paris noch in verschiedenen Städten Italiens Ruhe und Schutz vor Verfolgungen hatte erlangen können, ein Asyl in Sizilien bei dem König Friedrich II. Zu dem schwer erkrankten Papst Clemens V. nach Avignon gerufen, kam er auf dem Wege dorthin durch Schiffbruch ums Leben (etwa i. J. 1313). Von der Art und Wirksamkeit des Steines der Weisen hatte Arnald seine besonderen Ansichten, auch bezüglich der mit jenem erzeugten edlen Metalle (s. u.). Von seinen Schriften seien folgende genannt: *Rosarius philosophorum. De vinis. De venenis.*

Ein ähnlich unstetes Leben, wie das eben geschilderte, war dem Raymund Lullus beschieden, ein Leben, welches die größten Gegensätze und Exzentrizitäten in sich schloß. Bald nach seinem Tode Gegenstand sagenhafter Verherrlichung, besaß Lullus bei allen Alchemisten den Ruf, das höchste, was ihre Kunst zu leisten vermöge, ausgeführt zu haben. Die historische Kritik hat ihm gegenüber einen besonders schweren Stand; denn einmal sind viele der ihm zugeschriebenen Schriften sicher unecht und für die Frage, welche von ihnen wirklich echt sind, fehlt es an Anhaltspunkten. Sodann schwebt ein tiefes Dunkel darüber, ob der Alchemist Raymund Lullus mit dem berühmten Grammatiker und Dialektiker dieses Namens, welchen seine Bewunderer den *Doctor Illuminatissimus* nannten, wirklich identisch ist; gegen diese von vielen gehegte Meinung sprechen aber sehr deutlich manche in des letzteren Werken sich findende Urteile über Alchemie.

Über das Leben des Raymund Lullus kommen die meisten Angaben dahin überein, daß derselbe um das Jahr 1235 geboren, einer edlen spanischen Familie entstammte, zuerst am aragonischen Hofe sich einem wüsten Leben hingab, vom dreißigsten Jahre ab aber den Freuden der Welt entsagte und sich den Wissenschaften widmete. Wahrscheinlich haben Baco und Villanovanus ihn in die Geheimnisse der Alchemie eingeführt. In höherem Alter begeisterte sich Lullus für das Werk der Bekehrung von Ungläubigen, unternahm selbst zu diesem Zwecke Reisen nach Afrika, fand aber dort mehrmals die übelste Aufnahme, zuletzt den Tod durch Steinigung (i. J. 1315). Die Sage ließ ihn nach dieser Zeit noch viele Jahre lang in rastloser Beschäftigung mit der Alchemie leben, doch ist die Unhaltbarkeit dieser Überlieferung nicht zu bezweifeln.

Seine alchemistischen Lehrmeinungen sind sehr dunkel gehalten; noch unverständlicher, in tiefes mystisches Dunkel gehüllt sind seine Vorschriften zur Metallveredelung. Kein Alchemist hat wohl vor ihm dem Stein der Weisen solche Leistungsfähigkeit zugeschrieben; denn er konnte übermütig ausrufen: „Das Meer wollt ich in Gold verwandeln, wenn es von Quecksilber wäre!" Aber nicht nur Gold, auch alle Edelsteine und das höchste Gut, Gesundheit, sowie langes Leben, sollten durch den Stein der Weisen erzielt werden. Von seinen Schriften werden das *testamentum*, *Codicillus seu Vademecum* und *Experimenta* meist als echt angesehen.

Bald nach dem Tode des Lullus mögen die ersten lateinischen Schriften (z. B. die S. 27 genannte *Summa*) als von Geber verfaßt verbreitet worden sein. Bemerkenswert und für die ungefähre Feststellung ihres Alters wichtig ist, daß weder Albertus Magnus, noch Raymund Lullus auf diese Schriften Bezug nehmen, die am Ende des 14. Jahrhunderts in wachsendem Ansehen standen. Die Kenntnisse, die sich aus den Werken Pseudo-Gebers ergeben, sind recht ansehnlich. Große Fortschritte offenbaren sich in den klaren Vorschriften zur Herstellung von Präparaten; die Anwendung von Gerätschaften, z. B. Wasserbad, Aschebad, verbesserten Öfen, die Beschreibung von Operationen, wie Sublimation, Filtrieren, Kristallisieren, Destillieren u. a. m.: Alles dies läßt den hohen Stand der praktisch-chemischen Kenntnisse Pseudo-Gebers deutlich erkennen. — Auf die wichtige Ansicht von der Zusammensetzung der Metalle aus Quecksilber und Schwefel ist weiter unten einzugehen.

Sonst weist in dem 14. und der ersten Hälfte des 15. Jahrhunderts die Geschichte der Alchemie keinen einzigen Vertreter auf, der sich mit den oben geschilderten Philosophen — so nannten sich mit Vorliebe die Alchemisten — messen könnte.

Damit soll jedoch nicht gesagt sein, daß die vermeintliche Kunst, Gold zu machen, eingeschlummert sei; vielmehr hat dieselbe in jener Zeit die seltsamsten Blüten getrieben. Wenn man die Pflege der Alchemie an einzelne Namen knüpfen will, so können als solche, die im Besitz des wunderkräftigsten Steines der Weisen gewesen sein sollen, der Franzose Nikolaus Flamel, Isaak Hollandus der Ältere und der Jüngere, der Graf Bernhard von Trevigo, der Engländer Ripley genannt werden. Eine wertvolle Erweiterung des chemischen Wissens durch diese Männer hat die Geschichte der Chemie nicht zu verzeichnen.

An vielen Höfen Europas hatte zu jener Zeit die Alchemie Schutz und Pflege gefunden; nichts erschien ja einfacher, als mit Hilfe künstlichen Goldes die meist kläglichen Finanzen der Länder zu heben, wie man dies schon zu Zeiten des römischen Kaiserreichs zu erzielen gehofft hatte. Über die häufigen Enttäuschungen, welche früher oder später eintreten mußten, finden sich manche Dokumente in der Geschichte jener Jahrhunderte: Verbote der Beschäftigung mit Alchemie, Bedrohung der Zuwiderhandelnden mit den schwersten Strafen und Berichte über Entdeckungen großartigster Betrügereien. Besonderer Zuneigung erfreute sich die Alchemie am Hofe Heinrichs VI. von England, trotzdem die vorher regierenden Könige für ihren Hang zur hermetischen Kunst schwer hatten büßen müssen, auch ein strenges Gesetz gegen dieselbe von Heinrich IV. erlassen worden war. Die Folge der von jenem Könige ihr zugewandten Gunst war die Anfertigung großer Massen falschen Goldes, welches, ausgeprägt, die Nachbarländer überschwemmte. In Frankreich, welches damals von England mit Krieg überzogen war, versuchte Karl VII., irregeleitet durch einen Alchemisten Le Cor, das gleiche Experiment und vermehrte dadurch die Schuldenlast seines Landes beträchtlich; zu den von ihm in Umlauf gesetzten, aus alchemistischem Gold verfertigten Münzen kamen noch die aus England eingeführten „Rosenobles". Solche in großem Maßstabe betriebene Falschmünzerei war nicht dazu angetan, das Ansehen der Alchemie zu heben.

Unter der Mißachtung, welche dieser zuteil wurde, litt in jener Zeit die Chemie selbst; sicher aber ist sie durch viele beachtenswerte Beobachtungen und Erfahrungen bereichert worden; denn gegen Ende des 15. und zu Anfang des 16. Jahrhunderts begegnet man einer erheblichen Erweiterung der chemischen Kenntnisse. Bis vor kurzem verknüpfte man mit diesen Fortschritten den Namen des Basilius Valentinus, der in sich das ganze chemische Wissen am Ausgange des Mittelalters zusammengefaßt haben sollte. Die ihm zugeschriebenen Schriften zeigen in der Tat eine erstaunliche Fülle und Reife rein chemischer Kenntnisse. Aber ihre Echtheit wurde mehr und mehr, mit vollem Rechte, angezweifelt. Lange Zeit glaubte man an seine Person; Nachforschungen, die auf Anordnung Kaiser Maximilians I. angestellt wären, hätten ergeben, daß Basilius ein aus Oberdeutschland stammender Benediktinermönch gewesen sei. Bezüglich der ihm zugeschriebenen Werke ließ man wohl die Annahme zu, daß im Laufe der Jahrzehnte Änderungen und Zusätze gemacht seien. Veröffentlicht wurden die unter seinem Namen, der schon am Anfang des 16. Jahrhunderts namentlich von den Alchemisten hochgeschätzt wurde, gehenden Werke zu Beginn des 17. Jahrhunderts von dem Ratskämmerer Thölde[1] (in Frankenhausen, Thüringen). Die wichtigsten dieser Schriften sind folgende: *Triumphwagen des Antimonii. — Von dem großen Stein der uralten Weisen. — Offenbarung der verborgenen Handgriffe. — Letztes Testament. — Schlußreden.*

Leider ist es nicht möglich, aus diesen Schriften den alten von einem ursprünglichen Autor herrührenden Kern herauszuschälen; jedoch läßt sich kaum bezweifeln, daß eine große Zahl von Tatsachen von dem etwa 100 Jahre vor der Veröffentlichung lebenden Verfasser aufgezeichnet ist, so namentlich in dem erstgenannten Werke, in dem wir eine bewundernswerte Monographie über ein Element und seine Verbindungen besitzen. Häufig erscheint die Sprache desselben durch mystische Bilder und alchemistische Vorstellungen getrübt, wird daher manchmal unverständlich. Aber während der

---

[1] Diesen Herausgeber als den „Erfinder" des Basilius zu bezeichnen, ist doch wohl nicht angängig, jedenfalls nicht beweisbar; bei Angabe wichtiger demselben zugeschriebener Beobachtungen wollen wir von einem Pseudo-Basilius sprechen. H. Kopp, der sich mit der Frage nach der Echtheit seiner Schriften besonders eingehend in den Beitr. z. Geschichte d. Chemie III, 110—129 beschäftigt hat, kommt zu dem Ergebnis, daß man über den Verfasser der oben genannten Schriften und über die Zeit, in der sie geschrieben wurden, nichts Sicheres weiß. Die Zeitgenossen Thöldes haben allem Anschein nach die Werke des Basilius für echt gehalten.

Verfasser einerseits als schwärmerischer Phantast auftritt, erregt er andereits die höchste Bewunderung durch die Fülle seiner nüchternen gewissenhaften Beobachtungen, sowie durch seine vernünftigen Ansichten über Gegenstände, welche bisher meist irrig beurteilt wurden.

Theorien und Probleme des alchemistischen Zeitalters.

Die alchemistischen Ideen mit ihrem Hauptsatze, daß Metalle in andere umgewandelt werden können, sind, wie oben dargelegt wurde, nachweislich zuerst in Ägypten aufgetaucht und systematisch gepflegt worden. Schon frühzeitig machte man dort den ersten Versuch, die angebliche Umwandlung der Metalle durch eine theoretische Auffassung von der Beschaffenheit der Metalle zu erklären. Dem gleichem Bestreben, nämlich die als unumstößliche Tatsache geltende Transmutation als Folge der Konstitution der Metalle hinzustellen, entsprang die in den Geber zugeschriebenen Werken enthaltene Lehre, welche im wesentlichen während des späteren alchemistischen Zeitalter die herrschende blieb; immer waren es die Metalle, welche zu den ersten chemischen Theorien Anlaß gaben.

Geht man auf den Kern der durch mystisches Beiwerk verschleierten Lehren der Alexandriner, so findet man, daß diese Philosophen von der Ansicht, die Metalle seien Legierungen verschiedener Zusammensetzung, durchdrungen waren. Daraus folgte weiter, daß durch Zuführung neuer oder durch Vertreiben schon vorhandener metallischer Substanzen eine Überführung von Metallen in andere möglich sein sollte. Solche Verwandlungen ähnlicher Körper ineinander erscheinen viel weniger wunderbar, als die von so unähnlichen, wie Luft, Wasser, Erde, welche nach den Lehren der Platoniker und Aristoteliker ineinander überführbar waren. Die Mittel, um dies mit den Metallen zu bewirken: die passenden Zusätze und vorzunehmenden Operationen wurden geheim gehalten oder bei Beschreibungen durch unklare bilderreiche Ausdrucksweise verdunkelt. Die verschiedene Farbe der Metalle und deren Veränderung durch Schmelzen mit anderen spielten bei den alchemistischen Prozessen eine hervorragende Rolle; dadurch, daß man einem unedlen Metall die Farbe eines edlen mitteilte, glaubte man viel erreicht zu haben. Färbung der Metalle war demnach für die Alexandriner und auch für die Alchemisten des Mittelalters gleichbedeutend mit Verwandlung insbesondere Veredelung derselben. Als Hauptoperationen finden sich die *Xanthosis* und *Leukosis*

(Gelb- und Weißfärbung), sowie *Melanosis* (Schwarzfärbung) genannt, welche mit den beim Färben von Geweben ausgeführten Prozessen verglichen werden. Die alte Bezeichnung *tincturae* für die Mittel, jene Verwandlung zu bewirken, gibt der Vorstellung, daß die letztere in einer Färbung bestehe, deutlich Ausdruck.

Von einer bestimmten chemischen Vorstellung, einer Kenntnis der tatsächlichen Vorgänge, welche sich bei diesen vermeintlichen Metallverwandlungen abspielen, ist, wie man annehmen darf, keine Spur vorhanden gewesen. Wohl aber lagen den Bemühungen der alexandrinischen Alchemisten, edle Metalle aus unedlen hervorzubringen, rein philosophische Spekulationen zugrunde, welche den Glauben an die Metallverwandlung kräftig angeregt und verstärkt hatten. Dieselben leiteten sich zum Teil aus den Schriften des Platon, insbesondere seinem „*Timäus*" her, der bei den Alexandrinern im höchsten Ansehen stand, teilweise entstammten sie der Philosophie des Aristoteles. Die beiden Griechen vertraten die Auffassung, daß die sogen. Elemente im allgemeinen einer gegenseitigen Umwandlung fähig seien;[1] eine Ausdehnung dieser Idee führte zur Annahme, daß für die Metalle das gleiche gelte. Die schon angeführten Beobachtungen über vermeintliche Erzeugung edler Metalle aus unedlen wurden als Beweise für die Richtigkeit jener Voraussetzung angesehen.

Bei den großen abendländischen Alchemisten des 13. Jahrhunderts begegnen wir bestimmten Lehrmeinungen über die Zusammensetzung der Metalle. Albertus Magnus z. B. nahm als deren Bestandteile Arsenik, Schwefel und Wasser an, Arnald Villanovanus und Lullus dagegen Quecksilber und Schwefel. Lullus trug sogar kein Bedenken, den Satz auszusprechen, daß alle Körper aus Quecksilber und Schwefel beständen!

Aus den bisher Geber zugeschriebenen Werken, die nach Berthelot, so, wie sie vorliegen, nicht vor dem 14. Jahrhundert entstanden sind, tritt uns eine spezifisch chemische Theorie der Metalle entgegen, welche, durch die Autorität des berühmten Namens gestützt, im späteren Mittelalter allgemeine Anerkennung gefunden hat. Dieselbe enthält die ausgesprochen chemische Betrachtungsweise einer Körperklasse; sie sucht die Verschiedenheit

---

[1] Sehr klar geht diese Idee aus einer Stelle im Timäus hervor: „Wir glauben zu sehen, daß das Wasser durch Verdichtung zu Stein und Erde wird; durch Zerteilung wird es Wind und Luft; die entzündete Luft wird Feuer; dieses aber nimmt, verdichtet und ausgelöscht, wieder die Gestalt der Luft an, und letztere verwandelt sich in Nebel, welcher zu Wasser zerfließt. Aus diesem endlich gehen Steine und Erde hervor."

der zu dieser gehörenden Substanzen durch Annahme einer eigentümlichen Zusammensetzung zu erklären. Die Metalle bestehen danach aus Schwefel und aus Quecksilber, welche in verschiedenen Mengenverhältnissen und in verschiedenen Graden der Reinheit, resp. mit unter sich abweichenden Eigenschaften darin enthalten sind.[1]

Die Metallverwandlung besteht nach ihm in einer willkürlichen Abänderung jener Zusammensetzung, die Veredelung speziell in einer Reinigung und Fixierung des Quecksilbers. Der Gedanke, ein Metall ganz neu zu schaffen, den wir üppig entwickelt bei den abendländischen Alchemisten antreffen, ist in den Werken des Pseudo-Geber nicht zu finden. Dies, sowie die Anwendung seiner Theorie ergibt sich aus folgenden Sätzen, die sein theoretisch und praktisch chemisches Programm in sich fassen: *„Vorzugeben, einen Körper aus einem anderen auszuziehen, der ihn nicht enthält, ist Torheit. Da aber alle Metalle aus Quecksilber und Schwefel bestehen, so kann man diesen das hinzufügen, was ihnen fehlt, oder das von ihnen fortnehmen, was im Überschusse vorhanden ist. Um dahin zu gelangen, wendet die Kunst an: die Calcination, die Sublimation, die Dekantation, die Auflösung, die Destillation, die Gerinnung* (d. i. Kristallisation) *und die Fixation. Die wirkenden Mittel sind die Salze, die Alaune, Vitriole, der Borax, der stärkste Essig und das Feuer."*

Die ungleiche Herkunft der Geber bisher zugeschriebenen Werke liefert die Erklärung dafür, daß an manchen Stellen seiner Werke kein Unterschied gemacht wird zwischen den supponierten zwei Bestandteilen der Metalle und dem natürlichen Schwefel und Quecksilber, an anderen die Ansicht ausgesprochen wird, daß diese mit jenen nicht gleich seien. Das in den Metallen vermeintlich enthaltene Quecksilber, sowie der darin angenommene Schwefel wurden im letzteren Falle zu abstrakten Dingen gestempelt, zu Trägern gewisser Eigenschaften der Metalle: das Quecksilber erschien als Träger des Glanzes, der Dehnbarkeit, Schmelzbarkeit, also des eigentlich metallischen Verhaltens; der Schwefel dagegen wurde wegen seiner Brennbarkeit als Ursache der Veränderung vieler Metalle im Feuer, in diesen angenommen. Die edlen, im Feuer beständigen Metalle sollten demgemäß aus fast reinem Queck-

---

[1] Den obigen beiden Bestandteilen der Metalle gesellte Pseudo-Geber zuweilen Arsenik als möglichen dritten hinzu, ohne jedoch dieser Erweiterung Gewicht beizulegen. — Auch erscheint seiner Lehre von der Zusammensetzung der Metalle hin und wieder die des Aristoteles über die vier verschiedenen Zustände der Materie beigemengt, und zwar werden die „vier Elemente" gewissermaßen als entferntere, Quecksilber und Schwefel als nähere Bestandteile gedacht.

silber bestehen, welches aber schon deshalb nicht dem bekannten gleich sein konnte, weil dieses flüchtig war; diese letztere Eigenschaft sollte ihren Grund darin haben, daß das gewöhnliche Quecksilber auch Schwefel enthielt. Mittels solcher und ähnlicher Annahmen setzte man sich leicht über die starken Widersprüche zwischen Theorie und Tatsachen hinweg; namentlich die Alchemisten späterer Zeiten leisteten darin Erstaunliches.

Um das im Sinne obiger Theorie mögliche Problem der Metallverwandlung zu lösen, sind nach Pseudo-Gebers Angaben sogenannte „Medizinen" erforderlich, und zwar werden solche von verschiedener „Kraft und Tugend" unterschieden. Die Medizinen erster Ordnung bringen an unedlen Metallen wohl Veränderungen hervor, doch sind diese nicht von Bestand. Die der zweiten Ordnung sollen die Eigenschaften solcher Metalle zum Teil in die der edlen umwandeln;[1] die eigentliche Metallveredelung wird erst durch die Medizin dritter Ordnung hervorgerufen, welche als Stein der Weisen oder das *große Elixier* oder auch als *Magisterium* (Meisterstück) bezeichnet wird.[2] Die auf die Gewinnung der Medizinen höherer Ordnung bezüglichen Angaben von Pseudo-Geber sind völlig unverständlich; doch ist hervorzuheben, daß derselbe sich von den unglaublichen Übertreibungen fern gehalten hat, welche andere Alchemisten in bezug auf die Wirksamkeit jener geheimnisvollen Präparate sich zuschulden kommen ließen.

Man muß sich wundern, daß die mit ziemlich umfassenden chemischen Kenntnissen ausgerüsteten Alchemisten des 13. und 14. Jahrhunderts sich mit derartigen Spekulationen über die Zusammensetzung der Metalle begnügten, ohne zu versuchen, die in diesen und anderen Körpern angenommenen Stoffe wirklich darzustellen. Statt auf experimentellem Wege Einblick in die Zusammensetzung jener zu gewinnen, stellten sie, um naheliegende Einwürfe zu entkräften, neue Hypothesen auf, wie die, daß jene Bestandteile nicht den gewöhnlichen so benannten Stoffen gleich seien.

Eine Erweiterung durch Annahme eines dritten hypothetischen Bestandteiles, des Salzes, neben jenen beiden, erfuhr die obige Theorie der Metalle wahrscheinlich im 15. Jahrhundert; schon Isaak Hollandus sprach von dem „salzigen Grundstoff der Metalle". Aus den Werken des Pseudo-Basilius, sowie der

---

[1] Die bei späteren Alchemisten vorkommenden *Partikulare* scheinen den Medizinen zweiter Ordnung entsprochen zu haben.

[2] Von dem großen wurde später das kleine Elixier unterschieden, welches unedle Metalle nur in Silber umwandelt.

Iatrochemiker des 16. Jahrhunderts lernen wir diese Auffassung näher kennen. Unter *Salz* wurde nicht eine bestimmte chemische Verbindung, etwa das gemeine Salz verstanden, vielmehr galt dasselbe als Prinzip des Starren und Feuerbeständigen, wie anderseits der Schwefel die Brennbarkeit, resp. Veränderlichkeit im Feuer, auch die Farbe bedingen, das Quecksilber aber den metallischen Charakter und die Flüchtigkeit mit sich bringen sollte. Man verallgemeinerte diese Ansicht derart, daß die genannten drei Grundbestandteile in allen Körpern angenommen wurden, welche Auffassung Paracelsus seinen iatrochemischen Lehren zugrunde legte.

Waren demnach schon die Ansichten über die Zusammensetzung auch der einfachen Körper, der Metalle, höchst unklar und gänzlich falsch, so begreift man, daß chemische Vorgänge, wie sie mit der Bildung neuer Verbindungen verknüpft sind, von den Alchemisten unmöglich richtig gedeutet werden konnten. Sehr unvollkommene Versuche, einzelne Beobachtungen theoretisch zu erklären, wurden gemacht, wobei sich die gröbsten Irrtümer einschlichen; die Verkalkung der Metalle z. B. sollte auf dem Entweichen von Feuchtigkeit oder von irgend einem anderen Bestandteile beruhen, eine Ansicht, welche in der späteren Phlogistonlehre in veränderter Gestalt wieder auflebte. Wie wenig man sich bemühte, die wahren chemischen Bestandteile von Körpern zu entdecken, dafür legt die obige Theorie von der Zusammensetzung der Metalle beredtes Zeugnis ab.

Man kann den Satz aussprechen, daß erst mit dem erfolgreichen Bestreben, die wirkliche Zusammensetzung der Stoffe aufzufinden, die wissenschaftliche Chemie beginnt. Von dieser kann noch nicht die Rede sein zu einer Zeit, in der man für ausgemacht ansah, die Bildung einer chemischen Verbindung sei mit Vernichtung ihrer ursprünglichen Komponenten gleichbedeutend, es finde dabei eine Erschaffung neuer Substanz statt. Solche Meinung ist während des späteren alchemistischen Zeitalters die fast allein herrschende gewesen, während schon in den Werken des Pseudo-Geber richtigere Ansichten über die Zusammensetzung mancher chemischer Verbindungen durchblicken (so erkannte er Quecksilber und Schwefel als Bestandteile des Zinnobers).

Hand in Hand mit solchen durch keine Tatsachen gestützten Theorien wurde das Problem, den Stein der Weisen,[1] *mercurius philosophorum*, zu gewinnen, auf jegliche nur denkbare Weise von

---

[1] Vergl. außer den oben S. 22 Anm. 1 u. 2 genannten Werken Englers Festrede: Der Stein der Weisen (Karlsruhe 1889).

den abendländischen Alchemisten bearbeitet. Von solchen, welche in den glücklichen Besitz dieses Mittels zur Metallveredelung gelangt zu sein behaupteten, wurden demselben die unglaublichsten Wirkungen zugeschrieben. Um einen Begriff von der hochgradigen, durch das alchemistische Problem hervorgerufenen Geistesverirrung jener Zeit zu geben, seien einige von derartigen schwindelhaften Behauptungen namhafter Alchemisten über die Herstellung und die Macht des Steines der Weisen mitgeteilt.

Zur Bereitung des letzteren — so wurde insbesondere vom 13. Jahrhundert an gelehrt — war eine *materia prima* erforderlich und, diese zu gewinnen, galt als das schwierigste der ganzen Sache. Die unglaublichsten Stoffe, Naturprodukte jeder Art, wurden als Rohmaterialien zur Darstellung dieses Präparates in Angriff genommen und nach allen Richtungen hin bearbeitet. Diejenigen, welche den Stein der Weisen zu besitzen vorgaben, hüteten sich wohl, das Geheimnis ihrer *materia prima* zu verraten. In völlig rätselhaften Vorschriften schilderten sie allerhand Operationen mit ihren Präparaten[1], brauchten dabei mystische Bilder, wie die des Drachen, des roten oder grünen Löwen, der Lilie, des weißen Schwans u. a. m., und wußten dadurch ihre Nachahmer, deren sich früher ganze Scharen, später vereinzelte sogar bis in unser Jahrhundert hinein fanden, in steter Spannung zu erhalten und zur Nacheiferung anzuspornen. Daß dies möglich war, erklärte sich aus dem unerschütterlichen, im Mittelalter fast allgemeinen Glauben an die Metallveredelung mittels des Steines der Weisen.

Dem letzteren wurden die größten Wunderwirkungen zugesprochen; scheute sich doch ein Roger Baco nicht, zu behaupten, daß derselbe imstande sei, die millionenfache Menge unedlen Metalles in Gold zu verwandeln (*millies millia et ultra*). — Andere, z. B. Arnald Villanovanus, waren bescheidener in ihren Angaben über die Macht des Steines der Weisen, der die hundertfache Menge Quecksilber in Gold überzuführen vermöge. Wieder andere überboten dagegen die Versicherungen Bacos, wie aus folgender Stelle des dem Raymund Lullus zugeschriebenen *testamentum novissimum* hervorgeht: „Nimm von dieser köstlichen Medizin ein Stückchen, so groß als eine Bohne. Wirf es auf tausend Unzen Quecksilber, so wird dieses in ein rotes Pulver verwandelt. Von diesem gibt man eine Unze auf tausend Unzen Quecksilber, die davon in ein rotes Pulver verwandelt werden. Davon wieder eine Unze auf

---

[1] Der Prozeß des Fixierens, welcher Ausdruck das Festwerden des Quecksilbers bei der Veredelung andeuten sollte, war besonders wichtig.

tausend Unzen Quecksilber geworfen, so wird alles zu Medizin. Derselben eine Unze wirf auf tausend Unzen neues Quecksilber, so wird es ebenfalls zur Medizin. Von dieser letzteren Medizin wirf nochmals eine Unze auf tausend Unzen Quecksilber, so wird es ganz in Gold verwandelt, welches besser ist als Gold aus den Bergwerken." Aus diesen und anderen schwindelhaften Behauptungen ersieht man klar, daß der einfache Standpunkt, den die ägyptisch-griechischen Alchemisten der Frage der Metallveredelung gegenüber eingenommen hatten, im späteren Mittelalter verlassen worden ist.

Solchen Ausschreitungen gegenüber, die eine Verhöhnung des gesunden Menschenverstandes in sich schließen, kann es nicht wundernehmen, zu erfahren, daß dem Stein der Weisen andere fast noch unbegreiflichere Wirkungen zugeschrieben wurden: Gesundheit und Leben sollten durch ihn, als eine Universalmedizin, gesichert und erhalten werden. Derartige Behauptungen über die das Leben verlängernden Wirkungen des Elixiers sind ebenfalls im späteren Mittelalter aufgestellt worden, und es ist keine ungewöhnliche Versicherung, daß Adepten, die glücklichen Besitzer der *Panacee*, ihr Leben um 400 Jahre und mehr zu verlängern vermocht haben. Das lange Leben der Patriarchen wurde durch die Annahme erklärt, sie seien im Besitz jener Universalmedizin gewesen. Schon zur Zeit der arabischen Alchemisten hatte man dem künstlich dargestellten und sodann in trinkbare Form gebrachten Gold (*aurum potabile*) heilkräftige Wirkungen zugeschrieben, und aus solcher Meinung scheint der Glaube an die medizinische Kraft des Steines der Weisen hervorgegangen zu sein.

Die tollsten Blüten trieben die alchemistischen Vorstellungen gegen Ende des Mittelalters und zu Anfang der neueren Zeit, als die Erzeugung lebender Wesen mittels des Steines der Weisen als möglich betrachtet, ja tatsächlich gelehrt wurde; damit war der höchste Grad der Geistesverirrung erreicht.

Das traurige Bild, welches die Zustände der Alchemie in verschiedenen Zeiten vor uns entrollen, erhält noch dunklere Farben und tiefere Schatten durch die Tatsache, daß man, um die wunderbaren Wirkungen des Steines der Weisen zu erklären, sich nicht scheute, die Leistung göttlicher Beihilfe zu behaupten und die Prädestination in Anspruch zu nehmen. Mit dem Namen Gottes, mit Gebeten und Bibelsprüchen wurde von den Alchemisten des 13. Jahrhunderts und in noch höherem Grade von ihren Nachfolgern der gröbste Mißbrauch getrieben. Auf solche Einzelheiten einzugehen, liegt hier keine Veranlassung vor; doch sollten derartige Verirrungen nicht unerwähnt bleiben, um die Art und Weise, wie die Probleme der Alchemie zu verschiedenen Zeiten behandelt wurden, im richtigen Lichte erscheinen zu lassen.

Auf die Entwickelung der Chemie als Wissenschaft haben die alchemistischen Lehren, insbesondere die Theorien über die Zusammensetzung der Metalle nur einen geringen, mittelbaren Einfluß gehabt. Ihre Ausschreitungen beanspruchen als arge Geistesverirrungen, die einen großen Teil der Gebildeten in Banden geschlagen hatten, einen noch größeren Wert für die Kulturgeschichte, als für die Geschichte der Chemie. Die Hauptbedeutung der Alchemie für letztere lag darin, daß durch das Streben nach Lösung des Problems der Metallveredelung die praktische Beschäftigung mit Stoffen aller Art angeregt wurde; die Folge davon war die nicht unerhebliche Erweiterung der praktisch-chemischen Kenntnisse im alchemistischen Zeitalter.

Praktisch-chemische Kenntnisse im Zeitalter der Alchemie.[1]

Wenn man sieht, auf Grund welch oberflächlicher Beobachtungen sich die Überzeugung festsetzte, daß unedle Metalle in edle umwandelbar seien, und wie leicht gänzlich haltlose Theorien über die Zusammensetzung der Körper aufgestellt und aufgenommen wurden, so wird man sich nicht darüber wundern können, daß die Erklärung der schon im Altertum bekannten zahlreichen chemischen Vorgänge in der darauf folgenden Epoche keine großen Fortschritte aufzuweisen hat. Auch die in diesen Jahrhunderten hinzugekommenen chemischen Kenntnisse blieben wesentlich empirische; nur selten wurde die Zusammensetzung chemischer Verbindungen einigermaßen richtig gedeutet. Die phantastische, den exakten Wissenschaften fremde Behandlung der Chemie hat sich zur Genüge aus dem vorigen Abschnitte ergeben. Übrigens ist der Zuwachs von neuen Tatsachen zu den aus dem früheren Zeitraum überlieferten, die Vermehrung der Erfahrungen, welche auf dem Gebiete der technischen und pharmazeutischen Chemie, sowie bei der Herstellung chemischer Präparate gesammelt worden sind, nicht unerheblich gewesen.

Technische Chemie. — Die Metallurgie, an der sich die ersten Kräfte einer früh sich entwickelnden Technik gemessen

---

[1] Vergl. Kopp, Gesch. d. Chemie Bd. III u. IV. Höfer, Histoire etc. Bd. 1, 317 ff. Auch Gmelin, Gesch. d. Chemie. Vergl. ferner M. Berthelots Werk: *La transmission de la science antique au moyen-âge*. S. auch v. Lippmanns interessanten Vortrag: „Chemische Kenntnisse vor 1000 Jahren" in Zeitschr. angew. Chem. 1901, Heft 26.

haben, weist im ganzen nur geringe Fortschritte auf. Zwar werden in der zweiten Hälfte des alchemistischen Zeitalters einige Metalle teils näher bekannt, teils neu eingeführt: das als Halbmetall betrachtete Antimon, sowie Wismut und Zink, doch haben diese in dem Kreise metallurgischer Prozesse nur untergeordnete Bedeutung zu beanspruchen. Vom 11. Jahrhundert an hebt sich der Bergbau in den Abendländern, der deutsche insbesondere im Harz, in Nassau und Schlesien. In der Bereitung und Reindarstellung der Metalle machen sich jedoch nur geringfügige Veränderungen geltend, soweit man darüber jetzt Kenntnis hat.[1]

Die Gewinnung des Goldes, insbesondere seine Reinigung von anderen Metallen und Beimengungen geschah seit frühen Zeiten durch ein Kupellationsverfahren (Bleiarbeit), das schon lange bekannt, von Pseudo-Geber genau beschrieben ist. Demselben war bekannt, daß der gewünschte Erfolg durch Zusatz von Salpeter gesichert und beschleunigt wurde, ferner daß Kupfer und Zinn, aber nicht Silber sich auf diese Weise vom Golde trennen ließen. Später kam zu diesem Verfahren das der Reinigung des Goldes durch Schmelzen mit Spießglanzerz (Schwefelantimon). — Goldlegierungen wurden häufig in betrügerischer Absicht hergestellt.

Das Ausbringen des Silbers aus seinen Erzen wurde wie zu des Plinius Zeit durch Schmelzen mit Blei, *Aussaigern*, wie man diese Operation nannte, bewerkstelligt. Das alleinige Mittel, Gold von Silber zu scheiden, blieb lange Zeit jener Zementationsprozeß der Alten. Auf nassem Wege mittels Salpetersäure diese Trennung herbeizuführen, scheint erst zu Albertus Magnus' Zeit gelungen zu sein, wenigstens begegnet man bei ihm den ersten Andeutungen darüber. Sichere Bekanntschaft mit diesem Verfahren finden wir zuerst bei Agricola (16. Jahrhundert).

---

[1] Das Werk eines gegen Ende des 11. Jahrhunderts lebenden Benediktiners, Theophilus Presbyter, betitelt: *schedula diversarum artium*, gibt ein treues Bild von dem Stande des damaligen Kunstgewerbes, insbesondere der Verarbeitung der Metalle, wobei zum Teil auch auf deren Gewinnung aus den Erzen Rücksicht genommen ist. Höchst bemerkenswert ist, daß Arnold Böcklin bei seinen Versuchen, schöne und haltbare Malfarben herzustellen, auch dieses alte Buch mit seinen Rezepten benutzt hat (vergl. Frey, A. Böcklin). Ein aus dem 8. Jahrhundert herrührendes lateinisches Manuskript: *Compositiones ad tinguenda* gibt schon eingehende Vorschriften über Färberei, überhaupt Anwendung von Farbstoffen. Ein anderes aus dem 10. Jahrhundert stammendes Manuskript *Mappae clavicula*, von Berthelot herausgegeben, enthält eine Abhandlung über die edlen Metalle und zeigt vielfach den nahen Zusammenhang mit ägyptisch-griechischer Alchemie durch Übereinstimmung mit Vorschriften des Leidener Papyrus.

Bei der Wichtigkeit, welche man der erfolgreichen Bearbeitung von Gold- und Silbererzen beilegte, begreift man, daß frühzeitig die vollste Aufmerksamkeit der zahlenmäßig bestimmten Ausbeute an den edlen Metallen zugewandt wurde. Genaue Wagen kamen in Gebrauch, ihre Anwendung bei dem Kupellations- und Zementationsprozeß wurde auf gesetzlichem Wege bündig vorgeschrieben; man hat die ersten Anfänge der Dokimasie zu verzeichnen.

Bezüglich der metallurgischen Gewinnung von Eisen, Blei, Zinn und Kupfer in dem alchemistischen Zeitalter sind bemerkenswerte Neuerungen nicht zu nennen. Vom Eisen kannte man schon frühzeitig die verschiedenen Grade der Härte und Weichheit; so betont Abu Mansur (im 10. Jahrhundert), daß das reinste Eisen das weichste sei. Das Kupfer wurde schon im 15. Jahrhundert auch auf nassem Wege, also sogenanntes Zementkupfer, durch Ausfällen von Kupfervitriollösungen mittels Eisen gewonnen. Die Umwandlungen der genannten Metalle in der Hitze, sowie durch Behandeln mit chemischen Agentien, namentlich Säuren, wurden eifrig studiert; so erweiterten sich die Kenntnisse von Metallpräparaten wesentlich (s. unten). Ob das Zink schon im frühen Mittelalter als Metall bekannt war und verwertet wurde, läßt sich trotz mancher dafür sprechender Angaben (z. B. bei Abu Mansur) nicht mit Sicherheit behaupten (vgl. diese Frage bei $\Psi\varepsilon\nu\delta\acute{\alpha}\varrho\gamma\nu\varrho\varsigma$ des Altertums S. 14, Anm. 1). Diergart[1] bestreitet auch hier, daß jene Zeit mit dem Zink bekannt gewesen sei.

Das Quecksilber, auf dessen wichtige Rolle in den theoretischen Ansichten der Alchemisten öfter Bezug genommen ist, wurde zu technischen Zwecken in großem Maßstabe durch Rösten des Quecksilbererzes in verbesserten Öfen bereitet, zumal nach Aufschließung der reichen Quecksilberbergwerke in Idria (im 15. Jahrhundert). Die Darstellung des Metalles durch Destillation eines Gemisches von Sublimat und Ätzkalk war bekannt. Zur Reinigung des Metalles gab es verschiedene Methoden, welche zum Teil von Pseudo-Geber beschrieben worden sind. Das Quecksilber wurde technisch insbesondere zum Ausziehen von Gold und Silber (beim sogen. Amalgamationsverfahren), sowie zum Vergolden verwertet.

Zink und Wismut, sowie Kobalterz werden zuweilen wohl erwähnt, doch scheinen die Metalle selbst in jener Zeit nicht in reinem Zustande bekannt gewesen zu sein, auch eine technische Verwendung nicht gefunden zu haben; eher kann dies von einigen Zinkpräparaten gelten.

---

[1] Mitteilungen zur Gesch. der Medizin u. Naturwissensch. II. S. 147 ff.

In der Töpferei und Glasbereitung sind während des alchemistischen Zeitalters vereinzelte wichtige Fortschritte zu verzeichnen, jedoch bemerkt man auch hier, daß das Interesse an den chemischen Vorgängen ein rein äußerliches bleibt, insofern kein Versuch gemacht wird, die empirisch gefundenen Tatsachen wissenschaftlich zu erklären. Erwähnenswert ist die allgemeine Anwendung der blei- und zinnhaltigen Glasuren irdener Gefäße, sowie das Einbrennen von Farben in das Glas, während früher durch Zusätze von Metalloxyden zu den Glasflüssen diese durch die ganze Masse gefärbt wurden.[1]

Die Färberei blieb bezüglich der chemischen Mittel, die Farbstoffe auf der Faser zu befestigen, im wesentlichen auf der alten Stufe stehen; Alaun als Beizmittel wurde allgemein angewandt und an verschiedenen Orten fabrikmäßig bereitet. Die Einführung der Kermesfarbe (Cochenille) in europäischen Ländern durch die Araber, sowie der schon den alten Römern bekannten Orseille aus dem Orient im 13. Jahrhundert, endlich die Verdrängung des aus Waid gezogenen Farbstoffes durch das mehr und mehr sich einbürgernde Indigoblau, sind die wichtigsten technich-chemischen Ereignisse auf dem Gebiete der Färbekunst gewesen.

Zustand der pharmazeutischen Chemie. — Die Beschäftigung der Araber, sowie der späteren abendländischen Gelehrten mit chemischen Operationen, durch welche dieselben zu Präparaten der verschiedensten Art gelangten, hat der pharmazeutischen Chemie in jenen Zeiten manchen Nutzen gebracht; man begegnet vereinzelten Versuchen, chemische Präparate zu Heilzwecken anzuwenden. Dem Zeitalter der Iatrochemie war die Entwickelung inniger Wechselbeziehungen zwischen Chemie und Medizin, durch welche die Pharmazie zu höherer Blüte kam, vorbehalten. Die Bereitung von Arzneien geschah bei den Arabern streng nach den von Galen, Andromachus u. a. herrührenden Vorschriften, welche ihnen nach Angabe des Leo Afrikanus die Nestorianer[2] überliefert haben sollen. Frühzeitig entstanden Apotheken, in denen Heilmittel fast ausschließlich aus vegetabilischen Substanzen hergestellt wurden. Den Arabern gebührt das Verdienst, für diesen Zweck das Destillationsverfahren ausgebildet und dienstbar gemacht zu haben; das destillierte Wasser, ätherische Öle und andere durch Destillation gewonnene Produkte, namentlich der Weingeist, welchen

---

[1] In den S. 42 Note 1 genannten Manuskripten finden sich zahlreiche Vorschriften zur Herstellung von Glas verschiedenster Art, von Tonerde etc.

[2] Über deren Einfluß auf die Araber s. S. 26, Note 2.

Präparaten die wunderbarsten Wirkungen zugeschrieben wurden, kamen nach und nach allgemein zur Verwendung.

Von den Arabern verpflanzten sich die Apotheken mit ihren Einrichtungen nach Spanien, Süditalien (nach Salerno im 11. Jahrhundert), etwas später nach Deutschland. Die Anleitungen jener Zeit zur Bereitung von Arzneien, unvollkommene Pharmakopöen,[1] lassen erkennen, daß die Lehren und Grundsätze des Galen und der arabischen Ärzte bis gegen Ende des 15. Jahrhunderts maßgebend geblieben sind. Das Verhältnis des Arztes zum Apotheker wurde durch gesetzliche Bestimmungen frühzeitig geregelt, da man für angezeigt hielt, einen scharfen Unterschied zu machen zwischen dem, der die Arzneien zu verordnen, und dem, welcher sie zu bereiten hat.

Außer den schon früher benutzten Heilmitteln kamen allmählich manche neue, zumal Metallpräparate zur Anwendung: Zinkoxyd, Zinkvitriol bei Wundbehandlung und in der Augenheilkunde, Quecksilber (graue Salbe), Zinnober und Sublimat bei Hautkrankheiten werden bei Abu Mansur erwähnt. Die Quecksilber- und namentlich Antimonpräparate gewinnen erst bei Paracelsus (16. Jahrhundert) große Bedeutung; aber fast alle damaligen Ärzte nahmen den letzteren gegenüber eine feindliche Stellung ein, weil sie meinten, die zweifellos giftigen Eigenschaften derselben ständen mit ihrer inneren Anwendung im Widerspruch. — Im folgenden Abschnitte werden noch einige pharmazeutische Präparate erwähnt werden.

Bekanntschaft der Alchemisten mit chemischen Verbindungen.

Daß die Erkenntnis der wahren Zusammensetzung chemischer Verbindungen in diesem Zeitraum nur wenig gefördert worden ist, wurde oben hervorgehoben; es handelt sich also hier um den Stand des empirischen Wissens bezüglich solcher künstlich bereiteter wie auch einiger natürlich vorkommender Körper.

Die Neigung, beobachtete Tatsachen unter gemeinschaftlichen Gesichtspunkten zusammenzufassen, machte sich frühzeitig bei Betrachtung der Salze geltend, von denen eine große Zahl bekannt war. Pseudo-Geber betrachtete die Auflöslichkeit derselben in Wasser als ein gemeinsames Merkmal; seitdem zählte man zu den Stoffen, denen der Gattungsname *sal* beigelegt wurde, zahlreiche Substanzen, außer Pottasche, Soda, Salpeter, Alaun, z. B. die Vitriole. Aber auch ganz andere chemische Verbindungen, nämlich Alkalien

---

[1] Das erste deutsche „Arzneibuch" ist von Ortolff von Bayerlandt um 1400 verfaßt und 1477 erschienen. Hierher gehören auch der ältere *Thesaurus pauperum*, der *Garten der Gesundheit* und die *Kalender*.

und Säuren, wurden von vielen alchemistischen Schriftstellern der Klasse der Salze zugesellt, wodurch der Begriff sehr ausgedehnt und verzerrt wurde; erst einem späteren Jahrhundert war es vorbehalten, denselben unzweideutig festzustellen. Neben der allgemeinen Bezeichnung *sal* für eine Reihe heterogener Körper kommt in den Schriften jener Zeit der Gattungsname *spiritus* für die flüchtigen Säuren, z. B. für Salzsäure (*spiritus salis*), sowie für das flüchtige Laugensalz (*spiritus urinae*) vor. Die einzelnen Salze werden durch dem Worte *sal* angefügte Zusätze bezeichnet (z. B. *sal petrae, sal maris* etc.); für Alkalien, z. B. Kalilauge, wird häufig der Ausdruck *nitrum alcalisatum* gebraucht. Einer strengen Unterscheidung des Kalis und Natrons, resp. ihrer kohlensauren Salze, begegnet man im alchemistischen Zeitalter nur selten, während anderseits die auf verschiedene Art erhaltenen Präparate von kohlensaurem Kali als ungleichartige Produkte angesehen wurden.[1] Sehr bemerkenswert ist der Unterschied, den Abu Mansur (s. v. Lippmanns Vortrag) zwischen natrun, d. i. der natürlich vorkommenden Soda, und dem Alkali der Asche von Landpflanzen „Qualja" macht. Die Benennung beider hat sich in den Namen: Natron und Kali erhalten.

Zu der Kenntnis des kohlensauren Natrons und Kalis gesellte sich die genauere Bekanntschaft mit den daraus mittels Kalk bereiteten Laugen, deren stark ätzende und auflösende Wirkung mannigfach verwertet wurde (z. B. zur Herstellung von Schwefelmilch). Der Name Alkali findet sich zuerst in den Geber zugeschriebenen lateinischen Werken, während die Bezeichnung „kaustisch" schon von Dioskorides für gebrannten Kalk, viel später erst für Laugen gebraucht worden ist. — Die Frage nach dem Vorkommen der Alkalien in den Pflanzen wurde von den Alchemisten häufig aufgeworfen; wenn auch der wechselnde Aschen- und Alkaligehalt verschiedener Pflanzenteile einigen Beobachtern nicht entging, so nahmen doch nur wenige die Präexistenz des Alkalis in den Vegetabilien an, die meisten meinten vielmehr, durch das Einäschern der letzteren werde das Alkali erst geschaffen.

Bis vor kurzem herrschte die Meinung, daß die Bekanntschaft mit den Säuren sich schon bei den Arabern stark erweitert hätte im Vergleich mit den Kenntnissen der Alten, denen die Mineralsäuren gänzlich fremd geblieben waren. Diese Annahme stützte sich darauf, daß Geber in dem ihm zugeschriebenen Werke: *De inventione veritatis* die Gewinnung der Salpetersäure durch Destil-

---

[1] Das aus Pflanzenasche gewonnene Salz hieß *sal vegetabile*, das durch Verkohlung von Weinstein erhaltene *sal tartari*.

lation eines Gemisches von Salpeter, Kupfervitriol und Alaun nach bestimmten Gewichtsverhältnissen lehrte; ihre Bezeichnung war *aqua dissolutiva*, Scheidewasser, oder *aqua fortis*. Jetzt weiß man, daß die genannte Schrift nicht älter ist, als das 14. Jahrhundert. Daß Abu Mansur in seiner Schrift (s. oben) Mineralsäure gar nicht erwähnt, erklärt sich einfach aus der Unkenntnis dieser im 10. Jahrhundert. Den Alchemisten des 13. Jahrhunderts war die Darstellung dieser Säure aus Salpeter und Schwefelsäure bekannt.

Die Schwefelsäure hat Pseudo-Geber ohne Zweifel unter Händen gehabt, denn er hebt als bemerkenswert hervor, daß aus dem Alaun durch starkes Erhitzen ein Spiritus abdestilliert, welcher im hohen Grade auflösende Kraft besitze; jedoch scheint er sich nicht näher mit demselben vertraut gemacht zu haben. Aus späteren Werken geht hervor, daß die Bereitung von Schwefelsäure aus Eisenvitriol, welcher, mit Kieselsteinen gemengt, destilliert werden soll, sowie aus Schwefel, der nach Zusatz von Salpeter entzündet wird, bekannt gewesen ist. Das eigentliche Verbrennungsprodukt des Schwefels, die schweflige Säure, wurde in wässeriger Lösung vielfach mit Schwefelsäure verwechselt.

Die Salzsäure lernte man erst spät durch Erhitzen eines Gemenges von Kochsalz und Eisenvitriol als Salzgeist, *spiritus salis*, in wässeriger Lösung darstellen, sowie deren Verhalten zu vielen Metallen und Oxyden dieser kennen. Daß die Mischung dieser Säure mit dem Scheidewasser das sogen. Königswasser sei, welches nach Pseudo-Geber durch Auflösen von Salmiak in Salpetersäure bereitet und angewandt wurde, war ebenfalls bekannt.

Bei den Alchemisten des Abendlandes standen insbesondere die Salpetersäure und das Königswasser,[1] so genannt, weil es den König der Metalle, das Gold, löst, in hohem Ansehen. Die Beobachtung, daß dieser Flüssigkeit, dem Königswasser, fast nichts widerstehe, daß selbst Schwefel von ihr „verzehrt" werde, stärkte die Überzeugung, in derselben eine Lösung zu besitzen, die dem so eifrig gesuchten Alkahest, dem Universallösungsmittel, nahe komme. Aus ähnlichem Grunde war auch das Vitriolöl hochgeschätzt, ja, manche erblickten darin den *sulphur philosophorum* oder wenigstens eine für die Gewinnung der *materia prima* wichtige Substanz.

Von Salzen, die schon zu des Plinius Zeit bekannt waren, sind als solche, deren Eigenschaften von den Alchemisten genauer erforscht wurden, besonders zu nennen: der Alaun und einige

---

[1] Bei Albertus Magnus führen diese beiden die Namen: *aqua prima* und *aqua secunda*.

Vitriole. Ersterer wurde an verschiedenen Orten aus Alaunschiefer gewonnen. Pseudo-Geber lehrte seine Reinigung durch Umkristallisieren aus Wasser und bezeichnete ihn nach der Hauptbezugsquelle, der Stadt Roccha, als *alumen de rocca*, welcher Namen sich in dem späteren französischen *alun de roche* noch lange erhalten hat. Der Alkaligehalt des Alauns wurde übersehen, überhaupt seine Zusammensetzung nicht erkannt; wohl aber fand der Alaun selbst als adstringierendes, blutstillendes Mittel frühzeitig Anwendung (s. bei Abu Mansur). — Der Eisen- sowie Kupfervitriol fanden zu chemischen Operationen vielfache Verwendung; ihre Reindarstellung durch Kristallisation beschrieb Pseudo-Geber; die Entstehung des ersteren durch Lösen von Eisen in Schwefelsäure dürfte am Ausgange des Mittelalters bekannt gewesen sein.

Wichtige Salze, welche erst im Zeitalter der Alchemie näher bekannt und zu chemischen Zwecken benutzt wurden, sind Salpeter, Salmiak und kohlensaures Ammon gewesen. Mit dem Kalisalpeter war der Verfasser der Geber zugeschriebenen Werke völlig vertraut, da ihm derselbe zur Bereitung von Salpetersäure diente; aller Wahrscheinlichkeit nach hat dieses Salz schon in früherer Zeit zur Herstellung von Feuerwerkssätzen und ähnlichem gedient, nachdem man seine Fähigkeit, mit glühenden Kohlen zu verpuffen, erkannt hatte. Die ältesten Bezeichnungen in lateinischen Schriften dafür sind *sal petrae* oder *sal petrosum* gewesen; Raymund Lullus nannte dasselbe auch *sal nitri*, unterschied es aber von dem *nitrum*, d. i. dem fixen Alkali der älteren Schriftsteller; erst im 16. Jahrhundert wandelte sich dieses Wort in Natron um, während der Name *nitrum* auf den Kalisalpeter überging.

Mit der Bezeichnung Salmiak, *sal ammoniacum* verhält es sich ähnlich wie mit dem *Nitrum*, insofern beide ursprünglich eine andere Bedeutung hatten; denn das *sal ammoniacum* der Alten war ohne Zweifel gewöhnliches Steinsalz; zur Zeit, als Pseudo-Gebers Schriften verfaßt wurden, kann aber dieser Name, der auch in *sal armeniacum* (armenisches Salz) umgestaltet ist, nur Salmiak bedeuten. Zuerst scheint dieses Salz teils aus Mist bereitet, teils als Naturprodukt vulkanischen Ursprungs aufgefunden und verwertet zu sein. Schon zu Abu Mansurs Zeit ist Salmiak als kühlendes Arzneimittel angewandt worden.

Kohlensaures Ammon, als flüchtiges Laugensalz (*spiritus urinae*), den Alchemisten des 13. Jahrhunderts wohl bekannt, wurde aus gefaultem Harn durch Destillation gewonnen; Pseudo-Basilius lehrte seine Bereitung aus Salmiak und fixem (kohlensaurem) Alkali, welche Bildungsweise erst lange Zeit nachher zur richtigen

Erkenntnis der Zusammensetzung des Salzes führen sollte. Die Einführung der beiden zuletzt besprochenen Ammoniumverbindungen in die Pharmazie gehört wahrscheinlich einer späteren Zeit an.

Eine ganz bedeutende Erweiterung haben die Kenntnisse der Metallsalze im Zeitalter der Alchemie erfahren. Dem in Königswasser gelösten Golde, unserem Goldchlorid, wurde ein besonderes Interesse entgegengebracht, da man von einem *aurum potabile* die heilkräftigsten Wirkungen erwartete. Salpetersaures Silber lehrte Pseudo-Geber in kristallinischem Zustande kennen, wie er auch die Fällung von dessen Lösung mit Salzwasser beobachtete: eine Reaktion, welche man zum Nachweis von Silber, resp. Kochsalz zu verwerten verstand. Die schöne Ausscheidung des Silbers aus der Lösung obigen Salzes mittels Quecksilber oder Kupfer blieb den Alchemisten ebenfalls nicht unbekannt.

Quecksilberverbindungen gewannen schon frühzeitig das Interesse derer, welche chemische Operationen ausführten. Pseudo-Geber beschrieb die Bereitung von Quecksilberoxyd durch Verkalkung des Metalles, ferner die von Sublimat (Quecksilberchlorid) durch Erhitzen eines Gemenges von Quecksilber, Kochsalz, Alaun und Salpeter, auch beschrieb er die Herstellung verschiedener Amalgame.[1] Gegen Ende des 15. Jahrhunderts kannte man das basisch schwefelsaure, sowie das salpetersaure Quecksilberoxyd, die bald als Arzneimittel Anwendung fanden.

Zinkpräparate (z. B. Zinkoxyd und Zinkvitriol) sind schon von den arabischen Ärzten des 10. Jahrhunderts angewandt worden. Wismutpräparate waren gegen Ende des 15. und Anfang des 16. Jahrhunderts wohl bekannt, jedoch fehlt die nähere Beschreibung ihrer Darstellung und Eigenschaften. Sicher hat man zu gleicher Zeit das Antimon und viele seiner Verbindungen genau gekannt. Wenn auch die Schriften des Pseudo-Basilius nicht sicher zu datieren sind, so ist doch in den meisten ein alter Kern enthalten, und daher soll hier auf zwei, die sich mit dem Antimon beschäftigen, Rücksicht genommen werden. In dem „Triumphwagen des Antimonii" lehrte der Verfasser aus dem schon den Alten bekannten natürlichen Schwefelantimon (*antimonium* oder *stibium* genannt) durch Schmelzen mit Eisen oder verschiedenen Salzen das Antimon selbst bereiten. In seiner Schrift: „Wieder-

---

[1] Dieses Wort findet sich zuerst bei Thomas von Aquino, der mit feinen naturphilosophischen Gedanken die Transmutation von Metallen vertrat. Daß die Amalgame bei den vermeintlichen Metallverwandlungen eine Rolle gespielt haben, wurde oben angedeutet.

holung des großen Steins[1] der uralten Weisen" heißt es: So man dem Spießglas[2] im Schmelzen etwas vom Stahleisen zugibt, gibt's durch einen Hangriff einen wunderbarlichen Stern, so die Weisen vor mir den philosophischen Signatstern geheißen haben." Daß dem Antimon die Eigenschaften eines Metalles nicht im vollkommenen Maße zukommen, erkannte Pseudo-Basilius wohl und betrachtete daher dasselbe als eine Abart eines solchen, speziell des Bleies; zuweilen bezeichnet er es als *Blei des antimonii*. Die Verwendung des Antimons zu Legierungen, welche zur Herstellung von Buchdruckerlettern, Spiegeln und Glocken dienten, kam schon damals in Aufnahme. Dem Verfasser war nicht entgangen, daß das „Spießglas" Schwefel enthalte; auch das amorphe Schwefelantimon, sowie den Goldschwefel hat er gekannt. Bestimmte Vorschriften zur Bereitung von Chlorantimon (Antimonbutter), von Algarotpulver (basischem Chlorantimon), ferner von Antimonoxyd, antimonsaurem Kalium rühren ebenfalls von Pseudo-Basilius her, und es besteht ebenfalls kaum ein Zweifel, daß diese Präparate zu innerlichem Gebrauche empfohlen und angewandt worden sind. Was die Zusammensetzung der genannten Verbindungen anlangt, so scheint er nur bezüglich des Schwefelantimons einigermaßen im klaren gewesen zu sein.

Das dem Antimon chemisch nahestehende Arsen, dessen Schwefelverbindungen schon den Alten zugänglich waren, wurde von den abendländischen Alchemisten im 13. Jahrhundert zuerst dargestellt; man betrachtete es als einen dem Antimon verwandten „Bastard der Metalle". Die arsenige Säure findet sich zuerst bei Abu Mansur, dann bestimmt bei Pseudo-Geber erwähnt, und zwar als Röstprodukt des Realgars; sie wurde als weißer Arsenik von dem roten und gelben (Realgar und Auripigment) unterschieden; ihr Vorkommen in dem Hüttenrauch aus Kiesen war gegen Ende des Mittelalters beobachtet. Daß die Eigenschaft des Arsens, Kupfer weiß zu färben[3], bei den alchemistischen Operationen eine hervorragende Rolle gespielt hat, ja zur Entstehung des Glaubens an die Möglichkeit, Kupfer in Silber umzuwandeln, stark beigetragen hat, wurde schon erwähnt.

Von Metalloxyden sind außer den schon erwähnten (Quecksilberoxyd, Antimonoxyd etc.) und dem schon früher bekannten

---

[1] Übrigens wird Antimon schon von Abu Mansur (10. Jahrh.) beschrieben, und Antimonbronzen trifft man in prähistorischen Funden an.

[2] Dieser von Pseudo-Basilius für natürliches Schwefelantimon gebrauchte Name ändert sich erst später um in Spießglanz.

[3] Wegen dieses Verhaltens nennt Pseudo-Geber Arsenik „*medicina Venerem dealbans*". Früher bezeichnete man das Arsen als *mercurius*, weil es gleich dem Quecksilber Kupfer weiß färbte.

Kupferoxyd, sowie den Bleioxyden das Zink- und das Eisenoxyd besonders zu nennen. Ersteres als Verbrennungsprodukt des Zinks in wolligen Flocken abgeschieden, daher *lana philosophica* genannt, scheint zwar Dioskorides bereits gekannt zu haben; die nähere Kenntnis des Zinkoxyds datiert aber erst aus alchemistischen Zeiten. Das Eisenoxyd ist den Alchemisten des Mittelalters in verschiedener Form, als rotes und gelbes, bekannt gewesen; bei Pseudo-Basilius findet sich zuerst die Bezeichnung *Kolkothar* für das geglühte Oxyd.

Die theoretische Bedeutung, welche man seit alter Zeit dem Schwefel als einem Bestandteile der Metalle und auch anderer Körper zugeschrieben hat, legt die Frage nahe, wie die tatsächliche Kenntnis dieses Elementes und seiner Verbindungen beschaffen war. Abu Mansur spricht von der heißen und sehr trocknen Natur des Schwefels und von seiner Verwendung als Gegengift bei Metallvergiftungen; diese Wirkung führt er auf seine Fähigkeit, sich mit vielen Stoffen zu verbinden, zurück. Die Eigenschaft des Schwefels, sich in wässerigen Alkalien zu lösen und durch Säure daraus als Schwefelmilch gefällt zu werden, findet sich in Pseudo-Gebers Schrift „*De inventione veritatis*" beschrieben; das Verschwinden des Schwefels durch Behandeln mit Königswasser betrachtete man ebenfalls als Lösung desselben.

Verschiedener Schwefelverbindungen wurde oben als der wichtigsten Materialien zur Gewinnung des Schwefels und anderer Körper gedacht, so des Schwefelquecksilbers, des Schwefelantimons u. a. Schon früher faßte man dieselben als eine eigene Gattung von Verbindungen unter dem Namen *marcasitae* zusammen (Albertus Magnus); Zinkblende, Kupfer- und Schwefelkies, Bleiglanz u. a. wurden dazu gerechnet. Die diesen Körpern gemeinsame Eigentümlichkeit, beim Rösten ein Produkt von so charakteristischem Geruch, wie ihn die schweflige Säure besitzt, zu entwickeln, mag wohl am meisten zur Vereinigung derselben in eine Gruppe geführt haben. Doch soll nicht unerwähnt bleiben, daß auch die Bildung einiger Schwefelmetalle unmittelbar aus ihren Komponenten beobachtet wurde, z. B. die des Zinnobers aus Quecksilber und Schwefel, wodurch die Erkenntnis von der Zusammensetzung dieser Verbindungen, wie man meinen sollte, wesentlich hätte gefördert werden müssen. Realgar und Auripigment waren den arabischen Ärzten sehr gut bekannt.

Von der gegen Ende des Mittelalters weit verbreiteten Annahme, daß die Metalle, sowie fast alle Stoffe Schwefel enthielten, ging man trotz mancher unzweideutiger Beobachtungen, die das Gegenteil bewiesen, dennoch nicht ab. Auch die organischen Körper mußten sich dieser Voraussetzung fügen; ihre wahren Bestandteile blieben verborgen, wie denn überhaupt eine scharfe Trennung derselben von den unorganischen Verbindungen nicht gemacht wurde. Die spärlichen Versuche, die Bildung organischer Substanzen z. B. bei den Gärungsprozessen zu erklären, weisen nur konfuse, gänzlich haltlose Ansichten auf. Organische Präparate, die im alchemistischen Zeitalter bekannt wurden, gab es nur wenige. Eine hervorragende Stellung unter denselben nahm der Weingeist[1] ein, dessen Gewinnung, nachdem vervollkommnete Destillationsapparate schon durch die Alexandriner eingeführt waren, allmählich vereinfacht und verbessert wurde. Seiner Bedeutung für die Heilkunde und für alchemistische Zwecke entsprechend, führte derselbe meist die Bezeichnung *aqua vitae*; dem Namen Alkohol begegnet man erst bei Libavius (Ende des 16. Jahrhunderts). Die Herstellung starken Weingeistes als eines für manche Zwecke vorzüglichen Lösungsmittels durch öftere Destillation, sowie durch Entwässern mit geschmolzener Pottasche war schon Raymund Lullus bekannt. Zur Prüfung auf die Stärke des Präparates bestand die Vorschrift, eine Portion desselben abzubrennen und zu sehen, ob Wasser zurückblieb oder nicht. — Einige chemische Umwandlungen des Weingeistes sind am Ausgange des Mittelalters wohl bekannt gewesen, wenn auch die dadurch entstandenen Verbindungen nicht im Zustand der Reinheit erhalten wurden: so die Bildung von Äther mittels Schwefelsäure, die von Salpeteräther und Chloräthyl durch Einwirkung von Salpetersäure, bezw. Salzsäure und Weingeist. Unter „Versüßung" des letzteren ist das zu verstehen, was wir Ätherifizierung nennen. Daß der Weingeist erst durch die verchiedenen Gärungsprozesse, welche zur Gewinnung von Wein, Bier und Branntwein führten, erzeugt werde, haben selbst hervorragende Beobachter jener Zeit nicht eingesehen, so daß die Präexistenz desselben in ungegorenen Materialien angenommen wurde.

Wie dem Weingeiste, so wandte man auch dem Produkte der Essiggärung vermehrte Aufmerksamkeit zu; die Alchemisten des späteren Mittelalters lehrten die Verstärkung des Essigs durch Destillation, sowie verschiedene Salze der Essigsäure, z. B. Bleizucker und Bleiessig, kennen. Andere organische Säuren wurden in Pflanzensäften wohl bemerkt, aber häufig mit Essigsäure verwechselt. Übrigens beschreibt schon Abu Mansur einige Pflanzensäuren als nach Geschmack und ihren Wirkungen verschieden, insbesondere

---

[1] Berthelot (Ann. Chim. Phys. (6) 23, 433 ff.) ist mit großer Sorgfalt der Geschichte von der Auffindung des Weingeistes nachgegangen und hat gefunden, daß man schon zur Zeit des Marcus Gräcus (8. Jahrhundert) die Bereitung von Alkohol aus Wein durch Destillation genau gekannt hat.

auch Gerbsäuren aus Früchten und anderen Pflanzenteilen. — Aus seiner Schrift (vergl. S. 28) erfahren wir auch, daß Rohrzucker seit langer Zeit als Heilmittel bekannt war. — Die Vermehrung der Arzneimittel durch verschiedene Harze und Öle, namentlich ätherische Öle, welche durch Destillation in verbesserten Apparaten aus Pflanzen gewonnen wurden, bedeutet keinen wissenschaftlichen Fortschritt; dieser beginnt für die organische Chemie in Wirklichkeit erst mit der Auffindung von Mitteln, die Zusammensetzung organischer Stoffe festzustellen: also in neuerer Zeit.

— — — —

Schicksale der Alchemie in den letzten vier Jahrhunderten.

Die Alchemie tritt insbesondere seit dem Beginn des iatrochemischen Zeitalters aus dem Rahmen der sich zu dem Range einer Wissenschaft erhebenden Chemie allmählich heraus. Obwohl demnach ein Bericht über die alchemistischen Bestrebungen oder vielmehr Verirrungen der letzten Jahrhunderte nicht eigentlich in eine kurze Geschichte der Chemie gehört, sind dieselben doch nicht ganz mit Stillschweigen zu übergehen; dazu geben schon die wichtigen Beziehungen Anlaß, in denen die hervorragendsten Chemiker des 16. und 17. Jahrhunderts zur Alchemie gestanden haben. In der Unterstützung, welche der letzteren durch solche Männer zuteil wurde, lag gewiß eine der mächtigsten Ursachen dazu, daß der Glaube an die Metallveredelung als an eine unumstößliche Tatsache trotz der starken Erweiterung chemischer Kenntnisse nur selten erschüttert wurde. Ein anderes wirksames Mittel, den Fortbestand der Alchemie zu sichern, lag in der Gunst, welche ihr viele Fürsten entgegenbrachten; das, was diese so oft zu Opfern betrügerischer Alchemisten werden ließ, war die verlockende Aussicht auf leicht zu erwerbende Schätze.

Der zunehmende wirkliche Verfall der Alchemie, vorbereitet durch zahllose Enttäuschungen redlicher Beobachter und durch Aufdeckung mannigfacher Betrügereien, kann von der ersten Hälfte des 18. Jahrhunderts an datiert werden, als bei den meisten Chemikern die Überzeugung von der Ausführbarkeit der Metallveredelung zu schwinden begann; aber noch bis in das 19. Jahrhundert hinein sehen wir tüchtige gebildete Männer in den Bann alchemistischer Phantasmen und in argen Widerspruch mit den einfachsten Regeln des Denkens geraten.

Im iatrochemischen Zeitalter muß ein Unterschied gemacht werden zwischen Alchemisten und Chemikern, insofern letztere einem wissenschaftlichen Probleme, nämlich der Erkenntnis der Beziehungen zwischen Chemie und Medizin, nachstrebten. Diese Trennung schloß nicht aus, daß die bedeutendsten Iatrochemiker von der Überzeugung, daß die Metallveredelung eine Tatsache sei, durchdrungen waren, ja einige unter ihnen im Besitz kräftigster alchemistischer Mittel zu sein behaupteten; aber nur selten waren die Chemiker zugleich praktische Alchemisten.

Paracelsus hatte in seiner Jugend viel in alchemistischen Laboratorien gearbeitet und dabei tiefen Einblick in solche Bestrebungen gewonnen; trotzdem blieb er zeitlebens ein kühler und scharfer Kritiker der Alchemie.[1] Van Helmont, dessen Autorität besonders gewichtig war, beschrieb sogar ausführlich die von ihm selbst ausgeführte Verwandlung von Quecksilber in Gold, bezw. in Silber mittels einer sehr geringen Menge eines Gold und eines Silber machenden Steines der Weisen. Eine ähnliche Bedeutung für die Beurteilung, welche in jener Zeit die Alchemie erfuhr, hatte die Meinung, welche der hochangesehene Libavius von ihr und ihrer Leistungsfähigkeit hegte: er betrachtete die Metallveredelung als zweifellos gelungen. Andere einflußreiche Ärzte des 16. Jahrhunderts, wie der auf dem Gebiete der Metallurgie so bewanderte, gut beobachtende Agricola, ferner Sennert und Angelus Sala waren in ihren Behauptungen zugunsten der Alchemie zurückhaltender, haben aber niemals die Möglichkeit der Transmutation ernstlich bestritten. Nur Tachenius, der letzte bedeutende Iatrochemiker, nahm gegenüber dem alchemistischen Problem eine durchaus skeptische Stellung ein; ihm erschienen die zugunsten der Metallveredelung vorgebrachten Beweise nicht genügend, während sein berühmter Lehrer Sylvius dem Glauben an die Metallverwandlung rückhaltlos ergeben war.

Die Macht dieses Glaubens war in dem damals beginnenden phlogistischen Zeitalter, in welchem die Chemie sich selbständig zu entwickeln strebte, noch so groß, daß er in den Köpfen selbst der einsichtsvollsten Männer, Boyle an der Spitze, festwurzelte. Letzterer war von der Möglichkeit der Überführung einzelner Metalle ineinander ganz überzeugt; auf gleicher Bahn des Irrtums wandelten viele seiner Zeitgenossen und Nachfolger, wie Glauber, Homberg, Kunkel, Stahl, Boerhave, an deren redlichem Streben nach Erkenntnis der Wahrheit man nicht zweifeln kann. Daß dieselben trotz unermüdlicher Versuche das ersehnte Ziel nicht erreichten, machte sie in ihrer Überzeugung von der Richtigkeit alchemistischer Behauptungen nicht irre, abgesehen von Stahl, welcher diese in seinen letzten Lebensjahren angezweifelt und seine Fachgenossen

---

[1] So sagt Paracelsus: „Nicht die Alchimcy, die da gebraucht wird, Silber und Gold zu machen, denn alle Länder voll solcher Buben sind, sondern die Alchimiam mein ich, die da lehret voneinander scheiden ein jeglich Mysterium in sein sonderen reservaculum" (*Vom Terpentin* I).

vor alchemistischen Betrügereien gewarnt hat. Die Lebensfähigkeit des Glaubens an Metallveredelung wurzelt meist in den theoretischen Meinungen, die jene Männer über die Zusammensetzung der Metalle hegten; so setzte sich der Grundirrtum Pseudo-Gebers und seiner Nachfolger jahrhundertelang über das alchemistische Zeitalter hinaus fort.

Boerhave war der letzte hervorragende Chemiker, der mit seiner großen Autorität für einige alchemistische Behauptungen eintrat; andere schwindelhafte Angaben wurden von ihm nicht scharf genug zurückgewiesen. Nach ihm hat sich überhaupt kein namhafter Vertreter der zum Range einer Wissenschaft emporgestiegenen Chemie zugunsten jener ausgesprochen. Um so größer war die Zahl der Schwindler und Betrüger, welche noch im 18. Jahrhundert das ergiebige Feld der Goldmacherei bebaut haben. Die damals bei den wissenschaftlichen Chemikern sich befestigende Überzeugung von der Unmöglichkeit der Metallveredelung brach sich in weiteren Kreisen nur langsam Bahn; die Leichtgläubigkeit und die Hoffnung auf kostenlos zu erwerbende Reichtümer führten noch am Ende des 18. und zu Anfang des 19. Jahrhunderts viele Männer auf bedenkliche Abwege.[1] Erst in den letzten Dezennien unseres Jahrhunderts scheint das alchemistische Problem, welches so lange Zeit hindurch die Gebildeten in Spannung erhielt und selbst hervorragende Männer der Wissenschaft mit Blindheit schlug, allmählich auszuklingen.

Angesichts so mächtiger Wirkungen, welche von der Alchemie ausgegangen sind, fragt man sich, wie es mit den vermeintlichen Beweisen zugunsten der Metallveredelung bestellt gewesen, auf welche Beobachtungen hin die letztere als tatsächlich angesehen worden ist. Wenn man den Aussagen von solchen Männern, die sich als geübte Beobachter bewährt hatten, das größte Gewicht beilegen will, so müssen die Berichte des hervorragenden Arztes und Chemikers van Helmont (gegen Mitte des 17. Jahrhunderts) über die von ihm selbst ausgeführte Metallveredelung in erster Linie berücksichtigt werden; dieselben gehören zu den merkwürdigsten Zeugnissen für die Macht alchemistischer Wahnvorstellungen. Van Helmont hatte von unbekannter Seite kleine Proben des Steines der Weisen erhalten, mit welchem er, unter genauer Angabe der Gewichtsmenge, zu verschiedenen Malen Quecksilber in lauteres Gold verwandelt

---

[1] Bezüglich mancher Einzelheiten, namentlich der interessanten Beziehungen der Rosenkreuzer zu der Alchemie, der geheimen alchemistischen Gesellschaft etc. sei auf das schon zitierte Werk H. Kopps „Die Alchemie in älterer und neuerer Zeit" verwiesen, welches reichen Einblick in das Treiben der Alchemisten gewährt.

haben will; durch einen Gewichtsteil jenes Präparates sei etwa die 2000fache Menge des flüssigen Metalles in Gold überführt worden.

Bald nach van Helmonts Tode hat Helvetius, Leibarzt des Prinzen von Oranien, einen ganz ausführlichen Bericht geliefert über die Transmutation von Blei in Gold mittels einer winzigen Menge eines von fremder Hand ihm zugekommenen Präparates. An den Zeugnissen solcher Männer, welche bei allen Naturforschern jener Zeit in hohem Ansehen standen, glaubte man nicht zweifeln zu dürfen.

Greifbarere Beweise für die tatsächlich vollzogene Metallveredelung meinte man in den bis in das 18. Jahrhundert hinein öfters aus alchemistischem Golde geprägten Münzen oder aus daraus gefertigten Schmuckgegenständen zu besitzen;[1] der meist zu spät erbrachte Nachweis, daß die letzteren aus wertlosen Legierungen (z. B. vergoldeter Bronze) bestanden, wurde allzu schnell vergessen. Auch die Aussprüche von Gerichtshöfen zugunsten alchemistischer Operationen betrachtete man als Beweise für die tatsächlich ausgeübte Metallveredelung.

Eine große Zahl deutscher Fürsten, welche sich durch die Hoffnung auf reichen Gewinn leiten ließen, unterstützte, wie schon erwähnt, die alchemistischen Bestrebungen auf das nachhaltigste. Manche derselben beschäftigten sich selbst eifrig mit dem Problem der Transmutation, so Johann, Burggraf von Nürnberg, welcher den Beinamen „der Alchemist" erhielt, Kaiser Rudolf II., der mächtigste Beschützer der Goldmacher, Kurfürst August von Sachsen, Kurfürst Johann Georg von Brandenburg und viele andere. Die Höfe dieser Fürsten waren die Tummelplätze von Adepten, welche durch geschickte Experimente den Glauben an ihre Kunst eine Zeitlang bei ihren Mäcenen zu erhalten wußten, bis sie — das war meist der Abschluß ihres Treibens — als Betrüger entlarvt und hart bestraft wurden, nachdem sie ihre Beschützer zu unmäßigen Aufwendungen veranlaßt hatten.

Auf Einzelheiten der abenteuerlichen Lebensläufe von Alchemisten, wie Leonhard Thurneisser, welcher als Arzt am Hofe Johann Georgs von Brandenburg tätig war, des Polen Sendivogius, der mit dem Grafentitel ausgestatteten Hochstapler Caëtano, St. Germain, Cagliostro u. a. kann hier nicht eingegangen werden; die letztgenannten gehörten Zeiten an, in denen die Chemie als Wissenschaft genügend erstarkt war, um sich gegen die Schwindeleien der Alchemie selbst zu schützen. Der Widerspruch, den namhafte Chemiker im Laufe des 18. Jahrhunderts, namentlich Geoffroy der Ältere, gegen die Alchemie erhoben — die früheren Warnungen

---

[1] Vergl. H. Kopps Alchemie I, 90ff.

eines Erasmus von Rotterdam, Athanasius Kircher, Palissy und schon früher Lionardo da Vinci[1] waren wirkungslos geblieben — führte zu dem endlichen Verfalle derselben, welcher auch durch die Verquickung alchemistischer Bestrebungen mit denen geheimer Gesellschaften (Rosenkreuzer, Illuminaten) nicht aufgehalten werden konnte. Den eigentlichen Todesstoß hat der Glaube an die Möglichkeit der Metallveredelung durch die neue mit Lavoisier anhebende Chemie erhalten.[2] Trotzdem versuchte noch zu gleicher Zeit in Deutschland die *hermetische Gesellschaft* den alchemistischen Wahn wach zu erhalten. Die erst seit kurzem bekannt gewordenen Leiter dieses Unternehmens waren der Arzt Kortum (der Dichter der *Jobsiade*) und ein Dr. Bährens (Prediger). Durch den verdienten Chemiker und Apotheker Wiegleb wurden die dunkeln Bestrebungen dieser Gesellschaft wirksam bekämpft (vergl. E. Schulzes Schrift über „die hermetische Gesellschaft", Leipzig 1897).

Auf die traurigen Verirrungen, welche sich durch Hereinziehen mystisch-religiöser Elemente in die Alchemie bekundet haben, kann nur hingedeutet werden; die oft von Adepten ausgehenden Behauptungen, ihnen sei das Geheimnis, Gold zu machen, durch göttliche Gnade geoffenbart worden, vermögen nur widerwärtige Empfindungen zu erregen.[3] — Andere Schwindeleien, die ebenfalls Produkte der

---

[1] L. d. V., der geniale Physiker und Künstler, auch sonst in fast allen Zweigen der Naturforschung erfahren, erklärte die Alchemie für eine lügnerische und verderbliche Kunst und bezeichnete die künstliche Darstellung des Goldes als ebenso unmöglich, wie die Erfindung eines Perpetuum mobile (vergl. E. O. v. Lippmann, in Zeitschr. f. Naturwissensch. 1899, S. 291). Lionardo sagt im *Codex atlanticus*: „Die lügenhaften Interpreten der Natur behaupten, das Quecksilber sei der gemeinsame Same aller Metalle, ohne sich zu erinnern, daß die Natur die Samen variiert, nach der Verschiedenheit der Dinge, die sie in der Welt hervorbringen will". Vergl. die gediegene Arbeit von M. Herzfeld: *L. d. V. der Denker und Poet* (Leipzig 1904, Eug. Diederichs).

[2] Schmieder, welcher i. J. 1832 eine Geschichte der Alchemie (Halle) herausgab, hat sich nicht gescheut, die Metallveredelung, als tatsächlich von einigen Adepten ausgeführt, anzuerkennen. Mit größerer Vorsicht äußert sich derselbe über die vermeintlichen heilkräftigen und lebenverlängernden Wirkungen des Steines der Weisen. — Ja, noch in neuerer Zeit sind alchemistische Studien angeblich mit Erfolg, z. B. 1844 in Paris getrieben worden (vergl. Baudrimont, *Traité de chimie* I.).

[3] Wäre solcher Mißbrauch mit dem Namen Gottes und der Bibel zu alchemistischen Zwecken in der Zeit Luthers getrieben worden, wie dies namentlich später geschah, oder ihm bekannt geworden, er würde die Alchemie, welche er wegen ihrer Beziehungen zu religiösen Empfindungen schätzte, nicht so hoch gestellt haben. Im Gegensatz dazu ist die Beurteilung, welche Melanchthon der Alchemie angedeihen ließ, für die nüchterne Auffassung dieses Mannes bezeichnend (er nannte sie nämlich *imposturam quandam sophisticam*).

alchemistischen Bestrebungen während des vorigen Jahrhunderts waren, aber auch schon in früheren Zeiten ihr Unwesen getrieben hatten, mußten geradezu die Satire herausfordern, z. B. die Bemühungen, aus der Luft mittels sogenannter Sternschnuppensubstanz (die an feuchten Orten vorkommende Alge *Nostoc commune* wurde dafür gehalten) oder aus „Luftsalz" die *materia prima* darzustellen.

Der wahre Nutzen, welcher in den vier letzten Jahrhunderten der Chemie durch die Sucht, Gold aus unedlen Metallen hervorzubringen, erwachsen ist, kann nur sehr gering angeschlagen werden; höchst selten entsprang aus alchemistischen Arbeiten eine technisch bedeutsame Entdeckung, wie die des Porzellans durch Böttiger.[1] Der Schaden dagegen, den die Alchemie in gedachtem Zeitraume angerichtet hat, ist sehr groß gewesen, denn die Tätigkeit vieler hervorragender Männer, welche, unbeeinflußt durch aufregende Phantasmen, die Wissenschaft ohne Zweifel mächtig gefördert haben würden, ist lahm gelegt worden; sie selbst aber sind auf Abwege schlimmster Art geraten.

So abfällig muß man jetzt die Beschäftigung der Alchemisten mit ihrem Problem der Metallveredelung beurteilen, trotz der auffälligen, scheinbar unanfechtbaren Zeugnisse zugunsten der letzteren, trotzdem auch in neuester Zeit auf Grund von Spekulationen über eine Urmaterie, die an sich nicht unbegründet erscheinen, eine starke Hinneigung zu der Annahme bemerklich ist, daß chemisch ähnliche Elemente ineinander überführbar seien. Ein positiver Beweis hat bisher in keinem einzigen Falle beigebracht werden können, am wenigsten durch Versuche Ficticas, die der neuesten Zeit angehören (s. spez. Gesch. dieser).

Blickt man auf die alchemistischen Bestrebungen der letzten 15 Jahrhunderte zurück, so gelangt man zu dem Ergebnis, daß denselben als bewegende Ursache eine Reihe falsch gedeuteter chemischer Prozesse zugrunde gelegen hat. Die daraus abgeleitete Aussicht auf den billigen Erwerb ungemessener Reichtümer, die *auri sacra fames* ist das mächtige Reizmittel zu den nutzlosen und doch stets erneuerten Anläufen der suchenden Menschheit gewesen.

---

[1] Über **Johann Friedrich Böttiger** (geb. 1685 zu Schleiz, gest. 1719 in Meißen) hat Br. Wolff-Beckh eine Schrift veröffentlicht (Berlin 1903), in der eingehend und anschaulich das abenteuerliche Leben und Treiben dieses merkwürdigen Mannes geschildert ist; man findet am Schluß die gesamte Litteratur über **Böttiger** zusammengestellt. — Die Schreibweise des Namens **Böttiger** findet sich im Kirchenbuch von Schleiz (1685); er selbst schrieb sich meist Böttger.

III
Geschichte des iatrochemischen Zeitalters

Der Autoritätsglaube, der während des Mittelalters alle Gebiete des Wissens beherrschte, hatte nicht am wenigsten seine Macht im Bereiche der Alchemie zur Geltung gebracht, waren doch fast alle, welche sich mit Chemie befaßten, durch den Wahn, Gold und andere Körper ließen sich künstlich erzeugen, in Fesseln geschlagen. Aber schon im Laufe des 15. Jahrhunderts wurde von manchen Seiten an diesem Joch, welches die Entwickelung einer freien Forschung hinderte, gerüttelt. Den früher fast nur in Klöstern betriebenen Wissenschaften waren an den sich damals mehrenden und kräftig entwickelnden Universitäten in Italien, Frankreich, England, Deutschland und anderen Ländern Pflegestätten bereitet, an denen durch regen Austausch der Gedanken eine freiere Entfaltung der Wissenschaften möglich war, als je zuvor. Daß die Entdeckung und Ausbreitung der Buchdruckerkunst zu dieser Entwickelung wesentlich beitrug, braucht kaum hervorgehoben zu werden; denn gerade neue Ideen, welche mit den bis dahin herrschenden im Widerspruch standen, und die sonst auf kleine Kreise beschränkt geblieben wären, fanden mit Hilfe jener Kunst schnell Verbreitung. Ein jeder konnte sich mittels der enzyklopädischen Werke und der Spezialschriften, die in zunehmendem Maße zum Druck gelangten, über den Umfang der einzelnen Wissenschaften belehren. Die Fähigkeit, selbständig zu urteilen, wuchs infolgedessen, und damit wurde eins der wirksamsten Mittel gegen die Herrschaft der Scholastik geschaffen. Dazu gesellte sich als weiteres Hilfsmittel zur Bekämpfung scholastischer Prinzipien die allmählich eindringende induktive Methode, durch welche die experimentellen Wissenschaften ins Leben gerufen wurden.

Außer diesen Regungen eines freieren Geistes wirkte auf die Chemie besonders mächtig die durch Entdeckung des neuen Weltteils, namentlich durch Auffindung des Seewegs nach Ostindien angebahnte Erweiterung der naturwissenschaftlichen Kenntnisse ein.

Alle diese genannten Ereignisse waren Anzeichen dafür, daß eine neue Ära angebrochen sei, die auch bald in dem Werke der Reformation einen so gewaltigen Ausdruck fand.

Die Chemie hatte schon zu jener Zeit das offenbare Streben, sich von der alleinigen Herrschaft des alchemistischen Problems frei zu machen. Wenn auch eine vollständige Verdrängung des letzteren nicht erreicht wurde, so trat doch eine andere Aufgabe in den Vordergrund, der ein wissenschaftlicher Charakter nicht abzusprechen war; freilich waren die chemischen Kenntnisse noch zu unvollkommen, als daß eine befriedigende Lösung dieser neuen Aufgabe hätte erwartet werden können. Die Chemie sollte nämlich aufs engste mit der Heilkunde verbunden werden; beide — so meinten viele — sollten einander hilfreich oder dienstbar sein. Dem Chemiker lag ob, die Heilmittel zu entdecken, sie zweckmäßig darzustellen und chemisch zu untersuchen, dem Arzte, dieselben auf ihre Wirkung zu prüfen und letztere zu erklären. Am besten sollten beide in einer Person vereinigt sein. Die Wechselwirkung der Chemie und der Medizin ist der rote Faden, der sich durch das iatrochemische Zeitalter hinzieht und diesem sein eigentümliches Gepräge erteilt.

Welcher Nutzen ergab sich daraus für beide Gebiete! Eine gegenseitige Befruchtung erfolgte, welche der Chemie fast noch mehr zustatten kam, als der Medizin. Denn jene wurde auf eine höhere Stufe gehoben; sie gelangte aus den Händen der meist ungebildeten Laboranten in die von Männern, welche, dem gelehrten Stande angehörend, ein reiches Maß wissenschaftlicher Bildung besaßen. Das iatrochemische Zeitalter ist somit eine wichtige Vorbereitungszeit für die Chemie gewesen, in welcher diese sich einen Teil des Rüstzeuges zulegte, mit dem ausgestattet sie seit Mitte des 17. Jahrhunderts als junge Wissenschaft neben ihrer älteren Schwester, der Physik, auftreten konnte. Jene Periode war für die Chemie im vollsten Sinne des Wortes eine Lehrzeit, durch welche sie die Fähigkeit mühsam erwarb, die Haltlosigkeit der iatrochemischen Lehren zu erkennen und sich ihren wahren Aufgaben zuzuwenden.

Allgemeine Geschichte der iatrochemischen Zeit, insbesondere ihrer theoretischen Ansichten.[1]

Die Hauptströmungen der iatrochemischen Zeit gingen von folgenden Männern aus, deren Einfluß sich durch Schulen von größerer oder geringerer Bedeutung weiter verbreitete: Paracelsus, van Helmont und de le Boë Sylvius, dem sich sein bedeutendster Schüler Tachenius anreiht. Neben diesen haben einige Männer selbständig gewirkt oder wenigstens sich nicht völlig der Autorität der eben Genannten untergeordnet; es seien Libavius, Glauber, Sala genannt. In ganz anderer Richtung und ebenfalls unabhängig betätigten sich Männer wie Agricola, Palissy u. a., welche der technischen Chemie ihre volle Aufmerksamkeit zugewandt haben. —

Paracelsus und seine Schule.[2] — Der Mann, welcher in der ersten Hälfte des 16. Jahrhunderts der Medizin und der Chemie durch Vereinigung beider neue Wege gewiesen hat, war der Arzt, Naturforscher und Philosoph Paracelsus. Ihm kommt das unbestreitbare Verdienst zu, durch klare Bezeichnung wissenschaftlicher Ziele die der Entwickelung der Chemie hinderlichen Fesseln der Alchemie[3] gelockert zu haben. „Der wahre Zweck der Chemie" — so lehrte derselbe — „ist nicht Gold zu machen, sondern Arzneien zu bereiten." Vor ihm waren zwar chemische Heilmittel hin und wieder angewandt worden; aber Paracelsus unterschied sich von seinen Vorgängern durch die theoretischen Beweggründe, die ihn zum Gebrauch der chemischen Arzneien führten. Er sah in dem gesunden menschlichen Körper eine Vereinigung gewisser chemischer Stoffe; erfahren diese irgend welche Änderungen, so entstehen Krankheiten, welche demnach nur durch chemische Heilmittel, die jene

---

[1] Vergl. Kopp, Gesch. d. Chemie I, 84 ff.
[2] Die neuen litterarischen Forschungen über Paracelsus — insbesondere Fr. Mook: Theophrastus Paracelsus (Würzburg 1876); E. Schubert u. K. Sudhoff: Paracelsus-Forschungen (Frankfurt 1887, 1889); Aberle: Grabdenkmal, Schädel und Abbildungen des Theophrastus Paracelsus etc. (Salzburg 1891) — haben wertvolle Aufschlüsse über das Leben und Wirken des merkwürdigen übergenialen Mannes gebracht; diese Schriften tragen zur Würdigung seiner wahren Verdienste nicht unwesentlich bei. Außer Fr. Mook und K. Sudhoff hat in neuester Zeit Franz Strunz am meisten für eine richtige Wertung von Paracelsus gewirkt. Liebevoll eindringend in seine Eigenart hat Strunz eine lebensvolle Biographie des P. geschrieben, auch mit Herausgabe seiner wichtigsten Schriften begonnen, indem er das Buch *Paragranum* in sorgsamer Bearbeitung veröffentlichte (beide Werke bei Diederich in Leipzig 1903) und in neuester Zeit das umfangreiche Werk *Paramirum* I u. II mit Anmerkungen.
[3] Vergl. S. 54.

Änderungen ausgleichen, gehoben werden können. Diese Sätze enthalten die Quintessenz der Lehre von Paracelsus. Mit letzterer waren die Grundsätze der alten Galenschen Schule unvereinbar, die überhaupt mit der Chemie nichts anzufangen vermochte.

Gegen die bei allen Ärzten eingenisteten alten Lehren trat Paracelsus mit der großen Kühnheit des Renaissancedenkers und einer erstaunlich rücksichtslosen Energie in die Schranken. So wenig man seine polemischen Übertreibungen auf diesem Gebiete billigen kann, so hat er doch durch sein Vorgehen der zunehmenden Versumpfung der Heilkunde wirksam vorgebeugt und wohltätige Neuerungen teils durchgesetzt, teils angeregt.

Sein Lebenslauf war nicht geeignet, sein Ansehen bei den Gegnern, also fast allen Ärzten jener Zeit, zu steigern. Theophrastus Paracelsus — er nannte sich auch Theophrastus Bombast von Hohenheim [1] — zu Einsiedeln in der Schweiz am 10. November 1493 geboren, kam nach einem überaus unsteten Leben und den abenteuerlichsten Fahrten durch aller Herren Länder als ein durch seine Wunderkuren berühmter Arzt in sein Vaterland zurück (um 1525). Die Professur für Heilkunde und die Wirksamkeit eines Stadtarztes in Basel wurden ihm damals übertragen, und diese Stellung, sowie sein ärztliches Ansehen benutzte Paracelsus, um die iatrochemische Lehre zu verkünden und gegen die alte medizinische Schule mit allen Mitteln der Dialektik anzukämpfen. Die bisher unangefochtene Autorität Galens und Avicennas zog er in den Staub und wußte sich durch die auf Erfahrung beruhenden, in deutscher Sprache gehaltenen Vorträge, sowie durch die urwüchsige Art seiner Rede und seines Auftretens einen großen Anhang zu verschaffen. Bald jedoch sah er sich infolge eines Zerwürfnisses mit dem Basler Magistrat genötigt, die Stadt zu verlassen (1527); nach ruhelosem Umherschweifen im Elsaß, in Bayern, Österreich, der Schweiz kam er zuletzt nach Salzburg, wo er in bescheidenen Verhältnissen starb (am 24. September 1541). Die Angabe, daß Paracelsus dort einen gewaltsamen Tod durch Diener der ihm feindlichen Ärzte gefunden habe, ist als unbegründet nachgewiesen (s. Aberle, a. a. O.).

Die Beurteilung dieses hochbegabten Mannes, dessen Leben nicht so verlief, wie seiner geistigen Befähigung entsprochen hätte, ist von jeher eine sehr verschiedenartige gewesen. Von seinen Schülern und auch vielen, die seinen Lehren nicht zustimmten, überschätzt,

---

[1] Die anderen ihm beigelegten Namen sind unhistorisch. Erwähnt sei, daß Paracelsus dem alten schwäbischen Geschlechte der Bombaste entstammt.

ja verherrlicht,[1] wurde er andererseits von seinen Gegnern und von Chemikern, welche als Geschichtsschreiber ihn beurteilten, tief herabgesetzt. Die Schuld an dieser meist abfälligen Beurteilung trägt auch der Umstand, daß erst in neuester Zeit durch kritisch-historische Forschungen der oben genannten Männer (Anm. 2 S. 61) vieles Unechte in den Paracelsus zugeschriebenen Werken entfernt werden konnte, wodurch bisher sein Bild vielfach verzerrt erschien. Das, was er durch seine Reformbestrebungen angeregt hat, fand selten die verdiente Anerkennung, weil demselben zu viel rücksichtslose Wahrhaftigkeit und derbe Herausforderung beigemengt waren; das Selbstbewußtsein, in dem er sich gefiel, mag dazu beigetragen haben, ihn bei den besonnenen Ärzten lächerlich zu machen. Andererseits aber erscheint Paracelsus als Mensch edel und gut, wenn man z. B. sein Testament zu Rate zieht: ein humaner Arzt, der in dem „Aufbringen der Kranken" dieser „arm, elend, dürftig Leut" seine Hauptaufgabe erblickte, wie er denn es in verschiedener Art aussprach, daß „der höchste Grund der Arzenei (Heilkunde) die Liebe" sei. Zugleich war er — was besonders Strunz betont — ein christlicher Humanist, der utopisch hoffte, die Menschheit auf stillen Wegen durch Gewissensernst und liebevolle Wahrhaftigkeit zum „Reiche Gottes" zu leiten. Die Bezeichnung eines „seltsam wunderlichen Mannes", die ihm sein Zeitgenosse Seb. Franck beilegt, verdient er jedenfalls.

Seinen iatrochemischen Lehren, die zum Teil auf reichen Erfahrungen beruhen, lag die schon erwähnte Vorstellung zugrunde, daß die im menschlichen Körper sich abspielenden Prozesse chemische seien, und daß von der Zusammensetzung der Organe und Säfte der Gesundheitszustand abhänge. In bezug auf die Bestandteile der organischen Körper schloß sich Paracelsus der älteren Annahme an, wonach dieselben aus drei substanzbildenden Qualitäten (Grundsubstanzen): Quecksilber (*Merkurius*), Schwefel und Salz zusammengesetzt seien. Trotz mancher Widersprüche in Einzelheiten seiner theoretischen Ansichten bildet diese Hypothese die Grundlage[2] seines iatrochemischen Systems. Diese drei Prinzipien entsprechen den physikalischen „Erscheinungen der Verflüssigung (*Verflüchtbarkeit*), Brennbarkeit (*Öligkeit*) und Erstarrung (*Festigkeit*). Quecksilber,

---

[1] Vergl. A. N. Scherers Schrift: Theophrastus Paracelsus (Petersburg 1821). Nüchterner urteilte der Kanzler Bacon, welcher das Bestreben des Paracelsus, durch Erfahrung die Wahrheit zu ergründen, besonders rühmte.

[2] Die Medizin ruht, nach des Paracelsus merkwürdigen Behauptung, auf vier Säulen, deren eine die Chemie ist; die drei anderen sind Philosophie, Astronomie und Tugend.

Schwefel, Salz, die also auch den Menschen (Mikrokosmos) zusammensetzen, stehen dann in höherem Sinne zu Geist (Eigenschaft), Seele (Stoff), Leib (Gestalt) in Beziehung, ja schließlich zur großen Welt (Makrokosmos). Diese Verallgemeinerung entspricht ganz dem Geiste der Naturphilosophie des Renaissancezeitalters.

Wenn einer jener Grundstoffe vorwaltet oder unter sein normales Maß herabgeht, so entstehen Krankheiten. In höchst phantastischer Weise findet sich dieser Gedanke in den Schriften des seltsamen Mannes dargelegt, wie zur Genüge aus folgenden Andeutungen hervorgeht:

Das Überhandnehmen des Schwefels soll Fieber und die Pest, das des Quecksilbers Lähmungen und Schwermut, das Vorwalten des Salzes Durchfälle und Wassersucht hervorrufen. Durch Ausscheidung des Quecksilbers, so meint Paracelsus, entsteht Gicht, durch Destillieren desselben aus einem Organ in andere werden Tobsuchtsanfälle hervorgerufen und so fort. So unbegründet derartige Meinungen sind, so kann man doch einen Sinn damit verbinden.

Als Ursache verschiedener Krankheiten bezeichnet Paracelsus den *tartarus*, worunter Niederschläge aus Säften, die in gesundem Zustande keine festen Teile enthalten, zu verstehen sind. Die Ablagerung von Konkrementen, welche er bei mancherlei Krankheiten (Gicht, Nieren- und Gallensteine) in den leidenden Organen beobachtet haben mag, werden ihn auf diesen teilweise richtigen Gedanken hingeleitet haben. Der Vergleich solcher Ausscheidungen mit bekannten Sedimenten, namentlich dem Weinstein, führte zur allgemeinen Bezeichnung *tartarus;* auch sollte vielleicht das Wort doppelsinnig an die Höllenqualen erinnern, welche die mit jenen Krankheiten Behafteten auszustehen haben.

Während Paracelsus in dieser, wenn auch manchmal phantastischen, doch zum Teil rationellen Weise pathologische Prozesse des Körpers auf chemische Ursachen zurückzuführen strebte, nahm er seiner iatrochemischen Lehre zum Trotz bei einzelnen Vorgängen das Wirken besonderer Kräfte an, die er sich in seiner derben realistischen Art personifiziert dachte. Namentlich die Verdauung sollte durch die dem Willen des Menschen sich entziehende Tätigkeit des *Archeus* geregelt werden, der als guter Geist die eingenommene Nahrung verdaulich macht, die Ausscheidung unverdaulicher Stoffe bewirkt und so für die Erhaltung des richtigen Gleichgewichts sorgt. Erkrankungen des Magens entstehen durch Krankwerden und Siechtum des *Archeus*. Bei der Deutung eines so spezifisch chemischen Prozesses, wie die Verdauung ist, wurde also Paracelsus seinen Prinzipien untreu. Erst die späteren Iatrochemiker haben diese Inkonsequenz aus ihrem Lehrsystem ausgemerzt.

Gegen die Krankheiten werden die Heilmittel (*arcana*) gebraucht, deren Darstellung nach Paracelsus, wie schon erwähnt, Zweck der Chemie ist. Hier muß anerkannt werden, daß durch diesen Grundsatz neues Leben in die verrottete Arzneimittellehre kam; eine Fülle wichtiger Präparate wurde von Paracelsus der Medizin zugeführt. Die Art, wie er dieselben angewandt hat, entzieht sich meist der Kenntnis; aber festgestellt ist doch, daß er zahlreiche glückliche Kuren an Schwerkranken ausgeführt hat. Genaueres weiß man über die Präparate, welche Paracelsus anwandte: Die als Gifte gefürchteten Metallverbindungen, wie Höllenstein, Kupfervitriol, Sublimat, Bleizucker, verschiedene Antimonverbindungen, wurden von ihm als Heilmittel gebraucht. Ferner brachte er verdünnte Schwefelsäure, mit Weingeist „versüßtes Vitriolöl" (das spätere Hallersche Sauer), Eisentinkturen, Eisensaffran zur Anwendung, wie er auch die bessere Gewinnung und Benutzung verschiedener Essenzen und Extrakte kennen lehrte. Die größten Erfolge soll er durch zweckmäßige Verordnung von *Laudanum* erzielt haben.

Daß Paracelsus durch so umfassende Erweiterungen des Arzneischatzes einen mächtigen Anstoß zur höheren Entwickelung des Apothekerwesens gab, liegt auf der Hand; denn bis auf seine Zeit waren die Apotheken nichts anderes, als Niederlagen von Wurzeln, Kräutern, Sirupen, sowie allerhand Konfekt, dessen ausschließliche Bereitung ihnen zustand. Die Herstellung der neuen Arzneimittel setzte Bekanntschaft mit chemischen Tatsachen und Vorgängen voraus; die Pharmazeuten mußten also sich fortan bemühen, diese Kenntnisse zu erwerben, und damit nahm die Pharmazie im eigentlichen Sinne ihren Anfang. Wenn demnach Paracelsus die Ärzte und Apotheker veranlaßte, sich mit der Chemie zu befassen, so ist ihm dieses Verdienst sehr hoch anzurechnen; aber man darf nicht so weit gehen wie Scherer,[1] welcher meint, „die Pharmazie verdankt Paracelsus alles".

Stürmische Bewegung unter den Zeitgenossen riefen die gewaltsamen Neuerungen hervor, die Paracelsus einzuführen strebte. Durch seine zahlreichen, in verschiedenen Sprachen sich verbreitenden Schriften, welche meist aus der Zeit nach seiner Entfernung von Basel herrühren, erhielt die von ihm veranlaßte Erregung stetig neue Nahrung. Der alten medizinischen Schule gaben dieselben häufig Gelegenheit zu heftigen Entgegnungen. Seine Schriften sind hinsichtlich der Art der Abfassung, insbesondere stilistisch, von bemerkenswerter, oft befremdender Originalität; sie spiegeln

---

[1] A. a. O.

viel vom unsteten Leben des Autors wieder. Sie atmen zwar das starke Selbstbewußtsein des merkwürdigen Mannes, aber zeigen ihn als der Heuchelei abgewandt und erfüllt von demütiger Liebe zu dem Göttlichen und Natürlichen. In kraftvoller Rede wird überall auf die experimentelle Erfahrung, auf das „Licht der Natur" hingewiesen. Vielfach bricht eine frische, echt deutsche Naturpoesie durch.

Die chemischen Kenntnisse von Paracelsus und seine Ansichten über die Entstehung der Krankheiten lassen sich am besten aus folgenden Werken erkennen: *Archidoxa; De tinctura physicorum; De morbis ex tartaro oriundis; Paragranum; Paramirum* (I u. II); *Große Wundarznei*.

Die Folgen des Auftretens von Paracelsus liesen nicht lange auf sich warten. Seine Schüler, für die neuen Lehren begeistert, verherrlichten ihn als Reformator der Medizin; die Anhänger der alten Schule dagegen wehrten sich verzweifelt gegen die Neuerungen und Angriffe, die ihr Ansehen untergruben. Ein heftiger Kampf entbrannte und setzte sich lange Zeit hindurch fort, bis derselbe, wenn auch nicht völlig zugunsten des Paracelsus, so doch der gemäßigten Iatrochemiker entschieden wurde. Näher auf diese Streitigkeiten einzugehen, liegt nicht im Plane dieser Schrift, da es hier gilt, die Bedeutung der medizinisch-chemischen Ansichten für die Entwickelung der Chemie darzulegen. Nur sei erwähnt, daß der Schweizer Arzt Erastus (sein deutscher Name war Lieber), der Galenschen Lehre treu, als Vorkämpfer gegen Paracelsus wirkte, und namentlich sich bemühte, in des letzteren Schriften enthaltene Widersprüche aufzudecken. Das ärztliche Lager wurde während des 16. Jahrhunderts durch Streitschriften beider Richtungen aufgeregt. Von den Schülern des Paracelsus, welche, weniger genial als ihr Meister, dessen Ideen von neuem vorbrachten und vorzugsweise seine üblen Eigentümlichkeiten, besonders sein marktschreierisches Wesen nachahmten, ihm aber in wissenschaftlicher Hinsicht nicht gleichkamen, ist Leonhard Thurneisser[1] (genannt *zum Thurn*) der bekannteste gewesen. Für die Chemie hat derselbe nichts Selbständiges von einiger Bedeutung geleistet. Sein verunglücktes Auftreten als Adept sichert ihm dagegen einen Platz in der Geschichte der Alchemie (vergl. S. 56).

Das wüste Treiben von Männern seines Schlages, die durch rücksichtslose Anwendung von giftigen Präparaten als Arzneien

---

[1] Über das Tun und Treiben Thurneissers gibt das treffliche Werk Moehsens: Beiträge zur Geschichte der Wissenschaften in der Mark Brandenburg etc. (Berlin u. Leipzig 1783) Aufschluß. Vergl. auch die geistvolle Rede A. W. Hofmanns: „Berliner Alchemisten und Chemiker" (1882).

großes Unheil stifteten, läßt es begreiflich erscheinen, daß man ihrem Unwesen durch gesetzliche Mittel zu steuern suchte; dies geschah z. B. durch das Verbot des Pariser Parlamentes, Antimonpräparate zu verordnen, sowie durch das Verdammungsurteil, welches die medizinische Fakultät zu Paris gegen jeden derartigen Neuerungsversuch in der Heilkunde schleuderte.

Zu der Schule des Paracelsus in weiterem Sinne gehörten auch Männer, welche, wissenschaftlich hoch stehend, nicht allen Lehren desselben zustimmten, vielmehr kritisch an diese herantraten und in besonnener Weise das Gute daraus auszuwählen suchten. Als Ärzte und Chemiker dieser Art sind am Ende des 16. und zu Anfang des 17. Jahrhunderts vorzugsweise zu nennen: Turquet de Mayerne und Libavius, sodann Oswald Croll und Adrian van Mynsicht. Dieselben sind schon Zeitgenossen van Helmonts und bilden den Übergang von Paracelsus zu diesem merkwürdigen Manne. Sie haben nicht nur der Medizin, sondern auch der Chemie Nutzen gebracht.

Turquet de Mayerne, 1573 in Genf geboren, wirkte als angesehener Arzt zu Paris, konnte sich aber, da er die in Verruf gekommenen Antimonpräparate als unentbehrlich bezeichnete und anwendete, unter den dortigen Ärzten nicht halten, so daß er vorzog, nach England als Leibarzt des Königs überzusiedeln, wo er 1655 starb. Seine chemischen Kenntnisse waren für jene Zeit hoch entwickelt; dementsprechend wirkte er kräftig für die rationelle Anwendung chemischer Heilmittel, ohne in die Übertreibungen des Paracelsus zu verfallen oder andererseits alle Arzneien der Galenschen Schule zu verwerfen.

In ähnlicher Weise und zu etwa gleicher Zeit waren die Ärzte Croll und van Mynsicht tätig, welche, im Besitz tüchtiger chemischer Kenntnisse, viele Medikamente des Paracelsus sowie neue Präparate zu Ehren brachten; zu letzteren gehören das schwefelsaure Kali und das Bernsteinsalz, welche Croll, sowie der Brechweinstein, den van Mynsicht zuerst empfahl.

Andreas Libavius (Liebau), geboren zu Halle (Geburtsjahr unbekannt), fesselt durch seine kritische Stellung gegenüber manchen Verirrungen der paracelsischen Schule, namentlich auch durch neue Beobachtungen, die er der Chemie zugeführt hat, in hohem Maße unsere Aufmerksamkeit. Er war in Deutschland der erste namhafte Chemiker, der gegen die Ausschreitungen des — freilich gänzlich verzerrten — Paracelsus energisch auftrat und die Mängel dieser Lehren, die Unverständlichkeit der Schriften, die Phantastereien und Sophismen, sowie den Geheimmittelschwindel wirksam bekämpfte. Von Haus aus Arzt hatte Libavius sich tüchtige chemische Kenntnisse erworben und erweiterte diese noch, obwohl er sich mehr der Pflege historischer und sprachwissenschaftlicher Studien hingegeben hatte. Er ist im Jahre 1616 als Direktor des Gymnasiums zu Koburg gestorben, nachdem er von 1591 bis 1607 als angesehener Arzt und Leiter der „lateinischen Schule" zu Rothenburg a/Tauber mit großem Erfolge tätig gewesen war. Dank seinem ärztlichen Wissen und seiner gründlichen allgemeinen Bildung verstand Libavius besser als seine Zeitgenossen den Einfluß, den die Chemie auf die Medizin ausüben sollte, zu würdigen; er nahm dabei eine vermittelnde Stellung ein zwischen Paracelsus und seinen Gegnern, welche die Chemie ganz aus der ärztlichen Wissenschaft verbannt wissen wollten. Trotz seines gesunden Urteils, das er in vielen Fragen betätigte, konnte er sich doch nicht von der Vorliebe seiner Zeit für die Alchemie völlig frei machen.

Für die Chemie erwarb sich Libavius ein wirkliches Verdienst durch die Abfassung eines Lehrbuches, welches unter dem Titel „*Alchymia*" 1595 erschienen ist und die wichtigsten Tatsachen und Lehren, die in Betracht kamen, enthielt. Seine übrigen Schriften, in denen er teils die oben gedachten Mängel der paracelsischen Schule bekämpfte, teils neue chemische Beobachtungen niederlegte, sind kurz vor seinem Tode in drei Bänden erschienen (unter dem Titel *Opera omnia medico-chymica*). Seiner praktisch-chemischen Kenntnisse, die sich durch Entdeckung wichtiger Tatsachen bekundet haben, ist noch an manchen Stellen weiter unten zu gedenken.

Als bemerkenswert sei hervorgehoben, daß Libavius lebhaft für die Errichtung von chemischen Laboratorien eintrat, in denen wissenschaftliche Arbeiten ausgeführt werden sollten. Aus seinen dahin zielenden Vorschlägen erhellt, daß für die verschiedensten nützlichen sowie angenehmen Einrichtungen in diesen Arbeitsstätten gesorgt sein sollte.[1]

Johann Baptist van Helmont und seine Zeitgenossen.

Als einer der bedeutendsten, selbständig beobachtenden Chemiker seiner Zeit beansprucht van Helmont[2] einen ausgezeichneten Platz und eingehende Besprechung in der Geschichte des iatrochemischen

---

[1] Über Libavius' Leben und Wirken vergl. den Vortrag von Ottmann in Verhandlungen der Ges. Deutscher Naturforscher etc. **1894**, II. S. 79.

[2] Über van Helmonts Leben und Lehre gibt eine neuere Veröffentlichung von Fr. Strunz Aufschluß (Chem.-Zeitg. **1902**, Nr. 77. 78. Mon.-Hefte der Comenius-Ges. **10**, Heft 9. 10; Janus, **1903**, 2. u. 3. Heft).

Zeitalters. Mit reichen Kenntnissen und Erfahrungen in der Medizin und Chemie ausgestattet, überragte er seine in beiden Gebieten tätigen Zeitgenossen. Sein Leben war größtenteils das eines in der Stille wirkenden bescheidenen und hilfbereiten Gelehrten, wenn schon seine glänzenden äußeren Verhältnisse — er gehörte einem edlen brabantischen Geschlechte an — damit nicht im Einklange standen. Im Jahre 1577 zu Brüssel geboren, widmete er sich frühreif philosophischen und theologischen Studien zu, denen er jedoch, da sie ihn unbefriedigt ließen, entsagte, um der Heilkunde zu dienen. Zunächst hing er der alten Schule der Galenisten an, erkannte jedoch bald ihre Mängel und wandte sich den Lehren des Paracelsus zu, die er aber nur teilweise annahm. Mit wachsender Begeisterung für seinen ärztlichen Beruf kämpfte er gegen das alte medizinische System und trug durch seine glänzenden Leistungen als Arzt und Iatrochemiker zur Beseitigung desselben wesentlich bei. Ohne van Helmont würde die Iatrochemie nicht zu der Höhe emporgestiegen sein, auf welche sie später durch Sylvius und Tachenius gebracht worden ist. Auch die reine Chemie hat van Helmont durch eine Fülle wichtiger und feinsinniger Beobachtungen bereichert. Seine wissenschaftlichen Beschäftigungen waren ihm so lieb geworden, daß er glänzenden Anerbietungen von Fürsten nicht folgte, vielmehr es vorzog, in der Stille seines Laboratoriums bei Brüssel die Geheimnisse der Natur zu erforschen; er ist daselbst im Jahre 1644 gestorben.

In van Helmont begegneten und vereinigten sich wunderbare Gegensätze. Mit seiner Gabe, scharf und nüchtern zu beobachten, stand im Widerspruch eine mächtige Neigung zum Übernatürlichen, vielleicht Folge seiner mystischen und naturphilosophischen Studien, denen er neben den theologischen gehuldigt hatte. So konnte derselbe Mann, der den Grund zur ersten genaueren Kenntnis verschiedener Gase legte und damit eine Schärfe der Wahrnehmung bekundete, wie sie kein Beobachter vor ihm besessen hatte, die Umwandlung unedler Metalle in Gold aufs eifrigste verteidigen (vergl. S. 55); sein Glaube daran war so fest gewurzelt, daß Täuschungen vorkamen, welche uns unbegreiflich sind. Ebenso rätselhaft, ja lächerlich erscheinen bei seiner sonstigen Gabe, das Experiment zu befragen und entscheiden zu lassen, ernsthaft gemeinte Behauptungen, wie z. B. die, daß in einem Gefäße, welches Weizenmehl und ein schmutziges Hemd enthalte, Mäuse erzeugt würden.

Daß van Helmont von phantastischen Vorstellungen auch weniger bedenklicher Art nicht frei war, ist danach verständlich. Seine theoretischen Ansichten über die Elemente und seine iatrochemischen Lehren weisen manches Beispiel dafür auf; aber andererseits wußte er vieles so richtig, so viel besser als seine Vorgänger zu erklären, daß der Nutzen des Guten den üblen Einfluß der Irrtümer weit überwog.

Über die Grundstoffe in den Körpern hatte sich van Helmont eine eigene Ansicht gebildet; weder alle vier aristotelischen[1] noch die von Paracelsus und Pseudo-Basilius angenommenen Elemente ließ er gelten, vielmehr betrachtete er das Wasser als Hauptbestandteil aller Stoffe; daß es in den organischen Körpern enthalten sei, schloß er daraus, daß er es als regelmäßiges Produkt ihrer Verbrennung nachwies. Ein Hauptargument dafür glaubte van Helmont durch den Versuch geliefert zu haben, wonach Pflanzen mit reinstem Wasser, das nach seiner Meinung deren alleiniges Nahrungsmittel sein konnte, zu regstem Wachstum gebracht wurden. Daß er demgemäß von der Umwandelung des Wassers in erdige Stoffe überzeugt war, erscheint begreiflich.

Während van Helmont hier dem nämlichen Irrtum huldigte, der vor und nach ihm in vielen Köpfen geherrscht hat, erkannte gerade er die Unveränderlichkeit des Stoffes in vielen Fällen schärfer, als alle seine Zeitgenossen; so hat er am meisten zur Beseitigung des Glaubens beigetragen, das aus Kupfervitriollösung durch Eisen abgeschiedene Kupfer sei neu geschaffen. Ferner lehrte er das Weiterbestehen eines Körpers in vielen seiner Verbindungen, z. B. des Silbers in seinen Salzen, der Kieselerde in dem Wasserglas, welches nach seinen denkwürdigen Beobachtungen durch Zersetzung mit Säuren, die ursprünglich angewandte Kieselsäure in gleicher Menge lieferte. Das waren Ansichten und Beobachtungen von großer Tragweite; denn entgegen den unklaren früheren Vorstellungen über die Bildung chemischer Verbindungen wurde von ihm gelehrt, daß der ursprüngliche Körper, auch wenn er chemischen Umwandlungen unterliegt, in den neuen Produkten erhalten bleibt. Er hatte demnach den Grundgedanken von der Erhaltung des Stoffes in einzelnen Fällen klar erfaßt.

van Helmont steht mit diesen Ideen originell da, und gerade der Chemie hat er durch dieselben neue Wege gewiesen. Auch die von ihm eifrig gepflegten Beziehungen zwischen Chemie und Heilkunde führten ihn zu Ansichten, denen eine teilweise Originalität nicht abzusprechen ist, schon deshalb, weil er durch Experimente mit Säften und anderen Ausscheidungen des tierischen Körpers theoretische Fragen zu entscheiden suchte. Ganz besonderen Wert

---

[1] Bezüglich der Luft herrscht Zweifel, ob van Helmont sie als Element betrachtet habe. Dem Feuer sprach er überhaupt stoffliche Natur ab, wodurch er seinen ungewöhnlichen Scharfblick bekundete.

hatte nach ihm die Reaktion der in letzterem vorkommenden Flüssigkeiten; denn diese sollten, je nachdem sie sauer, basisch oder neutral waren, die wichtigsten Funktionen des Organismus bedingen. Außer der chemischen Beschaffenheit der Säfte war nach van Helmont Hauptursache der organischen Prozesse die Gärung, über die er jedoch sich weniger klar äußerte, als über die Bedeutung der chemischen Reaktion; bezüglich der Verdauung und damit zusammenhängender Prozesse konnte er sich von der Annahme, der *Archeus* beherrsche dieselben, nicht ganz frei machen. Dagegen blieb er mit seinen Erklärungen vitaler Vorgänge auf festerem Boden, sobald er die chemische Beschaffenheit der Säfte berücksichtigte. Die Säure des Magensaftes leitet nach ihm die Verdauung ein; ein Vorwalten jener erzeugt Unbehagen, Krankheiten, die um so bedenklicher werden, je mehr Säure vorhanden ist, welche dann nicht mehr wie bei normalem Zustande durch das Alkali der sich im Duodenum dem Magensafte beimengenden Galle neutralisiert werden kann. Gegen alle so entstehenden Krankheiten müssen nach van Helmont alkalische Mittel (Laugensalze etc.) angewandt werden. Die infolge des entgegengesetzten Übels, des Mangels an Säuren, hervorgerufenen Krankheiten sollen dagegen durch saure Arzneien bekämpft werden. Die letzteren empfahl er auch gegen die Gicht, Steinleiden und ähnliche Übel, deren Entstehung ebenfalls aus der unzureichenden oder unrichtigen Mischung der Säfte abgeleitet wurde. In diesen Ansichten lag in der Tat ein bedeutender Fortschritt gegenüber denen des Paracelsus; denn dieser nahm willkürliche, nicht darstellbare Bestandteile in den organischen Materien an, van Helmont dagegen suchte die wirksamen Stoffe darin auf und verglich die Wechselwirkung verschiedenartiger Säfte, welche zusammentreffen, mit den ähnlichen Reaktionen von Lösungen außerhalb der Organe: ein Verfahren, durch welches der erste, damals freilich noch unsichere Grund zur chemischen Physiologie gelegt wurde.

Als durchaus origineller Forscher, welcher der Chemie neue Wege gebahnt hat, bewährte sich van Helmont durch seine Untersuchungen über die Gase; er ist damit der eigentliche Begründer der pneumatischen Chemie gewesen, die allerdings erst über ein Jahrhundert nach ihm zu gedeihlicher Entwicklung gelangte, aber dann mit ihren Entdeckungen die große Reform der Wissenschaft einleitete. Erwägt man, daß vor Helmonts Arbeiten die verschiedensten Gase, wie Wasserstoff, Kohlensäure, schweflige Säure, nicht für wesentlich verschieden von der gewöhnlichen Luft angesehen wurden, daß er zuerst die luftförmigen Körper durch Ermittlung ihrer Eigenschaften als verschiedenartige kennzeichnete, so liegt sein großes Verdienst zutage. Von ihm ist der Gattungsname „Gas"[1] für dieselben eingeführt worden, und er unterschied sie von den Dämpfen, insofern letztere durch Abkühlung verflüssigt, erstere dagegen nicht verdichtet würden.

van Helmont lehrte namentlich die Kohlensäure näher kennen, und zwar zeigte er ihre Entstehung aus Kalkstein oder Pottasche mit Säuren, aus brennenden Kohlen, sowie bei der Wein- und Biergärung, bewies auch ihr Auftreten im Magen, sowie ihr Vorkommen in Mineralwässern und in manchen Höhlungen der Erde; er nannte dieselbe meist *Gas sylvestre*.[2] Dem Mangel an Hilfsmitteln, Gase aufzusammeln, ist die Unvollkommenheit mancher seiner Beobachtungen, so die Verwechslung der Kohlensäure mit anderen die Verbrennung ebenfalls nicht unterhaltenden Gasen zuzuschreiben; dagegen hat er einige brennbare Gase, Wasserstoff und Grubengas, als eigentümliche Luftarten beschrieben. — Wegen der mit der ersten wissenschaftlichen Untersuchung der Gase verknüpften Bedeutung für die Beurteilung der Leistungen van Helmonts ist dieser eigentlich in die Zusammenstellung der praktischen Kenntnisse gehörende Gegenstand in der allgemeinen Geschichte dieser Zeit behandelt worden. Die Schriften van Helmonts wurden von seinem Sohne unter dem Titel: „*Ortus medicinae vel opera et opuscula omnia*" 1648 herausgegeben.

van Helmonts Einfluß auf seine Zeitgenossen und auf die Weiterentwicklung der iatrochemischen Lehren muß sehr hoch angeschlagen werden. Die von ihm angestrebte Einführung chemischer Begriffe in die Heilkunde wirkte klärend, insofern die Anwendung chemischer Arzneien zur Bekämpfung der Krankheiten naturgemäß erschien; zudem hatte er durch sein „*Pharmacopolium ac dispensatorium modernum*" gute, zweckmäßige Vorschriften zur Bereitung von Heilmitteln bekannt gemacht. Der wissenschaftliche Geist, den er in die Medizin einzuführen strebte, wirkte im Gegensatze zu dem Empirismus der paracelsischen Schule fördernd auf eine gesunde Entwicklung der Heilkunde. Auch als feinsinniger Psycholog hat sich van Helmont verdient gemacht.[3]

---

[1] Bei der Wahl dieser Bezeichnung hat van Helmont, wie er selbst sagt, an Chaos gedacht. Ob ihn dabei auch die Prozesse der Gärung (gären heißt im Holländischen „gisten") leiteten, wie von anderer Seite behauptet worden ist, erscheint zweifelhaft.

[2] Durch die Bezeichnung *sylvestre* hat van Helmont wohl die Unmöglichkeit, das Gas zu verdichten, andeuten wollen; wenigstens sagt er einmal: *gas sylvestre sive incoërcibile, quod in corpus cogi non potest visibile.*

[3] Vergl. das Referat über van Helmonts Psychologie von Fr. Strunz in den Ber. der 75. Versammlung deutscher Naturforscher u. Ärzte (Cassel).

In ähnlichem Sinne, wenn auch nicht mit gleich hohem Geistesfluge, waren einige andere Ärzte zu jener Zeit tätig, welche, ebenfalls mit chemischen Kenntnissen gut ausgerüstet, an die Ausübung der ärztlichen Kunst herangingen und infolge ihres klaren Blickes manche Ubelstände, z. B. die aus der Anwendung von Geheimmitteln hervorgehenden, klar erkannten und bekämpften: Angelus Sala und Daniel Sennert sind hier zu nennen. Sala,[1] in den ersten Jahrzehnten des 17. Jahrhunderts als Leibarzt am mecklenburgischen Hofe tätig, überrascht uns durch seine klare Beurteilung sowohl der paracelsischen als der alten ärztlichen Schule, sowie durch seine für jene Zeit ausgedehnten chemischen Kenntnisse. Diese kamen im Verein mit seinen gediegenen medizinischen Erfahrungen vielfach der Pharmazie zustatten, aber auch der reinen Chemie, denn er hatte sich über die Zusammensetzung mancher chemischer Verbindungen, sowie über Reaktionen derselben richtige Vorstellungen gebildet, wie solche vor ihm noch nicht geäußert waren; z. B. sprach er aus, daß der Salmiak aus Salzsäure und flüchtigem Laugensalz besteht, ferner war ihm bekannt, daß durch die Schwefelsäure Salpetersäure aus ihren Salzen ausgetrieben wird etc.

Sennert, als Professor in Wittenberg im ersten Drittel des 17. Jahrhunderts lebend, richtete seine Tätigkeit vorzugsweise darauf, den Ärzten die treffliche Wirkung chemischer Arzneimittel nachzuweisen, sobald diese richtig angewandt würden. Von manchen irrigen Auffassungen des Paracelsus, z. B. der Lehre von den drei Grundbestandteilen, konnte er sich zwar nicht losmachen, aber gegen die argen Mißbräuche, die dadurch in die Medizin eingedrungen waren, namentlich gegen die sogen. Universalmittel, trat er erfolgreich auf.

Sylvius und Tachenius. — Franz de le Boë (Dubois) Sylvius, 1614 zu Hanau geboren, lebte nach gründlichen naturwissenschaftlichen und medizinischen Studien zuerst als angesehener Arzt, später bis zu seinem Tode (1672) als berühmter Professor der Heilkunde zu Leiden. Mit seinen medizinischen Kenntnissen überragte er die meisten seiner Zeitgenossen. Der Unterschied des arteriellen und venösen Blutes war ihm bekannt, und als Ursache der roten Farbe des ersteren betrachtete er die durch das Atmen aufgenommene Luft. Verbrennung und Respiration waren für ihn

---

[1] Über Angelo Sala, der zu Vicenza i. J. 1576 geboren und 1637 gestorben ist, hat Alph. Cossa eine Abhandlung veröffentlicht, in der sein Leben und seine Beziehungen zur Chemie, Medizin und Alchemie gründlich erörtert sind (*Angelo Sala, medico e chimico Vicentino del secolo XVII*. Vicenza 1894).

durchaus ähnliche Vorgänge. Wie in diesem letzteren Falle, so richtete Sylvius überhaupt sein ganzes Bestreben darauf, die im menschlichen Körper sich vollziehenden Prozesse, seien sie normale oder pathologische, als rein chemische zu erfassen. Das spiritualistische Element, das den Lehren des Paracelsus und van Helmonts beigemischt war, sollte ganz beseitigt werden. Die Verdauung z. B., deren Erklärung den beiden eben Genannten nur durch Herbeiziehen eines Geistes (*Archeus*) möglich erschien, betrachtete Sylvius als chemischen Vorgang, bei dem der Speichel in erster Linie, sodann der Magen- und Pankreassaft, sowie die Galle als wichtigste Agentien tätig sind. Der sauren, alkalischen oder neutralen Reaktion der Säfte des Körpers wurde von ihm eine gleiche, wenn nicht noch höhere Bedeutung zuerteilt, als von Helmont, dem er in diesen wie in ähnlichen Fragen folgte. Mit Vorliebe übertrug Sylvius chemische Erscheinungen in das Bereich physiologischer und pathologischer Prozesse, wobei er häufig auf Abwege geriet. Die gesamte Medizin sollte nach ihm angewandte Chemie werden. Daß diese einseitigen Bemühungen bei dem damaligen Stande des chemischen Wissens fehlschlagen mußten, liegt auf der Hand. Ebenso begreiflich ist aber, daß seine iatrochemischen Lehren weniger der Medizin Nutzen gebracht haben, als der Chemie; insofern die gebildeten Ärzte, wollten sie solche Lehren verstehen, genötigt waren, sich mit chemischen Fragen eingehend zu beschäftigen. Ganz besonders galt dies von den neuen Heilmitteln, deren Bereitung und rationelle Anwendung chemische Kenntnisse voraussetzten. Sylvius, der Verordnung heroischer Arzneien zugetan, scheute sich nicht, Höllenstein, Sublimat, Zinkvitriol zu innerlichem Gebrauche zu verabreichen; besonders begeistert war er für Antimon- und Quecksilberpräparate.

Während nur wenige neue Beobachtungen von Sylvius auf dem Gebiete der Chemie zu verzeichnen sind, hat sein Schüler Otto Tachenius sich als selbständig forschender Chemiker bewährt; von ihm sind überaus wertvolle Wahrnehmungen, sowie daraus abgeleitete Spekulationen überliefert. Über sein Leben weiß man nur, daß er, zu Herford in Westfalen geboren, nach unstetem Herumtreiben als Apothekergehilfe sich gegen Mitte des 17. Jahrhunderts in Italien dem Studium der Heilkunde zugewandt und in Venedig als Arzt gelebt hat. Obwohl er besonderen Wert auf klare Beziehungen der Medizin zur Chemie legte, trug er kein Bedenken, mit Geheimmitteln argen Unfug zu treiben. Tachenius ist der letzte namhafte Iatrochemiker gewesen, der mit Begeisterung die Lehren von Sylvius vertrat. Als Verteidiger ähnlicher Ansichten sei neben ihm sein Zeitgenosse, der berühmte englische Arzt Willis (gest. 1675) erwähnt. Tachenius hat wertvolle Beobachtungen der Chemie zugeführt, auch das Problem derselben, welches von Boyle ab als das wichtigste galt, nämlich die Erkenntnis der wahren Zusammensetzung der Stoffe, nicht unwesentlich gefördert. Von ihm stammt die erste schärfere Bestimmung des Begriffes *Salz* als der Verbindung von Säuren und Alkalien. Seine Angaben über die Zusammensetzung einiger Verbindungen verraten großen Scharfblick, der sich auch in der Verwertung gewisser Reaktionen zum Nachweis von Substanzen bekundete. Während Tachenius auf solche Weise systematischer als seine Vorgänger die Anfänge der qualitativen Analyse schuf, wandte sich sein Interesse auch den bei chemischen Prozessen stattfindenden, bisher kaum beachteten quantitativen Verhältnissen zu, wie er z. B. ziemlich genau die durch Überführung des Bleies in Mennige stattfindende Gewichtszunahme ermittelt hat. — Die Schriften des Tachenius sowie seines Lehrers Sylvius behandeln meist Gegenstände von vorwiegend medizinischem Interesse, jedoch finden sich darin, wie aus obigen Bemerkungen hervorgeht, auch für die Chemie bedeutsame Tatsachen und Ansichten verzeichnet.

Will man das Hauptergebnis, das die iatrochemischen Lehren für die Chemie in ihrer Fortentwicklung gehabt haben, feststellen, so hat man vorzugsweise den schon berührten Umstand zu berücksichtigen, daß die Beschäftigung tüchtig gebildeter Ärzte mit der Chemie zur Einlenkung letzterer in wissenschaftliche Bahnen wesentlich beigetragen hat. Neben den zahlreichen Irrtümern und phantastischen Vorstellungen, in denen die Iatrochemiker befangen waren, finden sich manche überraschend zutreffende Ansichten, welche auf die ganze Richtung des nächsten Zeitalters merklich eingewirkt haben. Es sei an die Feststellung der näheren Bestandteile der Salze und an die schärfere Fassung des Begriffes einer chemischen Verbindung, sowie der chemischen Verwandtschaft erinnert, durch welche Erkenntnis die Hauptaufgabe der Chemie: Erforschung der wahren Zusammensetzung der Stoffe, wirksam gefördert wurde; ferner daran, daß die Vorgänge der Verbrennung bezw. der Verkalkung von Metallen und der Atmung als gleichartige angesprochen wurden. Damit setzten sich Meinungen von großer Tragweite fest. Auch Anklänge an die phlogistische Hypothese, die während des größten Teils des 18. Jahrhunderts geherrscht hat, sind schon bei manchen Iatrochemikern zu finden. Die Beschäftigung van Helmonts endlich mit den Gasen war von größtem Einfluß auf die Entwicklung der pneumatischen Chemie, von welcher der Anstoß zu der wichtigen Reform unserer Wissenschaften am Ende des vorigen Jahrhunderts ausging. Aus alledem ergibt sich, daß viele Bestrebungen der Phlogistiker mit den eigentlich chemischen Beobachtungen und Ansichten der Iatrochemiker im engsten Zusammenhange stehen. Während ihre medizinisch-chemischen Lehren nach Mitte des 17. Jahrhunderts einem raschen Verfalle entgegengingen, leiteten die der Chemie angehörenden Tatsachen und Ansichten die letztere auf wissenschaftliche Wege.

Agricola, Palissy und andere Förderer der angewandten Chemie während des iatrochemischen Zeitalters.[1]

Unabhängig von der iatrochemischen Hauptströmung haben einige Männer, die für ihre Zeit gediegene chemische Kenntnisse besaßen, die Chemie in ihrer Anwendung auf Gewerbe gepflegt. Die Hauptvertreter dieser Richtung sind Georg Agricola, welcher insbesondere der Metallurgie seine Aufmerksamkeit zuwandte, Bernhard Palissy, der die Entwicklung der Keramik förderte, und Johann Rudolf Glauber gewesen, welcher, obwohl nebenbei Iatrochemiker, doch vorwiegend der technischen Chemie seine Kräfte widmete. Inwieweit die Kenntnisse und Erfahrungen der Genannten der Wissenschaft Nutzen gebracht haben, darüber enthält der folgende Abschnitt einige Einzelheiten; hier ist die Bedeutung derselben vom allgemeineren Standpunkte aus zu beleuchten.

Georg Agricola[2] (sein deutscher Name war Bauer) ist 1494 zu Glauchau geboren und als angesehener Arzt und Bürgermeister zu Chemnitz im Jahre 1555 gestorben, war also Zeitgenosse des Paracelsus. Obwohl ebenfalls Arzt, ging er doch ganz andere Wege als dieser; ohne sich um die starke Bewegung seiner Zeit auf dem Gebiete der Medizin zu kümmern, widmete Agricola sich vorzugsweise dem Studium der Mineralogie und Metallurgie, wozu ihn das blühende Berg- und Hüttenwesen Sachsens trieb, während er die Heilkunde nur nebensächlich ausübte. Seine chemischen Kenntnisse und reichen Erfahrungen hat er in seinem Hauptwerke: *De re metallica libri XII*, niedergelegt, das als Handbuch der Metallurgie für lange Zeit von großer Bedeutung gewesen

---

[1] Vergl. Kopp, Gesch. d. Chem. I, 104. 128. J. Höfer, Histoire de la chimie II, 38. 67 ff.

[2] Vergl. die Dissertation von G. H. Jacobi: *Der Mineralog Georgius Agricola und sein Verhältnis zur Wissenschaft seiner Zeit* (Leipzig 1889); ferner die schöne Studie von P. Wagner: *Die mineralogisch-geologische Durchforschung Sachsens in ihrer geschichtlichen Entwicklung* (Isis 1902 II, S. 63), wo sich die ältere Literatur über Agricola findet.

ist. In demselben, wie in seinen anderen Schriften, von denen noch folgende mineralogisch besonders wichtige [1] genannt seien: *De natura fossilium* (*libri X*) und *De ortu et causis subterraneorum*, weht ein ganz anderer Geist, als in denen des Paracelsus. Sie sind durch Klarheit der Ausdrucksweise, nüchterne Auffassung der darzulegenden Vorgänge, sowie anschauliche Beschreibung von Vorrichtungen, Gerätschaften und Prozessen ausgezeichnet, Eigenschaften, die Agricola als wahren Naturforscher kennzeichnen. Durch seine Schriften, namentlich das erstgenannte Werk, wurden die wichtigsten Operationen der Verarbeitung von Erzen auf die darin enthaltenen Metalle zuerst allgemein bekannt, auch die Gewinnung anderer Hüttenprodukte, sowie technisch wichtiger Präparate beschrieb er als der erste in allgemein verständlicher Weise. Für die Geschichte der Metallurgie sind seine Werke unentbehrliche Quellen, sodann für die Mineralogie, als deren erstes Kompendium sein oben genanntes Buch *De nature fossilium* (1546) gelten kann. Agricola hat mit Recht den Ehrennamen eines *Vaters der Mineralogie* erhalten.

Seine ruhige objektive Denk- und Forschungsweise hinderte ihn übrigens nicht, dem Problem der Alchemie, die er in seiner Jugend eifrigst betrieben hatte, noch in gereifterem Alter einen gewissen Grad von Wahrscheinlichkeit zuzusprechen, wenn er auch den tollen Übertreibungen, die damals noch vorkamen, nicht zustimmte.

In ähnlicher Richtung wie Agricola und etwa gleichzeitig mit ihm war der Italiener Biringuiccio (aus Siena) bestrebt, die Prozesse der Metallurgie in seinem 1540 erschienenen Werke „Pirotechnia" kennen zu lehren; auch dieses ist durch Klarheit und Genauigkeit der Beschreibung einzelner technischer Verfahren ausgezeichnet. Gegen die iatrochemischen Tagesfragen und die alchemistischen Lehren verhielt derselbe sich ablehnend.

Als hervorragender Forscher, der sich lediglich durch die mittels des Experimentes zu gewinnende Erfahrung leiten ließ, und zwar zu einer Zeit, ehe allgemeiner die induktive Methode als Mittel zur Erkenntnis der Wahrheit bezeichnet war, betätigte sich Bernhard Palissy[2].

---

[1] Agricolas mineralogische Schriften wurden von dem Bergassessor E. Lehmann ins Deutsche übersetzt (Freiberg 1806).
[2] Neuerdings ist Palissys Leben und Wirken von Al. Br. Hanschmann zum Gegenstand liebevoll eindringender Schilderung gemacht worden. In seinem 1903 erschienenen Buche: *B. Palissy, der Künstler, Naturforscher und Schriftsteller als Vater der induktiven Wissenschaftsmethode des Baco von Verulam* sucht er namentlich den unmittelbaren Einfluß Palissys auf Baco und dessen Vorstellungen in betreff der Induktion nachzuweisen.

Die Hauptarbeiten desselben bewegen sich auf dem Gebiete der Keramik; seine mit häufigen Enttäuschungen verknüpften unermüdlichen Versuche, Verbesserungen einzuführen, waren schließlich von Erfolg begleitet. Die einfach und klar geschriebenen Werke Palissys lassen die Mühen und Kämpfe des merkwürdigen charakterfesten Mannes erkennen, welcher, als einfacher der höheren Bildung ermangelnder Töpfer beginnend, das Ansehen eines bahnbrechenden Geistes[1] zu erringen wußte. Aus dem Buche der Natur schöpfte er, wie er selbst sagt,[2] seine ersten Kenntnisse; die Erfahrungen, das Experiment stellte er in den Vordergrund und bekämpfte alle ohne diese Hilfsmittel aufgestellten Spekulationen, sowie besonders den Autoritätsglauben. Kaum werden damals vorurteilsfreiere Männer gelebt haben als er; dank seinem klaren Verstande und besonnenem Urteile erkannte er manche Schwächen der Lehren des Paracelsus und zog mit den Waffen des Spottes gegen den alchemistischen Wahnglauben zu Felde. Sein Leben füllte nahezu das ganze 16. Jahrhundert aus und bestand aus einer langen Reihe von Wechselfällen. Man kann ihn neben Agricola als den Hauptvertreter der experimentellen Chemie jener Zeit bezeichnen. Sein Scharfblick bekundete sich auch auf den Gebieten der Mineralogie und Agrikulturchemie, zu deren Begründung er manchen Baustein herbeigeschafft hat.

Johann Rudolf Glauber (geb. 1604, gest. 1668 zu Amsterdam) hat die angewandte Chemie eifrig gepflegt und durch wertvolle Beobachtungen bereichert; hierin liegt der Schwerpunkt seiner Tätigkeit, die nur in untergeordnetem Maße den iatrochemischen Bestrebungen gewidmet war. Sein Leben verlief höchst unruhig und mag wohl seinem unsteten zur Unzufriedenheit hinneigendem Wesen entsprochen haben, das sich in vielen seiner Schriften zu erkennen gibt. In der Tat war er phantastischen, abergläubischen Vorstellungen, den Vorurteilen seiner Zeit, daher auch den alchemistischen Schwindeleien zugänglich; auf der anderen Seite betätigte er aber ein ausgeprägtes Talent, zu beobachten und Neues aufzufinden, worüber im nächsten Abschnitt einiges Nähere mitzuteilen ist. Auch in theoretisch-chemischen Fragen bewährte er seinen scharfen Verstand, wie er denn manche Wirkungen der chemischen

---

[1] Höfer, welcher zuerst die Verdienste Palissys eingehend gewürdigt hat, bezeichnet denselben als „un des plus grands hommes, dont la France puisse s'enorgueillir" (Histoire de la Chimie II, 92).

[2] „Je n'ai point eu d'autre livre, que le ciel et la terre, lequel est connu de tous, et est donné à tous de connoistre et lire ce beau livre."

Verwandtschaft bei Zersetzung von Salzen durch Säuren oder Basen und ähnliches gut zu erklären vermochte. Er war der erste, welcher einen Fall der sogen. doppelten Wahlverwandtschaft: die Wechselwirkung von Quecksilberchlorid und Schwefelantimon sich klar zu machen wußte. — Zu erwähnen ist hier noch sein weiter Blick in nationalökonomischen wirtschaftlichen Fragen, mit denen seine chemischen Mitteilungen, besonders in dem sechsbändigen Werke *Des Teutsch Landes Wohlfahrth*, durchsetzt sind. Wiederholt suchte Glauber den Nachweis zu führen, daß sein Vaterland die eigenen Produkte selbst verarbeiten und veredeln müsse, dies aber nicht dem Ausland überlassen dürfe; statt von diesem die aus dem eigenen Boden stammenden Endprodukte teuer zu kaufen, solle Deutschland diese selbst darstellen und in andere Länder ausführen. Mit Recht hat man ihn den ersten technischen Chemiker genannt.

Mit Glauber und Tachenius schließt das iatrochemische Zeitalter ab; beide gehören mit manchen ihrer chemischen Ansichten, sowie mit ihren letzten Lebensjahren schon dem folgenden Zeitabschnitte an, der sich nicht ganz scharf von dem vorhergehenden abgrenzen läßt. Beide Männer haben der Chemie überaus wichtige Beobachtungen zugeführt und die experimentelle Methode wesentlich gefördert, die fortan zum sicheren Leitstern für die chemische Forschung wurde.

Erweiterung der praktisch-chemischen Kenntnisse im iatrochemischen Zeitalter.[1]

Wie sich aus der ganzen Tendenz dieses Zeitalters ergibt, in dem die Chemie mit der Medizin in innigste Verbindung trat, mußten sich die Kenntnisse besonders in dem Bereiche der chemischen Präparate, welche man als Heilmittel zu verwenden hoffte, erweitern. Durch das Bestreben, neue Arzneimittel aufzufinden, wurden die schon bekannten, sowie die neu entdeckten chemischen Verbindungen genauer und wissenschaftlicher untersucht, als dies früher geschah. Die Beschäftigung mit den Produkten des Tierkörpers wurde eine regere; schwache Anfänge einer physiologischen Chemie machten sich bemerkbar in den Untersuchungen über Milch, Blut, Speichel etc. Dementsprechend wuchs das Interesse an den organischen Verbindungen, und die Bekanntschaft mit solchen wurde angebahnt. Die technische Chemie hat nicht einen gleichen Zuwachs an neuen

---

[1] Vergl. Kopp, Gesch. d. Chemie II, 111. 126. III. u. IV.

Kenntnissen aufzuweisen, wie die Chemie im Dienste der Medizin. Fortschritte in dem Erkennen der Zusammensetzung von Stoffen und im Beobachten von Reaktionen, also in der qualitativen Analyse, sind erst gegen Ende der iatrochemischen Zeit bemerklich.

Technische Chemie. — Die wichtigsten Vertreter dieser Richtung, insbesondere Agricola, Palissy und Glauber sind oben gekennzeichnet worden. In ihren Werken, sowie in den der technischen Chemie gewidmeten Schriften von Biringuiccio, Caesalpin. u. a. wird besondere Bedeutung den einzelnen Operationen, durch welche technische Produkte erzielt werden, beigelegt, wie sich aus der sehr genauen Beschreibung jener ergibt.

In der Metallurgie weisen Agricola und Libavius zuerst den Weg, auf dem eine annähernde Bestimmung des Gehaltes eines Erzes an Metall möglich ist; die Probierkunst hat sich allmählich aus solchen Anfängen entwickelt. Die wissenschaftliche Behandlung der angewandten Chemie erhellt ferner daraus, daß man Nebenprodukte, welche früher unbenutzt blieben, verwerten lernte, z. B. den beim unvollkommenen Rösten von Kiesen entweichenden Schwefel kondensierte, ferner den Ofenbruch von Zinkerzen auf Messing verarbeitete u. s. f.

Die Kenntnisse der einzelnen Metalle, ihrer Gewinnung und Verarbeitung erweiterten sich im 16. Jahrhundert dadurch, daß manches bisher nur wenigen Sachverständigen Bekannte durch Agricola und andere Schriftsteller zum Gemeingut wurde: so die Scheidung des Goldes vom Silber mittels Salpetersäure, welche seit Ende des 15. Jahrhunderts in Venedig zuerst im größeren Maßstabe ausgeführt wurde, ferner das Amalgamationsverfahren, das man zuerst wohl in Mexiko (etwa um Mitte des 16. Jahrhunderts) zum Ausbringen des Silbers aus seinen Erzen anwandte, welches in Europa aber erst gegen Ende des vorigen Jahrhunderts Eingang fand. In das 16. Jahrhundert fallen die ersten sicheren Beobachtungen über die Herstellung von Rubinglas mittels Gold. Salze des letzteren, sowie des Silbers wurden genauer untersucht, mit besonderer Rücksicht auf ihre medizinische Anwendung; auch einige charakteristische Reaktionen dieser Salze beobachtete man, wodurch der Nachweis derselben möglich war.

Bezüglich des Kupfers und seiner Abscheidung aus Kupfervitriollösung mittels Eisen findet sich selbst bei einsichtsvollen Chemikern, z. B. Libavius, die alte Vorstellung festgewurzelt, daß eine Metallverwandlung vor sich gegangen sei; andere, wie van Helmont und Sala, erkannten dagegen die Präexistenz des Kupfers an. — Die metallurgischen Operationen zur Gewinnung des Eisens wurden durch

Agricolas Beschreibungen[1] allgemein bekannt, so z. B. die zuerst von ihm gegebene Darlegung der Stahlerzeugung mittels des **Frischprozesses**; der Stahl selbst wurde noch allgemein als ein „reineres Eisen" betrachtet. — Von anderen Metallen lernte man Zink und Wismut allmählich genauer kennen, jedoch herrschte noch Unsicherheit, so daß dieselben oft mit dem Antimon verwechselt wurden. Das Zinn endlich fand im 16. Jahrhundert häufig Anwendung zum Verzinnen des Eisens. Das Hauptinteresse wandte sich jedenfalls im iatrochemischen Zeitalter weniger den Metallen als den daraus bereiteten Salzen zu, weil von diesen heilkräftige Wirkungen zu erwarten waren (siehe unter Präparaten).

Töpferei und Glasbereitung. — Die keramische Industrie machte insbesondere durch die rastlosen Bestrebungen Palissys erhebliche Fortschritte; denn es gelang ihm, dem die auf tausendfältige Versuche gegründete Erfahrung die alleinige Lehrmeisterin war, die Herstellung dauerhafter schöner Emaille auf irdenen Gefäßen, speziell die Bereitung der Fayence; seine Beobachtungen darüber, sowie über die Brauchbarkeit verschiedener Arten von Ton zu keramischen Zwecken und über das Einbrennen von Farben sind in seinem Werke *L'art de terre* niedergelegt, das zugleich den ausgesprochenen Zweck hat, die Macht der experimentellen Methode gegenüber der unsicheren Theorie aufzudecken. — Auch Porta war um Mitte des 16. Jahrhunderts in ähnlichem Sinne wie Palissy tätig.

Die Glasbereitung blieb mit ihren Fortschritten nicht hinter der Töpferei zurück; von den venezianischen Fabriken, deren Produkte aus dem 16. Jahrhundert noch jetzt Kenner entzücken und in Staunen setzen, verbreitete sich die Kunst, Gläser in den mannigfaltigsten Farben und von verschiedenem Lichtbrechungsvermögen herzustellen, in andere Länder. Nicht unwesentlich mag zu dem Bekanntwerden einzelner Operationen das Werk des Florentiners Antonio Neri: *De arte vitraria* (1640 erschienen), beigetragen haben, worin derselbe seine reichen Erfahrungen auf diesem Gebiete niedergelegt hatte. Auch war schon damals große Geschicklichkeit in der Nachahmung von Edelsteinen erlangt, wie die von Porta dafür gegebenen Vorschriften erkennen lassen. — Als eine wichtige Entdeckung jener Zeit ist die des Kobaltblaues zu nennen, die dem sächsischen Glasbläser Christoph Schürer gelang, und zwar durch Zusammenschmelzen von sogen. Wismutgraupen (den kobalthaltigen

---

[1] Die Bedeutung Agricolas für dieses Gebiet erhellt deutlich aus der Schilderung seiner Leistungen in L. Becks *Geschichte des Eisens* II, S. 22 ff. u. öfter.

Rückständen der Wismutbereitung) mit Glas; unter verschiedenen Namen *(Zaffer,* von *sapphir* abgeleitet, später *Smalte)* wurde dasselbe bald ein geschätztes Handelsprodukt.

Färberei. — Die Entdeckung Amerikas und des Seeweges nach Ostindien hatte die gesteigerte Einfuhr von Indigo und Cochenille zur Folge, durch welche die Tinktorialindustrie neuen Aufschwung nahm. Manche verbesserte Methoden, diese und andere Farbstoffe auf Zeugen zu fixieren, z. B. die Anwendung von Zinnlösung, sowie zweckmäßiges Beizen der Stoffe mit Alaun, Eisenlösungen usw. wurden im 16. Jahrhundert aufgefunden. Der Färber konnte sich aus dem ersten Handbuche, welches seine Kunst behandelte und den Venezianer Rosetti zum Verfasser hatte (erschienen 1540), Rat holen. Auch Glauber hat durch seine zahlreichen Beobachtungen, die sich auf Färbeprozesse bezogen, das Verständnis für letztere wesentlich gefördert.

Ein neues Gewerbe erstand in den gegen Ende des 15. Jahrhunderts stark zunehmenden Branntweinbrennereien; während bis dahin der Weingeist nur als Medikament galt, wurde er seitdem in genügender Verdünnung mehr und mehr als Getränk geschätzt. Die Entwicklung dieses Industriezweiges hatte mannigfache Verbesserungen der Destilliervorrichtungen im Gefolge, die auch den chemischen Laboratorien zustatten kamen. Wie groß das Interesse war, das sich diesem Gewerbe zuwandte, darauf lassen die zahlreichen, in jener Zeit erschienenen Werke über die Kunst des „Destillateurs" schließen.

Die Chemie erstreckte sich in ihrer Anwendung auf die verschiedensten Gebiete, auch auf den Ackerbau, wenn schon in schüchternen Anfängen; so machte der geniale Palissy auf die Bedeutung der löslichen Salze in den Düngemitteln aufmerksam und empfahl Mineralsubstanzen, z. B. Mergel als Zusatz zum Dünger. Man hat es hier mit den ersten Anfängen einer rationellen Agrikulturchemie zu tun.

Überhaupt zeigt die angewandte Chemie jener Zeit eine vielseitige und bedeutsame Entwicklung. Man kann von einer chemischen Industrie reden, die — der reinen Chemie voraneilend — imstande war, wichtigste praktische Bedürfnisse zu befriedigen. Sie lieferte die Metalle und deren Verbindungen, Mineralsäuren und viele Salze, Seifen, ätherische Öle, Spiritus u. a. m. In den Färbereien wurden verschiedenartige Pflanzenfarbstoffe verwendet. Überall machten sich erhebliche Fortschritte bemerkbar.

Entwicklung der Pharmazie und der Kenntnisse chemischer Präparate.

Die pharmazeutische Chemie ist recht eigentlich eine Schöpfung des iatrochemischen Zeitalters, in dem die Auffindung von künstlich herzustellenden Heilmitteln als Hauptzweck der Chemie gelehrt wurde. Dieser Tendenz entsprechend, prüfte man die schon bekannten, sowie die durch emsiges Suchen neu gefundenen Präparate auf ihre Wirkungen im Organismus. Der Kreis chemischer Tatsachen wurde infolge dieser iatrochemischen Bestrebungen nicht unerheblich erweitert. Auch in anderer Weise machte sich der Einfluß letzterer auf die Chemie geltend, insofern die Apotheken durch die zunehmende Beschäftigung mit künstlichen Präparaten Pflanzschulen tüchtiger Chemiker wurden, und diese waren namentlich im folgenden Zeitalter am Aufbau des wissenschaftlichen Lehrgebäudes ganz wesentlich beteiligt.

Unorganische Verbindungen. — Die Darstellung der Mineralsäuren hat Verbesserungen, ihre nähere Erforschung Fortschritte aufzuweisen, welche der erst später sich entwickelnden technischen Verwertung dieser Körper nützlich wurden. Glauber lehrte die leichte Gewinnung von Salzsäure aus Steinsalz und Schwefelsäure, sowie die von rauchender Salpetersäure aus Kalisalpeter und Arsenik.

Libavius machte sich um vereinfachte Herstellung der Schwefelsäure verdient und bewies, daß die auf verschiedenem Wege aus Alaun, Eisenvitriol, sowie Schwefel und Salpeter erzeugte Säure eine und dieselbe Substanz war. — Das Verhalten der genannten Säuren zu Metallen, Salzen, organischen Verbindungen führte zur Kenntnis einer großen Zahl von Körpern, die entweder unbekannt gewesen oder auf gleiche Weise noch nicht bereitet waren, so daß aus ihrer Entstehungsweise häufig Schlüsse auf ihre Zusammensetzung möglich wurden. Zu solchen Körpern gehörten die aus vielen Metallen mit Salzsäure sich bildenden Chloride, die man früher durch Erhitzen jener mit Sublimat herstellte, wonach die Anwesenheit von Quecksilber in den Produkten angenommen wurde. Glauber, dem gerade die Kenntnis vieler Chloride (z. B. des Zink- und Zinnchlorids, Arsen- und Kupferchlorürs) zu verdanken ist, widerlegte diese irrtümliche Annahme; er und mit ihm seine Zeitgenossen betrachteten dieselben als Verbindungen von Metall und Salzsäure.

Die Salze waren aus leicht begreiflichen Gründen dazu ausersehen, in der Medizin eine besonders große Rolle zu spielen. Bezüglich der Klärung der Ansichten über den Begriff Salz und

6*

dessen Präzisierung finden sich oben Erörterungen, welche zugleich die von den Iatrochemikern dieser Körperklasse beigelegte Bedeutung erkennen lassen. Den Alkalisalzen wurde ein besonders großes Interesse zugewandt, sowohl in theoretischer Hinsicht, sofern ihre Zusammensetzung Gegenstand häufiger Diskussionen war, als in praktischer, dank ihrer technischen und offizinellen Verwendung.

Der Kalisalpeter, wegen seiner zunehmenden Benutzung zur Schießpulverfabrikation in technischem Maßstabe bereitet,[1] wurde auch als Heilmittel (im geschmolzenen Zustande) geschätzt. Die für Erkenntnis seiner Zusammensetzung wichtige Beobachtung Pseudo-Gebers, daß der Salpeter durch Sättigen von Pottasche mit Salpetersäure entstehe, wurde erst im iatrochemischen Zeitalter technisch verwertet. — Schwefelsaures Kali und Chlorkalium fanden, auf mannigfache Weise dargestellt und verschieden benannt, als Heilmittel Verwendung, ersteres durch Paracelsus, letzteres durch Sylvius und Tachenius (als *sal febrifugum Sylvii*). — Auch kohlensaures Kali aus Weinstein und Pflanzenaschen galt als Medikament. Selbst namhafte Iatrochemiker, z. B. Tachenius, glaubten an eine chemische Verschiedenheit der Pottasche, je nach ihrer Entstehungsweise, welchen Irrtum erst Boyle beseitigte; noch häufiger begegnet man einer Verwechslung von Kaliumsalzen mit denen des Natriums, so bezüglich der Karbonate und der Chloride. Das schwefelsaure Natron von Glauber, aus dem bei der Salzsäurebereitung bleibenden Rückstande erhalten und als *sal mirabile* beschrieben, erfreute sich bei den Ärzten größten Ansehens. Ob Borax, der im iatrochemischen Zeitalter als Lötmittel genauer bekannt wurde, damals zu medizinischen Zwecken gedient hat, ist zweifelhaft.

Ammoniaksalze fanden zu jener Zeit ausgedehnte offizinelle und technische Verwendung, in erster Linie der Salmiak, dessen Fabrikation seit dem 17. Jahrhundert auch in Europa versucht wurde; seine künstliche Bildung aus flüchtigem Laugensalz und Salzsäure war Sala, Tachenius, Glauber bekannt, jedoch wurde seine wahre Zusammensetzung erst viel später gedeutet. Die so erkannten nahen Beziehungen des kohlensauren Ammons zum Salmiak führten umgekehrt zur Darstellung des Ammoniumkarbonats aus letzterem mittels kohlensauren Kalis; die aus scheinbar verschiedenen Wirkungen des flüchtigen Laugensalzes verschiedener Herkunft (aus Blut, Urin, Salmiak) gefolgerte Ungleichheit der Präparate wurde von Tachenius als unrichtig erkannt. Von anderen

---

[1] Agricola hat in seinem Werke: *De re metallica* die Salpetersiederei ausführlich beschrieben.

Ammonsalzen sind noch das schwefelsaure und das salpetersaure (durch Libavius, bezw. Glauber bekannt geworden), sowie das essigsaure Ammon, als geschätztes Arzneimittel, *spiritus Mindereri*, nach seinem Entdecker (dem Arzt Raymund Minderer) genannt, hervorzuheben.

Salze von Erden waren nur spärlich bekannt, auch herrschte noch Unsicherheit über ihre Zusammensetzung. Kalk- und Alaunerde z. B. hielt man nicht für wesentlich verschiedene Körper. Von Salzen derselben wurde Alaun, durch Zumischen von gefaultem Harn zu der rohen Alaunlauge bereitet, in der Technik besonders geschätzt und im großen Maßstabe fabriziert; der damals verwandte Alaun war demnach wesentlich Ammoniakalaun. Den Gips bezeichnete schon Agricola als Kalkerdeverbindung; auch Chlorcalcium und salpetersaurer Kalk waren im 17. Jahrhundert, vielleicht auch schon früher bekannt. — Daß die Kieselerde, die man lange Zeit zu den Erden zählte, mit Pottasche zu einem in Wasser löslichen Glase schmilzt, wußten Agricola und seine Zeitgenossen.

Von größter Bedeutung für die Iatrochemie und somit auch für die Entwicklung chemischer Kenntnisse jener Zeit, waren die Salze der schweren und edlen Metalle, sowie einige Präparate aus Halbmetallen (Arsen, Antimon, Wismut). Paracelsus und seine Schüler hatten eine große Anzahl schon früher bekannter Antimonpräparate zu innerlichem Gebrauche empfohlen. Infolge des mit antimonhaltigen Geheimmitteln getriebenen Mißbrauches waren scharfe Verbote gegen deren Anwendung erlassen worden; trotzdem aber kamen die Antimonpräparate, namentlich durch die Bemühungen des Sylvius, mehr und mehr in Aufnahme. Auch Antimon selbst wurde in Pillen verordnet, welche die „ewigen" hießen, da man glaubte, sie könnten, lediglich durch Kontakt wirkend, nach dem Durchgange durch den Körper immer wieder von neuem benutzt werden.[1]

In jene Zeit fällt die Aufnahme des Kermes minerale, des Sulfaurats, des Algarotpulvers[2] in den Arzneischatz; auch antimonsaures Kali (durch Verbrennung von Schwefelantimon mit Kalisalpeter bereitet) fand als Heilmittel häufige Verwendung. Um die genauere chemische Kenntnis dieser und anderer Antimonverbindungen machte sich namentlich Glauber verdient.

---

[1] Lemery sagt in seinem „Cours de Chimie" (1675) über den nicht gerade einladenden Gebrauch dieser Pillen folgendes: „Lorsqu'on avale la pillule perpetuelle, elle est entrainée par sa pésanteur, et elle purge par bas; on la lave et on la redonne comme devant, et ainsi perpetuellement."

[2] Nach dem Veroneser Arzt Viktor Algarotus so genannt und von diesem als *pulvis angelicus* angepriesen.

Über Arsenik, das daraus bereitete metallische Arsen, sowie über andere Arsenverbindungen herrschte noch große Unklarheit; von letzteren ist das aus Arsenik durch Schmelzen mit Kalisalpeter bereitete arsensaure Kali zu erwähnen, welches Paracelsus als Heilmittel (*arsenicum fixum*) angewandt zu haben scheint. Das Chlorarsen wurde zuerst von Glauber beobachtet. — Wismutpräparate fanden damals seltener Verwendung zu medizinischen Zwecken, obwohl die Ähnlichkeit des Wismuts mit dem Antimon, die manchen zu Verwechslungen beider geführt hatte, den Iatrochemikern nicht entgangen war. Das basisch salpetersaure Wismut wurde als eine geschätzte Schminke benutzt, das Wismutoxyd nach Agricolas Angabe als Farbe verwertet.

Von Zinkverbindungen lernte man im 16. Jahrhundert das Zinkoxyd, den Zinkvitriol (*chalcanthum candidum* nach Agricola), sowie das Chlorzink genauer kennen, welches Glauber durch starkes Erhitzen von Galmei mit Salzsäure, also vermengt mit basischem Chlorzink darstellte. — Aus dem Zinn erhielt Libavius durch Destillation mit Quecksilberchlorid Zinnchlorid, welches er, Quecksilber darin annehmend, *spiritus argenti vivi sublimati* nannte; später hieß dasselbe gewöhnlich *spiritus fumans Libavii*. Die durch Behandeln des Zinns mit Königswasser erhaltene Lösung dieser Verbindung wurde von Drebbel seit etwa 1630 für manche Färbezwecke, als Beize, nutzbar gemacht.

Die Entdeckung und Untersuchung des Eisenchlorids und Chlorbleis, welch letzteres statt Bleiweis als Malfarbe verwendet wurde, verdankt man ebenfalls Glauber. Auch die Darstellung vieler früher schon bekannten Metallsalze erfuhr wesentliche Verbesserungen, wie beispielsweise aus Agricolas Beschreibung der Gewinnung von Eisen- und Kupfervitriol hervorgeht.

Große Aufmerksamkeit wandten die Iatrochemiker der Herstellung und medizinischen Verwendung von Quecksilberverbindungen zu. Den Bemühungen des Paracelsus gelang es, das Vorurteil vieler gegen die Merkurialarzneien zu überwinden, wenn auch die meisten Ärzte der alten Schule ganz und gar nicht von der Zulässigkeit derselben überzeugt wurden. Paracelsus und seine Schule scheuten nicht den Gebrauch von metallischem Quecksilber (fein zerteilt in Pillen), sowie von Sublimat und sogen. Mineralturpeth (d. i. basisch kohlensaures, bezw. schwefelsaures Quecksilberoxyd). Auf solche Weise vermehrten sich auch die Kenntnisse verschiedener Quecksilberverbindungen, teils bekannter, teils neu aufgefundener, ganz beträchtlich. Zu letzteren gehörten Calomel und weißes Präzipitat (aus Sublimat und Ammoniak); beide wurden damals schon als Heilmittel geschätzt. Die richtige Erkenntnis, daß der Zinnober aus Quecksilber und Schwefel bestehe, brach sich in jener Zeit Bahn, wie auch die, daß Quecksilber selbst nicht zu den Halbmetallen, sondern zu den wahren Metallen gehöre.

Von den **Silberverbindungen** erwies sich der Höllenstein, namentlich auf **Sala**s Empfehlung, als in der Medizin brauchbar, andere Silbersalze, schwefelsaures und Chlorsilber, wurden damals bekannt. Die Bildung des letzteren durch Fällen von Silberlösung mit Salzsäure oder Salzwasser und die umgekehrte Reaktion wurden analytisch zum Nachweis von Silber bezw. Chloriden verwertet.

Überhaupt hat man die Anfänge der **qualitativen Analyse** von Körpern auf nassem Wege im iatrochemischen Zeitalter zu suchen, insofern aus dem Aussehen und dem Verhalten von Fällungen, sowie von auskristallisierten Salzen Schlüsse auf die Gegenwart des einen oder des anderen Stoffes gezogen wurden. Ganz besonderen Wert legte **Tachenius** auf die Unterscheidung solcher Niederschläge nach der Farbe und wußte mit Hilfe einiger Reagentien (Galläpfeltinktur, kohlensaures Kali und Ammon, Ätzkali u. a.) mehrere Metalle in Lösungen nebeneinander aufzufinden.

Organische Verbindungen wurden infolge der vermehrten Beschäftigung mit den Produkten des pflanzlichen und tierischen Stoffwechsels in stark zunehmendem Maße bekannt; die Kenntnisse solcher Körper blieben aber sehr oberflächlich und unvollkommen, da man über die Zusammensetzung derselben gänzlich im Unklaren war. Von Säuren lernte man in jener Zeit die **Essigsäure** genauer kennen und wandte mehrere Salze derselben in der Medizin erfolgreich an. **Glauber** war es nicht entgangen, daß das Destillat von Holz eine Säure enthielt, welche der des Essigs täuschend ähnlich war. Die verstärkte Essigsäure lehrten die Iatrochemiker durch Destillation von Grünspan darstellen (Kupferspiritus oder Radikalessig genannt); **Tachenius** war geneigt, dieselbe als Alkahest **van Helmon**ts anzusprechen. Die schon früher bekannten Bleisalze, Bleizucker und Bleiessig wurden von **Libavius** untersucht und als Heilmittel verwendet.[1]

Weinsaure Salze, von denen der **Weinstein** schon lange bekannt war, lernte man vom 16. Jahrhundert an als Heilmittel schätzen; die Entdeckung der freien Weinsäure gehörte einer viel späteren Zeit an. Die für Weinstein gebrauchte Bezeichnung *tar-*

---

[1] Die durch Erhitzen von Bleizucker übergetriebene Flüssigkeit, welche bekanntlich Aceton enthält, wurde mehrfach untersucht; nach der Bezeichnung: *Quintessenz* für dieselbe scheint man ihr einen besonders hohen Wert beigelegt zu haben.

tarus wurde im iatrochemischen Zeitalter Gattungsname für sehr verschiedene Salze und ähnliche Körper, so für die Kalisalze, soweit sie aus calciniertem Weinstein bereitet waren, ferner für die Sedimente aus Lösungen, namentlich aus tierischen Sekreten. Welche Rolle der *tartarus* in den theoretischen Betrachtungen der Iatrochemie gespielt hat, darüber ist oben berichtet worden. Auch die Salze anderer Pflanzensäuren nannte man häufig *tartarus*, z. B. das Sauerkleesalz, das vielfach mit dem Weinstein verwechselt worden zu sein scheint. Das neutrale weinsaure Kali, nach seiner Darstellung aus Weinstein und Weinsteinsalz als *tartarus tartarisatus* bezeichnet, sowie das weinsaure Kalinatron, nach dem, der es zufällig entdeckte, Seignettesalz genannt, wurden ebenfalls der Kenntnis der Chemiker erschlossen.

Eine größere Bedeutung für den Arzneischatz, als die eben erwähnten weinsauren Salze, gewann der Brechweinstein, dessen Gewinnung aus Antimonoxyd und Weinstein der holländische Arzt Mynsicht und genauer noch Glauber lehrten.[1] Ein eisenhaltiger Weinstein (*tartarus chalybeatus*) wurde durch Salas *Tartarologia* bekannt. — Paracelsus verwandte das Destillat von Weinstein, welches bekanntlich Brenzweinsäure neben anderen Stoffen enthält, als Heilmittel (*spiritus tartari*). Die Weinsäure selbst wurde erst viel später von Scheele entdeckt und genauer beschrieben.

Die Bernsteinsäure, deren nahe Beziehung zur Weinsäure erst in unserer Zeit aufgeklärt ist, wurde als Destillationsprodukt des Bernsteins von Libavius und Croll unter dem Namen Bernsteinsalz (*flos succini*) erwähnt; ihre saure Natur erkannte erst Lemery (um 1675). Der saure Saft der Äpfel und anderer Früchte fand zur Bereitung einiger Arzneien Verwendung (z. B. der *tinctura martis pomata*), ohne daß man versucht hätte, die Säure selbst zu isolieren. — Wohl aber wurde die freie Benzoësäure durch Sublimation aus Benzoëharz von dem französischen Arzte Blaise de Vigenère (1522—1596) gegen Ende des 16. Jahrhunderts aufgefunden und genau beschrieben; die verbesserte, noch heute angewandte Methode dieser Darstellung auf trockenem Wege lehrte Turquet de Mayerne. — Des gerbsäurehaltigen Saftes von Galläpfeln, sowie des Extraktes von Eichenrinde bedienten sich viele Iatrochemiker seit Paracelsus zum Nachweis des Eisens in Lösungen, namentlich in Mineralwässern; eine Isolierung der Gerbsäure, bezw. Gallussäure, gelang aber damals noch nicht.

---

[1] Daß schon früher der Genuß von geringen Mengen Brechweinstein, bereitet durch Stehenlassen von Wein in Kelchen aus Antimon, üblich war, sei kurz erwähnt.

Die alte Wahrnehmung, daß die Fette von den Alkalien und Metalloxyden chemisch verändert werden, führte die Iatrochemiker zwar noch nicht zur Kenntnis der Fettsäuren, wohl aber manche, insbesondere den scharfsinnigen Tachenius, zu der richtigen Annahme, daß das „Öl oder Fett eine verborgene Säure enthält". Erst 160 Jahre später legten Chevreuls Arbeiten über die Fette den festen Grund für die heutigen Ansichten über die chemische Konstitution dieser Stoffe.

Der Weingeist, dem als dem Lebenswasser (*aqua vitae*) während des alchemistischen Zeitalters eine stetig wachsende Bedeutung zuerkannt war, fand auch im iatrochemischen die höchste Beachtung, sowohl in theoretischer Hinsicht, als Produkt verschiedener Gärungsprozesse, denen man große Aufmerksamkeit schenkte, als auch in praktischer, insofern Paracelsus und seine Schule den Weingeist[1] zur Herstellung von Essenzen und Tinkturen ausgiebig verwerteten.

Die erste genaue Kenntnis des aus Weingeist mittels Schwefelsäure entstehenden Äthers verdankt man dem deutschen Arzt Valerius Cordus, jedoch wurde erst nach seinem Tode die von ihm herrührende Vorschrift zur Gewinnung desselben veröffentlicht und der Äther als *oleum vitrioli dulce verum* in die Pharmakopöen aufgenommen (um 1560). Bald geriet diese Beobachtung so in Vergessenheit, daß sie selbst einem so bewanderten Chemiker und Arzt wie Stahl unbekannt war. Ein Gemenge von Alkohol und Äther, welches später unter dem Namen Hoffmannsche Tropfen sich großer Beliebtheit erfreute, hat wahrscheinlich schon Paracelsus als Medikament angewandt. Die Kenntnis von zusammengesetzten Äthern blieb eine recht spärliche.

Die Beschäftigung mit anderen organischen Stoffen führte wohl zu deren Nutzanwendung in der Medizin und im täglichen Leben, auch zu Verbesserungen der Darstellung solcher Produkte, z. B. bei der Extraktion von Zucker aus dem Zuckerrohr, dessen Saft durch Eiweiß und Kalk geklärt wurde; die wissenschaftliche Erkenntnis blieb jedoch solchen Stoffen gegenüber auf der niedrigsten Stufe stehen.

---

[1] Die seit Libavius für den Weingeist aufkommende Bezeichnung Alkohol (*alcool*) hatte früher eine ganz andere Bedeutung, und zwar wurde dieselbe seltsamerweise für einen fein zerteilten Körper, sowie für verschiedene Substanzen, z. B. Schwefelantimon, Essig etc. gebraucht.

IV
Geschichte des Zeitalters der Phlogistontheorie: von Boyle bis Lavoisier

Einleitung. — Die Begründung, weshalb dieses etwa 120 Jahre umfassende Zeitalter das der Phlogistontheorie oder der phlogistischen Chemie genannt wird, ist in Kürze schon gegeben worden. Für den ersten Abschnitt desselben erscheint diese Bezeichnung nicht völlig zutreffend, da der Mann, welcher damals in hervorragender Weise der Chemie eine neue Richtung vorgezeichnet hat, Robert Boyle, den phlogistischen Ansichten nicht zugestimmt hat. Der eigentliche Ausbau der Phlogistontheorie fällt auch erst in die Zeit nach seinem Tode. Nichtsdestoweniger kann man den Abschnitt von Boyle bis Lavoisier unter obigem Namen zusammenfassen; denn der wichtigste Teil der chemischen Forschung betraf die Erscheinungen der Verbrennung und der als analog erkannten Metallverkalkung. Alle hervorragenden Chemiker jener Zeit haben diesem Problem experimentell, sowie spekulativ ihre Aufmerksamkeit zugewandt. Dasselbe bildete namentlich gegen das Ende dieses Zeitalters den Angelpunkt, um den sich die gesamte Chemie drehte; es wurde zum Stein des Anstoßes für die alten Lehren und leitete zu einer Reform der Wissenschaft, unter deren nachhaltigem Einfluß die heutige Chemie noch immer steht.

Die iatrochemischen Theorien hatten dadurch, daß sie Unmögliches erstrebten, schnell abgewirtschaftet; die in ihnen sich ausprägende Einseitigkeit, die willkürlichen Erklärungen der Lebensvorgänge, sowie die gänzliche Vernachlässigung der Anatomie und Morphologie der Organe, machte ihren Verfall unausbleiblich. Der Chemie war damit Anlaß gegeben, sich durch Lockerung und schließliche Lösung der Banden, welche die Medizin um sie geschlungen, eine selbständige Stellung zu erringen. Noch immer blieb sie wenigstens eine Zeitlang unter dem Schutze der Heilkunde, der sie ohnedies eine unentbehrliche Hilfswissenschaft war; aber als das Hauptziel der Chemie wurde seit Boyle die Auffindung neuer chemischer Tatsachen aus reinem Interesse an der Wahrheit erkannt und erstrebt.

Der zu Ende des 16. und Anfang des 17. Jahrhunderts in die Naturwissenschaft eingedrungene Geist gesunder Forschung fing an, sich auch der Chemie mitzuteilen; ganz besonders die Entwicklung der Physik wirkte mächtig auf die jüngere Schwesterwissenschaft ein. Als Führerin gewann auch in dieser einen stetig wachsenden und dauernden Einfluß die induktive Methode, deren Wesen der Kanzler Francis Bacon durch folgende Worte trefflich gekennzeichnet hat: „Der Mensch kann auf keine andere Weise die Wahrheit enthüllen, als durch Induktion, und durch rastlose, vorurteilsfreie Beobachtung der Natur und Nachahmung ihrer Operationen. Tatsachen muß man zuerst sammeln, nicht durch Spekulation machen."[1] Mit solchen Grundsätzen ausgerüstet, konnte die Chemie in die Reihe der exakten Wissenschaften einrücken.

Von wesentlichem Einfluß auf ihre gedeihliche Entwicklung sind die in der zweiten Hälfte des 17. Jahrhunderts und zu Anfang der 18. ins Leben gerufenen gelehrten Gesellschaften gewesen, die durch Veröffentlichung periodischer Schriften dafür sorgten, daß chemische Untersuchungen in weiten Kreisen bekannt wurden. Auch die von diesen Akademien ausgehende Anregung zur Anstellung von Versuchen, die der Prüfung und Mitbeobachtung von Fachgenossen zugänglich gemacht wurden, war nicht zu unterschätzen. Endlich beförderten diese Gesellschaften die so fruchtbare Wechselwirkung zwischen der Chemie und verwandten Zweigen der Naturwissenschaften dadurch, daß sie die Vertreter derselben in nähere Berührung brachten.

Die um die Mitte des 17. Jahrhunderts aus der Vereinigung der kleineren Oxforder und Londoner wissenschaftlichen Gesellschaften hervorgegangene Royal Society, welche seit dem Jahre 1665 die *Philosophical transactions* herausgab, liefert einen guten Beleg für die obigen Ausführungen. Die in Italien gegründeten Akademien (namentlich die *Accademia del cimento* 1657 in Florenz) betrieben vorzugsweise physikalische und mathematische Studien. In Deutschland (Wien) trat etwa gleichzeitig (im Jahre 1652) die *Academia naturae curiosorum* zusammen, welche ihrem Gönner Leopold I. zu

---

[1] Bacon sprach damit keinen neuen Gedanken aus, sondern hob die große Bedeutung der Erfahrung so hervor, wie sie schon von seinen Vorgängern, einem Palissy, L. da Vinci, Paracelsus u. a., erkannt worden war. Wie unberechtigt es ist, Bacon als Schöpfer der induktiven Methode zu bezeichnen, und wie wenig er selbst vom Geiste wahrer Naturforschung durchdrungen war, das hat Liebig in einer Reihe von Aufsätzen schlagend nachgewiesen (s. seine „Reden und Abhandlungen", 1874). Bacons Verdienst liegt in seiner wirksamen Anteilnahme an dem Kampfe gegen die Scholastik.

Ehren den Namen der *Caesarea Leopoldina* annahm. In Paris entstand die *Académie royale* in Jahre 1666 aus freundschaftlichen Zusammenkünften, welche bei dem Physiker Mersenne stattzufinden pflegten; die *Mémoires de l'académie des sciences* begannen seit dem Jahre 1699 zu erscheinen. — Die Berliner Akademie, 1700 von Friedrich I. gestiftet, deren erster Präsident Leibniz war, gesellte sich jenen Körperschaften zu, und in der ersten Hälfte des 18. Jahrhunderts folgten die nordischen Länder mit Gründung gelehrter Gesellschaften nach (1725 wurde die Petersburger Akademie, 1739 die Stockholmer, 1743 die zu Kopenhagen gestiftet).

Daß für wissenschaftliche Fragen in jener Zeit ein ungewöhnlich großes Interesse vorhanden war, das ergibt sich deutlich aus der damaligen Literatur, welche aus Anlaß einzelner Entdeckungen, wie der des Phosphors, oder infolge streitiger Probleme, wie der Frage nach der Ursache der Verbrennung, stürmisches Leben, zuweilen eine fieberhafte Erregung atmet.

Die Art und Weise, chemische Fragen zu behandeln, näherte sich zwar in manchen Punkten der in neuer Zeit geübten Methode; in einer Richtung aber zeigt sich ein tiefgehender Unterschied. Die chemische Forschung des phlogistischen Zeitalters beachtete zu wenig und nur gelegentlich die Gewichtsverhältnisse der an chemischen Vorgängen beteiligten Körper; sie wandte ihre Aufmerksamkeit fast nur der qualitativen Seite der Erscheinungen zu. Die Aufstellung und Ausbildung der phlogistischen Lehren war nur infolge der ärgsten Vernachlässigung von quantitativen Verhältnissen möglich. Selbst scharfsinnige Denker, die durch Beobachtung der bei Verkalkung der Metalle stattfindenden Gewichtszunahme in scharfen Widerspruch mit der phlogistischen Ansicht hätten geraten müssen, wußten der einzig richtigen Auffassung jenes Vorganges und damit den Verbrennungserscheinungen durch geschraubte Erklärungsweisen aus dem Wege zu gehen. Diese Verblendung der Geister durch eine irrige Theorie infolge der Abwehr aller der Umstände, die zu ihrer Beseitigung hätten beitragen müssen, ist dem Zeitalter der phlogistischen Chemie eigentümlich.

Trotz des sich durch dasselbe hinziehenden Grundirrtums hat man aber dennoch diese Zeit als eine für die Chemie höchst fruchtbare zu bezeichnen; sie bildet die unentbehrliche Vorstufe zu deren neuester Entwicklungsphase. Wenn auch selbst in manchen falschen Vorstellungen befangen, hat das phlogistische Zeitalter doch auch zur Beseitigung von Irrtümern, z. B. der iatrochemischen Lehren und namentlich des alchemistischen Wahnglaubens, mächtig beigetragen.

Allgemeine Geschichte der phlogistischen Zeit.[1] Robert Boyle und seine Zeitgenossen.

Mit Recht hat man Boyle als den Forscher bezeichnet, der als bahnbrechender schöpferischer Genius dem beginnenden neuen Zeitalter die Richtung gewiesen hat; ja man kann sagen, daß überhaupt erst mit ihm dasselbe anhebt. Der Geist echter Naturforschung, frei von den Fesseln alchemistischer und iatrochemischer Vorstellungen, beseelte diesen merkwürdigen Mann, dem die Chemie es zu danken hat, daß sie ihren wahren Zielen nachzustreben lernte. Das wissenschaftliche Programm, das er in seinem *Preliminary discourse* niederlegte, verdient hier, mit den einleitenden Gedanken, wiedergegeben zu werden: „Die Chemiker haben sich bisher durch enge Prinzipien, die der höheren Gesichtspunkte entbehren, leiten lassen. Sie erblickten ihre Aufgabe in der Bereitung von Heilmitteln, in der Extraktion und Transmutation der Metalle. Ich habe versucht, die Chemie von einem ganz anderen Gesichtspunkte zu behandeln, nicht wie dies ein Arzt oder Alchemist, sondern ein Philosoph tun sollte. Ich habe hier den Plan einer chemischen Philosophie gezeichnet, die, wie ich hoffe, durch meine Versuche und Beobachtungen vervollständigt werden wird. Läge den Menschen der Fortschritt der wahren Wissenschaft mehr am Herzen, als ihre eigenen Interessen, dann könnte man ihnen leicht nachweisen, daß sie der Welt den größten Dienst leisten würden, wenn sie alle ihre Kräfte einsetzten, um Versuche anzustellen, Beobachtungen zu sammeln und keine Theorie aufzustellen, ohne zuvor die darauf bezüglichen Erscheinungen geprüft zu haben."

Die experimentelle Methode[2] und die damit verknüpfte sorgfältige Beobachtung der zutage tretenden Erscheinungen müssen also nach Boyle die allein sichere Grundlage von Spekulationen bilden. Diesen Satz zum Gemeingut der Chemie gemacht zu haben, die fortan nur mittels des Experimentes und der daraus abgeleiteten Folgerungen die Grundgesetze zu erforschen strebte, ist das unsterbliche Verdienst Boyles.

Sein Leben[3] war der Pflege der Naturwissenschaften, insbesondere der Chemie, geweiht; im Jahre 1626 (am 25. Januar) als vierzehntes

---

[1] Vergl. H. Kopp, Gesch. d. Chemie I, 146 ff. Höfer, Hist. de la chimie II, 146 ff.

[2] Von dieser sagt Boyle, daß allein von ihr der Fortschritt alles nützlichen Wissens zu erwarten ist.

[3] Über Boyles Leben und Wirken vergl. Thorpes lebensvolle Schilderung in *Essays in historical chemistry* S. 1 ff.

Kind des *Earl of Cork* geboren, widmete er sich, nachdem er eine höchst sorgsame Erziehung in Eton genossen hatte, frühzeitig ernsten Studien in Genf und setzte dieselben in der Stille seines Landgutes Stalbridge fort, bis er nach Oxford (1654) übersiedelte, wo er mit namhaften Gelehrten in lebhaftesten Verkehr trat und einer Gesellschaft, dem *invisible college*, angehörte, deren Anregung wohl zur Gründung der *Royal Society* geführt hat. Von 1668 an lebte er in London, war dort, wie schon früher in Oxford, für die seit 1663 ins Leben getretene gelehrte Gesellschaft tätig, deren Präsident er im Jahre 1680 wurde und bis zu seinem Tode 1691 blieb. — Sein edler, allem Schein widerstrebender Charakter und die daraus fließende Bescheidenheit, sowie sein einfach religiöser Sinn haben bei der Mit- und Nachwelt Staunen und Bewunderung erregt. Welcher Gegensatz zwischen diesen Tugenden und der grobkörnigen Überhebung mancher Gelehrten des iatrochemischen Zeitalters!

Boyles Verdienste um die Entwicklung der Chemie liegen auf den verschiedensten Gebieten dieser letzteren. Einzelne wichtige Beobachtungen, durch die er die angewandte Chemie, die Kenntnis chemischer Verbindungen, die Analyse solcher, die Chemie der Gase, sowie die Pharmazie bereichert, ja in grundlegender Weise erweitert hat, sollen im speziellen Teile berücksichtigt werden. Hier handelt es sich um die allgemeine Bedeutung Boyles und seiner theoretischen Ansichten für die Chemie.

Der Begriff Element, der vor ihm noch sehr schwankend und deshalb gänzlich unsicher war, erhielt durch Boyle eine festere Gestalt. In seinem Werke: *Chemista scepticus* (1661) trat er mit den Waffen der Kritik gegen die aristotelischen und die alchemistischen Elemente auf, die noch von vielen in der iatrochemischen Zeit angenommen worden waren. Er sprach als Grundsatz aus, daß die nachweisbaren, nicht zerlegbaren Bestandteile der Körper als Elemente zu betrachten seien; er hielt es für bedenklich, über die Elementareigenschaften im allgemeinen Ansichten aufzustellen, ohne eine feste Grundlage in den tatsächlichen Eigenschaften der Grundstoffe selbst gewonnen zu haben. Mit weitsehendem Blicke stellte er die Entdeckung einer viel größeren Zahl von Elementen in Aussicht, als damals angenommen wurde, und bestritt zugleich die einfache Natur mancher für Elemente gehaltener Stoffe.

Hand in Hand mit dieser von ihm angebahnten heilsamen Klärung der Ansichten über die Grundstoffe gingen fruchtbringende Vorstellungen über die Vereinigung der Elemente zu Verbindungen, sowie über die Verwandtschaft als Ursache der chemischen Vereinigung. Boyle sprach zuerst mit völliger Klarheit aus, daß eine chemische Verbindung Folge von der Vereinigung zweier Bestandteile sei, und daß sie ganz andere Eigenschaften besitze, als jeder der Komponenten für sich. Auf Grund dieses klaren Gedankens vermochte er einen scharfen Unterschied zwischen Gemengen und chemischen Verbindungen zu machen.

Zur Erklärung, warum eine Vereinigung oder Zersetzung von Stoffen stattfindet, hat Boyle eine *Korpuskulartheorie* aufgestellt, welche seinen Scharfsinn bekundete und zeigte, wie weit er seinen Zeitgenossen vorausgeeilt war. Nach seiner Ansicht bestehen alle Stoffe aus kleinsten Teilchen; die chemische Verbindung kommt durch Aneinanderlagerung der sich gegenseitig anziehenden Teilchen verschiedener Stoffe zustande. Tritt mit dem neuen Körper ein anderer in Wechselwirkung, dessen kleinste Teilchen zu denen des einen Komponenten mehr Anziehung besitzen, als die Komponenten unter sich, dann erfolgt Zersetzung. Auf so einfache Weise suchte Boyle die Entstehung und Zerlegung chemischer Verbindungen zu erklären. Es sei hier bemerkt, daß er der Hypothese huldigte, alle Stoffe beständen aus ein und derselben Urmaterie; ihre zahllosen Verschiedenheiten seien Folgen der ungleichen Größe und Gestalt, der Ruhe oder Bewegung und der gegenseitigen Lage der Korpuskeln (vergl. Boyles Schrift *Origin of forms and qualities according to the corpuscular philosophy*).

Keiner vor ihm hat das Hauptproblem der Chemie, die Erforschung der Zusammensetzung der Stoffe, so klar erfaßt und erfolgreich behandelt. Dabei hatte er den Boden der Erfahrung, des Experimentes unter den Füßen und konnte immer Beweise für die Wahrscheinlichkeit seiner Ansichten beibringen. Seinen Bemühungen, die Zusammensetzung der Stoffe zu ergründen, verdankt die analytische Chemie, die vor ihm kaum bestand, einen erfreulichen Aufschwung; ihm verdankt man die Feststellung des Begriffes der chemischen Reaktion. Von ihm scheint zuerst der Name *Analyse* in der seither üblichen Bedeutung gebraucht worden zu sein.

Der Frage nach der Ursache der Verbrennung und ähnlicher Erscheinungen wandte Boyle ebenfalls große Aufmerksamkeit zu, und wenn auch seine Versuche, dieselben zu erklären, wenig glücklich waren, so haben doch seine ausgezeichneten Experimente über die Rolle der Luft bei der Verbrennung die spätere Lösung des Problems wesentlich erleichtert. — Seine Beschäftigung mit Luft und Gasen führten ihn (1660) zur denkwürdigen Entdeckung des bekannten Gesetzes, daß die Gasvolume dem darauf lastenden Druck umgekehrt proportional sind (Mariotte entdeckte dasselbe von neuem 17 Jahre später).

Boyles Schriften, die schon zu seinen Lebzeiten starke Verbreitung fanden, sind durch einfachen Stil und Klarheit des Ausdrucks ausgezeichnet; sie stehen in wohltuendem Gegensatze zu den Werken mancher zeitgenössischer Chemiker, die durch eine bilderreiche geheimnisvolle Sprache den Mangel an klaren Gedanken und bestimmtem Wissen zu verdecken suchten. Außer mehreren Abhandlungen, welche in den *Philosophical transactions* veröffentlicht wurden, sind folgende Schriften Boyles, die zugleich in englischer und lateinischer Sprache erschienen, namhaft zu machen: *Sceptical Chymist (Chemista scepticus)* (1661 zuerst anonym, dann in zahlreichen Ausgaben unter Boyles Namen erschienen), *Tentamina quaedam physiologica* (1661), *Experimenta et considerationes de coloribus* (1663).

Aus dem Kreise regsamer Männer, welche mit Boyle vereint die Naturwissenschaften, insbesondere die Chemie, förderten, und von denen hier Willis, Hooke, Wren, Hawksbee kurz zu erwähnen sind, ist noch einer hervorzuheben, der, obwohl praktischer Arzt, doch gerade der Chemie durch seine Beobachtungen über die Verbrennung und die Verkalkung reichen Nutzen gebracht hat: John Mayow (geb. 1645). Seine Annahme, daß in der atmosphärischen Luft ein Stoff[1] enthalten sei, der bei der Verkalkung von Metallen mit diesen sich vereinigt, auch im Salpeter vorhanden ist, sowie das Atmen unterhält und das venöse Blut zum arteriellen macht, mußte durch Vertiefung und Erweiterung der Beobachtungen, die dazu geführt hatten, zu der richtigen Deutung der Verbrennungsvorgänge leiten. Mayows früher Tod (1679) ist vielleicht die Ursache gewesen, daß dies nicht geschah, und daß somit die Entwicklung der neuen Chemie erheblich verzögert wurde.

Lemery und Homberg. — In Frankreich bildete die *Académie royale des sciences* den Vereinigungspunkt für die Chemie, die zur Zeit Boyles namentlich während des letzten Viertels vom 17. Jahrhundert in Wilhelm Homberg und Nikolaus Lemery ihre Hauptvertreter hatte. Beide waren infolge ihrer guten Beobachtungsgabe vorwiegend für die Entwicklung der praktischen Chemie tätig, die besonders Homberg manchen wichtigen Zuwachs verdankte. In bezug auf die wissenschaftliche Erklärung chemischer Prozesse stehen die Genannten weit unter Boyle; Homberg insbesondere war noch

---

[1] Mayow nannte denselben *spiritus igno-aëreus* oder *nitro-aëreus*.

stark in alchemistischen Irrtümern befangen und hielt an der Annahme fest, die Stoffe beständen aus Schwefel, Quecksilber und Salz.

Lemery (geb. 1645) beteiligte sich selbständig kaum an der Behandlung theoretischer Fragen, wohl aber verstand er vortrefflich, die bekannten Tatsachen zu sichten und zusammenzustellen, wie das von ihm im Jahre 1675 herausgegebene Werk *Cours de Chymie*[1] zeigte, welches lange Zeit als das beste Lehrbuch der Chemie galt und eine so ausgedehnte Verbreitung fand, daß der Autor selbst 13 Auflagen desselben erlebte.

Hand in Hand mit diesem litterarischen Wirken Lemerys ging eine ersprießliche Lehrtätigkeit, die seine letzten 30 Lebensjahre ganz erfüllte, nachdem er früher infolge konfessioneller Wirren zu einer gleichmäßigen Betätigung seiner Kenntnisse nicht hatte gelangen können.

Lemery bezeichnete die Chemie als eine „*demonstrative Wissenschaft*" und versuchte demgemäß in seinen Vorträgen die chemischen Vorgänge durch passende Experimente zu erläutern. In theoretischen Fragen, z. B. in den Betrachtungen über Verbrennung, sowie über Zusammensetzung der Stoffe, schloß er sich meist den Ansichten Boyles an.

Während also Lemery namentlich auf die wirksame Verbreitung seiner Wissenschaft bedacht war, hatte Homberg, welcher, 1652 geboren, nach einem unruhigen Leben und nach vielseitigen Studien eine bleibende Stätte in Paris fand, als Leibarzt und „Alchemist" des Herzogs von Orleans besonders günstige Gelegenheit, zahlreiche, teilweise wichtige Beobachtungen im Gebiete der praktischen Chemie zu machen; einige seiner Untersuchungen, z. B. über die Sättigung der Säuren durch Basen, enthielten fruchtbare Keime, die sich in der Hand später lebender Forscher gedeihlich entwickelt haben. — Die meisten Abhandlungen der beiden Männer, welche im gleichen Jahre, 1715, starben, sind in den Memoiren der französischen Akademie veröffentlicht.

Kunkel und Becher. — In Deutschland hatte die Chemie zur Zeit Boyles ihren namhaftesten Vertreter in Kunkel, dem Becher anzureihen ist. Mit dem letzteren steht weiter Stahl in naher Be-

---

[1] Kurz vor der Herausgabe des *Cours de Chymie* waren in Paris zwei andere Lehrbücher, beide unter dem Titel: *Traité de chymie* erschienen, nämlich von Lefêbre (1660) und von Chr. Glaser (1663); unter letzterem hatte Lemery seine Studien begonnen. — Glasers Buch behandelt vorwiegend die pharmazeutische, Lefêbres Werk die theoretische Chemie, die übrigens dadurch nicht viel gewonnen hat.

ziehung, der Begründer der Phlogistontheorie, deren Keime sich schon in den Ansichten der beiden erstgenannten Männer finden.

Johann Kunkel, 1630 zu Rendsburg geboren, hat als geschickter Experimentator und scharfer Beobachter auf dem Gebiete der praktischen Chemie tüchtige Leistungen aufzuweisen. Ursprünglich Pharmazeut, neigte er sich frühzeitig der Alchemie zu, was für seine ganze Laufbahn entscheidend und verhängnisvoll wurde; er war zu redlich, um nicht zahlreiche Schwindeleien von Adepten zu durchschauen, aber doch so fest von der Möglichkeit der Metallveredelung überzeugt, daß er seine Lebensarbeit für dieses Problem einsetzte. Als Alchemist im Dienste verschiedener Fürsten[1] tätig, denen er nicht das Gewünschte zu leisten vermochte, führte er ein unruhiges Leben, das er in Stockholm (1702) beschloß, wo er durch die Gunst Karls XI. eine ehrenvollere Wirksamkeit, als ihm früher beschieden, gefunden hatte. — Kunkels Vorurteile brachten es mit sich, daß seine Schriften von argen Irrtümern durchsetzt und durch alchemistisches Beiwerk geschädigt sind. Welch ein Gegensatz zwischen ihm und Boyle! Während dieser die wahre Zusammensetzung der Stoffe, ihre nachweisbaren Bestandteile zu ermitteln suchte, glaubte Kunkel noch an den Gehalt aller Metalle an Quecksilber. Aber als Förderer der Experimentalchemie und somit der praktisch-chemischen Kenntnisse stand er darum doch in berechtigtem Ansehen.

Weniger für die Bereicherung dieser Seite seiner Wissenschaft, als für die theoretische Erklärung schon beobachteter Tatsachen wirkte etwa gleichzeitig Johann Joachim Becher (geb. 1635 zu Speyer, gest. 1682 zu London), der in seinem unstäten Lebenslaufe und in seinem Hange, Projekte zu machen, mit Kunkel manche Ähnlichkeit aufweist. Gleich diesem war er als Alchemist an verschiedenen Höfen (in Mainz, München, Wien) tätig, aber zu ehrlich, seine Gönner zu betrügen; infolge seiner freimütigen Offenheit konnte er sich nirgends lange halten. Seine kühnen Pläne zu technischen Anlagen verliefen fast immer im Sande; dieselben verraten nur zu sehr die mangelhaften praktisch-chemischen Kenntnisse ihres Urhebers. — In theoretischen Fragen über die Zusammensetzung der Stoffe versuchte Becher die alten Ansichten des Paracelsus in veränderter Gestalt wieder zu beleben: an Stelle des Quecksilbers, Salzes und Schwefels traten drei „Erden", aus

---

[1] Es seien genannt: die Herzöge von Lauenburg, Kurfürst Johann Georg von Sachsen und der große Kurfürst von Brandenburg.

denen alle unorganischen („unterirdischen") Körper bestehen sollten; die merkurialische, die verglasbare und die verbrennbare *(terra pinguis)*. Von dem Mengenverhältnis, in welchem diese drei Grunderden zusammentreten, soll die Natur der Stoffe abhängen. Besonders wichtig war Bechers Auffassung, daß bei der Verbrennung von Körpern, resp. der Verkalkung der Metalle die *terra pinguis* entweiche, und daß in diesem Austreten die Ursache der Verbrennung liege; aus dieser Vorstellung entwickelte sich die Phlogistontheorie Stahls. Auch die Ansichten Bechers über die Entstehung von Salzen und Säuren aus jenen Erden haben in den Köpfen seiner Nachfolger Anklang gefunden.

Diese theoretischen Anschauungen sind in Bechers erstem Werke, der *Physica Subterranea* (1669) und in seinem letzten, den *Theses chymicae* (1682), niedergelegt. Zu besonderem Ansehen gelangten seine Lehrmeinungen durch Stahl, dessen Wirken zum größten Teil dem 18. Jahrhundert angehört, welches mit der von ihm aus jenen Spekulationen entwickelten Phlogistontheorie sein eigentliches Gepräge erhielt.

Stahl und die Phlogistontheorie.

Die Lehre der Verbrennungserscheinungen und analogen Vorgänge, die durch die Annahme des hypothetischen *Phlogistons* ihre Erklärung finden sollten, ist für das 18. Jahrhundert der Mittelpunkt gewesen, um den sich die Chemiker der verschiedenen Länder scharten. Bis zum Auftreten Lavoisiers erhielt die Phlogistontheorie die Zustimmung der meisten Forscher.

Georg Ernst Stahl, im Jahre 1660 in Ansbach geboren, widmete sich dem Studium der Heilkunde und erlangte zu Jena, später in Halle, wohin er als Professor der Medizin und Chemie 1693 berufen war, das Ansehen eines ausgezeichneten akademischen Lehrers und Arztes. Im Jahre 1716 zum königlichen Leibarzt ernannt, siedelte er nach Berlin über, wo er bis zu seinem Tode (1734) erfolgreich für die Ausbreitung chemischer Kenntnisse wirkte. Er betrieb die Chemie in echt wissenschaftlichem Geiste; geleitet von dem Drange, die Wahrheit zu erforschen, wußte er für das gleiche Ziel begeisterte Schüler heranzuziehen. Die namhaftesten Chemiker, die nach ihm in Berlin für die chemische Wissenschaft tätig waren, sind durch Stahls Schule gegangen.

Schon bei seinen Lebzeiten wurden seine Lehrmeinungen, sowie eine Reihe wertvoller einzelner Beobachtungen durch seine Schriften, namentlich durch seine Vorträge, die verschiedene Schüler herausgaben, weit verbreitet.[1] Den größten Einfluß übte aber Stahl auf seine Zeitgenossen und die ihm nachfolgende Generation durch seine Phlogistontheorie aus, durch die seine übrigen chemischen Leistungen in den Hintergrund gedrängt wurden.

Stahl hat selbst den engen Zusammenhang seiner Ansichten über Verbrennung und Verkalkung mit den Grundideen Bechers betont; er ging aber doch ganz anders zu Werke als dieser, wenngleich er seiner Lehre die Meinung desselben über den verbrennlichen Bestandteil zugrunde legte. Diese Annahme eines den brennbaren Körpern gemeinsamen Bestandteils (einer „Feuermaterie", eines „Sulfur" etc.) war übrigens älter als die von Bechers *terra pinguis*, an welche Stahl unmittelbar anknüpfte, um auf Grund derselben die Phlogistontheorie aufzubauen. Diese ruht auf der Hypothese, daß die brennbaren Stoffe, zu denen auch die einer Verkalkung fähigen Metalle gerechnet wurden, das Phlogiston[2] als gemeinsamen Bestandteil enthalten, der bei der Verbrennung und Verkalkung entweicht. Da sich, wie man meinte, alle einschlägigen Erscheinungen mit Hilfe einer solchen Annahme einfach erklären ließen, so hielt man nicht für nötig, den Nachweis der wirklichen Existenz des Phlogistons zu liefern. Stahl verstand es, mittels des letzteren eine große Zahl chemischer Vorgänge einheitlich zusammenzufassen und zu deuten. Je heftiger die Verbrennung eines Stoffes vor sich geht — so lehrte er —, desto reicher an Phlogiston ist derselbe; Kohle, welche sich vollständig verbrennen läßt, kann als nahezu reines Phlogiston betrachtet werden. Um die ursprünglichen Stoffe wieder herzustellen, muß man letzteres den Verbrennungsprodukten zuführen; auf solche Weise erklärt sich die „Wiederbelebung" der Metalle aus ihren Kalken, welche nach Stahls Auffassung aus ersteren durch Austritt von Phlogiston entstanden sind. Durch Erhitzen der Metallkalke mit Kohle vereinigt sich das in dieser reichlichst vorhandene Phlogiston mit denselben, so daß die Metalle wieder zum Vorschein kommen; demnach ist der Metallkalk Bestandteil des Metalles. Auf gleichem Trugschluß beruht Stahls Annahme, daß der Schwefel aus Schwefelsäure und Phlogiston be-

---

[1] Von Stahls Werken sei die *Zymotechnia fundamentalis* etc. (1697), sein *Specimen Becherianum* etc. (1702), besonders seine „Zufällige Gedanken und nützliche Bedenken über den Streit von dem sogenannten *sulfure*" (1718) genannt. — Unter den Schülern Stahls war namentlich Juncker für die Ausbreitung der Ansichten seines Lehrers tätig.

[2] H. Kopp hat in seinen Beiträgen zur Gesch. d. Chem. III, S. 217, Anm. 462 die wichtigsten Stellen aufgeführt, in denen die Bezeichnung φλογιστὸν bei Stahl und früher bei Sennert sowie van Helmont vorkommt.

stehe, er erblickt in der Bildung des Schwefels durch Erhitzen von Schwefelsäure, bezw. schwefelsauren Salzen mit Kohle (Phlogiston) eine Synthese desselben und einen Beweis dafür, daß der Schwefel also zusammengesetzt ist. Der weiteren, zwingenden Folgerung, daß die Verbrennungsprodukte als Bestandteile der ursprünglichen Körper leichter sein müssen als diese, wurde keine Bedeutung beigelegt. Die mancherlei Beobachtungen, daß dies nicht der Fall, daß z. B. mit der Verkalkung der Metalle eine Zunahme des Gewichtes letzterer verbunden ist, beachtete man nicht; solche Tatsachen sind es gewesen, die nach langen Kämpfen die Phlogistontheorie zu Falle gebracht haben.

Stahl muß aber doch das Verdienst zugesprochen werden, die Erscheinungen der Oxydation und Reduktion, wie man diese Vorgänge heute nennt, mit Hilfe einer allerdings irrigen Hypothese zusammengefaßt zu haben. Zufuhr von Phlogiston ist gleichbedeutend mit Reduktion, Entziehung oder Entweichung desselben deckt sich mit dem Begriff Oxydation. Die Analogie der Atmung und der Verwesung tierischer Stoffe mit der Verbrennung entging Stahl nicht; auch bei diesen Vorgängen wurde dem Phlogiston die Hauptrolle zugeteilt.

Der Wert seiner Theorie bestand demnach in der **Deutung vieler Prozesse aus gemeinsamen Gesichtspunkten**. Die Einfachheit der Erklärung blendete ihn selbst, sowie die ihm folgende Generation derart, daß sie alle die schroffen Widersprüche vieler Tatsachen mit der Phlogistonlehre nicht bemerkten. Trotzdem ist die letztere der Entwicklung der Chemie keineswegs nachteilig gewesen; denn die Chemiker, die durch weittragende Entdeckungen ihre Wissenschaft am meisten bereichert haben, wie Black, Cavendish, Marggraf, Scheele, Bergman, Priestley, waren Phlogistiker in vollem Sinne des Wortes.

Hoffmann und Boerhave. — Bevor die weiteren Schicksale der Phlogistontheorie und im Zusammenhange damit der Zustand der Chemie jener Zeit zu schildern sind, muß der Wirksamkeit zweier Zeitgenossen Stahls: Friedrich Hoffmann und Hermann Boerhave, gedacht werden, die zur Förderung chemischer Kenntnisse erheblich beigetragen haben. Beide, vorzügliche Ärzte, zugleich aber in der Chemie trefflich bewandert, sind nicht eigentlich Anhänger der Phlogistonlehre Stahls gewesen, haben aber ähnliche Anschauungen über die Verbrennung gehegt.

Hoffmann, 1660, also in dem gleichen Jahre wie Stahl, in Halle geboren, war, nachdem er sich vorzügliche medizinische, mathematische und naturwissenschaftliche Kenntnisse erworben hatte, als praktischer Arzt, später als Professor der Heilkunde in Halle tätig und beschloß daselbst nach vorübergehendem Aufenthalt in Berlin sein Leben im Jahre 1742. Seine verdienstlichsten Leistungen gehören dem Gebiete der Medizin und der pharmazeutischen, bezw. analytischen Chemie an. Die in den Köpfen mancher Ärzte noch vorhandenen iatrochemischen Lehren des Sylvius und Tachenius bekämpfte er mit Erfolg dadurch, daß er das Ungereimte derselben aufdeckte und zeigte, zu welch unsinnigen Folgerungen derartige Übertreibungen führten. Manche seiner Forschungen und Entdeckungen im Bereiche der pharmazeutischen und analytischen Chemie werden in der speziellen Geschichte dieser Zeit zu berühren sein. — Hoffmanns Auffassung der Verbrennungserscheinungen war der von Stahl sehr ähnlich; bezüglich der Verkalkung der Metalle und Reduktion der Metalloxyde äußerte er jedoch Ansichten, sich die mehr den heutigen nähern; denn die Metallkalke sollten außer Metall ein *sal acidum* enthalten, welches bei ihrer Reduktion fortgehe. Durch eine derartige Annahme wurde die Gleichartigkeit der ähnlichen Vorgänge der Verbrennung und der Verkalkung aufgehoben; beide traten vielmehr in Gegensatz zueinander, und damit fiel der eigentliche Nutzen, den die Phlogistontheorie in sich schloß, fort. — Hoffmann war als Schriftsteller außerordentlich tätig, seine gesammelten Werke (*Opera omnia physico-medica*) zeigen Klarheit des Stils und Bestimmtheit des Ausdrucks.

Hermann Boerhave, 1686 in Voorhout bei Leiden geboren, ursprünglich für das Studium der Theologie bestimmt, widmete sich dem Fache der Heilkunde und eignete sich zugleich treffliche Kenntnisse in den Naturwissenschaften, speziell in der Chemie an. Seit 1709 konnte er als Professor der Medizin, Botanik und Chemie in Leiden seine vielseitige Bildung erfolgreich betätigen und gelangte zu höchstem Ansehen; er starb daselbst im Jahre 1738.

Boerhave gehört der Geschichte der Chemie nicht wegen hervorragender Experimentaluntersuchungen an, sondern durch seine Gabe, mit außerordentlichem Scharfsinn die chemischen Erscheinungen von einem allgemeinen Gesichtspunkte aus zu betrachten und zusammenzufassen. Sein großes Lehrbuch: *Elementa chemiae* (1732) sollte die Ergebnisse der wichtigsten chemischen Arbeiten in sich schließen; es galt lange Zeit als trefflichster Leitfaden für das Studium der Chemie. Wohltuend und zugleich erhebend ist seine Auffassung dieser letzteren, als einer durchaus selbständigen, sich keiner anderen unterordnenden Wissenschaft, welche die Erforschung und die Erkenntnis der chemischen Tatsachen zu erstreben hat. Dementsprechend verurteilte er den Mißbrauch, den die Iatrochemiker mit der Chemie getrieben hatten. Den alchemistischen Bestrebungen trat er aber nicht scharf genug entgegen; bei seinem Bemühen, die Behauptungen der Alchemisten auf Stichhaltigkeit zu prüfen, glaubte er hin und wieder Bestätigung solcher Angaben zu finden, und war wohl infolge davon nicht abgeneigt, in Fällen, wo die Erfahrung noch nicht ihr letztes Wort gesprochen hatte, zugunsten der Adepten zu entscheiden. Andererseits widerlegte er manche Angaben, wie die über Fixierung von Quecksilber, sowie Bildung des letzteren aus Bleisalzen, und trug so zur Klärung und Berichtigung alchemistischer Ansichten und Behauptungen bei.

Mit der Phlogistontheorie scheint Boerhave in vielen Punkten übereingestimmt zu haben, wenigstens hat er keinen Widerspruch gegen die Grundansichten Stahls ausgesprochen, wenn er auch nicht seine Ansichten teilte, daß die Kalke der Metalle erdartige Elemente dieser seien. Mit der Frage nach dem bei der Verkalkung sich abspielenden Vorgange hat sich Boerhave gleich vielen anderen Forschern beschäftigt; ihm verdankt man die wichtige experimentelle Widerlegung der von Boyle u. a. aufgestellten Ansicht, daß bei diesem Prozesse wägbare Feuermaterie aufgenommen werde, durch welche die dabei beobachtete Gewichtszunahme der Metalle zu erklären sei.

Entwicklung der Chemie, insbesondere der Phlogistontheorie, seit Stahl.

In Deutschland offenbarte sich am unmittelbarsten der Einfluß der Stahlschen Lehre, die sich der fast ungeteilten Anerkennung der Chemiker zu erfreuen hatte, und zwar blieb Berlin der Mittelpunkt dieser Theorie. Von denen, die für sie eintraten und für ihre Verbreitung wirkten, nimmt Marggraf nach seinen wissenschaftlichen Verdiensten die hervorragendste Stelle ein. Mit Stahl gleichzeitig waren Kaspar Neumann (geb. 1683) und Johann Theodor Eller (geb. 1689) in der preußischen Hauptstadt tätige Anhänger der genannten Lehre. Beide waren als Professoren an der medizinisch-chirurgischen Bildungsanstalt der Ausbreitung und Verwertung chemischer Kenntnisse in hohem Maße förderlich. Ihre selbständigen Beobachtungen haben dagegen geringeren Wert; die Ellers bewegten sich vorwiegend auf medizinisch-physiologischem Gebiete und sind mit haltlosen Spekulationen reich durchsetzt. — Der eigentliche Nachfolger und Schüler Stahls, Johann Heinrich Pott (1692 geb.), bereicherte die Chemie mit manchen nützlichen Wahrnehmungen; wenig Glück hatte er mit der Erklärung der letzteren, wie er z. B. die von ihm näher untersuchte Borsäure als aus Kupfervitriol und Borax bestehend ansah. Seiner unermüdlichen Ausdauer, die er beispielsweise bei seinen Versuchen, Porzellan zu bereiten, an den Tag legte, entsprach keineswegs der Erfolg. Der Phlogistonlehre zugetan, hat Pott keine neuen Stützen für dieselbe herbeigeschafft; über die Natur des Phlogistons selbst wußte er nicht mehr zu sagen, als daß dasselbe „eine Art Sulphur" sei.

Andreas Sigismund Marggraf[1] (1709—1782) war in Deutschland der letzte und namhafteste Vertreter phlogistischer Anschauungen. Ursprünglich für die Apothekerlaufbahn bestimmt, erwarb er sich als Assistent Neumanns und durch eifrige Studien auf den Hochschulen zu Frankfurt a. d. O., Straßburg, Halle, zuletzt an der Freiberger Bergakademie ausgebreitete chemische, pharmazeutische und hüttenmännische Kenntnisse und Erfahrungen, die ihn zur Ausführung gediegener Untersuchungen befähigten; eine seltene Beobachtungsgabe unterstützte ihn dabei. Man braucht nur an seine wichtigen, in Anbetracht der damals noch höchst mangelhaften Analyse der Körper überraschenden Beobachtungen zu denken, an seine Arbeit über die Phosphorsäure, an den von ihm geführten Nachweis, daß die Tonerde und die sogen. Bittererde, die früher meist miteinander verwechselt wurden, verschiedene Stoffe sind, vor allem an seine Untersuchung des Saftes der Runkelrüben, in welchem er den Rohrzucker entdeckte (siehe spezielle Gesch. der neuen Zeit). Bei dieser Gelegenheit hat Marggraf das Mikroskop als wichtiges Hilfsmittel zum Nachweis charakteristischer Stoffe in die Chemie eingeführt.

Mit dem großen Talent, scharf zu beobachten, verband er die Gabe, auf Grund ruhiger Spekulation meist brauchbare Schlüsse aus seinen Wahrnehmungen zu ziehen. In einem Punkte jedoch war Marggraf, wie alle Phlogistiker, nicht imstande, den allein richtigen Schluß aus seinen Versuchen abzuleiten: obwohl er selbst die Gewichtszunahme erwiesen hatte, welche der Phosphor durch Übergang in Phosphorsäure erfährt, konnte er sich dennoch nicht von der Vorstellung losmachen, daß bei diesem Verbrennungsvorgange Phlogiston entweiche. Von der Irrigkeit dieser Auffassung ließ er sich nicht abbringen, obgleich mehrere Jahre vor seinem Tode die antiphlogistische Lehre bekannt wurde. — Marggrafs Abhandlungen

---

[1] Über sein Leben und Wirken s. A. W. Hofmanns anmutige „Erinnerungen aus der Berliner Vergangenheit" S. 10 ff.; ferner E. v. Lippmanns treffliche Würdigung Marggrafs in seinem Vortrag: *Ein angewandter Chemiker des 18. Jahrhunderts* (Zeitschr. angew. Chem. **1896**, S. 380).

sind fast sämtlich in den Denkschriften der Berliner Akademie enthalten; eine Sonderausgabe der meisten erschien zu seinen Lebzeiten in zwei Bänden unter dem Titel: *Chemische Schriften*.

Französische Phlogistiker. — In Frankreich besaß während des 18. Jahrhunderts bis zum Sturz des phlogistischen Systems die Chemie in Geoffroy, Duhamel, Rouelle und Macquer ihre Hauptvertreter, welche im wesentlichen die Anschauungen Stahls teilten. Dieselben haben die Chemie mit wichtigen Tatsachen, sowie hin und wieder durch Aufstellung brauchbarer theoretischer Ansichten bereichert.

Stephan Franz Geoffroy (der ältere, zum Unterschied von seinem jüngeren, weniger bedeutenden Bruder Claude Joseph, dessen Arbeiten sich vorzüglich auf pharmazeutisch-chemischem Gebiete bewegten), zu Paris 1672 geboren, in der Apotheke seines Vaters groß geworden, widmete sich chemischen, sowie medizinischen Studien und war seit 1712 als Professor der Medizin am *Jardin des plantes* bis zu seinem Tode (1731) mit großem Erfolge tätig. Geoffroy hat sich allgemeiner durch seine Untersuchungen über die chemische Verwandtschaft bekannt gemacht; seine *Tables des rapports* (Verwandtschaftstafeln), in denen die Ergebnisse seiner wichtigsten Beobachtungen zusammengefaßt sind, haben einen nachhaltigen Einfluß auf die Affinitätslehre ausgeübt. — Seine sonstigen theoretischen Ansichten waren weniger glücklich, wie er z. B. das in den Pflanzenaschen aufgefundene Eisen als künstliches, durch den Glühprozeß erzeugtes, betrachtete. In Fragen der Verbrennung und Verkalkung stand er der Auffassung Stahls sehr nahe; die Metalle z. B. sah er als zusammengesetzt aus Erden und einer Art Schwefel an. — Ein wirkliches Verdienst erwarb sich Geoffroy durch seinen energischen Angriff auf die alchemistischen Schwindeleien, die er in seiner der französischen Akademie vorgelegten Denkschrift: „*Des supercheries concernant la pierre philosophale*" beleuchtete.

Geoffroys Abhandlungen sind teils in den *Philosophical transactions*, teils in den Memoiren der Pariser Akademie niedergelegt. Sein lange Zeit berühmtes Werk: *Tractatus de materia medica* läßt erkennen, wie hoch er die Chemie als Hilfswissenschaft der Medizin geschätzt hat.

Duhamel de Monceau (geb. 1700, gest. 1781) aus der Schule Lemerys und Geoffroys hervorgegangen, verbrachte sein ganzes Leben in Paris, wo er durch seine vielseitige Tätigkeit zu hohem Ansehen gelangte. In der Tat bewegen sich die gediegenen Arbeiten dieses Mannes auf den Gebieten der Physik, Meteorologie, Physiologie, Botanik und namentlich der Chemie in ihrer Anwendung auf Agrikultur, Technik, sowie der reinen Chemie. Hier ist namentlich hervorzuheben, daß er den bestimmten Nachweis der Verschiedenheit des Kalis von dem Natron lieferte, indem er das letztere in reinem Zustande darstellte und untersuchte, auch zeigte, daß es die Base von dem Steinsalz, Borax, Glaubersalz und der Soda sei. Die ersten Vorschläge, Soda künstlich aus Steinsalz zu bereiten, rühren von ihm her und verraten seinen weit ausschauenden Blick.

Während Duhamel als Akademiker nur seinen Arbeiten lebte, war Wilhelm Franz Rouelle (geb. 1703, gest. 1770) vorzugsweise als anregender Lehrer[1] der Chemie tätig und hat einige hervorragende Schüler, insbesondere Lavoisier und Proust, herangebildet. Aber auch als selbständiger Forscher betätigte sich derselbe, wie manche treffliche Beobachtungen und die aus diesen gezogenen Schlüsse lehren. Rouelle stellte zuerst in umfassender Weise — mehr als van Helmont und Tachenius dies getan — den Begriff Salz fest (in den Memoiren der Akademie für 1745). Die Zusammensetzung eines Stoffes allein war nach ihm maßgebend dafür, ob derselbe zu den Salzen gehörte; diese werden durch Vereinigung von Säuren jeglicher Art mit verschiedensten Basen erzeugt; neben den neutralen Salzen unterschied er saure und basische. Mit so klaren Ansichten war Rouelle seinen Zeitgenossen weit vorangeeilt.

Zu diesen gehörte Peter Joseph Macquer (geb. 1718, gest. 1784), dessen Lehrtätigkeit am *Jardin des plantes* ebenfalls eine ersprießliche gewesen ist; auch durch seine Lehrbücher[2] hat derselbe die Verbreitung chemischer Kenntnisse wirksam gefördert. Seine selbständigen Leistungen sind weniger im Gebiet der theoretischen, als vielmehr in dem der angewandten Chemie zu suchen, die ihm

---

[1] Die mancherlei Überlieferungen, welche über die Tätigkeit Rouelles als Lehrer erhalten sind, machen es möglich, Einblick zu gewinnen in die damaligen Verhältnisse des chemischen Unterrichts, sowie die merkwürdige Persönlichkeit des Mannes sich zu vergegenwärtigen. — Die Vorlesungen über Chemie wurden in Paris zu jener Zeit von zwei Dozenten gehalten, von denen der eine über die Theorie chemischer Prozesse vortrug, der andere, im Anschluß daran, deren praktische Ausführung vorführte und erläuterte. Während jener (Bourdelin) durch seine abstrakten Betrachtungen seine Zuhörer ermüdete, begeisterte der Praktiker Rouelle dieselben durch die Lebhaftigkeit seines Vortrags, wobei er häufig so sehr ins Feuer geriet, daß er sich seiner Perücke und einzelner Kleidungsstücke entledigte (vergl. Höfer, Hist. de la chimie II, 378).

[2] Hervorzuheben sind seine: *Elements de chymie théorique* (1749) und *Elements de chymie pratique* (1751), ferner sein *Dictionnaire de chymie* (1778).

schätzbare Erweiterungen verdankt (namentlich die Porzellanbereitung und Färberei).

Von Beginn seiner Laufbahn an war Macquer Phlogistiker und suchte eifrigst die mehr und mehr sich häufenden Widersprüche zwischen Theorie und Tatsachen fortzuräumen; die Gewichtsverhältnisse wurden von ihm nicht beachtet, denn nur so konnte er die Hypothese des Phlogistons aufrecht erhalten. Selbst als die letztere einige Jahre vor seinem Tode als unhaltbar und irrig erwiesen war, vermochte er sich nicht von ihr loszusagen.

Englische und schwedische Phlogistiker. — Auch in den beiden Ländern England und Schweden, wo die Chemie im 18. Jahrhundert eifrigste Pflege genoß, sind die namhaftesten Forscher, denen die Wissenschaft einen außerordentlich reichen Zuwachs an wichtigen Tatsachen zu verdanken hat, fast ausnahmslos der phlogistischen Ansicht treu geblieben; und gerade durch die Forschungen dieser Männer, insbesondere Black, Cavendish, Priestley, Scheele und Bergman, wurde das Fundament der Phlogistontheorie erschüttert.

Joseph Black (geb. 1728, gest. 1799, als Professor zu Glasgow und Edinburg tätig) hat durch seine ausgezeichneten Experimentaluntersuchungen, die in den *Philosophical transactions* veröffentlicht wurden, namentlich durch seine für jene Zeit meisterhaften, mit großem Scharfsinn angestellten und gedeuteten Versuche über die Kohlensäure und ihre Verbindungen mit Alkalien, sowie Erden, die Chemie mächtig gefördert. Seine Beobachtungen führten zur sicheren Kenntnis von Vorgängen, die früher ganz falsch erklärt worden waren; sie lenkten insbesondere die Aufmerksamkeit der Forscher auf die Gase. Die Beschäftigung mit diesen leitete die Chemie in neue Bahnen und wurde Vorbedingung für das neueste Zeitalter derselben. Black hat außerdem der Physik ein neues Gebiet erschlossen durch seine Entdeckung der latenten Wärme (1762), wobei er seine Kunst zu experimentieren in glänzendster Weise betätigte.[1]

Um seine Bedeutung in Vergleich mit Chemikern, die sich vor ihm mit ähnlichen Fragen, wie er, beschäftigt haben, zu würdigen, braucht man nur seine Untersuchungen über die alkalischen Erden und die Alkalien ins Auge zu fassen. Die kohlensauren Verbindungen derselben wurden vor Black für einfache Stoffe gehalten;

---

[1] Unabhängig von Black hat, was wenig bekannt ist, der schwedische Physiker J. C. Wilcke die latente Wärme entdeckt.

man nahm weiter an, daß durch Brennen des Kalksteins Feuermaterie aufgenommen werde, die beim Kaustisieren von Soda und Pottasche mittels Kalk auf diese übergehe. Black bewies durch seine Versuche, daß umgekehrt beim Glühen des Kalksteins und der *Magnesia alba* etwas fortgehe, was einen Gewichtsverlust herbeiführe und identisch sei mit dem *gas sylvestre* van Helmonts. Dieses Gas, von ihm *fixe Luft* genannt, weil es von den ätzenden Alkalien, Kalk etc. gebunden oder *fixiert* wird, ist, wie er nachwies, auch in den milden Alkalien enthalten; diese werden zu ätzenden, wenn ihnen die Kohlensäure durch Kalk oder Magnesia entzogen wird. In dieser wahrhaft klassischen Untersuchung begegnet man Methoden, die das Gepräge einer neuen Richtung an sich tragen. — Daß Black den Gewichtsverhältnissen der in Reaktion tretenden Stoffe große Aufmerksamkeit geschenkt hat, ergibt sich aus allen seinen Versuchen; so ist es begreiflich, daß er, nachdem infolge der Entdeckung des Sauerstoffs die richtige Erklärung der Verbrennung und ähnlicher Vorgänge möglich geworden war, sich von der Phlogistontheorie abwandte und der Lehre Lavoisiers zustimmte.

Black hat durch seine grundlegenden Arbeiten zahlreiche Irrtümer beseitigt und dadurch der endgültigen Erkenntnis von der wahren Zusammensetzung wichtiger chemischer Verbindungen vorgearbeitet. Trotzdem wurden die klaren Folgerungen aus seinen Versuchen über die Kaustizität von vielen Chemikern seiner Zeit bemängelt, ja deren Richtigkeit bestritten; es ist befremdlich zu sehen, daß selbst ein Lavoisier sich nicht hat entschließen können, in einem Berichte über diese Frage Blacks Verdienst unumwunden anzuerkennen, daß er vielmehr sich eher auf die Seite der Gegner desselben stellte, die in Wirklichkeit keines seiner Argumente entkräftet hatten.

Black hatte in seinem Landsmanne Heinrich Cavendish einen vorzüglichen Mitarbeiter, der zwar unabhängig von ihm, aber doch in ganz ähnlicher Richtung und mit gleichem Scharfsinn die Chemie bearbeitete und bereicherte. Derselbe, 1731 in Nizza geboren, widmete seine Kräfte in aller Stille, deshalb nicht minder wirksam, den Naturwissenschaften, in denen er, gestützt auf gründlichste Studien, heimisch war; insbesondere galt dies von der Physik und Chemie; er ist im Jahre 1810 in London gestorben.[1] Über

---

[1] Über das Leben und das eigentümliche Wesen Cavendish' gibt eine Biographie von Wilson: Life of the Honourable H. C. Cavendish (1848) Aufschluß. Vergl. auch den geistvollen Aufsatz von Thorpe in *Essays in historical chemistry* S. 70 ff. (1894).

sein Leben läßt sich kaum etwas sagen, da er als menschenscheuer Einsiedler vor jeder Berührung mit der Öffentlichkeit fast ängstlich zurückwich, also auch nur widerstrebend seine bedeutungsvollen Arbeiten veröffentlichte; so kam es, daß viele wertvolle Beobachtungen erst Jahrzehnte später bekannt wurden. — Trotzdem ihm ein immenses Vermögen zufiel, blieb er seiner einfachen Lebensweise treu.

Durch seine vom physikalischen, sowie chemischen Standpunkte aus wichtigen, für jene Zeit meisterhaften Untersuchungen über den **Wasserstoff** (*inflammable air*), den er zuerst als ganz eigentümlichen, von anderen Gasen verschiedenen Stoff kennen lehrte, sowie über die **Kohlensäure** wurde er einer der Begründer der pneumatischen Chemie und somit der neuen Ära. Seinem Scharfsinn verdankt man den außerordentlich wichtigen Nachweis, daß das Wasser aus Wasserstoff und Sauerstoff besteht, ferner den, daß die atmosphärische Luft ein **konstant zusammengesetztes Gemenge** von Stickstoff und Sauerstoff ist, daß die Salpetersäure sich durch Vereinigung der beiden letzteren Gase herstellen läßt: Entdeckungen von der größten Tragweite. Durch dieselben schuf Cavendish selbst das mächtigste Werkzeug zum Sturz der Phlogistontheorie. Und dennoch sehen wir ihn bei dieser beharren. Sein Widerstreben gegen die antiphlogistische Lehre, die er durch seine Forschungen begründen half, läßt sich nur dadurch deuten, daß er die Gewichtsverhältnisse bei den Verbrennungsprozessen nicht streng genug berücksichtigte und die letzteren auf eine ihm genügend erscheinende Art erklärte, indem er nämlich den Wasserstoff für identisch mit Phlogiston hielt.

Cavendish hat übrigens gerade bei seinen Untersuchungen über Gase, deren spezifisches Gewicht und Volumverhältnisse bei chemischen Reaktionen er feststellte, eine staunenerregende Genauigkeit betätigt. Mit welchem Scharfsinn er physikalische Experimente auszudenken und anzustellen verstand, ergibt sich aus seinen Arbeiten über die spezifische Wärme von Metallen, sowie aus dem von ihm zuerst erfolgreich ausgeführten Versuch, das spezifische Gewicht der Erde zu ermitteln. In Anbetracht dieser außerordentlichen Vielseitigkeit und seiner gründlichen mathematischen Bildung muß man um so mehr staunen, daß Cavendish den Gewichtsverhältnissen bei chemischen Reaktionen zu geringen Wert beigemessen hat.

Der eifrigste Vorkämpfer für die phlogistische Auffassung war in jener Zeit Joseph Priestley, dem die Chemie der Gase außerordentlich viele neue Beobachtungen und wichtige Entdeckungen verdankt. Ein exzentrischer Kopf, in dem sich phantastische Spekulationen mit einfach kindlichem Sinne gepaart fanden, hat

Priestley wie kein anderer bis an sein in den Anfang dieses Jahrhunderts fallendes Lebensende (1804) die antiphlogistischen Lehren bekämpft, obwohl gerade seine Versuche häufig zur Stärkung, ja zur Begründung jener gedient haben. Ganz im Gegensatz zu dem ruhigen, allein der Wissenschaft gewidmeten Dasein von Black und namentlich von Cavendish war Priestley ein unstetes, an Wechselfällen, ja an Verfolgungen reiches Leben[1] beschieden, meist wohl infolge seiner Stellung als freier Prediger gegenüber der englischen Kirche. Sein eigentliches Studium war das der Theologie gewesen, und erst spät kam er mit naturwissenschaftlichen Fragen näher in Berührung. Geboren i. J. 1733 in Fieldhead bei Leeds mußte Priestley nach einer kümmerlichen Jugendzeit als Sprachlehrer — er vermochte in Latein, Griechisch, Französisch, Italienisch, Hebräisch Unterricht zu erteilen — und als Prediger mühsam sein Brot erwerben. Seine Vielseitigkeit erhellt ferner aus der Tatsache, daß er gelegentlich Vorträge über Logik, Geschichte, Gesetzeskunde, Anatomie u. a. hielt. Seine zahlreichen philosophischen und theologischen, zum Teil sehr umfangreichen Werke sind wohl ganz in Vergessenheit geraten, obwohl Priestley selbst sie für seine besten Leistungen hielt. — Die nähere Bekanntschaft mit Benj. Franklin führte ihn zu naturwissenschaftlichen Forschungen. So enstand seine *Geschichte der Elektrizität*. Dank einer günstigen Privatstellung (bei Lord Shelburne) fand er Muße zu chemischen Arbeiten, deren wichtigste in diese Zeit (1772—1779) fielen. — Bald darauf mußte sich Priestley entschließen, nach Amerika auszuwandern, da er, als Prediger einer Dissidentengemeinde in Birmingham, zu einer Bewegung Anlaß gegeben hatte, die in offenen Aufstand des Pöbels ausartete und sich mit aller Schärfe gegen ihn richtete. Soviel Dilettantisches sich in der Art, wie Priestley naturwissenschaftliche Fragen behandelte, offenbart, so fesselt doch sein ganzes Wesen durch den Reiz großer Originalität und Gedankenschärfe.

Ausgestattet mit einer ungewöhnlichen Gabe zu experimentieren und zu beobachten, wußte Priestley, obwohl ihm eine gründliche naturwissenschaftliche Bildung fehlte, die schwierigsten Probleme der pneumatischen Chemie zu behandeln. Die meisten Gasarten, die vor ihm — mit Ausnahme der Kohlensäure und des Wasserstoffes — so gut wie nicht bekannt waren, hat er dargestellt und untersucht.

---

[1] Über Priestleys Leben und seine vielseitige Tätigkeit gibt der treffliche Vortrag Thorpes in seinen *Essays* S. 28 ff. reichen Aufschluß. Vergl. ferner Priestleys Briefe (*Scientific Correspondence*) herausgegeben von H. C. Bolton (New York 1892).

Unter allen seinen Entdeckungen ragt die des Sauerstoffes hervor (1774), über welche noch zu berichten ist. Nur Scheele hat früher als er die gleichen Beobachtungen gemacht, ohne jedoch sie schnell genug veröffentlichen zu können.

Priestleys schöne Versuche mit Sauerstoff führten ihn jedoch nicht zur richtigen Deutung der Verbrennungsvorgänge, im Gegenteil blieb er, wie schon erwähnt, der Phlogistonlehre treu. Die irrige Auffassung jener und ähnlicher Prozesse hinderte ihn nicht, aus seinen Beobachtungen scharfsinnige Schlüsse bezüglich des Kreislaufes zu ziehen, dem der Sauerstoff in der organischen Welt durch den Stoffwechsel der Tiere und Pflanzen unterliegt, also die Erklärung eines weit verwickelteren Vorganges anzubahnen, als der einer einfachen Verbrennung ist, die er, gebannt durch eine irrige Hypothese, nicht zu deuten vermochte.

Zu gleicher Zeit mit den drei zuletzt besprochenen englischen Chemikern waren in Schweden zwei hervorragende Forscher: Torbern Bergman und Karl Wilhelm Scheele, beide im Sinne und Geiste der phlogistischen Betrachtungsweise tätig, und doch wurde diese gerade durch ihre glänzenden Entdeckungen und gediegenen Beobachtungen tief untergraben, so daß ihre Beseitigung unvermeidlich war. — Bergman hatte sich durch gründliches Studium der Naturwissenschaften und Mathematik so vielseitige Kenntnisse erworben, daß er als Professor der Physik, Mineralogie und Chemie in diesen von ihm gepflegten Disziplinen gleich tüchtige Leistungen aufweisen und treffliche Schüler heranbilden konnte. Geboren im Jahre 1735 hat er, wohl infolge von übermäßigem Arbeiten bei schwächlicher Konstitution, ein Alter von nur 49 Jahren erreicht. Seine wichtigsten Verdienste um die Chemie, der er seit 1767 seine Hauptkräfte weihte, liegen im Bereiche der Analyse, die er durch wichtige Methoden bereicherte und systematisch behandelte. Er verstand es vortrefflich, seine chemischen Erfahrungen zur Bestimmung und Klassifizierung der Mineralien nutzbar zu machen und legte dadurch den Grund zur mineralogischen Chemie und chemischen Geologie. — Die Betrachtungen über die bei Verbindungen und Zersetzungen sich äußernde chemische Verwandtschaft gewannen durch ihn an Bestimmtheit und Klarheit; der wissenschaftliche Charakter der Chemie wurde durch solche Bemühungen und Versuche bedeutend gehoben, der Überblick über die chemischen Vorgänge wesentlich erleichtert. Einzelheiten aus diesen Untersuchungen Bergmans sollen weiterhin noch hervorgehoben werden. — Seine Abhandlungen erschienen ursprünglich in den Akademieschriften von Stockholm und Upsala; sie wurden zusammengefaßt und unter dem Titel: *Opuscula physica et chemica* in 5 Bänden (1779—1788) herausgegeben.

Karl Wilhelm Scheele gehört zu den hervorragendsten Chemikern aller Zeiten; sein Ruhm wird nicht dadurch getrübt, daß er bis an sein Lebensende eifriger Anhänger der Phlogistonlehre geblieben ist. Denn obwohl er im Banne derselben verharrte, trotz ungünstiger Verhältnisse, in denen er lebte, und trotz der kurzen Dauer seines Lebens hat derselbe der von ihm gepflegten Wissenschaft dennoch eine Fülle neuer Beobachtungen, darunter die wichtigsten Entdeckungen, zugeführt, die noch den folgenden Generationen zu einem reich fließenden Quell von experimentellen Arbeiten und theoretischen Erörterungen geworden sind.

Über Scheeles Leben und seine wissenschaftlichen Taten hat das jüngst von A. E. Nordenskiöld herausgegebene Werk: Carl Wilhelm Scheele. Nachgelassene Briefe und Aufzeichnungen (Stockholm 1892) hellstes Licht verbreitet. Die früheren biographischen Arbeiten von Crell, Sjöstén-Wilcke u. a. sind durch jenes wesentlich ergänzt worden, und namentlich hat man in die Entstehungsweise und Zeit der großartigen Entdeckungen Scheeles erst vollsten Einblick gewonnen; zugleich erfährt man, wie viele seiner Beobachtungen von großer Tragweite unbekannt geblieben sind.

Scheele, am 9. Dezember 1742 zu Stralsund, in dem damaligen Schwedisch-Pommern, geboren, begann im 15. Lebensjahre seine Lehrzeit bei dem Apotheker Bauch in Gothenburg, der bald die Begabung des Jünglings erkannte und würdigte. Fast nur auf einige veraltete Lehrbücher und auf das ziemlich reiche chemische Inventar der Apotheke angewiesen, machte sich Scheele durch unermüdliches Experimentieren mit den Eigenschaften und Reaktionen zahlreicher Körper so vertraut, daß er bei der Übersiedlung nach Malmö (1765), wenn auch noch als Lehrling, schon die meisten damaligen Chemiker an Erfahrungen überragte. In Malmö und seinen späteren Stellungen (1768—1770 Stockholm, 1770—1775 Upsala) erweiterte er seine Kenntnisse in den wichtigsten Gebieten der Chemie, ohne zunächst so bekannt zu werden, wie er es verdiente. Erst als er durch Vermittlung Gahns mit Bergman in nähere Beziehung getreten war und als sich aus einer zuerst vorhandenen Spannung und Verstimmung ein freundschaftliches Verhältnis zwischen beiden entwickelte, gelangte Scheele zu immer wachsender Anerkennung. Je mehr er sich seit der Übernahme der Apotheke in Köping (1775) wissenschaftlichen Arbeiten widmen konnte, desto glänzender waren die Ergebnisse derselben. In rascher Folge erschienen seine Untersuchungen in den Schriften der Stockholmer Akademie, die ihn, den „*studiosus pharmaciae*", als Mitglied (1775) aufgenommen hatte; seine Versuche über Luft, Sauerstoff, Verbrennung und Atmung veröffentlichte er in dem 1777 erschienenen Werke: *Chemische Abhandlung von der Luft und dem Feuer*. Erst nach seinem Tode, der ihn schon im kaum vollendeten 44. Lebensjahre ereilte, wurden alle seine Abhandlungen herausgegeben, in deutscher Sprache von Hermbstädt (2 Bände. Berlin 1793): *„Sämtliche physische und chemische Werke"*.

Nicht nur als Forscher und Entdecker, auch als edler, anspruchsloser Mensch erregt Scheele unsere höchste Bewunderung. Sein Streben und Ziel war Erforschung der Wahrheit. Aus seinen Briefen tritt uns seine hohe wissenschaftliche Auffassung, sein echt philosophischer Sinn, seine einfache Denkweise in wohltuendster Weise entgegen. *„Es ist ja nur die Wahrheit, die wir wissen wollen, und welche Freude bereitet es nicht, sie erforscht zu haben"*, mit diesen Worten kennzeichnet er selbst seine Bestrebungen.

Ohne auf die Einzelheiten seiner vielseitigen Untersuchungen einzugehen, soll hier nur im allgemeinen eine Darlegung seiner wissenschaftlichen Tätigkeit folgen, insofern die wichtigsten seiner Leistungen kurz zu berühren sind.

Mit einer geradezu wunderbaren Gabe der Beobachtung, ausgestattet, verstand es Scheele, seine mit so geringen Mitteln angestellten Versuche zum Sprechen zu bringen. Einen glänzenden Beweis dafür liefert seine Arbeit über den Braunstein (*de magnesia nigra*), den manche namhafte Forscher vor ihm zum Gegenstand ihres Studiums gemacht hatten, ohne über seine Natur ins klare gekommen zu sein. Scheele entdeckte dabei in raschem Siegeslauf vier neue Substanzen, das Chlor, den Sauerstoff, das Mangan und die Baryterde, von denen namentlich die zwei ersteren von größter Bedeutung für die Deutung bekannter chemischer Prozesse waren und noch werden sollten.

Die Art, wie er den Sauerstoff und schon zuvor eine lange Reihe bisher unbekannter Gase isoliert und gekennzeichnet hat, zeigt uns Scheele als großartig beanlagten Experimentator. Ebenso betätigt er sich als unvergleichlicher Beobachter bei Auffindung analytischer Methoden und bei Erschließung ganz neuer Gebiete der unorganischen Chemie (s. spezielle Gesch.). Ihm wurde zuerst das Bestehen der verschiedenen Oxydationsstufen der Metalle, wie Eisen, Kupfer, Quecksilber, klar, trotzdem er die Hypothese des Phlogistons bei der Deutung ihrer Zusammensetzung festhielt. Mit solcher Erkenntnis war er Lavoisier, Proust u. a. weit vorangeeilt.

In erstaunlichster Weise betätigte Scheele sein Entdeckergenie im Gebiete der kaum noch bebauten organischen Chemie; überall neue Wege zur Isolierung von Produkten des pflanzlichen und tierischen Stoffwechsels auffindend, stellte er eine große Zahl bisher unbekannter Säuren und anderer organischer Stoffe dar. So war Scheele fast in jedem Teile der Chemie bahnbrechend tätig, in Beobachtung und scharfem Erfassen von Tatsachen unvergleichlich, in der Deutung dieser allerdings nicht glücklich, da er sich von dem Grundirrtum der Phlogistontheorie nicht freimachen konnte. Wir werden den einzelnen Entdeckungen Scheeles in verschiedenen Abschnitten der speziellen Geschichte der Chemie begegnen.

Um den Zustand der phlogistischen Lehre in dem 7. und 8. Jahrzehnt des 18. Jahrhunderts, also kurz vor ihrem Zusammenbruche, deutlich zu erkennen und würdigen, muß zunächst die Entwicklung eines speziellen Teiles der Chemie, nämlich der pneumatischen, bis zu dieser Zeit besprochen werden. Die Beschäftigung mit den Gasen, insbesondere die Erkenntnis ihrer Eigenschaften und ihres Verhaltens, hat schließlich zur richtigen Erklärung der Verbrennungserscheinungen geführt. Mit diesen Betrachtungen treten wir ein in die spezielle Geschichte des phlogistischen Zeitalters.

Entwicklung einzelner Zweige der theoretischen und praktischen Chemie im Zeitalter der Phlogistontheorie.

Die pneumatische Chemie und ihre Beziehungen zur Phlogistonlehre.[1] — Welchen Einfluß die nähere Erforschung der Gase, insbesondere die des Sauerstoffes, auf die Gestaltung der Chemie ausgeübt hat, ist genugsam bekannt. Das Sauerstoffgas bildet gewissermaßen den Mittelpunkt der chemischen Forschung in dem letzten Viertel des 18. Jahrhunderts, da zunächst durch die Erkenntnis seiner Rolle bei der Verbrennung und ähnlichen Vorgängen eine Lehre beseitigt wurde, die ein Jahrhundert lang alle theoretischen Anschauungen beherrscht hatte, sodann aber mit dem Studium der Sauerstoffverbindungen die wichtigsten Folgen verknüpft waren, insofern sich daraus die Atomtheorie entwickelt hat.

Die Verdienste der Männer, die durch ihre Beobachtungen die Chemie der Gase am kräftigsten gefördert haben, sind schon oben im allgemeinen hervorgehoben worden; hier gilt es, wichtige

---

[1] Vergl. H. Kopp, Gesch. d. Chemie III, 175 ff. Höfer, Histoire etc. II.

Einzelbeobachtungen derselben und einiger anderer aufzuzeichnen. Boyles Versuche schlossen zwar denen van Helmonts gegenüber durch die Art, die Gase aufzusammeln und mit ihnen umzugehen, einen erheblichen Fortschritt in sich, jedoch war er gleich seinen Zeitgenossen noch nicht völlig sicher, ob die Kohlensäure und der Wasserstoff, deren charakteristische Eigenschaften er kannte, wesentlich verschieden von Luft seien. Diese Unsicherheit haftete auch den Untersuchungen von späteren Forschern, z. B. Hales an; in den Köpfen der Chemiker hatte sich die falsche Auffassung festgesetzt, die Gase seien gewöhnliche Luft mit verschiedenartigen Beimengungen. Black kommt das Verdienst zu, zuerst für die Kohlensäure die bestimmte Verschiedenheit dieses Gases von der Luft bewiesen zu haben, dadurch, daß er die „Fixierung" desselben durch ätzende Alkalien zeigte. Cavendish, der den Wasserstoff als eigenartiges Gas erkannte, trug zur vollständigen Beseitigung jenes Irrtums bei. Daß Scheele schon um 1770 zahlreiche Gase entdeckt und als eigenartige Stoffe erkannt hatte, ist durch seine nachgelassenen Briefe und Aufzeichnungen (s. oben S. 112) klar erwiesen. Der in vorzüglicher Weise obige Arbeiten ergänzenden Untersuchungen der Kohlensäure durch Bergman (1774) und Black sei hier noch kurz gedacht.

Die Methode, Gase aufzusammeln, hatte sich erheblich verbessert, seitdem durch Hales und vor ihm durch den wenig bekannten Moitrel d'Élément die Trennung des Entwicklungsgefäßes von dem Rezipienten bewerkstelligt war. Man lernte die Luft als ein meßbares Fluidum kennen, das Gewicht hat und gleich anderen Flüssigkeiten aus einem Gefäß in ein anderes übergefüllt werden kann. Die Apparate, deren sich Black, Priestley, Scheele und andere bedienten, endlich die heute gebrauchten Vorrichtungen haben sich aus dem Apparat von Hales allmählich entwickelt. Priestley beschrieb zuerst die Anwendung von Quecksilber zum Absperren von Gasen und gelangte mittels dieses Kunstgriffes zur Auffindung solcher Gase, welche man, so lange mit Wasser statt mit Quecksilber abgesperrt wurde, übersehen hatte: des Ammoniaks, Chlorwasserstoffs, Fluorsiliciums und des Schwefeldioxyds (schweflige Säure). — Scheele hatte schon vor Priestley einige von diesen, sowie andere Gase, Stickoxyd, Schwefelwasserstoff, isoliert (um 1770), seine Beobachtungen darüber jedoch nicht veröffentlicht.

Die Entdeckung so vieler gasiger Stoffe von verschiedenstem Charakter regte die chemische Welt gewaltig an. Die Eigenschaften der einzelnen Gase wurden sorgfältig untersucht; als Kriterium ihrer Verschiedenheit untereinander und von Luft betrachtete man das spezifische Gewicht derselben schon seit Mayows Arbeiten, insbesondere seit den genaueren Bestimmungen von Cavendish. Auch die größere oder geringere Absorption von Gasen durch Wasser fand gebührende Beachtung als Kennzeichen einzelner; Bergman z. B. ermittelte ziemlich genau die Löslichkeit der Kohlensäure in Wasser. Aber die wahre Zusammensetzung gasiger Stoffe blieb während dieses Zeitalters verhüllt; selbst bezüglich der einfachsten Gase herrschte große Unklarheit, bis Lavoisier die elementare Natur des Sauerstoffs und des Wasserstoffs ausgesprochen und wahrscheinlich gemacht hatte. Wie war dies auch anders möglich, solange nach der phlogistischen Betrachtungsweise in den meisten Gasen Phlogiston angenommen wurde! Mit diesem selbst identifizierten viele Chemiker bald nach Mitte des 18. Jahrhunderts das Wasserstoffgas (nach dem Vorgange von Cavendish und Kirwan); andere hielten Kohle für reich an Phlogiston, wenn nicht für dieses selbst. Die verschiedenartigsten, häufig konfusesten Ansichten über die Zusammensetzung der Kohlensäure, des Kohlenoxyds, des Stickoxyds, der schwefligen Säure, des Schwefelwasserstoffs und anderer Gase wurden geäußert und den jeweilig herrschenden Modifikationen der Phlogistonlehre angepaßt.

Von größerer Bedeutung, als diese schwankenden Meinungen über die Konstitution der genannten Gase, war die längere Zeit sich hinziehende Frage: „Ist die atmosphärische Luft ein einfacher Stoff oder zusammengesetzt, und welches sind ihre Bestand- bezw. Gemengteile?" Diese Fragen sind experimentell von den der phlogistischen Zeit angehörenden Chemikern, insbesondere Scheele und Priestley, gelöst worden. Die richtige Erklärung ihrer grundlegenden Beobachtungen hat Lavoisier gegeben. Hier sind die wichtigsten von ihnen zutage geförderten Tatsachen, die auf die Zusammensetzung der Luft Bezug haben, mitzuteilen.

Die Wahrnehmung, welche zuerst die alt überlieferte Annahme, Luft sei ein einfacher Stoff, zu erschüttern geeignet war, betraf das Verhalten eines abgesperrten Volums Luft zu einem in ihr brennenden Stoffe, sowie zu gewissen Metallen, wenn diese darin erhitzt wurden. Durch seine Versuche darüber wurde Boyle zu der Vermutung gedrängt, daß ein Teil der Luft zum Atmen oder Verbrennen, sowie zum Verkalken der Metalle nötig sei; diesen Gemengteil zu isolieren, vermochte er aber nicht, ebensowenig wie Mayow, der mit seiner Annahme eines die Verbrennung etc. bewirkenden *spiritus igno-aereus* der richtigen Erklärung ziemlich nahe kam (vergl. S. 96). Erst 100 Jahre später, nachdem die Darstellung des Sauerstoffs und Stickstoffs gelungen war, kam die obige Frage ihrer Lösung näher. Den Stickstoff, den schon mehrere Forscher unter Händen gehabt, isolierte zuerst Scheele; ihm kam jedoch Rutherford (1772) mit der Veröffentlichung zuvor, der das Gas nach Absorption der durch Verbrennung oder Atmung in abgeschlossener Luft gebildeten Kohlensäure darstellte; aus ihren Beobachtungen folgte, daß dies Gas, das die eben genannten Prozesse nicht zu unterhalten vermag, der eine Gemengteil der Atmosphäre sein müsse. Den anderen isolierten und untersuchten unabhängig von einander Scheele und Priestley. Schon in den Jahren seines Aufenthaltes in Upsala (1771—1773) hat Scheele den Sauerstoff, wie sich aus den jetzt veröffentlichten Aufzeichnungen ergeben hat, durch Erhitzen von Braunstein und Schwefel- oder Arsensäure, aus salpetersauren Salzen, Quecksilber- und Silberoxyd bereitet und gut charakterisiert. Priestley, der ebenfalls das Gas etwa zu derselben Zeit beobachtet, dessen eigentümliche Natur aber nicht erkannt hatte, isolierte zuerst sicher dasselbe i. J. 1774 (am 1. August) durch Erhitzen von Quecksilberoxyd; da er seine Versuche früher, als Scheele die seinigen veröffentlichte, wurde bisher Priestley als der erste Entdecker des Sauerstoffs betrachtet; jetzt weiß man, daß das Umgekehrte richtig ist. Beide Chemiker beobachteten, daß dieses Gas die Verbrennung und Atmung in gesteigertem Maße zu unterhalten vermag. Priestley nannte dasselbe dephlogistisierte Luft, Scheele zuerst *aer vitriolicus*, später Feuerluft, auch Lebensluft.

Durch die wichtige Entdeckung des Sauerstoffs wurden beide Forscher in den Stand gesetzt, die Luft als Gemenge zweier Gasarten zu erkennen;[1] den Stickstoff bezeichnete Priestley als phlogistisierte, Scheele als verdorbene Luft. Beide fanden Mittel, den einen Teil der Luft, und zwar den Sauerstoff, zu absorbieren. Scheele war auch hier vielseitiger als Priestley, der zu diesem Zweck *Salpeterluft* (Stickoxyd) benutzte, während ersterer Phosphor, Eisenhydroxydul, Gemische von Eisen und Schwefel, feuchte Eisenfeile zur Absorption des Gases verwandte. Sie machten ferner die wichtige Beobachtung, daß durch Brennen eines Lichtes im abgeschlossenen Lufträume ebensoviel fixe Luft (Kohlensäure) erzeugt wurde, wie Sauerstoff verschwand.

Trotzdem gelangten sie nicht zur richtigen Erklärung, worin das Brennen, Atmen und die Verkalkung bestanden, diese Prozesse, deren Analogie sie klar erkannt hatten; sie waren so sehr durch

---

[1] Scheele gibt in seiner Abhandlung: „Von der Luft und dem Feuer" als Überschrift einer Reihe seiner Versuche den Satz: „Die Luft muß aus elastischen Flüssigkeiten von zweierlei Art zusammengesetzt sein."

die Meinung, daß bei jenen Vorgängen Phlogiston entweiche; voreingenommen, daß der durch ihre richtigen Beobachtungen klar vorgezeichnete Weg von einem anderen beschritten wurde. Lavoisier war dazu berufen, da es ihm leicht wurde, die geringfügigen phlogistischen Vorurteile, die er bei Beginn seiner wissenschaftlichen Laufbahn noch hegte, abzustreifen. Jene dagegen scheuten selbst vor einer widerspruchsvollen Erklärung der Verbrennung und ähnlicher Prozesse nicht zurück, nur um der Phlogistonlehre nicht untreu zu werden. Daß aber Priestley und Scheele durch ihre erschöpfenden Untersuchungen über den Sauerstoff und seine Rolle bei den genannten Prozessen das experimentelle Material zur richtigen Erkenntnis geliefert haben, nicht Lavoisier, ist außer allem Zweifel.

Nach der Entdeckung des Sauerstoffs und seiner wesentlichen Eigenschaften waren die Tage der Phlogistontheorie gezählt, obwohl viele hervorragende Chemiker dieselbe trotz der sich erhebenden Widersprüche nicht aufgaben. Die größte Verlegenheit war dieser Lehre durch die schon seit langer Zeit bekannte Wahrnehmung bereitet, daß in den Fällen, wo Phlogiston entweichen sollte, die Produkte, statt geringeres Gewicht zu zeigen, schwerer geworden waren. Namentlich die exakten Versuche über die Verkalkung von Metallen[1] hätten, wenn sie ohne vorgefaßte Meinung gedeutet worden wären, am frühesten zu der richtigen Erklärung leiten müssen, daß ein Teil der Luft mit den Metallen sich zu deren Kalken vereinigt; denn nicht nur die Zunahme des Gewichtes, auch das Verschwinden eines Teiles der Luft war beobachtet worden. Statt aus solchen Befunden auf die Unhaltbarkeit der phlogistischen Hypothese zu schließen, suchte man dieser die Tatsachen durch eine geschraubte Deutung anzupassen. Selbst der scharfsinnige Boyle half sich mit der falschen Annahme, wägbare Feuermaterie[2] habe die Gewichtszunahme bewirkt. Daß Luft bei den Prozessen der Verkalkung und ähnlichen notwendig sei, wurde echt naturphilosophisch, ohne den Schein eines Beweises, zu erklären versucht, nämlich durch die Voraussetzung, Luft müsse vorhanden sein, um

---

[1] Die frühesten derartigen Untersuchungen, welche überaus wertvolle Beobachtungen über die Gewichtszunahme der Metalle und die Rolle der Luft bei der Verkalkung enthielten, sind von J. Rey, Hooke, Mayow, Boyle im 17. Jahrhundert angestellt worden. Rey und Mayow kamen der richtigen Erklärung ihrer Versuche ziemlich nahe.

[2] Die Hinfälligkeit einer solchen Annahme erwies schon Boerhave dadurch, daß er die Gleichheit des Gewichtes von Metallen, z. B. Silber, bei gewöhnlicher Temperatur und im glühenden Zustande feststellte. Derselbe sprach deshalb die Vermutung aus, die Gewichtszunahme bei der Verkalkung beruhe auf Zutritt „salziger Teilchen" aus der Luft zu den Metallen.

das entweichende Phlogiston aufzunehmen. Dies von Becher und Stahl gebrauchte Auskunftsmittel holten die nach ihnen lebenden Phlogistiker immer wieder hervor.

Während dieselben die Rolle der Luft richtig gedeutet zu haben meinten, legten sie nach dem Vorgange Stahls den beobachteten Veränderungen des Gewichtes keine Bedeutung bei, betrachteten dieselben als zufällig oder machten gar die unglücklichsten Versuche zu einer Erklärung, wie Juncker, ein Schüler Stahls, der darauf hinwies, die Metallkalke wären dichter, als die Metalle, und deshalb schwerer: eine arge Verwechslung des absoluten mit dem spezifischen Gewicht, auch eine falsche Angabe, da die Metallkalke spezifisch leichter sind, als die Metalle, was schon Boyle in einigen Fällen erwiesen hatte. Gleich unwissenschaftlich, ja unsinnig war die Annahme, das bei jenen Prozessen entweichende Phlogiston besitze negative Schwere, das zurückbleibende Produkt müsse daher schwerer sein; selbst Guyton de Morveau, sowie Macquer verfielen in diesen groben Irrtum. — Die meisten hervorragenden Chemiker der phlogistischen Zeit teilten zwar solche haltlose Ansichten nicht, meinten aber, gleichgültig gegen die mit chemischen Vorgängen verbundenen Gewichtsänderungen, daß es Sache der Physiker sei, derartige Verhältnisse zu ergründen.[1] In der Tat war es dem Physiker Lavoisier vorbehalten, die richtige Erklärung derselben und damit die der Verbrennung und ähnlicher Prozesse zu geben.

Entwicklung einzelner theoretischer Ansichten im phlogistischen Zeitalter.

Man muß sich mit der Entwicklung der wichtigsten chemischen Begriffe und Vorstellungen dieser Zeit vertraut machen, um einmal die darin liegenden Fortschritte gegenüber den Anschauungen der vorhergehenden Periode zu würdigen, sodann aber den Zusammenhang, der zwischen den theoretischen Ansichten der phlogistischen und denen der mit Lavoisier beginnenden neuen Zeit besteht, zu begreifen. Hier handelt es sich um die Auffassung der Begriffe Element und chemische Verbindungen, sowie um die von den Phlogistikern gehegten Vorstellungen über die chemische Verwandtschaft.

---

[1] Nicht alle Chemiker hielten die vorliegenden Beobachtungen über die Zunahme des Gewichts der Metalle bei der Verkalkung für bedeutungslos Tillet z. B., welcher im Jahre 1762 der französischen Akademie über die Gewichtsvermehrung des Bleis berichtete, hob hervor, daß dafür eine zutreffende Erklärung noch fehle.

Ansichten über Elemente und chemische Verbindungen. — Die Stellung Robert Boyles[1] zu der Frage nach den Grundstoffen ist schon gekennzeichnet worden; er hat den wissenschaftlichen Begriff Element festgestellt, insofern er die wirklich darstellbaren, für den Chemiker nicht in einfachere Stoffe zerlegbaren Bestandteile zusammengesetzter Stoffe als Elemente betrachtete. Mit dem Anwachsen der Hilfsmittel zur Entscheidung der Frage, ob eine Substanz in diesem Sinne ein Element ist, wurde die Grenze zwischen den Grundstoffen und chemischen Verbindungen mehr und mehr verschoben, aber zugleich sicherer bestimmt. Boyle neigte übrigens zu der Vorstellung, daß die dem Chemiker erreichbaren Elemente noch nicht die letzten Urbestandteile seien (vergl. S. 95).

Trotz der Klarheit der Voraussetzungen, die nach diesem Forscher durch ein Element erfüllt werden müssen, sehen wir bei Zeitgenossen und Nachfolgern desselben ein Zurückgreifen auf alchemistische, ja ein Anknüpfen an die aristotelischen Elemente. Willis, Lefêbre, Lemery gesellten zu den drei Grundstoffen des Pseudo-Basilius und Paracelsus die Erde und das Wasser; Becher behielt unter anderen Bezeichnungen jene drei bei und fügte noch das Wasser hinzu; selbst Stahl konnte sich nicht von derartigen Anschauungen losmachen.

Die irrtümliche Annahme der Phlogistontheorie, daß die Produkte der Verbrennung und Verkalkung, also Säuren und Metalloxyde einfach, die ursprünglichen Stoffe dagegen zusammengesetzt seien, hatte die schwerwiegendsten Folgen für die verspätete Kenntnis der wahren Elemente. Während noch Boyle sich der Annahme hinneigte, daß die Metalle zu den letzteren zu zählen seien, wurde seit Stahl bis zum Sturz der Phlogistonlehre die zusammengesetzte Natur derselben nicht mehr bezweifelt, wie andererseits die Metallkalke und folgerichtig auch die analog durch Verbrennung entstandenen Verbindungen, z. B. Schwefelsäure, Phosphorsäure, Wasser, als Elemente angesehen wurden; der Schwefel und Phosphor galten dagegen als zusammengesetzte Stoffe. Das Phlogiston selbst, dessen vermeintliche Existenz an dieser Umkehrung der tatsächlichen Verhältnisse schuld war, betrachtete man als Element. Erst nach Beseitigung dieses der Phantasie entsprungenen Wesens durch den Nachweis, daß statt des Entweichens von Phlogiston die Aufnahme von Sauerstoff und statt der Assimilierung von jenem die Entziehung des Sauerstoffs gesetzt werden müsse, brachte Lavoisier Klarheit

---

[1] Vergl. Kopps Beiträge z. Gesch. d. Chemie III, 163 ff.

in die eingerissene, durch das Hinzukommen von widersprechenden Tatsachen stetig erhöhte Verwirrung.

Über den Begriff chemische Verbindung und die Bildung einer solchen entwickelten sich in diesem Zeitalter Ansichten, die vieles Richtige in sich schlossen und gegenüber früheren Meinungen einen Fortschritt bedeuteten. Dies gilt natürlich nicht von der falschen Auffassung, daß die später als einfach erkannten Stoffe (Metalle und einige Metalloïde) Verbindungen ihrer Oxyde mit Phlogiston seien. Boyle hat durch die Klarheit seiner Anschauungen die Einsicht in das Wesen der chemischen Verbindungen und die Erkenntnis ihres Gegensatzes zu den einfachen Stoffen erheblich gefördert. Er sowie Mayow und namentlich Boerhave sprachen den wichtigen Satz aus, daß die charakteristischen Eigenschaften der sich chemisch vereinigenden Stoffe zwar verschwinden, daß aber dennoch die letzteren nicht abhanden kommen, sondern in den Verbindungen enthalten sind. Damals noch mußte diese Wahrheit, die später in dem Gesetz von der Erhaltung des Stoffes schärfer formuliert wurde, verteidigt werden gegenüber dem alten Wahn, daß die Bildung einer Verbindung mit der Erschaffung neuer Substanz gleichbedeutend sei. Wie klar die genannten Forscher den Begriff „chemische Verbindung" erfaßt hatten, das ergibt sich aus dem scharfen Unterschied, den sie zwischen einer solchen und einem Gemenge ihrer Komponenten zu machen verstanden.

Um die Zusammensetzung von Stoffen zu erkennen, diente die allmählich entstehende analytische Chemie, welche die Möglichkeit schuf, gewisse Bestandteile von Salzen und anderen Verbindungen nachzuweisen. Solange aber die Analyse nur eine qualitative blieb, die Gewichtsverhältnisse der sich vereinigenden Stoffe also keine Berücksichtigung fanden, war eine gedeihliche Entwicklung des von Boyle und anderen so präzis erfaßten Begriffes der chemischen Verbindung nicht möglich; dies war dem kommenden Zeitalter vorbehalten.

Bei der mangelnden Kenntnis der quantitativen Zusammensetzung der Körper war man auf Analogieschlüsse angewiesen, wollte man einen Überblick über die bekannten Verbindungen gewinnen. Dem Streben, ähnliche Erscheinungen durch Annahme eines gemeinsamen Prinzips zu erklären, hatte ja auch die Phlogistontheorie ihre Entstehung zu verdanken. Als zusammengehörige Stoffe erkannte man auf Grund ihres Verhaltens und ihrer Bildungsweise die Metallkalke, ferner die Säuren, sowie die Salze. Die klare Erkenntnis, daß die letzteren durch Vereinigung von Säuren mit Basen erzeugt werden, gehört zu den bedeutsamsten Errungenschaften der phlogistischen Zeit. Ehe der Begriff Salz sich so bestimmt gestaltete, hat es an unklaren Ansichten darüber nicht gefehlt; es sei nur an die eines der namhaftesten Chemiker, Stahl, erinnert, der das Wort Salz ebenso für Säuren wie Alkalien und für die eigentlichen Salze anwandte. Nachdem durch Boerhave, Geoffroy, Duhamel die Vorstellungen über diese Körperklasse festere Gestalt angenommen hatten, vermochte Rouelle (1745) die Salze endgültig als Produkte der Vereinigung von Säuren mit Basen zu definieren, und zwar unterschied er scharf die neutralen Salze *(sels neutres parfaits)* von den basischen und sauren.

Das früher geltende Merkmal für Salze, ihre Löslichkeit in Wasser und ihr Geschmack, mußte damit fallen, wie denn auch Rouelle das ganz unlösliche Chlorsilber, sowie Quecksilberchlorür zu den Salzen stellte.

Während Rouelle speziell für die Alkalisalze ganz richtige Ansichten aufgestellt hatte, konnte er sich bezüglich der Vitriole und anderer Metallsalze von der früheren Ansicht, sie beständen aus Metall und Säure, nicht frei machen; erst Bergman zeigte die Irrigkeit dieser Auffassung durch den Nachweis, daß die Metallkalke, nicht die Metalle sich mit den Säuren zu Salzen verbinden.[1] Welch ein Fortschritt lag doch in diesen bestimmten Vorstellungen über die Zusammensetzung der Salze gegenüber den vagen Ideen, die selbst Stahl nicht lange zuvor geäußert hatte, die Salze seien zusammengesetzt aus einer Erde und aus Wasser!

Ansichten über die chemische Verwandtschaft und deren Ursachen. — Die alte Annahme, daß solche Körper einander verwandt seien, die etwas Gemeinsames an sich haben, daß also das letztere gemäß dem Satze *similia similibus* die Verwandtschaft bedinge, hat sich bis in das 18. Jahrhundert hinein in spekulativen Köpfen erhalten. Das eine derartige Auffassung ausdrückende Wort *affinitas*, welches schon von Albertus Magnus gebraucht worden ist, setzt also die Ähnlichkeit der in Wechselwirkung tretenden Stoffe voraus. Mit aller Schärfe sprach dagegen Boerhave aus, daß gerade unähnliche Körper das größte Bestreben zeigen, sich chemisch miteinander zu verbinden; trotzdem also das Gegenteil von dem, was früher gelehrt wurde, als Ursache der Vereinigung von Stoffen bezeichnet wurde, nämlich deren Verschiedenartigkeit,

---

[1] Zur Zeit Pseudo-Gebers (also wohl im 15. Jahrhundert) war man schon auf dem Wege der Beobachtung zu dieser richtigen Erkenntnis gelangt, wie die folgende Stelle seines *testamentum* erkennen läßt: *Ex metallis fiunt sales post ipsorum calcinationem.*

hat man im allgemeinen doch den Namen chemische Verwandtschaft oder Affinität für diese Kraft beibehalten.[1]

Seit Glauber und namentlich Boyle schenkte man den Vorgängen, bei denen sich Verwandtschaftskräfte äußern, große Aufmerksamkeit. Fälle von sogen. einfacher Wahlverwandtschaft — diese Bezeichnung: *attractio electiva simplex* rührt von Bergman her — wurden von den beiden Genannten, sowie von Mayow sachgemäß erklärt, z. B. die Austreibung des Ammoniaks aus Salmiak durch fixes Kali mittels der Annahme, die Anziehung des letzteren zur Salzsäure sei größer als die dieser Säure zum flüchtigen Laugensalz. Derartige Beobachtungen über das Austreiben oder Ausfällen von Basen, sowie Säuren aus Salzen durch Stoffe, welche mit stärkeren Verwandtschaftskräften ausgerüstet waren, regten die Chemiker früh dazu an, für analoge Stoffe die Reihenfolge festzustellen, in der die letzteren aus ihren Verbindungen durch andere abgeschieden wurden. Die Wahrnehmungen über Metallfällungen, über das Austreiben einiger Säuren aus Salzen durch Schwefelsäure und Salpetersäure u. a. mögen besonders die verschiedene Stärke der Verwandtschaft ähnlicher Körper klargemacht haben. Durch Kombination zahlreicher Versuche über das Verhalten von Säuren und Basen zu Salzen, sowie der Metalle zu Metallsalzen entstanden die **Verwandtschaftstafeln**, *tables des rapports* (zuerst von Geoffroy 1718 in den Denkschriften der Pariser Akademie publiziert), in denen die ähnlichen Stoffe so angeordnet waren, daß ihre Verwandtschaft zu dem über der Tafel stehenden unähnlichen Körper stufenweise abnahm.

Die folgende Tabelle möge zur Erläuterung des Geoffroyschen Prinzips dienen:

Schwefelsäure.	Fixes Alkali.
Fixes Alkali,	Schwefelsäure,
Flüchtiges Alkali,	Salpetersäure,
Absorbierende Erde,	Salzsäure,
Eisen,	Essig,
Kupfer,	Schwefel.
Silber.	

Diese Verwandtschaftstafeln erhielten sich ziemlich lange in Ansehen, obwohl sie sich als der Verbesserung sehr bedürftig erwiesen, und ungeachtet häufiger Modifikationen und Erweiterungen, die mit ihnen vorgenommen wurden. Die Mängel derselben traten besonders hervor, als man den Einfluß der Wärme auf den Verlauf

---

[1] Vorübergehend wurden diese Bezeichnungen durch andere ersetzt, z. B. *rapport* (Geoffroy), *attractio* (Bergmann).

chemischer Vorgänge genauer kennen lernte und bemerkte, daß bei erhöhter Temperatur Reaktionen, deren Wesen unter gewöhnlichen Umständen sicher erforscht war, geradezu umgekehrt verliefen; dies hatte z. B. schon Stahl richtig für die Wechselwirkung von Calomel und Silber bei niedriger und von Chlorsilber und von Quecksilber bei erhöhter Temperatur wahrgenommen. Solche *reziproke* Umsetzungen regten zu dem Vorschlage an, Verwandtschaftstafeln für mittlere und hohe Wärmegrade, und zwar für die auf nassem und auf trockenem Wege (durch Schmelzen) sich vollziehenden Reaktionen aufzustellen. Den Versuch, diesen Vorschlag Baumés durch Prüfung des gegenseitigen Verhaltens einer sehr großen Zahl von Verbindungen zu verwirklichen, hat Bergman von dem Jahre 1775 an gemacht, mit dem Erfolge, daß die Lehre von der chemischen Verwandtschaft erheblich gefördert wurde, soweit dies durch solche empirische Versuche möglich war.

Die Ergebnisse seiner ausgedehnten Versuche verwertete Bergman zur Aufstellung einer Affinitätstheorie, die zweckmäßig im Zusammenhange mit Berthollets Verwandtschaftslehre zu besprechen ist (s. Gesch. d. Affinitätslehre im neuen Zeitalter). — Aber schon vor den Bestrebungen dieser beiden Männer war die Ursache der Affinität vielfach Gegenstand des Nachdenkens und sogar weitgehender Spekulationen. Boyles klare Vorstellung, daß die kleinsten Teilchen, aus denen nach ihm die verschiedenen Stoffe bestehen, sich anziehen, wurde oben erwähnt. Der stärkere oder schwächere Grad der gegenseitigen Anziehung heterogener Stoffe hängt von der Gestalt und Lage jener kleinsten Teilchen ab. Diese seiner Korpuskulartheorie zugrunde liegende Idee führte er jedoch nicht spezieller aus, wohl einfach deshalb, weil er als besonnener Naturforscher einsah, über die Form der Atome nichts wissen zu können. Lemery dagegen ließ in dieser Frage seiner Phantasie freiesten Lauf; so meinte er, die Vereinigung zweier Stoffe, z. B. einer Säure mit einer Base, beruhe darauf, daß die kleinsten Teilchen der einen spitz, die der anderen porös seien; durch Eingreifen der Spitzen in die Höhlungen vollziehe sich die Verbindung. Auf ähnliche Weise suchte Lemery die Fällung von Niederschlägen, die Lösung von Metallen in Säuren etc. zu erklären.[1]

Die Kraft, welche die gegenseitige Anziehung der Teilchen hervorbringt, wurde von manchen, z. B. Buffon, der in theoretischen Fragen der Chemie zuweilen das Wort ergriff, als gleich mit der Gravitation betrachtet. Bergman, der sich ebenfalls dieser An-

---

[1] Vergl. Kopps Beiträge z. Gesch. d. Chemie III, 174.

nahme zuneigte, wies mit Recht darauf hin, daß infolge der äußerst geringen Abstände, in denen die Teilchen aufeinander wirken, jene Kraft sich anders äußern müsse, als die allgemeine Schwerkraft. J. Newton, der gleichfalls dieser Frage seine Aufmerksamkeit zuwandte, nahm Verschiedenheit der Affinität und der Gravitation an.

Das Gebiet der Verwandtschaftserscheinungen war in dem phlogistischen Zeitalter einer gedeihlichen Entwicklung noch nicht fähig, da die Gewichtsverhältnisse bei chemischen Vorgängen fast gar nicht berücksichtigt wurden. Aber auch die rein qualitative Erforschung einer Fülle von Reaktionen mit dem Zweck, aus deren Verlauf Schlüsse auf die Wechselwirkung der einzelnen Komponenten zu ziehen, hat manche gute Früchte gezeitigt, so daß die rastlosen Bemühungen der Chemiker, sich über solche Fragen Klarheit zu verschaffen, keineswegs als nutzlos zu bezeichnen sind. Das gilt überhaupt von den im allgemeinen nicht glücklichen theoretisch-chemischen Bestrebungen jenes Zeitalters; der Hauptgewinn lag auf der praktischen Seite, in dem stattlichen Beobachtungsmaterial, dessen volle Verwertung der neuen Ära vorbehalten war.

Die wichtigsten Errungenschaften auf praktisch-chemischem Gebiete während des in Rede stehenden Zeitraumes sollen im folgenden Abschnitte kurz beleuchtet werden, soweit dieselben nicht schon im allgemeinen Teile Berücksichtigung gefunden haben.

Geschichte der praktisch-chemischen Kenntnisse im phlogistischen Zeitalter.

Die Frage nach der Zusammensetzung der Stoffe, das seit Boyle als fundamental erkannte Problem, konnte nur auf experimentellem Wege gelöst werden; die analytische Chemie, die seit jener Zeit ausgebildet wurde, sollte zu dieser Erkenntnis führen. Dieser unentbehrliche Zweig der Chemie erwies sich nebst anderen praktischen Kenntnissen besonders nützlich für die angewandte Chemie, deren Entwicklung ebenfalls in diesem Abschnitte zu schildern ist. Die technisch wichtigen Stoffe leiten schließlich zu solchen chemischen Verbindungen, deren Kenntnis in jener Zeit überhaupt von Bedeutung war, also auch zu den pharmazeutischen Präparaten und damit zu einer Beleuchtung des Zustandes der Pharmazie in dem phlogistischen Zeitalter.

Entwicklung der analytischen Chemie. — Obgleich die Frage nach der Zusammensetzung chemischer Verbindungen noch sehr im Argen lag und also an eine Lösung derselben im Sinne der heutigen Forschung nicht gedacht werden konnte, so hat man doch im phlogistischen Zeitalter den Reaktionen, die den bestimmten Nachweis von Stoffen ermöglichen, große Aufmerksamkeit zugewandt. Die qualitative Analyse, von der im iatrochemischen Zeitalter nur geringe Anfänge zu verzeichnen waren, entwickelte sich, dank den Bemühungen von Boyle, Hoffmann, Marggraf, und namentlich Scheele und Bergman, derart, daß die darauf bezüglichen Beobachtungen von der antiphlogistischen Chemie als wertvolle Bereicherungen übernommen werden konnten. — Bei der damals herrschenden Vernachlässigung der Gewichtsverhältnisse von reagierenden Stoffen kann es nicht wundernehmen, daß Methoden der quantitativen Analyse selten in Anwendung kamen, und doch begegnen wir einigen bemerkenswerten Anläufen, sowohl bei der Analyse fester als gasiger Stoffe.

Die analytischen Untersuchungen der Substanzen auf nassem Wege erfuhren durch Boyle eine ganz erhebliche Erweiterung und systematische Abrundung gegenüber den schon beachtenswerten, aber mehr zerstreuten Beobachtungen von Tachenius. Boyle führte zuerst das Wort *Analysis* für die chemischen Reaktionen ein, durch die sich einzelne Körper nebeneinander in Gemengen erkennen lassen. Zur Ausführung solcher Reaktionen bediente sich derselbe gewisser Reagenzien, von denen er eine für seine Zeit ausgedehnte Kenntnis besaß. Von ihm stammt die methodische Anwendung der Pflanzensäfte, als *Indikatoren*, entweder in Lösung oder auf Papier fixiert, zur Erkennung der Säuren, Basen sowie der neutralen Substanzen; zu diesem Zwecke beobachtete und benutzte er insbesondere die verschiedenen Färbungen des Saftes von Lackmus, Veilchen und Kornblumen. Neben diesen allgemeinen Mitteln, wichtige Körperklassen zu unterscheiden, hat Boyle viele charakteristische Reagenzien eingeführt, die einzelne Substanzen in Gestalt von Fällungen erkennen lassen. Zum Nachweis der Schwefelsäure bezw. Salzsäure diente ihm die Lösung eines Kalk- bezw. Silbersalzes, und umgekehrt schloß er auf diese Salze mit Hilfe jener Säuren. Ammoniak erkannte er an der Bildung der Nebel beim Zusammentreffen desselben mit Salzsäure oder Salpetersäure, Kupfersalze durch die blaue Lösung, welche sie mit überschüssigem flüchtigen Laugensalze geben, eisenhaltige Lösungen durch die schwarze Färbung mit gerbstoffhaltigen Tinkturen[1] (aus Galläpfeln, Eichenlaub etc.) u. s. f. Die sorgfältigen Beobachtungen über die Fällungen von Metallen durch andere Metalle verwertete er zuweilen glücklich zum Nachweise derselben.

---

[1] Eine genaue Vorschrift zur Bereitung der schwarzen Eisentinte aus Galläpfeln und Eisenvitriol rührt von Boyle her.

Die von der Natur dargebotenen Salzlösungen, namentlich die Mineralquellen, hatten schon die Iatrochemiker zu Versuchen angeregt, darin enthaltene heilkräftige Stoffe aufzufinden. Erst am Ende des 17. und im 18. Jahrhundert sind einige Fortschritte in der Analyse von Mineralwassern bemerkbar; gleichzeitig wurden die sich damit beschäftigenden Chemiker von dem Wunsche geleitet, diese Naturprodukte künstlich darzustellen; doch, um dies zu erreichen, fehlte selbst am Ende des 18. Jahrhunderts die nötige Kenntnis der wahren, namentlich quantitativen Zusammensetzung. Fr. Hoffmann lehrte durch Untersuchung einer großen Zahl Mineralquellen das Vorkommen und den Nachweis der Kohlensäure, des Eisens, Kochsalzes, von Magnesia- und Kalksalzen, ferner die Kennzeichen für alkalische und für Schwefelwässer. Andererseits zeigte er die Unrichtigkeit früherer Angaben über den Gehalt von Quellen an Gold, Silber, Arsen und brachte das Auftreten ungewöhnlicher Salze, z. B. von Alaun und Kupfervitriol, mit den Bodenverhältnissen in Zusammenhang. Als Unterscheidungsmerkmal der verschiedenen Salze wurde von ihm die Kristallgestalt derselben häufig verwertet.

Die Bekanntschaft mit geeigneten Reagenzien zur Auffindung von Stoffen erweiterte sich bedeutend durch Marggrafs Beobachtungen, die dann auch die Erkenntnis der Zusammensetzung mancher Verbindungen wesentlich förderten. Er benutzte z. B. die Lösung des Blutlaugensalzes zum Nachweis von Eisen, ferner die verschiedene Färbung, die Kalium- und Natriumsalze der Flamme erteilen, zu deren Erkennung, was auch Scheele, unabhängig von ihm, beobachtet hatte. Aus dem Verhalten mancher Salze zu Ätzkali schloß Marggraf auf ihre Zusammensetzung; so wies er nach, daß Gips aus Schwefelsäure und Kalk bestehe, und daß im Schwerspat Schwefelsäure enthalten sei. Wie schon erwähnt, wurde ferner von ihm das Mikroskop zu Rate gezogen, wenn es galt, Substanzen an ihrer Kristallgestalt zu erkennen.

Daß Scheele seine Meisterschaft im Auffinden neuer Stoffe der Gabe verdankte, aus gewissen Reaktionen auf die Gegenwart jener zu schließen, und daß er daher durch eine Fülle von Einzelbeobachtungen zur Bereicherung der analytischen Chemie wesentlich beigetragen hat, braucht kaum hervorgehoben zu werden. Obwohl er, wie gewiß keiner seiner Zeitgenossen, mit dem Verhalten der bekannten Substanzen vertraut war, so hat er doch diese seine Kenntnisse leider nicht systematisch verwertet, wie dies durch Bergman geschah, welcher die eigentliche Lehre der Reagenzien und damit die qualitative Analyse fest begründet hat. Die von letzterem angewandten Reaktionen zum Nachweis des Baryts, Kalks, Kupfers, Schwefelwasserstoffs, der Schwefel-, Oxal- und der arsenigen Säure, der Kohlensäure u. a. sind die heute üblichen. Auch auf die allgemeine Benutzung der fixen Alkalien zum Niederschlagen der Lösungen von Metallen und Erden und auf viele andere Reagenzien (Sublimat, Bleizucker, Schwefelleber), sowie auf Mittel zur Trennung von Niederschlägen und Salzen hat Bergman aufmerksam gemacht. Von ihm wurde die erste zweckmäßige Anleitung zur Prüfung von Mineralien, namentlich Erzen, bekannt gemacht: die Behandlung derselben mit Salzsäure oder Salpetersäure, bezw. die Aufschließung mit kohlensaurem Kali. Übrigens ist nicht zu bezweifeln, daß er viele Beobachtungen den Mitteilungen Scheeles zu verdanken hat, der z. B. schon i. J. 1772/73 die Aufschließung von Silikaten mit Alkalien anwandte, den Unterschied zwischen löslicher und unlöslicher Kieselerde erkannte, ferner die Trennung von Eisen und Mangan mittels Essigsäure ausführte, wie sich aus seinem von Nordenskiöld veröffentlichten Laboratoriumsjournal ergibt.

Die qualitative Analyse von Stoffen auf trockenem Wege machte im 18. Jahrhundert erhebliche Fortschritte durch die zunehmende Verbreitung und Anwendung des Lötrohres, dessen Wert für die Untersuchung von Erzen namentlich in Schweden erkannt war. Außer dem Mineralogen Cronstedt haben vorzugsweise Gahn und Bergman dieses Instrument in die Chemie eingeführt;[1] sie benutzten dabei Borax, Soda, Kobaltsolution und andere Reagenzien, sowie die Verschiedenheit der äußeren und inneren Flamme. Scheele hat offenbar zuerst die Ursache dieser Verschiedenheit richtig erkannt und gedeutet (1774). Zu allgemeinstem Gebrauche gelangte das Lötrohr als wichtiges Hilfsmittel der Analyse erst durch Berzelius.

Versuchen, die Stoffe nicht nur nachzuweisen, sondern auch ihrer Menge nach zu ermitteln, begegnet man bis zur Zeit Lavoisiers spärlich, und doch kann man aus manchen Angaben Boyles, Hombergs, Marggrafs, Scheeles, Bergmans u. a. schließen, daß dieselben sich bemüht haben, den Gewichtsverhältnissen zuweilen Rechnung zu tragen. Wie anders als aus solchem Streben ist es zu erklären, daß Marggraf genau das Gewicht des durch Auflösen einer bestimmten Menge Silber und Fällen mit Kochsalz erhaltenen Niederschlages bestimmte, oder daß Black, um den

---

[1] Auf Grund sorgsamer Nachforschungen hat J. Landauer (Ber. 26, 898) den Nachweis geführt, daß Cronstedt das Hauptverdienst zukommt, nicht Anton Swab, wie neuerdings behauptet ist. Der erste Verfasser einer Anleitung zum Gebrauch des Lötrohres ist Engeström gewesen.

konstanten Gehalt der Magnesia alba an fixer Luft zu beweisen, das Gewicht des Niederschlages ermittelte, den er durch Fällen einer Lösung von schwefelsaurer Magnesia, die einer bestimmten Quantität der Magnesia alba entsprach, erhalten hatte! Ferner sei an die Feststellung der Gewichte von Metallfällungen erinnert. Bergman hat wohl zuerst den Grundsatz ausgesprochen, daß ein Element oder eine Verbindung nicht selbst isoliert und dem Gewichte nach bestimmt, sondern in der passendsten Verbindungsform als unlöslicher Niederschlag abgeschieden werden solle, z. B. Chlor als Chlorsilber, die Kalkerde als oxalsaurer Kalk, die Schwefelsäure als schwefelsaurer Baryt.

Auch in der pneumatischen Chemie war das Bedürfnis rege geworden, durch Reagenzien verschiedene Gase nebeneinander zu erkennen und sie dem Volum nach, also quantitativ, zu bestimmen. Man bediente sich zu diesem Zwecke einzelner Absorptionsmittel, durch deren Wirkung zuerst die Verschiedenheit der Gase bemerkt worden war; für Kohlensäure erkannte man in dem Ätzkali, für den Sauerstoff im Salpetergas (Stickoxyd) oder im Eisenoxydulhydrat, bezw. feuchten Schwefeleisen, sowie in dem Phosphor die geeigneten Agentien, um diese Gase zu beseitigen und ihr Volum zu messen. Die Ergebnisse dieser quantitativen Analysen waren freilich noch sehr fehlerhaft.[1] Eine sehr genaue Bestimmung des Sauerstoffs in der Luft erzielte Cavendish (1783) auf Grund der von Volta vorgeschlagenen Methode, dies Gas durch Verpuffung mit Wasserstoff zu ermitteln; er fand im Gegensatz zu den früheren Beobachtern die Zusammensetzung der Atmosphäre konstant, ihren Gehalt an Sauerstoff durchschnittlich 20,85 Proz. (das jetzt festgestellte Mittel beträgt 20,9).

Dem mit Lavoisier anhebenden neuen Zeitabschnitte standen jedenfalls, wie obiger kurzer Bericht erkennen läßt, auf dem Gebiete der analytischen Chemie zahlreiche Vorarbeiten zu Gebote, die vorzugsweise in der quantitativen Richtung vervollständigt und vertieft werden mußten. Die wichtigsten Grundzüge und Prinzipien der chemischen Analyse waren, der Entwicklung harrend, in jenen Vorarbeiten enthalten.

---

[1] Priestley und Scheele fanden den Sauerstoffgehalt der Luft infolge ihrer sehr unvollkommenen Methoden sehr schwankend (zwischen 18 und 27 Proz.); die Bezeichnung Eudiometrie kam damals auf, weil man die Güte der Luft durch Ermittlung des Sauerstoffs zu erkennen vermeinte. Dieser Name ist später trotz der unzutreffenden Bedeutung auf die Gasanalyse übertragen worden.

Zustand der technischen Chemie im phlogistischen Zeitalter.

Die Bemühungen hervorragender Chemiker — es seien Boyle, Kunkel, Marggraf, Macquer, Duhamel genannt — waren vielfach darauf gerichtet, die wissenschaftlichen Erfahrungen bezüglich chemischer Vorgänge zum Nutzen einzelner Industriezweige anzuwenden. Dementsprechend machte in diesem Zeitraum die chemische Technik erfreuliche Fortschritte. Wir begegnen den Anfängen der chemischen Großindustrie und können die Ausbildung der Kenntnisse von wichtigen technisch-chemischen Präparaten verfolgen, deren Fabrikation allerdings erst im letzten Jahrhundert einen ungeahnten Aufschwung genommen hat.

Um die Mitte des 18. Jahrhunderts ist der Unterschied zwischen der angewandten und der reinen Chemie allgemein erkannt und scharf erfaßt. An brauchbaren Lehr- und Handbüchern, in denen einzelne Zweige der technischen Chemie behandelt wurden, fehlte es nicht; auf solche Weise wurde das für das Gedeihen der letzteren so nötige Zusammengehen von Theorie und Praxis angestrebt. Auch die Analyse stellte man mit einigem Erfolge in den Dienst der chemischen Technik, namentlich bei der Verhüttung von Erzen. Schon i. J. 1686 hatte König Karl XI. von Schweden den Wert derartiger Untersuchungen erkannt und die Einrichtung eines technischen Laboratoriums veranlaßt, in welchem unter Leitung Hiärnes allerhand Naturprodukte, wie Erze und andere Mineralien, Bodensorten etc. untersucht, auch Versuche angestellt wurden, um chemische Produkte nutzbar zu machen und verschiedene Erfahrungen für das tägliche Leben zu verwerten.

Im Bereiche der Metallurgie änderten sich die einzelnen Verfahrungsweisen nur wenig; aber es drang infolge der klareren Auffassung chemischer Vorgänge Licht in manche, früher falsch gedeutete Prozesse. Die Ergebnisse der Forschungen von Bergman, Gahn und Rinmann kamen der Bereitung des Eisens und des Stahls zu statten, deren Verschiedenheit erst am Ende der phlogistischen Zeit auf die wahre Ursache zurückgeführt wurde. — Marggraf lehrte die leichtere Gewinnung des Zinks aus Galmei in geschlossenen Räumen bei möglichstem Abschluß der Luft und machte dadurch dieses nützliche Metall der Industrie zugänglicher. — Die Fabrikation von Messing verdankte wesentliche Verbesserungen Duhamel de Monceau, die des Gußeisens und Stahls solche dem vielseitigen Réaumur. — Die Gewinnung einzelner Metalle und ihre Bearbeitung, z. B. das Gravieren, Verzinnen und Vergolden des Eisens, die Versilberung des Kupfers etc. erfuhren schon durch Boyle und Kunkel mancherlei Neuerungen.

Die Keramik gewann ein neues höchst ergiebiges Feld durch die zufällige Böttiger gelungene Entdeckung des Porzellans (vergl. S. 58), dessen Bereitung, obwohl im großen (in Meißen) ausgeführt, doch Geheimnis blieb, bis durch die planvoll angestellten Untersuchungen Réaumurs und die späteren anderer Chemiker, namentlich Macquers, auch in Frankreich (in Sèvres) die Frage der Porzellangewinnung erfolgreich gelöst wurde (1769). — Im Gebiete der Glasbereitung haben sich Kunkel, sowie Boyle durch Fortschritte und Neuerungen, z. B. durch Angaben über Herstellung von Rubinglas und über Glasmalerei, verdient gemacht.

Auch die Färbekunst wurde durch die Erfahrungen tüchtiger Chemiker bereichert. Neue Farbstoffe, insbesondere das Berliner Blau, das ganz zufällig von dem Farbenkünstler Diesbach i. J. 1710 entdeckt war, sowie Malfarben, z. B. Musivgold, Scheeles Grün, wurden durch chemische Arbeiten den Gewerben zugänglich gemacht. Aber nicht nur durch praktische Anweisung, färbende Materialien zu gewinnen und anzuwenden, auch durch Spekulationen über die Art, wie die Färbeprozesse zustande kommen, suchten die Chemiker, namentlich Stahl, Hellot, Macquer, den Praktikern zu nützen. Letzterer unterschied zwei Arten von Farbstoffen, je nach ihrer Fixierbarkeit auf Geweben mit oder ohne Beizen, welche verschiedenartigen Farbstoffe Bancroft (1794) *adjektive* und *substantive* nannte. Die Bildung des als weiße Farbe geschätzten Bleiweiß erklärte zuerst Scheele in richtiger Weise.

Eine wichtige Vorstufe für die heutige chemische Industrie bildeten die technisch verwertbaren Präparate, deren genauere Kenntnis zuerst im phlogistischen Zeitalter erworben wurde. Damals richtete sich die Aufmerksamkeit der Chemiker mit Vorliebe auf die Frage, ob der oder jener Stoffe technisch nutzbar sei, ähnlich wie man im vorhergehenden Zeitalter die chemischen Verbindungen auf ihre Anwendbarkeit in der Heilkunde geprüft hatte. — Die Fabrikation von Säuren und Alkalien, dieser mächtige Hebel unserer Technik, steckte zwar noch während des 18. Jahrhunderts in den Kinderschuhen, jedoch kam schon damals die Bereitung größerer Mengen von einigen derselben in Aufnahme. So wurde nach Boyles Aussage Salpetersäure in besonderen „Brennereien" aus Salpeter fabriziert, dessen Gewinnung infolge der Anleitung und Vorschrift verschiedener Chemiker, z. B. Stahl, vorteilhafter als früher betrieben werden konnte. Die Verstärkung der Salpetersäure durch Destillation mit Vitriolöl hat Rouelle zuerst bekannt gemacht. — Die so wichtige **Schwefelsäure** wurde in größerem Maßstabe durch Verbrennen von Schwefel unter Zusatz von Salpeter zuerst in England gegen Mitte des 18. Jahrhunderts dargestellt (von Ward in Richmond). Die vergänglichen und dazu kostbaren Glasballons, in denen dieser Prozeß vorgenommen wurde, ersetzte man bald durch Bleikammern (zuerst in Birmingham), welche noch den heutigen Schwefelsäurefabriken, soweit sie nach diesem Verfahren arbeiten, unentbehrlich sind; der kontinuierliche Betrieb dieser Kammern ist erst eine Errungenschaft des 19. Jahrhunderts. Die Bereitung rauchender Schwefelsäure aus verwittertem Eisenvitriol war schon länger bekannt, als die des Vitriolöls, das übrigens diesen Namen nach seiner Entstehung aus Eisenvitriol erhalten hat. Die Fabrikation der rauchenden Schwefelsäure wurde, an die alten Beobachtungen Pseudo-Gebers und A. anknüpfend, zuerst in Nordhausen am Harz betrieben (weshalb sie heute noch manchmal die Bezeichnung Nordhäuser rauchende Schwefelsäure führt) und später nach Böhmen verlegt. — Die Zeit für die technische Verwertung von Salzsäure und daraus erzeugtem Chlor war noch nicht gekommen; wohl aber hatte die jener entsprechende **Flußsäure** zum Ätzen von Glas schon im 17. Jahrhundert durch den Nürnberger Schwanhardt Nutzanwendung gefunden.

Die **Alkalien**, bezw. ihre Karbonate wurden wie seit ältesten Zeiten aus Pflanzenaschen, verkohltem Weinstein, sowie Bodenauswitterungen gewonnen, um zur Seifenbereitung, Glasfabrikation etc. zu dienen. Die Auffindung einer praktischen Gewinnung der **Soda** aus Steinsalz, wodurch sich der großartigste Umschwung in der chemischen Industrie vollzog, war dem Beginne des neuen Zeitalters vorbehalten; aber schon in der ersten Hälfte des 18. Jahrhunderts wurden höchst bemerkenswerte Beobachtungen gemacht, welche die Möglichkeit zeigten, das Steinsalz zuerst in schwefelsaures Natron und dieses in Soda umzuwandeln: Reaktionen, deren Kenntnis dem genialen Begründer der Sodaindustrie, Leblanc, nach seiner eigenen Aussage nützlich gewesen ist.[1]

Duhamel de Monceau, welcher zu denen gehört, die das Kochsalz in Soda überführen lehrten, hat sich durch Anleitungen zur zweckmäßigen Darstellung verschiedener technisch wertvoller

---

[1] Als bemerkenswert sei die Beobachtung Scheeles (um 1770) hier erwähnt, daß Soda sich durch Behandeln von Kochsalzlösung mit Bleioxyd und des Filtrates mit Kohlensäure darstellen läßt: ein Verfahren, das später (1787) von Turner patentiert wurde.

Produkte, z. B. des Salmiaks, Stärkemehls, der Seife u. a., verdient gemacht.

So wurden einmal die schon seit langer Zeit geübten Verfahren durch Verbesserungen, die der klaren Kenntnis chemischer Vorgänge entsprangen, belebt, sodann manche neue Fabrikationszweige geschaffen oder durch grundlegende Beobachtungen vorbereitet, wie die Rübenzuckerindustrie durch Marggrafs schon erwähnte Entdeckung, die erst in neuerer Zeit reichste Früchte getragen hat und noch trägt.

Kenntnisse sonstiger wichtiger Stoffe während des phlogistischen Zeitalters.

Die Erweiterung der Kenntnisse von Elementen und chemischen Verbindungen, welche einen besonderen technischen Wert damals nicht hatten, diesen aber teilweise erlangen sollten, war in der phlogistischen Zeit ganz bedeutend, so daß es angezeigt ist, auch darüber einen kurzen Überblick zu geben. — Zu der Zahl bekannter Elemente, welche freilich damals nicht als solche angesprochen wurden, kamen mehrere neue, von denen hier der Phosphor, das Chlor, das Mangan (von Gahn 1774 isoliert), Kobalt (Brandt, 1742), Nickel (Cronstedt, 1750) und Platin (Watson, 1750) zu nennen sind. Der Auffindung derselben gingen meist gründliche Untersuchungen ihrer Verbindungen voraus, doch war auch manchmal der Zufall im Spiel, wie bei der Entdeckung des Phosphors. Diese letztere erregte, dank den überraschenden Eigenschaften des neuen Körpers, ein ungeheures Aufsehen in den gebildeten Kreisen Deutschlands, Englands und Frankreichs, und versetzte die Chemiker in fieberhafte Spannung. Einem Hamburger Alchemisten Brand war es i. J. 1669 gelungen, durch Destillation von eingedampftem Harn Phosphor zu gewinnen, welcher bald von Elsholz (Wien) den gleichen Namen erhielt, wie die schon früher bekannten Leuchtsteine, während Brand ihn als kaltes Feuer bezeichnete. Die beiden hervorragendsten Chemiker jener Zeit, Boyle und Kunkel, bemühten sich jahrelang, den Schleier des Geheimnisses zu lüften; sie gelangten endlich dahin und trugen zur besseren Kenntnis des Phosphors bei.[1]

---

[1] Ein lehrreicher Aufsatz von H. Peters (Chem.-Zeitg. **1902**, Nr. 100) gibt Einblick in die nähere Entdeckungsgeschichte des Phosphors. Insbesondere ist Leibniz eifrigst tätig gewesen, die Darstellung des neuen so merkwürdigen Stoffs kennen zu lernen und zu veröffentlichen (in den Mem. de l'academ. française 1682). Dabei waren ihm, wie auch Boyle und Glauber, die Angaben eines Dr. Kraft (in Dresden) nützlich. Kunkel versuchte sich wohl

Von künstlich bereiteten chemischen Verbindungen waren es insbesondere die Verbrennungs- und Verkalkungsprodukte der Elemente, also Säuren und Metalloxyde, welche gemäß der Tendenz des Zeitalters das Hauptinteresse anspornten; dazu gesellte sich eifriges Beobachten der aus diesen Körpern sich bildenden Salze. Manches auf die Kenntnis der genannten Substanzen Bezügliche ist schon oben berührt worden. Waren auch die Ansichten über die Zusammensetzung aller dieser Verbindungen durchaus irrig, so wurde doch durch die genaue Erforschung ihres Verhaltens die spätere richtige Auffassung derselben wesentlich vorbereitet und erleichtert.

Von Säuren als Verbrennungsprodukten ist hier zunächst die von Boyle entdeckte Phosphorsäure hervorzuheben, deren Natur durch eine treffliche Arbeit Marggrafs aufgeklärt wurde, welcher ihre Entstehung durch Verbrennen von Phosphor, sowie durch Behandeln desselben mit Salpetersäure kennen lehrte, auch die Bildung des Phosphors aus Urin aufklärte. Daß der Phosphorgehalt des letzteren mit der aufgenommenen Nahrung zusammenhänge, hob Marggraf deutlich hervor. Als Bestandteile der Knochen wurde die Phosphorsäure erst von Scheele und Gahn nachgewiesen. — Homberg entdeckte die Borsäure und beschrieb sie genau als *sal sedativum*. Daß die erste sichere Kenntnis der Verbrennungsprodukte von Schwefel und Kohle, überhaupt die von den Sauerstoff enthaltenden Gasen, erst in die zweite Hälfte des 18. Jahrhunderts fällt, wurde schon dargelegt. Die Zusammensetzung der Salpetersäure lehrte Cavendish durch ihre Synthese aus Stickstoff und Sauerstoff, jedoch wurde das so klare Ergebnis seiner Versuche durch phlogistisches Beiwerk verdunkelt. — Die Entdeckung und genaue Untersuchung der salpetrigen Säure, *„flüchtigen Salpetersäure"*, verdankt man Scheele (1768), dessen scharfsinnige Abhandlung erst mit seinen Briefen neuerdings veröffentlicht worden ist (S. 9 des zitierten Werkes).

Die häufigen Untersuchungen von Produkten der Verkalkung von Metallen und Halbmetallen förderten deren Kenntnis ganz erheblich; es sei daran erinnert, daß der weiße Arsenik als Kalk des regulinischen Arsens erkannt und durch Oxydation des ersteren die Arsensäure von Scheele 1775 erhalten wurde, ferner an die Entdeckung der Molybdän- und Wolframsäure durch Scheele, an die so erfolgreiche Untersuchung des Verhaltens von Quecksiberkalk beim Erhitzen (s. oben) u. a. m.

---

als zweiten Entdecker des Phosphors hinzustellen, doch mit Unrecht. Noch lange Zeit, bis tief in das 18. Jahrhundert hinein, war die Gewinnung dieses Stoffs ein die Chemiker beschäftigendes, aufregendes Problem.

Die Erkenntnis, daß ein Salz aus Säure und Base besteht, erleichterte den Überblick über viele, weit auseinander liegende Verbindungen. So war es Marggraf u. a. möglich, die analoge Zusammensetzung des schwefelsauren Kalis mit dem so unähnlichen Gips und Schwerspat festzustellen. Die bestimmte Unterscheidung der Alaunerde von der Kalkerde, die der letzteren von der Magnesia[1] (Hoffmann und Black), die des Kalis vom Natron (Duhamel, Scheele u. a.): diese und viele andere Entdeckungen gehören der Blütezeit der phlogistischen Theorie an und sind dem nachfolgenden Zeitalter sehr nützlich geworden. — Eine große Zahl neuer Salze wurde damals bekannt, wie Mangan- und Wismutsalze (z. B. das als Schminkweiß beliebte basisch salpetersaure Wismut), Kobalt-, Nickel- und Platinverbindungen u. a. Die qualitative Zusammensetzung vieler Salze, deren Natur früher gänzlich verkannt war, wurde richtig gedeutet, z. B. die des Alauns, Borax, Galmeis und anderer Verbindungen.

Organische Präparate. — Die Kenntnis der organischen Verbindungen hat ebenfalls namhafte Fortschritte aufzuweisen, besonders durch Scheeles Arbeiten, der neue Methoden zur Auffindung und Isolierung von Pflanzen- und Tierstoffen ausarbeitete. Während so am Ausgange des phlogistischen Zeitalters ganz neue Gebiete erschlossen wurden, hatte man nicht versäumt, auch die früher schon bekannten organischen Stoffe besser zu untersuchen. Die wahre Zusammensetzung aller dieser kohlenstoffhaltigen Verbindungen blieb allerdings selbst nach der qualitativen Seite hin unerkannt. Die vollständige Unwissenheit in diesem Bereiche versteckte sich hinter nichtssagenden Ausdrücken und Umschreibungen, wie man z. B. für Alkohol als Bestandteile Öl und Wasser oder ein brennbares und ein merkurialisches Prinzip annahm. Erst Lavoisier bahnte hier den richtigen Weg an durch den Nachweis, daß Kohlenstoff, Wasserstoff und Sauerstoff die Bestandteile dieses Körpers wie der meisten organischen Stoffe seien, sowie durch die Vorzeichnung der Methode, die Gewichtsverhältnisse der genannten Elemente zu bestimmen.

Der Weingeist und die aus ihm hervorgehenden Ätherarten, sowie der Äther selbst, waren im vorigen Jahrhundert oft Gegenstand von Untersuchungen; man lernte dieselben ziemlich rein darstellen. Den Weingeist speziell wandte man in der Analyse zur

---

[1] Die Kieselsäure, die man noch lange Zeit zu den Erden als „verglasbare Erde" zählte, wurde zuerst von Scheele (1773) als feuerfeste Säure angesprochen (Briefe S. 69 ff.).

Trennung von Salzen an, versuchte auch aus dem spezifischen Gewichte seiner wässerigen Lösungen den Gehalt an Alkohol abzuleiten; solche Anfänge der Alkoholometrie finden sich bei Réaumur 1733 und bei Brisson 1768. Über seine Entstehung bei der geistigen Gärung waren die Ansichten sehr konfus; manche stellten die Bildung desselben in Abrede, nahmen vielmehr seine Präexistenz in dem Most etc. an.

Der Äther *(spiritus vini vitriolatus* oder *aethereus* genannt) wurde durch die Arbeiten von Frobenius (um 1730), sowie von Hoffmann, Pott, Baumé u. a. bekannt, auch medizinisch im Gemisch mit Weingeist angewandt (Hoffmannsche Tropfen). Die irrtümliche Auffassung, derselbe enthalte Schwefel, hielt sich lange Zeit, bis sie durch die Untersuchung von Valentin Rose dem Jüngeren (1800) dauernd beseitigt wurde. Der Name *Schwefeläther* erinnert noch daran. Äther nannte man damals jede durchdringend riechende, leicht flüchtige Substanz.

Der Salpeteräther, Salzäther, Essigäther, nach ihrer Entstehung so benannte Stoffe, wurden ebenfalls sorgfältig untersucht, auch als offizinelle Präparate geschätzt. Für die Schärfe der Beobachtung Scheeles spricht der Umstand, daß er die Gegenwart einer Mineralsäure als notwendig für die Bildung der Äther von schwachen Säuren, z. B. der Essig- und Benzoesäure, erkannte, was vor ihm übersehen war.

Die Kenntnisse der organischen Säuren wurden im phlogistischen Zeitalter, namentlich gegen Ende desselben wesentlich erweitert. Die am längsten bekannte Essigsäure lernte man im konzentrierten, reinen Zustande als *Eisessig* kennen und beobachtete ihre Entzündbarkeit (Lauraguais). Die Gleichheit der durch Gärung erhaltenen und der aus dem Destillate von Holz isolierten Essigsäure glaubten Kunkel, Boyle u. a. behaupten zu können, ohne jedoch den sicheren Beweis dafür zu liefern; diesen erbrachte erst Thénard (1802). Die Ähnlichkeit der 1670 von Wray entdeckten Ameisensäure mit der Essigsäure wurde früh bemerkt, führte auch zu Verwechslungen beider, bis Marggraf ihre Verschiedenheit als sicher nachwies.

Eine stattliche Reihe von Säuren lehrte Scheele aus Pflanzensäften isolieren dadurch, daß er ihre Kalk- oder Bleisalze darstellte und diese mit passenden Mineralsäuren, meist Schwefelsäure, zerlegte. So entdeckte er die bis dahin trotz langen Bekanntseins des Weinsteins übersehene Weinsäure, ferner die Zitronensäure, die Äpfelsäure, die Oxalsäure, welch letztere er aus Zucker mittels Salpetersäure darstellte und als identisch mit der aus Sauerklee von ihm gewonnenen „*Acetosellsäure*" erkannte. Die Behandlung von Milchzucker mit Salpetersäure führte ihn zur Auffindung der Schleimsäure, die Untersuchung der sauren Milch zum Nachweis der Milchsäure; in Nierensteinen fand er die Harnsäure. Für andere schon früher beobachtete Säuren gab er neue Wege zur besseren Darstellung an, z. B. für Gallussäure und Benzoesäure. Endlich ist seine Entdeckung der Blausäure (1782) denkwürdig, welche er durch Zersetzung von Blutlaugensalz mit Schwefelsäure bereitete und einer meisterhaften Bearbeitung unterzog; auf Grund seiner Versuche vermochte er ihre qualitative Zusammensetzung richtig anzugeben; man hat nur seine phlogistische Sprache in die neue chemische zu übertragen.

Die fetten Öle und tierischen Fette waren oft Gegenstand von Untersuchungen, ohne daß ihre Zusammensetzung und ihr chemisches Verhalten, namentlich die Verseifung durch Alkalien, klarer geworden wären, trotz einer wichtigen Beobachtung Scheeles, der als Produkt der Zersetzung von Baumöl mit Bleiglätte das Glycerin, von ihm Ölsüß genannt, entdeckte. Die Tragweite dieses Befundes wurde erst viel später erkannt. — Die Chemie der Zuckerarten und anderer Produkte des pflanzlichen sowie tierischen Stoffwechsels, wie der ätherischen Öle, Eiweißstoffe etc., hat nur die schwachen Anfänge vorbereitender Untersuchungen aufzuweisen.

Zustand der pharmazeutischen Chemie.

Die gemeinsamen Interessen der Chemie und Pharmazie brachten es mit sich, daß beide befruchtend aufeinander einwirkten. Eine große Zahl hervorragender Forscher hat die Anregung zum Studium rein chemischer Erscheinungen der Ausübung der Pharmazie zu verdanken: es sei an Kunkel, Lemery (Vater und Sohn), Geoffroy, Rouelle, Neumann, Marggraf, Scheele erinnert. Wie diese u. a. der Chemie eine Fülle der wertvollsten Beobachtungen, ja grundlegender Entdeckungen zugeführt haben, so ist durch diese, sowie durch spezielle Untersuchungen im Gebiete der Pharmazie die letztere erheblich gefördert worden. Der Hauptgewinn bestand für die Pharmazie in ihrer innigen Verschmelzung mit der reinen Chemie. Andererseits erwies sich die Tätigkeit in den Apotheken als trefflichste Vorschule für die angehenden Chemiker; es gab ja damals keine Laboratorien, in denen systematisch Unterricht erteilt wurde. Der wissenschaftliche Sinn wurde durch tüchtige Lehrbücher der pharmazeutischen Chemie, z. B. Baumés *Eléments de pharmacie théorique et pratique* 1762, Hagens Lehrbuch der Apothekerkunst u. a. m. genährt, sowie durch Gründung pharmazeutischer Laboratorien gefestigt; das Aufblühen der letzteren gehört jedoch mehr dem neuesten Zeitalter an.

Dem Arzneischatz wurde durch die pharmazeutische Chemie manche Bereicherung zuteil. Von neuen Heilmitteln, die in Aufnahme kamen und deren Beschaffenheit häufig so lange in Dunkel gehüllt war, bis sie aufhörten Geheimmittel zu sein, mögen folgende wichtige erwähnt werden: Kohlensaures Ammon, in den vielgerühmten *englischen Tropfen* enthalten; schwefelsaures Kali, unter der Bezeichnung Glasers *sal polychrestum* geschätzt, durch Verpuffen von Salpeter mit Schwefel bereitet; schwefelsaure Magnesia zuerst aus dem Epsomer Wasser 1695 von Grew dargestellt und als *sal anglicum*, später *Bittersalz*, bezeichnet; *Magnesia alba* aus den Mutterlaugen der Salpeterbereitung mittels kohlensauren Kalis gewonnen. Von Antimonpräparaten kam der *Kermes minerale*, dessen richtige Zusammensetzung erst im 19. Jahrhundert erkannt wurde, zu Ansehen. Eisenchlorid in weingeistiger Lösung war in der ersten Hälfte des 18. Jahrhunderts ein unter dem Namen *Goldtropfen* oder *Nerventinktur* beliebtes Geheimmittel, dessen Natur man jedoch bald erkannte. Die Hoffmannschen Tropfen, sowie die zusammengesetzten Äther fanden ebenfalls offizinelle Anwendung. Basisch essigsaures Blei führte nach Mitte des vorigen Jahrhunderts Goulard als äußerlich zu benutzendes Mittel ein, das noch heute nach ihm genannt wird.

Beobachtungen über die manchen Stoffen eigenen antiseptischen Wirkungen wurden öfter gemacht; Kunkel wies auf die der Mineralsäuren hin. Die fäulniswidrige Eigenschaft des Eisenvitriols sowie Alauns benutzte man nach dem Vorschlag des Schweden Faggot zum Imprägnieren von Holz mit diesen Salzen. — Scheele empfahl i. J. 1782 die Konservierung des Essigs durch Kochen in verschlossenen Gefäßen; er ist also der Entdecker der so wichtigen, meist Appert zugeschriebenen Sterilisierungsmethode.

Schlußbetrachtung. — Das Zeitalter der phlogistischen Chemie muß als die unentbehrliche Vorstufe der mit Lavoisier beginnenden neuen Ära betrachtet werden. Die irrtümliche Auffassung, die den so wichtigen Erscheinungen der Verbrennung und Verkalkung zuteil wurde, und welche sich auf viele andere Prozesse übertrug, hat ganz und gar nicht verhindert, daß die Chemie sich als junge Wissenschaft kräftig und gesund entwickelte. Dazu trug wohl am meisten die experimentelle Methode bei, die mehr und mehr in ihr Recht eintrat. Hand in Hand mit deren Entwicklung sehen wir die Hilfsmittel zur Beobachtung chemischer Vorgänge und zur Feststellung der Eigenschaften von Stoffen zunehmen. Diese Fortschritte wurden angebahnt teils durch Verbesserung der Apparate — man denke an die zum Aufsammeln und Messen der Gase dienenden — teils durch Heranziehen physikalischer Beobachtungsweise; es sei an die häufiger werdende Bestimmung des spezifischen Gewichtes der Körper in den verschiedenen Aggregatzuständen, sowie an die Anwendung des Mikroskops erinnert. Die Zeit für die fruchtbare Benutzung der Wage zur genauen Ermittlung der Gewichtsverhältnisse bei chemischen Reaktionen war noch nicht gekommen, wenn schon manche bedeutsame Anfänge der quantitativen Analyse zu bemerken sind.

Als ein besonders wichtiger, dieses Zeitalter kennzeichnender Umstand ist hervorzuheben, daß die Chemie sich ihrer eigentlichen Aufgabe: zu erforschen, wie die Stoffe zusammengesetzt sind und aus welchen Bestandteilen sie sich herstellen lassen, klar bewußt wurde. Die analytische Chemie sollte dieses Problem lösen helfen; aber auch auf synthetischem Wege wurden nützliche und wichtige Ergebnisse erzielt.

Der selbständig wissenschaftliche Charakter der Chemie zeigte sich in der Art, wie sich ihr Verhältnis zu andern Wissenschaften gestaltete. Die frühere Abhängigkeit von der Medizin und Pharmazie hörte auf; statt Dienerin derselben zu sein, wurde die Chemie deren helfende und ratende Freundin. Auch mit der Physik, Mineralogie, Botanik trat sie in nahe Fühlung, die zu gegenseitiger Befruchtung führte und die Chemie zur unentbehrlichen Hilfswissenschaft jener machte. Man denke nur daran, was hervorragende Chemiker, z. B. Boyle, für die Physik oder Bergman für diese und die Mineralogie geleistet haben. Durch das Zusammengehen der verschiedenen Wissenschaften wurden neue Grenzgebiete zwischen den einzelnen und der Chemie erschlossen; in das Zeitalter der phlogistischen Lehre fiel die erste wissenschaftliche Behandlung der mineralogischen und physikalischen Chemie; ferner wurde durch die weiter ausgebaute organische Chemie der Boden für die physiologische vorbereitet.

Nichts ist daher weniger berechtigt, als zu behaupten, die Chemie sei zu jener Zeit keine Wissenschaft gewesen, erst Lavoisier habe eine solche aus ihr, die vor ihm nur dem Namen nach bestanden habe, geschaffen. Die Geschichte der Leistungen eines Boyle, Stahl, Black, Bergman, Scheele, Cavendish, Priestley, Marggraf u.a.

ist es mächtig genug, die Irrigkeit einer solchen Behauptung[1] zu erweisen. Trotz der falschen Hypothese, die der Phlogistontheorie zugrunde lag, ist diese selbst nebst den aus ihr hervorgegangenen und von ihr getragenen Arbeiten die notwendige Grundlage der richtigen Auffassungsweise und zahlreicher Untersuchungen des nachfolgenden Zeitalters gewesen.

[1] Man vergleiche Dumas' „*Leçons sur la philosophie chimique*" (1837) S. 137 und den Satz, mit welchem A. Wurtz seine „*Histoire des doctrines chimiques*" (1868) begonnen hat: „*La chimie est une science française; elle fut constituée par Lavoisier*" etc. Volhard hat diesen Ausspruch auf seinen Wert geprüft und so gründlich widerlegt (Journ. pr. Chem. N. F. 2, 1 ff.), daß neuere Versuche, die Darlegungen Volhards über die wahre Bedeutung Lavoisiers zu entkräften, als gänzlich ungenügend, auch in der Form unberechtigt und verfehlt erscheinen (s. namentlich Grimaux: Lavoisier (1888) S. 128 u. 363). Der Ausspruch Grimaux' (S. 128): „*Toute la science moderne n'est que le développement de l'oeuvre de Lavoisier*" kennzeichnet sich ohne weiteres als maßlose Übertreibung und übertrumpft noch den obigen von Wurtz. — Übrigens haben gerade die hervorragendsten Antiphlogistiker den wissenschaftlichen Charakter der von ihnen bekämpften chemischen Richtung gar nicht in Zweifel gezogen.

V
Geschichte der neuen Zeit von Lavoisier bis auf unsere Tage

Der Beginn des letzten Zeitalters der Chemie, dem die heutige Generation der Forscher noch angehört, wird mit Recht an Lavoisiers Forschungen angeknüpft, durch die er die schon bestehende chemische Wissenschaft in neue Bahnen lenkte: er bewies die Macht und Bedeutung der Gewichtsverhältnisse bei chemischen Reaktionen, die ohne Berücksichtigung dieser falsch gedeutet worden waren. Ganz besonders galt dies von den Vorgängen der Verbrennung und ähnlichen Erscheinungen, die Lavoisier zuerst richtig zu erklären vermochte. Dies war ihm aber, wie sich scharf nachweisen läßt, erst möglich, nachdem Scheele und Priestley den Sauerstoff entdeckt hatten. Wenn man daher ein Ereignis bezeichnen will, mit dem die neue Zeit anhebt, so ist es diese wichtige Entdeckung, die schon in der Geschichte des vorigen Zeitalters ihren Platz gefunden hat.

An Stelle der phlogistischen Lehre, die zu einem Dogma verknöchert war, trat nun die Verbrennungstheorie Lavoisiers mit dem Sauerstoff als Mittelpunkt; die im Banne jener befindliche Chemie wurde in das sogenannte antiphlogistische System umgewandelt. Eine vollständige Umkehrung aller über die Verbrennung, Verkalkung und damit über die Zusammensetzung der wichtigsten Stoffe gehegten Ideen vollzog sich: wahrlich eine Neugestaltung der chemischen Lehren, eine Reform im vollsten Sinne des Wortes. Denn alle Vorgänge, bei denen man bisher das Entweichen von Phlogiston angenommen hatte, beruhten, wie Lavoisier lehrte, auf der Aufnahme von Sauerstoff, und umgekehrt die Prozesse, die durch Hinzutreten des Phlogistons gedeutet wurden, waren gerade durch die Ausscheidung von Sauerstoff gekennzeichnet.

Von den Stoffen, die nach der Phlogistonlehre als Elemente galten, z. B. von der Schwefel- und Phosphorsäure, den Metallkalken, bewies Lavoisier, daß sie zusammengesetzt seien, dagegen für die als Verbindungen betrachteten Stoffe, wie Metalle, Schwefel, Phosphor, nahm er die elementare Natur an.

Zweckmäßig scheint es, hier noch einmal die Hauptwidersprüche kurz darzulegen, in die sich die phlogistische Lehre um die Zeit der Entdeckung des Sauerstoffs (etwa 1775) verwickelt hatte, und durch welche ihr Sturz beschleunigt wurde. Zahlreich waren die Tatsachen, die sich der Phlogistontheorie nicht anbequemen ließen. Den Chemikern, welche den Wasserstoff als Phlogiston ansahen — eine Annahme, die damals von vielen, Kirwan in erster Linie, geteilt wurde — erwuchs die große Schwierigkeit, nachzuweisen, wohin während der Verkalkung der Metalle, sowie bei der Verbrennung von Schwefel, Phosphor, Kohle in geschlossenen Räumen das Phlogiston, welches ja dabei entweichen sollte, gekommen sei. — Die Reduktion der Metalloxyde mittels Wasserstoff ließ sich zwar vom phlogistischen Standpunkte aus scheinbar vortrefflich deuten, aber man mußte von einer Erklärung der dabei stattfindenden Bildung des Wassers und der Gewichtsabnahme, welche die Oxyde dabei erleiden, absehen. Wie aber konnte eine Reduktion der Metallkalke eintreten, ohne daß Phlogiston (Wasserstoff) zu diesen gelangte? Dies war der Fall bei denjenigen Kalken, welche in geschlossenen Gefäßen, allein durch Zufuhr von Wärme, in Metalle verwandelt wurden. Für die Bildung von Quecksilber aus Quecksilberoxyd, sowie von Silber und Gold aus ihren Oxyden durch Hitze vermochte die Phlogistonlehre keinerlei Erklärung zu geben. Gerade diese Reaktionen, die zu der Entdeckung des Sauerstoffs leiteten, führten den Zusammenbruch jener Theorie herbei und führten naturgemäß zur Aufstellung des antiphlogistischen Systems. Das letztere erhielt erst durch den einige Jahre später geführten Nachweis, daß das für elementar gehaltene Wasser sich aus Sauerstoff und Wasserstoff zusammensetze, seinen Schlußstein.

Lavoisier und die antiphlogistische Chemie. (1775 bis Ende des 18. Jahrhunderts.)

Die große Tat Lavoisiers bestand in der Abstreifung alter Vorurteile und in der mustergültigen Anwendung wissenschaftlicher Prinzipien bei der Erklärung chemischer Vorgänge. Ein reiches Material von wichtigen Tatsachen war ihm von den Phlogistikern überliefert; er selbst hat dieses durch neue Beobachtungen, was die chemische Seite derselben anlangt, nur wenig bereichert, wohl aber dasselbe von einem bis dahin unerreichten Standpunkte aus zu sichten und zusammenzufassen vermocht, sowie für viele Vorgänge die richtige Erklärung gegeben. Man wird nicht fehlgehen, wenn man solche Leistungen auf Rechnung seines physikalisch und mathematisch vorzüglich geschulten Geistes setzt, der sich schon frühzeitig von den Fesseln der phlogistischen Hypothese frei zu machen wußte. Als Physiker mußte sich Lavoisier vor allen Dingen Rechenschaft geben von den Gewichtsveränderungen, die bei der Verbrennung von Phosphor, Kohlenstoff, Schwefel, sowie bei der Verkalkung von Metallen erfolgten; die Eigenschaften der Produkte interessierten ihn weniger. Daraus erklärt es sich, daß er selbständige chemische Entdeckungen nicht gemacht hat; sein Verdienst, die Beobachtungen anderer zuerst umfassend und richtig gedeutet zu haben, bleibt darum unbestritten.

Lavoisier fand schon bei Lebzeiten die größte Anerkennung; er sah noch die Frucht seiner Arbeiten, das antiphlogistische System, siegreich aus dem Kampfe mit dem phlogistischen hervorgehen, und erlebte, daß es auch außerhalb Frankreichs aufgenommen wurde. — Anton Laurent Lavoisier, geb. 26. August 1743, war Altersgenosse von Scheele; aber wie verschieden gestalteten sich die Verhältnisse beider! Letzterer war auf sich und seine Kraft angewiesen, ein Autodidakt im weitesten Sinne des Wortes; Lavoisier dagegen hatte, als Sohn eines angesehenen Advokaten, eine vortreffliche Erziehung genossen, und namentlich Gelegenheit gehabt, sich ausgezeichnete mathematische und physikalische Kenntnisse anzueignen, was auf die ganze Richtung seines Denkens und auf seine Forschungsweise von maßgebendem Einflusse geblieben ist. Auch in der Botanik, der Mineralogie und Geologie, Meteorologie und Anatomie erwarb er sich gediegene Kenntnisse; von seinen Lehrern seien der Mathematiker La Caille, der Botaniker B. de Jussieu, der Mineraloge Guéttard genannt. In die Chemie führte ihn der treffliche Rouelle (vergl. S. 106) ein. Schon in jungen Jahren gelangte Lavoisier durch wissenschaftliche Untersuchungen zu hohem Ansehen, so daß er bereits i. J. 1768 in die französische Akademie als „*adjoint*" aufgenommen wurde, und zwar auf Grund einer preisgekrönten Schrift über die zweckmäßigste Straßenbeleuchtung einer großen Stadt.

Seine ersten chemischen Arbeiten,[1] namentlich die i. J. 1770 veröffentlichte über die vermeintliche Umwandlung von Wasser in

---

[1] Bezüglich der einzelnen Abhandlungen Lavoisiers verweise ich auf die seit 1862 in 6 Bänden zu Paris erschienenen: *Oeuvres de Lavoisier (publiées par les soins du ministre de l'instruction publique)*, sowie auf die Analysen, welche H. Kopp in seiner „Chemie in der neueren Zeit" (1874) und Höfer (*Histoire de la chimie* I, 490 ff.) von Lavoisiers wichtigsten Arbeiten gegeben haben. Ferner ist das 1888 erschienene Werk Grimaux': Lavoisier (1743—1794) als wichtige Quelle für das Leben und Wirken Lavoisiers zu nennen, wenn

Erde, lassen seine physikalische Methode deutlich erkennen. Hier bewies er, daß das Gewicht des verschlossenen Glasgefäßes nebst dem Wasser, welches er darin lange Zeit im Kochen erhalten hatte, unverändert geblieben war, daß aber die entstandene Erde ebensoviel wog, als das Gefäß an Gewicht abgenommen hatte: daraus müsse man schließen, daß nicht aus dem Wasser, sondern aus dem Glase die Erde stamme. Die Qualität der letzteren untersuchte er nicht, während der Chemiker Scheele durch Erkenntnis ihrer chemischen Beschaffenheit zu dem gleichen Schlusse geleitet wurde, wie Lavoisier.

Bei dieser Gelegenheit hatte letzterer den Nutzen der Wage, als einer zuverlässigen Führerin bei chemischen Arbeiten, erkannt und betont. Bald darauf beschäftigte er sich, an frühere gelegentliche Beobachtungen über die Gewichtszunahme bei der Verkalkung von Metallen anknüpfend, mit der Erforschung der Vorgänge beim Verbrennen von Stoffen und bei der Verkalkung der Metalle. Mit Hilfe einer nach seinen Angaben gefertigten, außerordentlich feinen Wage suchte er vor allem die bei solchen Prozessen stattfindenden Gewichtsveränderungen genau zu ermitteln und den Grund derselben festzustellen. So entstanden jene ersten Arbeiten, welche, durch das Hinzukommen der grundlegenden Beobachtungen von Priestley und Scheele über den Sauerstoff und sein chemisches Verhalten ganz wesentlich erweitert, das Fundament von Lavoisiers Verbrennungstheorie bildeten.

Seine Stellung hatte sich inzwischen glänzend gestaltet; als Generalpächter, in den ersten Jahren nur als Teilhaber, und bald darauf an die Spitze der Salpeterregie gestellt, fand er Muße genug, sowohl seinen eigenen Untersuchungen zu leben, als dem Staate durch wertvolle Ratschläge und Neuerungen zu nützen (z. B. bei der Fabrikation von Kalisalpeter, Schießpulver etc.). Die zahlreichen, von ihm erstatteten Gutachten über technische Fragen legen Zeugnis ab für seinen Fleiß, seine Vielseitigkeit und seinen weit reichenden Einfluß. Lavoisier hatte zu solcher Betätigung als Mitglied zahlreicher Kommissionen, z. B. der *Société d'agriculture*, des *Bureau de consultation*, der *Commission des poids et mésures* häufig Gelegenheit.

auch darin die Verherrlichung des großen Mannes zu weit getrieben wird (vergl. S. 140 Note). Infolgedessen, namentlich durch die an Gegnern geübte Kritik und mancherlei Übertreibungen, ist der an sich große historische Wert des Buches stark getrübt. Von Bedeutung ist auch Berthelots Werk: „La révolution chimique — *Lavoisier* (Paris 1890)", in dem Tagebücher Lavoisiers zum Abdruck gebracht sind. Endlich ist für seine Beurteilung die treffliche auf gründlichstem Quellenstudium beruhende Monographie von Kahlbaum u. Hoffmann „Die Einführung der Lavoisierschen Theorie im besonderen in Deutschland" (Leipzig 1897) von großem Werte (s. w. u.).

In nahem Zusammenhange mit seinen Arbeiten über die Verbrennung stehen seine wichtigen, gemeinsam mit Laplace ausgeführten Versuche über die Schmelzwärme des Eises und die spezifische Wärme verschiedener Körper. Gerade die klare physikalische Auffassung der Wärme im Gegensatz zu der vieler Phlogistiker, die sich von der Annahme des wägbaren Wärmestoffs nicht loslösen konnten, befähigte Lavoisier, die chemischen Reaktionen, bei denen Wärme austrat, insbesondere die Verbrennungserscheinungen, richtig zu erklären.

Trotz der außerordentlichen Verdienste, die sich Lavoisier nicht nur um die Wissenschaft, sondern auch um das Wohl seines Vaterlandes dadurch erwarb, daß er seine Kenntnisse und Erfahrungen stets mit gleichem Eifer in den Dienst desselben stellte, blieb er nicht vor dem Schicksal bewahrt, das so viele seiner besten Mitbürger betraf. Auf Grund nichtiger Beschuldigungen wurde er unter der Schreckensherrschaft zum Tode verurteilt und am 8. Mai 1794 zusammen mit 28 Generalpächtern hingerichtet.[1] Von seinen zahlreichen Freunden und Verehrern haben nur wenige, darunter Hauy, Borde, und nur ein Chemiker, Loysel, den Mut gehabt, ihre Stimme gegen solchen Frevel zu erheben, jedoch ohne Erfolg. Einflußreichere Fachgenossen, wie Guyton de Morveau, Monge und namentlich Fourcroy,[2] die in der Politik eine Rolle spielten und während seiner fünf Monate dauernden Untersuchungshaft gewiß etwas für seine Rettung hätten tun können, haben nicht gewagt, mit Nachdruck gegen jenes Verbrechen Einspruch zu erheben.

[1] Durch die Ed. Grimaux zu verdankende Veröffentlichung von Dokumenten, die auf den Prozeß und Tod Lavoisiers Bezug haben, ist manches Licht in diese traurige Angelegenheit gekommen. Die Vermutung ist nicht ausgeschlossen, daß Marat aus kleinlicher Rache gegen Lavoisier, der eine i. J. 1780 erschienene Abhandlung desselben *(Recherches physiques sur le feu)* ungünstig beurteilt hatte, den Prozeß mittelbar anstrengte. Denn Marat hat in seinem berüchtigten *Ami du peuple* Lavoisier wiederholt denunziert und so die Anklage veranlaßt, wenn auch Marat selbst die Verhaftung Lavoisiers und seiner Kollegen nicht mehr erlebt hat. In dem Urteil, welches gefällt wurde, nachdem er 5 Monate lang in Untersuchungshaft verbracht hatte, wurde ausgeführt, daß er zum Tode verurteilt sei, „als überführt, Urheber oder Mitschuldiger eines gegen das französische Volk gerichteten Komplots zu sein, das die Erfolge der Feinde Frankreichs zu begünstigen zum Zwecke hatte, indem er namentlich eine Art von Erpressung an dem französischen Volke verübt, und dem Tabak Wasser und für die Gesundheit der Bürger, welche sich desselben bedienten, schädliche Stoffe beigemengt hat".

[2] Die schon erwähnte Publikation Grimaux', sowie Berthelots *Notice historique sur Lavoisier* (Monit. scientif. 1890, S. 125), lassen die Gleichgültigkeit Fourcroys, auch Morveaus u. a., gegen das Geschick Lavoisiers in bedenklichem Lichte erscheinen.

Lavoisier hat seine Arbeiten größtenteils in den Memoiren der französischen Akademie veröffentlicht; die Jahrgänge 1768—1787 enthalten über 60 Abhandlungen von ihm,[1] einige andere finden sich im *Journal de Physique* und in den *Annales de Chimie*. Der von ihm gehegte Plan, seine Arbeiten zusammengefaßt herauszugeben, ist erst nach seinem Tode (1862—1892) zur Ausführung gelangt. Die i. J. 1774 veröffentlichten *Opuscules physiques et chymiques* enthalten seine Ideen über die Natur der Gase und Ansichten über die Verbrennungsprozesse. In seinem 1789 erschienenen *Traité élémentaire de chimie (présenté dans un ordre nouveau et d'après les découvertes modernes)* stellte er die wichtigsten chemischen Tatsachen übersichtlich zusammen und erklärte sie gemäß der antiphlogistischen Theorie, die in diesem Werke ihr erstes Lehrbuch erhielt; Übersetzungen des letzteren trugen wesentlich zur Verbreitung der neuen Lehre bei.

Die für die Entwicklung der Chemie bedeutungsvollsten Untersuchungen Lavoisiers sind die gewesen, welche die allmähliche Aufrichtung des antiphlogistischen Systems in sich schlossen und zur Beseitigung der Phlogistonlehre führten; dieselben haben die Erscheinungen der Verbrennung, Verkalkung, Atmung zum Gegenstande. Die Rolle des Sauerstoffs bei diesen Vorgängen erkannt und gedeutet zu haben, darin bestand Lavoisiers Hauptlebensarbeit, und das ist sein bleibendes Verdienst.

Die früheren Beobachtungen eines Rey, Mayow u. a., welche die Gewichtszunahme der Metalle bei ihrer Verkalkung einer Luftabsorption zugeschrieben hatten, enthielten doch nur die ersten Keime zu der richtigen Erklärung, die diesen Vorgängen erst durch Lavoisier zuteil wurde. Seit dem Jahre 1772 beschäftigte sich letzterer mit dahin einschlagenden Versuchen, als deren Ergebnis er (am 1. November genannten Jahres) eine verschlossene Note niederlegte, des Inhalts, daß bei der Verbrennung von Schwefel und Phosphor, sowie bei der Verkalkung von Metallen, das Gewicht dieser Körper zunehme infolge der Absorption einer großen Menge Luft,

---

[1] Für die Beurteilung der Arbeiten Lavoisiers ist die Zeit ihres Erscheinens wichtig; man hat nämlich zu beachten, daß die Jahrgänge der *Mémoires de l'Acad.* ihrer Bezeichnung nach nicht der Zeit entsprechen, in der sie veröffentlicht worden sind, daß dieselben vielmehr einige Jahre später zu erscheinen pflegten (so die Memoiren f. 1772 erst 1776, die f. 1782 erst i. J. 1785). Diese Verschiebung hat wegen der in verschiedenen Arbeiten später vorgenommenen Änderungen manche Unklarheit in bezug auf die wirkliche Zeit der Abfassung der und jener Abhandlung Lavoisiers zur Folge. Soweit für wichtige Untersuchungen der tatsächliche Zeitpunkt ihrer Abfassung festzustellen war, ist dieser angegeben worden.

und daß durch Reduktion der Bleiglätte mit Kohle im geschlossenen Raum eine beträchtliche Menge Luft, das tausendfache Volum der Glätte, entwickelt werde. Lavoisier befand sich also damals noch auf gleichem Standpunkte wie Mayow, er war völlig im Unklaren, welcher Teil der Luft die Gewichtsvermehrung bewirke, ferner darüber, daß die Luft ein Gemenge von Gasen sei, besonders aber über den bei der Reduktion der Bleiglätte sich vollziehenden Prozeß; denn er ist geneigt, das dabei erzeugte Gas, bekanntlich Kohlensäure, für das mit dem Blei verbundene Fluidum anzusehen. Diese Unsicherheit war dadurch hervorgerufen, daß er die qualitative Seite der chemischen Vorgänge kaum berücksichtigte.

Durch Wiederholung dieser und ähnlicher Versuche gelangte jedoch Lavoisier bald zu größerer Klarheit, erkannte namentlich seinen Irrtum bezüglich der Reduktion von Bleiglätte. Im Jahre 1774 machte er nähere Angaben über jene Beobachtungen, insbesondere über die Verkalkung des Zinns;[1] der Versuch war im wesentlichen eine Wiederholung des Boyleschen, aber Lavoisier verstand es, aus demselben richtigere Folgerungen zu ziehen, als der englische Forscher. Eine mit Zinn beschickte, dann zugeschmolzene Retorte, wurde vor und nach dem Erhitzen gewogen und gleich schwer gefunden, woraus zu folgern, daß keine Feuermaterie aufgenommen war; beim Öffnen des erkalteten Gefäßes drang Luft ein, und nun ergab sich für den ganzen Apparat eine ebenso große Gewichtszunahme, als das Zinn durch teilweise Verkalkung erfahren hatte. Lavoisier schloß daraus, daß die Verkalkung auf Absorption von Luft beruht, daß also durch die letztere die Gewichtsvermehrung bewirkt wird.

Wenn auch in diesen Sätzen schon die Anfänge seiner Verbrennungstheorie enthalten waren, so fehlte doch noch immer die nähere Erkenntnis des Teiles der Luft, der sich mit den Metallen und verbrennlichen Körpern vereinigt. Der Sauerstoff war inzwischen von Scheele und Priestley entdeckt; sie erkannten denselben als den Teil der Luft, der zur Verbrennung erforderlich ist. Lavoisier aber hatte, sobald er Kenntnis von dieser Entdeckung erhielt, den Schlüssel zur Erklärung seiner Versuche in der Hand. Wie er daraus Nutzen zog, ergibt sich aus einer i. J. 1775 geschriebenen Abhandlung,[2] in welcher der Sauerstoff in seiner allgemeinen Bedeutung für die in Frage stehenden Vorgänge gewürdigt wird; dieses Gas ist nun als das Fluidum erkannt, welches sich mit den Metallen, dem Schwefel, Phosphor, mit der Kohle ver-

[1] *Oeuvres de L.* II, 105.
[2] Vergl. *Oeuvres* II, 129.

bindet. Die Bildung von Kohlensäure aus Kalisalpeter und Kohle führt ihn zu dem Schluß, daß in diesem Salze ebenfalls Sauerstoff enthalten sein muß, was übrigens auch Mayow 100 Jahre früher geahnt hatte, nur daß er statt von Sauerstoff von dem *spiritus nitro-aëreus* redete. Ein Hinweis auf den Einfluß, den Priestleys Entdeckung des Sauerstoffs, die Lavoisier durch letzteren selbst bekannt geworden war, auf seine Versuche mit Quecksilberoxyd und auf seine Deutung früherer Beobachtungen gehabt hat, findet sich merkwürdigerweise nicht.[1]

Zu vollständiger Klarheit, namentlich in bezug auf die Zusammensetzung der atmosphärischen Luft, gelangte Lavoisier erst im Laufe der folgenden Zeit; in das Jahr 1776 fiel seine Beobachtung, daß das Verbrennungsprodukt des Diamantes lediglich Kohlensäure ist; in dem folgenden zeigte er, daß durch Verbrennung von Phosphor in einem abgeschlossenen Volum ein Fünftel des letzteren verbraucht wird und nicht atembare Luft zurückbleibt. Auf Grund dieser Versuche und der ihm inzwischen näher bekannt gewordenen Beobachtungen Scheeles und Priestleys, sowie weiterer aus dem Jahre 1777 stammender Untersuchungen über die Verbrennung organischer Stoffe, als deren Produkte er Wasser und Kohlensäure feststellte, vermochte Lavoisier die Hauptsätze seiner Verbrennungs- oder Oxydationstheorie wie folgt[2] aufzustellen:

---

[1] Überhaupt erweckt die Stellung Lavoisiers zu den Beobachtungen und Entdeckungen anderer Forscher häufig ein peinliches Gefühl; es ist betrübend, zu bemerken, daß der mit so weitem Blick und großartigen Gaben ausgestattete Naturforscher den Verdiensten anderer nicht immer gerecht geworden ist, ja sie absichtlich verdunkelt hat. So erwähnte Lavoisier in seiner ersten chemischen Arbeit über die Zusammensetzung des Gipses Marggrafs wichtige Untersuchungen nicht, obwohl diese zu den bekanntesten zählten, während die unbedeutenden Arbeiten anderer Chemiker, welche sich mit dem gleichen Gegenstande beschäftigt hatten, über Gebühr gewürdigt wurden. — In ähnlicher Weise ignorierte er bei Darlegung seiner Versuche über die Zusammensetzung des Wassers aus Wasserstoff und Sauerstoff die früheren, das Gleiche beweisenden Untersuchungen von Cavendish, von deren Ergebnissen er zuvor bestimmte Kenntnis durch Blagden erhalten hatte (s. folg. S. Anm.). — Gegen Blacks ausgezeichnete Versuche über die fixe Luft, aus denen er zweifellos für seine Auffassung von der Fixierung eines Gases den größten Nutzen gezogen hatte, verhielt er sich kühl und ablehnend, während von ihm die nichtigsten Einwände, die gegen Black erhoben waren, aufs eingehendste und rücksichtsvollste erörtert wurden. — Das sind leider Flecken, die Lavoisier anhaften, trotz des Glanzes, mit welchem die idealisierende Geschichtsschreibung eines Dumas, Wurtz, Grimaux u. a. ihn umgeben hat. Vergl. übrigens die über manche Punkte Klarheit verbreitenden Aufsätze von Thorpe in seinen *Essays* S. 87 und namentlich S. 110 ff.

[2] *Oeuvres* II, 226 in dem „Mémoire sur la combustion en général".

Die Körper brennen nur in reiner Luft (*air éminemment pur*).

Diese wird bei der Verbrennung verbraucht, und die Gewichtszunahme des verbrannten Körpers ist gleich der Gewichtsabnahme der Luft.

Der brennbare Körper wird gewöhnlich durch seine Verbindung mit der reinen Luft in eine Säure verwandelt, die Metalle dagegen in Metallkalke.

Der letzte Satz enthielt einen wichtigen Gedanken, den Lavoisier weiter ausspann zu seiner Theorie von der Zusammensetzung der Säuren, wonach diese als *principe oxygine* oder *acidifiant* immer Sauerstoff enthalten sollten. Zur Begründung dieser Annahme stellte er teils selbst Versuche an, teils benutzte und deutete er die anderer; so sprach er aus, daß die Schwefelsäure aus Schwefel und Sauerstoff, die Phosphorsäure aus Phosphor und Sauerstoff und die Salpetersäure aus Salpetergas (Stickoxyd) und Sauerstoff bestehen. Die wahre Zusammensetzung der letzteren Säure lehrte erst Cavendish durch ihre Synthese aus Stickstoff und Sauerstoff kennen. Die Salzsäure als starke Säure sollte nach Lavoisiers Auffassung ebenfalls Sauerstoff enthalten und mehr noch das daraus durch Oxydation hervorgehende Chlor. Die Frage, welcher Art die Sauerstoffverbindung des Wasserstoffs sei, beschäftigte Lavoisier ebenfalls, ohne daß er selbständig zur richtigen Erkenntnis gelangte; denn er erwartete als Verbrennungsprodukt eine Säure zu finden und suchte nach einer solchen. Es ist unbestritten das Verdienst des Phlogistikers Cavendish, nachgewiesen zu haben, daß durch Verbrennung von Wasserstoff ausschließlich Wasser erzeugt wird.[1]

Fruchtbar erwies sich diese grundlegende Beobachtung erst in

---

[1] Darüber, sowie über den Anteil Watts an der Erkenntnis, daß und wie das Wasser zusammengesetzt ist, vergl. H. Kopps ausführliche Schrift in seinen Beiträgen zur Geschichte der Chemie: Über die Entdeckung der Zusammensetzung des Wassers (Braunschweig 1875). Vergl. auch Berthelots Aufsatz über Lavoisier (Monit. scientif. 1890, S. 138 ff.), ferner Thorpes *Essays* S. 110 ff. Das Zeugnis Berthollets (s. das. S. 139 Note) läßt keinen Zweifel darüber, daß selbst die Freunde Lavoisiers die Priorität in betreff dieser Entdeckung Cavendish ohne Einschränkung zuerkannten. Kahlbaum-Hoffmann werfen in ihrem Buche scharfe Schlaglichter auf Lavoisiers Verhalten in dieser Angelegenheit und zeigen, daß H. Kopp ihn noch zu günstig beurteilt hat. Denn es ist nachweisbar, daß Lavoisier auch hier es „mit historischen Wahrheiten nicht genau nimmt". Insbesondere ist der Tatbestand durch die von Lavoisier viel später — nach dem Bekanntwerden der Versuche anderer — vorgenommene Überarbeitung seiner Hauptabhandlung verdunkelt oder verzerrt worden (s. das eigenartige Zeugnis Fourcroys bei Kahlbaum-Hoffmann.

der Hand Lavoisiers, der sofort die tatsächliche Zusammensetzung des Wassers aus Wasserstoff und Sauerstoff aussprechen konnte und dieselbe quantitativ annähernd ermittelte. Auch die Zerlegung des Wassers durch glühendes Eisen, sowie die Entstehung desselben bei der Reduktion von Metalloxyden mittels Wasserstoff, lehrte er durch richtige Deutung verstehen. Die Bildung von Wasserstoff infolge der Auflösung von Metallen in Säuren wurde nun klar und befriedigend erklärt. Gerade diese Reaktion hatte die Phlogistiker in der Meinung bestärkt, die Metalle enthielten Phlogiston, welches, mit Wasserstoff identisch, beim Auflösen derselben in Säuren entweiche. Lavoisier wußte jetzt, nachdem die Zusammensetzung des Wassers erkannt war, daß von diesem der Wasserstoff stamme, der Sauerstoff aber sich mit dem Metall zu dessen Oxyd verbinde, welches sich dann mit der Säure vereinigt.[1]

Mit dieser Erkenntnis, welche in das Jahr 1783 fiel, waren die letzten Schwierigkeiten beseitigt, welche das antiphlogistische System zu überwinden hatte; die Phlogistontheorie konnte sich nicht mehr lange halten; sie mußte dem Ansturm der neuen Ideen weichen und verschwand allmählich. Bis dahin hatte Lavoisier ziemlich allein den Kampf gegen dieselbe geführt; wesentliche Stützen hatte er nur an hervorragenden Physikern und Mathematikern, Laplace, Monge, Cousin u. a. gefunden. Damals begannen auch einflußreiche tüchtige Chemiker sich seinen Ansichten zuzuwenden, zunächst in Frankreich: Berthollet 1786, der diplomatisch vorsichtige Fourcroy 1787, Guyton de Morvean ebenfalls erst in diesem Jahre. Lavoisiers kritische Abhandlungen, die sich gegen die Phlogistontheorie richteten und die Unhaltbarkeit derselben zeigten, sowie sein *Traité de chimie* führten den Sturz dieser Lehre endgültig herbei. Über die allmähliche Aufnahme des „antiphlogistischen Systems" in anderen Ländern liefert das schon genannte Werk von Kahlbaum-Hoffmann wertvolle und sehr eingehende Aufschlüsse. Im großen und ganzen ergibt sich daraus, daß die neue Lehre in verhältnismäßig kurzer Zeit, die zur Prüfung derselben erforderlich war, bei den einflußreichen Chemikern Eingang gefunden hat. Seit dem Jahre 1792, nachdem in Deutschland Klaproth, früher schon Hermstädt, Girtanner u. a., in England Kirwan, Higgins, in Holland Troostwyk, Deiman, van Marum, in Italien Giobert, Brugnatelli u. a. dafür eingetreten waren, kann man von dem endgültigen Siege der Lavoisierschen Lehre reden, wenn auch tüchtige Chemiker aller

---

[1] Bei diesen Untersuchungen waren Laplace sowie Meusnier stark beteiligt.

Länder sie immer noch nicht voll anerkennen wollten (de la Métherie, Sage, Baumé in Frankreich, Westrumb, Gren, Crell, Wiegleb in Deutschland, Gadolin, Retzius in Schweden, Cavendish, Priestley in England).[1]

In großen Zügen sind die Leistungen oben dargelegt, durch die Lavoisier die Chemie in ganz neue Bahnen lenkte; einzelne seiner Beobachtungen und Spekulationen — ich nenne die Versuche über die Zusammensetzung organischer Verbindungen, seine umfassenden Ideen über den Stoffwechsel in der organischen Natur — werden noch in der speziellen Geschichte dieser Zeit zu erwähnen sein. Die planmäßige Anwendung der quantitativen Untersuchungsmethode, sowie die vorurteilsfreie Erfassung chemischer Vorgänge von mehr physikalischen Gesichtspunkten aus, leiteten ihn zu der richtigen Deutung der wichtigsten Erscheinungen der Chemie, an deren Erklärung mehrere Generationen der im Banne der Phlogistontheorie stehenden Forscher sich vergeblich abgemüht hatten. Das von letzteren zusammengetragene Material, insbesondere die Beobachtungen von Black, Scheele, Priestley, Cavendish, waren Lavoisier unentbehrlich; man denke nur daran, daß die für sein System wichtigsten Entdeckungen, die des Sauerstoffs und der wahren Zusammensetzung des Wassers, nicht von ihm selbst gemacht worden sind. Aber mit einem Geistesfluge, der sich hoch über die Ideen seiner Zeitgenossen erhob, wußte er die von diesen nicht verstandenen Erscheinungen zu entziffern. Nachdem er das Phlogiston als nicht vorhanden und in dem Sauerstoff das zur Verbrennung, Verkalkung und Atmung notwendige Gas erkannt hatte, übersetzte er die durch Annahme des Phlogistons verdunkelten und gänzlich mißverstandenen Reaktionen in die einfache antiphlogistische Sprache.

Wenn auch vor und gleichzeitig mit Lavoisier die quantitative Untersuchungsweise von einzelnen Chemikern, z. B. von Boyle, Black, Marggraf, Cavendish, Scheele und namentlich Bergman gehandhabt und gewürdigt worden ist, so hat doch keiner von diesen Forschern die Wage als Hilfsmittel chemischer Arbeiten so zielbewußt und von ihrer Bedeutung überzeugt benutzt, wie Lavoisier. Er war durchdrungen von der Wahrheit, daß bei chemischen Reaktionen keine Materie verloren geht: in genialer Weise gab er dieser Überzeugung von der *Erhaltung des Stoffs* Ausdruck dadurch, daß er chemische

---

[1] Über die Stellung italienischer Naturforscher zu Lavoisiers System gibt die Schrift von Guareschi: *Lavoisier, sua vita e sue opere* (Torino 1903) manchen Aufschluß, über den Zustand der Chemie in Holland das verdienstvolle Werk: *Bibliographie des chimistes Hollandais dans la période de Lavoisier* von Horn v. d. Boos (Haarlem 1899 u. 1901).

Reaktionen durch Gleichungen deutete, indem er die Stoffe vor der Wechselwirkung und die Produkte letzterer gleich setzte.[1] Was viele andere stillschweigend als richtig annahmen, das war für ihn ein Gesetz, das er seinen Spekulationen und Versuchen zugrunde legte. Dahin gehörte der Satz: Das Gewicht einer chemischen Verbindung ist gleich den Gewichtsmengen der dieselbe bildenden Stoffe. So einfach, ja selbstverständlich dieser Satz klingt, so mußte er doch denen, welche die Wärme für substantiell hielten, bewiesen werden; denn der bei der chemischen Verbindung erfolgende Wärmeaustritt hatte ja, wenn ein Wärmestoff angenommen wurde, eine Gewichtsabnahme zur notwendigen Folge. Lavoisier blieb vor so schwerem Irrtume bewahrt, dank seiner Auffassung der Wärme. Seine *matière de chaleur* hat kein Gewicht; er schloß dies aus Versuchen, bei denen er Körper in geschlossenen Gefäßen verbrennen ließ und nachwies, daß keine Gewichtsabnahme eintrat. Seine Vorstellungen über das Wesen der Wärme nähern sich, wie aus manchen Aussprüchen hervorgeht, denen der mechanischen Wärmetheorie.[2] Die Phlogistiker dagegen, welche die Wärme als wägbare Substanz ansahen, mußten mit dieser falschen Grundvorstellung Schiffbruch leiden und in schwerste Irrtümer verfallen.

Das antiphlogistische System, die Folge der richtigen Deutung aller Vorgänge, die man als Verbrennung, Verkalkung, Reduktion etc. bezeichnete, bedeutete in der Tat eine vollständige Umgestaltung der Chemie. Die wichtigsten Veränderungen dieser letzteren erhellen zwar schon aus dem obigen, doch erscheint es zweckmäßig, einige der durchgreifendsten Wandlungen, welche damals die Ansichten über die Elemente und die chemischen Verbindungen erfuhren, kurz zusammenfassend darzulegen. Mit der bestimmten Gestaltung dieser Ansichten Hand in Hand gehen die ebenfalls zu besprechenden Versuche, eine wissenschaftliche Nomenklatur einzuführen.

Die von Boyle vertretene Grundansicht über den Begriff *Element* wurde von Lavoisier beibehalten: diejenigen Stoffe betrachtete er demnach als Elemente, die nicht in einfachere zerlegt

---

[1] In seinem *Traité de Chimie* (1789) finden sich in Verbindung mit seinen Versuchen über Gärung folgende denkwürdige Sätze: *Rien ne se crée, ni dans les opérations de l'art ni dans celles de la nature, et l'on peut poser en principe que, dans toute opération, il y a une égale quantité de matière avant et après l'opération, que la qualité et la quantité des principes est la même, et qu'il n'y a que des changements, des modifications. C'est sur ce principe, qu'est fondé tout l'art de faire des expériences en chimie. On est obligé de supposer, dans toutes, une véritable égalité ou équation entre les principes des corps, qu'on examine et ceux, qu'on retire par l'analyse.*

[2] Vergl. *Oeuvres* 2, 285.

werden konnten. Aber welche Veränderungen im einzelnen nahm er vor! Die Metalle, sowie wichtigsten Nichtmetalle, wurden in die Reihe der Grundstoffe gestellt: zusammengesetzte Körper, wie die Alkalien, Ammoniak und Erden, zählten freilich auch dazu, jedoch nicht ohne daß starke Zweifel an ihrer elementaren Natur geäußert wurden. Der Sauerstoff, ebenfalls als Element erkannt, wurde wegen seiner Rolle bei der Verbrennung und seiner Fähigkeit, Verbindungen mit so vielen Grundstoffen einzugehen, zum Mittelpunkt des antiphlogistischen Systems, das ja seine Entstehung der Erkenntnis von dem Verhalten anderer Elemente zu Sauerstoff verdankte. Recht klar erhellt die Bedeutung, die diesem Gase von Lavoisier beigelegt wurde, aus der oben berührten Säuretheorie und aus dem Satze, daß die mit Säuren sich verbindenden Basen ebenfalls Sauerstoff enthalten. Damit war die Zusammensetzung einer großen Zahl von Verbindungen, der Oxyde, Säuren und Salze, richtig erkannt, im schroffen Gegensatze zu der Auffassung der Phlogistiker, welche die zu den ersten zwei Klassen gehörigen Stoffe als einfache ansahen.

Der Zustand der Kenntnisse Lavoisiers, sowie seiner Anhänger, insbesondere ihre Ansichten über die Elemente und Verbindungen, ergeben sich aus dem Werke „*Méthode de nomenclature chimique*", das im Jahre 1787 von Lavoisier im Verein mit Guyton de Morveau, Berthollet und Fourcroy herausgegeben wurde. Die drei zuletzt Genannten waren, wie schon erwähnt, die ersten namhaften Chemiker in Frankreich, welche um jene Zeit der Phlogistontheorie entsagt und sich zu der „neuen Chemie" öffentlich bekannt hatten. Guyton de Morveau hat das Verdienst gehabt, den ersten Versuch einer zweckmäßigen, chemischen Nomenklatur gemacht und dadurch zu dem oben genannten Werk die Anregung gegeben zu haben.

Nach diesem letzteren werden die Stoffe in Elemente und Verbindungen eingeteilt. Zu jenen zählen außer Wärme und Licht, welche übrigens von Lavoisier selbst nicht als Stoffe aufgefaßt wurden, Sauerstoff, Wasserstoff, Stickstoff; diese bilden die erste Klasse. Zu der zweiten Gruppe von Elementen gehören die Säuren bildenden Nichtmetalle: Schwefel, Phosphor, Kohle, denen sich die hypothetischen Radikale der Salzsäure, Flußsäure und Borsäure anreihen. Die dritte Klasse von unzerlegten Substanzen umfaßt die Metalle, die vierte Erden, die fünfte endlich die Alkalien, deren elementare Natur Lavoisier so unwahrscheinlich war, daß er dieselben in seinem *Traité de chimie* (1789) nicht mehr unter den Elementen aufführte. Die Benennung dieser letzteren knüpfte sich entweder an die seit alters her gebräuchlichen Namen an oder war die von Lavoisier zum Teil schon früher eingeführte (z. B. Oxygène, Hydrogène, Azote).

Die Verbindungen gliedern sich in binäre und ternäre; die Bezeichnungen für dieselben sind später zum großen Teil beibehalten worden, wenn auch natürlich sich mit der Ausdehnung des chemischen Gebietes bedeutsame Erweiterungen nötig erwiesen haben. Zu den binären Verbindungen gehören zunächst die Säuren, deren Namen aus zwei Worten, einem allen gemeinsamen *(acide)* und einer Speziesbezeichnung gebildet werden, z. B. *acide carbonique, sulfurique, azotique*. Für Säuren eines und desselben Elementes mit weniger Sauerstoff verändert sich die Endung *ique* in *eux* (z. B. *acide sulfureux*). Die zweite Gruppe binärer Stoffe umschließt die Sauerstoffverbindungen der Metalle, welche als Basen den Säuren gegenübergestellt werden; die Gattungsbezeichnung *oxydes* wird denselben beigelegt und der Name des betreffenden Metalles angefügt (z. B *oxyde de plomb* etc.). Zu den Verbindungen zweier Elemente zählen noch die „*sulfures*" (z. B. Schwefelwasserstoff, Schwefelmetalle), „*phosphures*", „*carbures*", sowie die Verbindungen der Metalle untereinander.

Für ternäre Stoffe sind Hauptvertreter die Salze, welche aus der Vereinigung von Basen mit Säuren hervorgehen; nach den letzteren werden die Gattungsnamen gebildet, denen der Name des bei der Bildung der Säure beteiligten Metalles, bezw. Alkalis, oder der Erden angefügt wird (z. B. *nitrate de plomb, sulfate de baryte* etc.).

Der Fortschritt, den dieser kurze Überblick der Systematik chemischer Stoffe erkennen läßt, ist sehr bedeutend; denn an die Stelle irriger Annahmen und regelloser Trivialbezeichnungen trat eine richtige Auffassung der qualitativen Zusammensetzung der chemischen Verbindungen und eine dieser entsprechende rationelle Benennungsweise. Die Erweiterung der letzteren und ihre internationale Gestaltung durch Berzelius ist weiter unten näher erörtert.

Guyton de Morveau. Berthollet. Fourcroy.

Diese drei Forscher, die mit Lavoisier den Grund zu einer wissenschaftlichen chemischen Nomenklatur legten, haben auch durch andere Arbeiten Einfluß auf die Entwicklung der chemischen Lehren ausgeübt, so daß ihre wichtigsten Leistungen hier zu berücksichtigen sind. — Guyton de Morveau, 1737 zu Dijon geboren, ursprünglich in der juristischen Laufbahn tätig, entsagte dieser, um sich ganz dem Studium der Chemie zu widmen. Sein erster Versuch einer chemischen Nomenklatur brachte ihn zu der französischen Akademie, insbesondere zu Lavoisier, in nahe Beziehungen, deren

Ergebnis das oben zitierte Werk gewesen ist. Seit dem Jahre 1791 als Deputierter in Paris, suchte Guyton de Morveau seinem Vaterlande durch seine chemischen Kenntnisse und deren praktische Anwendung nützlich zu sein; es sei an die Bemühungen, den Luftballon strategisch zu verwerten (in der Schlacht von Fleurus), an seine Tätigkeit bei der Gründung der *École polytechnique*, der er längere Zeit als Professor angehörte, an seine Verdienste als Generaladministrator der Münze u. a. erinnert. Die politische Rolle Morveaus war weniger segensreich, ja geradezu schädlich, da er, obwohl höchst einflußreiches Mitglied der Nationalversammlung und des Konvents, nichts getan hat, was die Ausschreitungen der Revolution hätte eindämmen können. Er starb i. J. 1816 zu Paris.

Außer dem hauptsächlichen Verdienst, die rationelle Bezeichnungsweise chemischer Stoffe an Stelle der nichtssagenden Trivialnamen und verwirrenden Synonyme[1] wirksam angeregt zu haben, kommt ihm das weitere zu, durch Experimentaluntersuchungen auf analytischem und technischem Gebiete diese letzteren befruchtet zu haben. Auch hat er durch gute Übersetzungen von Werken Bergmans, Scheeles und Blacks zur Kenntnis der Leistungen dieser Männer beigetragen.

Claude Louis Berthollet, geb. 1748 (zu Talloire in Savoyen), lebte seit 1772 in Paris und entwickelte namentlich seit 1780, nachdem er in diesem Jahre in die französische Akademie aufgenommen war, eine in verschiedenste Gebiete der Chemie eingreifende Tätigkeit. Als Lehrer an der Normal- und der polytechnischen Schule (seit 1794) konnte Berthollet, ebenso wie bei wichtigen Missionen Napoleons (in Italien, Ägypten) und bei gemeinnützigen Unternehmungen, sein organisatorisches Talent betätigen; er gelangte zu den höchsten Ehren, sowohl unter dem Kaiserreiche als nach der Restauration und starb 1822 zu Arceuil bei Paris, wo in seinen letzten Lebensjahren ausgezeichnete Gelehrte bei ihm regelmäßige Zusammenkünfte hielten, deren Ergebnisse in den *Mémoires de la société d'Arceuil* (1807—1817) niedergelegt wurden. Anfangs Phlogistiker, hat sich Berthollet seit dem Jahre 1786 offen für die Lehre Lavoisiers erklärt.

Seine Experimentaluntersuchungen waren in jener Zeit

---

[1] Es sei nur daran erinnert, daß z. B. das schwefelsaure Kali fünf verschiedene, zum Teil ganz unverständliche, Namen führte: *sal polychrestum Glaseri*, *tartarus vitriolatus*, *vitriolum potassae*, *sal de duobus*, *arcanum duplicatum*. — Eine große Zahl der zu jener Zeit üblichen Bezeichnungen für Gase, Salze, Säuren und Basen ist im Anhange zu Scheeles Briefen von Nordenskiöld übersichtlich zusammengestellt (a. a. O. S. 467 ff.).

besonders wichtig und fruchtbringend; es seien hier die über Ammoniak, Blausäure, Schwefelwasserstoff, über chlorsaures Kali, die praktische Verwendung des Chlors genannt; die Zusammensetzung der erstgenannten Verbindungen wurde von ihm im wesentlichen richtig ermittelt. — Von allgemeiner und tiefer eingreifender Bedeutung als die eben erwähnten, sind Berthollets spätere Untersuchungen und Spekulationen über die chemische Affinität gewesen; der Einfluß welcher von dem dieses Gebiet behandelnden Werke: *Essai de statique chimique,* ausgegangen ist, war schon damals ein mächtiger und hat sich noch stärker in neuerer Zeit geltend gemacht. Die Grundzüge seiner Affinitätslehre sollen im Zusammenhange mit den durch dieselbe veranlaßten Arbeiten Prousts, die zur Erkenntnis der festen chemischen Proportionen führten und demnach der Entwicklungsgeschichte der Atomtheorie angehören, dargelegt werden (ausführlicher im speziellen Teile).

Anton Franz Fourcroy (geb. 1755, gest. 1809) hat als anregender Lehrer, der es verstand, seine Schüler für die Chemie zu begeistern, ganz besonders kräftig für die Verbreitung des antiphlogistischen Systems gewirkt. Auch durch seine litterarische Tätigkeit trug er dazu bei, daß die neue Lehre mehr und mehr Anklang fand. Die auf Chemie bezüglichen Artikel, die er seit 1797 für die *Encyclopédie méthodique* bearbeitete, enthalten eine Verherrlichung der antiphlogistischen Chemie, welche er im patriotischen Übereifer, vielleicht auch nicht ohne egoistische Hintergedanken, *chimie française*[1] nannte. Auch in größeren Werken legte Fourcroy die antiphlogistische Lehre eingehend dar, so in seinem „*Système des connaissances chimiques*" und seiner „*Philosophie chimique*" u. a.

Einer verarmten Familie entstammend, mußte er sich unter drückendsten Verhältnissen die Mittel zu seinen Studien erwerben. Seine Arbeiten auf medizinischem und naturhistorischem Gebiete trugen ihm schon i. J. 1785 die Ehre ein, in die französische Akademie aufgenommen zu werden, nachdem er ein Jahr zuvor die Professur am *Jardin des plantes* als Nachfolger Macquers übernommen hatte. Später, besonders nach der Schreckenszeit, während der Fourcroy im Komitee des öffentlichen Unterrichts tätig war, fand er Gelegenheit, die reichen Erfahrungen zu verwerten, die er als Lehrer gesammelt hatte. Unter dem Konsul Bonaparte trat er an die Spitze des öffentlichen Unterrichtswesens, welches wesentlich nach seinem Plane, mit vorwiegender Berücksichtigung der naturwissen-

---

[1] Als Nachklang dieser Bezeichnung erscheint der bekannte, schon zitierte Satz von Wurtz: „*La chimie est une science française.*"

schaftlichen Studien, reorganisiert wurde. Mittelbar ist es gewiß seinen Bemühungen zu danken, daß gerade die Chemie in Frankreich während der folgenden Dezennien die schönsten Blüten trieb. Endlich hatte er hervorragenden Anteil an der Gründung der polytechnischen und medizinischen Schule, sowie der *École centrale* und des naturhistorischen Museums.

Fourcroys großes Verdienst bestand also in seiner organisierenden und lehrenden Tätigkeit. Seine Experimentaluntersuchungen haben zwar nicht Ergebnisse von großer allgemeiner Bedeutung zutage gefördert, aber sie dienten als Vorarbeiten auf manchen Gebieten, z. B. auf dem der physiologischen und pathologischen Chemie. Besonders wichtig für die damals spärlich untersuchten organischen Verbindungen wurden seine mit Vauquelin ausgeführten Versuche, an denen letzterer zweifelsohne den Hauptanteil gehabt hat.

Die meisten dieser experimentellen Arbeiten sind in den *Annales de Chimie* veröffentlicht, an deren Gründung Fourcroy auf Anregung Lavoisiers zugleich mit Berthollet und Guyton de Morveau beteiligt war. Diese Annalen, im ersten Jahre der Revolution 1789 ins Leben tretend, überdauerten die Stürme der letzteren und bildeten den Sammelpunkt der französischen Chemiker, zugleich das Organ der neuen Lehre, im Gegensatze zum älteren *Journal de physique*, in welchem die letzten Anhänger der Phlogistontheorie diese zu verteidigen suchten. Die *Memoiren* der alten französischen Akademie erschienen im Jahre 1789 zum letzten Male; die Akademie selbst wurde vier Jahre später aufgehoben, um 1795 durch das *Institut national* ersetzt zu werden, aus dem in unserem Jahrhundert die jetzige *Académie française* hervorgegangen ist.

Die Chemie wurde in Frankreich nach dem Tode Lavoisiers in erster Linie durch die drei oben charakterisierten Männer repräsentiert, denen sich als jüngerer Vauquelin anschloß; derselbe hat sich durch ausgezeichnete chemische Leistungen das Recht erworben, zu denen gezählt zu werden, die bei der festeren Begründung des antiphlogistischen Systems wirksam geholfen haben. Vauquelin, i. J. 1763 zu Hébertot in der Normandie geboren, wurde als Apothekerlehrling zuerst mit chemischen Erscheinungen bekannt; ein glückliches Geschick brachte ihn in Fourcroys Laboratorium, in dem er als dessen Gehilfe Beschäftigung fand. Bald war er Mitarbeiter Fourcroys, und erregte durch seine glänzenden Untersuchungen die Aufmerksamkeit der Fachgenossen. Seit 1793 in verschiedenen ehrenvollen Stellungen nach vielen Richtungen hin erfolgreich tätig, wurde er nach Fourcroys Tode dessen Nachfolger als Professor der Chemie an der medizinischen Fakultät; er ist i. J. 1829 gestorben. Vauquelin bemühte sich, nicht nur durch Vorträge die Chemie zu lehren, sondern ließ auch systematischen praktischen Unterricht im Laboratorium jungen, strebsamen Männern zuteil werden, von denen manche ausgezeichnete Chemiker geworden sind.

Vauquelins Arbeiten, durch Sorgfalt und daraus entspringende Genauigkeit ausgezeichnet, bewegen sich auf den verschiedensten Gebieten der Chemie. Seine Untersuchungen von Mineralien beförderten die Entwicklung der mineralogischen Chemie und führten zur Entdeckung neuer Stoffe, z. B. des Chroms und der Beryllerde. Wie hier, so bewährte er sich im Gebiete der organischen Chemie als vorzüglicher Beobachter; er entdeckte die Chinasäure, das Asparagin, die Kamphersäure und andere Stoffe. — Seine Abhandlungen finden sich größtenteils in den *Annales de Chimie*, zu deren Herausgebern er seit 1791 gehörte, einige auch in den *Annales des mines* und anderen Zeitschriften. Eine in den *Annales de Chimie* 1799 erschienene *Anleitung zur chemischen Analyse* sei hier erwähnt, um so mehr, als sie durch eine deutsche Übersetzung Beachtung und Verbreitung in weiteren Kreisen gefunden hat.

Der Altersgenosse Fourcroys und berühmte Gegner Berthollets, Joseph Louis Proust, gehört durch seine wichtigsten Arbeiten, welche die Lehre von den chemischen Proportionen begründen halfen, dem folgenden Zeitabschnitte an, in dem er gebührend zu berücksichtigen ist. — Andere französische Chemiker, die sich noch bei Lebzeiten Lavoisiers zu dessen Lehre bekannten, wie Pelletier, Gengembre, Bayen, Parmentier, Adet, Hassenfratz u. a., haben zwar tüchtige Experimentaluntersuchungen, jedoch keinerlei Arbeiten von allgemeiner Bedeutung geliefert; einzelne Beobachtungen derselben werden in der speziellen Geschichte der Chemie Erwähnung finden.

Zustand der Chemie in Deutschland am Ende des 18. Jahrhunderts.

Den antiphlogistischen Lehren zeigten sich die deutschen Chemiker nicht so schnell zugänglich, wie die Landsleute Lavoisiers. Die namhaften unter jenen begannen erst im letzten Jahrzehnt des 18. Jahrhunderts im Kampfe gegen die neuen Anschauungen nachzulassen und dieselben anzuerkennen. Von den in jener Zeit lebenden und als Lehrer der Chemie wirkenden Forschern ist Klaproth an erster Stelle zu nennen. Richter hat ebenfalls Anteil an der Entwicklung einer sehr wichtigen Frage der allgemeinen Chemie gehabt, insofern er die *Stöchiometrie* begründete;

seine Untersuchungen sind als wichtige Vorarbeiten der chemischen Atomtheorie zu betrachten und in der Einleitung zu dieser abzuhandeln. — Die übrigen deutschen Chemiker jener Zeit haben keine Untersuchungen von allgemeiner Bedeutung zutage gefördert, wohl aber erfolgreich einzelne Zweige der Chemie bearbeitet. Einige bemerkenswerte Leistungen derselben finden daher ihren Platz in der speziellen Geschichte der Chemie; von diesen Chemikern seien Buchholz, Trommsdorff, Wiegleb, Westrumb genannt, welche die pharmazeutische und technische Chemie mit wertvollen Beobachtungen bereichert haben. Zu den deutschen Chemikern, die zuerst das antiphlogistische System unumwunden anerkannten, gehörten Hermbstädt und Girtanner, auch J. A. Scherer; sie trugen durch ihre Schriften über dasselbe zu seiner Verbreitung und Anerkennung in ihrem Vaterlande wirksam bei.

Martin Heinrich Klaproth, zu Wernigerode 1743 geboren, also Altersgenosse von Lavoisier, wurde erst in späten Jahren Lehrer der Chemie (zuerst an der Artillerieschule zu Berlin), da er bis zum Jahre 1787 seiner ursprünglichen Apothekerlaufbahn treu blieb, in welcher er aber anfangs unter Leitung des trefflichen Valentin Rose, später selbständig Gelegenheit fand, ausgezeichnete chemische Untersuchungen auszuführen. Den letzteren verdankte er seine Aufnahme in die Berliner Akademie.

Als in der preußischen Hauptstadt die neue Universität ins Leben trat, wurde der schon 67 Jahre zählende Mann als der erste Professor der Chemie an dieselbe berufen; er hat noch bis zum Beginn des Jahres 1817, seinem Todesjahre, in dieser Stellung gewirkt.

Klaproth ist ausgezeichnet durch die Sorgfalt und Gründlichkeit, mit der er alle seine Arbeiten ausgeführt hat; ihm verdankt die quantitative Forschungsweise eine wesentliche Ausbildung und Vertiefung, und dadurch trug er zur Anerkennung der von Lavoisier in den Vordergrund gestellten Prinzipien wirksam bei. Nachdem Klaproth sich seit 1792 durch gründliche Prüfung der bei der Verbrennung und Verkalkung statthabenden Vorgänge von der Richtigkeit der antiphlogistischen Lehre überzeugt hatte, gehörte er zu deren treuesten Anhängern; sein Beispiel führte manchen deutschen Chemiker auf die gleiche Bahn. Auch die der Chemie ferner stehenden Naturforscher nahmen in dem Kampf der Theorien Stellung zu denselben, wie denn der in so vielen Gebieten bewanderte Alex. von Humboldt sich i. J. 1793 offen für die Lehren Lavoisiers aussprach.

Die der analytischen Chemie angehörenden Untersuchungen

Klaproths galten damals mit vollem Recht als Musterarbeiten für die jüngeren Fachgenossen. Ähnlich den Bestrebungen Vauquelins waren die seinigen darauf gerichtet, mittels verbesserter analytischer Methoden die Zusammensetzung von Mineralien festzustellen, um so den Grund zu einer chemischen Einteilung der letzteren zu legen. Die Schärfe seiner Beobachtungen brachte es mit sich, daß er verschiedene Elemente und Erden, z. B. das Uran, Titan, Cer, die Zirkonerde, entdeckte, sowie die Angaben anderer Forscher über manche neue Stoffe, wie Tellur, Chrom, Beryll, berichtigte und erweiterte. Klaproths verdienstvollen Untersuchungen werden wir noch in der Geschichte der analytischen und mineralogischen Chemie begegnen. Seine Gewissenhaftigkeit sprach sich auch in der Art und Weise aus, wie er, abweichend von dem Gebrauche der damaligen Chemiker, die Ergebnisse seiner Analysen veröffentlichte: statt nur die Schlußfolgerungen mitzuteilen, die aus den Versuchen vermeintlich zu ziehen waren, gab er die unmittelbar bei diesen erhaltenen einzelnen Zahlen an und ermöglichte so eine spätere eingehende Kritik bezw. Korrektion dieser Werte.

Die obige Würdigung der Verdienste Klaproths möge durch das Urteil A. W. Hofmanns[1] ihren Abschluß finden: „Von einer Bescheidenheit, der jede Überhebung fern liegt, voll Anerkennung für die Verdienste anderer, rücksichtsvoll für fremde Schwäche, aber von unerbittlicher Strenge in der Beurteilung der eigenen Arbeit, hat uns Klaproth für alle Zeiten das Vorbild eines echten Naturforschers gegeben."

Klaproths Experimentaluntersuchungen sind in verschiedenen Zeitschriften erschienen (z. B. in den Denkschriften der Berliner Akademie, Crells chemischen Annalen); er selbst sammelte diese zerstreuten Arbeiten in dem fünfbändigen Werke: *Beiträge zur chemischen Kenntnis der Mineralkörper* (1795—1810), welches durch einen sechsten Band: *Chemische Abhandlungen gemischten Inhalts* (1815), abgeschlossen wurde. Auch sonst war er litterarisch tätig, so durch Herausgabe des *Chemischen Wörterbuchs* (1807—1810) und durch Bearbeitung der Werke anderer, z. B. Grens *Handbuch der Chemie* (1806).

Daß übrigens in den zwei letzten Jahrzehnten des 18. Jahrhunderts die Chemie in Deutschland sorgsam gepflegt worden ist, dafür spricht die in jene Zeit fallende Gründung verschiedener Zeitschriften, die sich insbesondere die Veröffentlichung von Abhandlungen chemischen Inhalts zur Aufgabe machten. Zu jenen gehörten die schon erwähnten *Chemischen Annalen* des hochverdienten L. v. Crell,

---

[1] Chem. Erinnerungen aus der Berliner Vergangenheit S. 25.

die aus dem seit 1778 ins Leben getretenen Chemischen Journal hervorgegangen waren, ferner Scherers *Allgemeines Journal der Chemie,* das seit dem Jahre 1803 mit jenen Annalen vereinigt wurde, endlich die von Gren und Gilbert (1798) gegründeten *Annalen der Physik,* die seit 1825 als *Poggendorffs Annalen der Physik und Chemie* erschienen.

Zustand der Chemie in England und Schweden gegen Ende des 18. Jahrhunderts.

Die bedeutendsten Chemiker, die zur Zeit, als Lavoisier die Phlogistontheorie angriff, in England und Schweden wirkten, nämlich Black, Cavendish, Priestley, Scheele und Bergman, waren erklärte Gegner der neuen Lehre. Von ihnen hat nur Black die Richtigkeit der letzteren schließlich i. J. 1791 unumwunden anerkannt; Cavendish, der gerade durch seine Entdeckungen zum Sturze der Phlogistonlehre wesentlich beigetragen hat, konnte sich nicht entschließen, ihr offen zu entsagen. Die übrigen, die gleichfalls durch ihre Beobachtungen die besten Waffen zur Vernichtung der phlogistischen Anschauungsweise geschmiedet haben, sind aus dem Leben geschieden, ohne von deren Unhaltbarkeit überzeugt worden zu sein. — Andere englische Chemiker, wie Henry, Kirwan, Hatchett, suchten gleichfalls die phlogistische Hypothese so lange zu halten, als nur irgendwelche Scheingründe für dieselbe beizubringen waren. Namentlich Kirwan, welcher der Annahme huldigte, das Phlogiston sei mit Wasserstoff identisch, setzte den Kampf gegen die neue Lehre fort, bis auch er im Jahre 1792 sich zugunsten der letzteren erklärte. Den ersten Anhänger fand diese in England an Lubbock, der schon im Jahre 1784 den Ansichten Lavoisiers offen zustimmte. Die genannten Chemiker sind als Vertreter ihrer Wissenschaft hier nur kurz zu erwähnen; sie haben durch ihre Arbeiten zwar einzelne Zweige der Chemie bereichert, sind jedoch auf die allgemeine Richtung derselben ohne Einfluß geblieben. Ihr Landsmann John Dalton, dessen gewichtiges Eingreifen in die Chemie an der Wende des 18. Jahrhunderts zu verzeichnen ist, hat um so bestimmender einen neuen Weg beschritten, auf dem seit Beginn unseres Jahrhunderts die chemische Forschung weiter gegangen ist, im Siegeslaufe neue Gebiete entdeckend und erobernd.

Schweden hat gegen Ende des 18. Jahrhunderts nach dem Tode Bergmans und Scheeles keinen Forscher aufzuweisen, der gleich diesen die Chemie mit Tatsachen von allgemeiner Bedeutung befruchtet hätte. Die analytische und mineralogische Chemie fand in Ekeberg und Gahn tüchtige Vertreter. Erst an der Schwelle unseres Jahrhunderts ging das Gestirn von Berzelius auf, dessen Licht während der ersten vier Jahrzehnte fast alle Teile der Chemie erleuchtet hat. Eine an wissenschaftlichen Taten überaus reiche Zeit begann damit für die Chemie; neben Berzelius griffen in die Entwicklung der letzteren seine Altersgenossen Davy und Gay-Lussac kraftvoll ein. Den festen Stütz- und Angelpunkt ihrer Bestrebungen gewährte die von Dalton aufgestellte Atomtheorie, der die Lehre von den chemischen Proportionen zugrunde lag.

**Entwicklung der Lehre von den chemischen Proportionen.
Daltons Atomtheorie.**

Die Idee von Atomen als letzten Bestandteilen der Körper ist seit alters her in spekulativen Köpfen öfters aufgetaucht, ohne daß damit eine chemische Atomlehre exakt begründet worden wäre. Boyles Korpuskulartheorie war und blieb nur ein Produkt geistvoller Spekulation, die in der Annahme einer Urmaterie endigte und deshalb unfruchtbar blieb. Erst als eine Reihe von Tatsachen zur Voraussetzung von Atomen führte, als durch die Annahme letzterer eine Reihe von Beobachtungen befriedigend erklärt wurden, konnte von der Begründung einer chemischen Atomtheorie die Rede sein. Das Verdienst, diese aufgestellt zu haben, kommt dem genialen John Dalton unbestreitbar zu. Ehe diese wissenschaftliche Tat vollbracht werden konnte, mußte der Begriff der chemischen Proportionen, nach denen sich die einfachen Stoffe zu zusammengesetzten vereinigen, festgestellt werden. Einen gewichtigen Teil dieser Aufgabe haben schon vor Dalton zwei Chemiker: Richter und Proust, erfüllt.

Richter, dessen Untersuchungen allerdings Dalton zur Zeit der Konzeption seiner Atomtheorie so gut wie nicht bekannt waren,[1] hat, ohne vielleicht selbst die Tragweite seiner Versuchsergebnisse zu erkennen, die Lehre von den chemischen Proportionen begründet, und Proust war es, dem der Nachweis gelang, daß das Verhältnis, in welchem sich zwei Elemente chemisch verbinden, ein konstantes oder, falls mehrere Verbindungen dieser Elemente bestehen, ein sprungweise nach einfachen Zahlenverhältnissen veränderliches ist. Erwägt man, daß aus einer diesen Beobachtungen sich anschließenden

---

[1] Nach der Angabe von Smith: Memoir of John Dalton and history of the atomic theory S. 214. Vergl. auch Kahlbaums Monographien aus der Gesch. d. Chem. 2. Heft S. 10.

Wahrnehmung Daltons, welche in dem Gesetze der multiplen Proportionen zusammengefaßt wurde, die atomistische Hypothese entsprang, auf der die chemische Atomtheorie errichtet wurde, so ist der innige Zusammenhang letzterer mit jenen Vorarbeiten klar.

Jeremias Benjamin Richter, geb. 1762 in Hirschberg (Schlesien), lebte als Bergsekretär in Breslau, sodann als Bergassessor und *Arkanist* an der Porzellanmanufaktur in Berlin, wo er schon im Jahre 1807 starb. Seine Versuche, durch welche vorwiegend die Gewichtsverhältnisse festgestellt werden sollten, nach denen sich Säuren mit Basen zu Salzen verbinden, sowie die daraus gezogenen Folgerungen legte er in seinen *Anfangsgründen der Stöchiometrie oder Meßkunst chemischer Elemente* (1792—1794) und in seinem in den Jahren 1792—1802 periodisch erschienenen Werke: *Über die neueren Gegenstände der Chemie* (in elf Stücken), dar, welches zum großen Teil eine Fortsetzung seines erstgenannten Buches bildet.

Mit der gleichen Aufgabe, die Mengen Säure und Base in Salzen zu bestimmen, hatten sich vor ihm viele Chemiker beschäftigt; außer Kunkel, Lemery, Stahl und Homberg ist in dieser Hinsicht Wenzel (geb. 1740 zu Dresden, gest. 1793 als Direktor der Freiberger Hüttenwerke) besonders namhaft zu machen, da er auf Grund zahlreicher, zum Teil recht brauchbarer Analysen die Vereinigung von Säuren und Basen nach konstanten Verhältnissen außer Zweifel stellte. — Richter war imstande, aus seinen eigenen, mit großer Umsicht ausgeführten Versuchen über die Mengen von Basen und von Säuren, die sich zu neutralen Salzen vereinigen, das wichtige Neutralitätsgesetz abzuleiten, welches aus der schwerfälligen, phlogistisch angehauchten Darstellungsweise Richters[1] sich in die heutige chemische Sprache wie folgt übersetzen läßt: Wird ein und dieselbe Menge einer Säure durch bestimmte, verschieden große Mengen zweier oder mehrerer Basen neutralisiert, sind also die letzteren, wie wir sagen, äquivalent, dann gehören zur Neutralisation der Basen gleiche Quantitäten einer anderen Säure, und umgekehrt. Aus seinen Angaben ist ganz bestimmt zu folgern, daß er die Mengen von Oxyden, die gleich viel Sauerstoff enthalten, als äquivalent, d. h. der gleichen Menge einer Säure zur Neutralisation bedürfend, ansah. Die Fähigkeit des Eisens und Quecksilbers, sich mit Sauerstoff nach zwei Verhältnissen zu verbinden, hatte Richter aus der Zusammensetzung der entsprechenden Salze richtig geschlossen. Mit diesen bedeutsamen Beobachtungen war er den ganz ähnlichen von Proust

---

[1] Richter bediente sich, obwohl er die Phlogistonlehre aufgegeben hatte, noch zahlreicher ihr entlehnter Ausdrücke, die häufig zur Verdunkelung seiner Angaben beitrugen und somit ihr Verständnis erschwerten.

zuvorgekommen, während schon früher Scheele zu der gleichen, wenn auch nicht so präzis geäußerten Erkenntnis gelangt war (vergl. S. 113). Trotz dieser weittragenden Entdeckungen, die Richters Arbeiten in sich schlossen, blieben dieselben zunächst fast ganz unbeachtet; man erkannte offenbar ihren wahren Wert nicht. Schuld an dieser Vernachlässigung trug einmal die eigentümliche, phlogistisch dunkle und umständliche Sprache, in die er die Ergebnisse seiner Versuche kleidete. Sodann mag eine Reihe von eigentümlichen Spekulationen zu einer ungünstigen Beurteilung seiner Gesamtleistungen Anlaß gegeben haben: seine Annahme nämlich, daß zwischen den Verbindungsgewichten der Basen und Säuren unzweifelhaft gesetzmäßige, arithmetische[1] Beziehungen obwalten. Der sonst so nüchterne Beobachter Richter vermeinte solche durch den Nachweis gefunden zu haben, daß die Verbindungsgewichte der Basen und Säuren passend angeordnet Reihen bilden, und zwar erstere eine arithmetische, die letzteren eine geometrische. Der Wert, den er seinem „*Progressionsgesetz*" beilegte, und die immer wieder erneuten Bemühungen, dafür Beweise beizubringen, hinderten ihn offenbar, die Bedeutung und Tragweite seines Neutralitätsgesetzes einzusehen; ja er hielt jene schlecht begründeten Spekulationen für wichtiger, als das letztere.

Der chemischen Welt wurden die in den Untersuchungen Richters schlummernden Wahrheiten einigermaßen bekannt und zugänglich gemacht durch G. E. Fischer, der das Verdienst hatte, die Beobachtungen seines Landsmannes in leicht verständlicher Weise zusammenzufassen; er vereinigte die zerstreuten Zahlenwerte, welche derselbe für die Mengen der sich verbindenden Basen und Säuren ermittelt hatte, übersichtlich zu der ersten Äquivalentgewichtstabelle.[2] — Trotzdem auf solche Weise die Aufmerksamkeit der Chemiker auf Richters Arbeiten gelenkt war, ließ die vollkommene Würdigung derselben, sowie die nähere Bekanntschaft mit ihnen noch lange auf sich warten. So konnte es kommen, daß von ihm nachgewiesene Tatsachen von anderen viel später nachentdeckt wurden, z. B. die Vereinigung der gleich viel Sauerstoff enthaltenden Basen mit der gleichen Menge einer Säure von Gay-Lussac, welcher zweifellos diesen Teil der Richterschen Untersuchung nicht gekannt hat. —

---

[1] Richter war schon vor Beginn seiner wissenschaftlichen Laufbahn von der Überzeugung beseelt, daß „die Chemie ein Teil der angewandten Mathematik sei".

[2] Diese Tabelle veröffentlichte Fischer in seiner Übersetzung von Berthollets *Untersuchungen über die Gesetze der Verwandtschaft*. Erst dadurch, daß der letztere diese Zusammenstellung Fischers in sein Werk: *Essai de statique chimique* I, 134 aufnahm, wurden die Arbeiten Richters auch in Frankreich bekannt.

„Wenige Beispiele bietet die Geschichte unserer Wissenschaft," sagt treffend H. Kopp in seiner *Entwicklung der Chemie in der neueren Zeit* (S. 252), „wo in gleichem Grade wichtige und wohl bewiesene Wahrheiten längere Zeit übersehen wurden, und wo, als das Verdienst der Entdeckung derselben endlich zur Würdigung kam, es dem Entdecker noch geschmälert und zu erheblichem Teile mit Unrecht einem anderen zugesprochen wurde."

Erst lange nach seinem Tode sind die Verdienste Richters im vollen Umfange anerkannt worden.[1] Er hat, ausgehend von der Beobachtung, daß bei der Wechselzersetzung zweier neutraler Salze die Neutralität nicht gestört wird, die Lehre von den Äquivalenten geschaffen; er war der **Begründer der Stöchiometrie**,[2] „der chemischen Meßkunst, welche sich mit den Gesetzen, nach denen sich die Stoffe zu chemischen Verbindungen vereinigen, beschäftigt".

Joseph Louis Proust. — Die Arbeiten dieses Forschers, durch welche, unabhängig von den oben erörterten, teilweise die gleiche Gesetzmäßigkeit der chemischen Proportionen bewiesen wurde, fallen der Zeit nach später, als die wichtigsten Untersuchungen Richters. — Proust, im Jahre 1755 zu Angers geboren, ging durch die Schule Rouelles, betätigte seine pharmazeutisch-chemischen Kenntnisse zuerst als Vorstand der Apotheke am Salpêtrière-Hospital (zu Paris) und war später an verschiedenen Universitäten Spaniens als Lehrer tätig; in Madrid, wo er seit 1791 wirkte, führte er seine ausgezeichnetsten Untersuchungen aus. Die Kriegszeit (1808) brachte ihn um sein trefflich ausgerüstetes Laboratorium und um seine Stellung. Erst gegen Ende seines Lebens kam er aus dieser Notlage durch Aufnahme in die Pariser Akademie und durch eine ihm bewilligte Pension; er ist 1826 in Angers gestorben.

Seine bedeutendsten Arbeiten wurden durch eine Reihe von Fragen veranlaßt, die Berthollet aufgeworfen hatte. Am Ende des vorigen Jahrhunderts (seit dem Jahre 1798) erregten des letzteren „Untersuchungen über die Gesetze der Verwandtschaft", die in seinem schon erwähnten Werke: *Essai d'une statique chimique* zusammengefaßt wurden (im Jahre 1803), außerordentliches Aufsehen. Auf

---

[1] Vergl. namentlich C. Löwigs Denkschrift: Jeremias Benjamin Richter, der Entdecker der chemischen Proportionen (Breslau 1874). Nach Fischer haben namentlich Gehlen, Schweigger und Berzelius auf die ausgezeichneten Leistungen Richters nachdrücklich hingewiesen.

[2] Richter sagt selbst, er habe keinen besseren Namen für diese Disziplin ausfindig machen können, als das Wort „Stöchiometrie, von στοιχεῖον, welches ein Etwas bedeutet, was sich nicht weiter zergliedern läßt, und μετρεῖν, welches Größenverhältnisse finden heißt".

Grund von Spekulationen, die trefflich begründet schienen, stellte der geniale Verfasser in Abrede, daß konstante Verhältnisse der Bestandteile chemischer Verbindungen die Regel seien. Auf seine Ideen über die chemische Affinität, durch welche die Vereinigung der Körper untereinander geregelt wird, ist in der speziellen Geschichte dieses Teiles unserer Wissenschaft näher zurückzukommen. Hier sei erwähnt, daß er, von dem Satze ausgehend, die chemischen Vorgänge seien abhängig von den vorhandenen Massen, zu dem Schlusse gelangte, in eine aus zwei Körpern entstehende chemische Verbindung müsse um so mehr von dem einen Körper eintreten, je mehr davon disponibel sei, vorausgesetzt, daß nicht besondere Umstände dieser Massenwirkung im Wege stehen. Daraus folgerte Berthollet, daß die Stoffe meist in stetig veränderlichen, je nach den Bedingungen wechselnden Verhältnissen zu Verbindungen zusammentreten. — Berthollets hohes Ansehen mag die Ursache gewesen sein, daß die damals hervorragendsten Chemiker nicht Widerspruch erhoben, obwohl sie mit diesem Satze nicht einverstanden sein konnten. Denn bezüglich vieler Verbindungen, namentlich der Salze, stand für Männer wie Richter, Wenzel, Klaproth, Vauquelin u. a. das konstante Verbindungsverhältnis der Bestandteile außer allem Zweifel.

Proust nahm den Kampf mit Berthollet auf und widerlegte Schritt für Schritt auf Grund exakter Versuche die theoretischen Folgerungen seines Gegners. Dieser denkwürdige Streit, der seit 1799 sich fast acht Jahre lang hinzog und von beiden Seiten mit Aufwand großen Scharfsinnes und Ausführung mühevoller Versuche geführt wurde, endete mit dem sicheren Nachweise der konstanten Verbindungsverhältnisse.

In welchem Maße Dalton bei seinen ähnlich gerichteten Versuchen durch die Arbeiten von Proust beeinflußt worden ist, läßt sich kaum ermitteln; ganz ohne Einwirkung sind dieselben keinesfalls geblieben, da alle wissenschaftlichen Kreise mit regstem Interesse dem Verlaufe des Streites zwischen Berthollet und Proust folgten.

Der letztere hatte schon im Jahre 1799 die konstante Zusammensetzung des natürlichen wie künstlichen kohlensauren Kupfers erwiesen[1] und die unveränderlichen Gewichtsverhältnisse bei wahren chemischen Verbindungen im Gegensatze zu den wechselnden bei Mischungen hervorgehoben. Wichtiger als diese, die früheren Beobachtungen anderer ergänzenden Versuche waren diejenigen über die zwei Oxydationsstufen, welche das Zinn,[2] und über die zwei

---

[1] Ann. Chim. 32, 30.   [2] Journ. Phys. 51, 174.

Schwefelverbindungen, die das Eisen bildet;[1] denn mit Nachdruck sprach er hier aus, daß nicht nur die Proportionen zwischen den Metallen und dem Sauerstoff, bezw. Schwefel in den einzelnen Verbindungen konstant seien, sondern er bewies auch, daß die Verbindungsverhältnisse sich sprungweise, nicht stetig ändern, wenn zwei Elemente sich nach mehreren Verhältnissen vereinigen. — Berthollet hatte aus seinen Versuchen[2] über die Bildung von Oxyden und Salzen (z. B. den salpetersauren des Quecksilbers) den entgegengesetzten, seinen theoretischen Ansichten entsprechenden Schluß ziehen zu können geglaubt, daß Metalle Oxyde mit allmählich zunehmenden Mengen von Sauerstoff zu bilden vermögen. Daß aber seine Versuche falsch waren, bewies Proust,[3] welcher zeigte, daß Berthollet aus der Analyse von Gemengen, nicht aus der von einheitlichen Verbindungen seine Folgerungen abgeleitet habe. Die Überlegenheit des ersteren in experimentellen Fragen kam deutlich zum Vorschein, als er Berthollet nachwies, daß manche der von ihm für Oxyde gehaltenen Körper Wasser chemisch gebunden enthielten; Proust erkannte als einer der ersten die Hydrate als zu den chemischen Verbindungen gehörig. Überhaupt wußte er durch Verallgemeinerung und festere Begründung seiner Vorstellung, daß die Verbindung zwischen Elementen und Sauerstoff oder Schwefel entweder in einem einzigen oder nur in wenigen Verhältnissen erfolgt, die schwachen, oft nicht einmal durch Versuche gestützten Argumente seines Gegners aus dem Felde zu schlagen.[4]

Proust hatte wiederholt die Gesetzmäßigkeit der Verbindungsverhältnisse betont, ohne den Versuch zu machen, über die Ursachen derselben ins klare zu kommen. Wie nahe war er der Erkenntnis des Gesetzes der multiplen Proportionen, welches Dalton aus seinen Versuchen ableitete, die, denen Prousts ähnlich, an Genauigkeit dieselben gewiß nicht übertrafen! Man wird zu der Vermutung geführt, daß Proust, hätte er seine Versuche über die Zusammensetzung binärer Verbindungen anders berechnet, zur Auffindung jenes Gesetzes gelangt sein würde. — Dalton hatte nämlich die glückliche Idee, die Mengen des Elementes, welches sich in mehreren Verhältnissen mit einem anderen verbindet, auf die gleiche Quantität des letzteren zu berechnen; als Ergebnis sprangen die multiplen

---

[1] Journ. Phys. 54, 89.
[2] Vergl. Essai de stat. chim. II, 399 ff.
[3] Journ. Phys. 59, 260. 321.
[4] Journ. Phys. 63, 364. 438.

Proportionen hervor, die er mit Hilfe der atomistischen Hypothese anschaulich zu deuten wußte.

Daltons Atomtheorie.

John Dalton,[1] am 6. September 1766 in Eaglesfield (Cumberland) als Sohn eines armen Wollwebers geboren, war frühzeitig darauf angewiesen, sein Brot durch Elementarunterricht zu verdienen. Von der Neigung zur Mathematik und Physik getrieben, wußte er sich gediegene Kenntnisse in diesen Disziplinen zu verschaffen, so daß er selbständige Untersuchungen ausführen und als Lehrer in diesen Fächern an einem *College* zu Manchester wirken konnte (seit 1793). Hier machte er (1794) die folgenreiche Entdeckung der Farbenblindheit, die er an sich selbst zuerst beobachtete (in Erinnerung daran wird diese Erscheinung noch jetzt *Daltonismus* genannt). Auch die Chemie zog er bald in den Kreis seiner Arbeiten, die dazu berufen waren, die Lösung des wichtigsten chemischen Problemes anzubahnen. In seiner Anspruchslosigkeit dachte Dalton nicht daran, sich eine glänzende Lebensstellung und einen großen Wirkungskreis zu gründen, wie er denn seit 1799 nur als Privatlehrer tätig war. Vielmehr bestand für seinen echt philosophischen Geist die schönste Belohnung in der Erforschung der Wahrheit. Er ist im Jahre 1844 (27. Juli) in Manchester gestorben.

Daltons frühere Untersuchungen über das physikalische Verhalten von Gasen (ihre Ausdehnung durch Wärme, Absorption durch Flüssigkeiten) waren auf seine späteren chemischen Arbeiten sicher von großem Einfluß; denn durch eine derartige Beschäftigung hatte er die experimentelle Geschicklichkeit erlangt, die ihm bei der Analyse gasiger Körper zu statten kam; solche aber waren es, deren Zusammensetzung ihn von dem Bestehen eines **Gesetzes der multiplen Proportionen** überzeugte.

Die Auffindung des letzteren und die sich daran schließende Konzeption der Atomtheorie[2] fallen etwa in die Jahre 1802

---

[1] Über das Leben und Wirken Daltons vergl. die Biographien von Henry (1854), sowie Lonsdale (*Life of Dalton*); letztere Schrift hat eine Menge kleiner Züge aufbewahrt, die den einfachen, kindlichen Sinn Daltons bekunden.

[2] Über die Art, wie Dalton durch gedankliche, wie experimentelle Arbeit zur Aufstellung der Atomtheorie gelangt sei, haben Veröffentlichungen von Debus: „Über einige Fundamentalsätze der Chemie (Cassel 1894)", auch Zeitschr. f. physik. Chem. (1896) **20**, 373, sowie von H. E. Roscoe u. A. Harden „A new view of the origin of Daltons atomic theory" (in deutscher Bearbeitung von Kahlbaum als 2. Heft seiner „Monographien"), auch Zeitschr. f. physik. Chem. **22**, 248 (1897) wichtige Aufschlüsse gebracht. Besonders be-

und 1803; seitdem bemühte sich Dalton, die Grundlage derselben durch Erweiterung seiner Beobachtungen zu befestigen. In Anschluß an eine i. J. 1803 vor einem erlesenen Kreise von Mitgliedern der *literary and philosophical society* zu Manchester gelesenen Abhandlung: „Über die Absorption der Gase durch Wasser und andere Flüssigkeiten", die in den wenig verbreiteten Denkschriften dieser Gesellschaft Novbr. 1805 erschien, teilt Dalton die Ergebnisse der Versuche mit, die zur Begründung der Atomtheorie dienten. Mit der ausführlichen Aufstellung und Darlegung dieser trat er erst i. J. 1808 an die Öffentlichkeit durch Herausgabe des ersten Bandes seines Werkes: *New System of chemical philosophy*.[1] Die Grundzüge dieser Atomtheorie hatte schon ein Jahr zuvor auf Grund von Daltons Mitteilungen Thomson, ein begeisterter Verehrer desselben, in seinem *System of chemistry* veröffentlicht, so daß man von diesem Zeitpunkte an die erste Einwirkung des großen wissenschaftlichen Ereignisses auf die chemische Welt datieren kann. Gleich hier sei bemerkt, daß der zweite Band jenes Daltonschen Werkes mit wesentlichen Ergänzungen der früher mitgeteilten Versuche i. J. 1810, der dritte erst 1827 erschien, zu einer Zeit, wo der Inhalt dieses letzten Teiles meist schon veraltet war.

Die ersten Beobachtungen Daltons die den festen Stützpunkt für die Atomtheorie bildeten, bestanden in der Ermittlung der Zusammensetzung von ölbildendem Gas (Äthylen) und leichtem Kohlenwasserstoff (Methan). Aus seinen Analysen der beiden Gase folgert er, daß auf die gleiche Menge Kohlenstoff genau noch einmal so viel Wasserstoff in Methan enthalten sei, als in Äthylen, daß also die Quantitäten Wasserstoff sich wie 2:1 verhalten. Diese Regelmäßigkeit veranlaßte ihn, andere Verbindungen in gleicher Richtung zu untersuchen; für Kohlenoxyd und Kohlensäure fand er, daß die Sauerstoffmengen, auf die gleiche Menge Kohlenstoff bezogen, zueinander im Verhältnis 1:2 stehen.

---

deutsam für den Einblick in Daltons Arbeitsweise ist die Veröffentlichung zahlreicher Laboratoriumsaufzeichnungen und Notizen für seine Vorträge in dem letztgenannten Werke. Es ist danach höchst wahrscheinlich, daß von ihm die multiplen Proportionen zuerst nicht auf Grund von Versuchen über die Zusammensetzung der Gase erkannt, sondern auf rein deduktivem Wege abgeleitet sind, so daß die Auffindung der multiplen Proportionen nicht Veranlassung zur Aufstellung der Atomtheorie gewesen, sondern später erfolgt wäre. Die Angaben Thomsons stehen damit freilich im Widerspruch.

[1] Deutsche Übersetzung von Fr. Wolff (Berlin 1812). Vergl. auch Ostwalds Klassiker der exakten Wissenschaften Nr. 3: „Die Grundlagen der Atomtheorie".

Die Überzeugung, daß diesen so einfachen Beziehungen ein Gesetz zugrunde liege, bedurfte kaum noch einer Festigung, als Dalton gleich einfachen Zahlenverhältnissen in dem Ergebnis der Analyse von Stickoxydul, Stickoxyd, salpetriger Säure und Salpetersäure[1] begegnete. Auch für die Sauerstoffverbindungen des Schwefels ermittelte er einfache Proportionen. Er hatte somit erwiesen, daß, wenn verschiedene Mengen eines Elementes sich mit **ein und derselben** Quantität eines anderen chemisch verbinden, jene Mengen in einfachen, durch ganze Zahlen ausdrückbaren Verhältnissen zueinander stehen: das **Gesetz der multiplen Proportionen** war somit auf experimentellem Wege gefunden, und zwar aus Versuchen abgeleitet, die, dem damaligen Stande der Analyse entsprechend, zum Teil sehr ungenau gewesen sind. Daß er wahrscheinlich schon früher auf deduktivem Wege zu hypothetischen Annahmen gelangte, die er dann durch Versuche bestätigte, ist schon oben (Anm. 2 S. 168) erwähnt worden.

Dalton blieb bei dem wichtigen Ergebnis seiner Versuche nicht stehen, suchte vielmehr eine Erklärung der von ihm entdeckten gesetzmäßigen Beziehungen zu geben. Dazu bot sich ihm die **atomistische Hypothese** dar: die an sich nicht neue Annahme, daß die Stoffe aus endlichen, nicht weiter teilbaren Partikeln, Atomen, bestehen. Diese Hypothese erklärte befriedigend jene Tatsachen, die im Gesetze der multiplen Proportionen zusammengefaßt waren; denn man brauchte ja nur statt der Verhältniszahlen absolute zu setzen, also anzunehmen, daß z. B. ein Atom Kohlenstoff im Kohlenoxyd mit einem, in der Kohlensäure mit zwei Atomen Sauerstoff verbunden sei etc. Auf dem festen Grunde dieser Annahme errichtete Dalton seine Atomtheorie, welche als Kern folgende Sätze aufweist:

1. **Jedes Element besteht aus gleichartigen Atomen von unveränderlichem Gewicht.**
2. **Die chemischen Verbindungen bilden sich durch Vereinigung der Atome verschiedener Elemente nach einfachsten Zahlenverhältnissen.**

Die Spekulationen über die Atome selbst, welche Dalton der Einfachheit wegen als kugelförmig voraussetzte, sowie die Hypothese, daß sich dieselben nicht direkt berühren, sondern durch eine Wärmesphäre voneinander getrennt seien, haben gegenüber obigen Sätzen

---

[1] Die Zusammensetzung der Salpetersäure hatte Dalton übrigens unrichtig ermittelt, insofern er annahm, daß sie auf 1 Atom Stickstoff 2 Atome Sauerstoff enthalte.

ganz untergeordnete Bedeutung, auch keinerlei Einfluß auf die Entwicklung der chemischen Atomtheorie ausgeübt.[1]

Aus den Gewichtsverhältnissen, in denen die Elemente zu Verbindungen zusammentreten, versuchte nun Dalton die relativen Atomgewichte abzuleiten; an diese Aufgabe, welche das Hauptprogramm[2] seines *New System* bildete, trat er mit wunderbarer Zuversichtlichkeit heran. Da ein sicheres Mittel, das Zahlenverhältnis der sich vereinigenden Atome festzustellen, fehlte, so mußten von ihm einige Voraussetzungen gemacht werden, und diese waren einfachster Art. Die folgenden Sätze Daltons beziehen sich lediglich auf Verbindungen zweier Elemente:

Wenn nur eine Verbindung von zwei Elementen A und B bekannt ist, so hat man anzunehmen, daß dieselbe aus einem Atom des einen und aus einem Atom des anderen besteht: $A + B$ „zweifache Verbindung oder Atom II. Ordnung" (als Atom I. Ordnung sah Dalton ein elementares Atom an).

Kennt man zwei Verbindungen, welche aus zwei Elementen A und C zusammengesetzt sind, so kann deren Zusammensetzung durch die Symbole $A + C$ und $A + 2C$ ausgedrückt werden (dreifache Verbindung oder Atom III. Ordnung).

Hat man über die Zusammensetzung von drei Verbindungen zweier Grundstoffe A und D zu entscheiden, so spricht nach Dalton die Wahrscheinlichkeit für folgende Kombinationen: $A + D$, $A + 2D$, $2A + D$. — Auch Atome fünfter Ordnung (z. B. $A + 3E$) etc. ließ Dalton zu, jedoch wurden die einfachsten Verhältnisse begünstigt; Verbindungen, deren Atomzahlen sich wie 2:3 oder 2:5 verhielten, erklärte er hervorgegangen aus zwei Atomen höherer Ordnung (z. B. salpetrige Säure aus 1 Atom Stickoxyd und 1 Atom Salpetersäure).

Der von Dalton ausgesprochene Satz, das Atomgewicht einer Verbindung sei gleich der Summe der sie zusammensetzenden elementaren Atomgewichte, erscheint uns selbstverständlich; man denke aber daran, daß noch damals, obwohl Lavoisier mit aller Energie dagegen gekämpft hatte, die falsche Vorstellung von der Wärme

---

[1] Der Versuch, den H. Debus in seiner Schrift „Über einige Fundamentalsätze der Chemie" etc. (Cassel 1894) macht, Dalton als den eigentlichen Urheber des „Avogadroschen Gesetzes" hinzustellen, ist als mißlungen zu bezeichnen (vergl. Guareschi, Amedeo Avogadro in Kahlbaums Monographien Heft 7).

[2] Nach Dalton gilt es „auszumitteln: die relativen Gewichte der letzten Teilchen, sowohl der einfachen als zusammengesetzten Körper; die Anzahl der einfachen elementarischen Teilchen, welche ein zusammengesetztes Teilchen bilden".

als Stoff keineswegs von allen Chemikern abgestreift war; manche glaubten, daß mit dem Austritt von Wärme bei der Verbindung zweier Elemente ein Stoffverlust verbunden sei.

Mit obigen Prämissen ausgerüstet, versuchte Dalton die relativen Atomgewichte folgendermaßen zu bestimmen: Ausgehend von dem Wasser, als der einzigen Verbindung von Wasserstoff und Sauerstoff (das Wasserstoffsuperoxyd war damals noch nicht bekannt), ermittelte er das Verhältnis der Mengen dieser beiden Elemente und setzte das Gewicht Wasserstoff als Einheit, auf welche das des Sauerstoffs und anderer Elemente bezogen wurde. Die für die letzteren aus der Zusammensetzung ihrer Sauerstoff- und Wasserstoffverbindungen abgeleiteten relativen Werte waren nach seiner Annahme die „Atomgewichte". So bestimmte er aus der Zusammensetzung des Ammoniaks, welches, als die einzige Verbindung von Wasserstoff und Stickstoff, aus je einem Atom beider bestehen sollte, das relative Atomgewicht des Stickstoffs, das des Kohlenstoffs auf Grund der Analyse des Kohlenoxyds und der Kohlensäure, indem er dabei für Sauerstoff den aus der Zusammensetzung des Wassers abgeleiteten Wert benutzte.

Da die von ihm angewandten analytischen Methoden mit Fehlerquellen stark behaftet waren, so konnten genaue Zahlen nicht herausspringen; aber das Prinzip der Bestimmung von relativen Atomgewichten, richtiger Verbindungsgewichten, angegeben zu haben, ist Daltons großes Verdienst gewesen. Wie weit die von ihm zuerst ermittelten und schon im Jahre 1807 von Thomson mitgeteilten „Atomgewichtszahlen" von den heute als richtig geltenden entsprechenden Werten abwichen, erhellt aus folgender Zusammenstellung:

„Relative Atomgewichte" von	Nach Dalton	Richtige Werte
Wasserstoff	1	1
Sauerstoff	6,5	7,94
Stickstoff	5	4,64
Kohlenstoff	5,4	6

Eine stark erweiterte, zum Teil verbesserte Tabelle von „relativen Atomgewichten" veröffentlichte Dalton im ersten Bande seines Werkes (1808); für Sauerstoff z. B. erscheint der Wert 7; durchweg sind die von ihm erhaltenen Zahlen zu niedrig, ja sie weichen bei den Elementen mit höheren Atomgewichten von den wahren Werten um viele Einheiten ab.[1] Sein Versuch, die atomistische Hypothese

---

[1] Diese Atomgewichtstabelle läßt das Bestreben erkennen, die Zahlenwerte abzurunden. Die den folgenden Zahlen Daltons in Klammern beigefügten

auch auf organische Verbindungen anzuwenden, sei hier kurz erwähnt, wenn derselbe auch als mißglückt zu bezeichnen ist; die Ergebnisse seiner Analysen organischer Körper waren gar zu ungenau.

Nicht unerwähnt bleiben soll Daltons Streben, eine chemische Zeichensprache zur Versinnlichung der atomistischen Zusammensetzung auszubilden. Die Atome der Elemente wurden durch verschiedenartige, kreisförmige Symbole ausgedrückt: z. B. Sauerstoff durch einen leeren Kreis ◯, Wasserstoff durch ⊙, Stickstoff durch ⓪, Schwefel durch ⊕, welche Zeichen, passend nebeneinander gestellt, die vermeintliche Konstitution von chemischen Verbindungen erkennen lassen sollten; für Wasser wurde das Symbol ⊙◯, für Ammoniak ⊙⓪, für Schwefelsäure (oder richtiger deren Anhydrid) ◯⊕◯ mit ◯ darüber etc. angewandt.

Dank der einfacheren, leicht zu verstehenden Zeichensprache, welche Berzelius einige Jahre später einführte, ist die Daltons nie zu allgemeinerer Geltung gelangt.

Weitere Entwicklung der Atomtheorie.

Die Aufnahme, die Daltons Atomlehre bei den Chemikern fand, war eine fast durchweg günstige, wenn es auch nicht an einigen Stimmen fehlte, welche die neue Theorie bemängelten, ja das Verdienst, sie begründet zu haben, anderen zuschrieben. — In England hatte dieselbe von ihrer ersten Entstehung an in Thomas Thomson einen begeisterten Anhänger[1] gefunden, der aber durch seinen Übereifer der Sache eher schadete, als nützte. Denn er verließ zuweilen infolge einer verhängnisvollen Hinneigung zu Spekulationen den festen Boden der exakten Forschung. Gerade damals, nach Aufstellung einer Theorie von solcher Tragweite, mußte es von größtem Werte sein, die zur Begründung derselben dienenden noch spär-

---

Werte sind die richtigen Verbindungsgewichte: Schwefel 13 (16), Eisen 38 (55,6), Zink 56 (64,9), Kupfer 56 (63,1), Silber 100 (107,1), Quecksilber 167 (199).

[1] Th. Thomson, geb. 1773, gest. 1852, hat durch seine chemischen Experimentaluntersuchungen, sowie durch seine Lehrbücher nicht geringen Einfluß auf die Entwicklung theoretisch-chemischer Anschauungen, zumal in England, ausgeübt. Daß er zuerst die Atomtheorie Daltons in ihren Grundzügen kennen lehrte, wurde oben erwähnt. — Auch als Historiker der Chemie hat er sich durch Herausgabe seiner *History of Chemistry* (1830/31) betätigt. — Seine Abhandlungen erschienen meist in den von ihm herausgegebenen *Annals of philosophy*. — Als Lehrer war er besonders erfolgreich in Glasgow tätig (1818—1841), wo er das erste eigentliche Unterrichtslaboratorium in Großbritannien gründete.

lichen Tatsachen durch zuverlässige Beobachtungen zu erweitern und zu vertiefen.

Die von Thomson ausgeführten Bestimmungen der relativen Atomgewichte von Elementen und Verbindungen ermangelten in noch höherem Maße der Schärfe, als die Daltons, und wurden später, als schon Berzelius mit der genauen Ermittlung der Atomgewichte seine lange Reihe klassischer Arbeiten begonnen hatte, durch die irrige Hypothese Prouts in unverantwortlicher Weise beeinflußt. Andererseits trugen Thomsons Untersuchungen über die Kalisalze der Oxalsäure zur Bestätigung der Atomlehre bei, da sich ergab, daß die Kalimengen der verschiedenen Salze gegenüber einer bestimmten Quantität Oxalsäure sich zueinander wie 1:2:4 verhielten. — Zu dieser Beobachtung gesellte sich die ähnliche von Wollaston,[1] daß in dem neutralen und in dem sauren kohlensauren Kali die Mengen Kohlensäure einem bestimmten Gewichte Kali gegenüber durch die Verhältniszahlen 1 und 2 auszudrücken sind. Somit war die Gültigkeit des Gesetzes der multiplen Proportionen auch für Salze erwiesen.

Die Stellung, welche von jener Zeit an, seit etwa 1808, die hervorragendsten Forscher: Davy, Gay-Lussac und Berzelius, zu der Daltonschen Atomtheorie einnahmen, gibt Anlaß zu einer Würdigung der allgemeinen Verdienste und bedeutendsten Leistungen dieser Männer. Von tiefst eingreifendem Einfluß auf die Entwicklung der Atomlehre, die seither zum unentbehrlichen Fundamente der Chemie geworden ist, sind die Untersuchungen Gay-Lussacs über die Gasgesetze, und namentlich die rastlosen Bestrebungen von Berzelius gewesen, durch vielseitige und gründlichste Versuche sichere Grundlagen für die Bestimmung der wahren Atomgewichte zu gewinnen.

Davy und Gay-Lussac. Ihr Leben und Wirken. — Davy trat zunächst der Atomtheorie seines Landsmannes skeptisch gegenüber, ja er meinte (1809), die Priorität dieser Betrachtungsweise komme Higgins zu, der schon im Jahre 1789 die atomistische Hypothese zur Erklärung chemischer Tatsachen benutzt habe.[2]

---

[1] W. H. Wollaston, geb. 1766, also Altersgenosse von Dalton, ist 1828 gestorben. Ursprünglich Arzt, hat er sich bald dem Studium der Physik, sowie der Chemie zugewandt, und namentlich die erstere durch wichtige Beobachtungen bereichert. Aber auch durch seine chemischen Untersuchungen machte er sich vorteilhaft bekannt, insbesondere durch seine Arbeiten über Platinmetalle. Die meisten seiner Abhandlungen finden sich in den *Philos. Transactions*, einige in den *Annals of philosophy*.

[2] In seinem Werke: *A comparative view of the phlogistic and antiphlogistic theories*.

Allerdings hat derselbe Ansichten ausgesprochen, die bei oberflächlicher Betrachtung denen Daltons ähneln, insofern er meinte, daß die kleinsten Teilchen nach einfachen Zahlenverhältnissen zu chemischen Verbindungen vereinigt seien. Aber diese Behauptungen waren ohne inneren Zusammenhang vorgebracht und gründeten sich nicht auf Versuche. Davy hat selbst später eingesehen, daß Higgins keinen Anspruch darauf erheben konnte, Begründer der chemischen Atomtheorie zu sein, und hat das Verdienst Daltons unumwunden anerkannt.

Humphry Davy, geb. im Jahre 1778, aus kleinen Verhältnissen hervorgegangen, war zu einer glänzenden Laufbahn berufen, die durch einen frühen Tod vorzeitig abgeschnitten wurde, nachdem andauernde Kränklichkeit schon jahrelang seine Schaffenskraft gelähmt hatte. Bereits im Jahre 1813 hatte er, 35 Jahre alt, seine Berufstätigkeit aufgegeben und auf dem Kontinent, namentlich in Italien, Genesung gesucht. Seit 1820 lebte und wirkte er zwar wieder in England, verließ es aber schon 1827, um nicht wieder dahin zurückzukehren; denn er starb auf der Rückreise in Genf (1829).

Durch eigene Energie hatte sich der junge Davy als Gehilfe eines Chirurgen solche Kenntnisse in der Chemie und den Naturwissenschaften überhaupt erworben, daß er, 20 Jahre alt, die Stellung eines Chemikers an der in Bristol gegründeten *Pneumatic Institution* bekleiden konnte; diese hatte sich — der Vorliebe jener Zeit für das Studium der Gase folgend — zur Aufgabe gestellt, die verschiedenen künstlich bereiteten Gase auf ihre physiologischen, vielleicht heilkräftigen Wirkungen zu prüfen. Hier führte Davy seine Untersuchungen über das Stickoxydul aus, dessen berauschende und betäubende Wirkung er entdeckte, ferner die Versuche über den Einfluß anderer Gase auf den Organismus, z. B. den von Wasserstoff und Kohlensäure, welche mit Stickstoff gemischt waren; er verschaffte sich dadurch den Ruf eines ausgezeichneten Experimentators. Schon im Jahre 1801 sehen wir ihn als Professor an der *Royal Institution* in London wirkend, bald darauf als Mitglied in die *Royal Society* eintreten, deren Präsident er im Jahre 1820 wurde.

In die ersten 13 Jahre des 19. Jahrhunderts fallen seine denkwürdigsten Arbeiten, durch die manche Teile der Chemie eine völlige Umgestaltung erfahren haben. Hier sei nur erinnert an die Entdeckung der Alkalimetalle und der in den Erden enthaltenen, aus diesen durch die Macht des galvanischen Stromes isolierten Elemente; dadurch wurden viele bisher unzerlegte Körper als zusammengesetzte erkannt. Als eine fast noch wichtigere Folge dieser

Beobachtungen ergab sich die einfache Natur des bisher für zusammengesetzt gehaltenen Chlors, und damit traten ganz neue Gesichtspunkte hervor, die zu einer Umgestaltung der Ansichten über die Konstitution der Säuren führten. Durch den Nachweis, daß es Säuren ohne Sauerstoff gebe, wurde zum erstenmal eine wesentliche Änderung der Theorie Lavoisiers nötig. Entdeckungen von solcher Tragweite kennzeichnen die Periode, in der Davy seine wunderbare Tätigkeit entfaltet hat. Seine wichtigsten Experimentaluntersuchungen sollen teils im weiteren Verfolg der allgemeinen Geschichte dieses Zeitraums, teils in dem Überblick über die Fortschritte einzelner Zweige der Chemie gewürdigt oder erwähnt werden.

Durch seine populären Vorlesungen, namentlich durch die für den *Board of Agriculture* gehaltenen, hat Davy in dem ersten Dezennium des 19. Jahrhunderts wesentlich dazu beigetragen, das allgemeine Interesse an der Chemie zu erhöhen; er war es auch, der zeigte, in welchem Maße die letztere den Bedürfnissen der Technik und des täglichen Lebens entgegenkommen könne und solle; man denke nur an seine zum Schutze des Bergmanns konstruierte Sicherheitslampe.

Davys geniale Erfassung chemischer Verhältnisse trat besonders in seinen Bestrebungen hervor, den Zusammenhang zwischen Elektrizität und chemischer Verwandtschaft, welche beide er als Folgen einer gemeinsamen Ursache betrachtete, ausfindig zu machen. Er war der erste, der auf Grund geistvoll erdachter und meisterhaft ausgeführter Versuche eine elektrochemische Theorie aufstellte und so ein Gebiet anbahnte, welches in dem folgenden Jahrzehnt so fruchtbar von Berzelius bearbeitet und ausgebaut wurde.[1]

Überall wo Davy mit seinem experimentellen Geschick und seinem Scharfsinn Probleme der Chemie, wie die oben schon erwähnten, zu behandeln anfing, erzielte er große Erfolge. Auch im engeren Gebiete spezieller Forschung, z. B. bei seinen Untersuchungen über das Ammoniumamalgam, über das Phosgen, Euchlorin, Jod, den festen Phosphorwasserstoff, über die Verbrennungserscheinungen, waren die Früchte seiner Arbeit sofort bemerkbar; stets zeigte sich eine tiefe Nachwirkung seiner Leistungen.

Seine wichtigsten Experimentaluntersuchungen hat Davy seit 1801 in den *Philosophical Transactions* veröffentlicht; einige finden sich in den *Annales de Chimie*, sowie in dem *Journal de Physique*. Von den

---

[1] Davys elektrochemische Verwandtschaftslehre soll im Zusammenhange mit der von Berzelius begründeten ihrem Hauptinhalte nach in einem der folgenden Abschnitte dargelegt werden.

spärlichen größeren Werken[1] sind seine *Elements of chemical philosophy* (1810—1812) am bekanntesten geworden, zumal sie auch bald ins Deutsche und Französische übersetzt wurden. Nach seinem Tode hat John Davy die Herausgabe aller Arbeiten seines Bruders besorgt.

Zu dem großen Interesse an Davys ausgezeichneten wissenschaftlichen Leistungen kommt noch das rein Menschliche an seiner Persönlichkeit, die aus den Aufzeichnungen seiner während ausgedehnter Reisen in Frankreich, Deutschland, Italien geführten Tagebücher, aus seinen Briefen, sowie aus den „*Denkwürdigkeiten*"[2] als eine edel und poetisch angelegte höchst sympathisch uns entgegentritt. Seine zum Nutzen der Menschheit gemachten Entdeckungen erhöhen noch die Teilnahme für diesen außerordentlichen Naturforscher. Andererseits war Davy — infolge seiner glänzenden Leistungen und der diesen gezollten Anerkennung — keineswegs frei von Eitelkeit und Selbstüberhebung, die der sonst so edlen Erscheinung Abbruch tun (vergl. Selbstbiographie von Berzelius s. u.).

Davys historisch-kritisches Verhältnis zu der Atomlehre Daltons wurde oben schon dargelegt; wenn er auch schließlich des letzteren Verdienst um die Begründung dieser Theorie zugestanden hatte, so verhielt er sich doch den Schlußfolgerungen Daltons gegenüber skeptisch.[3] Die *Atomgewichte* wollte Davy nicht als solche gelten lassen; für ihn sind dieselben nichts als die „*Proportionszahlen*" der Elemente, während zur Bestimmung von deren wahren Atomgewichten jeder sichere Anhalt fehle.

Eine ähnliche vorsichtige Auffassung und Beurteilung von Daltons kühnen Spekulationen hatte schon vor Davy sein Landsmann Wollaston geltend gemacht, der seit 1808 seine Ansicht dahin äußerte, daß mit den nach Daltons Angaben gefundenen Zahlen nicht die Atomgewichte, sondern die „*chemischen Äquivalente*" der Grundstoffe ermittelt seien. — Auch Gay-Lussac, dessen Arbeiten damals einen so mächtigen Einfluß auf die Gestaltung der

---

[1] Von Interesse ist ein Urteil, das Berzelius über Davys litterarische Tätigkeit in einem Briefe an Wöhler 1831 abgegeben hat (vergl. Ber. **15**, 3166). Der letztere hatte seine eigene Überhäufung mit schriftstellerischen Arbeiten beklagt, worauf ihm Berzelius folgendes antwortet: „Wäre Davy genötigt gewesen, sich so litterarisch zu beschäftigen, wie es jetzt bei Ihnen der Fall ist, so bin ich überzeugt, daß er die Chemie um ein ganzes Jahrhundert weiter gebracht hätte; aber so blieb er doch nur ein «glänzendes Bruchstück», gerade darum, weil er nicht von Anfang an gezwungen war, sich durch Arbeit in alle Teile der Wissenschaft als in ein Ganzes einzustudieren."
[2] *Denkwürdigkeiten aus dem Leben Sir Humphry Davys herausgegeben von seinem Bruder John*, deutsch von C. Neubert. 4 Bände (Leipzig 1840).
[3] Vergl. namentlich seine *Elements of chemical philosophy*.

Chemie auszuüben begannen, verwarf die Annahme von Atomgewichten und erkannte nur an, daß durch die analytischen und synthetischen Bestimmungen der „*rapport*" eines Elementes, z. B. des Wasserstoffs, Stickstoffs, Schwefels, zu einem anderen, z. B. Sauerstoff, festgestellt werde.

Gay-Lussac, dessen kritische Stellung zu Daltons Atomlehre hier berührt ist, hat diese namentlich durch seine weittragende Entdeckung des sogen. Volumgesetzes ganz außerordentlich gefördert, mehr als er selbst hat zugestehen wollen.

Joseph Louis Gay-Lussac, geb. 1778 zu St. Léonard (Limousin), wirkte seit 1809 als Professor der Chemie an der *École polytechnique*, der er bis 1800 als Schüler angehört hatte, zugleich als Professor der Physik an der *Sorbonne*; später, seit 1832, war er auch Professor der allgemeinen Chemie am *Jardin des plantes*; er ist im Jahre 1850 gestorben. — Schon in jüngeren Jahren, nachdem er durch Berthollet in die Wissenschaft eingeführt worden war, erregte Gay-Lussac durch seine physikalischen, das Gebiet der Chemie mehr oder weniger berührenden Untersuchungen über das Verhalten von Gasen die größte Aufmerksamkeit der Zeitgenossen. An seine mit Biot und später allein im Jahre 1804 unternommenen kühnen Luftfahrten, die zur Anstellung wichtiger physikalischer Beobachtungen benutzt wurden, sei flüchtig erinnert. Von einschneidendster Wirkung sollten die von ihm seit dem Jahre 1805 angestellten Versuche über die Gesetzmäßigkeiten werden, welche bei der chemischen Verbindung von Gasen sich in den zusammentretenden Volumen der letzteren kundgeben. Wie aus dieser Erkenntnis die reichsten Früchte für die gesamte Chemie, nicht bloß für das Gebiet der Gase hervorgingen, das wird noch weiterhin gezeigt werden. Gay-Lussacs Name ist ferner mit der Entdeckung der gesetzmäßigen Beziehungen zwischen der Volumgröße von Gasen und der Temperatur eng verknüpft; auf Grund dieses Gesetzes, welches das von Boyle-Mariotte ergänzte, konnten erst zuverlässige Messungen von Gasen ausgeführt werden.

In seinen, den speziellen Zweigen der Chemie angehörenden Untersuchungen steht Gay-Lussac ebenfalls als mustergiltiger Naturforscher da; zu der Genauigkeit der Beobachtungen und dem Scharfsinn bei Erklärung dieser gesellt sich die wunderbare Klarheit in der Darlegung seiner Versuche und Schlußfolgerungen. Wenn man nur die Arbeiten über das Jod und über Cyan, sowie deren Verbindungen herausgreifen wollte, würden dieselben genügen, um ihm einen Platz unter den hervorragendsten Chemikern zu sichern. Welche Anregung ging von diesen inhaltreichen Abhandlungen aus! Insbesondere diejenige über Cyan wurde zu einem Grundpfeiler der später zur Entwicklung gelangenden, für die organische Chemie so wichtigen Radikaltheorie, denn das Cyan wurde von Gay-Lussac als das erste zusammengesetzte Radikal gekennzeichnet. Aber auch seine weniger folgenschweren Arbeiten tragen das Gepräge der Klassizität: so die über Verbindungen des Schwefels, über die Oxydationsstufen des Stickstoffs, ferner die gemeinsam mit Thénard[1] ausgeführten Versuche über die Alkalimetalle. Aus seiner gemeinschaftlichen Tätigkeit mit Liebig entsprang die Untersuchung der knallsauren Salze. — In vielen dieser Arbeiten lagen Keime verborgen, welche sich zu wichtigen Entdeckungen entfalten sollten; es sei nur daran erinnert, daß seine Beobachtung über die Wirkung des Chlors auf Wachs für die spätere Erforschung der Substitutionsvorgänge grundlegend war.

Durch seine Leistungen auf dem Gebiete der Technik zeigte Gay-Lussac, wie er es verstand, die chemisch-analytischen Erfahrungen zum Nutzen jener zu verwerten; er ist als Begründer der Titrimetrie zu betrachten und hat durch seine jetzt allgemein eingebürgerten und verbesserten Methoden die chemische Industrie wesentlich gefördert. Wir werden seinen Arbeiten in fast allen wichtigen Zweigen der chemischen Forschung, in denen der analytischen, der reinen, der physikalischen und technischen Chemie begegnen.

Gay-Lussac veröffentlichte die meisten Experimentaluntersuchungen in den *Annales de Chimie*,[2] einige in den *Mémoires de la société d'Arcueil*, sowie in den *Comptes rendus*.

Von selbständig erschienenen Schriften sind manche von ihm, als Mitglied verschiedener technischer Behörden, ausgearbeitete Anleitungen zur Untersuchung und Prüfung von Handelsprodukten,

---

[1] L. J. Thénard, 1777 geboren, Schüler von Vauquelin und Berthollet, war als Professor an der polytechnischen Schule, sowie am *Collége de France* tätig, wirkte auch kräftig für die Hebung des naturwissenschaftlichen Studiums in Frankreich. Sein Name ist mit dem Gay-Lussacs untrennbar verbunden; ihre gemeinsamen Arbeiten haben die Erkenntnis vieler chemischer Vorgänge gefördert und zur Ausbildung wichtiger Methoden beigetragen. — Sehr verdienstlich war Thénards *Traité de chimie élémentaire*, ein Lehrbuch, welches sich, dank der glücklichen übersichtlichen Anordnung des Inhaltes, weitester Verbreitung zu erfreuen hatte (zuerst 1813—1816 erschienen; deutsch von Fechner nach der 5. Auflage 1825—1833). — Thénard ist 1857, 80 Jahre alt, gestorben.

[2] Seit 1816 gab er dieselben mit Arago als *Annales de Chimie et de Physique* heraus.

Silbererzen etc., ferner die *Recherches physiques et chimiques* (1811), die er mit Thénard veröffentlichte, zu nennen.

Prouts Hypothese und ihre Wirkungen.

In die Zeit, welche durch die ausgezeichneten Leistungen Davys und Gay-Lussacs erleuchtet wurde, noch bevor das Gestirn von Berzelius zu vollstem Glanze gelangt war, fiel ein litterarisch-chemisches Ereignis, das fast auf alle damaligen Chemiker einen tiefen Eindruck machte: die Aufstellung der Proutschen Hypothese. Diese gehört zu den Faktoren, die zu einer Entwertung der atomistischen Lehre in den Augen bedeutender Forscher nicht unwesentlich beigetragen haben. Wegen dieses hemmenden Einflusses auf die Weiterentwicklung der Atomtheorie muß die genannte Hypothese hier erörtert werden, obwohl selten eine Idee, die zu wichtigen theoretischen Vorstellungen führte, so mangelhaft begründet worden ist, wie gerade jene Hypothese.

Im Jahre 1815 wurde in einer Abhandlung,[1] welche die Beziehungen zwischen Atomgewichten von Stoffen und deren Gasdichten erörterte, und noch bestimmter in einer zweiten[2] (1816) von dem anonymen Verfasser die Behauptung aufgestellt, die Atomgewichte der Elemente seien, auf Wasserstoff = 1 bezogen, durch ganze Zahlen ausdrückbar, also Multipla von dem des leichtesten Elementes.[3] Daraus folgte die eigentliche Hypothese Prouts (der sich inzwischen als Verfasser jener Abhandlungen bekannt hatte), daß man den Wasserstoff als die Urmaterie ansehen könne, durch deren verschiedenartige Kondensation die übrigen Grundstoffe entstehen.

Dieser so leicht hingeworfene Gedanke, der an die unvollkommenen Versuche anderer[4] anknüpfte, übte damals und auch später zu verschiedenen Zeiten einen großen Reiz selbst auf namhafte Chemiker aus. Schon vor der Veröffentlichung jener Abhandlungen hatte der Freund Daltons, Thomson, darauf hingewiesen, daß nach seinen und anderen Bestimmungen die Atomgewichte mehrerer Elemente Vielfache von denen des Sauerstoffs seien. Auch

---

[1] Ann. of Philos. **6**, 321.
[2] Ann. of Philos. **7**, 111.
[3] Der Autor veränderte höchst willkürlich die Zahlenwerte der Atomgewichte derart, daß dieselben nicht nur ganze Zahlen waren, sondern auch regelmäßige Differenzen untereinander aufwiesen, wie folgendes Beispiel zeigt:
        Calcium 20,   Eisen 28,   Chlor 36,
        Natrium 24,   Zink 32,   Kalium 40.
[4] Prout war Arzt und hat selbst nur wenige, noch dazu anfechtbare chemische Versuche gemacht.

einige Jahre später suchte derselbe den gleichen Nachweis zu liefern, ohne zu bedenken, daß durch die inzwischen von Berzelius gefundenen Werte die seinigen, welche davon vielfach abwichen, stark in Frage gezogen waren. Thomson wurde das Opfer dieser vorgefaßten Meinung; er ging soweit, in der Annahme Prouts ein Grundgesetz der Chemie zu erblicken.

Obwohl bald von Berzelius, später von Turner u. a. die Unhaltbarkeit der Proutschen Hypothese erwiesen wurde, so neigten sich dennoch manche Forscher der letzteren zu. L. Gmelin gab in seinem Handbuch der Chemie (1827) die „*Mischungsgewichte*" möglichst in ganzen Zahlen an, wozu er nach den klassischen Untersuchungen von Berzelius ganz und gar nicht berechtigt war. Später noch, um das Jahr 1840, verrieten Dumas und Stas, welche die Atomgewichte des Kohlenstoffs, Sauerstoffs, Chlors und Calciums sehr genau bestimmt hatten, sowie Erdmann und Marchand bei ihren zahlreichen, in gleicher Richtung ausgeführten Arbeiten eine starke Hinneigung zu jener Hypothese, die dann bald gerade durch Stas, sowie durch Marignac als hinfällig erwiesen worden ist. — Das Liebäugeln zahlreicher Chemiker mit einer solchen, zu den weitgehendsten Folgerungen führenden Annahme hat, wie schon angedeutet, dazu beigetragen, die chemische Atomlehre in den Augen vieler besonnener Forscher der damaligen Zeit zu entwerten.

Wie Davy und Gay-Lussac, welche sich allerdings nicht speziell mit dem Problem, die Atomgewichte von Elementen zu bestimmen, beschäftigten, so hielt sich Berzelius, welcher schon damals seine ganze Kraft zur Lösung solcher Aufgaben eingesetzt hatte und dessen Ansicht daher besonders schwer ins Gewicht fiel, von jenen Vorurteilen ganz frei. Unentwegt, unbeirrt durch die verlockende Einfachheit des Proutschen Satzes ging er auf sein Ziel, die sichere, allein auf Versuche gegründete Ermittlung der Atomgewichte, los und befestigte durch seine mustergiltigen Arbeiten das ins Schwanken geratene Gebäude der Atomlehre.

Berzelius. Überblick seiner Leistungen.

Das Leben dieses großen Forschers, der, wie kaum ein anderer, die Chemie in ihren wichtigsten Teilen ausgebaut und bereichert hat, war, nach einer an Entbehrungen reichen Jugend, das ruhige, stetig dahinfließende eines Gelehrten; bei seinen Arbeiten wurde er nach seinem eignen Zeugnis durch den großen, viel in sich schließenden Gedanken geleitet: die Zusammensetzung der chemischen Verbindungen sorgfältig zu erforschen und die Gesetze, nach denen diese sich bilden, zu ergründen.

Jons Jakob Berzelius[1] wurde am 20. August des Jahres 1779 in einem kleinen schwedischen Ort, Wäfversunda geboren, wo seine Eltern im Vaterhause der Mutter zu Besuche waren. Der Vater war *Supremus collega scholae* in Linköping, wo er schon i. J. 1783 starb. Frühzeitig scheint in dem Sohne die Neigung zur Chemie erwacht zu sein; seine Absicht, sich dem Studium derselben in Upsala zu widmen, konnte er nur mit Schwierigkeiten und Enttäuschungen erreichen. Einmal hatte er, frühzeitig verwaist, mit Sorgen und Entbehrungen aller Art zu kämpfen. Sodann verstanden seine Lehrer Afzelius und Ekeberg es nicht, ihren Vorlesungen und Anleitungen den Geist einzuhauchen, nach dessen Erfassung und Aneignung Berzelius strebte. So sehen wir ihn dem medizinischen Studium zugewandt, auch als Arzt tätig, ohne jedoch die Chemie als wesentliches Hilfsmittel desselben aus den Augen zu verlieren. Seine Erstlingsarbeiten, namentlich die mit Hisinger ausgeführten über die Einwirkung des galvanischen Stromes auf Salze, machten ihn in seinem engeren Vaterlande bekannt, so daß er im Jahre 1802 zum Adjunkten der Medizin, Botanik und Pharmazie und fünf Jahre später zum Professor der Medizin und Pharmazie in Stockholm ernannt

---

[1] Über Berzelius' Familie, Jugend und seine wissenschaftlichen Arbeiten bis zum Jahre 1821 gibt das ausgezeichnete Werk H. G. Söderbaums: *Berzelius' Werden und Wachsen* (3. Heft von Kahlbaums Monographien, Leipzig 1899) reichste Aufschlüsse. Von dem gleichen Verfasser sind die selbstbiographischen Aufzeichnungen Berzelius', zuerst in schwedischer Sprache herausgegeben worden (Stockholm 1901); sie umfassen die Jahre 1779—1822 und enthalten eine Ergänzung bis 1842. Wir erfahren vieles aus der kümmerlichen Jugendzeit, von seinen Beziehungen zu den Chemikern verschiedenster Länder u. a. Von besonderer Bedeutung sind die Einblicke in die Entstehungsgeschichte wichtiger Arbeiten, z. B. „über die bestimmten Proportionen", ferner seine Anerkennung der Verdienste J. B. Richters um diese Lehre, sowie allgemeine Betrachtungen über den Zustand der Chemie zu verschiedenen Zeiten. Vor kurzem ist erfreulicherweise eine ausgezeichnete deutsche Bearbeitung dieser Selbstbiographie von Kahlbaum (Monographien aus der Geschichte der Chemie Heft 7) erschienen. Von großem historischem, wie psychologischem Interesse ist darin alles, was sich auf die Persönlichkeit des großen Chemikers bezieht. Diese tritt uns in ihrer Bescheidenheit, aber auch Einheitlichkeit und Geschlossenheit lebensvoll entgegen. Besonders wichtig für die Beurteilung bedeutender Zeitgenossen sind seine Aufzeichnungen über solche, namentlich über Davy. Es wäre zu wünschen, daß auch die ausführlichen Reiseaufzeichnungen Berzelius', die jetzt schwedisch erschienen sind, den deutschen Lesern zugänglich gemacht würden. In den Mitteilungen zur Geschichte der Medizin u. Naturwissensch. 1904, S. 69 hat der Herausgeber dieser *Reseanteckningar*, Prof. Söderbaum, eine anschauliche Besprechung veröffentlicht.

wurde; vorübergehend war er als Lehrer der Chemie an der Kriegsakademie tätig. Im Jahre 1815 erhielt er die Professur der Chemie am neu errichteten chirurgisch-medizinischen Institut in Stockholm. Seine Vorlesungen, die anfangs nach der eingewurzelten Gewohnheit lediglich theoretische waren, wußte er durch zweckmäßig eingeschaltete Experimente zu beleben. Ein kleines Laboratorium ermöglichte ihm trotz sehr unvollkommener Einrichtung die Ausführung der exaktesten Versuche zur festen Begründung der Lehre von den chemischen Proportionen. Aus den bescheidenen Räumen seines Wirkens gingen die zahlreichen Untersuchungen hervor, die er meist selbst, zum geringeren Teil in Gemeinschaft mit einzelnen begabten Schülern, ausführte. Welche Erfolge er durch seine Lehrtätigkeit erzielte, das besagen die Namen seiner Schüler, von denen Heinrich und Gustav Rose, Mitscherlich, Wöhler, Christian Gottlob Gmelin, Magnus, Mosander, Svanberg, Sefström genannt seien.

Seit dem Jahre 1818, in welchem er zum ständigen Sekretär der Stockholmer Akademie, der er seit 1808 angehörte, ernannt wurde, und mehr noch seit 1832, nachdem Mosander seine Professur übernommen hatte, widmete sich Berzelius einer litterarischen Tätigkeit, wie sie wirkungsvoller kaum vor und nach ihm von einem Chemiker ausgeübt worden ist. Sein tatenreiches Leben wurde im Jahre 1848 (am 7. August) durch den Tod abgeschlossen. Seit 1818 gehörte Berzelius dem schwedischen Adel-, seit 1835 dem Freiherrenstand an. Nachdem er bei Lebzeiten mit Ehren aller Art überhäuft worden war, hat man, kürzlich — bei Wiederkehr seines 50. Todestages (1898) — seinem Andenken durch eine würdige Gedenkfeier gehuldigt, die von der schwedischen Akademie veranstaltet war, und zu der Gelehrte aus allen Ländern, in denen die Chemie eine Stätte hat, geladen waren.

Die wissenschaftlichen Leistungen von Berzelius kurz und zugleich scharf ausgeprägt in ihrer Vielseitigkeit darzulegen, ist ein schwieriges Unternehmen; denn dieselben berühren nicht nur die Hauptteile der Chemie, sondern dringen tief in sie ein und haben zu wichtigen Reformen Anlaß gegeben. Nachdem er während der ersten sieben Jahre selbständiger wissenschaftlicher Beschäftigung sich in verschiedenen Gebieten der Chemie, auch durch physiologisch-chemische Untersuchungen als gediegener Beobachter betätigt hatte, erhob sich sein Schaffen seit dem Jahre 1807 auf eine höhere Stufe. Denn von da ab war seine gesamte Tätigkeit auf ein großes Ziel gerichtet; als seine Lebensaufgabe betrachtete er die sorgfältigste Erforschung der chemischen Proportionen und somit den Ausbau der Atomlehre. Die letztere war übrigens zur Zeit, als er seine Arbeiten über die chemischen Verbindungsverhältnisse der Elemente begann, ihm noch unbekannt. Zu seinen ersten Untersuchungen wurde er durch J. B. Richters Schriften, sodann durch die Entdeckungen Davys auf das lebhafteste angeregt, ehe ihm Daltons Arbeiten, die zur Atomtheorie geführt hatten, zugänglich geworden waren. Wie Berzelius nun durch eigene Kraft, durch Verfeinerung der analytischen Hilfsmittel, durch scharfsinnige Deutung seiner eigenen und anderer Versuche die Proportionslehre gestaltete, wie er die sicheren Grundlagen zur Bestimmung der Atomgewichte schuf, das ist im folgenden Abschnitt sorgsam zu erörtern.

Hier sei zunächst kurz darauf hingewiesen, daß er die analytische Chemie durch Auffindung neuer Methoden bereicherte; diese waren unentbehrliche Mittel zur Erreichung seines Hauptzieles. Denn nur auf Grund möglichst genauer Analysen konnten die Regel- oder Gesetzmäßigkeiten der Verbindungsverhältnisse scharf bewiesen werden. — Aber nicht allein dieser Teil der Chemie wurde von ihm befruchtet; das Werkzeug der Analyse sollte ihm auch dazu dienen, andere größere Gebiete zu erschließen. Sein erster Versuch, die Zusammensetzung der Mineralkörper an der Hand der Atomlehre, also mit Hilfe des Gesetzes der multiplen Proportionen zu erforschen, gehört schon dem Jahre 1812 an; durch Aufstellung eines chemischen Mineralsystems rief er eine gewaltige Bewegung unter den Mineralogen hervor.

Noch weittragender waren seine erfolgreichen Bemühungen, zu zeigen, daß die organischen Verbindungen ebenfalls dem Gesetze der Multiplen untertan seien. Nachdem er durch wesentliche Verbesserungen die Analyse organischer Stoffe verschärft hatte, konnte er schon im Jahre 1814 nachweisen, daß unter den Bestandteilen organischer Säuren, bezw. ihrer Salze, einfache Atomverhältnisse obwalten. So wurde die atomistische Theorie der Leitstern für Berzelius und für die ganze Wissenschaft.

Die Ursache zu der Vereinigung der Grundstoffe nach bestimmten Proportionen erblickte Berzelius in der elektrischen, den Atomen eigentümlichen Polarität. Seine aus dieser Annahme entwickelte elektrochemische Theorie und, als unmittelbare Folge dieser, sein dualistisches System ist im Zusammenhange mit anderen ähnlichen Versuchen, die Verwandtschaftserscheinungen zu erklären, noch eingehend zu besprechen.

Grundlage seiner Spekulationen blieben die Versuche, und durch diese, durch zusammenhängende Beobachtungen über das chemische

Verhalten einfacher sowie zusammengesetzter Stoffe, hat er die wichtigsten Teile seiner Wissenschaft in staunenerregender Weise bereichert. Von den vorzugsweise zahlreichen Untersuchungen über unorganische Stoffe ist die über das Selen ein klassisches Muster, das sich der Arbeit von Gay-Lussac über das Jod ebenbürtig anschließt. Man denke noch an die ausgezeichneten Arbeiten über Ferrocyanverbindungen, Sulfosalze, über Fluorverbindungen und an so viele andere. Alle seine Experimentaluntersuchungen zeigen die originelle Forschungsweise des Meisters, der zwar nicht ein solches Entdeckergenie war wie Davy, wohl aber durch streng methodisches Vorgehen und gewissenhaftes Beobachten zu den bedeutsamsten Entdeckungen geleitet wurde.

Berzelius' Leistungen im Gebiete der organischen Chemie treten gegen die eben skizzierten zurück, aber man braucht nur an die Auffindung der Traubensäure und an die wichtigen Erörterungen über deren Isomerie mit Weinsäure zu erinnern, um zu erkennen, daß er auch hier mächtig anregend eingegriffen hat. Wie er zuerst die Grundsätze der Atomtheorie auf die organischen Stoffe angewendet hat, so versuchte er auch seine elektrochemischen und dualistischen Ansichten in deren Bereich einzuführen. Sein Streben, dadurch gerade zur Vereinfachung verwickelter Verhältnisse beizutragen, war hier nicht dauernd erfolgreich; wenn auch seine Radikaltheorie eine Zeitlang fruchtbringend wirkte, so konnte sie sich doch nicht gegen den Ansturm der unitarischen Auffassung halten. — Seine Arbeiten im Gebiete der mineralogischen und physiologischen Chemie sind vielfach grundlegend, ja bahnbrechend gewesen, da sie, namentlich die der ersteren Art, die Aufstellung von ganz neuen Gesichtspunkten zur unmittelbaren Folge hatten.

Die großartige Schaffenskraft und die Arbeitsfreudigkeit von Berzelius treten nicht nur in seinen Experimentaluntersuchungen hervor, sie zeigen sich auch in seiner Lehrtätigkeit, sei es, daß diese durch persönlichen Verkehr mit Schülern zur Wirkung gelangte oder im geschriebenen Worte Ausdruck fand. In seinem kleinen einer Küche ähnlichen Laboratorium sammelte sich von nah und fern eine auserlesene Schar junger, meist schon mit chemischen Kenntnissen gut ausgestatteter Männer, um, darin an Erfahrung reich geworden, seine Lehren weiter zu verbreiten. Insbesondere aus Deutschland, wo es zu jener Zeit kaum Gelegenheit zu praktischen chemischen Arbeiten gab, kamen zu ihm strebsame Schüler, welche später am wirksamsten die Lehren seiner Schule vertraten und deren Einfluß förderten.

Die schriftstellerische Tätigkeit von Berzelius tritt am erstaunlichsten in seinem *Lehrbuch der Chemie* hervor,[1] von dem fünf Auflagen, jede in völlig neuer Bearbeitung, erschienen. Mit tiefer Gründlichkeit, die man auch an seinen experimentellen Leistungen bewundert, ist in diesem Werke Klarheit der Darstellung, sowie Schärfe des Ausdrucks gepaart. Er beschränkte sich nicht auf einfache Darlegungen der bekannten Tatsachen, sondern beurteilte die zur Deutung derselben gemachten Versuche mit gesunder unparteiischer Kritik. Während der nächsten Jahrzehnte blieb sein Lehrbuch ein unerreichtes Muster für die in der Folge erscheinenden.

— Die Vielseitigkeit von Berzelius und zugleich seine Arbeitskraft bekunden ganz besonders die von ihm seit 1821 alljährlich bis an sein Lebensende zunächst schwedisch herausgegebenen[2] *Berichte über die Fortschritte in der Physik und Chemie* (im ganzen 27 Bände). Er hatte es übernommen, über die in genannten Disziplinen veröffentlichten Forschungen Bericht zu erstatten: eine Aufgabe, der er sich mit Aufwand größten Fleißes und Scharfsinnes entledigte. An Arbeiten, welche seinem Gebiete nahe kamen, verstand er den Maßstab der Kritik in durchdringendster Weise anzulegen; zuweilen ließ er sich durch den Charakter einzelner Experimentaluntersuchungen zu Urteilen hinreißen, die eine gewisse Befangenheit bekundeten. Seine Jahresberichte sind und bleiben aber trotz solcher Schwächen unentbehrliche Quellen für das Verständnis der jeweiligen Strömungen und Schwankungen in der Chemie jener Zeit.

Seine experimentellen Arbeiten hat Berzelius in der Regel zuerst in schwedischer Sprache, und zwar in den *Verhandlungen der Stockholmer Akademie* veröffentlicht; die meisten sind sodann in deutscher, einige auch in französischer und englischer Sprache erschienen (in *Gilberts, Poggendorffs* oder *Liebigs Annalen*, den *Ann. de Chimie, Annals of Philosophy* u. a.). In bezug auf ihre Abfassung sind dieselben durch die gleichen Vorzüge wie sein Lehrbuch ausgezeichnet.

Die hervorragenden Eigenschaften von Berzelius, als mustergültigem Naturforscher, ergeben sich aus der obigen Skizze seiner

---

[1] Zuerst erschien dasselbe im Jahre 1808—1818 in drei Bänden schwedisch; die zweite schwedische Auflage wurde in 4 Bänden (1825—1831) von Wöhler übersetzt; die folgenden Auflagen erschienen nur deutsch: die dritte (4 Bände, 1833—1835) und vierte (4 Bände, 1835—1841) wurden „aus der schwedischen Handschrift des Verfassers deutsch" von Wöhler, die fünfte „Originalauflage" in 5 Bänden (1843—1848) von Berzelius unter Mitwirkung von Wöhler besorgt. Von dem Lehrbuch erschienen auch Übersetzungen ins Französische, Englische, Italienische und Holländische.

[2] Die Jahresberichte erschienen in deutscher Bearbeitung von Wöhler (die ersten drei Jahrgänge von C. G. Gmelin).

Hauptleistungen. Gründlichkeit und Ausdauer bei allen Arbeiten, die er unternahm, Genauigkeit sämtlicher Beobachtungen und die Fähigkeit, diese übersichtlich zu ordnen und scharfsinnig zu deuten, unverbrüchliches Festhalten an den Ergebnissen der Erfahrung, die ihn in erster Linie leitete, sodann aber auch zähes Festhalten an den einmal für richtig gehaltenen Schlüssen aus einer Summe von Tatsachen: das sind Merkmale, die dem großen Manne eigentümlich waren.

Der auf Erhaltung des Guten, welches einmal der Wissenschaft zugeführt ist, bedachte Sinn war in ihm ganz besonders stark entwickelt; er ging in Betätigung dieser konservativen Richtung so weit, daß er in jeder Neuerung, durch welche erprobte und nützliche Ansichten in Frage gezogen wurden, eine Gefahr für die stetige Entwicklung seiner Wissenschaft erblickte. Daher sein heftiger Widerstand gegen manche neue Lehrmeinungen, die er schließlich doch als richtig anerkennen mußte. Sein großes Verdienst um die Förderung der Chemie wird durch diese Eigentümlichkeit, die ihren tiefinneren Grund in einem ausgeprägten Gerechtigkeitsgefühl hatte, nicht geschmälert; im Gegenteil hat Berzelius durch besonnenes Festhalten an bewährten Ansichten häufig der Verwirrung und Überstürzung vorgebeugt, zu denen die von ihm bestrittenen Ansichten, falls sie ohne Einschränkung angenommen worden wären, wahrscheinlich geführt haben würden. Einer gesunden Reform war er nicht abgeneigt, aber gegen alles Gewaltsame, in seinem Sinne Revolutionäre, focht er mit den kräftigsten Mitteln; hier scheute er selbst hitzige Polemik[1] nicht, wenn eine von ihm für gut gehaltene Sache auf dem Spiele stand.

Ein zusammenfassendes Urteil über den allgemeinen Charakter von Berzelius hat besonders schön und mit wohltuender Wärme

---

[1] Berzelius' Polemik gegen Dumas, Laurent, auch Liebig u. a. ist vielfach hart und unrichtig beurteilt worden, derart, daß auf sein gesamtes Wirken ein falsches Licht fiel. Namentlich die jüngere chemische Generation vergaß bald nach seinem Tode den schuldigen Dank für die unvergänglichen Verdienste, die er sich um den Ausbau der Wissenschaft erworben hatte. Ja spöttische Bemerkungen über Irrungen von Berzelius finden sich leider noch in neueren Werken, in denen die Entwicklung chemischer Theorieen besprochen ist. Für die Art, wie er einen Austausch und die Kritik wissenschaftlicher Ansichten nutzbringend dachte, ist folgende Stelle aus einem Briefe an Liebig (3. April 1838) charakteristisch: „Bei der Behandlung wissenschaftlicher Gegenstände muß man weder Feinde noch Freunde haben. Man bekämpft, was man als Irrungen ansieht, ohne alle Hinsicht auf die Persönlichkeit des Irrenden.... Ansichten sind nicht Personen, und wir können Ansichten verwerfen, ohne dafür Veranlassung zu finden, ihre Urheber feindlich zu behandeln. Nur in dem Falle kann man Recht haben, seine Feder spitziger zu machen, wenn es auf offenbaren wissenschaftlichen Diebstahl ankommt; aber auch dann tut man

sein Schüler Heinrich Rose in der „Gedächtnisrede auf Berzelius"[1] abgegeben. Am Schlusse derselben (S. 59) sagt Rose: „Was den, der längere Zeit den Umgang von Berzelius zu genießen das Glück hatte, so unwiderstehlich an ihn fesselte, war nur zum Teil der hohe Genius, dessen Funken aus allen seinen Arbeiten hervorsprühten, war nur zum Teil die Klarheit, die überraschende Fülle der Ideen, die unermüdliche Sorgfalt und der große Fleiß, der allem, was ihn anging, das Gepräge der höchsten Vollendung aufdrückte. Es waren — und jeder, der ihn genauer kannte, wird mit mir übereinstimmen — es waren zugleich jene Eigenschaften, die ihn auch als Mensch so hoch stellten, es war die Aufopferung für andere, die edle Freundschaft, die er für alle zeigte, welche er derselben wert hielt, die hohe Uneigennützigkeit, die große Gewissenhaftigkeit, die vollkommene und gerechte Anerkennung der Verdienste anderer, kurz, es sind alle jene Eigenschaften gewesen, die aus einem biederen, ehrenwerten Charakter entspringen."[2]

Mit folgenden Worten, in denen H. Rose das außerordentliche Wirken seines Lehrers mit wenigen Strichen anschaulich schildert, möge dieser Abschnitt beschlossen werden: „Wenn aber ein Mann, mit dem außerordentlichen Forschertalente ausgerüstet, alle Teile

am besten, die Rüge ohne den geringsten Ausdruck von Leidenschaft zu machen; denn diese erregt bei jedem verständigen Leser den Gedanken: *audiatur et altera pars*. Die Leidenschaft wirft allemal Verdacht auf das, was sie begleitet...." Vergl. ferner die Briefe vom 22. Oktober 1833 und 14. August 1835 in dem Briefwechsel zwischen beiden (1893 von J. Carrière veröffentlicht).

[1] Gehalten in der öffentl. Sitzung der Berliner Akademie, 3. Juli 1851.

[2] Der vor etwa 10 Jahren veröffentlichte Briefwechsel zwischen Berzelius und Liebig, die Jahre 1831—1845 umfassend, bestätigt das obige schöne Urteil über Berzelius auf das vollkommenste. Das Buch, 1893 bei Lehmann (München und Leipzig) erschienen, von dem Enkel Liebigs, J. Carrière, herausgegeben, ist als einer der wichtigsten Beiträge zur Geschichte der Chemie in jener gärenden Zeit zu begrüßen und trägt zur Klärung des Urteils nicht nur über Berzelius und Liebig, sondern über manche namhafte Persönlichkeiten und wichtige Tatsachen sicherlich bei. — Eine noch tiefer greifende geschichtliche Bedeutung kommt dem kürzlich in zwei starken Bänden von O. Wallach herausgegebenen Briefwechsel zwischen Berzelius u. Wöhler zu (Leipzig, Engelmann, 1902). Die zahlreichen Briefe gehen durch die Jahre 1824—1848 fast ohne Unterbrechung und sind zur Kenntnis der Eigenart beider Männer, ihrer Arbeitsweise und Lehrmethode, sowie zur Beurteilung der ganzen, für die Geschichte der Chemie so wichtigen Zeit unentbehrlich. Ganz besonderen Reiz gewähren Briefe, die uns die Vorgeschichte wichtiger Entdeckungen kennen lehren, und solche, die Urteile über Leistungen und Charakter hervorragender Zeit- und Fachgenossen enthalten. Namentlich mit dem Verhältnis Berzelius' zu Liebig werden wir gründlichst bekannt. Man glaubt hier in die innersten Tiefen des Herzens von Berzelius zu schauen. (Vergl. auch Referat in der Mitt. z. Gesch. d. Med. etc. I, S. 85.)

seiner Wissenschaft mit den wichtigsten Tatsachen bereichert, auf gleiche Weise in empirischen und spekulativen Forschungen sich auszeichnet, das ganze mit philosophischem Geiste umfaßt, zugleich systematisch das einzelne lichtvoll ordnet und in einem möglichst vollständigen und kritisch gesichteten Lehrgebäude der Welt vorlegt und endlich auch einem wißbegierigen Kreise von Schülern als praktischer und theoretischer Lehrer ein erhabenes Muster wird, so erfüllt ein solcher in seiner Wissenschaft die höchsten Anforderungen in einem Grade, daß er noch in später Zeit als ein glänzendes Vorbild leuchten wird."

Befestigung der Lehre von den chemischen Proportionen und Ausbau der Atomtheorie durch Berzelius. — Anteil von Gay-Lussac, Dulong und Petit, Mitscherlich.

Im vorigen Abschnitte wurde schon hervorgehoben, daß Berzelius als seine Lebensaufgabe die Erforschung der chemischen Proportionen und der Gesetze, welche dieselben regeln, betrachtete. Den Ausgangspunkt für seine Versuche und für seine daraus gezogenen Folgerungen bildeten Verbindungen des Sauerstoffs; dieses Element war der Mittelpunkt, um den sich seit Lavoisier die gesamte Chemie anordnete. Schon durch die ersten Untersuchungen, welche Berzelius im Jahre 1810 schwedisch, von 1811 an deutsch (in *Gilberts Annalen*, Bd. 37, 38, 40) zu veröffentlichen begann, lieferte er wichtige Beweise für das Bestehen chemischer, insbesondere multipler Proportionen in den Sauerstoffverbindungen von Elementen. Wenn man erwägt, daß er fast nur auf sich selbst angewiesen diese großartigen Arbeiten und die sich in den nächsten Jahren daran anschließenden Untersuchungen ausgeführt hat, zu denen erst ganz neue Untersuchungsweisen geschaffen werden mußten, so begreift und teilt man das Staunen seiner Zeitgenossen über solche Leistungen.[1]

---

[1] Daß Berzelius die feste Begründung der Lehre von den chemischen Proportionen und damit im Zusammenhang die Ermittlung der elementaren Atomgewichte, sowie der Konstitution chemischer Verbindungen als seine größte Aufgabe betrachtet hat, das geht aus vielen Stellen seiner Werke hervor. Hier möge er selbst sprechen und berichten, wie er, von der Unvollkommenheit der bisherigen Anläufe durchdrungen, nach Verbesserungen gestrebt hat: „Ich überzeugte mich bald durch neue Versuche, daß Daltons Zahlen die Genauigkeit fehlte, die für die praktische Anwendung seiner Theorie erforderlich war. — Ich erkannte nun, daß, wenn das aufgegangene Licht sich über die ganze Wissenschaft verbreiten sollte, zuerst die Atomgewichte einer möglichst großen Anzahl von Grundstoffen, und vor allem der am gewöhnlichsten vorkommenden, mit

Berzelius verstand es, als wahrer Naturforscher vom Besonderen zum Allgemeinen fortzuschreiten; er sammelte zuerst eine Reihe bedeutsamer Tatsachen, die, zweckmäßig zusammengefaßt, den allmählichen Ausbau der atomistischen Theorie ermöglichten. Dahin gehörte der Nachweis, daß das atomistische Verhältnis von Schwefel zu Metallen in den Sulfiden das gleiche war, wie in den entsprechenden schwefelsauren Salzen, daß ferner die Sauerstoffmenge in Äquivalenten von Basen sich gleich groß ergaben, daß in den Salzen aller Art die Verhältnisse der Quantitäten Base, Säure und Wasser einfache waren u. a. m.

Von den meisten damals bekannten Metallen und Metalloiden untersuchte Berzelius in den Jahren 1812—1816 die Oxydationsstufen und bestätigte durch Ermittlung ihrer Zusammensetzung in überzeugender Weise das Gesetz der multiplen Proportionen. Trotzdem er zuweilen von irrtümlichen Voraussetzungen ausging, z. B. von der Annahme, daß Chlor, sowie Ammoniak sauerstoffhaltig seien, wußte er doch mit sicherem Griffe die Hauptfolgerungen aus seinen Versuchen frei von Fehlern zu erhalten.

Von besonderer Bedeutung für die gesunde Entwicklung der Atomlehre waren seine mit den obigen Arbeiten innigst verknüpften Versuche, aus der durch die Analyse ermittelten Zusammensetzung chemischer Verbindungen die relativen Atomgewichte der Elemente sowie der zusammengesetzten Stoffe abzuleiten. Mit größter Umsicht ging er dabei vor, und mit feinem Gefühl wußte er Anhaltspunkte für die Lösung dieser schwierigen Aufgabe zu finden. Schon in einer seiner früheren Arbeiten[1] begegnen wir der ersten Mitteilung des „Sauerstoffgesetzes", nach welchem die Menge des Sauerstoffs der Säure eines Salzes zu der in der Base enthaltenen in einfachstem Zahlenverhältnisse steht: ein Erfahrungssatz, durch den sich Berzelius bei manchen Atomgewichtsbestimmungen in erster Linie leiten ließ.

---

möglichster Genauigkeit und dabei die Verhältnisse ausgemittelt werden müßten, nach denen zusammengesetzte Atome sich untereinander verbinden, wie z. B. in den Salzen, mit deren Analyse ich schon seit einiger Zeit beschäftigt war. Ohne eine solche Arbeit konnte auf diese Morgenröte kein Tag folgen. Es war dies also damals der wichtigste Gegenstand der chemischen Forschung, und ich widmete mich ihm in rastloser Arbeit. — Mehrere der wichtigsten Atomgewichte habe ich nach längeren Zwischenzeiten mit Anwendung besserer Untersuchungsmethoden einer neuen, näheren Prüfung unterworfen. Nach zehnjährigen Arbeiten, die in den wissenschaftlichen Zeitschriften mitgeteilt wurden, konnte ich im Jahre 1818 eine Tabelle herausgeben, welche nach meinen Versuchen berechnete Atomgewichte und ungefähr 2000 einfache und zusammengesetzte Körper enthielt." (Lehrb. d. Chem. 3, 1161. 5. Aufl.)

[1] Gilb. Ann. **38**, 161.

Die Sätze, welche Dalton aufgestellt hatte, um die Atomzahl der Bestandteile chemischer Verbindungen zu erfahren, bezeichnete Berzelius mit Recht als willkürliche. Dazu gehörte z. B. die Annahme, daß das Atomverhältnis zweier Elemente, wenn von diesen nur eine Verbindung bekannt war, 1:1 sein sollte. Auch er mußte zwar zunächst von einfachen Prämissen ausgehen, bot aber seinen ganzen Scharfsinn auf, um weitere Stützen für solche Annahmen zu finden. Zu letzteren gehörte bei Beginn seiner Arbeiten die, daß ein Atom eines Elementes A sich mit 1, 2, 3, 4 Atomen eines anderen Elementes B vereinigt. Die weniger einfachen Verbindungsverhältnisse $2A:3B$ oder $2A:5B$ ließ Berzelius erst später, etwa seit 1819, rückhaltlos erst seit 1827 zu.

Mit Zugrundelegung solcher Sätze, selbst des inzwischen präzis ausgesprochenen „Sauerstoffgesetzes", würde Berzelius die Frage nach der Zahl der elementaren Atome in Verbindungen nicht viel sicherer gelöst haben, als Dalton und seine unmittelbaren Nachfolger, hätte er nicht eine wichtige Entdeckung Gay-Lussacs, dessen Volumgesetz, zur Entscheidung der schwebenden Fragen zu verwerten verstanden. Durch Heranziehung desselben wurden mit einem Schlage die einfachsten Verbindungsverhältnisse, in denen sich verschiedene Elemente vereinigen, klar, und darauf weiter bauend, vermochte Berzelius seine experimentellen Arbeiten zu einem ersten Abschlusse zu bringen. Sein *Versuch über die Theorie der chemischen Proportionen und über die chemischen Wirkungen der Elektrizität* erschien zuerst in schwedischer, 1819 in französischer und im folgenden Jahre in deutscher Sprache (bearbeitet von K. A. Blöde). In diesem für die Geschichte der Chemie denkwürdigen Werke entwickelte er seine Auffassung von der Atomlehre, sowie seine Ideen über die Beziehungen zwischen chemischer Verwandtschaft und elektrischer Polarität. Seine dualistische Betrachtungsweise trat darin klar hervor, und zugleich schuf er für sein System eine neue Sprache und Bezeichnungsweise. Besonders wichtig war die Zusammenfassung der Ergebnisse seiner mühsamen Untersuchungen in Tabellen der Atomgewichte von Elementen und Verbindungen; für etwa 2000 Körper konnte er Originalzahlen darbieten. Um die Gründe, durch welche Berzelius bei der Wahl dieser Werte geleitet wurde, vollständig kennen zu lernen, muß vor allem das Volumgesetz in Betracht gezogen werden, da er, wie schon erwähnt, daraus nicht nur wichtige Schlüsse gezogen, sondern dasselbe bald nach Beginn seiner Forschungen als Grundlage des Atomgewichtssystems benutzt hat.

Einfluß des Volumgesetzes auf die Atomtheorie.

Zu den hervorragendsten Leistungen Gay-Lussacs gehört die Untersuchung, die er gegen Ende des Jahres 1808 in den *Mémoires de la soc. d'Arcueil* **2**, 207 veröffentlicht hat.[1] Nachdem er schon drei Jahre zuvor mit Alexander von Humboldt die Beobachtung gemacht hatte, daß genau zwei Vol. Wasserstoff mit einem Vol. Sauerstoff zu Wasser zusammentreten, zeigte er durch umfassende Versuche, daß solche einfache Raumverhältnisse bei allen Gasen zu beobachten sind, die sich miteinander chemisch vereinigen, und daß auch die gasigen Produkte in einfachsten volumetrischen Beziehungen zu den Komponenten stehen. Er wies dies z. B. nach an der Bildung von zwei Vol. Kohlensäure aus zwei Vol. Kohlenoxyd und einem Vol. Sauerstoff, an der Vereinigung von Wasserstoff und Chlor, Ammoniak und Chlorwasserstoff nach gleichen Raumteilen; er stellte fest, daß zwei Vol. Ammoniak aus drei Vol. Wasserstoff und einem Vol. Stickstoff, daß zwei Vol. (wasserfreier) Schwefelsäuredampf aus zwei Vol. schwefliger Säure und einem Vol. Sauerstoff bestehen. Einige von diesen Gesetzmäßigkeiten konnte er aus Versuchen anderer Forscher, z. B. von Dalton, Davy, Vauquelin ableiten, die bei ihren Versuchen über die chemische Vereinigung von Gasen die Raumteile der letzteren ziemlich genau bestimmt hatten, ohne das zugrunde liegende Gesetz zu erkennen.

Gay-Lussac, der schon frühzeitig geneigt war, aus dem gleichartigen Verhalten der Gase gegen Druck und Temperaturänderungen auf einen gleichen molekularen Zustand derselben zu schließen, folgerte aus seinen obigen Versuchen den wichtigen Satz: Die Gewichte von gleichen Volumen einfacher wie zusammengesetzter Gase, also ihre Dichten, sind proportional ihren empirisch gefundenen Verbindungsgewichten oder rationalen Vielfachen der letzteren. Hier kam die alte Idee, in der Natur seien den Verbindungen bestimmte Verhältnisse nach Gewicht und Maß, *pondere et mensura*, angewiesen, zuerst zu klarem Ausdruck.

Gay-Lussac selbst hatte zunächst die Absicht, das von ihm entdeckte Volumgesetz in Zusammenhang mit der Atomtheorie zu bringen; ja er sah in demselben eine Stütze für diese erwachsen.

---

[1] W. Ostwald hat in seinen *Klassikern der exakten Wissenschaften* diese schwierig erreichbaren Abhandlungen von Gay-Lussac und von Al. v. Humboldt, sowie auch die oben besprochenen grundlegenden Untersuchungen Daltons und Davys weiteren Kreisen zugänglich gemacht.

Aber gewisse Schwierigkeiten, die trotz der Einfachheit der erkannten Volumbeziehungen hervortraten, vermochte er nicht hinwegzuräumen; er blieb daher auf seinem empirischen Standpunkte stehen.

Die scheinbar so nahe liegende Annahme, daß in gleichen Volumen verschiedener Gase eine gleiche Anzahl kleinster Teilchen enthalten sei, daß aber diese bei den einfachen Gasen nicht unzerlegbar, sondern aus mehreren, in der Regel zwei Atomen bestehen, wurde schon im Jahre 1811 von Avogadro[1] gemacht. Aus einer solchen Annahme folgte, daß die Massen der kleinsten Teilchen, also die Molekulargewichte, den Gasdichten proportional seien. Diese selbständigen Teilchen nannte er *molécules intégrantes*, die Bestandteile derselben, unsere Atome, *molécules élémentaires*. So fruchtbar diese Gedanken waren und so einfach sich mit Hilfe derselben die Volume der Gase auf die Atome und umgekehrt diese auf jene zurückführen ließen: damals blieb der gesunde Kern solcher Spekulationen so gut wie unbeachtet. Das mag zum Teil seinen Grund darin gehabt haben, daß Avogadro zu kühn verallgemeinerte, seine Hypothese auf nicht flüchtige Stoffe ausdehnte und selbst keine neuen Tatsachen zur Stütze jener beibrachte.

Obgleich nun die von dem genannten Forscher aus dem Volumgesetz gezogenen Folgerungen damals nicht beachtet wurden, so trug das letztere doch reiche Früchte für die Atomlehre. Dalton selbst zwar verhielt sich gegen die Ergebnisse von Gay-Lussacs Versuchen ablehnend, ja er bezweifelte die Richtigkeit derselben. Auch seine Landsleute Thomson und Davy legten dem Volumgesetz keine sonderliche Bedeutung für die atomistische Betrachtungsweise bei, indem sie in manchen Fällen die Raumverhältnisse der Gase zur Ableitung von deren Zusammensetzung benutzten, in anderen diese Beziehungen unrichtig deuteten; so verstanden sie sich dazu, anzunehmen, daß ein Volum Wasserstoff nur halb so viel Atome enthalte, als das gleiche Volum Sauerstoff.

Berzelius erblickte in dem Volumgesetz eine willkommene Be-

---

[1] Journ. de Phys. 73, 58. W. Ostwald hat auch diese Abhandlung in seinen *Klassikern* Nr. 8 mit Anmerkungen herausgegeben. — Amadeo Avogadro ist 1776 geboren und als Professor der Physik 1856 in Turin gestorben. Eine eingehende Würdigung dieses bei seinen Lebzeiten fast vergessenen ausgezeichneten Gelehrten ist von J. Guareschi versucht worden. Seine zuerst italienisch i. J. 1901 erschienene Schrift *Amadeo Avogadro und die Molekulartheorie* wurde von Kahlbaum in deutscher Übersetzung von O. Merckens herausgegeben (Monographien Heft 7 S. 125—194). Man erfährt daraus vieles, was der Kenntnis der meisten Chemiker bisher entgangen war, und deshalb ist diese Schrift vom geschichtlichen Standpunkte aus zu begrüßen.

stätigung der atomistischen Theorie und ließ sich in seinen Ansichten über die Zahl von Atomen in chemischen Verbindungen und somit über die Größe der Atomgewichte durch jenes Gesetz leiten. Seine *Volumtheorie* der Körper enthielt den Versuch, dasselbe mit der Atomtheorie zu verknüpfen. In zwei Abhandlungen[1] legte er die atomistische Betrachtungsweise, die er sich unter dem Einflusse des Volumgesetzes gebildet hatte, bestimmt und überzeugend dar. Er ging von der Annahme aus, daß von jedem einfachen Körper, wenn dieser in den Gaszustand übergeführt ist, ein Volum auch einem Atom entspreche; für diese kleinsten Teilchen brauchte er deshalb den Ausdruck *Volumatome*. Er suchte, wo es anging, die Raumteile der sich verbindenden Stoffe zu messen und leitete aus diesen Volumen die Atomanzahl ab. Die Analyse der Verbindung, in welcher die Volume der elementaren Bestandteile bekannt waren, führte ihn dann zur sicheren Ermittlung des Atomgewichts von letzteren. So erschloß er aus der Tatsache, daß Wasser aus zwei Volumen Wasserstoff und einem Volum Sauerstoff entsteht, die heute noch gültige atomistische Zusammensetzung des Wassers, sowie das relative Atomgewicht des Sauerstoffs und Wasserstoffs, ferner leitete er aus der volumetrischen Bildungsweise des Kohlenoxyds und der Kohlensäure die wahre Zusammensetzung dieser Verbindungen und das Atomgewicht des Kohlenstoffs ab u. a. m.

So sehr Berzelius damals (1813) von den Vorzügen dieser Auffassung gegenüber der *Korpuskulartheorie*, bei der von den Volumverhältnissen ganz abgesehen wurde, überzeugt war, so verkannte er doch nicht die begrenzte Anwendbarkeit seiner Volumtheorie. Die Übertragung der an den Gasen gewonnenen Vorstellungen auf nicht flüchtige Stoffe schien ihm bedenklich; seine Zweifel an der Möglichkeit, alle Elemente und chemischen Verbindungen von dem Standpunkte der Volumtheorie zu betrachten, nahmen bald zu, wie man schon in seinem, wenige Jahre später veröffentlichten „*Versuch über die Theorie der chemischen Proportionen* etc." wahrnehmen kann. Jedenfalls hatte er in dem Volumgesetze eine wichtige Handhabe gefunden, für viele Stoffe die atomistische Zusammensetzung zu bestimmen und aus dieser die Atomgewichte zahlreicher Elemente abzuleiten.

Ein Blick auf die damals, 1818, von ihm mitgeteilte Atomgewichtstabelle lehrt, wie sorgsam und zuverlässig die von ihm gefundenen Werte sind, welche sich vorteilhaft von denen anderer

---

[1] Ann. of Philos. 2, 359 u. 443 (1813).

Beobachter unterscheiden. Eine im Jahre 1827 von ihm aufgestellte Tabelle läßt wiederum merkliche Verbesserungen und eine noch größere Annäherung seiner Atomgewichte an die heutigen erkennen. Aber große Unsicherheit herrschte noch in bezug auf die Verhältniszahlen mancher Atomgewichte gegenüber dem Wasserstoff oder Sauerstoff. Berzelius pflegte auf letzteren, als das wichtigste Element, „den *Angelpunkt der Chemie*", seine Atomgewichte zu beziehen, und zwar auf Sauerstoff = 100. Er begründete[1] die bevorzugte Stellung dieses Elementes mit dem Hinweis auf die Fähigkeit desselben, chemische Verbindungen mit fast allen Grundstoffen zu bilden; in der Tat wurden damals fast ausschließlich Sauerstoffverbindungen zur Ableitung der elementaren Atomgewichte benutzt.

Rechnet man seine Werte auf Wasserstoff als Einheit um, so erhält man Zahlen, die sich mit den heute festgestellten vergleichen lassen. Folgende Auswahl solcher Atomgewichte aus dem Jahre 1818 diene zur Bestätigung des oben Gesagten; die jetzt angenommenen Werte sind in Klammern beigefügt:

Kohlenstoff = 12,12 (11,9)	Blei 416 (205,4)	Natrium 93,5 (22,9)
Sauerstoff = 16,0 (15,88)	Quecksilber 406 (199)	Kalium 157,6 (38,9)
Schwefel = 32,3 (31,83)	Kupfer 129 (63,1)	Silber 433,7 (107,1)
	Eisen 109,1 (55,6)	

Die Frage drängt sich auf, durch welche Gründe Berzelius zur Annahme von doppelt so hohen Werten für viele metallische Elemente, z. B. Eisen, Blei, Quecksilber, Kupfer, ferner Chrom, Zinn u. a. m., und zur Aufstellung viermal größerer Werte für das Kalium, Natrium und Silber geführt wurde, als den jetzigen Atomgewichten entsprechen. Seine Voraussetzung möglichst einfacher Verbindungsverhältnisse war die Ursache; denn damals erschienen ihm Proportionen wie 2:3, 2:5, 3:4 noch zu kompliziert; das eine Element sollte nur mit einem Atom in den zusammengesetzten Körpern enthalten sein. Die Oxydationsstufen des Eisens z. B., deren Sauerstoffmengen sich wie 2:3 verhalten, und welche wir jetzt folgendermaßen formulieren: FeO und Fe_2O_3 waren für ihn wie folgt zusammengesetzt: FeO_2 und FeO_3, woraus sich das doppelte Atom-

---

[1] In seinem Lehrbuch (1. Aufl. 3, 99) sprach er sich folgendermaßen aus: „Die Atomgewichte mit dem des Wasserstoffs zu vergleichen, bietet nicht nur keine Vorteile, sondern geradezu viele Ungelegenheiten, weil der Wasserstoff sehr leicht ist und selten in anorganische Verbindungen eingeht. Dagegen vereinigt der Sauerstoff alle Vorteile. Er ist sozusagen der Mittelpunkt, um den sich die ganze Chemie dreht." Diese Auffassung findet sich heute bei einer sehr großen Zahl der Chemiker wieder, welche für O das Atomgewicht 16 annehmen und auf diese Zahl die Atomgewichte der übrigen Grundstoffe beziehen.

gewicht des Eisens berechnete. Anderen Metalloxyden, welche dem Eisenoxydul- und Oxyd entsprechen, wurde die analoge Zusammensetzung beigelegt, so daß bei vielen Elementen sich die zweifach höheren Atomgewichte finden. In gleicher Weise wurde Berzelius durch die Annahme, daß der Sauerstoff des Kaliumhyperoxyds zu dem des Kaliumoxyds im Verhältnis 3 : 2 stehe, zu der irrigen Schlußfolgerung geleitet, die letztere Verbindung enthalte auf ein Atom Kalium zwei Atome Sauerstoff, das Hyperoxyd aber drei; daraus aber wurden für Kalium und die ähnlichen einwertigen Elemente, Natrium, Lithium, Silber, deren Oxyden in Wirklichkeit die allgemeine Formel Me_2O zukommt, viermal so hohe Atomgewichte, als die heutigen, abgeleitet.

So haftete denn, trotz der Riesenarbeit von Berzelius, seinem System der Atomgewichte noch manche Unsicherheit an; es waren noch nicht genügend zuverlässige und umfassende Anhaltspunkte zur Feststellung des wahren Verhältnisses dieser Werte zum Wasserstoff oder Sauerstoff aufgefunden. Berzelius selbst war von der Unzulänglichkeit der Hilfsmittel durchdrungen, die ihn zur Bestimmung der atomistischen Zusammensetzung von Verbindungen und somit der Atomgewichte von Elementen geführt hatten. Abgesehen von den einigermaßen willkürlichen Voraussetzungen hatte Berzelius nur in dem physikalischen Verhalten der Gase, in der Beziehung ihrer spezifischen Gewichte zu den Verbindungsgewichten, einen guten Stützpunkt gefunden, um die schwebende Frage nach der Größe der relativen Atomgewichte in einigen Fällen zu beantworten.

Das Jahr 1819 brachte nun zwei wichtige Entdeckungen physikalisch-chemischer Art, welche zur Klärung der unsicheren Lage beigetragen haben: fast gleichzeitig machten Dulong und Petit[1] auf die Beziehungen zwischen Atomgewichten von Elementen und deren spezifischen Wärmen, Mitscherlich auf den Zusammenhang zwischen gleicher Kristallgestalt und analoger Konstitution aufmerk-

[1] P. L. Dulong, 1785 zu Rouen geboren, 1838 als Studiendirektor der Polytechnischen Schule zu Paris gestorben, hat sich namentlich durch seine physikalisch-chemischen Untersuchungen unvergängliches Verdienst erworben. Aber auch seine rein chemischen Arbeiten, wie die über Chlorstickstoff, bei dessen Entdeckung (1811) er ein Auge und mehrere Finger verlor, die über Sauerstoffverbindungen des Phosphors und Stickstoffs, ferner seine fruchtbaren Spekulationen über die Konstitution der Säuren sichern ihm einen ehrenvollen Platz in der Geschichte der Naturwissenschaften.

T. A. Petit, geb. 1791, starb schon 1820 als Professor der Physik an der Polytechnischen Schule. Den Chemikern ist er durch seine mit Dulong ausgeführte Arbeit über die Atomwärmen der Elemente (s. oben) bekannt, während seine übrigen Untersuchungen dem Gebiete der Physik angehören.

sam. Die letztere Entdeckung und die sich daraus entwickelnde Lehre von der Isomorphie wurde von Berzelius zur Ermittlung der relativen Atomgewichte ausgiebig und mit einer gewissen Vorliebe verwertet; dem Satze von Dulong und Petit dagegen widmete er viel weniger Beachtung, da derselbe noch der Erweiterung und Bestätigung bedürfe. Beide Hilfsmittel haben so tiefen Einfluß auf die Entwicklung des Systems der Atomgewichte und somit der Atomtheorie ausgeübt, daß sie hier nach dieser Richtung hin kurz zu erörtern sind (vergl. auch Geschichte der physikalischen Chemie).

Satz von Dulong und Petit.

Diese beiden Forscher zogen die bedeutsame Folgerung, daß die spezifischen Wärmen einer Reihe von festen Elementen, namentlich Metallen, nahezu umgekehrt proportional ihren Atomgewichten seien, aus Versuchen,[1] welche teils mit ungenügend reinen Substanzen, teils nach wenig zuverlässigen Methoden ausgeführt waren. So kühn demnach die von ihnen daraus abgeleiteten Schlüsse waren, die sie in den Sätzen zusammenfaßten: „Die Atome der einfachen Stoffe haben die gleiche Wärmekapazität," oder „Die Atomwärmen der Elemente sind gleich groß," so wurde doch diese Zuversicht durch spätere genauere Untersuchungen im ganzen gerechtfertigt; wenigstens fügten sich die meisten metallischen Grundstoffe annähernd dem Dulong-Petitschen Satze. Die Ausnahmen von diesem, die sich bei manchen Metalloiden in einer größeren oder geringeren Abnahme der Atomwärmen geltend machten, wurden erst in neuerer Zeit durch den Nachweis einer starken Veränderlichkeit der spezifischen Wärme solcher Elemente einigermaßen erklärt. — Auch für einfache chemische Verbindungen fand man bald Beziehungen der zugehörigen spezifischen Wärmen zu ihren „Atomgewichten".

Die Bedeutung des Dulong-Petitschen Satzes für die Ermittlung der relativen Atomgewichte von Elementen lag, wenn seine Gültigkeit erwiesen wurde, klar auf der Hand. Man brauchte ja nur die spezifische Wärme eines Grundstoffs zu bestimmen, um aus derselben und der als konstant angenommenen Atomwärme, d. i. dem Produkt aus spezifischer Wärme und Atomgewicht, das betreffende Atomgewicht sofort zu berechnen. Zur Anwendung ihres Satzes auf dies Problem schritten Dulong und Petit sofort; sie kamen zu dem später als richtig erkannten Schlusse, daß die Atom-

---

[1] Ann. Chim. Phys. **10**, 395 (1819).

gewichte, welche Berzelius einigen metallischen Elementen beigelegt hatte, halbiert werden müßten.

Für den letzteren war, da er die Ergebnisse jener Untersuchung unbefangen betrachtete und für unsicher hielt, noch kein dringender Grund vorhanden, diesem Verlangen sofort zu entsprechen. Er gab bereitwillig zu, daß die Resultate von Dulong und Petit für die theoretische Chemie von großer Bedeutung seien, aber hielt doch nicht für ausgemacht, daß diese Regelmäßigkeiten sich so verallgemeinern ließen, wie man von einem Naturgesetze verlangen müsse. Insbesondere widerstrebte er einer durchgreifenden Änderung seiner eigenen Atomgewichte, weil dann, wie er hervorhob, für die Verbindungen einiger Elemente unwahrscheinliche atomistische Verhältnisse angenommen werden müßten. — Diese Stellung, dem Dulong-Petitschen Satze gegenüber, verließ Berzelius nur allmählich und erst, nachdem noch andere Gründe in gleichem Sinne geltend gemacht worden waren.

Einfluß der Lehre vom Isomorphismus auf die Atomgewichtsbestimmungen.

Nach der Begründung und Entwicklung der Kristallographie durch Romé de l'Isle und durch Hauy hatten mehrere Forscher beobachtet, daß Stoffe von verschiedener chemischer Zusammensetzung in einer und derselben Kristallgestalt zusammen kristallisieren. Die Wahrnehmung von Gay-Lussac, daß Kalialaun in der Lösung von Ammoniakalaun unter Beibehaltung der Kristallform wächst, die von Beudant, daß Kupfervitriol in den Formen des Eisenvitriols erhalten wird, wenn letzterer in geringer Menge der Lösung des ersteren zugefügt wird, u. a. m. gehören hierher. Aber weder diese Beobachtung noch die bestimmte Auffassung von Fuchs über das Eintreten gewisser Stoffe an Stelle anderer in Mineralien, seine Lehre von den *vikariierenden Bestandteilen* führten zur Erkenntnis der Beziehung zwischen Kristallgestalt und chemischer Konstitution.

E. Mitscherlich[1] war diese wichtige Entdeckung vorbehalten.

---

[1] Eilhard Mitscherlich, geb. 1794 im Oldenburgischen, gest. 1863 zu Berlin, wo er seit 1821 als Nachfolger Klaproths an der Universität bis an sein Lebensende wirkte, hat die Chemie durch schöne Entdeckungen bereichert und insbesondere die physikalische Richtung in derselben mächtig gefördert. Ursprünglich hatte er sich orientalischen und linguistischen Studien, nur nebenbei den Naturwissenschaften gewidmet; nachdem er, durch besondere Umstände getrieben, sich ganz der Medizin und ihren Hilfswissenschaften zugewandt hatte, wurde die Berührung mit Berzelius, dem er im Jahre 1819 nach Stock-

Er[1] erklärte das Auftreten isomorpher Kristalle bei verschiedenartigen Stoffen durch den Nachweis, daß diese eine gleichartige chemische Zusammensetzung besaßen. So fand er durch die Untersuchung der phosphor- und arsensauren Salze, daß nur die analog zusammengesetzten, mit den gleichen Äquivalenten Kristallwasser begabten Salze isomorph waren. Seine dann folgenden Untersuchungen über die selen- und schwefelsauren Salze, über die Isomorphie der Oxyde des Magnesiums, Zinks, ferner des Eisens, Chroms, Aluminiums in ihren Salzen bestätigten den inneren Zusammenhang zwischen Kristallgestalt und chemischer Zusammensetzung. — Mitscherlich war in der ersten Zeit nach diesen Beobachtungen der Meinung, die Isomorphie werde wesentlich durch die Zahl der kleinsten elementaren Teilchen bedingt; bald überzeugte er sich, daß ihre chemische Natur ebenfalls bestimmend wirke.

Berzelius, der die Entdeckung der Isomorphie als „die wichtigste seit Aufstellung der Lehre von den chemischen Proportionen" bezeichnete, versuchte sofort die Atomgewichte von Elementen mit Hilfe isomorpher Verbindungen abzuleiten. Denn nach ihm lassen letztere auf Gleichheit der atomistischen Konstitution schließen; man braucht also nur von einer solchen Verbindung die Zusammensetzung zu kennen, um die der übrigen isomorphen abzuleiten. Die Mengen der sich isomorph vertretenden Elemente auf eine bestimmte Einheit, Sauerstoff oder Wasserstoff, bezogen, betrachtete Berzelius als die relativen Atomgewichte. Er wandte das neue Hilfsmittel sofort in ausgiebiger Weise an, um die Richtigkeit seiner Atomgewichte zu prüfen.

holm folgte, für seine ferneren Arbeiten entscheidend. — Seiner Leistungen ist noch öfter im speziellen Teile zu gedenken; hier möge auf seine wichtige Untersuchung der Mangan- und Übermangansäure, an seine Arbeiten über Selensäure, über Benzol und Abkömmlinge desselben hingewiesen werden. Seine erfolgreichen Versuche, Mineralien künstlich zu bilden, die mannigfachen geologisch-chemischen Studien bekunden die Vielseitigkeit des Mannes, dessen größte Leistung die oben gewürdigte Entdeckung der Isomorphie gewesen ist. — Sein *Lehrbuch der Chemie*, zuerst 1829 erschienen, zeichnet sich nach Form und Inhalt durch Originalität aus (über Mitscherlichs Leben und Wirken s. Hofmanns schon zitierte Schrift „Chem. Erinnerungen etc." S. 30 ff.; ferner *Zur Erinnerung an Eilhard Mitscherlich* von Alexander Mitscherlich (Berlin 1894)). Inzwischen sind die gesammelten Werke E. Mitscherlichs herausgegeben worden.

[1] Berl. Akad. Abhandlungen der phys. Klasse 1818/19 S. 426; auch Ann. Chim. Phys. **14**, 172. **19**, 350.

Atomgewichtssystem von Berzelius 1821—1826.

Zunächst (1821) hielt Berzelius eine Änderung der Atomgewichte nicht für geboten, da sich die neuen Tatsachen mit seinen Bestimmungen und Folgerungen in Einklang bringen ließen. Erst fünf Jahre später entschloß er sich auf Grund scharfsinniger Erwägungen zu Modifikationen, die hauptsächlich darin bestanden, daß er die Atomgewichte vieler Grundstoffe halbierte. Die Gründe, die ihn dazu bewogen, hat er in überzeugender Weise dargelegt.[1] In erster Linie wurde er zum Aufgeben seiner früheren Annahmen durch die Zusammensetzung des Chromoxyds und der Chromsäure genötigt. Der Sauerstoffgehalt der letzteren, so führte er aus, verhält sich in neutralen Salzen zu dem der Base wie 3:1, daraus folgt für Chromsäure die Zusammensetzung CrO_3, für Chromoxyd aber die Proportion $2Cr:3O$. Letzteres zugegeben, mußte er den das Chromoxyd isomorph vertretenden Sauerstoffverbindungen, dem Eisen- und Aluminiumoxyd, die analoge Zusammensetzung Fe_2O_3 und Al_2O_3 beilegen, damit aber diesen metallischen Elementen ein halb so großes Atomgewicht, als bisher, zuschreiben. Das Eisenoxydul erhielt die vereinfachte Formel FeO, und als entsprechend konstituiert wurden die diesem isomorphen Sauerstoffverbindungen des Magnesiums, Zinks, Nickels, Kobalts u. a. angesehen. Die notwendige Folge dieser Erwägungen war, wie schon erwähnt, die Halbierung vieler der bisherigen Atomgewichte, welche nun den aus dem Satze von Dulong und Petit abgeleiteten entsprachen. — Mit den Atomgewichten des Natriums, Kaliums und Silbers, welche Berzelius ebenfalls halbierte, hatte es eine eigentümliche Bewandtnis. Er war nämlich bezüglich der basischen Oxyde zu dem Schluß gelangt, daß die starken Basen das Metall und den Sauerstoff im Verhältnis 1:1 enthielten, nahm also in dem Kaliumoxyd diese Proportion und damit für Kalium, sowie Natrium und Silber ein doppelt zu hohes Gewicht an; denn nach jetziger Auffassung sind ja zwei Atome dieser Elemente mit je einem Atom Sauerstoff verbunden. Die folgende Zusammenstellung von seinen auf Wasserstoff = 1 bezogenen Atomgewichten einiger wichtiger Elemente zeigt die Annäherung der Zahlen an die heutigen und die Verbesserung[2] einzelner während der Jahre 1818—1826 (vergl. Tab. S. 195).

[1] Pogg. Ann. 7, 397. 8, 1 u. 177.
[2] Berzelius, der seine ganze Kraft auf die Vervollkommnung der analytischen Methoden und Berichtigung der Atomgewichtszahlen verwandt hatte, mußte später herben Tadel von solchen erfahren, welche durch weitere Verfeinerungen der Analyse zu noch genaueren Ergebnissen gelangt waren, so

Kohlenstoff	12,24 (11,9)	Blei	207,4 (205,4)
Sauerstoff	16 (15,88)	Quecksilber	202,8 (199)
Schwefel	32,24 (31,83)	Kupfer	63,4 (63,1)
Stickstoff	14,18 (14,0)	Eisen	54,4 (55,6)
Chlor	35,47 (35,2)	Natrium	46,6 (22,9)
Phosphor	31,4 (30,8)	Kalium	78,5 (38,9)
Arsen	75,3 (74,5)	Silber	216,6 (107,1)

In dieser 1826 aufgestellten Tabelle findet man zuerst die Atomgewichte des Stickstoffs und des Chlors als einfacher Stoffe. Berzelius hat an seiner Annahme, dieselben seien sauerstoffhaltig, am längsten von allen Chemikern festgehalten. Die Gründe, die ihn schließlich zum Aufgeben dieser Hypothese nötigten, sind weiter unten erörtert.

Blickt man zurück auf die oben betrachteten Bemühungen von Berzelius, die Atomgewichte der Elemente zu ermitteln, so erkennt man, daß er sich bei nichtflüchtigen Stoffen in erster Linie durch die Zusammensetzung von Sauerstoffverbindungen, also durch die Ermittlung der Proportion: Element zu Sauerstoff, sodann durch die Lehre von der Isomorphie leiten ließ, dem Dulong-Petitschen Satze aber einen geringeren Einfluß auf die Bestimmung der Atomgewichte zuerkannte. Waren die Elemente oder einfache Verbindungen derselben im Gaszustande bekannt, dann trat seine *Volumtheorie* als Mittel zur Ableitung der gesuchten Werte in Kraft. Noch immer hielt Berzelius daran fest, daß die in gleichen Gasvolumen enthaltenen relativen Mengen von Elementen ihre relativen Atomgewichte seien. Diese Annahme wurde bald durch die merkwürdigen Ergebnisse einer Untersuchung erschüttert, die wegen der tiefgreifeden Wirkung, welche sie auf die Meinung vieler Chemiker ausübte, hier besprochen werden muß.

Versuch einer Änderung der Atomgewichte durch Dumas.

Im Jahre 1827 veröffentlichte J. B. Dumas, ein junger Chemiker, welcher sich schon durch andere Arbeiten vorteilhaft bekannt gemacht hatte, eine Untersuchung,[1] deren größtes Verdienst in der

---

namentlich von Dumas (s. Ann. Chem. **38**, 141 ff.); derselbe hatte das Äquivalent des Kohlenstoffs „mit aller erdenklichen Sorgfalt" bestimmt, und zwar den Wert 6 ermittelt. Die Abweichung dieser Zahl von der, welche Berzelius gefunden: 6,12, veranlaßten Dumas zu den schwersten, in dieser Form ganz unberechtigten Vorwürfen gegen den Altmeister der Analyse (vergl. Berzelius' milde Antwort Lehrb. d. Chem. **3**, 1165 und Liebigs trefflichen Protest gegen Dumas' hartes Vorgehen Ann. Chem. **38**, 214 ff.).

[1] Ann. Chim. Phys. **33**, 337 ff.

Ausarbeitung einer vortrefflichen Methode zur Bestimmung von Dampfdichten bestand. Auf diesem von ihm betretenen Wege gelang es ihm, das spezifische Gewicht der Dämpfe mehrerer Elemente zu ermitteln; das Verhältnis dieser untereinander vergleichbaren Werte mußte nach Dumas, der hier den gleichen Standpunkt wie Berzelius in seiner Volumtheorie einnahm, das der relativen Atomgewichte sein. Die in Betracht gezogenen Grundstoffe waren das Jod und Quecksilber, denen er einige Zeit später den Phosphor und Schwefel anreihte.[1] Da ergaben sich nun andere Zahlen, als die von Berzelius für die Atomgewichte dieser Elemente angenommenen und seit 1826 festgehaltenen Werte. Wenn das Atomgewicht des Wasserstoffs = 1 und das des Sauerstoffs = 16, also die Zahlen von Berzelius, angenommen wurden, so folgte aus den Dampfdichten von Jod der Wert 123, von Quecksilber 101, von Phosphor 62,8, von Schwefel endlich 96. Mitscherlich bestimmte noch (1833) die Dampfdichte des Arsens und berechnete daraus das Atomgewicht 150. Immerhin traten einfache Verhältnisse dieser Zahlen zu den Atomgewichten von Berzelius hervor: das des Quecksilbers (202,8) war doppelt, das des Phosphors und Arsens (31,4 und 75,3) aber halb, das des Schwefels (32,2) sogar nur ein Drittel so groß, als die von Dumas aus den Dampfdichten abgeleiteten und für richtig gehaltenen. Infolge der von letzterem vorgenommenen Abänderung dieser Atomgewichte entstand eine arge Verwirrung. Während Berzelius den seinigen treu blieb, also z. B. das Quecksilberoxyd aus gleichen Atomen der Bestandteile zusammengesetzt betrachtete, nahm Dumas darin zwei Atome Quecksilber auf ein Atom Sauerstoff an, schrieb ihm also die Zusammensetzung des Quecksilberoxyduls, welches nach Berzelius die Formel Hg_2O hatte, zu. In dem Phosphorwasserstoff, in welchem Berzelius wegen der Analogie mit dem Ammoniak ganz richtig das Verhältnis von drei Atomen Wasserstoff zu einem Atom Phosphor annahm, wurde von Dumas die doppelte Zahl Atome Wasserstoff vorausgesetzt, demselben also die Formel PH_6 gegeben.

Bei diesen Abänderungen verfuhr Dumas ganz und gar nicht konsequent und trug dadurch nur zu größerer Verwicklung der Sachlage bei. Er machte zwar theoretisch einen Unterschied zwischen kleinsten physikalischen und chemischen Teilchen, indem er sich der Spekulationen Avogadros erinnerte; aber dieser Versuch einer Trennung von Molekül und Atom blieb nicht nur unfruchtbar, sondern hatte Verwirrung zur Folge. Die Art, wie Dumas von

---

[1] Ann. Chim. Phys. **49**, 210. **50**, 170.

einem halben Atom Sauerstoff, von der Zusammensetzung des Chlorwasserstoffs aus einem halben Atom Wasserstoff und Chlor sprach, mußte damals unverständlich bleiben,[1] wurde auch von Berzelius auf das schärfste verurteilt.

Wie recht der letztere hatte, seine auf Grund sorgsamster Erwägungen angenommenen Atomgewichte beizubehalten, lehrt ein Vergleich derselben und der von Dumas veränderten mit den heutigen; die von Berzelius haben sich als richtig erwiesen. Derselbe wurde allerdings durch die neuen Erfahrungen vorsichtiger in Benutzung seiner Volumtheorie und wandte den Satz, daß die Atomgewichte der Elemente ihren Gasdichten proportional seien, fortan nur auf die sogen. permanenten Gase an.

Die gewaltsame Reform, welche Dumas in diesem Teile der theoretischen Chemie angestrebt hatte, blieb ohne Erfolg. Der Vorwurf, daß dieser Chemiker in der Tat Unklarheit und Unordnung in das Atomgewichtssystem von Berzelius gebracht habe, kann nicht unterdrückt werden. Einem unbewiesenen Lehrsatze zuliebe vernachlässigte Dumas die augenfälligsten chemischen Analogien, z. B. die von Ammoniak und Phosphorwasserstoff, und verdunkelte vielfach den klarsten Sachverhalt. Infolge seiner Einwände gegen die von Berzelius aufgestellten Atomgewichte der Elemente, wuchs das Mißtrauen der damaligen Chemiker gegen dieselben, und selbst die namhaftesten Forscher, Gay-Lussac, Liebig u. a., verzweifelten daran, die relativen Gewichte der Atome sicher ermitteln zu können. Sie wollten sich mit der Feststellung der Äquivalente begnügen, die Atomgewichte aber ganz beseitigt wissen. Gegen Ende der dreißiger und Anfang der vierziger Jahre war diese Opposition gegen Berzelius' Atomgewichtssystem am stärksten. Namentlich in Deutschland suchte L. Gmelin für die einfachsten „*Verbindungsgewichte*" zu wirken; aber die Sicherheit, die wahren Äquivalente der Grundstoffe zu bestimmen, war keine genügende, wenn auch das von Faraday im Jahre 1834 entdeckte elektrolytische Gesetz einen festen Anhalt dafür zu gewähren schien.

Faraday[2] machte die denkwürdige Beobachtung, daß gleiche Elektrizitätsmengen verschiedene Elektrolyte, z. B. Wasser, Chlor-

---

[1] Wäre Dumas mit Avogadros Ideen vertraut gewesen, so hätte er die ungelösten Widersprüche heben und namentlich sich klarer ausdrücken müssen.

[2] Michael Faraday, zu London 1794 geboren, hat sich durch seine ungewöhnliche Neigung zu den Naturwissenschaften und große Begabung für experimentelle Untersuchungen aus kleinen Verhältnissen emporgearbeitet, ohne vor seiner Berührung mit Davy einen geregelten Unterricht genossen zu haben. Dieser

wasserstoff, Metallchloride so zersetzt, daß an dem negativen Pole äquivalente Mengen Wasserstoff bezw. Metalle, an dem positiven die entsprechenden Mengen Sauerstoff bezw. Chlor abgeschieden werden.[1] Er faßte diese Tatsachen als *Gesetz der fixen elektrolytischen Aktionen* zusammen. In der Bestimmung der *elektrochemischen Äquivalente* erblickte er ein sicheres Hilfsmittel zur Feststellung der chemischen Atomgewichte in zweifelhaften Fällen. — Berzelius erkannte auch hier eine Notwendigkeit, von seinen Atomgewichten abzugehen, nicht an und bestritt, offenbar infolge eines Mißverständnisses, den Wert der auf elektrolytischem Wege abgeleiteten Zahlen.

Die Zeit einer scharfen Erfassung der Begriffe *Äquivalent, Atom, Molekül* und damit einer Trennung dieser war noch nicht gekommen. Berzelius glaubte daher vollkommen recht zu haben, an seinen relativen Atomgewichten festzuhalten. Die Volumtheorie wandte er allerdings infolge der von Dumas und Mitscherlich gewonnenen Erfahrungen, wie schon bemerkt, nur noch in sehr beschränkter Ausdehnung an. Bei den Dämpfen sah er die Möglichkeit voraus, daß das Verhältnis zwischen Volum und Atomgewicht veränderlich sei (1835).

Wie man allmählich im Laufe der folgenden Jahrzehnte statt der Gmelinschen Verbindungsgewichte die jetzt als richtig betrachteten, zum großen Teil schon von Berzelius aufgestellten Atomgewichte anzuerkennen gelernt hat, ist weiter unten zu erörtern. — Im folgenden Abschnitte soll die Aufmerksamkeit auf die vor-

---

Forscher erkannte sofort das ausgesprochene Talent des Jünglings und zog ihn zu seinen Arbeiten heran. — Faradays wichtigste Entdeckungen gehören dem Gebiete der Physik an (Untersuchungen über Induktionsströme, Elektromagnetismus, Diamagnetismus). Sein für die elektrochemische Betrachtungsweise bedeutungsvolles elektrolytisches Gesetz ist oben berührt. Der chemischen Welt machte er sich besonders bekannt durch seine schönen Versuche über die Verflüssigung von Gasen, ferner über die Kohlenwasserstoffe aus dem Ölgas, wobei er auf die Isomerie des Butylens mit dem Äthylen hinwies, sowie durch seine Arbeiten über Chlorkohlenstoffe. Er war einer der ersten Förderer der physikalisch-chemischen Richtung, denn diese wurde nach den Untersuchungen von Dulong und Petit über die spezifische Wärme und denen von Mitscherlich über Isomorphie erst durch Faraday einen großen Schritt vorwärts geführt. — Die meisten seiner Experimentalarbeiten sind in den *Philosophical Transactions* veröffentlicht worden, sodann auch in Poggendorffs Annalen und anderen Zeitschriften erschienen. — Während der längsten Zeit seines Lebens — er ist im Jahre 1867 gestorben — war er an der *Royal Institution* tätig, deren Laboratorium er seit 1828 geleitet hat. — Über sein Leben vergl. den fesselnden Aufsatz von Thorpe in seinen *Essays* S. 142 ff. (eine Besprechung von Bence Jones' *Life and letters of Faraday*).

[1] Pogg. Ann. **33**, 301.

wiegend spekulative Tätigkeit von Berzelius gelenkt werden, wie sie sich in der Aufstellung seines dualistischen Systems bekundete; dasselbe war die Frucht einer elektrochemischen Theorie, die zugleich mit der von Davy in kurzen Zügen zu besprechen ist.

Die elektrochemischen Theorien von Davy und Berzelius.

Die Erkenntnis, daß zwischen elektrischer Kraft und chemischen Vorgängen nahe Beziehungen vorhanden seien, reifte zu Anfang des 19. Jahrhunderts schnell heran, nachdem Nicholson und Carlisle, sowie Simon die Zerlegung des Wassers in seine Bestandteile, Berzelius und Hisinger (1803) die von Salzen in Basen und Säuren durch den galvanischen Strom wahrgenommen hatten. Als erste Frucht der mannigfachen Beobachtungen über die Wirkung der strömenden Elektrizität auf chemische Verbindungen und über das Auftreten elektrischer Spannung bei chemischen Vorgängen erschien die elektrochemische Theorie Davys,[1] die er durch seine seit 1800 angestellten, geistvoll erdachten Versuche fest begründet zu haben meinte. Als Ausgangspunkt diente ihm die experimentell ermittelte Tatsache, daß heterogene, der chemischen Vereinigung fähige Körper, z. B. Kupfer und Schwefel, wenn sie isoliert sind, durch Berührung entgegengesetzt elektrisch werden. Zufuhr von Wärme erhöhte die elektrische Spannung, bis sie infolge der chemischen Verbindung der Stoffe verschwand. Die letztere, so folgerte Davy, ist gleichbedeutend mit dem Ausgleich des elektrischen Gegensatzes. Je größer dieser vor der Vereinigung war, desto größer mußte auch die chemische Verwandtschaft der verschiedenen Körper zueinander sein. — Durch Zufuhr von Elektrizität zu den Verbindungen wird deren Bestandteilen die elektrische Polarität erteilt, welche sie vor der Vereinigung besaßen: die positiven wandern zum negativen und umgekehrt die negativen zum positiven Pole.

Davy ist zu der Annahme geneigt, daß die chemischen Verwandtschaftserscheinungen und die elektrischen Vorgänge einer gemeinsamen Ursache entstammen. Charakteristisch für diese elektrochemische Theorie ist der Grundsatz, daß die kleinsten Teilchen von Körpern, welche Affinität zueinander haben, erst durch Berührung in elektrischen Gegensatz treten. Das Prinzip wurde bei späteren ähnlichen Versuchen, namentlich bei denen von Berzelius auf-

---

[1] Philos. Transact. 1807, S. 1, vergl. auch seine Schrift: *Elements of chem. Philos.* W. Ostwald hat in seinen „Klassikern" Nr. 45 die *elektrochemischen Untersuchungen Davys* mit Anmerkungen herausgegeben.

gegeben, während sonst manches von der Anschauungsweise Davys erhalten geblieben ist.

Berzelius stellte seine elektrochemische Theorie in ihren Grundzügen 1812 auf,[1] nachdem er schon früher sich verschiedentlich über die Untrennbarkeit chemischer Vorgänge von elektrischen, über die Verbrennung als elektrochemische Erscheinung, über die mutmaßliche Polarität kleinster Teilchen u. a. m. ausgesprochen hatte. Zusammengefaßt und in ihren weitgehenden Folgerungen dargelegt wurde die elektrochemische Theorie erst in seinem schon besprochenen *Versuch über die Theorie der chemischen Proportionen* etc. Hier zeigt es sich deutlich, wie er dieselbe aus Tatsachen abgeleitet und dann von dem gewonnenen Standpunkte aus das Gebiet der Chemie, soweit es damals erschlossen war, zu durchdringen und lange Zeit zu beherrschen verstanden hat. So blieb denn seine Lehre, die er aus der elektrochemischen Betrachtungsweise entwickelte, während der nächsten zwanzig Jahre die herrschende, bis sie dem Andringen von Tatsachen, die mit ihr damals nicht in Einklang zu bringen waren, weichen mußte.

Berzelius ging von der Grundannahme aus, daß die Atome der Körper an und für sich elektrisch sind: Grundeigenschaft der kleinsten Teilchen ist also elektrische Polarität, und zwar besitzen dieselben mindestens zwei Pole, deren Elektrizitätsmengen meist verschieden sind, so daß entweder die positive oder die negative Elektrizität überwiegt. Nach diesem Vorherrschen der einen Art teilen sich die Stoffe in positive und negative, deren Natur man daran erkennt, ob sie bei der Elektrolyse an den negativen oder positiven Pol der galvanischen Kette wandern.[2] Wie für Grundstoffe, so nahm Berzelius auch für Verbindungen eine Polarität an, wennschon diese infolge des Ausgleiches entgegengesetzter Elektrizitäten bei der Bildung der zusammengesetzten Körper abgeschwächt worden ist. Die *Intensität der Polarität* war nach ihm gleichbedeutend mit dem Überschusse der einen Elektrizitätsart. Die ungleiche polare Intensität der kleinsten Teilchen wurde als Ursache der verschiedenen Affinitätswirkungen derselben betrachtet. Wie die Verwandtschaftskräfte sich von der Temperatur abhängig zeigten, so mußte auch die Polarität als Funktion der Wärme betrachtet werden.

Die chemische Vereinigung von Elementen oder Verbindungen,

---

[1] Schweiggers Journ. 6, 119.
[2] Zuerst bezeichnete Berzelius die Stoffe ebenfalls wie die Pole, an welche sie sich begeben, also die Metalle negativ, die Metalloide positiv.

z. B. Basen und Säuren, besteht nach Berzelius in der Anziehung der ungleichnamigen Pole kleinster Teilchen und in dem nachfolgenden Ausgleich der verschiedenen Elektrizitäten. Ist in den ursprünglichen Stoffen die positive vorherrschend, dann resultiert eine elektropositive, im umgekehrten Falle eine elektronegative Verbindung. Gleichen sich die Elektrizitätsmengen aus, so ist das Produkt elektrisch indifferent. Der Sauerstoff, als das negativste Element, diente Berzelius, ähnlich wie bei den Atomgewichtsbestimmungen, als Maßstab dafür, welcher Art die Polarität der verschiedenen Grundstoffe sei. Diejenigen Elemente, welche mit Sauerstoff basische Verbindungen liefern, wurden, wenn auch nur die niedrigsten Oxyde basisch waren, zu den elektropositiven, die, deren Oxyde Säuren sind, zu den elektronegativen gezählt. — Diesem Grundsatze gemäß ordnete Berzelius die einfachen Stoffe in einer *Spannungsreihe* an, welche, mit dem negativen Sauerstoff beginnend, zuerst die Metalloide aufwies, dann mit dem Wasserstoff als Übergangsglied zu den Metallen führte, um mit dem Natrium und Kalium zu enden. — Häufig hat sich Berzelius darüber ausgesprochen, daß viele Elemente einigen gegenüber positiv, gegen andere aber negativ polar seien, z. B. Schwefel gegen Sauerstoff positiv, gegen Metalle und Wasserstoff negativ etc. Nur den Sauerstoff hat er mit Vorliebe für ein *absolut negatives* Element gehalten, weil derselbe keinem anderen Grundstoff gegenüber positive Eigenschaften zeigt.

Mit Hilfe solcher Vorstellungen, die den Inhalt seiner elektrochemischen Theorie bildeten, vermochte Berzelius die Tatsachen, die damals als besonders wichtig galten, befriedigend zu erklären. Die elektrolytischen Vorgänge, also die Wanderung der positiven und negativen Bestandteile von Verbindungen an den negativen und positiven Pol, fanden ihre einfache Deutung durch die Annahme, daß den kleinsten Teilchen zusammengesetzter Stoffe ihre ursprüngliche Polarität durch den galvanischen Strom wieder zugeführt werde. Die mannigfaltigen, so verschiedenartigen Affinitätswirkungen konnten so auf eine gemeinsame Ursache zurückgeführt werden.

Von der einen Hypothese ausgehend, daß den Atomen der Körper elektrische Polarität eigen sei, konnte Berzelius in das Gebiet der unorganischen Chemie, die zu jener Zeit (1819) fast nur in Betracht kam, Licht und Ordnung bringen. Seine elektrochemische Theorie führte ihn zunächst zu einer ganz bestimmten Auffassung der „Konstitution oder rationellen Zusammensetzung" chemischer Verbindungen, weiter daraus zu einer daraus entwickelten Bezeichnungsweise und einer dieser entsprechenden Formulierung der Stoffe. Seine Bemühungen in dieser Richtung sind von größtem

Erfolge gekrönt worden. Noch heute können wir die von ihm eingeführte chemische Sprache nicht entbehren, während andererseits seine dualistischen Ansichten über die Zusammensetzung chemischer Verbindungen sich nicht solange in Kraft erhalten haben. Auch ist er der erste gewesen, welcher präzis die empirische von der rationellen Zusammensetzung der chemischen Verbindungen unterschied. Die *Konstitution* der letzteren war nach ihm mit der Erforschung ihrer *näheren Bestandteile* erkannt. Die sichere Ermittlung dieser betrachtete Berzelius als eine der wichtigsten Aufgaben, die den Chemiker beschäftigen sollen. Er selbst hat seine ganze Kraft zur Lösung derselben eingesetzt; als Mittel, um diesem hohen Ziele näher zu kommen, diente ihm seine elektrochemische Theorie.

Das dualistische System von Berzelius.

Die notwendige Folge der elektrochemischen Betrachtungsweise war die Annahme, daß jeder zusammengesetzte Stoff aus zwei elektrisch verschiedenartigen Teilen besteht; ohne einen solchen Gegensatz konnte eine chemische Verbindung nicht zustande kommen. Die Konstitution einer solchen war erkannt, wenn ihre näheren Bestandteile, der positive und der negative, nachgewiesen wurden. Sauerstoffhaltige Körper: Säuren, Basen und Salze waren es wiederum, an denen Berzelius diese seine dualistische Lehre entwickelte. Die mit dem Sauerstoff verbundenen Elemente bilden diesem Grundstoff gegenüber die positiven Bestandteile, z. B. in Oxyden die Metalle, in Säuren die Metalloide. Der elektrochemische Gegensatz wurde durch folgende Formeln versinnlicht:

$$\underbrace{\overset{+\ -}{Fe\,O}}_{\text{Eisen-oxydul}}, \quad \underbrace{\overset{+\ -}{Ba\,O}}_{\text{Baryum-oxyd}}, \quad \underbrace{\overset{+\ -}{S\,O_3}}_{\text{Schwefel-säure}}, \quad \underbrace{\overset{+\ -}{C\,O_2}}_{\text{Kohlen-säure}}.$$

In den Salzen sind die wasserfreien Basen die positiven, die Säuren, in denen die negative Polarität überwiegt, die negativen Bestandteile, was durch folgende Formulierung angedeutet wurde:

$$\underbrace{\overset{+\ -}{Ba\,O\cdot S\,O_3}}_{\text{Schwefelsaures Baryumoxyd}}, \quad \underbrace{\overset{+\ -}{Zn\,O\cdot C\,O_2}}_{\text{Kohlensaures Zinkoxyd}}.$$

Als wichtigsten Beweis für die Richtigkeit dieser Auffassung betrachtete Berzelius die elektrolytische Zerlegung der zusammengesetzten Stoffe, insbesondere der Salze, in die darin angenommenen

Teile, welche sich an die ihren Elektrizitäten entgegengesetzten Pole begeben. Auch die Zusammensetzung der Doppelsalze versuchte Berzelius dualistisch zu deuten; so bezeichnete er das schwefelsaure Kali als positiven, die schwefelsaure Tonerde als negativen Bestandteil des Alauns.

Im Jahre 1819, als Berzelius seine elektrochemische Theorie ausführlich darlegte, war er davon überzeugt, daß alle Säuren Sauerstoff enthalten. In den Säurehydraten spielt nach ihm das Wasser die Rolle eines schwach elektropositiven Bestandteils und entsprechend in den Metalloxydhydraten die eines schwach elektronegativen; das Hydrat der Schwefelsäure und das des Kupferoxyds wurden, wie folgt, formuliert:

$$\overset{+}{H_2O} \cdot \overset{-}{SO_3} \qquad \overset{+}{CuO} \cdot \overset{-}{H_2O}.$$

Wie die einseitige Lavoisiersche Theorie der Sauerstoffsäuren von ihm aufgegeben werden mußte, ist im nächsten Abschnitt erörtert. Die binäre Betrachtungsweise, die von Lavoisier auf Säuren und Basen und früher schon von Rouelle auf Salze angewandt worden war, hatte durch diese elektrochemische Theorie die kräftigste Stütze und bedeutsamste Erweiterung erhalten.

Berzelius' Versuche, eine rationelle, allgemein brauchbare Bezeichnungsweise der chemischen Verbindungen einzuführen, gehen zurück in das Jahr 1811.[1] Dieselbe schließt sich an die Nomenklatur von Lavoisier, Morveau, Berthollet und Fourcroy an; Berzelius aber hat dieselbe stark erweitert und vertieft. Seine Bemühungen in dieser Richtung fanden ihren ersten Abschluß in dem schon öfter zitierten „*Versuch* etc.". Die Einteilung der Elemente in *Metalloïde* und *Metalle*, gemäß ihrem elektrochemischen Charakter, die der positiven Sauerstoffverbindungen in *Oxydule*, *Oxyde*, *Superoxyde*, die Einteilung der Säuren, welche je nach der Oxydationsstufe verschieden bezeichnet werden, hat sich als so zweckmäßig bewährt, daß nur geringfügige Änderungen nötig geworden sind. So bezeichnete er die den Oxyden entsprechenden Chlorverbindungen durch Anfügen verschiedener Endsilben oder Vorsilben (Chlorür, Chlorid, Superchlorid etc.). — Die Benennung der Sauerstoffsalze geschah nach den in ihnen angenommenen näheren Bestandteilen, und zwar so, daß die Säure der Base vorangestellt wurde (z. B. schwefelsaures Kupferoxyd).

---

[1] Journ. Phys. **73**, 257.

Auch die organischen Verbindungen, soweit deren chemische Konstitution im Sinne von Berzelius ermittelt war, versuchte er nach ähnlichen Grundsätzen zu benennen. Für diese Stoffe war allerdings die Zeit einer rationellen Bezeichnungsweise noch nicht gekommen.

Im engsten Anschluß an die chemische Nomenklatur von Berzelius, welche die elektrochemischen Ansichten über die Zusammensetzung von Körpern zum klaren sprachlichen Ausdruck brachte, schuf er eine **chemische Zeichensprache**,[1] die den gleichen Zweck in abgekürzter Weise erreichen sollte, und damit erwarb er sich ein großes Verdienst. Denn mit Hilfe der einfachen Symbole für chemische Verbindungen war es möglich, nicht nur diese selbst, sondern auch Umsetzungen derselben, ja verwickelte Reaktionen in leicht verständlicher Weise auszudrücken. Jedem Element entspricht ein Zeichen, und zwar der erste oder die zwei ersten Buchstaben des lateinischen, seltener griechischen Wortes dafür; so bedeutet das Zeichen H Wasserstoff *(Hydrogenium)*, S Schwefel *(Sulphur)*, O Sauerstoff *(Oxygenium)*, C Kohlenstoff *(Carbo)*, Ag Silber *(Argentum)*, Hg Quecksilber *(Hydrargyrum)* etc. Diese Symbole bezeichnen zugleich die auf eine bestimmte Einheit bezogenen Atomgewichte der einzelnen Grundstoffe.

Durch Nebeneinanderstellung dieser Zeichen und durch Anfügen der Atomzahl,[2] wenn letztere mehr als 1 beträgt, werden die chemischen Verbindungen formuliert, z. B. H_2O Wasser, SO_2 schweflige Säure, CO_2 Kohlensäure, $Na_2O \cdot CO_2$ kohlensaures Natron etc.

Welcher Fortschritt gegenüber dem nach dem gleichen Ziele gerichteten Versuche Daltons, dessen Figuren nur zur Versinnlichung einfachst zusammengesetzter Körper dienen konnten! Seine Zeichensprache wurde bald vergessen, hat überhaupt niemals Anklang gefunden, die von Berzelius dagegen ist zu einem unentbehrlichen, internationalen Hilfsmittel geworden und ein solches geblieben.

Einen besonderen Sinn und Zweck verband Berzelius mit den **durchstrichenen Symbolen**, die von ihm gebraucht wurden, um auszudrücken, daß die betreffenden Elemente als *Doppelatome* auftreten oder, wie er sagt,[3] „daß sie zusammenhängend bleiben"; dies galt

---

[1] Vergl. namentlich *Versuch über die Theorie* etc. S. 116 ff.

[2] Die Zahl der Sauerstoffatome bezeichnete Berzelius zuerst mit Vorliebe durch Punkte, die der Schwefelatome durch Kommata, z. B. Calciumoxyd: $\overset{..}{Ca}$, Zweifach-Schwefeleisen: $\overset{,,}{Fe}$, eine Formulierung, die sich am längsten bei den mineralogischen Chemikern im Gebrauche erhalten hat.

[3] Lehrb. d. Chemie (5. Aufl.) 1, 121.

z. B. von dem Wasserstoff im Wasser HO, von dem Chlor in der wasserfreien Überchlorsäure ClO_7, von dem Eisen in seinem Oxyd FeO_3. Die Veranlassung zu dieser Schreibweise, welche recht unliebsame Folgen hatte, lag darin, daß Berzelius von dem Sauerstoff als der Einheit ausging und diesen ausdrücklich als Maßstab des Sättigungsvermögens anderer Elemente benutzt wissen wollte.[1] So wurde er zu der Annahme von den eine chemische Einheit bildenden Doppelatomen geführt; als Ausdruck dieser dienten ihm jene durchstrichenen Symbole, welche er übrigens später nicht mehr anwandte, indem er wieder zu den jetzt gebräuchlichen Atomgewichten zurückkehrte. — Die zeitweise von Berzelius gehegte Vorstellung, daß die Atome gewisser Grundstoffe nur paarweise in Verbindungen enthalten seien, wurde von vielen Chemikern nicht gebilligt; sie nahmen statt der Doppelatome einfache und damit Äquivalente statt der Atome an. Blomstrand, welcher in seinem trefflichen Werke: *Die Chemie der Jetztzeit* den innigen Zusammenhang der Ansichten von Berzelius mit den heutigen nachgewiesen hat, zeichnet die Folgen der eben erörterten Schreib- und Betrachtungsweise in zutreffender Weise wie folgt: „Diese fehlerhafte Vorstellung war ohne Frage die fast alleinige Ursache, daß die Atomtheorie von Berzelius von Anfang an so wenig Eingang fand; sie lähmte, wie eine hemmende Fessel, die freie Entwicklung derselben und führte nach und nach eine eigentümliche Verwirrung hinsichtlich der chemischen Grundbegriffe herbei, indem allmählich der Unterschied zwischen Atomgewicht und Äquivalent beinahe verwischt wurde, bis zuletzt die Volumatomgewichte und die ganze Atomtheorie von Berzelius bei der großen Mehrzahl der Chemiker seiner Schule in eine so gut wie vollkommene Vergessenheit gerieten."

Wie jede Neuerung, so erfuhr auch die vortreffliche von Berzelius befürwortete Schreibweise heftigsten Widerspruch von seiten vieler Chemiker, namentlich in England. Man sprach von *abominable symbols*, die geeignet seien, mehr Mißverständnisse zu erzeugen, als Klarheit!

So stand denn um das Jahr 1820 das dualistische System, welches die elektrochemische Theorie zum Ausgangspunkt hatte, mit allem nötigen Rüstzeug fertig da und wurde bald von dem weitaus größten Teil der Chemiker als Leitfaden in dem Gewirr der sich von Tag zu Tag mehrenden Tatsachen benutzt. Auch auf das Ge-

---

[1] Berzelius bezeichnete den Sauerstoff als „das Maß der relativen Gewichtsmenge, nach welcher ein Grundstoff vorzugsweise Verbindungen eingeht."

biet der organischen Chemie, die seit dem dritten Jahrzehnt mehr und mehr die Aufmerksamkeit der Forscher auf sich lenkte, versuchte Berzelius, wie schon erwähnt, die dualistische Anschauungsweise anzuwenden. Wie hier die letztere bald auf ernsten Widerspruch stieß und im Kampfe mit den unitarischen Ansichten unterlag, das zu schildern bleibt einem anderen Abschnitt vorbehalten.

Strömungen gegen den Dualismus.
Theorie der Wasserstoffsäuren und der mehrbasischen Säuren.

Der von Lavoisier aufgestellte, von Berzelius auf das lebhafteste verteidigte Satz, daß der Charakter der Säuren durch einen Gehalt an Sauerstoff bedingt, und daß folglich auch in den Salzen dieses Element ein nicht fehlender Bestandteil sei: diese *Theorie der Sauerstoffsäuren* wurde schon gegen Ende des ersten Jahrzehntes stark erschüttert und während des zweiten infolge der sich mehrenden, ihr widerstreitenden Tatsachen von den meisten Chemikern aufgegeben. Schließlich überzeugte sich auch Berzelius, welcher der älteren Auffassung am längsten treu blieb, von dem Bestehen sauerstofffreier Säuren. Die allmähliche Umgestaltung des chemischen Systems, welche sich durch Beseitigung jenes Dogmas von dem notwendigen Sauerstoffgehalt der Säuren vollzogen hat, ist eine tiefgreifende gewesen; denn der starre Dualismus, wie er von Berzelius gelehrt wurde, geriet dadurch ins Wanken und sein Sturz wurde vorbereitet.

Um diese Umgestaltung der Anschauungen vollkommen zu verstehen, müssen die Tatsachen, durch welche dieselbe angeregt wurde, klargestellt werden. Man hat die Entdeckung der Alkalimetalle durch Davy und die daran sich knüpfenden Untersuchungen über die Natur des Chlors als die Ausgangspunkte zu betrachten, von denen das Licht der neuen Erkenntnis ausstrahlte. — Bevor Davy, der in dem galvanischen Strom das mächtigste Hilfsmittel zur Zerzetzung chemischer Verbindungen erkannt hatte, mit Hilfe desselben das Kalium und Natrium aus den Alkalien isolierte,[1] waren diese als unzerlegbar angesehen worden, wenn auch seit Lavoisier (früher schon von Scheele) als wahrscheinlich angenommen wurde, daß sie den Metalloxyden analog zusammengesetzt, also Sauerstoffverbindungen seien. Die vielen vergeblichen Versuche, welche Davy mit den Alkalien in Lösung angestellt hatte, wurden schließlich durch den Erfolg belohnt, als er die nur schwach be-

---
[1] Philos. Transact. **1808**, S. 1.

feuchteten Körper der Wirkung eines starken Stromes aussetzte. Seine richtige Annahme, daß die am negativen Pole abgeschiedenen Metalle wahre Elemente seien, drang allerdings nicht sofort durch; ja, er selbst war vorübergehend im Zweifel, ob dieselben nicht Wasserstoff enthielten, zumal nachdem der Wasserstoffgehalt der Alkalien von Gay-Lussac und Thénard nachgewiesen war, welche beiden Männer sich fortan durch ihre Untersuchungen[1] lebhaft an der Lösung der schwebenden Fragen beteiligten. Der Gedanke, daß die Alkalimetalle Wasserstoffverbindungen seien, hatte sich durch einen Analogieschluß eingeschlichen, insofern den Alkalien das Ammoniak an die Seite gestellt wurde; in diesem nahm man damals Sauerstoff an, welcher bei der Bildung des Ammoniumamalgams entzogen werden sollte. Der aus dieser falschen Deutung von Beobachtungen hervorgegangene Trugschluß, daß auch die Alkalimetalle Wasserstoff enthielten, wurde jedoch durch Gay-Lussac und Thénard selbst beseitigt, welche die richtige Erklärung für jenen Vorgang gaben. Das Kalium und Natrium wurden seit dem Jahre 1811 als Metalle, somit als Elemente betrachtet.

In dem Maße, als sich die Ansichten über diese Stoffe klärten, ging auch die Frage, ob das Chlor wirklich ein zusammengesetzter, oder ob es nicht vielmehr ein einfacher Stoff sei, ihrer Lösung rasch entgegen. Nach der Annahme von Berthollet und Lavoisier mußte die Salzsäure sauerstoffhaltig sein, und zwar sollte sie ein *radical muriatique* mit Sauerstoff verbunden enthalten; das durch Oxydation daraus entstehende Chlor faßte man als *oxydierte Salzsäure* auf und nannte es so. In dem Chlorwasserstoffgas nahm man zur Zeit, als Davy,[2] sowie Gay-Lussac und Thénard[3] ihre denkwürdigen Versuche begannen, allgemein chemisch gebundenes Wasser an. — Die Genannten konnten jedoch trotz Anwendung der stärksten Reduktionsmittel weder im Chlorwasserstoff noch im Chlor, nach vollständigem Trocknen dieser Gase, Sauerstoff nachweisen, so daß sie schon aus diesem Grunde sich der Idee zuneigten, Chlor sei ein Element, Salzsäure dessen Wasserstoffverbindung. Aber die Vorstellung von der Notwendigkeit eines Sauerstoffgehalts in allen Säuren war noch so fest eingewurzelt, daß erst zahlreiche neue Versuche diese irrige Annahme beseitigen konnten. Die wichtigsten dahinführenden Beobachtungen waren folgende: Wasserstoff und Chlor vereinigen sich zu wasserfreier Salzsäure. Diese wird durch Natrium unter Entbindung ihres halben Volums Wasserstoff und

---

[1] Ann. Chim. **56**, 205. **65**, 325.
[2] Philos. Transact. **1810**, S. 231.
[3] Mémoires de la société d'Arcueil **2**, 339.

unter Bildung von Chlornatrium zerlegt. Das letztere aber entsteht durch direkte Vereinigung von Natrium und Chlor.

Auf Grund dieser einfachen Tatsachen sprach zuerst Davy sich bestimmt dahin aus, daß Chlor ein Element sei, und schlug dafür den Namen *Chlorine* vor.[1] Gay-Lussac und Thénard trugen vorläufig noch Bedenken, sich auf den gleichen Standpunkt zu stellen, da sie fürchteten, die Einheitlichkeit des chemischen Systems zu stören. Erst nachdem Gay-Lussac seine ausgezeichnete Untersuchung über das Jod vollendet hatte, wurde er, sowie Thénard und andere französische Chemiker, von der Richtigkeit der Ansicht Davys überzeugt. Das Jod und Fluor erhielten nun als Elemente ihren Platz neben dem analogen Chlor.

Berzelius ließ sich von der Notwendigkeit dieser durchgreifenden Neuerung, mit der die einseitige Theorie der *Sauerstoffsäuren* aufgegeben werden mußte, damals nicht sofort überzeugen.[2] Ihm ging die Einheit der chemischen Theorie über alles; er sah in der angestrebten Reform eine Durchbrechung der Grundsätze, die beim älteren chemischen System maßgebend waren. Nachdem er in Briefen an Marcet, Gilbert, Thomson u. a. seinen Bedenken beredten Ausdruck verliehen hatte, faßte er die Gründe zugunsten der älteren Auffassung in einer Abhandlung[3] zusammen, welche betitelt war: *Versuch einer Vergleichung der älteren und der neueren Meinungen über die Natur der oxydierten Salzsäure, zur Beurteilung des Vorzuges der einen vor der anderen.* Sein Standpunkt erhellt aus folgenden Worten: „Ich werde mich nicht eher für einen Anhänger der neuen Lehre erklären, als bis diese Lehre vollkommen konsequent und zusammenhängend mit der neuen theoretischen Wissenschaft wird geworden sein, welche man auf den Ruinen der von ihnen niedergerissenen chemischen Theorie wird aufgebaut haben. Denn ich fordere unnachsichtlich von einem jeden chemischen Satze, daß er mit der übrigen chemischen Theorie übereinstimme und ihr einverleibt werden könne; im entgegengesetzten Falle muß ich ihn verwerfen; es sei denn, daß die unumstößliche Evidenz desselben eine Revolution in der mit ihm nicht passenden Theorie notwendig mache."

In einem Punkte verließ Berzelius jedoch bald die einseitige Auffassung, daß jede Säure Sauerstoff enthalten müsse, indem er

---

[1] Philos. Transact. 1811, S. 1.
[2] Die einzelnen Phasen des Widerstandes von Berzelius gegen die Lehre von den Wasserstoffsäuren sind in dem Werke von Söderbaum (s. Note 1, S. 182) vorzüglich geschildert (s. S. 101 ff.).
[3] Gilberts Ann. 50, 356 (1815).

den Schwefel- und Tellurwasserstoff als *Wasserstoffsäuren* anerkannte; letztere Bezeichnung *(Hydracides)* war zuerst von Gay-Lussac gebraucht worden. Das Chlor, Jod und Fluor hielt Berzelius damals noch für sauerstoffhaltig, auch nachdem durch Gay-Lussacs treffliche Arbeit über Cyanwasserstoffsalze der Nachweis geliefert war, daß dieselben sauerstofffrei seien. Erst als er selbst die Ergebnisse eigener Untersuchungen über die Ferrocyan- und Rhodan-Verbindungen nur mit der Annahme sauerstofffreier Säuren in Einklang bringen konnte, entschloß er sich, das Chlor und Jod als Elemente zu betrachten. Um dieselbe Zeit (1820) gab er auch die Annahme, daß Stickstoff, sowie Ammoniak Sauerstoff enthalten, auf; aber erst im Jahre 1825 streifte er den letzten Rest seiner alten Auffassung ab, indem er auch das Fluor mit dem Chlor und Jod zu den *salzbildenden Elementen* oder *Halogenen* zählte;[1] die Salze, welche durch Vereinigung derselben mit Metallen gebildet werden, unterschied er als *Haloidsalze* scharf von den sauerstoffhaltigen *Amphidsalzen*.

Theorie der Wasserstoffsäuren.

Schon mehrere Jahre bevor Berzelius die *Sauerstoffsäurentheorie* endgültig aufgegeben hatte, war von Davy[2] und etwa gleichzeitig von Dulong der Versuch gemacht worden, die Kluft zwischen den Sauerstoff- und den Wasserstoffsäuren durch eine einheitliche Deutung ihrer Konstitution zu überbrücken. In diesen Bemühungen der Genannten zeigen sich die Anfänge der *Wasserstoffsäurentheorie*, welche einige Jahrzehnte später zu großer Bedeutung gelangen sollte. Davy zog aus seiner Beobachtung, daß Jodsäureanhydrid keine sauren Eigenschaften hat, diese aber durch Vereinigung mit Wasser erlangt, den Schluß, daß nicht der Sauerstoff in dieser Verbindung das säuernde Prinzip sei, sondern der Wasserstoff; dieser ist nach Davy integrierender Bestandteil aller Säuren. Die Annahme von Wasser, bezw. von Metalloxyden, Säureanhydriden in den Säurehydraten und Salzen hielt er für unbewiesen und unnötig. — Dulong äußerte sich gelegentlich einer Untersuchung der Oxalsäure und ihrer Salze in ähnlichem Sinne; die erstere betrachtete er als Verbindung von Wasserstoff mit Kohlensäure; in ihren Salzen nahm er analog eine Vereinigung von Metallen mit den Elementen der Kohlensäure an. — Immer war noch eine dualistische Auffassung von Säuren und Salzen bei den obigen Erörterungen bemerkbar,

---

[1] Jahresber. **6**, 185 und in seinem Lehrbuche der Chemie.
[2] Philos. Transact. 1815, S. 203.

insofern Wasserstoff, bezw. Metalle salzbildenden Radikalen gegenübergestellt wurden; aber der Schritt zu einer unitarischen Betrachtungsweise der Säuren und Salze war vorbereitet.

Berzelius urteilte über jene Versuche, die Konstitution wichtiger Körperklassen zu erklären, auffallend mild; er behielt aber seine dualistische Ansicht darüber bei, da er besonderen Wert auf die Darstellbarkeit der näheren Bestandteile legte, während die nach der Wasserstoffsäurentheorie anzunehmenden Radikale nur selten isoliert wären.

Als dann sein elektrochemisches System mehr und mehr bekannt wurde und beifällige Aufnahme fand, traten die entgegenstehenden Anschauungen von Davy und Dulong vorübergehend zurück; erst in den dreißiger Jahren kamen sie, durch neue Gründe gestützt, wieder zum Vorschein und allmählich zur Geltung. Als bedeutsames Argument für dieselben wurde in dieser Zeit von Daniell eine Beobachtung über die Elektrolyse von Salzen herangezogen: ein galvanischer Strom, der durch mehrere Elektrolyte, z. B. angesäuertes Wasser, geschmolzenes Chlorblei, eine Lösung von schwefelsaurem Kali geht, macht an den negativen Polen Mengen von Wasserstoff, Blei und Kali frei, die zueinander im Verhältnis der chemischen Äquivalentzahlen stehen. Dies entspricht dem Faradayschen Gesetz der fixen Aktionen; in der Zersetzungszelle mit dem schwefelsauren Kali wird aber am negativen Pole außer der Base noch ein Äquivalent Wasserstoff abgeschieden. Der Strom scheint demnach hier im Widerspruch mit dem erwähnten Gesetze eine doppelte Zerlegung zu bewirken; denn vorausgesetzt, daß die näheren Bestandteile eines Äquivalents von dem Salz Kali und Schwefelsäure sind, sollte als elektropositiver Teil nur ein Äquivalent Kali, nicht aber noch ein Äquivalent Wasserstoff entstehen. Der scheinbare Widerspruch wird gehoben, wenn man, der Ansicht von Davy und Dulong gemäß, Kalium als den positiven, das Radikal SO_4 Oxysulphion als negativen Teil annimmt. Je ein Äquivalent Kali und Wasserstoff sind dann die sekundären Produkte der Zersetzung von einem Äquivalent Wasser mit dem primär am negativen Pol ausgeschiedenen Kalium. Der Schluß, der aus dieser Beobachtung auf die Konstitution der Salze gezogen wurde, mußte auch auf die der Säuren ausgedehnt werden, in welchen also Wasserstoff als der eine, ein Radikal, sauerstoffhaltig oder sauerstofffrei, als der andere Bestandteil anzunehmen war.

Eine schärfere Fassung und Vertiefung erhielt die obige Theorie der Wasserstoffsäuren durch die von Liebig aufgestellte

Lehre von den mehrbasischen Säuren.[1]

Dieselbe soll schon hier wegen des nahen Zusammenhanges mit den obigen Ansichten Davys und Dulongs dargelegt werden. — Zahlreiche Chemiker, insbesondere Gay-Lussac und Gmelin, neigten damals zu der Annahme hin, daß die Atome der verschiedenen Metalloxyde auf 1 Atom Metall 1 Atom Sauerstoff enthielten und sich mit 1 Atom Säure zu neutralen Salzen vereinigten; auch Berzelius war seit dem Jahre 1826 der Meinung, daß dieses Verbindungsverhältnis die Regel sei, und hat wohl am längsten daran festgehalten. Eine solche Einfachheit der Ansichten, wonach die Säuren fast durchweg als einbasisch betrachtet wurden, konnte nach der ausgezeichneten Untersuchung[2] Grahams[3] über die Phosphorsäuren für diese nicht mehr beibehalten werden. Denn er zeigte, daß in der gewöhnlichen, der Pyro- und der Meta-Phosphorsäure auf 1 Atom P_2O_5 verschiedene Quantitäten „basischen Wassers" enthalten sind, nämlich 3, 2 und 1 Atome, welche durch äquivalente Mengen von Metalloxyden vertretbar sind. So war die verschiedene Sättigungskapazität dieser Säuren erwiesen und als abhängig betrachtet von dem zu ihrer Konstitution gehörenden *basischen* Wasser.

Liebig baute auf dem Grund und Boden, den Graham zu bearbeiten begonnen hatte, so glücklich weiter, daß er, fußend auf seinen ausgezeichneten, zahlreiche Säuren umfassenden Untersuchungen, seine *Theorie der mehrbasischen Säuren* als ein festgefügtes Gebäude aufstellen konnte. Durch seine mit der Zitronensäure, Weinsäure, Cyanur-, Komen- und Mekonsäure ausgeführten Versuche überzeugte er die meisten Chemiker, daß diese Säuren, hinsichtlich ihrer Basizität, der Phosphorsäure ähnlich sind. Er bestritt für dieselben auf das

---

[1] Ann. Chem. **26**, 113 ff. (1838).
[2] Ann. Chem. **12**, 1 (1834).
[3] Thomas Graham, geboren 1805 zu Glasgow, wirkte als Professor der Chemie in seiner Vaterstadt und seit 1837 am *University College* in London, wo er 1869 starb; im Jahre 1855 hatte er seine Stellung niedergelegt, nachdem er zum Direktor des Münzwesens ernannt worden war. — Sein treffliches Lehrbuch: *Elements of Chemistry* wurde, außer in England selbst, durch die deutsche Bearbeitung und Umgestaltung von J. Otto und von H. Kolbe bekannt. — In seinen wertvollen physikalisch-chemischen Untersuchungen über Diffusion der Gase, Osmose, über *kolloidale* Stoffe im Gegensatze zu den *Kristalloiden* u. a. zeigte sich Graham als origineller, neue Wege bahnender Forscher. Auch durch rein chemische Arbeiten hat er einzelne Gebiete, namentlich der unorganischen Chemie, bereichert. — Seine Forschungen sind in einem stattlichen Bande: *Chemical and Physical Researches* (Edinburgh 1876) zusammengestellt. — Über sein Leben und seine vielseitigen Leistungen vergl. den eingehenden Aufsatz von Thorpe in den *Essays* S. 160 ff.

bestimmteste den willkürlichen Satz, daß die Atome aller Säuren einander äquivalent seien, und bezeichnete als Kriterium mehrbasischer Säuren ihre Fähigkeit „Doppelsalze" mit verschiedenen Metalloxyden zu bilden. Liebig unterschied zuerst einbasische von zwei- und dreibasischen Säuren.

Als Ausdruck der Tatsachen ließ er zwar noch die Definition der Säuren im dualistischen Sinne gelten, wonach sie als Verbindungen von einem Säureanhydrid mit 1, 2 oder 3 Atomen Wasser angesehen wurden. Aber er fühlte sich nicht durch diese Auffasung befriedigt, da nach ihr eine einheitliche Betrachtungsweise der Säuren und Salze unmöglich war. In scharfsinnigster Weise deckte er die Widersprüche auf, in die man sich verwickelte, wenn jene Ansicht beibehalten wurde. Seine kritischen Bedenken faßte er wie folgt zusammen: „Um eine und dieselbe Erscheinung zu erklären, bedienen wir uns zweierlei Formen; wir sind gezwungen, dem Wasser die mannigfaltigsten Eigenschaften zuzuschreiben, wir haben basisches Wasser, Hydratwasser, Krystallwasser, wir sehen es Verbindungen eingehen, wo es aufhört, eine von diesen drei Formen anzunehmen, und dies alles aus keinem anderen Grunde, als weil wir eine Schranke zwischen Haloidsalzen und Sauerstoffsalzen gezogen haben, eine Schranke, die wir in den Verbindungen selbst nicht bemerken: sie haben in allen ihren Beziehungen einerlei Eigenschaften."

Durch Gründe der Wahrscheinlichkeit und namentlich der Zweckmäßigkeit wurde Liebig zu der Theorie der Wasserstoffsäuren zurückgeführt. Die Sätze, in denen diese Lehre ausgesprochen wird, bringen so klar und bündig den Standpunkt Liebigs zum Ausdruck, daß sie hier Platz finden sollen:

„Säuren sind gewisse Wasserstoffverbindungen, in welchen der Wasserstoff vertreten werden kann durch Metalle."

„Neutrale Salze sind diejenigen Verbindungen derselben Klasse, worin der Wasserstoff vertreten ist durch das Äquivalent eines Metalles. Diejenigen Körper, die wir gegenwärtig wasserfreie Säuren nennen, erhalten ihre Eigenschaft, mit Metalloxyden Salze zu bilden, meist erst beim Hinzubringen von Wasser, oder es sind Verbindungen, welche in höheren Temperaturen die Oxyde zerlegen."

Man liest aus diesen Sätzen deutlich den Einfluß heraus, den die damals sich häufenden Beobachtungen über die Substitution von Wasserstoff durch andere Elemente auf Liebig ausgeübt haben. Diese Hinneigung des hervorragenden Forschers zu einer unitarischen Betrachtungsweise wurde von Berzelius schmerzlich empfunden,[1]

---

[1] Der schon weiter oben zitierte Briefwechsel zwischen Berzelius und Liebig gibt auch über diese Frage, die Entstehung und Beurteilung der

der bis an sein Lebensende die von Liebig vertretene Theorie der mehrbasischen Säuren als eine solche bezeichnete, welche „die Begriffe irregeleitet und eine richtigere Erkenntnis verhindert habe". Mit dieser Beurteilung so wichtiger Ansichten, die ganz besonders zu einer heilsamen Klärung des schwankenden Äquivalentbegriffes gedient haben, stand schließlich Berzelius fast allein.

Ausbildung dualistischer Lehren im Gebiete der organischen Chemie. — Ältere Radikaltheorie.

Während des zweiten Jahrzehnts und noch mehr in dem dritten des 19. Jahrhunderts trat die organische Chemie aus ihren bisherigen bescheidenen Anfängen heraus, um schon in dem vierten Dezennium eine hervorragende Rolle zu spielen. Sie war dazu bestimmt, in ihrem Schoße wichtige Ansichten und daraus folgende Lehren zu entwickeln, und wirkte dadurch befruchtend zurück auf ihre ältere Schwester, die unorganische Chemie. Zunächst blieb sie mit dieser in wesentlich gleichen Bahnen, insofern die dualistische Betrachtungsweise, welche sich im Bereiche der unorganischen Chemie so gut bewährt hatte, auch auf die organischen Verbindungen angewandt wurde. Berzelius griff auch hier als Reformator machtvoll ein und lenkte eine Zeitlang die Geschicke dieses Gebietes der Chemie. — Ein Blick auf die frühere Entwicklung desselben wird zeigen, wie unvollkommen die Kenntnisse in der organischen Chemie vor dem zweiten Dezennium des 19. Jahrhunderts waren.

Entwicklung der organischen Chemie bis 1811.

Schon gegen Ende des 17. Jahrhunderts wurden die *mineralischen* Substanzen den *vegetabilischen* sowie *animalischen* gegenübergestellt, und diese drei Arten in Lehrbüchern der Chemie, z. B. in dem vielbenutzten von Lemery, gesondert behandelt; diese Einteilung entsprach der schon damals beliebten Klassifizierung der Naturkörper nach den drei „Naturreichen". — Von diesem empirischen Standpunkte erhob sich die Chemie der organischen Verbindungen, nachdem Lavoisier als Hauptbestandteile der letzteren Kohlenstoff, Wasserstoff und Sauerstoff, zuweilen Stickstoff, seltener Phosphor und Schwefel qualitativ nachgewiesen hatte. Wie er diesen Befund auch quantitativ, durch Ausbildung einer Methode der organischen Analyse, zu verwerten

---

Liebigschen Auffassung, sowie über seine Entfremdung von Berzelius höchst lehrreiche, psychologisch interessante Aufschlüsse (vergl. namentlich S. 154, 159 ff., 166).

suchte, das soll in der Geschichte der analytischen Chemie erörtert werden. Von ihm war jedenfalls der Anfang zu einer grundlegenden Erkenntnis gemacht; denn vor einer wissenschaftlichen Durchforschung des Bereiches organischer Körper mußte deren Zusammensetzung festgestellt werden. Die Bekanntschaft mit der chemischen Konstitution derselben war damals noch sehr gering, dennoch hat schon Lavoisier versucht, sich über dieselbe in einzelnen Fällen eine Ansicht zu bilden. Besonders beachtenswert ist seine, noch lange Zeit nachwirkende Meinung, daß die organischen Säuren Oxyde zusammengesetzter Radikale seien, während die meisten Mineralsäuren den Sauerstoff mit einfachen Stoffen verbunden enthalten: in der Tat ein deutliches Anklingen an die später zur Geltung gelangten Vorstellungen der Radikaltheorie.

Während Lavoisier und nach ihm andere Forscher der früheren Einteilung der Stoffe treu blieben, begann schon Bergman um das Jahr 1780 organische Substanzen von unorganischen zu unterscheiden. Die Schranke, welche trotz dieses sich durch Einfachheit empfehlenden Vorschlages zwischen vegetabilischen und animalischen Stoffen blieb, fiel erst allmählich fort in dem Maße, als die Erkenntnis zunahm, daß die gleichen chemischen Verbindungen im pflanzlichen wie tierischen Körper vorkämen, wie dies z. B. für einige Fette, für Ameisensäure, Benzoësäure u. a. m. nachgewiesen wurde. Allgemein hielt man an der Notwendigkeit fest, die organischen Stoffe von den unorganischen streng zu sondern. Als ein unumstößlicher Satz wurde hingestellt, daß die ersteren sich nicht künstlich aus ihren Elementen gewinnen lassen. Die Erkenntnis, daß auch diese Scheidewand fallen müsse, und daß beide Körperklassen von gemeinsamen Gesichtspunkten aus zu betrachten seien, ließ nicht lange auf sich warten.

Berzelius' Stellung zur organischen Chemie.

Zu Beginn dieses Jahrhunderts hatten sich hervorragende Forscher, wie Dalton, Saussure, Proust, namentlich Gay-Lussac und Thénard, eifrigst bemüht, ein zuverlässiges Verfahren zur Ermittlung der quantitativen Zusammensetzung organischer Verbindungen auszuarbeiten; die Ergebnisse ihrer Versuche kamen aber nur zum Teil der Wahrheit einigermaßen nahe. Vor Berzelius 1811) hatte niemand versucht, die Frage sicher zu beantworten, ob denn die Zusammensetzung der organischen Substanzen in ähnlicher Weise durch das Gesetz der multiplen Proportionen geregelt werde, wie die der unorganischen, ob also jene Stoffe als chemische

Verbindungen im Sinne der Atomtheorie gedeutet werden können. Er selbst hatte ein Verfahren, die Salze organischer Säuren zu analysieren, so weit ausgebildet, daß er aus seinen Versuchen das Bestehen einfacher chemischer Proportionen zwischen den Elementarbestandteilen einer Säure und dem Sauerstoff der Base mit einiger Sicherheit abzuleiten vermochte.[1] Diesem ersten erfolgreichen Versuch von Berzelius, organische Verbindungen analog den unorganischen atomistisch aufzufassen, folgten im Jahre 1813 und 1814 Untersuchungen,[2] welche, mit verbesserten Hilfsmitteln ausgeführt, seine Überzeugung befestigten, daß das Gesetz der Multiplen auch für organische Stoffe vollste Gültigkeit habe. Als ein in möglichst vielen Fällen einzuhaltendes Prinzip, wenn es gelte, das Atomgewicht solcher festzustellen, empfahl er, dieselben in ihren Verbindungen mit unorganischen Stoffen zu analysieren.

Wenn auch durch diese bahnbrechenden Arbeiten eine Analogie beider Klassen von Substanzen erkannt worden war, so entschloß sich doch Berzelius nicht sogleich, in den organischen Stoffen ein und dieselbe Gliederung nach näheren Bestandteilen anzunehmen, wie in den unorganischen. Im Gegenteil glaubte er, diese als **binäre** von **ternären und quaternären organischen** bestimmt scheiden zu müssen; die letzteren — so sprach er sich im Jahre 1813 aus — enthalten mehr als zwei Elemente. Demgemäß wurden Verbindungen, wie Grubengas, Cyan, das hypothetische Oxalsäureanhydrid, zu den unorganischen gezählt, welche Auffassung später aus Zweckmäßigkeitsgründen vielfach beibehalten und namentlich von Gmelin (in seinem Handbuche) befürwortet wurde. Diese empirische Trennung der zwei Körperreihen erwies sich bald als gänzlich unzureichend, zumal nachdem man in einigen Ölen binäre aus Kohlenstoff und Wasserstoff bestehende Verbindungen von komplizierter Zusammensetzung kennen gelernt hatte.

Berzelius selbst machte schon in seiner mehrfach erwähnten Schrift[3] den Versuch, die Kluft zwischen unorganischen und organischen Stoffen durch die Annahme zu überbrücken, daß die letzteren gleich den ersteren binär gegliedert seien, aber zusammengesetzte Radikale an Stelle der Grundstoffe enthalten. Zur Wiederbelebung dieser bereits von Lavoisier geäußerten Idee haben ohne Zweifel Gay-Lussacs schöne Arbeiten über das Cyan kräftig mitgewirkt; denn sie führten zu der wichtigen Erkenntnis, daß Cyan als zusammengesetztes Radikal vollkommen die Rolle von Grundstoffen

---

[1] Gilberts Ann. 40, 247.
[2] Namentl. Ann. of philos. Bd. 4 und 5.
[3] „Versuch über die Theorie d. chem. Proport." etc. Dresden 1820.

übernehmen kann. Im Zusammenhange mit dieser Wahrnehmung mehrten sich die Versuche, in organischen Verbindungen ähnliche Atomkomplexe aufzusuchen. Gay-Lussac selbst sprach sich über den Alkohol dahin aus, daß er aus Äthylen und Wasser, und zwar, wie seine Dampfdichte ersehen lasse, aus gleichen Volumen dieser beiden bestehe; im Zucker nahm er Kohlenstoff und Wasser als nähere Bestandteile an. Der Chlorwasserstoffsäureäther wurde von Robiquet als Verbindung des Äthylens mit Salzsäure, die wasserfreie Oxalsäure von Döbereiner als solche der Kohlensäure mit Kohlenoxyd angesehen.

Diese Bestrebungen, zusammengesetzte Radikale als nähere Bestandteile in organischen Stoffen anzunehmen, können als Vorstufen der Radikaltheorie betrachtet werden. Von Berzelius wurden die zuletzt erwähnten Erklärungsversuche ganz und gar nicht gebilligt; er erhob seine warnende Stimme und bezeichnete dieselben als unvereinbar mit den elektrochemischen Vorstellungen. Diesen entsprechend wurde der elektronegative Sauerstoff einem zusammengesetzten Radikal als dem positiven Bestandteile einer Verbindung gegenüber gestellt; damals stand Berzelius also der Annahme sauerstoffhaltiger Radikale fern. Dagegen hat er zu jener Zeit die Veränderlichkeit der Radikale zugegeben, während er dieselbe später verwarf und dadurch einer gesunden Entwicklung der Radikaltheorie in den Weg trat.

Die Zeit zur Ausbildung dieser Lehre war noch nicht gekommen; aber durch die Voraussetzung näherer Bestandteile in den organischen Verbindungen, wurde das Studium der letzteren in fruchtbringendster Weise angeregt. Zu der ersten Aufgabe, die empirische Zusammensetzung derselben zu ermitteln, kam die ungleich höhere, ihre chemische Konstitution durch Feststellung der näheren Bestandteile zu erforschen, wie Berzelius dieses Problem auffaßte. — Ein gewaltiger Anstoß zur Würdigung und besseren Erfassung dieser großartigen Aufgabe ging aus von der in das dritte Dezennium fallenden Entdeckung der ersten Isomerieen. In der Tat: wenn man sich auf den damaligen Standpunkt der Chemiker zu stellen sucht, so erkennt man, daß die überraschenden Beobachtungen, nach denen chemisch gleich zusammengesetzte Körper ganz verschieden voneinander waren, unmittelbar die Überzeugung aufdrängten, die Ursache dieser Isomerie genannten Erscheinung müsse in ungleichartigen, näheren Bestandteilen der betreffenden Verbindungen gesucht werden. Welcher starke, immer von neuem wirkende Reiz war so gegeben, nach diesen verschiedenen Radikalen organischer Körper zu suchen!

Isomerieen und deren Einfluß auf die Entwicklung der organischen Chemie.

Bis etwa zum Jahre 1820 galt in der Chemie als Lehrsatz, daß Stoffe von gleicher qualitativer und quantitativer Zusammensetzung auch die gleichen Eigenschaften besitzen müßten. Zwar waren damals schon Fälle bekannt, die gegen diese so natürliche Annahme zu sprechen schienen: die verschiedenen Modifikationen des Chromoxydes, der Kieselsäure, insbesondere der von Berzelius geführte Nachweis zweier Arten Zinnoxyd. Jedoch legte man diesen Beobachtungen keinen besonderen Wert bei; man erblickte darin Ausnahmen und meinte, es seien nur Verschiedenheiten des physikalischen Verhaltens, wie solche durch Entdeckung dimorpher Substanzen in jener Zeit häufiger wahrgenommen wurden.

So wenig waren die Chemiker auf das Bestehen gleich zusammengesetzter, aber chemisch und physikalisch verschiedener Stoffe vorbereitet, daß die meisten den ersten Fall einer Isomerie im Gebiete der organischen Chemie für einen Irrtum hielten. Liebig hatte im Jahre 1823 durch Vergleich seiner Analyse des knallsauren Silbers mit der des cyansauren Silbers, welches Wöhler ein Jahr zuvor untersucht hatte, gefunden, daß die Ergebnisse der Analysen beider Salze gleich seien.[1] Er selbst, von der Richtigkeit der seinigen durchdrungen, hielt einen Fehler in den Versuchen Wöhlers für wahrscheinlich, überzeugte sich aber durch Wiederholung der letzteren von der Genauigkeit der Angaben Wöhlers. Danach waren zwei Stoffe von denkbar größter chemischer Verschiedenheit als gleich zusammengesetzt erkannt.

Während Berzelius die Bedeutung dieser Tatsache zwar vollauf würdigte, wenn er auch nicht sofort zustimmte,[2] vielmehr eine Verallgemeinerung derselben abwartete, hegte dagegen Gay-Lussac keinen Zweifel an der Richtigkeit jenes Befundes und führte die Verschiedenheit beider Salze darauf zurück, daß in ihnen die Elemente verschiedenartig miteinander verbunden seien. Als dann im Jahre 1825 Faraday[3] im Ölgase einen Kohlenwasserstoff auffand, der dieselbe Zusammensetzung hatte, wie das Äthylen, aber ein ganz anderes Verhalten zeigte, und als im Jahre 1828 Wöhler den Harnstoff[4] als Produkt der Umwandlung des gleich zusammen-

---

[1] Ann. Chim. Phys. 24, 264.
[2] Zuerst hielt Berzelius einen Irrtum auf einer Seite für wahrscheinlich (vergl. Jahresbericht 4, 110 und 5, 85).
[3] Ann. of philos. 11, 44 und 95).
[4] Diese Entdeckung Wöhlers ist ein Markstein in der Geschichte der

gesetzten cyansauren Ammons auffand, da machte die chemische Welt sich mit dem Bestehen *isomerer Stoffe* mehr und mehr vertraut. Berzelius, welcher nur zögernd die Tatsachen anerkannte, war es, der schließlich selbst durch eigene Beobachtungen von der Richtigkeit derselben vollständig überzeugt wurde. Er stellte fest, daß die **Traubensäure** dieselbe Zusammensetzung habe wie die **Weinsäure**,[1] und knüpfte an diese Entdeckung den Vorschlag, solche Stoffe, welche gleich zusammengesetzt, aber mit verschiedenen Eigenschaften begabt sind, *isomerische* zu nennen. Die allgemeine Bezeichnung Isomerie ist seitdem beibehalten worden. Berzelius sah sich bald veranlaßt, den Begriff, der sich mit diesem Worte verknüpfen soll, genauer zu bestimmen;[2] er unterschied die *Polymerie* und *Metamerie* als spezielle Fälle der Isomerie in dem Sinne, wie es wesentlich noch heute geschieht.[3] Seine Gabe, die spärlichen Tatsachen unter gemeinsamem Gesichtspunkte zu vereinigen, zeigte sich hier in glänzender Weise.

Manche Äußerungen von Berzelius lassen seine Auffassung über die wahrscheinliche Ursache der Isomerie organischer Verbindungen erkennen; für ihn sind isomerische Stoffe solche, bei denen die Atome der einfachen Stoffe sich auf ungleiche Weise zu zusammengesetzten Radikalen gruppiert haben. „Daß die Stellung der Atome (in isomerischen Stoffen) verschieden sein müsse, setzt die isomerische Natur dieser Verbindungen an und für sich voraus." Aus diesem Satze schließen zu wollen, Berzelius habe das Problem, die räumliche Stellung der Atome zu erforschen, für lösbar gehalten, ist sicherlich unberechtigt; er meinte gewiß nur die Ermittlung der gegenseitigen Beziehungen von Atomen in ihren Verbindungen, insbesondere die Feststellung der Art, wie die Atome zu näheren Bestandteilen oder zusammengesetzten Radikalen verbunden sind. Die Frage nach der chemischen Konstitution in diesem Sinne war durch die sich häufenden Isomeriefälle stark in Fluß gekommen und erwies sich bald reif zu einer versuchsweisen Lösung; diese

synthetischen Chemie. Die künstliche Bildung des Harnstoffs, der nach damaliger Auffassung nur mit Hilfe der Lebenskraft erzeugt werden sollte, war dem Entdecker so auffallend und unwahrscheinlich, daß er drei Jahre mit der Veröffentlichung wartete, um sich erst durch erneute Beobachtungen von der Wahrheit zu überzeugen. Man lese darüber in dem Briefwechsel Berzelius-Wöhler (vergl. S. 188) nach, insbesondere das köstliche Schreiben von Berzelius (Bd. I, S. 208)!

[1] Berzelius, Jahresber. **11**, 44 (1832).

[2] Das. **12**, 63 (1833).

[3] Als einen besonderen Fall der Isomerie betrachtete Berzelius die verschiedenen Modifikationen elementarer Körper; die dafür gebrauchte Bezeichnung *Allotropie* stammt erst aus dem Jahre 1841.

wurde durch Zusammenfassung einer Reihe von organischen Verbindungen auf Grund der Hypothese bestimmter gemeinsamer Radikale angestrebt. Das Ergebnis dieses Versuches war die Radikaltheorie, an deren Gestaltung Berzelius und Liebig den wirksamsten Anteil hatten. Sie wird zum Unterschied von der später neubelebten Form ähnlicher Anschauungen als ältere Radikaltheorie bezeichnet.

Ältere Radikaltheorie.

An Bemühungen, die Konstitution einzelner Verbindungen durch Annahme zusammengesetzter Radikale zu erklären, hat es, wie schon erwähnt ist, vor dem Jahre 1830 nicht gefehlt. Die wichtigste Anregung zu solchen Anläufen ging von dem Nachweis aus, daß das Cyan in seinen zahlreichen Verbindungen wie ein Element fungiert, und selbst in freiem Zustande bekannt ist. Die Beobachtung, daß Alkohol in Äther und in Äthylen leicht umgewandelt wird, mag Anlaß gegeben haben, in den beiden ersteren Äthylen als näheren Bestandteil vorauszusetzen.

Diese von Gay-Lussac gehegte, oben schon berührte Auffassung erhielt vorübergehend neues Leben durch den Versuch von Dumas und Boullay,[1] dieselbe durch Ausdehnung auf andere Abkömmlinge des Alkohols und des Äthers zu verallgemeinern. Das Radikal *Ätherin*[2] C_4H_4 wurde von ihnen in den später Äthylverbindungen genannten Körpern angenommen und zugleich mit einer unorganischen Verbindung, dem Ammoniak, verglichen. Wie dieses, so sei das Ätherin eine Base, fähig mit Wasser Hydrate, mit Säuren salzartige Äther zu bilden. Die folgende Zusammenstellung läßt das Streben erkennen, eine Analogie von organischen mit unorganischen Verbindungen herzustellen, von welch letzteren allerdings einige nicht isoliert sind:

Ätherin C_4H_4 Ammoniak H_3N
Alkohol $C_4H_4 + H_2O$
Äther $2\,C_4H_4 + H_2O$
Salzsaurer Äther $C_4H_4 + HCl$ Salmiak $H_3N + HCl$
Essigäther $2\,C_4H_4 + C_3H_6O_3 + H_2O$ Essigs. Ammoniak $2\,H_3N + C_3H_6O_3 + H_2O$.[3]

Dieser unter dem Namen *Ätherintheorie* bekannte Versuch, ist insoweit ein Vorläufer der eigentlichen Radikaltheorie, als er mit

---

[1] Ann. Chim. Phys. 37, 15 (1828).
[2] Das Radikal C_4H_4 hatte nach Vorschlag von Berzelius die Bezeichnung *Ätherin* erhalten.
[3] Dumas' Atomgewichte sind, auf $H = 1$ bezogen, $C = 6$, $O = 16$.

dieser die Nebeneinanderstellung organischer und unorganischer Stoffe gemein hat. Berzelius betonte in seiner Kritik desselben mit vollem Rechte, daß die Vergleichung obiger Verbindungen in schematischer Hinsicht wohl zulässig sei, bezeichnete aber die vermeintliche Erkenntnis von der Konstitution derselben als höchst zweifelhaft.

Reiche Nahrung, ja den Hauptanstoß zur gedeihlichen Entwicklung erhielt die schon vorhandene Vorstellung, daß die organischen Verbindungen ihre Eigentümlichkeit den darin enthaltenen Radikalen verdanken, durch die denkwürdige, in Wahrheit bahnbrechende Untersuchung von Liebig und Wöhler *„Über das Radikal der Benzoesäure"*.[1] Sie wiesen in unanfechtbarer Weise nach, daß bei zahlreichen Umwandlungen des Bittermandelöls und der daraus hervorgehenden Chlor und Brom enthaltenden Verbindungen, ein Radikal unverändert bleibe, welches die Zusammensetzung $C_{14}H_{10}O_2$ besitze,[2] und für das sie den Namen *Benzoyl* vorschlugen. Durch überzeugende Versuche lehrten sie, daß das letztere in der Benzoesäure, im Benzoylchlorid und -bromid, in dem Benzamid, dem Äther, der Benzoesäure und dem Benzoylsulfid angenommen werden kann und sich in diesen Verbindungen wie ein Element verhält. Diese Arbeit hat nicht nur grundlegende Bedeutung für die erstarkende Radikaltheorie gehabt, sie ist auch für die damalige Entwicklung der speziellen organischen Chemie höchst wichtig gewesen, da die in ihr mitgeteilten neuen Methoden zur Gewinnung einzelner Verbindungen für ganze Klassen solcher maßgebend geblieben sind. Den Hauptnachdruck legten die jugendlichen Verfasser auf den Nachweis eines „zusammengesetzten Grundstoffs, des Benzoyls, in einer Reihe organischer Verbindungen".

Berzelius war durch diese überraschend klaren Ergebnisse so sehr von der Richtigkeit ihrer Deutung überzeugt, daß er begeistert der Annahme des Radikals Benzoyl zustimmte;[3] die Tatsachen sprachen so kräftig dafür, daß er sich gezwungen sah, seinen Grundsatz aufzugeben, daß der Sauerstoff kein Bestandteil eines Radikals sein könne: nur auf kurze Zeit, da er bald zu der An-

---

[1] Ann. Chem. **3**, 249 (1832). Der Briefwechsel zwischen Liebig und Wöhler (i. J. 1888 von A. W. Hofmann und E. Wöhler herausgegeben) gibt manchen willkommenen Einblick in die Entstehung dieser fundamentalen Arbeit, die zugleich als schönes Denkmal der Freundschaft beider Männer einzigartig dasteht.

[2] Atomgewichte von Berzelius: $H = 1$, $C = 12$, $O = 16$.

[3] In seinem Ann. Chem. **3**, 282 abgedruckten Briefe an Liebig und Wöhler schlug Berzelius vor, dieses Radikal *Proïn* oder *Orthrin* (von πρωΐ, bezw. ὀρθρός, d. i. Morgenröte) zu nennen, da mit jener Untersuchung ein neuer Tag für die organische Chemie angebrochen sei.

sicht zurückkehrte, das Bestehen sauerstoffhaltiger Radikale sei mit seinem elektrochemischen Systeme durchaus unverträglich.

Die von den meisten Chemikern der damaligen Zeit gehegte Meinung ging dahin, daß die in einigen Verbindungen nachgewiesenen Radikale als für sich bestehende Atomgruppen zu betrachten seien, deren Gewinnung angestrebt werden müsse. Wenn auch das Benzoyl nicht isoliert war, so zweifelte man doch ebensowenig an seiner Existenz, wie an der des zu jener Zeit noch nicht sicher dargestellten Calciums oder des damals noch unbekannten Salpetersäureanhydrids. Naturgemäß ging von der Untersuchung Liebigs und Wöhlers eine große Anregung aus, in Verbindungen, deren Zusammengehörigkeit durch ihr chemisches Verhalten und ihre Bildungsweisen wahrscheinlich war, nach den ihnen eigentümlichen Atomgruppen zu suchen.

Die Entstehung der eigentlichen Radikaltheorie, an deren Aufstellung Berzelius und Liebig sich in den nächsten Jahren beteiligten, entsprang einem solchen Streben. Eine Reihe organischer Verbindungen, die zu dem Alkohol in naher Beziehung standen, bot die beste Gelegenheit zu einer derartigen Betrachtungsweise dar; dieselben gehörten schon damals zu den am sorgfältigsten untersuchten Körpern der organischen Chemie. Im Jahre 1833 betonte Berzelius[1] die Notwendigkeit, in allen organischen Verbindungen eine binäre Gliederung wie in den unorganischen vorauszusetzen; er sagte sich damit von der Annahme sauerstoffhaltiger Radikale los. Das Benzoyl deutete er als Oxyd des Komplexes $C_{14}H_{10}$, dessen Superoxyd die wasserfreie Benzoesäure sei. Den Äther betrachtete er als Oxydul des *Äthyls* und formulierte ihn: $(C_2H_5)_2O$; derselbe entspreche den unorganischen Basen und sei in den Äthern mit den Säuren ebenso verbunden, wie die Metalloxyde in den Salzen. Der dem Äther so nahestehende Alkohol dagegen wurde von Berzelius als Oxyd eines Radikals C_2H_6 aufgefaßt, wodurch die Zusammengehörigkeit beider Verbindungen gänzlich verwischt wurde.[2]

Diesen Fehlschluß herausfühlend, stellte Liebig[3] im folgenden

---

[1] Jahresber. 13, 190 ff. Über die Entstehung dieser Vorstellungen gibt der Briefwechsel Berzelius—Liebig manchen Aufschluß (vergl. S. 55 ff., 67).

[2] Berzelius hat sich zu dieser Annahme von der atomistischen Zusammensetzung des Alkohols und Äthers durch deren Dampfdichten veranlaßt gesehen, aus denen er die richtigen Molekularformeln ableitete, ohne jedoch die wahre Konstitution des Alkohols so zu erfassen, wie die des Äthers (vergl. Lehrb. d. Chemie, 4. Aufl. 8, 193).

[3] Ann. Chem. 9, 1 ff. „Über die Konstitution des Äthers und seiner Verbindungen."

Jahre die Ansicht auf, der Alkohol, sowie der Äther und ihre Abkömmlinge, seien Verbindungen eines und desselben Radikals *Äthyl*, dem er aber die doppelte Formel C_4H_{10}, nicht wie Berzelius C_2H_5 beilegte. Seine Auffassung erhellt aus folgender Zusammenstellung einiger Verbindungen:

Äther $C_4H_{10}O$	Jodäthyl $C_4H_{10}J_2$
Alkohol $C_4H_{10}O \cdot H_2O$	Salpeteräther $C_4H_{10}O \cdot N_2O_3$
Chlorätbyl $C_4H_{10}Cl_2$	Benzoeäther $C_4H_{10}O \cdot C_{14}H_{10}O_3$.

Danach bezeichnete er den Äther als Äthyloxyd, den Alkohol als Äthyloxydhydrat und verglich den ersteren mit dem Kaliumoxyd, den letzteren mit dem Kalihydrat; er war aber trotz der richtigen Erkenntnis, daß beiden Körpern dasselbe Radikal angehöre, in einen Fehler verfallen, den Berzelius vermieden hatte: er schrieb dem Alkohol und entsprechenden Verbindungen ein doppelt so hohes Molekulargewicht zu, als denselben zukommt. Aber ungeachtet der irrtümlichen Voraussetzungen von Liebig sowie von Berzelius, waren die Vorteile ihrer *Äthyltheorie* augenfällig. Eine breite Bahn war für die Auffassung gebrochen, daß die organischen Verbindungen den unorganischen analog konstituiert seien. Das Äthyl spielt in einer großen Zahl von Körpern dieselbe Rolle wie das Kalium oder Ammonium[1] in deren Verbindungen. Liebig hatte zuletzt diesen Vergleich auf das damals entdeckte Mercaptan und das Schwefeläthyl ausgedehnt; besonders durch sein beredtes Eintreten für die Annahme zusammengesetzter Grundstoffe fand die Radikaltheorie große Anerkennung und weite Verbreitung.[2]

Zu jener Zeit hielten die einflußreichen Chemiker an ihren über die Radikale geäußerten Ansichten fest: Dumas an der Annahme, Ätherin sei das Radikal des Alkohols etc., Berzelius an der verschiedenen Konstitution des Alkohols und Äthers, wenn er auch die Zulässigkeit der erweiterten Äthyltheorie nicht schroff ablehnte; Liebig blieb der letzteren treu. Er entfernte sich von Berzelius am weitesten in der Frage der sauerstoffhaltigen Radi-

---

[1] An Stelle der Annahme, daß in den Salzen des Ammoniaks dieses selbst mit Säuren verbunden sei, trat gerade damals, begünstigt durch die Autorität von Berzelius, die schon von Ampère (1816) vertretene Ansicht, daß in jenen Salzen Ammonium, H_4N, den Metallen analog fungiere.

[2] Es soll nicht unerwähnt bleiben, daß Kane, unabhängig von Berzelius und von Liebig, auf die Analogie eines in dem Äther, Alkohol etc. anzunehmenden Radikals *Äthereum*, d. i. Äthyl, mit dem hypothetischen Ammonium hingewiesen hat; jedoch ist seine Abhandlung, in welcher er diese Ansicht äußerte, ganz unbeachtet geblieben (sie erschien im Jahre 1833 in *The Dublin Journal of medical and chemical science* 2, 348).

kale, deren Annahme ihm unerläßlich schien; so hegte er keinen Zweifel daran, daß Kohlenoxyd als näherer Bestandteil in der Kohlensäure, sowie Oxalsäure enthalten sei. Darin aber waren diese Forscher einig, daß die zusammengesetzten Radikale als gesonderte Bestandteile in den Verbindungen vorhanden seien.

Liebig nahm bezüglich des Wesens der Radikale allmählich eine andere erweiterte Auffassung an, als Berzelius, welcher mehr und mehr zu der Ansicht hinneigte, daß dieselben unveränderlich seien. Liebig dagegen ließ häufig den Gedanken durchblicken, daß die Gruppierung der Elemente zu Radikalen wesentlich zum bessern Verständnis der Zersetzungs- und Bildungsweisen von Stoffen dienen solle. Diese Vorstellung drängte sich ihm, wie es scheint, durch das Ergebnis einer auf seine Anregung hin entstandenen Untersuchung[1] von Regnault[2] auf. Derselbe hatte durch Zerlegung von Äthylenchlorid mit alkoholischem Kali eine Verbindung $C_4H_6Cl_2$, entdeckt, die er *Chloraldehyden* nannte. Liebig[3] nahm daraus Anlaß, das Radikal C_4H_6 als näheren Bestandteil dieses Chlorids, sowie zahlreicher anderer Verbindungen zu erklären; er nannte dasselbe *Acetyl* und stellte es in Parallele mit dem hypothetischen *Amid*, die Wasserstoffverbindungen desselben, das Äthylen und Äthyl, mit dem *Ammoniak* und *Ammonium*:

C_4H_6 Acetyl entspricht dem N_2H_4 Amid
C_4H_8 Äthylen „ „ N_2H_6 Ammoniak,
C_4H_{10} Äthyl „ „ N_2H_8 Ammonium.

Insbesondere legte Liebig Wert darauf, einen Ausdruck für die Konstitution des Aldehyds und der Essigsäure zu finden; er betrachtete dieselben als Oxydul-, bezw. Oxydhydrat des Acetylradikals und schrieb ihnen die Formeln: $C_4H_6O \cdot H_2O$ und $C_4H_6O_3 \cdot H_2O$ zu. Die Erklärung des Überganges von Alkohol zu Aldehyd und Essigsäure war durch diese Auffassung vorbereitet, zugleich auch der Zweifel an der starren Unveränderlichkeit eines Radikals rege gemacht.

Das Jahr 1837 kann als dasjenige bezeichnet werden, in dem

---

[1] Ann. Chem. 15, 60.
[2] H. V. Regnault, 1810 zu Aachen geboren, 1878 zu Auteuil bei Paris gestorben, Schüler Liebigs, hat bis zum Jahre 1840 der organischen Chemie seine Aufmerksamkeit geschenkt und sie mit bedeutenden Arbeiten bereichert, dann sich physikalisch-chemischen Untersuchungen gewidmet, welche ihm einen hervorragenden Platz in der Geschichte dieser sichern. Seine Vielseitigkeit erhellt aus den vorzüglichen mit Reiset ausgeführten Versuchen über die Atmung der Tiere. — Sein Werk: *Cours élémentaire de chimie* (1847—1849) hat sich durch Übersetzungen und Bearbeitungen in anderen Ländern verbreitet und eingebürgert.
[3] Ann. Chem. 30, 229.

die ältere Radikaltheorie ihren Höhepunkt erreichte und trotz mancher Angriffe, welche sie zu erfahren hatte, am festesten ausgebildet dastand. Liebig und Dumas, der damals von der Unhaltbarkeit seiner Ätherintheorie überzeugt worden war, vereinigten sich zu gemeinsamer Bearbeitung und Durchforschung organischer Verbindungen im Sinne der Radikaltheorie. In einer, zugleich in Liebigs Namen veröffentlichten Abhandlung[1] legte Dumas seine veränderten Ansichten dar und erörterte die zu lösenden Probleme. Die organische Chemie wurde von beiden als die *Chemie der zusammengesetzten Radikale* betrachtet und in diesem Sinne definiert.[2] Die letzteren verglich man mit den Elementen: das *Äthyl*, das *Methyl*, dessen Bestehen in dem Holzgeist aus der denkwürdigen Untersuchung von Dumas und Péligot über diese Verbindung gefolgert wurde, sowie das *Amyl*[3] stellte man mit Metallen, das Acetyl mit dem Schwefel und entsprechend die Verbindungen der Radikale mit unorganischen in Parallele.[4]

Die damaligen Chemiker blieben aber nicht bei dem Vergleich organischer mit unorganischen Stoffen als einem schematischen Hilfsmittel stehen, sie brachten vielmehr die sicher erkannten Verhältnisse der unorganischen Chemie bei der Erforschung organischer Verbindungen in glücklichster Weise zur Anwendung, getreu dem schon im Jahre 1817 von Berzelius ausgesprochenen Grundsatz: „daß die Anwendung dessen, was über die Verbindungsweise der Grundstoffe in der unorganischen Natur bekannt ist und noch bekannt werden wird, zur Beurteilung ihrer Verbindungen in der organischen Natur der Leitfaden ist, durch welchen wir hoffen

---

[1] Compt. rend. 5, 567. Daß der Vereinigung beider Forscher sehr bald die Trennung folgte, war bei der verschiedenen Denk- und Sinnesart derselben sehr erklärlich. Die Beurteilung, welche Dumas in den Briefen von Berzelius und von Liebig erfährt, läßt diese Trennung als Naturnotwendigkeit erscheinen. Köstlich und geistvoll ist die Beleuchtung, die Gay-Lussac diesem Ereignis zuteil werden läßt in einem Briefe, der beginnt: „Maintenant, mon cher Liebig, je vous félicite, d'être sorti de la galère, où vous étiez entré. Je ne concevais pas votre mariage" etc. (s. Briefwechsel Berzelius—Liebig S. 171).

[2] Vergl. auch Liebigs Handbuch d. organ. Chemie S. 1.

[3] Vergl. Cahours' Untersuchung über das Fuselöl: Ann. Chem. 30, 288.

[4] Folgender Ausspruch, welcher sich in der oben zitierten Abhandlung Compt. rend. 5 findet, kennzeichnet den damaligen Standpunkt von Dumas und Liebig. „Die organische Chemie besitzt ihre eigenen Elemente, welche bald die Rolle des Chlors oder Sauerstoffs, bald aber auch die eines Metalles spielen. Cyan, Amid, Benzoyl, die Radikale des Ammoniaks, der Fette, des Alkohols und seiner Derivate, bilden die wahren Elemente der organischen Natur, während die einfachsten Bestandteile, wie Kohlenstoff, Wasserstoff, Sauerstoff und Stickstoff, erst zum Vorschein kommen, wenn die organische Materie zerstört ist."

können, zu richtigen Vorstellungen von der Zusammensetzung der organischen Körper zu gelangen."

Der Begriff *Radikal* wurde in dem Maße, als man sich mit der sicheren Voraussetzung solcher Atomkomplexe in organischen Verbindungen befreundete, schärfer erfaßt. Liebig selbst stellte damals, 1838, dreierlei Eigentümlichkeiten fest, durch die ein zusammengesetztes Radikal gekennzeichnet wird. Er benutzte zur Darlegung seiner Ansicht das Cyan als Beispiel, und sprach sich wie folgt aus:[1] „Wir nennen Cyan ein Radikal, weil es erstens der nicht wechselnde Bestandteil in einer Reihe von Verbindungen ist, weil es zweitens sich in diesen ersetzen läßt durch andere einfache Körper, weil es drittens in seinen Verbindungen mit einem einfachen Körper diesen letzteren ausscheiden und vertreten läßt durch Äquivalente von anderen einfachen Körpern." Mindestens zwei von den hier aufgeführten Bedingungen, durch die ein Atomkomplex zum Radikal gestempelt wird, müssen erfüllt sein. Die Feststellung dieser Bedingungen war aber nur möglich durch sorgfältige, unablässige Erforschung des chemischen Verhaltens organischer Stoffe. Die Natur der in letzteren anzunehmenden Radikale konnte also erst aus dem Studium der Umsetzungs- und Spaltungsprodukte jener erschlossen werden.

Eine solche Anregung ging von der Radikaltheorie aus, daß man ihren Einfluß, auch wenn sie in Irrtümer verfiel, nicht hoch genug schätzen kann. Ausgezeichnete Kräfte wurden durch das Streben, die näheren Bestandteile von zusammengehörenden Verbindungen zu erforschen, entfesselt. Als besonders schöne Frucht solcher Bemühungen fiel der Wissenschaft die Reihe ausgezeichneter Untersuchungen[2] von Robert Bunsen[3] über die Kakodylverbindungen zu, die derselbe vom Jahre 1839 an zu bearbeiten begann. Seine Versuche lieferten den Nachweis, daß in dem sog. *Alkarsin*, dem Produkte der Destillation von essigsaurem Kali mit arseniger Säure, das Oxyd eines arsenhaltigen Radikals: $As_2C_4H_{12}$

---

[1] Ann. Chem. **25**, 3.

[2] Ann. Chem. **31**, 175; **37**, 1; **42**, 14; **46**, 1.

[3] Robert Wilhelm Bunsen, geb. 31. März 1811 zu Göttingen, war Privatdozent daselbst, dann Nachfolger Wöhlers in Cassel, seit 1838 Professor in Marburg, siedelte nach kurzem Aufenthalte in Breslau (1851) nach Heidelberg über, wo er bis zum Jahre 1889 als Zierde der Universität tätig war. Er verbrachte daselbst die letzten zehn Lebensjahre, das *otium cum dignitate* genießend, und starb am 16. August 1899. Die Chemie verdankt ihm außerordentlich wichtige Forschungen, welche zur Befruchtung der verschiedensten Gebiete gedient haben; sein Name wird uns daher in der speziellen Geschichte einzelner Zweige der Chemie mehrfach begegnen. Mit Arbeiten aus dem Bereiche der unorganischen Chemie beginnend, lenkte er seine Aufmerksamkeit bald auf

($H=1$, $C=12$, $As=75$) enthalten sei, welch letzteres in einer langen Reihe von Umsetzungsprodukten jenes Oxyds unverändert bleibt und sogar isoliert werden kann. Damit war die Natur dieses zusammengesetzten Grundstoffs, welcher das den eigentlich organischen Stoffen fremde Arsen enthielt, als eines wahren Radikals, klargelegt.

Mit Recht hat man die schon besprochenen Untersuchungen von Gay-Lussac über Cyan, von Liebig und Wöhler über Benzoylverbindungen, mit denen Bunsens in eine Reihe gestellt und ihrer Bedeutung gemäß als die drei Grundpfeiler der Radikaltheorie bezeichnet. Die Annahme von Radikalen hatte durch die Ergebnisse dieser Experimentalarbeiten an Wahrscheinlichkeit so zugenommen, daß man die der Theorie zugrunde liegende Hypothese als eine gut begründete ansah. — Jedenfalls ist die ältere Radikaltheorie ein wichtiges, ja unentbehrliches Glied in der Kette von theoretischen Ansichten gewesen und bedeutet gegenüber den früheren vereinzelten Betrachtungen einen außerordentlich großen Fortschritt. Wenn auch von jener Theorie direkt keine lange dauernde Wirkung ausging, da sie bald nach ihrem Erstarken durch mächtige Gegenströmungen überflutet wurde, so hat sie sich doch in hohem Grade entwicklungsfähig gezeigt. Denn sie konnte bald nach der Katastrophe, die über sie hereingebrochen war, in neuem Gewande und nach Abstreifung einiger Fesseln zu frischem Leben erblühen.

Ehe die gegen die ältere Radikaltheorie gerichtete Entwicklung von Lehrmeinungen geschildert wird, ist es zweckmäßig, in kurzen Zügen das Leben und die Hauptleistungen der drei Forscher darzulegen, die durch ihre Arbeiten während des dritten und vierten Dezenniums des 19. Jahrhunderts vorzugsweise die organische Chemie

die organischen Arsenverbindungen, durch deren Untersuchung er der Radikaltheorie eine starke Stütze schuf; die organische Chemie hat ihm späterhin leider keinerlei Arbeiten mehr zu verdanken. — Seine Beschäftigung mit gasigen Stoffen führte ihn zur Auffindung neuer Methoden, durch deren Sichtung, Verbesserung und Kombination er die heutige Gasanalyse ins Leben rief. Die von ihm und Kirchhoff gemachte Entdeckung der Spektralanalyse, eine der großartigsten und folgenreichsten im Gebiete der Naturwissenschaften während der letzten 50 Jahre, ist in aller Erinnerung. Auf Bunsens Förderung anderer Teile der physikalischen, analytischen, unorganischen und mineralogisch-geologischen Chemie wird in der Geschichte dieser Zweige hingewiesen werden; überall hat er als origineller, neue Wege ebnender Forscher gewirkt. — Seine Lehrtätigkeit, welche mehr als ein halbes Jahrhundert umfaßt hat, ist von den ersprießlichsten Folgen gewesen. Über sein Leben und Wirken gibt Aufschluß die inhaltreiche schöne Gedächtnisrede von Th. Curtius (abgedruckt Journ. pr. Chem. 61, 381), sowie die liebevollen Erinnerungen an Bunsen, die H. Debus veröffentlicht hat (Cassel 1901). Vergl. auch Ostwalds gehaltvollen Nachruf (Zeitsch. Elektroch. 7, 608).

in neue Bahnen gelenkt, und welche noch weit über diesen Zeitraum hinaus maßgebenden Einfluß auf die Entwicklung ihrer Wissenschaft ausgeübt haben.

Liebig, Wöhler, Dumas. Überblick ihrer wichtigsten Leistungen.
Liebig und Wöhler, durch die Gleichartigkeit ihrer wissenschaftlichen Bestrebungen zusammengeführt und in köstlichem Freundschaftsbunde vereint, gehören auch in der Geschichte ihrer Wissenschaft zusammen; das Bild des einen bleibt unvollkommen, wenn nicht die charakteristischen Züge des andern dasselbe ergänzen. Die Früchte ihrer gemeinsamen Arbeit gehören zu den schönsten am Baume der chemischen Forschung. Ihr von A. W. Hofmann (unter Mitwirkung von E. Wöhler) leider nur auszugsweise veröffentlichter[1] Briefwechsel, die Jahre 1829—1873 umfassend, ist ein Denkmal der Freundschaft beider Männer und ein für die Geschichte der Chemie sehr wichtiger Beitrag.

Justus Liebig,[2] dessen Einfluß auf die Gestaltung der Radikaltheorie, sowie der organischen Chemie überhaupt, zum Teil schon besprochen wurde, hat sich durch seine wissenschaftlichen Leistungen das Anrecht gesichert, unter den ersten Forschern aller Zeiten als einer der hervorragendsten zu gelten. Seine Schuljahre in Darmstadt, wo er am 12. Mai 1803 geboren war, ließen die spätere glänzende Entwicklung des Feuergeistes kaum voraussehen, wenn Liebig auch schon sehr früh sich zur Chemie mit unwiderstehlicher

---

[1] Bei Vieweg in Braunschweig, 1888.
[2] Vergl. die Erinnerungsschriften von H. Kolbe, Journ. pr. Chem. (2) 8, 428; A. W. Hofmann, Ber. 6, 465; seine „Faraday-Lektüre f. 1875: „The life-work of Liebig"; insbesondere Ber. 23, 796: A. W. Hofmann, J. v. Liebig. F. Wöhler. Zwei Gedächtnisreden. Mit dem Bruckstück einer Autobiographie Liebigs als Anhang. Ferner Liebigs mehrfach zitierten Briefwechsel mit Wöhler, sowie mit Berzelius u. a. Vergl. auch die Nekrologe M. v. Pettenkofers, E. Erlenmeyers (in den Schriften der bayer. Akademie); J. Volhards lebensvolle Vorträge Zeitschr. angew. Chem. 1898, S. 641 u. Ann. Chem. 328, 1; C. Knapps Vortrag: „Justus v. Liebig, nach dem Leben gezeichnet"; E. v. Meyer: „Aus Justus Liebigs Lehr- u. Wanderjahren" (Journ. pr. Chem. 67, 433); unter gleichem Titel hat F. Henrich des Meisters Jugendjahre gezeichnet (Ber. der physik. mediz. Societät zu Erlangen Heft 35). Die letzteren Schriften sind gelegentlich der Feier des 100. Geburtstages Liebigs veröffentlicht worden. Diese und andere aus gleichem Anlaß erschienene Schriften und Aufsätze sind von Kahlbaum in den Mitteilungen zur Gesch. der Medizin u. Naturwissensch. 1903, S. 319—336 1904, S. 82 besprochen worden. — Eine vollständige Biographie Liebigs ist leider noch nicht vorhanden; man erhofft eine solche, freilich schon sehr lange, aus der Feder J. Volhards.

Gewalt hingezogen fühlte. Er selbst schildert in biographischen Aufzeichnungen (Ber. 23, 817) mit köstlicher Frische die Art und Weise, wie er sich mit chemischen Tatsachen und Erscheinungen bekannt gemacht hat, wie er schon frühzeitig, zu allgemeinem Erstaunen seiner Lehrer und Mitschüler den festen Entschluß faßte, Chemie zu studieren. Die ersten Eindrücke chemischer Vorgänge hat er in dem kleinen Laboratorium gehabt, indem er seinem Vater, der eine Materialwarenhandlung besaß, bei der Bereitung von Lacken, Firnissen, Farben helfen durfte. Liebig spricht sich in höchst fesselnder Weise darüber aus, wie sich in ihm „die Anlage entwickelte", die den Chemikern mehr wie anderen Naturforschen eigen ist, nämlich „in Erscheinungen zu denken". Dieser Fähigkeit hatte er zu danken, daß „alles, was er sah, absichtlich oder unabsichtlich mit gleichsam photographischer Treue in seinem Gedächtnis haften blieb".

Die Apothekerlaufbahn, welche damals die einzige Möglichkeit bot, praktisch mit der Chemie bekannt zu werden, verließ Liebig bald, um sich akademischen Studien, zuerst in Bonn, dann in Erlangen zu widmen; aber dort fand er nicht die ersehnte Gelegenheit, seine chemischen Erfahrungen zu vertiefen; dennein systematischer Unterricht in der Chemie fehlte dort, trotzdem Kastner für den besten Lehrer der Chemie an allen deutschen Universitäten galt. Auf eigene Faust setzte er seine früh begonnenen Versuche über Knallsilber fort; dieselben waren dazu bestimmt, seine wissenschaftliche Stellung zu begründen. So selbständig der Jüngling sich nach dieser Richtung hin zeigte, so wenig vermochte er dem Einfluß der damals herrschenden Naturphilosophie zu widerstehen. Mit Bitterkeit sprach er später von den dadurch verlorenen zwei Jahren, während welcher er in Erlangen zu Füßen Schellings gesessen hatte.[1] Aber er wußte sich dadurch zu retten, daß er seine Wissenschaft da aufsuchte, wo dieselbe zu jener Zeit am frischesten sprudelte: in Paris, wo Gay-Lussac, Thénard, Dulong, Chevreul, Vauquelin u. a. ihre Tätigkeit entfalteten. In dieser Umgebung gesundete er, wie er es selbst mit unvergleichlicher Frische geschildert hat, und durch Alexander v. Humboldts Fürsorge gestützt, kam er zu Gay-Lussac in nahe Beziehung, aus der die wichtige Untersuchung

---

[1] Liebig hat sich darüber in seinem 1840 erschienenen Aufsatze: „Über das Studium der Naturwissenschaften", wie folgt geäußert: „Ich selbst brachte einen Teil meiner Studienzeit auf einer Universität zu, wo der größte Philosoph und Metaphysiker des Jahrhunderts die studierende Jugend zur Bewunderung und Nachahmung hinriß; wer konnte sich damals vor Ansteckung sichern? Auch ich habe diese an Worten und Ideen so reiche, an wahrem Wissen und gediegenen Studien so arme Periode durchlebt; sie hat mich um zwei kostbare Jahre meines Lebens gebracht."

über Fulminate hervorging. Diese Arbeit bahnte ihm den Weg; 1824 wurde er als Professor nach Gießen berufen, wo er 28 Jahre lang blieb, anfangs genötigt, seine Stellung mühsam Schritt für Schritt zu erkämpfen.[1] Aber bald war sein Weltruf begründet; das kleine Laboratorium konnte die von allen Seiten zuströmenden Chemiker nicht fassen. Nachdem er mehrfache Berufungen nach Wien, Heidelberg abgelehnt hatte, siedelte er im Jahre 1852 nach München[2] über, von dem Wunsche geleitet, der aufreibenden Tätigkeit des Laboratoriumunterrichtes zu entsagen, um desto eifriger seinen Forschungen zu leben. Sein großartiges Wirken wurde am 18. April 1873 durch den Tod abgeschnitten; aber sein Geist, welcher ein ganzes Zeitalter mit sich fortriß, lebt weiter. Wie mächtig seine Wirkungen waren, die sich in seiner großartigen Lehrtätigkeit, in der Umgestaltung weiter Wissensgebiete, sowie in der Beseitigung von festgewurzelten, durch ihn als irrig erkannten Ansichten, besonders auch in Förderung der angewandten Chemie äußerten: das nachzuweisen, soll die folgende Skizze in Umrissen versuchen.

Als Lehrer steht Liebig fast unvergleichlich da. Berzelius, der große Meister, zog solche Schüler an sich, die mit Vorkenntnissen ausgerüstet waren, und wirkte nur im kleinsten Kreise. Liebig dagegen verstand es, eine wirkliche chemische Schule zu gründen, da er sich liebevoll der Unterweisung des einzelnen vom Beginn der Studien an widmete. Durch ihn wurde der erste systematische chemische Unterricht begründet; ein Laboratorium, das ausschließlich diesem Zwecke diente, bestand zu jener Zeit noch nicht. Die Notwendigkeit, chemische Institute nicht bloß zu Nutz und Frommen der Chemie selbst, sondern auch der Gebiete, denen die Chemie unentbehrlich ist, einzurichten, hat Liebig zuerst erkannt. Sein Laboratorium wurde eine Musteranstalt, nach der im Laufe der Jahre zunächst langsam, dann in schneller Folge neue Stätten für den chemischen Unterricht geschaffen wurden. Durch den Zauber seiner Persönlichkeit wußte Liebig seine Schüler anzuregen und zu begeistern, insbesondere wenn es galt, wissenschaft-

---

[1] In seiner Schrift: „Beiträge zur Geschichte des chemischen Unterrichts an der Universität Gießen" (1891) hat G. Weihrich in verdienstvollster Weise und mit liebevollem Eingehen die akademische Tätigkeit Liebigs und seine Beziehungen zu der Universität geschildert. Vergl. auch Al. Naumanns treffliche Festrede (nebst aktenmäßigen Belegen) *Zur Jahrhundertfeier des Geburtstages J. Liebigs* (Braunschweig 1903).

[2] Über die Berufung Liebigs nach Heidelberg und dann nach München geben seine schönen Briefe an den Darmstädtischen Minister R. Freiherr v. Dallwigk, sowie Antworten des letzteren wertvolle Aufschlüsse (erschienen 1903 bei Bergsträßer).

liche Fragen zu lösen. Seine Eigenart als **Lehrer** hat **Kolbe**[1] mit folgenden treffenden Worten geschildert: „Liebig war nicht Lehrer im gewöhnlichen Sinne; im außerordentlichen Maße wissenschaftlich produktiv und reich an chemischen Gedanken, teilte er diese seinen reiferen Schülern mit, veranlaßte sie, seine Ideen experimentell zu prüfen, und regte so allmählich zu eigenen Gedanken an, zeigte ihnen den Weg und lehrte die Methoden, wie chemische Fragen und Probleme an der Hand des Experimentes zu lösen sind."

Nicht nur der im Laboratorium, auch der in den Experimentalvorlesungen zu erteilende Unterricht wurde von Liebig eigenartig nach Form und Fassung umgestaltet, so daß man auch hier von seinem maßgebenden Einfluß reden kann. Seine Schüler sind Legion; viele derselben haben die Lehren und Erfahrungen des Meisters durch ihr Wirken an Universitäten, Polytechniken, Gewerbeschulen etc. fortgepflanzt. Folgende Männer, denen noch manche andere angereiht werden könnten, seien hier genannt: **A. W. Hofmann, Strecker, Fresenius, Will, H. Buff, Fehling, Henneberg, Schloßberger, Rochleder, Schlieper, Scherer, Redtenbacher, v. Bibra, Varrentrapp, Th. Poleck, Playfair, Muspratt, Stenhouse, Brodie, Gerhardt, Williamson, Wurtz, Frankland, Kekulé, Volhard** u. a.

Die in den Lehrerfolgen Liebigs sich bekundende Geisteskraft tritt auch in seiner **schriftstellerischen Tätigkeit** hervor, welche durch ihre, die verschiedensten Gebiete umfassende Vielseitigkeit unser Staunen erweckt. Überall zeigt sich die Fähigkeit des echten Naturforschers, die Dinge wahr und anschaulich darzustellen, den Zusammenhang verschiedenartiger Vorgänge klar zu erfassen, geistvolle Analogieschlüsse zu ziehen. Diese Vorzüge verleihen den Werken Liebigs, denen eine besondere Sprachgewalt eigen ist, einen hohen, immer von neuem fesselnden Reiz.[2] Seine zahlreichen Experimentaluntersuchungen, auch die mit **Wöhler** ausgeführten, hat er zum größten Teil in den von ihm seit 1832 herausgegebenen *Annalen*[3] veröffentlicht. — Die von 1837 an in zunehmendem Um-

---

[1] Journ. pr. Chem. (2) **8**, 442.

[2] Hier sei des tiefgehenden Einflusses von A. v. Platen gedacht, den dieser in Erlangen auf den sieben Jahre jüngeren Liebig geübt hat, indem letzterer die richtige Schätzung historischer und sprachlicher Kenntnisse von dem vielseitigen Dichter lernte und so Lücken seiner allgemeinen Bildung ausfüllte. Die kurz dauernde Freundschaft beider hat M. **Carrière** in seinen Lebensbildern (Brockhaus) S. 276 ff. reizvoll geschildert.

[3] Dieselben führten bis zum Jahre 1840 die Bezeichnung: Annal. d. Pharmacie, sodann: Ann. d. Chemie u. Pharmacie (mit **Wöhler** herausgegeben).

fange ausgeführten Arbeiten aus dem Bereiche der physiologischen Chemie führten ihn zu dem großartigen Versuche, die Anwendung der Chemie auf Agrikultur, Physiologie und Pathologie in selbständigen Werken[1] zu erörtern. In denselben bekämpfte er, auf Grund exakter Versuche, die damaligen Lehren von der Ernährung der Pflanzen und Tiere. Trotz der hochgehenden Wogen, welche durch diese Schriften erregt wurden, fand Liebig Muße, seine „chemischen Briefe" zu schreiben, durch die er zeigte, wie man die Chemie populär und doch wissenschaftlich behandeln kann (1844). — Man begreift kaum, daß er noch Zeit erübrigte, seine Kräfte dem von ihm mit Wöhler und Poggendorff begründeten *Handwörterbuch der reinen und angewandten Chemie* und seit 1848, nach Berzelius' Tode, dem *Jahresbericht über die Fortschritte der Chemie* so zu widmen, wie er es getan hat. — Kurz sei noch seiner zahlreichen Gelegenheitsschriften[2] gedacht, von denen zuweilen große Wirkungen ausgegangen sind; das gilt insbesondere von den beiden Aufsätzen, welche den Zustand der Chemie in Österreich sowie in Preußen beleuchtet haben. Hier wie in anderen, theoretisch-chemischen Fragen gewidmeten Aufsätzen, z. B. in den gegen Dumas, Laurent, Gerhardt gerichteten Abhandlungen, zeigt sich die sprudelnde kritische Ader des genialen Mannes, der dank seiner Gradheit und Wahrheitsliebe nicht imstande war, das, was er für irrig oder gar unlauter hielt, zu beschönigen. Zuweilen mag Liebig in seinen kritischen Äußerungen über einzelne Männer zu weit gegangen sein; aber die Triebfeder seines entschiedenen Auftretens gegen dieselben war stets die unbegrenzte Liebe zur Wissenschaft und Wahrheit, sowie ein unbeugsames Rechtsgefühl.

Als Forscher tritt uns Liebig aus seinen Experimentaluntersuchungen in seiner ganzen Eigenart entgegen. Der organischen Chemie hatte er von Anbeginn seiner Tätigkeit die vollste Auf-

---

[1] *Die Chemie in ihrer Anwendung auf Agrikultur und Physiologie* (1840); *Die Tierchemie oder organische Chemie in ihrer Anwendung auf Physiologie und Pathologie* (1842); *Der chemische Prozeß der Ernährung der Vegetabilien und die Naturgesetze des Feldbaues* (1862). Aus einem Briefe Liebigs an Berzelius (S. 210 des „Briefwechsels") erfährt man, wie und warum Liebig in diese Richtung der angewandten Chemie hineingetrieben wurde. Ein „unüberwindlicher Ekel und Widerwillen gegen das Treiben in der Chemie" hatte ihn erfaßt; es war „auf die Spitze gestellt durch den Streit über die Substitutionstheorie" etc. Sodann entwickelt er in großen Zügen das Programm seiner agrikulturchemischen Arbeiten.

[2] Dieselben wurden unter dem Titel: *Reden u. Abhandlungen* von Justus von Liebig 1874 von M. Carrière herausgegeben. — Bereits 1845 war Liebig vom Großherzog von Hessen in den Freiherrnstand erhoben worden.

merksamkeit zugewandt, ohne wichtige Teile der unorganischen zu vernachlässigen. Gleich seine ersten Arbeiten über die knallsauren Salze führten zu bedeutenden Ergebnissen. Einmal wurde die Isomerie der Cyan- und der Knallsäure erkannt, und damit ein neues Forschungsgebiet eröffnet. Sodann reifte als Frucht der mühsamen Untersuchung von so leicht zersetzbaren Stoffen die allmählich vervollkommnete organische Analyse, der Liebig die heutige Gestalt gab. Mit Hilfe der von ihm verbesserten Methode stellte er die Zusammensetzung zahlreicher organischer Verbindungen, namentlich verschiedener Säuren fest. Die Bearbeitung dieser letzteren leitete ihn zu der sicheren Erfassung des Begriffes *Basizität;* er entwickelte daraufhin seine schon erörterte Lehre von den mehrbasischen Säuren und trug zur Klärung der teils unbestimmten, teils unrichtigen Ansichten über diese Verhältnisse mehr bei, als irgend ein Forscher vor ihm.

Durch seine schon früher ausgeführten trefflichen Untersuchungen über Stoffe, welche dem Alkohol und der Essigsäure nahe stehen, wie Ätherschwefelsäure, Aldehyd, Acetal, Chloral u. a., war er vorzugsweise dazu berufen, die Radikaltheorie auszubilden und neu zu beleben. Die Arbeiten über Schwefelcyan und über die Zersetzungsprodukte von Schwefelcyanammonium zeigten ihn als glänzenden Experimentator in seiner ganzen Vielseitigkeit.

Die herrlichsten Leistungen aber bleiben die mit Wöhler ausgeführten Untersuchungen, die, von höchster Lebensfrische beider durchleuchtet, noch lange Zeit die Bewunderung aller Chemiker erwecken werden. Durch die Arbeiten Wöhlers über Cyansäure und die Liebigs über die knallsauren Salze waren beide Forscher zusammengeführt worden; ihre Freundschaft betätigte sich am schönsten in den gemeinsamen Experimentaluntersuchungen, bei deren Ausführung jeder, den anderen anfeuernd, selbst sein bestes zu tun strebte.[1] Und wie wunderbar ergänzten sich beide Forscher! Liebig, der feurige, rücksichtslos voranschreitende Mann, der mit seinen reichen Erfahrungen in der Darstellung und Analyse organischer Körper die größten Schwierigkeiten bald zu beseitigen wußte. Wöhler aber, ruhig, fast nüchtern, doch nicht minder zielbewußt als Liebig, verstand es, durch Beharrlichkeit dunkle Punkte, die nicht genugsam beachtet waren, aufzuklären. Die denkwürdige Arbeit über *das Radikal der Benzoesäure* wurde schon besprochen. Die Untersuchungen über *Amygdalin* brachten die so verwickelte

---

[1] Vergl. die Briefe beider, mitgeteilt in dem Nekrolog Wöhlers von A. W. Hofmann (Ber. 15, 3127 ff.) und den schon zitierten Briefwechsel.

Entstehungsweise des Bittermandelöls ins klare, und die über Harnsäure in demselben Jahre (1837) veröffentlichten bereicherten in ungeahnter Weise die organische Chemie mit einer Fülle der merkwürdigsten Verbindungen, die bis in die neueste Zeit das Interesse der bedeutendsten Chemiker lebhaft in Anspruch genommen haben. — Man geht fürwahr mit der Behauptung nicht fehl, daß die heutige organische Chemie hauptsächlich in den bahnbrechenden Arbeiten Liebigs und in den von ihm und Wöhler ausgeführten wurzelt.

Die unorganische Chemie hat Liebig nicht etwa vernachlässigt, vielmehr durch wertvolle Beobachtungen verschiedenster Art bereichert; es sei nur an seine Arbeiten über Tonerde-, Antimon-, Kieselsäureverbindungen und an manche von ihm ausgearbeitete analytische Methoden, z. B. die Trennung von Kobalt und Nickel, erinnert. Seine im Laboratorium gesammelten Erfahrungen wurden häufig der Technik nützlich; so war die zweckmäßige Bereitung von Cyankalium für die Galvanoplastik, die Reduktion von Silberlösung durch Aldehyd für die Herstellung von Spiegeln bedeutungsvoll.

Die Anteilnahme Liebigs an der Entwicklung der reinen organischen Chemie, insbesondere der für diese zur Geltung gelangten Ansichten, wurde gegen Ende der dreißiger Jahre schwächer, da er sich seit dieser Zeit mit aller Kraft der Lösung einer gewaltigen Aufgabe zuwandte, die nur mittelbar der organischen Chemie zugehörte. Die Ernährung der Pflanzen und Tiere, der Stoffwechsel in der belebten Natur, das waren fortan die großen Probleme, deren Erklärung er auf Grund bahnbrechender Experimentaluntersuchungen anstrebte. Die Wirkungen, die von ihm ausgingen, die Berichtigung falscher Tatsachen und die geistvolle Deutung der von ihm und seinen Schülern erforschten Naturprozesse, die Anregung, die immer von neuem seine Arbeiten und die daraus gezogenen Folgerungen mit sich brachten: Alles dies kann hier nicht näher dargelegt werden. Die wichtigsten Ergebnisse dieser Forschungen sind in der Geschichte der physiologischen Chemie zu erörtern. Durch seine Untersuchungen über die Ernährung der Tiere wurde ihm die präzise Unterscheidung der Nährstoffe unter sich und von den Genußmitteln klar. Die Feststellung des verschiedenen Wertes dieser Stoffe ließ ihn Mittel und Wege zur Verbesserung der Ernährung und zur Förderung der Gesundheit finden; man denke nur an die Gewinnung des Fleischextraktes und an die „Kindernahrung". So wurde Liebig zum Wohltäter der Menschheit.

Die schönen, vielsagenden Worte A. W. Hofmanns[1] mögen

---
[1] Ber. **6**, 470.

obigen Versuch, Liebigs wissenschaftliche Leistungen in engem Rahmen zu schildern, abschließen: „Wenn man die Summe dessen ins Auge faßt, was Liebig für das Wohlergehen des Menschen auf dem Gebiete der Industrie oder des Ackerbaues oder der Pflege der Gesundheit geleistet hat, so darf man kühn behaupten, daß kein anderer Gelehrter in seinem Dahinschreiten durch die Jahrhunderte der Menschheit ein größeres Vermächtnis hinterlassen hat."

Friedrich Wöhler,[1] dessen Wirken sich in so glücklicher Weise mit dem Liebigs vereinte, hat sich auch durch seine eigenen Forschungen als ein Meister der von ihm gepflegten Wissenschaft erwiesen. Der weitaus größte Teil seiner Arbeiten bewegte sich auf dem Gebiete der unorganischen Chemie, die durch ihn in außerordentlich fruchtbarer Weise gefördert wurde.

Das Leben Wöhlers ist mit wenigen Strichen gezeichnet. In dem Dorfe Eschersheim bei Frankfurt a/M. am 31. Juli 1800 geboren, genoß er in letzterer Stadt den ausgezeichneten Unterricht anregender Lehrer, wie Karl Ritters, Grotefends und F. C. Schlossers, und hatte dort schon die erste Berührung mit der Chemie,[2] der er dank dem Einfluß L. Gmelins trotz seines medizinischen Studiums in Marburg und Heidelberg, treu blieb. Der letztere empfahl den jungen Doktor der Medizin an Berzelius, der ihn mit offenen Armen aufnahm. Nach kaum einjährigem Aufenthalt in Stockholm, aber reich an Erfahrungen und unvergeßlichen Eindrücken, die er selbst so anschaulich geschildert hat,[3] kehrte er im Herbste 1824 nach Deutschland zurück, um bald nach Berlin als Lehrer an der städtischen Gewerbeschule überzusiedeln. Den anregenden Kreis von Freunden, wie Mitscherlich, den Brüdern Rose, Poggendorff und Magnus, verließ er im Jahre 1831, um in Cassel an der neu gegründeten höheren Gewerbeschule als Professor zu wirken; im Jahre 1836 folgte er einem ehrenvollen Rufe nach Göttingen an Stelle Stromeyers, wo er bis an sein Lebensende (23. September 1882) als Zierde der *Georgia-Augusta* tätig war.

Wöhlers Wirksamkeit als Lehrer ist insbesondere seit der Übersiedlung nach Göttingen eine außerordentlich große gewesen. Gleich

---

[1] Vergl. A. W. Hofmann: Nekrolog Wöhlers Ber. 15, 3127 ff., sowie Ber. 23, 833 (Festrede).
[2] Vergl. die von Jugendfrische sprudelnden Briefe des Gymnasiasten Wöhler an seinen Freund Hermann v. Meyer, den späteren Paläontologen (herausgegeben mit Anmerkungen von Kahlbaum, Leipzig 1900).
[3] Ber. 8, 838 ff.

seinem Freunde Liebig legte er den größten Wert auf die gründliche Ausbildung der Schüler in den Anfangsgründen der Chemie. Der Nutzen, den er selbst durch seine analytischen Arbeiten unter Leitung von Berzelius erprobt hatte, sollte auch seinen Schülern zuteil werden. Aus der langen Reihe dieser mögen einige genannt werden, die selbst als Lehrer im Geiste ihres Meisters fortgewirkt haben: Th. Scheerer, H. Kolbe, Henneberg, Knop, Städeler, Geuther, Limpricht, Fittig, Beilstein, Hübner, Zöller.

Schriftstellerisch tätig war Wöhler besonders in früheren Jahren, wie seine Beteiligung an dem Handwörterbuch, seine Übersetzungen des Lehrbuches und der Jahresberichte von Berzelius erkennen lassen. Wöhlers *Grundriß der unorganischen Chemie* gehört in der ersten Form der Casseler Zeit an, der der organischen erschien im Jahre 1840; beide haben zahlreiche Auflagen [1] erlebt. — Seine Erfahrungen in der Untersuchung von Mineralien stellte er in der wertvollen Schrift: *Die Mineralanalyse in Beispielen* zusammen.[2] — Die Experimentaluntersuchungen, von denen er den größten Teil in den Annalen der Chemie, einige frühere in Poggendorffs, sowie Gilberts Annalen veröffenlicht hat, umfassen nahezu den ganzen Bereich der unorganischen Chemie; einige derselben haben auch die Aufschließung wichtiger Gebiete der organischen Chemie ermöglicht. Das letztere gilt von seinen ausgezeichneten Untersuchungen über die Cyansäure und ihre Salze, von der Entdeckung des Harnstoffs, sowie von den mit Liebig gemeinsam ausgeführten Arbeiten. Aus allen diesen, sowie späteren Forschungen tritt uns der vorzügliche Beobachter entgegen.

Über seine Leistungen im Gebiete der analytischen Chemie, die er durch ausgezeichnete Methoden bereicherte, kann hier nicht berichtet werden, ebensowenig über die der unorganischen Chemie angehörigen Arbeiten. Nur einige der letzteren müssen herausgehoben werden, so seine Untersuchungen über das Aluminium, Bor, Silicium, Titan, sowie die höchst merkwürdigen Verbindungen derselben, die zuerst die Ähnlichkeit der zwei letzteren Elemente mit Kohlenstoff in das richtige Licht treten ließen.

Die Abhandlungen, in denen Wöhler die Ergebnisse seiner Versuche niederlegte, sind klar, ernst und schlicht geschrieben, fesseln aber nicht allein durch diese heute selten gewordenen Vorzüge, sondern vor allem durch die Tiefe ihres Gehaltes. — Daß er übrigens auch über sprudelnden Humor verfügte, davon legen seine

---

[1] Dieselben sind von R. Fittig vortrefflich bearbeitet.
[2] Die zweite Auflage erschien im Jahre 1861.

Briefe an Liebig und Berzelius[1] Zeugnis ab, sowie die köstliche Satire,[2] die er schrieb, als Dumas in seinen aus der Substitutionslehre gezogenen Schlüssen zu weit gegangen war. — Wöhler hat, was für seine ruhige Denkweise charakteristisch ist, nie in die Besprechung wichtiger theoretisch-chemischer Fragen selbsttätig eingegriffen; auch hier tritt der Unterschied von dem reformatorisch beanlagten Liebig hervor, der ein solches Eingreifen für unabweisbare Pflicht hielt.

Daß beide Forscher in der Geschichte der Chemie untrennbar dastehen, ist schon hervorgehoben. Liebig hat diese Tatsache in einem seiner letzten Briefe an Wöhler (am 31. Dezember 1871) in folgenden schönen Worten ausgesprochen: „Auch wenn wir tot und längst verwest sind, werden die Bande, die uns im Leben vereinigten, uns beide in der Erinnerung der Menschen stets zusammenhalten, als ein nicht häufiges Beispiel von zwei Männern, die treu, ohne Neid und Mißgunst, in demselben Gebiete rangen und stritten und stets in Freundschaft eng verbunden blieben."

J. B. A. Dumas,[3] am 15. Juli 1800 zu Alais geboren, 1884 in Cannes gestorben, hat seiner Wissenschaft außerordentlich große Dienste geleistet, deren noch öfter gedacht werden wird. Als junger Apotheker wurde er in Genf durch die Berührung mit bedeutenden Männern wie Pictet, Décandolle, de la Rive u. a. zu wissenschaftlichen Versuchen angeregt, welche die Aufmerksamkeit der Genannten in erhöhtem Maße auf ihn lenkten. Insbesondere machte er sich durch seine wirksame Beteiligung an den physiologisch-chemischen Untersuchungen von Prevost vorteilhaft bekannt. Mit der ihm eigenen Vielseitigkeit begann er bald Fragen der speziellen organischen, sowie physikalischen Chemie zu behandeln. Auf A. v. Humboldts Rat wandte sich Dumas im Jahre 1823 nach Paris, wo ihm freundlichste Aufnahme von seiten der bedeutendsten Chemiker zuteil wurde. Mit verschiedenen Lehraufträgen und Ämtern betraut, hat er daselbst sein Leben verbracht: am *Athenäum*, an der *École centrale des arts et manufactures*, an der *Sorbonne*, der poly-

---

[1] Der oben (S. 188) schon erwähnte Briefwechsel Berzelius-Wöhler zeigt uns letzteren als außerordentlich bedeutenden und zugleich feinsinnigen, sowie liebenswürdigen Mann, dessen Gabe, die Menschen scharf zu zeichnen, die Natur wahr zu schildern, den Humor, und zur rechten Zeit feine Satire sprühen zu lassen, wahrhaft bewundernswert ist. Aus seinen Briefen lernt man auch seine erstaunliche Arbeitskraft kennen.

[2] Ann. Chem. **33**, 309. Vergl. auch Briefwechsel Liebig-Berzelius S. 211 Note.

[3] Vergl. A. W. Hofmanns Nekrolog in Ber. **17**, 629 ff.

technischen, sowie medizinischen Schule hielt er Vorträge und wirkte durch diese außerordentlich anregend.

Da ihm ein Laboratorium nicht zur Verfügung gestellt war, so gründete er ein solches auf eigene Kosten (1832). Seit dem Jahre 1848 wurde Dumas mehrfach zu öffentlicher Tätigkeit berufen, war eine Zeitlang Unterrichtsminister, sowie mit anderen Ämtern bedacht, so daß sein Lehrberuf häufige Unterbrechungen erfuhr. Sein großes Interesse für die öffentlichen Angelegenheiten betätigte sich in vielen Fällen, z. B. als es galt, Paris mit gutem Wasser zu versorgen, oder Abhilfe gegen die Krankheiten der Seidenraupe und die der Reben (Phylloxera) zu schaffen etc. — An seine Arbeitskraft traten seit 1868 neue Ansprüche heran, dadurch, daß er zum ständigen Sekretär der Akademie, der er schon lange Zeit angehörte, gewählt wurde.

Im Anschluß an Dumas' hervorragende Lehr- und Berufstätigkeit mögen seine wichtigsten schriftstellerischen Leistungen kurz genannt werden. Das erste größere Werk, durch das er sich bekannt machte, ist sein *Traité de chimie appliquée aux arts* (1828) gewesen; die stoffliche Behandlung, besonders die Einteilung desselben blieb für viele spätere Lehrbücher der Technologie maßgebend. — Die ganze Eigenart des Mannes tritt uns in seinen 1837 veröffentlichten *Leçons sur la philosophie chimique*,[1] entgegen; in denselben verstand er die Entwicklung der chemischen Theorien mit großer Klarheit und mit seltener Anmut des Stils darzustellen; auf streng historischen Wert können jedoch diese stark subjektiv gefärbten Vorträge nicht Anspruch machen. — Die zahlreichen Gedächtnisreden, welche Dumas gehalten hat, sind nach ihrer Form bis ins kleinste sorgsam ausgearbeitete Kunstwerke; es seien die der Erinnerung an Pélouze, Balard, Regnault, Faraday gewidmeten erwähnt.

Besonders bekannt und weit verbreitet wurde die Schrift: *Essai de statique chimique des êtres organisés par M. M. Dumas et Boussingault* (1841), in welcher das Leben der Pflanzen und Tiere, namentlich die Vorgänge des Stoffwechsels vom chemischen Standpunkte aus beleuchtet werden. Die hier ausgesprochenen Gedanken waren zum Teil durch die bahnbrechenden Arbeiten Liebigs angeregt worden, dessen Einfluß von den Verfassern nicht gebührend anerkannt wurde, so daß Liebig sich veranlaßt sah, seine voll berechtigten Ansprüche in sehr bestimmter und überzeugender Weise geltend zu

---

[1] Dieselben wurden von Bineau nach Vorträgen Dumas' herausgegeben.

machen.[1] Ein großes Verdienst erwarb sich Dumas durch die überaus pietätvolle Herausgabe der Werke von Lavoisier.[2]

Die zahlreichen Experimentaluntersuchungen, die man Dumas zu verdanken hat, veröffentlichte er meist in den *Annales de Chimie et de Physique*, zu deren Herausgebern er seit 1840 gehörte. Um an seine wichtigsten und besonders fruchtbringenden Leistungen zu erinnern, sei hervorgehoben, daß er durch Ausarbeitung einiger allgemeiner Methoden sich großes Verdienst erwarb. Der Nutzen seiner Dampfdichte-, sowie Stickstoffbestimmung ist allgemein bekannt und gewürdigt. — Die organische Chemie hat er durch ausgezeichnete Forschungen bereichert, welche über große Gebiete helles Licht verbreiteten und eine Zeitlang vielen Chemikern die Richtung ihrer Arbeiten angaben. Man erinnere sich seiner mit Péligot[3] ausgeführten Untersuchungen über den Holzgeist, über das Äthal aus Wallrat: Verbindungen, deren Analogie mit dem Alkohol von ihm nachgewiesen wurde, ferner seiner Entdeckung und Erforschung der Trichloressigsäure, die das Gebäude der Substitutionslehre krönen sollte. — Der allgemeine Charakter seiner Arbeiten führte Dumas naturgemäß dazu, sich lebhaft an der Behandlung theoretisch-chemischer Probleme zu beteiligen. Sein wenig glückliches Eingreifen in die Frage nach der Größe der

---

[1] Ann. Chem. 41, 351. Hier wie bei anderen Gelegenheiten hat sich Dumas bedauerlicherweise in sehr ungünstigem Lichte gezeigt. Der Historiker muß auf solche Tatsachen hinweisen, da sie aus dem wissenschaftlichen Charakter eines so hervorragenden Forschers nicht zu tilgen sind. Ganz besonders grell hat Liebig derartige Eigentümlichkeiten Dumas' beleuchtet (vergl. Ann. Chem. 9, 47 u. 129, ferner Kolbes Prioritätsanspruch: Journ. pr. Chem. [2] 16, 30). Solche Vorkommnisse sind, um mit Liebig zu reden, „schwarze Blätter im Buche der Geschichte der Chemie, schwarz, weil sie Lichtstrahlen einsaugen, ohne dadurch leuchtend zu werden." Dumas hat die schweren Beschuldigungen, welche ihm Liebig vorwarf, nicht zu entkräften oder gar als nichtig zu erweisen vermocht. — Angesichts der wahrhaft vernichtenden Beurteilung, die Dumas' Charakter in den Briefen von Berzelius, Liebig-Wöhler erfährt, muß leider das schon in der ersten Auflage Gesagte in vollster Schärfe bestätigt werden (vergl. Briefwechsel Berzelius-Liebig S. 6, 7, 11, 34, 43, 45, 171, 238 u. a., ferner in den Briefen von Berzelius an Wöhler, worin Dumas mit den wenig schmeichelhaften Bezeichnungen „Charlatan, französischer Windbeutel, chemischer Tanzmeister u. a. beehrt wird).

[2] Vergl. S. 143 Anmerkung.

[3] E. M. Péligot, geboren 1811, war lange Zeit als Professor der Chemie am *Conservatoire des arts et métiers* tätig und ist im April 1890 gestorben. Er hat sich durch treffliche Arbeiten in den Gebieten der unorganischen, organischen und technischen Chemie (Rübenzuckerfabrikation) verdient gemacht (vergl. Moniteur scientif. 1890, S. 885).

Atomgewichte wurde schon erörtert. Die von ihm zum Teil in Gemeinschaft mit Stas ausgeführten Bestimmungen der dem Kohlenstoff, Sauerstoff und anderen Elementen zukommenden Atomgewichte verdienen als Versuche, welche mit der größten Sorgfalt und Umsicht angestellt sind, hohe Anerkennung.

Sieht man von dem Schatten weg, welchen manche Vorkommnisse in dem wissenschaftlichen Leben Dumas' auf seine Leistungen werfen, so werden die letzteren als Zeugnisse eines umfassenden Geistes noch lange Zeit volle Bewunderung erregen. Sein mächtiger Einfluß auf die Gestaltung der organischen Chemie, insbesondere auf die Ausbildung allgemeiner, dem Dualismus entgegengesetzter Ansichten, wird sich aus dem Inhalte des folgenden Abschnittes ergeben.

Entwicklung unitarischer Ansichten in der organischen Chemie. Substitutionstheorien.

Zur Zeit, als Dumas zuerst seine eigenen, sowie ältere Beobachtungen über den Ersatz von Wasserstoff durch Chlor und andere Elemente zur Grundlage theoretischer Darlegungen machte, stand die elektro-chemische Lehre von Berzelius und die daran anknüpfende Radikaltheorie in hohem Ansehen. Die aus zahlreichen Tatsachen abgeleitete Vorstellung, daß elektropositive Elemente, wie Wasserstoff, durch negative, wie Chlor, Sauerstoff u. a. vertreten werden, sollte zu einem Stein des Anstoßes für die dualistische Auffassung werden, die in ihrer Einseitigkeit nicht aufrecht zu erhalten war. Die verschiedenen hier zu beleuchtenden Versuche, von gemeinsamen Gesichtspunkten aus die Erscheinungen der Substitution zu deuten, waren zugleich bedeutsame Äußerungen des aufstrebenden Unitarismus gegenüber der binären Betrachtungsweise.

Man hat sich zu vergegenwärtigen, daß nach dem damaligen Stande der dualistischen Lehre von Berzelius die Radikale als unveränderliche Atomkomplexe angesehen wurden. Die Folge dieser einseitigen elektro-chemischen Auffassung war die Annahme, daß die negativen Elemente, wie Chlor, Brom und Sauerstoff, an der Zusammensetzung eines Radikals sich nicht beteiligen könnten. Daß mit dieser Annahme die Beobachtungen über den Ersatz von Wasserstoffatomen organischer Verbindungen durch Atome jener Elemente in vollem Widerspruch standen, erscheint selbstverständlich.

Dumas' Substitutionsregeln.

Vereinzelte Tatsachen, welche eine derartige Vertretung verschiedener Elemente lehrten, waren schon bekannt, als Dumas seine ganze Aufmerksamkeit diesem Gegenstande zulenkte. So hatten Gay-Lussac die Bildung von Chlorcyan aus Cyanwasserstoff, Faraday die von sogen. Anderthalbfach Chlorkohlenstoff aus Äthylenchlorid, Liebig und Wöhler die Umwandlung von Bittermandelöl in Benzoylchlorid festgestellt. Diesen Forschern war es nicht entgangen, daß aus den genannten, der Wirkung des Chlors unterworfenen Verbindungen eine dem eingetretenen Chlor äquivalente Menge Wasserstoff ausgeschieden war; ja die Ansicht wurde geäußert, daß ersteres Element die Stelle des letzteren eingenommen habe.

Dumas[1] faßte im Jahre 1834 gelegentlich einer Untersuchung über die Wechselwirkung von Chlor und Terpentinöl, namentlich aber bei seiner Arbeit über die Entstehung des Chlorals aus Alkohol, die Tatsachen der Substitution, für welche er die Bezeichnung *Metalepsie* (d. i. Vertauschung: $\mu\varepsilon\tau\acute{\alpha}\lambda\eta\psi\iota\varsigma$) vorschlug, in zwei empirischen Regeln zusammen. Diese sollten nach Dumas' ersten Äußerungen nicht eine Theorie der Substitution in sich schließen, sondern nur ein den Tatsachen entsprechender Ausdruck sein. Dieselben lauteten:

„Wird ein wasserstoffhaltiger Körper der dehydrogenisierenden Einwirkung des Chlors, Broms oder Jods ausgesetzt, so nimmt er für jedes Wasserstoffatom, das er verliert, ein diesem gleiches Volumen Chlor, Brom etc. auf."

„Enthält der Körper Wasser, so verliert er den diesem entsprechenden Wasserstoff ohne Ersatz."

Die zweite Regel war aus dem Übergange des Alkohols in Chloral abgeleitet, sollte also die Bildungsweise des letzteren erklären, zugleich die Ansicht von Dumas über die Konstitution des Alkohols stützen; denn dieser Stoff wurde ja von ihm, wie früher bemerkt, als Verbindung des Äthylens mit Wasser betrachtet.

Von großer Bedeutung war die bald erweiterte Auffassung Dumas', daß überhaupt bei vielen chemischen Vorgängen ein Austausch von Äquivalenten eines Elementes gegen Äquivalente anderer stattfinde. Unter diesem Gesichtspunkte betrachtete er die

---

[1] Vergl. Ann. Chim. Phys. (2) **56**, 113 u. 140. Über die merkwürdigen Umstände, die Dumas veranlaßten, sich mit den Substitutionswirkungen des Chlors zu beschäftigen, vergl. die lebendige Schilderung in Hofmanns Nekrolog (Ber. **17**, 667).

Oxydation des Alkohols zu Essigsäure, des Bittermandelöls zu Benzoesäure u. a. m. Ausdrücklich hob er hervor, daß dabei jedes Atom Wasserstoff durch ein halbes Atom Sauerstoff ersetzt wird. Diesen von großer Schärfe zeugenden Gedanken mischten sich aber Unklarheiten bei, welche zur Verwirrung der Ansichten über die Konstitution der in Frage stehenden Verbindungen beitragen mußten; so wurde, um nur ein Beispiel anzuführen, die Ameisensäure als „metaleptisches Produkt" des Alkohols betrachtet, obwohl derartige Beziehungen beider zueinander nicht erweisbar waren.

Laurents Substitutions- oder Kerntheorie.

Dumas beschränkte sich zu jener Zeit (1835) darauf, die bekannten Tatsachen in obigen Sätzen zusammenzufassen. Sein Landsmann Laurent ging aber weiter voran, indem er die Natur der durch Substitution erzeugten Körper in Betracht zog und diese mit den ursprünglichen verglich. So wurde er zu dem Satze geführt,[1] daß der Bau und chemische Charakter der organischen Verbindungen nach dem Eintreten von Chlor und dem Ausscheiden von Wasserstoff im wesentlichen unverändert bleiben. Dieser Satz, verbunden mit dem Gedanken, daß das Chlor die Rolle des verdrängten Wasserstoffs übernommen habe, ist der Kern der eigentlichen Substitutionstheorie, als deren Urheber Laurent angesehen werden muß; denn Dumas stellte damals die Analogie der Substitutionsderivate mit den ursprünglichen Körpern geradezu in Abrede und wälzte, Berzelius gegenüber, der ihn wegen dieser Annahme angriff, die Verantwortlichkeit dafür auf Laurent.[2]

Der letztere war es denn auch, der den obigen Satz zur Aufstellung eines Lehrgebäudes zu entwickeln strebte; als Frucht seiner Bemühungen erschien im Jahre 1836 die sogenannte Kerntheorie,[3] welche in kurzen Zügen hier zu schildern ist, wenn sie auch niemals rechten Anklang gefunden hat.[4] Nach Laurent enthalten die organischen Verbindungen Kerne, *radicaux*, und zwar werden *Stammkerne*, aus Kohlenstoff und Wasserstoff nach einfachen Atomverhält-

---

[1] Laurent hat denselben häufig ausgesprochen, vergl. Ann. Chim. Phys. (2) **60**, 223; **61**, 125; **66**, 326.

[2] Compt. rend. **6**, 647 u. 695. Laurent trat für seine Ansichten ein, Ann. Chim. Phys. (2) **67**, 303.

[3] Vergl. Ann. Chim. Phys. (2) **61**, 125.

[4] L. Gmelin hat allerdings die Einteilung der organischen Verbindungen nach verschiedenen Kernen seinem bekannten Handbuche zugrunde gelegt und somit zur Verbreitung der Laurentschen Ideen beigetragen.

nissen zusammengesetzt, von *abgeleiteten Kernen* unterschieden, die aus den ersteren entweder durch Substitution von Wasserstoff mittels anderer Elemente, oder durch Anlagerung von Atomen hervorgehen. Statt elementarer Substituenten können auch zusammengesetzte Radikale, z. B. Amid, Nitryl, eintreten. — Dieser mit dem Namen *Kerntheorie* bezeichnete Klassifikationsversuch organischer Verbindungen läßt eine Verwandtschaft mit der Radikaltheorie deutlich erkennen; aber die der letzteren eigentümliche Auffassung, daß die Radikale unveränderlich seien, ist verschwunden. Während in dieser grundsätzlichen Änderung ein Fortschritt zu begrüßen war, lag in dem Aufgeben der Beziehungen von organischen Verbindungen zu unorganischen sicherlich ein großer Mangel; es fehlte damit der genügende Halt, der für eine natürliche Ordnung und Übersicht der organischen Stoffe unentbehrlich war.

Die ungenügende Begründung der Kerntheorie nachzuweisen, wurde den Hauptvertretern der Lehre von den Radikalen nicht schwer, um so weniger als Laurent nicht nur als Theoretiker, sondern auch als Experimentator der Kritik starke Blößen darbot. Seine Arbeiten wurden von Liebig einer unnachsichtigen Besprechung unterzogen, in der er zu dem Schlusse kam, daß die Theorie Laurents unwissenschaftlich und deshalb schädlich sei. Berzelius erhob ebenfalls gegen dieselbe energisch Widerspruch und ging in ihrer Beurteilung so weit, daß er eine nähere Berichterstattung in seinem Jahresberichte darüber für überflüssig hielt. — In der Tat wurde Laurent von dieser Seite zu geringschätzig beurteilt; denn so abfällig man über manche haltlose Spekulationen denken mag, sein Bestreben, die organischen Verbindungen nach einheitlichen Grundsätzen zu ordnen und zueinander in Beziehung zu bringen, war nicht ohne Verdienst. Ferner hat er wirksam dazu beigetragen, den starren Lehrsatz von der Unveränderlichkeit der Radikale zu erschüttern. Endlich ist ihm der Nachweis zu verdanken, daß die empirischen Substitutionsregeln von Dumas keineswegs allgemein gültig sind.

Bevor Laurent im Verein mit Gerhardt seine Ideen in geläuterter Form wieder zum Vorschein brachte, trat Dumas[1] in die Schranken, um den Kampf gegen die Radikaltheorie und damit gegen die dualistische Ansicht überhaupt zu führen. Seine schöne Entdeckung der „*Chloressigsäure*" gab ihm dazu die unmittelbare Veranlassung, und zwar bekannte er sich jetzt zu Laurents An-

---

[1] Ann. Chim. Phys. (2) **73**, 73 ff.

sichten, die er früher nicht hatte vertreten wollen. Die substituierenden Atome, z. B. die Halogene, übernehmen die Rolle der verdrängten Wasserstoffatome und die durch Eintritt von Halogen entstandenen Stoffe müssen Analogie mit den ursprünglichen zeigen: das war für Dumas das klare Ergebnis seiner Untersuchung der Trichloressigsäure; das folgerte er ferner aus den chemischen Beziehungen zwischen Aldehyd und Chloral. Um seinen Gedanken ein festeres Gefüge zu geben, wies er solche miteinander verwandte Verbindungen bestimmten Typen zu, von denen sie abzuleiten sind.

Dumas' Typenthorie (1839).

Dieser Versuch, welcher lebhaft an die Kerntheorie Laurents erinnert, da auch hier ganze Reihen von Verbindungen auf feststehende Atomkomplexe bezogen wurden, führt in der Geschichte der Chemie den Namen der älteren Typentheorie, zum Unterschied von der neueren Laurents und Gerhardts. Gestützt auf das von ihm ermittelte Verhalten der Trichloressigsäure begründete Dumas seine Lehre von den Typen;[1] er wies mit Nachdruck darauf hin, daß trotz des Eintritts von 6 At. Chlor an Stelle von 6 At. Wasserstoff[2] der Hauptcharakter dieses Abkömmlings der Essigsäure derselbe geblieben sei wie der der letzteren. Beide Verbindungen sind einbasische Säuren und liefern durch Einwirkung der Alkalien analog zusammengesetzte Produkte. Daraus folgerte er, daß „es in der organischen Chemie gewisse Typen gibt, welche bestehen bleiben, selbst wenn man an Stelle des Wasserstoffs ein gleiches Volum Chlor, Brom oder Jod bringt". Essigsäure und Trichloressigsäure, Aldehyd und Chloral, Grubengas und Chloroform gehören denselben chemischen Typen an. Ein solcher umfaßt nach Dumas Verbindungen, welche die gleiche Zahl Äquivalente in derselben Weise verbunden enthalten, und deren Grundeigenschaften ähnlich sind. Man erkennt, daß die gegenseitigen Beziehungen der zu einem chemischen Typus gehörigen Körper dieselben sind, wie die, welche Laurent zwischen Stammkernen und den durch Substitution gebildeten Nebenkernen angenommen hatte.

Dumas genügte der Begriff des chemischen Typus noch nicht; er ließ denselben in dem weiteren des mechanischen Typus[3] auf-

---

[1] Ann. Chem. **33**, 179 u. 259.
[2] Dumas legte der Essigsäure die Formel $C_4H_8O_4$, der Chloressigsäure: $C_4H_2Cl_6O_4$ bei.
[3] Schon früher hatte Regnault in ähnlichem Sinne von *molekularen Typen* gesprochen, die bei chemischen Reaktionen erhalten bleiben (1838).

gehen, welch letzterer alle Verbindungen umschließen sollte, die auseinander durch äquivalente Substitution entstanden gedacht werden, auch wenn ihre Eigenschaften völlig verschiedene sind. Dieser Auffassung gemäß ordnete Dumas ganz richtig den Alkohol und die Essigsäure dem gleichen mechanischen Typus unter, brachte aber andererseits Verbindungen zusammen, welche in keinerlei Beziehung zueinander stehen, z. B. Ameisensäure und Methyläther. Man mußte bald erkennen, daß ein hohler Schematismus über den inneren Gehalt dieser aus der Laurentschen Kerntheorie entwickelten Lehre den Sieg davontrug. Das Bestreben, die organischen Verbindungen nach Typen zu ordnen, überwog und verdrängte die höheren Aufgaben, die Berzelius der Chemie vorgezeichnet hatte. Die Annahme gewisser Atomkomplexe oder Radikale, welche die Erkenntnis der chemischen Konstitution von Verbindungen anbahnen sollten, wurde durch die Aufstellung mechanischer Typen verdrängt, damit aber das Band völlig zerschnitten, welches die organischen Körper mit den unorganischen verknüpfen sollte.

Dies völlige Aufgeben der von Berzelius aufgestellten, als fruchtbringend erkannten Grundsätze konnte nicht verfehlen, denselben zum lebhaftesten Widerspruch gegen die Typentheorie zu treiben. Dumas hatte die elektrochemische Lehre von Berzelius als irrtümlich bezeichnet; an Stelle der dualistischen Auffassung des letzteren sollte die entgegengesetzte unitarische treten. *Jede chemische Verbindung bildet ein geschlossenes Ganzes, besteht also nicht aus zwei Teilen. Der chemische Charakter einer solchen ist vorzugsweise abhängig von der Anordnung und Zahl der Atome, dagegen in untergeordneter Weise von deren chemischen Natur.* Diese Sätze von Dumas standen in schroffem Widerspruch mit der Lehre von Berzelius; sie proklamierten einen einseitigen Unitarismus, welcher von dem letzteren mit aller ihm zu Gebote stehenden Kraft bekämpft wurde.

Erschütterung der dualistischen Lehre von Berzelius.

Dumas trug kein Bedenken, den Dualismus als ein geradezu schädliches, die Entwicklung der organischen Chemie hemmendes Prinzip zu bezeichnen. Sein Streben, dasselbe zu beseitigen und an dessen Stelle die unitarische Auffassung zu setzen, war offenkundig. Der Angriff, den er gegen die damals von den meisten Chemikern hochgehaltenen Lehren von Berzelius richtete, wurde von letzterem und auch von Liebig kräftig abgewiesen. Dieser[1] erkannte manches

---

[1] Ann. Chem. **33**, 301.

an, was von Berzelius in Abrede gestellt wurde, z. B. die Tatsache der Substitution, erhob aber Einspruch gegen die Ausdehnung, welche Dumas dem Substitutionsprinzip zuwies. Die Behauptung desselben, jedes Element einer Verbindung könne unter Beibehaltung ihres Typus durch ein anderes ersetzt werden, wurde von Liebig als gänzlich unbewiesen gekennzeichnet und erfuhr zugleich eine ironische Abfertigung.[1] — Berzelius, welcher sein ganzes, auf der elektrochemischen Theorie aufgebautes System bedroht sah, richtete in den Jahresberichten für 1838 und für die folgenden Jahre seine kritischen Waffen gegen die Lehre von den Typen. Im Gegensatz zu der unitarischen Betrachtungsweise Dumas' stellte er in schärfster Weise die elektrochemische, also dualistische, als Grundprinzip auf; er blieb dabei wesentlich auf seinem früheren Standpunkte stehen, wonach elektronegative Elemente überhaupt nicht in die Zusammensetzung von Radikalen eintreten sollten.

Die Schwierigkeiten, welche die Erklärung der Substitution von Wasserstoff durch Chlor und andere Elemente darbot, suchte Berzelius dadurch zu umgehen, daß er den auf solche Weise entstehenden Verbindungen nach eigenem Ermessen eine andere Konstitution zuschrieb, als den ursprünglichen. Damit betrat er einen bedenklichen Abweg, auf dem der besonnene, ruhige Forscher in die ärgsten Widersprüche mit seinen bis dahin unverbrüchlich festgehaltenen Grundsätzen geriet.

Berzelius legte an der Essigsäure und der Trichloressigsäure seine Auffassung zunächst dar. Während von ihm die erstere, und zwar die wasserfreie, als Oxyd des Radikals Acetyl C_4H_3 betrachtet, also $C_4H_3 + O_3$ formuliert wurde, deutete er die Trichloressigsäure als eine sogenannte *gepaarte Verbindung*[2] von ganz anderer Konstitution: nämlich als einen mit Oxalsäure gepaarten Chlorkohlenstoff von folgender Zusammensetzung: $C_2Cl_3 + C_2O_3$ (bezügl. der durchstrichenen Atomzeichen s. S. 210). Zu dem weiteren folgerichtigen Schritte, nämlich der Anerkennung, daß die Essigsäure entsprechend zusammengesetzt, also eine mit Methyl gepaarte Oxalsäure sei, konnte er sich damals noch nicht entschließen, offenbar

---

[1] Vergl. Ann. Chem. 33, 308. Der hier mitgeteilte, satirisch gehaltene Brief ist, wie sich später herausgestellt hat, von Wöhler verfaßt und von Liebig veröffentlicht worden.

[2] Die Auffassung, daß gewisse organische Verbindungen *gepaarte* seien, ist in einer der ersten Abhandlungen von Gerhardt (Ann. Chim. Phys. [2] 72, 184) in bestimmter Form ausgesprochen worden. Daselbst bezeichnete er als *accouplement* (Paarung) die Vereinigung organischer Stoffe mit unorganischen. Den einen Teil solcher Verbindungen nannte er *Copule* (Paarling), z. B. die organische Substanz, welche mit einer unorganischen Säure gepaart ist.

in der Besorgnis, daß er damit einen Grundsatz seiner elektrochemischen Lehre preisgebe. In ähnlicher Weise suchte er die Konstitution der übrigen Chlorderivate organischer Verbindungen durch die Annahme chlorhaltiger *Paarlinge* zu erklären, derart, daß die Muttersubstanzen eine andere rationelle Zusammensetzung besaßen, als die daraus hervorgegangenen Produkte.

Berzelius kam durch diese unglücklichen Versuche, auf spekulativem Wege die nach seiner eigenen Meinung für die Chemie wichtigste Frage, die Konstitution von chemischen Verbindungen aufzuklären, zu Falle. Er mußte, um seine Lehre von den Paarlingen durchzuführen, willkürlich Radikale in organischen Verbindungen voraussetzen, ohne irgendwelche Beweise für seine Annahmen beibringen zu können. Vor allem machte er sich die Folgen der letzteren nicht klar; er übersah, daß seine chlorhaltigen Paarlinge nur durch Eintritt von Chlor an Stelle von Wasserstoffatomen der Radikale entstanden sein mußten.

Die wichtige Beobachtung von Melsens[1] (1842), daß die Chloressigsäure durch Kaliumamalgam in Essigsäure zurückverwandelt wird, mußte Berzelius[2] überzeugen, daß er seine Ansicht von der verschiedenartigen Konstitution beider Säuren nicht mehr aufrecht erhalten könne. Er entschied sich dafür, die Essigsäure entsprechend ihrem Chlorderivat als mit dem Paarling Methyl: C_2H_3 gepaarte Oxalsäure aufzufassen, formulierte also beide Verbindungen folgendermaßen:

$C_2H_3 + C_2O_3 \cdot HO$ Essigsäure,
$C_2Cl_3 + C_2O_3 \cdot HO$ Chloressigsäure.

Mit diesem Schritte hatte aber Berzelius das wichtige Zugeständnis der Substitution von Wasserstoff durch Chlor innerhalb des Paarlings gemacht. Wenn nun auch von ihm betont wurde, daß der letztere ohne besonderen Einfluß auf die Verbindung sei, der er angehört, so war doch damit ein Grundprinzip der Substitutionslehre von ihm anerkannt worden.

Trotz des Rückzuges, den Berzelius in dieser Frage angetreten hatte, beharrte er noch bis an sein Lebensende in dem Widerstande gegen die Lehre von den Typen und suchte auf jede Weise die dualistische Auffassung chemischer Verbindungen hochzuhalten. Dabei mußte er zu seinem Schmerze erfahren, daß die treuesten Anhänger seiner Lehren ihm nicht mehr zu folgen vermochten, ja offen gegen seine Behandlung der Frage, wie die Konstitution organischer Ver-

---

[1] Ann. Chim. Phys. (3) **10**, 233.
[2] Lehrb. d. Chemie **1**, 709 (5. Aufl.).

bindungen zu deuten sei, Einspruch erhoben. Liebig, der schon früher [1] den Tatsachen der Substitution Rechnung getragen hatte, trat jetzt offen gegen die künstlichen Erklärungsversuche von Berzelius auf,[2] zumal als in dem Gießener Laboratorium die chlor- und bromhaltigen Abkömmlinge des Anilins von A. W. Hofmann untersucht und als Beleg dafür betrachtet wurden, daß der chemische Charakter einer Verbindung nicht unwesentlich von der Anordnung der Atome abhänge. Liebig wandte sich damit der unitarischen Auffassung zu. — Folgende Worte [3] lehren die Stimmung kennen, welche gewiß nicht bei Liebig allein in jener Zeit Berzelius gegenüber Platz gegriffen hatte: „In den letzten Jahren, wo Berzelius aufhörte, experimentellen Anteil an der Lösung der Fragen der Zeit zu nehmen, wandte sich seine ganze Geisteskraft theoretischen Spekulationen zu; aber ungestützt und nicht getragen durch eigene Anschauung fanden seine Ansichten keinen Widerhall oder Anklang in der Wissenschaft."

Soviel steht fest: Berzelius hat durch zu weit getriebene Spekulationen an dem Bau seiner eigenen Lehre gerüttelt, die Radikaltheorie insbesondere durch Anhäufen unbewiesener Hypothesen stark geschädigt. Seine Gegner gingen so weit, ironisch zu behaupten, er habe aus der organischen Chemie durch willkürliche Annahme von Radikalen „die Lehre der Körper gemacht, welche nicht existieren". So schien es fast, als ob sein ganzes Lehrgebäude dem Untergange geweiht sei. Bei vielen Chemikern trat infolgedessen eine sichtliche Entmutigung ein; sie wandten sich, jede Spekulation für gefährlich erachtend, mehr der empirischen Richtung oder anderen Gebieten zu. — Und doch, trotz der Geringschätzung, die der Radikaltheorie von vielen Seiten zuteil wurde, sah man bald ein, daß man vor der Hand zu der Erforschung der chemischen Konstitution die Annahme von Radikalen, die von der Typentheorie beseitigt waren, nicht entbehren konnte. Im Laufe der vierziger Jahre vollzog sich einmal von unitarischer Seite eine Verschmelzung der Radikaltheorie mit der älteren Typenlehre: durch Laurents und Gerhardts gemeinsame Arbeit entstand die neuere Typentheorie. Sodann wurden auf der anderen Seite von H. Kolbe die

---

[1] Ann. Chem. **31**, 119; **32**, 72.
[2] Ann. Chem. **50**, 295: „Berzelius und die Probabilitätstheorien." Der öfter schon zitierte Briefwechsel zwischen Berzelius und Liebig, sowie der zwischen Berzelius und Wöhler läßt die allmähliche Entfremdung beider Männer in wahrhaft dramatischer Lebendigkeit hervortreten.
[3] Ann. Chem. **50**, 297.

viel geschmähten Paarlinge zu neuem Leben gebracht; der Paarungsbegriff klärte sich unter wesentlicher Mithilfe Franklands, und damit wurde die Aufstellung der Valenzlehre und der neuen Radikaltheorie angebahnt.

Verschmelzung der älteren Typenlehre mit der Radikaltheorie durch Laurent und Gerhardt.

Von den beiden Forschern, die, zu gemeinsamer Arbeit vereint, die gründliche Umgestaltung der älteren in die neuere Typenlehre ausgeführt haben, war Laurent, wie oben erörtert ist, als Begründer der eigentlichen Substitutionslehre schon tätig gewesen. Er wie Gerhardt, entschiedene Gegner der dualistischen Auffassungsweise, waren dennoch nicht abgeneigt, die Vorstellung von Radikalen zu benutzen, wenn sie auch den letzteren einen anderen Sinn beilegten. Außer Laurent und Gerhardt haben andere Chemiker sowohl durch Ideen, die sie mehr oder weniger bestimmt äußerten, als durch Tatsachen, die sie ermittelten, zur Aufstellung der neueren Typentheorie wesentlich beigetragen. Die in diesem Sinne von Wurtz, Hofmann, Williamson ausgegangene Anregung ist ebenfalls hier zu schildern.

Laurent und Gerhardt haben sich gegenseitig sehr stark beeinflußt und zweifellos ergänzt. Der letztere war mit der besonderen Gabe ausgestattet, vereinzelte Tatsachen unter gemeinsamem Gesichtspunkte zusammenzufassen und daraus verallgemeinernde Schlüsse zu ziehen. Aber auch Laurent wußte mit glücklichem Blick einzelnen Gedanken eine große Tragweite zu geben und in manchen Fragen sich ein unbefangeneres Urteil zu bewahren als sein Arbeitsgenosse.

Über die Lebensverhältnisse beider mögen zuvor einige Angaben Platz finden. — August Laurent, 1807 zu La Folie (bei Langres) geboren, wurde von Dumas in die Chemie eingeführt und auf diese Weise besonders mit dem organischen Teile derselben bekannt, dem er fortan mit einer gewissen Einseitigkeit treu blieb. Seine Arbeiten über Naphtalin und Karbolsäure, sowie ihre Abkömmlinge, sind Zeugnis dafür. Nachdem Laurent verschiedene Stellungen, zuletzt eine chemische Professur in Bordeaux, bekleidet hatte, kam er als Wardein der Münze 1848 nach Paris, wo er bis zu seinem frühen Tode 1853 mit Gerhardt in innigem Verkehre blieb.

Karl Gerhardt, geb. 1816 zu Straßburg, brachte eine vielseitige Bildung mit, als er seine wissenschaftliche Laufbahn begann;

er hatte seinen chemischen Studien an deutschen Hochschulen obgelegen, zuletzt unter der feurig anregenden Leitung Liebigs, dem er, wie so manche andere, sehr viel zu verdanken hatte. Nachdem er einige Jahre in Paris seinen Arbeiten gelebt, war er von 1844—1848 Professor der Chemie in Montpellier, dann nach längerem Aufenthalte in Paris seit 1855 in gleicher Stellung zu Straßburg, wo er schon im folgenden Jahre starb. Seine für die Entwicklung der organischen Chemie wichtigen Leistungen, sowie die mit Laurent gemeinsam zur Geltung gebrachten Ansichten sind im folgenden beleuchtet.[1]

Gerhardts Theorie der Reste.

Zur Zeit, als Gerhardt mit seinen ersten wissenschaftlichen Arbeiten hervortrat, war der Kampf zwischen Radikal- und Substitutionstheorie lebhaft entbrannt. Die letztere hatte in der Typenlehre Dumas' den schroffsten Ausdruck gefunden und sich nicht nur gegen die dualistischen, der älteren Radikaltheorie zugrunde liegenden Vorstellungen, sondern gegen die Radikale überhaupt ausgesprochen. Gerhardt mochte den Nachteil empfinden, den das Aufgeben der näheren Bestandteile organischer Verbindungen nach sich zog. Ohne den streng unitarischen Standpunkt von Dumas zu verlassen, versuchte er, die geschmähten Radikale unter anderer Bezeichnung und mit veränderter Bedeutung wieder in die Chemie einzuführen: er stellte die Resttheorie,[2] *Théorie des résidus*, auf.

Die Reste sind nach ihm Atomkomplexe, welche bei der Wechselwirkung zweier Stoffe infolge der stärkeren Verwandtschaft einzelner Elemente zueinander übrig bleiben und sich miteinander vereinigen, da sie für sich nicht bestehen können. So erklärte Gerhardt die Bildung des Nitrobenzols aus Benzol und Salpetersäure, überhaupt die Entstehung der von ihm als *gepaarte Verbindungen* bezeichneten Stoffe in folgender einfacher Weise: „Wenn zwei Körper aufeinander reagieren, so tritt aus dem einen ein Element (z. B. Wasserstoff) aus, das sich mit einem Elemente (Sauerstoff) des anderen

---

[1] Das im Jahre 1900 erschienene Buch von Ed. Grimaux u. Ch. Gerhardt (jun.): *Charles Gerhardt. Sa vie, son oeuvre, sa correspondance etc. (Paris bei Masson)* bringt wohl wichtige Dokumente, geht aber in der Überschätzung Gerhardts zu weit. G. W. A. Kahlbaum hat dies in einem Aufsatz: *Zur Wertung Karl Gerhardts* (Chem.-Zeitung 1902 Nr. 1—3) begründet. Ihn, wie geschehen, *le fondateur de la chimie moderne* zu nennen, ist eine starke Übertreibung (vergl. auch Kahlbaums Besprechung obigen Werkes in Mitteilungen zur Gesch. der Medizin etc. I, S. 21).

[2] Ann. Chim. Phys. (2) 72, 184 (1839).

vereinigt, um eine stabile Verbindung (Wasser) zu erzeugen, während die Reste zusammentreten." Die letzteren werden nicht als wirkliche, in der betreffenden Verbindung bestehende Atomgruppen, sondern als imaginäre Größen betrachtet; sie werden als durchaus verschieden von den im freien Zustande bekannten Verbindungen gleicher Zusammensetzung, z. B. der schwefligen Säure (SO_2) oder Untersalpetersäure (NO_2), angesehen. Gerhardt drückte diesen Unterschied dadurch aus, daß er die Reste als in der *Substitutionsform* bestehend annahm. Auch die Voraussetzung verschiedener Reste in einer und derselben Verbindung je nach der Art, wie dieselbe sich bildet oder zersetzt, kam schon damals zum Vorschein.[1]

Sieht man diese Auffassung Gerhardts genauer an, so erkennt man, daß darin die Ansichten über Substitution zugleich mit solchen über Radikale als veränderliche Atomkomplexe zum Ausdruck gelangt sind. In der Tat versuchte er auch mit Hilfe dieser Betrachtungsweise die Substitutionsvorgänge zu erklären, insofern er den Ersatz eines austretenden Elementes durch äquivalente Mengen eines anderen oder durch einen gleichwertigen Rest des reagierenden Stoffes ausdrücklich lehrte.

In anderer Form hatten dies schon Dumas sowie·Laurent ausgesprochen. Gerhardt wußte aber aus seiner Auffassungsweise wichtige Schlüsse bezüglich der chemischen Natur von „gepaarten Verbindungen" zu ziehen; es entging ihm nicht, daß die Sättigungskapazität der letzteren den Basen gegenüber eine andere war, als die der ursprünglichen Säuren, bevor diese sich mit einem Alkohol oder Kohlenwasserstoff „gepaart" hatten. Aus der Salpetersäure und dem Benzol entsteht bekanntlich das indifferente Nitrobenzol, aus der Schwefelsäure und Alkoholen die einbasischen Ätherschwefelsäuren. Gerhardt folgerte aus diesen und ähnlichen Befunden, daß „die Basizität der gepaarten Verbindung gleich der Summe der Basizität von den sich paarenden Körpern weniger 1 ist". Mittels dieses seines *Basizitätsgesetzes*[2] konnte er die chemische Natur von Säuren bestimmen, über deren Sättigungskapazität zu jener Zeit noch Zweifel herrschten. Mit aller Bestimmtheit bezeichnete er die Essigsäure, obwohl sie ein saures Natronsalz bildet, als einbasische Säure, ebenso die Salz- und die Salpetersäure, weil dieselben nur neutrale Äther

---

[1] Hier sei bemerkt, daß die Begründer der Radikaltheorie, Berzelius sowie Liebig, zeitweise ganz ähnliche Ansichten über die Möglichkeit geäußert haben, verschiedene Radikale in der nämlichen Verbindung anzunehmen (vergl. Berzelius' Jahresber. 14, 348; Liebig, Ann. Chem. 26, 176).

[2] Vergl. Comptes rendus 17, 312. Comptes rendus des travaux chimiques par Laurent et Gerhardt, 1845, S. 161.

erzeugen, die Schwefelsäure und Oxalsäure aber als zweibasisch, da sie durch Paarung mit einem Alkohol in erster Linie einbasische Äthersäuren liefern.

Gerhardts erste Klassifizierung organischer Verbindungen.

Schon bevor Gerhardt zu solcher Klarheit in der obigen so wichtigen Frage gelangt war, hatte er sein Streben darauf gerichtet, die organischen Verbindungen zu klassifizieren. Sein erster Versuch, dieses Ziel zu erreichen, findet sich in dem *Précis de chimie organique* (1842). Hier erscheint er von Dumas und dessen Typenlehre stark beeinflußt; gleich ihm vermied Gerhardt die Anwendung von Formeln, die etwas über die nähere oder rationelle Zusammensetzung der chemischen Verbindungen aussagen könnten. Nach den empirischen Formeln ordnete er dieselben in aufsteigender Reihe, so daß die Stoffe von gleichem Kohlenstoffgehalt eine Gruppe bildeten. Geneigt, in Bildern zu reden, verglich er diese Anordnung der organischen Verbindungen mit einer Leiter, deren unterste Stufe durch die einfachsten, und deren höchste durch die kompliziertest zusammengesetzten Stoffe gebildet werden. Da nun durch Oxydation aus den kohlenstoffreichen Verbindungen solche hervorgehen, die weniger Kohlenstoffatome enthalten, so bezeichnete er seine Anordnung als *Verbrennungsleiter* (échelle de combustion).

Von einer ungezwungenen, naturgemäßen Klassifizierung der organischen Verbindungen war hier nichts zu bemerken; mit größter Willkür wurden vielmehr die verschiedenartigsten Stoffe zu einer Abteilung vereinigt, sobald dieselben nur der einen Bedingung genügten: die gleiche Zahl Kohlenstoffatome aufzuweisen. Auf ihre chemische Natur wurde nicht die geringste Rücksicht genommen; neben Buttersäure erschien als Angehöriger derselben Klasse der Essigäther, neben Bernsteinsäure die Ätheroxalsäure, weil dieselben zufällig die gleiche Zahl Kohlenstoffatome enthielten. Die Beeinflussung Gerhardts durch Laurent, der nicht lange zuvor in ganz ähnlicher Weise die organischen Stoffe schablonenmäßig eingeteilt hatte, war hier nicht zu verkennen.

In der Tat konnte ein stärkerer Schlag gegen die Bestrebungen der älteren Radikaltheorie und eine ungebührlichere Übertreibung der Typenlehre Dumas' kaum gedacht werden. Gerhardt selbst hat dies bald herausgefühlt; sein später gemachter Klassifikationsversuch, der den letzten und bestimmtesten Ausdruck in der neueren Typenlehre fand, zeigte deutlich, daß Gerhardt eine Anknüpfung an die Vorstellungen der Radikaltheorie gefunden und eine Aussöhnung dieser mit der Substitutionslehre angestrebt hat.

Bevor diese Arbeiten Gerhardts darzulegen sind, müssen seine zum Teil mit Laurent ins Werk gesetzten Bestrebungen beleuchtet werden, welche die einheitliche Gestaltung der Ansichten über die Atomgewichte von Elementen und Verbindungen bezweckten. Insbesondere die Erfassung des Begriffs Molekül und damit die Wiederbelebung der Avogadroschen Hypothese sind als wichtige Errungenschaften der gemeinschaftlichen Tätigkeit beider Forscher, insbesondere der Bemühungen Laurents rückhaltlos anzuerkennen.

Gerhardts „Äquivalente".

Zu Beginn der vierziger Jahre hatte die Unsicherheit der Frage, welche Atomgewichte man den Elementen beilegen solle, und weiter der Frage nach der „Atomgröße" von chemischen Verbindungen einen besonders hohen Grad erreicht. Die Bedenken, welche schon früher Gay-Lussac, Davy und andere gegen die Annahme bestimmter Atomgewichte geltend gemacht hatten, wurden von Gmelin und seiner Schule wieder aufgenommen. Das mühsam ins Leben gerufene Werk von Berzelius, sein Atomgewichtssystem, war nahe daran, aufgegeben oder stark verändert zu werden. An Stelle seiner durch gute Gründe gestützten Atomgewichte der Grundstoffe sollten *Verbindungsgewichte*, also diejenigen Werte treten, welche die einfachsten Proportionen der sich vereinigenden Stoffe zum Ausdruck zu bringen bestimmt waren. Alle Spekulation über relative Atomgröße wurde verbannt, eine möglichst nüchterne Formulierung chemischer Verbindungen erstrebt. Die nächste Folge dieser Reaktion war die Halbierung einer großen Zahl der von Berzelius in die Wissenschaft eingeführten Atomgewichte. So traten an Stelle der von ihm für Kohlenstoff, Sauerstoff, Schwefel und die meisten Metalle angenommenen Werte die halb so großen und abgerundeten *Äquivalente*: $C = 6$, $O = 8$, $S = 16$, $Ca = 20$, $Mg = 12$ etc.

Gerhardt wandte sich zuerst im Jahre 1842 gegen diese Äquivalente und wußte die Unzulässigkeit ihrer Annahme durch triftige Gründe zu beweisen.[1] Er zeigte nämlich, daß die bei Reaktionen organischer Verbindungen sich ausscheidenden Mengen Wasser, Kohlensäure, Kohlenoxyd, schweflige Säure niemals durch das, was man ein Äquivalent nannte, ausdrückbar sind, sondern durch zwei Äquivalente oder überhaupt eine gerade Zahl der letzteren. Die

---

[1] Vergl. Journ. pr. Chem. **27**, 439. Ferner sein Précis de chim. org. **1**, 49.

kleinsten Äquivalentformeln jener Verbindungen im Sinne der Gmelinschen Auffassung sind also H_2O_2, C_2O_4, C_2O_2 und S_2O_4. Diese Tatsache war, so schloß Gerhardt, auf eine fehlerhafte Erklärung zurückzuführen: „Entweder entsprechen die Symbole H_2O_2 und C_2O_4 einem Äquivalent oder sie entsprechen zweien." Nahm man das erstere an, so mußten die Formeln der unorganischen Verbindungen verdoppelt werden; entschied man sich aber für das letztere, so war Halbierung der „organischen Formeln" geboten. Den Widerspruch, welcher zwischen der Formulierung organischer und unorganischer Stoffe bestand, löste Gerhardt dadurch, daß er für die Elemente Kohlenstoff, Sauerstoff und Schwefel, welche hier in erster Linie in Betracht kamen, die abgerundeten Atomgewichte von Berzelius, also auf $H = 1$ bezogen, $C = 12$, $O = 16$, $S = 32$ wieder in ihr Recht einsetzte.[1] Aber mit dieser seiner Reform blieb er auf halbem Wege stehen; denn während er für die genannten Grundstoffe die richtigen Werte feststellte, wurde er durch Gründe besonderer Art dahin geführt, die Atomgewichte der meisten Metalle halb so groß anzunehmen, als Berzelius vorgeschlagen hatte. Im Gegensatz zu letzterem, der von der Voraussetzung ausging, die meisten Metalloxyde seien nach der allgemeinen Formel MeO zusammengesetzt, verglich Gerhardt diese Oxyde mit dem Wasser, drückte also ihre Zusammensetzung durch das allgemeine Symbol Me_2O aus. Daraus folgerte er für die einwertigen Metalle die richtigen, für die zweiwertigen aber die falschen Atomgewichte, z. B. für Calcium den Wert 20 statt 40, für Blei 103,5 statt 207 etc.

Abgesehen von dieser Unvollkommenheit bestand in den Darlegungen Gerhardts über die Atomgewichte der Elemente eine Unklarheit, die Verwirrung hervorrufen mußte: er nannte nämlich seine eben besprochenen Zahlenwerte ebenfalls *Äquivalente* und gebrauchte dieselbe Bezeichnung auch für die Mengen chemischer Verbindungen, die ihren Molekulargewichten entsprachen, also überhaupt für solche Quantitäten, die keineswegs chemisch äquivalent zu sein brauchen. So waren für ihn die durch die Formeln HCl, SO_4H_2, $C_2H_4O_2$ gegebenen Mengen Chlorwasserstoff, Schwefelsäure und Essigsäure äquivalent. Allerdings muß betont werden, daß Gerhardt mit diesem Worte einen anderen Sinn verbunden hat, als für uns darin liegt; ihm sind *Äquivalente* chemischer Verbindungen nur vergleichbare Mengen dieser.

Völlige Klarheit kam aber erst in seine Bestrebungen durch

---

[1] Vergl. Journ. pr. Chem. **30**, 1 ff. Völlig unverständlich bleibt es, daß Gerhardt auf die Übereinstimmung der von ihm vorgeschlagenen Atomgewichte mit denen von Berzelius nicht hingewiesen hat.

Laurents Beistand. Dieser erfaßte bestimmt den Unterschied zwischen Molekular-, Atom- und Äquivalentgewicht, deren richtige Wertbestimmung die Grundlage unserer jetzigen Ansichten über Molekül und Atom bildet; er ist es in erster Linie gewesen, der Avogadros Hypothese wieder ins Leben gerufen und ihre für die heutige Chemie so bedeutungsvolle Entwicklung vorbereitet hat.

Trennung der Begriffe Molekül, Atom, Äquivalent durch Laurent und Gerhardt.

Gerhardts anerkennenswertes Streben ging dahin, die Zusammensetzung aller chemischen Verbindungen durch Formeln auszudrücken, die auf ein gemeinsames Maß bezogen, also vergleichbar waren. Die Formeln flüchtiger Verbindungen sollen nach ihm durchweg solche Mengen darstellen, welche im Gaszustande zwei Volume erfüllen, wenn das Volum eines Atoms Wasserstoff $= 1$ gesetzt wird. Dieser gesunde Grundsatz ist bekanntlich seither vollgültig anerkannt worden.

Diesem Prinzip gemäß hatte er die *viervolumigen* Formeln vieler organischer Verbindungen durch Halbieren in *zweivolumige* umgewandelt. Die damals häufige irrtümliche Auffassung derselben, wonach z. B. der Essigsäure die Formel $C_4H_8O_4$, dem Alkohol $C_4H_{12}O_2$, dem Äthylen das Symbol C_4H_8 beigelegt wurden, hatte sich infolge der Anwendung dualistischer Ansichten auf die Zusammensetzung organischer Stoffe, sowie durch den Gebrauch einiger unrichtiger Atomgewichte von Elementen festgesetzt.[1] Gerade für die organischen, meist unzersetzt flüchtigen Verbindungen, konnte nun der von Gerhardt aufgestellte Satz, daß ihre Formeln sich nach den in gleichen Volumen enthaltenen Mengen richten müßten, am umfassendsten zur Geltung gebracht werden.

Manche Unklarheit Gerhardts, wie die, daß er das Wort Äquivalent in einem durchaus mißverständlichen Sinne brauchte, wurde von Laurent beseitigt. Dieser wies mit Nachdruck und Klarheit darauf hin,[2] daß die Gerhardtschen Äquivalente mit denen der Verbindungen gar nicht vergleichbar, geschweige denn gleichwertig seien. Er zeigte durch seine Darlegungen, daß man

---

[1] Zur Ableitung der atomistischen Zusammensetzung organischer Säuren dienten vorzugsweise Silbersalze der letzteren; für essigsaures Silber wurde von Berzelius die Formel $C_4H_6O_3 \cdot AgO$ ($Ag = 216$) ermittelt, woraus die oben angegebene Zusammensetzung dieser Säure folgte. Der Alkohol wurde von Liebig als Hydrat des Äthyläthers betrachtet, demgemäß $C_4H_{10}O \cdot H_2O$ formuliert; daraus ergab sich weiter für das Äthylen die Zusammensetzung C_4H_8 u. s. f.

[2] Ann. Chim. Phys. (3) 18, 266.

Gerhardts Äquivalente der Elemente als deren Atomgewichte, die der Verbindungen als Molekulargewichte betrachten müsse. Sein Verdienst bestand darin, die mit diesen Bezeichnungen zu verbindenden Begriffe scharf erfaßt zu haben.

Laurent verstand unter Molekulargewicht eines Elementes oder einer chemischen Verbindung die Gewichtsmengen, die unter gleichen Bedingungen im Gaszustande denselben Raum einnehmen, wie zwei Atome Wasserstoff; die durch letztere repräsentierte Menge betrachtete er als Molekül des Wasserstoffs. Für ihn sind demnach die Molekulargewichte von Chlor, Sauerstoff, Stickstoff, Cyan durch die Formeln Cl_2, O_2, N_2 $(CN)_2$, die Molekulargewichte der Salzsäure und Essigsäure durch die Formeln HCl und $C_2H_4O_2$ gegeben, weil die diesen Symbolen entsprechenden Mengen, als Dämpfe, unter denselben Bedingungen den gleichen Raum erfüllen, wie zwei Gewichtsteile Wasserstoffgas. Hier tritt die Übereinstimmung seiner Ideen mit denen Avogadros klar hervor; aber Laurent hat noch das Verdienst, die letzteren in hohem Maße erweitert zu haben. Das Molekül wird von ihm definiert als „kleinste Menge, die man anwenden müsse, um eine Verbindung zustande zu bringen". Den Beweis für die Richtigkeit dieser Auffassung erblickte er in der Tatsache, daß die Atome Chlor, Brom, Wasserstoff etc. nur paarweise auftreten, um chemisch zu wirken.

Das Atom ist nach Laurent die kleinste Menge eines Elementes, die in zusammengesetzten Stoffen vorkommt; als Atomgewichte adoptierte er die von Gerhardt aufgestellten Werte, die zum großen Teile mit denen von Berzelius zusammenfielen. — Die Äquivalente endlich bedeuten für ihn die „gleichwertigen Mengen analoger Stoffe". Diese letztere Begriffsbestimmung führte folgerichtig zu der Annahme, daß ein und dasselbe Element, wenn es mit anderen in wechselnden Verbindungsverhältnissen zusammentritt, verschiedene Äquivalente hat.[1]

Das gemeinsame Wirken von Laurent und Gerhardt im Bereiche dieser für die theoretische Chemie außerordentlich wichtigen Fragen fand bei den Chemikern sehr wenig Teilnahme; bei vielen

---

[1] „Die Idee des Äquivalentes schließt die Ansicht einer gleichartigen Funktion in sich; man weiß, daß ein und dasselbe Element die Rolle von zwei oder mehreren anderen spielen kann, weshalb es vorkommen muß, daß diesen verschiedenen Funktionen auch verschiedene Gewichte entsprechen. Andererseits sieht man verschiedene Gewichte desselben Metalls, wie z. B. des Eisens, Kupfers, Quecksilbers etc., den Wasserstoff der Säuren ersetzen und dabei Salze bilden, welche dasselbe Metall, aber verschiedene Eigenschaften besitzen. Diese Metalle haben also dann verschiedene Äquivalente." (Vergl. Comptes rendus des travaux chimiques par Laurent et Gerhardt, **1849**, S. 1 ff.)

stießen Vorstellungen, wie die eben berührten über die schwankenden Äquivalentwerte, sogar auf lebhaften Widerspruch. Die so richtigen, aber noch nicht genügend begründeten Ansichten Laurents über die Größe der Moleküle von Elementen und Verbindungen drangen damals, also gegen Ende der vierziger Jahre, noch nicht durch: Gmelins *Verbindungsgewichte* wurden meist beibehalten und waren noch zur Zeit des Erscheinens von Gerhardts Lehrbuch der Chemie (1853) so allgemein in Ansehen, daß der Verfasser desselben gegen seine bessere Überzeugung in den ersten drei Bänden den chemischen Symbolen die Gmelinschen Zahlen zugrunde legte, also Äquivalentformeln gebrauchte.[1] Kräftigere Beweise, als Laurent und Gerhardt sie geliefert hatten, mußten dafür erbracht werden, daß die von ihnen gebrauchten Atom- und Molekulargewichte die richtigen seien. Insbesondere sind es die zu Beginn der fünfziger Jahre veröffentlichten Untersuchungen von Williamson gewesen, durch die ein weiterer günstiger Fortschritt angeregt wurde. Die richtige Erkenntnis ging auch hier wieder von Erfahrungen aus, die auf dem Gebiete der organischen Chemie gesammelt wurden.

Einfluß der Forschungen von Wurtz, Hofmann, Williamson auf die Entwicklung der Typentheorie. 1848—1851.

Von großer Bedeutung für die feste Gestaltung der Anschauungen, die schließlich in Gerhardts Typentheorie zusammengefaßt wurden, war die Entdeckung organischer Abkömmlinge des Ammoniaks durch Wurtz[2] und A. W. Hofmann. Der erstere lehrte im Jahre 1849 die merkwürdige Zersetzung der Cyansäureäther mittels Kalihydrat kennen, wobei er das Methyl- und Äthylamin, dem Ammoniak sehr

---

[1] Gerhardt begründete diese Schreibweise in der Vorrede seines Werkes (Bd. I, S. I/II) folgendermaßen: „J'y ai même fait le sacrifice de ma notation, pour m'en tenir aux formules anciennes, afin de mieux démontrer par l'exemple, combien l'usage de ces dernières est irrationnel, et de laisser au temps le soin, de consacrer une réforme, que les chimistes n'ont pas encore généralement adoptée."

[2] C. A. Wurtz, geboren 1817 zu Straßburg, gestorben 1884 in Paris, war Schüler Liebigs, sowie Balards und Dumas'; über sein Leben und Wirken haben A. W. Hofmann (Ber. **20**, 815 ff.), sowie Friedel (*Notice sur la vie et les travaux de Wurtz*) sehr eingehend berichtet. Seit 1845 war Wurtz in Paris zuerst in bescheidener, dann höchst einflußreicher Stellung als Professor an verschiedenen Lehranstalten (*École de médecine, Sorbonne*) tätig. Von 1866 bis 1875 war er *Doyen* der medizinischen Fakultät und trug als solcher zur Hebung des praktisch-chemischen und physiologischen Unterrichtes für Mediziner wesentlich bei. — Von seinen schriftstellerischen Arbeiten seien die *Leçons de philosophie chimique* (1864) und *La théorie atomique* (1879) genannt: Werke,

ähnliche Stoffe, auffand.[1] Über die organischen, stickstoffhaltigen Basen im allgemeinen hatte sich früher Berzelius dahin geäußert, daß man sie als mit Ammoniak gepaarte Substanzen auffassen könne. Liebig gab einer anderen Ansicht Ausdruck, indem er dieselben den Äthern analog als Amidverbindungen betrachtete. Wurtz schwankte zwischen diesen Meinungen, sprach auch von der Möglichkeit, daß die organischen Basen Substitutionsprodukte des Ammoniaks seien, daß also „Methyliak", unser Methylamin, Ammoniak sei, in dem ein Wasserstoffatom durch Methyl vertreten ist. Zunächst scheint aber Wurtz der ältesten Betrachtungsweise von Berzelius den Vorzug gegeben zu haben, wonach z. B. Äthylamin „mit Ätherin (Äthylen) gepaartes Ammoniak" ist.

Die „typische" Auffassung dieser Basen gelangte erst durch A. W. Hofmanns glänzende Untersuchungen[2] über Aminbasen zum Durchbruch; die Entstehung derselben aus Ammoniak und Halogenverbindungen von Alkylen konnte als ein trefflicher Beweis für die Richtigkeit der Annahme gelten, daß diese Verbindungen aus Ammoniak durch Austausch eines oder mehrerer Wasserstoffatome gegen Alkoholradikale hervorgegangen seien. Die Konstitution der von Hofmann entdeckten *Imid-* und *Nitrilbasen*, wie des Di- und Triäthylamins, konnte kaum auf eine andere Weise gedeutet werden, als durch die Ableitung derselben aus dem Ammoniak infolge der Substitution von Wasserstoffatomen durch Alkylradikale.

August Wilhelm von Hofmann, geboren 8. April 1818 zu Gießen, widmete sich nach mehrjährigen philosophischen und juristischen Studien der Chemie unter Leitung Liebigs, dem er bald als Assistent zur Seite stand. Nach kurzer Dozententätigkeit in Bonn[3] folgte er 1845 einem durch den Prinzregenten Albert angeregten Rufe an das in London neu gegründete *College of Chemistry*, welches 1853 Staatsanstalt wurde; 1856 wurde Hofmann zugleich mit der Stellung eines Münzwardeins betraut, nachdem er schon einige Jahre

welche theoretisch-chemische Fragen behandelten und durch die klare, sowie anmutige Darstellung viel Anklang fanden, ferner sein *Traité élémentaire de chimie médicale* (1864), die Herausgabe des *Dictionnaire de Chimie pure et appliquée*. — Seine ausgezeichneten Experimentaluntersuchungen, durch die er einzelne Gebiete der organischen Chemie als Bahnbrecher erschloß, werden in der speziellen Geschichte mehrfach Erwähnung finden. Diese Arbeiten sind meist in den *Annales de Chimie et de Physique*, zu deren Herausgebern er seit 1852 gehörte, und in den *Comptes rendus* erschienen.

[1] Comptes rendus **28**, 223 ff.
[2] Ann. Chem. **74**, 174.
[3] Über Liebigs Stellung zu Hofmanns Habilitation gibt der Briefwechsel Liebig-Mohr (herausgegeben von Kahlbaum als 8. Heft der Monographien aus der Geschichte der Chemie) klaren Aufschluß (S. 82).

früher auch als Lehrer an der *School of mines* angestellt worden war. Im Jahre 1864 siedelte er nach Bonn, 1865 nach Berlin als Nachfolger Mitscherlichs über, wo er bis zu seinem Tode (5. Mai 1892) eine glänzende Wirksamkeit entfaltet hat.

Seine Lehrtätigkeit ist überall eine außerordentlich fruchtbringende gewesen; eine außerordentliche große Zahl namhafter, zum Teil hervorragender Schüler ist der deutlichste Beweis dafür. Sein organisatorisches Talent betätigte er durch den Bau und die Einrichtung zweier großer Unterrichtslaboratorien in Bonn und in Berlin. — Zu der Wirksamkeit des Lehrers gesellte sich in glücklicher Weise die des Schriftstellers; hier zeigte er die Gabe, Tatsachen und darauf gegründete Lehren der Chemie anschaulich und durchsichtig darzustellen. Die „Einleitung in die moderne Chemie" kann dafür als Beleg angeführt werden. Seine Gedächtnisschriften (Nekrologe von Liebig, Wöhler, Dumas, Sella, Wurtz) sind durch das liebevolle Eingehen auf das Leben und Wirken der von ihm verherrlichten Männer ausgezeichnet und fesselnd geschrieben.

Als Forscher im Gebiete der Experimentalchemie begegnet uns Hofmann auf Schritt und Tritt; die organische Chemie, insbesondere das Reich der stickstoff- und phosphorhaltigen Verbindungen, ist von ihm in klassischer Weise durchforscht, zum Teil fast abgebaut worden. Bemerkenswert ist die Tatsache, daß er der Spekulation gern aus dem Wege gegangen ist oder die Veröffentlichung rein theoretischer Erklärungsversuche vermieden hat; für ihn war das Experiment allein maßgebend. Seines unverlöschlichen Einflusses auf die Entwicklung der Teerfarbenindustrie, die zum Teil aus seinen wissenschaftlichen Arbeiten hervorging, wird noch gedacht werden.[1]

Erst nach jenen wichtigen Erörterungen Hofmanns über die Konstitution der Ammoniakbasen erkannte Wurtz[2] die Beziehung

---

[1] Die meisten Abhandlungen Hofmanns sind in den *Annalen der Chemie* und in den Berichten der von ihm 1868 gegründeten *Deutschen chemischen Gesellschaft* (zu Berlin) veröffentlicht. — Über sein Leben und Wirken hat F. Tiemann eingehend und liebevoll in seiner Gedächtnisrede (November 1892) berichtet. Derselbe hatte die Aufgabe übernommen, Hofmanns Leben und Wirken ausführlich zu beschreiben, wurde aber durch den Tod zu früh abberufen. J. Volhard und Emil Fischer haben diese Aufgabe übernommen und vorzüglich gelöst. In einem Sonderhefte der Berichte der d. chem. Ges. hat ersterer den biographischen Teil verfaßt, letzterer das wissenschaftliche Wirken geschildert („*A. W. von Hofmann. Ein Lebensbild* 1902). Hofmanns Gabe, Natur und Menschen zu schildern, zeigt sich in köstlicher Weise in Familienbriefen, die hier zuerst mitgeteilt worden sind.

[2] Ann. Chim. Phys. (3) **30**, 498.

aller dieser Stoffe auf das Ammoniak als allein zutreffend an. Er faßte das Ergebnis der genannten Untersuchungen in die Worte zusammen: „So war der Typus Ammoniak geschaffen."
Diesem Typus reihte Williamson[1] auf Grund ausgezeichneter Experimentaluntersuchungen[2] den Typus Wasser an, so daß hiermit und mit jenen Arbeiten von Wurtz und Hofmann der Grundstock für die Typenlehre Gerhardts geschaffen war. — Williamson ging bei seinen Versuchen von dem Gedanken aus, in bekannte Alkohole Kohlenwasserstoffradikale an Stelle von Wasserstoff einzuführen, um Homologe der ersteren zu gewinnen. Die Einwirkung von Jodäthyl auf Kaliumäthylat lieferte ihm Äthyläther, nicht den erwarteten äthylierten Alkohol. Dieser Befund veranlaßte ihn, die Frage zu prüfen, ob durch Umsetzung des Kaliumäthylats mit Jodmethyl ein Gemenge von Äthyl- und Methyläther oder ob dabei ein einheitlicher Stoff entstehe. Der Versuch entschied in letzterem Sinne: Methyl-Äthyloxyd, ein „gemischter Äther" bildete sich, und damit war die vielfach ventilierte, gerade damals brennende Frage nach der Molekulargröße des Äthers und des Äthylalkohols, zugleich auch die nach der Atomgröße des Sauerstoffs gelöst.[3] Die Auffassung Liebigs, der Alkohol sei das Hydrat des Äthers, mußte aufgegeben werden; dagegen wurden die von Berzelius angenommenen Molekularformeln beider Verbindungen durch Williamsons Versuche als richtig erwiesen. Die durch Wechselwirkung von Alkohol und Schwefelsäure sich vollziehende Ätherbildung, welche bisher den hervorragendsten Chemikern starkes Kopfzerbrechen verursacht hatte, wurde nun von Williamson in überzeugender Weise erklärt. Alkohol und Äther aber betrachtete er als dem Wasser entsprechend zusammengesetzt oder bezog sie auf dieses, wie aus seinen Definitionen und Formeln hervorgeht:

$\genfrac{}{}{0pt}{}{H}{H}O$ Wasser, $\genfrac{}{}{0pt}{}{C_2H_5}{H}O$ Alkohol, $\genfrac{}{}{0pt}{}{C_2H_5}{C_2H_5}O$ Äther.

Diese Auffassung, welche zuvor schon Laurent, sowie andere Chemiker als zulässig befürwortet hatten, dehnte er sodann auf

---

[1] A. W. Williamson, geboren 1824, war Schüler Liebigs und bis zum Jahre 1887 als Professor der Chemie am *University College* zu London tätig, wo er am 6. Mai 1904 gestorben ist. Er hat insbesondere in der Zeit von 1850 bis 1860 die organische Chemie mit wertvollen Beobachtungen bereichert, die zu Schlüssen von allgemeiner Bedeutung geführt haben. Namentlich seine Arbeiten über die Bildung und Zusammensetzung von Äthern sind von größter Bedeutung gewesen.

[2] Vergl. namentlich Ann. Chem. 77, 37; 81, 73.

[3] Chancel ist unabhängig von Williamson auf ähnlichem Wege zu dem gleichen Resultate gelangt (vergl. Comptes rendus 31, 521).

viele Stoffe, organische und unorganische, aus und suchte die Vorteile einer solchen Betrachtungsweise einleuchtend zu machen. So verglich er die Säuren, die Ketone, für deren wahre Zusammensetzung er durch ein der obigen Methode ähnliches Verfahren schöne experimentelle Beweise geliefert hatte, ferner die Salze und andere Verbindungen mit dem Wasser, d. h. er leitete aus diesem die genannten Stoffe durch Substitution von dem einen oder den beiden Wasserstoffatomen mittels zusammengesetzter Radikale oder Elemente ab. — Folgende Beispiele mögen zur Erläuterung seiner typischen Betrachtungsweise dienen:

$\begin{matrix}C_2H_3O\\H\end{matrix}O$ Essigsäure, $\quad \begin{matrix}K\\H\end{matrix}O$ Kalihydrat, $\quad \begin{matrix}NO_2\\H\end{matrix}O$ Salpetersäure.

$\begin{matrix}C_2H_3O\\C_2H_3O\end{matrix}O$ Anhydrid der Essigsäure (damals unbekannt), $\begin{matrix}K\\K\end{matrix}O$ Kaliumoxyd, $\begin{matrix}NO_2\\K\end{matrix}O$ Kalisalpeter.

Williamson sprach sich über die Leistungsfähigkeit der typischen Auffassung mit folgenden Worten aus: „Die hier angewandte Methode, die rationelle Konstitution der Stoffe durch Vergleichung mit Wasser festzustellen, scheint mir großer Ausdehnung fähig zu sein; und ich stehe nicht an zu sagen, daß ihre Einführung durch Vereinfachung unserer Ansichten und durch Festhalten eines gemeinsamen Vergleichspunktes zur Beurteilung chemischer Verbindungen nützen wird."

Seine Zuversicht auf die Ausdehnbarkeit einer solchen typischen Auffassung trat bei anderer Gelegenheit[1] noch schärfer hervor, insofern er sich dahin äußerte, daß für alle unorganischen und die am besten gekannten organischen Verbindungen die Beziehung auf den einen Typus Wasser genüge; nur müßten manche Stoffe, z. B. zweibasische Säuren, auf die verdoppelte Formel des Wassers zurückgeführt werden. Die hier geäußerten Ansichten finden sich größtenteils in der Typentheorie von Gerhardt wieder. Das wichtigste Ergebnis von Williamsons Untersuchungen ist aber nicht seine einseitig typische Erklärungsweise der Zusammensetzung von chemischen Verbindungen gewesen, sondern vielmehr die Ermittlung der wahren Molekulargröße organischer Stoffe. Die Methode, die er anwandte, um dieses Ziel zu erreichen, erwies sich bald äußerst fruchtbringend; sie hat Gerhardt zur Entdeckung der Säureanhydride, sowie Wurtz zur Auffindung der gemischten Kohlenwasserstoffradikale geleitet, durch deren Erforschung der Streit um die Molekularformeln von ganzen Reihen organischer Verbindungen endgiltig entschieden worden ist.

---

[1] Journ. chem. soc. 4, 350 (1851).

Neuere Typentheorie von Gerhardt.[1]

Aus den obigen Darlegungen ergibt sich, daß durch die Experimentaluntersuchungen von Wurtz, Hofmann, Williamson die typische Auffassung organischer Verbindungen auf das wirksamste gefördert worden ist. Zahlreiche stickstoffhaltige Stoffe bezog man auf den Typus Ammoniak, eine noch größere Zahl sauerstoffhaltiger Verbindungen auf den Typus Wasser. Gerhardt vollendete das Werk dadurch, daß er diesen beiden den Typus Wasserstoff, beziehungsweise Chlorwasserstoff hinzugesellte und den Versuch wagte, sämtliche organische Verbindungen in diese wenigen Formen einzuzwängen.

Das schon in der Radikaltheorie ausgeprägte Streben, organische Stoffe mit unorganischen zu vergleichen, war hierbei deutlich zum Vorschein gekommen, und zwar hatten wiederum Äthylverbindungen den Hauptanlaß gegeben, Typen der unorganischen Chemie als Musterbilder für organische Substanzen aufzustellen. — Laurent[2] hatte schon im Jahre 1846 den später von Williamson ausführlich begründeten Gedanken hingeworfen, daß man den Äthylalkohol und den Äther als Abkömmlinge des Wassers ansehen könne, indem er folgende Zusammenstellung gab:

H_2O Wasser, $\begin{matrix}Et\\H\end{matrix}O$ Alkohol, $\begin{matrix}Et\\Et\end{matrix}O$ Äther.[3]

Auch die unorganischen Säuren und Oxyde könne man als Substitutionsprodukte des Wassers auffassen. Diese so verschiedenartigen Verbindungen wurden als nach dem gleichen Muster zusammengesetzt betrachtet.

Eine größere Ausdehnung gab dieser typischen Auffassung seit dem Jahre 1848 der amerikanische Chemiker Sterry Hunt, der in mehreren Abhandlungen[4] die Ableitung zahlreicher sauerstoffhaltiger Stoffe, unorganischer sowie organischer, von dem Wasser, die der Kohlenwasserstoffe von dem Typus Wasserstoff lehrte. Da seine Erörterungen in Europa kaum bekannt wurden, so haben dieselben auch keinerlei beschleunigenden Einfluß auf die Entwicklung der gleichen in manchen Köpfen vorhandenen Anschauungsweise ausgeübt. — Wohl aber bewirkten die bestimmten, oben besprochenen Äußerungen Williamsons über die Zurückführung vieler organischer

---

[1] Vergl. Ann. Chim. Phys. (3) **37**, 331 u. *Traité de Chimie*, Bd. IV (1856).
[2] Ann. Chim. Phys. (3) **18**, 266 ff.
[3] Vergl. übrigens Berzelius' Auffassung des Äthers S. 227.
[4] Amer. Journ. of science (2) Bd. **5. 6. 7. 8.**

Substanzen auf das Wasser als die allgemeinste Verbindungsform eine schnellere Ausbildung der typischen Betrachtungsweise. Nicht nur sauerstoffhaltige Stoffe, auch sauerstofffreie, z. B. die Amine, wurden ohne Bedenken von dem Typus Wasser abgeleitet. Während Williamson so infolge der allzugroßen Elastizität seiner Formeln den festen Boden unter seinen Füßen verlor, gewann er andererseits durch Ausdehnung dieser typischen Auffassung bemerkenswerte Vorteile. Er leitete manche Verbindungen von dem verdoppelten oder verdreifachten Wassertypus ab und führte damit den Begriff der mehratomigen Radikale in die Chemie ein. Die Schwefelsäure z. B. bezog er auf 2 Mol. Wasser, in denen 2 Atome Wasserstoff durch *Sulfuryl* SO_2 ersetzt sind:

$$\begin{matrix} H \\ H \end{matrix} O \atop \begin{matrix} H \\ H \end{matrix} O \quad \text{2 Mol. Wasser,} \qquad \begin{matrix} H \\ SO_2 \\ H \end{matrix} O \atop O \quad \text{Schwefelsäure.}$$

Die Phosphorsäure leitete er in ähnlicher Weise unter Annahme des dreiatomigen Phosphoryls, PO, aus 3 Mol. Wasser ab u. s. f.

Gerhardt ergriff, besonders angeregt durch seine wichtige Entdeckung der Anhydride einbasischer organischer Säuren;[1] die damals stark angehäuften typischen Ideen und faßte sie einheitlich zusammen. Ihm lag vor allem daran, die große Zahl organischer Verbindungen übersichtlich zu ordnen; dazu sollten ihm die vier als Musterbilder aufgestellten **Typen Wasser, Ammoniak, Wasserstoff** und **Chlorwasserstoff** dienen. Außerdem benutzte er zur Einteilung organischer Stoffe ein Prinzip, das zwar von anderen Chemikern schon angewandt worden war, von ihm jedoch erst in allgemeinster Weise verwertet wurde: er ordnete dieselben in verschiedenartige Reihen, deren Glieder demselben Typus angehörten. Bei seiner ersten Klassifikation[2] der organischen Verbindungen war der Vorteil, den eine solche Reihenordnung gewährte, gar nicht zum Durchbruch gelangt. Inzwischen hatte Schiel[3] den Begriff der *Homologie* festgestellt, indem er auf die gleichen Differenzen in der Zusammensetzung ähnlicher Stoffe, insbesondere der Alkohole, die Aufmerksamkeit gelenkt hatte; von Dumas war das gleiche für die Fettsäuren nachgewiesen worden. Nicht nur die chemische, auch die physikalische Ähnlichkeit homologer Verbindungen hatte sich sodann durch die Untersuchungen Kopps auf das deutlichste gezeigt.

---

[1] Ann. Chem. **82**, 128. Gerhardt hatte früher diese Stoffe, deren Bestehen Williamson vorausgesagt hatte, für nicht darstellbar gehalten.

[2] Vergl. S. 257.

[3] Ann. Chem. **43**, 107 (1842).

Gerhardt faßte nun mit großem Geschick die Ergebnisse dieser Vorarbeiten zusammen und gesellte zu den Reihen homologer Stoffe, die sich in ihrer Zusammensetzung um die Größe $(CH_2)_n$ unterscheiden, die Reihen *isologer* und *heterologer* Verbindungen. Erstere sind nach ihm chemisch ähnliche Substanzen, welche eine andere Zusammensetzungsdifferenz als die homologen aufweisen: z. B. Äthylalkohol: C_2H_6O und Phenol: C_6H_6O, Propionsäure: $C_3H_6O_2$ und Benzoesäure: $C_7H_6O_2$, Verbindungen, welche um die Größe C_4 voneinander verschieden sind. Die heterologen Reihen enthalten solche Körper, welche chemisch unähnlich sind, aber nach ihrer Bildungsweise enge Beziehungen zueinander aufweisen. Einer solchen Reihe gehören z. B. Äthylalkohol C_2H_6O und Essigsäure $C_2H_4O_2$, Amylalkohol $C_5H_{12}O$ und Valeriansäure $C_5H_{10}O_2$ an.

Wie oben erwähnt, betrachtete Gerhardt die Glieder solcher Reihen als Abkömmlinge einer seiner vier Typen, aus diesen durch teilweise oder vollständige Substitution von deren Wasserstoffatomen mit *Resten* entstanden. — Von dem Typus Wasser leiten sich, wie auch Williamson gelehrt hatte, die meisten organischen Verbindungen ab, so die Alkohole, Säuren, die einfachen, wie zusammengesetzten Äther, Säureanhydride, Ketone, Aldehyde, Salze. Dem Wasser tritt als Nebentypus der analog zusammengesetzte Schwefelwasserstoff an die Seite, von dem sich die den obigen Sauerstoffverbindungen entsprechenden schwefelhaltigen Körper ableiten, z. B. Sulfide, Merkaptane, Thiosäuren etc. Folgende Beispiele mögen das Gesagte erläutern:

H_2O $\underbrace{\begin{smallmatrix}CH_3\\H\end{smallmatrix}O}$ $\underbrace{\begin{smallmatrix}C_2H_3O\\C_2H_3O\end{smallmatrix}O}$ $\underbrace{\begin{smallmatrix}C_2H_3O\\C_2H_5\end{smallmatrix}O}$ $\underbrace{\begin{smallmatrix}C_2H_3O\\H\end{smallmatrix}O}$

Wasser, Methylalkohol, Essigsäureanhydrid, Essigäther, Aldehyd.

H_2S $\underbrace{\begin{smallmatrix}C_2H_5\\H\end{smallmatrix}S}$ $\underbrace{\begin{smallmatrix}C_2H_5\\C_2H_5\end{smallmatrix}S}$ $\underbrace{\begin{smallmatrix}C_2H_3O\\H\end{smallmatrix}S}$

Merkaptan, Schwefeläthyl, Thiacetsäure.

Dem Typus Ammoniak werden die Amine, Säureamide und -imide, Phosphine, Arsine u. a. untergeordnet, wie aus folgenden Formeln erhellt:

H_3N $\underbrace{\begin{smallmatrix}CH_3\\H_2\end{smallmatrix}N}$ $\underbrace{\begin{smallmatrix}C_2H_3O\\H_2\end{smallmatrix}N}$ $\underbrace{\begin{smallmatrix}C_4H_4O_2\\H\end{smallmatrix}N}$ $\underbrace{(C_2H_5)_3P}$

Ammoniak, Methylamin, Acetamid, Succinimid, Triäthylphosphin.

Der Wasserstofftypus umfaßt die Kohlenwasserstoffe, sowie Organometalle; der von demselben abgeleitete Typus Chlorwasserstoff die Chloride, Jodide, Cyanide etc.:

$\begin{matrix}H\\H\end{matrix}$ $\begin{matrix}CH_3\\H\end{matrix}$ $\begin{matrix}CH_3\\H\end{matrix}$ $\begin{matrix}C_2H_5\\C_2H_5\end{matrix}Zn$. $\begin{matrix}H\\Cl\end{matrix}$ $\begin{matrix}CH_3\\Cl\end{matrix}$ $\begin{matrix}C_2H_5\\CN\end{matrix}$.

Mit Recht konnte Gerhardt diese Anordnung der organischen Körper nach Typen ein *Système unitaire* nennen; denn die Annahme eines Gegensatzes innerhalb chemischer Verbindungen oder der binären Gliederung von solchen war gänzlich beseitigt. Eine jede derselben wurde als einheitliches Ganzes angesehen; selbst da, wo eine dualistische Auffassung angezeigt schien, nämlich in den Salzen, erblickte man nur Abkömmlinge des Wassers.

Man wird fragen, ob Gerhardt selbst geglaubt hat, durch Aufstellung seiner Typen und durch Beziehung der organischen Verbindungen auf dieselben der Lösung derjenigen Aufgabe näher gekommen zu sein, die Berzelius als die für die Chemie wichtigste bezeichnet hatte. War Gerhardt wirklich der Meinung, die Frage nach der chemischen Konstitution organischer Stoffe wesentlich gefördert zu haben? Die Antwort fällt verneinend aus, wenn es sich um Konstitution im Sinne von Berzelius handelt. Gerhardt hat wiederholt ausgesprochen, es sei unmöglich, die wahre Konstitution solcher Verbindungen zu erforschen; unter letzterer verstand er nämlich die Anordnung der Atome, *l'arrangement des atomes*. Nach ihm lassen sich keine streng rationellen, dieser Anforderung genügenden Formeln organischer Stoffe aufstellen; denn je nach den Bildungs- oder Zersetzungsweisen der letzteren können mehrere Formeln mit verschiedenen näheren Bestandteilen oder Resten als gleichberechtigt gelten. Lediglich Zweckmäßigkeitsgründe sollen darüber entscheiden, ob die eine Formulierung einer anderen vorgezogen wird; dies geschieht, sobald durch die erstere eine größere Zahl von Umsetzungen oder Entstehungsweisen der betreffenden Verbindung zu erklären ist. Eine so elastische Auffassung hat Gerhardt bei jeder Gelegenheit, namentlich im vierten Bande seines Lehrbuches, in den Vordergrund gestellt und sich dagegen verwahrt, daß er durch seine typische Ableitung der organischen Körper die rationelle Zusammensetzung dieser im Sinne von Berzelius feststellen wolle.

Die Formeln sind nach Gerhardts Meinung nur Spiegelbilder der Umsetzungen, welche die chemischen Verbindungen erleiden, sie sollen nur die Bildungs- und Zersetzungsweisen der letzteren versinnlichen. Die Typen aber bezeichnen, so einfach sie nach ihrer Zusammensetzung sind, „in keiner Weise die Art der Gruppierung der Atome, vielmehr nur Analogien der Metamorphosen. Der Typus ist die Einheit des Vergleiches für alle die Stoffe, welche analoge Zersetzungen zeigen, wie er, oder welche das Produkt analoger Zersetzungen sind".

Nach der Darlegung des Hauptinhaltes von Gerhardts System wird es begreiflich sein, warum man dasselbe als entstanden durch Verschmelzung der Typenlehre Dumas' mit der älteren Radikaltheorie bezeichnen kann. Von beiden Betrachtungsweisen hatte Gerhardt einzelne Teile benutzt, um sie, ein wenig umgestaltet, bei der Aufstellung seines *Système unitaire* zu verwerten. Der Gedanke, daß die organischen Verbindungen nach gewissen Mustern konstruiert seien, auf die sie zurückgeführt werden können, entstammte wesentlich der älteren Typenlehre, aber er war, wenn auch versteckt, schon in der Radikaltheorie enthalten gewesen; hatte man doch Gruppen organischer Stoffe mit analog zusammengesetzten unorganischen unmittelbar verglichen. Von durchgreifender Bedeutung für den Erfolg der neuen Typenlehre war nun, daß diese der Radikaltheorie die Vorstellung von Atomgruppen entnahm, die sich wie einfache Stoffe verhalten; dieselben können aber nicht, wie man früher meinte, im freien Zustande bestehen, sondern nur in Verbindungen an Stelle einfacher Stoffe fungieren. Diese Auffassung, verbunden mit der von der Veränderlichkeit jener Atomkomplexe, hat sich als durchaus richtig und ersprießlich herausgestellt. Die Frage nach der näheren Zusammensetzung der letzteren ließ Gerhardt unbeantwortet, ja unberührt; zur Lösung derselben wurde von ganz anderer Seite der Hebel erfolgreich angesetzt.

Während die ältere Typenlehre von Dumas der chemischen Natur der Bestandteile einer Verbindung keinen merklichen Einfluß auf den Charakter derselben zugeschrieben hatte, zeigte auch in diesem Punkte Gerhardt seine größere Einsicht durch Anerkennung von Grundsätzen der Berzeliusschen Schule, wenn er auch in deren Geist nur mit Widerstreben eingedrungen zu sein scheint. Er wies darauf hin, daß die in seine Typen an Stelle von Wasserstoff eintretenden Elemente oder Atomgruppen je nach ihrer elektrochemischen Beschaffenheit die Natur der entstehenden Verbindungen bestimmen. Nach ihm ist das Kali $\frac{K}{H}O$ deshalb ein basischer, die Salpetersäure $\frac{NO_2}{H}O$ ein saurer Stoff, weil an Stelle von Wasserstoff des neutralen Wassers ein elektropositives, bezw. negatives Radikal eingetreten ist; der Alkohol $\frac{C_2H_5}{H}O$ aber hat fast neutralen Charakter, da das Äthyl nicht viel anders geartet ist, als Wasserstoff. Diese Umkehr zu Ansichten, die früher von dieser Seite auf das lebhafteste bekämpft worden waren, verdient als bemerkenswert hervorgehoben zu werden.

Die Beurteilung, die der Typenlehre Gerhardts damals zuteil wurde, ist eine sehr verschiedenartige gewesen. Zahlreiche, namentlich jugendliche Chemiker begrüßten dieselbe als eine bedeutende Errungenschaft der Forschung. In Wirklichkeit waren es aber Gründe praktischer Art, die der typischen Betrachtungsweise eine so günstige Aufnahme verschafften; man sprach geradezu aus, der Hauptvorteil, den die Beziehung der organischen Verbindungen auf wenige unorganische Typen mit sich bringe, bestehe in der Vereinfachung des Studiums der organischen Chemie. — Liebig, der die früheren Bestrebungen Gerhardts, die organischen Verbindungen zu klassifizieren, auf das schärfste verurteilt hatte,[1] verstand sich später[2] dazu, die „Nützlichkeit der sogenannten Typentheorie" anzuerkennen; aber er hob hervor, daß die letztere die so wichtige Frage über die Entstehung der organischen Stoffe unberührt lasse. — Schroffer verhielt sich Kolbe der Typenlehre gegenüber; er bezeichnete das Einzwängen organischer Verbindungen in die vier Typen als leeres Formelspiel und unwissenschaftlichen Schematismus. Sein Bestreben ging dahin, an Stelle der lediglich formalen Typen reale zu setzen, die in einem natürlichen Zusammenhange mit den davon abgeleiteten Verbindungen stehen sollen. — In der Tat lag die Gefahr nahe, daß einer inhaltlosen Formulierung Tür und Tor geöffnet wurde. Man denke nur daran, daß Odling, sowie Wurtz[3] die Gerhardtschen Typen noch zu vereinfachen suchten, indem sie den Typus Wasser und Ammoniak auf den doppelten und dreifachen Typus Wasserstoff zurückführten. Damit war aber die wichtige Frage nach der chemischen Konstitution organischer Stoffe denkbar weit aus der Richtung gebracht, die von der Schule Berzelius' und Liebigs eingehalten worden war. Der schon bei Gerhardt sehr elastische Begriff der Konstitution drohte durch solche gewaltsame Formulierungen gänzlich zu verkümmern und zu entarten.

Erweiterung der Typenlehre durch Kekulé.

Gerhardt erlebte es nicht mehr, daß die im vierten Bande seines Lehrbuchs niedergelegten Ansichten bei vielen Chemikern beifällige Aufnahme fanden. Die von ihm aufgestellte Typenlehre erfuhr in dem Jahre nach seinem Tode (1857) eine nicht unwesentliche Erweiterung durch die Annahme der sogenannten *gemischten Typen*, welche die Beziehungen mancher organischer Verbindungen

---

[1] Ann. Chem. **57**, 93: *Herr Gerhardt und die organische Chemie*.
[2] Ann. Chem. **121**, 163 (1863).
[3] Vergl. Ann. Chim. Phys. (3) **44**, 305.

zu zwei oder mehr Typen klarzulegen bezweckten. Der allgemeineren Anwendung derselben durch Kekulé[1] war die Idee Williamsons vorausgegangen, daß einige Verbindungen von *vervielfachten* oder *kondensierten Typen* abzuleiten seien. Wie aus diesen chemische Verbindungen dadurch hervorgehen, daß mehrbasische Radikale an Stelle von mehreren Wasserstoffatomen eintreten, so wurden verschiedenartige Typen, z. B. Wasser und Ammoniak oder Wasser und Wasserstoff etc., in derselben Weise zusammengestellt, um daraus Stoffe abzuleiten, welche man noch kurz zuvor als *gepaarte Verbindungen* von den übrigen, die in einem Typus leicht unterzubringen waren, abgesondert hatte.[2] — Kekulé[3] erkannte in der Beseitigung dieser Schranke den Hauptvorzug der Annahme von gemischten Typen, wie sich aus folgendem Ausspruch ergibt: „Die sogenannten gepaarten Verbindungen sind nicht anders zusammengesetzt, wie die übrigen chemischen Verbindungen; sie können in derselben Weise auf Typen bezogen werden, in welchen Wasserstoff durch Radikale ersetzt ist; sie folgen in bezug auf Bildung und Sättigungsvermögen denselben Gesetzen, die für alle chemischen Verbindungen giltig sind."

---

[1] Ann. Chem. **104**, 129.

[2] Übrigens war schon Gerhardt auf den gleichen Gedanken gekommen, den Kekulé später verallgemeinerte, insofern er z. B. die Aminsäuren auf den gemischten Typus Ammoniak + Wasser bezogen hatte.

[3] August Kekulé (von Stradonitz), geboren am 7. September 1829 zu Darmstadt, war seit 1856 Privatdozent in Heidelberg, sodann Professor der Chemie in Gent von 1858—1865, in welchem Jahre er nach Bonn übersiedelte, wo er bis zu seinem Tode 13. Juli 1896 als höchst anregender Lehrer gewirkt hat. — Durch sein Lehrbuch der organischen Chemie (Erlangen, seit 1859 erscheinend), in dem er zuerst die erweiterte typische Betrachtungsweise, im weiteren Verlaufe die Strukturlehre konsequent durchzuführen suchte, hat er großen Einfluß auf die heranwachsende Generation der Chemiker ausgeübt. Ganz besonders durch die glückliche Auffassung des Benzols als eines Hexamethins, das die Grundlage der sogen. aromatischen Verbindungen bildet, gab er einem großen Teil von experimentellen Forschungen eine Richtung, die heute noch stark vorherrscht. Insbesondere hat die Farbenchemie dadurch eine mächtige dauernde Anregung erhalten, die zu ihrer glänzenden Entwicklung ganz wesentlich beitrug. — In seinen chemischen Untersuchungen über Knallquecksilber, ungesättigte zweibasige Säuren, Kondensation des Aldehyds — um nur einige zu nennen — hat er sich als ausgezeichneter Forscher bewährt. — Seine Beteiligung an der Herausgabe der früher erschienenen *Kritischen Zeitschrift für Chemie* etc. und der jetzigen *Annalen der Chemie*, in denen seine experimentellen Arbeiten meist veröffentlicht sind, möge noch erwähnt sein. Landolt hat ihm (Ber. **29**, 1971) einen warmen Nachruf gewidmet; ein ausführlicher Nekrolog ist wohl zu erwarten (vergl. auch den Aufsatz von W. Königs in der Münchener medizin. Wochenschrift 1896 Nr. 39—41). Im Juni 1903 wurde sein Denkmal in Bonn enthüllt; die Feier ist in den Berichten der D. chem. Ges. **36**, 4614 beschrieben.

Einige Formelbeispiele mögen die Anwendung der gemischten Typen verständlich machen:

$$\left.\begin{matrix}C_6H_5\\SO_2\\H\end{matrix}\right\}O \quad \text{Benzolsulfonsäure bezogen auf} \quad \left.\begin{matrix}H\\H\\H\\H\end{matrix}\right\}O,$$

$$\left.\begin{matrix}H_2N\\CO\\H\end{matrix}\right\}O \quad \text{Carbaminsäure bezogen auf} \quad \left.\begin{matrix}H_3N\\H\end{matrix}\right\}O.$$

Fast gleichzeitig mit der eben dargelegten Erweiterung der Typenlehre war von Kekulé eine Anregung ausgegangen, welche, dank besonderen Umständen, dazu beitragen sollte, die typische Auffassungsweise in andere höhere Bahnen zu lenken. Gelegentlich seiner Untersuchungen über das Knallquecksilber[1] hatte er sich dahin ausgesprochen, daß man die Methylverbindungen und zahlreiche daraus abgeleitete Körper auf den Typus Grubengas beziehen könne, welch letzterem er die Äquivalentformel C_2H_4 beilegte. Durch folgende Beispiele erläuterte er die Beziehungen einiger Verbindungen zu dem neuen Typus:

C_2H_4	C_2H_3Cl	C_2HCl_3	$C_2H_3C_2N$	$C_2Cl_3(NO_4)$
Methylwasserstoff,	Chlormethyl,	Chloroform,	Acetonitril,	Chlorpikrin.

Bemerkenswert ist Kekulés Formulierung, insofern er damals die früher von ihm für unrichtig gehaltenen Atomgewichte $H=1$, $C=6$, $O=8$ zur Anwendung brachte. Ferner erscheint eine Bemerkung auffallend, die nämlich, daß der neue Typus nicht in dem Sinne von Gerhardts Unitätstheorie, sondern in dem von Dumas' Typen zu nehmen sei. Daraus könnte man den Eindruck gewinnen, als ob das Grubengas sich nicht den vier Gerhardtschen Typen anreihen sollte; jedoch scheint eine solche Sonderstellung von Kekulé nicht beabsichtigt zu sein, da er ganz im Geiste der neueren Typenlehre hinzufügt, er wolle durch seine Formulierung wesentlich die Beziehungen andeuten, in denen die von ihm zusammengestellten Stoffe zueinander stehen.

Schon im folgenden Jahre (1858) ergab sich klarer die Bedeutung, die er dem Methan als Muttersubstanz zahlreicher Stoffe beilegte. Die Darlegung seiner Ansichten darüber muß einem späteren Abschnitte vorbehalten bleiben, in dem der Übergang der Typenlehre in die Form der Strukturtheorie zu schildern ist.

Bevor diese Entwicklung der chemischen Lehrmeinungen sich vollziehen konnte, war von ganz anderer Seite rastlos gearbeitet

---

[1] Ann. Chem. **101**, 200 (1857).

worden, um der Erkenntnis der chemischen Konstitution organischer Verbindungen näher zu kommen. Die Typen selbst konnten der Lösung dieser Aufgabe nicht förderlich sein, wenn nicht zuvor ihr Wesen klargelegt, und auf dieses als innere Ursache die Zusammensetzung der daraus abgeleiteten Verbindungen zurückgeführt wurde. Der Schlüssel zur Erklärung dieser Verhältnisse ist durch die Arbeiten und Spekulationen von Frankland und Kolbe geschmiedet worden. Diesen beiden Forschern ist das tiefere Eindringen in die Konstitution organischer Stoffe im Gegensatz zu der typisch schematischen, daher oberflächlichen Auffassung in erster Linie zu verdanken. Ihre Forschungen haben am kräftigsten dazu beigetragen, jene Überleitung der Typenlehre in andere Bahnen zu bewirken; ja, sie waren die unentbehrliche Vorbedingung für die gegen Ende der fünfziger Jahre sich vollziehende Umgestaltung der theoretischen Anschauungen. Die Richtigkeit dieser Sätze wird sich aus dem Inhalte der folgenden Abschnitte ergeben.

Von anderer Seite ist das Verhältnis der Typiker zu den Leistungen Franklands und Kolbes allerdings anders aufgefaßt worden. Der Einfluß dieser beiden Männer auf die Umbildung der Typenlehre ist nicht nur stark herabgedrückt worden, sondern man hat sogar das Gegenteil, eine vorwiegende Beeinflussung derselben durch typische Lehrmeinungen, behauptet.[1]

Ausbildung der neueren Radikaltheorie durch Kolbe. Überblick seiner Hauptleistungen.

Der Darlegung von Kolbes wissenschaftlicher Tätigkeit, durch die er einen tief und dauernd eingreifenden Einfluß auf die Entwicklung der theoretisch chemischen Ansichten ausgeübt hat, seien

---

[1] Eine solche irrtümliche Auffassung wirkt noch immer nach; von ihr zeugt z. B. die Darstellung der „heutigen Theorien" in Wurtz' *Geschichte der chemischen Theorien*, wo die Bedeutung der genannten zwei Forscher ganz und gar nicht gebührend gewürdigt ist. Man hält es geradezu für unmöglich, daß Frankland, der eigentliche Begründer der Valenzlehre, in der genannten Schrift überhaupt keine Erwähnung gefunden hat. — Das gleiche gilt von dem allgemeinen Teil des Lehrbuches der organischen Chemie von Kekulé; die Bedeutung Franklands ist darin absolut unberührt geblieben, während der Anteil von Dumas, Gerhardt, Laurent, Kekulé an der Entwicklung der organischen Chemie sehr eingehend geschildert ist. — Wurtz hat später (Ber. **1880**, S. 7) Anlaß genommen, das Verdienst Franklands rückhaltlos anzuerkennen, indem er ihn als den ersten bezeichnet, der den Begriff der Sättigungskapazität der elementaren Atome aufgestellt hat.

ein kurzer Abriß seines Lebens und eine allgemeine Kennzeichnung seines Wirkens vorangestellt.[1]

Hermann Kolbe, am 27. September 1818 (zu Elliehausen bei Göttingen) geboren, widmete sich seit 1838 dem Studium der Chemie unter Wöhlers anregender Leitung. Von 1842 an, wo er mit der ersten Experimentaluntersuchung hervortrat, hat er 42 Jahre lang seine Wissenschaft durch eine lange Reihe wichtigster experimenteller sowie theoretischer Arbeiten bereichert. Sein äußerer Lebenslauf ist, vielleicht abgesehen von den ersten, auf die Universitätszeit folgenden Lehr- und Wanderjahren, der eines deutschen Gelehrten gewesen. Auf die Zeit 1842—1847, während welcher er als Assistent Bunsens (Marburg), dann L. Playfairs (London) vorwiegend praktisch-chemisch tätig war, folgten seine litterarischen Lehrjahre (1847 bis 1851) in Braunschweig, wohin er als Redakteur des von Liebig begründeten Handwörterbuchs der Chemie übergesiedelt war. Aus dieser, ihn auf die Dauer nicht befriedigenden Wirksamkeit, versetzte ihn die im Jahre 1851 an ihn ergangene Berufung nach Marburg, wo er als Nachfolger Bunsens im Laufe der nächsten Zeit, namentlich seit 1858, eine außergewöhnliche Lehrtätigkeit entfaltete. Im Jahre 1865 folgte er einem Rufe nach Leipzig, wo er bis zu seinem Tode (am 25. November 1884) mit großem Erfolge durch Wort und Schrift wirkte.

Kolbes große wissenschaftliche Bedeutung liegt ganz besonders in seinen noch zu besprechenden Experimentaluntersuchungen, sie hat aber auch wesentlich in der hervorragenden Lehrtätigkeit bestanden, welche der Liebigs, Wöhlers, Bunsens, Hofmanns an die Seite gestellt werden darf. — Seine mit der Liebigs nahe verwandte Lehrmethode, nach der die praktisch zu Unterrichtenden selbst beobachten und denken, nicht aber auswendig lernen sollen, hat sich trefflich bewährt. Sein Lehrtalent wurde kräftig unterstützt durch den praktischen Blick und das organisatorische Talent, die er insbesondere bei dem Bau und der Einrichtung des neuen Leipziger Laboratoriums (1868) betätigt hat.

Neben der auf dem mündlichen Unterricht basierenden Lehrtätigkeit hat Kolbe auch litterarisch eine bedeutende Wirksamkeit entfaltet: abgesehen von seinen zahlreichen Abhandlungen, wichtigen Aufsätzen im Handwörterbuch der Chemie und einigen Gelegenheitsschriften hat er ein ausführliches *Lehrbuch der organischen*

---

[1] Vergl. die bald nach dem Tode Kolbes erschienenen Erinnerungsschriften (von E. v. Meyer, Journ. pr. Chem. [2] **30**, 417; Voit, Bayer. Akad. 1885. Auch A. W. Hofmann, Ber. **17**, 2809).

Chemie (Braunschweig 1854—1865) und ein kurzes der anorganischen, sowie der organischen Chemie (1877—1883) herausgegeben: durch Klarheit der Anordnung, Präzision des Ausdrucks, fesselnde Darstellung, Durchsichtigkeit und Schärfe der Erörterungen ausgezeichnete Werke:

In seinen Aufsätzen, die er in den letzten 14 Jahren im Journal für praktische Chemie, dessen Herausgabe er im Jahre 1870 an Stelle von O. L. Erdmann übernommen hatte, über theoretisch-chemische Fragen veröffentlichte, hat Kolbe schneidige, mit der Zeit sich noch verschärfende Kritik geübt an den Mängeln und Ausschreitungen, die er der modern-chemischen Richtung zur Last legte. Wenn auch diesen Kritiken häufig eine kräftige Polemik innewohnt, durch die er der Persönlichkeit manches Fachmannes nahe trat, so hat er doch immer nur die Sache, das Wohl seiner geliebten Wissenschaft, die er arg gefährdet glaubte, im Auge gehabt. Sein Streben, Schäden und Fehler aufzudecken, ist von vielen seiner Zeitgenossen falsch gedeutet worden, in gleicher Weise, wie Liebigs Streitschriften sehr oft eine verkehrte Beurteilung erfahren haben.

Belebung der Radikaltheorie durch Kolbe. Mitwirkung Franklands.

Zur Zeit, als Kolbe seine erste größere Untersuchung[1] veröffentlichte, war die von Berzelius vertretene Lehre, daß die organischen Stoffe bestimmte Radikale enthalten, die den Elementen der unorganischen Chemie gleich fungieren, durch den Ansturm des Unitarismus stark zurückgedrängt worden. Viele Chemiker waren der Meinung, daß die zum Teil willkürliche Voraussetzung hypothetischer Radikale die Wissenschaft nicht weiter fördern könnte. Die Annahme von *Paarlingen* in den sogen. gepaarten Verbindungen befriedigte die wenigsten Forscher. Kurz, die alte Radikaltheorie wurde in der ursprünglichen Form nicht mehr für lebensfähig gehalten. Von dieser Entmutigung gibt die durch die Gmelinsche Schule gelehrte Bevorzugung möglichst einfacher Betrachtungsweisen deutlich Zeugnis; nur die Tatsachen sollten reden, eine geistig belebte Auffassung derselben wurde nicht für nützlich erachtet.

Kolbe knüpfte nun mit den aus seinen ersten Arbeiten abgeleiteten Schlüssen an die sinkende Lehre von Berzelius an; er verstand es, ihr neues Leben dadurch einzuhauchen, daß er abge-

---

[1] Ann. Chem. **45**, 41 und **54**, 145.

storbene Teile derselben ausmerzte und lebenskräftige Elemente aufnahm. Aus seinen und den Versuchen anderer folgerte er, daß die Unveränderlichkeit der Radikale, wie sie Berzelius gelehrt hatte, nicht beibehalten werden konnte; er trug somit den Tatsachen der Substitution Rechnung. Wohl nahm er die Hypothese des letzteren von den *Paarlingen* wieder auf, aber bahnte eine andere Auffassung derselben an, insofern er ihnen einen nicht unwesentlichen Einfluß auf die Verbindungen, mit denen sie gepaart sind, einräumte.[1]

Will man das Hauptergebnis seiner eben zitierten Arbeiten und seiner sich an diese anschließenden Beobachtung einer Synthese von Trichloressigsäure zusammenfassen, so ist es folgendes: die von ihm entdeckte „Trichlormethylunterschwefelsäure" und die Trichloressigsäure, sowie die durch Reduktion daraus hervorgehenden chlorfreien Verbindungen sind analog zusammengesetzte und zwar mit Trichlormethyl bezw. Methyl gepaarte Säuren. Die Art und Weise, wie diese beiden Radikale mit den letzteren in Verbindung getreten sind, war zwar noch nicht erkannt, aber der Keim zu der später von Kolbe gegebenen richtigen Erklärung von der Konstitution der Karbon- und Sulfonsäuren war schon in diesen Anfängen vorhanden.

Bald sollte dieser Keim zur weiteren Entwicklung gelangen, und zwar zunächst durch Untersuchungen, die Kolbe teils allein, teils mit dem in London gewonnenen Freunde Frankland ausführte. Aus ihren schönen Arbeiten über die Umwandlung der Alkylcyanide in Fettsäuren[2] folgerten die beiden Forscher mit aller Bestimmtheit, daß Methyl, Äthyl und ähnliche Radikale nähere Bestandteile der Essigsäure und ihrer Homologen seien. Kolbe selbst wurde zu dem gleichen Schlusse durch seine wichtigen Versuche[3] über die Elektrolyse fettsaurer Salze geführt; in dem am positiven Pole auftretenden Methyl und Butyl aus Essigsäure und Valeriansäure erblickte er den Beweis für die Richtigkeit jener Annahme. Er glaubte die Radikale selbst isoliert zu haben; daß er sich in dieser Hinsicht geirrt hat, insofern die von ihm erhaltenen Kohlenwasserstoffe das doppelte Molekulargewicht besitzen, kommt hier, bei der Frage nach der Konstitution der Karbonsäuren wenig in Betracht. Das Hauptziel seiner Bestrebungen, die Erforschung der wahren Zusammensetzung der genannten und ähnlicher Säuren, hat er trotz dieses Irrtums nicht aus dem Auge verloren.

Seine eben erwähnten Untersuchungen hatten zur Folge, daß

---

[1] Vergl. Ann. Chem. **54**, 156.
[2] Ann. Chem. **65**, 288 (1848).
[3] Ann. Chem. **69**, 252 (1849).

ihn die frühere Auffassung jener organischen Säuren nicht mehr befriedigte. Aber er verließ dieselbe nicht mit einem Male, entwickelte vielmehr aus ihr eine der Wahrheit sich nähernde Betrachtungsweise, die sich bald einer weiteren Ausbildung fähig zeigte. Schon in seinen für das Handwörterbuch bearbeiteten Aufsätzen: *Formeln* und *Gepaarte Verbindungen* (1848) wurde von ihm die Idee ausgesprochen und begründet, daß die Fettsäuren Sauerstoffverbindungen der mit dem Doppeläquivalent Kohlenstoff[1] C_2 verbundenen Radikale Wasserstoff, Methyl, Äthyl etc. seien.

Die Essigsäure enthalte als näheren Bestandteil einen ähnlich konstituierten Atomkomplex, wie die Kakodylverbindungen. Dem *Kakodyl*, das hier zuerst als mit zwei Methylradikalen gepaartes Arsen interpretiert wird, entspricht das sogen. *Acetyl* der Essigsäure: $C_2H_3C_2$ (nicht zu verwechseln mit dem heute Acetyl genannten Radikal, welches damals als *Acetoxyl* bezeichnet wurde).

Kolbe sprach schon zu jener Zeit den wichtigen Gedanken aus, daß in dem Acetyl der Essigsäure: $C_2H_3C_2$ „das Glied C_2 ausschließlich den Angriffspunkt der Verwandtschaft für Sauerstoff bildet, das Methyl gewissermaßen nur ein Anhängsel ist". Letztere Idee, an Berzelius' Lehre von den Paarlingen erinnernd, wird durch den Hinweis begründet, daß es für die Natur der Säuren nicht wesentlich sei, ob Wasserstoff oder Methyl, Äthyl, Propyl u. a. mit jenem Gliede C_2 gepaart sind.

Diese grundlegenden Gedanken führte er in einer Abhandlung:[2] *Über die chemische Konstitution und Natur der organischen Radikale* näher aus; auf dem Grund und Boden der älteren Radikallehre fußend, gestaltete er diese zu einer lebensfähigen Theorie dadurch, daß er aus ihr die mit den Tatsachen im Widerspruche stehenden Bestandteile aussonderte. Er blieb aber nicht auf dem damals gewonnenen Standpunkte stehen.

Unter dem Einflusse der zu jener Zeit begonnenen ausgezeichneten Arbeiten von Frankland[3] über die Alkoholradikale und die

---

[1] Kolbe benutzte, der von vielen eingeschlagenen Richtung folgend, die sogen. Gmelinschen Äquivalentgewichte, also für $H = 1$, $C = 6$, $O = 8$, $S = 16$ etc. Seine Formeln waren aber nichtsdestoweniger Molekularformeln; er legte der Kohlensäure, Essigsäure, dem Alkohol, Aldehyd, Aceton dasselbe Molekulargewicht bei, welches diesen Stoffen heute zuerkannt wird.

[2] Ann. Chem. **75**, 211; **76** 1 ff. (1851).

[3] Edw. Frankland, geb. 18. Januar 1825, war folgeweise in Manchester und London als Professor der Chemie tätig, nachdem er seine Studien unter Liebigs Leitung und Bunsens, sowie Kolbes Anregung in Deutschland gemacht hatte. Schon durch seine Erstlingsarbeiten, die ihn zur Entdeckung

metallorganischen Verbindungen ging Kolbe Schritt für Schritt vorwärts. Er selbst hat sich darüber bestimmt dahin ausgesprochen,[1] daß seine „unklare Vorstellung von der chemischen Verbindungsweise der sogen. Paarlinge eine große Schwäche der Hypothese von den gepaarten Radikalen gewesen ist". — „Es ist Franklands Verdienst, hierüber zuerst Licht verbreitet und damit zugleich den Begriff der Paarung ganz beseitigt zu haben, indem er erkannte, daß den einzelnen Elementen bestimmte Sättigungskapazitäten zukommen."

Kolbe machte sich diese Ansichten seines Freundes zu eigen; die Paarlinge erhielten nun eine ganz andere Bedeutung als früher; sie mußten als vollgiltige unentbehrliche Teile der organischen Verbindungen, konnten also nicht mehr als deren Anhängsel betrachtet werden. Die Früchte dieser Änderung in seinen Anschauungen kamen bald zur Reife. Wieder waren es die Fettsäuren, deren Konstitution er zu deuten unternahm. Im Jahre 1855 sprach er zuerst[2] in bestimmter Weise den Gedanken aus, daß dieselben, wasserfrei gedacht, Abkömmlinge der Kohlensäure seien, z. B. die Essigsäure Methylkohlensäure, d. i. C_2O_4, worin ein Sauerstoffäquivalent durch Methyl C_2H_3 ersetzt ist. Die Säurehydrate wurden noch dualistisch als Verbindungen der Anhydride mit Wasser angesehen.

Die Annahme, daß jene Säuren Substitutionsprodukte der Kohlensäure seien, hatte sich nachweislich aus den Ansichten über die metallorganischen Verbindungen entwickelt. Gleichwie von Frank-

---

der Organometalle leiteten, und durch seine gemeinsam mit Kolbe ausgeführten Untersuchungen erregte er die Aufmerksamkeit der Chemiker. Sein Hauptanteil an der Entwicklung unserer Vorstellungen von der Valenz der Elemente soll noch gebührend dargelegt werden. Seiner übrigen denkwürdigen Forschungen im Bereiche der organischen Chemie wird in der speziellen Geschichte dieser öfters gedacht werden. Franklands Abhandlungen sind außer in englischen Zeitschriften meist in den Annalen der Chemie veröffentlicht, sowie gesammelt unter dem Titel: *Researches in pure, applied and physical chemistry* (1877) herausgegeben. Von ihm rührt auch ein kurzes Lehrbuch: *Lecture notes for chemical students* her. — Er ist am 9. August 1899 gestorben. Joh. Wislicenus hat ihm durch einen schönen Nekrolog ein würdiges Denkmal gesetzt (Ber. 33, 3847). In den meist von Frankland selbst herrührenden, von seinen zwei Töchtern herausgegebenen *Sketches from the life of Edward Frankland* (London 1902) gewinnen wir wichtige Einblicke in seine Lebens- und Entwicklungsverhältnisse; insbesondere erfährt man näheres über seine Beziehungen zu Liebig, Bunsen, Kolbe, deren anregende, tief eingreifende Wirkungen von ihm hoch gewertet werden. Seine wissenschaftlichen Untersuchungen, sein Hauptanteil an der Begründung der Valenzlehre, seine Unterrichtstätigkeit erscheinen, von ihm selbst besprochen, in eigenartiger Beleuchtung.

[1] Vergl. „Das chem. Laboratorium der Universität Marburg etc." (Braunschweig 1865) S. 32.

[2] Handwörterbuch der Chemie 6, 802.

land zuerst die Kakodylsäure als Arsensäure mit zwei Methylen an Stelle von zwei Äquiv. Sauerstoff, das Stannäthyloxyd als entsprechender Abkömmling des Zinnoxyds gedeutet wurde, so erfaßte Kolbe mit glücklichem Griffe die Konstitution anderer organischer Verbindungen. Bald drang er, über das Gebiet der organischen Säuren hinausgehend, weiter vor und entwickelte den gleichen Gedanken, daß zahlreiche organische Stoffe als Derivate der Kohlensäure, andere als solche der Schwefelsäure zu betrachten seien. Wie sich diese Idee zu einem schönen Ganzen entfaltete, das lehren seine Abhandlungen[1] aus den Jahren 1857/58, sowie die zu jener Zeit und kurz vorher geschriebenen Teile seines Lehrbuches. Zu vollendetem Abschlusse gelangten diese theoretischen Betrachtungen und somit die von ihm neu belebte Radikaltheorie in einer 1859 verfaßten Abhandlung,[2] betitelt: *Über den natürlichen Zusammenhang der organischen mit den unorganischen Verbindungen, die wissenschaftliche Grundlage zu einer naturgemäßen Klassifikation der organischen chemischen Körper.*

Das Hauptergebnis der Spekulationen Kolbes ist in dem folgenden Satze ausgesprochen: „Die organischen Stoffe sind durchweg Abkömmlinge anorganischer Verbindungen und aus diesen, zum Teil direkt, durch wunderbar einfache Substitutionsprozesse entstanden." Durch die ganze Abhandlung zieht sich dieser Gedanke, einem roten Faden gleich, und wird mit überzeugendster Klarheit an zahlreichen Beispielen erläutert, welche dem weiten Gebiete der organischen Chemie entlehnt sind.

Die Alkohole, Karbonsäuren, Ketone, Aldehyde leiten sich nach Kolbe von der Kohlensäure $(C_2 O_2) O_2$ bezw. deren Hydrat $C_2 O_2 {OHO \atop OHO}$ ab. — Die mehrbasischen Karbonsäuren gehen in derselben Weise aus zwei oder drei Molekülen Kohlensäurehydrat durch Eintritt mehratomiger Radikale hervor, wie die einbasischen aus einem Molekül. Die Sulfonsäuren sind entsprechende Abkömmlinge des Schwefelsäurehydrats, die Sulfone solche des Schwefelsäureanhydrids. Ähnliche ganz bestimmte Ansichten äußerte Kolbe über andere Klassen organischer Stoffe, z. B. die Phosphin- und Arsinsäuren, Amine und Amide, Organometalle, die er in einfachster

---

[1] Ann. Chem. 101, 257. Diese Abhandlung ist zugleich im Namen Franklands verfaßt; vergl. ferner seine Gelegenheitsschrift (1858): „Über die chemische Konstitution organischer Verbindungen."

[2] Ann. Chem. 113, 293. Diese Abhandlung ist auch in Ostwalds Sammlung: *Klassiker der exakten Wissenschaften* erschienen (mit Anmerkungen von E. v. Meyer).

Weise aus unorganischen Verbindungen ableitete. Daß seine Formeln unzweideutige Ausdrücke präziser Gedanken seien, darauf legte er den allergrößten Nachdruck; die Annahme Gerhardts, daß für ein und dieselbe chemische Verbindung verschiedene Konstitutionsformeln mit dem gleichen Rechte aufgestellt werden könnten, teilte er ganz und gar nicht.

Welcher Entwicklung die Auffassung Kolbes von der Konstitution organischer Verbindungen fähig war, dafür lieferte er in derselben Abhandlung einen schlagenden Beweis. Sein Blick umfaßte nicht nur bekannte Verbindungen, er drang auch in das Gebiet von damals noch unbekannten vor. Aus den von ihm klar erkannten Beziehungen zwischen den Alkoholen und den Karbonsäuren folgerte er die Möglichkeit, neue Arten von Alkoholen zu gewinnen: er prognostizierte[1] die Existenz der sekundären, sowie tertiären Alkohole und wies sogar auf eine mutmaßliche Bildungs- und Zersetzungsweise der ersteren hin. Eine so glänzende deduktive Behandlung chemischer Fragen war in der organischen Chemie bis dahin nicht zu verzeichnen gewesen. Die Auffindung der von ihm vorausgesehenen Verbindungen ließ nicht lange auf sich warten. Friedel entdeckte 1862 den sekundären Propylalkohol, Butlerow 1864 den tertiären Butylalkohol.

Die umfassenden Spekulationen Kolbes über die Konstitution organischer Verbindungen hätten nicht den sicheren Halt gehabt und die große Bedeutung gewonnen, wenn sie nicht mit ausgezeichneten Experimentaluntersuchungen in dauerndem Zusammenhange geblieben wären. In der speziellen Geschichte der organischen Chemie wird dieser Arbeiten noch öfter gedacht werden, durch die in Wahrheit die rationelle Zusammensetzung wichtiger Verbindungsreihen zuerst sicher erkannt worden ist. Hier sei darauf hingewiesen, daß es seine Forschungen über die Milchsäure waren, welche diese als Oxypropionsäure, das entsprechende Alanin als Amidopropionsäure erkennen ließen. Als Angehörige derselben Klasse von Stoffen deutete Kolbe zuerst die Glykolsäure und das Glykokoll richtig als Oxy- und als Amidoessigsäure, ferner die Salicylsäure als Oxybenzoesäure, die sogenannte Benzaminsäure als Amidobenzoesäure. Er war somit imstande, für Verbindungen die Konstitution klarzulegen, um deren Erforschung sich die namhaftesten Chemiker, wie Kekulé und Wurtz, vergeblich abgemüht hatten. Zahlreiche Stoffe, in deren Trivialbezeichnungen der Mangel an sicherer

---

[1] Vergl. Ann. Chem. 113, 307.

Erkenntnis ihrer Konstitution ausgesprochen lag, erhielten durch Kolbe den richtigen Platz unter den übrigen Verbindungen. Die auf seine Anregung von R. Schmitt[1] ausgeführte Umwandlung der Äpfel- und der Weinsäure in Bernsteinsäure enthüllte mit einem Schlage die bis dahin unerkannten Beziehungen jener Säure zu dieser. Durch seine Versuche über Taurin, dessen künstliche Bildung er lehrte, wies er nach, daß dasselbe und die daraus hervorgehende Isäthionsäure dem Alanin und der Milchsäure analog zusammengesetzt sind.

Dieselbe Klarheit verbreitete sich über die rationelle Zusammensetzung des Asparagins und der Asparaginsäure, die er zuerst richtig deutete. — Das sind nur Ergebnisse von Arbeiten aus einem kurzen Zeitraume; zur Genüge aber ergibt sich daraus sein unvergängliches Verdienst um die Erforschung der chemischen Konstitution organischer Verbindungen. — Unerwähnt sind zahlreiche Untersuchungen geblieben, die auf seine Anregung hin und unter seiner Mitwirkung ausgeführt wurden; es sei nur an Griess' Durchforschung der Klasse von Diazoverbindungen, an Öfeles Entdeckung der Sulfine, an Volhards Synthese des Sarkosins erinnert.

Um das kurze Bild von Kolbes Leistungen einigermaßen zu vervollständigen, sei noch auf einige der folgenden Zeit (nach 1863) angehörende Experimentaluntersuchungen hingewiesen, bei denen er stets von dem Gedanken geleitet war, in die chemische Konstitution organischer Verbindungen tieferen Einblick zu gewinnen, als bislang möglich war. Erwähnt sei der Nachweis, daß Malonsäure aus Cyanessigsäure entsteht, also karboxylierte Essigsäure ist, ferner die Entdeckung des Nitromethans, endlich die Reihe denkwürdiger Arbeiten über Salicyl- und Paraoxybenzoesäure und die durch seinen Tod unterbrochene Untersuchung der von ihm entdeckten Isatosäure.

Kolbes Stellung zur älteren und neueren Chemie. — Aus seinen sämtlichen Forschungen, seien dieselben spekulativer oder experimenteller Art, tritt uns der überaus wohltuende historische Sinn entgegen, von dem sie getragen sind. Kolbe knüpfte an das

---

[1] Rudolf Schmitt, geboren 1830, wirkte seit 1871 bis 1893 als Professor der Chemie an der Technischen Hochschule zu Dresden, nachdem er zuvor in Marburg, Kassel und Nürnberg in gleicher Richtung tätig war. Seine trefflichen Experimentaluntersuchungen erstrecken sich auf verschiedene Teile der organischen Chemie; sie gehören insbesondere dem Bereiche der aromatischen Verbindungen an. Er ist am 18. Februar 1898 gestorben (über sein Leben und Wirken vergl. E. v. Meyers Erinnerungsschrift, Journ. pr. Chem. **57**, 397, sowie W. Hempels Nekrolog, Ber. **31**, 3359 ff.).

Bestehende an und wußte sich bei seinen wissenschaftlichen Bestrebungen in geistigem Zusammenhange mit den Häuptern der klassischen Schule.[1] Gern betonte er, daß er seine Erfolge auf chemischem Gebiete in erster Linie Berzelius, sodann „den großen Vorbildern Liebig, Wöhler und Bunsen verdanke, welche, wie Berzelius es nennt, wahre Bearbeiter der Chemie gewesen sind".

Die Beurteilung, die Kolbe in bezug auf seine Stellung zu der organischen Chemie von seinen Zeitgenossen erfahren hat, ist sehr verschiedenartig gewesen. Die Vertreter der älteren Zeit haben seine Bedeutung besser gewürdigt, als die Anhänger der Typenlehre, welch letztere von ihm selbst unter ihrem Werte geschätzt wurde. Einige Bemerkungen über den vermeintlichen Zusammenhang der Ansichten von Kolbe mit denen der Typiker sind hier am Platze. Wie schon erwähnt, hat er die Typentheorie als unwissenschaftlich bezeichnet; er erblickte in ihr keine wirkliche Theorie, sondern ein Spiel mit Formeln. Trotz seiner bestimmten Äußerungen über diesen Punkt ist häufig behauptet worden, daß er auf dem Boden der Gerhardtschen Typenlehre stehe, daß also seine Ableitung organischer Verbindungen aus der Kohlensäure, dem Kohlenoxyd, der Schwefelsäure und schwefligen Säure etc. mit der aus den drei Typen Wasserstoff, Wasser und Ammoniak wesentlich übereinstimme. Wohl hat Kolbe die Verbindungen der organischen Chemie mit solchen der unorganischen in Zusammenhang gebracht, aber, wie er wiederholt betont,[2] sind die letzteren reale Typen im Gegensatz zu jenen formalen. Ihm lag ernstlich daran, die wahre chemische Konstitution der organischen Verbindungen zu ergründen; schematisch die letzteren zu ordnen oder gar in willkürliche Typen einzuzwängen, widerstrebte ihm auf das lebhafteste. Besonderen Nachdruck legte Kolbe auf die tatsächlichen Beziehungen zwischen organischen und unorganischen Stoffen, weshalb im Titel seiner oben besprochenen Abhandlung der „natürliche Zusammenhang zwischen denselben als wissenschaftliche Grundlage zu einer naturgemäßen Klassifikation der organischen Stoffe" betont wurde. Daher auch sein früh schon hervortretendes Bestreben, letztere aus einfachen unorganischen Verbindungen künstlich darzustellen, in der Absicht, auf diesem Wege in ihre chemische Konstitution Einblick zu gewinnen.

So hat denn Kolbe, seinen eigenen Weg gehend, unbeirrt durch die Urteile der Zeitgenossen, außerordentlich fruchtbar ge-

---

[1] Andererseits hat Liebig die grundlegende Bedeutung der Kolbeschen Forschungen voll und ganz anerkannt (vergl. Ann. Chem. 121, 163).

[2] Vergl. z. B. Journ. pr. Chem. (2) 28, 440.

wirkt, insbesondere dadurch, daß er die Erkenntnis der rationellen Zusammensetzung organischer Verbindungen wahrhaft gefördert hat. Die alte Radikaltheorie gewann durch ihn neues Leben, die Radikale selbst erhielten eine andere tiefere Bedeutung. Während dieselben der Typenlehre als Reste galten, nach deren näherer Beschaffenheit nicht weiter geforscht wurde, richtete sich Kolbes ganzes Streben darauf, die Radikale in nähere Bestandteile zu zerlegen. Er lehrte, um nur wenige Beispiele anzuführen, das Kakodyl als Dimethylarsen, das Acetyl als Verbindung von Methyl und Karbonyl, die Alkyle als Abkömmlinge des Methyls kennen. Diese und andere Ergebnisse seiner Forschungen, sowie die reichen Früchte der Arbeiten von Frankland sind unzweifelhaft der neueren Typenlehre für ihre Fortentwicklung zu der Strukturtheorie höchst wichtig, ja unentbehrlich gewesen.

Diese beiden Männer, die originellsten Forscher auf dem Gebiete der organischen Chemie in jener Sturm- und Drangperiode der fünfziger Jahre, haben durch ihr Wirken ganz wesentlich dazu beigetragen, daß die Eigentümlichkeit der Gerhardtschen Typen als beruhend auf der verschiedenen Sättigungskapazität der in denselben enthaltenen Grundstoffe erkannt wurde. Das Hauptverdienst, in dieser Richtung bahnbrechend gewirkt zu haben, fällt Frankland zu.

Begründung der Lehre von der Sättigungskapazität der Grundstoffe durch Frankland

In dem vorigen Abschnitte ist der Einfluß Franklands auf die von Kolbe entwickelten Ansichten über die Konstitution organischer Verbindungen schon nachdrücklich betont worden. Frankland war es, der in seiner denkwürdigen, 1853 veröffentlichten Abhandlung:[1] *Über eine neue Reihe organischer Körper, welche Metalle enthalten*, den Nachweis führte, daß die Paarung von Radikalen mit Elementen, z. B. Kohlenstoff, Arsen, Schwefel, wie sie von Kolbe gelehrt wurde, auf eine Grundeigenschaft der elementaren Atome genannter Stoffe zurückzuführen sei. Der Paarungsbegriff wurde von Frankland als einseitig erkannt, und das Mißverständnis, welches sich durch Benutzung desselben eingeschlichen hatte, von ihm endgiltig beseitigt: die irrige Auffassung nämlich, daß die als sogenannte Paarlinge in den organischen Stoffen enthaltenen Radikale keinen wesentlichen Einfluß auf diejenigen Verbindungen ausüben, mit denen sie vermeintlich gepaart sind.

Auf Grund der an den metallorganischen Körpern gewonnenen Erfahrungen entwickelte Frankland die Lehre von der Valenz der Elemente. Wenn man vorurteilsfrei den Blick rückwärts wendet, so erkennt man, daß der Keim dieser Lehre schon in dem Gesetz der multiplen Proportionen enthalten war, das aussprach, daß zahlreiche Elemente verschiedene, aber doch ganz bestimmte Verbindungsstufen aufweisen. Zu den früh ermittelten Tatsachen gehörte z. B. die, daß der Phosphor sich mit drei oder mit fünf Atomen Chlor zu bestimmten Verbindungen vereinigt; der Ausdruck für diese und ähnliche Wahrnehmungen, daß Phosphor sowie viele andere Grundstoffe als verschiedenwertige, d. h. mit einer wechselnden Sättigungskapazität ausgestattete Elemente wirken können, war aber nicht gefunden. Auch hatte man keinerlei klare Vorstellungen über eine Grenze der Sättigungskapazität von Grundstoffen, und was be-

---

[1] Ann. Chem. **85**, 329 ff. Dieselbe wurde schon 1852 vor der *Chemical Society* (London) gelesen.

sonders schwer ins Gewicht fällt, es fehlte zunächst eine scharfe Unterscheidung des Begriffes Atom von dem des Äquivalentes. In letzterer Hinsicht hatten die Erfahrungen über die Substitution des Wasserstoffs organischer Verbindungen durch Chlor, Sauerstoff etc. und die daraus gezogenen Schlüsse klärend gewirkt. Schon von Dumas (1834) war darauf hingewiesen worden, daß 1 Atom Wasserstoff durch 1 Atom Chlor, aber nur durch $^1/_2$ Atom Sauerstoff ersetzt werde; letztere Menge sei also 1 Atom Wasserstoff äquivalent. Auch durch die schon besprochene Lehre von den mehrbasischen Säuren trat die Vorstellung von dem *Ersetzungswert* gewisser Metalle deutlicher hervor, wie sich z. B. aus Liebigs Äußerung ergab, das Antimon sei 3 Atomen Wasserstoff äquivalent, das Kalium aber nur einem Atom. Trotz dieser Anläufe wurde ein präziser Ausdruck für solche Tatsachen nicht gefunden. — In den vierziger Jahren verwischte sich vollends der mühsam angebahnte Begriff des chemischen Äquivalentes im Gegensatze zu dem des Atoms, der damals anwachsende Einfluß der Gmelinschen Schule war ein beredtes Zeugnis für diesen Rückschritt.

Merkwürdig bleibt die Tatsache, daß zur Begründung der Lehre von der Valenz nicht einfache Verbindungen der unorganischen Chemie, sondern die komplizierter zusammengesetzten der organischen gedient haben. Die Gesetzmäßigkeit, die bei ersteren schon in den multiplen Proportionen zum klaren Ausdruck gelangt war und nur einfach abgelesen zu werden brauchte, sollte erst mühsam aus der Zusammensetzung organischer Verbindungen entziffert werden.

Wie oben erwähnt, waren es die Organometalle, aus denen Frankland die Ergebnisse ableitete, die den Kern der heutigen Valenzlehre bildeten. Er hatte dieses Gebiet mehr als andere Forscher durch ausgezeichnete Untersuchungen aufgeschlossen und bearbeitet. Vor ihm waren namentlich die Verbindungen des Kakodyls durch Bunsens denkwürdige Arbeiten den Chemikern nahe gerückt, und das letztere von Kolbe als Dimethylarsen gedeutet worden. Gestützt auf seine Beobachtungen über die Stannäthylverbindungen, sowie auf das Verhalten der Kakodylderivate und anderer Körper, bewies Frankland mit überzeugender Schärfe die Unhaltbarkeit der Paarlingstheorie. Von dieser letzteren ausgehend müsse man annehmen — so etwa war Franklands Gedankengang —, daß das Verbindungsvermögen von Metallen, wenn sie mit Radikalen gepaart sind, dem Sauerstoff gegenüber unverändert sei. Gewichtige Tatsachen sprechen nun gegen eine solche Annahme, wie durch folgende Beispiele schlagend nachgewiesen wird: das Stannäthyl (SnC_4H_5; $C=6$)

sollte sich nach jener Theorie, gleich dem Zinn selbst, in zwei Verhältnissen mit Sauerstoff verbinden, jedoch vermag es nur ein Äquivalent Sauerstoff aufzunehmen, nicht wie das freie Zinn auch zwei. Das mit zwei Methylradikalen gepaarte Arsen, das *Kakodyl*, bildet zwar zwei Oxyde, von denen man meinen könnte, das mit einem Äquivalent Sauerstoff entspreche dem Arsensuboxyd, das mit drei Äquivalenten der arsenigen Säure; völlig unerklärt bleibe aber bei dieser Voraussetzung die Tatsache, daß letztere Verbindung sehr leicht zu oxydieren ist, die ihr vermeintlich entsprechende Kakodylsäure dagegen nicht Sauerstoff aufzunehmen vermag.

Diese und ähnliche Widersprüche hat Frankland in einfachster Weise durch die Annahme gelöst, daß die sogenannten gepaarten Verbindungen Abkömmlinge unorganischer Stoffe sind, aus diesen durch Vertretung von Sauerstoff-Äquivalenten mittels Kohlenwasserstoffradikalen hervorgegangen. Das Stannäthyloxyd wird als Zinnoxyd SnO_2 gedeutet, in dem das eine Sauerstoffäquivalent durch Äthyl, das Kakodyloxyd als arsenige Säure und die Kakodylsäure als Arsensäure, in denen zwei Äquivalente Sauerstoff durch zwei Methyle vertreten sind. Diese Betrachtungsweise dehnte nun Frankland in glücklichster Weise auf andere Verbindungen aus und brachte — was besonders wichtig war — die in der Zusammensetzung organischer und unorganischer Stoffe hervortretenden Regelmäßigkeiten in Zusammenhang mit Grundeigenschaften der darin enthaltenen Elemente. — Er sprach sich darüber in folgenden Sätzen[1] aus, die in einer Geschichte der Chemie wegen ihrer großen Bedeutung einen besonderen Platz zu beanspruchen haben:

„Betrachtet man die Formeln der unorganischen chemischen Verbindungen, so fällt selbst einem oberflächlichen Beobachter die im allgemeinen herrschende Symmetrie in diesen Formeln auf. Namentlich die Verbindungen von Stickstoff, Phosphor, Antimon und Arsen zeigen die Tendenz dieser Elemente, Verbindungen zu bilden, in welchen drei oder fünf Äquivalente anderer Elemente enthalten sind, und nach diesen Verhältnissen wird den Affinitäten jener Körper am besten Genüge geleistet. So haben wir nach dem Äquivalentverhältnis 1:3 die Verbindungen NO_3, NH_3, NJ_3, NS_3, PO_3, PH_3, PCl_3, SbO_3, SbH_3, $SbCl_3$, AsO_3, AsH_3, $AsCl_3$ und andere, und nach dem Äquivalentverhältnis 1:5 NO_5, NH_4O, NH_4J; PO_5 PH_4J und andere. Ohne eine Hypothese hinsichtlich der Ursache dieser Übereinstimmung in der Gruppierung der Atome aufstellen zu wollen, erhellt es aus den eben angeführten Beispielen

---

[1] Ann. Chem. **85**, 368.

hinlänglich, daß eine solche Tendenz oder eine solche Gesetzmäßigkeit herrscht, und daß die Affinität des sich verbindenden Atoms der oben genannten Elemente stets durch dieselbe Zahl der zutretenden Atome, ohne Rücksicht auf den chemischen Charakter derselben, befriedigt wird."

So war zuerst der Satz aufgestellt, daß den elementaren Atomen eine wechselnde, aber dennoch innerhalb enger Grenzen bestimmte Sättigungskapazität zukomme; für die obigen Elemente wurde diese durch die Zahlen 3 und 5 ausgedrückt. Eine höhere Sättigungsstufe derselben wurde von Frankland nicht angenommen.

— Durch seine an Ideen und Tatsachen reiche Abhandlung hatte er ein Gebiet der theoretischen Chemie erschlossen, welches, seitdem eifrig bebaut, der gesamten chemischen Forschung als Mittel- und Ausgangspunkt gedient hat. Unter dem Einfluß der Valenzlehre entwickelten sich fortan alle theoretisch-chemischen Anschauungen, wie sich aus den folgenden Abschnitten zur Genüge ersehen läßt. Die glückliche Deutung der Konstitution von sogenannten gepaarten Verbindungen hatte zu dieser wichtigen Erkenntnis Anlaß gegeben, insofern Frankland die Paarung als eine Folge der Sättigungskapazität elementarer Atome nachwies.

Nachdem durch Frankland die bestimmte Valenz einzelner Elemente festgestellt war, konnte — so sollte man denken — jeder Chemiker aus dem Verhalten anderer Elemente die Sättigungskapazität dieser ableiten. Jene bahnbrechende Abhandlung Franklands trug jedoch nicht so schnell solche Frucht. Wie langsam seine Anschauungen bei den Chemikern sich Bahn brachen, davon gab die im Jahre 1854 veröffentlichte Arbeit seines Landsmannes Odling[1] *Über die Konstitution der Säuren und Salze* Zeugnis. Derselbe blieb ganz auf dem Boden der Typenlehre stehen. Er zeigte, daß die Salze und Säuren, insbesondere die sauerstoffhaltigen, vorteilhaft auf den einfachen, bezw. vervielfachten Typus Wasser bezogen werden können, derart, daß der Wasserstoff des letzteren teilweise oder vollständig durch elementare und zusammengesetzte Radikale von bestimmtem *Ersetzungswert* vertreten wird. Mit letzterem Namen bezeichnete Odling das, was Frankland durch das Wort *atomig* ausgedrückt hatte. Das Eisen sowie Zinn hat nach Odling zwei Ersetzungswerte, deren Größe er durch die seitdem bekannten und häufig benutzten Striche andeuten wollte: Fe'' und Fe''', Sn' und Sn''. Soweit folgte er der Auffassung Franklands von der Sättigungskapazität der Grundstoffe. Für die mehrbasischen Säuren

---

[1] Journ. chem. soc. 7, 1.

schloß er sich den Ideen Williamsons an, indem er darin sauerstoffhaltige Radikale von bestimmtem Ersetzungswert annahm, welche in den Typus $(H_2O)_n$ eingeführt wurden. Wie die Schwefelsäure aus dem zweifachen Wassertypus durch Eintritt des zweiatomigen Radikals SO_2, so leitete sich die Phosphor- und Arsensäure aus $3H_2O$ durch Einführung der Atomgruppen $(PO)'''$ und $(AsO)'''$ ab; in den kohlensauren Salzen wurde das Radikal CO mit dem Ersetzungswert 2 angenommen etc. Auf die Valenz der in diesen Komplexen enthaltenen Grundstoffe Schwefel, Phosphor, Arsen, Kohlenstoff wurde aber keine Rücksicht genommen. Dabei liefen nun arge Unklarheiten mit unter: infolge seiner einseitig typischen Betrachtungsweise trug Odling kein Bedenken, das eigentlich zweiatomige Radikal SO_2 in der Unterschwefelsäure, sowie das Karbonyl CO in der Oxalsäure einatomig fungieren zu lassen; die letztere z. B. führte er auf den zweifachen Typus Wasser folgendermaßen zurück: $\genfrac{}{}{0pt}{}{(CO)'(CO)'}{H_2} \Big\} 2\,O''$. — Immerhin muß man als verdienstlich anerkennen, daß von Odling einzelnen Elementen, vorzugsweise dem Wasserstoff und dem Sauerstoff, ein unveränderlicher Ersetzungswert beigelegt wurde, daß also die Atomgewichte dieser Elemente als Maß zur Feststellung des Ersetzungswertes anderer Grundstoffe und zusammengesetzter Radikale dienten. — Williamson hat sodann in anerkennenswerter Weise zur Klärung der Bedeutung von Odlings Formeln und zu einer geistigeren Auffassung der Konstitution von chemischen Verbindungen wesentlich beigetragen.[1]

Die Erörterungen von Wurtz[2] und von Gerhardt[3] über die Sättigungskapazität des Stickstoffatoms zeigten ferner, daß Franklands Ideen nur langsam wirkten; denn der letztere hatte sich über diese Frage schon drei Jahre früher in fast gleichem Sinne geäußert. — Vielfach blieb man bei den zusammengesetzten Radikalen stehen, ohne den Einfluß der darin enthaltenen Grundstoffe auf die Sättigungskapazität dieser Komplexe zu ergründen; ganz besonders galt dies von den Kohlenstoff und Wasserstoff enthaltenden Radikalen, mit deren *Ersetzungswert* sich mehrere namhafte Forscher beschäftigten.

Erkenntnis der Valenz des Kohlenstoffs.

Für den in den Alkoholradikalen enthaltenen Kohlenstoff, das im eigentlichen Sinne des Wortes *organische Element*, blieb die be-

---

[1] Vergl. Ann. Chem. **91**, 226 (1854).
[2] Ann. Chim. Phys. (3) **43**, 492 (1855).
[3] *Traité de Chimie* **4**, 595 u. 602 (1856).

stimmte Auffassung seiner Valenz längere Zeit unausgesprochen. Statt aus der Zusammensetzung seiner Sauerstoffverbindungen CO und CO_2 diese Grundeigenschaft desselben zu folgern, ging man den mühsameren Weg: die Erforschung von Verbindungen mit kohlenstoffhaltigen Radikalen führte erst zur endgiltigen Lösung der schwebenden Frage. Zu den Untersuchungen, die zu jener Zeit in dieser Richtung nützlich gewirkt haben, gehört zunächst die von Kay[1] auf Anregung Williamsons ausgeführte über den „dreibasischen Ameisensäureäther", welcher, aus Chloroform und Natriumäthylat entstanden, als Abkömmling von 3 Atomen Äthylalkohol aufgefaßt wurde, deren 3 Atome basischen Wasserstoffs durch das *dreibasische Radikal des Chloroforms CH* ersetzt sei. — An diese wichtige Arbeit reihte sich die von Berthelot[2] über Glycerin, das er, wesentlich unterstützt durch die Darlegungen von Wurtz, als dreiatomigen Alkohol kennzeichnete, indem darin ein *dreibasisches Radikal* $C_6H_5 (C=6)$ als Ersatz für 3 Atome Wasserstoff des dreifachen Wassertypus angenommen wurde. — Zu diesen an Stelle von 3 Atomen Wasserstoff fungierenden Atomgruppen kamen bald die zweiatomigen; das Äthylen war von H. L. Buff[3] als ein solches Radikal bestimmt bezeichnet worden. Die glänzende, Wurtz[4] geglückte Entdeckung des Glykols, als des ersten zweiatomigen Alkohols, diente zur Bestätigung dieser Ansicht.

Der Ursache des verschiedenen Ersetzungswertes jener Radikale: $(CH)'''$, $(C_6H_5)'''$, $(C_2H_4)''$ wurde zwar nachgespürt; denn bei Gerhardt sowie bei Wurtz findet man Auslassungen darüber, daß Äthylen zweibasisch sei, weil dem einbasischen Äthyl 1 Atom Wasserstoff entzogen ist, das Glyceryl aber dreiwertig, weil dem entsprechenden einwertigen Propyl zwei Wasserstoffatome fehlen. Aber man ging nicht an die vollständige Auflösung dieser Radikale, man führte ihre Sättigungskapazität noch nicht mit klaren Worten auf die des Kohlenstoffs zurück.

Kekulé zog in seiner 1858 erschienenen Abhandlung[5] *Über die Konstitution und die Metamorphosen der chemischen Verbindungen und über die chemische Natur des Kohlenstoffs* diese naheliegende Folgerung. Er sprach für den Kohlenstoff das aus, was für andere Elemente,

---

[1] Journ. chem. soc. 7, 224.
[2] Ann. Chim. Phys. (3) 41, 319.
[3] Ann. Chem. 96, 302.
[4] Comptes rendus 43, 199.
[5] Ann. Chem. 106, 129 (vergl. daselbst 104, 133 Note). — Auch Couper hat, unabhängig von Kekulé und bald nach dem Erscheinen der eben zitierten Abhandlung, die Vierwertigkeit des Kohlenstoffatoms ausgesprochen (vergl. Comptes rendus 46, 1157).

zuerst für den Stickstoff und seine chemischen Verwandten, schon seit längerer Zeit klar erkannt war. Die Begründung der Vierwertigkeit des Kohlenstoffatoms geschieht durch folgende Sätze: „Betrachtet man die einfachsten Verbindungen dieses Elementes CH_4, CH_3Cl, CCl_4, $CHCl_3$, $COCl_2$, CO_2, CS_2 und CHN, so fällt es auf, daß die Menge Kohlenstoff, welche die Chemiker als geringst mögliche, als Atom, erkannt haben, stets vier Atome eines ein-, oder zwei eines zweiatomigen Elementes bindet, daß allgemein die Summe der chemischen Einheiten der mit einem Atom Kohlenstoff verbundenen Elemente gleich vier ist. Dies führt zu der Ansicht, daß der Kohlenstoff vieratomig ist." Der Gedankengang ist fast der gleiche, den Frankland zur Ableitung der Drei- und Fünfwertigkeit des Stickstoffs, Phosphors, Arsens und Antimons einschlug;[1] auch er folgerte aus den einfachsten Verbindungen dieser Elemente die Sättigungskapazität derselben. Daraus ergibt sich aber, daß in jenem Ausspruch Kekulés nicht eine durchaus originelle Leistung oder eine wissenschaftliche Tat erblickt werden kann, um so weniger, als die Vierwertigkeit des Kohlenstoffes sowohl von Frankland, wie von Kolbe schon erkannt war, und namentlich den Erörterungen des letzteren über die Konstitution organischer Verbindungen zugrunde lag.[2] In seltsamem Widerspruche mit der hohen Meinung, die sich die Chemiker über diese Leistung Kekulés gebildet haben,

---

[1] Vergl. S. 288.

[2] Vergl. H. Kolbes Schrift: *Zur Entwicklungsgeschichte der theoretischen Chemie* (Leipzig 1881), S. 26 ff., bes. S. 33. — Auch andere haben für Kolbe das Verdienst in Anspruch genommen, zuerst die Vierwertigkeit des Kohlenstoffs erfaßt zu haben: so Blomstrand, der sich in seiner „Chemie der Jetztzeit" S. 110 folgendermaßen äußert: „Kaum möchte ein anderer Chemiker mit demselben Rechte wie Kolbe als Urheber der Lehre von der Sättigungskapazität des Kohlenstoffs angesehen werden dürfen. Neben ihm Frankland, dessen ununterbrochen fortgesetzte, genial erdachte und glücklich ausgeführte Versuche innerhalb des organisch-synthetischen Gebietes stets neue Beiträge zum Beweis für den oben erwähnten Satz lieferten, welcher in sich das ganze Gebiet der Sättigung einschließt und in der Kohlensäuretheorie Kolbes nur seine unvergleichbar wichtigste Nutzanwendung gefunden hat." Ferner hat sich auch A. Claus (Journ. pr. Chem. (2) **3**, 267) in dem gleichen Sinne ausgesprochen. — Kekulé ist nicht dazu berechtigt, sich selbst das Verdienst zuzusprechen, „den Begriff der Atomigkeit der Elemente in die Chemie eingeführt zu haben" (vergl. Kekulé, Zeitschr. Chem. **1864**, S. 689). Dies war unzweifelhaft in erster Linie Franklands Verdienst. Derselbe hat sich über diesen Punkt in seinen *Experimental Researches* (1877) S. 145 klar wie folgt ausgesprochen: „*This hypothesis, which was communicated to the Royal Society on May 10, 1852* (vergl. S. 288 dieses Buches), *constitutes the basis, of what has since been called the doctrine of atomicity or equivalence of elements; and it was, so far as I am aware, the first announcement of that doctrine.*" In den *Sketches*

steht die Unterschätzung, die er selbst diesen wissenschaftlichen Bestrebungen angedeihen läßt.[1]

Kekulés wesentliches Verdienst in dieser Angelegenheit besteht darin, daß er der Frage nach der Art, wie sich zwei und mehr Kohlenstoffatome miteinander verbinden und ihre Affinitäten sättigen, auf den Grund zu gehen suchte. Das unmittelbare Ergebnis dieser Spekulation ist die Lehre von der Verkettung der Atome in den chemischen Verbindungen gewesen. Mittelbar haben die Ansichten Kolbes und Franklands an der Entwicklung dieser in der Strukturtheorie gipfelnden Betrachtungsweise den wesentlichsten Anteil gehabt.

(vergl. S. 280, Anm.) sagt Frankland: „*It is, probably, no exaggeration, to say, that this hypothesis has been the life blood of modern structural chemistry and a sure guide to the investigator etc.*"

[1] Kekulé sagt nämlich am Schluß seiner obigen Abhandlung S. 109: „Schließlich glaube ich noch hervorheben zu müssen, daß ich selbst auf Betrachtungen der Art nur untergeordneten Wert lege. Da man indes in der Chemie bei dem gänzlichen Mangel exakt wissenschaftlicher Prinzipien sich einstweilen mit Wahrscheinlichkeits- und Zweckmäßigkeitsvorstellungen begnügen muß, schien es geeignet, diese Betrachtungen mitzuteilen, weil sie, wie mir scheint, einen einfachen und ziemlich allgemeinen Ausdruck gerade für die neuesten Entdeckungen geben, und weil deshalb ihre Anwendung vielleicht das Auffinden neuer Tatsachen vermitteln kann."

Entwicklung der Chemie unter dem Einfluß der Valenzlehre während der letzten 45 Jahre

Die chemische Atomtheorie hatte nahezu fünfzig Jahre bestanden, bevor aus ihr die naturgemäße Folgerung mit genügender Schärfe gezogen wurde, daß den elementaren Atomen eine bestimmte Sättigungskapazität zukomme, und daß diese bei einigen durch einen konstanten, bei den meisten aber durch einen wechselnden Wert ausgedrückt werden müsse. In dieser Erkenntnis lag ein großer Fortschritt, der sich besonders darin bekundete, daß seit Begründung der Valenzlehre durch Frankland die Frage nach der chemischen Konstitution von unorganischen, wie namentlich organischen Verbindungen eine bestimmtere Fassung und in zunehmendem Maße eine deutlichere Antwort erhielt. Man suchte fortan dieses Problem, das zuerst von Berzelius in seiner vollsten Bedeutung erkannt worden war, mit Hilfe der von Frankland ausgesprochenen und angeregten Ideen zu lösen. Durch Zergliederung der zusammengesetzten Stoffe und Verteilung der darin enthaltenen elementaren Atome je nach der ihnen zugeschriebenen Sättigungskapazität war man bemüht, die gegenseitigen Beziehungen dieser letzten Bestandteile zu erforschen. So ging von der Lehre der Valenz ein Licht aus, das alle Gebiete der Chemie erhellt hat.

Als unabweisbare Folgerung der Vorstellung, daß den Atomen der Grundstoffe eine durch Zahlen ausdrückbare Sättigungskapazität anderen Elementen gegenüber zukomme, wird von den meisten Chemikern die Lehre von der Verkettung der Atome angesehen. Mit dem Ausbau dieser Betrachtungsweise sowohl im Bereiche der organischen als in dem der unorganischen Chemie sind seit etwa 45 Jahren zahlreiche Köpfe emsig beschäftigt. Die wichtigen Streitfragen, die während dieser Zeit aufgetaucht sind, z. B. die über das Wesen der Valenz, über die Ursache zahlreicher, früher nicht erklärter Isomerien u. a., haben den allen diesen Bestrebungen zugrunde liegenden Gedanken von einer bestimmten Sättigungskapazität der Elemente nicht missen können, so daß dieser noch immer der unentbehrliche Führer bei den meisten wissenschaftlich-chemischen Untersuchungen geblieben ist.

Anfänge der Strukturlehre. Kekulé und Couper.

Die Typenlehre nach der man alle organischen Verbindungen auf wenige einfach zusammengesetzte Stoffe bezog, war durch Franklands Auffassung von der jetzt als Valenz bezeichneten Eigentümlichkeit der Grundstoffe gegenstandslos geworden. Die Typen selbst stellten sich als Wasserstoffverbindungen von ein-, zwei-, drei- und endlich vierwertig wirkenden Elementen dar. Wäre Franklands Betrachtungsweise sogleich gebührend berücksichtigt und verallgemeinert worden, so hätte man des umständlichen Aufbaues der Typentheorie, wie ihn Gerhardt im vierten Bande seines Lehrbuches ausführte, gar nicht bedurft.

Aus dem von Frankland erfaßten Begriff der Sättigungskapazität leitete sich weiter die Vorstellung ab, daß die elementaren Atome untereinander in verschiedenem Grade gebunden sein können, und daß hierbei ein Austausch und infolge davon ein Verschwinden einzelner Affinitäten eingetreten sei. Dieser Gedanke wurde zuerst von Kekulé und bald darauf von Couper in mehreren, zum Teil schon angeführten Abhandlungen entwickelt (1858). In diesen sind demnach die Anfänge der sogen. Strukturtheorie[1] enthalten.

Kekulé sprach sich in seinem Aufsatze, nachdem er, wie schon erörtert, aus der Zusammensetzung von einfachen Kohlenstoffverbindungen die „Vieratomigkeit" des Kohlenstoffs abgeleitet hatte, über die Konstitution von Verbindungen, die mehr als ein Atom Kohlenstoff enthalten, folgendermaßen aus:[2] „Für Substanzen, die mehrere Kohlenstoffatome enthalten, muß man annehmen, daß ein Teil der Atome wenigstens durch die Affinität des Kohlenstoffs gehalten werde, und daß die Kohlenstoffatome selbst sich aneinander anlagern, wobei natürlich ein Teil der Affinität des einen gegen einen ebenso großen Teil der Affinität des anderen gebunden wird."

„Der einfachste und deshalb wahrscheinlichste Fall einer solchen Aneinanderlagerung von zwei Kohlenstoffatomen ist nun der, daß eine Verwandtschaft des einen Atoms mit einer des anderen ge-

---
[1] Die Bezeichnung *Struktur* wurde zuerst von Butlerow eingeführt (Ztschr. Chem. 1861, 553); durch dieses Wort erweckte er die irrtümliche, von ihm selbst nicht beabsichtigte Meinung, daß man mit Hilfe jener Vorstellungsweise die Lagerung der Atome oder den inneren Bau der Verbindungen ausdrücken wolle.
[2] Ann. Chem. 106, 154.

bunden wird. Von den 2·4 Verwandtschaftseinheiten der zwei Kohlenstoffatome werden also zwei verbraucht, um die beiden Atome zusammenzuhalten; es bleiben mithin sechs übrig, die durch Atome anderer Elemente gebunden werden können."

Hier wird also die Hypothese aufgestellt, daß die Kohlenstoffatome sich aneinander lagern und infolge davon einen Teil ihrer Affinität verlieren. Kekulé verallgemeinerte sodann den einzelnen Fall, indem er, von der Voraussetzung ausgehend, daß mehr als zwei Atome Kohlenstoff in der nämlichen Weise zusammentreten, für die Sättigungskapazität des Komplexes C_n den Wert $2n + 2$ feststellte. Hierbei blieb er aber nicht stehen, sondern bezeichnete „eine dichtere Aneinanderlagerung der Kohlenstoffatome" als eine solche, die in anderen an Wasserstoff ärmeren organischen Verbindungen, z. B. in dem Benzol und Naphtalin, angenommen werden könne. Als „nächst einfachste Aneinanderlagerung der Kohlenstoffatome" schwebte ihm der Fall des Austausches von je zwei Verwandtschaftseinheiten vor. Auch die Beziehungen anderer mehrwertiger Elemente zu den Kohlenstoffatomen wurden in Betracht gezogen, wobei er an Beispielen erläuterte, daß jene entweder mit ihrer vollen Verwandtschaft oder mit einem Teile derselben durch die des Kohlenstoffs gebunden würden.[1] — Die Grundzüge der Lehre von der Bindung der Atome waren in diesen Sätzen Kekulés enthalten.

Couper[2] gelangte fast zu derselben Zeit unabhängig von Kekulé zu ähnlichen Ansichten bezüglich der gegenseitigen Bindungsweise mehrerer Kohlenstoffatome. Von der bestimmten Meinung ausgehend, die Gerhardtsche Typenlehre genüge nicht den an eine Theorie zu stellenden Anforderungen, machte er den Versuch, die Konstitution chemischer Verbindungen durch Zurückgehen auf die elementaren Atome zu erkennen. Er hob hervor, daß außer der *Wahlverwandtschaft*, d. i. der eigentlichen Affinität, die *Gradverwandtschaft* der kleinsten Teilchen bei der Bildung chemischer Verbindungen in Betracht komme. Speziell für das Kohlenstoffatom sei das höchste Verbindungsvermögen durch die Zahl 4 ausdrückbar. Im allgemeinen adoptierte er Franklands Lehre von der wechselnden Sättigungskapazität der Grundstoffe. — Ferner legte Couper großen Nachdruck auf die Fähigkeit der Kohlenstoffatome, sich untereinander zu vereinigen und zwar so, daß ein Teil des ihnen eigenen Bindungsvermögens ausgeglichen wird. Diese Vereinigung

---

[1] Vergl. a. a. O. S. 155.
[2] Comptes rendus **46**, 1157. Ann. Chim. Phys. (3) **53**, 469.

von Atomen versinnlichte er durch Striche, die zwischen den miteinander verbundenen Teilchen in den chemischen Symbolen angebracht wurden; er legte so den Grund zu den sogenannten **Strukturformeln**.[1] Folgende Beispiele mögen zur Erläuterung dienen:

$$\begin{array}{c} CH_3 \\ |H_2 \\ C \\ O-OH \end{array} \text{Alkohol,} \qquad \begin{array}{c} CH_3 \\ C \, O_2 \\ O-OH \end{array} \text{Essigsäure,} \qquad \begin{array}{c} C \, \substack{O-OH \\ O_2} \\ C \, \substack{O_2 \\ O-OH} \end{array} \text{Oxalsäure.}$$

Von **Kekulé**, sowie **Couper** war in bestimmter Weise der Grundsatz ausgesprochen worden, die „Atomigkeit der Elemente" zur Ergründung der Konstitution chemischer Verbindungen zu benutzen. Den Begriff Atomigkeit hatte ohne Zweifel sechs Jahre früher **Frankland** der Wissenschaft als sicheres Eigentum zugeführt. Die Weiterentwicklung des obigen Grundsatzes und seine Verwertung in der Lehre von der Atomverkettung wurden besonders von **Kekulé** und in den nächsten Jahren von **Butlerow**, sowie **Erlenmeyer** angestrebt.

Ehe die vollständig sichere Erkenntnis von der Atomigkeit oder besser der Valenz der Elemente gewonnen werden konnte, mußte völlige Klarheit herrschen über die **Größe der Atomgewichte**. Insbesondere mußte zuvor der Unterschied zwischen Atom und Äquivalent mehrwertiger Elemente scharf erfaßt sein. Das war aber damals noch keineswegs der Fall. Die meisten Chemiker benutzten zur Formulierung chemischer Verbindungen aus Gewohnheit die **Gmelin**schen *Äquivalente*; bei Anwendung dieser blieb aber der wahre chemische Wert der Atome undeutlich und konnte erst nach Übertragung der Äquivalente in Atomgewichte zum Vorschein kommen. Dem Doppeläquivalente C_2 oder S_2 wurden z. B. in den von **Kolbe** gebrauchten Formeln die Funktionen der einfachen **Atome** C und S zugeschrieben, während für Wasserstoff, Chlor, Stickstoff und andere Elemente die Äquivalente mit den Atomgewichten gleich waren. Von manchen Forschern, z. B. **Couper** (s. obige Formeln), wurde zur Erhöhung der Verwirrung dem Kohlenstoff das wahre Atomgewicht (12) zugelegt, für Sauerstoff aber das Äquivalent (8) beibehalten. **Gerhardt** hatte zwar schon früher versucht, Ordnung in die eingerissene Verwirrung zu bringen, war aber nicht konsequent genug vorgegangen.[2]

Eine heilsame Klärung dieses unsicheren Zustandes bahnte sich

---

[1] Wurtz hat offenbar Coupers Abhandlung in den Ann. de Chim. et de Phys., zu deren Herausgebern Wurtz selbst gehörte, vergessen; denn er schrieb sich selbst die erste Anwendung der Bindungsstriche zu (s. seine *Atomtheorie*, deutsche Ausgabe S. 195 Anmerkung).

[2] Vergl. S. 259.

im Jahre 1858 an, dank den Bemühungen des italienischen Chemikers Cannizzaro, die aber nur allmählich zur Anerkennung gelangten. Er war es, der in einer Abhandlung,[1] betitelt: *Sunto di un corso di filosofia chimica*, die zur Ermittlung der relativen Atomgewichte von Grundstoffen gegebenen Methoden kritisch beleuchtete. Die jetzt eingebürgerte Ableitung dieser Werte aus der Dampfdichte chemischer Verbindungen wurde von ihm als besonders zuverlässig erkannt. Ferner zeigte er, in welchem Maße die spezifische Wärme der Metalle ein sicheres Hilfsmittel zur Bestimmung ihrer Atomgewichte sei, die damals für viele Metalle nach dem Vorgange Gerhardts falsch angenommen wurden.

Nachdem die richtigen Atomgewichte der Elemente auf diesem Wege festgestellt waren, konnte die Lehre von dem chemischen Werte der Grundstoffe allgemeiner als zuvor gestaltet werden. Zunächst verwertete man dieselbe im Bereiche der Kohlenstoffverbindungen, deren Konstitution Gegenstand der eifrigsten Forschung wurde. Kekulé in seinem seit 1859 erscheinenden Lehrbuche, Butlerow und Erlenmeyer in verschiedenen Aufsätzen und später in Lehrbüchern, suchten den Zusammenhang der elementaren Atome innerhalb der Moleküle klarzulegen, indem sie von der Vorstellung ausgingen, daß den Elementen — in erster Linie kamen Kohlenstoff, Wasserstoff, Sauerstoff, Stickstoff in Betracht — eine bestimmte Atomigkeit eigen sei.

Butlerow hat sich zuerst am klarsten über das diesen Bemühungen zugrunde liegende Prinzip und damit über das Wesen der von ihm sogenannten *Strukturtheorie* ausgesprochen.[2] Zunächst ist zu bemerken, daß derselbe sich auf den Boden der von Frankland begründeten Valenzlehre stellte, nach der vielen Elementen eine wechselnde Sättigungskapazität zukommt. Butlerow

---

[1] *Nuovo Cimento* 7, 321. Diese Abhandlung ist neuerdings in Ostwalds Klassikern von Loth. Meyer mit Anmerkungen herausgegeben worden (1891. Deutsch von Miolati). — Stanislaus Cannizzaro, 1826 geboren, studierte zuerst Medizin, dann Chemie unter Pirias Leitung, war als Professor der Chemie an den Universitäten Genua, Palermo und seit 1871 in Rom tätig, wo er zugleich als Senator und Mitglied des obersten Rates des öffentlichen Unterrichts noch jetzt wirkt. — Seine Experimentaluntersuchungen, z. B. über Benzylalkohol, Santonin und zugehörige Verbindungen, sind ausgezeichnete Leistungen.

[2] Ztschr. Chem. **1861**, S. 549 ff. Alexander Butlerow (geboren 1828) zuerst Professor der Chemie in Kasan, dann in Petersburg, hat durch zahlreiche treffliche Experimentaluntersuchungen zumal die organische Chemie gefördert und ganz besonders durch sein (1864 in russischer) 1868 in deutscher Sprache veröffentlichtes „Lehrbuch der organischen Chemie" einen tiefgehenden Einfluß auf die Erziehung der jüngeren Generation von Chemikern in jener Zeit ausgeübt.

definiert als *Struktur* einer chemischen Verbindung die „Art und Weise der gegenseitigen Bindung der Atome in einem Molekül", weist aber mit Entschiedenheit den Gedanken zurück, daß damit eine Erkenntnis der räumlichen Lagerung einzelner Atome im Molekül gewonnen sei. — Er stellt den Satz auf, daß der chemische Charakter eines zusammengesetzten Stoffs einmal durch die Natur und Quantität seiner elementaren Bestandteile, sodann durch seine chemische Struktur bedingt wird. Die letztere soll nach ihm **eindeutig** sein: es können also nicht, wie Gerhardt meinte, mehrere rationelle Formeln für eine chemische Verbindung aufgestellt werden, sondern nur eine einzige erscheint ihm möglich.

Je mehr sich das Bedürfnis bei den bisherigen Anhängern der Typentheorie geltend machte, die Anschauungen der letzteren über Bord zu werfen und, frei von dem Zwange dieser Lehre, nur die sogenannte Atomigkeit der Elemente allen Betrachtungen über chemische Konstitution zugrunde zu legen, um so bestimmter mußten sich, so sollte man denken, die Ansichten über das Wesen dieser den Grundstoffen zukommenden Eigenschaft gestalten. Der naturgemäßen, aus zahlreichen Erfahrungen abgeleiteten Annahme, daß die Atome einiger Elemente, gegenüber anderen, mit einem konstanten, die der übrigen mit einem wechselnden Verbindungswert wirksam sind, trat um jene Zeit in Gestalt eines Lehrsatzes die Meinung entgegen, daß diese Eigenschaft der Grundstoffe **unveränderlich** sei.

Streitfragen über konstante und wechselnde Valenz der Grundstoffe.

Der Begründer der Lehre von der Sättigungskapazität elementarer Atome, Frankland, hielt sich von den lebhaften Erörterungen, die darüber, namentlich seit Beginn des siebenten Jahrzehntes (des 19. Jahrhunderts) angestellt wurden, fern. In dieser Zurückhaltung liegt wohl die Ursache, daß sein Verdienst um die Entwicklung dieser so wichtigen Lehre von vielen Chemikern, und gerade von solchen, die sich am lebhaftesten an der Diskussion über dieselbe beteiligt haben, vergessen worden ist.[1] Um das Jahr 1860 waren Franklands Ansichten über eine den Grundstoffen eigentümliche Sättigungskapazität, die aber je nach Umständen eine wechselnde sein kann, von den namhaftesten Chemikern stillschweigend oder ausdrücklich angenommen. Schon vor diesem Zeitpunkte hatte sich Gerhardt im letzten Bande seines Lehrbuches (1856) dahin ausgesprochen, daß der Stickstoff bald drei-, bald fünfatomig sei, was sich voll-

---

[1] Vergl. Note 1 auf S. 275.

ständig mit der Franklandschen Ansicht deckte. Wurtz, Williamson, Couper waren ebenfalls dieser Meinung, und zwar nicht nur für Stickstoff und die ihm ähnlichen Elemente, sondern sie hielten die wechselnde Valenz für eine vielen anderen Grundstoffen zukommende Eigentümlichkeit. Daß auch Kolbe den Ideen Franklands zugestimmt hat, wurde schon hervorgehoben. In der Annahme, daß einigen wenigen Elementen eine konstante, vielen anderen aber eine wechselnde Valenz eigen sei, erblickte Kolbe nichts anderes, als einen erneuerten bestimmteren Ausdruck für das alte Gesetz der multiplen Proportionen; er hielt diese, den Tatsachen entsprechende Auffassung für notwendig, weil man nichts über die eigentliche Ursache der Valenz wisse.

Diese, zahlreichen Beobachtungen Rechnung tragende Betrachtungsweise führte zu dem Schlusse, daß jedem Elemente eine höchste Sättigungskapazität zukomme, ohne daß damit niedrigere Sättigungsstufen ausgeschlossen waren; in derartigem Sinne hatte sich Kolbe schon im Jahre 1854 ausgesprochen.[1] Eine solche Ansicht trat wieder zu Beginn der sechziger Jahre bei einigen Chemikern, die sich an der Entwicklung der Strukturtheorie lebhaft beteiligten, in schärferer Weise hervor. Insbesondere hat Erlenmeyer in mehreren Aufsätzen[2] und später in seinem *Lehrbuche der organischen Chemie* die Auffassung geltend gemacht, daß jedes Element eine höchste Valenz besitze, oder daß ein jedes mit einer bestimmten Zahl *Affinivalenten* oder *Affinitätspunkten* ausgestattet sei, von denen aber in vielen Fällen nur ein Teil mit Affinitätspunkten anderer Elemente verbunden ist. Im Ammoniak z. B. sind von den fünf Affinivalenten des Stickstoffatoms nur drei zur Wirkung gelangt, im Chlorammonium dagegen alle befriedigt. Dieser Anschauungsweise entsprechend unterschied Erlenmeyer gesättigte von ungesättigten Verbindungen. Im Grunde genommen ist dieselbe keine andere, als die von Frankland erfaßte.

Etwa gleichzeitig kam es zu einer lebhaften Auseinandersetzung über den Begriff der Atomigkeit der Elemente zwischen Wurtz und Naquet[3] einerseits, Kekulé[4] andererseits. Die beiden ersteren erklärten sich für die Annahme wechselnder Valenz bei vielen Elementen, Kekulé dagegen sprach sich entschiedener als zuvor dahin aus, daß die „Atomizität der Grundstoffe eine fundamentale Eigenschaft der Atome sei, welche ebenso unveränderlich ist, als die Atomgewichte".

---

[1] Vergl. Lehrbuch der organ. Chemie Bd. 1, 22.
[2] Ztschr. Chem. **1863**, S. 65, 97, 609; **1864**, S. 1, 72, 628.
[3] Ztschr. Chem. **1864**, S. 679 ff.
[4] Ztschr. Chem. **1864**, S. 689 u. Comptes rendus **58**, 510.

Um diesen Lehrsatz von der absoluten oder konstanten Valenz zu begründen und den ihm widerstreitenden Tatsachen anzupassen, mußte Kekulé zu Hypothesen seine Zuflucht nehmen, die der Kritik starke Blößen darboten. Seine Auffassung, daß die Valenz eines jeden Elementes konstant sei, möge an einigen Beispielen dargelegt werden. Nach ihm fungieren Stickstoff und seine chemischen Verwandten anderen Grundstoffen gegenüber nur dreiwertig, Schwefel gleich dem Sauerstoff ausschließlich zweiwertig, Chlor, Brom und Jod einwertig. Damit nun die Zusammensetzung von solchen Verbindungen erkärt werden konnte, in denen nach der Annahme einer wechselnden Valenz die eben genannten Elemente einen höheren Sättigungswert haben, mußte Kekulé einen tiefgehenden prinzipiellen Unterschied zwischen Verbindungen eines und desselben Elementes voraussetzen. Er gesellte zu der ersten Hypothese von der absolut konstanten Valenz die weitere, daß die zusammengesetzten Körper, in denen die Grundstoffe mit ihrem vermeintlich normalen Werte enthalten sind, durch ein festeres Gefüge vor den anderen Verbindungen ausgezeichnet seien, und bezeichnete erstere als atomistische, letztere als molekulare Verbindungen. In diesen sollten nach seiner Meinung die Komponenten, z. B. Ammoniak und Chlorwasserstoff im Salmiak, Phosphorchlorür und Chlor im Fünffach-Chlorphosphor etc., durch Kräfte anderer Art zusammengehalten werden, als in den atomistischen Verbindungen. Um den lockeren Zusammenhang zwischen den Molekülen jener Stoffe auszudrücken, wurden ihre Bestandteile in den Formeln dualistisch nebeneinander gestellt: die Zusammensetzung des Phosphorchlorids z. B. durch das Symbol $PCl_3.Cl_2$, die des Ammoniumsulfhydrats durch $H_3N.H_2S$ versinnlicht. Eine Veränderung des Sättigungswertes von Stickstoff und Phosphor in Verbindungen wie den eben genannten wollte Kekulé nicht anerkennen.

Man war berechtigt zu fragen, ob denn und worin eine solche Verschiedenheit der den chemischen Zusammenhang bedingenden Kräfte begründet sei. Denn in beiden Arten von zusammengesetzten Stoffen waren die nämlichen atomistischen Gesetze giltig. Als Kennzeichen der *molekularen Verbindungen* galt für Kekulé das Zerfallen dieser in ihre Komponenten bei hoher Temperatur, während die *atomistischen Verbindungen* unzersetzt in den Gaszustand übergehen sollten. Aber diese Unterscheidung beider Kategorien von Verbindungen konnte gegenüber den zahlreichen Tatsachen, die einer solchen Auffassung widerstritten, nicht aufrecht erhalten werden; man erkannte bald, daß diese künstliche Scheidewand nur dazu diene, Verwirrung, ja unlösbare Widersprüche herbeizuführen.

So konnte denn diese Theorie von der konstanten Valenz der Grundstoffe der kritischen Beleuchtung, die ihr durch Kolbe[1] und namentlich durch Blomstrand,[2] sowie andere Forscher zuteil wurde, nicht lange widerstehen. Die Macht der Tatsachen, die schlechterdings nicht mit der Annahme, daß die Sättigungskapazität eine unveränderliche Größe im Sinne Kekulés sei, in Einkang zu bringen waren, trug am wirksamsten dazu bei, daß diese Lehre auch von ihren eifrigsten Anhängern verlassen wurde. Wie konnten z. B. die Existenz und das Verhalten der organischen Ammoniumbasen, der Sulfone und Sulfoxyde, der Überchlor- und Überjodsäure, sowie zahlreicher anderer Stoffe mit Hilfe jener Hypothese von Molekularverbindungen erklärt werden! In neuerer Zeit sind zu den Argumenten, die bald nach Aufstellung der Lehre Kekulés geltend gemacht wurden, gewichtige andere gekommen, die mit dieser als unvereinbar angesehen werden müssen; erinnert sei nur, um Verbindungen eines Elementes herauszugreifen, an die Entdeckung der isomeren Triphenylphosphinoxyde, von denen das eine den Phosphor als dreiwertiges, das andere aber als fünfwertiges Atom enthalten muß, ferner an den Nachweis, daß Phosphorpentafluorid im Gaszustande sehr beständig ist: Tatsachen, die mit der Annahme, Phosphor sei nur dreiwertig, unverträglich sind.

Von den Ergebnissen neuester Forschungen sei bemerkt, daß wichtige Gründe herbeigeschafft wurden für die Vierwertigkeit des Sauerstoffs, und zwar in den sogen. Oxoniumsalzen. Der Äthyläther, sowie Ketone, Aldehyde, Säureester zeigen die Fähigkeit, sich mit Säuren zu vereinigen; die entstehenden „Salze" z. B. mit Ferro- und Ferricyanwasserstoff u. a., lassen sich wohl nicht anders erklären, als durch die Annahme, daß der ursprünglich zweiwertige Sauerstoff

---

[1] Vergl. Journ. pr. Chem. (2) **4**, 241.

[2] Derselbe hat in seinem Werk: *Die Chemie der Jetztzeit* (1869) die Entwicklung der Lehre von der Sättigungskapazität der Grundstoffe historisch-kritisch beleuchtet und durch seine zusammenfassende Darlegung die Beurteilung des Anteils verschiedener Forscher an der Gestaltung dieser Lehre wesentlich erleichtert und richtig bewertet. — C. Wilhelm Blomstrand, geboren 1826, wirkte seit 1854 als Professor der Chemie in Lund, wo er das Universitätslaboratorium leitete, bis zu seinem Tode (5. Nov. 1897). Seine durch Gründlichkeit ausgezeichneten Untersuchungen über verschiedene Teile der Mineralchemie, sowie in dem Bereiche organischer Verbindungen lassen den Einfluß von Berzelius erkennen, dessen Lehren er in seinem oben erwähnten Werke mit den neuen Ansichten in nahen Zusammenhang zu bringen und zu vermitteln versucht hat. Insbesondere vom Standpunkte der elektrochemischen Auffassung aus hat er die Valenz der Elemente zu beleuchten und ihr neue Seiten abzugewinnen verstanden (über sein Leben und Wirken vergl. die Nekrologe von P. Klason Ber. **30**, 3227 u. E. v. Meyer, Journ. pr. Chem. **56**, 397).

vierwertig geworden ist. Insbesondere haben die Arbeiten von v. Baeyer und Villiger hier wichtige Tatsachen zutage gefördert; den ersten Anstoß zu der Annahme vierwertigen Sauerstoffs gab eine Untersuchung von Collie und Tickle über Dimethylpyron. — Die Hypothese eines dreiwertigen Kohlenstoffatoms in dem Triphenylmethyl Gombergs stützt sich zwar auf zahlreiche bemerkenswerte Beobachtungen, kann aber noch nicht als ganz einwandfrei bezeichnet werden (vergl. Geschichte der organ. Chemie).

Man kann behaupten, daß seit 30 bis 40 Jahren die meisten Chemiker der Ansicht zugetan sind, der Mehrzahl elementarer Atome komme eine je nach den Bedingungen wechselnde Sättigungskapazität zu. Der bei Aufstellung des Begriffes einer unveränderlichen Valenz maßgebende Gedanke, die letztere sei eine Fundamentaleigenschaft der Atome, kann voll und ganz anerkannt werden, ohne daß man hiermit zu der Folgerung gezwungen ist, die Valenz der elementaren Atome müsse deshalb konstant sein. — Auf die neuesten Versuche von J. Thiele, Werner, Abegg, die darauf abzielen, in das Wesen der Valenz tiefer einzudringen und mit Hilfe neuer Vorstellungen die Konstitution von ungesättigten Verbindungen, komplexen Salzen, Molekularverbindungen zu erklären, kann nur kurz hingewiesen werden.[1]

Im Anschluß an die wichtigen Erörterungen über die Art der Valenz möge auf ein naheliegendes Problem hingewiesen werden, das zu häufigen Auseinandersetzungen und zu bedeutsamen Experimentalarbeiten Anlaß gegeben hat. Die Frage wurde nämlich aufgeworfen, ob die einzelnen von einem Elemente ausgehenden Affinitätseinheiten oder Valenzen unter sich gleichartig oder verschieden seien. Zog man einzelne Tatsachen, z. B. die ungleichen Funktionen der zwei Atome Sauerstoff oder Schwefel in der Kohlensäure, bezw. dem Schwefelkohlenstoff, in Erwägung, so konnte man zu der Annahme einer Verschiedenheit zweier Affinitäten des Kohlenstoffatoms gegenüber den beiden anderen Valenzen geneigt sein. — Aus den zahlreichen Versuchen, die zur Entscheidung dieser Frage bezüglich des Kohlenstoffs von Popoff, Schorlemmer, Henry, Röse u. a. ausgeführt worden sind, hat man die Gleichartigkeit der vier Kohlenstoffaffinitäten erschlossen.

Die Frage nach der Gleich- oder Ungleichwertigkeit der dem Schwefel- und dem Stickstoffatom eigenen Affinitäten ist trotz der vielen darüber gesammelten Tatsachen noch schwebend; erwähnt seien die Arbeiten von Krüger, aus denen eine Verschiedenheit der

---

[1] Vergl. Abeggs gedankenreiche Abhandlung Zeitschr. anorgan. Chem. **39**, 330; auch Hinrichsens Vortrag über Valenz (in Ahrens Vorträgen Bd. 7).

Valenzen des Schwefels sich ergibt; seine Versuche sind von einer Seite bestätigt, von anderer angezweifelt worden. Die merkwürdigen, zuerst von Lossen erforschten Isomerien der Abkömmlinge des Hydroxylamins lassen sich mit 'der Annahme, daß die Affinitäten des Stickstoffs nicht gleichartig seien, wohl vereinen; jedoch ist nach neueren Arbeiten von Lossen, V. Meyer, Beckmann, Behrend, Werner, Hantzsch u. a. auch eine andere Lösung dieser Frage im Sinne einer stereochemischen Auffassung möglich.

Die Hauptrichtungen, welche die chemische Forschung seit jenen Auseinandersetzungen über den Valenzbegriff eingeschlagen hat, werden einmal durch das Streben gekennzeichnet, auf Grund des chemischen Verhaltens von zusammengesetzten Stoffen mittels der Annahme einer bestimmten Sättigungskapazität der Elemente Einblick in die chemische Konstitution jener zu gewinnen, sodann dadurch, daß man die gegenseitigen Beziehungen zwischen den physikalischen Eigenschaften zusammengesetzter Stoffe und ihrer auf chemischem Wege erforschten Konstitution zu erkennen sucht. Diesem schon vor längerer Zeit angeregten, aber erst neuerdings emsig bearbeiteten Probleme hat sich ein ähnliches zugesellt, das in der Klarlegung des unverkennbaren Zusammenhanges zwischen den relativen Atomgewichten der Grundstoffe und ihren chemischen sowie physikalischen Eigenschaften besteht.

Weiterentwicklung der Strukturlehre.
Hauptströmungen im Gebiete der organischen Chemie während der letzten vier Jahrzehnte.

Auf den ersten Blick erscheint es merkwürdig, daß vorzugsweise die organische Chemie zum Tummelplatze der Spekulationen wurde, die man auf Grund der Valenzlehre über die Zusammensetzung chemischer Verbindungen anstellte. Die Ursache dieser Bevorzugung ist gewiß in der Eigentümlichkeit des Elements zu suchen, welches in keinem der sogenannten organischen Stoffe fehlt: des Kohlenstoffs. Sind es doch auch Verbindungen dieses Elements, die metallorganischen, gewesen, an denen sich zuerst der Begriff der Sättigungskapazität von Grundstoffen entwickelt hat.

Aus der Neigung der Kohlenstoffatome, sich untereinander nach verschiedener *Gradverwandtschaft*, nämlich unter Austausch von einer, zwei oder drei Affinitäten zu vereinigen, ließ sich ja ohne Schwierigkeit die Entstehung der mannigfaltig zusammengesetzten Kohlenstoffverbindungen erklären. Das Hinzutreten von Elementen wie Wasserstoff, Sauerstoff, Schwefel, Stickstoff, Chlor zu den Komplexen von Kohlenstoffatomen wurde in ähnlicher Weise dadurch verständlich gemacht, daß man die einzelnen Affinitäten der genannten Grundstoffe durch ebenso viele Affinitäten der Kohlenstoffatome befriedigt dachte. Man bezeichnete die auf solche Weise veranschaulichte Vereinigung von Kohlenstoffatomen untereinander oder mit anderen elementaren Atomen als *Verkettung*. Von diesem Gesichtspunkte aus wurde nunmehr die Aufgabe der chemischen Forschung von den Anhängern der Strukturlehre immer klarer erfaßt. Die Atome der verschiedenen in Frage kommenden Elemente suchte man gemäß ihrer Sättigungskapazität passend miteinander zu kombinieren und richtete dabei das Hauptbestreben auf die Erforschung der Struktur von Kohlenstoffverbindungen, da die unorganischen Stoffe, als viel einfacher zusammengesetzt, der Anwendung obigen Prinzips zu geringe oder gar keine Schwierigkeiten zu bieten schienen. Die auf solche Weise gewonnenen Vorstellungen über die Struktur organischer Substanzen wurden einer mehr oder weniger sorgsamen Prüfung durch den Versuch unterworfen, indem man festzustellen suchte, ob die Zersetzungs- und Bildungsweisen der fraglichen Verbindungen, überhaupt ihr ganzes chemisches Verhalten, mit den theoretischen Voraussetzungen übereinstimmten.

Die von vielen Chemikern gar leicht genommene Konstruktion von Formeln, welche die gegenseitigen Beziehungen aller in den betreffenden Verbindungen enthaltenen Atome, also die *Struktur* derselben, ausdrücken sollten, konnte den Glauben erwecken, als ob man mit Hilfe solcher Symbole Einblick in die räumliche Anordnung der Atome gewonnen habe. Namhafte Forscher mögen durch unbestimmte Ausdrucksweise sowie durch unglücklich gewählte Vergleiche und Bilder solche kühne Erwartungen und Hoffnungen angeregt haben. Namentlich in den Köpfen jüngerer Chemiker konnten sich leicht falsche Vorstellungen über solche vermeintliche Probleme der chemischen Forschung festsetzen. Es mag daran erinnert werden, daß Kekulé von dem *Zusammenschieben* oder *Aneinanderleimen* der Kohlenstoffatome, von der anderen Seite eines Moleküls etc. spricht, daß er in seinem Lehrbuche graphische Formeln aufstellt, in denen die elementaren Atome je nach ihrer Sättigungskapazität verschiedene Gestalt haben, ferner, daß die kleinsten Teilchen eines Elements mit Häkchen ausgestattet gedacht werden, in welche die Häkchen eines anderen eingreifen (Naquet, Baeyer). Jedenfalls konnte eine derartige Bildersprache den Glauben wecken, daß man die Leistungsfähigkeit der Strukturlehre überschätze.

Die vorsichtigen Anhänger der letzteren, Butlerow an der

Spitze, haben gegen die Meinung, als ob in den aufgelösten Formeln Bilder der räumlichen Verteilung der Atome gegeben seien, von Anfang an Einspruch erhoben. Von anderer Seite hat namentlich Kolbe gegen solche Übertreibungen, die leicht zu Mißverständnissen führen konnten, mit der ihm eigenen kritischen Schärfe protestiert. Er ist seinem Standpunkte, den er schon im Jahre 1854 dargelegt hatte,[1] treu geblieben, insofern er daran festhielt, daß man niemals eine klare Anschauung von der Art und Weise gewinnen könne, wie die einzelnen Atome einer Verbindung gelagert sind.

Konstitution organischer Stoffe nach der Strukturtheorie.

War auch die Strukturlehre nicht imstande, den hochgradigen Erwartungen, die auf Erkenntnis der räumlichen Lagerung der Atome abzielten, zu entsprechen, so konnte ihr doch ein großer heuristischer Wert nicht abgesprochen werden. Die Entwicklung der organischen Chemie seit Mitte der sechziger Jahre lehrt in der Tat, daß mit Hilfe der strukturchemischen Betrachtungsweise die Auffindung neuer Bildungs- und Zersetzungsweisen von Verbindungen, die Erkennung von Beziehungen verschiedener Körperklassen zueinander und namentlich die Deutung der Konstitution vieler organischer Substanzen möglich gewesen ist. Einen besonders auffallenden Beleg dafür liefert die von Kekulé aufgestellte Theorie der aromatischen Verbindungen (s. u.).

Die Erklärung der Konstitution von Stoffen der sogen. Fettreihe machte weniger Schwierigkeiten, als von wasserstoffärmeren, die frühzeitig als *ungesättigte* von jenen *gesättigten* unterschieden wurden. Kekulé wies zuerst mit Bestimmtheit darauf hin, daß in allen Fettverbindungen die Kohlenstoffatome durch je eine Affinität miteinander verbunden seien, was sich schon aus Coupers und auch aus Kolbes rationellen Formeln solcher Stoffe ableiten ließ, wenn man nur die darin benutzten Äquivalente in die Atomzeichen überführte. Die Erörterungen, die Kekulé sowie Erlenmeyer, Butlerow, Claus u. a. in Lehrbüchern der organischen Chemie oder in Gelegenheitsschriften über die Konstitution derartiger Verbindungen anstellten, wurden bald zum Gemeingut fast aller Chemiker.

Schwieriger war die Frage, in welcher Funktion man sich die Kohlenstoffatome der wasserstoffärmeren organischen Stoffe vorzustellen habe. In bezug auf deren Konstitution hatten sich zuerst Kolbe sowie Couper, auch Wurtz, dahin geäußert, daß in denselben, z. B. dem Äthylen, der Akrylsäure, dem Allylalkohol und

---
[1] Lehrbuch d. org. Chemie 1, 13.

Diallyl u. a. ein oder mehrere Atome Kohlenstoff zweiwertig wirken. Kekulé schwankte zunächst zwischen zweierlei Auffassungen: einmal war er geneigt, in den fraglichen Körpern eine „dichtere", nämlich doppelte oder dreifache Bindung einzelner Kohlenstoffpaare anzunehmen; dann aber bevorzugte er infolge seiner Experimentaluntersuchungen über ungesättigte organische Säuren die Vorstellung, daß die Affinitäten einzelner darin enthaltener Kohlenstoffatome nicht völlig gesättigt seien, und diese demnach Lücken aufweisen, durch welche die Fähigkeit solcher Verbindungen, sich mit anderen zu vereinigen, erklärt werden könne. Die letztere Annahme deckte sich im wesentlichen mit der oben erwähnten, nach der zweiwertige Kohlenstoffatome vorausgesetzt wurden; freilich hat Kekulé niemals ausdrücklich zugestanden, daß er die Sättigungskapazität des Kohlenstoffs als wechselnd betrachte. — In neuerer Zeit hat man der Auffassung einer mehrfachen Bindung der Kohlenstoffatome den Vorzug gegeben, wenn auch von namhafter Seite die andere befürwortet wurde. So hat Fittig[1] auf Grund seiner schönen Untersuchungen über ungesättigte Säuren sich zugunsten der Annahme von zweiwertigem Kohlenstoff in einigen dieser Verbindungen ausgesprochen; jedoch scheint der Gedanke, daß in ihnen mehrfache Bindungen vorkommen, neuerdings auch von Fittig bevorzugt zu werden.[2] Die Frage nach der Konstitution solcher Stoffe ist jedenfalls noch nicht mit befriedigender Sicherheit beantwortet; denn zahlreiche Beobachtungen sind vorhanden, welche die völlige Lösung dieses Problems mittels strukturchemischer Vorstellungen allein nicht möglich erscheinen lassen.

Theorie der aromatischen Verbindungen.

Besonders glücklich hat sich die Strukturtheorie in der Hand Kekulés gezeigt, als er an die Aufgabe herantrat, die Konstitution der sogen. aromatischen Verbindungen zu entziffern.[3] Diese letzteren

---

[1] Rudolf Fittig, geboren am 6. Dezember 1835, wurde, nachdem er mehrere Jahre an den Universitäten Göttingen und (seit 1869) Tübingen tätig gewesen, 1876 nach Straßburg berufen, wo er bis vor kurzem als Vorstand des nach seinen Plänen erbauten schönen Laboratoriums gewirkt hat. In der speziellen Geschichte der organischen Chemie wird sein Name öfter zu nennen sein, da er diese durch ausgezeichnete Forschungen, namentlich über aromatische und ungesättigte Verbindungen, bereichert hat. Weit verbreitet ist sein nach Wöhlers *Grundriß der organischen Chemie* gänzlich umgearbeitetes gleichnamiges Werk, welches zahlreiche Auflagen erlebt hat und seit 1872 von ihm durch den *Grundriß der unorganischen Chemie* vervollständigt wurde.

[2] Vergl. Ann. Chem. **188**, 95.

[3] Bull. soc. chim. **1865**, 104. Ann. Chem. **137**, 129 ff. (1866).

wurden von ihm als Abkömmlinge des Benzols definiert; die erste Aufgabe mußte demnach darin bestehen, die Struktur dieses schon seit langer Zeit bekannten Kohlenwasserstoffs, also die gegenseitige Bindung der sechs Kohlenstoff- und sechs Wasserstoffatome, aus denen er besteht, zu ermitteln. Hier griff Kekulé den schon früher von ihm geäußerten Gedanken einer dichten Bindung der Kohlenstoffatome wieder auf und erörterte die möglichen Fälle des Zusammenhanges der sechs Kohlenstoffatome, von der Voraussetzung ausgehend, daß dieselben vierwertig, die sechs Wasserstoffatome der Erfahrung gemäß einwertig fungieren. Während die Verbindungen der Fettreihe nach der damals aufkommenden Bezeichnungsweise eine *offene Kette* von Kohlenstoffatomen enthalten sollten, nahm Kekulé im Benzol eine *geschlossene* an und machte sich die Vorstellung zu eigen, daß von den sechs Atomen Kohlenstoff desselben ein jedes mit zwei anderen verbunden ist. Die daraus folgende Strukturformel war das seither so viel benutzte *Sechseck*, dessen Ecken durch die alternierend ein- und zweiwertig gebundenen Kohlenstoffatome gebildet werden, von denen ein jedes mit einem Atom Wasserstoff vereinigt ist:

$$\begin{array}{c} H \\ C \\ HC \diagup \diagdown CH \\ \| \\ HC \diagdown \diagup CH \\ C \\ H \end{array}$$

Die Bemühungen Kekulés und seiner Schüler, sowie vieler Chemiker, die sich seit dem Bekanntwerden dieser Betrachtungsweise mit den Abkömmlingen des Benzols beschäftigten, waren nun darauf gerichtet, die vorhandenen und die neu hinzukommenden Beobachtungen über diese Körperklasse mit den aus jener Formel abgeleiteten Folgerungen zu vergleichen, um so die Zulässigkeit der ihr zugrunde liegenden Annahme experimentell zu prüfen. Ein fast unübersehbares Material von Tatsachen wurde dadurch zusammengetragen; es zeigte sich, daß dieselben im großen und ganzen mit den theoretischen Voraussetzungen Kekulés leicht in Einklang zu bringen waren. Die sich zunächst aus diesen ergebende Folgerung, daß die sechs Wasserstoffatome, die gleichartig auf die sechs Kohlenstoffatome verteilt sind, die nämliche Bedeutung besitzen, wurde durch hundertfach gemachte Beobachtungen bestätigt, wonach durch Ersatz irgend eines Wasserstoffatomes des Benzols mittels eines einwertigen Radikals oder Elementes stets das gleiche Produkt, niemals ein zweiter isomerer Körper entsteht. — Durch Substitution eines zweiten oder noch eines dritten Atoms Wasserstoff ändert sich die Sachlage. Kekulé leitete aus seiner Formel die in solchen Fällen zu erwartenden Isomerien ab; er sprach sich dahin aus, daß bei gleichartigen Substituenten infolge ihres Eintritts an Stelle von zwei oder drei Atomen Wasserstoff des Benzols je drei isomere Abkömmlinge, nicht mehr, entstehen können. Wenn zwei ungleiche Radikale 2 Atome Wasserstoff vertreten, so wird die Zahl der möglichen Isomeren nicht erhöht; sie wächst aber in bestimmtem Grade für den Fall, daß drei Wasserstoffatome durch zweierlei oder dreierlei Arten von Stoffen (Radikalen) ersetzt werden. Diese und noch andere Prognosen Kekulés haben sich im Laufe der darauf folgenden Jahre durch zahlreiche Beobachtungen glänzend bewahrheitet.

So verbreitete sich durch die glückliche Deutung der Konstitution des Benzols viel Licht über ein bis dahin vernachlässigtes Gebiet. Nicht nur die unmittelbaren Abkömmlinge des Benzols, auch Verbindungen, welche in entfernterer Beziehung zu diesem stehen, wie Naphtalin, Anthracen, in neuerer Zeit Phenanthren, Fluoren und viele andere Kohlenwasserstoffe nebst ihren zahllosen zum Teil wichtigen Derivaten wurden hinsichtlich ihrer chemischen Konstitution mit Hilfe der Kekuléschen Betrachtungsweise erfolgreich untersucht und dem Verständnisse näher gebracht. Die gewaltige, von diesen Untersuchungen ausgehende Anregung kam nicht nur der reinen Chemie zugute: die wissenschaftliche Durchforschung des Gebietes der aus dem Steinkohlenteer zu gewinnenden Produkte ist die weitere Folge gewesen und damit die Entwicklung der mächtigen Industrie von Farbstoffen und zahllosen Präparaten.

Manchen Forschern genügte die Kekulésche Auffassung nicht vollständig, so daß Änderungen derselben für nötig erachtet wurden. Auf die Gründe, die zu solchen Modifikationen führten, ist hier nicht näher einzugehen; aber es soll daran erinnert werden, daß Ladenburg[1] an Stelle des Sechseckschemas die sogen. *Prismen-*

---

[1] Ber. 2, 140, ferner seine Schrift: *Theorie der aromatischen Verbindungen* (1876). Albert Ladenburg (geboren zu Mannheim am 2. Juli 1842), hat durch treffliche Experimentalarbeiten die organische Chemie erheblich bereichert: Arbeiten, die zur Kenntnis organischer Siliciumverbindungen, von Benzolderivaten und namentlich von Abkömmlingen des Pyridins und Piperidins wesentlich beigetragen haben; insbesondere sei der glänzenden Synthese des Coniins gedacht (s. spez. Gesch. d. organ. Chemie). Seine „Vorträge über die Entwicklungsgeschichte der Chemie in den letzten 100 Jahren" (1. Aufl. 1869, 2. Aufl. 1887, 3. wenig veränderte Aufl. 1902) haben als ernstes historisches Werk verdiente Anerkennung gefunden. Er ist Herausgeber des chemischen Teils der „Encyklopädie der Naturwissenschaften" (Verlag von Trewendt). —

formel, Claus[1] die *Diagonalformel* als dem chemischen Verhalten des Benzols besser Rechnung tragend aufstellten. Folgende Symbole, die sich von dem Kekulés dadurch unterscheiden, daß nur einfache Bindungen und somit ein Zusammenhang jedes Kohlenstoffatoms mit drei anderen angenommen werden, mögen zur Erläuterung dieser zwei Betrachtungsweisen dienen:

$$\begin{array}{c} HC\text{---}CH \\ |\diagdown CH \diagup| \\ | \quad | \quad | \\ HC\text{---}CH \\ \diagdown | \diagup \\ C \\ H \end{array} \qquad \begin{array}{c} CH \\ HC \diagup | \diagdown CH \\ \diagdown | \diagup \\ HC \diagdown | \diagup CH \\ CH \end{array}$$

Bis in die neueste Zeit haben sich die Erörterungen darüber hingezogen; so möge erwähnt sein, daß A. Baeyer auf Grund ausgezeichneter Experimentaluntersuchungen[2] über Hydrophtalsäuren etc. die Zulässigkeit aller oben besprochenen oder angedeuteten Hypothesen über die Konstitution des Benzols glaubte bestreiten zu sollen, während Claus[3] nicht ohne Grund der Meinung war, daß Baeyers Auffassung mit der seinigen zusammenfalle. Später hat letzterer ausdrücklich anerkannt,[4] daß die Benzolformel von Claus am besten den Tatsachen entspricht, auch den Beobachtungen, die sich mit Kekulés und Ladenburgs Hypothese nicht völlig in Einklang bringen lassen. Auf die neueren Erörterungen der Konstitution des Benzols sowie des Naphtalins, Chinolins etc. kann nur hingewiesen werden.[5]

Ladenburg wirkt jetzt (seit 1890) als Professor in Breslau, nachdem er zuvor in Heidelberg und Kiel tätig war.

[1] *Theoretische Betrachtungen und deren Anwendung zur Systematik der organischen Chemie* (1867). Ad. Claus, geboren am 6. Juni 1840, Schüler Kolbes und Wöhlers, wirkte als Professor an der Universität Freiburg i. B., wo er am 4. Mai 1900 gestorben ist (s. den Nekrolog von G. N. Vis, Journ. pr. Chem. **62**, 127). Seine Experimentaluntersuchungen gehören meist der organischen Chemie an, von der verschiedene Teile durch dieselben systematisch erforscht wurden (z. B. Chinolinderivate, fettaromatische Ketone und andere). In zahlreichen theoretischen Schriften und Abhandlungen hat er seine Ansichten über wichtige schwebende Fragen ausgesprochen und häufig mit der ihm eigenen dialektischen Schärfe verfochten (vergl. Grundzüge der modernen Theorie in der organischen Chemie, Freiburg 1871, und Journ. pr. Chem. seit Jahrgang 1888).

[2] Ann. Chem. **245**, 103 ff.; **251**, 257; **258**, 1 u. 145.

[3] Journ. pr. Chem. (2) **37**, 455.

[4] Ann. Chem. **269**, 177.

[5] Vergl. namentlich, außer den Zitaten in Note 3 S. 312, Ad. Claus, Journ. pr. Chem. (2) **48**, 576; **49**, 505. W. Marckwald, Ann. Chem. **274**, 331. Brühl, Journ. pr. Chem. (2) **49**, 201. E. Bamberger, Ann. Chem. **257**, 1. Daß auch eine stereochemische Deutung des Benzols versucht worden ist, sei hier erwähnt.

Trotz solcher Verbesserungsversuche muß anerkannt werden, daß die Auffassung Kekulés, wenn sie auch gewiß nicht ein vollkommenes Bild von der Konstitution des Benzols gibt, viele und reiche Früchte getragen hat. Durch die von seiner Theorie der aromatischen Verbindungen ausgegangene Anregung erhielt die Beschäftigung zahlreicher Chemiker mit dieser Körperklasse für lange Zeit eine eigenartige Signatur; ihre chemischen Arbeiten standen im Banne der Benzoltheorie.

Der Begriff *aromatische Verbindungen* hat in neuerer Zeit eine bedeutende Erweiterung erfahren, seitdem die nahen Beziehungen des Pyridins, Chinolins, Isochinolins und ihrer Derivate zu dem Benzol und Naphtalin erkannt worden sind. Der Eifer, diese stickstoffhaltigen Stoffe mit ihrem endlosen Anhange zu erforschen, hat sich in dem Maße gesteigert, als ein inniger Zusammenhang zwischen ihnen und den Pflanzenalkaloiden vermutet und dann in vielen Fällen bewiesen wurde. Die wichtige Vorstellung, daß Pyridin als Benzol aufzufassen sei, in welchem ein Methin $(CH)'''$ durch dreiwertigen Stickstoff ersetzt ist, hat zuerst Körner ausgesprochen.[1] Die Folgerungen, die sich daraus für die Abkömmlinge des Pyridins ergaben, bildeten, ähnlich wie die aus der Struktur des Benzols abgeleiteten Schlüsse, den Gegenstand zahlloser bis in die Gegenwart reichender Experimentaluntersuchungen und theoretischer Erörterungen. Auf einige wichtige Ergebnisse derartiger Forschungen, sowie auf die an Stickstoff reichen Polyazine u. a. ist in der speziellen Geschichte der organischen Chemie Rücksicht genommen.

Die Bemühungen, sich über die Struktur des Benzols und seiner Abkömmlinge im weitesten Sinne Klarheit zu verschaffen, sind auch für die Erforschung anderer Körperklassen von Nutzen gewesen, insbesondere für die einander analogen Verbindungen: Furfuran, Thiophen und Pyrrol, denen, wie man jetzt allgemein annimmt, ein in sich geschlossener fünfgliederiger Ring von vier Kohlenstoffatomen und 1 Atom Sauerstoff, Schwefel oder Imid (NH) eigentümlich ist. Namentlich V. Meyers[2] ausgezeichnete grundlegende

---

[1] Die erste Veröffentlichung dieser Annahme rührt von Dewar her (Ztschr. Chem. **1871**, S. 117).

[2] Viktor Meyer, geb. 8. Septbr. 1848, wirkte als Professor der Chemie (Nachfolger R. Bunsens) in Heidelberg seit 1889, nachdem er früher in Stuttgart, Zürich und Göttingen tätig war, bis zu seinem tragischen Ende am 8. August 1897. Von seinem Leben und Wesen, sowie seinen bedeutendsten Leistungen hat C. Liebermann ein anschauliches Bild gezeichnet (Ber. **30**, 2157). — Seine umfassenden Experimentaluntersuchungen über Nitroverbindungen der Fettreihe, über Isonitrosoverbindungen, endlich Thiophen gehören zu den hervorragendsten

Untersuchungen über Thiophen und seine Abkömmlinge [1] haben zur endgültigen Erkenntnis der gleichartigen Zusammensetzung genannter Stoffe und zu einer schärferen Fassung und somit zur Klärung des Begriffes *aromatische Verbindungen* geführt. Nach Meyer [2] entscheidet nur das chemische Verhalten eines Stoffes zu Salpetersäure, Schwefelsäure, Brom und Säurechloriden (in Gegenwart von Aluminiumchlorid) darüber, ob derselbe Anspruch hat, zu jenen Verbindungen gezählt zu werden. Hierbei wird also der größte Nachdruck auf Tatsachen gelegt, während bei der früheren Bestimmung des Wesens dieser Körperklasse die Art der Bindung von sechs zu einem Ringe geschlossenen Kohlenstoffatomen für maßgebend gehalten wurde.

In neuester Zeit neigen sich die Chemiker, [3] die sich besonders mit der Frage nach der Konstitution des Benzols, Naphtalins, Chinolins etc. beschäftigt haben, der Ansicht zu, daß die gegenseitige Bindungsweise der Kohlenstoffatome, je nach den Metamorphosen genannter Stoffe, sich wesentlich verändern kann, derart, daß die „zentralen" Bindungen in sogen. doppelte übergehen und umgekehrt: es wird also ein Bindungswechsel angenommen. Trotzdem über das innere Wesen jener „fließenden" Bindungsarten noch nicht Aufschluß gewonnen ist, haben diese Spekulationen doch einen gewissen Wert, insofern sie zur Erklärung mancher auffallender Tatsachen dienen können (s. unter Tautomerie).

Erforschung der Isomerien auf Grund strukturchemischer Vorstellungen.

Auf die Bedeutung, welche die Untersuchung von Isomerieverhältnissen organischer Verbindungen für die Frage nach deren chemischen Konstitution hat, wurde schon ausführlich Bezug genommen. [4] In der Tat ist ganz besonders für die letzten 40 Jahre das Streben, isomere Stoffe in möglichst großer Zahl zu gewinnen

unserer Zeit und haben unsere Kenntnisse der organischen Chemie wesentlich bereichert. Die von ihm ausgearbeitete Methode zur Bestimmung von Dampfdichten hat sich als besonders bequem für den regelmäßigen Gebrauch in Laboratorien bewährt; aber auch zur Lösung wichtiger theoretischer Fragen ist sie, gerade von ihm selbst, mit Erfolg verwertet worden. Andere Leistungen V. Meyers werden in der speziellen Geschichte mehrfach zu erwähnen sein.

[1] Vergl. sein Werk: *Die Thiophengruppe* (Braunschweig 1888).
[2] Das. S. 276.
[3] Vergl. besonders Ad. Claus, Journ. pr. Chem. (2) 42, 24, 260, 458; 43, 321.
[4] Vergl. S. 223.

und ihre *Struktur* festzustellen, ein Hauptmerkmal der Art, wie man seitdem die organische Chemie betrieben hat und noch betreibt. Ehe die Abkömmlinge des Benzols das Interesse der Chemiker vorwiegend in Anspruch nahmen, war die Konstitution metamerer Stoffe durch eine verschiedenartige Gruppierung der Atome zu Radikalen befriedigend erklärt worden; man denke an den Nachweis der rationellen Zusammensetzung von Trimethylamin im Gegensatz zu der des isomeren Propylamins, an die Erkenntnis der Ursache, auf welche die Metamerie des Diäthyloxyds und Methyl-Propyloxyd zurückzuführen ist, endlich an die sekundären und tertiären Alkohole oder Säuren, deren Konstitution, noch bevor dieselben entdeckt waren, mit klaren Worten ausgesprochen wurde, also an die Metamerie des Dimethylkarbinols mit dem Äthylkarbinol, des Trimethylkarbinols mit dem Propyl- oder Isopropylkarbinol, sowie dem Methyläthylkarbinol[1] etc.

Zu solchen völlig genügend erklärten Fällen kamen nun mit der Durchforschung des Gebietes aromatischer Verbindungen zahlreiche andere Metamerien, die nicht wie jene auf die verschiedene Gruppierung von Atomen zu Radikalen zurückgeführt werden konnten. Kekulé suchte die gleiche Zusammensetzung von Substitutionsprodukten des Benzols, z. B. von den drei Dibrombenzolen, den drei Benzoldikarbonsäuren und anderen, durch die Annahme einer verschiedenen *relativen Stellung* der Substituenten zueinander aus seiner Auffassung der Struktur des Benzols abzuleiten. Als *Stellungsisomere* wurden solche Verbindungen bezeichnet. Die Frage, in welchen relativen Stellungen sich die in das Benzol eingetretenen Substituenten befinden, oder, wie man auch sagte, die *Bestimmung des chemischen Ortes* der letzteren wurde, nachdem dieses Problem von Kekulé angeregt war, von verschiedenen Seiten mit Eifer und Erfolg in Angriff genommen.

---

[1] Die damaligen rationellen Formeln mögen zur Erläuterung der obigen Metamerien dienen:

$$\underbrace{\left.\begin{array}{c}C_3H_7\\H_2\end{array}\right\}N}_{\text{Propylamin,}} \quad \underbrace{\left.\begin{array}{c}CH_3\\CH_3\\CH_3\end{array}\right\}N}_{\text{Trimethylamin,}} \quad \underbrace{\left.\begin{array}{c}C_2H_5\\C_2H_5\end{array}\right\}O}_{\text{Diäthyloxyd,}} \quad \underbrace{\left.\begin{array}{c}CH_3\\C_3H_7\end{array}\right\}O}_{\text{Methylpropyloxyd,}}$$

$$\underbrace{C{(CH_3)_2 \atop H}(OH)}_{\text{Dimethylkarbinol,}} \quad \underbrace{CH_2(C_2H_5)(OH)}_{\text{Äthylkarbinol.}}$$

$$\underbrace{C(CH_3)_3 OH}_{\text{Trimethylkarbinol,}} \quad \underbrace{C{C_3H_7 \atop H_2}(OH)}_{\text{Propylkarbinol,}} \quad \underbrace{C{CH_3 \atop H}C_2H_5(OH)}_{\text{Methyläthylkarbinol.}}$$

Besonders wichtige Arbeiten, welche die Lösung desselben fördern halfen, sind die von Baeyer über die Konstitution des Mesitylens und der daraus hervorgehenden Isophtalsäure, die von Gräbe über Naphtalin und Phtalsäure, die von Ladenburg über Terephtalsäure gewesen. Durch die aus diesen und vielen anderen Untersuchungen gezogenen scharfsinnigen Folgerungen wurde die Struktur der sogen. Ortho-, Para- und Metaverbindungen mit einiger Sicherheit ermittelt. Irrtümer blieben aber nicht aus, wie z. B. aus theoretischen Voraussetzungen die Konstitution des Chinons falsch gedeutet wurde, was zu arger Verwirrung Anlaß gab, bis die chemische Natur desselben eine richtigere Erklärung fand. Sehr wichtig für die *Ortsbestimmung* sind ferner die Arbeiten Körners[1] über Bromderivate des Benzols gewesen, der ein neues Prinzip zur Lösung dieser Aufgabe einführte.

Die an den Abkömmlingen des Benzols untersuchten Metamerieverhältnisse erleichterten wesentlich die Erforschung der auf ähnliche Ursachen zurückzuführenden, nur noch verwickelteren Erscheinungen im Bereiche der Pyridin- und Chinolinbasen. Die theoretisch vorausgesehenen, aus den Vorstellungen über die Struktur des Pyridins abgeleiteten Metamerien der Pyridinkarbonsäuren und anderer Derivate sind durch die umfassenden Untersuchungen von Weidel, Skraup, Hantzsch und anderen in schönster Weise bestätigt worden. Gleich fruchtbar haben sich derartige Betrachtungen bei Durchforschung der Abkömmlinge des Thiophens und Pyrrols, sowie des Indols und anderer aromatischer Verbindungen (z. B. Polyazine, Polyazole, Pyrazole u. a.) bewährt.

Die Sicherheit, mit der man die Konstitution metamerer Stoffe festgestellt zu haben meinte, ließ übrigens in manchen Fällen zu wünschen übrig. Die Symbole, durch welche die Struktur derartiger Verbindungen ausgedrückt wurde, sollten nur eine bestimmte Bedeutung haben; von Gerhardts Meinung, daß mehrere Formeln als gleichwertige Bilder der Reaktionen möglich seien, die der betreffende Stoff zeigt, war man gänzlich abgekommen. Nun aber häuften sich die Beobachtungen über solche organische Stoffe, deren Konstitution je nach der Art ihres chemischen Verhaltens, also nach ihren Reaktionen, durch zweierlei ganz verschiedene Formeln gleich gut versinnlicht werden konnte. Der Acetylessigester z. B. ist nach vielen seiner Umsetzungen als das zu betrachten, was in dieser seiner gebräuchlichen Bezeichnung ausgesprochen liegt; aber nach anderen verhält er sich wie der Ester einer Oxykrotonsäure. Phloroglucin,

---

[1] Gazz. chim. Ital. 4, 305.

lange Zeit und berechtigter Weise als Trioxybenzol angesehen, kann nach einigen Reaktionen auch als eine metamere Trikarbonylverbindung gedeutet werden.[1]

Die Konstitution dieser sowie anderer Verbindungen, z. B. Isatin, Oxindol, Karbostyril, Cyanamid etc. ist also zweideutig. Welche von den zwei für eine solche Verbindung möglichen Strukturformeln die richtige ist, darüber herrschen bei den Forschern, welche sich mit dieser Frage beschäftigt haben, Meinungsverschiedenheiten. Baeyer unterscheidet eine stabile Modifikation von einer labilen, der *Pseudoform*; für Isatin z. B. entspricht die Hydroxyl enthaltende Formel der stabilen Modifikation, das Pseudoisatin dagegen ist im freien Zustande nicht bekannt (oder labil); nur Derivate desselben können bestehen.

C. Laar,[2] der diese Frage eingehend erörtert hat, bezeichnet die hierher gehörenden Erscheinungen mit dem Namen *Tautomerie*. Gemeinsam ist der letzteren ein „Bindungs- oder Platzwechsel von Wasserstoffatomen", wie sich an dem wohl einfachsten Fall einer solchen Tautomerie, den der Cyanwasserstoff darbietet, erläutern läßt. Dem chemischen Verhalten des letzteren trägt einerseits die Strukturformel: $H-C\equiv N$, andererseits die: $C=N-H$, in welcher Kohlenstoff zweiwertig fungiert, Rechnung; das Wasserstoffatom ist nach ersterer mit Kohlenstoff, nach letzterer mit Stickstoff verbunden. — Laar denkt sich Schwingungszustände innerhalb des Moleküls Cyanwasserstoff, die bewirken, daß das Wasserstoffatom alternierend die eine oder die andere Stellung einnimmt; er setzt also das gleichzeitige Bestehen beider Modifikationen voraus. Da fast sämtliche Tautomerien auf eine Veränderung der Bindungsweise von Atomen Kohlenstoff, Stickstoff und Sauerstoff gegenüber Wasserstoff zurückzuführen sind, so hat man für solche Fälle statt jener unbestimmten Bezeichnung den schärferen Ausdruck *Desmotropie* vorgeschlagen (V. Meyer).

---

[1] Die *Tautomerie* obiger Verbindungen erhellt aus folgenden Symbolen:

$CH_2(CO \cdot CH_3)$ $CH=C(OH)CH_3$
$COOC_2H_5$ $COOC_2H_5$

$$\begin{array}{c} C(OH) \\ HC \quad CH \\ (OH)C \quad C(OH) \\ CH \end{array} \qquad \begin{array}{c} CO \\ H_2C \quad CH_2 \\ OC \cdot CO \\ CH_2 \end{array}$$

[2] Ber. **18**, 648; **19**, 730.

In neuester Zeit haben sich die Untersuchungen experimenteller und spekulativer Art über tautomere Verbindungen sehr gehäuft. Eine ausgezeichnete Darstellung dieses Gebietes verdanken wir W. Wislicenus (Vortrag in der Sammlung von Ahrens, Stuttgart 1897). — Besonders wichtig sind die bisher ziemlich seltenen Fälle, daß die zwei tautomeren Formen einer Verbindung tatsächlich gewonnen werden, wie solches L. Claisen, W. Wislicenus, Knorr, Hantzsch, P. Rabe u. a. sicher gelungen ist. Seitdem derartige Ergebnisse vorliegen, kann man wohl (mit W. Wislicenus) die Tautomerieerscheinungen als intramolekulare umkehrbare Umlagerungen bezeichnen, die in einzelnen Fällen der Beobachtung zugänglich sind. Nach J. Traube ist „Tautomerie eine besondere Art von Isomerie, bei der es sich um einen von äußeren Bedingungen sehr beeinflußten Gleichgewichtszustand zweier sehr leicht ineinander umwandelbaren Isomeren handelt".

Die Meinungen, ob die desmotropen Formen sich fortwährend ineinander umwandeln (Oszillationen, fließende Bindungen) oder ob unter gewissen Bedingungen eine, unter anderen die zweite Modifikation stabiler ist, sind noch nicht völlig geklärt.

Die neuen Beobachtungen sprechen dafür, daß in flüssigem oder gelöstem Zustande beide Formen nebeneinander vorkommen. Dies ist zuerst für den Acetessigester (*Enol*- und *Keto*-Form) erwiesen worden und war auch vom physikalisch-chemischen Standpunkte vorauszusehen.

In den Untersuchungen über Pseudosäuren und Pseudobasen von A. Hantzsch u. a. ist neuerdings sehr wichtiges Material zur Beurteilung der Tautomerieerscheinungen geliefert worden. Es geht daraus hervor, daß nicht nur der Wasserstoff, sondern auch das Hydroxyl Anlaß zur Tautomerie gibt, wie das Verhalten der Diazoniumsalze und der Karbinolbasen zeigt. — Daß sich in den letzten zehn Jahren außer den schon Genannten viele Forscher mit dem Problem der Tautomerie beschäftigt haben, ist bei dem hohen Interesse dieser Frage begreiflich. Mit Erfolg sind namentlich physikalisch-chemische Hilfsmittel zur Ermittlung der Konstitution der tautomeren Körper benutzt worden, so die Leitfähigkeit, die Refraktion, die elektromagnetische Drehung der Polarisationsebene u. a. m.

Bei der sogen. Tautomerie kam also der Fall vor, daß die Konstitution einer und derselben Verbindung, je nach den verschiedenen Reaktionen, die sie zeigt, durch zwei anscheinend gleichberechtigte Strukturformeln ausgedrückt werden kann. Bei einer anderen Gruppe von Metamerien tritt das umgekehrte Verhältnis zutage, insofern zwei ganz verschiedenen chemischen Verbindungen von gleicher Zusammensetzung eine und dieselbe Strukturformel entspricht. J. Wislicenus[1] hat eine solche *Strukturidentität* zuerst für zwei verschiedene Körper, die Gärungs- und die Paramilchsäure, festgestellt.[2] Zur Erklärung derartiger Metamerien reicht also die Strukturtheorie nicht mehr aus. Als Beispiele mögen noch dienen die Kroton- und Isokrotonsäure, die Fumar- und Maleinsäure, die Mesakon- und Citrakonsäure. Wislicenus hat diese Art der Metamerie als *geometrische Isomerie*, Michael, der ebenfalls seit längerer Zeit dieses Gebiet von Metamerien bearbeitet, als *Alloisomerie* bezeichnet. Neuerdings nennt man diese Erscheinungen *Stereoisomerie*, das ganze, stark im Wachsen begriffene Gebiet das der *Stereochemie*.

J. Wislicenus[3] hat es unternommen, derartige Erscheinungen auf Grund einer Hypothese von van't Hoff und Le Bel[4] zu deuten. Nach der letzteren, welche dazu dienen sollte, die optische Aktivität isomerer Körper zu erklären, denkt man sich den Schwerpunkt eines Kohlenstoffatoms in der Mitte eines Tetraeders und die vier *Affinitäten* des Atoms nach den vier Ecken des Tetraeders gerichtet. Wenn zwei Atome Kohlenstoff unter Ausgleich von je einer Affinität verbunden werden, so sind, wie van't Hoff und nach ihm Wislicenus

---

[1] Johannes Wislicenus, 24. Juni 1835 zu Klein-Eichstedt bei Querfurt geboren, war seit 1885 als Professor der Chemie und Leiter des ersten chemischen Universitätslaboratoriums in Leipzig bis zu seinem am 5. Dezbr. 1902 erfolgten Tode tätig, nachdem er in Würzburg (1872—1885) und früher in Zürich als akademischer Lehrer gewirkt hatte. Nach dem Tode Streckers, dessen Nachfolger er in Würzburg war, hat er dessen Lehrbuch der Chemie in neuer Bearbeitung herausgegeben. — Seine meist in den Annalen der Chemie veröffentlichten Experimentaluntersuchungen betreffen fast ausschließlich das Gebiet der organischen Chemie, in deren Geschichte seine Leistungen öfter namhaft zu machen sind. Seine besonders wichtigen Arbeiten über die Milchsäuren drängten ihn schon im Jahre 1873 zu dem Schluß, daß der Grund der Verschiedenheit zweier derselben in räumlichen Verhältnissen der Moleküle gesucht werden müsse. Die der neuesten Zeit angehörenden Spekulationen über geometrische Isomerien sind oben erörtert. Seine Persönlichkeit, sein Leben und Wirken sind in verschiedenen Nekrologen liebevoll und eingehend geschildert worden (von Biehringer in der naturwissenschaftl. Rundschau 1903, Nr. 15, 16; von Rassow in der Zeitschr. angew. Chem. 1903; vergl. auch Nachruf von C. Liebermann, Ber. 35, 4244).

[2] Ann. Chem. 167, 343.

[3] Vergl. *Die räumliche Anordnung der Atome in organischen Molekülen* (Leipzig 1887) und Tagebl. der Naturforscherversammlung zu Wiesbaden 1887.

[4] Vergl. van't Hoffs Schrift: *Dix années dans l'histoire d'une théorie* (1887). Zuerst teilte derselbe seine Ansichten in der Schrift: *La chimie dans l'espace* (1873) mit, die auch deutsch, von Herrmann bearbeitet, erschien (1874, in neuer Auflage 1894). Le Bel hat die Hypothese, unabhängig von van't Hoff, im Bull. soc. chim. (2) 22, 337 veröffentlicht.

annehmen, beide um eine gemeinsame Achse in entgegengesetzter Richtung drehbar; die Möglichkeit einer solchen Rotation soll durch Eintritt doppelter oder dreifacher Bindung der Kohlenstoffatome aufhören. — Von Wislicenus ist diese Hypothese zur Grundlage seiner Erörterungen bei vielen neuen Experimentaluntersuchungen gemacht worden. Als eine wichtige Hilfsvorstellung kommt noch hinzu, daß bei jener Drehung von Systemen mit einwertig gebundenen Kohlenstoffatomen „besondere richtende Kräfte, die Affinitätsenergien" tätig sind, welche die räumlichen Beziehungen der Atome zueinander regeln. — Mit Hilfe aller dieser hypothetischen Voraussetzungen glaubte Wislicenus im Besitz der Mittel zu sein, „die Feststellung der räumlichen Atomlagerung in einzelnen Fällen auf experimentellem Wege zu erreichen".

Die Theorie, welche mit asymmetrischen Kohlenstoffatomen in chemischen Verbindungen rechnet, ist in der Tat durch zahlreiche und gewichtige Beobachtungen gestützt worden (vergl. Geschichte der physik. Chemie). Zunächst ist die Tatsache bemerkenswert, daß die optisch aktiven organischen Verbindungen, soweit man ihre Konstitution festgestellt hat, ein oder mehrere asymmetrische Kohlenstoffatome enthalten. Die Erfahrungen, die man an der Trauben-, Äpfel-, Mandel-, Milchsäure und anderen Stoffen gemacht hat, sind mit der obigen Theorie in gutem Einklange. Der Weg, den zuerst Pasteur[1] mit so großem Erfolge zur Spaltung inaktiver in aktive Modifikationen vorgezeichnet hat, ist seither in zahlreichen Fällen mit gleich günstigen Ergebnissen beschritten worden. — Sehr fruchtbar erwiesen sich derartige Spekulationen im Bereiche der bis vor kurzem chemisch so schwer zugänglichen Zuckerarten, insbesondere bei den glänzenden Untersuchungen E. Fischers.[2]

---

[1] *Recherches sur la dissymmetrie moléculaire des produits organiques naturels* (1860. 1861). Louis Pasteur hat der Chemie, wie den biologischen Wissenschaften durch bahnbrechende Untersuchungen glänzende Ergebnisse zugeführt. Seine Arbeiten über optisch aktive Verbindungen, namentlich Weinsäure und ihre Salze, führten ihn zur Behandlung biologischer Fragen, zur Erkennung und Züchtung wichtiger Gärungserreger; durch seine Untersuchungen über alkoholische, Milchsäure- und Essigsäuregärung wurde er ein Hauptbegründer der neuen Zymochemie und Bakteriologie. Die Gärungsgewerbe verdanken ihm außerordentlich wichtige Verbesserungen. Im nächsten Zusammenhange mit diesen Forschungen stehen seine großartigen Leistungen im Gebiete der Schutzimpfung gegen Milzbrand, gegen den Rotlauf der Schweine, die Wutkrankheit; er gehört hiernach zu den Wohltätern der Menschheit. Pasteur ist am 27. Dezember 1822 in Dôle geboren, am 28. September 1895 in der Nähe von Paris gestorben.

[2] Ber. **23**, 2114; **24**, 1836 u. 3997; **27**, 3189; vergl. sonstige Litteratur in spez. Gesch. d. organ. Chem.

Ferner sind die gewiß auf räumlich verschiedene Anordnung der Atome zurückzuführenden Isomerien der hydrierten Phtalsäuren bei Ad. Baeyers wichtigen Untersuchungen[1] höchst bedeutsame Stützen für die Theorie des asymmetrischen Kohlenstoffs in „ringförmigen" Gebilden. Von noch größerer Bedeutung sind die ausgezeichneten Arbeiten von Wallach u. a. über die Klasse hydroaromatischer Stoffe, die als *Terpene* zusammengefaßt werden, deren Konstitution sich häufig nur unter Annahme asymmetrischen Kohlenstoffs ableiten läßt (s. spez. Gesch. d. organ. Chem.).

Ganz besonders ergiebig waren die Arbeiten über die Isomerien bei gewissen Verbindungen, die *doppelt gebundenen* Kohlenstoff enthalten. Die zur Erklärung solcher Erscheinungen, insbesondere von Joh. Wislicenus und seinen Schülern[2] unternommenen Arbeiten über Fumar- und Maleinsäure, über Kroton- und Isokroton-Angelika- und Tiglinsäure, sowie deren Halogenderivate haben zu ganz überraschenden Ergebnissen geführt, die jedoch in manchen Fällen nicht der Theorie entsprechen. Ja, es kommen Widersprüche vor, die wichtige theoretische Voraussetzungen in Frage stellen, wie sich aus den Untersuchungen A. Michaëls,[3] sowie aus den von anderen Forschern[4] gemachten Einwänden ergibt.

Immerhin hat der Gedanke, die Ursachen mancher Isomerien auf die verschiedene geometrische Lagerung der Atome zurückzuführen, sehr anregend gewirkt und zur Auffindung vieler früher übersehener Beziehungen zwischen isomeren Stoffen geführt. Hier möge noch auf die Untersuchungen über Tolandichloride, Butylene, isomere Zimtsäuren, Eruka- und Brassidinsäure, sowie über alkylierte Bernsteinsäuren hingewiesen werden.[5] — Zahlreiche Spekulationen sind in den letzten Jahren angestellt worden, um manche der Theorie sich nicht fügende Erscheinungen zu erklären; es sei an V. Meyers und Rieckes[6] Ideen „über die Konstitution des Kohlenstoffatoms", an Bischoffs[7] *„dynamische Hypothese"* gewisser Isomerien erinnert.

Alle diese Bemühungen sind veranlaßt durch die nicht mehr

---

[1] Ann. Chem. 245, 103; 251, 257; 256, 1; 258, 1, 145; 266, 169; 269, 145.
[2] Außer der schon zitierten Schrift s. Ann. Chem. 246, 53; 248, 1 u. 281; 250, 224.
[3] Namentlich Journ. pr. Chem. (2) 46, 400 ff. und früher.
[4] Skraup, Wien. Mon. 12, 119. Anschütz, Ann. Chem. 254, 175.
[5] Vergl. spezielle Geschichte der organ. Chemie.
[6] Ber. 21, 951.
[7] Ber. 23, 1467.

zu bezweifelnde Tatsache, daß „*geometrisch-chemische*" Isomerien vorkommen. Seit einigen Jahren hat man ähnliche Beobachtungen auch an verschiedenen Stickstoffverbindungen gemacht, und versucht, diese Isomerien auf die räumlichen Verhältnisse, die Konfiguration des Stickstoffatoms, zurückzuführen. Insbesondere sind es Stoffe, die mit Kohlenstoff doppelt gebundenen Stickstoff in der Form $=C=N-$ oder auch ein Doppelatom Stickstoff mit Kohlenstoff verbunden: $=C-N=N-$ enthalten, an welchen man solche Isomerien beobachtet hat. Die Arbeiten von V. Meyer und Auwers, von Beckmann, insbesondere A. Hantzsch über Oxime von Aldehyden und Ketonen, sowie die der neuesten Zeit angehörenden Erfahrungen über Hydrazone, über Karbodiimide, Diazoverbindungen u. a. sind als Stützen der namentlich von Werner und Hantzsch[1] formulierten Theorie der Stereoisomerie von Stickstoffverbindungen zu betrachten. Es ist nicht zu bestreiten, daß eine große Zahl wichtigster Isomeriefälle durch Annahme räumlicher Unterschiede in den Beziehungen des Stickstoffatoms zum Kohlenstoff eine Art von Erklärung gefunden hat. Auch ist der heuristische Wert, den die Hypothese von Werner und Hantzsch besitzt, nicht in Abrede zu stellen; viele treffliche Untersuchungen und deren Ergebnisse sind Folgen des zugrunde liegenden Gedankens sterischer Verhältnisse des Stickstoffatoms gewesen. — Auch die Hypothese des asymmetrischen Stickstoffs hat durch experimentelle Forschungen von Le Bel, Wedekind u. a. über Ammoniumsalze neuerdings eine Stütze gefunden (vergl. spez. Geschichte der physik. Chemie).

Die Frage, ob die räumliche Anordnung der Atome innerhalb eines Moleküls wirklich den von obengenannten Forschern angenommenen *Konfigurationen* entspricht, läßt sich nicht sicher beantworten; denn ein Beweis für die Richtigkeit jener Vorstellungen kann nicht geliefert werden. Die an dieselben geknüpften Erwartungen, einen tieferen Einblick in die *Lagerungsweise* der kleinsten Teilchen innerhalb einer Verbindung zu gewinnen, dürften jedenfalls zu hoch gespannt sein. Eine ruhige Kritik hat zwar, wie schon angedeutet wurde, begonnen, in einzelnen Fällen zu der Erklärung geometrischer Isomerien Stellung zu

---

[1] Ber. 23, 1 u. 1243. Bezüglich der sonstigen Litteratur s. Hantzsch, *Grundriß der Stereochemie*. S. 106 ist der wesentlichste Punkt dieser Theorie wie folgt ausgesprochen: „Die geometrische Isomerie der Stickstoffverbindungen .... beruht, in der Ausdrucksweise der Valenzlehre, darauf, daß die drei Valenzeinheiten des Stickstoffatoms in gewissen Stickstoffverbindungen nicht in einer Ebene liegen."

nehmen,[1] aber zu einer gedeihlichen Klärung konnten dadurch die stereochemischen Theorien[2] noch nicht gelangen. — Für eine objektive, Theorie und Tatsachen nüchtern abwägende historische Darstellung der Stereochemie scheint die Zeit noch nicht gekommen zu sein; denn diese Lehre befindet sich noch vollständig im Zustande der Entwicklung.

Ausbildung wichtiger Methoden zur Erforschung der chemischen Konstitution organischer Verbindungen.

Wie aus den Erörterungen über die Isomerien erhellt, haben diese, seitdem sie Gegenstand eifriger Bearbeitung gewesen sind, zum Ausbau der organischen Chemie wesentlich beigetragen. Kaum eine andere Gruppe von Erscheinungen förderte nachhaltiger die Lösung der Frage nach der chemischen Konstitution; denn die Versuche, die letztere für isomere Stoffe festzustellen, fielen zusammen mit den Bemühungen, die Ursache der Isomerie zu ergründen. — Die zur Erforschung der rationellen Zusammensetzung organischer Verbindungen während der letzten Jahrzehnte angewandten Methoden haben sich zum großen Teil aus früher schon benutzten entwickelt. Die Wege, die nach den erstrebten Zielen hinleiteten, waren durch die unentbehrlichen Vorarbeiten von Liebig, Wöhler, Bunsen, Kolbe, Frankland, Dumas, Williamson, Gerhardt, Hofmann, Kekulé, Wurtz und andere geebnet und vorbereitet worden.

Synthetische Methoden.

Am wenigsten ausgebildet war zunächst das Mittel, durch künstliche Bildung organischer Verbindungen aus einfacher zusammengesetzten Einblick in deren Konstitution zu gewinnen. Nachdem Wöhler seine denkwürdige Beobachtung über die Entstehung des Harnstoffs aus den Elementen veröffentlicht und damit eine vollständige Synthese desselben gelehrt hatte, vergingen Jahre, ehe in dieser Richtung wieder erfolgreiche Arbeiten zu verzeichnen waren.

---

[1] Namentlich ist von Ad. Claus die Berechtigung der stereochemischen Auffassung von den isomeren Oximen energisch bestritten worden (vergl. Journ. pr. Chem. (2) **44**, 312; **45**, 1, 556; **46**, 544.

[2] Über die Leistungen derselben gibt der „*Grundriß der Stereochemie*" von A. Hantzsch (Breslau 1893) einen guten Überblick. Vergl. auch die verdienstliche Schrift von Auwers: *Die Entwicklung der Stereochemie* (Heidelberg 1890), sowie das sehr breit angelegte *Handbuch der Stereochemie* von C. A. Bischoff (unter Mitwirkung von P. Walden); endlich A. Werners *Lehrbuch der Stereochemie* (1904). Zur schnellen Orientierung in diesem großen Gebiete kann sehr gut die jüngst erschienene Schrift von E. Wedekind: *Stereochemie* dienen (Göschens Sammlung Nr. 201. 1904).

Unter Hinweis auf die spezielle Geschichte der organischen Chemie sei nur erinnert an die wichtigen, dem fünften Jahrzehnt angehörenden Entdeckungen von Kolbe: Synthese der Essigsäure, und von Frankland: Aufbau von Kohlenwasserstoffen aus kohlenstoffärmeren Verbindungen.

Die Bedeutung synthetischer Untersuchungen wurde seither in zunehmendem Maße gewürdigt;[1] in der Tat waren es künstliche Bildungsweisen, aus denen zuerst mit Sicherheit die Konstitution vieler organischer Stoffe abgeleitet werden konnte. So erkannte man, um nur wenige Beispiele anzuführen, die rationelle Zusammensetzung der Essigsäure auf Grund ihrer Entstehung aus Methylverbindungen, dem Cyan- und dem Natriummethyl. Die Konstitution von Kohlenwasserstoffen wurde durch deren Synthese aus Halogenalkylen und Zink oder Natrium erschlossen, die der Ketone durch ihre Bildung aus Säurechloriden und Zinkalkylen. In die wahre Zusammensetzung der Oxysäuren kam Licht durch ihre Entstehungsweise aus Aldehyden oder Ketonen und Cyanwasserstoff, sowie aus Phenolaten und Kohlensäure. Und zu welcher Fülle von synthetischen Reaktionen sowie von Entdeckungen neuer Stoffe haben die Natriumderivate gewisser Säureester, wie Acetessig- und Malonester, geführt![2]

In allen Teilen des weiten organisch-chemischen Gebietes sind große Erfolge der synthetischen Methoden zu verzeichnen; die Bedeutung dieser letzteren ist nicht nach dem Reichtum an neu hervorgebrachten Stoffen zu bemessen, sondern nach ihrem inneren Wert, der sich in der dadurch gewonnenen Erkenntnis der chemischen Konstitution von organischen Verbindungen bekundet. Ganz besonders wertvoll haben sich in dieser Richtung die durch sogenannte *Kondensation* ausgeführten Synthesen erwiesen. Man pflegt seit Baeyers Erörterungen unter Kondensationen die Vorgänge zu verstehen, bei denen sich mehrere gleichartige oder verschiedenartige Moleküle unter Austritt von Wasser in solcher Weise vereinigen, daß sich Kohlenstoffatome gegenseitig binden. Ein klassisches Beispiel dafür bot die schon frühzeitig beobachtete Umwandlung, die das Aceton unter dem Einflusse von Säuren in Mesityloxyd, bezw. Phoron, und weiter in Mesitylen erleidet. Ähnliche Reaktionen wurden an

---

[1] Die chemische Litteratur besitzt seit dem Jahre 1889 ein treffliches systematisches *Handbuch der Synthese* auf historischer Grundlage: *Die synthetischen Darstellungsmethoden der Kohlenstoffverbindungen* von K. Elbs; leider fehlt eine neue Auflage. — Vergl. auch Lellmanns *Prinzipien der organischen Synthese* (1887).

[2] Bezüglich dieser und der anderen hier angedeuteten Synthesen vergl. spez. Gesch. der organ. Chemie.

anderen Ketonen, sowie an Aldehyden wahrgenommen; es sei auf die Kondensation des Acetaldehyds allein oder mit Benzaldehyd zu Kroton- bezw. Zimtaldehyd hingewiesen. Durch diese und andere Vorgänge wurde zugleich eine Brücke zwischen den gesättigten und ungesättigten Verbindungen geschlagen und über die Konstitution der letzteren Licht verbreitet. Die von Perkin aufgefundene, nach ihm benannte Reaktion, auf der Kondensation von Aldehyden mit Fettsäuren beruhend, bildete die Grundlage ausgezeichneter Untersuchungen (von Fittig, Claisen und anderen) und diente ebenfalls zur Klärung der rationellen Zusammensetzung von ungesättigten Säuren.

Bei diesen und ähnlichen Synthesen, die große Gebiete der organischen Chemie der Forschung erschlossen haben, sind, je nach der Art der aufeinander wirkenden Verbindungen, die mannigfaltigsten *Kondensationsmittel* als zweckmäßig erkannt worden, z. B. Salz-, Schwefel-, Phosphorsäure, Chlorzink, Zinnchlorid, Natronlauge, Natriumäthylat, Diäthylamin und ähnliche Basen.

In ausgezeichneter Weise hat A. v. Baeyer[1] im Verein mit zahlreichen Schülern, wie E. und O. Fischer, v. Pechmann,[2] Königs, Knorr, E. Bamberger, Paal, haben ferner Kekulé, Fittig, Ladenburg, Wislicenus, V. Meyer, Knövenagel, Hantzsch, Claisen, Perkin, Graebe, Liebermann, überhaupt fast alle Chemiker, die sich in neuerer Zeit mit der organischen Chemie beschäftigten, der eingehenden Untersuchung von Kondensationen obgelegen, ja die organische Chemie schien eine Zeitlang durch das

---

[1] Adolf v. Baeyer, geboren 30. November 1835 zu Berlin, Schüler von Bunsen und Kekulé, wandte sich durch den anregenden Einfluß des letzteren der organischen Chemie zu, die er durch eine Fülle ausgezeichneter wichtigster Arbeiten bereichert hat. Seine unermüdliche Beschäftigung mit Kondensationsvorgängen hat ihn zu höchst wertvollen Ergebnissen geführt, deren in der speziellen Geschichte der organischen Chemie öfter zu gedenken ist. Grundlegende Arbeiten sind aus seinem Laboratorium hervorgegangen; es sei nur an die von Gräbe und Liebermann über Alizarin, von E. und O. Fischer über Rosanilin etc. erinnert. Seit 1860, in welchem Jahre er sich in Berlin als Dozent habilitierte, ist Baeyer als Lehrer tätig: zuerst an der Berliner Gewerbeakademie, sodann seit 1872 in Straßburg, seit 1875 in München, wo er als Vorstand des nach seinen Plänen gebauten Laboratoriums einen glänzenden Wirkungskreis gefunden hat.

[2] Dieser begabte Forscher, seit 1895 als Nachfolger Loth. Meyers in Tübingen tätig, ist durch frühzeitigen Tod (19. April 1902) der Wissenschaft entrissen worden. Seine Arbeiten haben sich insbesondere auf synthetischem Gebiete bewegt; es sei hier namentlich seiner schönen Untersuchungen über Abkömmlinge des Cumarins, der Synthese von Umbelliferon, Daphnetin u. a. gedacht (s. den ausführlichen Nekrolog von W. Königs, Ber. 36, 4417).

Studium der letzteren ihr eigenstes Gepräge zu erhalten. — Der Eifer, derartige Synthesen auszuführen, wurde besonders rege, nachdem man eingesehen hatte, daß die im Pflanzenorganismus sich abspielenden chemischen Vorgänge, also die Bildung kohlenstoffreicher Stoffe aus der Kohlensäure, dem Wasser und dem Ammoniak, meist auf Kondensationen beruhen. Die Geschichte der organischen Chemie kann über manche Ergebnisse von Bemühungen berichten, die gemacht worden sind, um solche natürliche Prozesse nachzuahmen oder wenigstens Pflanzenstoffe aus einfacher zusammengesetzten Stoffen künstlich zu erzeugen. Die wichtigsten, meist seit langer Zeit bekannten vegetabilischen Säuren wurden synthetisch dargestellt, so die Oxalsäure aus Kohlensäure, die Bernsteinsäure aus Äthylen, aus dieser die Äpfel- und Weinsäure, die Zitronensäure aus Aceton, das gleich dem Äthylen aus den Elementen aufgebaut werden konnte. Alle diese Beobachtungen, die durch zahlreiche andere über die künstliche Bildung von Säuren, die im Tier- und Pflanzenkörper vorkommen, vermehrt werden können — es sei nur die Synthese der Chelidon-, Vulpin-, Hippursäure, Harnsäure, sowie die künstliche Herstellung vieler durch Zerlegung von Eiweißstoffen erhaltenen Aminosäuren genannt —, trugen dazu bei, die chemische Konstitution dieser Stoffe schärfer als bisher zu bestimmen.

In ähnlicher Weise hat man aus der Synthese von pflanzlichen Farbstoffen und anderen Stoffen — ich erinnere an die von Alizarin, Purpurin, Indigblau, Hämatoxylin, Cumarin, Vanillin und von anderen Riechstoffen — sichere Schlüsse auf deren rationelle Zusammensetzung ziehen können. Die wichtige Aufgabe, natürliche Fette, Zuckerarten und Pflanzenalkaloide künstlich zu erzeugen, ist mit schönem Erfolg in Angriff genommen worden; es sei hier nur auf die hervorragenden Untersuchungen von E. Fischer über Kohlenhydrate und an die glückliche Synthese des Coniins durch Ladenburg hingewiesen.[1] Auch das schwierigste synthetische Problem, Eiweißstoffe künstlich zu gewinnen und ihre Konstitution zu entziffern, ist in Angriff genommen worden; hier sind jedoch Zweifel berechtigt, ob eine Lösung dieser Aufgabe überhaupt möglich ist.

Man darf aber aussprechen, daß von vielen schwer zugänglichen Stoffklassen, deren nähere Zusammensetzung noch unvollkommen erforscht ist, nicht eher eine klare Auffassung ihrer chemischen Konstitution gewonnen werden wird, als dieselben aus einfacher zusammengesetzten Verbindungen von bekannter Struktur dargestellt

---

[1] Vergl. in betreff anderer Synthesen spez. Geschichte der organ. Chemie.

worden sind. Die Geschichte der Synthese organischer Stoffe hat schon in sehr vielen Fällen die Wahrheit dieses Satzes bewiesen.

Das chemische Verhalten der organischen Verbindungen ist in jedem Falle als höchst wichtiges Hilfsmittel zur Erforschung ihrer chemischen Konstitution betrachtet und dementsprechend seit dem Aufblühen der organischen Chemie gewürdigt worden. Hier kann es sich nur darum handeln, mit wenigen Strichen einige der wichtigen Methoden zu kennzeichnen, die in den letzten Jahrzehnten angewandt sind, um aus dem chemischen Verhalten organischer Stoffe, ihren Umwandlungen und Spaltungen, die chemische Konstitution zu erschließen.

Das allgemeine Prinzip solcher Methoden besteht, im Gegensatze zu den synthetischen darin, daß man die durch chemische Veränderungen der fraglichen Stoffe erhaltenen Produkte untersucht und aus diesen auf die Konstitution der ursprünglichen Verbindungen zurückschließt. Bei zahlreichen Umwandlungen bleibt der chemische Eingriff auf einzelne mit dem Kohlenstoff verbundene Elemente oder Atomgruppen beschränkt, das Kohlenstoffgerüst selbst unverändert; bei vielen anderen dagegen erfolgt Abspaltung von Kohlenstoff in Form von Kohlensäure, Kohlenoxyd oder auch komplizierter zusammengesetzten Substanzen. — Für die genauer durchforschten Stoffklassen sind spezifische Reaktionen aufgefunden, welche die Entscheidung ermöglichen, ob eine bisher unbekannte Verbindung dieser oder jener Gruppe angehört. Gerade in neuerer Zeit hat man der Verfeinerung solcher Reaktionen vollste Aufmerksamkeit zugewandt. Um nur einige bedeutsame Schritte auf diesem Wege zu nennen, sei bemerkt, daß man in dem Fünffach-Chlorphosphor, sowie in dem Essigsäureanhydrid und dem Jodwasserstoff vorzügliche Mittel schätzen lernte, um zu erkennen, ob und in welcher Funktion eine organische Verbindung Hydroxyl enthält. Ferner wurde die Umwandlung von Nitro- in Amidoverbindungen, die von letzteren in Oxyderivate durch Reduktion bezw. Oxydation, sowie die Überführung von Cyaniden in Karbonsäuren, die von Kohlenwasserstoffen in Säuren, die von Amido- in Diazoverbindungen zu typischen Reaktionen, die, richtig gehandhabt, sehr schnell zur Aufklärung der Konstitution solcher Stoffe leiteten. Manche dieser Umwandlungen lassen sich quantitativ vollziehen und haben so zu wichtigen Bestimmungsmethoden geführt. Endlich möge noch der schönen Methode gedacht werden, welche den Nachweis der Gegenwart von Karbonyl in Aldehyden, Ketonen und ähnlichen Verbindungen mittels Hydroxylamin oder Phenylhydrazin ermöglicht (V. Meyer,

E. Fischer). Gerade diese Umsetzungen haben höchst wichtige Ergebnisse theoretischer und praktischer Art geliefert. Alle diese und ähnliche Reaktionen bezwecken, die Rolle elementarer Atome oder zusammengesetzter Radikale in organischen Molekülen bestimmt zu erkennen und so die Frage nach der Konstitution der letzteren teilweise zu lösen; sie haben in unzähligen Fällen diesen Zweck erreicht.

Die zur Entscheidung derselben Frage dienlichen Zersetzungen organischer Stoffe, die dadurch in kohlenstoffärmere gespalten werden, sind Legion und hier nur flüchtig zu berühren, damit das Prinzip der Methode daran erläutert werde. Der letztere Weg ist dem synthetischen gerade entgegengesetzt: während man auf diesem die Konstitution eines organischen Stoffes aus der seiner Komponenten erschließt, wird man auf jenem zu entsprechenden Folgerungen durch das Studium der durch Spaltung entstandenen, einfacher zusammengesetzten Produkte geleitet. Man denke, um nur einzelne Beispiele zu nennen, an die wichtigen Schlüsse, die Baeyer aus der Zerlegung von Abkömmlingen der Harnsäure in einfacher zusammengesetzte Stoffe gezogen hat; die von ihm daraus abgeleitete Konstitution derartiger Verbindungen wurde später durch ihre Synthese bestätigt. Noch seien die bedeutsamen Untersuchungen über die Zersetzungsweisen des Acetessigäthers erwähnt, die Hand in Hand mit synthetischen Versuchen die Konstitution desselben aufgeklärt haben (Frankland, Geuther, J. Wislicenus und andere), ferner an die so häufig beobachtete Abspaltung von Kohlensäure, Ameisensäure, Stickstoff, Ammoniak, Alkohol etc. aus organischen Verbindungen, deren Zersetzungsprodukte Rückschlüsse auf ihre rationelle Zusammensetzung gestatten. Treffliche Beispiele dafür, daß derartige Untersuchungen die Frage nach der chemischen Konstitution mächtig gefördert haben, bieten die Umwandlungen zahlreicher Verbindungen, z. B. der Ketone, Chinolinbasen, Naphtalinderivate, sowie der ungesättigten Stoffe durch Oxydation. Zu den frühzeitig angewandten und bewährten Oxydationsmitteln (Chromsäure, Kaliumpermanganat) sind durch neue Forschungen andere gekommen, die mehr oder weniger kräftige Wirkungen ausüben, derart daß man die beabsichtigte Oxydation in bestimmten Grenzen halten kann (solche Oxydantien sind *Ferricyankalium, Ozon, Persulfate, Caros Reagens, Natriumperoxyd* u. a.).

Auch die passend ausgeführte Reduktion organischer Verbindungen hat in zahlreichen Fällen zu wichtigen Ergebnissen geführt: die Überführung wasserstoffarmer Körper in wasserstoffreiche durch passende Mittel (Zinkstaub, Natrium, Jodwasserstoff, elektrolytischer Wasserstoff) erwies sich als besonders wichtig, da die entstehenden *Hydro*verbindungen durch ihr chemisches Verhalten, ihr Vorkommen in der Natur u. a. m. großes Interesse beanspruchen; es sei an die Untersuchungen von A. v. Baeyer, Ladenburg, Bamberger, Markownikoff, Vorländer, denen noch viele Namen angeschlossen werden könnten, erinnert.

Durch das Ineinandergreifen, durch die gemeinsame Benutzung der verschiedenen im Gebiete der organischen Chemie eingebürgerten Methoden ist die Frage nach der rationellen Zusammensetzung der Kohlenstoffverbindungen ihrer Lösung erheblich nähergeführt worden.

Hauptströmungen im Gebiete der unorganischen und allgemeinen Chemie während der letzten 40 Jahre.

Die für die Entwicklung der organischen Chemie außerordentlich wichtige Lehre von der Sättigungskapazität der Grundstoffe hat im Bereiche der unorganischen Körper bei weitem nicht so schnelle und vielseitige Anwendung gefunden, wie in dem der organischen. Nachdem Odling schon im Jahre 1854 den von Frankland erfaßten Begriff der Valenz auf die Oxyde zahlreicher Elemente angewandt hatte, dabei aber in den Fesseln der Typenlehre geblieben war,[1] versuchten nach und nach verschiedene Forscher in Lehrbüchern oder bei Gelegenheit von Experimentaluntersuchungen die schnell eingebürgerten Vorstellungen von der Verkettung der Kohlenstoffatome untereinander und mit anderen Elementen auf unorganische Verbindungen zu übertragen. Der Gewinn, der sich dabei ergab, fiel zunächst der Systematik der letzteren zu: auf Grund der Valenz, die man den einzelnen Elementen zuschrieb, wurden diese zu natürlichen Familien vereinigt. Als gemeinsames Band, welches die Glieder einer solchen Gruppe zusammenhalten sollte, diente ihre gleichartige Sättigungskapazität. So hatte schon Frankland den Grund der Zusammengehörigkeit von Stickstoff, Phosphor, Arsen und Antimon in der Fähigkeit dieser Elemente erkannt, drei- und fünfwertig zu fungieren. Zu dem Kohlenstoff gesellte man das Silicium, Titan, Zirkonium, als vorwiegend vierwertige Elemente, während das früher zu dem Kohlenstoff gestellte Bor als dreiwertig erkannt und einer anderen Gruppe zugeteilt wurde. Diese und ähnliche Bestrebungen, Klarheit in die Systematik der Grundstoffe durch deren Anordnung nach ihrem chemischen Werte zu bringen, führten bald zu der Aufstellung des wichtigen *natürlichen Systems der Elemente*.[2]

Das Problem, die Konstitution unorganischer Verbindungen,

---

[1] Vergl. S. 289.   [2] Vergl. S. 331.

ähnlich wie die der organischen durch Klarlegung der zwischen den einzelnen Elementen bestehenden Beziehungen zu deuten, ist nicht mit der gleichen Sorgfalt behandelt worden. Für die einfach zusammengesetzten Stoffe wurde die Frage meist zu leicht genommen; dies zeigte sich namentlich bei den willkürlichen Versuchen, auf Grund der Vorstellung, daß die Valenz der Elemente unveränderlich sei, die Konstitution unorganischer Verbindungen zu erklären. So übersah man häufig, daß das chemische Verhalten von Stoffen mit den ihnen zugeschriebenen Strukturformeln nicht im Einklange stand. Dem Chlorschwefel z. B. erteilte man unbedenklich die Formel:
$$\begin{array}{l} S-Cl \\ | \\ S-Cl \end{array},$$ ohne zu beachten, daß das eine Atom Schwefel sich anders als das zweite verhält. Die Zusammensetzung des Phosphoroxychlorids konnte von den Anhängern der konstanten Valenz nur durch das Symbol: $P{\Large\substack{\diagup O-Cl \\ -Cl \\ \diagdown Cl}}$ veranschaulicht werden, durch welches eine bisher unerwiesene Verschiedenheit eines Chloratoms den beiden anderen gegenüber angezeigt wurde.

Und welche Zwangsmaßregeln wurden angewandt, um die Zusammensetzung komplizierterer Verbindungen zu deuten! Nach Wurtz[1] erklärte sich die Konstitution sauerstoffreicher Stoffe meist dadurch, daß die Sauerstoffatome untereinander verkettet angenommen wurden; man denke nur an die Strukturformel des Überjodsäureanhydrids, in welcher sieben Atome Sauerstoff sich zu einer Kette vereinigt haben, an deren Enden die beiden vermeintlich einwertigen Jodatome stehen. Durch Verdrängen der so einseitigen Annahme einer konstanten Valenz der Elemente ist allmählich eine gesundere Auffassung an die Stelle derartiger künstlicher Erklärungsversuche getreten. Aber sichere Methoden zur Ermittlung der Konstitution von Stoffen verwickelter Zusammensetzung sind im Gebiete der unorganischen Chemie nur selten ausgebildet, während für organische Verbindungen schon viel in dieser Richtung geleistet ist.

Die ersprießlichsten Forschungen, die in den letzten Jahrzehnten den Stoffen der unorganischen Chemie galten, haben die Bearbeitung einzelner Elemente, namentlich solcher, die unvollkommen oder noch gar nicht untersucht waren, zum Gegenstand gehabt. So wurde dem Vanadium durch die Arbeiten von Roscoe,[2] dem Niob und

---

[1] *Leçons de philosophie chimique*, S. 157.

[2] **Henry E. Roscoe**, geboren 1833, Schüler Bunsens, wirkte mehrere Jahrzehnte lang als Professor der Chemie in Manchester (an der Viktoriauniversität), lebt jetzt in London. Seine Arbeiten bewegen sich namentlich im

Tantal durch die von Marignac,[1] dem Uran, Gold, Molybdän, Titan, Fluor und anderen durch treffliche Untersuchungen von Zimmermann, Krüss, v. d. Pfordten, Moissan, dem zuerst die Isolierung des Fluors glänzend gelang, und durch andere die gebührende Stellung unter den übrigen Elementen zu teil; dies war nur dadurch möglich, daß der chemische Charakter der genannten Grundstoffe mit großer Sorgfalt erforscht wurde. Das gleiche gilt von den neu aufgefundenen Elementen, wie dem Thallium, Indium, Skandium, Germanium, die von ihren Entdeckern in trefflichster Weise untersucht wurden. In das letzte Jahrzehnt fällt die Entdeckung des Argons und der gleich diesem chemisch trägen Gase, die alle in unserer Atmosphäre vorkommen. Sie waren gänzlich übersehen worden, bis Lord Rayleigh, durch vergleichende Beobachtung des aus Luft und des aus Stickstoffverbindungen dargestellten Stickstoffs aufmerksam gemacht, mit W. Ramsay[2] ein Gas aus atmosphärischem Stickstoff isolierte, das sie Argon nannten seiner Unfähigkeit wegen, sich mit anderen, selbst den chemisch wirksamsten Elementen zu verbinden. Auf die Entdeckung des Argons folgte bald die des Helium, sodann der anderen Begleiter: Krypton, Neon, Xenon, dank den zielbewußten Arbeiten Ramsays und seiner Schüler. Dieser schöne Erfolg ist erst möglich geworden, nachdem es gelungen war, die Luft in beliebig großen Mengen zu verflüssigen. Durch Fraktionieren der Verdunstungsrückstände der Luft, bezw. des Argons konnte Ramsay die genannten Grundstoffe einzeln gewinnen. An der elementaren Natur derselben zu zweifeln, liegt bis jetzt kein Grund vor. Da nun wegen ihrer chemischen Trägheit (man hat sie deshalb Edelgase genannt) jede Feststellung ihres chemischen

---

Bereiche der unorganischen und der physikalischen Chemie; es sei hier an die mit R. Bunsen veröffentlichten *Photochemischen Untersuchungen* erinnert. Sehr verdienstlich war (seit 1877) die Herausgabe eines großen Lehrbuches der Chemie, dessen zwei ersten Bände die anorganische Chemie behandeln und von ihm verfaßt sind, während die sieben übrigen Bände — organische Chemie — von Schorlemmer, später von Brühl unter Beteiligung verschiedener Mitarbeiter herausgegeben sind (Schluß 1901).

[1] J. C. Marignac, geboren 1817 zu Genf, hatte sich einige Jahre vor seinem Tode von seiner Lehrtätigkeit, der er sich seit 1842 in Genf gewidmet hatte, zurückgezogen und ist am 15. April 1894 daselbst gestorben. Abgesehen von einigen Untersuchungen über Naphtalinderivate sind seine wichtigsten Arbeiten die, welche die Bestimmung von Atomgewichten zahlreicher Elemente und verschiedene Teile der unorganischen Chemie betreffen. Über sein Leben und Wirken hat E. Ador in den *Archives des sciences physiques et naturelles* Bd. **32**, S. 5, auch Ber. **27**, 979, ausführlich berichtet.

[2] Vergl. Ramsays Vortrag Ber. **31**, 3111; ferner Zeitschr. phys. Chem. **16**, 344, auch spezielle Geschichte der unorgan. Chemie.

Verhaltens versagt, mußte um so größerer Wert auf ihre physikalischen Eigenschaften gelegt werden: Die Spektren, das spezifische Gewicht, das Verhältnis der spezifischen Wärmen bei konstantem Volum und konstantem Druck lieferten Anhaltspunkte zur Ermittlung ihres Atomgewichtes.

Die Forschungen Ramsays, zu den glänzendsten der Neuzeit gehörend, haben ein ganz ungeahntes neues Gebiet erschlossen und den Beweis geliefert, daß auch da, wo alles klar zu sein schien, noch überraschende neue Tatsachen in Hülle und Fülle aufgefunden werden können.

Die mit den Elementen sich befassenden Forschungen, auf die in der speziellen Geschichte der unorganischen Chemie zurückzukommen ist, haben — abgesehen von den zuletzt besprochenen — den gleichen Zweck verfolgt: die Feststellung des chemischen Charakters, insbesondere der Verbindungsverhältnisse des fraglichen Elementes und die sorgfältigste Ermittlung seines relativen Atomgewichtes. Außerdem legte man auf die Beobachtung seiner physikalischen Eigenschaften in wachsendem Maße Wert. — Planmäßig wurden derartige einzelnen Elementen geltende Untersuchungen, nachdem die Erkenntnis gereift war, daß innige Beziehungen zwischen dem chemischen sowie physikalischen Verhalten der Grundstoffe einerseits und zwischen der Größe ihrer Atomgewichte andererseits walten. Naturgemäß mußte sich die erste Aufgabe der genauesten Bestimmung der relativen Atomgewichte zuwenden, wenn es sich darum handelte, jenen Zusammenhang nachzuweisen.

Auf die größtmögliche Verfeinerung der Methoden zur Bestimmung der Atomgewichte waren die Bemühungen vieler Forscher schon lange Zeit gerichtet, ehe man die Bedeutung dieser Frage für die Systematik der Grundstoffe erkannt hatte. An die denkwürdigen Arbeiten von Berzelius schlossen sich seit den vierziger Jahren die von Dumas, Marignac, Erdmann, Marchand, Pélouze an und wurden gekrönt durch die klassischen Untersuchungen von Stas[1] über die Atomgewichte von Sauerstoff, Chlor, Brom, Jod, Stickstoff, Schwefel, Silber und andere. Hier war an

---

[1] Jean Servais Stas, geboren 1813 zu Löwen, gestorben 1891 zu Brüssel, wo er mehrere Jahrzehnte hindurch als Professor der Chemie an der Militärschule gewirkt hat. Seine außerordentlichen Verdienste um die Bestimmung der Atomgewichte verschiedener Elemente sind allgemein anerkannt; er faßte seine Arbeiten zusammen in dem Werke: *Recherches sur les rapports réciproques des poids atomiques*, sowie in den *Nouvelles recherches sur les lois des proportions chimiques* etc. Auch die organische Chemie, sowie die forensische Analyse verdankt ihm sehr wichtige Untersuchungen (s. spez. Gesch.).

Genauigkeit für jene Zeit das Höchste geleistet, was mit den zu Gebote stehenden Hilfsmitteln erzielt werden konnte. Aber diese Sicherheit bezüglich der Größe relativer Atomgewichte erstreckte sich nur auf wenige Elemente; für viele waren die bisher angenommenen Werte höchst ungenau. Zur Berichtigung derselben ist in den letzten Jahrzehnten durch schöne, höchst wertvolle Einzelforschungen und durch die Bemühungen einer neuerdings eingesetzten Atomgewichtskommission viel geschehen.[1]

Periodisches System der Elemente.

Die Proutsche Hypothese, nach der die Atomgewichte sämtlicher Elemente zu dem des Wasserstoffs in einfacher Beziehung stehen sollten, wirkte lange Zeit gleichsam wie ein Ferment, indem sie immer wieder von neuem Spekulationen über den Zusammenhang der Eigenschaften von Elementen mit ihren Atomgewichten anregte. Die Wahrnehmung, daß chemisch ähnliche Grundstoffe entweder nahezu gleiche oder durch bestimmte Zahlendifferenzen unterschiedene Atomgewichte besaßen, diente solchen Bestrebungen zur Förderung. Auf Regelmäßigkeiten der Art wurde seit nahezu 75 Jahren mit mehr oder weniger Nachdruck und Geschick von verschiedener Seite aufmerksam gemacht; nur kurz möge an die darauf bezüglichen Erörterungen von Döbereiner, L. Gmelin, Pettenkofer, Dumas, Kremers, Odling und andere erinnert werden.[2] In diese vereinzelten Bemühungen, einen Zusammenhang zwischen den Atomgewichten und der Natur der Elemente aufzufinden, kam erst in neuerer Zeit systematische Ordnung.

Im Jahre 1864 hatten unabhängig voneinander der Engländer Newlands[3] und der deutsche Chemiker Lothar Meyer[4] eine An-

---

[1] Vergl. spez. Geschichte der unorgan. Chemie.
[2] Vergl. L. Meyer, Moderne Theorien S. 133 (5. Aufl.).
[3] Chem. News 32, 21 u. 192. Wie Mendelejeff jüngst in seinem *Grundlagen der Chemie* (S. 683) hervorhebt, sind schon 1862 von Chaucourtois (in Frankreich) einige Teile des periodischen Gesetzes erkannt und ausgesprochen worden.
[4] Lothar Meyer, geboren 19. August 1830, war seit 1876 in Tübingen als Professor der Chemie bis zu seinem Tode, 29. April 1895, tätig, nachdem er zuvor als akademischer Lehrer in Breslau, Neustadt-Eberswalde und Karlsruhe gewirkt hatte. Seine ersten Experimentaluntersuchungen behandelten physiologisch-chemische Fragen, später richtete er seine Aufmerksamkeit mehr auf theoretische und physikalisch-chemische Probleme. Dieser Beschäftigung entsprang sein Werk: *Die modernen Theorien der Chemie* (5. Aufl. 1884); vergl. auch seine *Grundzüge der theoretischen Chemie* (1890). Seine oben besprochenen

zahl von Elementen nach der Größe ihrer Atomgewichte geordnet[1] und dabei bemerkt, daß, während bei oberflächlicher Betrachtung die aufeinander folgenden Grundstoffe scheinbar regellos wechselnde Eigenschaften aufweisen, nach Ablauf einer gewissen *Periode* das chemische und physikalische Verhalten der nun folgenden Elemente an das der voraufgehenden lebhaft erinnert, ja sich wiederholt. Die einander ähnlichen Elemente wurden dann zu Gruppen oder *natürlichen Familien* vereinigt, diese von den *Perioden* unterschieden, welche diejenigen Elemente umfaßten, deren Atomgewichte zwischen denen der nächststehenden Glieder einer *natürlichen Familie* lagen. Dieser Versuch, die Grundstoffe nach der Größe ihrer Atomgewichte zu ordnen und daraus wichtige Beziehungen der letzteren zu den Eigenschaften jener abzuleiten, rief zunächst mehr Verwunderung als Anerkennung hervor. Newlands entging sogar nicht dem Spott, indem man ihn fragte, ob er nicht mit ähnlichem Erfolg versuchen wolle, die Elemente nach ihren Anfangsbuchstaben zusammenzustellen.

Diese sehr unvollkommenen Anfänge wurden bald, seit dem Jahre 1869, durch Mendelejeff,[2] sowie L. Meyer,[3] und zwar ganz unabhängig von ersterem, stark erweitert und abgerundet, nachdem inzwischen für mehrere Elemente die Atomgewichte mit größerer Genauigkeit als früher ermittelt waren. Mendelejeff machte den für jene Zeit kühnen Versuch, sämtliche Grundstoffe nach der Größe ihrer zum Teil recht unsicheren Atomgewichte zusammenzustellen. Er konnte auf diese Weise zeigen, daß die zu einer natürlichen Familie gehörenden, also chemisch ähnlichen Elemente in regelmäßigen Perioden aufeinander folgen. Auf solche Weise wurden die Grundstoffe, wie man sich ausdrückte, in ein *natürliches System* gebracht, das damals noch, eben infolge der Ungenauigkeit zahlreicher Atomgewichte, viel Willkür aufwies. Aber Bemühungen um die festere Begründung des periodischen Systems der Elemente führten ihn zu einer sorgfältigen Revision aller irgend brauchbaren Angaben über die Atomgewichte der Grundstoffe (vergl. sein und K. Seuberts verdienstliches Werk: *Die Atomgewichte der Elemente aus den Originalzahlen neu berechnet*. 1883). Über L. Meyers Leben und Wirken vergl. den Nekrolog von K. Seubert: Ber. **28**, 1103.

[1] Vergl. *Moderne Theorien*. (1. Aufl.) 1864.
[2] Zeitschr. Chem. **1869**, S. 405, ausführlich Ann. Chem. Suppl. **8**, 133. D. J. Mendelejeff, zu Tobolsk 1834 (7. Februar) geboren, hat sich mit Vorliebe Untersuchungen über physikalische Konstanten (z. B. spezifische Volume, Ausdehnung der Gase etc.) gewidmet; am bekanntesten ist er durch seine Abhandlung: „*Die periodische Gesetzmäßigkeit der chemischen Elemente*" und durch sein originelles Lehrbuch: „*Grundlagen der Chemie*" geworden; er wirkt seit 1856 in Petersburg.
[3] Das. Suppl. **7**, 354 und in den neuen Auflagen seiner *Modernen Theorien*.

der von den beiden zuletzt genannten Forschern entwickelte Grundgedanke, daß sich die Elemente in *Perioden* und andererseits in *natürliche Familien* gliedern, daß ferner die gesamten Eigenschaften der Grundstoffe periodische Funktionen ihrer Atomgewichte sind, hat sich durch die seither emsig betriebenen Forschungen befestigt und nach jeder Richtung hin bestätigt. Das letztere gilt insbesondere von der chemischen Valenz der Elemente, dem elektrochemischen Charakter, dem Atomvolum, dem thermochemischen Verhalten und anderen physikalischen Eigenschaften, die alle in periodischer Abhängigkeit von der Größe der Atomgewichte stehen.

Zu manchen wichtigen Folgerungen haben diese zunächst für die Systematik der Elemente bedeutungsvollen Bestrebungen geleitet. Hier möge darauf hingewiesen werden, daß auf Grund des periodischen Systems den früher unsicheren Atomgewichten verschiedener Grundstoffe ein bestimmter Wert zugesprochen werden konnte; denn ein jedes Element hat in diesem System einen ihm gehörigen Platz und ein diesem entsprechendes Atomgewicht zu beanspruchen, dessen Größe innerhalb gewisser Grenzen voraus zu berechnen war. So konnte in dem Fall, daß man von einem Elemente nur das Äquivalent kannte, das Atomgewicht aus seinem Verhalten und dem daraus sich ergebenden Platze in dem natürlichen System abgeleitet werden, wie dies z. B. für Beryllium und Indium erfolgreich geschah. Ferner konnte zwischen verschiedenen für ein und dasselbe Element bestimmten Werten der passendere gewählt, mußte aber durch sorgsame Versuche auf seine Richtigkeit geprüft werden. Man hat so für Molybdän, Antimon, Caesium und andere die aus dem periodischen System fließenden Ergebnisse in glücklichster Weise zur Korrektion der Atomgewichte benutzt.

Andere Schlüsse spekulativerer Art sind ebenfalls mit schönem Erfolge aus jener Anordnung der Elemente nach Perioden und natürlichen Familien gezogen worden. Die Lücken, welche das System bei seiner Aufstellung enthielt und heute noch, wenn auch in geringerer Zahl, aufweist, waren und sind dazu bestimmt, durch neue, bis dahin unentdeckte Grundstoffe ausgefüllt zu werden. Mendelejeff versuchte aus den Plätzen solcher Lücken nicht nur die Existenz von Elementen mit ihren angenäherten Atomgewichten vorauszusagen, sondern auch die Eigenschaften und das chemische Verhalten der unbekannten Elemente, sowie einiger Verbindungen derselben vorher zu bestimmen. Seine Prognosen sind durch die später erfolgte Entdeckung des Galliums, Skandiums, Germaniums und durch die Feststellung ihres Verhaltens in wahrhaft überraschender Weise bestätigt worden.

Von zahlreichen Forschern sind Änderungen in der Gruppierung mancher Elemente vorgeschlagen worden (J. Thomsen, J. Traube u. a.); insbesondere hat die Einordnung chemisch ähnlicher Grundstoffe von nahezu gleichen Atomgewichten viel Kopfzerbrechen gemacht. Auch für einzelne Elemente, deren chemischer Charakter sie in eine bestimmte Familie verweist, wie z. B. für Tellur, hatten sich Schwierigkeiten ergeben, insofern dasselbe nach den früheren Bestimmungen seines Atomgewichtes den Platz vor dem Jod, nicht, wie ermittelt wurde, nach demselben erhalten sollte. Die Einordnung der jüngst entdeckten Stoffe (Argon, Helium etc.) in das System auf Grund ihrer Atomgewichte hat zur Annahme einer Familie inaktiver „nullwertiger" Elemente geführt. Trotz dieser und ähnlicher Schwierigkeiten hat sich das periodische System der Elemente als aufklärendes, stark anregendes Hilfsmittel der Forschung in vielen Fällen bewährt.

Die Erkenntnis, daß eine periodische Abhängigkeit der physikalischen und chemischen Eigenschaften der Grundstoffe von ihren Atomgewichten besteht, ist also aus der natürlichen Anordnung der Elemente hervorgegangen. Die gemeinsame, diesen eigentümlichen Beziehungen zugrunde liegende Ursache aufzudecken und als Gesetz zu formulieren, bleibt der Zukunft vorbehalten. Schon jetzt hat man geglaubt, den Schleier lüften zu können durch die Annahme, daß die so verschiedenartigen Elemente oder wenigstens die zu einer natürlichen Familie gehörenden auf einfachere Grundstoffe zurückzuführen seien. Wir nehmen hier deutlich ein Anklingen an die Hypothese Prouts wahr, die einen so ungünstigen Einfluß auf den rationellen Ausbau der Atomlehre auszuüben drohte, wenn nicht damals die namhaftesten Forscher gegen die Zulässigkeit jener Annahme Einspruch erhoben hätten. In neuerer Zeit hat Crookes die so heikle Frage, ob die sogenannten Elemente als einfach oder nicht viel mehr als zusammengesetzt betrachtet werden müssen, wieder in Fluß gebracht.[1] Nach ihm sind alle Elemente aus einer Urmaterie, *Protyl*, durch allmähliche Kondensation entstanden; diese Meinung stützt sich auf Beobachtungen, die er über die Phosphoreszenzspektren von Yttererde angestellt hat. Gerade die Eigentümlichkeit der aus verschiedenen Stoffen bestehenden Yttererde hat derartigen Spekulationen reiche Nahrung zugeführt.

Ehe aber der wirkliche Übergang eines Elementes in ein anderes

---

[1] Vergl. Crookes: *Die Genesis der Elemente* (Braunschweig 1888). Vergl. auch das i. J. 1893 erschienene Werk W. Preyers: *Das genetische System der chemischen Elemente*.

unanfechtbar auf dem Wege des Experimentes nachgewiesen ist, darf der Chemiker die Annahme verschiedenartiger Elementarteilchen, die für ihn unteilbar sind, also seine heutige Atomtheorie, nicht fallen lassen.[1]

Allgemeine Bedeutung physikalisch-chemischer Forschungen.

Die Auffindung der Beziehungen zwischen den Atomgewichten der Grundstoffe und den physikalischen Eigenschaften dieser, bedeutet eine wesentliche Bereicherung des weiten Grenzgebietes, das sich zwischen der Chemie und der Physik ausbreitet. Schon seit längerer Zeit waren viele Forscher nach dem Vorgange von Kopp,[2] dessen anregende Arbeiten mit den vierziger Jahren des 19. Jahrhunderts begonnen hatten, emsig beschäftigt, dem Zusammenhange zwischen der chemischen Konstitution von Verbindungen und ihrem physikalischen Verhalten nachzuspüren. Die Fortschritte auf dieser Bahn sind in der speziellen Geschichte der physikalischen Chemie zu schildern. Hier soll nur in großen Zügen darauf hingewiesen werden, wie man immer mehr in den letzten vier Jahrzehnten, ganz besonders seit etwa 20 Jahren, erkannt hat, daß die chemische Forschung ohne eine ausgiebige Benutzung physikalischer Hilfsmittel Gefahr läuft, einseitig zu werden. Die Chemiker haben die Not-

---

[1] Die von Fittica veröffentlichte, ihm vermeintlich gelungene Umwandlung einiger Elemente in andere, können als endgiltig widerlegt betrachtet werden. — Ob die merkwürdige Bildung von Helium aus Radiumemanationen (Ramsay und Soddy) als Beweis für den Übergang eines Grundstoffs in einen andern angesehen werden kann, ist noch fraglich.

[2] Hermann Kopp, geboren 30. Oktober 1817 zu Hanau, wo sein Vater ein angesehener Arzt war, kam, nachdem er in Heidelberg studiert hatte, durch Liebig angezogen, nach Gießen, wo er sich 1841 habilitierte und bis zu seiner Übersiedlung nach Heidelberg (1864) als Professor wirkte; an letzterer Universität war er in voller Frische bis kurz vor seinem Tode (20. Februar 1892) tätig. Sein Verdienst um die Geschichtsschreibung der Chemie ist schon öfters hervorgehoben worden. Alle seine historischen Werke (*Geschichte der Chemie*, 4 Bände, 1843—1847. *Entwicklung der Chemie in der neueren Zeit*, 1873. *Beiträge zur Geschichte der Chemie*, ferner *Die Alchemie in älterer und neuerer Zeit*) zeichnen sich durch umfassende Gründlichkeit aus; der Entwicklung wichtiger Gedanken und Lehrmeinungen liebevoll nachzuspüren, hat er vortrefflich verstanden. — Die Anregung, welche von seinen physikalisch-chemischen Untersuchungen ausging, war eine höchst erfreuliche (s. spez. Gesch. der physik. Chemie). — Hier sei noch seiner intensiven Beteiligung an der Herausgabe von Liebigs Jahresbericht und von den Annalen der Chemie und Pharmazie, sowie seines *Lehrbuches der theoretischen Chemie* (1863, in Graham-Ottos Lehrbuch) gedacht. — A. W. v. Hofmann hat unmittelbar nach dem Tode Kopps ihm einen liebevollen Nachruf gewidmet (Ber. **1892**, 505).

wendigkeit eingesehen, daß sie der physikalisch-chemischen Methoden nicht entraten können.

Welch ausgedehnte Anwendung haben die letzteren gefunden bei der Bestimmung der Molekulargewichte von Elementen und Verbindungen! Das Mittel der Dampfdichtebestimmung hat sich zur Erreichung dieses Zwecks in außerordentlich vielen Fällen bewährt und ist oft zur Beantwortung höchst wichtiger theoretischer Fragen herangezogen worden; so ist in neuerer Zeit die Sättigungskapazität mancher Elemente, z. B. des Wolframs, Vanadiums, Berylliums, Thoriums, Germaniums und anderer, mit Hilfe dieser Methode festgestellt worden. Man denke ferner an die Ermittlung der Molekulargröße von Ozon, an die mittels der Gasdichte gewonnene Kenntnis von den Dissoziationserscheinungen bei Verbindungen und Elementen (z. B. Jod) u. a. m. — Die regelmäßigen, von Raoult und de Coppet zuerst bestimmt formulierten Beziehungen zwischen dem Molekulargewichte einer Substanz und dem Erstarrungspunkte, sowie dem Dampfdruck ihrer Lösungen haben schnell die Grundlage von leicht auszuführenden Methoden zur Bestimmung der Molekulargröße geliefert. Überhaupt ist gerade durch Untersuchungen des physikalischen Verhaltens von Lösungen, z. B. des elektrischen Leitvermögens, des osmotischen Druckes, des Dampfdruckes und anderen, in neuester Zeit die allgemeine Chemie auf ungeahnte Weise bereichert und gefördert worden. Hier waren die hervorragendsten Forscher auf physikalisch-chemischem Gebiete mit größtem Erfolge tätig, van't Hoff, Arrhenius, Ostwald, Nernst und andere, die das Fundament zu einem festgefügten Bau gelegt haben (s. spezielle Geschichte der physikal. Chemie).

Auf die Ableitung der Atomgewichte von Elementen aus ihrer spezifischen Wärme, und der Äquivalente durch die Elektrolyse von Salzen braucht nur hingedeutet zu werden, um die Bedeutung physikalischer Methoden für die Feststellung der wichtigsten chemischen Werte klar hervortreten zu lassen. — Welche Fülle von Arbeit auf dem Gebiete der Spektralanalyse, dem der Thermochemie, der Elektrochemie, der Verwandtschaftslehre, ferner durch Untersuchung des Zusammenhanges zwischen optischen Eigenschaften und chemischer Konstitution, in neuester Zeit durch Erforschung der Radioaktivität, entfaltet worden ist, darüber sowie über andere physikalisch-chemische Forschungen soll im speziellen Teile Bericht erstattet werden. Da werden sich bestimmter, als hier ausgeführt werden konnte, die Wechselbeziehungen zwischen Chemie und Physik ergeben; es wird sich zeigen, wieviel die Chemie der Physik zu verdanken hat. Die zuerst in dem Bereiche dieser letzteren zur

zur Geltung gelangte Idee von der Einheit aller Kräfte und von der Konstanz des Energievorrats ist, dank der Bemühungen Ostwalds,[1] van't Hoffs,[2] Willard Gibbs',[3] Horstmanns, Nernsts,

[1] Wilhelm Ostwald, zu Riga am 2. September 1853 geboren, hat seit 1887 in Leipzig die Professur für physikalische Chemie inne und hat für diese Disziplin sehr erfolgreich gewirkt, nachdem er von 1880—1887 am Polytechnikum zu Riga und zuvor an der Universität Dorpat tätig war. Seine hervorragenden Experimentaluntersuchungen haben die physikalische oder allgemeine Chemie erheblich bereichert; sie sind bis zum Jahre 1887 im *Journal f. pr. Chemie*, von da ab in der von Ostwald und van't Hoff ins Leben gerufenen *Zeitschrift f. physikal. Chemie* (zum Teil in den Berichten der K. Sächs. Ges. der Wiss.) veröffentlicht. Sein großes *Lehrbuch der allgemeinen Chemie* (in 2. Auflage erschienen, in 2 Bänden), sowie sein *Grundriß der allgemeinen Chemie* haben allgemeinste Anerkennung gefunden. Sehr verdienstlich ist die von Ostwald unternommene Sammlung älterer Originalarbeiten „*Klassiker der exakten Wissenschaften*". Von praktischem Werte ist Ostwalds 1893 erschienenes „*Hand- und Hilfsbuch zur Ausführung physiko-chemischer Messungen*". Sein groß angelegtes Werk: *Elektrochemie, ihre Geschichte und Lehre* (1896) sei als zeitgemäß und verdienstlich besonders erwähnt, ebenso seine *Grundlinien der anorganischen Chemie* (1900) und die früher (1894) erschienenen *Grundlagen der analytischen Chemie*. Überall ist O. Vorkämpfer der modernen physikalisch-chemischen Schule. Seine Vielseitigkeit erhellt aus seinen *Vorlesungen über Naturphilosophie* (Leipzig 1902); neuerdings gibt er die *Annalen der Naturphilosophie* heraus. — Sein Leben und Wirken hat P. Walden neuerdings liebevoll eingehend geschildert; in dem Buch, das bei Engelmann, Leipzig 1904 erschienen ist, findet sich auch eine ausführliche Bibliographie.

[2] Jacobus Henricus van't Hoff, am 30. August 1852 in Rotterdam geboren, studierte in Delft, Leiden, sodann in Bonn und Paris unter Leitung von Kekulé und Wurtz, wirkte in Utrecht und Amsterdam und ist als Professor, sowie Akademiker seit 1894 in Berlin tätig (vergl. den liebevoll geschriebenen Aufsatz von Ostwald, Zeitschr. phys. Chem. 31, 5 ff.). Bei der Begründung der Stereochemie von Kohlenstoffverbindungen hat er durch seine schon genannte Schrift *La chimie dans l'espace* bahnbrechend gewirkt. In seinem Werke *Ansichten über die organische Chemie* zeigte sich van't Hoff als kühner spekulativer Denker, indem er unter Anwendung des Gesetzes der Massenwirkung für organische Stoffe eine Gleichgewichtslehre und chemische Kinetik zu begründen suchte (namentlich auch in seinen *Études de dynamique chimique*). Seine Bestrebungen gipfeln in einer zielbewußten Anwendung der Thermodynamik und Energetik auf chemische Probleme. Eine besonders große Leistung ist die Entwicklung des Begriffes vom osmotischen Druck und die Aufstellung der Lösungsgesetze. Mit diesen in nahem Zusammenhange stehen seine neuesten Experimentaluntersuchungen über die Bildung von Doppelsalzen etc.

[3] Josiah Willard Gibbs, geb. 1839 in New Haven und daselbst 28. April 1903 gestorben, war mehr Physiker als Chemiker, hat aber durch seine thermodynamischen Arbeiten auf die Lehre des chemischen Gleichgewichts, überhaupt auf die der chemischen Verwandtschaft den größten Einfluß geübt. Sein bedeutendstes Werk *Thermodynamische Studien* hat Ostwald in deutscher Sprache herausgegeben (Leipzig 1892).

van der Waals, und anderer Forscher, in der Chemie, besonders bei Deutung von Affinitätserscheinungen, erfolgreich zur Anwendung gekommen.

In ähnlicher Weise, wie zur Physik, kann das Verhältnis der Chemie zu anderen Wissensgebieten erst durch Eingehen auf Einzelheiten hervortreten. Dies wird sich für die Mineralogie zeigen, die durch ein festes Band mit der unorganischen Chemie verknüpft ist. Den Zusammenhang mit der Physiologie vermittelt die für sie unentbehrliche organische Chemie. Wohin man sich auch in dem ausgedehnten Bereiche der Naturwissenschaften wendet, die Chemie ist für die meisten Zweige derselben eine notwendige Helferin, für die übrigen in hohem Maße nützlich. Die Geschichte der einzelnen Disziplinen läßt diese innige Wechselwirkung mit der Chemie und den Nutzen dieser auf Schritt und Tritt erkennen.

Spezielle Geschichte einzelner Zweige der Chemie seit Lavoisier bis auf unsere Tage

Einleitung. — In der allgemeinen Geschichte dieses Zeitraumes ist der Versuch gemacht worden, die wichtigsten Ideen und neuen Gesichtspunkte, die zur Ausbildung einzelner einflußreicher Lehren geleitet haben, darzulegen, sowie diese letzteren zu schildern. Im Zusammenhange mit diesen sachlichen Erörterungen sind die Lebensverhältnisse derjenigen Forscher, die nachhaltigen Einfluß auf die Entwicklung der Chemie, insbesondere den Ausbau ihres Lehrgebäudes geübt haben, gebührend berücksichtigt worden.

Die Leistungen einiger hervorragender Chemiker konnten noch bis in das vierte und fünfte Jahrzehnt des 19. Jahrhunderts hinein einen großen Teil der Einzelgebiete, in denen die Chemie herrschte, oder denen sie eine unentbehrliche Stütze war, umfassen; man denke nur an Berzelius und Liebig, an die bahnbrechende und zugleich grundlegende Wirksamkeit, welche dieselben im Gebiete der analytischen und reinen Chemie, der Physiologie und Mineralogie entfalteten. In den letzten Dezennien hat sich als unabweisbare Folge des ungeheuer angewachsenen Beobachtungsmaterials eine weitgehende Teilung der Arbeit, eine fast einseitige Spezialisierung der Forschungsgebiete vollzogen. Fast muß dieselbe Besorgnis erregen, da mit zunehmender Einseitigkeit für die einzelnen Forscher die Gefahr nahe liegt, die allgemeinen leitenden Gesichtspunkte aus den Augen zu verlieren. Als lehrreiches Beispiel der zur Tatsache gewordenen Arbeitsteilung kann die organische Chemie dienen, in der Einzelgebiete aufgeschlossen sind, die für sich allein die volle Hingebung zahlreicher talentvoller Forscher beanspruchen; man denke nur an die Chemie der aromatischen Verbindungen, insbesondere der zu diesem Gebiete gehörenden Pyridin- und Chinolinbasen, der ähnlichen, an Stickstoff reicheren Körper, sowie der Alkaloide, die zu jenen in Beziehung stehen. Diese weitgehende Teilung der Arbeit spiegelt sich in unverkennbarer Weise in den neuerdings erscheinenden Zeitschriften. Während früher die Annalen Poggendorffs, die Annalen Liebigs, das Journal für praktische Chemie, Abhandlungen aus den verschiedensten Gebieten nebeneinander brachten, haben jetzt die analytische, die anorganische, die physikalische, physiologische, angewandte, pharmazeutische Chemie, die Elektrochemie und die Agrikulturchemie ihre Einzelorgane.

In der nachfolgenden speziellen Geschichte verschiedener Zweige der Chemie sind solche Tatsachen namhaft gemacht und derartige Untersuchungen in Erinnerung gebracht, die zur wahren Förderung der verschiedenen Teile unserer Wissenschaft beigetragen haben.

Die Geschichte der analytischen Chemie ist vorangestellt, da diese für alle chemischen Untersuchungen, also für alle einzelnen Zweige der Chemie, der reinen wie der angewandten, ein unentbehrliches Werkzeug bisher gewesen ist und ferner bleiben wird. — Daran schließt sich die Geschichte der reinen Chemie, die sich in die unorganische und organische gliedert, wenn schon eine natürliche Scheidewand zwischen beiden nicht vorhanden ist. Der reinen Chemie am nächsten steht die physikalische, mit deren Geschichte die der Verwandtschaftslehre innigst verknüpft ist. Das Streben, Beziehungen zwischen chemischen und physikalischen Eigenschaften aufzufinden, hat zur Erschließung und stetigen Erweiterung dieses wichtigen Grenzgebietes zwischen Chemie und Physik geführt, das wohl auch unter dem Namen der allgemeinen Chemie zusammengefaßt wird.

Der große Nutzen der Chemie für die gesunde Ausbildung anderer Wissenschaften spiegelt sich insbesondere in der Geschichte der mineralogischen und geologischen, sowie physiologischen bezw. pathologischen Chemie, welche Grenzgebiete ebenfalls in ihrer historischen Entwicklung beleuchtet sind. Mit den Namen hervorragender Chemiker: Lavoisier, Vauquelin, Klaproth, Berzelius, Liebig u. a. ist die neuere Entwicklung der Mineralogie, Geologie, Pflanzen- und Tierphysiologie untrennbar verbunden.

Endlich ist die Geschichte der technischen Chemie behandelt, die in glänzendster Weise den Einfluß chemischer Forschung auf die großartige Entfaltung der chemischen Industrie lehrt. Das Eindringen wissenschaftlichen Geistes und chemischer Methoden in dieses früher nur empirisch bebaute Gebiet geschichtlich nachzuweisen, ist eine besonders lohnende Aufgabe.

Als Anhang findet sich der Versuch, in kurzem Rückblick die Entwicklung zu schildern, die der chemische Unterricht und seine Hilfsmittel im 19. Jahrhundert aufzuweisen haben.

Geschichte der analytischen Chemie in der neueren Zeit

Das erste Problem der Chemie, die Erforschung der Zusammensetzung der Stoffe, bringt es mit sich, daß man bestrebt ist, die Hilfsmittel zur Erkenntnis der wahren Zusammensetzung chemischer Verbindungen immer mehr auszuarbeiten und zu verfeinern. So haben sich denn seit Lavoisier die analytischen Methoden, welche das Werkzeug zur Lösung dieses Problems bilden, in stetig zunehmendem Grade vermehrt und verschärft.

Qualitative Analyse unorganischer Stoffe.

Schon im Zeitalter der phlogistischen Chemie hatten Männer, wie Boyle, Hoffmann, Marggraf, namentlich Scheele und Bergman zahlreiche wertvolle Beobachtungen gesammelt, auf Grund deren viele unorganische Stoffe sicher nachgewiesen werden konnten. In der Kenntnis der verschiedenen diesem Zwecke dienenden Reagenzien war Bergman am weitesten vorgedrungen; er versuchte zuerst in systematischer Weise eine Anleitung zur qualitativen Analyse der Stoffe auf nassem Wege zu geben.[1] Aus dem von ihm vorgeschlagenen analytischen Gang, bei welchem die Trennung der Substanzen in einzelne Gruppen durch Überführung in unlösliche Verbindungen bezweckt wurde, hat sich die heute übliche Methode entwickelt. Zu ihrer Vervollkommnung haben vor Berzelius, welcher auch hier wirksam eingriff, Lampadius und Göttling wesentlich beigetragen; ersterer veröffentlichte im Jahre 1801 sein *Handbuch zur chemischen Analyse der Mineralien*, letzterer seine *praktische Anleitung zur prüfenden und zerlegenden Chemie* (1802): Werke, in denen die besten analytischen Methoden jener Zeit mitgeteilt waren.

An den vielseitigen Erfahrungen, welche Klaproth, Vauquelin, Berzelius, Stromeyer und andere bei der Analyse von Mineralien gesammelt hatten, erstarkte die qualitative Untersuchungsweise

---

[1] Vergl. S. 127.

immer mehr; den Grad ihrer zunehmenden Ausbildung lassen die Handbücher der analytischen Chemie von C. H. Pfaff und von Heinrich Rose erkennen. Im Anschluß an das zu besonderem Ansehen gelangte und in zahlreichen Auflagen erschienene Werk des letzteren ist die „Anleitung zur qualitativen chemischen Analyse" des um das Gesamtgebiet der analytischen Chemie hochverdienten R. Fresenius hervorzuheben. Der Gang der qualitativen Analyse hat sich seitdem nur unwesentlich geändert und ist in zahlreichen Kompendien, welche meist dazu bestimmt sind, dem chemischen Unterrichte der Anfänger zugrunde gelegt zu werden, behandelt worden.[1]

Die qualitative Analyse auf trockenem Wege hat sich durch allgemeinere und verbesserte Anwendung des Lötrohrs, welches namentlich durch Berzelius[2] und Hausmann bei Chemikern und Mineralogen Eingang gefunden hatte, vervollkommnet; ganz besonders zur Erkennung der Bestandteile von Mineralien ist dieses wichtige Instrument mit großem Erfolge verwendet worden. Durch Bunsens wichtige „Flammenreaktionen"[3] wurde dasselbe keineswegs entbehrlich gemacht. Zu den alten Mitteln, durch Vorprüfungen einzelne Bestandteile zu ermitteln, sind Natrium, Magnesium, Aluminium als zweckmäßige Reduktoren hinzugekommen.[4]

Zu den wichtigsten auf trockenem Wege erzielten Reaktionen gehören die spektroskopischen, welche dank ihrer außerordentlichen Empfindlichkeit und Sicherheit zur Auffindung kleinster Mengen vieler Metalle dienen und die Entdeckung einer Anzahl neuer Elemente ermöglicht haben. Die Spektralanalyse, die gestattet, aus der Art des von glühenden Körpern ausgestrahlten Lichtes auf die Natur dieser selbst zu schließen, haben Bunsen und Kirchhoff[5] durch ihre mustergiltigen Arbeiten begründet, nachdem zuvor Talbot, Miller, Swan und andere die Spektren gefärbter Flammen untersucht hatten, ohne diese Beobachtungen zielbewußt der Analyse von Stoffen dienstbar zu machen. Der erste Vorschlag, die verschiedene Färbung der Flammen zur Unter-

---

[1] Von der großen Zahl solcher „Anleitungen" seien die von Beilstein, Birnbaum, Classen, Drechsel, Geuther, Medicus, v. Miller-Kiliani, Rammelsberg, Städeler-Kolbe, Will namhaft gemacht.
[2] Seine Schrift: „Über die Anwendung des Lötrohrs" erschien zuerst im Jahre 1820. Vergl. auch S. 128.
[3] Ann. Chem. **138**, 257; auch stark erweitert als besondere Schrift erschienen.
[4] Vergl. Hempel: Zeitschr. anorgan. Chem. **16**, 22.
[5] Pogg. Ann. **110**, 161.

scheidung von Kalium- und Natriumsalzen zu benutzen, rührt schon von **Marggraf**[1] her.

Quantitative Analyse unorganischer Stoffe.

Die genaue Untersuchung des Verhaltens von Basen, Säuren und Salzen gegen verschiedene Reagenzien, insbesondere gegen solche, die schwer oder nicht lösliche Niederschläge mit jenen erzeugen, hat den Grund zur gewichtsanalytischen Bestimmung der einzelnen Stoffe gelegt. Vor **Lavoisier** waren nur spärliche Versuche zu einer quantitativen Analyse gemacht worden; aber der Weg, den eine solche einzuschlagen hat, war schon von **Bergman** klar vorgezeichnet worden; denn von ihm wurde zuerst das Prinzip allgemein ausgesprochen, die zu analysierende Substanz in eine passende Form von bekannter Zusammensetzung überzuführen, und aus dem Gewichte der gefällten oder auf andere Weise gewonnenen Verbindung das des fraglichen Stoffs zu berechnen. Man kannte damals, oder lernte erst näher kennen, die Fällung der Silberlösungen mit Salzsäure, der Kalksalze mit Oxalsäure bezw. Schwefelsäure, der Bleisalze mittels Schwefelleber oder Schwefelsäure und viele ähnliche Reaktionen. Die erhaltenen Niederschläge vor dem Wägen zu glühen, falls sie nicht dabei Zersetzung erleiden, lehrte **Klaproth**, der gleichzeitig mit **Vauquelin** zur Ausbildung der quantitativen Analyse von **Mineralien** wesentlich mitgeholfen hat. Die Beobachtungen beider, namentlich die **Klaproths**, der sein Bemühen darauf richtete, die Zusammensetzung der Verbindungen, in welche die Bestandteile der zu analysierenden Stoffe gewöhnlich übergeführt wurden, sicher zu ermitteln, erreichten schon einen ziemlich hohen Grad von Genauigkeit, die auch einigen der noch früher von **Wenzel** ausgeführten, aber damals kaum beachteten Analysen von Salzen zuzusprechen ist. **Richters** Bestrebungen, die Zusammensetzung von **Salzen** quantitativ festzustellen, und seine Erfolge auf diesem Gebiete sind in der allgemeinen Geschichte jenes Zeitraums gebührend berücksichtigt worden; trotz der nicht besonders großen Genauigkeit seiner Analysen hat er bedeutsame und richtige Schlüsse daraus zu ziehen verstanden.

Lavoisier, welcher die Bedeutung der Gewichtsverhältnisse und somit die der quantitativen Analyse vom Beginn seiner wissenschaftlichen Laufbahn an klar erfaßt hatte, untersuchte insbesondere die Zusammensetzung von Sauerstoffverbindungen; er stellte z. B.

---

[1] Vergl. S. 127. Daß auch **Scheele** die gleiche Beobachtung gemacht hat, wurde daselbst erwähnt.

das Verhältnis des Kohlenstoffs zum Sauerstoff in der Kohlensäure ziemlich richtig fest, während er das des Wasserstoffs zum Sauerstoff im Wasser nur annähernd, das vom Phosphor zum Sauerstoff in der Phosphorsäure sehr ungenau ermittelte. Die von ihm gewonnenen Werte der Zusammensetzung des Wassers und der Kohlensäure suchte er in genialer Weise zur Feststellung der Zusammensetzung organischer Stoffe zu verwerten. Für die quantitative Analyse unorganischer Stoffe und ihre Trennung voneinander hat Lavoisier keine originellen Methoden angegeben.

Ungleich Bedeutenderes hat auf diesem Gebiete Proust geleistet, dessen analytische Arbeiten, wie schon erörtert, zur sicheren Erfassung des Satzes von den konstanten Proportionen führten, sowie die sprungweise Änderung der Verbindungsverhältnisse erwiesen. — Durch die Begründung der Stöchiometrie, die ihren sicheren Halt in Daltons Atomtheorie fand, wurde auch die quantitative Analyse befestigt und erweitert, da jene eine Kontrolle der gewonnenen Ergebnisse ermöglichte.

Die Hauptbestrebungen richteten sich damals auf die Bestimmung der relativen Atomgewichte bezw. Verbindungsgewichte. Welche großartigen Erfolge Berzelius durch grundlegende Arbeiten auf diesem Gebiete errungen hat, das ist oben dargelegt worden. Er schuf viele neue Methoden der Gewichtsbestimmung oder verbesserte die früher gebrauchten, prüfte die zur Trennung von Stoffen schon angewandten Mittel und fand bessere Wege zur Erreichung dieses Zweckes. Seine Untersuchungen über die Zusammensetzung chemischer Verbindungen erstreckten sich auf alle einigermaßen bekannten Elemente. Die Grundsätze, nach denen die Atomgewichte dieser festzustellen sind, hat namentlich Berzelius ausgebildet, und welchen Grad von Genauigkeit er bei seinen Analysen erzielte, das lassen die Atomgewichtstabellen, die er seit dem Jahre 1818 mitteilen konnte, ersehen.[1]

Die große Aufgabe, die relativen Atomgewichte als Konstanten der atomistischen Theorie mit peinlichster Zuverlässigkeit zu bestimmen, hat seit Berzelius zur Förderung und Ausbildung der gewichtsanalytischen Methoden wesentlich angeregt und beigetragen; denn bei dieser Frage galt es, für jedes Element auf verschiedenen Wegen einen unveränderlichen Wert festzustellen, welcher der Zusammensetzung aller Verbindungen desselben zugrunde gelegt werden konnte. Die Versuche und Spekulationen, diese konstanten Zahlenwerte einer Hypothese zuliebe abzurunden, wurden auf Grund

---

[1] Vergl. S. 195, 200.

exakter Bestimmungen definitiv zurückgewiesen. Von den letzteren sind besonders die Untersuchungen von Dumas, Erdmann und Marchand, Marignac und Stas hervorzuheben.[1]

Die systematische Ausbildung der quantitativen Analyse wurde vorzüglich deshalb durch die Untersuchungen mineralischer Substanzen gefördert, weil es bei diesen in erster Linie galt, Methoden ausfindig zu machen, um die einzelnen Bestandteile voneinander zu trennen. Nach den wertvollen Vorarbeiten Scheeles und Bergmans, von denen z. B. das Aufschließen der Silikate mit kohlensaurem Alkali herrührt, sowie den Versuchen Klaproths, Vauquelins und Prousts, waren es die Arbeiten von Berzelius, die ganz neue Wege erschlossen; es sei nur an seine Methode, die Silikate mit Flußsäure aufzuschließen, sowie Metalle mittels Chlor voneinander zu trennen, erinnert. Er war es ferner, welcher statt der von Klaproth empfohlenen großen Mengen Substanz viel geringere anwandte, der die nach ihm benannte Weingeistlampe einführte und so das Glühen der Niederschläge erleichterte, welcher das Verbrennen der Filter und Bestimmen der Asche dieser einbürgerte. Überhaupt sind viele praktische Einrichtungen und Kunstgriffe von ihm zuerst bei der Ausführung von Analysen erprobt worden. — Seine größeren analytischen Untersuchungen, z. B. über die Platinerze und über verschiedene Mineralwässer, zeigen Berzelius als Meister im Auffinden guter Trennungsmethoden.

Seine Schüler, namentlich H. Rose[2] und Fr. Wöhler, haben die kostbaren Erfahrungen des Lehrers verarbeitet, durch eigene weittragende Beobachtungen stark erweitert und die analytischen

---

[1] Vergl. Lothar Meyer und K. Seubert: *Die Atomgewichte der Elemente* (1883).

[2] Die Brüder Heinrich und Gustav Rose gehören zu der in Berlin angesessenen Familie, welche in mehreren Generationen ausgezeichnete Chemiker aufzuweisen hat. Ihr Großvater, Valentin Rose der ältere, Schüler Marggrafs, sowie ihr Vater, Valentin Rose der jüngere, waren tüchtige Pharmazeuten und Chemiker. Gustav Rose, geboren 1798, gestorben 1873 als Professor der Mineralogie zu Berlin, stand nur in mittelbarer Beziehung zur Chemie. — Um so mehr hat Heinrich Rose, geboren 1795, gestorben 1864, die letztere gepflegt und mit den wichtigsten Arbeiten bereichert, besonders im Gebiete der analytischen und unorganischen Chemie (s. spez. Geschichte dieser). — Die große Zuneigung seines Lehrers Berzelius hat er mit den treuesten Gesinnungen erwidert, welche seine schöne, der Erinnerung des Meisters gewidmete Rede (vergl. S. 188) lebhaft widerspiegelt. — In seinem zweibändigen *Handbuch der analytischen Chemie* hat H. Rose die besten, damals bekannten Methoden der qualitativen und quantitativen Analyse musterhaft zusammengestellt und kritisch erörtert.

Methoden durch treffliche Anleitungen[1] zur Analyse von Mineralien und chemischen Stoffen überhaupt zum Gemeingute gemacht. R. Fresenius,[2] lange Zeit Hauptvertreter der analytischen Chemie, hat gleichfalls das Gebäude derselben durch Zusammenfassen und Sichten der früher geübten Methoden, insbesondere durch Auffinden zahlreicher neuer, in allen einzelnen Teilen vervollständigt und gefestigt. Durch Begründung der *Zeitschrift für analytische Chemie* (seit 1862) hat Fresenius einen Mittelpunkt für die analytischen Bestrebungen geschaffen. Was andere Forscher — ich nenne Blomstrand, Bunsen, Fremy, Liebig, Pélouze, Rammelsberg, Scheerer, R. Schneider, Stromeyer, Thomson, Turner, Winkler, Cl. Zimmermann — zur Ausbildung der quantitativen Analyse geleistet haben, kann im einzelnen hier nicht erörtert werden.

Bemerkt sei noch, daß in neuerer Zeit der galvanische Strom in den Dienst der Analyse gestellt worden ist, insofern mit Hilfe desselben die quantitative Bestimmung vieler Metalle ermöglicht wird. Nachdem zuerst Gibbs (1865) die elektrolytische Bestimmung des Kupfers ausgearbeitet hatte, und später andere Chemiker mit ähnlichen Vorschlägen hervorgetreten waren, hat sich in neuerer Zeit A. Classen[3] um die Ausbildung einschlägiger Methoden verdient gemacht. Die Hüttenkunde bedient sich mit Vorteil dieses Zweiges der Analyse, welcher schon jetzt einen wichtigen Teil der Probierkunst bildet. Die letztere, ursprünglich auf die Bestimmung edler Metalle auf trockenem Wege beschränkt, hat sich namentlich seit C. Fr. Plattners umfassenden Versuchen und musterhafter Anleitung: *Die Probierkunst mit dem Lötrohr* (Leipzig 1835), zu einem wichtigen Teile der analytischen Chemie entwickelt.[4]

---

[1] H. Rose, Ausführl. Handbuch der analytischen Chemie. Fr. Wöhler, Die Mineralanalyse in Beispielen.

[2] C. Remigius Fresenius, zu Frankfurt a. M. 1818 geboren, seit 1841 als Assistent Liebigs in Gießen, wo er sich 1843 habilitierte, gründete im Jahre 1848 in Wiesbaden sein allgemein bekanntes Laboratorium, welches stetiger Erweiterung und regsten Besuches sich zu erfreuen hat. Seine Handbücher der chemischen Analyse, von denen das der qualitativen zuerst 1841, das der quantitativen 1846 erschien, sind außerordentlich weit verbreitet, wie die zahlreichen Auflagen derselben bekunden. Fresenius ist durch einen plötzlichen Tod (am 11. Juni 1897) seiner Tätigkeit entrissen worden. Heinr. Fresenius hat in der Zeitschr. f. analyt. Chemie (1898) seinem Vater einen schönen Nachruf gewidmet, in dem der große Analytiker und ausgezeichnete Lehrer trefflich charakterisiert ist.

[3] Vergl. sein Werk: *Handbuch der chemischen Analyse durch Elektrolyse*.

[4] Vergl. Kerl, *Metallurgische Probierkunst* (1866), Ballings *Probierkunde* (1879) und *Fortschritte im Probierwesen* (1887).

Volumetrische Analyse, Titrimetrie.

Neben den in obigem berührten gewichtsanalytischen Methoden haben sich seit etwa 80 Jahren volumetrische ausgebildet, welche namentlich den Bedürfnissen der im Dienste der Technik und der Pharmazie tätigen Chemiker entgegenkommen und sich daher häufigster Anwendung erfreuen. Da bei Handhabung der titrimetrischen Analyse nach einmaliger Herstellung der Normallösung fernere Wägungen nicht auszuführen und alle Bestimmungen durch Ablesen der verbrauchten Raumteile erledigt sind, so wird viel Zeit gewonnen, und zugleich eine hinreichende Genauigkeit erzielt; damit erfüllen sich die Ansprüche, die man besonders an die technischen Analysen stellt.

Gay-Lussac ist als der zu betrachten, welcher die maßanalytischen Methoden in die Wissenschaft eingeführt und für die chemische Industrie lebensfähig gemacht hat, nachdem vor ihm von verschiedenen Forschern, namentlich von Descroizille und Vauquelin die Anwendung solcher Methoden zur vergleichenden Bestimmung des Wertes chemischer Produkte in empirischer Weise versucht worden war.

Gay-Lussac arbeitete mit größter Sorgfalt seine Anleitung zur *Chlorimetrie* (1824), zur *Alkalimetrie* (1828), zur Bestimmung des Silbers bezw. Chlors (1832) aus.[1] So brauchbare Resultate diese volumetrischen Analysen lieferten, so fanden sie doch nur langsam die verdiente Anerkennung. Die Benutzung des übermangansauren Kaliums zur Bestimmung des Eisens (Margueritte 1846) und namentlich die von Bunsen gelehrte Anwendung von Jodlösung und einer entsprechenden Schwefligsäurelösung, durch welche Normalflüssigkeiten eine große Zahl von Stoffen mit Benutzung einer einzigen Reaktion bestimmt werden kann, sind Marksteine in der Geschichte der Titrimetrie gewesen, die seit Einführung der letztgenannten Methoden sich schnell zu einem der Gewichtsanalyse ebenbürtigen Zweige der analytischen Chemie entwickelt hat. Ein Hauptförderer der volumetrischen Methoden ist Friedrich Mohr[2] gewesen, welcher teils

---

[1] Vergl. seine *Instruction sur l'essai des matières par la voie humide* (1833).

[2] Friedr. Mohr, 1806 zu Koblenz geboren, starb 1879 (5. Oktober) in Bonn, wo er die letzten fünfzehn Lebensjahre an der Universität als Dozent und Extraordinarius der pharmazeutischen Chemie tätig war, nachdem er früher die väterliche Apotheke in Koblenz geleitet und sich unausgesetzt wissenschaftlich beschäftigt hatte. Seine Verdienste auf analytischem und pharmazeutischem Gebiete sind unbestritten (sein Lehrbuch der pharmazeut. Technik, sowie die Kommentare zur preuß. und zur deutschen Pharmakopöe waren in hohem Ansehen). Weniger vermochte der an geistvollen Ideen reiche Mann mit seinen kühnen geologisch-chemischen Anschauungen, die er in seiner „Geschichte der Erde" ausspracht, durchzudringen. Der hohe Flug seiner Gedanken ergibt sich

die älteren verbessert, teils manche neue zugeführt hat; so wurde von ihm die Oxalsäure als zuverlässiges Maß in der Alkalimetrie, das chromsaure Kalium als Indikator bei Halogenbestimmungen eingeführt. Großes Verdienst erwarb er sich durch Herausgabe seines *Lehrbuchs der chemischen Titriermethode.* Von der großen Zahl der Forscher, die dieses Gebiet bearbeitet und durch wertvolle Neuerungen bereichert haben, sei noch J. Volhard[2] genannt, der eine exakte Methode von vielseitigster Anwendbarkeit schuf.

In dem Gebiete der organischen Chemie hat sich die Titrimetrie einzubürgern begonnen, wenn es auch noch an genügend scharfen Methoden fehlt; es möge an die Bestimmung des Zuckers (Fehling und andere), an die des Harnstoffs (Liebig), des Phenols und namentlich an die titrimetrische Bestimmung der für die Farbstoffgewinnung wichtigen Zwischenprodukte erinnert werden.

Entwicklung gasanalytischer Methoden.

Die Geschichte der volumetrischen Analyse auf nassem Wege führt naturgemäß zur Darlegung der Bestrebungen, Gase ihrer Qualität und Quantität nach zu bestimmen. Bemerkenswert ist, daß die systematische qualitative Analyse solcher Stoffe erst viel später zur Entwicklung gelangte, als die quantitative Ermittlung derselben. Nach den ersten in dieser Richtung gemachten Anläufen von Scheele, Priestley, Cavendish, Lavoisier, denen sich zu Anfang des 19. Jahrhunderts die Arbeiten von Dalton, Gay-Lussac, Henry, Saussure und anderen anschlossen, hat die quantitative Gasanalyse erst durch Bunsens grundlegende Arbeiten[3] eine der-

---

aus der frühen Erfassung klarer Begriffe von den verschiedenen Energieformen und ihren gegenseitigen Beziehungen; so war Fr. Mohr schon i. J. 1837 sehr nahe der vollen Erkenntnis des Gesetzes von der Erhaltung der Kraft, das erst fünf Jahre später von R. Mayer formuliert wurde (über Fr. Mohrs Eigenart vergl. den Aufsatz R. Hasenclevers Ber. 33, 3827). — Während des Drucks dieses Werkes erschien der Briefwechsel Liebig-Mohr als 8. Heft der *Monographien aus der Geschichte der Chemie*, herausgegeben von G. W. A. Kahlbaum. Die Eigenart Fr. Mohrs tritt uns aus seinen Briefen höchst lebendig entgegen. Der Herausgeber hat in liebevoll geschriebener Einleitung und in mühsam zusammengestellten Anmerkungen alles getan, um die merkwürdige Persönlichkeit Mohrs der Nachwelt treu zu erhalten.

[1] Die neueste Auflage desselben ist von A. Classen bearbeitet. Von anderen Anleitungen zur Titrimetrie seien die von Cl. Winkler, Medicus, Fleischer namhaft gemacht.   [2] Vergl. Ann. Chem. 190, 1 ff.

[3] Dieselben begannen etwa 1838 und wurden in den „Gasometrischen Methoden" (Braunschweig 1857, 2. Aufl. 1877) zusammengestellt, nachdem H. Kolbe im Handwörterbuch (Artikel Eudiometer) 1843 die Chemiker mit den Einzelheiten der Methoden bekannt gemacht hatte.

artige Abrundung und Vollendung erfahren, daß diese Methoden, welche auf der Absorption oder der Verbrennung der zu untersuchenden Gase beruhen, zu den exaktesten zählen und in neuerer Zeit nur geringfügiger Verbesserungen bedurft haben.

Neben Bunsens Methoden sind besonders zu Zwecken der technischen Gasanalyse andere, wennschon im Hauptprinzip gleiche, ausgebildet worden, welche gestatten, die Bestimmung der sogenannten *Industriegase* in kurzer Zeit genügend genau und mit einfach konstruierten Apparaten auszuführen. Cl. Winkler und W. Hempel haben sich neben anderen — es seien nur Bunte und Orsat genannt — auf diesem Gebiete durch wesentliche Vereinfachung der Hilfsmittel und Verallgemeinerung der Methoden besonders verdient gemacht.[1]

Die qualitative Gasanalyse hat sich zu einem systematischen Gange erst in neuerer Zeit entwickelt; auch hier war Cl. Winkler erfolgreich tätig, indem er durch planmäßige Anwendung von Absorptionsmitteln, mit denen nacheinander die Gase in Berührung gebracht werden, dieselben in verschiedene Gruppen verteilte, also ähnlich verfuhr, wie dies für die Analyse der Stoffe auf nassem Wege viel früher geschehen war. — Durch Ausbildung der gasanalytischen Methoden hat sich die Aufmerksamkeit der Chemiker in zunehmendem Maße den Gasen zugewandt, was der theoretischen wie besonders der praktischen Chemie schon bestens zustatten gekommen ist.

Analyse organischer Substanzen.[2]

Die Erkenntnis, daß in den tierischen und pflanzlichen Produkten, die man als organische zusammenfassen lernte, immer Kohlenstoff, meist Wasserstoff und Sauerstoff, häufig auch Stickstoff enthalten sind, ist, wie schon erörtert wurde, erst spät gereift. Auch hier hat Lavoisier seinen durchdringenden Blick und die Gabe, aus einzelnen Beobachtungen allgemeine Schlüsse zu ziehen, glänzend bewährt. Wohl war schon früheren Beobachtern, z. B. van Helmont und Boyle, aufgefallen, daß Weingeist, Wachs etc. beim Verbrennen Wasser bilden; daß Kohlensäure dabei erzeugt wird, nahm Priestley wahr; ja Scheele sprach aus (1777), daß diese beiden Stoffe Produkte der Verbrennung von Ölen seien. Nachdem La-

---

[1] Vergl. Cl. Winkler, Anleitung zur chemischen Untersuchung der Industriegase (Freiberg 1876 u. 1877) und Lehrbuch der technischen Gasanalyse (2. Aufl. 1892), W. Hempel, Neue Methode zur Analyse der Gase (Braunschweig 1880) und gasanalytische Methoden (1890; 3. Aufl. 1900).

[2] Vergl. allgem. Teil S. 219 und die ausführliche Schrift Dennstedts: *Entwicklung der organischen Elementaranalyse* (Stuttgart 1899).

voisier klar geworden war, daß die Kohlensäure aus Kohlenstoff und Sauerstoff, das Wasser aus Wasserstoff und Sauerstoff bestehe, machte er den Rückschluß auf die Zusammensetzung der organischen Stoffe. So war mit der Auffindung der wichtigsten Elemente organischer Verbindungen die erste Stufe der qualitativen organischen Analyse erreicht. Das Prinzip, die Bestandteile organischer Stoffe durch Umwandlung in bekannte Verbindungen nachzuweisen, ist seither das gleiche geblieben. So wurde der Stickstoff, den schon Lavoisier als manchen organischen Substanzen eigentümlich erkannte,[1] durch Überführung in Ammoniak oder in Cyannatrium (Berthollet, Lassaigne), der Phosphor und Schwefel durch Umwandlung in Phosphorsäure bezw. Schwefelsäure nachgewiesen.

Während auf solche Weise die Elementarbestandteile organischer Verbindungen leicht ermittelt werden, ist der Nachweis der letzteren selbst nebeneinander viel schwieriger auszuführen; zu einem systematischen Gange der qualitativen organischen Analyse in dem Sinne, wie ein solcher für unorganische Basen und Säuren besteht, sind bis jetzt nur einige Anfänge gemacht.[2] In vielen Fällen ist man auf einzelne charakteristische Reaktionen organischer Substanzen angewiesen, z. B. bei der Untersuchung auf Farbstoffe, sowie auf Alkaloide, Proteinstoffe, Kohlehydrate und andere.

Die quantitative Analyse organischer Stoffe hat sich auf Grund der Wahrnehmung entwickelt, daß Kohlensäure und Wasser Verbrennungsprodukte derselben sind; das zum qualitativen Nachweis der Bestandteile, Kohlenstoff und Wasserstoff, dienende Verfahren wurde also in verfeinerter Form zu ihrer genauen Bestimmung angewandt. Auch hier kommt Lavoisier das Verdienst zu, als der erste den richtigen Weg gewiesen zu haben; er suchte die zu analysierende organische Verbindung vollständig zu verbrennen und die Produkte, Kohlensäure und Wasser, letzteres indirekt, zu bestimmen. Um aus dem Ergebnis auf die Menge Kohlenstoff und Wasserstoff zu schließen, mußte er die quantitative Zusammensetzung der Kohlensäure und des Wassers kennen; da nun die von ihm dafür ermittelten Werte wenig genau waren,[3] so konnte das Resultat der Analyse

---

[1] Wie unsicher zu Anfang des 19. Jahrhunderts der Nachweis der in organischen Stoffen enthaltenen Elemente war, erhellt daraus, daß Proust noch in der Essigsäure Stickstoff als integrierenden Bestandteil nachgewiesen zu haben glaubte.
[2] Vergl. Barfoeds *Qualitative Analyse organischer Stoffe.*
[3] Lavoisiers Zahlen für die Zusammensetzung der Kohlensäure und des Wassers sind folgende gewesen; die richtigen Werte stehen in Klammern:

einer organischen Substanz nicht richtig ausfallen, zumal auch die Methode der Verbrennung genug Anlaß zu Fehlern gab.

Lavoisier verfuhr bei leicht verbrennlichen Substanzen so, daß er eine abgewogene Menge derselben in einer mit Quecksilber abgesperrten Glocke, welche ein bestimmtes Volum Sauerstoff enthielt, verbrannte und das Volum der entstandenen Kohlensäure, sowie des rückständigen Sauerstoffs ermittelte; aus diesen Daten wurde die Menge Kohlenstoff, Wasserstoff bezw. Sauerstoff berechnet. Für schwer verbrennliche Substanzen (z. B. Zucker, Harze) benutzte Lavoisier, wie sich durch Veröffentlichung seiner Tagebücher erst vor kurzem ergeben hat,[1] statt freien Sauerstoffs solche Stoffe, welche in der Hitze ihren Sauerstoff abgeben, z. B. Quecksilberoxyd, Mennige; er schlug also im wesentlichen den Weg ein, der später maßgebend geblieben ist, bestimmte auch die durch Oxydation gebildete Kohlensäure nach ihrem Gewicht mittels Kalilauge.

Wären diese Versuche damals bekannt geworden, dann hätte die organische Analyse sicherlich eine schnellere Entwicklung aufzuweisen, als es in der Tat der Fall war. Die Bemühungen eines Dalton (1803), Saussure, Thénard (1807), die Zusammensetzung organischer Verbindungen durch Verpuffung ihrer Dämpfe mit Sauerstoff und Analyse der Produkte zu ermitteln, würden unterblieben sein. Gay-Lussac und Thénard[2] suchten glücklicher diese Aufgabe durch Verbrennung der organischen Substanz mit chlorsaurem Kali zu lösen; aus der Menge der erhaltenen Kohlensäure und dem Volum des Sauerstoffs berechneten sie den Gehalt der Substanz an Kohlenstoff, Wasserstoff, Sauerstoff und gelangten wenigstens in einigen Fällen zu brauchbaren Resultaten. — Im Vergleich zu dieser, schon infolge der heftigen Verbrennung unsicheren Methode, war die von Berzelius[3] benutzte ein erheblicher Fortschritt; denn einmal wurde die organische Substanz, die mit chlorsaurem Kali und Chlornatrium gemischt war, allmählich zersetzt, und sodann nicht nur die Kohlensäure, sondern auch das Wasser direkt, letzteres mittels Chlorcalciums, bestimmt. Eine weitere Verbesserung bestand in der Anwendung von Kupferoxyd als oxydierendem Mittel durch Gay-Lussac[4] (1815). Die Abrundung des ganzen Verfahrens durch die

Kohlensäure { Kohlenstoff 28 Proz. (27,2),
Sauerstoff 72 „ (72,8),
Wasser { Wasserstoff 13,1 „ (11,2),
Sauerstoff 86,9 „ (88,8).

[1] Oeuvres de Lav. III, 773.
[2] Recherches physico-chimiques II, 265.
[3] Ann. of philos. 4, 330 u. 401.
[4] Schweiggers Journ. 16, 16; 18, 369.

Einführung des handlichen Kugelapparats und die dadurch herbeigeführte Vereinfachung der Manipulation ist Liebig zu verdanken;[1] seine Verbesserungen bedeuten den größten Fortschritt. — Seit dieser Zeit hat sich die organische Elementaranalyse nicht wesentlich geändert; die Modifikationen betrafen einmal die Verbrennungsöfen (Einführung verschiedenartiger Gasöfen), sodann die Art der Verbrennung; bezüglich der letzteren sei an die Methode von Kopffer[2] erinnert, die darauf beruht, daß die Substanz im Sauerstoffstrom und mit Hilfe von Platinschwarz verbrannt wird. Eine Vervollkommnung und Ausdehnung dadurch, daß gleichzeitig Kohlen-, Wasser- und Stickstoff, Halogene und Schwefel bestimmt werden sollen, hat dieses Verfahren durch Dennstedt[3] gewonnen. — Vorschriften zur Verbrennung der organischen Stoffe im Sauerstoffstrom rühren schon von Heß, Erdmann und Marchand, Wöhler und anderen her. — In neuester Zeit ist ein solches Verfahren der Analyse durch Verbrennung in der Bombe mit gutem Erfolge ausgebildet worden;[4] es bedeutet in manchen Fällen eine Vereinfachung und gestattet die gleichzeitige Bestimmung von Schwefel neben Kohlen- und Wasserstoff.

Neuerdings hat Messinger mit Erfolg versucht, den Gehalt organischer Verbindungen an Kohlenstoff auf nassem Wege durch Oxydation (mit Kaliumpermanganat) zu bestimmen.

Die genaue Bestimmung des Stickstoffs in organischen Verbindungen wurde zuerst durch die vorzügliche Methode von Dumas[5] (1830) möglich; für viele stickstoffhaltige Substanzen hat sich der später von Will und Varrentrapp[6] ausgearbeitete Weg: Bestimmung des Stickstoffs als Ammoniak, bewährt; noch sei die der neuerer Zeit angehörige Methode von Kjeldahl[7] erwähnt, die namentlich bei agrikulturchemischen Analysen (Bestimmung von Protein) häufig angewandt wird, nachdem sie mancherlei Verbesserungen erfahren hat. — An die zahlreichen Methoden, die Halogene, Schwefel, Phosphor und andere seltener in organischen Stoffen vorkommende Elemente zu bestimmen, sei nur flüchtig erinnert.[8]

Die Methoden der Analyse unorganischer wie organischer Stoffe

---

[1] Pogg. Ann. **21**, 1. Auch seine Schrift: *Anleitung zur Analyse organischer Stoffe.*   [2] Ber. **9**, 1377.

[3] Vergl. Dennstedts *Entwicklung der organischen Elementaranalyse.* Ob diese Methode, wie auch frühere zu ähnlichem Zwecke (gleichzeitige Bestimmung der Bestandteile) angegebene, sich in Laboratorien einbürgern wird, erscheint zweifelhaft.

[4] Vergl. W. Hempel Ber. **30**, 202.

[5] Ann. Chim. Phys. **44**, 133 u. 172; **47**, 196.

[6] Ann. Chim. **39**, 257.   [7] Zeitschr. analyt. Chem. **22**, 366; **24**, 199.

[8] Vergl. Fresenius, Handb. d. quantit. Analyse.

haben manche hervorragende Anwendung in gerichtlich-chemischen Fällen, sowie in allen Zweigen der Technik und bei hygienischen Fragen gefunden, worauf in kurzem geschichtlichem Rückblicke Bezug zu nehmen ist. — Die forensische Chemie, deren Aufgabe in der sicheren Ausmittlung der Gifte besteht, konnte die heutige Stufe der Entwicklung erst erreichen, nachdem die analytischen Methoden im allgemeinen fest begründet waren. Im Jahre 1844 hat R. Fresenius die damalige Stellung und Aufgabe eines gerichtlichen Chemikers in ausgezeichneter Weise gekennzeichnet.[1] Welche Fortschritte seitdem in der Sicherheit des Nachweises von Giften aller Art gemacht worden sind, das lassen die zu verschiedenen Zeiten erschienenen Anleitungen zu gerichtlich-chemischen Analysen deutlich erkennen.[2] Außer Fresenius haben sich J. und R. Otto, Stas, Husemann, Dragendorff, Mohr und andere um die Ausbildung der einschlägigen Methoden besonders verdient gemacht; von großer Bedeutung für die Erweiterung dieses Gebietes ist die Stas-Ottosche Methode zum Nachweis einzelner Alkaloide gewesen. Neuerdings mußte dieselbe durch Entdeckung der Ptomaine[3] einige Modifikationen erfahren, da die Gleichheit mancher Reaktionen dieser giftigen Fäulnisprodukte mit denen der Pflanzenalkaloide zu verhängnisvollen Verwechslungen Anlaß geben kann und tatsächlich gegeben hat.

Ein spezieller Zweig der analytischen Chemie wird repräsentiert durch die technisch-chemischen Prüfungs- und Untersuchungsmethoden. Da diese, ihrem Zweck entsprechend, möglichst kurze Zeit bei ziemlicher Genauigkeit in Anspruch nehmen sollen, so hat man, wie schon erwähnt, die volumetrische Analyse am häufigsten in den Dienst der Technik gestellt. Die Schnelligkeit, mit der auf titrimetrischem Wege Alkalien und Säuren, Chlor, zahlreiche Metalle in ihren Verbindungen und andere Stoffe quantitativ zu bestimmen sind, hat es möglich gemacht, daß die technischen Betriebe einer fortlaufenden Kontrolle unterworfen werden, wodurch unberechenbare Vorteile gewonnen sind.

Ein Blick in die neuesten Handbücher der technisch-chemischen Untersuchungsmethoden[4] genügt, um den hohen Grad der Entwicklung der letzteren erkennen zu lassen. Eine Menge von Hilfs-

---

[1] Ann. Chem. **49**, 275.
[2] Es sei hier nur auf Ottos Anleitung zur Ausmittlung der Gifte (7. Aufl. von R. Otto) verwiesen.
[3] Vergl. spez. Geschichte der physiologischen Chemie.
[4] Die Werke von Post (Braunschweig) und von Böckmann (Berlin) seien hier genannt.

mitteln ist im Laufe der Zeit aufgeboten worden, um außer jenen unorganischen auch organische Produkte auf ihren Wert zu prüfen; man denke an die Bestimmung des Zuckers durch Polarisation, an die schnelle Ermittlung des Heizwertes von Brennstoffen, an die Prüfung der Teerfarbstoffe durch Probefärben und durch spezifische Reaktionen, an die Bestimmung von Alkohol, von Fett, Eiweiß, Stärke, sowie an so manche andere in der chemischen Technik, der Agrikulturchemie etc. eingebürgerte Methoden.

Für den technischen Chemiker und in gleichem Maße für den Hygieniker ist die Ausbildung der Analyse von Nahrungs- und Genußmitteln wichtig gewesen; auch der Pharmazeut kommt häufig in die Lage, die hier bewährten Methoden anwenden zu müssen. Durch diese wird der Analytiker in den Stand gesetzt, die richtige Beschaffenheit jener Stoffe oder etwaige Verfälschungen und deren Natur zu erkennen. Man braucht nur an die schnell auszuführenden Methoden der Untersuchung von Milch, sowie von Butter, Mehl, Futterstoffen, von Genußmitteln (Wein, Bier, Kaffee etc.) zu erinnern, um den wahren Segen dieser angewandten Analyse einzusehen. Die Ameisenarbeit zahlreicher Forscher hat die Ausbildung der hier eingebürgerten Methoden in verhältnismäßig kurzer Zeit ermöglicht. Einzelne Leistungen können hier nicht namhaft gemacht werden. Zur Orientierung sei auf Königs ausgezeichnetes Werk: *Die menschlichen Nahrungs- und Genußmittel* (Berlin 1903, 3. Aufl.) verwiesen; dasselbe gewährt einen vollständigen Überblick über die auf diesem Gebiete gewonnenen Errungenschaften und läßt den Anteil der verschiedenen Chemiker an denselben klar hervortreten.[1] — Die Hygiene besitzt in C. Flügges *Lehrbuch der hygienischen Untersuchungsmethoden* eine ausgezeichnete Anleitung zur Ausführung derartiger Arbeiten.

In dem Maße, als man die Bedeutung der Analyse von Nahrungs- und Genußmitteln höher schätzen lernte, hat sich mit den in hohem Grade verbesserten Methoden auch das Bedürfnis erhöht, Laboratorien zu errichten, in denen stetig Untersuchungen in dieser Richtung ausgeführt werden. Der lange gehegte Wunsch vieler, daß der Staat diese Laboratorien und die darin beschäftigten Chemiker, insbesondere durch eine sachgemäße Prüfung kontrollieren solle, ist i. J. 1894 durch reichsgesetzliche Bestimmungen erfüllt worden. Die Wertschätzung dieses Zweiges der Analyse zeigt sich darin, daß an Universitäten und technischen Hochschulen mehr und mehr für die praktische Unterweisung in den einschlägigen Methoden gesorgt wird.

---

[1] Sehr verdienstvoll ist die Sammlung von Kompendien, die J. Ephraim unter dem Titel: *Bibliothek für Nahrungsmittelchemiker* unter Mitwirkung berufener Fachgenossen herausgibt (bei J. A. Barth, Leipzig).

Fortschritte der reinen Chemie seit Lavoisier bis auf unsere Tage

Während in der allgemeinen Geschichte dieses Zeitraumes nur die Hauptströmungen der Chemie geschildert wurden, gilt es in diesem Abschnitte, aus der Fülle von Beobachtungen, die in unzähligen Experimentaluntersuchungen niedergelegt sind, diejenigen auszuwählen und namhaft zu machen, welche zur Erweiterung unserer chemischen Kenntnisse wesentlich beigetragen haben. Der reiche Stoff verteilt sich auf die beiden großen Gebiete der unorganischen und organischen Chemie. Überblickt man die Arbeiten der letzten fünf bis sechs Jahrzehnte, so erkennt man, daß die organische Chemie mehr und mehr das Übergewicht über die unorganische gewonnen hat; erstere ist dieser, ihrer älteren Schwester, über den Kopf gewachsen; aber die letztere ist darum doch die Grundlage geblieben, auf der die organische Chemie ruht, während nicht zu verkennen ist, daß wichtige Grundbegriffe und Lehren, wie die von der Valenz, die Auffassung der chemischen Konstitution, erst fruchtbar im Bereiche der organischen Chemie entwickelt worden sind. In den letzten 10—20 Jahren ist, wie man deutlich bei Musterung der chemischen Litteratur bemerkt, der Einfluß der anorganischen Chemie auf die Forschertätigkeit im Wachsen begriffen. Zur Erhöhung der diesem Teile der Wissenschaft innewohnenden Bedeutung hat ganz wesentlich die physikalische Chemie beigetragen, die bei ihren Problemen und zur Begründung ihrer Lehren besonders Tatsachen der anorganischen Chemie heranziehen mußte.[1] Als Sammelplatz für größere Abhandlungen aus diesem Gebiete besteht seit dem Jahre 1892 die von G. Krüß gegründete *Zeitschrift für anorganische Chemie.*

---

[1] Ein Hauptführer auf physikalisch-chemischem Gebiete, van 't Hoff, hat sehr eindringlich auf den hohen Wert der anorganischen Chemie hingewiesen (vergl. seinen Vortrag: *Über die zunehmende Bedeutung der anorganischen Chemie* Zeitschr. anorgan. Chem. 18, 1).

Spezielle Geschichte der unorganischen Chemie.

Welcher Umschwung in der Auffassung von der Zusammensetzung vieler Stoffe durch Lavoisiers System eintrat, wurde im allgemeinen Teil ausführlich dargelegt. Eine große Zahl von Stoffen, die man früher als zusammengesetzte angesehen hatte, gehörte fortan zu den Elementen; andere für einfach gehaltene Stoffe wurden als chemische Verbindungen erkannt oder als solche wegen ihrer Analogie mit anderen betrachtet. Der Klärungsprozeß, den Lavoisier begonnen hatte, schritt, dank den Bemühungen von Klaproth, Vauquelin, Proust, Davy, Berzelius, Gay-Lussac und anderen, rüstig voran; aber die Bemühungen, die Natur aller Elemente und ihrer Verbindungen klar und bestimmt zu erkennen, sind noch lange nicht abgeschlossen; kommen doch zu der langen Reihe der Grundstoffe immer noch neue, deren Beziehungen zu anderen durch das genaue Studium ihres chemischen Verhaltens festzustellen sind. Der Nutzen, den das sogenannte periodische System für die Klassifizierung der Elemente gehabt hat, wurde schon betont.

Geschichtliches über die Entdeckung von Elementen;[1] Atomgewichtsbestimmungen derselben.

Die Kenntnisse der Elemente wurden bald nach dem Tode Lavoisiers, der selbst neue Grundstoffe nicht aufgefunden hatte, ganz erheblich erweitert, und zwar in dem Maße, als die chemische Analyse sich vervollkommnete. Während Lavoisier in seinem *Traité de chimie* 23 Elemente aufführen konnte, hat sich allmählich deren Zahl auf mindestens 76 sicher festgestellte Grundstoffe erhoben.

Zu den Hilfsmitteln, welche die verbesserte Analyse lieferte, kamen frühzeitig andere, welche die Auffindung neuer Grundstoffe besonders wirksam förderten: es sei an die Anwendung des galvanischen Stromes zur Zerlegung chemischer Verbindungen, sowie zur Erzeugung hoher Temperaturen, ferner an die Zersetzung von Halogenverbindungen mittels der Alkalimetalle, an die Reduktion von Oxyden durch Aluminium u. a. m. erinnert. Die Spektralanalyse endlich bildete ein ausgezeichnetes Werkzeug, das schon nach kurzer Frist zur Entdeckung einer Reihe der wichtigsten Elemente geführt hat.

---

[1] P. Diergart hat im Journ. pr. Chem. **61**, 497—530 eine sehr beachtenswerte Studie über die Etymologie der Namen der wichtigsten Elemente veröffentlicht: eine Arbeit von Bedeutung für den Chemiker, wie für den Sprachforscher.

Seit dem Entstehen der Atomtheorie gesellte sich zu der ersten Aufgabe, die darin bestand, das neue Element und seine Verbindungen qualitativ kennen zu lernen, die weitere höhere hinzu, das relative Atomgewicht desselben zu bestimmen[1] und die Zusammensetzung seiner Verbindungen mit anderen Grundstoffen auf Grund der atomistischen Hypothese zu erklären.

Für Sauerstoff, den zuerst Lavoisier als elementare Substanz angesprochen hatte, wurde diese Auffassung in der Folge aufrecht erhalten. Stickstoff dagegen betrachteten Davy (1808), sowie Berzelius[2] (1810) vorübergehend als Verbindung eines unbekannten Elementes *Nitricum* mit Sauerstoff, weil sie nur auf diese Weise die basischen Eigenschaften des Ammoniaks, in welchem sie ebenfalls Sauerstoff annahmen, erklären zu können vermeinten. Davy gab früher als Berzelius, welcher erst im Jahre 1820 diese Hypothese verließ, der einfacheren Ansicht, wonach Stickstoff ein Element ist, den Vorzug.

Auch Wasserstoff wurde von Berzelius kurze Zeit als zusammengesetzt, und zwar sauerstoffhaltig, angesehen. Ähnliches nahm man für Schwefel und Phosphor an, in denen Wasserstoff und Sauerstoff neben unbekannten Elementen vermutet wurden. Daß die Meinung vieler ausgezeichneter Chemiker dahin ging, das Chlor als Oxyd eines hypothetischen Elementes anzusehen, ist oben dargelegt, daselbst auch der tiefgehende Einfluß dieser Ansicht auf wichtige Teile der Chemie gekennzeichnet worden.[3] Noch ehe diese Annahme von Berzelius aufgegeben war, gesellte sich zu dem Chlor das Jod, welches, von Courtois (1811) in der Asche von Seepflanzen ent-

---

[1] Um Gleichartigkeit der Atomgewichtstabellen herbeizuführen, hat sich 1900 eine *internationale Atomgewichtskommission* gebildet, nachdem zuvor (seit dem Jahre 1896) auf Anregung K. Seuberts eine Verständigung über die einheitliche Norm der Atomgewichte angestrebt worden war. Die früher beliebte Einheit der letzteren ($H = 1$) ist infolge dieser neuen Bestrebungen durch die Beziehung der Atomgewichte auf Sauerstoff = 16 *offixiell* zurückgedrängt worden, wenn auch in der Praxis vielfach die Wasserstoffeinheit — auch aus pädagogischen Gründen — vorgezogen wird. Hauptgrund zugunsten der Sauerstoffgrundlage, der schon zuerst von Berzelius geltend gemacht wurde, ist die Tatsache, daß die weitaus meisten Atomgewichte aus Sauerstoff-, nicht aus Wasserstoffverbindungen abgeleitet sind. Die neueste Tabelle der *internationalen Atomgewichte* (Ber. 37, 8) enthält 78 Elemente; das fundamentale Verhältnis $O:H$ ist $16:1,008$ oder $15,88:1$. Ob einige in der Tabelle aufgeführte Stoffe als Elemente berechtigt sind, ist zweifelhaft.

[2] Vergl. Kopp, Gesch. der Chemie 3, 218; insbesondere Söderbaums Berzelius S. 119 ff. (in Kahlbaums Monographien Heft 3).

[3] Vergl. S. 213.

deckt, durch die ausgezeichneten Untersuchungen von Davy und namentlich von Gay-Lussac[1] als ein dem Chlor analoges Element charakterisiert wurde. Das von Balard[2] 1826 in den Mutterlaugen des Seesalzes aufgefundene Brom, dessen Erforschung durch Löwigs[3] Arbeiten (1829) wesentlich gefördert wurde, schloß für lange Zeit den Kreis der von Berzelius Halogene genannten Elemente. Das in der Flußsäure mit Wasserstoff verbundene Fluor ist trotz emsigster früherer Bemühungen[4] erst neuerdings von H. Moissan[5] durch passend ausgeführte Elektrolyse der Flußsäure dargestellt und, wie zu erwarten, als ein Stoff von der größten chemischen Energie erkannt worden. Diese Untersuchungen gehören zu den hervorragendsten, welche die unorganische Chemie in der neueren Zeit aufzuweisen hat.

Die Atomgewichte, diese wichtigen Konstanten der bisher aufgeführten Metalloide, sind mit großer Genauigkeit und zwar jedes nach mehreren Methoden bestimmt worden. Für Stickstoff, Chlor, Brom und Jod haben schon die klassischen Untersuchungen von Marignac[6] und Stas[7] die sichersten Werte geliefert; für Fluor kann die Bestimmung von Christensen[8] als eine die früheren Angaben abschließende angesehen werden. In neuerer Zeit ist wiederholt das Atomgewichtsverhältnis Wasserstoff zu Sauerstoff nach verschiedenen Methoden bestimmt und etwas verschieden von den früheren Werten befunden worden,[9] nämlich 1,008:16 oder 1:15,88. Man hat mit vollem Rechte der Feststellung dieser Konstante die größte Aufmerksamkeit zugewandt; man denke an die neuen mühe-

---

[1] Ann. Chim. Phys. **91**, 5 (1813).   [2] Ann. Chim. Phys. (2) **32**, 337.
[3] K. J. Löwig, geboren 1803, Schüler L. Gmelins und Mitscherlichs, ist in Breslau 1890 gestorben, nachdem er daselbst seit 1853 als Professor der Chemie bis 1889 gewirkt hatte und zuvor (seit 1833) in Zürich tätig gewesen war. Von größeren Publikationen ist seine Schrift: *Das Brom und seine chemischen Verhältnisse* (1829), sowie sein *Lehrbuch der Chemie* (1832, 2. Aufl. 1846), das sich lange Zeit als brauchbares Handbuch erwies, zu erwähnen. Seiner wichtigsten Experimentalarbeiten ist in der besp. Geschichte gedacht (vergl. den von Landolt verfaßten Nekrolog Ber. **23**, 905).
[4] Vergl. namentlich Gore, Philos. Transact. **1869**, S. 173.
[5] Ann. Chim. Phys. (6) **12**, 472 (1887). Comptes rendus **109**, 861. Ann. Chim. Phys. (6) **24**, 224.   [6] Vergl. Ann. Chem. **44**, 1; **59**, 284; **60**, 180.
[7] Untersuchungen über die Gesetze der chem. Proportionen (Leipzig 1867).
[8] Journ. pr. Chemie (2) **35**, 541.
[9] Vergl. Ostwald, Lehrbuch d. allgem. Chem. I, 43 ff. (2. Aufl.). Entgegen der früher allgemein angenommenen Einheit hat sich Ostwald stets dafür ausgesprochen, daß die Atomgewichte auf Sauerstoff = 16 zu beziehen seien. Die im Texte angeführten Atomgewichte beziehen sich auf $H = 1$ (vergl. Ann. 1 auf voriger Seite).

vollen Versuche von Cooke und Richards, Morley, Lord Rayleigh, Keiser, Noyes, Dittmar.

Das dem lange bekannten, aber erst von Lavoisier als Element betrachteten Schwefel chemisch ähnliche Tellur von Müller v. Reichenstein im Jahre 1782 entdeckt, von Klaproth[1] 1798 untersucht und benannt, wurde erst durch die Arbeiten von Berzelius[2] und anderen der näheren Kenntnis erschlossen. Das Selen hat Berzelius[3] im Jahre 1817 entdeckt und nebst seinen wichtigsten Verbindungen in gründlichster Weise untersucht. — Die Atomgewichte der zwei letzten Elemente sind nach starken Schwankungen erst in neuerer Zeit sicher ermittelt worden, das des Selens[4] zu 78,6 das vom Tellur[5] zu 126,6, nachdem für letzteres, den früheren Bestimmungen gemäß, lange Zeit der Wert 127—128 angenommen war. Wahrscheinlich rührte der letztere daher, daß dem Tellur Elemente mit höherem Atomgewicht beigemengt waren. Als Atomgewicht des Schwefels gilt seit den Arbeiten von Stas[6] die Zahl 31,83 als sicher begründet.

Die Entdeckung der dem Stickstoff ähnlichen Elemente: Phosphor, Arsen, Antimon, denen noch das Wismut angereiht werden mag, fällt in frühere Zeiten; jedoch gehört der neueren die genaue Erforschung derselben und namentlich ihrer Verbindungen an. Für den Phosphor wurde das schon von Berzelius[7] richtig ermittelte Atomgewicht von Dumas[8] wesentlich bestätigt ($P = 30,77$). Ebenso hat sich der ursprünglich für Arsen von Berzelius festgestellte Wert (74,5) durch die Arbeiten von Pélouze und Dumas als richtig herausgestellt, während R. Schneider und Cooke durch ihre ausgezeichneten Arbeiten lehrten, daß das Atomgewicht des Antimons von Berzelius viel zu hoch angenommen war.

Das Bor wurde gleichzeitig von Gay-Lussac[9] und Davy entdeckt; sie isolierten es aus der Borsäure, die schon Lavoisier als Oxyd eines unbekannten Elements betrachtet hatte. Von gleichem Gesichtspunkte geleitet, gelangte Berzelius[10] zur Entdeckung des in der Kieselsäure mit Sauerstoff verbundenen Siliciums (1810), dessen

---

[1] Crells Ann. 1, 91.   [2] Pogg. Ann. 32, 28.
[3] Schweiggers Journ. 23, 309 u. 430.
[4] Eckmann u. Pettersson, Ber. 9, 1210.
[5] Brauner, Ber. 16, 3055. Zeitschr. physik. Chem. 4, 344. Neuere Untersuchungen von Köthner, Ann. Chem. 319, 1 ff. Gutbier, Ann. Chem. 320, 52.
[6] A. a. O.   [7] Schweiggers Journ. 23, 119.
[8] Ann. Chim. Phys. (3) 55, 171.
[9] Recherches phys. chim. 1, 276.   [10] Phil. Transact. 1809, S. 75.

Reindarstellung ihm jedoch erst im Jahre 1823 durch Einwirkung von Kalium auf Kieselfluorkalium gelang;[1] er hatte damit eine wichtige Methode zur Isolierung von einigen Elementen geschaffen.

Die sichere Erkenntnis, daß Diamant und Graphit Modifikationen des Elementes Kohlenstoff sind, gehört dem Beginn des neuen Zeitalters an; außer den Untersuchungen von Lavoisier (1773) und von Tennant (1796) ist der von Mackenzie gelieferte Nachweis, daß gleiche Gewichtsteile Graphit, Holzkohle und Diamant dieselben Mengen Kohlensäure durch Verbrennung ergeben, besonders wichtig gewesen, um die gleichartige chemische Natur jener drei Stoffe erkennen zu lassen.

Die Erscheinung der Allotropie, mit welchem Namen Berzelius das Auftreten eines und desselben Stoffs in verschiedenen Modifikationen bezeichnete, ist besonders häufig bei den Metalloiden beobachtet worden. Das älteste Beispiel dafür bot eben der Kohlenstoff dar, dessen Allotropien die denkbar größte Verschiedenheit untereinander aufwiesen. Bis in die neueste Zeit gehen die Untersuchungen über diese Modifikationen, insbesondere die Bemühungen, amorphen Kohlenstoff in Diamant umzuwandeln.[2] Der merkwürdigste Fall wurde mit der Umwandlung des Sauerstoffs in das chemisch so wirksame Ozon bekannt, dessen Entdeckung Schönbein[3] zufiel, nachdem lange zuvor van Marum (1785) auf die eigentümliche Veränderung des Sauerstoffs durch elektrische Funken hingewiesen hatte. Durch die schönen Untersuchungen von Schönbein, Marignac und de la Rive, welche die substantielle Gleichheit des Ozons mit dem Sauerstoff feststellten, ferner durch die von Andrews[4] und namentlich Soret[5] wurden die Beziehungen des Ozons zum Sauerstoff, insbesondere die Zusammensetzung des Moleküls Ozon

---

[1] Pogg. Ann. 1, 165.
[2] Vergl. Moissan, Comptes rendus 116, 218.
[3] Pogg. Ann. 50, 616 (1840). Über Christian Friedrich Schönbein (geb. 1799 in Metzingen in Schwaben, gest. 1868 zu Basel als Professor an der Universität), diesen höchst originellen Forscher, gibt eine treffliche Schrift von Kahlbaum u. Schaer (Monographien zur Geschichte der Chemie 4. u. 6. Heft, Leipzig 1901) erwünschten besten Aufschluß; wir lernen sein Leben und sein Wirken gründlich kennen. Seine klassischen Untersuchungen über Ozon und Wasserstoffsuperoxyd, über die Passivität des Eisens, über katalytische Wirkungen, seine Entdeckung der Schießbaumwolle u. a. sind Marksteine seiner ganz eigenartigen Forscher- und Denkertätigkeit, die andere Wege ging, als die der meisten Zeitgenossen, so daß Schönbein in seiner vollen Bedeutung erst spät gewürdigt worden ist.
[4] Ann. Chem. 97, 371. Pogg. Ann. 112, 241.
[5] Ann. Chem. Suppl. 5, 148.

aus drei Atomen Sauerstoff ermittelt; letztere Tatsache ist neuerdings von A. Ladenburg[1] durch sorgfältige eigenartige Bestimmungen bestätigt worden. Dank wesentlicher Verbesserungen der Darstellung des Ozons ist es als vorzügliches Oxydationsmittel berufen, mehr als früher technisch, sowie zu rein wissenschaftlichen Arbeiten angewandt zu werden.

Ganz besonders wichtig ist die Entstehung von Ozon bei den Vorgängen der langsamen Oxydation, die seit Schönbeins grundlegenden Versuchen mit Phosphor, Terpentinöl u. a. Gegenstand zahlreicher bedeutsamer Arbeiten[2] gewesen ist. Bei dieser *Autoxydation*, wie M. Traube zuerst solche Prozesse bezeichnet hat, wird Sauerstoff *aktiviert*. Hierbei zeigt sich die merkwürdige Tatsache, daß der langsam sich oxydierende Stoff ebenso viel Sauerstoff aktiviert, als er selbst aufnimmt; ist ein anderer oxydabler Stoff zugegen, so vereinigt sich der aktiv gewordene Sauerstoff mit diesem. Nachdem diese wichtige Beobachtung mit verschiedenen *Autoxydatoren* (Phosphine, Aldehyde, Metalle) gemacht war, hat C. Engler,[3] gestützt auf viele eigene Versuche, eine befriedigende Zusammenfassung der bekannten Vorgänge langsamer Oxydation vorgenommen; nach ihm ist die vorübergehende Bildung von Superoxyden, die auch schon in einzelnen Fällen früher von Schönbein u. a. beobachtet waren, von größter Bedeutung: so die Entstehung von Wasserstoffsuperoxyd, von organischen Peroxyden, die einen bestimmten Teil ihres Sauerstoffs auf die oxydablen Stoffe (*Acceptoren*) übertragen (vergl. organ. Peroxyde w. u.).

Die allotropen Modifikationen des Schwefels wurden zuerst von Mitscherlich, die des Selens von Berzelius, später von Hittorff untersucht. Die Umwandlung des gewöhnlichen Phosphors in den roten beobachtete schon Berzelius, entdeckte aber erst mit Sicherheit Schrötter[4] (1845), die in die *metallische* Modifikation Hittorff. Beobachtungen über *schwarzen Schwefel*, sowie über zwei fernere Modifikationen des Schwefels, deren eine in Wasser löslich ist, gehören neuester Zeit an;[5] ebenso die über eine neue Form des Phosphors.[6] — Den Nachweis, daß neben den seit

---

[1] Ber. **34**, 631 u. 1184.

[2] Zur Orientierung diene die vorzügliche Schrift Bodländers Über langsame Verbrennung (Stuttgart, 1899); ferner W. Manchot: *Über freiwillige Oxydation* (Leipzig 1900). Daselbst Litteratur.

[3] Ber. **33**, 1090; **34**, 2933.   [4] Pogg. Ann. **81**, 276.

[5] Knapp, Journ. pr. Chem. **43**, 305. Engel, Comptes rendus **112**, 866.

[6] Vernon, Philos. Mag. **32**, 365. Vergl. insbesondere Schencks interessante Arbeiten über den hellroten Phosphor, der aus gewöhnlichem in

längerer Zeit im amorphen Zustande bekannten Elementen Bor und Silicium kristallinische Modifikationen bestehen, verdankt man Wöhler. Ob Allotropien auch bei metallischen Elementen vorkommen, ist trotz der Beobachtungen über kolloidale Formen des Silbers, Goldes, Quecksilbers und anderer Metalle zweifelhaft; auf diesem Gebiete, das mehr der physikalischen Chemie (s. d.) angehört, sind noch manche Unklarheiten vorhanden. Jedenfalls ist die Fähigkeit vieler, zumal nichtmetallischer Elemente, in verschiedenen Formen aufzutreten, eine weitverbreitete Erscheinung. — Auf die Entdeckung allotroper Modifikationen von chemischen Verbindungen, wie von Schwefelquecksilber, Quecksilberjodid, arseniger Säure und andere sei nur kurz hingewiesen.

Zu den von Lavoisier als Grundstoffe betrachteten metallischen Elementen sind in der Folge viele neue hinzugekommen, über deren Auffindung hier kurz zu berichten ist. Die denkwürdige Entdeckung des Kaliums und Natriums nebst der im Zusammenhange damit geführten Diskussion über die Natur des Chlors wurde wegen des tiefgreifenden Einflusses, den jene Entdeckungen auf die Ausbildung bedeutsamer chemischer Lehren hatten, schon im allgemeinen Teile ausführlich dargelegt (S. 212). Die relativen Atomgewichte der beiden Alkalimetalle hat Berzelius mit ziemlicher Genauigkeit bestimmt, er legte ihnen allerdings zuerst den viermal höheren Wert bei als jetzt geschieht. Ähnliche Zahlenwerte erhielten später Marignac, Dumas und Stas bei Gelegenheit ihrer schon zitierten Untersuchungen.

Das Lithion entdeckte Arfvedson,[1] Schüler von Berzelius, 1817 als Bestandteil verschiedener Mineralien, z. B. im *Petalit*, und erkannte seine Analogie mit den Alkalien, konnte aber das darin enthaltene Metall nicht isolieren. Näher untersucht wurde letzteres erst im Jahre 1855 durch Bunsen und Mathiessen,[2] die das Lithium selbst durch Elektrolyse des Chlorlithiums darstellten. Die rote Färbung, welche seine Salze der Weingeistflamme erteilen, nahm zuerst C. G. Gmelin (1818) wahr.

Die Entdeckung des Rubidiums und Cäsiums[3] im *Lepidolith* und in der Dürkheimer Soole mit Hilfe der Spektralanalyse war die erste reife Frucht, welche der Chemie durch diese neue Methode

---

Phosphortribromid gelöstem entsteht und nicht giftig ist (Ber. **35**, 351; **36** 979, 4202). Ob diese Modifikation des Phosphors auch technisch zur Herstellung von Zündhölzern Verwendung finden wird, ist noch nicht ganz sicher

[1] Schweiggers Journ. **22**, 93.   [2] Ann. Chem. **94**, 107.
[3] Bunsen u. Kirchhoff, Pogg. Ann. **110**, 167; **113**, 337; **118**, 94.

zuteil wurde. Da die chemischen Reaktionen der Salze dieser zwei Alkalimetalle denen der Kaliumsalze sehr ähnliche sind, so würde die Gegenwart derselben ohne das Spektroskop gewiß nicht bemerkt worden sein. In der Tat hatte der sorgsame Analytiker Plattner mehrere Jahre vor der Auffindung des Cäsiums ein an letzterem reiches Mineral, *Pollux,* untersucht[1] und das sich ergebende Defizit, welches daher rührte, daß er das Cäsiumsulfat als Gemisch von Kalium- und Natriumsulfat ansah, nicht zu erklären vermocht. Die Atomgewichte von Rubidium und Cäsium wurden von Bunsen richtig ermittelt, nachdem für Cäsium infolge ungenügenden Materials zuerst ein zu niedriger Wert gefunden worden war. Das Atomgewicht des Lithiums bestimmte Stas endgiltig zu 7,0.

Die Metalle Baryum, Strontium, Calcium, Magnesium isolierte zuerst Davy aus ihren von Seebeck dargestellten Amalgamen, nachdem schon längere Zeit zuvor die Baryt- und Kalkerde als Oxyde unbekannter Metalle angesprochen worden waren. Die Strontianerde hatten Klaproth und Hope, unabhängig voneinander, aufgefunden und als dem Kalk entsprechend bezeichnet. Berzelius, Marignac und Dumas haben die Atomgewichte der vier genannten Elemente sorgfältig ermittelt. Das Magnesium, welches eine zunehmende Bedeutung in der Technik gewonnen hat, wurde neuerdings von Cl. Winkler[2] u. a. als ausgezeichnetes Mittel, Metalloxyde zu reduzieren, benutzt. Bei seinen umfassenden Versuchen handelte es sich darum, das verschiedene Verhalten der Oxyde jenem Metall gegenüber festzustellen und zugleich die Fähigkeit der reduzierten Elemente, sich mit Wasserstoff zu verbinden, kennen zu lernen. Auf die von diesem allgemeinen Gesichtspunkte aus höchst wichtigen Ergebnisse dieser Untersuchungen, die zugleich zur Bereicherung der Kenntnisse von vielen Elementen beigetragen haben, kann hier nur kurz hingewiesen werden. Auch als Stickstoff bindendes Mittel hat sich Magnesium bewährt, z. B. bei der Isolierung der den Stickstoff begleitenden sogen. Edelgase, Argon etc. (s. d.).

Das Beryllium, dessen Oxyd Vauquelin (1798) in dem Mineral *Beryll* aufgefunden hatte, wurde zuerst von Wöhler[3] 1828 aus seinem Chlorid mittels Kalium gewonnen. Sein Atomgewicht gab zu wichtigen Erörterungen Anlaß, insofern unentschieden war, ob dasselbe das Zwei- oder Dreifache von dem Äquivalent ausmache. Erst durch die neuesten Untersuchungen von Nilson und Pettersson[4] ist die Frage dahin entschieden, daß dem Beryllium als zweiwertigem

---

[1] Pogg. Ann. **69**, 443. [2] Ber. **24**, 873, 1969.
[3] Pogg. Ann. **13**, 577. [4] Journ. pr. Chemie (2) **33**, 15.

Elemente das Atomgewicht 9,1 zukommt. Dieser Zahlenwert scheint nach neueren Arbeiten von Krüß und Moraht noch etwas verringert werden zu müssen.

Das Kadmium wurde zuerst von Stromeyer 1817 beobachtet, dann auch von anderen nachentdeckt und als ein dem Zink chemisch ähnliches Metall erkannt, sein Atomgewicht in neuester Zeit von Patridge genau bestimmt. — Das Thallium, von Crookes[1] 1861 in dem selenreichen Schlamme einer Schwefelsäurefabrik aufgefunden, verdankt seine Entdeckung dem charakteristischen Verhalten seiner Salze im Spektroskop. Die chemische Natur dieses einmal dem Blei, sodann auch den Alkalien nahestehenden Metalles hat insbesondere Lamy festgestellt, das Atomgewicht desselben Crookes ermittelt.

Das Aluminium isolierte zuerst Wöhler[2] im Jahre 1827 aus seinem Chlorid mittels Kalium und bestätigte dadurch die schon lange gehegte Vermutung, daß die Tonerde das Oxyd eines Metalles sei. Im Jahre 1845 stellte St. Claire-Deville das Metall in größerem Maßstabe mittels Natrium, Bunsen auf elektrolytischem Wege dar. Die Fabrikation dieses außerordentlich verbreiteten Metalles mittels des elektrischen Stromes ist eine Errungenschaft der neueren Technik (s. Geschichte dieser). Ebenfalls der neuesten Zeit gehört die Verwendung des Aluminiums als ausgezeichnetes Reduktionsmittel an; dank seiner hohen Verbrennungswärme vermag es stärkste thermische Wirkungen im Gemisch mit Metalloxyden hervorzurufen und dient dabei zur Gewinnung der reinen Metalle (*Aluminothermie*, H. Goldschmidt).[3] — Die mit dem Aluminium eine Familie bildenden Elemente Indium und Gallium sind erst in neuerer Zeit entdeckt worden: ersteres im Jahre 1863 von Reich und Richter[4] als Bestandteil der Freiberger Zinkblende, letzteres ebenfalls in Zinkerzen von Lecoq de Boisbaudran.[5] Zur Auffindung dieser zwei Metalle leitete ihr charakteristisches spektroskopisches Verhalten. Ihre Atomgewichte ermittelten die Entdecker, das des Indiums noch besonders genau Cl. Winkler[6] und Bunsen;[7] das des Aluminiums ist am sorgfältigsten von Mallet bestimmt worden.

Ungewöhnliche Schwierigkeiten hat die Isolierung der Metalle gemacht, welche die sogenannte Cer- und Yttriumgruppe bilden. Obwohl die Auffindung der Yttererde, die allerdings mit anderen

---

[1] Chem. News 3, 193.   [2] Pogg. Ann. 11, 146.
[3] Vergl. Zeitschr. f. Elektrochem. 6, 53.
[4] Journ. pr. Chem. 89, 444; 90, 172; 92, 480.
[5] Comptes rendus 81, 493 u. 1100.   [6] Journ. pr. Chem. 102, 282.
[7] Pogg. Ann. 141, 28.

Erden verunreinigt war, schon vor nahezu 100 Jahren durch Gadolin geschah, und seitdem die ausgezeichnetsten Forscher sich mit der Untersuchung dieses Gebiets befaßt haben, so ist doch die Chemie der Cermetalle bis auf den heutigen Tag nicht frei von dunklen Punkten, die vielleicht noch lange auf die erstrebte Aufklärung warten müssen. Nachdem aus dem Cerit Klaproth und gleichzeitig Berzelius die Cererde dargestellt hatten, und von letzterem diese als Oxyd eines Metalles erkannt war, entdeckte Mosander in der rohen Yttererde zwei neue Oxyde, deren Metalle: das Lanthan und Didym[1] er isolierte; einige Jahre später (1843) gesellte er zu diesen zwei andere: Erbium und Terbium, über deren Existenz und Natur die Akten noch nicht geschlossen sind, trotz ausgezeichneter Untersuchungen. Inzwischen wurde auch das Yttrium näher bekannt; die früher für einheitlich gehalt ne Yttererde hat sich als Gemenge von Oxyden mehrerer Metalle herausgestellt, von denen jedoch nur einige rein dargestellt sind; es sei an die Entdeckung des Skandiums (Nilson) und des Ytterbiums (Marignac) erinnert. In neuester Zeit ist die Chemie dieser Gruppe von Elementen und ihrer Verbindungen durch Arbeiten von Auer v. Welsbach, Droßbach, Krüß, Cl. Winkler und anderen bereichert worden. Durch mühsame Untersuchungen ist ein analytisches Verfahren zur Trennung der einzelnen in der Cer-, Ytter-, Thorerde enthaltenen Gemengteile ausgearbeitet worden; die Technik des Gasglühlichts hat daraus reichsten Nutzen gezogen (s. Geschichte der techn. Chemie). Das Atomgewicht des Ceriums ist neuerdings von B. Brauner[2] genau ermittelt worden.

Das Kobalt und das Nickel, deren Entdeckung dem vorhergehenden Zeitalter angehört (s. S. 133), sind gerade in neuerer Zeit Gegenstand wichtiger Untersuchungen gewesen, insbesondere wegen der merkwürdigen Verbindungen, die sie zu bilden vermögen (s. u.). Die Angabe von Krüß und Schmidt,[3] daß den auf gewöhnlichem Wege dargestellten Metallen ein bisher unbekanntes Element, das *Gnomium*, beigemengt sei, beruht auf einem verhängnisvollen Irrtum, wie Cl. Winkler[4] erwiesen hat; derselbe hat durch sorgfältige Bestimmungen die Atomgewichte beider Elemente festzustellen gesucht. Nach einer anderen Methode haben W. Hempel und H. Thiele[5]

---

[1] Das Didym ist durch neue Untersuchungen von Auer v. Welsbach als Gemisch zweier Elemente erkannt worden, die jetzt als Neodym und Praseodym in den Atomgewichtstabellen erscheinen.
[2] Zeitschr. anorgan. Chem. 34, 207.   [3] Ber. 22, 11 u. 2026.
[4] Vergl. Winkler, Ber. 22, 890. — Zeitschr. anorgan. Chemie 4, 10.
[5] Zeitsch. anorgan. Chem. 11, 73 (1895).

das Atomgewicht des Kobalts ermittelt und merklich niedriger gefunden, als Winkler (nämlich 58,7 gegenüber 59,37); damit stimmt eine spätere Bestimmung von Richards, sowie eine frühere von Cl. Zimmermann gut überein.

Die mit dem Chrom in eine Gruppe gehörenden Elemente: Molybdän, Wolfram und Uran, wurden, wie das Chrom selbst, in den ersten Jahrzehnten des neuen Zeitalters der Chemie entdeckt; ihre und ihrer Verbindungen Erforschung reicht bis in die neueste Zeit hinein, dank der außerordentlichen Mannigfaltigkeit der Verbindungen, welche die genannten mit anderen Elementen bilden (s. u.). — Das Chrom entdeckte 1797 Vauquelin als Bestandteil des „roten Bleispates" und trug zur Kenntnis seiner Verbindungen wesentlich bei; Klaproth hatte gleichzeitig das Vorkommen eines neuen Metalles in jenem Mineral wahrscheinlich gemacht. Durch das schöne Goldschmidtsche Verfahren läßt sich jetzt reines Chrom mittels Aluminium (vergl. S. 364) sehr leicht gewinnen. — Das Molybdän, sowie das Wolfram, deren Vorkommen in ihren Sauerstoffverbindungen Scheele und Bergman vorausgesehen hatten, wurden im Jahre 1783, ersteres von Hjelm, das Wolfram von d'Elhujar isoliert. — Das Uran endlich, oder vielmehr ein Oxyd, welches für das Element gehalten wurde, wies Klaproth 1798 als einen Hauptbestandteil der Pechblende nach; erst Péligot[1] berichtigte den Irrtum durch den Nachweis, daß das vermeintliche Element Sauerstoff enthielt, und lehrte die Darstellung des metallischen Urans.[2] Das von Péligot ermittelte Atomgewicht des Urans und das des Chroms sind durch die neueren Untersuchungen von Cl. Zimmermann und Berlin, in neuester Zeit von Meineke im wesentlichen bestätigt worden. Für Molybdän ist ein etwas höherer Wert, als der von Berzelius bestimmte, durch die Arbeiten von Dumas, Rammelsberg und anderen ermittelt worden. Dem Wolfram ist das von Schneider, Marchand und anderen bestimmte Atomgewicht geblieben.

Die dem Zinn chemisch ähnlichen Elemente: Titan, Zirkonium, Thorium, zu denen sich in neuester Zeit das Germanium gesellt hat, gehören wesentlich der Geschichte dieses Jahrhunderts

---

[1] Ann. Chim. Phys. (3) **5**, 5.

[2] Die höchst merkwürdigen Beobachtungen über ein in Uranerzen enthaltenes radioaktives Element, das *Radium*, fallen in die neueste Zeit; da die dasselbe betreffenden Untersuchungen mehr der physikalischen Chemie angehören, so wird auf deren Geschichte verwiesen; das gleiche gilt von anderen radioaktiven Stoffen *(Polonium, Aktinium)*.

an; denn wenn auch die Oxyde des Titans und Zirkoniums schon am Ende des vorigen Jahrhunderts aufgefunden worden sind, so gelang doch die Isolierung dieser Elemente erst Berzelius mit Hilfe seiner schon erwähnten Methode, nämlich durch Zerlegung ihrer Doppelfluoride mit Kalium. Auch die Thorerde und das Thorium entdeckte Berzelius[1] (1828); das Atomgewicht dieses Elementes wurde erst von Nilson endgiltig festgestellt und neuerdings durch die Dampfdichte das Thoriumchlorids bestätigt.[2] Durch die massenhafte Verwendung der Thorerde zu Glühkörpern hat diese Verbindung eine erhöhte Bedeutung gewonnen; auch andere Thorverbindungen sind seither gründlicher untersucht worden, als dies vor der technischen Verwertung der Thorerde möglich war. — Das Germanium hat Cl. Winkler[3] entdeckt und zum Ausgangspunkte ausgezeichneter Experimentaluntersuchungen[4] gemacht, durch welche die Natur des Elementes und seiner Verbindungen in das hellste Licht gesetzt wurde. Den Anstoß, nach einem neuen Element zu suchen, gab ihm die Analyse eines bei Freiberg vorkommenden Silbererzes, welche ein stets wiederkehrendes Defizit von etwa 7% ergab; das letztere ließ auf einen Stoff schließen, welcher den für die bekannten Elemente ausgearbeiteten analytischen Methoden nicht gehorchte; man erinnere sich des ähnlichen, oben erwähnten Falles bei Cäsium. Dem von Winkler bestimmten Atomgewicht des Germaniums entspricht die Stellung, welche diesem Elemente im periodischen System zukommt.

Die dem Antimon und Wismut chemisch verwandten Elemente: Vanadium, Tantal und Niobium sind der näheren Kenntnis erst durch neue Untersuchungen erschlossen worden. Das Vanadium, als Bestandteil gewisser Bleierze schon 1801 von del Rio, schärfer von Sefström (1830) erkannt, wurde in metallischem Zustande, überhaupt als Element, von Roscoe[5] 1867 isoliert, welcher nachwies, daß das früher sogenannte Vanadin sauerstoff-, bezw. stickstoffhaltig gewesen war; die chemischen Verhältnisse des Elementes und seiner Verbin-

---

[1] Pogg. Ann. 16, 385.   [2] Nilson u. Krüß, Ber. 20, 1671.
[3] Clemens Winkler (geboren 1838) wirkte von 1873 bis 1902 als Professor der Chemie an der Bergakademie zu Freiberg i. S., nachdem er zuvor 14 Jahre lang berg- und hüttenmännischer Tätigkeit obgelegen hatte. Die unorganische und technische Chemie verdankt ihm ausgezeichnete Untersuchungen, die häufig große Fortschritte in bezug auf neue Methoden, Entdeckung praktisch wichtiger Verfahren etc. in sich schlossen. Seine wichtigsten Leistungen sind in der speziellen Geschichte der analytischen und unorganischen Chemie gewürdigt (vergl. seine technische Gasanalyse S. 349).
[4] Journ. pr. Chem. (2) 34, 177; 36, 177.
[5] Ann. Chem. Suppl. 6, 86.

dungen wurden von ihm in vorzüglicher Weise klar gelegt, auch sein Atomgewicht sicher bestimmt.

Auf die in den Mineralien *Columbit* und *Tantalit* vorkommenden neuen Elemente, welche später die Namen Tantal und Niobium erhielten, hatten schon die Untersuchungen von Hatchett, Ekeberg, Wollaston, Berzelius in den ersten zwei Dezennien des 19. Jahrhunderts hingewiesen, ohne diese Grundstoffe selbst kennen zu lehren. Die Arbeiten von H. Rose[1] führten ebenfalls noch nicht zur Isolierung der Elemente, auch nicht zu der richtigen Auffassung ihrer Verbindungen; denn auch hier wurde ein Oxyd des Niobiums, das *Unterniob*, für das Element gehalten. Erst die Untersuchungen von Blomstrand[2] und von Marignac[3] ergaben sichere Anhaltspunkte zur Beurteilung des chemischen Verhaltens der zwei Elemente und ihrer Verbindungen, sowie zur Feststellung ihrer Atomgewichte.

Die Metalle der Platingruppe sind mit Ausnahme des Platins[4] in diesem Jahrhundert aufgefunden worden und zwar als Gemengteile des Platinerzes. Das Platin selbst lernte man erst völlig rein darstellen, nachdem zweckmäßige Methoden, dasselbe von seinen Begleitern zu trennen, ermittelt waren. Auch die für die Entwicklung der wissenschaftlichen wie technischen Chemie so wichtige Bearbeitung des Platins zu Gerätschaften gehört der neueren Zeit an.

Das Palladium kam im Jahre 1803 unter seinem jetzigen Namen als ein bisher unbekanntes Metall in den Handel mit einer derartigen Ankündigung, daß man ahnen konnte, ein Berufener habe dasselbe entdeckt. In der Tat hatte, wie sich später nach erfolgloser Bearbeitung des neuen Elementes durch Chenevix herausstellte, Wollaston[5] dasselbe aus dem Platinerz isoliert. Die merkwürdige Fähigkeit des Palladiums, sich mit Wasserstoff zu verbinden, hat Graham[6] zuerst beobachtet. — Die Entdeckung des Palladiums führte Wollaston zu der eines anderen Platinmetalles, des Rhodiums, welchem er diesen Namen wegen der rosenroten Färbung seiner Lösungen gab. Näher untersucht wurde dasselbe von Berzelius,[7] welcher überhaupt eingehende Studien über Platinmetalle machte, und von C. F. Claus;[8] um die Trennung des Rhodiums

---

[1] Pogg. Ann. **99**, 80; **104**, 432.
[2] Journ. pr. Chem. **97**, 37.
[3] Ann. Chim. Phys. (4) **8**, 5.
[4] Vergl. S. 133.
[5] Philos. Transact. **1804**, S. 428.
[6] Philos. Mag. (4) **32**, 516.
[7] Pogg. Ann. **13**, 437.
[8] Beiträge zur Chemie der Platinmetalle. Dorpat 1854.

von den anderen Metallen haben sich namentlich Bunsen,[1] sowie Deville und Debray verdient gemacht. — Auf das Iridium und Osmium, als zwei neue Metalle, welche in den Rückständen nach dem Auflösen des Platinerzes enthalten sind, lenkte zuerst Tennant[2] die Aufmerksamkeit der Chemiker; die Reindarstellung beider Elemente, der spezifisch schwersten Stoffe, welche man bisher kennt, haben namentlich Deville und Debray[3] gelehrt. — Das Ruthenium endlich wurde ebenfalls in Platinerzen, sowie in dem Osmiridium von C. E. Claus[4] entdeckt, dem man die Hauptkenntnisse über das Element selbst, sein Atomgewicht, sowie seine Verbindungen verdankt. In neuerer Zeit hat H. Debray[5] das Ruthenium und Sauerstoffverbindungen desselben untersucht.

Die Atomgewichte der Platinmetalle waren noch vor kurzem nur zum Teil mit genügender Sicherheit ermittelt. Für das Platin glaubte man in dem von Berzelius bestimmten Werte 196,7 den zuverlässigsten zu besitzen, bis Seubert[6] (1880) zeigte, daß diese Zahl um mindestens zwei Einheiten zu hoch sei. Die Atomgewichte des Palladiums, Rhodiums und Osmiums waren ebenfalls von Berzelius ermittelt worden, bedurften aber noch der endgiltigen Prüfung; insbesondere galt dies von dem Atomgewicht des Osmiums. In neuester Zeit ist dies in verdienstlichster Weise von K. Seubert[7] für das *Iridium, Osmium, Rhodium*, von Keyser[8] für das *Palladium*, von Joly[9] für das *Ruthenium* ausgeführt worden. Infolge dieser neuen Bestimmungen ist Ordnung in die so wichtigen Konstanten der Palladium- und Platingruppe gekommen. Zugleich hat damit das natürliche System der Elemente, dem sich jetzt erst die genannten Grundstoffe richtig einordnen, einen neuen Triumph gefeiert; denn nun haben dieselben ihren richtigen, von der Theorie geforderten Platz angewiesen erhalten.

Die Entdeckung des Argons und der es begleitenden Gase in der Luft beansprucht, als Auffindung gänzlich übersehener Grundstoffe, ein allgemeines Interesse (vergl. S. 329). Hier seien einige bemerkenswerte Einzelheiten nachgetragen. Lord Rayleigh stellte zuerst fest, daß das spezifische Gewicht des aus Luft gewonnenen Stickstoffs höher sei, als das von aus Ammoniak durch Oxydation

---

[1] Ann. Chem. 146, 265. [2] Philos. Transact. 1804, S. 411.
[3] Comptes rendus 81, 839; 82, 1076. [4] Ann. Chem. 56, 257; 59, 284.
[5] Comptes rendus 106, 100, 328.
[6] Ann. Chem. 207, 29. Ber. 21, 2179. Ferner Dittmar u. Arthur, das. 21, Ref. 412.
[7] Ber. 11, 1770. Ann. Chem. 261, 257; 260, 314.
[8] Amer. Chem. Journ. 11, 398. [9] Comptes rendus 108, 946.

hergestellten; er schloß aus diesem Befunde auf eine Beimengung, die dann durch glückliche Isolierung des *Argon* von ihm und W. Ramsay ermittelt wurde. Das Molekulargewicht des Argon, aus der Dichte abgeleitet, ergab den Wert: 40. Da nun das Verhältnis seiner spezifischen Wärme (bei konstantem Druck und konstantem Volumen) zu 1,66 ermittelt wurde, so war daraus Gleichheit des Molekular- mit dem Atomgewicht zu folgern. Die gleichartige Beobachtung wurde für die in den letzten 5 Jahren des vorigen Jahrhunderts entdeckten Elemente: *Helium, Krypton, Neon, Xenon* gemacht.

Als Helium erkannte Ramsay das aus dem Mineral *Cleveit* mit Schwefelsäure sich entwickelnde Gas, dessen hellste, der Doppellinie des Natriums benachbarte Spektrallinie man als D_3 schon früher im Sonnenspektrum aufgefunden hatte. In neuester Zeit hat sich das wissenschaftliche Interesse dem Helium noch stärker zugewandt, seitdem Ramsay seine Entstehung aus der sogen. Emanation des *Radium (Exradio)* beobachtet hat (s. d.). Das *Neon* stellt sich mit seinem Atomgewicht 19,9 zwischen *Helium* (Atg. 4) und *Argon* (Atg. 40), während für *Krypton* und *Xenon* die Werte 82 und 128 ermittelt worden sind. — Der Nachweis, daß diese merkwürdigen Stoffe (*Edelgase*) in der Tat Grundstoffe sind, ist noch nicht mit absoluter Sicherheit erbracht.

Die der neuesten Zeit angehörenden Untersuchungen über *Radium, Polonium, Aktinium* lassen noch einige Zweifel zu, ob diese Stoffe selbständige Elemente sind (vergl. spez. Gesch. der physikal. Chemie).

Der kurze Überblick über die dem neuen Zeitalter angehörenden Entdeckungen neuer Elemente läßt den Umfang der Leistungen auf diesem Gebiete genugsam erkennen. Seitdem man bemüht ist, jedem Elemente einen bestimmten Platz im periodischen System anzuweisen, hat die Entdeckung eines neuen Grundstoffes einen ganz anderen Reiz und eine weit höhere Bedeutung als früher. Jetzt gilt es, das Atomgewicht eines solchen genau zu ermitteln, sowie sein chemisches Verhalten möglichst umfassend zu untersuchen, um das Element jenem System einzuordnen. Bei kaum einem neu aufgefundenen Grundstoff haben sich diese Bemühungen so trefflich bewährt wie bei dem Germanium.

Die chemische Litteratur weist viele Angaben über vermeintlich neue Elemente auf, die sich im Laufe der Zeit entweder als schon früher dargestellt, oder als Gemische teils bekannter, teils unbekannter Stoffe herausgestellt haben. Auf die gegen Ende des 18. und Anfang des 19. Jahrhunderts gemachten phantastischen Versuche von Winterl,[1] welcher einige Metalle in verschiedene Grundstoffe zerlegt zu haben glaubte, sei nur kurz hingewiesen. Aber selbst namhafte Forscher verfielen in Irrtümer, welche sich nur aus den Mängeln der damaligen analytischen Methoden erklären lassen; so hielt Bergman (1781) das Phosphoreisen, aus kaltbrüchigem Eisen mittels Salzsäure dargestellt, für ein neues, von ihm *Siderum* genanntes Metall; Richter sprach unreines Nickel als Element an und bezeichnete es als *Nickolanum*. Selbst Berzelius glaubte 1815 in schwedischen Mineralien eine bisher unbekannte Erde aufgefunden zu haben, berichtigte aber seinen Irrtum selbst dahin, daß der vermeintlich neue Stoff phosphorsaure Ytterde gewesen sei. Gerade die Geschichte der Cermetalle, zu denen das Yttrium gehört, sowie die des Didyms, Tantals und Niobiums weist eine Menge derartiger Irrungen auf, und noch in unseren Tagen wird eine Reihe neuer Elemente aufgeführt, deren einheitlicher Charakter im höchsten Grade zweifelhaft ist, z. B. das *Decipium, Mosandrium, Philippium*,[2] *Lucium* u. a., die, als höchst unsicher, in die Tabellen der Elemente nicht aufgenommen sind. Ebenso sind unsere Kenntnisse des *Masriums, Austriums* u. a. so unvollständig, daß vorläufig darüber nichts Bestimmtes zu sagen ist. — Die an sich unwahrscheinlichen Beobachtungen Fitticas über eine Umwandlung von Phosphor in Arsen und Antimon, von Arsen in Stickstoff und Antimon u. a. m. sind als falsch, hervorgerufen durch Unreinheit der angewandten Substanzen, erkannt worden.

Erweiterung der Kenntnisse unorganischer Verbindungen.

Die allgemeinen Gesichtspunkte, welche für die Auffassung unorganisch-chemischer Verbindungen im neuen Zeitalter gewonnen wurden, insbesondere die Ansichten über die Konstitution der Säuren, Salze und Basen sind im allgemeinen Teile dargelegt worden. Hier handelt es sich darum, die Entwicklung einzelner Kenntnisse in diesem Gebiete zu schildern. Von einer erschöpfenden Behandlung des Gegenstandes kann natürlich nicht die Rede sein; nur besonders wichtige Experimentaluntersuchungen, die zur Erweiterung des chemischen Wissens wesentlich gedient haben, sind namhaft zu machen.

---

[1] Kopp, Gesch. d. Chemie **2**, 282.
[2] Comptes rendus **87**, 148, 559, 632.

Wasserstoffverbindungen der Halogene.

Das merkwürdige Verhalten des Wasserstoffs zu Chlor, die leichte Vereinigung beider Gase, zuerst von Davy und Gay-Lussac erforscht, ist später Gegenstand wichtiger physikalisch-chemischer Untersuchungen von Roscoe und Bunsen[1] gewesen. Zur näheren Kenntnis des Chlorwasserstoffs selbst trugen die Versuche von Davy und Faraday,[2] die das Gas zu verdichten lehrten, wesentlich bei, sowie die von Roscoe und Dittmar,[3] welche die chemischen Verhältnisse zwischen Salzsäure und Wasser feststellten. Jod- und Bromwasserstoff wurden durch die Arbeiten von Gay-Lussac und Balard näher bekannt, der Fluorwasserstoff durch die grundlegenden Untersuchungen von Gay-Lassac, Thénard und Berzelius, im wasserfreien Zustande durch die Fremys[4] und Gores.[5] Moissan gelang der Nachweis, daß aus gleich großen Volumen Fluor und Wasserstoff das doppelte Volum Fluorwasserstoff — analog der Bildung von Chlorwasserstoff — entstehe. Der furchtbaren Wirkung der wasserfreien Flußsäure fiel Nicklés im Jahre 1869 zum Opfer. Die Analogie des Fluors mit dem Chlor hat zuerst Ampère ausgesprochen.

Sauerstoffverbindungen des Wasserstoffs und der Halogene.

Die zur Erkenntnis der Zusammensetzung des Wassers führenden Untersuchungen sind schon besprochen worden; die erste ziemlich einwurfsfreie quantitative Ermittlung seiner Bestandteile geschah durch Berzelius und Dulong.[6] Infolge der Entdeckung des Wasserstoffsuperoxydes[7] blieb das Wasser nicht mehr das einzige Oxyd des Wasserstoffs; das von Thénard, Schönbein und anderen, in neuerer Zeit von Schöne[8] und von Traube[9] untersuchte chemische Verhalten dieses Superoxydes stempelt dasselbe zu einer der merkwürdigsten unorganischen Verbindungen, welche

---

[1] Pogg. Ann. 100, 43. Ann. Chem. 96, 357. Vergl. Geschichte der physikalischen Chemie.

[2] Philos. Transact. 1823, S. 164.   [3] Ann. Chem. 112, 337.

[4] Ann. Chim. Phys. (3) 47, 5.   [5] Philos. Transact. 1869, S. 173.

[6] Ann. Chim. Phys. 15, 386. Über später ausgeführte Bestimmungen des Verhältnisses $H_2 : O$ s. S. 358.

[7] Ann. Chim. Phys. 8, 306 (1818).

[8] Ann. Chem. 192, 258 (das. Litteratur).

[9] Vergl. Ber. 20, 3345; auch Ber. 22, 1496; 26, 1471.

auch in der Natur bei mancherlei Prozessen eine wichtige Rolle zu spielen berufen ist; erst in neuerer Zeit ist es durch Destillation im Vakuum in reinem Zustande erhalten,[1] überhaupt leichter zugänglich geworden. Das Interesse daran wird durch die technische Bedeutung, welche das Wasserstoffsuperoxyd gewonnen hat, noch erhöht. Von besonderer Wichtigkeit ist sein Auftreten bei den so mannigfachen Vorgängen der langsamen Oxydation: z. B. von Metallen, bei der Lösung von Gold in Cyankalium-Solutionen, bei der Sauerstoffaufnahme organischer Substanzen u. a. m. (Vergl. *Autoxydation* S. 361).

Die mannigfachen Oxydationsstufen des Chlors und Jods sowie des Broms haben seit Beginn unseres Jahrhunderts zu bedeutsamen Arbeiten Anlaß gegeben; es sei an Gay-Lussacs Untersuchungen der Chlorsäure, an die der Überchlorsäure von Stadion, sowie der Unterchlorsäure von Davy und Stadion, ferner an die der chlorigen[2] und der unterchlorigen[3] Säure erinnert. Die Kenntnis einiger dieser Verbindungen wurde wesentlich geklärt durch die neueren Versuche Pebals,[4] welcher die Natur des sogenannten Euchlorins und der Unterchlorsäure feststellte. — Sauerstoffverbindungen des Jods wurden durch Davys und Magnus' Forschungen bekannt; die von letzterem[5] entdeckte Überjodsäure sowie die Jodsäure führte später zur Kenntnis verschiedener Reihen von Salzen, aus deren Zusammensetzung wichtige Schlüsse bezüglich der Sättigungskapazität des Jods und damit der Halogene gezogen werden mußten. — Daß Fluor — abgesehen von den chemisch ganz trägen *Edelgasen* — das einzige Element ist, das keine Verbindung mit Sauerstoff eingeht, sei kurz bemerkt.

Schwefel-, Selen- und Tellurverbindungen.

Zu den schon lange Zeit bekannten Verbindungen des Schwefels mit Sauerstoff, der schwefligen und der Schwefelsäure, deren Anhydrid[6] Vogel und Doebereiner entdeckten, waren frühzeitig andere gekommen: die unterschweflige Säure von Gay-Lussac, die Unterschwefelsäure von Welter und Gay-Lussac (1819). Die Konstitution der ersteren, welche rationell Thioschwefelsäure zu

---

[1] Wolffenstein, Ber. **27**, 3307.
[2] Millon, Ann. Chim. Phys. (3) **7**, 298.
[3] Balard, Ann. Chim. Phys. **57**, 225.
[4] Ann. Chem. **177**, 1 u. **213**, 113. [5] Pogg. Ann. **28**, 514.
[6] Später wurden zwei Modifikationen des Schwefelsäureanhydrids entdeckt, deren Verschiedenheit durch ihre ungleichen Molekulargewichte erklärt sind.

nennen ist, wurde erst viel später richtig gedeutet.[1] Die mehr Schwefel enthaltenden, zu der Schwefelsäure in naher Beziehung stehenden Thiosäuren lehrten im Anfang der vierziger Jahre Langlois, Fordos und Gélis, Wackenroder kennen; die Frage, ob die von letzterem entdeckte Pentathionsäure wirklich existiert, ist noch kürzlich lebhaft erörtert worden.[2]

In neuerer Zeit ist zu obigen Säuren des Schwefels noch die von Schützenberger[3] entdeckte hydroschweflige Säure gekommen, deren chemisches Verhalten von großem auch technischem Interesse ist. Den beiden Oxyden des Schwefels hat R. Weber[4] ein neues in dem Schwefelsesquioxyd S_2O_3 zugesellt. Ferner sei noch die Überschwefelsäure genannt, deren Existenz zuerst Berthelot wahrscheinlich gemacht hat. Durch neuere Untersuchungen ist erst die Frage nach ihrer wahren Zusammensetzung, welche der von der Übermangansäure entspricht, gelöst worden. Die schon von M. Traube vermutete Oxydationsstufe des Schwefels, SO_4, ist später als Hydrat im sogen. Caroschen Reagens von Baeyer und Villiger erkannt worden. — Des mächtigen Aufschwunges, den die gesamte chemische Industrie durch die Entwicklung der Schwefelsäurefabrikation genommen hat, sei hier nur kurz gedacht (s. Gesch. der techn. Chem.). Die Bekanntschaft mit einfachen Abkömmlingen der lange schon bekannten Schwefelsäure, wie mit deren Amid und Imid, mit der Fluorsulfonsäure und anderen gehört der neuesten Zeit an.[5]

Die Verbindungen des Selens mit Wasserstoff und Sauerstoff lehrte Berzelius in seiner schon erwähnten denkwürdigen Abhandlung kennen. Ihm folgte Mitscherlich, welcher die Selensäure entdeckte und damit, zumal durch die Isomorphie der schwefel- und der selensauren Salze eine schöne Bestätigung der Analogie des Selens mit dem Schwefel lieferte. In allen Punkten hat sich diese chemische Ähnlichkeit nicht gezeigt, wie jüngst Michaelis[6] für die selenigsauren Salze eine andere Konstitution wahrscheinlich gemacht hat, als sie die schwefligsauren Salze besitzen.

Die Chlorverbindungen des Schwefels, Selens und Tellurs, deren Studium zur Charakterisierung dieser Elemente beigetragen hat, sind zu verschiedenen Zeiten untersucht worden; noch neuerdings hat

---

[1] Vergl. Schorlemmer, Journ. chem. soc. (2) **7**, 256.
[2] Vergl. Curtius u. Henkel, Journ. pr. Chem. (2) **37**, 37; Debus, Ann. Chem. **244**, 76.
[3] Comptes rendus **69**, 169.   [4] Pogg. Ann. **156**, 53.
[5] Vergl. W. Traube, Ber. **26**, 607. Thorpe, Zeitschr. anorgan. Chem. **3**, 63.
[6] Ann. Chem. **241**, 150.

Michaelis durch die Untersuchung des Vierfach-Chlortellurs einen einleuchtenden Beweis dafür geliefert, daß darin Tellur vierwertig ist. Durch die unlängst gelungene Darstellung eines Sechsfach-Fluorschwefels:[1] SF_6 ist auch die Sechswertigkeit des Schwefels einwandfrei erwiesen worden.

Eine lange Reihe von Arbeiten wäre zu nennen, wollte man nur die wichtigsten zusammenstellen, welche zur Auffindung und Aufklärung der Wasserstoff-, Sauerstoff- und Halogenverbindungen des Stickstoffs, Phosphors, Arsens und Antimons dienlich gewesen sind. Hier sei erinnert an die alten Arbeiten von Davy, Berthollet, Henry, durch welche die Zusammensetzung des lange als sauerstoffhaltig betrachteten Ammoniaks ermittelt wurde. Die Entdeckung des Dreifach-Wasserstoffphosphors durch Gengembre (1783) und Pelletier, welcher diesen Stoff rein darstellte, wurde erst durch die wichtigen Untersuchungen Davys fruchtbar; er ermittelte die Zusammensetzung dieses Gases und wies auf seine Analogie mit dem Ammoniak hin, was später H. Rose noch schärfer betonte. Den flüssigen Phosphorwasserstoff entdeckte P. Thénard[2] und erkannte in diesem die Ursache der Selbstentzündlichkeit des nicht völlig reinen Dreifach-Wasserstoffphosphors. — Den Arsen- und den Antimonwasserstoff, welche nach ihrer Zusammensetzung dem Ammoniak entsprechen, haben in reinem Zustande zuerst Soubeiran[3] und Pfaff[4] gewonnen. Die erstere Verbindung kostete Gehlen, welcher ihre Giftigkeit nicht ahnte, im Jahre 1815 das Leben; und in neuester Zeit erreichte das gleiche Schicksal H. Schulze (in St. Jago). Welche Bedeutung die Bildung von Arsenwasserstoff für die Ermittlung geringer Mengen Arsen bei gerichtlich-chemischen Analysen hat, ist bekannt (Marsh' Verfahren).

Die Sauerstoffverbindungen des Stickstoffs haben, wie schon hervorgehoben wurde, in der Geschichte der Atomtheorie eine bedeutsame Rolle gespielt; denn die Zusammensetzung derselben führte zu einer Bestätigung des Gesetzes der multiplen Proportionen, obschon damals nicht für alle Oxydationsstufen die wahre Zusammensetzung erkannt worden war. Die Reihe der zur Zeit Daltons bekannten Stickstoffoxyde wurde durch die Untersalpetersäure ergänzt, deren Beziehung zu den anderen sich aus den Arbeiten von Berzelius, Gay-Lussac und Dulong ergab, sodann auch durch

---

[1] Moissan u. Lebeau, Compt. rend. 130, 865, 884.
[2] Ann. Chim. Phys. (3) 14, 5. Vergl. die neuesten Versuche von Gattermann u. Haußknecht, Ber. 23, 1174.
[3] Ann. Chim. Phys. (2) 23, 307. [4] Pogg. Ann. 40, 135.

das Salpetersäureanhydrid, welches St. Claire-Deville entdeckte. Die mancherlei Unklarheiten bezüglich der salpetrigen Säure und der Untersalpetersäure sind durch die neueren Untersuchungen von Hasenbach,[1] Lunge,[2] Ramsay und anderen größtenteils gehoben worden; insbesondere hat eine neuere Arbeit Lunges[3] die große Unbeständigkeit des reinen Salpetrigsäureanhydrids gezeigt, das schon oberhalb — 21° in Stickoxyd und Untersalpetersäure zerfällt. Die dem Stickoxydul zugehörende untersalpetrige Säure[4] hat die Reihe der Oxysäuren des Stickstoffs wesentlich ergänzt.

Hier sei noch der wichtigen Entdeckung des Hydroxylamins[5] gedacht, dessen chemisches Verhalten zur Bekanntschaft mit vielen merkwürdigen Verbindungen, namentlich in der organischen Chemie geführt hat. Lange Zeit nur in Lösungen bekannt, ist dasselbe erst neuerdings in freiem Zustande bekannt geworden.[6]

Die Kenntnis des Schwefelstickstoffs, angebahnt durch Beobachtungen von Gregory, Soubeiran, Fordos und Gélis, Muthmann wurde wesentlich vertieft durch Untersuchungen von Schenck,[7] der die Molekulargröße N_4S_4 feststellte, und von Ruff und Geisel,[8] die der Lösung der schwierigen Konstitutionsfrage am nächsten gekommen zu sein scheinen.

Die von Fremy entdeckten *Schwefelstickstoffsäuren* sind ihrer wahren Zusammensetzung nach erst in neuerer Zeit als Sulfoxylderivate des Ammoniaks und des Hydroxylamins erkannt worden.[9]

Als denkwürdig ist hier die Auffindung des dem letzteren in mancher Hinsicht analogen Amidoamins,[10] des sogenannten Hydrazins (Diamid $H_2N\cdot NH_2$) zu nennen, welches eine schon lange vorhandene Lücke ausgefüllt hat. Durch Wechselwirkung desselben mit organischen Verbindungen ist eine lange Reihe höchst wichtiger Stoffe, *Hydrazide, Hydrazone, Azide,* dargestellt worden. Aus einem solchen

---

[1] Journ. pr. Chem. (2) **4**, 1.   [2] Vergl. Ber. **18**, 1376; auch **21**, 67.
[3] Zeitschr. anorgan. Chem. **7**, 209.
[4] Divers, Proc. Roy. Soc. **19**, 425; Zorn, Ber. **10**, 1306. Kürzlich ist ihre Entstehung von W. Wislicenus, sowie von Paal durch Wechselwirkung von Hydroxylamin und salpetriger Säure erzielt worden (Ber. **26**, 771, 1026). Vergl. auch die wichtigen Untersuchungen von Hantzsch u. Sauer (Ann. Chem. **299**, 67 ff.) über Entstehung der untersalpetrigen Säure aus Nitraminen. Durch die Arbeit von Hantzsch u. Kaufmann (das. **292**, 317) ist für diese Säure das Molekulargewicht $N_2O_2H_2$ festgestellt.
[5] Lossen, Ann. Chem. Suppl. **6**, 220.
[6] Lobry de Bruyn, Rec. trav. chim. **10**, 101.
[7] Ann. Chem. **290**, 171.   [8] Ber. **37**, 1573.
[9] Vergl. Raschigs treffliche Untersuchung: Ann. Chem. **241**, 161 (das. ältere Litteratur).
[10] Curtius, Ber. **20**, 1632.

Abkömmling des Hydrazins wurde zuerst die nach ihrer Zusammensetzung und ihrem Verhalten gleich merkwürdige Stickstoffwasserstoffsäure (N_3H) dargestellt und von ihrem Entdecker Curtius trotz großer Schwierigkeiten eingehend erforscht.[1] Andere Bildungsweisen derselben lehrten W. Wislicenus,[2] E. Noelting[3] kennen.

Von den Sauerstoffverbindungen des Phosphors waren zur Zeit Lavoisiers die phosphorige und die Phosphorsäure, jedoch nur sehr unvollständig bekannt; die erstere lehrte Davy aus dem Dreifach-Chlorphosphor mittels Wasser rein darstellen, aber erst spätere Arbeiten haben zur Aufklärung ihrer chemischen Konstitution geleitet. Die Erkenntnis der gegenseitigen Beziehungen von *Ortho-*, *Pyro-* und *Metaphosphorsäure* ist durch die Arbeiten von Clarke, Gay-Lussac, Stromeyer angebahnt und durch Grahams[4] ausgezeichnete Untersuchungen wesentlich gefördert worden, an welche anlehnend Liebig seine einflußreiche Theorie der mehrbasischen Säuren aufstellte.[5] Die unterphosphorige Säure, deren Salze Dulong 1816 entdeckte, ist Gegenstand wichtiger Versuche und Diskussionen gewesen.[6] Neuerdings haben sich zu obigen Sauerstoffverbindungen noch die Unterphosphorsäure[7] und das Suboxyd:[8] P_4O gesellt.

Besonderes Interesse hat die Entdeckung der Halogenverbindungen des Stickstoffs und Phosphors erregt, Stoffe, deren Reaktionsfähigkeit ihre Anwendung zur Erzeugung vieler anderer Verbindungen veranlaßte. Der Chlorstickstoff wurde von Dulong entdeckt[9] und brachte diesem infolge einer unvorhergesehenen Explosion schwere Verletzungen bei. Neuerdings ist dieser gefährliche Stoff, dessen Zusammensetzung bisher noch unbestimmt war, Gegenstand wichtiger Versuche von Gattermann[10] gewesen, welcher den reinen Chlorstickstoff: NCl_3 darstellen konnte.[11] Den nach seiner Entstehung analogen Jodstickstoff stellte Serullas[12] zuerst dar; zur Erkenntnis der Zusammensetzung dieses Stoffs, die von der des Chlorstickstoffs abweicht, trugen die Untersuchungen von Bunsen, Stahlschmidt und in neuerer Zeit die von Raschig,[13] Ruff,

---

[1] Ber. **23**, 3023; **24**, 3341. Journ. pr. Chem. (2) **43**, 207.
[2] Ber. **25**, 2084.   [3] Das. **26**, 86.
[4] Philos. Transact. 1833, **2**, 253.   [5] Vergl. S. 217.
[6] Vergl. Wurtz, Ann. Chem. **43**, 318; **68**, 41.
[7] Salzer, Ann. Chem. **187**, 322; **194**, 28; **211**, 1; **232**, 114. Sänger das. **232**, 1.
[8] Michaëlis u. Pitsch, Ann. Chem. **310**, 45.
[9] Schweiggers Journ. **8**, 302.   [10] Ber. **21**, 751.
[11] Vergl. auch W. Hentschel, Ber. **30**, 1434, 1792.
[12] Ann. Chim. Phys. **42**, 200.   [13] Ann. Chem. **230**, 212.

Chattaway[1] u. a. bei. — Die für Umsetzungen organischer Stoffe so wichtigen Chlorverbindungen des Phosphors wurden schon im ersten Dezennium des 19. Jahrhunderts entdeckt: das Trichlorid von Gay-Lussac und Thénard, das Pentachlorid von Davy; erst in neuester Zeit das Trifluorid von Moissan. Das Pentafluorid, von Thorpe[2] zuerst beobachtet, gewinnt ein besonderes Interesse durch den Umstand, daß es sich selbst bei hohen Temperaturen nicht zerlegt, während die übrigen Fünffach-Halogenverbindungen des Phosphors dadurch Zersetzung erfahren. Das als Agens auf gewisse organische Verbindungen wichtige Phosphoroxychlorid hat Wurtz, das Fünffach-Chlorantimon H. Rose entdeckt. Nachdem schon früher das ersterem entsprechende Phosphoroxybromid bekannt geworden war, ist jüngst von Moissan das Phosphoroxyfluorid dargestellt.

Die Halogenverbindungen des Bors, sowie die des Siliciums wurden insbesondere durch die Arbeiten von Berzelius und später von Wöhler und Deville[3] zur Kenntnis der Chemiker erschlossen und bildeten das Material zur Darstellung dieser Elemente sowie wichtiger Verbindungen derselben, wie denn überhaupt durch die genannten Untersuchungen die Chemie des Bors und Siliciums außerordentlich bereichert worden ist; es sei an die Entdeckung des Borstickstoffs und des Siliciumwasserstoffs erinnert.[4] Der sorgfältigen Erforschung flüchtiger Siliciumverbindungen ist die endgiltige Feststellung des Atomgewichts von Silicium und damit der Zusammensetzung von Kieselsäure, der früher irrigerweise eine andere Formel zugeschrieben wurde, zu verdanken. In die neuere Zeit fallen wichtige Untersuchungen[5] von Moissan, Besson, Sabatier, über Halogenverbindungen des Bors wie des Siliciums.

Von den einfachen Verbindungen des Kohlenstoffs, welche herkömmlicherweise der unorganischen Chemie zugeteilt werden, sind die meisten zu Anfang des 19. Jahrhunderts entdeckt und untersucht worden. Über die Kohlensäure und das Kohlenoxyd wurde schon berichtet. Das Studium der Verbrennungserscheinungen, insbesondere der in der Flamme kohlenstoffhaltiger Stoffe stattfindenden Vorgänge, bei denen jene zwei Gase eine hervorragende Rolle spielen, ist zuerst durch Davy betrieben und durch seine schönen Versuche kräftig gefördert worden. Hier sei noch auf die wichtigsten neueren Untersuchungen von Frankland, Blochmann,

---

[1] Amer. Chem. Journ. 24, 138, 330.   [2] Ann. Chem. 182, 201.
[3] Ann. Chem. 105, 67 ff.   [4] Wöhler u. Buff, Ann. Chem. 102, 120.
[5] Comptes rendus Bd. 112 u. 113.

Heumann, Teclu, Bunte über die Natur der Flamme, insbesondere Theorie leuchtender Flammen hingewiesen. In jüngster Zeit hat das Acetylenlicht von neuem die Aufmerksamkeit der Chemiker auf die Ursache des Leuchtens gelenkt; im wesentlichen ist Davys Auffassung als richtig erkannt worden.

Das Chlorkohlenoxyd oder *Phosgen*, das sich als ausgezeichnetes Agens bei Umsetzungen vieler organischer Stoffe bewährt hat, lehrte Davy (1811), das Kohlenoxysulfid erst in neuerer Zeit v. Than[1] kennen; aber erst vor kurzem ist dasselbe in völlig reinem Zustande von Klason sowie Hempel erhalten worden.[2] Der Schwefelkohlenstoff dagegen war schon im Jahre 1796 von Lampadius beobachtet, 1802 von Clément und Desormes genauer untersucht; erst in neuerer Zeit hat man seine technische Verwertung kennen gelernt. Die richtige Zusammensetzung dieser Verbindung wurde von Vauquelin und Berzelius ermittelt, nachdem zuvor die konfusesten Ansichten über einen Gehalt derselben an Wasserstoff und Stickstoff geäußert waren. — Welchen tiefgreifenden Einfluß die klassischen Untersuchungen Gay-Lussacs über das Cyan und seine Verbindungen auf die Entwicklung der Chemie gehabt haben, darauf wurde schon hingewiesen (s. auch Gesch. der organ. Chemie).

Erweiterung der Kenntnisse von Metallverbindungen.

Aus der unabsehbaren Reihe von Untersuchungen, welche die Kenntnisse der Metallverbindungen und damit die von der chemischen Natur der betreffenden Metalle erheblich gefördert haben, seien im folgenden die wichtigsten, soweit sie noch nicht im allgemeinen Teile erwähnt sind, namhaft gemacht.

Die Entdecker der Alkalimetalle haben auch zur Erforschung von deren Verbindungen viel beigetragen; so verdankt man Davy die Kenntnis des Kalium- und Natriumoxyds, Gay-Lussac und Thénard die der zugehörigen Superoxyde, Bunsen die von Rubidium- und Cäsiumverbindungen. Das Natriumsuperoxyd ist in neuester Zeit technischer Darstellung zugänglich geworden, hat sich auch als Oxydationsmittel bei Ausführung analytischer Arbeiten vorzüglich bewährt. Welchen befruchtenden Einfluß die Arbeiten über die Alkaliverbindungen auf die Entwicklung der chemischen Industrie ausgeübt haben, das soll in der Geschichte der technischen Chemie dargelegt werden.

---

[1] Ann. Chem. Suppl. 5, 236. Die Eigenschaften des reinen Kohlenoxysulfids stellte erst Klason fest (Journ. pr. Chem. [2] 35, 64).
[2] Journ. pr. Chem. 36, 64. Zeitschr. angew. Chem. 1901, S. 865.

In die Gegenwart fällt die Entdeckung der höchst merkwürdigen Wasserstoffverbindungen der Alkalimetalle (*Hydride* von Moissan). Auch die Stickstoffverbindungen (*Nitride*) von Metallen sind erst in neuerer Zeit eingehend untersucht und in ihrer Bedeutung erkannt worden (Untersuchungen von Muthmann u. a.).

Die Superoxyde des Baryums und Calciums haben Gay-Lussac und Thénard kennen gelehrt. Die Kenntnis des für die Technik so wichtigen Chlorkalks wurde durch die Untersuchungen von Balard gefördert, der zuerst die noch jetzt von manchen geteilte Meinung aussprach, dieser Stoff sei eine Doppelverbindung von Chlorcalcium und unterchlorigsaurem Kalk. Seitdem ist auf Grund zahlreicher Untersuchungen eine andere Auffassung, wonach Chlorkalk ein Calciumoxychlorid sei, geltend gemacht worden, welche zu vielfachen Diskussionen Anlaß gegeben hat.[1] In neuester Zeit haben Arbeiten von Ditz[2] die Chemie des Chlorkalks bereichert und besonders die von Fr. Förster[3] über die Beziehungen der Hypochlorite zu den Chloraten in vorzüglicher Weise aufklärend gewirkt.

Die Untersuchungen, durch welche die Bekanntschaft mit den Verbindungen des Berylliums und des Thalliums vermittelt wurde, finden sich oben zitiert.[4] Die Kenntnis der Oxyde des Kupfers vermehrte sich durch den Nachweis neuer Sauerstoffverbindungen (H. Rose[5] und Thénard), sowie basischer Salze, die der Silberoxyde durch Wöhlers Entdeckung des Silberoxyduls und Silbersuperoxyds; es sei jedoch bemerkt, daß die Existenz des ersteren neuerdings lebhaft bestritten wird.[6] Der folgenreichen Anwendung von Silbersalzen zur Fixierung von Lichteindrücken, wobei schon Davy tätig war, sei hier flüchtig gedacht.[7] Die Chemiker, welche an der Entdeckung und Erforschung des Aluminiums, Indiums und Galliums beteiligt waren, haben durch ihre schon erwähnten Untersuchungen zur Bekanntschaft mit den Verbindungen dieser Elemente beigetragen. Bei den Tonerdeverbindungen wurde der reinen Chemie häufig die Aufgabe gestellt, der technischen Beantwortung schwieriger Fragen, z. B. die Ultramarin-, Porzellan- und Glasbereitung betreffend, zu Hilfe zu kommen.

---

[1] Vergl. die Arbeiten von Göpner, Wolters, Kraut, Lunge und anderen.

[2] Zeitschr. angew. Chem. 1901, 3, 25, 49, 105.

[3] Journ. pr. Chem. 59, 53; 63, 141 ff.

[4] Vergl. S. 363, 364.   [5] Pogg. Ann. 120, 1.

[6] Wöhler, Ann. Chem. 20, 1. Friedheim, Ber. 21, 316. Dagegen hat v. d. Pfordten, welcher zuerst das Bestehen von Silberoxydul bewiesen zu haben glaubte, neuerdings sich für das eines „Silberhydrates" ausgesprochen (Ber. 21, 2288).

[7] Näheres in der Geschichte der physikalischen Chemie.

Die Verbindungen der Metalle, welche die Eisengruppe bilden, sind Gegenstand zahlreicher Untersuchungen gewesen; die über die Oxydationsstufen des Mangans von Liebig und Wöhler,[1] Mitscherlich,[2] und in neuester Zeit von Franke[3] seien hier genannt. Zur näheren Kenntnis der Chlor- und Fluorverbindungen des Mangans haben die Arbeiten von Christensen beigetragen. Den schon lange bekannten Oxydationsstufen des Chroms ist in neuer Zeit die Überchromsäure[4] von der Zusammensetzung $CrO_4 \cdot OH$ zugesellt worden: die Verbindung, welche die Ursache der früh beobachteten Blaufärbung der Chromsäurelösung durch Wasserstoffsuperoxyd und Äther ist. Den beiden Oxyden des Eisens, welche Proust kennen gelehrt, und deren Zusammensetzung Berzelius festgestellt hatte, reihte sich noch die von Fremy entdeckte und genauer untersuchte Eisensäure an, deren Existenz Scheele geahnt hatte. Über die Cyanverbindungen des Eisens haben die schönen Untersuchungen von Gay-Lussac, Berzelius, Gmelin, welcher das Ferridcyankalium entdeckte, sowie die von Liebig Licht verbreitet; die heutigen Ansichten über diese Stoffe haben sich aus genannten Arbeiten entwickelt. Von Playfair wurden die den Ferrocyaniden nahe stehenden Nitroprusside entdeckt, ohne daß übrigens ihre Konstitution bis jetzt genügend aufgeklärt worden ist.

Zu den merkwürdigsten Stoffen gehören die in neuester Zeit entdeckten Kohlenoxydverbindungen, welche das Eisen sowie das Nickel,[5] wenn sie feinzerteilt mit Kohlenoxyd in Berührung kommen, zu bilden vermögen. Besonders das Nickeltetrakarbonyl: $Ni(CO)_4$ bietet der physikalischen wie chemischen Untersuchung höchst interessante Seiten dar. Ob mittels dieser Karbonylverbindung die metallurgische Gewinnung des Nickels möglich sein wird, wie L. Mond in Aussicht stellt, ist eine der Zukunft vorbehaltene Frage.

Ein großes, bis vor kurzem unaufgeschlossenes Gebiet ist in dem letzten Jahrzehnt mit großem Erfolg bebaut worden: das der Metallcarbide, von denen das Calciumcarbid als Quelle des Acetylens, das Carborundum (Siliciumcarbid) als Schleifmittel in der Technik wertvoll geworden sind (s. Gesch. d. techn. Chem.). Die Entwicklung unserer Kenntnisse dieser Stoffe knüpft in früheren Zeiten zuerst an die Namen derer an, die sich mit der chemischen Natur der Eisencarbide beschäftigt haben, in neuer Zeit an die von Moissan,

---

[1] Pogg. Ann. **21**, 584.   [2] Pogg. Ann. **25**, 287.
[3] Journ. pr. Chem. (2) **36**, 31, 166, 451.
[4] Wiede, Ber. **30**, 2178.
[5] Mond, Langer u. Quincke, Journ. chem. soc. **57**, 749. Ber. **24**, 2248. Berthelot, Comptes rendus **112**, 1343.

Bullier, Maquenne, Hempel u. a. Ohne Benutzung der Elektrizität im elektrischen Ofen wäre die Chemie der Carbide nicht auf die jetzige Stufe gelangt.[1]

Die Chemie der Kobaltsalze wurde durch die Entdeckung der merkwürdigen, höchst mannigfaltigen Kobaltammoniakverbindungen bereichert, welche zuerst von Genth im Jahre 1851 beobachtet, durch die Untersuchungen von Fr. Rose, Wolcott Gibbs, Fremy, A. Werner und namentlich von Jörgensen[2] in ihren gegenseitigen Beziehungen erforscht wurden. Der letztere hat die außerordentlich schwierige Frage nach der chemischen Konstitution dieser Stoffe wesentlich ihrer Lösung entgegengeführt dadurch, daß er die Ammoniakverbindungen anderer dem Kobalt analoger Metalle, des Chroms und Rhodiums, systematisch durchforschte.[3]

Die mannigfaltigen Verbindungsverhältnisse, welche die zu einer Gruppe gehörenden Elemente Molybdän, Wolfram und Uran anderen Elementen gegenüber zeigen, sind erst in neuerer Zeit vollständig erkannt worden. Berzelius' ausgezeichnete Arbeiten über die Molybdänverbindungen erhielten eine wesentliche Ergänzung durch die von Krüß[4] über die Schwefelmolybdäne und von Muthmann[5] über Molybdänoxyde, sowie durch die früheren von Blomstrand, Debray, Liechti und Kempe über die Halogenverbindungen des Molybdäns. — Die Chloride des Wolframs erforschte in ihrer Mannigfaltigkeit Roscoe und förderte so die Kenntnis der Sättigungskapazität dieses Elementes. Das Gebiet der kompliziert zusammengesetzten Salze der Wolframsäuren wurde durch die Untersuchungen von Margueritte, Scheibler, Marignac, v. Knorre erschlossen; die nähere Konstitution dieser Verbindungen, sowie der Phosphormolybdän- und der Phosphorwolframsäuren aufzuhellen, ist noch der Zukunft vorbehalten. Zu dem Gebiete der „komplexen Säuren" gehören die Wolfram- und Molybdän-Vanadinsäuren, die Friedheim jüngst untersucht hat. — Die chemische Natur des Urans und seiner Verbindungen wurde am erfolgreichsten durch die ausgezeichneten Untersuchungen von Cl. Zimmermann[6] aufgeklärt,

---

[1] Vergl. Ahrens: *Die Carbide* (in der Sammlung seiner Vorträge 1, 1). Moissan, *Le four electrique* (1897).

[2] Vergl. Journ. pr. Chem. (2) **23**, 227; **31**, 49 u. 262.

[3] Journ. pr. Chem. (2) **25**, 83, 321; **30**, 1.

[4] Ann. Chem. **225**, 1.

[5] Ann. Chem. **238**, 109.

[6] Ann. Chem. **213**, 285 (das. Historisches); **216**, 1; **232**, 274; auch Alibegoff, das. **233**, 177.

welche die früheren von Péligot, Roscoe und anderen ganz wesentlich vervollständigt haben.[1]

Von den Verbindungen des Zinns und der chemisch ähnlichen Elemente erregten namentlich die isomorphen Doppelfluoride[2] dadurch Interesse, daß sie die Zusammengehörigkeit des Siliciums, Titans, Zirkons, endlich des Germaniums mit dem Zinn erwiesen. Die Eigentümlichkeit des Titans wurde durch Entdeckung seiner Stickstoffverbindungen[3] und neuerdings durch den Nachweis seiner verschiedenen Schwefelungsstufen[4] in helles Licht gesetzt.

Über das Vanadium haben die ausgezeichneten Untersuchungen Roscoes[5] am meisten Aufklärung gebracht, da durch dieselben die verschiedenen Verbindungsstufen dieses Elementes mit Sauerstoff, Chlor etc. richtig erkannt, und frühere irrtümliche Annahmen über deren Zusammensetzung beseitigt wurden. Auch Gerlands Arbeiten[6] über die Vanadylsalze und Vanadinsäuren, ferner die von v. Hauer über vanadinsaure Salze trugen zur Kenntnis des Vanadiums bei.

Wie dem letzteren, so wurde auch dem Niob und Tantal, deren chemische Natur man zuerst gänzlich verkannt hatte, die richtige Stellung zu anderen Elementen durch die schon zitierten neueren Arbeiten angewiesen, am sichersten erst durch die Ermittlung der wahren Zusammensetzung der Chloride beider und des Nioboxychlorides,[7] sowie durch die Erforschung der Niobfluoride und des Niobwasserstoffs.[8]

Über die Verbindungen des Goldes sind in neuester Zeit wertvolle Untersuchungen namentlich von Krüß[9] veröffentlicht worden, welche die früheren von Proust, Berzelius, Figuier und anderen wesentlich ergänzt und zur Feststellung des chemischen Charakters und des Atomgewichtes dieses Elementes gedient haben.

Die Litteratur über Platin und seine Verbindungen ist eine sehr umfängliche und weist ausgezeichnete Experimentalunter-

---

[1] Die neuesten Forschungen über radioaktive Begleiter des Urans sind oben (S. 366) berührt worden, ebenso die über Cer-, Thorerde und andere seltene Erden (S. 365 ff.), deren Untersuchung noch lange nicht abgeschlossen ist.
[2] Marignac, Ann. des Mines (5) **15**, 221.
[3] Wöhler, Ann. Chem. **73**, 43.
[4] v. d. Pfordten, Ann. Chem. **234**, 257.
[5] Ann. Chem. Suppl. **7**, 70.   [6] Ber. **9**, 874; **10**, 2109; **11**, 98.
[7] Deville u. Troost, Comptes rendus **60**, 1221.
[8] Krüß u. Nilson, Ber. **20**, 1676.
[9] Vergl. Ann. Chem. **237**, 274 (das. Historisches); **238**, 30 u. **241**. Ber. **21**, 126.

suchungen auf. Es sei nur erinnert an die Entdeckung der eigentümlichen Wirkungen, welche das Platin infolge der Kondensation oder chemischer Bindung[1] von Sauerstoff auszuüben vermag; ferner an die zahlreichen Arbeiten über die Platin-Ammoniumverbindungen, deren erste von Magnus[2] entdeckt wurde, und deren Eigentümlichkeiten durch die Untersuchungen von Gros, Reiset, Cléve, Thomsen, Blomstrand erkannt wurden. Einen wichtigen Fortschritt in der Erkenntnis der Konstitution dieser so mannigfach zusammengesetzten Stoffe brachte die neuerdings erschienene Arbeit von Jörgensen:[3] *Zur Konstitution der Platinbasen.* Die zuerst von Schützenberger entdeckten Chlorplatin-Kohlenoxydverbindungen sind in neuerer Zeit Gegenstand trefflicher Arbeiten[4] von Mylius und Förster, Pullinger gewesen, die zur Aufklärung ihrer Konstitution wesentlich beigetragen haben.

Die Untersuchungen, die zur Kenntnis der übrigen Platinmetalle und ihrer Verbindungen gedient haben, sind schon bei der Geschichte dieser Elemente erwähnt worden; Einzelheiten brauchen hier nicht namhaft gemacht zu werden.

Überblickt man das ausgedehnte Gebiet der unorganischen Chemie mit den mehr als 70 Elementen und ihren zahllosen Verbindungen, so erkennt man, daß zur Ordnung der letzteren zunächst die Athomtheorie als Führerin die wichtigsten Dienste geleistet hat. Zunehmende Klarheit hat das Streben, periodische Beziehungen zwischen den Eigenschaften der Elemente und ihren Atomgewichten festzustellen, in das bunte Gewirr der Grundstoffe und ihrer Verbindungen gebracht. Die Frage nach der Konstitution der letzteren läßt in den meisten Fällen eine einfache und befriedigende Antwort zu; sobald jedoch die Zusammensetzung unorganischer Stoffe eine kompliziertere ist, versagen die gewöhnlich zur Erledigung solcher Fragen dienenden Hilfsmittel. Die Folge davon ist, daß von zahlreichen Verbindungen, deren empirische Zusammensetzung man schon lange kennt, die rationelle noch nicht ermittelt werden konnte; es sei nur an viele Metallammoniakverbindungen, die Polykieselsäuren, Borsäuren, Wolframsäuren, an die Schar der komplexen Säuren erinnert. — Selbst die Konstitutionen der einfacher zusammengesetzten Karbonylverbindungen des Nickels, Eisens etc. ist noch unsicher.

---

[1] Zur Aufklärung des überaus wichtigen, auch technisch bedeutsamen Verhaltens von Platin zu Sauerstoff hat eine neue treffliche Untersuchung L. Wöhlers: *Die pseudokatalytische Sauerstoffaktivierung des Platins* (Karlsruhe 1901) wesentlich beigetragen.

[2] Pogg. Ann. **14**, 242. [3] Journ. pr. Chem. (2) **33**, 489.
[4] Ber. **24**, 2291, 2434, 3751.

Geschichte der organischen Chemie im 19. Jahrhundert.

Die frühere Entwicklung der organischen Chemie ist schon in der allgemeinen Geschichte des jüngsten Zeitalters dargelegt worden;[1] auch mußten manche diesem Gebiete angehörende bahnbrechende Arbeiten besprochen werden, soweit dieselben von maßgebendem Einfluß auf die Entstehung und Ausbildung wichtiger theoretischer Untersuchungen gewesen sind. — In diesem Abschnitte soll der Versuch gemacht werden, aus der überreichen Fülle von Arbeiten, die in das Gebiet der organischen Chemie gehören, die bedeutenderen herauszugreifen und nach ihrem Inhalte, nicht nach der Zeitfolge, zusammenzustellen, insbesondere solche zu berücksichtigen, die zur Lösung der Frage nach der chemischen Konstitution einzelner Klassen von Verbindungen beigetragen haben. Die allgemeinen Gesichtspunkte, durch welche die einzelnen Forscher sich bei derartigen Untersuchungen haben leiten lassen, sind im allgemeinen Teile schon verschiedentlich beleuchtet worden.

Bevor die organische Chemie sich selbständig entwickeln konnte, mußten zwei Grundbedingungen erfüllt werden: einmal war die Ermittlung der empirischen Zusammensetzung organischer Stoffe notwendig; wie diese Frage gelöst wurde, ist in der Geschichte der analytischen Chemie erörtert worden.[2] Sodann mußte der Nachweis geliefert werden, daß dieselben den gleichen atomistischen Gesetzen unterworfen sind, wie die unorganischen Stoffe, daß ihnen also nicht die früher von vielen angenommene Sonderstellung zukommt. Das Hauptverdienst, diese Schranke zwischen beiden Arten von Verbindungen hinweggeräumt zu haben, gebührt Berzelius, dessen Bestrebungen in dieser Richtung schon in das richtige Licht gestellt worden sind.

Die wichtigsten Methoden, die bei der Ausführung auch der neueren Untersuchungen im Gebiete der organischen Chemie maßgebend geblieben sind, wurden geschaffen durch die grundlegenden Arbeiten von Gay-Lussac über Cyan und seine Verbindungen, von Liebig und Wöhler über das Benzoyl und die Harnsäure, von Bunsen über Kakodylverbindungen, von Dumas und Péligot über Holzgeist, ferner durch die in das fünfte und sechste Jahrzehnt fallenden Untersuchungen von Kolbe, Frankland, A. W. Hofmann, Williamson, Gerhardt, Wurtz, Piria, Kekulé, Strecker und anderen. Auf viele dieser Arbeiten ist im allgemeinen Teile hingewiesen worden, und zwar wegen ihres Einflusses auf die Ausbildung der Ansichten über die chemische Konstitution von

---

[1] Vergl. S. 219 ff.   [2] Vergl. S. 349 ff.

organischen Stoffen; ein Zurückkommen auf einzelne derselben in diesem Abschnitte läßt sich nicht völlig vermeiden. Wie in früherer Zeit, so sind auch in den letzten Jahrzehnten umfassende Untersuchungen über einzelne Körperklassen für die Entwicklung der organischen Chemie und ihrer besonderen Methoden von großer Bedeutung gewesen: es sei, um nur einiges aus der reichen Fülle zu nennen, an die Forschungen A. Baeyers und E. Fischers über Harnsäure und Purinabkömmlinge, an die von Wallach u. a. über Terpene, an die zahlreichen Arbeiten, die das Dunkel der Alkaloide gelichtet haben (Ladenburg, Goldschmiedt, Pinner, Pictet, u. a.) erinnert.

Für die Systematik der organischen Verbindungen war die Erkenntnis von dem ganz verschiedenen Verhalten der sogenannten gesättigten, ungesättigten und aromatischen Stoffe von großer Wichtigkeit. Eine bestimmte Unterscheidung, sowie Definierung dieser drei Klassen hat sich erst im Laufe der letzten Jahrzehnte in dem Maße ausgebildet, als die Kenntnisse, namentlich der zwei letztgenannten Kategorien, stark erweitert wurden. Für das Studium der organischen Verbindungen hat in neuer Zeit die Erforschung der physikalischen Eigenschaften ganz hervorragende Bedeutung gewonnen; dies ist um so begreiflicher, als häufig genug gerade durch physikalisch-chemische Untersuchungen die Frage nach der chemischen Konstitution ihrer Lösung näher gebracht wurde.

Kohlenwasserstoffe und Abkömmlinge derselben.

Die Kohlenwasserstoffe, von welchen als den einfachsten organischen Verbindungen in neuerer Zeit die übrigen mit Vorliebe abgeleitet werden, sind, dieser typischen Bedeutung entsprechend, Gegenstand zahlreicher Untersuchungen gewesen; und in der Tat haben sich überaus wichtige Lehren gerade aus solchen Arbeiten entwickelt. Man denke daran, daß die Ermittlung der Zusammensetzung des Grubengases und des Äthylens zur Erkenntnis der multiplen Proportionen und somit zur Aufstellung der Atomtheorie geführt hat, daß ferner die Versuche Faradays über das Butylen für die Entwicklung des Begriffs der Polymerie bedeutsam waren; es sei noch an die wichtigen Arbeiten von Regnault und anderen über Äthylen und seine Halogenverbindungen erinnert, durch welche die Substitutionstheorien reiche Nahrung erhielten, endlich an die von Kekulé und seinen Schülern über Benzol und dessen Abkömmlinge: Untersuchungen, unter deren Nachwirkungen die Forschungen der letzten zwei Jahrzehnte gestanden haben.

Neue Methoden zur Gewinnung von Kohlenwasserstoffen lehrten vor etwa 70 Jahren die Untersuchungen Mitscherlichs über das Benzol kennen; die Bildung des letzteren aus Benzoesäure infolge der Abspaltung von Kohlensäure wurde typisch für eine große Zahl gleichartiger Reaktionen; es braucht nur auf die Entstehung von Cumol aus Cuminsäure, Methan aus Essigsäure, Chloroform aus Trichloressigsäure hingewiesen zu werden. Theoretisch wichtig war die von Kolbe entdeckte Bildungsweise von Kohlenwasserstoffen durch Elektrolyse der fettsauren Alkalisalze, sowie die Methode Franklands, durch Wechselwirkung von Alkyljodüren und Zink solche Stoffe darzustellen; diese erfolgreichen Versuche führten zur Entdeckung der Zinkalkyle und erschlossen das besonders fruchtbare, bis dahin wenig bebaute Gebiet der Synthese organischer Verbindungen.[1] — Die ersten Versuche von Wurtz,[2] durch welche die Vereinigung verschiedener Alkyle zu Kohlenwasserstoffen durch Einwirkung von Natrium auf zwei Alkyljodüre ermöglicht wurde, haben später im Bereiche der aromatischen Stoffe schöne Früchte getragen; denn nach dem Vorbilde dieser Reaktion wurden die Homologen des Benzols synthetisch dargestellt, deren chemische Konstitution man aus dieser einfachen Bildungsweise erschließen konnte.[3]

Eine andere Synthese[4] von Homologen des Benzols, beruhend auf der eigentümlichen Wechselwirkung von Aluminiumchlorid mit Gemengen von Benzol und Chlorverbindungen, z. B. Chlormethyl, Chloroform, Säurechloriden hat sich erfolgreich bewährt und auch für die künstliche Bildung anderer Stoffe, wie von Ketonen, Säuren etc., nützlich erwiesen. Eine Fülle der merkwürdigsten Beobachtungen über solche Reaktionen mittels Aluminiumchlorid ist in der chemischen Litteratur der letzten zwei Jahrzehnte niedergelegt: man denke an die Umlagerung von Normalpropyl- in Isopropyl-, von Isobutyl- in Tertiärbutylverbindungen, an die sogen. Zersplitterung von Kohlenwasserstoffen u. a. m.[5] So eingehend diese Reaktionen studiert worden sind, so ist doch, abgesehen von ganz wenigen Fällen eine bündige Erklärung, der Wirkungsweise des Aluminiumchlorids noch nicht gegeben; so viel darf man jedoch als nachgewiesen betrachten, daß in der vorübergehenden Bildung eigentümlicher Verbindungen des letzteren mit aromatischen Kohlenwasserstoffen die Ursache jener Wirkung zu suchen ist. Gerade in letzterer

---

[1] Vergl. S. 322.   [2] Ann. Chim. Phys. (3) **44**, 275.
[3] Vergl. Fittig, Ann. Chem. **131**, 301.
[4] Friedel u. Crafts, Comptes rendus Bd. **84**, 85 ff.
[5] Vergl. Elbs, Synthet. Darstellungsmethoden II, im Abschnitt über die Friedel-Craftschen Synthesen.

Zeit ist die Aufmerksamkeit der Chemiker auf die eigentümlich fermentartige Wirkung solcher Zwischenverbindungen gelenkt worden (Gustavson).[1]

Der von Berthelot[2] eingeschlagene Weg, aus verschiedenen organischen Verbindungen mittels Jodwasserstoffs bei hoher Temperatur Kohlenwasserstoffe zu erzeugen, ist hier zu erwähnen, weil er in manchen Fällen zu wichtigen Aufschlüssen geführt hat. Im Anschluß an diese Reaktion sei des so häufig angewandten Verfahrens gedacht, sauerstoffhaltige Stoffe durch Erhitzen mit Zinkstaub in Kohlenwasserstoffe überzuführen.[3] Gerade durch dieses Verfahren sind häufig wichtige Aufschlüsse über die Konstitution solcher Stoffe gewonnen worden. — Die Arbeiten von Berthelot über Acetylen, die von Butlerow und anderen über die Butylene, Amylene, von Freund über Trimethylen, von Liebermann über Allylen und andere Forschungen haben unsere Kenntnisse von den eigenartigen ungesättigten Kohlenwasserstoffen wesentlich vermehrt. Neuerdings sind die merkwürdigen Vorgänge der *Isomerisation* solcher Verbindungen durch die wichtigen Versuche von Faworsky aufgeklärt worden.[4] Zur Gewinnung von Kohlenwasserstoffen haben sich in einigen Fällen die merkwürdigen Carbide bewährt (vergl. S. 381).

Von den außerordentlich zahlreichen Untersuchungen über aromatische Kohlenwasserstoffe, deren Konstitution zu wichtigen Erörterungen Anlaß gaben, seien außer den oben schon erwähnten noch hervorgehoben die von Fittig[5] und Baeyer[6] über Mesitylen, welches als „symmetrisches" Trimethylbenzol erkannt wurde, ferner die von Gräbe[7] über Naphtalin, die von Gräbe und Liebermann[8] über das Anthracen. Aus den letztgenannten Arbeiten wurden bedeutsame Schlüsse auf die chemische Konstitution dieser seit langer Zeit bekannten Kohlenwasserstoffe gezogen; das Naphtalin und Anthracen betrachtete man von da ab als in einfacher Beziehung zum Benzol stehend.

Auch bezüglich anderer im Steinkohlenteer vorkommender Kohlenwasserstoffe von komplizierter Zusammensetzung ist man ins klare gekommen: so wurde das dem Anthracen isomere Phenanthren durch die Untersuchungen von Fittig und Gräbe[9] als ein Diphenylenderivat des Äthylens, das Fluoren durch Fittigs[10] Versuche

---

[1] Journ. pr. Chem. **68**, 209.   [2] Ann. Chim. Phys. (4) **20**, 392.
[3] Baeyer, Ann. Chem. **140**, 295.
[4] Journ. pr. Chem. (2) **37**, 382, 417, 532.
[5] Zeitschr. Chem. **1866**, S. 518.   [6] Ann. Chem. **140**, 306.
[7] Ann. Chem. **149**, 22.   [8] Ann. Chem. Suppl. **7**, 257.
[9] Ann. Chem. **166**, 361; **167**, 131.   [10] Das. **193**, 134.

als Diphenylenmethan, das Chrysen durch Gräbes Synthese[1] als Phenylennaphtylenäthylen erkannt. Dank den Untersuchungen Bambergers[2] ist die chemische Natur des Retens und Pyrens aufgeklärt worden. Die wichtigen Versuche von Kraemer und Spilker[3] endlich gewähren Einblick in die Art und Weise, wie sich bei der Destillation der Steinkohle einzelne Verbindungen, die im Teer vorkommen, bilden können.

Ein weites Gebiet neuer, durch ihr Verhalten merkwürdiger Kohlenwasserstoffe wurde durch die meist der Neuzeit angehörenden Arbeiten über die Hydroverbindungen aromatischer Kohlenwasserstoffe erschlossen. Es genügt, an die umfassenden Untersuchungen Bambergers,[4] Baeyers,[5] Markownikows[6] zu erinnern. Durch letzteren wurde eine lange Reihe von Gemengteilen des Erdöls, die sogenannten *Naphtene*, als zu diesen Hydroverbindungen gehörig erkannt. — Manche der letzteren eröffnen wichtige Beziehungen zu Stoffen der Terpenreihe, welche, lange Zeit kärglich untersucht, neuerdings durch die systematischen ausgezeichneten Arbeiten Wallachs[7] mehr und mehr unserer Kenntnis zugänglich gemacht wird. Mittels bestimmter Reaktionen ist es möglich geworden, in das bunte Gewirr dieser „ätherischen Öle" Ordnung zu bringen. Auch andere Forscher haben sich mit Erfolg in diesem weiten Gebiete betätigt, zu dem die Kampferarten in naher Beziehung stehen; es seien Tiemann, Semmler, Wagner, Kondakow, Bredt genannt. In neuerer Zeit ist durch die Untersuchungen A. v. Baeyers ein tieferes Eindringen in die feinere Konstitution von Stoffen der Terpenreihe möglich geworden.[8]

Die ausgezeichneten Arbeiten von E. und O. Fischer, Zincke und anderen über die Phenylderivate des Methans, insbesondere das Triphenylmethan seien noch hervorgehoben; das letztere wurde von E. und O. Fischer als Muttersubstanz der überaus wichtigen Anilinfarbstoffe nachgewiesen, deren Konstitution somit zur Klarheit gelangte (s. Geschichte der techn. Chem.).

---

[1] Ber. **12**, 1078.   [2] Ann. Chem. **229**, 102. Ber. **20**, 365.
[3] Ber. **23**, 78, 3266.   [4] Vergl. u. a. Ber. **22**, 767; **24**, 2463.
[5] Ber. **25**, 2122; **26**, 229, 820.
[6] Journ. pr. Chem. (2) **45**, 561; **46**, 86 ff. (das. Litteratur). W. Markownikow, Schüler von Butlerow und von Kolbe ist nach 30jähriger Lehrtätigkeit an der Moskauer Universität am 12. Februar 1904 gestorben.
[7] Vergl. Ann. Chem. Bd. **225**, **227**, **230**, **238**, **239**, **241**, **258**, **269**, **275**, **277** u. Vortrag über Terpene Ber. **24**, 1525. Diese bahnbrechenden Untersuchungen sind bis in die neueste Zeit fortgesetzt worden (zuletzt erschien die **67**. Abhandlung in Ann. Chem. **332**, 337).
[8] Ber. **26**, 820, 2267, 2558, 2861.

Die genauere Durchforschung der Triphenylmethanderivate hat unter anderem zur Auffindung des Triphenylmethyls von Gomberg geführt, dessen Eigenschaften den Entdecker zur Annahme eines dreiwertigen Kohlenstoffatoms in dieser Verbindung veranlaßt (vergl. S. 303). In der Tat steht das eigentümliche chemische Verhalten des Triphenylmethyls mit einer solchen Annahme nicht im Widerspruch, doch kommt demselben nach neuesten Untersuchungen die doppelte Molekularformel zu.

Das immer deutlicher ausgeprägte Bestreben der Chemiker, die organischen Verbindungen als Abkömmlinge von Kohlenwasserstoffen zu erklären, macht sich auch in der Bezeichnungsweise derselben geltend, diese Bemühungen haben ihren Ausdruck in den Vorschlägen einer internationalen Kommission[1] gefunden, die von einheitlichen Gesichtspunkten aus die Nomenklatur der organischen Verbindungen zu ordnen sucht. Hierbei fällt den Kohlenwasserstoffen, als Muttersubstanzen, die Hauptbedeutung zu. Ob alle Einzelgebiete der organischen Chemie zu einer befriedigenden Lösung dieser Frage reif sind, das erscheint allerdings höchst zweifelhaft.

Alkohole und ähnliche Verbindungen.

Die nahen Beziehungen der Alkohole zu den Kohlenwasserstoffen wurden erst scharf erkannt, nachdem es gelungen war, aus dem Methan durch Umwandlung in Chlormethyl und passende Zersetzung des letzteren den Methylalkohol, das Anfangsglied der langen Reihe von Stoffen dieser Art, darzustellen. Früher als Oxydhydrate hypothetischer Radikale betrachtet, wurden dieselben durch diese Bildungsweise als Hydroxylderivate von Kohlenwasserstoffen gekennzeichnet. Welchen Einfluß die Untersuchung von Williamson über die Ätherbildung und die Ansichten Kolbes über die Konstitution der Alkohole auf die Entwicklung der heutigen Auffassung gehabt haben, ist schon erörtert worden.

Zu den hervorragenden Arbeiten, die unsere Kenntnisse von den Alkoholen begründen halfen, gehören die von Dumas und Péligot[2] über den Holzgeist, dessen Analogie mit dem Äthylalkohol sie klar erkannten. Die wahre Zusammensetzung des letzteren war von Saussure ermittelt worden, nachdem seit Lavoisier, der seine Bestandteile, aber nicht deren Mengenverhältnis richtig erkannt hatte,

---

[1] Vergl. *Rapport de la Sous-Commission nommée par le congrès chimique de 1889* etc. (Paris 1892); ferner den Bericht von A. Pictet in Archives des sciences phys. et natur. Mai 1892, sowie Tiemanns Zusammenstellung in den Ber. **26**, 1595.

[2] Ann. Chim. Phys. **58**, 5; **61**, 93.

grundfalsche Angaben über dieselbe verbreitet waren. Ebenfalls wichtig war die Tatsache, daß das von Chevreul entdeckte Äthal von Dumas und Péligot als ein Analogon des Alkohols, trotz der äußerlich Unähnlichkeit mit letzterem, gedeutet wurde, sowie der gleiche Nachweis von Cahours[1] für den aus dem Fuselöl abgeschiedenen Amylalkohol, dem sich später der Isobutylalkohol[2] anreihte. Die für die Geschichte dieser Körperklasse denkwürdige Entdeckung der sekundären und tertiären Alkohole war, wie schon erörtert, von Kolbe prognostiziert worden. Die Reihe der sekundären Karbinole wurde mit dem von Friedel aufgefundenen Isopropylalkohol, die der tertiären mit dem Trimethylkarbinol Butlerows eröffnet. Die Bildungsweisen dieser Stoffe, und zwar die des Isopropylalkohols aus Aceton durch Zufuhr von Wasserstoff, die des Trimethylkarbinols aus Acetylchlorid und Zinkmethyl, sind seither vielfach zur Darstellung analoger Verbindungen verwertet worden. Insbesondere hat Al. Saytzeff[3] in Verein mit zahlreichen Schülern neue und vereinfachte Methoden zur Darstellung sekundärer und tertiärer Alkohole aufgefunden, indem solche Verbindungen mit Hilfe von Zink, Jodalkylen und Estern, Ketonen oder Aldehyden entstehen. Ein ähnlicher Weg ist in neuester Zeit von Grignard[4] eingeschlagen worden, der durch Wechselwirkung von Magnesium, Halogenalkylen und Estern, sowie Aldehyden oder Ketonen etc. (in ätherischer Lösung) die Synthese der verschiedensten Karbinole und anderer Verbindungen, zumal aus der aromatischen Reihe, leicht erzielte; seine Methode ist der vielseitigsten Anwendung fähig.

Karbinole anderer Reihen wurden von Cannizzaro, der den Benzylalkohol,[5] das einfachste Karbinol der aromatischen Reihe, und von Cahours und Hofmann,[6] welche den Allylalkohol entdeckten, näher erforscht. — Die genaue Bekanntschaft mit verschiedenen neuen primären Karbinolen der Fettreihe vermittelten Lieben und Rossi durch ihre systematischen wertvollen Untersuchungen.[7] Für die allgemeine Ausbildung der Ansichten über chemische Konstitution, insbesondere über Isomerien organischer Verbindungen sind die oben genannten Arbeiten von großer Bedeutung gewesen.

Die Erkenntnis der mehrsäurigen Alkohole wurde durch die schon erwähnten wichtigen Untersuchungen von Berthelot über das Glycerin, den Repräsentant der dreisäurigen Karbinole, und namentlich durch die von Wurtz über die zweisäurigen Glykole

---

[1] Ann. Chim. Phys. **70**, 81; **75**, 193.   [2] Wurtz, Ann. Chem. **93**, 107.
[3] Vergl. Elbs, Synthet. Darstellungsmethoden in Bd. I.
[4] Vergl. unter metallorganischen Verbindungen.   [5] Ann. Chem. **124**, 324.
[6] Ann. Chem. **100**, 356.   [7] Vergl. das. **158**, 137.

angebahnt; im Anschluß hieran sei der schönen Entdeckung der Polyäthylenalkohole und des durch seine Reaktionsfähigkeit ausgezeichneten Äthylenoxyds gedacht.[1] Neuerer Zeit gehört die Erkenntnis an, daß gewisse Zuckerarten mehrsäurige Alkohole sind, z. B. der Mannit, ein Hexaoxy-Hexan, ferner der Arabit, Rhamnit, Pentit: Pentaoxypentane. Die „Kohlenhydrate" stehen als Aldehyde oder Ketone solcher Stoffe zu diesen, wie sich in neuester Zeit gezeigt hat, in nächsten Beziehungen.

Die als einfache Äther bezeichneten Abkömmlinge der Alkohole sind mit dem gewöhnlichen Äthyläther an der Spitze häufig Gegenstand wichtiger Untersuchungen gewesen. Die lange Jahre hindurch geführten Erörterungen über die Konstitution des Äthers und über seine Bildungsweise wurden durch Williamsons und Chancels Arbeiten abgeschlossen, welche zu der bedeutsamen Entdeckung der *gemischten Äther* geführt hatten.[2] — Die Kenntnisse von den zusammengesetzten Äthern, für welche jetzt meist die Bezeichnung *Ester* gebraucht wird, haben sich in den letzten 70 Jahren stark erweitert. Zu den neutralen Säureäthern, deren Zahl stetig zunahm — die einzelnen, selbst nur wichtigsten Untersuchungen aufzuzählen, würde zu weit führen — haben sich die sogenannten Äthersäuren gesellt, deren chemische Natur durch die Untersuchungen von Hennel, Serullas, Magnus, Regnault über die Ätherschwefelsäure und die Äthionsäure, durch die von Pélouze über die Ätherphosphorsäuren, von Mitscherlich über Ätheroxalsäure und andere der neueren Zeit angehörende Arbeiten, z. B. über Phenylätherschwefelsäure (Baumann), Ätheroxalsäure (Anschütz), aufgeklärt wurde. In theoretischer, wie praktischer Hinsicht wichtig waren die zahlreichen Arbeiten über die Bildung von Estern und Äther- (oder Ester-)Säuren; die Lehre vom chemischen Gleichgewicht, sowie die der stereochemischen Verhältnisse zog daraus Nutzen, indem die Erkenntnis gewonnen wurde, daß infolge der Reaktion der Esterbildung bestimmte Grenzen gesetzt sind, die durch besondere (*sterische*) Verhältnisse noch enger gezogen werden können[3] (vergl. Geschichte der physik. Chem.).

Einzelne aus dem Äthylalkohol und anderen Karbinolen dargestellte Verbindungen haben dank ihrer Reaktionsfähigkeit bei der Synthese organischer Körper eine bedeutsame Rolle gespielt: es sei nur an die Entdeckung des Natriumäthylats (Liebig) und an die des Chlorkohlensäureäthers (Dumas) erinnert, ferner an die Unter-

---

[1] Wurtz, Comptes rendus **48**, 101; **49**, 813.
[2] Vergl. S. 265.   [3] V. Meyer, Ber. **27**, 1580, 3146; **28**, 2773.

suchungen der wichtigen Produkte, welche durch Oxydation des Äthylalkohols mit Salpetersäure entstehen (Debus).

Die Kenntnis von Verbindungen, welche den Alkoholen sehr nahe stehen und die man jetzt mit dem Gattungsnamen *Phenole* bezeichnet, wurde durch die Untersuchung der Karbolsäure und ihrer Derivate angebahnt (Laurent).[1] Auf die Analogie des Alkohols mit dem Phenol wies zuerst Gerhardt hin. Von Bedeutung für die Erschließung dieser Körperklasse, namentlich auch für ihre technische Gewinnung, war die von Wurtz[2] und von Kekulé[3] beobachtete Bildungsweise des Phenols selbst aus Benzolsulfonsäure und schmelzendem Kali. Diese Reaktion führte bald zur Auffindung einer großen Zahl ein- sowie mehrsäuriger *Phenole*; die Naphtole und andere Oxyderivate des Naphtalins, Di- und Trioxybenzole etc. wurden entdeckt. Das Verhalten solcher Stoffe erwies sich nicht nur in technischer, auch in rein wissenschaftlicher Richtung als höchst vielseitig und merkwürdig; es sei an die Überführung mancher Phenole in Chinone, an die mannigfaltigen Umwandlungen derselben durch Chlor (auch Brom) erinnert; hier sind die weitreichenden schönen Untersuchungen von Zincke[4] und seinen Schülern besonders zu nennen: aus der Natur der eigentümlichen, aus den Phenolen hervorgegangenen Spaltungsprodukte konnten wichtige Schlüsse auf die Konstitution der ursprünglichen Verbindungen gezogen werden.

Karbonsäuren.

Ein außerordentlich weites und fruchtbares Gebiet erschloß sich der chemischen Forschung, als man systematisch an die Untersuchung der Säuren aus tierischen und pflanzlichen Fetten, sowie aus anderen Naturprodukten heranging. Die wichtigen, von Liebig angeregten, von seinen Schülern Varrentrapp, Rochleder, Bromeis, Fehling, Redtenbacher und anderen ausgeführten Arbeiten über verschiedene Fettsäuren und die von Heintz[5] über die Palmitin- und Stearinsäure ergänzten nicht nur wesentlich die älteren Untersuchungen Chevreuls über die Fette, sondern führten zur Entdeckung neuer ausgedehnter Gebiete. Wichtige Methoden der Trennung von Fettsäuren sind durch jene Arbeiten geschaffen

---

[1] Ann. Chim. Phys. (3) **3**, 195. Der Entdecker der Karbolsäure ist Runge gewesen.
[2] Ann. Chem. **144**, 121.   [3] Lehrb. d. org. Chemie 3, 13.
[4] Vergl. Ber. **21**, 3540; **22**, 1024, 1467; **23**, 230, 1706, 2200 etc. Ann. Chem. **261**, 208 und später.
[5] Ann. Chem. **84**, 297; **88**, 297. Journ. pr. Chemie **66**, 1.

worden. Das gemeinsame Band, welches die Stoffe dieser Klasse vereinigt, wurde erst aufgefunden, als man ihre chemische Konstitution richtig zu deuten verstand. Die von Erfolg gekrönten Bestrebungen Kolbes, der zuerst die Essigsäure als Methylkarbonsäure erkannte und diese Auffassung experimentell begründete, sind schon im allgemeinen Teile dargelegt worden. Gerade an der Essigsäure, als der am besten erforschten Karbonsäure, haben sich die jetzt maßgebenden Ansichten über die Konstitution der ganzen Klasse solcher Verbindungen entwickelt. Von großer Bedeutung für die Lösung dieses Problems war die grundlegende Erkenntnis der richtigen atomistischen Zusammensetzung der Essigsäure (Berzelius 1814) und ihrer Beziehung zum Alkohol (Döbereiner).

Nachdem die Konstitution der Karbonsäuren erfaßt war, konnten neue Glieder dieser Klasse, ähnlich wie bei den Alkoholen, von Kolbe vorausgesehen und sodann die erkannten Lücken ausgefüllt werden. Als besonders wichtig ist hier die Entdeckung der Isobuttersäure,[1] sowie die Auffindung der mit der lange bekannten Valeriansäure isomeren Verbindungen und der kohlenstoffreicheren Säuren zu nennen, um deren systematische Untersuchung sich Lieben und Rossi,[2] Krafft und andere verdient gemacht haben. Ein neuer Weg zur Gewinnung von Karbonsäuren, die bis dahin nicht bekannt waren, wurde insbesondere von J. Wislicenus[3] und seinen Schülern aufgefunden: die Spaltung der Abkömmlinge von Acetessigsäure und von Malonsäure (s. u.).

Die Kenntnisse von den mehrbasischen, gesättigten Karbonsäuren, deren chemische Konstitution ebenfalls erst durch Kolbes Betrachtungsweise zu voller Klarheit gelangte, wurden wesentlich gefördert durch die Arbeiten von Berzelius, Fehling und anderen über die Bernsteinsäure, deren Synthese aus Äthylencyanid Simpson lehrte, ferner durch die Untersuchungen von Arppe[4] über die Adipinsäure und homologe Verbindungen, durch die Entdeckung und Erforschung der Malonsäure[5] und andere mehr. Die Äther der letzteren haben, dank ihrer Fähigkeit, Wasserstoff gegen Natrium auszutauschen, zur Synthese von Homologen der Malonsäure und zur Gewinnung von anderen Polykarbonsäuren gedient,[6] wie denn auch mittels des dem Äthylmalonat ähnlichen Acet-

---

[1] Erlenmeyer, Zeitschr. Chem. **1865**, S. 651.
[2] Vergl. Ann. Chem. **159**, 75; **165**, 116.
[3] Vergl. Elbs, Synthet. Darstellungsmethoden im I. Bd.
[4] Ann. Chem. **115**, 143; **120**, 288.   [5] Vergl. Ann. Chem. **131**, 348 ff.
[6] Vergl. Conrad, Bischoff, Guthzeit, Ann. Chem. **204**, 121; **209**, 211; **214**, 31.

essigäthers zahlreiche dieser Klasse zugehörige Stoffe gewonnen und systematisch untersucht worden sind. Auf diesem Wege hat in neuerer Zeit namentlich W. H. Perkin jun. sehr merkwürdige Säuren, Abkömmlinge des Tri-, Tetra- und Pentamethylens gewonnen. Der merkwürdigen Synthese, der einfachsten zweibasischen Säure, der Oxalsäure, aus Kohlensäure und Natrium, sei hier noch kurz gedacht (Drechsel).[1] Gerade die künstlichen Bildungsweisen der ein- und mehrbasischen Karbonsäuren haben in den meisten Fällen die Frage nach der rationellen Zusammensetzung dieser Stoffe am bestimmtesten beantwortet.

Das weite Gebiet der ungesättigten Karbonsäuren, von denen einzelne, wie die Akryl- und Angelikasäure, die Fumar- und Maleinsäure schon frühzeitig entdeckt waren, wurde erst mit Erfolg bearbeitet, nachdem durch die ausgezeichneten Untersuchungen Kekulés[2] über die beiden letztgenannten und über die Brenzzitronensäuren die Kenntnis des Verhaltens dieser Stoffe zu naszierendem Wasserstoff und den Halogenen erweitert worden war, und nachdem durch die schönen synthetischen Versuche von Frankland und Duppa,[3] welche den Oxaläther in ungesättigte Karbonsäuren überführen lehrten, eine präzise Auffassung von der Konstitution dieser Verbindungen geschaffen war. In der Tat wurde auf Grund der letzteren Arbeit ausgesprochen, daß die Akrylsäure und ihre Homologen Abkömmlinge der Essigsäure seien, und für ihre Umwandlung in diese (mittels Kalis) eine einfache Erklärung gegeben.

Durch die von Perkin sen. ausgeführte schöne Synthese ungesättigter Säuren aus Aldehyden und fettsauren Salzen wurden jene der genauen Durchforschung leichter zugänglich, auch die Ansichten über ihre Konstitution geklärt. Die in die neuere Zeit fallenden systematisch durchgeführten Untersuchungen von Fittig[4] und seinen Schülern über die ungesättigten Karbonsäuren haben endlich in vorzüglicher Weise zur Abrundung und Vertiefung unserer Kenntnisse von dieser Stoffgruppe beigetragen. Die Beobachtungen[5] über die Umlagerung der α-β-ungesättigten Säuren in die isomeren β-γ-Säuren und umgekehrt verdienen ganz besondere Beachtung. Sehr bemerkenswerte Ergebnisse wurden durch die Forschungen von A. Sayt-

---

[1] Zeitschr. Chem. 1868, S. 120.
[2] Ann. Chem. 130, 21; 131, 81. Suppl. 1, 129; 2, 108.
[3] Ann. Chem. 136, 1.
[4] Ann. Chem. 188, 87; 195, 50; 200, 21; 206, 1; 208, 37. Bis in die neueste Zeit sind diese Arbeiten fortgesetzt worden (die letzten finden sich in den Ann. Chem. 330, 292; 331, 88).
[5] Fittig, Ann. Chem. 283, 47 u. 269.

zeff und anderen über die Oxydation solcher Säuren mit Kaliumpermanganat gewonnen. — Die Bekanntschaft mit den von dem Acetylen sich ableitenden Karbonsäuren wurde durch die Entdeckung der Tetrol- und der Propiolsäure[1] vorbereitet. Durch Auffindung und sorgfältige Erforschung eigentümlicher Isomerien im Gebiete der ungesättigten Säuren wurden diese, insbesondere seit nahezu 20 Jahren, Gegenstand erneuter und von Erfolg gekrönter Untersuchungen. Die Beobachtungen über Fumar- und Maleinsäure, über Kroton- und Isokrotonsäure, über Angelika- und Tiglinsäure drängten zu dem schon besprochenen Versuch (s. S. 319 ff.), die Konstitution dieser und ähnlicher Isomerien auf *stereochemischem* Wege zu erklären. Die Tatsachen sind in der neuesten Zeit immer noch gewachsen, z. B. durch die Entdeckung isomerer Zimtsäuren (Liebermann),[2] durch Erforschung der Beziehungen von Eruka- zu Brassidinsäure (Holt,[3] Fileti, Saytzeff) und andere mehr; aber eine alle Erscheinungen dieser Art in befriedigender Weise erklärende Theorie fehlt noch.

Die Klasse der aromatischen Karbonsäuren, die Benzoesäure an der Spitze, ist Gegenstand zahlreicher fruchtbringender Untersuchungen gewesen. Es sei nur erinnert an die Erkenntnis der eigentümlichen Bildungsweise dieser Stoffe aus Kohlenwasserstoffen durch Oxydation, sowie durch direkte Einführung der Elemente von Kohlensäure mittels Chloraluminium,[4] ferner an die ausgezeichneten Untersuchungen über die Dikarbonsäuren, sowie über die Tri- und Polykarbonsäuren des Benzols,[5] zu welch letzteren die seit langer Zeit bekannte Honigsteinsäure (*Mellithsäure*) gesellt wurde. — Die aromatischen Karbonsäuren von ungesättigtem Charakter, wie Zimtsäure und ähnliche, erwiesen sich als besonders leicht der Untersuchung zugänglich, nachdem Perkin[6] die nach ihm genannte, eine vielseitige Anwendung gestattende Reaktion zur Bildung derselben entdeckt hatte (s. vor. S.). Endlich hat in neuer Zeit die Auffindung der Phenylpropiolsäure[7] und ihrer Abkömmlinge zu wichtigen Ergebnissen geführt.

Die Ester der Karbonsäuren haben in vielen Fällen zur Gewinnung wichtiger Abkömmlinge der Säuren gedient, insbesondere

---

[1] Geuther, Journ. pr. Chem. (2) 3, 448. Bandrowski, Ber. 13, 2340.
[2] Ber. 23, 141, 512, 2510; 25, 90, 950.   [3] Ber. 24, 4128; 25, 1961.
[4] Friedel u. Crafts, Comptes rendus 86, 1368.
[5] Baeyer, Ann. Chem. Suppl. 7, 1; 166, 325. Fittig, das. 148, 11. Graebe 149, 18 und andere.
[6] Ann. Chem. 147, 230.
[7] Glaser, Ann. Chem. 154, 140. Baeyer, Ber. 13, 2258.

aber konnte man aus denselben mit Hilfe der von L. Claisen, sowie W. Wislicenus untersuchten Reaktionen zu Ketonen, Ketonsäuren etc. gelangen (s. d. Verbindungen).

Die Entdeckung der Chloride, Anhydride, Amide von Karbonsäuren ist hier besonders zu erwähnen, da diese Stoffklassen einen wichtigen Platz in der Geschichte der organischen Chemie einnehmen. Das von Liebig und Wöhler in ihrer mehrfach genannten Arbeit über Bittermandelöl aus diesem mittels Chlor gewonnene Chlorbenzoyl war das erste organische Säurechlorid, wenn man von dem früher entdeckten Chlorid der Kohlensäure, dem sogen. *Phosgen*, absieht. — Den allgemeinen Weg zur Darstellung solcher Verbindungen wies Cahours,[1] welcher die Einwirkung des Fünffach-Chlorphosphors auf organische Säuren kennen lehrte; seitdem ist dieses Reagens in der organischen Chemie eingebürgert und hat sich in verschiedener Richtung bewährt, namentlich wenn es gilt, Sauerstoff oder Hydroxyl durch Chlor zu ersetzen. Zu gleichem Zwecke wurde das Phosphoroxychlorid von Gerhardt,[2] das Phosphortrichlorid von Béchamp[3] angewandt; auch haben sich diese Chloride später in der Technik bewährt.

Die große Reaktionsfähigkeit der Säurechloride hatten schon Liebig und Wöhler an dem Chlorbenzoyl gezeigt, aus welchem sie mittels Ammoniak das Benzamid, mit Alkohol den Benzoëäther, mit Schwefelblei das Sulfid der Benzoesäure darstellten; zugleich lehrten sie dadurch allgemeine Bildungsweisen dieser Stoffklassen kennen. Die Säurechloride leiteten später Gerhardt[4] zu der wichtigen Entdeckung der Säureanhydride, welche ebenfalls für die Synthese organischer Verbindungen höchst bedeutungsvoll geworden sind; man denke an die häufige Anwendung des Essigsäureanhydrids zur Gewinnung von Acetylverbindungen und von Kondensationsprodukten, ferner an das so reaktionsfähige Phtalsäureanhydrid. Anhydride, die verschiedene Säureradikale, auch neben Radikalen organischer

---

[1] Ann. Chem. **60**, 254. — A. Cahours, geboren 1813, gestorben 1891, hat an der *École centrale*, sowie *École polytechnique* als Professor gewirkt, versah auch das Amt des Münzwardeins. Abgesehen von seinem in Frankreich hochgeschätzten Werke: *Leçons de chimie générale élémentaire* hat er zahlreiche Experimentaluntersuchungen veröffentlicht, die zur Aufklärung einzelner Gebiete der organischen Chemie erheblich beigetragen haben: so über Amylalkohol, Cuminol, Anisol, Gaultheriaöl, Sulfine, Arsine, Stannine, mit A. W. Hofmann über Allylalkohol. Die von Étard, seinem Biographen (Bull. soc. chim. 7, 1 ff.), gemachte Angabe, daß die Sulfine von Cahours entdeckt sind, ist nicht richtig; v. Oefele war sein Vorgänger auf diesem Gebiete.

[2] Ann. Chim. Phys. (3) **37**, 285.   [3] Comptes rendus **40**, 944.
[4] Ann. Chem. **82**, 131; **87**, 151.

solche anorganischer Säuren enthalten, sind in neuer Zeit bekannt geworden.[1]

Einige Anhydride führte zuerst Brodie[2] in die durch ihr Verhalten merkwürdigen Superoxyde der Säureradikale über, welche mit dem Wasserstoffsuperoxyd in Parallele gestellt wurden. In neuer Zeit ist die Zahl der organischen Peroxyde insbesondere durch das Studium der leicht oxydierbaren Stoffe (Aldehyde, Phosphine, ungesättigte Kohlenwasserstoffe) wesentlich vermehrt, auch die Bedeutung solcher Peroxyde für die Autoxydation erkannt worden. Es sei an die schönen Untersuchungen von v. Baeyer und Villiger, Engler, Bach erinnert.[3] Der scheinbar so einfache Übergang von Aldehyden in die entsprechenden Karbonsäuren ist erst durch diese Arbeiten klar geworden. —

Den Säureamiden, deren Reihe das von Dumas entdeckte Oxamid eröffnet hatte, gesellten sich die Anilide von Gerhardt hinzu, welche den Anstoß gaben, eine Einteilung jener Stoffe in primäre, sekundäre und tertiäre Amide vorzunehmen. Hier sei noch die Entdeckung der Aminsäuren und Imide mehrbasischer Säuren erwähnt: Stoffe, die den Amiden nahe stehen; die Oxaminsäure wurde von Balard, das Succinimid von Fehling entdeckt. Auf den nahen Zusammenhang zwischen den Säurenitrilen und den primären Säureamiden, die durch Entziehung von Wasser in erstere übergeführt wurden, möge hier kurz hingewiesen sein.

Zu höchst wichtigen Ergebnissen haben die Untersuchungen über gewisse Abkömmlinge der Karbonsäuren geführt, insofern zwei große Klassen, die Oxy- und die Amidosäuren, in ihren Beziehungen zu jenen bestimmt erfaßt wurden. An der Milchsäure und dem Alanin als der Oxy- und der Amidopropionsäure, sodann an den lange vor Entzifferung ihrer Konstitution bekannten Verbindungen, Glykolsäure und Glykokoll, hat sich der bestimmte Begriff, welcher jetzt mit den Bezeichnungen Oxykarbonsäuren und Amidokarbonsäuren verbunden wird, entwickelt. Die jene Verbindungen betreffenden Arbeiten von Wurtz,[4] R. Hoffmann und Kekulé[5] und anderen, namentlich die entscheidenden Untersuchungen von Kolbe, welcher den Schlüssel zur umfassenden Erklärung der beobachteten Tatsachen lieferte, haben den Grund zu unseren Kenntnissen von diesen Stoffklassen gelegt.[6]

---

[1] Béhal, Compt. rend. **128**, 1460. Pictet, Ber. **36**, 2215.
[2] Ann. Chem. **129**, 282.
[3] Litteratur vergl. S. 361 Anm. v. Baeyer u. Villiger, Ber. **33**, 2479.
[4] Ann. Chim. Phys. (3) **59**, 171.   [5] Ann. Chem. **102**, 11; **105**, 288.
[6] Vergl. S. 282.

Von großer Bedeutung für die sichere Erkenntnis der Beziehungen genannter Stoffe zueinander und zu den Karbonsäuren, von denen sie sich ableiten, war die Überführung der Amidosäuren in Oxysäuren mittels salpetriger Säure (Piria, Strecker und andere), sowie die der letzteren Säuren in die zugehörigen Karbonsäuren mittels Jodwasserstoff. Auf diese Weise wurde die Konstitution der Äpfel- und der Weinsäure, der Asparaginsäure, Milchsäure und vieler anderer sicher erkannt,[1] so daß diese Methoden als besonders wertvolle Hilfsmittel zur Ermittlung der rationellen Konstitution vieler organischer Verbindungen zu bezeichnen sind. — Zur Kenntnis der verschiedenen Milchsäuren haben die Untersuchungen von J. Wislicenus[2] ganz wesentlich beigetragen. Durch dieselben wurde die Lehre von der Isomerie in unerwarteter Weise bereichert; der Begriff der physikalischen Isomerie, angeregt durch das Verhalten von gleich zusammengesetzten Stoffen gegen das polarisierte Licht, entwickelte sich mehr und mehr, nachdem schon früher Pasteurs[3] ausgezeichnete Arbeiten über die Links- und Rechtsweinsäure und die aus beiden hervorgehende optisch inaktive Traubensäure Licht über diese Frage verbreitet hatten. — Wie daraus die Lehre vom *asymmetrischen Kohlenstoff* hervorging, ist schon erörtert worden (vergl. auch Geschichte der physik. Chem.). Die früher vereinzelten Beobachtungen, die zu dieser Auffassung hingeleitet hatten, sind in neuerer Zeit erheblich vermehrt worden; wie man vorausgesehen, sind zwei optisch aktive Milchsäuren, Mandelsäuren, Äpfelsäuren und andere mehr nach emsigem Suchen dargestellt worden.

Nach Erkenntnis der Konstitution vieler in der Natur vorkommender Oxy- und Amidosäuren war die willkürliche synthetische Darstellung solcher Verbindungen nur eine Frage der Zeit; so wurde die Milchsäure aus der Propionsäure sowie aus Acetaldehyd,[4] die inaktive Weinsäure aus Dibrombernsteinsäure[5], die Zitronensäure aus Aceton,[6] die von Liebig als eigentümlich erkannte Hippursäure aus Glykokoll,[7] die Salicylsäure aus Phenol künstlich dargestellt.

Die letztere führt uns zu den aromatischen Oxysäuren und zu der wichtigen, von Kolbe[8] entdeckten Entstehungsweise dieser aus Phenolaten und Kohlensäure. Völlige Aufklärung wurde dieser

---

[1] Vergl. Schmitt, Ann. Chem. **114**, 106. Kolbe, das. **121**, 232. Lautemann, das. **109**, 268.
[2] Ann. Chem. **128**, 11; **166**, 3 u. **167**, 302.
[3] Ann. Chim. Phys. (3) **24**, 442; **28**, 56; **38**, 437.
[4] Wislicenus, Ann. Chem. **128**, 11.   [5] Kekulé, das. **117**, 124,
[6] Grimaux u. Adam, Comptes rendus **90**, 1252.
[7] Dessaigne, Jahresber. d. Chem. 1857, S. 367.
[8] Vergl. Ann. Chem. **113**, 125; **115**, 201. Journ. pr. Chem. (2) **10**, 93.

allgemeinen Reaktion erst neuerdings durch R. Schmitt[1] zuteil, der nachwies, daß der Bildung des salicylsauren Natriums die eines isomeren Salzes, des phenylätherkohlensauren Natriums voraufgeht. Die unerwartete Beobachtung, daß die Phenolate je nach der Natur des Alkalis sich verschieden verhalten, daß z. B. Phenolkalium mit Kohlensäure die der Salicylsäure isomere Paraoxybenzoesäure liefert, verdient als besonders wichtig hier aufgeführt zu werden. An Osts Entdeckung der bei der gleichen Reaktion in höherer Temperatur entstehenden Phenoldi- und -trikarbonsäuren[2] sei noch erinnert. Sehr bemerkenswerte Beobachtungen verdankt man Senhofer und Brunner,[3] Kostanecki u. a., die feststellten, daß aus mehrsäurigen Phenolen, wie Resorcin, Phloroglucin und anderen, schon bei Anwendung ihrer wässerigen Lösungen in Alkalikarbonaten die entsprechenden Salze ihrer Karbonsäuren entstehen.

Als eine eigentümliche Klasse von Oxysäuren wurden in neuerer Zeit die Verbindungen zusammengefaßt, welche leicht unter Abspaltung von Wasser in die sogenannten *Laktone: „innere Anhydride"* jener Säuren übergehen. Fittig[4] hat im Verein mit Schülern diese merkwürdige Stoffklasse systematisch untersucht und wesentlich zur Erkenntnis der Beziehungen zwischen Laktonen und den zugehörigen Säuren, somit ihrer Konstitution beigetragen, welche früher anders gedeutet worden war; das einfachst zusammengesetzte Butyrolakton z. B. hatte man zuerst für den Aldehyd der Bernsteinsäure gehalten. Von besonderem Interesse erwiesen sich die Beziehungen mancher Laktone zu ungesättigten Säuren. — Auch viele Laktonsäuren sind erforscht und als Karboxylderivate von Laktonen erkannt worden. Sehr wichtig waren die schönen Untersuchungen von Cannizzaro[5] und seinen Schülern (Carnelutti, Sestini u. a.) über das *Santonin* und seine Abkömmlinge; dasselbe wurde als ein zum Naphtalin in Beziehung stehendes Lakton erkannt.

Geschichtliches über Aldehyde.

Unsere Kenntnisse der nach vielen Richtungen hin wichtigen Aldehyde haben sich seit der ersten grundlegenden Erforschung des Bittermandelöls oder Benzaldehyds von Liebig und Wöhler und der des gewöhnlichen Aldehyds, welcher, von Fourcroy und Döbereiner beobachtet, von Liebig sorgfältig untersucht wurde, allmählich bedeutend erweitert und vertieft; von letzterem rührt der

---

[1] Journ. pr. Chem. (2) **31**, 397.   [2] Das. (2) **14**, 95.   [3] Ber. **13**, 930.
[4] Vergl. Ann. Chem. **226**, 322; **227**, 1; **255**, 1 u. 257; **256**, 50; **268**, 1 ff.; auch **216**, 27; **208**, 111.
[5] Vergl. Ber. **18**, 2746; **19**, 2260.

Name *Aldehyd* her, der die Entstehungsweise dieser Stoffe aus Alkoholen (*alkohol dehydrogenatus*) andeuten soll. — Die chemische Konstitution der Aldehyde und der ihnen nahestehenden Ketone hat zuerst Kolbe in unzweideutiger Weise erfaßt und ausgesprochen. Hervorragende Bedeutung erlangten beide Stoffklassen dadurch, daß ihre Fähigkeit erkannt und ausgenutzt wurde, sich mit anderen organischen Verbindungen zu vereinigen und so zum Aufbau kohlenstoffreicher Stoffe zu dienen.

Der Aldehyd der Essigsäure gab Liebig[1] zuerst Gelegenheit, die Stellung dieses Stoffs zu dem Alkohol einerseits, zu der Essigsäure andererseits klarzulegen. Berzelius war der erste, der deutlich auf die gleichartigen Beziehungen des Aldehyds und des Bittermandelöls zur Essig- bezw. Benzoesäure hinwies. Die Bildungsweise der Aldehyde aus Alkoholen durch Oxydation blieb seitdem die allgemeine. Viel später lernte man Glieder dieser Klasse aus den Säuren bezw. deren Salzen darstellen, und zwar durch Erhitzen derselben mit ameisensaurem Natron.[2] Noch neuerer Zeit gehört die Entdeckung der Entstehungsweise aromatischer Aldehyde aus Phenolen, Chloroform und Alkali (d. i. naszierender Ameisensäure) an, welche Reaktion zur Auffindung merkwürdiger Verbindungen geführt hat.[3] Die unlängst von Gattermann[4] entdeckte Bildung aromatischer Aldehyde aus Kohlenwasserstoffen, Phenoläthern u. a. durch Addition von Kohlenoxyd oder Blausäure mittels Aluminiumchlorid etc. ist höchst bemerkenswert, auch technisch brauchbar. Den Aldehyd der Ameisensäure als das Anfangsglied dieser Gruppe lehrte A. W. Hofmann[5] zuerst kennen; dieser Formaldehyd hat inzwischen — unter der Bezeichnung *Formalin* — technische Anwendung gefunden, sowohl in synthetischer Richtung als Mittel zum Aufbau wichtiger Verbindungen (Farbstoffe), wie auch als wirksames Desinfektionsmittel.

Der einfachste Repräsentant von Dialdehyden, das Glyoxal, war schon länger unter den Produkten der Oxydation des Alkohols von Debus aufgefunden worden. Für die Bekanntschaft mit kompliziert zusammengesetzten Aldehyden hatte die Natur gesorgt, insofern aus manchen ätherischen Ölen, z. B. Zimt-, Kümmelöl und anderen, vor längerer Zeit solche Stoffe isoliert und als Analoga des gewöhnlichen Aldehyds bezeichnet worden waren. Gerade die Eigenschaft mancher Aldehyde, einen angenehmen Geruch auszugeben, machte deren künstliche Bereitung wünschenswert, und so wurden

---

[1] Ann. Chem. **14**, 133; **22**, 273.
[2] Piria, Ann. Chem. **100**, 114. Limpricht, das. **101**, 291.
[3] Reimer, Ber. **9**, 423. Tiemann, das. **9**, 824; **10**, 63.
[4] Ber. **30**, 1620.   [5] Proc. roy. soc. **16**, 156.

das Vanillin, Heliotropin, Zimtaldehyd, Anisaldehyd und andere synthetisch dargestellt, sowie ihre Konstitution festgestellt (s. Gesch. der techn. Chemie unter *Riechstoffe*).

Der gewöhnliche Aldehyd war immer von neuem Gegenstand wichtiger Untersuchungen, insbesondere nachdem zuerst Liebig und Fehling seine Fähigkeit erkannt hatten, in polymere Modifikationen überzugehen (Para- und Metaldehyd).[1] Die Beobachtung Liebigs, daß Benzaldehyd bei Anwesenheit von Cyankalium in das polymere Benzoin übergehe, gehört auch hierher und wurde die Quelle zu wichtigen Untersuchungen, die zur Entdeckung anderer interessanter Stoffe (z. B. Benzil, Benzilsäure etc.) führten. Erhöhtes Interesse gewannen diese Forschungen durch die Entdeckung des aus dem Acetaldehyd entstehenden und mit diesem gleich zusammengesetzten Aldols[2] und des zu letzterem in nächster Beziehung stehenden Krotonaldehyds;[3] die Erkenntnis der Konstitution des letzteren wurde dadurch bedeutungsvoll, daß man auf Grund derselben eine Erklärung dieser „*Kondensation*" und damit ähnlicher Vorgänge fand.

An den Aldehyden lernte man die Eigenart der chemischen Vorgänge kennen, die man jetzt allgemein als Kondensationen zu bezeichnen pflegt. Gerade diese Stoffklasse besitzt in hervorragender Weise die Fähigkeit, sich mit Verbindungen gleicher oder anderer Art (z. B. mit Säuren, Ketonen, Aminen etc.) unter Austritt von Wasser zu vereinigen (vergl. S. 322). Die Aldehyde bilden somit ein außerordentlich wichtiges Material zum künstlichen Aufbau organischer Verbindungen. Nach der von A. v. Baeyer zuerst geäußerten Annahme fällt dem Formaldehyd, dem einfachsten Anfangsglied der Aldehyde, eine hervorragende Rolle bei der Bildung von Kohlenhydraten, Säuren etc. in der Pflanze zu.

Die zahlreichen Arbeiten, die es sich zur Aufgabe gemacht haben, derartige in der Vereinigung von Aldehyden mit anderen Stoffen unter Wasseraustritt bestehende Reaktionen aufzuklären, können hier nicht einzeln genannt werden; es sei nur hingewiesen auf diejenige von Perkin, welcher die schon erwähnte Kondensation aromatischer Aldehyde mit Fettsäuren kennen lehrte: eine Reaktion, die, wesentlich erweitert, immer noch reiche Früchte einbringt;[4] sodann auf die Untersuchungen von L. Claisen, der die mannigfaltigen Kondensationsvorgänge, deren die Aldehyde sowie die Ketone sich fähig zeigen, systematisch erforscht hat.[5]

---

[1] Ann. Chem. **25**, 17; **27**, 319. [2] Wurtz, Comptes rendus **74**, 1361.
[3] Kekulé, Ann. Chem. **162**, 92, 309.
[4] Vergl. Ann. Chem. **216**, 115; **227**, 48 etc.
[5] Vergl. Ann. Chem. **180**, 1; **218**, 121; **223**, 137; **237**, 261. Ber. **21**, 1135 ff.

Während durch die oben angedeuteten Untersuchungen ein ungemein reiches Material neuer und wichtiger Verbindungen zusammengetragen ist, haben schon seit längerer Zeit die Stoffe, welche aus Aldehyden (insbesondere aus Benzaldehyd) durch Einwirkung von Ammoniak hervorgehen, und neuerdings die mit Hydroxylamin und Phenylhydrazin gewonnenen Produkte (s. *Aldoxime* und *Hydrazone*) viele Arbeitskräfte in Bewegung gesetzt.

Die *Thioaldehyde*, schwefelhaltige Analoga der Aldehyde, waren zwar schon frühzeitig beobachtet, sind aber erst seit kurzem durch eingehende Forschungen, namentlich von Baumann, näherer Kenntnis erschlossen worden; es haben sich dabei merkwürdige Isomerien gezeigt, deren Erklärung auf stereochemischem Wege versucht ist. — An die Entdeckung und allmähliche Erforschung von Aldehydalkoholen, Aldehydsäuren, Oxy- und Amidoaldehyden, sowie der den Aldehyden nahestehenden Acetale sei hier kurz erinnert. Gleich den Aldehyden selbst haben diese Stoffe infolge ihrer großen Reaktionsfähigkeit zur Synthese zahlreicher wichtiger Verbindungen gedient.

Ketone und Ketonsäuren.

Die Forschungen über die den Aldehyden nahestehenden Ketone haben ebenfalls reiche Ausbeute ergeben. Das einfachste Glied dieser Stoffklasse, das *Aceton*, war schon lange bekannt und von vielen untersucht, bis Liebig[1] seine Zusammensetzung mit Sicherheit feststellte. In der weiteren Geschichte der Ketone ist als wichtig zu bezeichnen die Entdeckung der Bildungsweise letzterer aus Säurechloriden und Zinkalkylen,[2] sowie die der Gewinnung von gemischten Ketonen durch Destillation des Gemisches der Kalksalze von zwei Karbonsäuren.[3] Die schon seit langer Zeit beobachtete Entstehung eigentümlicher Produkte aus Aceton: Mesityloxyd, Phoron und Mesitylen fand erst eine befriedigende Erklärung, nachdem ähnliche, auf Kondensation des Acetaldehyds beruhende Vorgänge richtig gedeutet waren. — Die merkwürdige Bildungsweise von Ketonen aus aromatischen Kohlenwasserstoffen und Säurechloriden mit Hilfe des Aluminiumchlorids (Friedel und Crafts),[4] hat zur Erschließung des weiten Gebietes der *aromatischen*, wie *fettaromatischen* Ketone in ausgiebigster Weise gedient. — Gerade die letzteren haben bei Erforschung ihres Verhaltens gegen Oxydationsmittel (insbesondere Kaliumpermanganat) höchst bemerkenswerte Ergebnisse geliefert.

---

[1] Ann. Chem. 1, 223.   [2] Freund, das. 118, 1.
[3] Williamson, das. 81, 86.   [4] Ber. 17, R. 376.

Hier sei überhaupt der mannigfachen Untersuchungen gedacht, durch welche die Erkenntnis der Einwirkung von Oxydationsmitteln auf Ketone gefördert worden ist.[1]

Des Überganges von Ketonen in sekundäre Karbinole durch Aufnahme von Wasserstoff ist schon gedacht worden.[2] Als nicht minder bemerkenswert muß die Überführung des Acetons in Pinakon,[3] einen zweisäurigen Alkohol und die des letzteren in Pinakolin hervorgehoben werden; es sind dies Reaktionen, welche auf andere, namentlich aromatische Ketone ausgedehnt, zu wichtigen Ergebnissen geführt haben.[4]

Die Analogie der Ketone mit den Aldehyden zeigt sich sehr deutlich darin, daß jene ebenfalls Oxime und Hydrazone mit Hydroxylamin, sowie Phenylhydrazin bilden: Stoffe, deren Erforschung schon wichtige Beobachtungen zutage gefördert hat (s. u.).

Ganz neue Gebiete wurden durch die Erforschung der Diketone erschlossen, zu denen das Acetyl- und Benzoylaceton, Acetonylaceton, die Naphtochinone, das Anthrachinon und, wie sich aus neueren Beobachtungen ergeben hat, das Benzochinon sowie ähnliche Verbindungen gehören: Stoffe, deren Natur durch die umfassenden Untersuchungen von Graebe, Liebermann, Fittig, Zincke, Claisen, Paal, Combes und anderen erforscht wurde. Durch die schöne von Claisen[5] aufgefundene Kondensation von Säureestern und Ketonen sind die sogenannten β-Diketone der Erforschung zugänglich geworden. Man hat dieselben von den α-, sowie γ-Diketonen scharf unterscheiden gelernt; in neuerer Zeit sind auch Diketone anderer Konstitution (ε- oder *1·5 Diketone*) aufgefunden und Gegenstand schöner Untersuchungen geworden (Knövenagel, P. Rabe). Neben den verschiedenen Chinonen sind die ihnen entsprechenden Chinon-imide und -oxime Gegenstand wichtiger Untersuchungen gewesen; das Interesse an allen diesen Verbindungen ist in dem Maße gewachsen, als man die Eigenart vieler organischer Farbstoffe mit einer ihnen eigentümlichen *chinoiden* Struktur in Zusammenhang gebracht hat (s. Farbstoffe).

Die seit langer Zeit durch die Untersuchungen von Will und Lerch bekannten, aus dem Kohlenoxydkalium hervorgehenden Säuren, die Krokonsäure, Karboxylsäure und andere, wurden, dank

---

[1] Vergl. Popoff, Ann. Chem. 161, 289. Claus, Journ. pr. Chem. (2) 41, 396; besonders Wagner, das. 44, 257 (das. Litteratur).

[2] Vergl. S. 391.

[3] Fittig, Ann. Chem. 110, 25; 114, 54.

[4] Vergl. Zincke in den Ber. Bd. 10 u. 11.

[5] Ber. 22, 1009, 3273 und an anderen Stellen.

den schönen Arbeiten von Nietzki,[1] als Verbindungen gekennzeichnet, von denen einige zum Benzochinon in Beziehung stehen, während andere sich von einer fünf Atome Kohlenstoff enthaltenden ringförmigen Verbindung ableiten. Das Dunkel, in welches bis dahin die Konstitution dieser merkwürdigen Stoffe gehüllt war, lichtete sich infolge der eben erwähnten Untersuchungen; man lernte dieselben als Polychinone kennen.

Die sogenannten Ketonsäuren, von denen einzelne, z. B. die Brenztraubensäure, schon länger bekannt waren, haben in neuer Zeit das Interesse zahlreicher Forscher in Anspruch genommen, und mit Recht: man denke an die schönen, namentlich in synthetischer Hinsicht wertvollen Ergebnisse, die mit dem Acetessigester,[2] der Lävulinsäure,[3] der Acetondikarbonsäure,[4] Benzoylkarbonsäure,[5] welch letztere durch ihre Beziehung zum Isatin wichtig geworden ist, und mit anderen ähnlichen Verbindungen erzielt wurden. — Diese Ketonsäuren gewinnen noch ein erhöhtes theoretisches Interesse durch den Umstand, daß sie in ihrem chemischen Verhalten zweideutig sind, insofern sie nach einigen Reaktionen Hydroxyl-, nach anderen die von Karbonylverbindungen sind.[6] Dank der schon mehrfach erwähnten Reaktion von Claisen und W. Wislicenus ist die Synthese von Ketonsäuren in der ausgiebigsten Weise erzielt worden, und diese Verbindungen erregen nach verschiedenen Richtungen hin größtes Interesse; es sei an die Gewinnung des Oxalessigsäure-, des Formylessigsäure-, des Phenylformylessigesters[7] und an deren merkwürdige Umwandlungen, ferner an die Synthese der Chelidonsäure[8] aus Oxalester und Aceton, der Hydrochelidonsäure, der Pulvinsäure und anderer analoger Verbindungen erinnert. Nimmt man zu obigen Andeutungen die Tatsache hinzu, daß viele interessante Stoffe, wie Kampfer, Menthon, Dehydracetsäure, Pyronderivate und andere zu den Ketonen gehören, so kann man sich einen Begriff von der Ausdehnung dieses Gebietes und von der Mannigfaltigkeit der hier erzielten Ergebnisse machen.

[1] Ber. **18**, 499 u. 1833; **19**, 293 u. 772.
[2] Vergl. Wislicenus, Ann. Chem. **186**, 161; daselbst Historisches.
[3] Dieselbe wurde durch Conrads Arbeiten als β-Acetylpropionsäure erkannt. (Ann. Chem. **188**, 223.)
[4] v. Pechmann, Ber. **17**, 2542; Ann. Chem. **261**, 151 ff.
[5] Claisen, Ber. **10**, 430.
[6] Diese allgemein wichtigen Verhältnisse der *Tautomerie* sind schon oben (S. 315) erörtert worden.
[7] Ber. **20**, 2931, 3392. Der sogenannte Formylessigester ist durch die neueren Untersuchungen Claisens und v. Pechmanns als Oxyakrylsäureester erkannt worden. [8] Ber. **24**, 111.

Gerade in neuester Zeit ist es gelungen, die chemische Konstitution der Kampferarten[1] festzustellen und zahlreiche Pyronderivate aufzufinden, die zu pflanzlichen Farbstoffen in nächster Beziehung stehen, so daß diese selbst in einzelnen Fällen synthetisch gewonnen werden konnten. Dies gilt von den in der Natur sehr verbreiteten gelben Farbstoffen, sowie den wichtigen färbenden Bestandteilen des Rot- und des Blauholzes (*Brasilin* und *Hämatoxylin*), die alle mit *Pyron* und Derivaten desselben — *Chromon, Flavon, Flavonol, Xanthon* — im Zusammenhange stehen. Die Erkenntnis dieser wichtigen Beziehungen und damit in einigen Fällen die vollständige Aufklärung der Konstitution solcher Farbstoffe durch synthetische, sowie analytische Reaktionen verdankt man den glänzenden Untersuchungen[2] v. Kostaneckis und seiner Schüler, sowie bedeutsamen Arbeiten von Herzig, A. G. Perkin, C. Liebermann, C. Schall u. a. So wurden die gelben Farbstoffe *Chrysin, Apigenin, Luteolin* (im *Wau* vorkommend) als Di-, Tri- und Tetraoxyflavone, das *Quercetin, Morin* als Tetraoxyflavonole, das *Euxanthon* und *Gentisin* als Abkömmlinge des Xanthons erkannt. Daß *Brasilin* und *Hämatoxylin* zum Chromon in naher Beziehung stehen, ergaben die Forschungen der oben Genannten, doch ist die Konstitution dieser wichtigen Farbstoffe noch nicht endgiltig festgestellt.

Kohlenhydrate und Glukoside.

Teils zu den Alkoholen, teils zu den Aldehyden, bezw. Ketonen gehören die in der Natur reichlich vorkommenden und weit verbreiteten Zuckerarten, deren Entdeckung vielfach in frühere Zeit fällt. Wie das praktische Interesse an vielen dieser Stoffe in außerordentlichem Maße zugenommen hat, so auch das wissenschaftliche durch die fortschreitende Erkenntnis von nahen Beziehungen der Zuckerarten zu Verbindungen, deren Konstitution klargelegt war. Ich erinnere nur an die Überführung von manchen *Hexosen* in Mannit, welch letzteren man als fünffach hydroxylierten primären Hexylalkohol erkannte, ferner an die Deutung der rationellen Zusammensetzung von Zucker-, Schleim- und Lävulinsäure, die zu den

---

[1] An diesen Forschungen haben sich A. v. Baeyer, Beckmann, Bredt, Friedel, Kondakow, Semmler, Tiemann, G. Wagner, Wallach u. a. erfolgreich beteiligt.

[2] Vergl. die treffliche Übersicht, die Werner u. Pfeiffer in Chem. Zeitschr. 3, 323, 355, 388, 420 (1903) gegeben haben; besonders v. Kostaneckis Zusammenstellung in seinem Vortrage: *Les synthèses dans les groupes de la flavone et de la chromone* (Bull. soc. Chim. Mai 1903).

Zuckerarten in näherer oder entfernterer Beziehung stehen, an die Entdeckung von Säureestern der letzteren und anderes mehr. Durch solche Beobachtungen erhielt schon vor einigen Jahrzehnten die Annahme eine Stütze, daß diejenigen Kohlenhydrate, welche man als *Glukosen* oder besser *Hexosen* zusammenfaßt, aus sechssäurigen Alkoholen abzuleiten seien, denen zwei Atome Wasserstoff entzogen sind, derart, daß dieselben das Formyl der Aldehyde oder das Karbonyl der Ketone enthalten (v. Baeyer, Fittig, Zincke, V. Meyer).

Um die Erforschung der einzelnen Zuckerarten, ihres chemischen Verhaltens und ihrer Umwandlungsprodukte, haben sich zahlreiche Forscher verdient gemacht; von den in neuerer Zeit auf diesem Gebiete besonders tätigen Chemikern seien E. Fischer, Kiliani, v. Lippmann, Salomon, Scheibler, Soxhlet, Tollens[1] genannt. Ganz besonders haben die schönen Untersuchungen E. Fischers[2] (in den Ber. d. d. chem. Gesellsch. veröffentlicht[3]) dazu beigetragen, tiefen Einblick in die Konstitution der Zuckerarten zu gewinnen; sie haben nicht nur die Annahme bestätigt, daß die letzteren teils Aldehydalkohole (*Aldosen*), teils Ketonalkohole (*Ketosen*) sind, sondern auch die Erklärung der so zahlreichen Isomerien mit Hilfe stereochemischer Anschauungen glücklich angebahnt.

Als ein höchst wichtiges Mittel zur Charakterisierung der einzelnen Zuckerarten erwies sich das Phenylhydrazin (s. S. 326); die daraus mit ersteren gewonnenen *Osazone* dienten erfolgreich zur Umwandlung einzelner Kohlenhydrate in andere. Die Aldehyd- bezw. Ketonnatur derselben wurde gerade durch diese Reaktion, ferner

---

[1] Vergl. Tollens' *Handbuch der Kohlenhydrate*. (2. Auflage.)

[2] Emil Fischer (geboren 9. Oktober 1852 zu Enskirchen), Schüler A. v. Baeyers, hat die organische Chemie durch ausgezeichnete Arbeiten bereichert, von denen die wichtigsten in der speziellen Geschichte der organischen Chemie besprochen sind; hier seien zusammenfassend die Untersuchungen über Phenylhydrazin und Abkömmlinge, über Rosanilinfarbstoffe, über die Zuckerarten, über Harnsäure- und Purinderivate, endlich die in die neueste Zeit fallenden Arbeiten über Eiweiß und seine Spaltungsprodukte genannt. Seit 1892 wirkt E. Fischer, als Nachfolger A. W. v. Hofmanns, an der Universität Berlin, nachdem er seit 1885 in Würzburg, zuvor in Erlangen, die Professur für Chemie innegehabt hatte. Seine „*Anleitung zur Darstellung organischer Präparate*" hat sich beim Laboratoriumsunterricht trefflich bewährt.

[3] Vergl. den Vortrag E. Fischers Ber. 23, 2114. Eine sehr klare Darstellung der Chemie der Zuckerarten nebst Litteraturangaben findet sich im *Lehrbuch der organ. Chemie* von V. Meyer u. Jacobsen I, S. 876 ff. In hervorragender Weise erfüllt E. O. v. Lippmanns Werk: *Die Chemie der Zuckerarten* (3. Aufl., 2 Bde., Braunschweig 1904) die Aufgabe, den Leser in alle wichtigen Verhältnisse dieses Gebietes einzuführen.

durch die Anlagerung von Cyanwasserstoff (Kiliani, E. Fischer) und durch andere Umwandlungen bestätigt. — Zu all diesen wichtigen Beobachtungen gesellten sich die von Erfolg gekrönten Versuche, einzelne Zuckerarten, zum Teil neue, zum Teil bekannte künstlich aus einfachen Verbindungen, wie Formaldehyd, Glycerinaldehyd, aufzubauen; so gelang E. Fischer die Synthese von Frucht- und von Traubenzucker.

Daß infolge aller dieser Untersuchungen die Systematik der Kohlenhydrate eine andere, klarere geworden ist, liegt auf der Hand; man hat gelernt, *Monosaccharide* den *Polysacchariden* (wie Rohrzucker, Stärke, Cellulose etc.) gegenüberzustellen und zu den ersteren nicht nur die 6 Atome Kohlenstoff enthaltenden Stoffe, die *Hexosen (Glukosen)* zu zählen, sondern auch Verbindungen gleichen chemischen Charakters mit weniger (3, 4, 5) oder mehr Kohlenstoffatomen (z. B. *Triose*, *Heptose* u. a.).

Die Kenntnis der *Polysaccharide*, die man als ätherartige Anhydride der Glukosen betrachtet, ist trotz zahlreicher Arbeiten (z. B. über Stärke, Dextrin etc.) noch recht unvollständig im Vergleich zu den im Gebiete der Monosaccharide gemachten Errungenschaften.

Die mit den Glukosen im engsten Zusammenhange stehenden Glukoside (oder Glykoside),[1] deren Vorkommen im Pflanzen- und Tierreich das Interesse der bedeutendsten Forscher schon frühzeitig angeregt hat, sind seit der wichtigen Untersuchung von Liebig und Wöhler über das Amygdalin und den denkwürdigen Arbeiten von Piria über das Salicin und Populin häufig Gegenstand bedeutsamer Forschungen gewesen; es sei nur auf Wills[2] Untersuchung über Myronsäure und Sinapin, auf die von Hlasiwetz über Morin, Chinovin, Kaffeegerbsäure u. a., auf die von Tiemann und Haarmann über Coniferin, auf die von Will über Äskulin, endlich auf die von Tiemann und de Laire über Iridin, das Glukosid der Veilchenwurzel, hingewiesen: Untersuchungen, durch welche die Natur der

---

[1] Bezüglich der Quellen darüber vergl. Artikel Glykoside von O. Jacobsen in dem Handwörterbuch der Chemie von A. Ladenburg.

[2] Heinr. Will, geboren 1812, gestorben 1890, kam, nach einer pharmazeutischen Lehrzeit und nach Absolvierung chemischer Studien unter L. Gmelin, mit Liebig in nahe Beziehung, wurde Dozent in Gießen, bei Liebigs Fortgange nach München dessen Nachfolger und entfaltete eine reiche Lehrtätigkeit. Außer zahlreichen trefflichen Experimentalarbeiten, die meist der organischen, zum Teil der analytischen Chemie angehören und die in den Annalen der Chemie erschienen, bleibt sein litterarisches Wirken unvergessen, insbesondere seine Teilnahme an der Herausgabe des Liebigschen *Jahresberichtes* und der *Annalen*.

aus den genannten Glukosiden hervorgehenden Spaltungsprodukte erkannt und in weiterer Folge der Grund zu einer Auffassung über die chemische Konstitution dieser und anderer, in der Natur höchst verbreiteter Stoffe gelegt wurde. Die Aussicht, jene Naturprodukte künstlich darzustellen, ist durch neue Beobachtungen E. Fischers,[1] der die einfache Gewinnung von Glukosiden der Alkohole kennen gelehrt hat, erheblich näher gerückt worden.

Für den Pflanzenphysiologen haben die unter dem Namen *Gerbsäuren* in der Natur sehr verbreiteten Stoffe, die meist Glukoside sind, große Bedeutung; so schwierig die Deutung ihrer Konstitution ist, so hat doch die Forschung Mittel und Wege gefunden, in einzelnen Fällen dieses Problem zu lösen.

Halogenderivate von Kohlenwasserstoffen und anderen organischen Verbindungen.

Im Anschluß an die oben zusammengestellten Ergebnisse wichtiger Untersuchungen, durch die unsere Bekanntschaft mit den Kohlenwasserstoffen, Alkoholen, Karbonsäuren, Aldehyden, Ketonen erheblich bereichert wurde, seien einige Arbeiten namhaft gemacht, denen die Erforschung wichtiger Halogenderivate und ähnliche Abkömmlinge jener Verbindungen zu verdanken ist.

Hand in Hand mit den über Kohlenwasserstoffe ausgeführten Arbeiten gingen solche über die Halogen- und Nitroderivate derselben; denn einmal lassen sich diese Abkömmlinge leicht aus den Kohlenwasserstoffen gewinnen, sodann haben zur Darstellung der letzteren häufig gerade ihre Halogenderivate gedient. Die Entstehung von Chlor- und Bromverbindungen aus Kohlenwasserstoffen wurde Gegenstand höchst wichtiger Erörterungen infolge der von Dumas und Laurent ausgeführten und angeregten Untersuchungen über Substitutionsvorgänge, zu deren Erklärung besondere Theorien aufgestellt wurden; es sei an die ersten in dieser Richtung ausgeführten Versuche über die Einwirkung des Chlors auf Naphtalin, Äthylen, bezw. Äthylenchlorid erinnert.

Neue Betrachtungsweisen machten sich geltend, als mit der Aufstellung einer neuen Theorie der aromatischen Verbindungen die Verschiedenheit der Wasserstoffatome des Benzols in Beziehung zu den in dieses eingetretenen Radikalen erkannt worden war. Diese verschiedene Art der Wasserstoffatome trat gerade den Halogenen gegenüber scharf hervor und wurde durch die Arbeiten von Kekulé,

---

[1] Ber. **26**, 2400; **27**, 1145; **28**, 1, 1145, 1508; **35**, 3144.

Fittig, Beilstein und anderen klargelegt.[1] Ferner leitete das Studium der merkwürdigen, für die Abkömmlinge des Benzols theoretisch vorausgesehenen Isomerieverhältnisse zu der gründlichen Durchforschung von Halogenderivaten aromatischer Kohlenwasserstoffe.

Wie man bei den ersten Untersuchungen über Substitutionsvorgänge die Chlorierung erforscht hatte, so wandte sich bald die Aufmerksamkeit der Einwirkung von Brom sowie Jod auf organische Verbindungen zu. Die Bedeutung gewisser Agentien (Phosphor, Jodsäure, Quecksilberoxyd) für den günstigen Verlauf der Bromierungen und Jodierungen wurde durch die Arbeiten zahlreicher Forscher erkannt.

In engem Zusammenhange damit stehen die Untersuchungen über die sogenannten Halogenüberträger, zu denen eine große Zahl der Elemente gehört, und zwar solcher, deren Verbindungen mit Halogenen imstande sind, letztere teilweise wieder abzugeben; dadurch erklärt sich eben ihre übertragende Wirkung. Die letztere ist vorzugsweise an aromatischen Kohlenwasserstoffen geprüft worden; ohne auf Einzelheiten eingehen zu können, sei an die durch Loth. Meyer angeregten Untersuchungen[2] von Aronheim, Page, Scheufelen, Schwalb und anderen und an die von Willgerodt[3] ausgeführten erinnert. Die ersten Beobachtungen über diesen Gegenstand hat H. Müller im Jahre 1862 gemacht, insofern er die chlorübertragende Wirkung des Jods bei der Einwirkung von Chlor auf Benzol und Homologe wahrnahm.

Eigentümliche Jod-Sauerstoff-Verbindungen sind neuerdings im Bereiche der aromatischen Körper entdeckt und durch Willgerodt[4] einer-, V. Meyer[5] andrerseits untersucht worden. Nach ihrer Zusammensetzung entsprechen dieselben den Nitroso- und Nitroverbindungen und sind nach diesen benannt worden (z. B. Jodoso- und Jodobenzol etc.). Das Jod fungiert in diesen als drei- und als fünfwertiges Element. Besonders bemerkenswert ist die Auffindung von Jodoniumbasen, die aus Jodoso- und Jodoverbindungen hervorgehen (Willgerodt[6]). In ihnen erscheint das Jod als Träger der basischen Eigenschaften ähnlich dem Schwefel in den aus Sulfinjodiden erhaltenen Basen.

Sehr wichtig sind die zum Teil mit Erfolg gekrönten Versuche

---

[1] Vergl. Ann. Chem. **136**, 301; **137**, 192; **139**, 331.
[2] Vergl. Ann. Chem. **231**, 152 (das. Geschichtliches).
[3] Journ. pr. Chem. (2) **34**, 264; vergl. auch Neumann, Ann. Chem. **241**, 33 (Schwefelsäure als Jodüberträger).
[4] Ber. **25**, 3494; **26**, 357, 1307, 1532. [5] Ber. **25**, 2632; **26**, 1354.
[6] Ber. **27**, 1592, 2326; **28**, 83.

gewesen, Gesetzmäßigkeiten, die beim Eintritt der Halogene an Stelle bestimmter Wasserstoffatome stattfinden, sicher zu bestimmen. Hier sei an die neuerdings unternommenen systematischen Untersuchungen von V. Meyer und seinen Schülern erinnert.[1] Im Gebiete der aromatischen Verbindungen sind äußerst zahlreiche Arbeiten in der gleichen Richtung ausgeführt worden; es handelte sich dabei um die Frage, welche Wasserstoffatome des Benzols und seiner Homologen, sowie ihrer Abkömmlinge, der Reihe nach durch das Halogen ersetzt werden.

Von weitreichender Bedeutung waren die zahlreichen Untersuchungen über die Vereinigung von Halogenen mit ungesättigten Kohlenwasserstoffen; das erste derartige Beispiel einer Addition hatte das Äthylen geboten. Hier kann es sich nicht darum handeln, alle wichtigen, ähnliche Reaktionen betreffenden Arbeiten namhaft zu machen; es sei aber im allgemeinen bemerkt, daß gerade an das Verhalten solcher Kohlenwasserstoffe zu den Halogenen und Halogenwasserstoffsäuren die Hauptansichten über die Konstitution der ungesättigten Verbindungen angeknüpft haben. Außerdem haben diese Additionsvorgänge eine unerwartet große Bedeutung bei der Erklärung von *Stereoisomerien* erlangt (vergl. S. 319).

Die Entstehungsweisen von Halogenderivaten der Kohlenwasserstoffe sind typisch, also auch bei anderen Stoffklassen, z. B. Säuren, Ketonen etc., anwendbar. Das gleiche gilt von dem chemischen Verhalten solcher Verbindungen, das zuerst meist an den Halogenderivaten der Kohlenwasserstoffe festgestellt worden ist. Um hier einige Untersuchungen zu nennen, welche schon vor vielen Jahrzehnten unsere Kenntnisse gefördert haben, sei erwähnt die Erforschung und Entdeckung der Trichloressigsäure von Dumas,[2] die des Chlorals[3] von Liebig und Dumas, sowie die der Monochloressigsäure und der Chlorpropionsäure, deren chemisches Verhalten dazu diente, die Konstitution der zugehörigen Oxy- und Amidosäuren aufzuklären. Unmöglich ist es, selbst die wichtigeren Arbeiten der neueren Zeit namhaft zu machen; nur der glatten Bildung aromatischer Halogenverbindungen aus den entsprechenden Diazobezw. Amidoverbindungen[4] sei kurz gedacht.

Endlich ist hinzuweisen auf die bedeutsame Rolle, die beim Aufbau organischer Stoffe die Halogenverbindungen gespielt haben: man denke an die Wechselwirkung der letzteren mit Natriumacet-

---

[1] Vergl. V. Meyer u. Fr. Müller, Journ. pr. Chem. (2) **46**, 161.
[2] Ann. Chem. **32**, 101.
[3] Ann. Chem. **1**, 189. Ann. Chim. Phys. **56**, 123.
[4] P. Grieß a. a. O. Sandmeyer, Ber. **17**, 1633, 2651; **23**, 1880.

essigester, Natriummalonester, Zinkalkylen und an viele andere synthetische Reaktionen. — Organische Fluorverbindungen sind wiederholt Gegenstand von Untersuchungen gewesen, jedoch ist die Kenntnis derselben noch ziemlich beschränkt. Obwohl schon vor nahezu 60 Jahren das Fluormethyl von Dumas und Péligot beschrieben wurde, ist doch erst in neuester Zeit das eingehende Studium der Fluormethane von Moissan, Meslans und anderen aufgenommen worden.

Nitro- und Nitrosoverbindungen.

Die Bekanntschaft mit Nitroverbindungen wurde durch Mitscherlichs[1] Entdeckung und Untersuchung des Nitrobenzols angebahnt; die Entstehung dieses Stoffes aus Benzol und seine Beziehungen zu letzterem traten jedoch erst in helles Licht, als man nach dem Vorgange von Dumas und Gerhardt in dem Nitrobenzol ein Substitutionsprodukt des Benzols zu betrachten begann. Den Halogenen wurde seitdem das Nitryl (NO_2) angereiht. Kaum eine andere Reaktion ist im Bereiche der aromatischen Verbindungen häufiger angewandt worden, als die Einwirkung von Salpetersäure auf dieselben; es sei hier nur erinnert an die Entdeckung des Nitronaphtalins, der Di- und Trinitrobenzole, der Nitroderivate von Benzoesäure, Benzaldehyd, Phenol etc. Die lange Zeit vor dem Nitrobenzol bekannte Pikrinsäure wurde zuerst von Gerhardt als Trinitrophenol gedeutet. Man kann annehmen, das von allen aromatischen Verbindungen Nitroderivate bekannt oder darstellbar sind. Auf die Geschichte einiger aus den Nitroverbindungen hervorgehenden Stoffklassen, z. B. der Amine, Azoverbindungen, welche in der chemischen Technik eine ungeahnte Bedeutung erlangen sollten, ist weiter unten Rücksicht genommen.

Im Bereiche der gesättigten Verbindungen wurden Nitroverbindungen zuerst im Jahre 1872 bekannt, durch die Entdeckung des Nitromethans[2] (Kolbe) und des Nitroäthans (V. Meyer). Die Bildungsweisen dieser Stoffe waren besonders geeignet, das Nachdenken der Chemiker anzuregen, da man die Entstehung von Verbindungen anderer Konstitution, nämlich von Estern der salpetrigen Säure hätte erwarten sollen. Das chemische Verhalten des Nitroäthans und seiner Homologen sorgfältig durchforscht und aufgeklärt zu haben, ist V. Meyers Verdienst gewesen. Seine ausgezeichneten Untersuchungen[3] haben außerdem zur Auffindung merkwürdiger

---

[1] Ann. Chem. 12, 305.   [2] Journ. pr. Chem. (2) 5, 427.
[2] Ann. Chem. 171, 1; 175, 88; 180, 111.

Verbindungen geführt, zu denen die sogenannten Nitrolsäuren und Nitrole gehören. Die bisher allgemein angenommene Konstitution der Nitroparaffine: $R\ (NO_2)$ wird neuerdings auf Grund des chemischen Verhaltens derartiger Verbindungen mehrfach bezweifelt.[1]

Die Nitrolsäuren und Nitrole sind als Repräsentanten zweier Stoffklassen erkannt worden, der Isonitroso- und der Nitrosoverbindungen, welche wiederholt, besonders in neuerer Zeit, das Interesse der Forscher angeregt haben. Gerade die Arbeiten von V. Meyer und seinen Schülern waren es, durch welche die Konstitution der Isonitrosoverbindungen festgestellt, und insbesondere ihre Bildung aus Stoffen, die das Radikal Karbonyl enthalten, durch Einwirkung des Hydroxylamins dargetan wurde. Dank dieser vielseitig anwendbaren klaren Reaktion sind viele früher den Nitrosoverbindungen zugezählte Substanzen als der Reihe von Isomeren zugehörig erkannt worden. Andererseits bot diese Reaktion ein bequemes Mittel dar, zu prüfen, ob Stoffe das Radikal Karbonyl in bestimmter Bindungsweise enthalten.[2] So konnten aus einfachen Versuchen wertvolle Schlüsse bezüglich der Konstitution ganzer Stoffklassen, z. B. der Chinone, der Nitrosophenole u. a., gezogen werden.[3]

Die aus Aldehyden und Ketonen mittels Hydroxylamin hervorgehenden Verbindungen, *Aldoxime* und *Ketoxime* genannt, haben durch die merkwürdigen Isomerien, die sie aufweisen, seit einer Reihe von Jahren die Aufmerksamkeit zahlreicher Forscher (V. Meyer, Beckmann, Behrend, Hantzsch, Auwers und anderer) auf sich gelenkt. Die Versuche mit den isomeren Oximen und das eigentümliche chemische Verhalten letzterer bilden die Grundlage der *Stereochemie des Stickstoffs* (vergl. S. 320). — Nur wenige Chemiker (Claus, Minunni, Nef) haben Gegengründe geltend gemacht und versucht, diese Isomerien mit Hilfe der Strukturlehre zu erklären.

Analog den Nitroverbindungen sind neuerdings[4] Phosphyl (PO_2) enthaltende organische Stoffe dargestellt worden, wie ja auch als entsprechend zusammengesetzt die Jodoverbindungen (S. 410) zu betrachten sind.

---

[1] Vergl. Nef, Ann. Chem. **280**, 263.

[2] In dem Phenylhydrazin hat E. Fischer ein dem Hydroxylamin analoges, ausgezeichnetes Reagens auf Karbonylverbindungen aufgefunden, welches sich bei Feststellung der Konstitution mancher Stoffe, z. B. der Zuckerarten, trefflich bewährt hat (vergl. S. 326, 407).

[3] Vergl. S. 404.   [4] Michaëlis u. Rothe, Ber. **25**, 1747.

Entwicklung der Kenntnisse von Schwefelverbindungen.

Eine große Bedeutung für die Entwicklung der Ansichten über die Konstitution organischer Verbindungen, insbesondere über die Sättigungskapazität einer Gruppe von Elementen, haben die Untersuchungen über organische Schwefelverbindungen gehabt. Durch die Erforschung der letzteren wurde die einseitige Anschauung, daß der Schwefel und somit das Selen, wie Tellur, nur zweiwertig wirken könnten, definitiv beseitigt, und der Beweis geliefert, daß diese Grundstoffe auch vier- und sechswertig fungieren.

Die Bekanntschaft mit solchen Körpern, welche den Schwefel in derselben Art gebunden enthalten, wie die Alkohole, Karbonsäuren, Äther etc. den Sauerstoff, wurde durch Zeises Entdeckung des sogenannten *Merkaptans* vermittelt, dessen wahre Zusammensetzung als eines dem Alkohol entsprechenden Sulfhydrates zuerst Liebig[1] erkannte. Zu dieser Verbindung gesellte sich bald das Schwefeläthyl und die Mehrfach-Schwefelverbindungen des Äthyls, deren Analogie mit den Metallsulfiden unverkennbar war, daher auch sehr bald betont wurde. — Die entsprechend zusammengesetzten Selen- und Tellurverbindungen wurden namentlich durch die Untersuchungen von Löwig[2] und Wöhler[3] bekannt.

Von organischen Säuren, welche Sauerstoff durch Schwefel ersetzt enthalten, war die von Kekulé[4] entdeckte Thiacetsäure die erste, nachdem man schon früher in dem Benzoylsulfid das „Thioanhydrid" einer solchen Säure gekannt hatte. Seitdem ist die Zahl derartiger Säuren, sowie zugehöriger Thioaldehyde, erheblich vergrößert worden. Letztere sind als Analoga der Aldehyde schon oben (S. 403) erwähnt worden. — Auch die der Glykolsäure entsprechende Thiohydroessigsäure und Homologe derselben sind insbesondere durch Klasons[5] Arbeiten erforscht worden.

Aus vielen der eben erwähnten Verbindungen mit zweiwertigem Schwefel hat man durch kräftige Agenzien Stoffe darzustellen gelernt, die den Schwefel mit einem höheren Sättigungswert enthalten: Verbindungen, welche der schwefligen Säure und der Schwefelsäure vergleichbar, aus diesen abgeleitet und zum Teil gewonnen werden können. Zu jenen gehören als am längsten bekannt, die *Sulfonsäuren* und die *Sulfone*, von denen die ersten Repräsentanten, die Phenylsulfonsäure und das Diphenylsulfon (Sulfobenzid),

---

[1] Ann. Chem. **11**, 2. u. 11.   [2] Pogg. Ann. **37**, 552.
[3] Ann. Chem. **35**, 111; **84**, 69.   [4] Das. **90**, 311.
[5] Vergl. Ann. Chem. **187**, 113.

von Mitscherlich[1] aus Benzol mittels Schwefelsäure erhalten worden sind. Ein volles Verständnis für diese Verbindungen wurde erst gewonnen, nachdem Kolbe dieselben als Abkömmlinge der Schwefelsäure, bezw. ihres Anhydrids gedeutet hatte. Zuvor war die Kenntnis der Sulfonsäuren durch seine Erforschung der Methylsulfonsäure und ihrer Chlorderivate erweitert worden; mit der bedeutsamen Entdeckung[2] der Umwandlung von Sulfhydraten, Disulfiden oder Sulfocyaniden in Sulfonsäuren hatte man eine allgemeine Methode zur Darstellung der letzteren ausfindig gemacht.

Ähnlich wurde später der Weg von den Alkylsulfiden zu den Sulfonen, welche zwei Atome Sauerstoff mehr als jene enthalten, aufgefunden.[3] Auf die Analogie zwischen Sulfonen und Ketonen, sowie Sulfonsäuren und Karbonsäuren hat ebenfalls Kolbe zuerst nachdrücklich hingewiesen. — Den Diketonen reihten sich in neuerer Zeit die *Disulfone* und die zwischen beiden stehenden Sulfonketone an, welche insbesondere durch R. Ottos[4] wichtige Untersuchungen unserer Kenntnis näher gebracht wurden. Die den Polykarbonsäuren entsprechenden Di- und Trisulfonsäuren sind schon seit längerer Zeit, zuerst durch die Arbeiten von Hofmann und Buckton[5] bekannt geworden.

Die den Acetalen entsprechenden, statt Sauerstoff Schwefel enthaltenden *Merkaptale* sind von Baumann[6] aus Aldehyden und Merkaptanen gewonnen und mit Erfolg untersucht worden; ebenso die die *Merkaptole*, zu deren Darstellung statt der Aldehyde Ketone dienen. Von den aus den Merkaptolen durch Oxydation hervorgehenden Disulfonen ist das *Sulfonal*, sowie das analoge *Trional* als wertvolles Hypnotikum wichtig geworden.

Besonders folgenreich war die Entdeckung der Sulfine von Oefele,[7] weil die Existenz dieser Verbindungen mit der damals vielfach gemachten Annahme, das Schwefelatom sei konstant zweiwertig, im Widerspruche stand. In gleichem Sinne bedeutsam erscheint die Erforschung der Sulfoxyde (Saytzeff),[8] sowie die der Sulfinsäuren, deren Entstehungsweise und chemisches Verhalten, insbesondere durch die Untersuchungen von Kalle, Otto, Klason und anderen aufgeklärt wurden. An die merkwürdige Überführung der

---

[1] Pogg. Ann. **29**, 231; **31**, 628.
[2] Löwig, Pogg. Ann. **47**, 153. Muspratt, Ann. Chem. **65**, 251.
[3] v. Oefele, Ann. Chem. **132**, 80.
[4] Journ. pr. Chem. (2) **30**, 171, 321 u. **36**, 401.
[5] Ann. Chem. **100**, 133.
[6] Vergl. Ann. Chem. **274**, 173. Ber. **26**, 2155.
[7] Ann. Chem. **127** 370 u. **132**, 82.   [8] Ann. Chem. **144**, 148.

sulfinsauren Salze in Sulfone,[1] sowie an die der schwefligsauren Salze in Sulfonsäuren[2] mit Hilfe von Alkyljodiden sei noch erinnert, weil man aus diesen Reaktionen Rückschlüsse auf die Konstitution der Sulfinsäuren, bezw. der schwefligsauren Salze gezogen hat. Durch Entdeckung und sorgsame Untersuchung der *Thionylamine*[3] hat Michaëlis das Gebiet der Schwefelverbindungen wesentlich bereichert. Selen- und Tellurverbindungen, die obigen schwefelhaltigen Stoffen entsprechen, sind nur spärlich bekannt.

Organische Stickstoffverbindungen.

Ein außerordentlich weites Gebiet der organischen Chemie wurde erschlossen durch die Entdeckung der stickstoffhaltigen, dem Ammoniak entsprechenden Basen. Mit der Auffindung des Weges von diesem unorganischen Stoffe zu den letzteren war die Frage nach der chemischen Natur derselben im allgemeinen gelöst. A. W. Hofmanns klassische Untersuchungen[4] über die substituierten Ammoniake und Ammoniumbasen, deren Salze durch Wechselwirkung von Alkyljodüren und Ammoniak entstehen, sind hier in erster Linie zu nennen, da durch sie die wahre Erkenntnis von der Konstitution dieser Stoffe gewonnen, auch die Systematik derselben begründet wurde. An die Bereicherung, welche durch denselben Forscher dem gleichen Gebiete zuteil geworden war, sei hier kurz erinnert: an seine ausgezeichneten mit dem Jahre 1843 beginnenden Arbeiten[5] über das Anilin und zahlreiche Substitutionsderivate, sowie Additionsprodukte dieser Basen (z. B. das Cyananilin). Diese Untersuchungen enthielten eine Fülle neuer, höchst merkwürdiger Tatsachen, z. B. die Beobachtung über den Einfluß der in das Anilin eintretenden Halogene auf den chemischen Charakter der entstehenden Stoffe.[6] Auf Grund aller dieser Arbeiten, durch welche die Bekanntschaft mit den aromatischen Basen angebahnt wurde, hat sich die Industrie der Anilinfarbstoffe glänzend entwickelt. In theoretischer Hinsicht waren die Untersuchungen desselben Forschers über die Di- und Triamine, sowie über die entsprechenden Ammoniumbasen (aus Äthylenbromid und Ammoniak) besonders wichtig, wie überhaupt Hofmann das Gebiet der organischen Stickstoffverbindungen überall bahnbrechend und aufklärend, wie kein anderer, bearbeitet hat.

---

[1] Otto, Ber. **13**, 1274.   [2] Strecker, Ann. Chem. **148**, 90.
[3] Ann. Chem. **274**, 173.
[4] Ann. Chem. **74**, 117; **75**, 356. Vergl. auch S. 263 dieses Buches.
[5] Ann. Chem. **47**, 37 und in zahlreichen späteren Abhandlungen.
[6] Vergl. Ann. Chem. **53**, 1. Vergl. auch S. 253 dieses Werkes.

Seine Beobachtungen über die Entstehung von Substitutionsprodukten des Ammoniaks haben vorzugsweise zur Begründung der sich gegen Ende der vierziger Jahre entwickelnden typischen Auffassung beigetragen (s. Geschichte dieser S. 262 ff.).

Für die Geschichte der organischen Ammoniake war besonders bedeutungsvoll die Beobachtung, daß dieselben aus Nitroverbindungen durch Reduktion[1] entstehen, was zuerst Zinin[2] durch Umwandlung des Nitrobenzols in Amidobenzol (Anilin) gezeigt hat. Diese Reaktion erwies sich als allgemeine Methode höchst brauchbar, diente zur Gewinnung von Di- und Triaminen und wurde seither in unzähligen Fällen mit Erfolg, sowie in größtem technischen Maßstabe, auch auf elektrolytischem Wege, ausgeführt, endlich auf die viel später bekannt gewordenen Nitroverbindungen der Fettreihe ausgedehnt. — Auch die von Wurtz[3] entdeckte Entstehungsweise primärer Amine aus Cyansäureäthern muß hier als historisch wichtig genannt werden, da auf diese Weise das einfachste organische Ammoniak, das Methylamin, zuerst gewonnen worden ist.

Aus der Fülle von Beobachtungen über das chemische Verhalten der in Rede stehenden Stoffe können nur einige, welche zur Aufklärung ihrer Konstitution und zur Entdeckung neuer wichtiger Reihen von Verbindungen geführt haben, herausgegriffen werden. Die Alkylderivate des Amidobenzols (Anilins) und seiner Homologen wurden, von A. W. Hofmann entdeckt, bald technisch verwertet, insbesondere zur Gewinnung von Farbstoffen. Das schon lange bekannte Dimethylanilin hat neuerdings durch seine, Bamberger[4] gelungene Oxydation zu dem Oxyd theoretisches Interesse erregt, da hierdurch ein neuer Beweis für die Fünfwertigkeit des Stickstoffs erbracht worden ist, auch das neue Oxyd ein sehr merkwürdiges chemisches Verhalten zeigt. Welch ungeahnte Bedeutung erlangte die schon von Hofmann und anderen studierte Einwirkung von salpetriger Säure auf Amine und ähnliche Stoffe in der Hand von P. Grieß, der die unter geeigneten Bedingungen eintretende Bildung der Diazoverbindungen kennen lehrte und diese in fruchtbarster Weise erforschte. In unmittelbare Beziehung zu den letzteren traten sodann die Azoverbindungen und Hydrazine: Stoffklassen, deren Bedeutung eine nähere Besprechung erfordert (s. u.). Die Entdeckung der Umwandlung aromatischer Amine in wertvolle Farb-

---

[1] Als erstes Produkt gemäßigter Reduktion ist gleichzeitig von Bamberger und von Wohl das Phenylhydroxylamin gefaßt worden: eine durch große Reaktionsfähigkeit ausgezeichnete Verbindung.

[2] Journ. pr. Chem. 27, 149.   [3] Ann. Chim. Phys. (3) 30, 443.

[4] Ber. 32, 342, 1159, 1882.

Stoffe durch Oxydation, von Perkin, A. W. Hofmann und anderen beobachtet, bezeichnet den Anfang einer neuen Ära der chemischen Industrie.

An die durch ähnliche Kondensationsvorgänge bewirkte Überführung der organischen Ammoniake in Chinolin, Akridin, Chinoxalin und andere basische Stoffe sei nur flüchtig erinnert, da auf diese Reaktionen, insbesondere auf die Pyridin- und Chinolinbasen, sowie ihre Beziehungen zu den Alkaloiden weiter unten Bezug genommen ist.

In der künstlichen Erzeugung stickstoffhaltiger, in der Natur vorkommender Substanzen durch passende Umwandlungen des Ammoniaks oder der Amine sind große Fortschritte aufzuweisen. — Die wichtigen Forschungen Hofmanns über Senföle ließen die Beziehungen dieser Stoffklasse zu den Aminen klar hervortreten und lieferten die festesten Anhaltspunkte zur Erkenntnis der Konstitution derselben. Das Senföl selbst (aus den Samen des schwarzen Senfes) ließ sich mit allen seinen Eigenschaften aus Allylamin sowohl, wie aus Jodallyl durch Umwandlung in das dem Senföl isomere Schwefelcyanallyl darstellen, welches schon durch Wärmezufuhr sich in jenes umlagert. Hofmanns[1] vergleichende Beobachtungen in betreff des chemischen Verhaltens von Senfölen und isomeren Schwefelcyanverbindungen ließen keinen Zweifel mehr übrig, wie die Konstitution beider Stoffarten aufzufassen sei.

Nachdem die aus der Heringslake isolierte Base als mit dem künstlich gewonnenen Trimethylamin identisch erkannt war, führten weitere Forschungen zur Synthese des physiologisch wichtigen Cholins und Neurins aus Trimethylamin und Äthylenchlorhydrin,[2] sowie zu der des im Rübensaft vorkommenden Betains. Wie zur Bildung des letzteren Trimethylamin diente, so ließ sich Methylamin durch Wechselwirkung mit Chloressigsäure in das aus Fleischsaft erhaltene Sarkosin umwandeln, dieses weiter durch Aufnahme der Elemente des Cyanamids in Kreatin überführen: Reaktionen, die klar und deutlich die Konstitution[3] der erzeugten Stoffe erkennen ließen. Ferner sei an die künstliche Darstellung vieler zu dem Harnstoff in naher Beziehung stehenden Verbindungen erinnert: an die Synthese des Guanidins,[4] sowie der Paraban-, Oxalur-, Barbitursäure,[5] die als Derivate der Harnsäure längere Zeit bekannt waren, ehe sie aus Harnstoff willkürlich erzeugt wurden. Auch die Harn-

---

[1] Vergl. Ber. 1, 176 ff.   [2] Wurtz, Ann. Chem. Suppl. 6, 116 u. 197.
[3] Volhard, Ann. Chem. 123, 261; Jahresber. d. Chem. 1868, S. 685.
[4] Ann. Chem. 146, 259.
[5] Ponomareff, Bull. soc. chim. 18, 97; Grimaux, das. 31, 146.

säure selbst ist nach emsigen Bemühungen neuerdings künstlich dargestellt worden.[1] In neuester Zeit ist die Synthese vieler sogen. *Purin*derivate, *Theobromin, Coffein, Xanthin, Guanin* u. a. gelungen, Dank der glänzenden Experimentaluntersuchungen von E. Fischer, W. Traube[2] u. a. — Überhaupt erwiesen sich Harnstoff und Guanidin, diese physiologisch bedeutsamen Stoffe, als höchst geeignet zum Aufbau komplizierter sogen. *kondensierter* Verbindungen; es sei nur an die mit Ketonsäureäthern, Diketonen entstehenden Produkte erinnert. — Die aus Guanidin mittels organischer Säuren hervorgehenden *Guanamine*,[3] deren Konstitution von Bamberger kürzlich entziffert ist, sowie die merkwürdigen, aus Amidoguanidin[4] dargestellten stickstoffreichen Stoffe seien hier besonders namhaft gemacht. — Die Säureamide, zu denen Harnstoff und einige der oben erwähnten Verbindungen gehören, sind Hand in Hand mit den Aminbasen durchforscht worden. Hier sei auf die wichtige Umwandlung derselben (mittels Phosphorsäureanhydrid) in Cyanide und an ihre Rückbildung aus diesen hingewiesen, ferner auf das interessante Verhalten der substituierten Amide zu Fünffach-Chlorphosphor, welches, insbesondere von Wallach[5] untersucht, zur Kenntnis eigentümlicher Basen, der Oxaline, geführt hat. — Die eigentümliche Überführung von Amiden in Aminbasen, die ein Atom Kohlenstoff weniger als jene enthalten, lehrte Hofmann[6] kennen, indem er Brom in alkalischer Lösung auf jene einwirken ließ. Die den Amiden entsprechenden Thioamide, von Cahours, Hofmann und anderen bearbeitet, haben durch passende Umwandlungen zu anderen stickstoffhaltigen Stoffen, z. B. den Amidinen,[7] geleitet, deren Erforschung manche wertvolle Ergebnisse zutage gefördert hat. Namentlich sind hier die erschöpfenden Untersuchungen Pinners[8] zu nennen, der die Amidine aus den höchst reaktionsfähigen Imidoäthern darstellen und ihr chemisches Verhalten gründlichst kennen lehrte.

Durch die Entdeckung und Untersuchung organischer Phosphor-, Antimon- und Arsenverbindungen wurde die Zusammengehörigkeit dieser drei Elemente und ihre Verwandtschaft mit dem Stickstoff aufs klarste bewiesen, so daß hier, wie in anderen Fällen, gerade durch das Studium organischer Stoffe helles Licht in einzelne

---

[1] Behrend u. Roosen, Ann. Chem. **251**, 235.
[2] Vergl. E. Fischer u. L. Ash, Ber. **31**, 1980. W. Traube, Ber. **33**, 3035.
[3] Nencki, Ber. **7**, 776 u. 1584. Bamberger, Ber. **25**, 534.
[4] Thiele, Ann. Chem. **273**, 133.   [5] Ann. Chem. **184**, 1; **214**, 193.
[6] Ber. **15**, 765.
[7] Wallach, Ann. Chem. **184**, 5 u. 91. Bernthsen, das. **184**, 321; **192**, 1.
[8] Vergl. seine Monographie: *Die Imidoäther und ihre Derivate.*

Gebiete der unorganischen Chemie fiel. Die *Phosphine* und *Phosphoniumbasen* sind zuerst durch die klassischen Arbeiten A. W. Hofmanns,[1] die entsprechenden Stoffe der aromatischen Reihe durch die Untersuchungen von Michaëlis[2] unserer Kenntnis in umfassender Weise erschlossen worden. Die organischen Verbindungen des Phosphors wurden danach als Abkömmlinge der bekannten unorganischen, des Dreifach-Wasserstoffphosphors, Jodphosphoniums, bezw. des Dreifach- und Fünffach-Chlorphosphors erkannt. — Das Studium der organischen Arsen- und Antimonverbindungen, von denen erstere durch die ausgezeichneten Untersuchungen Bunsens und später durch die von Cahours, Baeyer, Michaelis,[3] letztere durch die von Löwig, Landolt, Michaelis[4] und anderen durchforscht worden sind, führte ebenfalls zu dem Ergebnis, daß die genannten Stoffe sich von unorganischen Verbindungen derselben Elemente ableiten lassen. Der Einfluß einiger dieser Untersuchungen auf die Entwicklung des Begriffes der Valenz ist schon im allgemeinen Teile gebührend beleuchtet worden.

Das Gebiet der organischen Stickstoffverbindungen ist mit den Stoffklassen, deren Geschichte oben kurz besprochen wurde, noch lange nicht erschöpft. Eine Reihe anderer Substanzen darf hier nicht unerwähnt bleiben, da sich durch die Beschäftigung mit ihnen wichtige Vorstellungen über ihre chemische Konstitution entwickelt haben, auch viele derselben zu großer technischer Bedeutung gelangt sind.

Von den Azoverbindungen wurde zuerst das Azobenzol von Mitscherlich,[5] viel später das Azoxybenzol von Zinin[6] und das Hydrazobenzol von A. W. Hofmann[7] entdeckt. Die heute allgemein zur Geltung gelangte Auffassung dieser drei Arten von Azoverbindungen rührt von Erlenmeyer[8] und insbesondere von Kekulé[9] her, welche in dem Azobenzol zwei doppelt gebundene, in dem Oxy- und Hydrazobenzol zwei einfach gebundene Stickstoffatome annahmen. — Große Bedeutung für die Vertiefung unserer Kenntnisse von diesen und ähnlichen Stoffen hat ihre leichte Entstehung aus Diazoverbindungen gewonnen. Auf Grund der Untersuchungen von Grieß, Kekulé, V. Meyer, H. Caro, Witt und anderen, welche die Überführung der letzteren in Azoverbindungen lehrten, hat sich ein

---

[1] Ber. **4**, 605; **5**, 104; **6**, 306.   [2] Vergl. Ann. Chem. **188**, 275.
[3] Litteratur s. Ann. Chem. **201**, 184.
[4] Litteratur s. das. **233**, 39; ferner Ber. **27**, 244.   [5] Pogg. Ann. **32**, 324.
[6] Ann. Chem. **85**, 328.   [7] Jahresber. d. Chem. **1863**, S. 424.
[8] Zeitschr. Chem. **1863**, S. 678.   [9] Lehrb. d. Chemie **2**, 703.

blühender Industriezweig, die Fabrikation der Azofarbstoffe, entwickelt (vergl. Gesch. der techn. Chemie). Auch die Lehre von der Isomerie ist infolge jener Arbeiten durch eine Fülle wichtiger Beobachtungen bereichert worden. Hierher gehören die merkwürdigen Umlagerungen von Hydrazoverbindungen in isomere Diamidoderivate des Diphenyls und seiner Homologen, von Diazoamido- in Amidoazoverbindungen. Gerade die Amido- und die Oxyderivate von Azobenzol und Homologen fanden zuerst als Farbstoffe Beachtung. Wichtig für die Erfassung der Beziehungen zwischen Konstitution und Farbstoffcharakter ist die von verschiedenen Forschern (Armstrong, Möhlau, Noelting u. a.) bevorzugte Ansicht,[1] daß obige Stoffe als Abkömmlinge des Chinons, bezw. Chinonimids zu betrachten seien.

Die durch ihre Reaktionsfähigkeit merkwürdigen Diazoverbindungen sind von Grieß[2] entdeckt und durch eine Reihe ausgezeichneter Arbeiten erforscht worden, welche die wichtigsten zur Charakteristik dieser Stoffe nötigen Merkmale aufgedeckt haben. Grieß lehrte die Entstehung dieser Substanzen durch Einwirkung von salpetriger Säure auf aromatische Amidoverbindungen: eine Reaktion, welche, früher unter anderen Bedingungen studiert, nicht zur Entdeckung dieser Stoffe geführt hatte. In den seit 1859 schnell aufeinander folgenden Abhandlungen[3] machte dieser Forscher die chemische Welt mit den Diazoderivaten des Phenols, des Anilins, der Benzoesäure und mit ihren überraschenden Eigenschaften bekannt. — Die theoretische Auffassung, welche bezüglich der Konstitution dieser Stoffe lange Zeit von den meisten Chemikern gehegt wurde, wonach in denselben zwei Atome Stickstoff ebenso miteinander verbunden sind, wie in den Azoverbindungen, hat zuerst Kekulé[4] ausgesprochen. Eine andere Idee, nach welcher das eine Atom

---

[1] Vergl. Goldschmidt, Ber. 25, 1324.

[2] Peter Grieß, geboren 1829, gestorben 1888, Schüler Kolbes, kam als Assistent A. W. Hofmanns nach London, um bald als Chemiker in eine der größten Brauereien Englands (von Allsopp u. Sons in Burton) einzutreten. Obwohl er von da ab (seit 1862) der Technik treu blieb, bereicherte er doch die Chemie, zumal die organische, mit ausgezeichneten wissenschaftlichen Untersuchungen. Die von ihm entdeckten und glänzend bearbeiteten Diazoverbindungen leiteten ihn zu den Azofarbstoffen; er wurde so der Vater dieser großartigen Industrie. Seine sonstigen Arbeiten sind durch Feinheit der Ausführung und Fülle neuer Beobachtungen ausgezeichnet. Von seinem Lebenslauf hat A. W. v. Hofmann ein liebevoll eingehendes Bild gezeichnet, seine wissenschaftlichen Leistungen haben E. Fischer und H. Caro geschildert (vergl. Ber. 24, Ref. 1007, 1058, I ff.).

[3] Ann. Chem. 113, 201; 117, 1; 121, 257; 137, 39.

[4] Zeitschr. Chem. 1866, S. 689.

Stickstoff fünfwertig, das zweite dreiwertig fungierend angenommen wird, hat zuerst Blomstrand[1] geäußert und zu begründen versucht.

Die Existenz von Diazoverbindungen im Gebiete der Fettreihe ist erst in neuerer Zeit durch ausgezeichnete und umfassende Untersuchungen von Curtius[2] über den Diazoessig- und Diazobernsteinester nachgewiesen worden. Der aus Amidoessigsäureester und salpetriger Säure entstehende Diazoessigester zeigt zwar noch Ähnlichkeit mit aromatischen Diazoverbindungen, aber auch manche davon abweichende Eigentümlichkeit; seine Fähigkeit, mit anderen Stoffen unter Austritt von Stickstoff zusammenzutreten, ist kräftiger entwickelt, als die der aromatischen Verwandten. Der Diazoessigester ist deshalb zur Synthese von Verbindungen höchst geeignet und dazu auch verwertet worden. So konnte durch Anlagerung von Benzol an den Diazoester die merkwürdige Isophenylessigsäure in zwei Modifikationen hergestellt werden, die nach Buchners Untersuchungen einer neuen Stoffklasse angehören. Die einfachste Diazoverbindung der Fettreihe, das Diazomethan, ist unlängst von von Pechmann[3] entdeckt und, dank seiner Reaktionsfähigkeit, zu wichtigen Synthesen benutzt worden.

Eine andere Klasse von Stickstoffverbindungen, die der sogenannten Hydrazine, welche in nahem Zusammenhange mit den Diazoverbindungen stehen, wurde im Jahre 1875 von E. Fischer entdeckt[4] und sorgfältig durchforscht.[5] Das zuerst aufgefundene Phenylhydrazin hat sich als spezifisches Reagens und als Mittel zum Aufbau kompliziert zusammengesetzter Stoffe außerordentlich bewährt. Die Beziehungen desselben zu Diazoverbindungen wurden von Fischer durch seine Entstehung aus Diazoamidobenzol, bezw. aus Diazobenzolchlorid und seine Überführung in Diazobenzolimid klar erwiesen. Auf die Bedeutung des Phenylhydrazins und ähnlicher Basen für Darstellung von *Hydrazonen* und *Osazonen* ist oben schon hingewiesen worden. Auch zur Frage der Stereoisomerie haben solche Stoffe schon manchen Beitrag geliefert.

Die Entstehung von *Pyrazolon-*, *Pyrazol-* und *Indolderivaten*, sowie anderen *kondensierten* Verbindungen mit Hilfe des Phenylhydrazins sei hier erwähnt; schon seit mehreren Jahren wird letzteres zur Gewinnung eines wichtigen Arzneimittels, des Antipyrins, in großem Maßstabe technisch hergestellt. Das einfachste Glied dieser Reihe,

---

[1] In seiner „Chemie der Jetztzeit" S. 272; vergl. auch Ber. **8**, 51; ferner Strecker, das. **5**, 786.

[2] Journ. pr. Chem. (2) **38**, 401 ff.

[3] Ber. **28**, 855, 1624. Bamberger, das. **28**, 1682.

[4] Ber. **8**, 589.   [5] Ann. Chem. **190**, 67; **199**, 281; **212**, 316.

das *Hydrazin* selbst, dessen Entdeckung in der Geschichte der unorganischen Chemie erwähnt ist, hat ebenfalls durch seine Fähigkeit, auf Aldehyde, Ketone und ähnliche Verbindungen mit größter Leichtigkeit einzuwirken, zur Bereicherung des Gebietes stickstoffhaltiger Stoffe erheblich beigetragen (vergl. die zahlreichen wertvollen Arbeiten von Th. Curtius und seinen Schülern über Hydrazide und Azide organischer Säuren[1]).

Mit den Diazoverbindungen sind in neuerer Zeit sehr bemerkenswerte Reaktionen ausgeführt worden, die zu Hydrazonen, bezw. sogen. Formazylderivaten geführt haben; es sei auf die neueren Untersuchungen, denen man die Aufklärung dieser Reaktionen verdankt, kurz hingewiesen.[2] Auch die Versuche von Pechmanns über Oxydation von Diazoverbindungen, sowie über die Konstitution der letzteren, sind höchst bemerkenswert.

Infolge der Entdeckung von Isodiazoverbindungen(Schmidt u. Schraube, Bamberger) ist die Frage nach der Konstitution von Diazoverbindungen brennend geworden. Dabei wurde die Chemie der letzteren gründlichst erweitert durch Erschließung zahlreicher neuer und wichtiger Tatsachen, an deren Ermittlung besonders E. Bamberger und A. Hantzsch beteiligt waren. Die von Blomstrand vertretene Anschauung (s. oben) ist, zuerst durch das kräftige Eintreten von Bamberger, für die Diazoniumsalze zur allgemeinen Aufnahme gekommen. Von Hantzsch wird für einige Reihen isomerer Diazoverbindungen die Ansicht verteidigt, daß sie einander stereoisomer (*Syn-* und *Antiverbindungen*) seien. Bamberger erblickt dagegen in den durch Versuche ermittelten Tatsachen keinen zwingenden Beweis für die Richtigkeit einer solchen Betrachtungsweise, hält vielmehr Strukturisomerie für wahrscheinlicher. Der jahrelang geführte Streit ist — wenn auch unlängst Blomstrand[3] selbst sich zugunsten Bambergers ausgesprochen hat — noch nicht in allen Punkten entschieden. Denn Hantzsch hat durch treffliche Untersuchungen, namentlich über Diazocyanide, die Annahme stereochemischer Isomerien höchstwahrscheinlich gemacht. Als besonders wichtige Hilfsmittel sind von ihm physiko-chemische Methoden angewandt worden.[4]

---

[1] Journ. pr. Chem. **50** ff. bis in die Gegenwart.

[2] v. Pechmann, Ber. **25**, 3175 ff.; **27**, 219. Bamberger, Ber. **25**, 3201, 3539; **26**, 2978. W. Wislicenus, Ber. **25**, 3459. Die weiteren Untersuchungen von Hantzsch u. Overton, Krückeberg u. a. haben zu bemerkenswerten Beobachtungen über die Bildung stereoisomerer Hydrazone geführt.

[3] Journ. pr. Chem. (2) **53**, 169; **54**, 305; **55**, 481.

[4] Die zahlreichen Abhandlungen der beiden Forscher sind in den Berichten (Jahrgänge 1894—1898 ff.) enthalten. In einer besonderen Schrift: *Die Diazo-*

Das Gebiet der Cyanverbindungen, seit Scheeles Entdeckung der Blausäure Gegenstand emsiger Bearbeitung, hat sich infolge des Zusammenwirkens der namhaftesten Forscher außerordentlich ausgedehnt. Zu der überreichen Gestaltung dieses Teiles der organischen Chemie hat die Fähigkeit der meisten Cyanverbindungen, sich in isomere oder polymere Stoffe umzusetzen, sowie mit anderen Substanzen zusammenzutreten und auf diese Weise neue Verbindungen zu liefern, ganz wesentlich beigetragen. Hiervon hat die Synthese beim Aufbau von Verbindungen verwickelter Zusammensetzung häufig Gebrauch gemacht (man denke an die künstliche Bildung des Kreatins, des Indigoblaus u. a.[1]).

Die Zusammensetzung der Blausäure und vieler Cyanide wurde durch die Arbeiten von Berthollet und Ittner, namentlich durch die klassische Untersuchung Gay-Lussacs, welcher das Cyan selbst entdeckte und dessen Analogie mit den Halogenen erkannte, klar gelegt. — Der letztere war es auch, welcher in dem schon lange bekannten Blutlaugensalz das Radikal *Ferrocyan* annahm, während Berzelius, auf dem Boden des strengen Dualismus stehend, dasselbe als Doppelsalz von Eisencyanür und Cyankalium deutete. Durch die Entdeckung des Ferricyankaliums (L. Gmelin, 1822) und der sogenannten Nitroprusside (Playfair[2]) erweiterten sich die Kenntnisse der kompliziert zusammengesetzten Cyanverbindungen, in welchen nach dem Vorgange Grahams das Radikal *Tricyan* oder *Cyanur* angenommen wird.

Die Schwefelcyanwasserstoffsäure nebst ihren Salzen wurde von Porret entdeckt, sodann von Berzelius untersucht, der ihre richtige Zusammensetzung feststellte; das Schwefelcyan zu isolieren gelang Liebig (1829), der weiterhin die merkwürdigen Zersetzungsprodukte[3] des Schwefelcyanammoniums: Mellon, Melam, Melamin und andere kennen lehrte. In neuerer Zeit haben Reynolds, Volhard, Delitzsch und namentlich Klason unsere Kenntnis von

---

rerbindungen (Vorträge, von Ahrens herausgegeben, Bd. 8, 1. u. 2. Heft) hat Hantzsch den Stand der Diazofrage historisch-kritisch, sowie systematisch behandelt und so den Einblick in die schwierigen Verhältnisse erleichtert.

[1] Als Kuriosum sei ein Ausspruch Fr. Wöhlers aus dem Jahre 1832 mitgeteilt, aus einer Zeit, in der die Kenntnis der Cyanverbindungen noch sehr spärlich zu nennen ist. Wöhler schlägt seinem Freunde Liebig vor, das Cyanamid darzustellen, um es gemeinsam zu bearbeiten; er fährt dann fort (Briefwechsel I, S. 45): „Das wird weiter führen; es ist nur dumm, daß Cyan im Spiele ist, dieser abgerittene Gaul." Wie sehr hat sich Wöhler geirrt, indem er dem Cyan und seinen Verbindungen zu geringe Mannigfaltigkeit ihrer chemischen Wirkungen zutraute.

[2] Phil. Transact. 1849, 2, 477. [3] Ann. Chem. 10, 11.

diesen Stoffen wesentlich gefördert. Durch letzteren und besonders Hantzsch[1] ist die lange umstrittene Konstitution der *Persulfocyansäure* aufgeklärt worden.

Die Cyansäure, deren chemisches Verhalten und Beziehung zu isomeren Verbindungen Gegenstand wichtiger Diskussionen über die Konstitution solcher Stoffe wurde, hat Wöhler[2] zuerst isoliert; er war es, der bei Untersuchung ihrer Salze zu der so wichtigen Entdeckung der künstlichen Bildung von Harnstoff geführt wurde.[3] — Die Cyanursäure, von Serullas aus dem von ihm aufgefundenen festen Chlorcyan erhalten, wurde von Liebig und Wöhler als mit der Cyansäure gleich zusammengesetzt erkannt. Welchen Einfluß diese Wahrnehmung im Zusammenhange mit der über die Isomerie der beiden Verbindungen mit der Knallsäure auf die Lehre von den isomeren Stoffen gehabt hat, ist im allgemeinen Teil erörtert worden. — Nachdem die Halogenverbindungen des Cyans schon lange Zeit bekannt waren — das Chlorcyan hatte Berthollet beobachtet, das Jodcyan Davy entdeckt — lernte man das Cyanamid, welches für die Synthese organischer Verbindungen große Bedeutung gewinnen sollte,[4] erst im Jahre 1851 durch Cloëz und Cannizzaro[5] kennen.

Dank ihrer Fähigkeit, sich mit anderen Stoffen zu vereinigen, haben die Cyanverbindungen im allgemeinen zur Aufschließung und näheren Kenntnis wichtiger Gebiete gedient; hier sei an die Bildung des Guanidins und seiner Abkömmlinge aus Cyanamid bezw. Chlorcyan und Ammoniak, sowie Derivaten des letzteren erinnert.[6] Die Neigung des Cyanwasserstoffs, mit Aldehyden oder Ketonen zusammenzutreten, wurde schon erwähnt: die Synthese zahlreicher Oxykarbonsäuren war auf Grund dieses Verhaltens möglich geworden.

Die Verbindungen des Cyans, sowie Schwefelcyans mit organischen Radikalen lieferten durch ihre Mannigfaltigkeit und Umwandlungsfähigkeit ein geradezu unerschöpfliches Material für neue Probleme und Untersuchungen. Die Alkylcyanide oder Nitrile, das Cyanmethyl an der Spitze, stellte zuerst Dumas[7] aus den Ammonsalzen der Fettsäuren mittels Phosphorsäureanhydrid dar;

---

[1] Ann. Chem. **331**, 265.
[2] Pogg. Ann. **15**, 619; **20**, 369.   [3] Vergl. S. 223.
[4] Vergl. Volhards, Streckers, Drechsels Untersuchungen, namentlich Journ. pr. Chem. (2) **11**, 284.
[5] Comptes rendus **31**, 62.
[6] Vergl. Erlenmeyer, Ann. Chem. **146**, 253. A. W. Hofmann, das. **139**, 111. Ber. **1**, 145 und andere mehr.
[7] Comptes rendus **25**, 383 u. 442.

später dienten zu gleichem Zwecke statt der Ammonsalze die Säureamide. Die ungemein wichtige Beziehung der Nitrile zu den Fettsäuren lehrten Kolbe und Frankland[1] durch Überführung der ersteren in diese mittels Ätzkali kennen. Flüchtig sei daran erinnert, wie durch Verallgemeinerung dieser Reaktion eine große Zahl von Karbonsäuren und Abkömmlingen derselben aus einfacheren Verbindungen erzeugt worden ist; bei Gelegenheit der Besprechung solcher Verbindungen wurde schon auf die zugrunde liegende Reaktion hingewiesen. Die Untersuchung der aus Bittermandelöl und Cyanwasserstoff bei Gegenwart von Salzsäure entstehenden Mandelsäure[2] gab den ersten Anlaß, die unter ähnlichen Bedingungen aus anderen Aldehyden sowie Ketonen hervorgehenden Verbindungen zu studieren. — Das einfachste Nitril der aromatischen Reihe, das Cyanphenyl (*Benzonitril*), wurde zuerst von Fehling[3] beobachtet. Seitdem ist die Zahl der Nitrile außerordentlich vergrößert; von den wichtigen Karbonsäuren kennt man auch die zugehörigen Nitrile. Die aus letzteren hervorgehenden *Amidoxime* (von Tiemann[4] entdeckt) beanspruchen besonderes Interesse. Ferner sind die aus den Nitrilen durch Aufnahme von 1 Molekül eines Alkohols entstehenden *Imidoäther* bemerkenswert, schon durch die Leichtigkeit, mit der sie die so wichtigen und höchst reaktionsfähigen *Amidine* liefern.[5] An die Nitrile schließen sich die den Halogenfettsäuren entsprechenden Cyanverbindungen eng an; gerade die einfachsten Glieder dieser Klasse, wie die Cyankohlensäure, Cyanessigsäure, haben, dank ihrer Reaktionsfähigkeit, zu wichtigen Umwandlungsprodukten geführt.

Die den Nitrilen isomeren Isocyanüre oder Karbylamine sind gleichzeitig (1867) von Hofmann[6] und von Gautier[7] auf verschiedenen Wegen entdeckt worden, nachdem deren Existenz schon früher von Kolbe vorausgesehen war. Die präzise Feststellung der Ursache von der Isomerie beider Stoffarten war ein wichtiger Fortschritt der theoretischen Chemie. — Die bündige Erklärung der ähnlichen Isomerie von Schwefelcyanalkylen und Senfölen, von denen das eigentliche Senföl am frühesten bekannt war, hat man A. W. Hofmann zu verdanken; derselbe fand Mittel und Wege, die Senföle künstlich darzustellen und durch ihre verschiedenen Zersetzungsweisen ihre chemische Konstitution klar zu legen.[8] Ins-

---

[1] Ann. Chem. 65, 269.   [2] Liebig, Ann. Chem. 18, 319.
[3] Ann. Chem. 49, 91.   [4] Ber. 17, 126, 1685 etc.
[5] Vergl. Pinner, Ber. 16, 17, sowie besonders die Monographie: *Die Imidoäther und ihre Derivate* (Berlin 1892).
[6] Ann. Chem. 144, 144; 146, 107.   [7] Comptes rendus 65, 468 u. 862.
[8] Ber. 1, 26 u. 169; 2, 116, 452.

besondere spiegelte sich in den Umwandlungen die verschiedene Konstitution der Schwefelcyanalkyle im Vergleich mit der von Senfölen. — Im Zusammenhange mit dieser Erkenntnis befestigten sich mehr und mehr die Anschauungen über die analog zusammengesetzten Cyansäure- und Isocyansäureester; auch hier sind Hofmanns Untersuchungen bahnbrechend gewesen, nachdem die einfachsten Verbindungen dieser Art durch die Arbeiten von Wurtz und Cloëz bekannt geworden waren. — Die Leichtigkeit, mit der die Isocyansäureester und entsprechenden Senföle die Elemente des Ammoniaks und der Amine assimilieren, führte zu der Entdeckung des weiten Gebietes der substituierten Harnstoffe;[1] die der Bildung dieser Stoffe zugrunde liegende Reaktion gestattete durch ihre Einfachheit die Erklärung der hier stattfindenden zahlreichen Isomerien.

Weit größere Schwierigkeiten bot die Frage nach der chemischen Konstitution polymerer Cyanverbindungen dar, deren Zahl seit der Wahrnehmung, daß die Cyanur-, die Knall- und die Cyansäure gleich zusammengesetzt sind, sich außerordentlich vermehrt hat. Erst in neuerer Zeit (seit 1884) ist namentlich durch die trefflichen Untersuchungen von A. W. Hofmann und Klason, ferner die von Rathke, Weddige, Bamberger und anderen einige Klarheit über die wahre Konstitution der Cyanur- und Isocyanurverbindungen verbreitet worden. Dabei hat sich herausgestellt, daß die Isocyanursäure, sowie das Isomelamin für sich nicht existenzfähig sind, wohl aber Derivate derselben bestehen. Die schon erwähnte Lehre von den stabilen und labilen Modifikationen[2] entwickelte und befestigte sich wesentlich auf Grund der an jenen polymeren Verbindungen gewonnenen Erfahrungen. — Das Dunkel, welches über andere derartige Stoffe schwebte, wie über die *Mellon*, *Melam*, *Melem* genannten Zersetzungsprodukte des Rhodanammoniums, über die durch Polymerisierung der Nitrile entstehenden Basen, Kyanäthin etc., beginnt zu schwinden und einer allmählichen Erkenntnis ihrer chemischen Konstitution Platz zu machen. Die wahren *Cyanuralkyle* sind durch neuere Untersuchungen von Otto und Voigt, Weddige, Krafft bekannt geworden, während die unmittelbar aus den Nitrilen mittels Natrium (auch Natriumäthylat) hervorgehenden isomeren *Kyanalkine* eine völlig andere Konstitution besitzen. Dieselben sind auf Grund der Arbeiten von E. v. Meyer[3] als *Amidopyrimidine* (*Amidomiaxine*) zu betrachten; ihre Bildung ist ein lehrreicher Fall der Polymerisation, die durch die Wande-

---

[1] Vergl. Wurtz, Ann. Chem. **80**, 346. A. W. Hofmann, das. **53**, 57 und in den folgenden Jahrgängen der Annalen.
[2] Vergl. S. 315. [3] Journ. pr. Chem. (2) **39**, 262 und früher.

rung von Wasserstoffatomen vermittelt und ermöglicht wird. — Auf einer ähnlichen, nur nicht so weit gehenden Reaktion beruht die Entstehung der *dimolekularen Nitrile*, die nach ihrem Verhalten als *Imidonitrile* zu definieren sind.[1]

Die rationelle Zusammensetzung der Knallsäure und zugehöriger Verbindungen, z. B. der Fulminursäure und anderer Isomeren, ist auf Grund der bahnbrechenden Untersuchungen Liebigs[2] durch die Arbeiten Kekulés,[3] Schischkoffs[4] und in neuerer Zeit durch die von Steiner, Carstanjen und Ehrenberg,[5] Scholl[6] und anderen dem Verständnis näher gebracht worden, ohne daß jedoch völlige Klarheit über die Konstitution aller hierher gehörenden Verbindungen hat erreicht werden können. In betreff der Knallsäure, die selbst infolge größter Unbeständigkeit sofort nach ihrer Entstehung zerfällt, hat Nef[7] durch schöne Forschungen wahrscheinlich gemacht, daß sie das Oxim des Kohlenoxyds sei: eine Auffassung, die alle Umsetzungen der knallsauren Salze befriedigend erklärt.

Geschichtliches über Pyridin und Chinolin.[8]

Ein weites Gebiet von Stickstoffverbindungen, deren Entdeckung zum Teil in die ersten Jahrzehnte des vorigen Jahrhunderts zurückreicht, ist erst in neuerer Zeit erfolgreich bebaut worden: das der Pyridin- und Chinolinbasen, deren Durchforschung mit um so größerem Eifer betrieben wurde, als man erkannte und nachwies, daß zu den Abkömmlingen derselben viele Pflanzenalkaloide zu zählen sind. Die Untersuchungen von Anderson[9] über die flüchtigen Basen des Knochenöls, die von Williams über ähnliche im Steinkohlenteer enthaltene Stoffe, sowie die Beobachtung Gerhardts[10] über die Entstehung von Chinolinbasen aus Chinin stellen die ersten Anfänge dieses jetzt so reich entwickelten Gebietes dar. Die Erforschung desselben nahm einen besonders hohen Aufschwung, nachdem die Ähnlichkeit der Pyridinbasen mit dem Chinolin und eine deutliche

---

[1] E. v. Meyer, das. 38, 336; 39, 188. [2] Ann. Chem. 26, 146.
[3] Ann. Chem. 105, 279. [4] Das. 101, 213.
[5] Journ. pr. Chem. (2) 25, 232; 30, 38.
[6] Ber. 23, 3505. In neuester Zeit hat R. Scholl sehr schöne Synthesen mittels der Knallsäure erzielt (vergl. Ber. 34, 1441).
[7] Ann. Chem. 287, 269.
[8] Bezüglich der Quellen vergl. die Monographien von Metzger, Hesekiel, Calm-Buchka, A. Pictet über diese Basen.
[9] Ann. Chem. 60, 70, 75, 80, 84.
[10] Ann. Chem. 42, 310.

Analogie aller dieser Stoffe mit den aromatischen Verbindungen erkannt worden war. Der erste von Körner herrührende Versuch, die Konstitution des Pyridins und Chinolins zu erklären, dieselben nämlich als Benzol bezw. als Naphtalin zu betrachten, in denen ein Methin durch das dreiwertige Stickstoffatom ersetzt gedacht wird,[1] hatte die fruchtbarsten Folgen. Man prüfte diese Hypothese an den bekannten Tatsachen und sammelte eine große Zahl neuer, welche unschwer mit jener Annahme in Einklang zu bringen waren. Die schon damals kräftig entwickelte Theorie der aromatischen Verbindungen gewährte diesen Bestrebungen einigermaßen sicheren Halt, insbesondere bei der Beurteilung und Sichtung der sich stark mehrenden Isomerien unter den Abkömmlingen des Pyridins, sowie des Chinolins.

Der mit der oben angedeuteten Hypothese angenommene Zusammenhang des Pyridins und Chinolins mit dem Benzol und Naphtalin wurde durch eine Reihe schöner Untersuchungen klar erwiesen. Hier sei auf die Analogie des Verhaltens von alkylierten Pyridinen gegen Oxydationsmittel mit dem von Alkylderivaten des Benzols hingewiesen. — Die Erforschung dieser Verhältnisse, namentlich die der isomeren Methyl- sowie Äthylpyridine und der daraus hervorgehenden Pyridinmonokarbonsäuren, verdankt man den ausgezeichneten Arbeiten von Weidel, Skraup, Ladenburg, Wischnegradsky. Ähnlich wie man aus der Zahl der isomeren Substitutionsprodukte des Benzols auf die Zulässigkeit der Hypothese von dessen Konstitution geschlossen hatte, so wurde das gleiche für das Pyridin daraus gefolgert, daß nämlich die theoretisch erwartete Zahl von Methyl- und Karboxylpyridinen, nicht aber eine größere dargestellt werden konnte.

Von den Experimentaluntersuchungen, welche zur weiteren Stütze der obigen Ansicht gedient haben, sind noch die von Königs, Ladenburg, A. W. Hofmann zu nennen, durch welche der Zusammenhang des Pyridins mit dem um 6 Wasserstoffatome reicheren Piperidin klar gelegt wurde. Die Analogie dieses und des Pyridins einerseits mit dem Hexahydrobenzol und Benzol andererseits trat somit deutlich hervor. Als vortreffliches Hilfsmittel zur Reduktion von Pyridinbasen wurde von Ladenburg das Natrium in seiner Wirkung auf die alkoholische Lösung des zu reduzierenden Stoffs erkannt und seitdem in zahllosen ähnlichen Fällen mit Erfolg angewandt. Hier sei der glücklichen Überführung des Trimethylencyanids in Piperidin und in Pentamethylendiamin gedacht: letzteres,

---

[1] Vergl. S. 311.

aus dem genannten Cyanid durch Aufnahme von 8 Atomen Wasserstoff entstanden, wurde als identisch mit einem Leichengift, dem *Kadaverin*, erkannt.

Durch die verschiedenen Bildungsweisen von Pyridinbasen aus einfacher zusammengesetzten Stoffen wurde ebenfalls der Einblick in die Konstitution jener gefördert; ich erinnere an die Synthese eines Collidins aus Aldehydammoniak, sowie aus Äthylidenchlorid und Ammoniak, an die eines Chlorpyridins aus Pyrolkalium und Chloroform, an die Untersuchungen von Hantzsch, welche zur künstlichen Gewinnung des Lutidins führten, an die Bildung des β-Methylpyridins aus Glycerin (Stöhr).

Außerordentlich fruchtbar haben sich die **synthetischen Untersuchungen** auf dem Gebiete des **Chinolins** und seiner Abkömmlinge erwiesen; sie dienten namentlich zur Bestätigung der diesen Stoffen zugeschriebenen Konstitution, welche übrigens auch aus ihren Zersetzungsweisen gefolgert worden war. Aus der Fülle hierher gehörender Arbeiten seien nur einige herausgegriffen: die von Skraup, welcher, wohl angeregt durch frühere Versuche von Königs und Graebe, den allgemein brauchbaren Weg auffand, aus Glycerin und aromatischen Aminen Chinolin und dessen Abkömmlinge darzustellen, ferner A. v. Baeyers schöne Untersuchungen über die Bildung des Chinolins, Oxychinolins etc. durch Kondensation von o-Amidophenylenverbindungen. Erinnert sei noch an die Synthese des Chinolins und seiner Homologen aus Orthoamidobenzaldehyd und Aldehyden (Friedländer), sowie aus Anilin und Aldehyd (v. Miller und Döbner). Eng an diese Bildungsweisen schließen sich die von C. Beyer und W. Pfitzinger ausgeführten Synthesen von Homologen des Chinolins, bezw. von Chinolinkarbonsäuren an.

Während durch diese synthetischen Arbeiten die Konstitution des Chinolins klar gelegt wurde, haben andere Versuche den Zusammenhang desselben mit dem Pyridin erwiesen; so erkannte man, daß die durch Oxydation aus Chinolin hervorgehende *Chinolinsäure* eine Pyridindikarbonsäure sei, deren Entstehung der von Benzoldikarbonsäure (Phtalsäure) aus Naphtalin vollkommen analog ist.

Die eingehende Beschäftigung mit den Abkömmlingen des Chinolins führte einmal zu einer systematischen Durcharbeitung des reichen Stoffs; es sei der wertvollen Untersuchungen von Ad. Claus[1] und seinen Schülern über Halogenderivate und Sulfonsäuren des Chinolins gedacht. Sodann gelangte man zur Auffindung von Stoffen, die dem letzteren analog konstituiert sind: die Naphtochinoline, das

---

[1] Im Journal f. pr. Chem. vom Jahrg. **1888** an veröffentlicht.

Anthrachinolin gehören hierher. Auch die Entdeckung des Isochinolins und seine Entstehung aus Naphtalinderivaten (Gabriel, Bamberger, Zincke) verdient hier erwähnt zu werden.

In engster Beziehung zu Pyridin und Chinolin — in gleicher Weise, wie diese zu Benzol und Naphtalin — stehen die Basen, welche als Di- und Triazine bezeichnet werden; sie sind in neuerer Zeit Gegenstand emsigster Forschungen geworden. Hier seien die von Stoehr und von L. Wolff über *Pyrazin-* und *Piperazin-*Derivate, die von Pinner und anderen über *Pyrimidine* genannnt. Die neueren Untersuchungen über Cyanurverbindungen lehrten diese als Abkömmlinge des Triazins kennen. Von den aus Chinolin sich ableitenden stickstoffreichen Verbindungen sind die den Pyrazinen entsprechenden *Chinoxaline* (Hinsberg und andere) und die den Pyrimidinen analogen *Chinazoline* (Weddige, Paal, Widmann und andere) besonders zu nennen. — Die Spezialisierung des Gebietes der organischen Chemie ist derart fortgeschritten, daß ausführliche Werke über Teile derselben erscheinen, die vor kurzem noch unbeachtet waren.[1]

Ein noch höheres Interesse, als mit Auffindung der ebengenannten Stoffe verbunden war, beansprucht der durch eine Reihe ausgezeichneter Untersuchungen angebahnte Nachweis des innigen Zusammenhanges zwischen Pyridin bezw. Chinolin (auch Isochinolin) und einigen Pflanzenalkaloiden, deren Konstitution infolgedessen aufgeklärt worden ist. Daß die Alkaloide Abkömmlinge des Pyridins oder Chinolins seien, hat zuerst Wischnegradsky, sodann Königs ausgesprochen. Zur Stütze dieser Ansicht dient z. B. die Umwandlung des Pyridins in Piperidin, welches ein Spaltungsprodukt des im Pfeffer enthaltenen Alkaloids Piperin ist, und umgekehrt die des Piperidins in Pyridin, sowie die ganz analoge Überführung von Coniin in Propylpyridin,[2] sogenanntes *Conyrin.* Dieser wichtigen Erkenntnis folgte bald die weitere,[3] daß dieses Alkaloid des Schierlings als α-Propylpiperidin, und zwar als die rechtsdrehende Modifikation desselben, anzusprechen ist.

Die von Ladenburg[4] planvoll ausgeführte Synthese des Coniins bestand in der Darstellung von α-Allylpyridin und Umwandlung dieses in α-Propylpiperidin (mittels Natrium), sodann in der Spal-

---

[1] Vergl. das treffliche *Handbuch der stickstoffhaltigen Orthokondensationsprodukte* von O. Kühling (Berlin 1893).
[2] A. W. Hofmann, Ber. **17**, 825.
[3] Vergl. Ladenburg, Ann. Chem. **247**, 80 (1888).
[4] Ber. **22**, 1403.

tung der letzteren optisch inaktiven Verbindung in ihre aktiven Komponenten.

Die vollständige Synthese von anderen Pflanzenalkaloiden ist gewiß nur eine Frage der Zeit; der teilweise Aufbau solcher Stoffe aus ihren Spaltungsprodukten, z. B. des Atropins aus Tropin und Tropasäure (Ladenburg),[1] des Cocains aus Ecgonin, Benzoesäure und Jodmethyl (W. Merck)[2] ist in manchen Fällen gelungen. — Bei den meisten Alkaloiden, wie Nikotin, Piperin, Pilocarpin, den Opiumalkaloiden, Hydrastin, Cocain, Chinin und seinen Verwandten, Strychnin etc. ist man auf die Natur der Spaltungsprodukte angewiesen, aus deren Konstitution Schlüsse auf die der komplizierter zusammengesetzten Alkaloide zu ziehen sind. Die Fülle wichtiger Tatsachen ist eine zu große, um Einzelheiten hier aufzuführen. In den meisten Fällen lassen die Abbauprodukte nahe Beziehungen der Alkaloide zu Pyridin oder Chinolin oder Isochinolin, als den stickstoffhaltigen Kernen erkennen; aber auch andere zyklische Verbindungen, z. B. Pyrrolidin, sind beim Aufbau solcher Pflanzenbasen beteiligt. Sehr wertvolle Untersuchungen, die zur Kenntnis der Konstitution der wichtigsten Alkaloide geführt haben, verdankt man Goldschmiedt (über Papaverin), Roser (über Narkotin), Pinner, sowie Pictet (über Nikotin), Freund (über Hydrastin), Willstätter (über Tropin), Einhorn, Merling (über Cocain), Hardy und Calmels (über Pilocarpin) u. a. m. Manche Pflanzenbasen, wie Chinin, Morphin, Brucin, Strychnin u. a. haben sich[3] noch nicht völlig entziffern lassen, trotz vorzüglicher Forschungen von Königs, Knorr, von Gerichten, Tafel, Pschorr u. a.

Der kurze Überblick über einige der zahlreichen, diesem Gebiete zugehörigen Untersuchungen lehrt schon zur Genüge, daß die Erkenntnis von der chemischen Natur und rationellen Zusammensetzung der Pyridin- und Chinolinbasen für die Erschließung der Alkaloide sehr wichtig geworden ist und gewiß noch reichere Früchte tragen wird.

Auch einige stickstofffreie, zu den Alkaloiden in natürlicher Beziehung stehende Verbindungen, welche schon lange bekannt waren, deren Konstitution aber gänzlich verhüllt blieb, sind namentlich durch die neueren Untersuchungen[4] von Ost, Lieben und Haitinger mit dem Pyridin in einen natürlichen Zusammenhang gebracht worden: die Mekon-, Komen- und Pyromekonsäure, sowie

---

[1] Ann. Chem. **217**, 74.   [2] Ber. **18**, 2952.
[3] Bezüglich der reichen Litteratur dieses Gebietes sei auf die treffliche Monographie Pictets: *Die Pflanzenalkaloide* etc. verwiesen.
[4] Journ. pr. Chem. (2) **27**, 257; **29**, 57. Ber. **16**, 1259.

die Chelidonsäure. Die bedeutsame Beobachtung, daß diese Verbindungen, zu denen sich ähnlich konstituierte Stoffe[1] aus Zitronensäure und Äpfelsäure gesellen, mittels Ammoniak in Oxypyridinkarbonsäure übergehen, hatte das Dunkel, in welches ihre Konstitution gehüllt war, zu lichten begonnen. Die glücklich gelungene Synthese der Chelidonsäure (Lieben, Claisen)[2] hat diese Frage zur Lösung gebracht.

Pyrrol und analoge Verbindungen.

Eine andere Gruppe von Stoffen, deren Repräsentanten das Pyrrol, Furfuran und Thiophen sind, ist in neuerer Zeit Gegenstand eifrigsten Forschens geworden, wodurch die Konstitution dieser drei Stoffe und vieler Abkömmlinge derselben aufgeklärt wurde. Man erkannte die Analogie der genannten Verbindungen, die den gleichen, aus vier Atomen Kohlenstoff und vier Atomen Wasserstoff bestehenden Kern, und zwar im Pyrrol mit Imid (NH), im Furfuran mit 1 Atom Sauerstoff und im Thiophen mit 1 Atom Schwefel verbunden, enthalten. Die Ähnlichkeit derselben mit dem Benzol ergab sich bei jedem Schritte vorwärts, besonders überraschend bei der Erforschung des von V. Meyer entdeckten Thiophens und seiner Abkömmlinge. Gerade die Untersuchungen[3] über diese Stoffklasse gehören zu den ausgezeichnetsten unserer Zeit.

Die künstliche Bildung von Thiophen aus Bernsteinsäure und Dreifach-Schwefelphosphor,[4] die von Pyrrol aus Succinimid mittels Zinkstaub, die Umwandlung des Pyrrols in wasserstoffreichere Verbindungen, das Pyrrolin, Pyrrolidin (Ciamician), sind besonders wichtige Reaktionen, welche zur Klarlegung der Konstitution von den in Rede stehenden Verbindungen gedient haben. — Das von Runge im Steinkohlenteer beobachtete, von Anderson zuerst isolierte Pyrrol ist nebst der stark angewachsenen Schar von Abkömmlingen in neuer Zeit durch die umfassenden Untersuchungen von Ciamician, Dennstedt und anderen näher erforscht worden, nachdem vor längerer Zeit Schwanert[5] die grundlegende Beobachtung über die Entstehung von Pyrrol aus schleimsaurem Ammon gemacht hatte.

Die Arbeiten über das von Limpricht[6] entdeckte Furfuran knüpfen sich schon an die von Scheele bemerkte, von Labillar-

---

[1] A. W. Hofmann, Ber. 17, 2687. v. Pechmann, das. 17, 936; 19, 2694.
[2] Wien. Mon. 4, 5, 6. Ber. 24, 111.
[3] Vergl. S. 311.   [4] Ber. 18, 454.
[5] Ann. Chem. 116, 278.   [6] Ann. Chem. 165, 281.

diere als eigentümlich erkannte Brenzschleimsäure an, sowie an deren Aldehyd, das von Döbereiner aufgefundene, von Stenhouse, Fownes und anderen näher erforschte Furfurol. Die Analogie im Verhalten des letzteren mit dem Aldehyd der Benzoesäure wurde namentlich durch die Untersuchungen von A. v. Baeyer und E. Fischer,[1] der nahe Zusammenhang der Brenzschleimsäure andererseits mit der Maleinsäure von Hill[2] erwiesen. — Sehr wichtige Beiträge zur Konstitution der in Frage stehenden Stoffe sind durch Paals schöne Untersuchungen geliefert worden, durch die er die Entstehung von Abkömmlingen des Furfurans, Thiophens und Pyrrols aus γ-Diketonen und γ-Diketonsäuren kennen lehrte.[3]

Im Bereiche der eigentlich aromatischen Stoffe, mit denen die eben besprochenen Substanzen in Hinsicht auf ihr chemisches Verhalten große Ähnlichkeit haben, wurde das von Baeyer entdeckte Indol als Analogon des Pyrrols erkannt und zum Angelpunkt wichtiger Arbeiten, die zur Aufklärung des Zusammenhanges dieses Stoffs mit den Verbindungen der Indigogruppe, insbesondere dem Isatin, Oxindol und Dioxindol, führten (über Indigo und die Geschichte seiner Synthese vergl. Geschichte der technischen Chemie). Neuerdings sind verschiedene Abkömmlinge des Indols mittels einer von E. Fischer entdeckten Methode aus Phenylhydrazin und Aldehyden bezw. Ketonen gewonnen worden.[4] — Als „Furfuran der Naphtalinreihe" bezeichnete Hantzsch[5] das von Fittig und Ebert aus dem Cumarin enthaltene *Cumaron* und bestätigte seine Auffassung durch glückliche Synthesen von Abkömmlingen desselben. — Schon früher war auf die Analogie jener drei Verbindungen, Furfuran, Thiophen und Pyrrol, mit dem Diphenylenoxyd, -sulfid und -imid (Karbazol) hingewiesen worden.

Seit einer Reihe von Jahren ist die Aufmerksamkeit zahlreicher Forscher auf die Untersuchung von Verbindungen gerichtet, die zu Pyrrol und seinen Analogen in ähnlicher Beziehung stehen, wie etwa das Pyrazin und Pyrimidin zu Pyridin oder das Chinazolin zum Chinolin (vergl. S. 431). Die merkwürdigen *Azole* (Pyrazol, Glyoxalin, Triazol etc.) gehören als Abkömmlinge des Pyrrols hierher und sind durch Untersuchungen von Marckwald, v. Pechmann, Bladin und anderen unserer Kenntnis erschlossen worden. Besonders wichtig sind durch die Forschungen von Knorr und seinen Schülern, ferner von Curtius, v. Rothenburg und anderen das Pyrazolon, Iso-

---

[1] Ber. 10, 13.   [2] Das. 13, 734.
[3] Vergl. Paals darauf bezügliche Monographie (Würzburg 1890).
[4] Ann. Chem. 236, 116.   [5] Ber. 19, 1290 u. 20.

pyrazolon und ihre Derivate geworden. Die *Thiazole* und *Oxazole*, von dem Thiophen bezw. Furfuran sich ableitend, sind von Hantzsch, Claisen, M. Busch und anderen erforscht worden.

Metallorganische Verbindungen.

Nachdem die Erkenntnis Platz gegriffen hatte, daß außer dem Wasserstoff, Sauerstoff, Stickstoff, Schwefel, den Halogenen, auch das Arsen mit Kohlenstoff in direkte Verbindung treten kann, worauf zuerst Kolbe durch seine Deutung des Kakodyls hingewiesen hatte,[1] wurden Schlag auf Schlag neue Gebiete der organischen Chemie erschlossen. Durch die Entdeckung Franklands,[2] daß Zink dem Jodmethyl und -äthyl die Alkyle entzieht, um sich mit ihnen zu vereinigen, gelangte man zur Kenntnis metallorganischer Verbindungen, welche — dank ihrer wunderbaren Reaktionsfähigkeit — dazu bestimmt waren, in ungeahnter Weise die Entwicklung der organischen Chemie, insbesondere ihrer synthetischen Methoden zu fördern. Mit Hilfe der Zinkalkyle wurden im Laufe der nächsten Zeit viele andere *Organometalle* aufgefunden; es sei nur an die Entdeckung und vielseitige Untersuchung der Zinn-, Quecksilber-, Blei-, Natriumäthylverbindungen, an die des Aluminiums und anderer Elemente erinnert.[3] Zu diesen gehörten diejenigen Nichtmetalle, von welchen organische Verbindungen früher nicht bekannt waren: es wurden entdeckt das Bormethyl und ähnliche von Frankland,[4] ferner die wichtigen Alkylverbindungen des Siliciums, aus deren Zusammensetzung die vollkommene Analogie des letzteren mit dem Kohlenstoff sich ergeben hat. Den zuerst bekannt gewordenen Organometallen der Fettreihe haben sich seit Entdeckung des Phenylquecksilbers mehrere der aromatischen Reihe zugehörende Verbindungen angeschlossen.[5]

In neuerer Zeit ist die Kenntnis von Magnesium-, Wismut-, Thallium-Alkylen erschlossen worden. Insbesondere haben die eigentümlichen Magnesiumverbindungen, die durch Einwirkung von Magnesium auf Halogenalkyle in ätherischer Lösung entstehen, für synthetische Zwecke allgemeine Anwendung gefunden; Grignard und seine Schüler, sowie viele andere Chemiker haben in mannig-

---

[1] Vergl. S. 279.   [2] Ann. Chem. **71**, 171 (1849).
[3] Vergl. Buckton, Odling, Frankland, Cahours, Ladenburg etc. in den Ann. Chem.
[4] Ann. Chem. **124**, 129; bezüglich aromatischer Borverbindungen s. Michaëlis und andere Ber. **27**, 244 ff.
[5] R. Otto, Ann. Chem. **154**, 93. Vergl. namentlich Michaëlis Arbeiten über Phosphenylverbindungen etc.

fachster Weise die Reaktionsfähigkeit dieser Magnesium, Halogenalkyl und Äther enthaltenden Verbindungen ausgenützt (vergl. bei Alkoholen S. 391). Seit Grignards ersten Beobachtungen[1] ist eine Legion von solchen Untersuchungen veröffentlicht worden.[2]

Ebenfalls der neuesten Zeit gehören Forschungen an, durch welche die Kenntnis merkwürdiger Quecksilberverbindungen erschlossen worden ist, die dadurch entstehen, daß an Stelle von mit Kohlenstoff verbundenem Wasserstoff leicht Quecksilber tritt; es sind besonders die Arbeiten von K. A. Hofmann, Dimroth, Pesci, Lumière u. a., die zahlreiche neue Tatsachen zutage gefördert haben.[3]

Der eigentümlichen, den Organometallen anzureihenden Kohlenoxydverbindungen des Nickels, Eisens, Platins wurde schon bei der Geschichte dieser Metalle gedacht (S. 381, 384).

So unvollständig der obige Bericht über die Entwicklung der speziellen Kenntnisse organischer Verbindungen ist, so lassen sich doch aus demselben die wichtigsten Strömungen erkennen, welche in dem Gebiete der organischen Chemie geherrscht haben und noch maßgebend sind. Die Übersicht der zahllosen, seit 60—70 Jahren untersuchten Stoffe ist durch die allmählich gewonnenen allgemeinen Gesichtspunkte, die man bei der Klassifizierung derselben und bei der Ableitung ihrer chemischen Konstitution aufgestellt hat, wesentlich erleichtert worden. In erster Linie gehörte dazu die wachsende Erkenntnis, daß ganze Reihen organischer Verbindungen als Abkömmlinge unorganischer aufgefaßt werden können, und die zunehmende Sicherheit in der Erfassung der Konstitution organischer Stoffe auf Grund der den elementaren Atomen eigentümlichen Sättigungskapazität.

---

[1] Compt. rend. 130, 1322; 132, 1182 (1900).
[2] Eine treffliche Übersicht derselben gibt ein Aufsatz von Werner in Chem. Zeitschr. 3, 35; daselbst Litteratur.
[3] Vergl. die Übersicht mit einschlägiger Litteratur in Chem. Zeitschr. 3, 4 ff.

Geschichte der physikalischen Chemie in der neueren Zeit[1]

Der Einfluß, den einige Teile der Physik auf die Entwicklung chemischer Lehren im Laufe des 19. Jahrhunderts ausgeübt haben, ist nicht hoch genug anzuschlagen. Durch die Einführung physikalischer Methoden, insbesondere durch Anwendung des Wägens, Messens und Rechnens auf chemische Probleme, wurde die Chemie erst zur exakten Wissenschaft, zur ebenbürtigen Schwester der Physik. Im allgemeinen Teile ist schon die Bedeutung dieser Methoden, soweit ihr Einfluß auf die Richtung des Zeitalters bestimmend eingewirkt hat, gewürdigt worden. — Seit Lavoisier hat die Erkenntnis mehr und mehr Platz gegriffen, daß innige Beziehungen zwischen chemischen und physikalischen Eigenschaften der Stoffe vorhanden sind. Wie für die Gewichtsverhältnisse der sich zu chemischen Verbindungen vereinigenden Stoffe, so ergaben sich für die Volume der chemisch aufeinander wirkenden Gase gesetzmäßige Relationen (Gay-Lussac, Avogadro). Man bemühte sich ferner, die wichtigsten physikalischen Konstanten der Stoffe in den verschiedenen Aggregatzuständen, wie spezifisches Gewicht, spezifische Wärme u. a. m. festzustellen, sowie die durch chemische Vorgänge hervorgerufenen Änderungen physikalischer Eigenschaften zu bestimmen; dabei war der Gesichtspunkt leitend, Beziehungen zwischen der chemischen Zusammensetzung und dem physikalischen Verhalten der Stoffe aufzufinden. Dem Streben, solche Probleme zu lösen, hat die physikalische Chemie ihre Entstehung und einen Teil ihrer Ausbildung zu verdanken.

---

[1] Bezüglich einzelner Litteraturangaben für diesen und den folgenden Abschnitt sei auf das treffliche Werk von W. Ostwald, *Lehrbuch der allgemeinen Chemie* (1. Auflage 1885/87; 2. gänzlich umgearbeitete Auflage, die seit 1890 in 2 Bänden erschienen ist) hingewiesen. Ferner sei als bedeutsames Werk die *Theoretische Chemie* von W. Nernst (4. Auflage 1903) genannt, sowie das früher erschienene gleichnamige von Horstmann. Als neuestes Werk, welches die gleichen Gebiete behandelt, sei J. Traubes *Grundriß der physikalischen Chemie* (1904) erwähnt.

Wenn auch schon Lavoisier im Verein mit ausgezeichneten Physikern, namentlich mit Laplace, an einzelne derartige Aufgaben herantrat, und einige Jahrzehnte später Gay-Lussac auf die Beziehungen zwischen den Volumen verschiedener Gase und ihrer chemischen Zusammensetzung, Dulong und Petit auf den Zusammenhang zwischen spezifischer Wärme und Atomgewichten von Elementen hingewiesen hatten: systematisch ist das Grenzgebiet zwischen Physik und Chemie erst von Hermann Kopp bebaut worden, mit dessen seit 1840 begonnenen Arbeiten über die Verhältnisse zwischen Atomgewichten und spezifischen Gewichten, über Siedepunktsregelmäßigkeiten und anderes mehr die Entwicklungsgeschichte der physikalischen Chemie innig verwachsen ist. Sodann hat R. Bunsen die letztere durch verschiedene ausgezeichnete Untersuchungen reich gefördert.

In den letzten drei bis vier Jahrzehnten hat sich in zunehmendem Maße das Interesse tüchtiger Forscher den physikalisch-chemischen Fragen zugewandt, insbesondere solchen, welche den Zusammenhang des thermochemischen, optischen, sowie elektrochemischen Verhaltens der Stoffe mit ihrer Zusammensetzung und ihrem chemischen Verhalten betreffen. Einen festeren Halt und geistigen Mittelpunkt haben alle diese Bestrebungen gewonnen durch die von W. Ostwald 1887 ins Leben gerufene, von ihm und van't Hoff herausgegebene *Zeitschrift für physikalische Chemie*.[1]

Das weite Gebiet der chemischen Verwandtschaft ist durch die oben angedeuteten Forschungen reich befruchtet und in den drei letzten Jahrzehnten erfolgreich ausgebaut worden. Mit Hilfe physikalisch-chemischer Methoden und damit verbundener Rechnung hat man die so alte Frage nach der Wirkungsweise und dem Wesen der chemischen Affinität zu lösen begonnen. An die Darlegung der Entwicklung physikalisch-chemischer Forschungen reiht sich daher zweckmäßig die Geschichte der Verwandtschaftslehre. Durchleuchtet werden beide Gebiete, die man mit Ostwald als *allgemeine Chemie* bezeichnen kann, von dem Streben, chemische Vorgänge der mathematischen Behandlung zugänglich zu machen.

Das Verhalten der Gase und Dämpfe hat zunächst besonders kräftig zu fruchtbringenden physikalisch-chemischen Untersuchungen angeregt, wohl deshalb, weil in dem elastisch-flüssigen Aggregatzustande die physikalischen Eigenschaften eines Stoffs am unge-

---

[1] Zeitschriften gleicher Richtung sind neuerdings in Amerika und in der Schweiz (Ph. Guye) begründet worden.

trübtesten zum Vorschein kommen, also gesetzmäßige Beziehungen der letzteren zu der chemischen Zusammensetzung eines solchen am schärfsten hervortreten.

Dampfdichtebestimmungen.

Die Gesetze von Boyle-Mariotte und von Gay-Lussac, durch welche die Abhängigkeit der Gasvolume von dem Druck und der Temperatur ausgesprochen war, hatten den Boden für die Erkenntnis anderer Beziehungen wohl vorbereitet. Gay-Lussacs schon besprochenes Volumgesetz[1] war die erste reife Frucht, welche ganz besonders der Chemie zu statten kam. Trotz der Einschränkungen, die dasselbe im Laufe der Zeit erfahren mußte (Regnault, Amagat, v. d. Waals u. a.), ist es eins der wichtigsten Hilfsmittel chemischer Forschung geblieben. — Die Avogadro[2] zu verdankende, aber erst nach Jahrzehnten durchgedrungene Erkenntnis von dem innigen Zusammenhange zwischen spezifischen Gewichten der Gase und ihren Molekulargewichten, der Satz von der Proportionalität dieser mit jenen beherrscht noch die chemischen Untersuchungen bis auf den heutigen Tag, insofern diese „Avogadrosche Regel" als unentbehrliches Mittel zur Bestimmung der Molekulargröße vieler chemischer Verbindungen dient.

In richtiger Würdigung dieses Hilfsmittels hat man nach Vereinfachung und zugleich nach Verfeinerung der zur Bestimmung des spezifischen Gewichtes von Gasen und Dämpfen dienenden Methoden gestrebt. — Dumas war, wie schon erwähnt wurde, der erste, welcher die Wissenschaft mit einer allgemein brauchbaren Methode der Dampfdichtebestimmung[3] beschenkt und mittels derselben große Erfolge erzielt hat. — Einen anderen, gerade umgekehrten Weg als Dumas, welcher direkt das Gewicht eines genau ermittelten Gas- oder Dampfvolums bestimmte, schlugen Gay-Lussac und nach ihm A. W. Hofmann[4] ein, welche das von einer abgewogenen Menge des zu untersuchenden Stoffs eingenommene Gasvolum maßen.

Zu diesen Methoden ist in neuerer Zeit die von V. Meyer[5] hinzugekommen, die darauf beruht, daß man die Menge der Luft oder eines indifferenten Gases mißt, welche durch das aus der abgewogenen Menge Substanz entwickelte Dampfvolum verdrängt wird. — Die Verbesserungen, welche diese Bestimmungsweisen seit ihrer Einführung erfahren haben, brauchen hier nicht besprochen zu

---

[1] Vergl. S. 192.   [2] Vergl. S. 193, 261.
[3] Ann. Chim. Phys. 33, 341.   [4] Ber. 1, 198 (1868).
[5] Ber. 11, 1867 u. 2253 (1878).

werden; wohl aber ist darauf hinzuweisen, das mittels derselben die überaus wichtige Frage nach der relativen Größe der Moleküle und Atome von Elementen sowie Verbindungen in ganz erheblichem Maße gefördert und aufgeklärt worden ist, wie aus vielen Tatsachen zur Genüge erhellt.

Die Bestimmung der spezifischen Gewichte von Dämpfen ist in einigen Fällen das sicherste Mittel gewesen, um zwischen verschiedenen, stöchiometrisch oder auf anderem Wege ermittelten Werten das richtige Atomgewicht von Elementen auszuwählen. Um nur aus neuerer Zeit Tatsachen zu nennen, sei auf die Ableitung der Atomgewichte von Silicium, Beryllium, Thorium, sowie Germanium aus den Dampfdichten ihrer Chloride hingewiesen. — Gestützt auf Avogadros Satz, daß die Dampfdichten den Molekulargewichten der betreffenden Stoffe proportional sind, hat man aus dem spezifischen Gewicht von vergasten Elementen die überraschendsten Schlüsse auf deren Molekulargröße bei verschiedenen Temperaturen ziehen können. Man denke an die Ergebnisse von Dumas' und Mitscherlichs Untersuchungen[1] über die Dampfdichten des Schwefels, Arsens, Phosphors, Quecksilbers, deren Moleküle eine verschiedene Anzahl Atome enthalten, wie man später nach Wiederbelebung und Anerkennung des Avogadroschen Satzes aus dem spezifischen Gewicht ihrer Dämpfe geschlossen hat. Bei elementaren Stoffen, die sich mit andern nicht vereinigen, z. B. den Gasen der Argongruppe, bietet die Gasdichtebestimmung das einzige Mittel zur Bestimmung der Molekulargröße.

Hier seien noch die wichtigen Versuche von V. Meyer, Nilson und Pettersson über die Dichte von Verbindungen erwähnt, besonders solcher, welche bei wechselnden Temperaturen verschiedenartige Zusammensetzung aufweisen. Das Aluminiumchlorid z. B. hat bei genügend hoher Temperatur das denkbar einfachste Molekulargewicht: $AlCl_3$, bei geringerer das doppelte: Al_2Cl_6, ähnlich das Zinnchlorür ($SnCl_2$, bezw. Sn_2Cl_4) und andere mehr. Man hat ferner durch Versuche die Frage zu beantworten gesucht, ob bei höchst gesteigerten Temperaturen auch die Moleküle von Grundstoffen sich in ihre Atome zerlegen lassen: die Beobachtungen, die an dem Jod-, sowie Brom-Dampfe gemacht sind, lassen diese Frage bejahen.[2] Da inzwischen neue Hilfsmittel zur Erzielung hoher Temperatur gewonnen sind, so darf man gewiß weitere merkwürdige Ergebnisse in dieser Richtung erwarten.

Diese wenigen Beispiele mögen zur Erläuterung des Obigen ge-

---

[1] Vergl. S. 202. [2] V. Meyer, Ber. 13, 1010.

nügen. Die Bedeutung, die man den Ergebnissen von Dampfdichtebestimmungen beilegt, erhellt besonders aus dem Umstande, daß man aus solchen Ermittlungen am sichersten den chemischen Wert der Grundstoffe abzuleiten vermeint. Welche Vorsicht aber da noch erforderlich ist, ergibt sich aus den schwankenden Zahlenwerten und wird besonders durch das Verhalten des Aluminiumchlorids nahe gelegt, aus dessen Dampfdichte man bis vor kurzem geschlossen hatte, das Aluminium sei vierwertig, obwohl das gesamte Verhalten des Elementes für seine Trivalenz sprach, welche schließlich durch die Bestimmung der normalen Dichte des Dampfes von seinem Chlorid bestätigt worden ist.

Dissoziation.

Aus den Beobachtungen über die sogenannten anomalen Dampfdichten, deren Ursache in der mit steigender Temperatur zunehmenden, mit sinkender Temperatur zurückgehenden Zersetzung von Verbindungen erkannt wurde, hat sich die für die physikalische Chemie so wichtige Lehre von der Dissoziation entwickelt, mit welchem Namen jene Zersetzungsweise von H. de St. Claire Deville bezeichnet worden ist. Von ihm rührt die erste, seit 1857[1] begonnene systematische Bearbeitung dieses Gebietes her, welches später von anderen Forschern — ich nenne Debray, Cahours, Wurtz, Horstmann, Isambert, A. Naumann, Bodenstein — zum Gegenstande wichtiger Untersuchungen gemacht wurde. Die letzteren beschränkten sich nicht nur auf die Fälle sogenannter anomaler Dampfdichten, sondern umfaßten alle mit zunehmender Temperatur stufenweise fortschreitenden Zersetzungen von chemischen Verbindungen. — Von besonderer Wichtigkeit hat sich neuerdings die Annahme einer Dissoziation aller Elektrolyte in vielen, meist wässerigen Lösungen, d. i. einer Spaltung solcher Verbindungen in ihre *Ionen*, erwiesen (s. u.).

Verflüssigung der Gase.

Die Erforschung des Überganges von Gasen und Dämpfen in den flüssigen, bezw. festen Aggregatzustand hat zu überaus wichtigen Arbeiten Anlaß gegeben. Man erinnere sich der umfassenden Versuche Faradays[2] über die Verflüssigung von Gasen, welche damals für nicht verdichtbar galten, ferner der überraschenden Er-

---

[1] Vergl. Comptes rendus **45**, 857.
[2] Philos. Transact. f. **1823**, 160; **1845**, 1.

gebnisse neuerer Untersuchungen von R. Pictet und Cailletet,[1] Wroblevsky und Olzevsky,[2] welche gezeigt haben, daß kein Gas der gemeinsamen Wirkung genügend hohen Druckes und starker Abkühlung widersteht. Man lernte so den Stickstoff, Wasser- und Sauerstoff, das Ozon in flüssiger und fester Form kennen, ja man konnte die Siedetemperaturen derselben bestimmen: durchweg Entdeckungen von großer Bedeutung. Die neuen Beobachtungen und Erfolge Lindes, durch sinnreiche Verbesserung der Apparate Luft in einfachster Weise und größtem Maßstabe zu verflüssigen, versprechen eine zunehmende technische Anwendung (s. Gesch. der techn. Chemie), haben aber auch in rein wissenschaftlicher Hinsicht reichen Nutzen gebracht. Insbesondere ist es von großer Bedeutung, daß man jetzt sehr leicht und bequem bei niedrigsten Temperaturen Versuche ausführen kann. So ist es gelungen, Sauerstoff und Wasserstoff in festem Zustande zu gewinnen und dem absoluten Nullpunkte nahe zu kommen. Außer Linde haben Dewar, Hampson und Weinhold sich um Verbesserung des Verfahrens, Gase zu verflüssigen, verdient gemacht.

Andrews[3] hatte schon früher die Bedingungen des Flüssigkeitszustandes eines Gases zum Gegenstande gründlicher Forschung gemacht und dabei die so wichtigen Begriffe der kritischen Temperatur und des kritischen Druckes festgestellt, nachdem einige Jahre zuvor von Mendelejeff[4] grundlegende Beobachtungen darüber mitgeteilt worden waren.

Über das Verhalten von Gasen zu Flüssigkeiten haben die in das erste Dezennium des 19. Jahrhunderts fallenden Versuche von Henry und von Dalton Aufklärung gebracht, insofern sie die Abhängigkeit der Absorption von Gasen, bezw. Gasgemengen von dem darauf lastenden Druck feststellten, welches Gesetz durch Bunsens klassische Untersuchungen[5] bestätigt und erweitert wurde.

Kinetische Gastheorie.

Die gründliche Erforschung der Gase, insbesondere ihres physikalischen Verhaltens, hat zur Aufstellung einer Theorie geführt, durch welche die mannigfaltigen Erscheinungen der Gase, ihr Verhalten bei Druck- und Temperaturänderungen, die spezifische Wärme, Diffusion, Reibung derselben unter gemeinsamem Gesichtspunkt zu-

---

[1] Comptes rendus **85**, 1213 (1877).
[2] Ann. Phys. N. F. **20**, 243 und andere.
[3] Pogg. Ann. Ergänz.-Bd. **5**, 64 (1871). [4] Ann. Chem. **119**, 11.
[5] Ann. Chem. **93**, 1 (1855).

sammengefaßt und befriedigend erklärt werden können. Diese „kinetische Gastheorie" ist, nachdem ähnliche Ideen über die Natur der Gase schon in früherer Zeit von D. Bernouilli (1738), Herapath, Joule geäußert waren, erst von Krönig, und namentlich von Clausius (1857), sodann von Maxwell ausgebildet und zur Geltung gebracht, später von v. d. Waals und anderen noch erweitert worden. Man kann dieselbe als eine wichtige Frucht der mechanischen Wärmetheorie bezeichnen.[1]

Spektralanalyse.

Von besonders tief eingreifender Bedeutung für die physikalische Chemie erwiesen sich die Untersuchungen über das optische Verhalten der Gase und Dämpfe im glühenden Zustande. Aus ganz unscheinbaren, nicht zusammenhängenden Beobachtungen von Marggraf, Scheele, Herschel und anderen über das Licht der durch Salze gefärbten Flammen hat sich die Spektralanalyse entwickelt. Zwar hatten schon verschiedene Physiker, wie Talbot, Miller, Swan, das Spektrum solcher Flammen untersucht; aber erst nachdem G. Kirchhoff[2] im Jahre 1860 den wichtigen Satz ausgesprochen und bewiesen hatte, daß jeder glühende Stoff die Lichtstrahlen in demselben Verhältnis aussendet, in welchem er sie absorbiert, ist die Spektralanalyse von R. Bunsen und G. Kirchhoff als wichtige Disziplin ausgebildet worden; ihre Bedeutung für die analytische Chemie, insbesondere für die Entdeckung neuer Elemente wurde schon gewürdigt.

Der erweiterten Anwendung der Spektralanalyse zur Ermittlung der Zusammensetzung von Himmelskörpern, somit der festeren Begründung einer Astrophysik, sei hier nur kurz gedacht. — Für die allgemeine Chemie scheinen die Bestrebungen, harmonische Verhältnisse der Spektrallinien und Beziehungen dieser zu den Atomgewichten der Stoffe aufzufinden, welche solche Linien liefern, manche Anhaltspunkte zu versprechen, wie die Arbeiten von Maxwell, Balmer, Stoney, Soret, Lecoq de Boisbaudran, namentlich Kayser und Runge, Rydberg erkennen lassen.[3] Ja man ist in einzelnen

---

[1] Bezüglich der Entwicklung obiger Theorie sei auf O. E. Meyers Werk: *Die kinetische Theorie der Gase* (Breslau 1877) verwiesen. Vergl. auch Boltzmann: *Gastheorie* (Leipzig 1895, 1898). Während die kinetische Auffassung von vielen Physikern und Mathematikern hoch gehalten wird, erfährt sie neuerdings von seiten anderer namhafter Forscher (insbesondere W. Ostwald) lebhaften Widerspruch.

[2] Pogg. Ann. **109**, 275.

[3] Vergl. Ostwalds Lehrbuch, 2. Aufl. I, S. 260 ff.

Fällen imstande, aus der Lage der Linien analoger Elemente die Atomgewichte dieser zu berechnen (Watts, Runge). — Eine vollständige Theorie der den Gasen eigentümlichen Spektralerscheinungen ist, trotzdem es an so vielen ausgezeichneten grundlegenden Arbeiten nicht fehlt, noch der Zukunft vorbehalten. Jedenfalls sind diese Phänomene, abgesehen von ihrer großen Bedeutung für die Auffindung und Erkennung von Grundstoffen, von großem Interesse dadurch, daß sie von den Eigenschwingungen der Moleküle und Atome, richtiger vielleicht von den *Elektronen* Kunde geben. Hier hat sich in dem letzten Jahrzehnt ein Gebiet eröffnet, dessen Bebauung die Arbeit vieler der tüchtigsten Forscher in Anspruch nimmt und noch lange nehmen wird.

Atomvolume fester und flüssiger Stoffe.

Das Streben, Beziehungen zwischen physikalischen Eigenschaften fester und flüssiger Stoffe und deren chemischen Zusammensetzung festzustellen, wird durch zahlreiche Arbeiten bekundet, von denen einige hervorragende hier zu nennen sind. — Das spezifische Gewicht von Elementen und Verbindungen ist als besonders wichtige Konstante, nach früheren Anläufen von Dumas, Herapath, Karsten, Boullay, Ammermüller, zuerst in umfassender Weise von H. Kopp mit der atomistischen Zusammensetzung der untersuchten Stoffe in Zusammenhang gebracht worden. Durch Feststellung der Atomvolume oder spezifischen Volume der letzteren gelang es diesem Forscher, manche Regelmäßigkeiten aufzufinden, namentlich die den Atomen der in Verbindungen fungierenden Elemente zukommenden spezifischen Volume zu ermitteln; damit aber war die Möglichkeit gegeben, das Molekularvolum komplizierter Verbindungen zu berechnen.[1]

Neuere, ähnliche Ziele verfolgende Arbeiten haben zumeist an Kopps Grundsätze angeknüpft; sie enthalten manche neue Gesichtspunkte und haben mehrfach zu Modifikationen der von ihm ermittelten Werte geführt; es seien die neueren Untersuchungen von Thorpe, Lossen, Staedel, R. Schiff genannt. Auch zur Lösung eines anderen Problems, nämlich zur Ermittlung von Affinitätsverhältnissen wurde die Bestimmung des spezifischen Gewichts von

---

[1] Vergl. Kopps bahnbrechende Untersuchungen Ann. Chem. **41**, 79, ferner **96**, 153 und 303. Kopps letzte Arbeit behandelt die *Molekularvolume von Flüssigkeiten*, Ann. Chem. **250**, 1 ff. Hier ist Lothar Meyers glücklicher Versuch zu erwähnen, die Beziehungen der Atomvolume zu den Atomgewichten und den Perioden der Elemente graphisch darzustellen.

Lösungen und seinen Änderungen mit Erfolg benutzt, z. B. zur Feststellung der relativen Affinität von Säuren Basen gegenüber (Ostwalds *volumchemische Studien* 1878). — Der früher angenommene Satz, daß die Atomvolume der Elemente in ihren Verbindungen meist unveränderlich seien, ist durch die späteren Arbeiten stark erschüttert worden und kann nicht mehr aufrecht erhalten werden.

Von den zahlreichen Versuchen, die Volumverhältnisse fester Verbindungen mit deren atomistischen Zusammensetzung in Beziehung zu bringen, sind außer denen H. Kopps noch die von Schroeder bemerkenswert, welcher in der Annahme von Volumeinheiten, sogenannte *Steren*, chemisch ähnlicher Elemente den Schlüssel zur Lösung der vorliegenden Frage gefunden zu haben vermeinte (Lehre vom *Parallelosterismus*). — Auch hier muß man eingestehen, von der Erkenntnis eines die Atomvolume fester oder flüssiger Stoffe beherrschenden Gesetzes noch fern zu sein, während bei Gasen die so einfachen gesetzmäßigen Beziehungen zwischen spezifischem Gewicht und Zusammensetzung frühzeitig klargelegt worden sind.[1]

Siedepunktsregelmäßigkeiten.[2]

Auf Beziehungen zwischen der Siedetemperatur und der Zusammensetzung namentlich organischer Verbindungen hat ebenfalls zuerst H. Kopp in seinen klassischen Untersuchungen[3] hingewiesen, insofern er aus seinen Versuchen folgerte, daß gleichen Unterschieden in der Zusammensetzung organischer Stoffe annähernd gleiche Differenzen der Siedepunkte entsprechen. Wenn auch diese vermeintliche Gesetzmäßigkeit sich nur im Bereiche einiger Stoffgruppen als zutreffend, für andere Reihen als unzulässig erwies, so war doch durch jene Arbeiten Kopps ein kräftiger Anstoß gegeben, nach tatsächlichen, durch Zahlen auszudrückenden Beziehungen zwischen Siedepunkt und chemischer Zusammensetzung zu suchen.

Die Frage, in welcher Weise die verschiedenartige chemische Konstitution isomerer und chemisch ähnlicher Stoffe auf die Siedetemperatur der letzteren Einfluß ausübt, tauchte auf und wurde schon von Kopp[4] einer Prüfung unterworfen. Durch spätere, weiter

---

[1] Vergl. S. 439.
[2] Bezüglich der Litteratur vergl. Artikel *Siedepunkt* in Fehlings Handwörterbuch von Nernst und Hesse, sowie die neueren mehrfach genannten Lehrbücher der physikalischen Chemie.
[3] Ann. Chem. **41**, 86 u. 169; **55**, 166 und andere mehr.
[4] Ann. Chem. **50**, 142 u. **96**, 1 ff.

ausgedehnte Forschungen — ich erinnere nur an die[1] von Linnemann, Schorlemmer, Zincke, Naumann, G. W. A. Kahlbaum und andere — sind zahlreiche Regelmäßigkeiten aufgedeckt worden, ohne daß übrigens ein Gesetz, welches die Abhängigkeit des Kochpunktes von der chemischen Konstitution präzis ausspricht, hätte aufgefunden werden können: genug, daß ein bestimmter Zusammenhang zwischen beiden festgestellt ist. — Vielleicht werden weniger die Regelmäßigkeiten, als die zuweilen wahrgenommenen anomalen Verhältnisse, wie die Abnahme der Siedetemperatur mit steigendem Molekulargewicht, z. B. bei Glykolen, einigen Chlorverbindungen etc., zu einer näheren Erkenntnis des gesuchten inneren Zusammenhanges leiten. — Von größerem Erfolge waren die Bemühungen, die Abhängigkeit des Dampfdruckes flüssiger Stoffe von der Temperatur durch bestimmte Formeln festzustellen; dazu gehören die von Dühring, Winkelmann, Ramsay und Young gegebenen Regeln.

Sehr bemerkenswerte, wichtige Beobachtungen über die starke Erniedrigung des Siedepunktes im Vakuum des Kathodenlichtes bei (0,1 mm Druck), hat Krafft[2] mitgeteilt und verwertet zur Reindarstellung sehr hoch, bei gewöhnlichem Druck unter Zersetzung siedender Stoffe, sowie zur Destillation von Metallen (Cadmium, Zink, Wismut, Blei und andere). Besondere Bedeutung hat die Gewinnung vieler organischer Verbindungen auf solchem Wege zu beanspruchen (vergl. die neuen Erfolge E. Fischers bei Darstellung von Amidosäuren und andere).

Man hat ferner eifrigst gesucht, regelmäßige Beziehungen zwischen den Temperaturen, bei denen feste Stoffe in den flüssigen Zustand übergehen, und deren Zusammensetzung zu entdecken; das früher beliebte unsichere Tasten ist von geringem Werte gewesen. Wichtiger sind die Untersuchungen, welche die Bestimmung der Schmelz- und Erstarrungswärmen zum Gegenstande haben, z. B. die von Pettersson und Nilson, sowie die Spekulationen und Versuche über die Beeinflussung der Schmelzpunkte durch den Druck (W. Thomson, Bunsen, Tammann).

Spezifische Wärme der Stoffe.

Zu den wichtigsten Errungenschaften der physikalischen Chemie gehören die Arbeiten über die spezifische Wärme von Elementen

---

[1] Vergl. A. Naumann, Allgem. und physikal. Chemie (1877) S. 553 ff. Ostwald, Lehrbuch d. allgem. Chemie. 2. Aufl. I. S. 330 ff.

[2] Ber. **29**, 1316. Zuletzt **36**, 1690, 4344. Vergl. das originelle Verfahren E. Erdmanns, Ber. **36**, 3456.

sowie Verbindungen; dadurch wurde die Abhängigkeit dieser physikalischen Eigenschaft von der atomistischen Zusammensetzung festgestellt. Erinnert sei an den Dulong-Petitschen Satz von der annähernden Gleichheit der Atomwärmen starrer Elemente, dessen Bedeutung für die Entwicklung der Atomlehre schon im allgemeinen Teile gewürdigt worden ist,[1] ferner an die Erweiterung dieses Satzes durch Neumann, an die Vertiefung desselben durch Regnaults klassische Arbeiten, sowie durch die von H. Kopp, Weber und anderen, welche den Beweis lieferten, daß die spezifische Wärme mit der Temperatur, bei der sie bestimmt wird, veränderlich ist. — Wurde auch das Vertrauen, das man in die Anwendbarkeit der Dulong-Petitschen Regel gesetzt hatte, durch die starken Unregelmäßigkeiten bei einigen Elementen erschüttert, so zeigte sich doch in vielen Fällen die Brauchbarkeit, ja der hohe Wert des Prinzips, welches, wie Berzelius voraussah, „die Grundlage einer der schönsten Seiten der chemischen Theorien" ausgemacht hat. — Die Erforschung der spezifischen Wärme von Flüssigkeiten hat nicht zu allgemeinen Schlußfolgerungen geleitet, wie solche sich aus der spezifischen Wärme fester Stoffe ergaben.

Die spezifische Wärme der Gase, die frühzeitig als verschieden erkannt wurde, je nachdem man sie bei konstantem Druck oder konstantem Volum ermittelte, hat als wichtiger Anhaltspunkt gedient zur Kontrolle der aus Dichtebestimmungen gefolgerten Einatomigkeit einiger elementarer Gase; denn das experimentell gefundene Verhältnis $\frac{\text{spez. W. konst. Dr.}}{\text{spez. W. konst. Vol.}}$ mußte ganz verschieden sein, je nachdem die betreffenden Gase aus ein- oder zweiatomigen Molekülen bestanden. In der Tat konnte durch ausgezeichnete Untersuchungen von Kundt, Warburg, Ramsay u. a. in zweifelhaften Fällen nachgewiesen werden, daß das Molekül von elementaren Gasen und Dämpfen mit dem Atom identisch war; dies ergab sich z. B. für das Quecksilber und wurde auch für das Helium, Argon und ähnliche Gase wahrscheinlich gemacht.

Optisches Verhalten fester und flüssiger Stoffe.

Eine lange Reihe ausgezeichneter Experimentaluntersuchungen ist durch das Bestreben angeregt worden, Beziehungen zwischen dem optischen Verhalten fester und flüssiger Stoffe und deren chemischer Zusammensetzung aufzufinden. — Über die Lichtbrechung und ihren Zusammenhang mit der Konstitution, insbesondere organischer

---

[1] Vergl. S. 197.

Verbindungen, haben nach früheren Arbeiten von Becquerel, Cahours, Deville die wichtigen Forschungen von Gladstone und Dale, Landolt, Brühl, Kanonnikoff und anderen wertvolle Aufschlüsse gebracht.[1]

Durch Feststellung der den einzelnen Atomen der Elemente innerhalb ihrer Verbindungen zukommenden Refraktionsäquivalente ist es gelungen, stöchiometrische Regelmäßigkeiten der Lichtbrechung aufzudecken. — Besonders hohes Interesse hat der Nachweis zu beanspruchen, daß die verschiedenartige Funktion oder Bindungsweise der Elemente, namentlich des Kohlenstoffs, von maßgebendem Einfluß auf die Molekularrefraktion ist. Kennt man die letztere genau, so sind Rückschlüsse aus dem Lichtbrechungsvermögen auf die Konstitution zulässig. Insbesondere zur Lösung der Frage nach der Konstitution des Benzols hat man solche Folgerungen zu verwerten gesucht. Auch die Ketoverbindungen, Aldehyde, namentlich ungesättigte organische Verbindungen aller Art sind in optischer Richtung durchforscht worden, um die ungewisse Konstitution derselben eindeutig zu bestimmen.[2]

Auf die Bedeutung der an Kristallen zu beobachtenden Lichtbrechungsverhältnisse für die Kristallographie, insbesondere auf die grundlegenden Arbeiten Brewsters und Fresnels, kann hier nur flüchtig hingewiesen werden, da diese Untersuchungen der Physik, sowie Mineralogie angehören.

Eine andere optische Eigenschaft mancher Stoffe, namentlich organischer, hat gerade in neuester Zeit das Interesse der Chemiker stark erregt: die Cirkularpolarisation, welche man in nahe Beziehung zu der chemischen Konstitution der betreffenden Stoffe zu bringen versucht hat. — Nach den ersten denkwürdigen Untersuchungen von Arago, Biot und Seebeck blieb die Beobachtung, daß einige Stoffe, sei es im festen oder flüssigen Zustande, die Polarisationsebene des Lichtes zu drehen vermögen, eine lediglich für die Physik wichtige Tatsache. Erst durch Pasteurs schöne Arbeiten[3] über die optisch aktiven Weinsäuren und über die daraus hervorgehende inaktive Traubensäure wurden Beziehungen der optischen Aktivität zur Kristallform aufgefunden und solche zur chemischen Zusammensetzung angebahnt.

---

[1] Vergl. insbesondere die neuen Untersuchungen von Brühl, Journ. pr. Chem. (2) **49** u. **50**; Ber. **29**, 2902 u. die neueren Jahrgänge der Berliner Berichte.

[2] Comptes rendus **23**, 535 (1848); **29**, 297; **31**, 480. Vergl. auch S. 317 dieses Buches.

[3] Bull. soc. chim. (2) **22**, 337.

Dem Streben, über die letztere Frage Aufklärung zu erhalten, ist die gleichzeitig im Jahre 1874 von Lebel[1] und van't Hoff[2] aufgestellte Theorie (vergl. S. 317) entsprungen, der die Hypothese zugrunde liegt, daß die Ursache der Aktivität in einem *asymmetrischen* Kohlenstoffatom (oder auch mehreren) zu suchen sei, d. h. in einem solchen, welches mit vier verschiedenen Atomen oder Radikalen verbunden ist. Bestätigt sich fernerhin diese Annahme vollkommen — für dieselbe spricht die Tatsache, daß in allen optisch aktiven Verbindungen, deren Konstitution man genügend genau festgestellt hat, mindestens ein *asymmetrisches* Kohlenstoffatom nachgewiesen ist —, dann hat man das Recht, von der Erkenntnis eines inneren Zusammenhanges jener physikalischen Eigenschaft mit der chemischen Konstitution zu reden.

Auf van't Hoffs räumliche Vorstellung von der Verteilung der vier Valenzen des als Tetraeder gedachten Kohlenstoffatomes und auf die Erweiterung dieser Hypothese durch J. Wislicenus, der mittels derselben die Konstitution und Bildung geometrischer Isomeren, z. B. der Fumar- und Maleinsäure, der Krotonsäuren, sowie Abkömmlinge derselben, sowie deren chemisches Verhalten zu erklären versucht hat, sei hier noch einmal kurz hingewiesen.[3] Sehr schnell haben sich solche Spekulationen fruchtbar gezeigt, insofern sie auf neue, bis dahin übersehene Verhältnisse hinführten.

Auch auf andere Elemente, insbesondere den Stickstoff in seinen organischen Verbindungen, hat man die stereochemische Betrachtungsweise ausgedehnt (vergl. S. 320). Daß das *asymmetrische* Stickstoffatom auch optische Aktivität hervorzurufen vermag, haben Le Bel und Ladenburg nachzuweisen versucht. E. Wedekind hat dann, nach ihm Pope, die Frage des asymmetrischen Stickstoffs in bejahendem Sinne beantwortet.[4] Trotzdem die bestimmten Tatsachen noch spärlich sind, hat man doch frühzeitig schon Versuche gemacht, die räumliche Konfiguration des Stickstoffatoms sich durch Modelle vorzustellen. — In neuester Zeit ist es gelungen, organische Verbindungen des Schwefels, Selens, Zinns in aktivem Zustande herzustellen und diesen durch die Asymmetrie der Elemente zu erklären.[5]

---

[1] Bull. soc. chim. (2) **23**, 295.
[2] Literatur darüber s. Landolt u. Börnstein, *Physik.-Chem. Tabellen* S. 220; sodann Ostwald, Lehrbuch I, 415 ff. (2. Aufl.).
[3] Vergl. S. 317 ff.
[4] Vergl. E. Wedekind: *Stereochemie*, S. 85 ff. (Sammlung Göschen 1904).
[5] E. Wedekind, daselbst S. 92.

Im Anschluß an das über Cirkularpolarisation Gesagte sei hier noch der Untersuchungen über die durch einen Magnet bewirkte Drehung der Polarisationsebene kurz gedacht, weil auch hierbei stöchiometrische Regelmäßigkeiten, d. h. Beziehungen der magnetischen Cirkularpolarisation zu der chemischen Konstitution, durch die sorgfältigen Arbeiten Perkins[1] zutage getreten sind.

Diffusion und ähnliches.

Die unter der Bezeichnung „Kapillarität" zusammengefaßten Eigenschaften von Flüssigkeiten, sowie die Reibung[2] und Diffusion flüssiger, bezw. gelöster Stoffe, haben zu zahlreichen wertvollen Untersuchungen Anlaß gegeben. Man darf die Hoffnung hegen, daß durch genaue Messung der diesen Eigenschaften zukommenden Konstanten Material zur Bestimmung der Molekulargröße flüssiger Stoffe gewonnen werden wird, welche Aufgabe bis jetzt nur unvollkommen gelöst ist. Erwähnt seien die Arbeiten über Kapillaritätserscheinungen von Quincke, Mendelejeff, Wilhelmy, Volkmann, R. Schiff, J. Traube, Goppelsröder, welche einen Zusammenhang der Kapillarität mit der chemischen Zusammensetzung außer Zweifel gestellt haben.

Zur Erforschung der Diffusion haben insbesondere Grahams denkwürdige Untersuchungen[3] einen wichtigen Anstoß gegeben; auch hierbei ergaben sich Beziehungen zwischen diesen Erscheinungen und der chemischen Zusammensetzung. Seine aus dem Verhalten der Stoffe bei der Diffusion abgeleitete Unterscheidung der Stoffe in Kristalloide und Kolloide ist von besonderer Bedeutung gewesen.

Graham lehrte die Trennung der durch Membranen leicht diffundierenden Kristalloide von den schwer oder gar nicht hindurchgehenden Kolloiden durch *Dialyse*. In neuerer Zeit haben zahlreiche Forscher den Kolloiden große Aufmerksamkeit zugewandt. Der kolloidale Zustand, in den zahlreiche Stoffe, elementare und zusammengesetzte, eintreten können, ist in der Tat höchst merkwürdig, und sein Studium eröffnet Einblick in eine Welt neuer Erscheinungen.

Durch wichtige Forschungen[4] ist die Vorstellung begründet

---

[1] Journ. pr. Chem. (2) 31, 481; 32, 523. Vergl. Ostwalds Lehrbuch I, S. 501 ff.

[2] Geschichtliches über innere Reibung, sowie eine elegante Methode zur Bestimmung derselben findet man Ostwald, Lehrbuch I, 550 (2. Aufl.).

[3] Ann. Chem. 77, 80, 123.

[4] A. Lottermoser hat in einer ausführlichen Monographie: *Über anorganische Kolloide* 1901, sämtliche darauf bezügliche Arbeiten zusammengestellt; bezüglich des Anteils der einzelnen Forscher und der Litteratur sei auf diese Schrift verwiesen.

worden, daß die in Wasser scheinbar gelösten Kolloide sich darin in feinster Zerteilung suspendiert befinden. Diese Auffassung erklärt das eigenartige Verhalten der Kolloide im Gegensatz zu den Kristalloiden, wenn auch eine ganz scharfe Grenze zwischen beiden nicht gezogen werden kann. Die Entstehung solcher „kolloidaler Lösungen", sowohl auf chemischem, wie physikalischem Wege (z. B. durch elektrische Zerstäubung von Metallen unter Wasser nach Bredig), ihr Verhalten bei der Koagulation u. a. sind nach allen Richtungen hin untersucht worden. Einen Abschluß hat jedoch dieses große Gebiet, welches sich noch in voller Entwickelung befindet und zumal für die Biologie von größter Bedeutung ist, noch nicht erreicht.

Die für die Physiologie so wichtigen Arbeiten über die mit der Diffusion verbundenen *osmotischen* Vorgänge von Ad. Fick, Jolly, C. Ludwig, Pfeffer, Brücke mögen hier andeutungsweise erwähnt werden. Besonders die von Pfeffer gemachten Beobachtungen über den *osmotischen Druck* sind von großer Wichtigkeit für die Theorie der Lösungen geworden (s. u.).

Theorie der Lösungen.[1] — Elektrolytische Dissoziation.

Seit etwa 20 Jahren haben mehrere hervorragende Forscher, die der physikalischen Chemie ihre Kräfte widmen, sich mit der Frage nach dem Wesen der Lösungen erfolgreich beschäftigt; insbesondere van't Hoff, Arrhenius, Ostwald, Fr. Kohlrausch, Nernst, Planck und andere müssen hier genannt werden. Von grundlegender Bedeutung war hierbei die Ansicht, daß in höchst verdünnten Lösungen die Stoffe einen Zustand annehmen, der dem der Gase ähnlich sei: der von van't Hoff aufgestellte und zuerst scharf begründete Satz, daß der *osmotische Druck* von Lösungen (z. B. Zucker in Wasser) ebenso groß ist, wie der Druck, den die gleiche Menge des gelösten Stoffs ausüben würde, wenn sich derselbe als Gas in dem Raume befände, den die Lösung einnimmt. Ähnlich wie man im Sinne der kinetischen Gastheorie den Druck der Gase durch molekulare Stöße erklärt, läßt van't Hoff den osmotischen durch Stöße der gelösten Moleküle entstehen.

Ähnliche Beziehungen, wie sie bei Bestimmung des osmotischen Druckes hervorgetreten waren, hatten sich ergeben, als von ver-

---

[1] Über die geschichtliche Entwicklung dieser Spekulationen s. Ostwalds *Lehrbuch*, sowie Nernsts *Theoretische Chemie*, ferner van't Hoff, Ber. **27**, 6 ff., Horstmann in *Naturwissensch. Rundschau* **1892**, 465 ff. Vergl. auch van't Hoff: *Theorie der Lösungen* (in Ahrens Vorträgen **5**, 1. Heft).

schiedenen Forschern (Blagden, Rüdorff, de Coppet, Raoult[1]) die Abhängigkeit des Erstarrungspunktes der Lösungen von der Konzentration und der Natur des gelösten Stoffes festgestellt wurde, sowie die Verminderung des Dampfdruckes, bezw. die Erhöhung der Siedetemperatur von Lösungen als bedingt durch die relative Menge des gelösten Stoffs erkannt wurde.

Für die Bestimmung der Molekulargewichte von Substanzen in Lösung waren die obigen Gesetzmäßigkeiten, die aus dem van't Hoffschen Satze theoretisch abzuleiten waren, von größtem Werte. Aus ihnen wurde gefolgert, daß äquimolekulare Lösungen (also solche, die in gleichen Raumteilen desselben Lösungsmittels die Stoffe im Verhältnis ihrer Molekulargewichte gelöst enthalten) **den gleichen osmotischen Druck, Erstarrungspunkt, sowie den gleichen Dampfdruck, bezw. denselben Siedepunkt besitzen.** — Dank der Leichtigkeit, mit der insbesondere der Gefrier- und der Siedepunkt ganz genau zu bestimmen sind, haben sich schnell Methoden finden lassen, die, jetzt in allen Laboratorien eingebürgert, dazu dienen, das Molekulargewicht gelöster Stoffe zu ermitteln.

Um die praktische Gestaltung und die wissenschaftliche Prüfung solcher Methoden hat sich namentlich E. Beckmann verdient gemacht; außer ihm sind verschiedene Forscher — ich nenne Raoult, Auwers, Eykmann — bemüht gewesen, das Verfahren der Molekulargewichtsbestimmung möglichst für alle Fälle anwendbar zu machen.

Von ganz besonderer Bedeutung waren die Folgerungen, die sich ergaben, als die wässerigen Lösungen von Salzen, sowie Säuren und Basen, auf ihren osmotischen Druck, Gefrierpunkt, Siedetemperatur im Lichte der oben dargelegten Anschauungen sorgfältig geprüft wurden. Die starken Abweichungen, welche dabei hervortraten, fanden ihre einfache Erklärung durch die Annahme, daß solche Stoffe — sämtlich Elektrolyte — in stark verdünnten Lösungen sich im Zustande weitgehender *Dissoziation* befinden. Damit stehen im Einklange die zahlreichen Beobachtungen über die elektrische Leitfähigkeit solcher Lösungen. Arrhenius hat zuerst dieses Verhalten der gelösten Elektrolyte durch die Annahme einer *elektrolytischen Dissoziation* bestimmt zu erklären versucht, wonach alle Elektrolyte in wässeriger Lösung eine je nach Verdünnung und ihrer Natur verschieden starke Dissoziation in ihre *Ionen*, das sind elektrisch positiv oder negativ geladene Atome, er-

---

[1] Raoult war wohl der erste, der die Bedeutung solcher Gesetzmäßigkeiten für die Bestimmung des Molekulargewichts gelöster Stoffe betonte (vergl. Ann. Chim. Phys. (6) **2**, 92).

fahren. Schon früher hatte v. Helmholtz das freie Nebeneinanderbestehen der Ionen angenommen. Trotzdem diese Hypothese von vielen Seiten bekämpft worden ist und gerade dem Chemiker Vorstellungen aufdrängt, die ihm zunächst fremdartig erscheinen, so muß man doch ihre eminente Brauchbarkeit zur Erklärung zahlloser chemischer Prozesse anerkennen. Insbesondere für die Elektrochemie, die analytische Chemie und die Verwandtschaftslehre hat diese Dissoziationshypothese größte Bedeutung erlangt.[1] Eine große Zahl sonst nicht zu erklärender Tatsachen in diesen Gebieten, auch dem der Thermochemie, finden durch Annahme von Ionen in Lösungen ungezwungen ihre Erklärung. Aber es fehlt auch nicht an Bedenken gegen diese Lehre, ja an scheinbaren Widersprüchen derselben mit Beobachtungen. Manche Forscher gehen soweit, die Hypothese der elektrolytischen Dissoziation für unvereinbar mit den Energiegesetzen zu halten;[2] andere (J. Traube, R. Abegg)[3] suchen durch die Annahme von Hydraten oder von Assoziationsprodukten der Ionen derartige Widersprüche zu heben. Von physikalischer Seite endlich (Nernst, Jahn) wird die Erklärung mancher Unregelmäßigkeiten in der gegenseitigen elektrostatischen Einwirkung der Ionen gesucht.

Elektrolyse flüssiger oder gelöster Stoffe.

Die Bedeutung der ersten, diesen Gegenstand betreffenden Arbeiten für die Entwicklung der elektrochemischen Theorie ist schon im allgemeinen Teile kurz dargelegt worden.[4] Die frühzeitig angenommenen Beziehungen zwischen Elektrizität und chemischen Vorgängen erhielten die schönste Bestätigung durch das von Faraday entdeckte Gesetz der *fixen elektrolytischen Aktion*, wonach das gleiche Quantum Elektrizität beim Durchgang durch verschiedene Elektrolyte äquivalente Mengen der analogen Stoffe an den beiden Polen abscheidet.[5] Dieses Gesetz wurde von Berzelius lebhaft bestritten, weil für ihn dasselbe zu bedeuten schien, daß alle durch den Strom

---

[1] Vergl. Küster, Zeitschr. Elektrochem. 4, 105; Nernst, Ber. 30, 1547; Ostwalds Werk: *Die wissenschaftlichen Grundlagen der analytischen Chemie*. Auch bei den physiologischen Chemikern hat die Hypothese von der elektrolytischen Dissoziation warme Anhänger gefunden; verdünnte Lösungen spielen ja im Tierkörper und bei dessen Stoffwechsel die größte Rolle (vergl. Verhandlungen der Naturforscherversammlung (1901) I, S. 139 ff.: Vorträge von Th. Paul u. W. His jun.).
[2] Z. B. Platner, Elektrochem. Zeitschr. 9, 55 u. 123.
[3] Vergl. J. Traube, Ann. Phys. 8, 267; A. Smits, Zeitschr. physik. Chem. 39, 385.
[4] Vergl. S. 205 ff.   [5] Vergl. S. 203.

aus Verbindungen abgeschiedenen Komponenten dieser durch gleich große Verwandtschaft zusammengehalten seien. — Spätere Experimentaluntersuchungen haben die Giltigkeit dieses Gesetzes in vollem Umfange bestätigt und lassen eine definitive Lösung der so wichtigen Frage nach den chemischen Äquivalenten, und somit nach der wahren Sättigungskapazität der Grundstoffe erwarten; es sei an Renaults[1] wichtige Versuche über die verschiedenen „elektrolytischen Äquivalente" eines und desselben Elementes, je nach den Verbindungen, in denen dasselbe enthalten ist, erinnert.

An der Hand solcher und anderer Beobachtungen, sowie mit Hilfe der obigen Vorstellungen von dem Wesen der Lösungen ist der Vorgang der Elektrolyse selbst klarer geworden, insofern man die innigen Wechselbeziehungen zwischen chemischer und elektrischer Energie erkannt hat. Im Lichte dieser geläuterten Auffassung erscheint das Faradaysche Gesetz, dessen strenge Giltigkeit neuerdings[2] bestätigt worden ist, als Ausdruck der Tatsache, daß die gleiche Elektrizitätsmenge zum Durchgang durch verschiedene Elektrolyte äquivalenter Mengen der Ionen bedarf. Die elektrische Leitfähigkeit ist nebst ihren Beziehungen zu physikalischen Eigenschaften, sowie zur chemischen Zusammensetzung, häufig zum Gegenstande bedeutsamer Untersuchungen gemacht worden; es seien besonders die von Hittorf, G. Wiedemann, Fr. Kohlrausch, Nernst, W. Ostwald erwähnt. Insbesondere haben die neuen Forschungen des zuletzt Genannten, sowie von Walden und anderen Schülern Ostwalds höchst wichtige Beziehungen zwischen der Leitfähigkeit von Säuren und deren Affinität, Basen gegenüber, ergeben. Die Elektrochemie ist durch die Bearbeitung des Problems der *elektrolytischen Dissoziation* in ungeahnter Weise gefördert worden; es ist unzweifelhaft, daß nicht nur die theoretische Chemie, sondern auch die technische Elektrochemie von diesen Forschungen reichen Nutzen gezogen hat und noch ziehen wird.

Das Wesen der Elektrolyse ist von zahlreichen hervorragenden Forschern seit Faradays Forschungen zu ergründen versucht worden. In theoretischer Hinsicht galt es, die genauen Beziehungen zwischen den verschiedenen Energieformen, die dabei tätig sind, festzustellen. Von besonderer Bedeutung sind in dieser Richtung die Versuche gewesen, die Entstehung elektrischer Energie durch chemischen Umsatz, also die Vorgänge in den verschiedenen galvanischen Elementen, sowie in den Akkumulatoren zu erklären. Von

---

[1] Ann. Chim. Phys. (4) 11, 137.
[2] Richards u. Stull, Zeitschr. physik. Chem. 42, 621 (1903).

allen Theorien solcher Erscheinungen kann die von Nernst als die umfassendste bezeichnet werden.

Das umgekehrte Problem, chemischen Umsatz durch Zufuhr von elektrischer Energie herbeizuführen, ist Gegenstand sehr bedeutsamer Arbeiten z. B. von Le Blanc gewesen. Vielfach sind die Ergebnisse dieser elektrischen Untersuchungen in der Technik verwertet worden (s. Gesch. der techn. Chemie). So haben die Untersuchungen von F. Oettel, Haber, Fr. Förster, Er. Müller über die verwickelten Vorgänge bei der Elektrolyse der Chloralkalien Aufschluß gebracht. Die Schwierigkeiten, die durch Nebenreaktionen an den Elektroden veranlaßt werden, sind klar erkannt worden. Diese sekundären Vorgänge, anodische Oxydation und kathodische Reduktion, spielen häufig besonders bei technischen Prozessen die wichtigste Rolle, z. B. bei der Gewinnung der Chlorate und Perchlorate, bei der Reduktion organischer Nitroverbindungen. Gerade die Elektrolyse der letzteren ist neuerdings gründlich von Elbs, Gattermann, Haber, Löb, Er. Müller, J. Tafel u. a. erforscht worden. Die Theorie schmelzflüssiger Elektrolyte ist namentlich von R. Lorenz gefördert worden. Die regste Arbeit herrscht auf dem Gebiete der Elektrochemie und die Fülle der schon jetzt gewonnenen, theoretisch wie praktisch wichtigen Ergebnisse läßt auf eine weitere reiche Ernte hoffen.

Auch den Magnetismus hat man mit chemischen Verhältnissen der betreffenden Stoffe in Zusammenhang zu bringen versucht. Die Untersuchungen von Plücker und namentlich von G. Wiedemann[1] haben in der Tat zu einigen regelmäßigen Beziehungen zwischen der Intensität des Magnetismus von Verbindungen und ihrer chemischen Natur hingeleitet.

Isomorphie und ähnliches.

Von großer Bedeutung für die Entwicklung chemischer Lehren ist die Erforschung des Zusammenhanges zwischen der Form fester Stoffe und der chemischen Zusammensetzung letzterer gewesen. Die Ausbildung der Kristallographie kam zunächst der Mineralogie zu statten, aber dann wurde die Isomorphie entdeckt, welche — wie schon im allgemeinen Teile auszuführen war[2] — großen Einfluß auf die Atomlehre ausgeübt hat. Das Verdienst von E. Mitscherlich, der selbst seinem Freunde G. Rose viel zu verdanken hatte, sei hier nochmals in Erinnerung gebracht. Mitscherlich beseitigte

---

[1] Pogg. Ann. **127**, 1; **135**, 177.   [2] Vergl. S. 198.

die irrigen Vorstellungen, nach denen die Kristallgestalt einem Stoffe durch Beimischung geringer Mengen anderer Stoffe aufgezwängt werde, und legte unwiderleglich den Zusammenhang zwischen Kristallform und Zusammensetzung der Stoffe klar. — Seine und Berzelius' Folgerung, daß bei wahrer Isomorphie mehrerer chemischer Verbindungen auch die chemische Konstitution der letzteren bekannt sei, sobald man nur die von einem derselben kenne, weil die gleiche Kristallgestalt „mechanische Folge der Gleichheit in der atomistischen Konstitution ist": diese Folgerung wurde bald durch entgegenstehende Beobachtungen erschüttert. Man lernte die Isomorphie ungleich konstituierter, dagegen die Heteromorphie analoger, ja gleich zusammengesetzter Stoffe kennen; Mitscherlich selbst reihte seiner glänzenden Entdeckung der Isomorphie die der *Dimorphie*, bezw. *Polymorphie* an, Scherer lehrte Fälle der sogenannten *polymeren Isomorphie* kennen, welche zeigten, daß elementare Atome durch Atomgruppen ohne Änderung der Kristallform vertreten werden können.

Solche und andere Tatsachen haben zur Folge gehabt, daß man zur Einsicht gelangte, die Isomorphie sei als Mittel zur Erkennung der chemischen Konstitution nur mit großer Vorsicht anzuwenden, da sonst Fehlschlüsse unvermeidlich sind. — Auf die späteren Untersuchungen von H. Kopp über die Beziehungen zwischen Isomorphie und Atomvolum, auf die von Schrauf, Pasteur und anderen über die Erscheinungen des *Isogonismus* sei hier flüchtig hingewiesen. — P. Groth[1] hat die Frage, welche Änderungen der Kristallform durch Substitution einzelner Atome mittels anderer Atome oder Radikale eintreten, bei einigen Gruppen organischer Verbindungen systematisch bearbeitet. Die Erscheinung der einseitigen Änderung von Kristallformen infolge obiger Substitution bezeichnet derselbe als *Morphotropie*. Die Erforschung dieses neu aufgeschlossenen Gebietes wird noch manche Arbeit erheischen. Von neueren Forschungen seien die von Retgers in der *Zeitschrift für physikalische Chemie* veröffentlichten namhaft gemacht; abgesehen von eigenen trefflichen Leistungen sind darin auch die anderer Forscher, wie Dufet, Bodländer, Wyrouboff beleuchtet.

Mit der Polymorphie, der Tatsache, daß dieselbe chemische Substanz in verschiedenen Formen auftreten kann, steht die sogenannte *Allotropie* von Elementen und Verbindungen mutmaßlich in nahem Zusammenhange. Ein gewichtiger Unterschied zwischen beiden Arten von Erscheinungen liegt wohl darin, daß in letzterem Falle

---

[1] Pogg. Ann. **141**, 31.

außer den physikalischen Verschiedenheiten auch chemische hervortreten. Auf die Entdeckung einzelner besonders wichtiger „allotroper Modifikationen" von Elementen ist schon in der Geschichte dieser hingewiesen.[1] Hier sei noch bemerkt, daß als ein wesentlicher Fortschritt auf diesem Gebiete die Erforschung der physikalischen Konstanten solcher Allotropien, z. B. der spezifischen Wärme, Verbrennungswärme, Atomvolum, sowie der Übergänge allotroper Formen ineinander zu begrüßen ist.[2]

Im allgemeinen neigt man sich der Auffassung zu, für die Erscheinung der Allotropie dieselbe Ursache anzunehmen, welche der Polymerie zugrunde liegt, also jene durch die Voraussetzung zu erklären, daß eine verschiedene Anzahl Atome zu ungleichartigen Molekülen zusammengetreten ist; für Sauerstoff und Ozon konnte, wie schon bemerkt, die Molekulargröße sicher festgestellt und dadurch die Verschiedenheit gedeutet werden.

Thermochemie.

Die Wärmemengen, welche bei chemischen Vorgängen, und zwar infolge dieser, erzeugt werden, hat man frühzeitig zu bestimmen angefangen in der Meinung, damit ein Maß für die bei jenen Prozessen tätige Verwandtschaft zu gewinnen. Aber die älteren Bemühungen von Laplace und Lavoisier, von Davy, Rumford und anderen blieben unvollkommen, weil die Methoden zur Ermittlung der Wärmemengen zu ungenau waren.

Die Thermochemie wurde erst seit der exakten Messung der mit chemischen Vorgängen verbundenen Wärmetönungen begründet. Von früheren Untersuchungen sind namentlich die von Favre und Silbermann über Verbrennungswärmen zu nennen; diese Forscher haben das Kalorimeter ganz wesentlich verbessert. Sodann ist an die fast vergessenen Arbeiten von G. H. Heß[3] nachdrücklich zu erinnern, der im Jahre 1840 auf Grund von zahlreichen Beobachtungen das außerordentlich wichtige Prinzip von der *Konstanz der Wärmesummen* und damit eine Anwendung des ersten Satzes der mechanischen Wärmetheorie auf chemische Vorgänge schon lehrte, ehe diese Theorie

---

[1] Vergl. S. 360.
[2] Vergl. die Arbeiten von Hittorf, Lemoine u. a.
[3] W. Ostwald hat das Verdienst gehabt, in seinem Lehrbuch der allgemeinen Chemie (1. Auflage) Bd. II, S. 9 auf die Leistungen des Petersburger Chemikers Heß, als des Begründers der Thermochemie, mit Nachdruck hinzuweisen. Ostwald spricht sich darüber a. a. O. S. 12 treffend wie folgt aus: „Es wiederholt sich an ihm das Schicksal J. B. Richters, dessen Bedeutung für die Stöchiometrie lange Zeit übersehen wurde. Heß selbst hat demselben

selbst aufgestellt war. Damit war ein Weg gefunden, die Wärmeentwicklung auch bei den zahlreichen chemischen Vorgängen zu bestimmen, die nicht unmittelbar kalorisch meßbar sind. Durch dieses Prinzip von Heß[1] wird festgestellt, daß die einem chemischen Vorgange entsprechende Wärmeentwicklung stets dieselbe ist, ob der Vorgang auf einmal oder in beliebig vielen und beliebig getrennten Abteilungen verläuft. — Dieser Satz bildet, in Verbindung mit dem, 50 Jahre früher von Lavoisier und Laplace deduktiv abgeleiteten Prinzip, nach welchem zur Zersetzung einer Verbindung in ihre Bestandteile ebenso viel Wärme verbraucht, als bei ihrer Bildung aus letzteren erzeugt wird, die Grundlage der Thermochemie.

Seitdem die Auffassung der Wärme, als einer Bewegung, in der mechanischen Theorie einen sicheren Ausdruck gefunden, seitdem insbesondere der Begriff der *Energie* und ihrer Konstanz sich entwickelt hat, erscheinen jene Prinzipien als selbstverständliche Folgerungen der Theorie. — Die erste bewußte Anwendung der mechanischen Wärmetheorie auf thermochemische Prozesse geschah durch Jul. Thomsen,[2] welcher es sich zur Aufgabe gemacht hat, die wichtigsten chemischen Vorgänge, wie Salzbildung, Oxydation und Reduktion, Verbrennung organischer Stoffe, thermochemisch zu durchforschen. Ihm verdankt dieses Gebiet eine außerordentliche Bereicherung durch die Ausbildung guter Methoden und durch die systematische Untersuchung zahlreicher chemischer Prozesse. — Außer ihm haben Berthelot[3] und

---

seinerzeit (Journ. pr. Chem. 24, 420) die gebührende Stellung angewiesen, indem er die durch Berzelius verschuldete Verwechslung Richters mit Wenzel zurechtstellte. Jetzt ist es wiederum nötig, daß demjenigen, der einem falsch beurteilten und ungenügend gekannten Forscher verspätete Gerechtigkeit hat widerfahren lassen, derselbe Liebesdienst erwiesen werde."

[1] Pogg. Ann. 50, 385 (1840).

[2] Julius Thomsen, zu Kopenhagen 1826 geboren, wo er als Professor der Chemie an der Universität wirkt, hat sich seit 1852 dem Auf- und Ausbau der Thermochemie mit vollster Hingabe gewidmet. Seine in vielen Abhandlungen zerstreuten umfassenden Versuche sind von ihm unter dem Titel: *Thermochemische Untersuchungen* in 4 Bänden herausgegeben (Leipzig, J. A. Barth).

[3] M. P. E. Berthelot, 1827 zu Paris geboren, daselbst Professor am *Collège de France*, kurze Zeit Unterrichtsminister, hat sich zuerst durch seine schönen, bereits erwähnten Untersuchungen: *Sur les combinaisons de la glycérine avec les acides* bekannt gemacht. Bald richtete er sein Augenmerk auf die Synthese organischer Verbindungen, welche bis dahin noch wenig gepflegt war. In einem umfangreichen Werke: *Chimie organique fondée sur la synthèse* (1860) legte er seine darüber angestellten Beobachtungen und Erörterungen nieder. — Später wandte er sich mit seiner ganzen Kraft der experimentellen Lösung thermochemischer Probleme zu, welche in seinem zweibändigen Werke:

seit 1879 ganz besonders F. Stohmann[1] im Verein mit Schülern der Thermochemie eine große Zahl wichtigster Beobachtungen zugeführt und zur Verfeinerung der kalorimetrischen Methoden erheblich beigetragen.

Die Bestrebungen dieser Forscher, insbesondere von Thomsen und Stohmann, gingen vorzugsweise darauf hinaus, Beziehungen zwischen den thermochemischen Werten, die, auf Molekulargewichte der reagierenden Stoffe berechnet, als *Molekularwärmen* bezeichnet werden, und zwischen der chemischen Konstitution derselben Stoffe zu entdecken. Namentlich die Verbrennungswärmen haben derartigen Spekulationen reiche Nahrung gewährt. Wenn auch Regelmäßigkeiten verschiedener Art, z. B. in den Verbrennungs- bezw. Bildungswärmen homologer und anderer Reihen, hervortraten, so ist doch große Vorsicht beim Rückschließen auf die Konstitution aus den Wärmewerten dringend erforderlich; dies hat vor kurzem J. W. Brühl[2] durch eine Kritik solcher Bemühungen scharf nachgewiesen. Der allzu großen Ausdehnung und Überschätzung der aus thermochemischen Versuchen gezogenen Folgerungen ist dadurch eine heilsame Schranke gesetzt worden, nachdem schon früher die irrtümliche Meinung, daß in den bei der Bildung oder Zersetzung chemischer Verbindungen statthabenden Wärmetönungen ein *absolutes* Maß der Affinität gegeben sei, durch eine nüchterne Beurteilung beseitigt worden war. — Trotz dieser Mißerfolge werden gewiß die thermochemischen Arbeiten wichtige unentbehrliche Bausteine der künftigen vervollkommneten Affinitätslehre bilden. Die Ergebnisse der Forschungen Stohmanns, z. B. über die Bildungswärmen der

---

Mécanique chimique fondée sur la thermochimie (1879) zusammengefaßt sind; i. J. 1897 ließ er seine *Thermochimie* in zwei Bänden erscheinen. — Sein eigentlich von J. Thomsen herrührendes *Prinzip der größten Arbeit*, welches Berthelot als streng giltiges Naturgesetz betrachtete, hat sich als solches der neuen Affinitätslehre gegenüber nicht halten können. — Auch eine Reihe verdienter historischer Werke, die insbesondere die Entwicklung der Alchemie und die ältesten mittelalterlichen Dokumente chemischen Wissens behandeln, hat der rührige Forscher veröffentlicht (vergl. S. 22 Note 2).

[1] Vergl. seine im Journ. pr. Chemie seit 1879 bis in die neuere Zeit in häufiger Folge veröffentlichten Arbeiten. — Friedrich Stohmann, geboren 1832, wirkte in Leipzig als Professor der Agrikulturchemie, nachdem er früher in Braunschweig und Halle in gleicher Richtung tätig war; er ist i. J. 1897 gestorben (vergl. Nachruf Journ. pr. Chem. 56, 397). Durch seine zahlreichen und gründlichen Werke (*Handbuch der Zuckerfabrikation*, *Stärkefabrikation*, Herausgabe des *Encyklop. Handbuches der technischen Chemie* und andere) hat sich Stohmann große Verdienste erworben.

[2] Journ. pr. Chemie (2) **35**, 181 u. 209. Vergl. die neue Arbeit von Lagerlöf: *Thermochemische Studien* (Journ. pr. Chem. **69**, 273).

verschiedenen Hydrierungsprodukte des Benzols, versprechen in der Tat Licht in die Konstitution derselben zu werfen.

Photochemie.

Der an sich gedrängte Bericht über die Entwicklung der physikalischen Chemie würde unvollständig sein, wenn die chemischen Wirkungen des Lichtes unerwähnt blieben. Das letztere, eine besondere Form der strahlenden Energie, gibt bekanntlich den Anstoß zu mancherlei chemischen Vorgängen, von denen der großartige, in den Pflanzen sich vollziehende Assimilationsprozeß am frühesten die Aufmerksamkeit der Chemiker erregt hat. Die nähere Erforschung dieses schon gegen Ende des 18. Jahrhunderts beobachteten Vorganges gehört erst der in neuerer Zeit entwickelten Pflanzenphysiologie an.

Die ersten oberflächlichen Beobachtungen über die Wirkung des Lichtes auf Silberverbindungen wurden schon zu Beginn des 18. Jahrhunderts von Schultze gemacht; Boyle hatte zwar die Schwärzung des Chlorsilbers bemerkt, dieselbe aber dem Einfluß der Luft zugeschrieben. Den Grundversuch, welcher die Photochemie ins Leben rief, hat Scheele, hier wie in anderen Fragen bahnbrechend, ausgeführt, indem er die Wirkung des Sonnenspektrums auf mit Chlorsilber überzogenes Papier studierte; er hat festgestellt, daß der Effekt im violetten Teile am frühesten beginnt und am kräftigsten ist. Erinnert sei an die Versuche Ritters, welcher die Wirkung der ultravioletten Strahlen wahrnahm, und insbesondere an die epochemachenden Entdeckungen Daguerres und Talbots, welche seit etwa 1839 durch die ihnen nach vielen Anläufen gelungene Fixierung der Lichtbilder die sich großartig entwickelnde Photographie ins Leben gerufen haben.[1]

---

[1] Über die Entwicklung der Photographie (vergl. Schiendls Werk: *Geschichte der Photographie*, Wien, Hartleben) mögen folgende Angaben gemacht werden: Mit Daguerre hatte sich zu gemeinsamer Arbeit Nièpce verbunden, welcher aber die Vervollkommnung des Verfahrens der „Daguerreotypie" nicht mehr erlebte. Talbot ersetzte die jodierten Silberplatten Daguerres durch lichtempfindliches Papier. Von weiteren Fortschritten der Photographie seien erwähnt: Die Herstellung von Negativbildern auf Glas, sowie Anwendung von Bindemitteln für Chlorsilber, z. B. Eiweiß und Kollodium (Nièpce de St. Victor, der Neffe von oben genanntem, und Lepray seit 1847), die Vervielfältigung photographischer Bilder durch Druck mittels der sogenannten Photolithographie, Heliographie, Phototypie, welche Verfahren durch die großartigen Leistungen der Autotypie (Meisenbach) und Heliotypie (Obernetter) überholt sind; endlich die Herstellung besonders lichtempfindlicher Platten (Bromgelatine und

Die Grundlage der messenden Photochemie, der sogenannten Aktinometrie, wurde durch die denkwürdigen Untersuchungen[1] von Bunsen und Roscoe geschaffen, nachdem schon früher Draper[2] wichtige Versuche in ähnlicher Richtung angestellt hatte. Durch die genannten Forscher und andere, z. B. H. W. Vogel, wurden die Gesetze, denen die chemisch aktiven Lichtstrahlen unterworfen sind, festgestellt. Besonders merkwürdig waren die Ergebnisse der Beobachtungen über die Absorption chemisch wirksamer Strahlen und über die photochemische Induktion, mit welchem Namen Bunsen und Roscoe den Vorgang bezeichneten, durch den die lichtempfindliche Substanz in den Zustand versetzt wird, daß sie proportional der Lichtstärke Zersetzung erfährt. — Im Anschluß an die obigen Arbeiten seien noch die bemerkenswerten Versuche von Tyndall über lichtempfindliche Dämpfe und Gase erwähnt, in deren Zersetzung die Wirkung des Lichtes zum Ausdruck gelangt.

In neuerer Zeit haben sich zahlreiche Forscher mit der Wirkung des Lichtes auf Stoffe verschiedenster Art, zumal in Lösung, beschäftigt, wobei Beziehungen zwischen Lichtempfindlichkeit der chemischen Verbindungen und ihrer Konstitution gesucht und öfter ermittelt worden sind; naturgemäß waren es meist organische Stoffe, auf die sich diese Untersuchungen bezogen; es sei an die Arbeiten von Dewar, Hartley, Dobbie, Spring, Soret und Rilliet, Ciamician und Silber, Joh. Pinnow[3] und anderen erinnert.

Radioaktivität.[4]

Lange Zeit nachdem die ultravioletten Strahlen infolge ihrer chemischen Wirksamkeit erkannt waren, wurden andere höchst eigentümliche Formen der strahlenden Energie entdeckt, die wegen ihrer chemischen Wirksamkeit hier zu verzeichnen sind; auch durch andere überraschende Eigenschaften haben diese Erscheinungen in neuester

andere), überhaupt die Einführung des sogenannten Trockenverfahrens. Die Entdeckung der farbigen Photographie (Lippmann, Miethe, E. König u. a.) wird neuerdings vielfach erörtert, doch ist dieses Problem noch nicht vollständig gelöst. In neuester Zeit scheint man sich viel von der sogen. *Katatypie* zu versprechen (Ostwald, Groß). — Lehr- und Handbücher der Photographie und Photochemie, sowie Zeitschriften sorgen für Erhaltung wissenschaftlichen Geistes in diesem Gebiete (es seien namentlich Eder und Valenta als unermüdliche Forscher genannt).

[1] Pogg. Ann. **100**, 43 (1857) u. **117**, 531.   [2] Philos. Magazine f. 1843.
[3] Pinnow gibt in seiner Abhandlung, Journ. pr. Chem. **66**, 265 eine gute Litteraturübersicht.
[4] Eine gute Übersicht und Angabe der Litteratur finden sich in J. Traubes Lehrbuch der physik. Chem. S. 339.

Zeit größtes Aufsehen erregt. — Die Kathodenstrahlen, von der Kathode einer stark evakuierten Entladungsröhre ausgehend, wurden von Hittorf (1869) entdeckt, von Goldstein, Crookes und anderen näher untersucht; sie erregten das größte Interesse, als Röntgen (1895) die Beobachtung machte, daß bei ihrem Auftreffen auf die Glaswand eine neue dunkle Strahlengattung entsteht, die X-Strahlen. Auf die geistvollen Versuche von Crookes, J. J. Thomsen, Lenard, Wien, P. Drude, W. Kaufmann und anderen, die wunderbaren Eigenschaften jener Strahlen theoretisch zu erklären, nämlich auf die Bewegung negativ geladener *Elektronen* zurückzuführen, kann nur kurz hingewiesen werden. Von besonderer Bedeutung erwies sich die Wirkung der genannten Strahlen auf die photographische Platte, die Fähigkeit, gewisse Stoffe, wie Baryumplatincyanür, zum Leuchten zu bringen, besonders die Luft leitfähig zu machen.

Inzwischen hatte H. Becquerel die Beobachtung gemacht, daß Uran und seine Verbindungen, insbesondere die natürliche Pechblende eigentümliche Strahlen aussandten, die in ihren Wirkungen den obigen ähneln. Die *Radioaktivität*, die auch an anderen Stoffen, zumal Mineralien, beobachtet wurde, z. B. von Schmidt an Thoriumverbindungen, glaubte man gebunden an bestimmte Elemente. So vermochte das Ehepaar Curie das *Radium* in Gestalt seines Bromids als Träger der eigentümlichen Strahlungsenergie zu kennzeichnen. Andere Forscher, Giesel, Marckwald, Debierne, Hofmann haben Träger anderer ähnlicher Strahlengattungen als *Emanium*, *Radiotellur*, *Aktinium*, *Radioblei* bezeichnet und die Zahl merkwürdiger Beobachtungen noch vergrößert. Von anderen Forschern, die sich mit dem Problem der Radioaktivität erfolgreich beschäftigt haben, seien Rutherford und Soddy, W. Ramsay, Geitel und Elster genannt.

Die wunderbarsten Tatsachen, der dauernde Energieverlust der Radiumpräparate, die Natur der sogen. *Emanation*, die nach der Entdeckung Ramsays sich allmählich in Helium umwandelt, u. a. m. sind noch weit von einer Aufklärung entfernt, so daß die bisherigen Spekulationen über das Wesen der Radioaktivität als verfrüht zu bezeichnen sind. Sehr begreiflich erscheint hier die Mahnung zur Vorsicht, die Cl. Winkler[1] empfiehlt, der auf die bisher ungenügende chemische Erforschung radioaktiver Substanzen hinweist und die Annahme neuer Grundstoffe (*Radium*, *Polonium* etc.) für unbewiesen hält, vielmehr geneigt ist, die Radioaktivität als eine neue Energieform aufzufassen; nach Winkler hat man z. B. keinen Anlaß, das *Radioblei* chemisch als verschieden vom gewöhnlichen Blei anzusehen,

---

[1] Ber. **37**, 1655 (1904).

ebensowenig wie man das Eisen des Magneteisensteins als ein besonderes Element betrachtet. Für eine solche Verallgemeinerung der *Radioaktivität* genannten Eigenschaften scheinen auch die neuesten Beobachtungen von Richarz und Schenk[1] zu sprechen, wonach von dem Ozon ähnlich strahlende Wirkungen ausgehen, wie von Radiumpräparaten.

Die Erscheinungen, über deren Erforschung auf den letzten Blättern berichtet wurde, gehören eigentlich schon dem Gebiete der Verwandtschaftslehre an, der die Aufgabe gestellt ist, die chemischen Vorgänge, also Bildung und Zerlegung chemischer Verbindungen, als Wirkungen bestimmter, zu messender Kräfte zu erkennen. Von solchem Endziel ist dieser wichtige Teil der Wissenschaft allerdings noch ziemlich weit entfernt; die Entwicklung der Affinitätslehre, die im folgenden kurz dargelegt ist, läßt aber erkennen, daß in den letzten Jahrzehnten mit großem Erfolg an der Lösung der schwierigen, hier zu behandelnden Probleme gearbeitet wird.

Entwicklung der Verwandtschaftslehre[2] seit Bergman.

In einem besonderen Abschnitte wurden schon die früheren Bestrebungen erörtert, die auf die Erkenntnis der Affinitätserscheinungen gerichtet waren. Durch die meisten, seit Boyle über die Frage angestellten Spekulationen zog sich die Annahme, daß die sogenannte chemische Verwandtschaftskraft mit der allgemeinen Schwerkraft im Grunde gleich sei; nur dadurch, daß die erstere in sehr kleinen Entfernungen wirke, wobei die Form der Stoffteilchen in Betracht komme, sollten Unterschiede zwischen beiden Kräften zutage treten. — Die Versuche, die Verwandtschaft von Stoffen zueinander zu bestimmen, blieben damals sehr unvollkommen, da man unter willkürlichen Umständen, ohne Berücksichtigung physikalischer Bedingungen, die relative Stärke der Affinität qualitativ zu ermitteln suchte. Diese Periode ist durch die Aufstellung der „Verwandtschaftstafeln" charakterisiert.[3]

Bergmans Lehre von der chemischen Verwandtschaft und seine Bestimmungen der letzteren gehören noch zum Teil dieser Entwicklungsstufe an, wenn er auch den Einfluß der Temperatur auf die von ihm untersuchten Erscheinungen mehr in Rücksicht zog, als seine Vorgänger. — Die eigentliche Reaktion gegen die ganz em-

---

[1] Ber. Berl. Akad. (1903) I, 1102; II, 37.
[2] Vergl. namentlich Ostwalds lichtvolle Darstellung in seiner Allgem. Chemie Bd. 2; 2. Abteilung S. 1 ff.
[3] Vergl. S. 123.

pirische Auffassung der letzteren machte sich in dem Auftreten
Berthollets geltend, dessen *statique chimique* ein Protest gegen die
Nichtachtung physikalischer Umstände bei chemischen Vorgängen war.

Bergmans Verwandtschaftslehre.[1]

Obwohl die Arbeiten dieses Forschers dem phlogistischen Zeitalter angehören, so ist doch seine Verwandtschaftslehre zweckmäßig erst in diesem Abschnitte zu besprechen, damit sie besser mit der von Berthollet verglichen oder vielmehr in Gegensatz zu derselben beleuchtet werden kann. Auch hat sich Bergmans Auffassung, richtiger vielleicht Bezeichnungsweise der Affinitätserscheinungen derart eingebürgert, daß sie sich, wenigstens in Bruchstücken, noch in manchen Lehrbüchern beibehalten findet.

Der Hauptsatz seiner Lehre besagt, daß die Größe der Verwandtschaft zweier, chemisch aufeinander einwirkender Stoffe unter gleichen Bedingungen konstant, also von der Menge der beiden unabhängig sei. Als Ursache der Verwandtschaft nahm Bergman die allgemeine Schwerkraft an, welche aber durch die Gestalt und Stellung der kleinsten Teilchen reagierender Stoffe stark modifiziert werde. Teils aus seinen Spekulationen über die Affinität, teils aus der unrichtig ermittelten Zusammensetzung von Neutralsalzen zog er irrige Folgerungen über die Größe der Verwandtschaft von Basen zu Säuren und umgekehrt; er stellte nämlich den Satz auf, daß eine Säure zu derjenigen Base die stärkste Verwandtschaft besitze, von der sie die größte Menge sättige, um ein neutrales Salz zu bilden. Berthollet folgerte, wie hier gleich erwähnt sei, gerade das Umgekehrte aus seiner Annahme, daß bei chemischen Vorgängen die Massenwirkung ins Spiel trete. — Bemerkenswert ist, daß Bergman die Unmöglichkeit erkannte, absolute Affinitätsbestimmungen auszuführen, daß er aber die relativen, wie sie durch Feststellung der Zersetzung von Verbindungen durch andere geliefert und in Verwandtschaftstafeln zusammengestellt werden, mit Einsetzung seiner ganzen Kraft zu vervollkommnen bestrebt war.

Berthollets Verwandtschaftslehre.

Gegen Bergmans Ideen, insbesondere gegen die Annahme, die Affinität sei unabhängig von der Masse der aufeinander wirkenden Stoffe, erhob Berthollet lebhaften Widerspruch. Wie Bergman, von der Hypothese ausgehend, daß die Affinität mit der

---

[3] Vergl. Bergmans Opuscula phys. et chem. III, 291 (1783).

Schwerkraft gleich sei, hob er als unabweisbaren Schluß hervor, daß die Wirkungen der chemischen Verwandtschaft, gleich denen der allgemeinen Anziehung, den Massen der reagierenden Stoffe proportional sein müssen. Die weiteren Folgerungen dieses Grundsatzes entwickelte er mit mustergiltiger Klarheit in seinem schon mehrfach erwähnten Werke: *Essai de statique chimique.*

Diese Ansichten Berthollets haben damals nicht die ihnen gebührende Anerkennung gefunden, hauptsächlich wohl deshalb, weil ihr Urheber durch die aus ihnen abgeleiteten, zu weit getriebenen Folgerungen sich mit den klar erwiesenen Tatsachen der Chemie in Widerspruch brachte. Sein Grundsatz der Abhängigkeit chemischer Wirkungen von der Masse der dabei beteiligten Stoffe führte ihn dazu, den chemischen Effekt eines Stoffs als Produkt seiner Affinität und Masse zu betrachten. Daraus folgerte er weiter, daß nicht nur das Zustandekommen, sondern auch die Zusammensetzung von chemischen Verbindungen wesentlich von den vorhandenen Massen der sie bildenden Stoffe abhänge. Dementsprechend müssen sich zwei Stoffe nach stetig veränderlichen Verhältnissen verbinden. Mit dieser Folgerung befand sich Berthollet auf einem bedenklichen Abwege.

Wenn auch hier Berthollet zu weit gegangen war, so hat er doch nach anderer Richtung durch eine vorsichtigere Anwendung seines Grundprinzipes die Affinitätslehre derart vertieft und ihren wahren Zielen entgegengeführt, daß seine Fehler wohl vergessen werden können. Er wies zuerst mit aller Schärfe darauf hin, daß die absolute Größe der chemischen Affinität deshalb nicht bestimmt werden könne, weil auf die letztere die physikalischen Eigenschaften der sich bei chemischen Vorgängen bildenden oder zersetzenden Stoffe von bestimmendem Einfluß sein müssen, derart, daß die Affinität in ihrer Größe durch jene wesentlich bedingt ist. — Solche bestimmende, einander entgegengesetzte Eigenschaften sind nach ihm die *Kohäsion*, d. i. die Anziehung der kleinsten Teilchen derselben Substanz, und die *Elasticität*, d. i. das Bestreben der Teilchen, einen möglichst großen Raum einzunehmen. In der Schwerlöslichkeit von Stoffen erblickte nun Berthollet ein Maß für die Kohäsion, in der Flüchtigkeit ein solches für die Elastizität, und erklärte mittels solcher Vorstellungen in überzeugender Weise die chemischen Umsetzungen, bei denen Ausscheidung eines Niederschlages oder Entweichen von Gas, bezw. Dampf eines Stoffs für den Verlauf der Reaktion maßgebend waren. Er sprach es geradezu aus, daß eine vollständige Umsetzung von Stoffen nur dann erfolgen könne, wenn Kohäsion oder Elastizität ins Spiel kommen, niemals allein durch die Wirkung der Verwandtschaft. Hiermit waren ganz neue Gesichtspunkte gegeben, welche in späterer Zeit reiche Früchte getragen haben.

Verdrängung von Berthollets Ansichten durch andere Lehren.

Der Nutzen, welcher zuerst durch Berthollets Auffassung geschaffen wurde, bestand in der Erkenntnis von der Unbrauchbarkeit der Verwandtschaftstafeln, soweit diese über die relative Affinität von Stoffen Aufschluß geben sollten. Der wichtige Grundgedanke seiner Verwandtschaftslehre, daß die chemische Wirkung eines Stoffs seiner Masse proportional und deshalb durch das Produkt aus dieser und der Affinität, d. i. eines noch zu ermittelnden Faktors, auszudrücken sei, leitete Berthollet zu Folgerungen, die mit schon bekannten und mit zahlreichen damals besonders von Proust klargelegten Tatsachen im Widerspruche standen. Der Streit zwischen beiden Forschern, welcher sich um die Frage drehte, ob chemische Verbindungen nach wenigen sich sprungweise ändernden oder nach stetig wechselnden Verhältnissen zusammengesetzt sind, ist schon im allgemeinen Teile besprochen worden.[1]

Berthollet hatte bei Aufstellung seiner Theorie die damals bekannten stöchiometrischen Verhältnisse nicht gebührend berücksichtigt oder nicht genügend gekannt. Gerade dem Umstande, daß er sein Prinzip von der Massenwirkung zu weit ausdehnte und zum Ausgangspunkt weitestgehender Folgerungen machte, ist es zuzuschreiben, daß seine durch ihre Klarheit so einleuchtenden Grundsätze in Mißkredit kamen, ja, für ganz unrichtig galten. So konnte die Lehre Bergmans, welche, auf falschen Voraussetzungen beruhend, ihren Begründer ebenfalls zu irrigen Schlußfolgerungen leiten mußte, trotzdem lange Zeit die Oberhand behalten, zumal da man sie besser mit der Atomtheorie in Einklang zu bringen vermochte. Die Wiederbelebung der Bertholletschen Prinzipien war der neueren Zeit vorbehalten, nachdem zuvor vereinzelte Experimentaluntersuchungen Beweisgründe für deren Richtigkeit erbracht hatten (s. u.).

Nach jener Niederlage Berthollets nahm die sich kräftig entwickelnde Atomtheorie das Hauptinteresse der Chemiker in Anspruch; mit ihrem Ausbau Hand in Hand ging die Ausbildung elektro-chemischer Lehren, durch welche die Elektrizität mit der *Affinität* genannten Kraft in nächsten Zusammenhang gebracht werden sollte. Die Verwandtschaftslehre suchte nun ihr Heil in der Ausbildung

---

[1] Vergl. S. 165.

der Elektrochemie; die Theorie von Berzelius brachte die von Berthollet in Vergessenheit. Daß man in diesem Streben zu weit gegangen ist, weiß man jetzt, nachdem erfolgreiche Anläufe zur Klarlegung der zwischen Affinität und Elektrochemie tatsächlich vorhandenen Beziehungen gemacht worden sind.

Die damaligen Bemühungen konnten nur die qualitativen Unterschiede der Verwandtschaft von heterogenen Stoffen erkennen lassen; in der Tat gipfelten die elektrochemischen Theorien in dem Nachweise einer Analogie des elektrischen und des chemischen Gegensatzes. Das Faradaysche *Gesetz der fixen elektrolytischen Aktion*, durch welches die quantitative Seite elektrolytischer Vorgänge beleuchtet wurde, brachte noch keinerlei Aufschluß über die relative Affinitätsgröße der fraglichen Stoffe.

Die Schicksale der damals bedeutendsten elektrochemischen Theorie, der von Berzelius, sind schon dargelegt worden. Der geistvolle Versuch Blomstrands,[1] dieselbe neu zu beleben, hat zwar gezeigt, wie wertvoll sie zur Erklärung chemischer Prozesse und zur Deutung der Konstitution von Verbindungen ist, aber das Eindringen in das dunkle Gebiet der Affinitätserscheinungen konnte dadurch zu jener Zeit nicht wesentlich gefördert werden.

Neue Aussichten eröffneten sich der chemischen Verwandtschaftslehre durch die gründliche Erforschung thermochemischer Vorgänge, auf deren Bedeutung für die physikalische Chemie schon hingewiesen wurde. Aber auch hier machte sich, wie bei der Anwendung elektrochemischer Vorstellungen auf Affinitätsprobleme, bald eine starke Überschätzung des Wertes von thermochemischen Bestimmungen geltend; glaubte doch selbst J. Thomsen, lange Zeit der namhafteste Forscher auf diesem Gebiete, daß die bei chemischen Reaktionen, insbesondere bei der Bildung oder Zersetzung von Verbindungen, zu messenden Wärmetönungen ein absolutes Maß der Affinitätsgröße seien: nach seiner Meinung sollte sich also die Affinität vollständig in meßbare Wärme umsetzen.

Wenn sich auch die Unzulänglichkeit der Thermochemie für die Lösung von Verwandtschaftsproblemen gezeigt hat, so soll doch die gegenwärtige und zukünftige Bedeutung dieser Disziplin nicht verkannt werden. Im Gegenteil! Durch die vorsichtige Anwendung der thermodynamischen Prinzipien auf chemische Prozesse und durch die Deutung dieser mittels jener sind der Verwandtschaftslehre schon die größten Vorteile erwachsen.

---

[1] Vergl. sein Werk: *Die Chemie der Jetztzeit* (1869).

Wiederbelebung der Lehren Berthollets.

Den mächtigsten Anstoß zu gedeihlicher Fortentwicklung erhielt die Affinitätslehre durch die Neubelebung von Berthollets Theorie. In vollem Umfange und mit reichen Hilfsmitteln geschah dies durch die im Jahre 1867 erschienene Arbeit zweier skandinavischer Forscher, Guldberg und Waage.

Schon mehrere Jahre zuvor war durch die wichtigen Arbeiten H. Roses die Massenwirkung des Wassers bei vielen Reaktionen, z. B. der Zersetzung der Alkalisulfide, des Kaliumbisulfats, der Bildung basischer Salze, auf das klarste erwiesen worden. Ferner wandte sich die Aufmerksamkeit ausgezeichneter Forscher, wie Rose, Malaguti, Gladstone und anderer, dem Studium der Wechselzersetzung zweier Salze zu, seien diese löslich oder eines davon unlöslich. Auf verschiedenem Wege suchte man die relative Affinität der einzelnen Stoffe zu ermitteln und somit ein Problem zu lösen, welches Berthollet theoretisch vorgezeichnet hatte. Als besonders bedeutungsvoll ist die Untersuchung Wilhelmys[1] über die Inversion des Rohrzuckers (1850) zu nennen, da seine Beobachtungen auf die Gültigkeit des Massenwirkungsgesetzes hinwiesen. Auch die Ergebnisse späterer Arbeiten von Harcourt und Esson[2] (1866) über Reduktion von Kaliumpermanganat und Oxydation von Jodwasserstoff erwiesen sich in dieser Richtung als wertvoll.

Die Ideen Berthollets erhielten besonders durch die überaus wichtigen Untersuchungen von Berthelot und Péan de St. Gilles[3] über die Bildung zusammengesetzter Äther bezw. Äthersäuren aus einem Alkohol und einer Säure eine gute experimentelle Grundlage. Bei späteren theoretischen Betrachtungen konnten diese und die neueren wertvollen Versuche über Esterbildung von Menschutkin,[4] welche Aufschluß gaben über das zwischen den verschiedenen Stoffen waltende chemische Gleichgewicht und über die Reaktionsgeschwindigkeit, mit Erfolg zur Prüfung und Bestätigung der Richtigkeit von Berthollets Grundsätzen verwertet werden.

Insbesondere die Beobachtungen über das chemische Gleichgewicht bei solchen *reziproken* (umkehrbaren) Vorgängen trugen zur Einbürgerung jener Lehren Berthollets bei; auch meinte man aus den dabei gewonnenen Zahlenwerten die relative Affinität der beteiligten Stoffe am sichersten ableiten zu können. Bezüglich der Vorstellung, die man sich von derartigen Gleichgewichtszuständen

---

[1] Pogg. Ann. **81**, 413 u. 499. [2] Philos. Transact. **1866** u. **1867**.
[3] Ann. Chim. Phys. (3) **65, 66, 68** (1862).
[4] Vergl. Ann. Chem. **195**. Journ. pr. Chem. (2) **25, 26, 29**.

machte, hat zunächst die Meinung vorgeherrscht, daß ein statisches Gleichgewicht angenommen werden müsse. Ein Umschwung dieser Gedankenrichtung bereitete sich durch die von Williamson[1] schon im Jahre 1851 geäußerte und begründete Idee vor, welche einige Jahre darauf unabhängig von genanntem Forscher auch von Clausius bevorzugt wurde: die Auffassung, daß die Atome der Stoffe nicht nur während chemischer Reaktionen, sondern auch im scheinbaren Ruhezustand sich in Bewegung befinden. An Stelle des statischen Gleichgewichtes sollte demnach ein dynamisches treten, also ein Gleichgewicht der entgegengesetzten Vorgänge. — In neuerer Zeit hat Pfaundler in geistvoller Weise solche Spekulationen benutzt, um Dissoziationserscheinungen, sowie überhaupt reziproke Vorgänge zu erklären.

Wenn auch schon Williamson hervorhob, daß seine Spekulationen mit den Prinzipien Berthollets im Einklange seien, so fehlte es doch an einer genügend sicheren und breiten Grundlage, auf der jene damals weiter entwickelt werden konnten. Eine solche Basis für den Aufbau der Verwandtschaftslehre wurde durch die oben erwähnten Arbeiten von Guldberg und Waage[2] geschaffen, welche, unmittelbar an die Anschauungen Berthollets anknüpfend, diese neu belebten und ihre Übereinstimmung mit den Tatsachen erwiesen; sie begründeten das jetzt allgemein anerkannte Massenwirkungsgesetz. In Anlehnung an Berthollet setzen sie die chemische Wirkung eines Stoffs seiner *wirksamen Menge* proportional; letztere ist durch die in der Raumeinheit enthaltene Menge gegeben. Die Intensität der Wechselwirkung zweier Stoffe wird nach ihnen durch das Produkt der wirksamen Mengen derselben ausgedrückt; jedoch muß noch ein *Affinitätskoeffizient* ermittelt werden, welcher die Abhängigkeit der Reaktion von der Natur der beteiligten Stoffe, sowie von der Temperatur und anderen Umständen ausspricht. — Mit Hilfe solcher Voraussetzungen lassen sich die Beziehungen zwischen den Mengen der reagierenden Stoffe und ihren Wirkungen mathematisch ableiten. Auch sind daraus wichtige Folgerungen bezüglich der Reaktionsgeschwindigkeit und des chemischen Gleichgewichts gezogen und mit dem Experimente in genügender Übereinstimmung befunden worden.

Neueste Entwicklung der Affinitätslehre.

Die von Guldberg und Waage auf Grund der Bertholletschen Prinzipien aufgestellte Theorie hat außerordentlich anregend

---

[1] Ann. Chem. **77**, 37.
[2] „Etudes sur les affinités chimiques" 1867; deutsch im Journ. pr. Chem. (2) **19**, 69 (1879) veröffentlicht und dadurch bekannter geworden.

gewirkt. So ergaben die Beobachtungen über die Dissoziation von gasigen Verbindungen (Jodwasserstoff, Untersalpetersäure, Kohlensäure) und ihre Rückbildung erwünschte Übereinstimmung mit der Theorie. Besonders wurden Versuche, die spezifischen Affinitätskoeffizienten verschiedener Stoffe, namentlich der Säuren und Basen zu bestimmen, mit Erfolg in Angriff genommen; es galt, mit diesen experimentell ermittelten Konstanten die Probe auf die Richtigkeit der Guldberg-Waageschen Theorie anzustellen. — Von den vor etwa 30 Jahren begonnenen, darauf hinzielenden Arbeiten seien insbesondere die von Ostwald[1] genannt, welcher die Teilungsverhältnisse von einer Base unter mehrere im Überschuß vorhandene Säuren auf sinnreiche Weise nach verschiedenen Methoden, volumetrischen und optischen, bestimmte und daraus die betreffenden spezifischen Affinitätskoeffizienten ableitete. — Schon früher hatte J. Thomsen[2] dasselbe Problem auf thermochemischem Wege zu lösen versucht.

Etwas später hat Ostwald[3] die Feststellung der Affinitätskoeffizienten von Säuren aus Reaktionen abzuleiten versucht, welche unter dem Einfluß jener Säuren mit meßbarer Geschwindigkeit verlaufen: z. B. Zersetzung von Acetamid, von essigsaurem Methyl, Inversion des Rohrzuckers. Auch hier zeigte sich hinreichende Übereinstimmung zwischen den Ergebnissen der Versuche und der Berechnung auf Grund des Massenwirkungsgesetzes. — Endlich sei auf die merkwürdigen, schon besprochenen Beziehungen hingewiesen, welche von Arrhenius, sowie von Ostwald zwischen den Affinitätskoeffizienten, bezw. der chemischen Reaktionsfähigkeit von Säuren und Basen, und zwischen dem elektrischen Leitungsvermögen derselben in verdünnten Lösungen aufgefunden worden sind. Auf die chemischen Verhältnisse, insbesondere die Konstitution der chemischen Verbindungen, werfen Ostwalds Untersuchungen[4] besonders deshalb ein überraschend neues Licht, weil sich gezeigt hat, daß die Affinitätskoeffizienten von Stoffen sich in bestimmtem Sinne mit der Zusammensetzung der letzteren ändern. Dabei hat sich nämlich herausgestellt, daß die Stellung oder Funktion der Atome von bestimmendem Einfluß auf jene Koeffizienten ist; am schärfsten tritt dies wichtige Faktum bei isomeren Verbindungen hervor (z. B. bei den Oxybenzoesäuren, Chlorpropionsäuren und anderen). Ferner ist als allgemeines Ergebnis dieser und damit zusammenhängender

---

[1] Im Journ. f. pr. Chemie seit dem Jahre 1877 veröffentlicht.
[2] Pogg. Ann. **138**, 575.   [3] Vergl. Journ. pr. Chem. **1884, 1885**.
[4] Vergl. Journ. pr. Chem. (2) **32**, 300 und die betreffenden Arbeiten in den ersten Bänden der Zeitschr. f. physik. Chemie.

Forschungen der Satz zu bezeichnen, daß die den Säuren eigentümlichen chemischen Wirkungen auf die Wasserstoffionen, die spezifischen Wirkungen der Basen auf die Hydroxylionen zurückzuführen sind (vergl. S. 450 ff. das über die elektrolytische Dissoziation Gesagte).

Die Grenzen, welche diesem kurzen Berichte über die Entwicklung der Affinitätslehre gesteckt sind, würden weit überschritten werden, sollten die Ergebnisse anderer, selbst bedeutsamer Untersuchungen ausführlich dargelegt werden. Viele der neueren Forschungen beschäftigen sich mit der Ermittlung des chemischen Gleichgewichts. Die Lehre desselben war schon in ihren Grundzügen von Guldberg und Waage auf Grund ihrer Theorie aufgestellt worden; sie waren hierbei von kinetischen Vorstellungen geleitet, indem sie eine Proportionalität der Konzentration, also der Zahl vorhandener Teilchen und der Häufigkeit der Zusammenstöße dieser letzteren annahmen.

Die Lehre vom chemischen Gleichgewicht auf thermodynamischer Grundlage ausgebildet zu haben, ist besonders das Verdienst Horstmanns, van't Hoffs und Willard Gibbs' gewesen; außer ihren Arbeiten sind die von Chatelier, Duhem, Planck u. a. zu nennen. Einen formalen Ausdruck fand die Auffassung des chemischen Gleichgewichts durch Willard Gibbs in der *Phasenregel*, die als wertvoller Wegweiser bei zahlreichen Experimentaluntersuchungen der neueren Zeit gedient hat. Auf den Inhalt dieses Theorems, das vorzugsweise einen schematischen Wert besitzt, kann hier nicht eingegangen werden; es sei auf die bezügliche Litteratur verwiesen.[1]

Hand in Hand mit diesen Arbeiten gingen solche über die Zeitdauer des chemischen Umsatzes, also die Reaktionsgeschwindigkeit. Den Begriff letzterer hatte schon Wilhelmy in seiner oben erwähnten Untersuchung (S. 467) scharf erfaßt, ohne daß seine Schlußfolgerungen Beachtung fanden; nach ihm ist die Menge des in der Zeiteinheit invertierten Zuckers der gerade vorhandenen Zuckermenge proportional. Dieses Ergebnis deckt sich mit dem jetzt feststehenden Satze, daß die in der Zeiteinheit entstehende Menge der bei der Reaktion gebildeten neuen Stoffe (d. i. die Geschwindigkeit des Vorganges) in jedem Augenblick der wirksamen Menge der beteiligten Stoffe proportional ist. Von neuesten Forschungen dieser Richtungen sind namentlich die von Goldschmidt als höchst bedeutsam zu nennen.

---

[1] Vergl. namentlich van't Hoff, 8 Vorträge über phys. Chemie. Roozeboom, *Phasenlehre* (Vortrag, Leipzig 1900). Will. Gibbs' Abhandlungen, deutsch von W. Ostwald (Leipzig 1892).

Ganz besondere Bedeutung beanspruchen die an ältere Beobachtungen, namentlich von Schönbein u. a anknüpfenden Forschungen über Beschleunigung der Reaktionsgeschwindigkeit durch *katalytisch* wirkende Stoffe. Hier ist man im Begriff ein großes Gebiet zu erschließen, dessen Bebauung die Kräfte hervorragender Forscher beschäftigt und noch lange Zeit in Anspruch nehmen wird (vergl. die Arbeiten von Bredig, Luther). Nach Ostwald sind *katalytische Stoffe* solche, welche die Geschwindigkeit einer bestimmten chemischen Reaktion ändern, ohne ihren Energiebetrag zu ändern. Meist ist es ein beschleunigender Einfluß, den die Katalysatoren ausüben, und dieses Umstandes wegen haben solche unter Katalyse sich vollziehende chemische Vorgänge sowohl ein hohes rein wissenschaftliches Interesse, wie auch in der Technik und der Biologie eine außerordentlich große Bedeutung für sich in Anspruch zu nehmen; man denke an den alten und den neuen Schwefelsäureprozeß, an die Rolle der katalytisch wirkenden *Enzyme* bei physiologisch-chemischen Vorgängen.[1]

Die Vorstellung, daß die kleinsten Massenteilchen nicht nur der chemisch reagierenden, sondern auch der im Gleichgewicht befindlichen Systeme von Stoffen in Bewegung sind, war vor längerer Zeit in die neuere Affinitätslehre als wichtiger Bestandteil aufgenommen worden; ob man eine solche Vorstellung in der Gegenwart völlig missen kann, erscheint fraglich. Durch die klare Auffassung der verschiedenen Energieformen, insbesondere durch Erforschung der Beziehungen der chemischen Energie zu den übrigen Energiearten, der elektrischen, thermischen etc., muß und wird dieses Gebiet mehr und mehr aufgeschlossen werden.[2] Die Lehre von der chemischen Verwandtschaft ist nichts anderes, als die Lehre von den Energiegesetzen der chemischen Vorgänge. Daß letztere ganz allgemein ohne äußeren Energieaufwand nur dann eintreten und verlaufen, wenn dabei *freie Energie* verloren wird, hat zuerst v. Helmholtz nachgewiesen. Die Änderungen der freien Energie bei chemischen Prozessen zu bestimmen, ist daher wichtigste Aufgabe der Verwandtschaftslehre.

Ob durch die neue Energetik die Annahme von kleinsten Teilchen, *Atomen*, deren gegenseitige Beziehungen die chemische Wissenschaft zu erforschen strebt, wirklich entbehrlich werden wird, kann vorläufig als unwahrscheinlich gelten.

---

[1] Vergl. spezielle Geschichte der physiolog. und der technischen Chemie.
[2] Vergl. die geistvolle Behandlung der Energetik in Ostwalds *Lehrbuch der allgem. Chemie* (2. Aufl.) Bd. II, 1. Teil; ferner G. Helms vorzügliches Werk: *Die Energetik nach ihrer geschichtlichen Entwickelung* (Leipzig 1898).

Zur Geschichte der mineralogischen Chemie während der letzten hundert Jahre[1]

Die Mineralogie hat sich erst zum Range einer Wissenschaft erhoben, seitdem sie in der Chemie die unentbehrliche Hilfsdisziplin erkannte, mittels welcher vor allem die chemische Zusammensetzung der Mineralien festgestellt werden konnte. Zwar hat noch im 19. Jahrhundert der um die „Mineralphysik" hochverdiente Mohs[2] den chemischen Charakteren der Mineralien fast alle Bedeutung abgesprochen, aber das von ihm aufgestellte System wurde nur von wenigen Forschern vorübergehend angenommen. Der Nutzen, welcher der Mineralogie durch die Anwendung chemischer Hilfsmittel erwuchs, war so augenfällig, daß man der letzteren gar nicht mehr entraten konnte. Durch die emsige Arbeit von Mineralogen und Chemikern ist die Mineralchemie auf ihre heutige Höhe gebracht worden. Das schöne Ziel, den zwischen den physikalischen und chemischen Eigenschaften der einzelnen Mineralien bestehenden Zusammenhang klarzulegen, ist seit den Arbeiten eines Berzelius, Mitscherlich, G. und H. Rose und anderer für die Mineralchemiker unverrückt das gleiche geblieben.

Die ersten schwachen Anläufe zur Erkenntnis der chemischen Zusammensetzung von Mineralien wurden im 17. und in der ersten Hälfte des 18. Jahrhunderts gemacht, ohne jedoch über die ober-

---

[1] Vergl. Kopp, Geschichte der Chemie II, 84 ff. v. Kobell, Geschichte der Mineralogie (1650—1860), namentlich S. 303 ff.

[2] Mohs hat den Grundsatz aufgestellt, daß ein Mineraloge nur auf die „naturhistorischen" Eigenschaften der Mineralien, also Kristallform, spezifisches Gewicht, Härte etc. Rücksicht nehmen müsse. Wird das chemische Verhalten derselben in Betracht gezogen, so überschreitet die Mineralogie ihre gesetzlichen Grenzen, wie Mohs ausdrücklich hervorhebt, und verwickelt sich in Schwierigkeiten. Dieser Verzicht auf das wichtigste Hilfsmittel mineralogischer Forschung ist gewiß charakteristisch. Mit Recht hat Berzelius einen solchen Mineralogen mit einem Manne verglichen, welcher sich weigert, im Dunkeln eine Leuchte zu benutzen, weil er dann mehr sehen würde, als er unbedingt braucht.

flächliche Beobachtung einiger qualitativer Reaktionen hinauszuführen. In die zweite Hälfte des 18. Jahrhunderts fielen dagegen wichtige Vorarbeiten, die zur Begründung der Mineralogie als einer Wissenschaft wesentlich beigetragen haben. Die Mineralchemie hatte ihre ausgezeichneten Vertreter in Bergman, wenig später in Klaproth und Vauquelin, deren Verdienste um die Ausführung der Analyse unorganischer Stoffe schon gewürdigt worden sind.[1] Der chemischen Erforschung von Mineralien widmeten sich damals zahlreiche Forscher nach dem Vorbilde jener; es seien nur Lampadius, Buchholz, Wiegleb, Westrumb, Valentin Rose d. J., Kirwan, Gadolin, Ekeberg genannt.

Daß die Einführung des Lötrohres in die Mineralogie durch Cronstedt und dann durch Gahn, Bergman, Rinmann, später namentlich Berzelius, der Mineralanalyse außerordentlich zu statten gekommen ist und für dieselbe noch immer große Bedeutung hat, mag hier noch einmal betont werden.[2]

Schon vor und gleichzeitig mit der allmählichen Ausbildung einer Mineralchemie hatten Romé de l'Isle, Werner, Hauy, auch Bergman die Kristallographie als eine wesentliche Hilfsdisziplin der Mineralogie erkannt und gepflegt. Namentlich durch Hauy wurde auf diesem Gebiete außerordentliches geleistet; er führte die verschiedenen Kristallformen auf wenige Grundformen zurück und nahm bei der Einteilung der Mineralien Rücksicht auf die chemischen Eigenschaften neben den physikalischen. Daß er dabei allzu deduktiv verfuhr, lehrt uns sein bekanntes Prinzip, daß verschiedener Kristallgestalt ungleiche chemische Zusammensetzung entsprechen solle.

Die in jene Zeit fallenden Versuche, die Mineralien zu klassifizieren, lassen meist das Bestreben erkennen, außer dem physikalischen Verhalten derselben das chemische mit heranzuziehen. Hatte das letztere in Cronstedts, Hauys und namentlich Werners Systematik nur untergeordnete Bedeutung, so wurde es dagegen von Bergman[3] in hervorragender Weise als wesentliches Hilfsmittel zur Einteilung der Mineralien verwertet, soweit dies bei den damaligen chemischen Kenntnissen möglich war. Von den Mineralogen jener Zeit huldigten nur wenige den von Bergman vertretenen Grundsätzen; die meisten wandten sich dem System Werners zu, in dem der Mineralchemie nur ein bescheidenes Plätzchen angewiesen war.

---

[1] Vergl. S. 158, 160. [2] Vergl. S. 342, 128.
[3] In seiner *Sciagraphia regni mineralis* etc. 1782.

Neues Leben begann für die mineralogische Chemie mit dem Eingreifen von Berzelius in dieses Gebiet. Gestützt auf seine umfassenden Arbeiten, welche die genaue Ermittlung der Zusammensetzung von natürlichen Mineralien und künstlichen unorganischen Verbindungen zum Gegenstande hatten, konnte er den Beweis führen, daß die Lehre von den chemischen Proportionen und somit die Atomtheorie in vollem Umfange auch für die Mineralstoffe giltig sei.[1] Er war der erste, der diese durchweg für „chemische Verbindungen" erklärte. Damit aber war ihm Anlaß gegeben, dieselben ebenso zu klassifizieren, wie die künstlich erzeugten zusammengesetzten Stoffe, und so entstand sein chemisches System,[2] durch das er seiner Ansicht, die Mineralogie solle nur einen Teil der Chemie oder einen Anhang zu ihr bilden, sichtbaren Ausdruck geben wollte. Die Reihenfolge der Mineralien im System wurde durch die Stellung ihrer elektropositiven Bestandteile in der Spannungsreihe bestimmt. Zehn Jahre später[3] änderte Berzelius sein Einteilungsprinzip, insofern er die elektronegativen Bestandteile als maßgebend betrachtete und nach ihnen die Mineralien anordnete. Als Hauptklassen schied er voneinander nicht oxydierte und oxydierte Stoffe; auf diese beiden verteilte er die mineralischen Substanzen in außerordentlich übersichtlicher Weise. Alle früheren Versuche, die Mineralien nach chemischen Grundsätzen zu ordnen, wurden durch Berzelius' System in Vergessenheit gebracht.

Auf die Ausbildung dieses letzteren, dessen Grundzüge sich in späteren Klassifizierungen wiederfinden, hat die Beobachtung von N. Fuchs, daß in Mineralien gewisse Stoffe einander vertreten können, und namentlich die Erweiterung dieser Lehre durch Mitscherlichs Entdeckung der Isomorphie den allergrößten Einfluß ausgeübt.[4] Die bis dahin gewonnenen Resultate von Mineralanalysen erschienen nun unter ganz neuen Gesichtspunkten und wurden in vielen Fällen durchsichtig. Der Kristallgestalt in ihrem Zusammenhange mit der chemischen Zusammensetzung wurde während der nächsten Zeit eine hohe, vielleicht zu große Bedeutung beigemessen. Die Überschätzung zeigte sich bald, als Mitscherlich die ersten Fälle von Dimorphie kennen lehrte, welche sich später zur Tri- und Polymorphie erweiterten. Das Prinzip Hauys, daß mit ungleicher Kristallform verschiedene chemische Zusammensetzung Hand in Hand gehe, war dadurch gestürzt. Trotz des Widerstandes

---

[1] Vergl. S. 184. [2] Schweiggers Journ. 11, 12 (1814).
[3] Leonhards Zeitschrift für Mineralogie 1.
[4] Vergl. S. 198.

dieses ausgezeichneten Forschers hielt die Lehre vom Isomorphismus triumphierend ihren Einzug in die Mineralogie.

Die mancherlei Systeme der letzteren, welche nach Berzelius, also nach dem Jahre 1824, aufgestellt worden sind, zeigen fast durchweg das Streben, die Einteilung der Mineralien auf Grund ihrer chemischen Zusammensetzung vorzunehmen; dabei wird den physikalischen Eigenschaften jener eine mehr oder weniger große Bedeutung beigelegt. Neben der auf rein chemischen Grundlagen beruhenden Klassifikation der Mineralien von G. Rose seien die gemischten Systeme von Beudant, C. F. Naumann und Hausmann als die bekanntesten namhaft gemacht.

Die Nomenklatur der Mineralien hat mit ihrer streng wissenschaftlichen Erforschung ganz und gar nicht gleichen Schritt gehalten. Das empirische Prinzip waltet noch vor, wie sich in der Benennung nach Entdeckern, Fundorten, physikalischen Eigenschaften etc. zeigt, statt durch die Bezeichnung die chemische Zusammensetzung auszudrücken oder wenigstens anzudeuten.

Ihre jetzige Blüte verdankt die Mineralogie der mächtigen Entwicklung der Mineralchemie. Berzelius und seine Schüler — es seien Chr. Gmelin, Mitscherlich, Wöhler, H. und G. Rose, Svanberg, Mosander genannt — haben den Grund und Boden, der von Bergman, Klaproth, Vauquelin und anderen vorbereitet war, erst völlig aufgeschlossen und urbar gemacht. Welche Fülle von neuen Methoden zum Aufschließen der Mineralien und zur Trennung der einzelnen Bestandteile geschaffen worden ist, kann hier nicht im einzelnen dargelegt werden. Das fast unerschöpfliche Reich der Mineralindividuen ist seither von zahlreichen Forschern chemisch untersucht worden. Zu der am nächsten liegenden Aufgabe, die empirische Zusammensetzung festzustellen, ist die weitere und höhere getreten, die chemische Konstitution der Mineralien zu erforschen. Insbesondere die Silikate in ihrer außerordentlichen Mannigfaltigkeit haben immer von neuem zu wichtigen Arbeiten angeregt.[1]

---

[1] Es hat nicht an Versuchen gefehlt, die neueren chemischen Ansichten, welche bezüglich der Konstitution organischer Verbindungen gewonnen sind, auf unorganische, speziell auf Mineralien anzuwenden. Wurtz war wohl der erste, welcher die von ihm entdeckten Polyäthylenalkohole mit den Polykieselsäuren verglich. Daß solche Versuche, die Struktur der kompliziertesten Silikate zu ermitteln, leicht über das Ziel hinausgehen und daher häufig unfruchtbar bleiben, beruht darauf, daß die zur Erkennung der Konstitution organischer Verbindungen angewandten Methoden im Gebiete der unorganischen meist nicht verwertbar sind.

Die Grenzen dieses kurzen Berichtes über die Entwicklung der mineralogischen Chemie würden weit überschritten werden, sollten die Verdienste, welche sich Männer wie Stromeyer, Th. Scheerer, Rammelsberg,[1] Bunsen u. a, um dieselbe erworben haben, selbst nur an einigen Beispielen hervorgehoben werden. Von Chemikern, die sich seit Berzelius um die Förderung der mineralogischen Chemie verdient gemacht haben, seien außer den obigen noch genannt: Blomstrand, v. Bonsdorff, Deville, O. L. Erdmann, v. Hauer, Hermann, Jannasch, Marignac, Th. Petersen, Th. Richter, Sandberger, Smith und Brush, Streng, Th. Thomson, Cl. Winkler, denen noch viele andere angereiht werden könnten.

Künstliche Bildung von Mineralien.[2] — Entwicklung der geologischen Chemie.

Zu der naturgemäß älteren analytischen Richtung, die bei der Erforschung der Mineralien eingeschlagen worden ist, hat sich in neuerer Zeit eine synthetische gesellt, durch welche die mineralogische Chemie außerordentlich reichen Zuwachs an neuen Tatsachen gewonnen und sich zur geologischen Chemie erweitert hat. Das Streben, die natürliche Entstehung der Mineralien durch die unter verschiedenen Bedingungen willkürlich hervorgerufene Bildung solcher künstlich nachzuahmen und zu erklären, ist die Triebfeder zu denkwürdigen Versuchen gewesen, über die in großen Zügen hier berichtet werden soll.

Seitdem Berzelius die Mineralien als chemische Verbindungen definiert hatte, deren Zusammensetzung von den gleichen Gesetzen abhänge, wie die der künstlich dargestellten Verbindungen, drängte sich das Problem, die Mineralstoffe aus ihren Komponenten willkürlich zu bereiten, fast von selbst auf. Doch vergingen noch mehrere Jahrzehnte, in denen durch die verbesserten analytischen Methoden

---

[1] Carl Friedrich Rammelsberg, 1813 zu Berlin geboren, wo er seit 1840 teils an der Gewerbeakademie, teils an der Universität tätig war, hat seit 1874 die Leitung des II. chemischen Laboratoriums an letzterer einige Jahre innegehabt; er ist 1899 (28. Dez.) in Berlin gestorben. — Seine Untersuchungen, welche die unorganische, speziell die mineralogische Chemie bereichert haben, sind meist in Poggendorffs Annalen veröffentlicht. Großes Verdienst erwarb sich Rammelsberg durch Herausgabe seines *Handbuches der Mineralchemie* (2. Aufl. 1875), sowie der *Kristallographisch-physikalischen Chemie* (1881/82).

[2] Vergl. *Die künstlich dargestellten Mineralien* etc. von C. W. C. Fuchs (Haarlem 1872). *Synthèse des mineraux et des roches* von Fouqué u. Michel Levy (Paris 1882).

die Mineralchemie ausgebildet wurde, ehe man die Synthese der Mineralien zielbewußt in Angriff nahm. Nur vereinzelte Beobachtungen über künstliche Bildung solcher, z. B. die des Kalkspats und Arragonits (G. Rose) und einige von Gay-Lusssac, Berthier und Mitscherlich angestellte Versuche sind in der ersten Hälfte des 19. Jahrhunderts zu verzeichnen;[1] die glänzende Entwicklung dieses Zweiges der mineralogischen bezw. geologischen Chemie beginnt erst seit 1851 mit den denkwürdigen Arbeiten von Ebelmen, Durocher, Daubrée, Sénarmont. Diese Forscher haben eine Reihe von Methoden ausgebildet, die zum Teil unter ähnlichen Bedingungen, wie sie in der Natur gegeben sind, zur Entstehung von Mineralien führten. Daß man mit einiger Vorsicht aus diesen Bildungsweisen auf die natürlichen Vorgänge schloß, war berechtigt; jedenfalls konnten Hypothesen, welche zur Erklärung der Entstehung von Mineralien und Gesteinen aufgestellt waren, auf ihre Zulässigkeit geprüft werden. Damit aber erhielt die Geologie eine festere Stütze; in der Chemie erwuchs ihr eine äußerst wertvolle Hilfswissenschaft.[2]

Hier sei auf die schönen, ganz neue Aussichten eröffnenden Untersuchungen von R. Bunsen[3] über die geologischen Verhältnisse Islands, insbesondere über die Geisire, sowie über die Bildung vulkanischer Gesteine, ferner auf die Arbeiten G. Bischofs[4] hingewiesen, welch letzterer unermüdlich für die chemische Geologie tätig war.

Aus der stattlichen Reihe von Forschern, welche auf dem von den oben Genannten betretenen Wege weiter fortschritten, insbesondere neue Bildungsweisen von Mineralien auffanden, seien H. St. Cl. Deville und Troost, Becquerel, Debray, Hautefeuille, Wöhler, Rammelsberg, namentlich Fouqué und Michel Lévy hervorgehoben. In neuester Zeit haben noch Friedel und Sarasin, sowie Moissan wichtige Synthesen von Mineralien kennen gelehrt.

Die Hauptbegründer der synthetischen Richtung bei mineralogisch-geologischen Forschungen gehören der französischen Nation an,

---

[1] Die früheste hierher gehörende Beobachtung ist wohl die von James Hall über die Umwandlung von Kreide in Marmor gewesen (1801).

[2] Über den Nutzen der Chemie für die Geologie hat sich schon Sénarmont wie folgt sehr bezeichnend ausgesprochen: „C'est à la chimie minéralogique, que la géologie doit l'utile contrôle expérimental de ces conceptions rationelles. Les minéraux cristallisés ont, en effet, une origine toute chimique, et c'est l'expérience chimique, qui doit servir d'appui à la géologie, si elle veut faire un pas de plus dans l'étude des roches, qui en sont composées."

[3] Ann. Chem. 62, 1; 65, 70.

[4] Vergl. dessen *Lehrbuch der chemischen Geologie*.

und so spricht man mit Recht von einer *französischen Schule* auf diesem Gebiete, welche noch jetzt in den letztgenannten Männern ihre Hauptvertreter anerkennt.[1]

Die von denselben beobachteten Entstehungsweisen der Mineralien sind sehr verschiedenartige: teils auf nassem, teils auf feurigflüssigem Wege sich vollziehende Prozesse. Um einige der wichtigeren Methoden namhaft zu machen, sei erinnert an die Entstehung mancher Naturprodukte durch langsame Umsetzung zweier Salze in Lösung, z. B. Bildung von Quarz und Kalkspat aus Gips, Kohlensäure und kieselsaurem Kali etc., an die Ausscheidung von künstlichen Mineralien aus Lösungen: Bildung von Gips, von Kalkspat und Arragonit je nach den herrschenden Bedingungen, und an die Zersetzung von Stoffen durch Wasser unter erhöhtem Druck: Bildung von Quarz, Wollastonit, Apophyllit etc., endlich an die Entstehung zahlreicher Mineralien durch Schmelz- und Glühprozesse, wie solche in ähnlicher Weise die vulkanischen Vorgänge aufweisen: Bildung von Tridymit, von Olivin, Kalifeldspat und anderen Silikaten.

Die Synthese zahlreicher Sulfide des Kupfers, Eisens, Zinks, Cadmiums, teils auf trockenem, teils auf nassem Wege, verdient ebenfalls erwähnt zu werden, ebenso die künstliche Bildung von Edelsteinen, z. B. des *Korunds*, des *Rubins* (Fremy), des *Diamantes*, den Moissan durch passende Abkühlung von höchst erhitztem Kohleeisen in sehr kleinen Kristallen erhielt. Bei allen natürlich verlaufenen Vorgängen hat die Zeit eine überaus bedeutsame Rolle gespielt; sie war ein Faktor, der in gleicher Ausdehnung bei den geologisch-chemischen Versuchen nicht zur Geltung gebracht werden kann. Wohl aber lassen sich solche Vorgänge beschleunigen durch die Gegenwart gewisser Salze oder Säuren, die katalytisch zu wirken scheinen (*agents minéralisateurs*).[2]

Für die chemische Geologie hat das eingehende Studium der Lösungserscheinungen, wie es in dem letzten Jahrzehnt von seiten der physikalischen Chemie in Angriff genommen ist, wichtige Ergebnisse zutage gefördert. Insbesondere erforschte man den bestimmten Einfluß von Salzen und anderen Elektrolyten, von Kohlensäure und anderen Stoffen auf die Löslichkeit von Mineralstoffen.

---

[1] Fouqué und Michel Levy erblicken den Grund dieser Bevorzugung ihrer Nation „in der Natur des Volkscharakters". Ihre Begründung dieser Annahme (S. 5 des Werkes: Synthèse des minéraux etc.) ist so charakteristisch und naiv, daß sie hier Platz finden möge: „Notre génie national répugne à l'idée d'accumuler un trop grand nombre de faits scientifiques, sans les coordonner, et si cette tendance nous entraîne quelquefois à des hypothèses hasardées, elle a, d'autre part, le mérite, de nous induire aux expériences synthétiques."

[2] Vergl. Brauns, *Chemische Mineralogie*.

Von tiefgehender Bedeutung für ein geologisches Problem waren die Untersuchungen van't Hoffs[1] und seiner Schüler über das chemische Gleichgewicht von Salzen in Lösungen, über die Entstehung von Gips und Anhydrit, von Doppelverbindungen, wie sie sich in den Staßfurter Abraumsalzen finden, über die Abhängigkeit der Bildung dieser und anderer Salze von der Temperatur und andere. Dazu gehörte die mühsame Arbeit zahlreicher Löslichkeitsbestimmungen der Salze für sich und im Gemisch mit anderen, die Ermittlung des Umwandlungspunktes der mit verschiedenen Mengen Wasser kristallisierenden und sonst ihre Zusammensetzung ändernden Verbindungen u. a. m. Dank diesen Jahre hindurch fortgesetzten systematischen Forschungen kann dieses so wichtige chemisch-geologische Problem als befriedigend gelöst betrachtet werden. — Auch die Mineralquellen sind nach ihrem Auftreten, Ursprung und ihrer chemischer Beschaffenheit Gegenstand eingehender Untersuchungen gewesen, welche durch die Anwendung physiko-chemischer Grundsätze mächtig gefördert werden konnten.[2]

Schließlich sei auch der zum Teil erfolgreichen Versuche gedacht, die Entstehung des Erdöls, der Kohle und anderer von untergegangenen organischen Gebilden abstammender Produkte wissenschaftlich zu erklären.[3]

Da die Natur in ihren Werkstätten sich nur selten unmittelbar belauschen läßt, so sind die zahlreichen, mit Erfolg gekrönten, die natürlichen Prozesse nachahmenden Versuche über die Bildung von Mineralien und anderen Naturprodukten von hervorragendster Bedeutung für die Erklärung der Naturprozesse. Durch den häufig geführten Nachweis, daß ein und dasselbe Mineral oder Gestein auf verschiedenste Art, auf nassem wie auf feurig-flüssigem Wege künstlich gewonnen werden kann, ist die früher beliebte einseitige Auffassung geologischer Vorgänge fast unmöglich geworden. — Die Synthese von Mineralien und Gesteinen hat das schon lange bestehende Band zwischen Mineralogie und Chemie noch fester geschlungen.

---

[1] 8 Vorträge über physikal. Chemie (1902) S. 76; ferner viele Abhandlungen in den Ber. der Berliner Akademie, zuletzt **1904**, S. 659 (mit Meyerhoffer zusammen).

[2] Vergl. Meyerhoffer, Naturforscherversammlung zu Karlsbad (1902).

[3] Dies gilt besonders von der durch Versuche gestützten Erklärung, die C. Engler für die Bildung des Erdöls aus dem Fett vorweltlicher Fische gegeben hat (vergl. besonders Ber. **33**, 7).

Entwicklung der
Agrikulturchemie und der physiologischen Chemie

Die Geschichte dieser Zweige der Chemie ist in hervorragender Weise mit den Leistungen Liebigs verknüpft, über die schon im allgemeinen Teile kurz berichtet wurde. Zwar hat dieser geniale Forscher manche Vorgänger gehabt, welche einzelne für die Pflanzen- und Tierphysiologie wichtige chemische Tatsachen ermittelt haben; aber er war es, der zuerst mit weitem Blick bekannte und namentlich eigene neue Beobachtungen unter gemeinsamen Gesichtspunkten vereinigte. Die Ideen eines Palissy über die Notwendigkeit der Mineralsubstanzen für das Leben der Pflanzen,[1] die Untersuchungen, welche Malpighi und Mariotte gegen Ende des 17. Jahrhunderts zu bestimmten Ansichten über die Ernährung der Pflanzen durch die Blätter und den Boden führten, die den Stoffwechsel der Pflanzen und Tiere kühn erfassenden Spekulationen Lavoisiers,[2] seine Überzeugung, daß der Prozeß des Lebens sich aus einer Reihe chemischer Vorgänge zusammensetze, endlich die Arbeiten von Fourcroy, Vauquelin, Proust, Berzelius, Chevreul über Produkte des Tierkörpers: alle diese und noch andere Leistungen haben zur Befruchtung des Grundes und Bodens gedient, auf dem Liebig das Gebäude der Chemie in ihrer Anwendung auf Agrikultur, Physiologie und Pathologie errichtete.

Besonders eng verwachsen sind diese Zweige der Chemie mit der organischen; denn in erster Linie handelt es sich darum, Verbindungen organischer Natur zu isolieren und ihre Zusammensetzung festzustellen. Als weitere Aufgabe kommt dazu, die Rolle solcher Stoffe in den Organismen zu erkennen. Ganz besonders wichtige Bereicherungen hat die Pflanzen-, sowie Tierphysiologie der Chemie in Fragen der Ernährung zu verdanken.

[1] Vergl. S. 82.
[2] Dieselben sind in einem 1792 verfaßten, 1860 veröffentlichten Schriftstück niedergelegt (im IV. Bd. der *Oeuvres de Lavoisier*).

Agrikulturchemie und Pflanzenphysiologie.[1]

Die schon gegen Ende des 18. und zu Anfang des 19. Jahrhunderts ausgeführten physiologisch-chemischen Arbeiten von Priestley, Ingen-Houss, Senebier, Th. de Saussure hatten zu manchen wichtigen Ergebnissen bezüglich der Ernährung der Pflanzen geführt. Aus den Analysen der Pflanzenaschen sollte, so könnte man jetzt denken, ein deutlicher Zusammenhang der Pflanze mit dem Boden ersichtlich gewesen sein. Die von jenen Forschern wahrgenommene Zersetzung der Kohlensäure durch die Blätter hätte, so sollte man ferner meinen, zu der Erkenntnis leiten müssen, daß die Quelle für die organischen Stoffe der Pflanze zum größten Teil in der Kohlensäure gegeben sei. Ebenso hätte die frühzeitige Beobachtung, daß Ammoniaksalze dem Gedeihen der Vegetabilien sehr förderlich sind,[2] eine Erklärung dadurch finden sollen, daß man in dem Ammoniak dasjenige Nahrungsmittel erkannte, welches die stickstoffhaltigen Bestandteile der Pflanze liefert.

Diese naheliegenden, jetzt selbstverständlich scheinenden Folgerungen wurden jedoch nicht gezogen, vielmehr suchte man, ohne Rücksicht zu nehmen auf die Ergebnisse jener älteren grundlegenden Arbeiten, dem Humus die Bedeutung eines allgemeinen Nährmittels für die Pflanzen zuzuweisen. Damit wurde der Ernährungsprozeß der letzteren gänzlich verkannt; die Pflanzen sollten sich nach dieser Irrlehre, den Tieren analog, mit organischen Materien ernähren. Albrecht Thaer[3] war in Deutschland, Mathieu de Dombasle in Frankreich Hauptvertreter dieser Annahme, welche jahrzehntelang die Agrikulturchemie beherrscht hat. Nach ihnen wirken die unorganischen Salze, deren Bedeutung nicht völlig in Abrede zu stellen war, nur als Reizmittel, nicht als solche Stoffe, welche für den Aufbau der Pflanze unbedingt notwendig sind.[4] Ja! Thaer hat die

---

[1] Litteratur (außer den weiter unten zitierten Werken und Abhandlungen): *Geschichte der Botanik* von J. Sachs. *Lehrbuch der Pflanzenphysiologie* von Pfeffer. *Lehrbuch der Agrikulturchemie* von W. Knop. *Chimie et Physiologie appliquées à l'agriculture* etc. von L. Grandeau. *Neues Handwörterbuch der Chemie*. Bd. II, S. 119 u. 1012.

[2] Schon gegen Ende des 18. Jahrhunderts hatte Nic. Leblanc auf diese Bedeutung der Ammonsalze hingewiesen.

[3] Vergl. sein Werk: *Grundsätze der rationellen Landwirtschaft*. Selbst einer der Begründer der Lehre von der Pflanzenernährung, Saussure, verfiel dem Irrtum der Humustheorie.

[4] Dem um die Botanik hoch verdienten Sprengel haben einige das Verdienst zugeschrieben, die Unentbehrlichkeit der Aschenbestandteile für die Pflanzen erwiesen zu haben; doch ist dies nicht zutreffend.

Neubildung von Erden in den Pflanzen für möglich gehalten. Er folgte bei dieser Annahme der Meinung Schraders, welcher schon im Jahre 1800 auf Grund von Versuchen die Erzeugung der Aschenbestandteile der Pflanzen durch die vitalen Kräfte dieser bewiesen zu haben glaubte.[1]

Dieser Periode unwissenschaftlicher Versuche, die Ernährungsprozesse der Pflanzen zu erklären, bereitete Liebig ein jähes Ende durch die kritische Vernichtung der Lehre vom Humus. Im Jahre 1840 trat er, gestützt auf zahlreiche eigene und von seinen Schülern ausgeführte Untersuchungen, sowie anknüpfend an frühere Arbeiten in seinem Werke: *Die Chemie in ihrer Anwendung auf Agrikultur und Physiologie*[2] gegen die willkürlichen Axiome der Humustheorie auf und entzog denselben den bisher behaupteten festen Boden. Folgende Sätze Liebigs sind die Quintessenz seiner Lehre; sie enthalten schon das vollständige Programm der seit jener Zeit geschaffenen rationellen Agrikulturchemie: „Die Nahrungsmittel aller grünen Gewächse sind unorganische Substanzen." — „Die Pflanze lebt von Kohlensäure, Ammoniak (Salpetersäure), Wasser, Phosphorsäure, Schwefelsäure, Kieselsäure, Kalk, Bittererde, Kali, Eisen; manche bedürfen Kochsalz." — „Der Mist, die Exkremente der Tiere und Menschen wirken nicht durch ihre organischen Elemente auf das Pflanzenleben ein, sondern indirekt durch die Produkte ihres Fäulnis- und Verwesungsprozesses, also infolge des Überganges ihres Kohlenstoffs in Kohlensäure und ihres Stickstoffs in Ammoniak oder Salpetersäure. Der organische Dünger, welcher aus Teilen oder Überresten von Pflanzen und Tieren besteht, läßt sich ersetzen durch die unorganischen Verbindungen, in welche er in dem Boden zerfällt."[3] Aus diesen Sätzen zog Liebig den zwingenden Schluß, daß dem Boden das, was ihm die Kultur von Pflanzen entzogen hat, wieder erstattet werden muß, wenn die Erschöpfung desselben verhütet werden soll.

An dem weiteren Ausbau dieser folgenreichen Lehre, deren Sieg über das alte System bald ein vollständiger war, haben sich außer Liebig selbst hervorragende Schüler desselben beteiligt. Ja, fast alle Agrikulturchemiker sind seitdem unmittelbar oder mittelbar aus

---

[1] Diese irrtümliche Meinung wurde zuerst von Th. de Saussure, sodann von H. Davy mit gewichtigen Gründen bekämpft.

[2] Dieses Werk war durch die „British association for the advancement of science" angeregt worden.

[3] Hier sei an Liebigs von Erfolg gekrönten Versuch erinnert, den er in der Nähe von Gießen im großen ausführte: ein sandiges Terrain wurde mit Hilfe der Mineraldüngung in einen blühenden Garten verwandelt.

Liebigs Schule hervorgegangen. — Boussingault[1] hat unabhängig gleiche Ziele erstrebt; sein Verdienst, Versuche über Ernährung von Pflanzen nach neuen Methoden angestellt zu haben, sei hier besonders hervorgehoben. — Auch die großartigen, jahrzehntelang durchgeführten Kulturversuche von Lawes und Gilbert verdienen hier besonders namhaft gemacht zu werden.

Durch zielbewußte Untersuchungen wurden zunächst die chemischen Verhältnisse des *Bodens* aufgeklärt, der ja die Hauptmenge der eigentlich mineralischen Nährstoffe der Pflanze zuführt. Dahin gehört die Erforschung der Verwitterungsprozesse von Gesteinen, durch welche Vorgänge die Ackerkrume gebildet wird. Die Rolle der dabei wirksamen Faktoren, des Wassers, der Kohlensäure, des Sauerstoffs, sowie die Tatsache, daß der freie Stickstoff nicht direkt zur Ernährung der Pflanzen dient, lehrten Arbeiten von Liebig, Boussingault, Déherain, Dietrich und anderen kennen. Durch den Verwitterungsprozeß erlangen erst die der Pflanze notwendigen unorganischen Stoffe die Beschaffenheit, in der sie von jener aufgenommen werden können. Hier sei an die wertvollen über die Zusammensetzung verschiedener Böden angestellten Untersuchungen von E. Wolff, Henneberg, W. Knop, F. Stohmann, Zöller, Lehmann, Nobbe und anderen erinnert und an die sich daran schließenden grundlegenden Versuche über die Ernährung von Pflanzen in indifferentem Boden oder in Salzlösungen: *trockene Kulturen und Wasserkulturen*. An der Hand dieser Methoden sind die wichtigsten Ernährungsfragen entschieden worden.

Durch alle diese Untersuchungen war die Unentbehrlichkeit der in der Asche von Pflanzen sich findenden Substanzen als der wahren Nährstoffe unzweideutig bewiesen. Aber nicht nur die Art, auch die Form, in welcher die im Boden enthaltenen Stoffe zur Ernährung dienen, sowie ihr Verhalten zu den übrigen Bodenbestandteilen, wurde als bedeutsam, ja maßgebend erkannt.

Von Liebig wurde eine Reihe wichtiger Untersuchungen über die Absorption der mineralischen Pflanzennährstoffe durch verschiedene Böden ausgeführt und angeregt; es seien die Arbeiten von Henneberg und Stohmann, von Peters, Knop, Zöller genannt; gerade für die Lehre von der Düngerwirkung waren alle

---

[1] J. B. Boussingault, 1802 geboren, 1886 gestorben, ist zuerst durch seine kühnen Reisen in Südamerika bekannt geworden, wo er seine vielseitigen Kenntnisse glänzend verwerten konnte. Nach Frankreich zurückgekehrt, widmete er sich mehr und mehr agrikulturchemischen Fragen, die er teils in Experimentaluntersuchungen, teils in größeren Werken: *Économie rurale, Agronomie, chimie agricole et physiologie* (1864) behandelte.

diese Beobachtungen von großer Bedeutung. Liebig selbst hat sich lange Zeit geduldig bemüht, die eigentümliche Rolle der Ackerkrume dem *Mineraldünger* gegenüber zu durchschauen; geleitet von der Vorstellung, daß die Nährsalze möglichst schwer löslich dem Boden darzubieten seien, hatte er gerade Kalisalze und Phosphate bei Herstellung dieser Dünger in Wasser fast unlöslich gemacht. Erst nach jahrelangen Versuchen erkannte er seinen Irrtum, der darin bestand, daß er der Absorptionsfähigkeit der Ackerkrume löslichen Salzen gegenüber zu wenig zugetraut hatte.[1] —

In die neue Zeit fallen die denkwürdigen Beobachtungen von Hellriegel und Wilfarth, Nobbe u. a. über die Assimilierung des atmosphärischen Stickstoffs durch gewisse Pflanzen (namentlich Leguminosen), aber nur unter Mitwirkung von Mikroorganismen (*Knöllchenbakterien*); diese *Symbiose* ist unerläßlich, da der freie Stickstoff direkt von keiner Pflanze aufgenommen werden kann. — Daß Bakterien bei der *Nitrifikation* (Bildung von Salpetersäure im Boden) eine hervorragende Rolle spielen und segensreich wirken, ist schon seit längerer Zeit festgestellt.[2]

Den Bestrebungen, den Luftstickstoff auf technisch-chemischem Wege zu fixieren, z. B. durch Überführung in Cyanamid-Calcium (*Kalkstickstoff*), Versuchen, die besonders A. Frank[3] angeregt und mit

---

[1] In der Einleitung zu seinem 1862 erschienenen großen Werke: *Der chemische Prozeß der Ernährung der Vegetabilien* etc. spricht sich Liebig in der ihm eigenen packenden Weise aus, nachdem zuvor von ihm geschildert ist, wie er unter seinem Irrtume jahrelang gelitten hat: „Endlich vor drei Jahren, nachdem ich alle Tatsachen einer neuen und aufmerksamen Prüfung unterworfen hatte, entdeckte ich den Grund! Ich hatte mich an der Weisheit des Schöpfers versündigt und dafür meine gerechte Strafe empfangen, ich wollte sein Werk verbessern, und in meiner Blindheit glaubte ich, daß in der wundervollen Kette von Gesetzen, welche das Leben an der Oberfläche der Erde fesseln und immer frisch erhalten, ein Glied vergessen sei, was ich, der schwache ohnmächtige Wurm, ersetzen müsse.... Die Alkalien, bildete ich mir ein, müßte man unlöslich machen, weil sie der Regen sonst entführe! Ich wußte damals noch nicht, daß sie die Erde festhalte, sowie ihre Lösung damit in Berührung kommt.... An der äußersten Erdkruste soll sich das organische Leben entwickeln, und die weiseste Einrichtung gibt ihren Trümmern das Vermögen, alle diejenigen Nahrungsstoffe aufzusammeln und festzuhalten, welche Bedingungen desselben sind."

[2] Über die Frage der Stickstoffassimilierung geben die Verhandlungen der Karlsbader Naturforscherversammlung (1902) vorzüglich Aufschluß: *Bodenbakterien und Stickstofffrage* von Koch; *Stickstoffbindung durch Leguminosen* von Remy. — Die Bemühung Berthelots, seine Verdienste um diese Fragen ins Licht zu setzen, ist von Naudin (Moniteur scientif. 1903, 225 ff.) als gänzlich unberechtigt erwiesen worden.

[3] Vergl. Ber. des V. internation. Kongreß (Berlin 1903). Zeitschr. angew. Chem. 1903, S. 536; Erlwein, das. S. 533.

Erfolg ausgeführt hat, bringt man im agrikulturchemischen Lager großes Interesse entgegen, da man auf diese Weise einen an Stickstoff reichen Dünger zu erzielen hofft.

So zahlreiche neue Tatsachen durch die oben erwähnten und viele andere der neuesten Zeit angehörende Arbeiten zur Kenntnis gelangten, so sind doch die Fundamente der Lehre Liebigs unverrückt dieselben geblieben, die er in seinem bahnbrechenden Werke (1840) begründet hatte. In großen Zügen war von ihm die Ernährung der Pflanzen durch die Atmosphärilien und die Bodenbestandteile klar erkannt worden. Darauf basierte er seine Lehren vom rationellen Feldbau, die schon die reichsten Früchte getragen haben und an deren Ausarbeitung Männer der Wissenschaft und Praxis noch unausgesetzt tätig sind.

Entwicklung der Phytochemie.

Nachdem die Bedeutung der verschiedenen unorganischen Substanzen für das Leben der Pflanze erkannt war, drängte sich der physiologisch-chemischen Forschung als unabweisbares Problem die Frage auf, wie und in welchen Phasen sich die Bildung der organischen Stoffe aus der Kohlensäure, dem Ammoniak der Salpetersäure und dem Wasser vollziehe. Die zu lösende Aufgabe besteht darin, die in den verschiedenen Organen der Pflanzen enthaltenen chemischen Verbindungen zu isolieren und ihre Konstitution sowie ihre physiologisch-chemischen Beziehungen zueinander festzustellen: eine großartige Arbeit, mit der seit geraumer Zeit namhafte Forscher beschäftigt sind.

Der Übergang der Kohlensäure in organische Verbindungen unter Beihilfe des Wassers und des Lichtes, jener in seinen äußeren Umrissen schon von Saussure[1] und anderen richtig erkannte Prozeß der Assimilation des Kohlenstoffs ist naturgemäß Gegenstand zahl-

---

[1] Vergl. seine *Recherches chimiques sur la végétation* (1804). — Vor Saussure hatte Ingen-Houss die Assimilierung von Kohlensäure und Wasser durch die Blätter beobachtet, aber, in der Phlogistontheorie befangen, die Entstehung des Sauerstoffs aus der Kohlensäure nicht erkannt. Dieses Verhältnis wurde erst durch Senebier klar, zur Gewißheit erhoben durch Saussures meisterhafte Versuche, durch welche die Bilanz zwischen aufgenommenen und abgegebenen Stoffen annähernd ermittelt wurde. Daß parallel diesem Assimilierungsprozeß der umgekehrte Vorgang: eine Atmung von Sauerstoff und Ausgabe von Kohlensäure in verschiedenen Pflanzenteilen stattfindet, hat Ingen-Houss, schärfer noch Saussure erkannt. Dieser, nach ihm Dutrochet und andere, beobachteten die mit der Atmung verbundene Wärmeerzeugung in Pflanzen und stellten so eine bemerkenswerte Analogie zwischen den Vorgängen

reicher Forschungen gewesen. So haben neuere Untersuchungen von Lommel, Pfeffer, N. J. C. Müller, Engelmann und anderen über die Beschaffenheit der dabei wirksamen Lichtstrahlen Aufklärung gebracht. Ferner sind wichtige Arbeiten über das Chlorophyll, in neuerer Zeit von Marchlewski, ausgeführt worden, über dessen Rolle bei der Assimilierung des Kohlenstoffs die Ansichten der Forscher, z. B. Sachs, Pringsheim und anderer, auseinander gehen. Noch immer hat aber bei der Beantwortung der Frage, welche organische Verbindung zuerst aus der Kohlensäure hervorgeht, und welche weiteren Zwischenprodukte bis zur Bildung der Stärke, der Cellulose, des Eiweißes etc. auftreten, die Spekulation ziemlich freies Spiel.

Die von Ad. Baeyer entwickelte Ansicht, daß durch Reduktion aus Kohlensäure Formaldehyd erzeugt werde, der dann durch mannigfache Kondensation Kohlenhydrate liefern soll, hat durch Versuche im Laboratorium (Butlerow, O. Loew, Bockorny, E. Fischer und andere) eine gewisse Bestätigung erhalten. Mit solcher Annahme ist jedenfalls der einfachste Weg gefunden, um die Bildung komplizierter Verbindungen aus der den Pflanzen zugeführten Kohlensäure zu erklären.

Die in großer Mannigfaltigkeit von den Pflanzen erzeugten Stoffe sind namentlich seit Liebigs anregendem Wirken Gegenstand eifriger Forschungen gewesen; parallel der Zoochemie hat sich insbesondere seit Ende der vierziger Jahre die Phytochemie entwickelt. An Rochleders in chemischer Hinsicht so wichtigen Untersuchungen auf diesem Gebiete über das Kaffein, verschiedene Glukoside, Gerbsäuren[1] und andere Pflanzenstoffe, sei vorübergehend erinnert. — Ganz besonders richtete sich die Aufmerksamkeit der Phytochemiker auf die in den Pflanzen sich bildenden stickstoffhaltigen Verbindungen, zunächst die Eiweißstoffe, sodann auf die daraus durch Spaltung hervorgehenden Stoffe. Die ersteren wurden, nachdem Mohl das Protoplasma der Zelle als Träger aller Lebenserscheinungen der Pflanze erkannt und Mulder auf ihre Ähnlichkeit mit dem tierischen Eiweiß hingewiesen hatte, durch die Arbeiten von Liebig und seinen Schülern, namentlich durch die bis in die neue Zeit reichenden

---

innerhalb des Tier- und des Pflanzenkörpers fest; seitdem sind ähnliche Vorgänge in verschiedenen Organen von Pflanzen häufig beobachtet und genau erforscht worden.

[1] Welche Bedeutung neuerdings den Gerbsäuren in pflanzenphysiologischer Hinsicht zuerkannt wird, ergibt sich aus der Monographie von Kraus, *Grundlinien zu einer Physiologie des Gerbstoffs* (1889), sodann aus den neueren grundlegenden Arbeiten von v. Schröder u. a. (vergl. S. 409).

Untersuchungen Ritthausens, Chittendens, Osbornes u. a. erforscht, ohne in chemischer Richtung besonders wertvolle Aufschlüsse zu bringen. Die Hoffnung, aus der Natur von Spaltungsprodukten der Eiweißstoffe, namentlich von verschiedenen Amidosäuren, wie Leucin, Asparagin, Glutaminsäure und anderen, auf die chemische Konstitution jener Schlüsse zu ziehen, ist zwar noch nicht in Erfüllung gegangen, trotz der ausgezeichneten, neue Ausblicke eröffnenden Forschungen von Emil Fischer (vergl. auch S. 490); aber in pflanzenphysiologischer Hinsicht sind durch die Untersuchungen über die bei der Keimung von Samen und bei anderen Prozessen sich bildenden stickstoffhaltigen Verbindungen wertvolle Vorarbeiten für den künftigen Ausbau der Pflanzenphysiologie gewonnen worden.[1]

Noch viele andere Stickstoff enthaltende pflanzliche Produkte haben die Aufmerksamkeit ebensosehr der Chemiker wie der Physiologen erregt, z. B. einige Glukoside, wie Myronsäure, Amygdalin, Piperin, Coniferin und andere, sowie besonders die große Klasse der Alkaloide: Verbindungen, deren Bedeutung für die Chemie schon gewürdigt wurde.

Die in einzelnen Fällen frühzeitig erkannten pflanzlichen *Enzyme*,[2] den Eiweißstoffen nahestehende, leicht zersetzbare Stoffe, wie das *Emulsin* der Mandeln, die *Diastase* des Malzes sind neuerdings Gegenstand umfassender Forschungen geworden, nachdem man immermehr ihre Verbreitung und mannigfaltigen Wirkungen, somit ihre große Bedeutung für physiologische Prozesse erkannt hatte. Auch im Gebiete der Zoochemie, sowie insbesondere in dem der Gärungsvorgänge sind die verschiedensten *Enzyme* als die Stoffe festgestellt worden, welche jene Prozesse veranlassen und zu Ende führen. Die chemische Rolle derselben ist noch unerforscht; man hilft sich damit, von ihren katalytischen Wirkungen zu sprechen. Die überaus große Bedeutung katalytisch wirkender Stoffe für die physiologische Chemie hatte schon Berzelius[3] klar erkannt; der hervorragende Physiologe C. Ludwig machte in seinem Lehrbuch der Physiologie schon vor 50 Jahren die vielsagende Bemerkung: „Es dürfte leicht dahin kommen, daß die physiologische Chemie ein Teil der katalytischen würde."

Die Kohlenhydrate in ihrer Bedeutung für das pflanzliche Leben sind gleichfalls nach ihren chemischen sowie physiologischen Beziehungen zu einander durchforscht worden, aber auch hier fehlt

---

[1] Vergl. die Untersuchungen von E. Schulze u. a.
[2] Vergl. Schorlemmer-Roscoes Lehrb. d. organ. Chem. Bd. 7, III. Abt. *Die Enzyme*, bearbeitet von O. Emmerling.
[3] Vergl. seinen ideenreichen Aufsatz im Jahresber. 15, 245 (1835).

noch vielfach das Band zwischen den einzelnen Produkten. Zu erinnern ist an die grundlegenden, physiologisch wichtigen Untersuchungen von Brücke, Nägeli, Sachs über die Stärke, die Vorstufen derselben, z. B. Dextrose, und den Zusammenhang der Stärkebildung mit der Tätigkeit des Chlorophylls, an die zahlreichen Arbeiten über Zuckerarten, insbesondere Dextrose und Rohrzucker, dessen technisch wichtiges Vorkommen im Rübensaft eine vollständige Chemie des letzteren hervorgerufen hat; ferner an die mühsamen Forschungen, durch welche die Aufklärung der chemischen Natur der Glukoside und ihres eigentümlichen Verhaltens zu Fermenten (Enzymen) angestrebt wurde.

In betreff des Vorkommens von Pflanzensäuren ist die Beobachtung von Kunz-Krause[1] bedeutsam, wonach zunächst in der Zelle zyklische Fettsäuren entstehen, Zwischenverbindungen zwischen Fetten und aromatischen Säuren, welche dann als weitere Stoffwechselprodukte erscheinen; die neben Tannin aus Galläpfeln gewonnene *Cyklogallipharsäure* ist ein Beispiel dafür. Die wichtigsten Untersuchungen über pflanzliche Fette, über ätherische Öle und andere Verbindungen gehören im wesentlichen der speziellen organischen Chemie an und sind in der Geschichte dieser berührt worden.

Entwicklung der Zoochemie.[2]

Die physiologische Chemie des Tierkörpers, die *Zoochemie*, hat seit den älteren grundlegenden Untersuchungen von Fourcroy und Vauquelin, Chevreul, Berzelius und anderen außerordentliche Fortschritte gemacht. Von der Erforschung der chemischen Bestandteile tierischer Organe, Sekrete etc. schritt man weiter zu der ungleich schwierigeren Frage, unter welchen Bedingungen jene Stoffe sich im Organismus bilden, und in welchen gegenseitigen Beziehungen dieselben zueinander stehen. Durch die darauf bezüglichen chemischen Arbeiten bildete sich die Tierphysiologie erst zu der Wissenschaft aus, als welche sie heute dasteht. Ganz besonders gilt dies von dem so wichtigen Gebiet der Ernährung, überhaupt von der Lehre des Gesamtstoffwechsels, der sich im Tierkörper vollzieht. Durch die chemischen Forschungen ist das früher herrschende

---

[1] Journ. pr. Chem. [2] 69, 385.
[2] Das weitschichtige Quellenmaterial der physiologisch-chemischen Untersuchungen findet man in dem *Lehrbuch der physiologischen Chemie* von Hoppe-Seyler, vergl. auch Bunges vorzügliches *Lehrbuch der physiologischen und pathologischen Chemie*, sowie in dem *Jahrbuch der Chemie* unter „Physiologische Chemie". Nur bei einigen Arbeiten sind Zitate gegeben.

Dunkel wesentlich gelichtet worden, in dem so manche irrige Meinungen groß gezogen wurden.

An dem Aufbau der Zoochemie, soweit diese die Erkenntnis der den Tierkörper zusammensetzenden Stoffe erstrebte, haben seit Veröffentlichung der oben erwähnten Arbeiten die namhaftesten Physiologen und Chemiker mitgewirkt. Von den zahlreichen trefflichen Untersuchungen dieser Art können nur wenige flüchtig berührt werden. Es sei zunächst auf die über Bestandteile der Knochen von Bibra, Mulder, Fremy und Heintz hingewiesen, durch welche die wahre Zusammensetzung jener festgestellt wurde. Die Arbeiten Schmiedebergs, Kossels u. a. beginnen das Dunkel zu lichten, das über den in den Knorpelgeweben enthaltenen Stoffen schwebt.

Die Natur der Eiweißstoffe ist namentlich, seitdem Mulder ähnliche Stoffe in den Pflanzen nachgewiesen hatte, und Liebig mit seinen Schülern die Zusammensetzung derselben zu erforschen bestrebt war, Gegenstand zahlreicher wichtiger Untersuchungen gewesen, welche freilich noch nicht zu dem einen Ziele: zur Erkenntnis der wahren Konstitution dieser Stoffe geführt haben. Um einige wichtige physiologisch-chemische Forschungen über Eiweißstoffe herauszuheben, seien die von Brücke, Kühne, Hammarsten, Hlasiwetz und Habermann, Hoppe-Seyler, Lehmann, A. Schmidt, Baumann, Drechsel, Harnack, F. Hofmeister, Kossel, Nencki, Paal, Schützenberger namhaft gemacht. Von rein chemischem Standpunkte aus verfolgt man in neuerer Zeit die umfassenden Arbeiten von E. Fischer, Kossel u. a. über Spaltungsprodukte[1] von Eiweiß mit größter Spannung. So bedeutsame Ergebnisse für die organische Chemie durch Entdeckung wichtiger neuer Verbindungen (Amidosäuren, *Peptide*[2] und andere) gezeitigt wurden und noch in Aussicht stehen, so erscheint doch die Lösung der Frage nach der Konstitution der Eiweißstoffe überhaupt fraglich. Die Schwierigkeit dieser Aufgabe ergibt sich aus der verwirrenden Mannigfaltigkeit dieser Stoffe, aus ihrer höchst komplizierten Zusammensetzung, die zu enträtseln unsere Forschungsmethoden nicht ausreichen. Vielleicht kann man für die einfachsten Verbindungen, die *Protamine,* falls man sie zu den Eiweißstoffen zählen will, die Konstitutionsfrage als nahezu gelöst ansehen, insofern sich aus ihnen wenige, verhältnismäßig

---

[1] Vergl. F. Hofmeisters Vortrag: *Über den Bau des Eiweißmoleküls* (Naturforschervers. Karlsbad 1902); Kossel, Ber. **34**, 3214; ferner O. Cohnheims Werk: *Die Eiweißkörper* (Braunschweig 1901).

[2] Höchst bedeutsame Forschungen über die Verkettung von Amidosäuren und die Bildung *peptid*artiger Verbindungen verdankt man Th. Curtius (vergl. namentlich Journ. pr. Ch. **70**, 57).

einfache Spaltungsprodukte erzielen lassen (Kossel). — Dem Physiologen erscheint die Frage, wie sich die Eiweißstoffe im Tierkörper verhalten, welche Wandlungen sie insbesondere bei der Verdauung erfahren etc., wichtiger, als die nach der rationellen Zusammensetzung derselben. Arbeiten, welche solche Fragen der Physiologie zu beantworten suchen, sind weiter unten zu nennen.

Die wichtigsten Untersuchungen, durch welche die Zusammensetzung der Fette allmählich, aber endgiltig aufgeklärt wurde, sind schon erwähnt worden.[1] Über die Rolle der Fette beim Stoffwechsel haben erst neuere Arbeiten genügenden Aufschluß gewährt, ebenso über die Bedeutung der Kohlenhydrate.[2] Das pathologische Auftreten der genannten Stoffe hat auch die Chemiker lebhaft beschäftigt, die durch den sicheren Nachweis von Zucker, Eiweißstoffen etc. dem Arzte häufig die Diagnose von Krankheiten erleichtert, ja ermöglicht haben. — Wie in allen Gebieten der Chemie, so haben sich auch in dem der physiologischen und pathologischen als wertvolles unentbehrliches Werkzeug besondere Methoden einer zoochemischen Analyse ausgebildet.

Die Untersuchungen, die sich die Aufklärung der in dem Tierorganismus stattfindenden chemischen Prozesse und damit die Erforschung der das Leben bedingenden oder begleitenden Vorgänge zur Aufgabe stellten, sind fast unübersehbar. — Die jetzigen Kenntnisse von den verschiedenartigen Flüssigkeiten des Tierkörpers, die für jene Prozesse bedeutungsvoll sind, wurden durch mühsame Arbeiten angebahnt und errungen. Um einige von diesen zu nennen, möge zunächst hingewiesen werden auf die wichtigsten Untersuchungen über die bei der Verdauung mitwirkenden Sekrete. Kurz sei der klassischen Arbeiten von drei der bedeutendsten Physiologen: C. Ludwig, Brücke, Cl. Bernard gedacht, durch die der Nachweis geliefert wurde, daß die Aussonderungen von Säften aus Drüsen als chemische Vorgänge aufzufassen seien. — Die Bedeutung des Speichels für die Verdauung wurde durch seine chemische Untersuchung früh erkannt; seit der von Leuchs 1831 gemachten Entdeckung des darin enthaltenen Fermentes, *Ptyalin*, welches die Fähigkeit hat, Stärke in Zucker zu verwandeln, ist die Chemie des Speichels durch neuere Arbeiten von O. Nasse, C. Ludwig, Brücke, Bunge, Herter und anderen erheblich bereichert worden.

---

[1] Vergl. S. 393.
[2] Bezüglich der chemischen Bedeutung der Kohlenhydrate und ihrer Geschichte vergl. S. 406 ff.

Viele ausgezeichnete Forscher haben sich mit der Untersuchung des Magensaftes und seiner Wirkungen beschäftigt; durch die Bemühungen von C. Schmidt, Bidder, Beaumont, Frerichs, Lehmann, v. Wittich und anderen wurde die Zusammensetzung dieses Sekretes, namentlich die eigentümliche Natur des darin enthaltenen Fermentes, *Pepsin*, festgestellt. Die überaus wichtige Rolle des letzteren bei der Verdauung von Eiweißstoffen, die dadurch in lösliche *Peptone* übergeben, wurde durch die Arbeiten von Lehmann, Hofmeister, Henninger, in neuerer Zeit wesentlich durch die von Neumeister, Kühne und Chittenden aufgeklärt.

Zur Kenntnis des Pankreassaftes und seiner durch die Anwesenheit eigentümlicher Fermente bedingten kräftigen Wirkungen beim Verdauungsprozeß haben die Untersuchungen von W. Kühne, Hüfner und anderen erheblich beigetragen.

Die Chemie der Galle endlich, begründet durch die denkwürdigen Arbeiten Streckers[1] über die Gallensäuren und deren Spaltungsprodukte, ist durch die Forschungen von Städeler, Frerichs, Gorup-Besanez, Maly, Nencki und anderen weiter ausgebaut worden.[2]

Die Kenntnisse von der chemischen Zusammensetzung des Blutes, seinen einzelnen, schwierig von einander zu scheidenden Gemengteilen und von deren chemischem Verhalten, sind durch außerordentlich mühsame Untersuchungen zu der jetzigen Vollständigkeit gediehen, die übrigens von der Vollkommenheit noch weit entfernt ist. Hier ist zu erinnern an die bahnbrechenden Arbeiten von Al. Schmidt über die Ursachen der Gerinnung des Blutes, an die von C. Schmidt, Hoppe-Seyler, Hüfner, Preyer und anderen über Hämoglobin, sowie Oxyhämoglobin und deren Verhalten zu Gasen, an die erfolgreiche Anwendung des Spektroskopes hierbei, an die Erforschung der Spaltungsprodukte des Hämoglobins: *Hämatin, Hämin, Hämatoporphyrin* durch W. Küster, Nencki und andere, ferner an die denkwürdigen Untersuchungen, durch welche die Zusammensetzung der Blutgase, insbesondere deren Verschiedenheit im arteriellen und venösen Blute endgiltig festgestellt wurde. Besonders ist das Verdienst C. Ludwigs hervorzuheben, dessen mit seinen Schülern seit 1858 ausgeführte Versuche die früheren von Magnus, sowie Lothar Meyer an Genauigkeit weit übertrafen.

Von größter Bedeutung für die Erkenntnis des Gesamtstoff-

---

[1] Ann. Chem. **61, 65, 67, 70.**
[2] Vergl. Roscoe-Schorlemmer, Lehrb. organ. Chem. **7**, 309 ff. (bearbeitet von O. Cohnheim).

wechsels waren die zahlreichen Arbeiten, durch welche die quantitativen Verhältnisse der Ein- und Ausatmungsluft exakt ermittelt worden sind; man denke an die im großartigen Maßstabe mit Respirationsapparaten seit 1862 ausgeführten Versuche von Pettenkofer, Regnault und Reiset, an die wichtigen Beobachtungen über den Einfluß der Muskelarbeit auf den Verbrauch von Sauerstoff und auf die Ausgabe von Kohlensäure (C. Ludwig, Pettenkofer und Voit).

Die überaus zahlreichen Untersuchungen über die im Blutserum vorkommenden Stoffe, über die unorganischen Bestandteile des Blutes, sowie über pathologische Veränderungen des letzteren können, selbst in wenigen Beispielen, nicht namhaft gemacht werden.

Die Milch ist seit den älteren Untersuchungen von Chevreul, Lerch, Heintz und anderen, durch welche die wesentlichen Bestandteile derselben ermittelt wurden, Gegenstand häufiger Forschung gewesen. Besondere Aufmerksamkeit richtete sich in den neueren Arbeiten auf den Vorgang der Gerinnung, sowie auf die Veränderungen der Milch im Organismus, auf die Natur der in ihr enthaltenen verschiedenartigen Eiweißstoffe, auf die verschiedene chemische Funktion des in ihr vorkommenden Phosphors und anderes mehr; es sei an die Untersuchungen von Soxhlet, Hammarsten, Hoppe-Seyler, sowie J. Lehmann, A. Schlossmann erinnert.

Treffliche chemische und physiologische Untersuchungen sind über das Sekret der Nieren, den Harn, ausgeführt worden. Einmal sei hingewiesen auf die in chemischer Hinsicht so bedeutsamen Beobachtungen über die künstliche Bildung des Harnstoffs, über Harnsäure und ihre mannigfaltigen Umwandlungsprodukte, deren Synthese gelungen ist.[1] Sodann denke man an die physiologisch sowie pathologisch wichtigen Untersuchungen über die Ausscheidung des Harnstoffs in ihren Beziehungen zum Stoffwechsel (Liebig, Voit, Bischoff, Fick und Wislicenus), ferner an die Arbeiten über die Bildung von Hippursäure (Wöhler, Liebig, Dessaignes, Meissner), von Ätherschwefelsäuren der Phenole (Baumann), von Zucker, Einweiß, von Glykuronsäure, Kynurensäure, Indol und deren Ausscheidung mit dem Harn: Forschungen, an denen namhafte physiologische Chemiker beteiligt sind.

Die Entstehungsweise dieser und anderer Stoffe zu erklären, die teils unter normalen, teils unter pathologischen Verhältnissen auftreten, ist seit längerer Zeit als eine wichtige Aufgabe der physio-

---

[1] Vergl. Geschichte der organischen Chemie S. 223, 418.

logischen Chemie erkannt worden. Auf Grund der zahlreichen Beobachtungen hat sich ein systematischer Gang der Harnanalyse[1] entwickelt, der täglich dem praktischen Arzte zustatten kommt; denn dieser vermag aus dem Auftreten oder Anhäufen gewisser Stoffe in dem Urin die Krankheiten sicherer zu erkennen, als aus manchen anderen Anzeichen.

Die mit besonderen Schwierigkeiten verknüpften Arbeiten über die chemische Zusammensetzung des Fleisches[2] können nur flüchtig berührt werden. Liebigs für jene Zeit mustergiltige Untersuchungen über „die Bestandteile der Flüssigkeiten des Fleisches"[3] und die sich anschließenden seiner Schüler, Schloßberger, Scherer, Strecker, Städeler, bahnten späteren Arbeiten, welche noch höhere Ziele anstrebten, den Weg; auf die Beobachtungen von Helmholtz, Ranke, Brücke und anderen über den Einfluß der Muskelarbeit auf die chemischen Vorgänge, die sich in den Muskeln abspielen, sei kurz hingewiesen: Beobachtungen, zu denen Liebigs geistvolle, weitausschauende Spekulationen die erste Anregung gegeben haben mögen. Die wichtige Rolle, die bei diesen wie anderen Prozessen, z. B. den in der Leber sich vollziehenden, dem *Glykogen* zufällt, wurde durch ausgezeichnete Untersuchungen von Brücke, Cl. Bernard, Külz, v. Mering, Voit und anderen erforscht.

Auf Grund des reichen Materials von Tatsachen, die, wie oben kurz berichtet, über die chemische Zusammensetzung und physiologische Bedeutung einzelner Teile des Tierorganismus gesammelt worden sind, ist die Lehre von dem Gesamtstoffwechsel des Tierkörpers kräftig entwickelt und im einzelnen ausgebaut worden. Schon seit langer Zeit war als ein besonders wichtiges Problem erkannt: die Gesetze der Ernährung von Tieren festzustellen. Liebig gab den mächtigen Anstoß zu einer ersten, wennschon nicht vollkommenen Lösung dieser Frage vom chemischen Standpunkte aus.

Sein Verdienst um die Entwicklung der Lehre vom Stoffwechsel erscheint besonders groß, wenn man sich erinnert, wie irrig die Meinungen von Physiologen über chemische Vorgänge im Tierkörper waren, bevor er in dem grundlegenden Werke: *Die Tierchemie oder die organische Chemie in ihrer Anwendung auf Physiologie und Pathologie* (1842) seine Ansichten über die Ernährung und andere physio-

---

[1] Vergl. das umfassende Werk von Neubauer u. Vogel: *Anleitung zur Analyse des Harns*.
[2] Zur Orientierung diene Falks Werk: Das Fleisch (1880).
[3] Ann. Chem. **62**, 257 (1847).

logische Prozesse aufstellte und begründete. Die namhaftesten Physiologen jener Zeit, ein Tiedemann, Burdach und andere, waren von dem jetzt überall zutage tretenden und freudig anerkannten Nutzen der Chemie keineswegs überzeugt; sie nahmen bei der Erklärung der Vorgänge im Organismus ihre Zuflucht zu Lebenskräften, ja manche wiesen geradezu die Hilfe der Chemie zurück. Liebig war es, der die Aufgaben der Physiologie und die Hilfsmittel dieser besser erkannte; sein gewichtiges Wort, dieselbe müsse sich die Methoden der Physik und Chemie aneignen, wurde bald beherzigt. Und welch anderer Geist drang nun in die Physiologie ein!

Des gewaltigen Einflusses von Liebig auf die Entwicklung der Lehre vom Stoffwechsel ist schon öfters gedacht worden. Hier seien nur die Hauptfolgerungen seiner umfassenden Arbeiten und geistvollen Spekulationen kurz zusammengestellt. Er versuchte die verschiedene Bedeutung der Nahrungsmittel für den Tierkörper festzustellen, insofern er die Eiweißstoffe als *plastische*, wesentlich dem Aufbau der Gewebe dienende Verbindungen, sowie als Quelle der Muskelkraft, die Fette und Kohlenhydrate aber als *respiratorische*, hauptsächlich die Erzeugung der tierischen Wärme bedingende Stoffe definierte. Von ihm rührt die erste scharfe Unterscheidung der Nahrungsstoffe von einander und von den Genußmitteln her. Die Bestimmung des Wertes der ersteren wurde von ihm auf Grund experimenteller Arbeiten mit Erfolg versucht.

Die mächtige Wirkung seiner Ideen über die Ernährung und den Gesamtstoffwechsel zeigte sich während der folgenden Jahre in den durch Liebigs Anregung entstandenen trefflichen Arbeiten von Bidder und Schmidt, Bischoff, Voit, Pettenkofer, Frerichs und anderen. Mit Hilfe verbesserter Methoden, namentlich mittels großer Respirationsapparate, wurden Liebigs Ansichten einer scharfen Prüfung unterzogen und erfuhren manche Berichtigung, insbesondere bezüglich der Rolle des Eiweißes und der Fettbildung. Aber in wesentlichen Punkten hat er das Richtige getroffen; in bezug auf die scharfe Scheidung der Nahrungsmittel in *plastische* und *respiratorische*, insbesondere auf die Annahme, daß nur die ersteren die Arbeitsvorräte des Organismus enthalten, hat er bis zu einem gewissen Grade seinen Irrtum anerkannt.[1]

Zur Aufklärung der Funktionen und Wirkungen einzelner Nahrungsstoffe im Tierkörper haben ganz besonders die ausgezeich-

---

[1] Ann. Chem. **153**, 1 flg. (1870).

neten Untersuchungen,[1] welche Voit und Pettenkofer, sowie ihre Schüler — es seien Ranke, Forster, Rubner, Falk, Franz Hofmann, Renk, Buchner genannt — über die Ernährung und somit den Stoffwechsel ausgeführt haben. — Eine wichtige Folgerung dieser Arbeiten, die Annahme, daß Fett aus Eiweißstoffen gebildet werde, ist neuerdings von Pflüger,[2] als der Begründung entbehrend, bestritten worden. Damit im Zusammenhange gelangt dieser ausgezeichnete Physiologe zu dem Satze, daß nicht die Kohlenhydrate und Fette, sondern Eiweiß die Quelle der Muskelkraft sei; er kommt also in diesem Punkte wieder auf Liebigs Auffassung zurück.

Auf diesem so intensiv bearbeiteten Gebiete der physiologischen Chemie berühren sich die Aufgaben der letzteren so nahe mit denen der Gesundheitslehre, daß die beiden Disziplinen hier zusammenfließen. Die Hygiene erscheint recht eigentlich als ein Zweig der Chemie, von der sie die wertvollsten Hilfsmittel zu ihrer Entwicklung und Kräftigung erhalten hat. Auf die infolge davon stetig zunehmende Ausbildung der so wichtigen Nahrungs- und Genußmittelanalyse wurde in der Geschichte der analytischen Chemie schon hingewiesen.[3]

Entwicklung der Ansichten über Gärungs- und Fäulnisprozesse.[4]

Für die Hygiene, wie für die physiologische und pathologische Chemie im weitesten Sinne, haben die verschiedenartigen Vorgänge, die durch Fermente angeregt und bedingt werden, eine so einschneidende Bedeutung erlangt, daß hier der Platz ist, die Entwicklung, welche unsere Kenntnisse von den Gärungs- und Fäulnisprozessen, in der neueren Zeit aufweisen, kurz zu betrachten.

Schon lange hatte die geistige Gärung die Aufmerksamkeit der Chemiker auf sich gezogen; Lavoisier war der erste, der die zwei Hauptprodukte dieses Prozesses, Alkohol und Kohlensäure, als aus dem Zucker hervorgegangen, erkannte; auch suchte er quantitative Beziehungen zwischen dem letzteren und jenen beiden zu ermitteln und eine „Gärungsgleichung" aufzustellen. Über die Ursache des Zerfalles von Zucker bei Gegenwart von Hefe wurden damals

---

[1] Dieselben sind meist in der Zeitschr. f. Biologie veröffentlicht worden.
[2] Pflügers Archiv f. Physiologie etc. 41, 229.
[3] Vergl. S. 354.
[4] Literatur: Handwörterbuch der Chemie; Artikel: Fermente, Gärung. A. Mayer, Lehrb. d. Gärungschemie. Schützenberger, Gärungserscheinungen. E. u. H. Buchner u. M. Hahn: *Die Zymasegärung* (1903). Vergl. auch F. Ahrens: *Das Gärungsproblem* (Stuttgart, 1902).

noch keine haltbaren Ansichten geäußert. Bevor die Erkenntnis durchgedrungen war, daß die Hefe aus lebenden Zellen besteht, erwarb sich die mechanisch-chemische Gärungstheorie[1] Liebigs, der im Jahre 1839 die alkoholische Gärung, sowie andere ähnliche Prozesse von einem gemeinsamen Gesichtspunkte zu erklären versuchte, zahlreiche Anhänger. Er betrachtete nämlich die Fermente im allgemeinen als leicht zersetzliche, stickstoffhaltige Stoffe, von denen der Anstoß zum Zerfall der gärungsfähigen Stoffe ausgeht: eine Ansicht, welche an die lange vorher von Stahl und von Willis ausgesprochene erinnert; denn auch diese nahmen eine Übertragung der Bewegung von gärenden Teilchen auf eine größere Menge anderer an. — Einige Forscher hatten sich begnügt, der Hefe eine „katalytische" Kraft beizulegen, also ein Wort für den fehlenden Begriff einzusetzen.

Ganz kurz vor der Aufstellung von Liebigs Theorie war die wichtige Entdeckung gleichzeitig und unabhängig von verschiedenen Forschern, Cagniard de Latour, Schwann, Kützing, gemacht worden, daß die Hefe aus niederen, sich fortpflanzenden Organismen bestehe. Aus den umfassenden Versuchen von Pasteur[2] ergab sich die volle Richtigkeit jener Beobachtungen. Die vitalistische Theorie der Gärung, deren Anerkennung durch die große Autorität Liebigs eine Zeitlang verzögert worden war, erschien als notwendige Folge; hiernach war von der Lebenstätigkeit des Hefepilzes, von der Mitwirkung lebender Zellen die Zersetzung (Vergärung) des Zuckers abhängig.

Mit Erfolg wurden nun andere Gärungsprozesse von dem neu gewonnenen Standpunkte aus untersucht und auch bei diesen niedere Organismen als Ursache jener Vorgänge aufgefunden. Es sei gleich hier erinnert an die trefflichen, physiologisch wie chemisch wichtigen Untersuchungen von Pasteur über die Essig- und Milchsäuregärung, an die Entdeckung von Spaltpilzen, welche verschiedenartige Gärungen hervorrufen, an die Arbeiten von Forschern, wie Rees, de Bary, Brefeld, A. Mayer, Fitz und anderen, welche die Lebensbedingungen, insbesondere die Ernährung der organisierten Fermente, namentlich der Hefe und den Zusammenhang ihres Wachsens mit der Gärung, sowie die Produkte der letzteren[3] festzustellen strebten. Ganz be-

---

[1] Vergl. Ann. Chem. 30, 250 u. 363.

[2] Vergl. dessen zusammenfassende Werke: *Études sur la bière — sur le vin — sur le vinaigre*.

[3] C. Schmidt hat zuerst Bernsteinsäure, Pasteur außerdem Glycerin unter den Produkten der geistigen Gärung aufgefunden. Den verschiedenen, im Fuselöl enthaltenen Alkoholen wurde erst in neuerer Zeit gebührende Aufmerksamkeit gewidmet; man erkannte sie als Produkte von *Nebengärungen*.

sonders hohe Bedeutung haben die in großartigem Umfange ausgeführten Arbeiten E. Chr. Hansens zu beanspruchen: Forschungen, die der Technik der Gärungsprozesse in ungeahnter Weise Nutzen gebracht haben und noch immer bringen.[1]

Liebig hat sich der vitalistischen Gärungstheorie gegenüber stets ablehnend verhalten; wenn er auch die organisierte Natur der Hefe nicht bestreiten konnte, so gab er doch nicht zu, daß die letztere selbst durch ihre Lebensprozesse die Gärung errege. Vielmehr nahm er in der Hefe ein einweißartiges Ferment an, welches beim Absterben dieser die Zersetzung des Zuckers in Alkohol und Kohlensäure herbeiführen sollte.[2]

In der Tat ist in neuester Zeit durch die umfassenden wichtigen Arbeiten E. Buchners[3] und seiner Schüler, sowie anderer Forscher eine Auffassung der alkoholischen Gärung und ihrer Ursache hervorgetreten, die mit der von Liebig vertretenen manches gemein hat: Buchner hat nämlich mit dem sorgfältigst hergestellten, von Hefezellen freien Preßsaft der Bierhefe Zuckerlösungen zur Gärung gebracht, woraus zu schließen ist, daß ein in der Hefe enthaltenes, von ihr erzeugtes Ferment, die *Zymase*, es ist, welche die Zuckermoleküle zum Zerfall bringt. — Ein ähnliches ungeformtes Ferment war schon früher in der Hefe nachgewiesen: das *Invertin*, das die Fähigkeit hat, Rohrzucker in Dextrose und Lävulose zu spalten. Es war also nachgewiesen, daß solche *Enzyme* Gärungen und ähnliche Spaltungen hervorrufen, auch wenn sie von der lebenden Hefe getrennt sind. Somit ist die alte Frage nach dem Wesen der Gärung dahin zu beantworten: sie ist ein chemischer Prozeß.

Der Unterschied zwischen organisierten und ungeformten Fermenten, sogenannten *Enzymen*, war namentlich infolge der Arbeiten von Pasteur scharf erkannt worden. Dank den außerordentlich wichtigen Funktionen der Enzyme im Tier- und Pflanzenkörper, sowie bei Vorgängen der Gärung und anderen Spaltungsprozessen haben namhafte Physiologen und Chemiker denselben ihre vollste Aufmerksamkeit gewidmet, ohne jedoch eine befriedigende Theorie der Wirkung solcher Fermente bisher aufstellen zu können; es sei auf die Arbeiten von Nasse, Hüfner, M. Traube, Hoppe-

---

[1] Vergl. Hansen, *Untersuchungen aus der Praxis der Gärungsindustrie* (München 1890).

[2] Der Versuch Nägelis, die Gärungserscheinungen zu erklären, kann als eine Vermittlung zwischen der vitalistischen und mechanischen Theorie angesehen werden (vergl. seine *Theorie der Gärung*, 1879).

[3] Vergl. E. Buchners Forschungen: Erste Mitteilung Buchners. Ber. **30**, 117 (1897).

Seyler, Nencki, Al. Schmidt, Wurtz, E. Fischer, E. Buchner hingewiesen. Jedes Jahr bringt wichtige Untersuchungen über neu aufgefundene Enzyme von eigenartigen Wirkungen; besondere Bedeutung kommt den sogen. *Oxydasen* zu, die im Tier- wie Pflanzenkörper die langsame Verbrennung zu regeln berufen sind. Die ungeformten Fermente hat man als die unentbehrlichen, beim Stoffwechsel tätigen Katalysatoren erkannt (vergl. S. 487).

Die Fäulniserscheinungen, die von Liebig den Gärungsvorgängen an die Seite gestellt waren, da nach ihm beide durch ähnliche mechanisch-chemische Ursachen hervorgebracht werden, gewannen durch die Wahrnehmung, daß damit die Entwicklung und die Lebenstätigkeit eigentümlicher Organismen (Fäulnisbakterien) in nächstem Zusammenhange stehen, ein erhöhtes physiologisches Interesse. Auch hier sind zuerst die Untersuchungen von Pasteur, sodann die von Nencki, Hoppe-Seyler und anderen zu nennen. Die chemische Erforschung der Fäulnisprodukte hat zu bemerkenswerten Resultaten geführt, die auch für den Chemiker von hoher Bedeutung sind. An die stickstoffhaltigen Verbindungen, welche der Zersetzung tierischer Eiweißstoffe durch Fäulnis ihre Entstehung verdanken, knüpfte sich das Hauptinteresse an; es sei hier die Auffindung verschiedener Amidosäuren, des Indols und seiner Homologen, dann aber besonders die der sogenannten *Ptomaine*[1] in Erinnerung gebracht. Die Entstehung dieser starken Gifte, die wegen ihrer Ähnlichkeit mit den Pflanzenalkaloiden auch als *Leichenalkaloide* bezeichnet worden sind, ist für den gerichtlichen Chemiker, wie schon oben hervorgehoben wurde,[2] von der größten praktischen Bedeutung, da tatsächlich Verwechslungen der Ptomaine mit wahren Alkaloiden infolge der ähnlichen Reaktionen beider vorgekommen sind. Der italienische Toxikologe Selmi war der erste, welcher die wichtige Rolle dieser Fäulnisbasen in forensischer Hinsicht klar erkannte; er gab denselben den seitdem eingebürgten Namen: *Ptomaine*. Vor ihm hatten sich schon viele Forscher bemüht, Fäulnisgifte aus verdorbenen Nahrungsmitteln zu isolieren, z. B. Schloßberger, Panum, Schmiedeberg, Bergmann, Sonnenschein u. a., ohne jedoch in chemischer Hinsicht Klarheit zu schaffen.

Nach Selmi haben sich Otto, Husemann, Dragendorff,

---

[1] Zur Geschichte derselben vergl. Beckurts, *Ausmittlung giftiger Alkaloide* (Archiv Pharm. **1886**, S. 1041). Eine systematische Zusammenstellung der Kenntnisse von Ptomainen sowie ihrer Geschichte ist von Vahlen im Lehrb. d. organ. Chem. von Roscoe-Schorlemmer Bd. 7, Abt. IV gegeben (1901).
[2] Vergl. S. 353.

Kobert, Brieger und andere um die Erweiterung unserer Kenntnisse von diesen Stoffen verdient gemacht. Namentlich dem letztgenannten, sowie Nencki, Étard, Gautier, ferner Guareschi und Mosso gelang es, verschiedene Ptomaine chemisch zu charakterisieren. Die Konstitution einiger wurde neuerdings festgestellt; hier sei an die schöne Synthese des *Kadaverins*,[1] sowie des *Putrescins* erinnert, die sich als Penta- bezw. Tetramethylendiamin herausgestellt haben. — Es liegt nahe, hier an die Lehre der *Toxine* und *Antitoxine* zu erinnern, an die denkwürdigen Forschungen und Entdeckungen eines Pasteur, R. Koch, Behring, die durch Schaffung neuer Hilfsmittel zur Bekämpfung schwerer Krankheiten in vielen Gebieten der Medizin gewaltige Änderungen hervorgerufen haben; doch ist bisher der Anteil der Chemie an diesen Erfolgen zu gering, als daß diese Arbeiten hier dargelegt werden könnten.

Beziehungen der Chemie zur Pathologie und Heilkunde.

Für den Pathologen haben die Erscheinungen der Fäulnis und Gärung das allergrößte Interesse, weil solche Vorgänge vielen Krankheiten zugrunde liegen. Dementsprechend hat sich mit der wachsenden Erkenntnis der Ursachen solcher Prozesse eine innigere Verbindung zwischen Chemie und Pathologie hergestellt, derart, daß die letztere die Unterstützung der ersteren nicht mehr entbehren kann. Der Nutzen der Chemie hat sich nicht nur bei der Erforschung von Fäulnisprodukten gezeigt, dieselbe hat auch die feineren Hilfsmittel zur Erkennung und Unterscheidung der Unheil stiftenden Bakterien auffinden gelehrt und somit eine neue Disziplin, die *Bakteriologie*, begründen helfen, auf deren Entwicklung hier nicht einzugehen ist.

Vor allem war es der Chemie vorbehalten, auf Heilmittel gegen derartige, durch Mikroorganismen hervorgerufene pathologische Vorgänge die Aufmerksamkeit der Ärzte zu lenken. Die großartigen Erfolge, welche auf dem Gebiete der inneren Medizin, sowie der Chirurgie durch die Anwendung antiseptischer Mittel, ferner in der Technik mittels ähnlich wirkender Stoffe behufs Konservierung von Nahrungs- und Genußmitteln erzielt worden sind, können nur flüchtig angedeutet werden. Man wird in der Annahme nicht fehlgehen, daß das seit alter Zeit geübte Verfahren des Räucherns von Fleisch, sowie des Teerens von Holz, die Aufmerksamkeit der in dem Teer enthaltenen Karbolsäure zuwandte, deren antiseptische

---

[1] Vergl. S. 430.

Wirkung in der Listerschen Wundbehandlung zu mächtiger Geltung und schönsten Erfolgen gekommen ist. Die Entdeckung der gärungs- und fäulniswidrigen Kraft der Salicylsäure (H. Kolbe) hat ihren Keim in der Idee gehabt, dieselbe sei geneigt, beim Durchgange durch den Organismus in Karbolsäure und Kohlensäure zu zerfallen. In dem letzten Jahrzehnt hat die Chemie eine Fülle neuer antiseptisch wirkender Substanzen kennen gelehrt, die mehr oder weniger in der ärztlichen und hygienischen Praxis Anwendung gefunden haben, meist sind es Stoffe, die dem Phenol chemisch nahe stehen, so die homologen Kresole, das Thymol, deren Sulfon- und Karbonsäuren, Jodderivate von Phenol-(Oxychinolin-)sulfonsäuren und andere mehr. Die von verschiedenen Forschern gemachte Annahme, daß die gärungs- und fäulniswidrigen Substanzen durch die Fällung, also chemische Veränderung der zu Zersetzungen geneigten Eiweißstoffe wirken, ist vielleicht geeignet, in befriedigender Weise die Wirkungsweise jener Antiseptika zu erklären.

Die naheliegende Frage, welch großen Nutzen die Chemie in neuerer Zeit der Medizin durch Bereicherung ihres Arzneischatzes[1] gebracht hat, kann nur ganz oberflächlich berührt werden, da die nähere Behandlung des Gegenstandes den Rahmen dieses Werkes überschreiten würde. Ganz anders verhielt es sich in früheren Zeitabschnitten mit der Geschichte der Heilmittel; denn in dem iatrochemischen sowie dem phlogistischen Zeitalter fiel die letztere mit der Geschichte der Chemie wesentlich zusammen, während jetzt ganz andere Hauptziele der chemischen Forschung gesteckt sind.

Um an einige besonders wichtige Dienste, die der Heilkunde von der Chemie geleistet sind, zu erinnern, sei die segensreiche Einführung der betäubenden und schlafbringenden Mittel: Chloroform, Äther, Stickoxydul, Chloral, Bromkalium, Sulfonal, Veronal erwähnt. Als *Anästhetica* sind im Laufe der letzten Jahre zahlreiche chemische Verbindungen in Vorschlag gebracht worden, doch haben sie sich — mit Ausnahme „lokaler" Anästhetika, wie Chloräthyl, Orthoform (Einhorn) und andere — neben Chloroform und Äther nicht einzubürgern vermocht. Das gleiche gilt von den Schlafmitteln; seit langer Zeit bekannte Substanzen, wie Urethan, Paraldehyd, Acetophenon und andere, sind als *Hypnotika* empfohlen, kommen jedoch neben Sulfonal nicht in Betracht.

---

[1] Das Werk von H. Thoms: *Die Arzneimittel der organischen Chemie* gibt eine treffliche Übersicht der in unheimlichem Maße angewachsenen künstlichen Heilmittel. Vergl. auch die Berichte von Beckurts über *pharmazeutische Chemie* im *Jahrbuch der Chemie*, Jahrgang I ff.

Ferner denke man an die folgenreichen Bemühungen, an Stelle der von der Natur gespendeten fieberwidrigen oder schmerzstillenden Medikamente künstlich bereitete zu setzen, z. B. antipyretische Mittel, wie Salicylsäure, Acetanilid, Phenacetin, Antipyrin und andere an Stelle des Chinins. Daß mit der Erkenntnis, die Alkaloide seien Abkömmlinge des Pyridins oder Chinolins, die schon lange vorhandenen Bestrebungen, jene Naturprodukte künstlich darzustellen, festeren Boden gewonnen haben, wurde oben erörtert.[1] Von seiten vieler Ärzte wird die ungewöhnliche Häufung solcher künstlicher Heilmittel keineswegs freudig begrüßt; sie erblicken darin eine Überschwemmung der Pharmakopöe mit Stoffen, deren Anwendung nicht immer mit der notwendigen scharfen Kritik geschehe.

Beziehungen der Chemie zur Pharmazie.[2]

Mit der schnell zunehmenden Bereicherung des Arzneischatzes sind auch die Aufgaben, die an den Pharmazeuten herantreten, in hohem Maße gewachsen. Derselbe muß, wenn er den Anforderungen, die an ihn gestellt werden, gerecht werden will, mit vielseitigen und gründlichsten chemischen Kenntnissen ausgerüstet sein. Die Entwicklung der pharmazeutischen Chemie in neuerer Zeit fällt großenteils mit der Ausbildung einzelner Zweige der reinen wie der angewandten Chemie zusammen. Diejenigen Entdeckungen im Bereiche der unorganischen und organischen Stoffe, welche für die Pharmazie wichtig waren, sind auch für die Chemie von großem Werte gewesen.

Auf dem Gebiete der analytischen Chemie sehen wir den strebsamen, wissenschaftlich gebildeten Apotheker gleiche Ziele verfolgen wie den Chemiker. Bei der Prüfung und Untersuchung der offizinellen Drogen, sowie der Nahrungs- und Genußmittel, endlich in gerichtlich-chemischen Fällen muß derselbe die erprobten analytischen Methoden gründlich kennen und beherrschen.[3]

Die pharmazeutische Chemie ist also aufs innigste mit der Chemie verschmolzen; die Grundlagen haben beide gemein. Zum Beweis sehe man nur die zahlreichen neueren Lehrbücher der pharmazeutischen Chemie (von Schwanert, E. Schmidt u. a.) an, die nach ihrem Inhalte denen der reinen Chemie sehr ähnlich und in ihrer Anordnung fast gleich sind. H. Kopp sprach sich schon im Jahre 1844

---

[1] Vergl. S. 431 ff.
[2] Vergl. Th. Paul: *Die Aufgaben der heutigen wissenschaftlichen Pharmazie* (Berlin 1901).
[3] Vergl. S. 354.

(Gesch. d. Chemie II, 119) darüber sehr zutreffend, wie folgt aus: „Immer mehr entfernte sich seit dem Ende des 18. Jahrhunderts die pharmazeutische Chemie von der Richtung, die sie noch im Anfange desselben befolgt hatte, wo sie von den Forschungen der rein wissenschaftlichen Chemie nur die Resultate entlehnte, welche mit der Anfertigung von Arzneien im nächsten Zusammenhang stehen. Immer mehr verknüpfte sich die pharmazeutische Chemie mit der rein wissenschaftlichen; die Lehrbücher für die ersten, die früher nur Sammlungen empirischer Vorschriften gewesen waren, nahmen den Charakter gediegen wissenschaftlicher Werke an, und die zunächst für Pharmazie gegründeten Zeitschriften wurden zu wichtigen Sammlungen für die reine Chemie."

Am Ende des 18. und zu Anfang des 19. Jahrhunderts war das Verhältnis der Chemie zur Pharmazie ein anderes; denn damals war letztere eine *alma mater* für jene, während sich jetzt die gegenseitigen Beziehungen beider umgekehrt haben; heute genießt die Pharmazie die Früchte der mächtig entwickelten Chemie. In früheren Zeiten bot das Studium der Pharmazie in der Tat das einzige Mittel dar, zugleich das der reinen Chemie zu betreiben; daher die namhaftesten Chemiker der 2. Hälfte des 18. Jahrhunderts und bis tief in das 19. hinein aus der Schule der Offizinen hervorgingen. Man denke an Scheele, Rouelle, Klaproth, Vauquelin, Liebig, H. Rose, Fr. Mohr und viele andere.

Von großem Nutzen für die Ausbildung der Chemiker, die zugleich der Apothekerkunst ihre Kräfte widmen wollten, sind die seit Ende des 18. Jahrhunderts ins Leben getretenen pharmazeutischen Institute gewesen, in denen strebsamen jungen Männern ein systematischer Unterricht zuteil wurde. Insbesondere sei hier die erste derartige Lehranstalt von Trommsdorff in Erfurt (gegründet 1795) genannt. — Auch an guten Lehr- und Handbüchern der pharmazeutischen Chemie fehlte es schon damals nicht; Hagens Apothekerkunst (1778), Göttlings Handbuch der Pharmazie (1800), Hermbstädts und Trommsdorffs, sowie Westrumbs und Buchholz' Handbücher mögen hier genannt werden.

Eine geschichtliche Darlegung, wie sich die Pharmazie im Zusammenhange mit der Chemie im 19. Jahrhundert entwickelt hat, kann aus den oben angeführten Gründen unterbleiben.

Geschichte der technischen Chemie in den letzten hundert Jahren[1]

Die großartige Entwicklung der chemischen Großindustrie, überhaupt aller Zweige der chemischen Technologie im 19. Jahrhundert erklärt sich aus dem starken Anwachsen chemischer Kenntnisse und aus deren rationellen Anwendung auf technische Prozesse. So wurden diese vom Geiste wissenschaftlicher Forschung durchleuchtet, und neue Industriezweige durch exakte Untersuchungen begründet. Die Geschichte der technischen Chemie bietet eine fortlaufende Reihe von Beispielen dar für diese Befruchtung der Praxis durch die Theorie. Aber auch umgekehrt gaben Fragen, die aus der Technik hervorgingen, Anregung zu Arbeiten, die gerade der reinen Chemie großen Nutzen brachten.

Erst mit der Entwicklung der analytischen Chemie, die den sicheren Einblick in die Zusammensetzung der Anfangs-, Zwischen- und der Endprodukte von technischen Prozessen vermittelte, waren die großen Fortschritte der chemischen Technologie möglich. Seit Beginn des 19. Jahrhunderts haben sich allmählich Untersuchungsmethoden ausgebildet, welche, den Bedürfnissen des technischen Chemikers mehr und mehr angepaßt, als die wichtigsten Werkzeuge zum Ausbau der chemischen Technik gedient haben und noch dienen. Auf manche dieser Methoden ist in der Geschichte der analytischen Chemie schon hingewiesen worden.[2] — Hier sei auch an den Nutzen erinnert, den dieselben für die Bedürfnisse des täglichen Lebens haben. In zahlreichen Laboratorien wird die Untersuchung der Nahrungs- und Genußmittel ausgeführt, um deren Reinheit und Un-

---

[1] Litteratur: Wagners Jahresberichte und Lehrbuch der Technologie. A. W. Hofmanns Bericht über die Entwicklung der chemischen Industrie etc. (1875, 1877). Karmarsch, Geschichte der Technologie; namentlich O. N. Witt, Die chemische Industrie des Deutschen Reiches im Beginne des 20. Jahrhunderts (Berlin 1902), sowie die weiter unten genannten Werke, insbesondere Lehrbücher und Zeitschriften.

[2] Vergl. S. 353.

anfechtbarkeit zu prüfen; die darauf bezüglichen Methoden sind lediglich aus chemischen Versuchen hervorgegangen. Insbesondere gilt dies von der Analyse des Wassers, die in hygienischer wie in gewerblicher Hinsicht gleich wichtig ist. Hingewiesen sei auf die hohe Bedeutung, welche die Feststellung der chemischen Beschaffenheit des Wassers für dessen Benutzung in der Technik hat; die verschiedenen Reinigungsverfahren, durch die dasselbe zu vielen Zwecken erst brauchbar wird, gründen sich auf rationelle chemische Versuche und analytische Beobachtungen. Einen weiteren Nutzen hat, wie gleich hier bemerkt sei, die Wasseranalyse dadurch gestiftet, daß sie die künstliche Nachbildung von Mineralwässern ermöglichte und so eine große Industrie ins Leben rief; diese knüpfte an die verdienstlichen und nachhaltigen Leistungen von F. A. Struve (seit 1820) an.

Im folgenden sollen vorzugsweise diejenigen Arbeiten namhaft gemacht werden, durch die bedeutende Neuerungen in die chemische Technologie eingeführt, ja teilweise ganz neue Gebiete dieser erschlossen wurden und wirtschaftliche Bedeutung erlangten.

In welchem Grade durch das Erblühen der chemischen Industrie der Nationalwohlstand, insbesondere in Deutschland, England, Frankreich, der Schweiz, Belgien, Nordamerika, aber auch in allen Kulturländern gehoben worden ist, läßt sich kaum bemessen. Man denke an die Bedeutung der Teerfarbenindustrie für Deutschland, die allein durch wissenschaftlich-chemische Arbeiten begründet wurde. Dieselbe illustriert in schönster Weise das Prinzip der Stoffveredelung, insofern ein früher lästiges und fast wertloses Abfallprodukt, der Teer, durch chemische Prozesse zu einer Fülle wertvoller Stoffe umgearbeitet wird. Ein Gleiches zeigt überhaupt die Entwicklung der chemischen Großindustrie in den genannten Ländern; überall sucht man die einzelnen chemischen Prozesse durch Ausnutzung aller Nebenprodukte auf die höchste Stufe zu heben. Ein besonders treffendes Beispiel bietet die heutige Sodaindustrie dar, in der zwei miteinander konkurrierende Prozesse sich hoher Blüte erfreuen konnten, weil sie alle Hilfsmittel rationeller chemischer Forschung zu ihrer Weiterentwicklung aufgeboten haben. — Fast alle Zweige der chemischen Industrie können zu ähnlichen Betrachtungen Anlaß geben.

Hier möge noch auf die Entwicklung des technischen Unterrichts[1] hingewiesen werden, als eines ganz wesentlichen Mittels, das zur Hebung der chemischen Industrie in hervorragender Weise

---

[1] Vergl. das historisch, kritisch und statistisch treffliche Werk von Egon Zöller: *Die Universitäten und technischen Hochschulen* (Berlin 1891); ferner das neueste Werk *Das Unterrichtswesen im Deutschen Reich* von Lexis (1904).

beigetragen hat. Die *technischen Hochschulen* gehören zumeist dem 19. Jahrhundert an: Die schon im Jahre 1794 gegründete *École polytechnique* (zuerst *École centrale des travaux publics*), sowie die deutschen, österreichischen und anderen technischen Lehranstalten, deren Begründung mit der Errichtung des Wiener polytechnischen Institutes (1815) und der Berliner Gewerbeakademie (1799 als Bauakademie, 1821 als *technische Schule* ins Leben getreten) begonnen hat. Die chemischen Laboratorien dieser und ähnlicher Unterrichtsanstalten in Aachen, Braunschweig, Charlottenburg-Berlin, Dresden, Darmstadt, Hannover, Karlsruhe, München, Stuttgart, Zürich und andere haben als Förderungsmittel der chemischen Industrie eine stets zunehmende Bedeutung erlangt. Insbesondere haben sie sich als Stätte der Ausbildung junger Chemiker für die chemische Technik, die solche tüchtige Kräfte in stetig zunehmendem Grade braucht, höchst fruchtbringend erwiesen. — Neben den technischen Hochschulen sind die alten Bergakademien, sowie die landwirtschaftlichen Hochschulen bemüht, künftige Berg- und Hüttenbeamte, sowie Landwirte mit dem nötigen chemischen Wissen und Können auszustatten. — Endlich sorgen zahlreiche Mittelschulen (Gewerbe- und Industrieschulen, Technika und andere) dafür, in ihren chemischen Abteilungen Chemiker, meist für bestimmte technische Zweige, auszubilden.

Außer dem Unterricht in allgemeiner unorganischer und organischer Chemie, sowie ihren Hilfswissenschaften (Physik, Mathematik, Mineralogie etc.) wurde an den technischen Hochschulen seit Beginn ihres Bestehens besonderer Wert auf den Unterricht in technischer Chemie gelegt: Die Metallurgie, die chemische Technologie anorganischer, wie organischer Stoffe, überhaupt die angewandte Chemie wurde eifrigst gepflegt, während diese Wissenszweige an den meisten Universitäten vernachlässigt oder gar beseitigt wurden. Sehr bemerkenswert ist die Tatsache, daß an manchen Universitäten die chemische Technologie schon in frühen Zeiten ein bestimmter Lehrgegenstand war, so namentlich in Göttingen, wo auch jetzt dieselbe mit Teilen der technischen Physik sorgsam gepflegt wird. Aus F. Fischers lehrreicher Schrift „Das Studium der technischen Chemie an den Universitäten und technischen Hochschulen etc. (Braunschweig 1897)" erfahren wir, daß in Göttingen schon im letzten Drittel des 18. Jahrhunderts Gmelin, Beckmann, der das erste Lehrbuch der Technologie (1777) schrieb, unter anderem die angewandte Chemie regelmäßig in Vorträgen behandelt, auch Exkursionen in Fabriken mit ihren Zuhörern unternommen haben. Andere Universitäten ahmten das Beispiel Göttingens nach, so Freiburg, Heidelberg. Würzburg und Gießen hatten vorübergehende

Ordinariate für chemische Technologie. Erst in neuester Zeit regt sich mehr und mehr das Bedürfnis, die letztere an den Universitäten als regelmäßigen Lehrgegenstand einzuführen.

Die technisch-chemische Litteratur ist aus unscheinbaren Anfängen hervorgegangen; es sei nur an Hermbstädts für jene Zeit verdienstliche Werke über Färberei, Bleicherei, Brennerei und andere Industriezweige (1820 ff.) erinnert. Seit etwa fünfzig Jahren sind mächtige Fortschritte zu verzeichnen: in trefflichen Encyklopädien und Handbüchern — ich nenne die von Prechtl und Karmarsch, Muspratt-Stohmann-Kerl-Bunte, Bolley-Engler —, sowie in Lehrbüchern der chemischen Technologie, z. B. denen von Dumas, Payen, Knapp, Wagner, Ost, sind die Resultate der Theorie und Praxis zusammengestellt, die chemisch-technischen Prozesse mehr oder weniger eingehend erörtert. Periodisch erscheinende Zeitschriften, sowie Jahresberichte[1] sorgen dafür, daß die Ergebnisse der chemisch-technischen Forschungen schnell bekannt werden. Auf solche Weise bleibt die chemische Industrie fortdauernd mit der Wissenschaft in enger Verbindung.

Fortschritte der Metallurgie.[2]

Wenn auch schon im phlogistischen Zeitalter die Gewinnung des Eisens und Stahles[3] Gegenstand chemischer Arbeiten war, durch die das gegenseitige Verhältnis von Gußeisen, Schmiedeeisen und Stahl einigermaßen klargelegt wurde, so blieb doch auch der neueren Zeit eine Reihe von Fragen zu beantworten übrig. Durch Verbesserung der Analyse gelang es, die verschiedenen Verunreinigungen des Eisens, wie Silicium, Phosphor, Schwefel, Arsen zu erkennen und zu bestimmen, ihren Einfluß auf die Beschaffenheit desselben festzustellen und so Mittel ausfindig zu machen, um ihre Schädlichkeit auf das geringste Maß herabzudrücken. — Der Hochofenprozeß wurde durch ausgezeichnete Untersuchungen von Gruner, Tunner, L. Rinmann u. a. aufgeklärt; namentlich trug zur Erklärung der sich dabei ab-

---

[1] Es sei nur an Dinglers polytechn. Journal und Wagners jetzt von F. Fischer herausgegebene Jahresberichte, sowie an neue technisch-chemische Zeitschriften, Repertorien, Jahrbücher erinnert, z. B. Zeitschr. f. angewandte Chemie, Chem. Industrie, Journ. of the Chemical Industry, Jacobsens Repertorium, R. Biedermanns Techn. Jahrbuch u. a.

[2] Vergl. die Werke über Metallurgie von B. Kerl, Stölzel, Balling, Ledebur, Schnabel, Borchers u. a.

[3] Auf das in seiner Gründlichkeit und Vollständigkeit unübertroffene Werk: *Geschichte des Eisens* von Beck (5 Bände, bei Vieweg & Sohn) sei besonders hingewiesen.

spielenden Vorgänge die zuerst von Bunsen[1] und Playfair ausgeführte Analyse der Gichtgase bei. Obwohl schon damals (1846) der Wert dieser Gase erkannt wurde, ist es doch der neueren Zeit vorbehalten geblieben, dieselben als Energiequelle auszunutzen. Auch die Ermittlung der Zusammensetzung des Roheisens, der Nachweis, daß eine chemische Verbindung von Eisen und Kohlenstoff, ein *Carbid* existiert, war der Aufstellung einer Theorie des Hochofenprozesses förderlich. — Aus der klaren Erkenntnis der Beziehungen zwischen Eisen und Stahl ist das Bessemer-Verfahren der Stahlbereitung (1855) hervorgegangen, bei dessen Ausbildung die chemische Untersuchung der in verschiedenen Phasen desselben entstandenen Produkte wesentliche Dienste geleistet hat.

Man denke an das mit dem *Bessemer*prozeß kombinierte, seit etwa 1878 mit Erfolg eingeführte „basische" Verfahren der Entphosphorung des Eisens von Thomas und Gilchrist; über diesen Prozeß haben analytische Untersuchungen, wie die von Finkener,[2] wichtige Aufschlüsse gebracht, während andererseits streng wissenschaftliche Versuche die Verwertung der Phosphorsäure, welche in den bei diesem Prozeß abfallenden Schlacken: *Thomasschlacken* angehäuft ist, für die Landwirtschaft angebahnt haben (A. Frank, P. Wagner u. a.). Durch diese Bemühungen der Chemiker hat also der Hüttenmann sowie der Landwirt außerordentlich gewonnen. — Es sei noch der sinnreichen Anwendung des Spektroskopes zur Untersuchung der Bessemerflamme behufs Ermittlung der Endreaktion gedacht.[3] — Auch die Einführung des *Martin*prozesses (1865) verdient hier erwähnt zu werden, der erst durch die Erfindung der Regenerativfeuerung von Siemens möglich wurde.

Wie man darauf ausgeht, Abfallprodukte zu verwerten, das hat nicht nur obiger *Thomas*prozeß, sondern auch die erfolgreiche Verarbeitung der möglichst entschwefelten Kiesabbrände der Schwefelsäurefabrikation auf Eisen glänzend gelehrt.[4] Alle Arbeiten auf diesem Gebiete teils rein wissenschaftlicher, teils technischer Art haben die großartige Entwicklung der Eisenindustrie ermöglicht, die der mächtigste Stamm am Baume der Weltindustrie geworden ist.

Das Bestreben, keinerlei wertvollen Stoff zu verlieren, zeigte sich auch in dem aus chemischen Versuchen entwickelten Verfahren, Kupfer aus Kiesen zu gewinnen, deren Schwefel zuvor größtenteils nutzbar gemacht ist. Überhaupt ist die Metallurgie des Kupfers,

---

[1] Vergl. Pogg. Ann. **46**, 193.
[2] Vergl. Wagners Jahresber. **1863**, S. 136.
[3] Roscoe, Dingl. Journ. **169**, 155.
[4] Gossage, Chem. Centralbl. **1860**, S. 783.

insbesondere die großartige elektrolytische Gewinnung desselben in neuerer Zeit ebenfalls ein glänzendes Zeugnis dafür, daß die Entwicklung dieser Industrie nur auf Grund wissenschaftlicher Arbeit und Erkenntnis möglich geworden ist.

Die Metallurgie des Nickels entwickelte sich im großen Stile seit der rationellen Gewinnung von Neusilber, das den Chinesen schon lange bekannt war und zur Herstellung von Gerätschaften diente, namentlich seit Benutzung des Nickels zu Scheidemünzen, also im Deutschen Reich seit 1873, sowie nach Auffindung verbesserter Methoden der galvanoplastischen Vernickelung und der elektrolytischen Gewinnung dichten Nickelmetalls. — An die bemerkenswerten Versuche, dieses Metall als Kohlenoxydverbindung aus den Erzen zu gewinnen und daraus unter Regenerierung des Kohlenoxydes zu isolieren, sei hier erinnert.[1]

Die Bereitung und Reinigung des Silbers erfuhren mancherlei Verbesserungen — es seien Augustins und Ziervogels Verfahren, der Pattinson-, sowie der Parkes-Prozeß, ferner die neueren Amalgamationsverfahren erwähnt —, wie auch die des Goldes durch gute Extraktions- und Scheidungsmethoden vervollkommnet wurden, z. B. durch d'Arcets, Plattners und anderer Verfahren, in neuer Zeit besonders durch den theoretisch höchst merkwürdigen Cyanid-Prozeß von Mac Arthur-Forrest.

Die Technologie des Platins erhielt zunächst die wichtigste Bereicherung durch die Versuche von Deville (1852) und Debray (1857) über das Schmelzen großer Mengen dieses Metalles, sowie durch deren verbesserte Methode seiner Gewinnung. In neuerer Zeit werden große Mengen des fein zerteilten Platins als Kontaktsubstanz zur Erzeugung von Schwefelsäure (Oleum etc.) nach dem Verfahren von Cl. Winkler u. a. gebraucht. Heräus (in Hanau) hat sich um die Gewinnung reinen Platins, sowie um Verwertung der dasselbe begleitenden Metalle (Iridium, Palladium, Osmium) verdient gemacht.

Von größter Bedeutung erwies sich die Galvanoplastik, welche die Abscheidung dünner Metallüberzüge mit Hilfe der Elektrizität ermöglichte. Die grundlegende Beobachtung in dieser Richtung machte de la Rive im Jahre 1836; bald darauf (1839) veröffentlichte Jacobi, etwas später Spencer das Verfahren, aus dem sich die heutige, auf hoher Stufe stehende Galvanoplastik entwickelt hat. Des Anteiles, den Werner Siemens an der Entwicklung der letzteren gehabt hat, sei kurz gedacht.

---

[1] Mond, Mon. scient. 1892, S. 785.

Von den im 19. Jahrhundert entdeckten Metallen ist das Aluminium durch H. Devilles[1] emsige und erfolgreiche Bemühungen zuerst der Technik zugänglich gemacht worden, ferner das Magnesium, zu dessen Gewinnung der Staßfurter Karnallit als geeignetes Material erkannt wurde. Die Methoden der Bereitung dieser Metalle haben sich aus den Arbeiten der Entdecker derselben entwickelt.[2]

Die Anwendung der Elektrizität[3] zur Gewinnung von Metallen aus ihren chemischen Verbindungen, also die *Elektrometallurgie*, hat in neuester Zeit sehr große Fortschritte aufzuweisen: so bei der Bereitung von Kupfer, Zink, Gold, insbesondere von Aluminium, welches nach Héroults Verfahren aus Tonerde durch starke elektrische Ströme in großen Mengen gewonnen wird. Durch Anwendung elektrischer Energie ist ferner die Raffination von Blei, die Gold-Silber-, sowie Kupfer-Nickelscheidung gelungen. Auch die Eisen- und Stahlgewinnung mittelst Elektrizität scheint erfolgreich durchgeführt zu werden. Natrium, dessen mächtige Affinität früher zur Isolierung von Aluminium sowie Magnesium verwertet wurde, ehe diese Metalle durch Elektrolyse bereitet wurden, ist demgemäß in seiner Bedeutung zurückgegangen; jedoch wird es nach Castners elektrolytischem Verfahren immer noch in großem Maßstabe hergestellt, um zur Gewinnung von Cyannatrium, Natriumsuperoxyd, Acetessigester und anderen Präparaten zu dienen. — An die elektrometallurgischen Prozesse schließt sich technisch die Gewinnung der Carbide an, deren Bedeutung schon früher (S. 381) hervorgehoben wurde. Noch andere technische Anwendungen elektrischer Energie sind in neuester Zeit geglückt oder haben Aussicht auf Erfolg: z. B. die Gewinnung von Ozon, das zur Reinigung von Trinkwasser in größtem Maßstabe dienen soll (Siemens & Halske), die Oxydation des atmosphärischen Stickstoffs zu Salpetersäure, die elektrothermische Darstellung von Schwefelkohlenstoff (E. R. Taylor).

Auf die im Laufe des 19. Jahrhunderts vorgenommenen Verbesserungen bei der Herstellung von Legierungen aller Art sei kurz hingewiesen: so von verschiedenen Gemischen aus Kupfer und Zink bezw. Zinn: *schmiedbares Messing, Similor, Chrysokalk* und andere

---

[1] Comptes rendus Bd. **38, 39, 40**.
[2] Vergl. Geschichte der reinen Chemie.
[3] Vergl. E. Gerlands Bericht in Chem. Zeitg. **1893** Nr. 30; auch Cl. Winkler, das. **1892** Nr. 22. Borchers, *Elektrometallurgie*; besonders Habers vortrefflichen Bericht in Ztschr. Elektroch. **1903**, S. 304 ff. und Abel, Ztschr. angew. Chem. **1904**, S. 979.

mehr, von Aluminium und Kupfer, *Aluminiumbronze*, von mannigfachen Zinnlegierungen (z. B. *Phosphorbronze*) Amalgamen, sowie von Letternmetall, zu dessen Bereitung früher nur Antimon und Blei, jetzt außerdem auch Zinn genommen wird. Auch vom allgemein chemischen Standpunkte aus verdienen die Legierungen große Beachtung (vergl. die Untersuchungen von Fr. Foerster u. a.).

Die Herstellung von Metallverbindungen hat im 19. Jahrhundert eine außerordentlich vielseitige Gestaltung angenommen; in erster Linie ist hier der Mineralfarben zu gedenken. Die wichtigste Verbesserung in der Gewinnung von Bleiweiß rührt von Thénard (1801) her, nachdem grundlegende Beobachtungen von Scheele vorausgegangen waren. Das Zinkweiß, versuchsweise schon von Courtois gegen Ende des 18. Jahrhunderts fabriziert, wurde erst um 1840 durch Leclaire zu Ansehen gebracht und Gegenstand großer Produktion, die sich gerade in neuester Zeit außerordentlich gehoben hat. — Die Einführung von Chromfarben, insbesondere des als Emailfarbe sehr geschätzten Chromgrüns und Chromrots, gehört erst dem 19. Jahrhundert an. Das lange Zeit beliebte Schweinfurter Grün, eine Doppelverbindung von arsenig- und essigsaurem Kupferoxyd, wurde von Sattler 1814 entdeckt, später aber infolge seiner Giftigkeit (in Europa) durch andere Farben verdrängt.

Die ausgedehnte Anwendung mancher, früher nur in bescheidenem Maße bereiteter Metallsalze zu neuen Zwecken, z. B. des salpetersauren Silbers in der Photographie, des gelben und roten Blutlaugensalzes in der Färberei, hat die Entstehung ganz neuer Fabrikationszweige zur Folge gehabt. Fast von jedem in der Natur reichlich vorkommenden Metalle hat die Technik Salze für ihre Zwecke zu benutzen verstanden: so Zinnchlorür und Zinnchlorid, Aluminium-, Kupfer-, Eisen-, Mangansalze in der Färberei, Quecksilber-, Wismut-, Antimon- und Zinkverbindungen, sowie viele andere vorzugsweise in der Pharmazie. — Aber auch die seltener vorkommenden Verbindungen des Thoriums, Cers und anderer haben sich einen bedeutsamen Platz in der chemischen Technik zu erringen gewußt, seitdem Auer v. Welsbach diese „seltenen Erden", insbesondere Thorerde mit wenig Ceroxyd so glücklich für seine Glühkörper verwendet hat. Hier zeigte sich die Unentbehrlichkeit der Analyse in glänzendster Weise: mit Hilfe neuer Trennungsmethoden gelang es, die gesuchten Erden rein aus den Gesteinen, wie Monazitsand, auch wenn sie arm daran sind, darzustellen (vergl. S. 365).

Entwicklung der chemischen Großindustrie.

Die chemische Großindustrie ist ein Kind der neuen Zeit; ihre Entwicklung geht Hand in Hand mit der Ausbildung der reinen Chemie; die als Grundlage jener zu betrachtende Fabrikation der Schwefelsäure und die der Soda, an die sich die Bereitung der Salzsäure, des Chlorkalkes, der Salpetersäure, des chlorsauren Kalis, die Fabrikation von Kalisalzen und andere technische Prozesse naturgemäß anschließen, gelangten erst zu kräftigster Blüte, als durch chemische Forschungen die einzelnen Prozesse erklärt und die für letztere günstigsten Bedingungen ermittelt waren. Insbesondere die Einführung leicht zu handhabender analytischer Methoden in die Praxis hat dieser den reichsten Nutzen gebracht.

Die Fabrikation der Schwefelsäure[1] hatte schon zu Beginn dieses Jahrhunderts wichtige praktische Neuerungen aufzuweisen, wie die Regulierung des Zutrittes von Wasserdampf und den durch Holker eingeführten kontinuierlichen Betrieb. Der erste Versuch, den merkwürdigen chemischen Prozeß der Bildung von Schwefelsäure aus schwefliger Säure, Luft, Wasser und Salpetergas zu erklären, wurde von Clément und Désormes[2] gemacht; sie erkannten die wichtige Rolle des Stickoxydes. Spätere Untersuchungen von Péligot, namentlich die von Cl. Winkler,[3] R. Weber,[4] Lunge, Schertel, Raschig u. a., haben zur Aufklärung der zwischen obengenannten Agentien sich vollziehenden Vorgänge gedient und für die fabrikmäßige Bereitung der Schwefelsäure nützliche Folgen gehabt, insofern z. B. gewisse Bedingungen, unter denen Störungen eintraten, genau ermittelt wurden. — Eine regelmäßige Kontrolle des Schwefelsäurebetriebes durch Analyse der Röstgase ermöglicht zu haben, ist das Verdienst von Reich gewesen, und seitdem Cl. Winkler, Hempel u. a. die technische Gasanalyse ins Leben gerufen haben, sind Untersuchungen der Kammergase die Regel. — Wie nützlich für die Fabrikation der Schwefelsäure die sorgfältigen Beobachtungen über das chemische Verhalten der salpetrigen Säure zu schwefliger und zu Schwefelsäure gewesen ist, das hat die dadurch veranlaßte Einführung der nach den Erfindern genannten Gay-Lussac- und Glover-Türme deutlich gelehrt, durch welche der ganze Schwefelsäurebetrieb zu einem rationellen gestaltet wurde. Auch die wichtige Verbesserung

---

[1] Vergl. Lunges vorzügliches Handbuch der Sodaindustrie; Muspratt-Stohmanns Technische Chemie: Artikel Schwefelsäure (von Lunge).
[2] Ann. de Chimie **59**, 329.   [3] Vergl. A. W. Hofmanns Bericht etc. 1, 282.
[4] Journ. pr. Chem. **85**, 423. Pogg. Ann. **127**, 543.

des Bleikammerprozesses durch Einführung der Plattentürme war Folge rationeller Untersuchungen über die Wechselwirkung der in den Kammern sich bewegenden Gase.

Hat auf solche Weise die wissenschaftliche Chemie sich der Technik nutzbringend erwiesen, so ist auch diese der ersteren dankbar gewesen; denn manche wichtige Entdeckungen — ich erinnere an die des Selens und des Thalliums — sind mit ihrer Hilfe ermöglicht, und höchst wertvolle Untersuchungen, z. B. über die Oxydationsstufen des Stickstoffs (Lunge), über die Vereinigung von Schwefeldioxyd und Sauerstoff durch Kontaktsubstanzen, durch technische Fragen veranlaßt worden.

Die Bereitung von wasserfreier Schwefelsäure, bezw. einer Lösung dieser in Schwefelsäure (*Oleum*) aus Sauerstoff und schwefliger Säure, früher nur in kleinstem Maßstabe als Vorlesungsversuch gezeigt, hat Cl. Winkler seit 1875 auf Grund ausgezeichneter chemischer Untersuchungen[1] in die Technik eingeführt und damit ein für so manche Zweige der chemischen Industrie wichtiges, jetzt unentbehrliches Agens zugänglich gemacht.

Schon im Jahre 1831[2] hat Peregrine Phillips das „Kontaktverfahren", beruhend auf der Verbindung von schwefliger Säure und Sauerstoff mittels Platin, entdeckt. Cl. Winkler übertrug dasselbe in die Praxis; bei seinen ersten Versuchen wurde das Hauptgewicht auf die Gewinnung eines „stöchiometrisch" genauen Gewichtes von $SO_2 + O$ durch Zersetzung von Schwefelsäure gelegt, da angenommen wurde, daß diese Zusammensetzung der Gaskomponenten notwendig sei. Somit war das Winklersche Verfahren eine Überführung von Schwefelsäure in ihr Anhydrid. Die technische Gewinnung des letzteren direkt aus Röstgasen gelang in größtem Maßstabe Knietsch (Bad. Anilin- und Sodafabrik), der durch sorgfältigste geniale Versuche[3] den Nachweis führte, daß die Verdünnung der Röstgase durch Luft und Stickstoff an sich kein Hindernis für die Bildung des Anhydrids ist, wohl aber die arsenige Säure nachteilig sei, die, aus den Kiesen herrührend, bis auf kleinste Spuren entfernt werden müsse. Seit dieser Erkenntnis hat sich das Kontaktverfahren — in vielen Modifikationen — derart schnell entwickelt und verbessert, daß an eine ernste Gefährdung des alten Kammerprozesses schon mächtigen Industrie, deren Geschichte mit dem Beginne des neuen

---

[1] Wagners Jahresber. f. **1879** u. **1884**.
[2] Über die Geschichte des Kontaktverfahrens s. Witt a. a. O. S. 62; Lunge, Zeitschr. angew. Chem. **1903**, S. 689 u. Knietsch, Ber. **34**, 4069 ff. (1901).
[3] Siehe Ber. a. a. O.

jetzt gedacht wird. Die augenfälligen Fortschritte der Schwefelsäureindustrie sind zweifellos dem streng wissenschaftlichen Geiste jener exakten Forschungen zu verdanken.

Die schweflige Säure, vor kurzem fast ausschließlich zur Bereitung von Schwefelsäure dienend, hat neuerdings ausgedehnteste Anwendung zur Herstellung von sogenannter *Sulfit-Cellulose* gefunden. Ferner wird dieselbe in großem Maßstabe kondensiert zum Bleichen von Wolle, Seide, auch zur Kälteerzeugung und zur Saturation des Rübensaftes mit großem Erfolge gebraucht. Diese vielseitige Verwertung der schwefligen Säure ist um so wichtiger, als man dieselbe früher beim Abrösten von Schwefelmetallen in die Luft gehen und so großen Schaden in der Umgebung anrichten ließ.

Sodaindustrie. — Die Umwandlung des in der Natur reichlich vorkommenden Steinsalzes in Soda bildet die Grundlage dieser chemischen Zeitalters anhebt. Nicolas Leblanc[1] gelang zuerst in praktisch durchführbarer Weise die Überführung des Steinsalzes in Soda mit Hilfe des daraus erzeugten schwefelsauren Natrons, welches Zwischenprodukt schon Malherbe und de la Metherie einige Zeit früher zu gleichem Zwecke, jedoch ohne greifbaren Erfolg, zu benutzen versucht hatten. Auf Grund seiner im kleinen Maßstabe ausgeführten Versuche konnte Leblanc im Jahre 1791 die erste Sodafabrik in Betrieb setzen. Politische und andere Umstände verzögerten die Entwicklung der Sodaindustrie, bis nach Wegräumung mancher Hindernisse (namentlich nach Aufhebung der hohen Salzsteuer) dieselbe zuerst in England seit 1823 durch Muspratt zu vollster Blüte gelangte.

Die Vorteile, welche der Fabrikation von Soda durch chemische Untersuchungen erwuchsen, sind unschätzbar gewesen und lassen sich in diesem kurzen Überblick nicht im einzelnen aufzählen. Die einfachen analytischen Methoden, welche über die Zusammensetzung der Roh-, Zwischen- und Endprodukte Aufschluß gaben, waren für die Regelung des Sodabetriebes von größtem Werte und sind es noch immer. Die Entstehung der Soda aus dem Sulfat durch Schmelzen mit Kohle und Kalkstein ist durch gediegene chemische Untersuchungen[2] aufgeklärt worden, derart, daß nach mehreren ver-

---

[1] Dieser merkwürdige Mann, 1742 (nicht, wie gewöhnlich angegeben, 1753) geboren, hat die Früchte seiner großartigen Arbeit nicht eingeheimst; er ist in bitterer Armut gestorben, durch Verzweiflung in den Tod getrieben (1806). Neuerdings ist zu seinem Andenken ein Standbild in seiner Vaterstadt (Issodun) errichtet worden.

[2] Vergl. Dubrunfaut, Wagn. Jahresber. 1864, S. 177; namentlich Kolb, das. 1866, S. 136 ff.; Scheurer-Kestner, das. 1864, S. 173; Lunges Handbuch.

unglückten spekulativen Versuchen von Dumas und anderen eine brauchbare Theorie jenes Schmelzprozesses aufgestellt werden konnte. Wissenschaftliche Untersuchungen waren es auch, die den Anstoß zu wichtigen Verbesserungen der Sodafabrikation gaben; es sei an das schöne, gewiß lebensfähige Verfahren von Hargreaves und Robinson erinnert, Sulfat mit Umgehung der Bereitung von Schwefelsäure darzustellen, ferner an die Einführung der rotierenden Sodaöfen (Mactear) und anderes mehr. Auf Laboratoriumsversuche gründeten sich insbesondere manche so wichtige Verfahren, die lästigen Sodarückstände zu verwerten und zugleich unschädlich zu machen. Hier muß auf die Arbeiten von Guckelberger, Mond, Schaffner und Helbig hingewiesen werden, die mit Erfolg Reaktionen, die früher nur im kleinen ausgeführt waren, ins Große übersetzten. Den größten Fortschritt auf diesem speziellen Gebiete zeigt das höchst einfache Verfahren von Chance,[1] durch das die nahezu vollständige Wiedergewinnung des Schwefels aus den Rückständen möglich ist. Durch diesen Prozeß wird vielleicht die durch den *Ammoniaksodaprozeß* stark bedrohte Existenz des Leblancschen Sodaverfahrens wieder für einige Zeit gefestigt werden.

Aus rein chemischen Beobachtungen ist die unstreitig wichtigste Neuerung im Gebiete der Sodaindustrie hervorgegangen: die Umwandlung des Chlornatriums in kohlensaures Natron ohne Vermittlung des schwefelsauren Natrons, die Fabrikation der sogenannten Ammoniaksoda.[2] So einfach die ihr zugrunde liegende Reaktion ist, so galt es doch, die Bedingungen, unter denen sie am besten zustande kommt, genauer festzustellen, was trotz der Arbeiten ausgezeichneter Forscher erst in neuerer Zeit E. Solvay in vollstem Maße gelungen ist. In dem Maße, als die Produktion von Ammoniaksoda stark zugenommen hat, ist auch der Bedarf an Ammoniak in der Technik ein größerer geworden. In gleichem Sinne wirkte die mächtige Entwicklung der Industrie von künstlichem Dünger. Die Folge war eine intensivere Verarbeitung der ammoniakhaltigen Gaswasser, sowie der mit Erfolg gekrönte Versuch, aus Brennstoffen, unter gleichzeitiger Verwertung ihrer Heizkraft, sowie bei der Verkokung von Steinkohlen den darin enthaltenen Stickstoff als Ammoniak zu gewinnen: auch hier erkennt man ein Ineinandergreifen der verschiedensten Industriezweige, mächtig gefördert durch die Hilfsmittel wissenschaftlicher Forschung.

Jetzt hat die Gewinnung von *Ammoniaksoda* eine derartige Höhe

---

[1] Vergl. Wagners Jahresber. **1888**, S. 388.
[2] Zur Geschichte dieser vergl. Hofmanns Bericht I, 445 ff.

erreicht, daß die Fabrikation der *Leblancsoda* stark beeinträchtigt ist.[1] Wird das von vielen Chemikern angestrebte Problem gelöst, aus den Abfallprodukten des Ammoniaksodaprozesses Salzsäure oder Chlor in vollem Umfange nutzbar zu machen, dann ist das Fortbestehen des Leblanc-Verfahrens kaum denkbar. Die zahlreichen Patente und daraufhin im großen ausgeführten Prozesse von Weldon-Péchiney, Solvay und anderen zeigen, daß man mit fieberhaftem Eifer der Lösung dieser wichtigen Frage zustrebt.

Auf die Fabrikation der beim Leblancschen Prozeß unvermeidlichen Salzsäure[2] haben chemische Arbeiten einen weniger tiefgreifenden Einfluß ausgeübt, wenn auch gewiß Laboratoriumsversuche über die Kondensation derselben mittels Wasser, über die Befreiung derselben von Beimengungen etc. zu gewichtigen Verbesserungen Anlaß gegeben haben.

Die Bereitung von Chlorkalk, zu der die größten Mengen Salzsäure erfordert werden, hat aus wissenschaftlichen Forschungen reichen Nutzen gezogen, ja sie ist durch solche überhaupt angeregt worden. Berthollets Arbeiten über die bleichende Kraft des Chlors und der Chloralkalien gaben Anlaß zur Fabrikation der unter dem Namen *Eau de Javelle* bekannten Bleichflüssigkeit. Die Darstellung von Chlorkalk führte zuerst Tennant 1799 in England ein. — Das schöne (seit 1867) geübte Verfahren von Weldon,[3] bestehend in Regenerierung des zur Gewinnung des Chlors nötigen Mangansuperoxydes aus den früher wertlosen Chlorrückständen (Manganlaugen), hat sich aus rationell angestellten Laboratoriumsversuchen erfolgreich entwickelt. Mit der Ausbildung desselben ging eine reiche Ernte wissenschaftlicher Ergebnisse Hand in Hand. — Das bedeutsame, aber weniger eingebürgerte Verfahren der Chlorbereitung von Deacon,[4] auf direkte Überführung des Salzsäuregases in Chlor mittels Luft sich gründend, ist ebenfalls aus kleinen Beobachtungen hervorgegangen. Die dabei stattfindende merkwürdige Wirkung eines Kupfersalzes auf das Gemisch von Chlorwasserstoff und Luft harrt noch immer der streng wissenschaftlichen Erklärung.

Der Chlorkalk selbst hat den Gegenstand zahlreicher trefflicher Untersuchungen gebildet, welche die Konstitution desselben auf-

---

[1] Trotzdem arbeiten in England noch 40 Fabriken nach diesem Verfahren (United Alkali Company lim. mit 180 Mill. Mark Kapital).

[2] Als Kuriosum sei erwähnt, daß die jetzt billige Salzsäure früher, nach Glaubers Angabe (also im 17. Jahrh.), die kostbarste Mineralsäure gewesen ist.

[3] Vergl. Weldon, Chem. News **1870** (Septbr.).

[4] Vergl. Journ. chem. soc. **1872**, S. 725.

zuklären bezweckten. Wohl gibt es kaum eine andere so einfach zusammengesetzte Verbindung, über deren chemische Natur man trotz eifrigster Bemühungen noch immer keinen ganz sicheren Aufschluß hat.[1]

Dem schon länger bekannten Chlor haben sich die beiden anderen Halogene, Jod und Brom, mit der Zeit als technisch wichtige Produkte an die Seite gestellt, wenn sie auch, ihrem spärlicheren Vorkommen und ihrer nicht so ausgedehnten Verwendung entsprechend, in viel geringerem Maße erzeugt werden, als das Chlor. Ihre Fabrikation stützte sich von Anfang an auf die wissenschaftlichen Arbeiten von Gay-Lussac und Balard. Nur auf Grund chemischer Beobachtungen konnte das Jod aus früher wertlosen Mutterlaugen, z. B. des Chilisalpeters, der aufgeschlossenen Phosphorite, produziert werden. Das Brom der Technik zugänglich gemacht zu haben, ist das Verdienst von A. Frank[2] gewesen, der die Mutterlaugen der Staßfurter Abraumsalze zur Gewinnung dieses Stoffes verwandte. Daß große Mengen von beiden Halogenen in der Farbstoffindustrie, namentlich von Brom (in Verbindung mit Silber) jetzt in der Photographie verbraucht werden, ist bekannt.

Der neuen Zeit gehört die bedeutsame Entfaltung der elektrochemischen Industrie[3] an; die Elektrizität wurde nicht nur zur Gewinnung von Metallen (s. ob. S. 510) in den Dienst der Technik gestellt; ganz besonders diente sie zur Zerlegung der Alkalichloride zum Zweck der Herstellung von Ätzalkalien, Chlor, sowie Hypochloriten, Chloraten, Perchloraten, Permanganaten und anderem. Dank der fortgeschrittenen Erkenntnis der elektrischen Energie in ihren Beziehungen zur chemischen konnte die für die Elektrolyse der Alkalisalze günstigste Spannung, der geeignetste Widerstand berechnet werden; durch genaue Erforschung der sekundären Vorgänge an den Elektroden ließ sich der schädliche Einfluß dieser auf ein geringes Maß herabdrücken. So entwickelten sich, nachdem auch die Schwierigkeit, die in der Wahl geeigneten Elektrodenmaterials lag, überwunden war, verschiedene Verfahren: das der Diaphragmen (Breuer in Griesheim-Elektron), das Quecksilberverfahren (Castner u. Solvay) und das Aussiger sogen. Glockenverfahren (Bein), alle drei auf verschiedenen Prinzipien fußend. — Sicher hat die Ent-

---

[1] Vergl. Gesch. der unorganischen Chemie S. 380.
[2] Vergl. Hofmanns Bericht etc. 1, 127.
[3] Vergl. Witt, a. a. O. S. 46 ff.; Oettel, *Entwicklung der elektrochemischen Industrie* (Stuttgart 1896). Bezüglich der theoretischen Elektrochemie s. Gesch. der physik. Chemie S. 454.

wicklung der elektrochemischen Industrie noch nicht die Höhe erreicht, auf die sie noch gelangen wird.

Neben der Schwefelsäure und Salzsäure spielt in der chemischen Großindustrie, sowie bei Gewinnung von Nitroverbindungen, die Salpetersäure eine wichtige Rolle, zumal seitdem mit ihrer Hilfe die Technik der Sprengstoffe sich großartig entwickelt hat. Das Kalisalz derselben, seit alten Zeiten bekannt und geschätzt, ist noch immer unentbehrlicher Hauptgemengteil des Schießpulvers. Seit Erschließung eines billigeren salpetersauren Salzes, des Chili- oder Natronsalpeters, stellte man die Säure selbst aus diesem nach dem altbekannten Verfahren mittels Schwefelsäure her; der neueste Fortschritt ist durch den Kunstgriff, die Salpetersäure im Vakuum abzudestillieren, herbeigeführt (Valentiner).

Andererseits war man darauf bedacht, den Natronsalpeter in das wertvollere Kalisalz umzuwandeln, was durch Wechselzersetzung des salpetersauren Salzes mit Chlorkalium am besten gelungen ist. Dies chemisch so einfache Verfahren konnte sich erst gedeihlich entwickeln, nachdem die reichen Kalisalzlager in Staßfurt und Leopoldshall der Technik erschlossen waren (seit 1860). Die Verarbeitung derselben war möglich durch sorgfältigste chemische Untersuchungen,[1] durch welche die Zusammensetzung der Salze, ihre Scheidung und Reindarstellung kennen gelehrt wurde. Zuerst hatten Analytiker, wie H. Rose, Rammelsberg, Reichardt auf den hohen Kaligehalt der achtlos beiseite geworfenen „Abraumsalze" hingewiesen. A. Frank erkannte die technische Bedeutung derselben, und aus kleinen Anfängen entwickelte sich — durch das Zusammenwirken von tüchtigen Chemikern (Frank, Vorster-Grüneberg, Precht, Engel u. a.) die Kalisalzindustrie zu ihrer jetzigen Höhe. Einfache Methoden, das im Carnallit, Kainit enthaltene Chlorkalium zu gewinnen, wurden ausgearbeitet, daraus „Konversionssalpeter" (s. o.), nach dem Leblancschen Verfahren „Mineralpottasche" (Grüneberg 1861), sowie andere Kalisalze fabriziert (Ferrocyankalium, Alaun etc.). Auch die anderen neben Chlorkalium vorkommenden Salze (Bitter- und Glaubersalz, Borazit) wurden bald technisch verwertet. Den größten Nutzen zog daraus die Landwirtschaft, nachdem die hohe Bedeutung der Kalisalze für sie dank den Lehren Liebigs voll erkannt war. Hand in Hand mit der enorm gesteigerten Herstellung von Superphosphat, neuerdings Thomasschlackenmehl, Ammonsalzen und Natronsalpeter hat sich die Industrie *künstlicher Düngemittel*, die Dreiviertel der Produktion der

---

[1] Vergl. A. Frank, Hofmanns Ber. 1, 351; ferner Pfeiffer, Kaliindustrie (1887).

genannten Kalisalze für sich in Anspruch nimmt, in glänzender Weise entwickelt.[1] — Auf die Entstehung der so merkwürdigen Abraumsalze mannigfaltigster Zusammensetzung werfen die schönen Untersuchungen van't Hoffs[2] und seiner Schüler hellstes Licht.

Die Geschichte des Schießpulvers, insbesondere der Explosivstoffe,[3] darf hier um so weniger übergangen werden, als die Entdeckung und Verwertung der letzteren eng mit der jeweiligen Entwicklung der reinen Chemie zusammenhängen. Daß dem Schießpulver ähnliche Gemische schon den Chinesen und Sarazenen zu Feuerwerkszwecken gedient haben, ist bekannt; zum Treiben von Projektilen wurde dasselbe in Europa seit Anfang des 14. Jahrhunderts benutzt. Aber fünf Jahrhunderte vergingen, ehe die beim Abbrennen des Pulvers sich vollziehenden chemischen Vorgänge einigermaßen richtig erkannt wurden. Daß die Wirkung desselben durch Entwicklung von Gas zu erklären sei, hatte zwar schon van Helmont ausgesprochen, jedoch erst durch die genauen Untersuchungen von Bunsen und Schischkoff[4] über die Zusammensetzung der Pulvergase und des Rückstandes wurde der Grund gelegt zu einer Theorie der Verbrennung des Pulvers. Die späteren Arbeiten von Linck, Karolyi, Abel und Noble, Debus und anderen trugen zum Ausbau derselben bei.

Die Explosivkörper, durch welche die moderne Sprengtechnik geschaffen worden ist, sind sämtlich erst durch wissenschaftliche chemische Untersuchungen der Praxis zugänglich gemacht worden. Hier sei an die epochemachende Entdeckung der Schießbaumwolle (Schönbein und gleichzeitig R. Böttger, 1846) erinnert. Die chemische Natur und Wirkungsweise derselben beim Verbrennen wurden durch mühevolle Arbeiten von Lenk, Karolyi, Heeren, Abel und andere klargelegt. — Das vielberufene Nitroglycerin oder Sprengöl war als ein von Sobrero entdecktes chemisches Präparat schon 15 Jahre lang bekannt, bis es auf Grund von Nobels Versuchen seit 1862 als Sprengmittel ausgedehnte Anwendung fand. Die sorgfältigen Untersuchungen von Abel, E. Kopp, Champion über seine Bildungsweise und sein chemisches Verhalten haben der Technik des Sprengöls und der damit hergestellten Präparate, Dynamit etc., reichen Nutzen gebracht. Seit 1888 ist ein gewaltiger Fortschritt

---

[1] Vergl. Witt, a. a. O. S. 36 u. 81.   [2] Vergl. S. 479 Anmerkung.

[3] Vergl. Lepsius' Vortrag: *Das alte und das neue Pulver* in den Verhandlungen der Gesellsch. Dtschr. Naturforscher zu Halle 1891, S. 17 ff.; ferner Guttmann, *Explosivstoffe* (1895); v. Romocki: *Geschichte der Explosivstoffe* (1896).

[4] Pogg. Ann. **102**, 53.

dadurch erzielt worden, daß die früher nur als Sprengmittel brauchbaren zuletzt genannten Stoffe, das Nitroglycerin und die Schießwolle, durch „Gelatinieren" in einen Zustand gebracht werden, der sie zur Verwendung in Feuerwaffen geeignet macht. Das sogenannte *rauchlose Pulver*, je nach seiner Bereitung von sehr verschiedener Beschaffenheit, gehört hierher (auch der sogen. *Cordit, Ballistit*). Durch chemische Versuche ist es gelungen, solches Pulver von bestimmtem ballistischen Wert darzustellen. Hier kommen die von der Chemie zu friedlichen und zu kriegerischen Zwecken geleisteten Dienste in nahe Berührung. — Auf die schon erwähnten ausgezeichneten Untersuchungen von Liebig und anderen Forschern über knallsaure Salze, wodurch die Fabrikation des Knallquecksilbers und seine höchst wichtige Benutzung zur Herstellung von Zündern ermöglicht wurde, sei nochmals hingewiesen.

Die Industrie der Zündwaren hat ihre großartige Entwicklung ebenfalls der näheren Bekanntschaft mit chemischen Präparaten und Vorgängen zu verdanken. Welcher Fortschritt von den sogenannten chemischen Feuerzeugen (1807): Hölzchen, die mit einem Gemisch von chlorsaurem Kali und Schwefel zubereitet waren und durch Eintauchen in Schwefelsäure entflammt wurden, zu den Reibzündhölzern! Die mit gewöhnlichem Phosphor hergestellten kamen um das Jahr 1833 auf (Joh. Irinyi in Pest war wohl der erste Erfinder, dann Romer in Wien, Moldenhauer in Darmstadt), und erfuhren manche Verbesserung, die wichtigste nach der Entdeckung des amorphen, nicht giftigen Phosphors, der seit 1848 verschiedenartige Anwendung, sei es in der Reibmasse oder der Reibfläche (schwedische Zündhölzer), fand. Im Zusammenhange damit wurde der Phosphor, im 18. Jahrhundert noch ein chemisches Kuriosum, seit etwa 50 Jahren massenhaft produziert; das Scheelesche Verfahren seiner Darstellung war schon von Nicolas (1778) verbessert worden und erfuhr in neuerer Zeit manche wesentliche Modifikation, z. B. durch Fleck. Jetzt wird die Verwendung des weißen Phosphors mehr und mehr verlassen und in vielen Ländern gesetzlich verboten.[1]

Mit der Entwicklung der Sodaindustrie ging Hand in Hand die gedeihliche Entfaltung anderer Zweige der chemischen Industrie, in erster Linie die der Seifenfabrikation. Um sich den Einfluß der chemischen Forschung auf die letztere klar zu machen, hat man

---

[1] Über die in Aussicht stehende Anwendung des hellroten Phosphors zu Zündhölzern vergl. S. 361 Anm. 6.

sich die grundlegenden Arbeiten Chevreuls[1] zu vergegenwärtigen. Die durch dieselben angebahnte Erkenntnis von der chemischen Natur der Fette wurde durch spätere Untersuchungen, namentlich die von Gay-Lussac, Heintz und Berthelot, vervollständigt, durch welche die Fette als neutrale Glycerinäther verschiedener Fettsäuren endgiltig erkannt wurden. — Die Fabrikation der Stearinkerzen und des Glycerins, wichtiger Faktoren unseres gewerblichen und geselligen Lebens, kann als reife Frucht jener Arbeiten bezeichnet werden, neben denen die von A. de Milly, dem Begründer der Stearinindustrie, von Melsens und Frémy besonders zu nennen sind. Bedeutende, durch wissenschaftliche Arbeiten angebahnte Verbesserungen reichen bis in die neueste Zeit hinein: so die Vervollkommnung der Verseifung von Fetten und Ölen zur Gewinnung der Fettsäuren (Anwendung des überhitzten Dampfes, Aufklärung der Wirkung von Schwefelsäure auf Ölsäure durch Nachweis der Isoölsäure und anderer Produkte u. a. m.), die rationelle Darstellung des Glycerins mittels gespannten Dampfes, die Verarbeitung der Seifenunterlaugen auf Glycerin (vergl. die Werke über Technologie der Fette und Öle von Schädler, über Seifenfabrikation von Deite u. a.). Besonders wichtig für Handel und Verkehr ist die Ausarbeitung brauchbarer Methoden zur Wertbestimmung von Fetten und Ölen, Seifen etc., namentlich zum Nachweis von Verfälschungen gewesen (vergl. R. Benedikt-Ulzers treffliches Werk: Analyse der Fette und Öle, Berlin bei Springer).

In engem Zusammenhange mit der Sodaindustrie steht ferner die Fabrikation des Ultramarins, sowie des Glases. Das erstere, recht eigentlich ein Produkt chemischer Versuche, im Jahre 1828 von Chr. Gmelin und etwa gleichzeitig von Guimet, sowie unabhängig von beiden etwas später von Köttig (in Meißen) entdeckt, der es zuerst fabrikmäßig herstellte, hat zu zahlreichen wissenschaftlichen Arbeiten[2] Anlaß gegeben, durch die zwar die Herstellung der verschiedenen Ultramarinsorten wesentlich verbessert, auch der Chemismus einzelner Teile des Brennprozesses aufgeklärt wurde, die aber zu einer abschließenden Ansicht über die chemische Natur des

---

[1] M. E. Chevreul, geboren 1786, gestorben 1889, war in verschiedenen Stellungen zu Paris, zuletzt als Direktor der Färbereien und Professor der auf Färberei angewandten Chemie an der berühmten Gobelinsmanufaktur tätig. Außer seinen klassischen *Récherches sur les corps gras d'origine animale* hat er mancherlei Arbeiten physiologisch-chemischer Natur über Farbstoffe, Leichenwachs (*adipocire*) und anderes, veröffentlicht.

[2] Es sei auf die Arbeiten von Leykauf, Büchner, R. Hoffmann, Knapp, Guckelberger hingewiesen.

Ultramarins nicht geführt haben. Noch immer steht die eine Annahme, daß Ultramarin eine bestimmte chemische Verbindung (ein Sulfosilikat) sei, der anderen Meinung gegenüber, nach der dasselbe eine den Gläsern ähnliche Mischung sein soll. Die letzte Arbeit von Friedrich Knapp[1] hat begonnen, das Dunkel zu lichten, das die Ursache der Färbung von Ultramarin verhüllte. Nach physikalisch-chemischer Auffassung soll sich „der farbtragende Stoff im Zustande der verdünnten festen Lösung mit den siliciumhaltigen Bestandteilen der Grundmasse befinden".[2]

Die Glasbereitung, die schon in alter Zeit durch Empirie auf eine hohe Stufe der Entwicklung gelangt war, hat von der chemischen Forschung noch viel gelernt. Dem 19. Jahrhundert gehört die Herstellung von Glaubersalzglas, die Verbesserung des Flint- und Kristallglases an. Ferner sei an die Fortschritte erinnert, welche die Versilberung des Glases durch Liebig und die Glasmalerei durch die Herstellung neuer Mineralfarben gemacht haben. Die chemische Ursache der Färbung von Gläsern wurde durch Untersuchungen von Wöhler, Knapp, Ebell, M. Müller u. a. aufgeklärt. Durch chemische Arbeiten endlich fand die Kunst, Edelsteine nachzuahmen, überhaupt neue Glassorten herzustellen, regste Unterstützung. — Die chemischen Vorgänge bei der *Bildung* von Glas waren häufig Gegenstand wichtiger Untersuchungen,[3] die zu verschiedenem Ergebnis geführt haben bezüglich der Frage, ob dasselbe eine wahre chemische Verbindung sei oder nicht. — In neuerer Zeit sehen wir die Glasfabrikation mit Hilfe der Analyse wissenschaftliche und zugleich eminent praktische Erfolge[4] erringen, die zum Teil durch die großartigen Verbesserungen der Feuerungsanlagen (Siemens) herbeigeführt worden sind (Jenaer Glas).

Das schon von Agricola, Glauber u. a. gekannte Wasserglas wurde durch die Arbeiten von Fuchs (1818) der Technik zugänglich gemacht und hat seitdem in verschiedenster Weise Nutzanwendung gefunden, z. B. zum Imprägnieren von Holz, zur Herstellung von Kitten, zur Befestigung von Farben auf Wänden *(Stereochromie).*

---

[1] Journ. pr. Chem. (2) **38**, 48.
[2] Vergl. Rohland: *Über die Konstitution des Ultramarins*, Zeitschr. angew. Chem. **1904**, 609.
[3] Pelouze, Ann. Chim. Phys. (4) **10**, 184. R. Weber, Wagn. Jahresber. **1863**, S. 391. Benrath, das. **1871**, S. 398. Vergl. auch das Werk Benraths: „*Glasfabrikation*", 1875.
[4] Vergl. die Untersuchungen von Schott, Mylius, R. Weber, Fr. Förster u. a.

Tonindustrie. — Wichtige praktische Neuerungen auf diesem von alters her bebauten Gebiete knüpfen sich an die Namen Wedgwood, Littler, Sadler u. a. Durch chemische Untersuchungen über das Wesen der feuerfesten Tone, über die Beziehungen zwischen deren Zusammensetzung und ihrem Verhalten bei hohen Temperaturen haben sich C. Bischof,[1] Richters[2] und in neuerer Zeit Seger[3] verdient gemacht. Die Arbeiten derselben zeigen den Weg an, wie man die zur Herstellung der Tonwaren nötigen Massen rationell verbessern kann, haben also der Praxis großen Nutzen gebracht. Auch bezüglich der Glasuren und der einzubrennenden Farben hat die Keramik den Laboratoriumsarbeiten tüchtiger Chemiker viel zu verdanken.

Die Bereitung und Anwendung des Mörtels, namentlich des hydraulischen *Cements*, sind gleichfalls durch gediegene chemische Untersuchungen gefördert worden, durch die auch das vielumworbene Problem, die Erhärtung desselben chemisch zu erklären, seiner Lösung nähergeführt wurde. Die Ursache dieser Haupteigenschaft der verschiedenen Cemente auszumitteln, war der Zweck zahlreicher Arbeiten; außer denen von Winkler und Feichtinger seien besonders die von Michaëlis,[4] F. Schott,[5] Fr. Knapp,[6] und Michel[7] namhaft gemacht. — Die ältere, von Fuchs gegebene Auffassung des Erhärtungsvorganges, wonach dieser in der allmählichen Bildung eines Calciumsilikates besteht, mußte als ungenügend aufgegeben werden; aber eine endgiltige Lösung der Frage, eine vollständige Theorie der Erhärtung, ist immer noch nicht gegeben.

Die Fortschritte der Papierfabrikation können hier nur oberflächlich berührt werden, da dieselben zum großen Teil der mechanischen Technologie angehören. Die Versuche, mittels chemischer Agentien vegetabilische Rohstoffe, namentlich Holz und Stroh, zur Herstellung von Papier geeignet zu machen, waren seit dem Jahre 1846 von Erfolg begleitet. Zuerst fand man in dem Ätznatron das Mittel, die Cellulose aus jenen Stoffen darzustellen; später hat sich die Lösung von schwefligsaurem Kalk in schwefliger Säure auf das vorteilhafteste bewährt, um den Holzzellstoff möglichst von den inkrustierenden Stoffen zu befreien. Das Ver-

---

[1] Dinglers Journ. Bd. **159, 194, 198, 200**.
[2] Das. **191**, 150.   [3] Das. **228**, 70.
[4] Vergl. seine Schrift: *Die hydraulischen Mörtel* etc. (Leipzig 1869).
[5] Dinglers Journ. **202**, 434; **209**, 130.   [6] Das. **202**, 513.
[7] Journ. pr. Chem. (2) **33**, 548.

fahren zur Gewinnung solcher *Sulfitcellulose* ist aus den chemischen Untersuchungen von Tilghman hervorgegangen und namentlich durch Al. Mitscherlichs, sowie Ritter-Kellners Arbeiten für die Technik lebensfähig gemacht worden.

Ein Problem, das von vielen Seiten in Angriff genommen ist: die Umwandlung der Cellulose in Zuckerarten, besonders in Rohrzucker, harrt noch der technisch brauchbaren Lösung. Wenn diese einmal in großem Maßstabe gelingen sollte, dann würde damit eine gewaltige Revolution im Gebiete der landwirtschaftlichen Gewerbe und im gesamten Leben eintreten.

Die Fabrikation und Weiterverarbeitung eines anderen vegetabilischen Rohstoffs, der Stärke, hat ebenfalls aus chemischen Untersuchungen große Vorteile gezogen. Der Umwandlungsprozeß, dem die Stärke durch Behandlung mit Säuren unterliegt, ist erst in neuerer Zeit einigermaßen aufgeklärt worden; es seien die Arbeiten von Märcker, Musculus, O'Sullivan, Payen, Brown und Héron, Salomon, Allihn, denen noch andere Namen angefügt werden könnten, erwähnt. — Die erste Beobachtung über die Bildung von Stärkezucker rührt von Kirchhoff (1811) her; aus derselben ist ein wichtiger Industriezweig emporgewachsen. — Als Zwischenprodukte sind die als Ersatz für natürliche Gummiarten dienenden Dextrine frühzeitig erkannt und verwertet worden.

Die Rübenzuckerindustrie[1] hat sich aus den in kleinem Maßstabe von tüchtigen Chemikern angestellten Versuchen großartig entfaltet. Die von Marggraf im Jahre 1747 gemachte Entdeckung, daß Zucker in dem Rübensafte enthalten sei, war zu jener Zeit einer gewerblichen Ausnutzung noch nicht fähig. Achard,[2] ein Schüler Marggrafs, sowie in zweiter Linie Hermbstädt, Lampadius u. a. griffen Ende des vorigen Jahrhunderts das Problem, aus Rüben Zucker im großen zu gewinnen, wieder auf; auch gelang es ihnen, ein Verfahren auszuarbeiten, das während der Zeit der Kontinentalsperre in zahlreichen Fabriken ausgeübt wurde. Die letzteren konnten sich jedoch nicht lange halten, da die Fabrikation

---

[1] Vergl. Stohmann, *Zuckerfabrikation* (1893). Vergl. auch E. O. v. Lippmanns *Geschichte des Zuckers* und besonders sein ausgezeichnetes Werk: *Die Chemie der Zuckerarten* (in zwei stattlichen Halbbänden bei Vieweg 1904 erschienen).

[2] Über diesen hervorragenden Mann, den eigentlichen Begründer der Rübenzuckerindustrie hat v. Lippmann in der Zeitschrift *Die deutsche Zuckerindustrie* (1904) bemerkenswerte Angaben gemacht.

des Zuckers eine sehr unvollkommene und die Ausbeute an Zucker sehr gering war. Erst seit 1825 datiert der Aufschwung der Rübenzuckerfabrikation, deren Entwicklung durch verschiedene Faktoren, nicht zum geringsten durch die Verwertung chemischer Kenntnisse, bedingt gewesen ist. Man denke an die Ausbildung der saccharimetrischen Methoden, die entweder auf chemischen oder auf physikalischen Wegen bezweckten, den Gehalt des Rübensaftes an Zucker zu ermitteln, ferner an die Verbesserung des Läuterungsverfahrens, der *Scheidung* durch Kalk und *Saturation* durch Kohlensäure und in neuerer Zeit auch durch schweflige Säure, an die Verwertung, „*Entzuckerung*", der Melasse und anderes mehr. Die Gewinnung des in letzterer enthaltenen Zuckers durch das Strontianverfahren (Scheibler) z. B. beruht auf gründlichster Kenntnis des chemischen Verhaltens verschiedener Strontiansaccharate. — Die Filtration des geläuterten Saftes durch Knochenkohle wurde zuerst von Figuier (1811), dann von Derosne (1812) empfohlen und als wesentlicher Teil der Zuckerfabrikation, namentlich bei der *Raffination*, lange Zeit beibehalten. Die bedeutsame Einrichtung der Vakuumpfannen datiert seit 1813 (Howard) und hat mancherlei Verbesserungen erfahren. Einen großen Fortschritt bedeutete die Einführung der zur Verdampfung dienenden „Mehrkörperapparate" Rillieux, Tischbein, Robert), die sich — gleich den Vakuumpfannen — auch in anderen Fabrikationszweigen vorzüglich bewährt haben. — Das besonders zweckmäßige Diffusionsverfahren zur Gewinnung von Rübensaft, 1866 von J. Roberts (in Seelowitz, Mähren) erfunden, hat sich von Österreich aus rasch verbreitet. — Die Osmose, zur Entzuckerung der Melasse zuerst von Dubrunfaut (1863) in die Technik eingeführt, aber meist wieder aufgegeben, hat sich aus physikalischchemischen Versuchen entwickelt. Überall zeigt sich der Nutzen der rationellen Forschung.

Auf den Nutzen, den die Agrikulturchemie für diesen Industriezweig dadurch gehabt hat, daß sie durch rationelle Untersuchung des Bodens, Düngers etc. die günstigsten Bedingungen zum Gedeihen zuckerreicher Rüben ermittelte, sei noch kurz hingewiesen. Kaum ein anderes Gebiet der chemischen Technik weist so innige und nutzenbringende Wechselbeziehungen mit der Landwirtschaft auf, als gerade die Rübenzuckerindustrie. — Die Fabrikation „künstlicher Dünger" hat durch die gewaltige Entwicklung des Rübenbaues einen besonders mächtigen Anstoß erhalten. — Endlich ist auch der rein wissenschaftlichen Chemie aus der sorgfältigen Erforschung des Rübensaftes mancher Nutzen erwachsen (vergl. v. Lippmanns treffliche Untersuchungen).

Gärungsgewerbe.[1]

Die verschiedenen Gärungsgewerbe sind in ihrer Entwicklung durch chemische Untersuchungen außerordentlich gefördert worden; zugleich wurde auf Grund der letzteren das Wesen der Gärungsprozesse in helles Licht gesetzt. An Stelle der von Berzelius und Mitscherlich vertretenen Kontakttheorie, die nur eine mangelhafte Umschreibung, keine Erklärung der Tatsachen war, trat die vitale Gärungslehre von Pasteur. Derselben mußte auch allmählich die sogenannte mechanische Theorie Liebigs weichen, während Pasteurs Auffassung bezüglich der Lebenstätigkeit der Hefe durch Untersuchungen anderer Forscher wesentlich modifiziert wurde. Die neuesten Arbeiten E. Buchners und seiner Schüler haben zur Erkenntnis geführt, daß ein aus der Hefe hervorgegangenes Enzym (*Zymase*) die Gärung hervorruft.[2]

Alle die zur Prüfung oder Begründung theoretischer Ansichten unternommenen und durchgeführten Arbeiten haben auf die Praxis der Gärungsgewerbe bestimmenden Einfluß geübt, insofern auf Grund der durch dieselben gewonnenen Kenntnisse die Gärungsprozesse sicherer als früher geleitet werden können.

Augenfällig ist der Nutzen der Analyse gewesen in ihrer Anwendung auf gegorene Getränke, aus deren chemischen Beschaffenheit auf Mängel bei der Bereitung derselben geschlossen werden kann. Die Erkenntnis von der normalen Zusammensetzung des Weines und Bieres hat rationelle Vorschläge zu Verbesserungen dieser Getränke veranlaßt. Eine Aufzählung auch nur der bedeutsamsten Neuerungen[3] auf diesem Gebiete kann nicht versucht werden; manche derselben knüpfen sich wieder an den Namen Pasteur an *(Pasteurisieren* des Bieres u. a.).

Die Spiritusfabrikation verdient hier als besonders wichtiger Industriezweig hervorgehoben zu werden, der — abgesehen von großartigen Verbesserungen der Rektifikationsvorrichtungen (Kolonnenapparate) — gerade durch chemische Arbeiten zu einer hohen Entwicklung gediehen ist; die in hohem Maße betriebene Fabrikation von *Alkoholpräparaten* verschiedenster Art steht damit in innigstem Zusammenhange. — Von wichtigen Beobachtungen der neuesten Zeit seien die von Effront über die günstige Wirkung geringer Mengen Flußsäure

---

[1] Vergl. Hansen, *Praxis der Gärungsindustrie*; Jörgensen, *Mikroorganismen der Gärungsindustrie*; Märcker, *Spiritusindustrie*.

[2] Vergl. Gesch. der physiol. Chemie S. 497.

[3] Vergl. besonders Pasteurs, Hansens, sowie Jörgensens Werke.

auf den Verlauf der Gärung hervorgehoben, sowie die von anderen über den Vorteil der Lüftung, über Anwendung von Hefe-Reinkulturen. Die Erkenntnis, daß die Bildungsweise von Essigsäure aus Alkohol auf der Oxydation des letzteren beruhe, bildete die Grundlage der sich in unmittelbarem Anschluß an die Arbeiten Döbereiners entwickelnden *Schnellessigfabrikation*,[1] wie andererseits die fabrikmäßige Bereitung von Holzessigsäure, Methylalkohol, Aceton etc. aus den chemischen Untersuchungen über die Destillationsprodukte des Holzes hervorging.

Anilinfarben und ähnliche Farbstoffe.[2]

Den Nutzen der wissenschaftlichen chemischen Untersuchungen illustriert keine andere Industrie besser, als die des Steinkohlenteers, dessen Verarbeitung und damit Hand in Hand gehende Veredelung eine Fülle von geistigen Kräften in Bewegung gesetzt haben und noch fortdauernd in Atem erhalten. Hier zeigte sich deutlich, daß rein chemische Arbeiten die notwendige Vorbedingung zur Entwicklung eines jeden einzelnen Zweiges der gesamten Teerfarbenindustrie gewesen sind. In keinem anderen Gebiete der chemischen Technik sind so viele zielbewußte Entdeckungen gemacht worden, als in dem der künstlichen Farbstoffe.

Aus der großen Zahl wichtiger Untersuchungen, durch welche diese Industrie gefördert worden ist, seien nur die hervorragendsten namhaft gemacht,[3] deren Einfluß auf die Gestaltung dieses Teiles der chemischen Technologie unbestreitbar gewesen ist. Dies gilt von A. W. Hofmanns klassischen Arbeiten über das Anilin und seine Abkömmlinge, über die Base des Fuchsins, Rosanilin, und seine Deri-

---

[1] Dieselbe wurde zuerst von Schützenbach (Freiburg) 1823, sowie von Wagenmann (Berlin) 1824 ausgeführt.

[2] Vergl. besonders Nietzki, *Chemie der organischen Farbstoffe*, G. Schultz, *Chemie des Steinkohlenteers* etc., R. Möhlaus Werk über Farbstoffe (1890), Georgievics, *Farbenchemie*, Bülow, *Azofarbstoffe*, sowie die höchst verdienstlichen halbjährlichen Berichte von H. Erdmann über die Fortschritte der Farbenindustrie etc. (in der „Chem. Industrie" veröffentlicht) mehrfach genanntes Werk S. 202 ff. Zu schneller Orientierung kann das Büchlein der Sammlung Göschen: *Die Teerfarbstoffe* etc. von H. Bucherer (1904) sehr gut dienen. Die außerordentlich große litterarische Produktion auf diesem Gebiete läßt dessen hohe Bedeutung erkennen. Als ein aus der Technik hervorgegangenes treffliches Werk sei Joh. Walters „Aus der Praxis der Anilinfarbenfabrikation" (Hannover 1903) hervorgehoben.

[3] Bezüglich einzelner Quellenangaben siehe Geschichte der organischen Chemie, sowie die in voriger Note zitierten Werke, endlich den wichtigen Vortrag Caros über die Entwicklung der Teerfarbenindustrie (Ber. 25, R. 955), auch A. Bernthsens Vortrag (5. Januar 1903 in den Verhandlungen des Ver. z. Beförderung des Gewerbefleißes).

vate, ferner von der denkwürdigen Untersuchung E. und O. Fischers über Pararosanilin und Rosanilin, durch welche die Konstitution dieser Stoffe festgestellt wurde. — Von welch tiefgreifender Bedeutung für die Praxis die Versuche von Coupier und Rosenstiehl über die Toluidine waren, das ist genugsam bekannt; aber auch für die Wissenschaft entsprangen daraus wichtige Ergebnisse. Es sei ferner an die schöne Entdeckung grüner Farbstoffe aus Bittermandelöl und Benzotrichlorid (O. Fischer, Döbner 1877) erinnert, sowie an den Nachweis, daß diese Stoffe gleich dem Rosanilin und dem Aurin sich von dem Triphenylmethan ableiten. — Nicht vergessen sei, daß für die Entwicklung der Anilinfarbenindustrie die schon vor 40 Jahren ausgeführten Arbeiten Mansfields[1] grundlegend gewesen sind; denn durch sie wurde die Gewinnung des Benzols und seiner Homologen aus dem Steinkohlenteer, sowie die des Nitrobenzols im großen Maßstabe ermöglicht. — Der erste, technisch bereitete Anilinfarbstoff ist das von Perkin 1856 aus Anilin mittels Kaliumbichromat und Schwefelsäure gewonnene Violett gewesen. A. W. Hofmann beobachtete 1858 die Bildung von Anilinrot, das kurz darauf Verguin (in Lyon) auf anderem Wege fabrizierte und als *Fuchsin* in den Handel brachte. Diesem Farbstoff folgten bald das Anilinblau, Anilinviolett, Anilingrün, welche Stoffe Hofmann als Abkömmlinge des Fuchsins teils selbst darstellte teils richtig erkannte. Von großer praktischer Bedeutung war die Entdeckung des Methylvioletts (Lauth), sowie des Anilinschwarz (Lightfoot 1863). — Während die Konstitution des letzteren noch immer in Dunkel gehüllt ist, hat sich die der anderen Anilinfarbstoffe, insbesondere seit der Untersuchung E. und O. Fischers (s. oben), mehr und mehr aufgeklärt. Hand in Hand mit solcher Erkenntnis sind neue wichtige Bildungsweisen von Rosanilinfarbstoffen entdeckt und ausgebildet worden (es sei an die Verwendung von Oxalsäure, Formaldehyd, Carbonylchlorid zur Synthese von Diphenylaminblau, Neu-Fuchsin, Kristallviolett und ähnlichen Stoffen erinnert). Daß für solche Entdeckungen ein theoretisches Hilfsmittel, nämlich Kekulés Benzoltheorie von der größten Bedeutung gewesen ist, indem zwischen tausenden verschiedener Verbindungen ein bestimmter Zusammenhang festgestellt wurde, ist zweifellos.

Besonders reiche Früchte trug die chemische Forschung im Bereiche der Alizarinindustrie, die sich früher lediglich auf ein

---

[1] Journ. Chem. Soc. **1**, 244; **8**, 110. Mansfield wurde ein Opfer seiner Arbeiten (er starb an den Verletzungen, die er sich bei einem Brande von Benzol zugezogen hatte, i. J. 1847).

Naturprodukt, den *Krapp*, stützte, dann aber durch die von Gräbe und Liebermann (1869) ausgeführte Synthese des Alizarins aus Anthracen auf diesen letzteren im Teer enthaltenen Stoff hingeleitet wurde, derart, daß jetzt der wegen seiner Echtheit geschätzte Farbstoff ausschließlich daraus bereitet wird. In der Tat sind die noch vor 30 Jahren blühenden Krapppflanzungen Südfrankreichs und Algiers so gut wie völlig verschwunden. Neben diesem praktischen Erfolg darf der wissenschaftliche, der in der Ermittlung der chemischen Konstitution des Alizarins und ähnlicher Stoffe besteht, nicht übersehen werden. Für die Geschichte der chemischen Entdeckungen ist dieser Fall besonders lehrreich; denn die von Gräbe und Liebermann zuerst gemachte Beobachtung, daß aus Alizarin durch Reduktion mit Zinkstaub Anthracen gebildet wird, leitete sie auf den richtigen Weg, das erstere synthetisch durch passende Oxydation des Anthracens zu gewinnen. Der von A. v. Baeyer zuerst angewandte Zinkstaub hat auch in anderen Fällen zu wichtigen Aufschlüssen geführt.

Die v. Baeyer gelungene Überführung der Phtalsäure in Farbstoffe war einmal von praktischer Bedeutung, da im Anschluß daran die schönen Eosinfarbstoffe von Caro aufgefunden wurden, sodann erwies sie sich auch in rein wissenschaftlicher Hinsicht als eine fruchtbare Entdeckung, da durch die Aufklärung der Konstitution dieser *Phtaleïne* sich über andere Gebiete Licht verbreitete, auch die Frage nach den Beziehungen der Fluoreszenzerscheinungen organischer Stoffe zu ihrer Konstitution in Fluß kam. An die Entdeckung der Phtaleïne reihte sich i. J. 1887 die des *Rhodamins* und ähnlicher (Ceresole). — Alle diese Farbstoffe färben Baumwolle nur echt, wenn diese gebeizt wird, die meisten aber Seide und Wolle direkt. Für die Färberei war die Entdeckung wichtig, daß aus basischen Farbstoffen durch Behandeln mit Schwefelsäure (Sulfonieren) echtere und zugleich wasserlösliche Produkte erzielt werden: Säurefuchsin (Caro), Säureviolet, Lichtgrün, Patentblau u. a. —

Aus den denkwürdigen Arbeiten von P. Grieß (über Diazoverbindungen), denen sich die von anderen Forschern, namentlich von Caro, Nietzki, Witt anschlossen, entwickelte sich die Fabrikation der Azofarbstoffe, deren Bildungsweise und Konstitution so klar gelegt wurde, daß man mit Hilfe typischer Reaktionen eine unabsehbare Reihe wertvoller Farbprodukte darstellen konnte. — Der erste Azofarbstoff (ein Salz des Amidoazobenzols) kam schon 1864 als Anilingelb in den Handel, ohne daß seine wahre Konstitution damals bekannt wurde. Erst seit 1876 datiert die gewaltige Entwicklung dieser Industrie; rasch aufeinander folgten das Chrysoidin, die Tropäoline, meist gelb und orange färbende Stoffe, denen sich die durch Echtheit ausgezeichneten roten Farbstoffe: Ponceaux, Echtrot, weiterhin die Scharlachfarben (Biebricher- und Croceïn-Scharlach) anschlossen. — Die bedeutendste Entdeckung neuerer Zeit in diesem Gebiete ist wohl die der *„substantiven Baumwollfarbstoffe"* aus Benzidin und ähnlichen Stoffen gewesen (Böttich er wurde i. J. 1884 durch einen Zufall zu dieser Entdeckung geführt); es seien Kongorot, Benzopurpurin, Chrysamin genannt. — Die Fülle der zu den Azoverbindungen gehörenden Farbstoffe erhellt aus der Angabe, daß jetzt mehr als 200 verschiedene derartige Stoffe von verschiedensten Nuancen in den Handel gebracht werden.

Zu dem Alizarin kamen seit den 80er Jahren des vorigen Jahrhunderts andere Abkömmlinge des Anthrachinons, bezw. Anthraceus, die als Farbstoffe eine sehr wichtige Rolle spielen: das Galleïn, Cöruleïn und andere Oxyderivate des Anthrachinons, die R. Schmidt (1890) aus Alizarin durch Oleum herstellte, ferner das Alizarinblau, das Brunck (1880) in die Technik einführte, und noch viele andere.

In ähnlich gründlicher Weise wurden andere Klassen von Farbstoffen erforscht und der Praxis zugänglich gemacht. So sind von großer praktischer und theoretischer Bedeutung die chemischen Untersuchungen über die in der neueren Zeit aufgekommenen geschätzten Farbstoffe, das Methylenblau Caros und die Safranine gewesen, deren rationelle Zusammensetzung durch Bernthsen einerseits, Nietzki und Witt andererseits erforscht wurde. Das Endziel so vieler Arbeiten über diese organischen Farbstoffe: die Beziehungen letzterer zu Substanzen, von denen sie sich ungezwungen ableiten lassen, aufzufinden, ist in den dargelegten Fällen erreicht worden. So sind das Rosanilin, Aurin und zahlreiche ähnliche Verbindungen als Abkömmlinge des Triphenylmethans, die Azofarbstoffe als solche des Azobenzols und Azonaphtalins, das Alizarin, Purpurin und andere als Derivate des Anthrachinons erkannt worden; das Methylenblau leitet sich von dem Thiodiphenylamin, die Safranine und andere Farbstoffe von dem Phenazin ab. — In ähnlicher Weise sind die Indophenole und Indamine, die Eurhodole und Eurhodine, die Rosinduline und andere Derivate bestimmter chemischer Verbindungen, die selbst nicht Farbstoffe sind, solche aber durch Eintritt gewisser Atomgruppen werden. Das von derartigen Erfahrungen ausgehende Bemühen einiger Forscher (Witt, Nietzki, Armstrong und andere), Beziehungen zwischen der chemischen Konstitution von Farbstoffen und deren färbenden Eigenschaften aufzufinden, sei hier erwähnt; auf den Wert einer gut begründeten Theorie können diese Spekulationen noch keinen Anspruch machen; sie sind nicht viel mehr als Umschreibungen von Tatsachen und weisen auf bestimmte Beziehungen zwischen Konstitution und Farbstoffcharakter hin.

Während die meisten Farbstoffe erst mit der Erkenntnis ihrer Konstitution zu vollster technischer Entfaltung gelangten, haben die substantiven sogen. Schwefelfarbstoffe (nach der Vidalschen Reaktion empirisch hergestellt) eine hohe Bedeutung erlangt, ja sie stehen im Mittelpunkte des Tagesinteresses, ohne daß es bis jetzt gelungen ist, ihre Konstitution zu entziffern.

Von um so tiefer greifendem Einflusse war die Frage nach der chemischen Konstitution und ihre Lösung bei einem der ältesten Farbstoffe, dem Indigblau der Indigopflanze.

A. v. Baeyer hat Mittel und Wege gefunden, dasselbe auf verschiedenen Wegen künstlich durch Aufbau aus einfacheren, dem Teer entstammenden Stoffen zu gewinnen, und hat so seine Konstitution entziffert. Auch andere Forscher haben sich um die Lösung des Problems verdient gemacht. Lebensfähig wurde die künstliche Bereitung von Indigo erst, als ein von Heumann aufgefundener Weg, der zunächst wegen der geringen Ausbeute keinen Erfolg versprach, nach wesentlicher Änderung des Verfahrens und mit allen erdenklichen Mitteln der Technik in der Badischen Anilin- und Sodafabrik beschritten und gangbar gemacht wurde, Dank dem Zusammenwirken tüchtigster Chemiker.[1] So gelang es, trotz mannigfacher Zwischenprodukte, die hergestellt werden müssen, vom Jahre 1897 ab das Indigblau in viel reinerem Zustande, als die Natur es liefert, im großen Maßstab zu produzieren. Auch die Höchster Farbwerke bringen dieses „Indigorein", das nach wenig abgeändertem Heumannschen Verfahren hergestellt wird, auf den Markt. Schon jetzt, wenige Jahre nach Erzielung dieses wissenschaftlichen Erfolges, hat der künstliche Indigo begonnen, den natürlichen zu verdrängen und einen erheblichen Teil des Weltbedarfes an diesem besonders echten Farbstoff zu decken. Wir gehen hier einer ähnlichen, nur viel großartigeren und tiefer einschneidenden Umwälzung sicher und unaufhaltsam entgegen, wie sie bei der Verdrängung des Krappfarbstoffs durch Alizarin sich vollzogen hatte.

Am Schlusse dieses Kapitels, das aus dem überreichen Gebiete der organischen Farbstoffe nur einen Ausschnitt zu bringen

---

[1] Vergl. Bruncks Vortrag Ber. 1900. Sonderheft LXXI (Hofmann-Haus-Einweihung).

vermag, sei nochmals auf den innigen Zusammenhang zwischen Forschung und Industrie hingewiesen. Witt, einer der ersten Kenner dieses Gebietes, betont in seinem mehrfach erwähnten Buche (S. 203), daß die Farbenindustrie mehr als jeder andere Zweig der chemischen Industrie von den Ergebnissen der wissenschaftlichen Forschung direkt abhängig sei, stellt aber dann fest, daß eine gewisse Veränderung zwischen den Beziehungen der Wissenschaft zur Praxis eingetreten: „Es ist nicht zu bestreiten, daß die Farbenindustrie in den letzten Jahrzehnten mehr und mehr die Forschung auf dem Gebiete, welches sie bearbeitet, in ihre eigenen Hände genommen hat. An die Stelle einer geschickten Ausnutzung der gelegentlichen Entdeckungen unabhängiger Forscher ist eine planmäßige Durchsuchung des bebauten Gebietes in den speziell von der Industrie zu diesem Zwecke unterhaltenen Forschungslaboratorien getreten."

Färberei.

Das Wesen der Prozesse, durch welche die Farbstoffe auf der vegetabilischen oder tierischen Faser fixiert werden, ist durch die klare Erkenntnis von der chemischen Natur der Farbstoffe wesentlich gefördert worden; dennoch aber mangelt es noch in einigen Fällen an einer sicheren Erklärung der Wirkungsweise der Fasern, denen teils eine chemische, teils eine mechanische Rolle zugeschrieben wird, sowie der Wirkung verschiedener Beizen. Den ersten, wenn schon sehr unvollkommenen Versuch, darüber ins klare zu kommen, hat Macquer 1795 gemacht. Die seit langer Zeit in der Färberei herrschende Empirie ist allmählich, dank der vordringenden chemischen Forschung, einer klareren Einsicht in die Vorgänge der Applikation von Farbstoffen auf Geweben etc. gewichen. Es sei nur an die Versuche Knechts erinnert, wonach die Fixierung von Farbstoffen durch die Wollfaser aus der chemischen Natur letzterer abzuleiten ist, ferner an die Feststellung, daß den Farbkörpern, um mit gewissen Beizen als Farbstoffe zu wirken, eine bestimmte Konstitution eigen sein muß (Liebermann u. a.). Auch die erfolgreiche Erzeugung von Farbstoffen auf der Faser ist vielfach die Folge streng wissenschaftlicher Untersuchungen gewesen. Während in früheren Jahrzehnten die Einführung neuentdeckter Farbstoffe durch genaue Feststellung ihrer Übertragung auf Textilstoffe in der Hauptsache den Färbern überlassen wurde, übernehmen jetzt die chemischen Fabriken selbst diese wichtige Arbeit, indem sie Färbereilaboratorien unterhalten, in denen unausgesetzt und in größtem Maßstabe systematisch die färberischen Eigenschaften der

Produkte ermittelt und in bestimmten Vorschriften über ihre Anwendung festgelegt werden. — So wird die empirische Behandlung der Färbereiprozesse nach und nach durch den in den Arbeitsstätten der Fabriken herrschenden wissenschaftlichen Geist verdrängt. In bezug auf die Verwendung der vor Entdeckung der Teerfarbstoffe wichtigsten, Farbstoffe sei bemerkt, daß in Europa die schon längere Zeit bekannte Benutzung des Indigos seit der ersten, die des Krapprots seit der zweiten Hälfte des 18. Jahrhunderts, die der Pikrinsäure seit Beginn des vorigen Jahrhunderts in Schwung kam. Die Farbholzextrakte, deren Verbrauch noch immer sehr bedeutend ist, gelangten um das Jahr 1840, der Farbstoff der Gelbbeeren etwa 1848 zu Ansehen. Kurz erwähnt seien die Fortschritte in der Anwendung von Metallfarben, z. B. Berlinerblau, Chromgelb, Chromorange und anderen mehr in der Färberei.

Die Gerberei, deren Prozesse bis vor einigen Jahrzehnten fast nur empirisch betrieben wurden, ist durch die Untersuchungen von Knapp, Eittner, Böttinger, v. Schröder, Päßler, Körner, Fahrion u. a. einer wissenschaftlichen Behandlung zugänglich gemacht worden. Die Gerberei verdient auch von seiten der Chemie ein reges Interesse, weil sie ja, nach Knapps Ausspruch, einen speziellen Fall der Färberei darstellt, mit der sie manche Analogie aufweist. Theoretisch wichtig in chemischer wie in pflanzenphysiologischer Hinsicht sind die Untersuchungen über verschiedene Gerbsäuren gewesen; die Verbesserungen der Methoden zu ihrer Bestimmung sind dem Praktiker zugute gekommen. Von bedeutsam praktischen Neuerungen, welche dem Eindringen chemischer Forschung in diesen Industriezweig zu verdanken sind, sei die Mineralgerbung (Chromgerbung und Eisengerbung) genannt (Knapp, Heinzerling, Schultz u. a.). Eine umfassende allseitig befriedigende Theorie der verschiedenen Gerbprozesse konnte bislang noch nicht aufgestellt werden. Während Knapp, v. Schröder, Körner u. a. den Vorgang des Gerbens als einen wesentlich mechanischen (*Adhäsion*) betrachten, sprechen viele Gründe gegen eine solche einseitige Auffassung; vielmehr scheint die Annahme berechtigt, daß auch chemische Vorgänge, ähnlich wie bei der Färberei, sich abspielen derart, daß die Ledersorten als Salze verschiedenster Art, je nach der Natur der Gerbemittel, anzusehen seien.[1]

Chemische Präparate. — Aus unscheinbaren Anfängen, die in der Nebenarbeit einiger Apotheken wurzeln, hat sich auf dem

---

[1] Vergl. namentlich Fahrion, Zeitschr. angew. Chem. 1903, 665, 697.

Grund und Boden wissenschaftlicher Forschungen eine mächtige Industrie, die der chemischen Präparate entwickelt,[1] welche letzteren teils der unorganischen, teils der organischen Chemie angehören. Man denke nur an die Steigerung der Produktion von Silbersalzen, Jod und Brom zur Verwendung in der Photographie und zu anderen Zwecken, an die Darstellung zahlloser anderer Metallsalze, z. B. Thiosulfate, Hydrosulfite, borsaurer Salze, Silikate, an das Aufkommen neuer Präparate, an Wasserstoff- und Natriumsuperoxyd, Natriumpersulfat und andere übersaure Salze, Lithium-Rubidium-Vanadin- und andere Verbindungen. Immer noch vermehrt sich die stattliche Reihe von Präparaten auf unorganischem Gebiete, und immer sind es wissenschaftliche Arbeiten gewesen, welche die Einführung jener Stoffe in die Technik ermöglicht haben.

Noch glänzender hat sich die Industrie der organischen Präparate gestaltet. Welche Mannigfaltigkeit in bezug auf Menge der verschiedenen Verbindungen und auf deren Verwendung weisen z. B. die *Alkoholpräparate* auf! Die zahlreichen Alkohole selbst, ihre Äther und Ester, sodann Chloroform, Chloral, Jodoform, Aldehyd und andere mehr, alle greifen auf nachhaltigste Weise in die Gebiete der Technik und der Heilkunde ein. Aus älteren und neueren Untersuchungen unserer großen Forscher sind die Einzelverfahren zur Gewinnung dieser Verbindungen hervorgegangen. Immer neue Verwertung finden einzelne derselben: man denke an den Essigester, der zur Bereitung des Heilmittels Antipyrin, wie des „rauchlosen Pulvers", zugleich auch als Riechstoff dient oder an die Gewinnung des als Desinfiziens hochgeschätzten Formaldehyds aus Methylalkohol u. a. m.

Die Technik der *organischen Säuren*, von denen die Essigsäure schon oben erwähnt ist, zeigt ebenfalls das Bild fortschreitender Entwicklung: viele in der Natur vorkommende Verbindungen dieser Art werden künstlich im Großen bereitet. Die Methoden ihrer Gewinnung sind aus rein wissenschaftlichen Untersuchungen hervorgegangen; es sei erinnert an die Fabrikation der Oxalsäure aus Holz mittels Alkalien (Gay-Lussac 1829), an die von Salicylsäure und ähnlichen Säuren aus Phenolen (H. Kolbe, R. Schmitt), an die technische Darstellung von Benzoesäure aus Toluol, Phtalsäure und Anthranilsäure aus Naphtalin, Zimmtsäure aus Benzaldehyd. In die neueste Zeit fällt die Herstellung der Ameisensäure aus dem

---

[1] Über die wissenschaftliche Bedeutung dieses Industriezweiges, sowie überhaupt der chemischen Technik vergl. H. Wichelhaus' *Wirtschaftliche Bedeutung chemischer Arbeit* (1893). Vergl. auch Witts Werk „Die chemische Industrie etc." S. 110 ff.

Kohlenoxyd der Generatorgase und Natronkalk, sich gründend auf einer im kleinen beobachteten Reaktion (Berthelot), und weiter die Umwandlung der ameisensauren Salze in Oxalate. Entsprechend der vermehrten Nachfrage hat die Technik Wege gefunden, diese beiden Säuren billig zu beschaffen. — Das Gleiche gilt von anderen organischen Säuren (Milch-, Wein-, Citronensäure etc.).

In großartiger Weise hat sich die Industrie der Präparate der aromatischen Reihe entwickelt; hierfür ist der Steinkohlenteer eine unerschöpfliche Fundgrube. Die Kohlenwasserstoffe werden nicht allein in Farbstoffe umgewandelt, auch in ganz anders geartete Präparate: man denke an die Verarbeitung von Toluol zu Saccharin, diesen so stark angefeindeten und in vielen Staaten verbotenen Süßstoff (Remsen und Fahlberg), an die Herstellung von Nitroderivaten zu Sprengzwecken (z. B. Sprengels Sicherheitssprengstoffe), an die Überführung der Kohlenwasserstoffe in Phenole, die durch antiseptische Wirkungen ausgezeichnet sind (wie Carbolsäure, die sich auch im Teer findet, Resorcin, Guajakol und andere) oder als Zwischenprodukte zur Darstellung anderer wichtiger Stoffe dienen (z. B. Salicylsäure, Pikrinsäure und andere). Auch hier hat die feinere Laboratoriumsarbeit den ersten Grund zu diesen blühenden Industriezweigen gelegt.

Den gleichen Ursprung hat die Industrie der pharmazeutischen und der für die Photographie dienenden Präparate aufzuweisen. Wenn auch in einzelnen Fällen ein glücklicher Zufall bei der Auffindung solcher Stoffe mitgespielt hat, meistens sind es doch planmäßige wissenschaftliche Forschungen gewesen, denen diese Industriezweige ihre schöne Entwicklung verdanken. Auf die hohe Bedeutung der „synthetischen" Heilmittel ist unter Nennung einiger besonders wichtiger Stoffe schon oben (S. 500 ff.) hingewiesen worden. Die Fülle solcher ist fast zu groß, daher jetzt die Ärzte mit einigem Mißtrauen die stetig neu erscheinenden Heilmittel betrachten; dennoch scheint die Nachfrage groß zu sein. Wie auf diesem Gebiete große Fabriken,[1] unterstützt von Ärzten und Pharmakologen, unausgesetzt tätig sind, so haben einige derselben auch es unternommen, die wichtigen Beobachtungen der Serum- und Organotherapie durch sorgfältigste Herstellung der Heilsera und Organopräparate allgemein nutzbar zu machen.

Zu den wichtigsten pharmazeutischen Präparaten gehören die Pflanzenalkaloide, deren Reindarstellung sich altbewährte Fabriken

---

[1] Es seien die Höchster Farbwerke, die Elberfelder Farbenfabriken, Chem. Fabrik von Heyden, Schering, Merck genannt.

zur Aufgabe machen. Auch hier sind durch rein wissenschaftliche Forschungen große Fortschritte erzielt worden. Die wichtigsten Arbeiten in diesem weiten Gebiete bezwecken die Aufklärung der chemischen Konstitution und den künstlichen Aufbau der Alkaloide (s. S. 431).

Die photographischen Zwecken dienenden Präparate weisen eine außerordentliche Mannigfaltigkeit auf; auch hier sind die Fortschritte dem Einfluß wissenschaftlicher Forschung zuzuschreiben; insbesondere zeigt sich dies bei der Einführung neuer „Entwickler" stark reduzierend wirkender organischer Stoffe. Zu dem älteren Eisenoxalat kamen das Pyrogallol, Hydrochinon, Eikonogen, in neuester Zeit das Rodinal, Edinol, Methol, Amidol, letztere Amidooxyverbindungen, sämtliche aus dem Steinkohlenteer in letzter Linie zu gewinnen.

Als wichtige Präparate sind hier noch die Aldehyde der aromatischen Reihe zu erwähnen, die größtenteils als vorzügliche Riechstoffe Verwendung finden. Hier hat die Findigkeit der Chemiker große Erfolge errungen; es sei nur an die technische Gewinnung des Heliotropins, Vanillins, Jonons (Tiemann) erinnert. Auf die große Bedeutung der Forschungen von Wallach, v. Baeyer, Tiemann, Semmler und vielen anderen für die Chemie der natürlichen „ätherischen Öle" und ihrer technischen Verwertung (in Musterfabriken, wie denen von Schimmel & Co., Heine & Co. u. a.) kann nur flüchtig hingewiesen werden. Jedenfalls ist auch hier ein überreiches Gebiet erschlossen worden, dessen Ausbau noch lange Zeit viele Kräfte in Anspruch nehmen wird.

Die Industrie der Cyanverbindungen, die im Anschluß an die organischen Präparate zu nennen sind, hat sich, ebenfalls befruchtet durch wissenschaftlich-technische Arbeit mächtig entwickelt. Einmal sind ältere Verfahren, wie das der Gewinnung von Cyanid aus Ferrocyankalium (Liebig), verbessert worden, sodann hat man mit Erfolg versucht, Cyannatrium aus Ammoniak, Natrium und Kohle (Castner), Cyanide aus freiem Stickstoff und Carbiden (A. Frank u. a.) zu gewinnen. Da durch diese Gewinnungsweisen bisher nicht der stark wachsende Bedarf an Cyaniden gedeckt wird, ist man zu ihrer Herstellung noch auf Ferrocyansalze angewiesen, die aus der Reinigungsmasse der Gasfabriken nach dem eleganten Kunheim'schen Verfahren gewonnen werden. Wie hier, so sind Fortschritte auch bei der Bereitung von Rhodansalzen, von Ferricyankalium, Berliner Blau zu verzeichnen: Cyanpräparate, die zunehmende Verwendung gefunden haben.

Wie aus den obigen Darlegungen folgt, dient zur Gewinnung der meisten organischen Präparate, deren technische Bedeutung aus dem Wachstum dieses Gebietes erhellt, der Steinkohlenteer. Früher ein lästiges Nebenprodukt, ist derselbe jetzt den anderen Produkten der Steinkohlendestillation mindestens ebenbürtig. Die Erzeugung von Ammoniak und Ammoniaksalzen aus dem Gaswasser ist durch sorgsame chemische Untersuchung des letzteren zu einer durchaus rationellen geworden und bildet einen wichtigen Faktor der Industrie. Infolge des starken, stetig zunehmenden Verbrauches von Ammoniaksalzen ist man, wie schon erwähnt, mehr und mehr darauf bedacht gewesen, das bei der Verkokung, sowie der Verbrennung von Steinkohlen gebildete Ammoniak nutzbar zu machen, welches bisher meist in die Luft entwich. In großartiger Weise hat in neuer Zeit L. Mond (in Northwich) es unternommen, durch sinnreiche Konstruktion von Apparaten Brennstoffe nicht nur zum Heizen zu verwenden, sondern zugleich das dabei entstehende Ammoniak zu gewinnen. Von durchgreifendem Erfolge sind die langjährigen Bemühungen gewesen, bei der Kokerei die früher verloren gegangenen Produkte: Gase, Teer, Ammoniak zum Teil zu gewinnen oder direkt (die Gase) zum Heizen der Öfen zu verwerten (Öfen von Otto-Apelt u. a.). Besonders wichtig ist der Umstand, daß hierbei Benzol aus den heißen Gasen nach dem Verfahren von Franz Brunck mittels schwerflüchtiger Öle abgeschieden wird, und somit eine neue Quelle für dieses so unentbehrliche Produkt erschlossen ist. — Die Entwicklung der Leuchtgasindustrie ist weiter unten kurz geschildert.

Außer dem Prozeß der trockenen Destillation von Steinkohlen, die zu außerordentlich mannigfaltigen, technisch wichtigen Produkten geführt hat, besitzt die trockene Destillation von Holz, sowie von gewissen Braunkohlen und bituminösen Schiefern große industrielle Bedeutung. Aus dem alten Meilerverfahren, das nur die Ausbringung von Holzkohlen bezweckte, hat sich das neuere entwickelt, bei dem man auf Gewinnung des Holzgases, Abscheidung des Teeres und der leichter flüchtigen Nebenprodukte: Essigsäure, Holzgeist, Aceton, bedacht war. Das viel genannte Bergmann'sche Patent, nach dem Holzabfälle, zu Ziegeln geformt, destilliert werden, war, vielleicht unverdienterweise, dazu berufen, in den Händen der Kasseler Trebertrocknungsgesellschaft die solide Holzdestillationsindustrie schwer zu schädigen.

Die Braunkohlendestillation, zu der die sächsische Schweelkohle sich besonders eignet, hat sich, gleich der ähnlichen Verarbeitung bituminöser, namentlich schottischer Schiefer, seit etwa 50 Jahren zu blühenden Industriezweigen entwickelt (Dank den Verdiensten Riebecks, Hübners, Kreys u. a.). Sie bezweckt in der Hauptsache die Herstellung von Beleuchtungsstoffen, über deren Geschichte — inallgemeinen Zügen — jetzt zu berichten ist.

Beleuchtungsstoffe.

Die Technik der Beleuchtungsstoffe, soweit diese durch chemische Prozesse erzeugt oder verarbeitet werden, weist gerade in den letzten Jahrzehnten eine glänzende, zuweilen sprunghafte Entwicklung auf. Abgesehen von der Verwendung elektrischen Lichtes zeigt sich die Neigung, gasige Beleuchtungsmittel zu bevorzugen. Die Fabrikation des Leuchtgases selbst hat sich zunächst ganz empirisch entwickelt; erst in der zweiten Hälfte des vorigen Jahrhunderts werden Verbesserungen auf Grund wissenschaftlicher Untersuchungen über die Abhängigkeit der Zusammensetzung des Gases von der Art des Destillationsprozesses, sowie bessere Methoden zur Reinigung des Leuchtgases eingeführt. Seit etwa 1880 hat man — Dank der Erkenntnis, daß durch Steigerung der Zersetzungstemperatur die Ausbeute an Gas aus Steinkohlen nahezu auf das Doppelte gesteigert werden kann — das moderne Verfahren eingeführt: um die erforderliche Weißglut zu erzielen, ist man auf die regenerative Gasfeuerung und auf Retorten aus feuerfestem Ton (statt der eisernen) angewiesen. Der Vermehrung der Gasausbeute entsprach die Verringerung der Teermenge; der für die chemische Industrie sehr fühlbare Mangel an Teer wurde bald durch die schon gekennzeichneten Fortschritte der Kokereibetriebe ausgeglichen (s. o. S. 515).

Die denkwürdige Entdeckung von Auer v. Welsbach, nicht leuchtend verbrennendes Gas durch Vermittlung eines Glühkörpers, der seltene Erden — besonders Thor- und wenig Ceroxyd — enthält, stark leuchtend zu machen, wurde zuerst i. J. 1885 bekannt und hat seitdem mannigfache Verbesserungen erfahren, hat sich auch mit Erfolg auf brennbare, in Lampen verwendbare Flüssigkeiten (Spiritus, Petroleum etc.) übertragen lassen. Eine völlig befriedigende Erklärung der Wirkung des Thor-Cer-Oxydes in den „Glühstrümpfen" ist bisher noch nicht gegeben.[1]

Seit etwa 10 Jahren macht sich das Acetylen als ein wichtiges Leuchtgas bemerklich; ja begeisterte Lobredner glaubten das mit ihm erzeugte glänzende Licht als „Licht der Zukunft" bezeichnen zu sollen. Aus Calciumcarbid hergestellt, also ein Produkt der Elektrochemie, schien das Acetylen berufen, dem elektrischen Licht ernstlich Konkurrenz zu machen. Doch stehen seiner allgemeineren

---

[1] Vergl. die Versuche Buntes u. a.

Einführung offenbar infolge unliebsamer Eigenschaften Schwierigkeiten im Wege.

Von bestem Erfolge waren die Versuche gekrönt, aus Rückständen oder Nebenprodukten der Destillation von Braunkohlen und Petroleum Leuchtgas für kleinere Betriebe, zur Beleuchtung der Eisenbahnwagen (J. Pintsch) etc. zu erzeugen.

So wird dem großen Lichtbedürfnis unserer Zeit durch Produktion leicht verwendbarer Gase in ausreichendem Maße entsprochen. Aber auch für den steigenden Bedarf an brauchbaren flüssigen Beleuchtungsmitteln hat die Technik, unterstützt durch wissenschaftliche Arbeiten, gesorgt: durch Herstellung geeigneten Petroleums aus den Erdölen, von Solaröl aus Braunkohlen, Schiefern etc. Namentlich im Gebiete der Petroleumindustrie sind noch mannigfache Aufgaben zu lösen, mit denen sich namhafte Forscher beschäftigt haben; es sei nur an die neuen Arbeiten von Markownikoff, Beilstein, Engler über die chemische Beschaffenheit des Erdöles erinnert. Durch solche Untersuchungen ist die Frage nach der Entstehung desselben ihrer Lösung näher gerückt worden. — Bezüglich theoretischer Fragen, welche die Beleuchtungstechnik angehen, wie die nach der Ursache des Leuchtens und Nichtleuchtens von Flammen, sei auf das Seite 378 Gesagte verwiesen.

Die Geschichte der Kerzenfabrikation ist oben (S. 521) kurz unter Hinweis auf die wichtigsten sie begründenden wissenschaftlichen Arbeiten dargelegt worden. — Zu den alten Stearinkerzen kamen mit der Entfaltung der Braunkohlendestillation die Paraffinkerzen; ähnliches Material lieferte die Erdwachsindustrie, insbesondere dienten dazu in neuerer Zeit die hochsiedenden Anteile des Petroleums (des amerikanischen Ohioöles).

Heizstoffe.

Daß für die Technik der Brennstoffe die auf Grund analytischer Arbeiten gewonnenen Kenntnisse der Zusammensetzung derselben, ihrer Verbrennungsprodukte, sowie des sonstigen chemischen Verhaltens, von größter Bedeutung gewesen sind, liegt auf der Hand. Die große Zahl wichtiger derartiger Untersuchungen kann hier nicht vollständig namhaft gemacht werden, aber erinnert sei an die grundlegenden Arbeiten von E. Richters und F. Muck,[1] an die Verbesserung der Rauchgasanalyse,[2] die einen Rückschluß auf den Gang

---

[1] Vergl. Muck, *Grundzüge und Ziele der Steinkohlenchemie* (2. Aufl., 1891).
[2] Vergl. Winklers und Hempels Werke über technische Gasanalyse, auch S. 349 dieses Werkes.

der Verbrennung gestattet, an die jetzt üblichen Heizwertbestimmungen,[1] an die vervollkommneten pyrometrischen Methoden, namentlich an die rationellen, durch chemische Untersuchungen angebahnten Neuerungen im Gebiete der Gasfeuerung: Generatoren und Regeneratoren, deren Geschichte mit den Namen Aubertot, Thomas, Laurens, namentlich W. und Fr. Siemens verbunden ist. Die erste Anregung zur Gasfeuerung gaben die Versuche, die an Kohlenoxyd reichen Gichtgase des Hochofens zu verwerten (Faber du Faur, R. Bunsen). Diese früher nutzlos fortgehenden Produkte, sowie die lange Zeit mißachteten Koksofengase dienen jetzt fast durchweg als wichtige Heizmittel. Sowohl als Heiz- wie als Beleuchtungsstoff hat seit seiner Einführung in die Technik durch Lowe (1875) schon jetzt große Bedeutung das *Wassergas* erlangt (aus Wasserdampf und glühenden Kohlen erzeugt), und sicher wird es von Jahr zu Jahr eine noch wichtigere Rolle spielen. Der Wassergasprozeß ist namentlich von Dellwik und Fleischer verbessert, sodann von Dowson durch sein Verfahren der Herstellung von sogen. Mischgas noch vereinfacht worden.

Die Spekulationen über die Entstehung der Kohlenlager und über deren noch stattfindenden Metamorphosen haben durch die Arbeiten über die Zusammensetzung der Kohlen und der in ihnen eingeschlossenen Gase manche Stütze erhalten. Chemische Untersuchungen waren es vornehmlich, durch welche die Mittel zur Verringerung der durch Schlagwetter drohenden Gefahren angezeigt worden sind (Davys Sicherheitslampe etc.). Bis in die neueste Zeit reichen die Versuche und eifrigsten Bemühungen namhafter Techniker und Chemiker, auf diesem Gebiete zu raten und zu helfen. Die Tätigkeit der „Schlagwetterkommissionen", die sich diesen Fragen mit großer Sorgfalt und Hingebung gewidmet haben, steht in frischem Andenken.

Verflüssigung von Gasen. Erzeugung niederer Temperaturen. Die chemische Technik hat die von Chemikern und Physikern gesammelten Erfahrungen in mannigfacher Weise und erweitertem Maßstabe sich zu eigen gemacht: eine mächtige Industrie der komprimierten Gase, die hauptsächlich zur Kälteerzeugung dienen, hat sich entwickelt. Seit etwa 25 Jahren wurde die Kohlensäure, später die schweflige Säure, sodann Chlor, Ammoniak, Phosgen, Chlormethyl in flüssigem Zustande hergestellt und in den Handel gebracht, nachdem die Schwierigkeit, passende Gefäße

---

[1] Eine Übersicht der wichtigsten kalorimetrischen Methoden (Berthelot, Mahler, Hempel u. a.) gibt, nebst eigenen reichen Erfahrungen H. Langbein, Zeitschr. angew. Chem. 1900, Heft 49 u. 50.

zu liefern, überwunden waren. Die glänzendste Leistung auf diesem Gebiete ist die Verflüssigung der Luft und weiter die aus dieser mögliche Anreicherung des Produktes an Sauerstoff. Technisch sind diese Probleme von v. Linde in höchst sinnreicher Weise gelöst worden. Von großer Bedeutung war die Konstruktion von geeigneten Gefäßen, in denen die flüssige Luft etc. unter gewöhnlichem Druck sich aufbewahren läßt (Dewar, Weinhold).

Wie aus obiger Zusammenstellung hervorgeht, hat die chemische Forschung allen Zweigen der auf chemische Prozesse angewiesenen Technik überreichen Nutzen gebracht und die letztere dadurch veredelt, daß sie dieselbe unausgesetzt mit wissenschaftlichem Geiste durchleuchtete. — Hier bewährt sich auf das Glänzendste Bacons Wort: *Scientia est potentia*.

Zur Entwicklung des chemischen Unterrichts im 19. Jahrhundert, namentlich in Deutschland[1]

Zu Beginn des 19. Jahrhunderts herrschte ein empfindlicher Mangel an den Hilfsmitteln, die seit einigen Jahrzehnten im reichsten Maße denen zur Verfügung stehen, die sich dem Studium der Chemie widmen. Unterrichtslaboratorien gab es so gut wie gar nicht. In Vorlesungen über Physik, Mineralogie, Anatomie wurde der Chemie ein kümmerliches Plätzchen angewiesen. Zwar waren an verschiedenen Hochschulen Lehrstühle für Chemie begründet worden, jedoch vereinigte sich gewöhnlich der Lehrauftrag für die letztere mit denen für eines der oben genannten Fächer, derart, daß die Chemie in den Hintergrund gedrängt wurde. Die chemische Litteratur endlich war noch arm an Werken, die den jeweiligen Stand der Wissenschaft zusammenfaßten, namentlich fehlten solche, die über die neuesten Fortschritte derselben fortlaufend Bericht erstatteten.

Frankreich, in welchem Lande sich gegen das Ende des 18. Jahrhunderts die Erkenntnis Bahn gebrochen hatte, daß der naturwissenschaftliche Unterricht mit Aufbietung aller möglichen Mittel gehoben werden müsse, wies dementsprechend in bezug auf die Entwicklung des chemischen Studiums vor den übrigen Ländern einen großen Vorsprung auf. Während früher nur in Offizinen Gelegenheit zu praktisch-chemischen Übungen gegeben war und daselbst nur nach Rezepten, nicht nach wissenschaftlicher Methode gearbeitet wurde, hatte Vauquelin in seinem allerdings kleinen Laboratorium einen Unterrichtskurs für junge, strebsame Leute eingerichtet. Fourcroy, der schon früher für die Hebung des naturwissenschaftlichen Unterrichtes außerordentlich viel geleistet hatte, trug durch seine

---

[1] Außer den auf folgenden Seiten genannten Werken vergl. das S. 505 zitierte Werk von E. Zöller, sowie Wallachs Aufsatz in Lexis' *Die deutschen Universitäten* (1893) II, S. 35. Von W. Lexis ist aus Anlaß der Weltausstellung zu St. Louis das vierbändige Werk: *Das Unterrichtswesen im Deutschen Reich* (1904) herausgegeben worden.

glänzenden Vorträge[1] wesentlich dazu bei, der Chemie als Lehrfach eine würdige Stellung zu verschaffen. Gay-Lussac und Thénard wirkten seit Ende des ersten Jahrzehntes als Lehrer in ihren Laboratorien, welche aber räumlich so beschränkt waren, daß nur wenige Auserwählte diesen Unterricht genießen konnten. Erst durch Liebigs eingreifende Tätigkeit gestaltete sich der chemische Unterricht im wesentlichen so, wie er heute an Hochschulen erteilt wird.[2]

Die Bedeutung von Experimentalvorlesungen über Chemie, durch welche der Studierende in die letztere eingeführt werden soll, für die richtige Erkenntnis des Wesens chemischer Vorgänge war schon vor längerer Zeit, namentlich in Frankreich, erkannt worden.[3] An deutschen Hochschulen fehlte in den ersten Dezennien des 19. Jahrhunderts auch dieses Hilfsmittel des Unterrichtes fast gänzlich, herrschte doch die sogenannte Naturphilosophie derart, daß die Entwicklung der exakten Naturforschung arg verkümmerte. Die Chemie insbesondere wollte man von jener Seite gar nicht als Wissenschaft anerkennen; sie wurde als eine *Experimentierkunst* gering geschätzt.

Infolge von Davys Bemühungen, die durch ein ungewöhnliches Talent im Ersinnen und Ausführen von Experimenten unterstützt wurden, sowie durch Gay-Lussacs und Thénards ausgezeichnete Vorträge, mag sich zu Beginn des 19. Jahrhunderts allmählich der Sinn für Vorlesungen, deren Inhalt durch erläuternde Versuche an Klarheit gewinnen sollte, entwickelt haben. Liebig hat in der ihm eigenen anschaulichen Weise den Eindruck geschildert, den die Vorträge von Gay-Lussac und Thénard auf ihn, den achtzehnjährigen Jüngling, gemacht haben; man erkennt daraus, daß einmal „die mathematische Methode, die jede Aufgabe womöglich in eine Gleichung verwandelt", sodann bei großer Klarheit der Sprache „die Meisterschaft in der experimentalen Beweisführung" den genannten Vorträgen einen außerordentlich hohen Reiz verliehen.

Bekannt ist, daß die Vorträge von Marcet in London es waren, welche Berzelius im Jahre 1812 bewogen, die bisher auch von ihm geübte alte Unterrichtsmethode aufzugeben und an der Hand von

---

[1] Vergl. die lebhafte Schilderung von Pariset, Höfers *Histoire* etc. II, S. 557.

[2] Vergl. weiter unten und O. L. Erdmanns wenig gekannte, aber sehr beachtenswerte Schrift: „Über das Studium der Chemie" (1861). Wie Liebig seinem Lehrer Gay-Lussac, mit dem er als Jüngling zusammen arbeiten konnte, zu Danke verpflichtet war, hat er sehr schön ausgesprochen (Ber. **23**, Ref. S. 824).

[3] Vergl. Rouelles Wirken S. 106 Anm.

Experimenten die Studierenden in die chemische Wissenschaft einzuführen; sein Erfolg war durchschlagend. Auf das, was sodann in der Zeit von 1830—1870 Liebig, Wöhler, Bunsen, Kolbe, namentlich A. W. Hofmann, durch Ersinnen neuer Vorlesungsversuche geleistet haben, braucht hier nur kurz hingewiesen zu werden. Ihre und anderer Experimente haben sich überall, wo Chemie anschaulich gelehrt wird, eingebürgert.

Der praktische Unterricht in dem chemischen Laboratorium ist so, wie er heutzutage meist geleitet und durchgeführt wird, von Liebig zur Entwicklung gebracht worden. Dadurch, daß nach seinem Vorgange in den Laboratorien nach und nach eine auf streng wissenschaftlicher Grundlage ruhende Lehrmethode eingeführt ist, wurde das wirksamste Gegengewicht geschaffen gegen die damals noch, zumal in Deutschland, herrschende naturphilosophische Richtung, welche gerade Liebig am lebhaftesten bekämpfte, da er den unheilvollen Einfluß derselben an sich selbst zu erfahren gehabt hatte.[1] Er hob zuerst mit allem Nachdrucke hervor, daß der Schwerpunkt des chemischen Studiums nicht in den Vorlesungen, sondern in den praktischen Arbeiten liege. Mit welcher Energie und welchen Opfern er diesen Grundsatz betätigt hat, ist bekannt.[2] Vor ihm hat zwar Berzelius in seinem Laboratorium einzelne, meist ältere Schüler unterrichtet, und diese haben die Lehren des Meisters weiter getragen, aber die eigentliche Ausbildung des systematischen chemischen Unterrichtes verdankt man Liebig. Er hat die Reihenfolge der einzelnen Abschnitte desselben in mustergiltiger Weise vorgeschrieben: die schrittweise Erlernung der qualitativen, dann der quantitativen Analyse,[3] die Übungen zur Darstellung von Präparaten und schließlich die ersten Anläufe zu selbständigen Untersuchungen.

Liebigs Laboratorium war die Pflanzstätte, von der seit Ende des dritten Dezenniums das hellste Licht ausstrahlte. Er hat zuerst den Grundsatz ausgesprochen und seinen Schülern gegenüber betätigt, daß die letzteren, seien sie Pharmazeuten, Techniker, Mineralogen oder Physiologen, die Fähigkeit erlangen sollen, chemische Fragen sachgemäß zu behandeln, überhaupt chemisch denken

---

[1] Vergl. S. 234.
[2] Vergl. Kolbes Erinnerungsschrift (Journ. pr. Chem. [2] 8, 435 ff.). Vergl. auch Weihrichs S. 235 zitierte Schrift.
[3] In dauernder Erinnerung wird die Mitwirkung und Anregung bleiben, die von Rem. Fresenius, zuerst als Assistenten Liebigs, bei der Schaffung des systematischen Ganges der analytischen Operationen ausging (vergl. S. 346). Auch Wills bleibendes Verdienst sei hier betont.

zu lernen. Dank der gewaltigen, von ihm ausgehenden Anregung wußte er innerhalb der bescheidenen Räume seines Laboratoriums eine Schule zu gründen, die in den folgenden Jahrzehnten der gesamten Chemie ihr Gepräge erteilt hat und in ihren fernsten Ausläufern noch heute segensreich nachwirkt. Die Eigenart desselben als großen Lehrers bestand nach Kolbe[1] darin, daß „Liebig seine Schüler zum Selbstdenken anzuregen und ihnen, indem sie seine Ideen ausführten, den Geist der Wissenschaft einzuimpfen verstand."

Die namhaftesten Lehrer der Chemie — es seien zunächst Wöhler, Bunsen, Erdmann, Kolbe und A. W. Hofmann genannt — haben gleichzeitig mit Liebig oder nach seinem Wirken sich die wesentlichen Grundsätze seiner Unterrichtsmethode zu eigen gemacht, manches neue hinzugefügt und auf diese Weise fruchtbar gewirkt. Die Prinzipien des chemischen Unterrichtes sind jetzt die gleichen in den Laboratorien der deutschen Universitäten, wie technischen Hochschulen (vergl. S. 505 ff.).

Nach dem Vorbilde des Gießener Laboratoriums wurden im Laufe der nächsten Jahrzehnte an den deutschen Hochschulen zahlreiche Unterrichtslaboratorien gegründet, über die namentlich in bezug auf die Zeit ihrer Entstehung einige Angaben am Platze sind. Wie mangelhaft es in Österreich und Preußen noch um das Jahr 1840 in dieser Hinsicht bestellt war, das hat Liebig in seinen beiden Aufsätzen: *Über den Zustand der Chemie in Österreich*[2] *und in Preußen*[3] grell beleuchtet. Selbst in Berlin gab es bis dahin keine Gelegenheit, Chemie praktisch zu erlernen. H. Rose, sowie Mitscherlich waren kaum imstande, einen regelrechten Laboratoriumsunterricht zu erteilen, da ihnen nur die bescheidensten Räume und Mittel zu Gebote standen.[4] Ebenso schlimm stand es an den übrigen Hochschulen Preußens.

Bevor sich dieser traurige Zustand der Chemie änderte, waren andere deutsche Hochschulen mit der Gründung von Unterrichtslaboratorien vorgegangen: so Göttingen, wo Wöhler in den dreißiger Jahren ein solches einrichtete, welches später, 1860 und weiter am Ende der achtziger Jahre, umgebaut und erweitert wurde, ferner Marburg, wo Bunsen seit 1840 ein regelmäßiges chemisches

---

[1] In seinem Werke: „Das chemische Laboratorium der Universität Marburg etc." S. 26. In dieser Schrift sind die Grundsätze der Liebigschen Unterrichtsmethode ganz besonders klar ausgesprochen.
[2] Ann. Chem. 25, 339.   [3] Das. 34, 97 u. 355.
[4] Vergl. auch A. W. Hofmanns *Chemische Erinnerungen aus der Berliner Vergangenheit* (1882).

Praktikum einrichtete. Das von Erdmann[1] zu Leipzig 1843 ins Leben gerufene chemische Laboratorium galt lange Zeit als Muster eines gut eingerichteten Institutes. — Erst in den fünfziger Jahren folgten Heidelberg, Karlsruhe, Breslau, Greifswald, Königsberg mit zeitgemäß und zweckentsprechend ausgestatteten chemischen Laboratorien.

Eine neue Ära in der Geschichte der chemischen Institute begann um die Mitte der sechziger Jahre, als fast gleichzeitig die großen Laboratorien in Bonn und Berlin[2] nach A. W. Hofmanns Angaben erbaut wurden (vollendet 1867), denen das in Leipzig, nach Kolbes Plänen errichtete, sich im Jahre 1868 anschloß. — Seitdem sind die Erfahrungen, die während des Baues und der mehrjährigen Benutzung dieser Arbeitsstätten gemacht waren, vielfach bei der Anlage neuer, zum Teil noch großartigerer Institute verwertet worden. Von deutschen Laboratorien an Universitäten und an technischen Hochschulen, die den chemischen Unterricht in seinen Grundzügen dem der Universitäten gleich einrichteten, nur mehr Gewicht auf die chemisch-technologische Seite legten, seien folgende namhaft gemacht: Aachen 1870, Dresden 1875, München 1877, Berliner technische Hochschule 1879, Kiel 1880, Straßburg 1885, Göttingen 1888, Heidelberg 1892, Halle 1894, in neuester Zeit Würzburg, Bonn, Karlsruhe u. a.

Unter den zahlreichen Hochschullehrern, die seit etwa vier Jahrzehnten besonders tiefgreifenden Einfluß ausgeübt haben, seien außer den älteren Meistern, sowie Kekulé und v. Baeyer, die besonders große Lehrerfolge aufzuweisen haben, Claus, Curtius, Erlenmeyer, E. und O. Fischer, Fittig, Hantzsch, Ladenburg, Loth. und Victor Meyer, Strecker, Wallach, Wislicenus, Zincke genannt. — Auch in Österreich, wo Barth, Goldschmiedt, Hlasiwetz, Lieben, Skraup, v. Than, Weidel u. a. als ausgezeichnete Lehrer der Chemie gewirkt haben und noch

---

[1] Otto Linné Erdmann, geboren 1804 in Dresden, gestorben 1869 als Professor der Chemie zu Leipzig, wo er seit 1827, insbesondere seit Benutzung des von ihm eingerichteten Laboratoriums, eine außerordentlich fruchtbare Tätigkeit entwickelt hat. Seine reichen Erfahrungen und die sich daraus ergebenden Gesichtspunkte legte er in der beherzigenswerten kleinen Schrift: *Über das Studium der Chemie* (1861) nieder. Schriftstellerisch war Erdmann sehr tätig; auf sein *Lehrbuch der Chemie*, seinen *Grundriß der Warenkunde* möge hingewiesen werden. Von ihm wurde 1828 das *Journal für technische und ökonomische Chemie* gegründet, aus dem 1834 das *Journal für praktische Chemie* hervorging. — Seine zahlreichen Experimentaluntersuchungen haben sowohl das Gebiet der Mineralstoffe, als das der Kohlenstoffverbindungen, sowie die chemische Technologie erheblich bereichert.

[2] Berlin war bis dahin ohne ein größeres Unterrichtslaboratorium gewesen.

wirken, sind in den letzten zwei Jahrzehnten vorzüglich eingerichtete Laboratorien entstanden, so namentlich in Graz, Pest und Wien.

Die übrigen Länder Europas haben in der Errichtung chemischer Lehranstalten nicht gleichen Schritt mit Deutschland gehalten. In Frankreich gab es zwar, wie schon erwähnt, einzelne Laboratorien, in denen zu Beginn des 19. Jahrhunderts ein Gay-Lussac, Thénard, Dulong, Chevreul u. a. ihre Arbeiten ausführten; aber die Gelegenheit, chemischen Unterricht zu genießen, war sehr beschränkt, da jene Institute vom Staate nur mit geringfügigen Mitteln unterstützt wurden.[1] Auch die Anstrengungen, die in den dreißiger Jahren Dumas, Pélouze, später Wurtz, Gerhardt u. a. machten, Unterrichtslaboratorien zu gründen, waren von geringem Erfolg, weil diese Männer auf ihre eigenen Mittel angewiesen waren.

Diese Verhältnisse haben erst in neuerer Zeit begonnen sich zu ändern, nachdem Wurtz, in seinem 1869 an den Unterrichtsminister erstatteten Berichte[2] über die Laboratorien Deutschlands, auf die Notwendigkeit nachdrücklich hingewiesen hatte, gut eingerichtete Laboratorien zum Zwecke des chemischen Unterrichtes zu erbauen. Nach seinem Zeugnis gab es damals (1869) nur ein derartiges, mit den notwendigsten Hilfsmitteln ausgestattetes chemisches Institut, das der *École normale supérieure,* welches unter Leitung von H. St. Cl. Deville stand. Übrigens hatte im Jahre 1864 E. Frémy,[3] bekannt durch seine Arbeiten im Gebiete der unorganischen und technischen Chemie, ein Laboratorium eingerichtet; über die Grundsätze des chemischen Unterrichtes, der darin erteilt wurde, hat Frémy sich in der Einleitung zu seiner Encyklopädie der Chemie ausführlich geäußert.

In England hat man ebenfalls erst in neuerer Zeit dem Mangel an gut ausgerüsteten geräumigen Unterrichtslaboratorien abzuhelfen begonnen. Die Erkenntnis, daß das gründliche wissenschaftliche Studium der Chemie der heimischen Industrie reiche Früchte bringen müsse, hat als kräftiger Hebel gedient und wirkt seit kurzem noch lebhafter, als bisher. Das erste, wennschon sehr kleine Laboratorium in England, welches jungen Männern Gelegenheit gab, sich praktisch mit Chemie zu beschäftigen, ist das von Thomas Thomson[4] in

---

[1] Deshalb waren auch die Honorare, welche ein Laborant zu zahlen hatte, fast unerschwinglich: für einen achtmonatlichen Kurs 1500 Franks.

[2] „*Les hautes études pratiques dans les universités allemandes*" (1870).

[3] Frémy ist im Jahre 1894, 80 Jahre alt, in Paris gestorben.

[4] Vergl. S. 173. Man lese den Abschnitt „Der Zustand der Naturwissenschaft in England" in Liebigs Agrikulturchemie (1862), S. 74 ff., worin helle Schlaglichter auf die chemischen Unterrichtsverhältnisse Englands fallen.

Glasgow errichtete gewesen (1817). Nach der Gründung des *College of chemistry* (1845), das unter A. W. Hofmanns Leitung rasch emporblühte, erhielt England allmählich gut eingerichtete Laboratorien, in denen wesentlich nach den Grundsätzen der deutschen Schule unterrichtet wurde. — Die Schweiz, Holland, Belgien, Italien, Rußland, die skandinavischen Länder, insbesondere Nordamerika, sie alle besitzen jetzt chemische Lehranstalten, deren Einrichtung und Ausstattung den gesteigerten Anforderungen der Neuzeit entsprechen.

Der Drang nach Spezialisierung der Chemie und damit erzielter Arbeitsteilung hat sich auch bei der Anlage von solchen Laboratorien geltend gemacht, die ganz bestimmten Zwecken dienen sollen. So sind Institute ins Leben gerufen worden, in denen **physikalisch-chemische, agrikulturchemische, technologische, physiologisch-chemische, pharmakologische und hygienische Untersuchungen** ausgeführt werden. Welch reiche Gelegenheit zur Durchführung und Vollendung des chemischen Studiums im Vergleich zu der wenige Jahrzehnte hinter uns liegenden Zeit!

Die Verbesserungen, welche beim Bau von Laboratorien in den letzten Dezennien angestrebt und erzielt worden sind, betreffen einmal solche Einrichtungen, durch die eine reichliche Zufuhr von Luft und Licht ermöglicht wird. Sodann hat man die Hilfsmittel zur Ausführung chemischer Operationen zu vermehren und verfeinern verstanden; es sei nur erinnert an die Verdrängung der Kohlenfeuerung durch Gas, wobei besonders Bunsens und des von ihm konstruierten Brenners zu gedenken ist. Und welche Verbesserungen haben die Gerätschaften des Chemikers in letzter Zeit erfahren! Die feinen Wagen, die Filtrier- und Destilliervorrichtungen, die Apparate, denen die Wärmezufuhr obliegt, die Vorrichtungen zum Erhitzen unter Druck, die verschiedenen Meßapparate insbesondere zu physikalisch-chemischen Zwecken und anderes mehr.[1] Welche Erleichterungen

---

[1] Folgende wenige Einzelheiten mögen hier in Erinnerung gebracht werden: Die Einführung der Wasserluftpumpen durch Bunsen (1868), der Wasserstrahlpumpen (Arzberger, Zulkowsky u. a.) zum Filtrieren und Evakuieren; die Destillation unter stark vermindertem Druck (Dittmar-Anschütz-Krafft). — Das Abdestillieren war durch Einführung der Liebigschen Kühler verbessert worden, deren Vorbild ein von C. E. Weigel konstruierter Apparat gewesen ist. Des Rückflußkühlers scheinen sich zuerst Kolbe und Frankland (1847) bedient zu haben. — Das Wasserbad, dem Berzelius eine handliche Form gegeben hatte, erfuhr durch Vorrichtungen, welche die Einhaltung eines konstanten Niveaus ermöglichten, ganz wesentliche Verbesserungen durch Fresenius, Bunsen, Kekulé u. a. — Auch der Gasregulatoren zur Erzielung gleichmäßiger Temperaturen sei gedacht, wobei wiederum in erster

sind bezüglich der Herstellung von Präparaten geschaffen worden, teils durch verbesserte Vorschriften, teils durch die Möglichkeit, die Ausgangsmaterialien in tadellosem Zustande käuflich zu beziehen! Man denke an die noch vor 60—70 Jahren waltende Schwierigkeit, die darin bestand, daß selbst die einfachsten Reagentien mühsam dargestellt werden mußten. Berzelius z. B. war gezwungen, sich das Blutlaugensalz, die reinen Mineralsäuren, den Spiritus zum Brennen und anderes mehr selbst zu bereiten; wie einfach war überhaupt sein Laboratorium eingerichtet![1] Die geringfügigsten Hilfsmittel, auf die man jetzt selbstverständlich Anspruch macht, fehlten damals gänzlich.

Chemische Litteratur.

Auch die durch Lehr- und Handbücher, sowie durch Zeitschriften dargebotenen Hilfsmittel zum Studium der Chemie haben sich in neuerer Zeit gewaltig vermehrt. Für die Lehrbücher blieb noch lange Lavoisiers *Traité de chimie* ein Vorbild, nach welchem eine Reihe von Werken modelliert wurde; es sei an die Lehrbücher von Girtanner, Gren und Thomson erinnert. Das große Lehrbuch der Chemie von Berzelius übte, namentlich seitdem es durch Übersetzungen in andere Sprachen weitere Verbreitung gefunden, einen außerordentlich großen, heilsamen Einfluß aus und hat zur Ausbreitung chemischer Kenntnisse ungemein viel beigetragen.

Dieses großartig angelegte und durchgeführte Werk wurde vielfach maßgebend in bezug auf die Anordnung des reichen chemischen Stoffes in den zunächst erschienenen Lehrbüchern. — Von diesen mögen hier einige genannt werden: Thénards *Traité de chimie élémentaire*, Mitscherlichs *Lehrbuch der Chemie*, Liebigs *Organische Chemie*, Wöhlers *Grundriß der Chemie*, aus dem sich das stark verbreitete gleichnamige Werk von R. Fittig entwickelt hat, Regnaults *Cours élémentaire de chimie*, auf Grund dessen Strecker sein „Kurzes Lehrbuch der Chemie" verfaßte, Grahams *Elements of chemistry*, aus der das große Werk Ottos hervorging, dessen orga-

---

Linie Bunsen zu nennen ist. — Die Anwendung von Kautschukröhren etc. scheint erst durch Berzelius allgemein geworden zu sein. — Auf die erste Benutzung zugeschmolzener Röhren zur Erzielung von chemischen Reaktionen unter Druck stößt man in Wöhler-Liebigs Untersuchung über Harnsäurederivate. — Die erste zum Waschen von Gasen dienende tubulierte Flasche hat Peter Woulfe zuerst beschrieben (1784). — Von Fr. Mohr rühren viele handliche Apparate her, z. B. der Quetschhahn, der Korkbohrer; die nach ihm genannte Wage zur Bestimmung des spezifischen Gewichtes von Flüssigkeiten hat sich ebenfalls gut bewährt.

[1] Vergl. Wöhlers Schilderung desselben Ber. **15**, 3139.

nisch chemischer Teil von H. Kolbe bearbeitet wurde, während H. Kopp den theoretischen, Buff und Zamminer den physikalischchemischen verfaßt haben. — Gerhardts *Traité de chimie organique* (1853—1856), als Lehrbuch der Typentheorie bekannt, hat zur Verbreitung der letzteren kräftig beigetragen, wie das Werk von Kekulé, welches bald nach der Ausgabe des letzten Bandes von Gerhardts *Traité* zu erscheinen anfing, zum Ausbau der typischen Auffassung und mit dem zweiten Bande zur Stärkung der Annahme von der Bindungsweise der Atome, also der Strukturlehre, diente. — Von den zahlreichen, seitdem herausgegebenen Lehrbüchern der Chemie auch nur einige zu nennen, erscheint nicht erforderlich, da sie, der neueren Zeit angehörend, bekannt genug sind. — Eine fühlbare Lücke ist neuerdings durch die trefflichen Lehrbücher der theoretischen oder allgemeinen, bezw. physikalischen Chemie von W. Ostwald, Horstmann, Nernst ausgefüllt worden. Die „*modernen Theorien*" L. Meyers haben zur Belebung des Interesses für theoretische Chemie erheblich beigetragen. — Auf Lehrbücher der technischen, der physiologischen Chemie wurde schon oben hingewiesen.

An Encyklopädien der Chemie hat es seit dem wohlgelungenen Versuche Liebigs, in Gemeinschaft mit Wöhler und Poggendorff das *Handwörterbuch der reinen und angewandten Chemie* herauszugeben (seit 1837), ebenfalls nicht gemangelt. Dazu gehören die nach ähnlichem Plane entstandenen französischen und englischen Handwörterbücher: *Dictionnaire de chimie pure et appliquée* von Wurtz und das entsprechende englische Werk von Watts. Ferner sei die von Frémy angeregte Herausgabe der *Encyclopédie de chimie* in Erinnerung gebracht; endlich ist des von Ladenburg herausgegebenen *Handwörterbuches der Chemie* rühmend zu gedenken.

Von Handbüchern der Chemie, welche den Übergang von den eigentlichen Lehrbüchern zu den Encyklopädien bilden, hat das von L. Gmelin durch seine gleichmäßige Gründlichkeit die gerechte Bewunderung der Zeitgenossen erregt. In dem vor zwei Jahrzehnten erschienenen, schon in dritter Auflage wiederkehrenden *Handbuch der organischen Chemie* von Beilstein ist das jetzt ungeheuer angewachsene, stetig zunehmende Material, mit meisterhafter Sorgfalt gesichtet, dargeboten. Auf dem Gebiete der unorganischen Chemie sucht das Handbuch von Dammer in ähnlicher Weise den weitschichtigen Stoff zu bewältigen.

Größten Einfluß auf die Ausbreitung und Vertiefung der chemischen Kenntnisse haben insbesondere seit Beginn des 19. Jahrhunderts die sich mehrenden periodischen Schriften ausgeübt.

Über den Stand dieser Art von Litteratur gegen Ende des 18. Jahrhunderts ist schon kurz berichtet worden.[1] In Deutschland fanden die wichtigsten chemischen Untersuchungen seit dem dritten Dezennium des 19. Jahrhunderts in Poggendorffs *Annalen der Physik und Chemie* und in den von Liebig zuerst allein, später mit Wöhler herausgegebenen *Annalen der Chemie und Pharmazie*[2] Aufnahme. Namentlich die letzteren wurden bald der Tummelplatz für die experimentell und spekulativ behandelten chemischen Tagesfragen. Keiner war auch berufener, in diese tief einzugreifen, als Liebig.

In Frankreich erfreuten sich die ehrwürdigen *Annales de Chimie*, von Lavoisier, Fourcroy, Berthollet im Revolutionsjahre 1789 gegründet, der größten Anerkennung. Sie erscheinen seit 1816 als *Annales de Chimie et de Physique*, wurden zuerst von Gay-Lussac und Arago herausgegeben und haben fast alle hervorragenden Experimentaluntersuchungen französischer Chemiker in sich aufgenommen. Die von der *Académie française* seit 1835 wöchentlich herausgegebenen *Comptes rendus* enthalten unter den zahlreichen Abhandlungen verhältnismäßig nur wenige und stets kurze Berichte über chemische Versuche.

In England waren während der ersten vier Jahrzehnte des 19. Jahrhunderts teils die Schriften gelehrter Gesellschaften, z. B. *Philosophical Transactions* und andere, teils neu gegründete Zeitschriften, wie Nicholsons *Philosophical Journal*, Thomsons, später Phillips' *Annals of philosophy*, dazu bestimmt, die Abhandlungen chemischen Inhaltes aufzunehmen. Seit den vierziger Jahren ist das *Journal of the chemical society* das Hauptorgan wissenschaftlich chemischer Interessen.

Auch die übrigen Länder Europas, sowie Nordamerika blieben nicht mit der Gründung von Zeitschriften zurück; in dem Maße, als die Chemie daselbst eine bleibende Stätte fand, kamen Journale aller Art zur Erscheinung. Meist standen und stehen dieselben noch im Zusammenhange mit gelehrten Korporationen, Akademien und chemischen Gesellschaften: so in Österreich, Italien, Holland, Belgien, Schweiz, Rußland, Rumänien, in den skandinavischen Ländern, endlich in Nordamerika.

In Deutschland, welches dank den sich blühend entwickelnden Unterrichtsverhältnissen zu einem Brennpunkt chemischer Interessen wurde, kamen zu den oben erwähnten älteren manche neue Zeit-

---

[1] Vergl. S. 157, 160.
[2] Bis zum Jahre 1839 führten dieselben den Titel: *Annalen der Pharmazie*.

schriften, welche sich die Veröffentlichung rein chemischer Abhandlungen zur Aufgabe stellten. Es sei an das von O. L. Erdmann ins Leben gerufene *Journal für praktische Chemie* (seit 1870 von Kolbe, seit 1885 von E. v. Meyer herausgegeben) erinnert, namentlich an die seit Begründung der Deutschen chemischen Gesellschaft zu Berlin (1868) erscheinenden *Berichte* der letzteren, welche in sich das meiste, was auf dem Gebiete der Chemie geleistet wird, in Originalmitteilungen, früher auch in Referaten zu vereinigen und wieder zu geben streben. Auch der *kritischen Zeitschrift*, später *Zeitschrift für Chemie*, für die Kekulé, Erlenmeyer, Fittig, Beilstein u. a. wirkten, sei hier gedacht, um so mehr, als dieselbe durch kritische Aufsätze über chemische Streitfragen häufig zur Klärung dieser beigetragen hat (sie bestand bis 1871). Ferner ist das *Chemische Centralblatt* als ein über alle Einzelgebiete der Chemie sorgfältig referierendes Organ zu nennen. — Andere Zeitschriften, die einzelne Gebiete, wie die physikalische, analytische, unorganische, physiologische Chemie pflegen, sind früher schon genannt worden.

Noch zu erwähnen sind die Jahresberichte über die Fortschritte der Chemie und verwandter Wissenszweige. Einzig in ihrer Art stehen die von Berzelius verfaßten Berichte (1821—1847) da; sie sind für den, welcher die Entwicklung der Chemie in diesen Jahren eingehend verfolgen will, unentbehrlich. Die von Liebig im Verein mit anderen Forschern in Angriff genommene, insbesondere die jetzt noch bestehende Fortsetzung, läßt sich mit jenem Anfange deshalb nicht vergleichen, weil die neuen Jahresberichte sich lediglich auf referierende Tätigkeit beschränkt haben. Das *Jahrbuch der Chemie*, seit 1891 von R. Meyer im Verein mit Fachgenossen herausgegeben, bezweckt und erreicht dies auch, indem es Berichte über die wichtigsten Fortschritte der reinen und angewandten Chemie kurz und schnell liefert.

Die Kritik, deren Nutzen als Ferment und als Korrektiv niemand leugnen wird, scheint in der chemischen Litteratur der neueren Zeit, bis auf wenige Ausnahmen, abhanden gekommen zu sein, oder schlummert wenigstens; einzelne Besprechungen, wie die W. Ostwalds in der Physikalisch-chemischen Zeitschrift, sowie die Kahlbaum's in den Mitteilungen zur Geschichte der Medizin und der Naturwissenschaften atmen kritischen Geist. Es ist wohl sicher, daß die kritische Schärfe, welche Berzelius und Liebig, später Kolbe, gegenüber den in der chemischen Forschung zuweilen aufgetretenen Mängeln geltend machten, nicht zersetzend, sondern läuternd gewirkt hat, auch dann, wenn die von jenen Männern ausgehenden Angriffe einen stark polemischen Beigeschmack hatten und von den Angegriffenen als persönliche bezeichnet wurden.

Auf den Wert des sorgsamen Studiums guter Originalabhandlungen haben die großen Lehrer der Chemie häufig hingewiesen. Solche Experimentalarbeiten bieten die beste Gelegenheit dar, in den Gedankengang der Verfasser einzudringen; sie stärken also den historischen Sinn und regen zugleich naturgemäß zur Kritik, sowie zur Nacheiferung an. Daher sind dieselben als ausgezeichnete litterarische Hilfsmittel bei dem Studium der Chemie und ihrer Geschichte zu betrachten. Über den unmittelbaren Nutzen solcher Studien spricht sich besonders eindringlich Wilhelm Ostwald in seiner Rede: *Johann Wilhelm Ritter* aus:[1] „So oft ich mich den grundlegenden Arbeiten unserer großen Meister unmittelbar vertraut machte, hatte ich einen Gewinn an Einsicht und Verständnis zu verzeichnen, der weit über das hinausging, was aus den sekundären Quellen, den Lehrbüchern und dergleichen zu entnehmen war." — Auch in formaler Hinsicht ist ihre Wirkung hoch anzuschlagen. — Erdmann sagt darüber in seinem schon zitierten Schriftchen S. 60 treffend: „Mit der Wissenschaft lernt, bei der Benutzung dieser Quellen, der Studierende zugleich von dem Meister der Wissenschaft die geeignete Form der Darstellung wissenschaftlicher Resultate, die Kunst, das Wesentliche vom Unwesentlichen zu scheiden, das Wesentliche gedrängt und doch so vollständig darzulegen, daß kein für die Beurteilung erforderliches Element fehlt."

---

[1] W. Ostwald: *Abhandlungen und Vorträge* (Leipzig 1904) S. 361 ff.

A. Namenregister

Abegg 303, 453.
Abel 519.
Abucases 27.
Abu Mansur 28, 46 ff.
Achard 524.
Adet 158.
Afzelius 182.
Agricola 3, 54, **76**, 85.
Albertus Magnus **29**, 35.
Algarotus 85.
Allihn 524.
Amagat 439.
Ammermüller 444.
Ampère 228, 372.
Anaximenes 6.
Anderson 428, 433.
Andrews 360, 442.
Anschütz 392, 548.
Appert 138.
Arago 448, 551.
d'Arcet 509.
Archimedes 12.
Arfvedson 362.
Aristoteles 2, 5 ff., 35.
Armstrong 421, 530.
Aronheim 410.
Arppe 394.
Arrhenius 451 ff.
Arthur-Forrest 509.
Arzberger 548.
Aubertot 540.
Auer von Welsbach 365, 511, 538.
Augustin 509.
Auwers 320, 413, 452.
Avenzoar 27.
Averrhoes 27.
Avicenna 27.
Avogadro 193, 202, 439.

Bach 398.
Bacon, Fr., 91.
Baeyer, v., 303, 310, 314, 319, 322,
323, 374, 388 ff., 398, 402, 407, 420,
430, 434, 487, 529, 531, 546.
Bährens 57.
Balard 243, 358, 372, 398.
Balmer 443.
Bamberger 323, 327, 389, 417 ff., 423,
427, 431.
Bancroft 131.
Barth 546.
de Bary 497.
Baumann 392, 403, 415, 490, 493.
Baumé 124, 151.
Bayen 158.
Beaumont 492.
Becher **98**.
Beckmann 304, 320, 413, 452, 506.
Becquerel, H., 448, 462.
Behring, v., 500.
Behrend 304, 413.
Beilstein 241, 410, 539, 550, 552.
Bein 517.
Benedikt 521.
Bergmann **111**, 115, 123, 126 ff., 220,
341, 371, 463 ff., 474, 499, 537.
Berlin 366.
Bernard, Cl., 491, 494.
Bernouilli 443.
Bernthsen 530.
Berthelot 22, 291, 374, 388, **458**, 468,
521.
Berthier 478.
Berthollet 150, 153, **155**, 166, 375,
424 ff., 464 ff., 551.
Berzelius **4**, **182** ff., 189 ff., 199 ff.,
206 ff., 216, 220 ff., 224, 226 ff., 250 ff.,
258, 279, 342, 344, 351, 357, 359,
361 ff., 378, 381, 394, 401, 424, 456,
467, 473 ff., 475 ff., 488, 526, 543 ff.,
546, 552.
Bessemer 508.
Besson 378.
Beudant 198, 476.
Beyer 430.

Bibra, v., 236, 490.
Bidder 492, 495.
Biot 178, 448.
Biringuiccio 77.
Bischof, G., 478.
Bischoff, C. A., 319.
Bischoff (Physiolog) 493, 495.
Black 107 ff., 115, 135.
Bladin 434.
Blagden 148, 452.
Blaise de Vigenère 88.
Blochmann 378.
Blomstrand 211, 292, **302**, 368, 382, 384, 422, 467, 477.
Bockorny 487.
Bodenstein 441.
Bodländer 456.
Boerhave 55, **102**, 121.
Böttger, R., 579.
Bötticher 530.
Böttiger 58, 131.
Böttinger 533.
Bolley 507.
Bonsdorff 477.
Borde 145.
Boullay 225, 444.
Bourdelin 106.
Boussingault **484**.
Boyle 3, 90, **93** ff., 115, 120 ff., 126, 133, 460.
Boyle-Mariotte 439.
Brand 133.
Brandt 133.
Brauner 365.
Bredig 472.
Bredt 389.
Brefeld 497.
Breuer 517.
Brewster 448.
Brieger 500.
Brisson 136.
Brodie 236, 398.
Bromeis 393.
Brown 524.
Brücke 451, 489, 490, 494.
Brühl 448, 459.
Brunck 530.
Brunck, Franz, 537.
Brunner 400.
Brush 477.
Buchholz 503.
Buchner, E., 422, 498, 526.
Buchner, H., 496.
Buckton 415.
Büchner 521.
Buff, H., 236, 550.
Buff, H. L., 291.
Buffon 124.
Bullier 382.
Bunge 491.

Bunsen **231**, 276, 342, 347, 348, 362 ff., 369, 372, 377, 438, 442, 446, 461, 478, 508, 519, 540, 544 ff.
Bunte 349, 379, 507.
Busch 435.
Butlerow **298**, 388, 391, 305, 487.

Cagliostro 56.
Cagniard de Latour 497.
Cahours 391, **397**, 419, 441.
Cailletet 442.
Calmels 432.
Cannizzaro **298**, 391, 400, 425.
Carnelutti 400.
Caro 420, 529, 530.
Carstanjen 428.
Castner 510, 517, 536.
Cavendish **108**, 115, 129, 134.
Ceresole 529.
Champion 519.
Chance 515.
Chancel 392.
Chatelier 471.
Chattaway 378.
Chenevix 368.
Chevreul 391, 393, 493, 521.
Chittenden 488.
Christensen 358, 381.
Ciamician 433, 461.
Claisen 316, 323, 397, 402, 404, 433, 435.
Clarke 377.
Classen 346.
Claus, A., 292, **310**, 413, 430, 546.
Claus, C. F., 368.
Clausius 443, 469.
Clément 379, 512.
Cléve 384.
Cloëz 425.
Collie 303.
Combes 404.
Cooke 359.
de Coppet 336, 452.
Couper 296, 300.
Coupier 528.
Courtois 357, 511.
Crafts 387, 403.
Croll 67, 88.
Cronstedt 133, 474.
Crookes 334, 364, 462.
Curie 462.
Curtius 376, 377, 422 ff., 434, 546.

Daguerre 460.
Dale 448.
Dalton 4, **168** ff., 220, 351.
Dammer 550.
Daubrée 478.

Davy 175 ff., 205, 212 ff., 357, 359, 363, 372 ff., 375, 378 ff., 425, 457, 540, 543.
Deacon 516.
Debierne 462.
Debray 369, 382, 441, 478, 509.
Debus 168, 393, 401, 519.
Déherain 484.
Deiman 150.
Deite 521.
Delitzsch 424.
Dellwik 540.
Demokrit 6, 9.
Dennstedt 352, 433.
Derosne 525.
Descroiszille 347.
Désormes 379, 512.
Dessaignes 493.
Deville, St. Cl., 364, 369, 376, 441, 448, 478, 509, 547.
Dewar 442, 461, 541.
Diergart 14, 43, 356.
Diesbach 131.
Dietrich 484.
Dimroth 436.
Dioskorides 5, 11, 14.
Dittmar 359, 372.
Ditz 380.
Dobbie 461.
Döbereiner 331, 373, 394, 527.
Döbner 430, 528.
Dombasle 482.
Dowson 540.
Dragendorff 353, 499.
Drechsel 395, 490.
Drosbach 365.
Drude, P., 462.
Dubrunfaut 525.
Düring 446.
Dufet 456.
Duhamel de Monceau 105, 130, 132.
Duhem 471.
Dulong 196, 215, 372, 377.
Dumas 201 ff., 225, 230, 242 ff., 246 ff., 249, 287, 330 ff., 352, 359, 390 ff., 411 ff., 425, 444, 547.
Durocher 478.

Ebell 522.
Ebelmen 478.
Ebert 434.
Effront 526.
Ehrenberg 428.
Einhorn 432, 501.
Eittner 533.
Ekeberg 162, 182, 368.
Elbs 455.
d'Elhujar 366.
Eller 103.

Elster 462.
Empedokles 6.
Engel 518.
Engelmann 487.
Engler 361, 398, 480, 507, 539.
Epikur 6.
Erastus 66.
Erdmann, O. L., 277, 330, 477, 545, 546, 552.
Erlenmeyer 298, 306, 420, 546, 552.
Esson 468.
Etard 500.
Eykmann 452.

Faber du Faur 540.
Faggot 138.
Fahlberg 535.
Fahrion 533.
Faraday 203, 223, 246, 372, 386, 453.
Faworsky 388.
Feichtinger 523.
Fehling 236, 393, 402, 426.
Fick, Ad., 451, 493.
Figuier 383, 525.
Fileti 396.
Finkener 508.
Fischer, Em., 318, 323, 326, 389, 407 ff., 419 ff., 434, 487, 490, 499, 528, 546.
Fischer, F., 506.
Fischer, G. E., 164.
Fischer, O., 323, 339, 528.
Fittica 58, 335, 371.
Fittig, 241, 307, 323, 388, 395, 400, 404, 407, 410, 434, 546, 549, 552.
Fitz 497.
Flamel 32.
Fleck 520.
Fleischer 540.
Flügge 354.
Fordos 374.
Förster, Fr., 380, 384, 455, 511.
Forster 496.
Fourcroy 145, 150, 153, 156, 542, 551.
Fouqué 478.
Fownes 434.
Frank, A., 485, 508, 517, 536.
Franke 381.
Frankland 236, 275, 279, 286 ff., 292, 299, 322, 326, 327, 378, 387, 395, 426, 435.
Fremy 346, 372, 376, 479, 490, 521, 547, 550.
Frerichs 492, 495.
Fresenius 236, 342, 346, 353.
Fresnel 448.
Freund 388.
Freund, M., 432.
Friedel 387, 391, 403, 478.
Friedheim 382.

Friedländer 430.
Frobenius 136.
Fuchs 198, 522.
Fuchs, N., 475.

Gabriel 431.
Gadolin 151, 365, 474.
Gahn 130, 133, 162, 474.
Gattermann 377, 401, 455.
Gautier 426, 500.
Gay Lussac 178 ff., 191 ff., 213 ff., 221, 225, 234, 347, 351, 358, 359, 372 ff., 378, 381, 424, 439, 478, 534, 543, 551.
Geber 27.
Gehlen 375.
Geisel 376.
Geitel 462.
Gengembre 158.
Genth 382.
Gélis 374.
Geoffroy 56, **105**, 123.
Gerhardt 236, **254** ff., 257 ff., 267 ff., 290, 393, 397 ff., 547, 550.
Gerland 383.
Geuther 241, 326, 396.
Gibbs, Willard, **337**, 471.
Gibbs, Wolcott, 346, 382.
Giesel 462.
Gilbert 161, 484.
Gilchrist 508.
Giobert 150.
Girtanner 150, 159.
Gladstone 448, 468.
Glaser 138.
Glauber 78, 83, 86.
Glover 512.
Gmelin, C. G., 183. 362.
Gmelin, Chr., 476, 506, 521.
Gmelin, L., 181, 240, 331, 381, 424, 550.
Göttling 503.
Goldschmidt, Hans, 364.
Goldschmidt, Heinr., 471.
Goldschmiedt 432, 546.
Goldstein 462.
Gomberg 303, 390.
Goppelsröder 450.
Gore 372.
Gorup-Besanez 492.
Goulard 138.
Gräbe 314, 323, 388, 404, 430, 529.
Graham **217**, 368, 377, 424, 450, 549.
Gregory 376.
Gren 151, 161.
Grew 138.
Griess 417, 420 ff., 529.
Griguard 391, 435.
Grimaux 255.
Gros 384.

Groth, P., 456.
Gruner 507.
Guareschi 193, 500.
Guckelberger 515, 521.
Guimet 521.
Guldberg 468 ff.
Gustavson 388.
Gutbier 359.
Guyton de Morveau 119, 145, 150, 153, **154**.

Haarmann 408.
Haber 455.
Habermann 490.
Hagen 503.
Hales 115.
Hall 478.
Hammarsten 490, 493.
Hampson 442.
Hansen 498.
Hantzsch 304, 314, 316, 320, 376, 413, 423, 425, 430, 434, 546.
Harcourt 468.
Hardy 432.
Hargreaves 515.
Harnack 490.
Hartley 461.
Hasenbach 376.
Hassenfratz 158.
Hatchett 161, 368.
Hauer, v., 383, 477.
Hausmann 342, 476.
Hautefeuille 478.
Hauy 145, 198, 474.
Hawksbee 96.
Heeren 519.
Heintz 393, 490, 493, 521.
Heinzerling 533.
Helbig 515.
Hellot 131.
Hellriegel 485.
Helm 472.
Helmholtz, v., 453, 472, 494.
Helmont, van, 3, 54 ff., 68 ff.
Helvetius 56.
Hempel, W., 349, 365, 379, 382, 512.
Henneberg 236, 241, 484.
Hennel 392.
Henry 161, 375.
Heräus 509.
Heraklit 6, 25.
Herapath 443.
Hermbstädt 150, 159, 503, 524.
Hermes 23.
Héron 524.
Héroult 510.
Herschel 443.
Herter 491.
Herzig 406.

Heumann 379, 531.
Hess 352, 457 ff.
Hiärne 130.
Hjelm 366.
Higgins 150.
Hill 434.
Hinsberg 431.
Hisinger 182.
Hittorf 361, 454, 462.
Hlasiwetz 408, 490, 546.
van't Hoff 317, **337**, 355, 438, 449, 451, 471, 480, 519.
Hoffmann, Fr., **101**, 127, 135 ff.
Hoffmann, R., 398, 521.
Hofmann, A. W. v., 236, 239, 253, **263** ff., 391, 401, 416 ff., 426 ff., 429, 439, 527 ff., 544, 548.
Hofmann, Frz., 496.
Hofmann, K. A., 436, 462.
Hofmann, K. B., 2, 10.
Hofmeister, F., 490.
Holker 512.
Holt 396.
Homberg 97, 128, 134.
Hooke 96.
Hope 363
Hoppe-Seyler 490, 492, 498.
Horstmann 337, 441, 471, 550.
Howard 525.
Hübner 241, 537.
Hüfner 492, 498.
Humboldt, Al. v., 26, 192, 234.
Husemann 353, 499.

Jacobi 509.
Jahn 453.
Jannasch 477.
Ingen-Houss 482.
Jörgensen 384.
Joly 369.
Jolly 451.
Joule 443.
Iriuyi 520.
Ittner 424.
Isaak Hollandus 32, 37.
Isambert 441.
Julius Firmicus 24.
Juncker 119.

Kahlbaum 182, 446, 552.
Kalle 415.
Kane 228.
Kanonnikoff 448.
Karmarsch 507.
Karolyi 519.
Karsten 444.
Kastner 234.
Kaufmann, W., 462.
Kay 291.

Kayser 443.
Keiser 359.
Kekulé 236, **273** ff., 291, 295 ff., 301, 305, 306 ff., 323, 386, 393, 395, 398, 409, 414, 420 ff., 428, 546, 552.
Kempe 382.
Kerl 507.
Keyser 369.
Kjeldahl 352.
Kiliani 407.
Kircher, Athan. 57.
Kirchhoff, G., 232, 342, 443.
Kirchhoff 524.
Kirwan 116, 150, 161, 474.
Klaproth 150, **159** ff., 343, 359, 366, 474.
Klason 379, 414, 424, 427.
Knapp 507, 522 ff., 533.
Knecht 532.
Knietsch 513.
Knövenagel 323, 404.
Knop 241, 484.
Knorr 316, 323, 432, 434.
Knorre, v., 382.
Kobert 500.
Koch, R., 500.
König 354.
Königs 323, 429, 431.
Körner 311, 314, 429, 533.
Köttig 521.
Kohlrausch, Fr., 451, 454.
Kolbe 236, 241, 272, **276** ff., 292, 300, 306, 322, 391, 394, 398 ff., 412, 426, 534, 544 ff., 550, 552.
Kondakow 389.
Kopffer 352.
Kopp, E., 519.
Kopp, H., 4, 165, 268, **335**, 438, 444, 447, 456, 502, 550.
Kortum 57.
Kossel 490 ff.
Kostanecki 400, 406.
Kraemer 389.
Krafft 394, 427, 446.
Krell 160.
Kremers 331.
Krey 537.
Krönig 443.
Krüger 303.
Krüss 329, 355, 364, 382.
Kühling 431.
Kühne 490, 492.
Külz 494.
Küster, W., 492.
Kützing 497.
Kunkel 98, 131, 133.
Kunz-Krause 489.

Laar 315.
Labillardière 434.

Ladenburg **309**, 314, 323, 324, 361, 429, 431 ff., 449, 546, 550.
de Laire 408.
Lampadius 379, 474, 524.
Landauer 128.
Landolt 420, 448.
Langlois 374.
Laplace 145, 457.
Lauraguais 136.
Laurens 540.
Laurent 247 ff., 254 ff., 260 ff., 393.
Lauth 528.
Lavoisier 4, 116, 141, **143** ff., 219, 343, 348, 350, 360, 457, 549 ff.
Lawes 484.
Le Bel 317, 449.
Le Blanc 455.
Leblanc, Nic. 514.
Leclaire 511.
Lecoq de Boisbaudran 364.
Le Cor 32.
Lefêbre 120.
Lehmann, J., 484, 492.
Lemery **97**, 120, 124.
Lenard 462.
Lenk 519.
Leo Africanus 44.
Lerch 404, 493.
Leuchs 491.
Lévy 478.
Leykauf 521.
Libavius 52, 54, 67, 87 ff.
Lieben 391, 394, 433, 546.
Liebermann 323, 388, 396, 404, 406, 529, 532.
Liebig 217 ff., 223, 226 ff., **233** ff., 243, 246, 248, 253, 272, 381, 393, 397, 400 ff., 408, 414, 424 ff., 428, 483 ff., 487 ff., 493 ff., 497 ff., 520, 544 ff., 549 ff.
Liechti 382.
Lightfoot 528.
Limpricht 241, 433.
Linck 519.
Linde, v., 442, 541.
Linnemann 446.
Lionardo da Vinci 57.
Lippmann, v., 407, 525.
Lippmann 46?.
Littler 523.
Lister 501.
Löb 455.
Loew 487.
Löwig 165, **358**, 414, 420.
Lommel 487.
Lossen 304, 376, 444.
Lowe 540.
Loysel 145.
Lucretius 7.
Ludwig 451, 488, 491 ff.
Lumière 436.

Lunge 376, 512.
Luther, M., 57.
Luther, R., 472?
Mackenzie 360.
Macquer 106, 119, 131, 532.
Mactear 515.
Märcker 524.
Magnus 183, 373, 384, 392, 492.
Malaguti 468.
Malherbe 514.
Mallet 364.
Malpighi 481.
Maly 492.
Mansfield 528.
Maquenne 382.
Marat 145.
Marcet 214, 543.
Marchand 330, 366.
Marchlewski 487.
Marckwald 434, 462.
Marggraf **104**, 127 ff., 134, 343.
Margueritte 347, 382.
Marignac 181, **329**, 330, 345, 358, 362, 368, 382, 477.
Mariotte 481.
Markownikoff 327, 389, 539.
van Marum 150, 360.
Maslema 27.
Mathiessen 362.
Maxwell 443.
Mayer, A., 497.
Mayow 96, 121, 148.
Meineke 366.
Meißner 493.
Melanchthon 57.
Melsens 252, 521.
Mendelejeff **332**, 442, 450.
Menschutkin 468.
Merck, W., 432.
Mering, v., 494.
Merling 432.
Mersenne 92.
Meslans 412.
Messinger 352.
de la Methérie 151.
Meyer, E. v., 427, 428, 552.
Meyer, L., **331**, 410, 444, 492, 546, 550.
Meyer, V., 304, **311** ff., 315, 323, 325, 407, 410 ff., 420, 433, 439, 546.
Meyer, R., 552.
Meyerhoffer 480.
Michael 319.
Michaelis 374, 416, 420, 523.
Michel 523.
Miethe 461.
Miller 342, 443.
Miller, v., 430.
de Milly 521.
Minunni 413.

Mitscherlich, Al., 524.
Mitscherlich, E., 183, **198** ff., 202, 361, 374, 381, 387, 392, 415, 455, 473 ff., 475 ff., 526, 549.
Möhlau 421.
Mohl 487.
Mohr, Fr., **347**, 353, 549.
Mohs 473.
Moissan 329, 358, 372, 378, 380, 381, 412, 478.
Moitrel d'Elémént 115.
Moldenhauer 520.
Mond 381, 515, 537.
Monge 145.
Moraht 364.
Morley 359.
Mosander 183, 365, 476.
Muck 539.
Müller v. Reichenstein 359.
Müller, Er., 455.
Müller, M., 410, 522.
Müller, N. J. C., 487.
Mulder 487, 490.
Musculus 524.
Muspratt 236, 507, 514.
Muthmann 376, 380, 382.
Mylius 384.
van Mynsicht 67.

Nägeli 489.
Naquet 300.
Nasse 491, 498.
Naumann, A., 441, 446.
Naumann, C. F., 476.
Nef 413.
Nencki 419, 490, 492, 499.
Neri 81.
Nernst 337, 451, 453 ff., 550.
Neumann, Frz. E., 447.
Neumann, K., 103.
Newlands 331.
Newton 125.
Nicholson 551.
Nicklès 372.
Nicolas 520.
Nietzki 406, 529, 530.
Nilson 363, 365, 440.
Nobbe 484 ff.
Nobel 519.
Noble 519.
Noelting 377, 421.
Noyes 359.

Odling 272, 289, 327.
Oefele 415.
Oettel 455.
Olympiodor 24.
Olzevsky 442.
Orsat 349.

Osborne 488.
Ost 400, 507.
Ostwald **337**, 438, 445, 451, 454, 471 ff., 550, 552 ff.
O'Sullivan 524.
Otto, J., 353, 549.
Otto, R., 353, 415, 427, 499.
Otto-Apelt 537.

Paal 323, 431, 434, 490.
Pässler 533.
Page 410.
Palissy 57, **77**, 82.
Panum 499.
Paracelsus 3, 21, 38, 54, 61, **85** ff., 120.
Parkes 509.
Parmentier 158.
Pasteur **318**, 399, 448, 456, 497, 499, 526.
Pattinson 509.
Payen 507, 524.
Péan de St. Gilles 468.
Pebal 373.
Péchiney 516.
Pechmann, v., **323**, 406, 422, 434.
Péligot **244**, 366, 390, 412, 512.
Pélouze 243, 330, 547.
Pelletier 158, 375.
Perkin, sen., 323, 395 ff., 402, 406, 418, 450, 528.
Perkin, jun., 395.
Pesci 436.
Peters 484.
Petersen 477.
Petit **196**.
Pettenkofer 331, 493, 495.
Pettersson 363, 440.
Pfaff 342, 375.
Pfaundler 469.
Pfeffer 451, 487.
Pfitzinger 430.
Pflüger 496.
Pfordten, v. d., 329.
Phillips 551.
Phillips, Per., 513.
Pictet, sen., 442.
Pictet 432.
Pinner 419, 431 ff.
Pinnow 461.
Pintsch 539.
Piria 399, 408.
Planck 451, 471.
Platon 9, 25, 35.
Plattner 346, 363, 509.
Playfair 236, 276, 381, 424, 508.
Plinius 5, 11 ff.
Plücker 455.
Poggendorff 237, 550 ff.
Poleck 236.

Namenregister

Pope 449.
Popoff 303.
Porret 424.
Porta 81.
Pott 103.
Precht 518.
Presbyter 42.
Prevost 242.
Preyer 492.
Priestley **109** ff., 115 ff., 147.
Pringsheim 487.
Proust **165** ff., 220, 344.
Prout **180**, 334.
Psellus 28.
Pschorr 432.
Pseudo-Basilius Valentinus 33, 49 ff.
Pseudo-Geber 27, 37, 42, 45 ff.
Pullinger 384.
Pythagoras 9.

Quincke 450.

Rabe 316, 404.
Raimund Lullus **30**, 35, 39, 52.
Rammelsberg 346, 366, **477**, 478.
Ramsay 329, 370, 376, 446, 462.
Ranke 494.
Raoult 336, 452.
Raschig 377, 512.
Rathke 427.
Rayleigh 329, 359, 369.
Réaumur 130, 136.
Redtenbacher 236.
Rees 497.
Regnault **229**, 243, 386, 392, 439, 447, 493, 549.
Reich 364.
Reimer 401.
Reiset 384, 493.
Remsen 535.
Renault 454.
Renk 496.
Retgers 456.
Retzius 151.
Rey 146.
Reynolds 424.
Rhazes 27.
Richards 359, 366.
Richarz 463.
Richter, J. B., **163** ff., 364.
Richter, Th., 371, 477.
Richters 539.
Riebeck 537.
Rilliet 461.
Rillieux 525.
Rinmann 130, 474, 507.
del Rio 367.
Ripley 32.
Ritter 460.

Ritter-Kellner 524.
Ritthausen 488.
de la Rive 360, 509.
Robert 525.
Roberts, J., 525.
Robinson 515.
Rochleder 236, 393, 487.
Röntgen 462.
Röse 303.
Roger Baco **29**, 39.
Romé de l'Isle 198, 474.
Romer 520.
Roozeboom 471.
Roscoe 168, **328**, 367, 372, 383, 461.
Rose, Fr., 382.
Rose, G., 183, 455, 476.
Rose, H., 183, 188, 342, **345**, 368, 468.
Rose, Val., 474.
Rosenstiehl 528.
Roser 432.
Rosetti 82.
Rossi 391, 394.
Rothenburg, v., 434.
Rouelle 106, 122.
Rubner 496.
Rüdorff 452.
Ruff 376.
Rumford 457.
Runge 433, 443.
Rutherford 117, 462.
Rydberg 443.

Sabatier 378.
Sachs 487.
Sadler 523.
Sage 151.
Sala 54, 73, 87.
Salomon 407, 524.
Sandberger 477.
Sarrasin 478.
Sattler 511.
Saussure 220, 351, 482, 486.
Saytzeff, Al., 391, 396, 415.
Schädler 521.
Schaffner 515.
Schall 406.
Scheele **112** ff., 115 ff., 126 ff., **134** ff., 147, 348, 349, 443, 460.
Scheerer 241.
Scheerer, Th., 477.
Scheibler 382, 407, 525.
Schelling 234.
Schenck 361, 376, 463.
Scherer 65, 494.
Scherer, J. A., 159.
Schertel 512.
Scheufelen 410.
Schiel 268.
Schiff, R., 444, 450.

Schischkoff 428, 519.
Schlieper 236.
Schlossberger 236, 494.
Schlossmann 493.
Schmidt 365, 462.
Schmidt, Al., 490, 492, 499.
Schmidt, C., 492, 495.
Schmidt, E., 502.
Schmidt, R., 530.
Schmiedeberg 490, 499.
Schmieder 57.
Schmitt, R., **283**, 400, 534.
Schneider, R., 346, 359.
Schönbein **360**, 361, 372, 472, 519.
Schöne 372.
Scholl 428.
Schorlemmer 303, 446.
Schott 523.
Schrauf 456.
Schroeder 445.
Schröder, v., 533.
Schrötter 361.
Schürer 81.
Schützenberger 374, 384, 490.
Schultz 533.
Schultze 460.
Schulze, H., 375.
Schwalb 410.
Schwanert 433, 502.
Schwanhardt 132.
Schwann 497.
Seebeck 363, 448.
Sefström 183, 367.
Seignette 88.
Selmi 499.
Semmler 389, 536.
Sénarmont 478.
Sendivogius 56.
Senebier 482.
Senhofer 400.
Sennert 54, 73.
Serullas 377, 392, 425.
Sestini 400.
Seubert 357, 369.
Siemens, Fr., 540.
Siemens, W., 508, 509, 540.
Silber 461.
Simpson 394.
Skraup 314, 429, 546.
Smith 477.
Sobrero 519.
Soddy 462.
Söderbaum 182.
Solon 9.
Solvay, E., 515, 517.
Sonnenschein 499.
Soret 360, 443, 461.
Soubeiran 375.
Soxhlet 407, 493.
Spencer 509.

Spilker 389.
Sprengel 535.
Spring 461.
Städel 444.
Staedeler 241, 492, 494.
Stadion 373.
Stahl 3, **99** ff., 120, 497.
Stahlschmidt 377.
Stas 181, 330, 345, 353, 358, 359, 362.
Strecker 236, 399, 492, 494, 546, 549.
Steiner 428.
Stenhouse 236, 434.
Sterry Hunt 267.
Stöhr 430.
Stohmann **459**, 484, 507.
Stoney 443.
Streng 477.
Stromeyer 240, 346, 364, 477.
Strunz 61.
Struve, F. A., 505.
Sudhoff 61.
Suidas 2.
Svanberg 476.
Swan 342, 443.
Swanberg 183.
Sylvins 3, **73** ff., 84, 85.
Synesius 24.

Tachenius 3, 54, **74**, 84, 87.
Tafel 432, 455.
Talbot 342, 443, 460.
Tammann 446.
Taylor 510.
Teclu 379.
Tennant 360, 516.
Thaer 482.
Thales 6, 25.
Than, v., 379, 546.
Thénard 136, 179, 213, 351, 372, 511, 549.
Thénard, P., 375.
Theophrast 5, 14.
Thiele, H., 365.
Thiele, J., 303, 419.
Thölde 33.
Thomas 508, 540.
Thoms 501.
Thomsen, J., 334, 384, **458**, 467, 470.
Thomsen, J. J., 462.
Thomson, Th., **173**, 477, 547.
Thorpe 444.
Thurneisser 56, 66.
Tickle 303.
Tiemann 389, 401, 408, 426, 536.
Tilghman 524.
Tischbein 525.
Tollens 407.
Traube, J., 316, 334, 450, 453.
Traube, M., 361, 372, 498.

Traube, W., 419.
Trommsdorff 503.
Troost 478.
Troostwyk 150.
Turner 346, 507.
Turquet de Mayerne 67.
Tyndall 461.

Valentiner 518.
Valerius Cordus 89.
Varrentrapp 352, 393.
Vauquelin 157, 347, 363, 474, 542.
Verguin 528.
Vidal 531.
Villanovanus, Arnaldus 30, 35, 39.
Villiger 303, 374.
Vogel 373.
Vogel, H. W., 461.
Voit 493, 494 ff.
Volhard 236, 348, 418, 424.
Volkmann 450.
Volta 129.
Vongerichten 432.
Vorländer 327.
Vorster-Grüneberg 518.

Waage 468 ff.
van der Waals 338, 439, 443.
Wackenroder 374.
Wagner, G., 389.
Wagner, P., 508.
Wagner, R., 507.
Wallach 319, 389, 419, 536, 546.
Warburg 447.
Ward 132.
Watson 133.
Watts 444, 550.
Weber 447.
Weber, R., 374, 512.
Weddige 427, 431.
Wedekind 320, 449.
Wedgwood 523.
Weidel 314, 429, 546.
Weigel, C. E., 548.
Weihrich 544.
Weinhold 442, 541.
Weldon 516.
Welter 373.
Wenzel 163.
Werner 474.
Werner, A., 303, 320, 382.

Westrumb 151, 503.
Widman 431.
Wiedemann, G., 454.
Wiegleb 151.
Wien 462.
Wilfarth 485.
Wilhelmy 450, 468, 471.
Will 236, 352, 404, **408**.
Willgerodt 410.
Williams 428.·
Williamson 236, **265** ff., 290, 300, 392, 469.
Willis 96, 497.
Willstätter 432.
Winkelmann 446.
Winkler 523.
Winkler, Cl., 346, 349, 363, 364 ff., **367**, 462, 477, 509, 512.
Winterl 371.
Wischnegradsky 429, 431.
Wislicenus, J., **317** ff., 323, 326, 394, 399, 449, 493, 546.
Wislicenus, W., 316, 377, 397, 405.
Witt 420, 529, 530, 532.
Wittich, v., 492.
Wöhler, Fr., 183, 223, 226, 238, **240** ff., 321, 345, 362 ff., 378, 380, 397, 408, 414, 425, 476, 478, 522, 544 ff., 549 ff.
Wöhler, L., 384.
Wohl 417.
Wolff, E., 484.
Wolff, L., 431.
Wollaston 174, 177, 368.
Woulfe, P., 549.
Wren 96.
Wroblevsky 442.
Wurtz 236, **262** ff., 272, 290, 291, 300, 328, 387, 391, 393, 398, 402, 417, 427, 441, 499, 547, 550.
Wyrouboff 456.

Young 446.

Zamminer 550.
Ziervogel 509.
Zimmermann 329, 346, 366, 382.
Zincke 389, 393, 404, 407, 431, 546.
Zinin 417, 420.
Zöller 241, 484.
Zosimos 22.
Zulkowsky 548.

B. Sachregister

Abbau von organischen Verbindungen 326.
Abraumsalze, Staßfurter A., 480.
Académie française 157.
Acetaldehyd 400.
— polymerer A., 402.
Acetessigester 405.
— Tautomerie des A., 314 ff.
Aceton 403.
Acetondikarbonsäure 405.
Acetylen 379, 388, 538.
Acetyltheorie (Liebig) 229.
Adipinsäure 394.
Ägypten, chemische Kenntnisse in Ä., 8, 12, 15 ff., 22 ff.
Äpfelsäure 136.
Äquivalente (Gerhardt) 258.
— (Gmelin) 258 ff.
— (Laurent) 260.
— elektrolytische 454.
— statt Atomgewichte 177.
Äquivalentgewichtstabelle, erste (Richter-Fischer) 164.
Äskulin 408.
Äthal 244, 391.
Äther 89, 136.
— Äthyl-Ä., 392.
— einfache Ä., 392.
— gemischte Ä., 392.
— zusammengesetzte Ä., 392.
Äthereum (Kane) 228.
Ätherintheorie 225.
Ätherische Öle 389.
Äthersäuren 392.
Ätherschwefelsäure 392.
Äthyläther, Bildung (Williamson) 265.
Äthyltheorie 227.
Affinität 122.
— Vorstellungen über die Ursache der A., 122 ff.
— Bertollets Lehre der A., 156, 165, 464 ff.

Affinität, neue Entwicklung der Lehre von der A. 468 ff.
Affinitätskoeffizienten, spez. A. 469 ff.
Affinivalente (Erlenmeyer) 300.
Agrikulturchemie, Liebigs Bedeutung für die A., 239, **483** ff.
Akademien, Gründung von A., 91.
Alaun 16, 47, 85.
Alchemie 2.
— allgemeine Geschichte. der A., 22 bis 41.
— an deutschen Fürstenhöfen 56.
— in den christlichen Abendländern 28 ff.
— Probleme der A., 34 ff.
— Schicksale der A. in den letzten 4 Jahrhunderten 53—58.
— spezielle Geschichte der A., 41—58.
— Stellung bedeutender Chemiker im 16. u. 17. Jahrhundert zur A., 54 ff.
— Ursprung der A., 22 ff.
— Zeitalter der A., 20 ff.—58.
Aldehyde 400—403.
— Gewinnung 401.
— Konstitution (Kolbe) 281.
— Polymerisierung 402.
Aldol 402.
Aldosen 407.
Aldoxime 413.
Alexandrinische Gelehrten 24; Lehren der A. G., 34.
Algarotpulver 85.
Alizarin 528 ff.
Alkahest 47, 87.
Alkalien 46.
Alkalimetalle (Davy) 175, 212, (Gay-Lussac u. Thénard) 179, 213.
— Atomgewichte 362.
— Verbindungen 379.
— vermeintliche Zusammensetzung 213.
Alkalimetrie 347.
Alkaloide 431.
Alkaloide, Synthese verschiedener A. 432.

Sachregister

Alkohol 53, 89.
Alkohole 390—393.
— Konstitution der A. (Kolbe) 282.
— mehrsäurige A., 391.
— sekundäre und tertiäre A. (Kolbe) 282, 391.
Alkoholometrie 136.
Alkoholpräparate 534.
Alkylcyanide 425.
Alloisomerie (Michael) 317.
Allotropie 456.
— von Elementen 361.
Allylalkohol 391.
Allylamin 418.
Aluminium 364, 510.
Aluminothermie 364.
Amalgamationsverfahren 43, 80.
Ameisensäure 136.
Amide 398.
Amidine 419, 426.
Amidomiazine 427.
Amidopyrimidine 427.
Amidosäuren, Konstitution der A. (Kolbe) 282.
— organische A., 398.
Amidoxime 426.
Amine 416 ff.
Ammoniak als Typus 265.
— Fabrikation 537.
Ammoniakgas 115.
Ammoniaksalze (als Heilmittel) 84.
Ammoniaksoda 515.
Amphidsalze 215.
Amygdalin 238, 408.
Amylalkohol 391.
Anästhetica 501.
Analyse, erste Anwendung des Wortes A., 126.
— forensische 353.
— organischer Stoffe 349.
— qualitative 87, 128 ff., 341 ff.
— quantitative 128, 159, 343 ff.
— unorganischer Stoffe 341.
— volumetrische 347.
— von Gasen 348.
— von Nahrungsmitteln 354.
— von technischen Produkten 353.
Anilin 416.
Anilinfarbstoffe 527 ff.
— Litteratur der A., 527.
Anilingelb 529.
Anilinrot 528.
Anilinschwarz 528.
Anilinviolet 528.
Annalen der Physik u. Chemie 551.
— *der Chemie* 551.
— (Liebig) 236.
— *chem. A.* (Crell) 160.
— *der Physik* 161.
Annales de Chimie 157, 551.

Anthracen 388.
Antimon (Pseudo-Basilius Valentinus) 33, 49.
Antimonpräparate 33, 50, 85.
Antimonverbindungen, organische 420.
Antiphlogistisches System 141 ff., 150 ff.
— in Deutschland 150, 158.
Antiphlogistisches System in anderen Ländern 150, 151, 161.
Antiseptische Mittel 138, 500.
Antitoxine 500.
Apigenin 406.
Apparate des alchemist. Zeitalters 31.
Aqua fortis 47.
— *vitae* 52, 89.
Araber, Chemie bei den A., 26 ff.
— Akademien der A., 26.
Arabit 392.
Argon 329, 369.
Aromatische Verbindungen, Theorie der a. V. (Kekulé) 307, (Ladenburg, Claus, Baeyer) 310.
— schärfere Fassung des Begriffes a. V., 311, 312.
Arsenige Säure 50, 134.
Arsenik 36, 86.
Arsensäure 134.
Arsenverbindungen 375.
— organ. A., 420.
Arsenwasserstoff 375.
Arzneimittel, neue A., 500.
Asymmetrischer Kohlenstoff 317, 449.
— Theorie des a. K. (van't Hoff, Le Bel u. a.) 317 ff., 399.
— Stickstoff 449.
Atom (Laurent) 258.
Atome verschiedener Ordnung 171.
Atomgewichte (Berzelius) 189 ff., 194 ff., 198 ff.
— (Dumas) 202.
— (Erdmann u. Marchand) 330.
— (Gerhardt) 259.
— (Marignac) 330, 358.
— (Stas) 330, 345, 358.
— Änderung der A. durch Dumas 202.
— Bestimmung der A., 181.
— der Metalle 362 ff.
— der Metalloide 358.
— Korrektion der A., 333.
— Periodische Anordnung der A. im *natürlichen* System 331.
— Präzisierung (Cannizzaro) 298.
— relative A. (Berzelius) 189.
— (Dalton) 171 ff.
Atomgewichtsbestimmung, Verfeinerung der A., 330. Geschichtliches 345, 358.
Atomgewichtskommission, internationale 357.

Atomgewichtssystem (Berzelius) 194, 200.
— Opposition gegen das A. (Dumas u. A.) 201 ff.
Atomgewichtstabellen(Berzelius) 195, 201.
Atomistische Verbindungen (Kekulé) 301.
Atomizität der Grundstoffe 298 ff.
Atomlagerung 305, 318.
Atomtheorie, chemische, A. Daltons, **168—173**.
— Konzeption der A. 168.
— Vorarbeiten zur A. (Richter) 162, (Proust) 165.
— weitere Entwicklung der A., 173 ff., (Berzelius) 190 ff.
Atomverkettung 305.
Atomvolum 444.
Atomwärme 197, **447**.
Atropin 432.
Aurum potabile 40.
Autoxydation 361, 398.
Azofarbstoffe 420, **529**.
Azole 432.
Azoverbindungen 420.

Bakteriologie 500.
Ballistik 520.
Baryum 363.
Basizitätsgesetz (Gerhardt) 256.
Baumwollfarbstoffe, substantive B., 530.
Beleuchtungsstoffe 538.
Benzaldehyd 401.
Benzoesäure 88, 396.
Benzol 387.
Benzoyl, Radikal der Benzoesäure 226.
Benzylkarbonsäure 405.
Benzylalkohol 391.
Berichte der deutschen chem. Gesellschaft 552.
Berliner Blau 131.
Bernsteinsäure 88, 394.
Beryllerde 158.
Beryllium 365, 380.
Bessemerprozeß 508.
Betain 418.
Bindung der Atome 295 ff.
Bindungen, zentrale B., 312.
— doppelte 296.
Bindungswechsel 312, 315.
Bittermandelöl (Liebig u. Wöhler) 226.
Bittermandelölgrün 528.
Bitterzalz 138.
Blausäure 137, 424.
Blei 13.
Bleiessig 52, 87.
Bleizucker 52, 87.

Blut — Blutgase 492.
Boden, agrikulturchemische Bedeutung des B., 484 ff.
Bodenbakterien 485.
Bor 362, 378.
Borsäure 104.
Branntweinbrennerei 82.
Brasilin 406.
Braunkohlendestillation 537.
Braunstein (Untersuchung Scheeles) 113.
Brechweinstein 88.
Brenzcitronensäure 373.
Brenzschleimsäure 407.
Briefe Scheeles 112.
Briefwechsel Berzelius-Liebig 188, 218, 230.
— Berzelius-Wöhler 188, 240.
— Liebig-Wöhler 226, 233.
Brom 358, 517.
Bronze 14.
Bunsenbrenner 548.

Caesium 362.
Calcium 363.
Calomel 86.
Carbide 381, 510.
Carborundum 381.
Cement 523.
Cementkupfer 43.
Cer 160, 365.
Cererde 365.
Chelidonsäure, Synthese 405, 433.
chêmi, Name für Ägypten, 2.
Chemie, Aufgabe der Ch., 1 ff.
— verschiedene Zeitalter der Ch., 1 ff.
Chemie, Agrikultur-Ch., 82, **482** ff.
— alchemistisches Zeitalter **20—58**.
— ältestes Zeitalter der Ch., **5—19**.
— analytische Ch., 95, 111, 121, in neuerer Zeit 341 ff.
— angewandte Ch., 80 ff., 130 ff., **504** ff.
— antiphlogistische Ch., 150 ff.
— Aufgaben der Ch. zu verschiedenen Zeiten 1—4.
— geologische Ch., 477.
— iatrochemisches Zeitalter der Ch., **59—89**.
— mineralogische Ch., 473 ff.
— neue Zeit von Lavoisier an, **141** bis Schluß.
— organische Ch., 220 ff., **385** ff.
— pharmazeutische Ch., 44 ff., 83, 137, 502.
— phlogistisches Zeitalter der Ch., **90** bis 140.
— physikalische Ch., **437** ff.
— physiologische Ch., **486** ff.
— pneumatische Ch., 72, 114, 129, 348.

Chemie, technische Ch., 80 ff., 130 ff., 504 ff.
— unorganische Ch., **327, 356** ff.
— Ursprung des Wortes Ch., 2, 24.
Chemisches Gleichgewicht, statisches und dynamisches 469; s. unter Gleichgewicht.
Chinazolin 431.
Chinolin 310, 430.
— Derivate des Ch., 431.
— Synthese von Ch., 430 ff.
Chinone 404.
Chinoxalin 431.
Chlor 133.
— als Element erkannt 213.
— vermeintliche Zusammensetzung des C., 213.
— Einwirkung des C. auf organische Stoffe 409 ff.
Chloral 411.
Chlorimetrie 347.
Chlorkalk 380, 516.
Chlorophyll 487.
Chlorstickstoff 377.
Chlorwasserstoff als Typus 269.
Chlorwasserstoffgas 115.
Chlorzink 86.
Cholin 418.
Chrom 366.
— Entdeckung 158.
— Verbindungen 381.
Chromfarben 511.
Chromgerbung 533.
Chromon 406.
Chrysen 389.
Chrysin 406.
Chrysoïdin 529.
Cirkularpolarisation 448.
— magnetische C., 450.
Citronensäure 136.
Cocain 432.
Collidin 430.
Comptes rendus 551.
Coniferin 408.
Coniin, Synthese des C., 324, 431.
Cordit 520.
Cumaron 434.
Cyan 424.
Cyanamid 425.
Cyansäure 425.
Cyanuralkyle 426.
Cyanursäure 425.
Cyanverbindungen 424 ff.
— polymere 427.
— Technik der C., 536.

Daltonismus 168.
Dampfdichtebestimmungen 336, 439 ff.
— (Dumas) 202.

Dampfdichtebestimmungen(Hofmann, V. Meyer) 439 ff.
Dampfdichten, anomale 441.
Dampfdruck von Lösungen 452.
Decipium 371.
Dephlogistisierte Luft (Sauerstoff) 117.
Desmotropie 315.
Destillation, erste Kenntnis 53.
Destillier-Vorrichtungen 548.
Dextrin 524.
Dialdehyde 401.
Dialyse 450.
Diamant, Synthese des D., 479.
Diamine 416.
Diastase 488.
Diazine 431.
Diazoessigester 422.
Diazoverbindungen 417, 423.
— Oxydation von D., 422.
Didym 365.
Diffusion 450.
— des Rübensaftes 524.
Diketone 404.
Dimorphie 456.
Dissoziation 441.
— elektrolytische 452 ff.
Disulfone 415.
Dokimasie der Edelmetalle 43, 80, 346.
Doppelatome (Berzelius) 210.
Dünger, künstlicher 518.
Dynamische Hypothese 319.
Dynamit 519.
Dualismus (Berzelius) **208** ff.
— Bekämpfung 212 ff., 245 ff.
— Erschütterung des D. durch den Unitarismus 250.

Eau de Javelle 473.
Ecgonin 432.
Echelle de combustion (Gerhardt) 248.
Edelgase 329.
Eikonogen 537.
Eisen 12, 43, 507.
Eisenchlorid 88.
Eisengerbung 533.
Eisensäure 381.
Eisenverbindungen 381.
Eisessig 136.
Eiweißstoffe, pflanzliche 487.
— tierische 490.
Elektrische Leitfähigkeit 452.
Elektrochemie 453.
— im Dienste der Verwandtschaftslehre 467.
— technische 510, 517.
Elektrochemische Äquivalente (Faraday) 204.
— Industrie 517.

Elektrochemische Theorien (Davy) 205, (Berzelius) 206 ff.
Elektrolyse 453.
— von Alkalichloriden 517.
— organische Verbindungen 278, 455.
Elektrolytische Bestimmung von Metallen 346.
Elektrolytisches Gesetz (Faraday) 203 ff.
Elektrometallurgie 510.
Element, Begriff E. nach Boyle, 94.
Elemente, Lehre von den E. in ältester Zeit (Empedokles, Aristoteles etc.) 6 ff.
— Atomgewichtsbestimmungen von E. 358 ff.
— — in alchemistischer Zeit 34 ff.
— Entdeckung von E. in der neuen Zeit 356 ff.
— — im phlogistischen Zeitalter 133 ff.
— nach Boyle 94, 120.
— der Phlogistiker 120.
— Lavoisiers 152 ff.
— natürliches oder periodisches System der E., 327, 331 ff.
— vermeintliche E., 371.
Elixier (zur Metallveredelung) 37.
Encyklopädieen der Chemie 551.
Energetik 472.
Energie, Formen der E., 472.
Enolform 316.
Entphosphorung des Eisens 508.
Enzyme 488, 498.
Eosinfarbstoffe 529.
Erden als Bestandteile der Metalle (nach Becher) 98.
Erdöl, Entstehung des E., 480.
Erhaltung des Stoffes (Lavoisier) 151.
Ernährung der Pflanzen 482 ff.
— der Tiere 494.
Erstarrungspunkt von Lösungen 452.
Erukasäure 396.
Essigsäure 18, 87, 136, 393, 527.
Eudiometrie 129.
Experimentalvorlesungen über Chemie 543.
— Explosivkörper 519.

Färberei 16, 44, 82, 131, 532.
Fäulnisprozesse 499.
Falschmünzerei der Alchemisten 32.
Farbholzextrakte 533.
Farbstoffe 572.
— pflanzliche F. und ihre Synthese 406.
— Unterscheidung der Farbstoffe in adjektive und substantive 131.
— Synthese von F., 324.
— Teer-F. 528 ff.
Fermente, organisierte 499.
— ungeformte s. *Enzyme*.

Ferricyan, 381, 424.
Ferrocyan 424.
Ferrocyanverbindungen 184, 381.
Fette 19, 89, 137, 520.
Fettsäuren 393.
— Konstitution 393.
Feuerluft (Sauerstoff) 117.
Feuerzeuge, chemische 520.
Filtriervorrichtungen 548.
Fixe Luft (Black) 108.
Flamme, Natur der F., 378.
Flammenfärbung (Marggraf, Scheele) 124.
Flammenreaktionen (Bunsen) 342.
Flavon 406.
Fleisch 494.
Fluor 358.
— Analogie des F. mit Chlor 373.
Fluorverbindungen 185, 372, 378.
— organische F., 412.
Flußsäure 372, 526.
— zum Ätzen von Glas 132.
Formaldehyd 401, 487.
Formazylverbindungen 423.
Formeln (nach Gerhardt) 270.
— graphische F. (Kekulé) 305.
— rationelle F. (Kolbe) 284.
— viervolumige F., 260.
— zweivolumige F., 260.
Frischprozeß (Agricola) 81.
Fuchsin 528.
Fumarsäure 396.
Furfuran 433.
Furfurol 434.

Gärung (van Helmont) 71.
Gärungsgewerbe 526.
Gärungsprozesse 496.
Gärungstheorien 497 ff.
Gallensäuren 492.
Gallium 333, 364.
Galvanoplastik 509.
Gasanalyse 348 ff.
Gase, Absorption 442.
— Analyse 129, **348 ff.**
— Chemie der G. und ihre Entdeckung im phlogistischen Zeitalter 114 ff.
— Kenntnisse der G. (van Helmont), 71.
— kritischer Druck der G., 442.
— kritische Temperatur der G., 442.
— Verflüssigung der G., 441.
Gasregulatoren 548.
Gastheorie, kinetische 442.
Generatoren 540.
Gentisin 406.
Genußmittel, Analyse 354.
Geometrische Isomerie (J. Wislicenus) 317 ff.
Gepaarte Verbindungen 243, 246, 273.

Gerberei 533.
Gerbsäuren 487.
Germanium 333, 367.
Gesellschaften, gelehrte G., 91, 92.
Gewichtszunahme der Metalle bei ihrer Verkalkung 118, 146.
Glas 44, 81, 131, 521.
— im ältesten Zeitalter '15.
Gleichgewicht, Lehre vom chemischen G., 471.
Gleichungen, chemische (Lavoisier) 152.
Glukosen 406.
— Konstitution der G., 407 ff.
— Synthese der G., 408.
Glukoside 408.
Glycerin 137, 391.
Glykogen 494.
Glykol 391.
Glyoxal 401.
Gnomium 365.
Gold 11, 42, 80.
Goldschwefel 50.
Goldverbindungen 383.
Großindustrie, chemische G., 512 ff.
Grubengas 72.
— als Typus 274.
Guanamine 419.
Guanidin 418.

Hämatin 492.
Hämin 492.
Halogene (Berzelius) 215, 357.
— Verbindungen der H., 372 ff., 378 ff.
— Einwirkung der H. auf ungesättigte Kohlenwasserstoffe 411.
Halogenüberträger 410.
Halogenverbindungen, organ. 409 ff.
Halogenwasserstoffe 372.
Haloidsalze 215.
Handbücher der Chemie 551.
Harn 493.
Harnanalyse 494.
Harnsäure 137, 239, 419.
— Derivate der H., 418.
— Synthese der H., 419.
Harnstoff 223, 322.
Heilmittel der alten Zeit 17 ff.
— des Paracelsus 65.
— der phlogistischen Zeit 137.
— neue H., 500.
Heizstoffe 539.
Helium 329, 370.
Hermetik 23.
Hermetische Gesellschaft 57.
Hermetische Kunst 23.
Hexosen 406.
Hochofenprozeß 507.
Hochschulen, technische H. 506.

Holzgeist 390.
Humus, Theorie von H., 482 ff.
Hydrazin 376, 422.
Hydrazone 422.
Hydride der Alkalimetalle 380.
Hydroxylamin 376.
— als spezifisches Reagens 325, 403, 413.
Hygiene, Beziehungen der Chemie zur H., 354, 500.
Hypnotika 501.

Jahrbuch der Chemie 552.
Jahresberichte der Chemie (Berzelius) 186, 552, (Liebig) 552.
Iatrochemische Lehren des Paracelsus 63 ff.
Indigblau 44, (Baeyer) 531.
— Technische Darstellung künstlichen I., 531.
Indium 364.
Indol 434.
Industriegase 349.
Induktive Methode, Mißachtung der i. M. 9 (Fr. Bacon) 91.
Institut national 157.
Jod 357, 517.
— (Gay-Lussac) 178.
Jodobenzol 410.
Jodoniumbasen 410.
Jodosobenzol 410.
Jodstickstoff 377.
Ionen 458.
— Hydroxyl-I. 471.
— Wasserstoff-I. 471.
Journal de Physique 157.
Journal für praktische Chemie 552.
Journal of the chemical society 551.
Journale, chemische in Deutschland 160, 550 ff.
Iridium 369.
Isobuttersäure 394.
Isocyanide 426.
Isocyanursäure 427.
Isodiazoverbindungen 423.
Isogonismus 456.
Isomerie 223, 225.
— geometrische I., 317 ff., 449.
— physikalische I., 399.
— Stellungs-I., 313.
— strukturchemische Deutung der I., 312 ff.
Isomorphie 198, 455 ff., 475.
— polymere I., 456.
Isomorphismus (Mitscherlich) 198 ff.
— Verwertung des I. (Berzelius) 197, 199.
Isonitrosoverbindungen 413.
Isopropylalkohol 391.

Kadaverin 430, 500.
Kadmium 364.
Kaffein 487.
Kakodylverbindungen (Bunsen) 231.
— Konstitution der K., 279.
Kaliindustrie 518.
Kalisalze (als Medikamente) 84.
— Industrie der K. 518.
Kalisalzlager 480, 518.
Kalium 362.
Kalkstickstoff 485.
Kalorimetrie 458.
Kapillarität 450.
Karbolsäure 500.
Karbonsäuren 393—400.
— gesättigte K., 393 ff., ungesättigte K., 395, aromatische K., 396.
— Amide, Anhydride, Chloride der K., 397 ff.
Karbylamine 426.
Katalyse 472.
Kathodenstrahlen 462.
Kermesfarbe 44.
Kermes minerale 138.
Kerne, Stamm-K. 247.
— abgeleitete K., 247.
Kerntheorie (Laurent) 247.
Ketoform 316.
Ketone 403 ff.
— fettaromatische K., 403.
— Konstitution der K. (Kolbe) 281.
Ketonsäuren 405.
Ketosen 407.
Ketoxime 413.
Knallsäure 428.
— Isomerie mit Cyansäure 223.
Knochen, Zusammensetzung der K., 490.
Knöllchenbakterien 485.
Kobalt 133, 365, 389.
Kobaltblau 81.
Königswasser 48.
Kohäsion 465.
Kohlenhydrade (E. Fischer) 324, **406—408.**
Kohlenoxyd, Verbindungen des K. mit Eisen, Nickel 381, mit Platin 384.
Kohlenoxydkalium, Säuren aus K., 404.
Kohlenoxysulfid 379.
Kohlensäure 72.
— (Untersuchung von Black) 109, 115.
— Zusammensetzung der K., 343.
Kohlensaures Ammon 50.
Kohlenstoff 360, 378.
— Assimilierung des K. durch Pflanzen 486.
— Asymmetrischer K. 318.
— Bestimmung des K., 349 ff.
— Valenz des K., 290 ff.
Kohlenwasserstoffe 386—390.

Kohlenwasserstoffe, aromatische K., 387 ff.
— Darstellung von K., 386 ff.
— Halogenderivate von K., 409 ff.
— Isomerisation von K., 388.
— Synthese von K., 387.
— Ungesättigte K., 388.
Kolkothar 51.
Kolloide 450.
Kondensation 323, 402.
Konstitution, chem. K. (Berzelius) 207.
— Methode zur Ermittelung der K. organischer Verbindungen 321 ff.
Kontaktverfahren 513.
Korpuskulartheorie (Boyle) 95, 124.
— (Berzelius) 194.
Krapprot 16, 329.
Kreatin 418.
Kristallographie 474.
Kristalloide 450.
Kritik, Nutzen der K., 552.
Krokonsäure 404.
Krotonaldehyd 402.
Krotonsäuren 396.
Krypton 329.
Kühler 548.
Kulturen, Wasserk. und trockene K., 484.
Kupfer 13, 43, 510.
Kyanalkine 427.

Laboratorien, Einrichtung von L., 548.
— Unterrichts-L., 544 ff., Hilfsmittel für L., 548.
— an technischen Hochschulen 546.
— an Universitäten 544 ff.
Lävulinsäure 404.
Laktone 400.
Laktonsäuren 400.
Lana philosophica 52.
Lanthan 365.
Latente Wärme (Black) 107.
Lebensluft (Sauerstoff) 117.
Leblancsoda 514.
Legierungen 511.
Lehrbücher der Chemie 68, 97, 102, 106, 137, 236, 241, 243, 262, 273, 276, 437, 549.
— (Lavoisier) 146, (Berzelius) 186.
Leichenalkaloide 499.
Leuchtgas 538.
Leyden, Papyrus von L. 22.
Lichtbrechung 447.
Lithium 362.
Litteratur, technisch-chemische L., 507.
— neuere chemische L., 549.
Lösungen, Theorie der L., 336, **451** ff.
Lötrohr 128, 342.
— Anwendung des L. in der Mineralchemie 474.

Sachregister 571

Luft, Zusammensetzung der L., 109, 116.
Luteolin 406.
Lutidin 428.
Magensaft 491.
Magnesia alba 138.
Magnesium 363.
Magnetismus 455.
Maleinsäure 396.
Malfarben der Alten 16.
Mangan 133.
Manganverbindungen 381.
Mannit 392.
Marcasitae 51.
Martinprozeß 508.
Masrium 371.
Maßanalytische Methoden 347.
Massenwirkungsgesetz 465, 469 ff.
Materia prima 39, 58.
Matière de chaleur (Lavoisier) 152.
Medizinen zur Metallveredelung 37 ff.
Mehrbasische Säuren, Lehre von den m. S. (Liebig) 217 ff.
Mekonsäure 432.
Melam 424, 427.
Melamin 424.
Melasse, Entzuckerung der M., 525.
Melem 424, 427.
Mellithsäure 396.
Mellon 424.
Mercurius philosophorum 25 s. auch Stein der Weisen.
Merkaptale 415.
Merkaptane 414.
Merkaptole 415.
Mesitylen 388.
Messing 14, 130.
Metalepsie 246.
Metalle, Kenntnis d. M. bei den Alten 10 ff.
— chemische Theorie der M. 35 ff.
— Färbung der M. 34.
Metallkalke 49.
Metallorganische Verbindungen 435 ff.
Metallurgie der alten Völker 10 ff.
— im alchemist. Zeitalter 41 ff.
— Förderung der M. durch Agricola u. a. Zeitg. 80 ff.
— im phlogist. Zeitalter 130.
— der neuen Zeit 507.
Metallverbindungen, Kenntnis der M. in neuer Zeit 379 ff.
Metallveredelung 20 ff., 24 ff., 34 ff.
Metallverwandlung, Lehre von der M., 2, 7, 20 ff., 34 ff.
Metamerie 224.
Methoden, synthetische M. der organ. Chemie 322 ff.
Methylenblau 530.
Methylviolett 528.

Mikroskop als Hilfsmittel chemischer Untersuchungen (Marggraf) 105.
Milch 493.
Milchsäure 137.
Milchsäuren, stereoisomere M., 282, 399.
Mineralchemie 476 ff.
Mineralfarben 511.
— der ältesten Zeit 17.
Mineralgerbung 533.
Mineralien, Analyse von M., 160, 341 ff., 476.
— chemisches System der M. (Berzelius u. a.) 475.
— Klassifikation der M., 474.
— Nomenklatur der M., 476.
— Synthese von M., 477.
Mineralpottasche 518.
Mineralquellen, frühere Analysen von M., 127.
— Entstehung der M., 480.
Mineralsysteme 474 ff.
Mineralwasser, Nachahmung d. M., 505.
Mischgas 540.
Mischungsgewichte der Elemente (L. Gmelin) 181.
Mörtel 523.
Molekül, Präzisierung des Begriffs M. (Laurent) 260.
Molekulare Verbindungen (Kekulé) 301.
Molekulargewicht, Bestimmung des M. durch Dampfdichten 336, 439; in Lösungen 452.
Molybdän 366, 382.
Molybdänsäure 134.
Monochloressigsäure 411.
Morin 406.
Morphotropie 456.
Mosandrum 371.
Muskelkraft, Quelle der M., 495.
Myronsäure 408.

Nahrungsmittel, Analyse von N., 354.
— plastische und respiratorische N., 495.
Nahrungsmittelchemiker, Staatsexamen f. N., 354.
Naphtalin 388.
Naphtene 389.
Natrium 362, 510.
Naturphilosophie, schädlicher Einfluß der N., 234.
Nebentypen 269.
Neon 329, 370.
Nestorianer, Einfluß der N., 26.
Neurin 418.
Neutralitätsgesetz (Richter) 163.
Nickel 133, 365, 507.
Niob (Marignac) 367, 383.
Nitride von Metallen 380.

Nitrile 425.
— dimolekulare N., 428.
Nitroäthan 412.
Nitrobenzol 412.
— Reduktion des N., 416.
Nitroglycerin 519.
Nitrole 413.
Nitrolsäuren 413.
Nitromethan 413.
Nitroprusside 424.
Nitrosoverbindungen 413.
Nitroverbindungen, organische 412 ff.
Nomenklatur, chemische (Lavoisier etc.) 152 ff., (Berzelius) 209 ff.
— neueste N. organischer Verbindungen 390.

Öle, ätherische Ö., 18, 389, 536.
— fette 18.
Ölsüß 137.
Oleum 513.
Optische Aktivität, Zusammenhang der o. A. mit der Konstitution 317, 449.
Organische Chemie, Entwicklung der o. Ch. 219, 385 ff.
— spezielle Geschichte der o. Ch. 385—436.
Organische Stoffe, Klassifizierung o. St., 239, 248, 259, 386.
— Konstitution o. St., 221 ff., 270 ff., 281 ff., 290, 295.
— Nomenklatur o. St., 390.
— Struktur o. St., 305 ff.
— Unterscheidung o. St. von unorganischen 219.
— Zusammensetzung o. St. 220, 349.
Organische Verbindungen, Kenntnis o. V. im Phlogistonzeitalter 135.
Organometalle 435.
Orseille 44.
Ort, Bestimmung des chemischen O., 313 ff.
Osazone 407.
Osmium 369.
Osmose 451.
— (Melasse) 525.
Osmotischer Druck 451.
Oxalessigäther 405.
Oxaline 419.
Oxalsäure 136.
— Synthese der O., 395.
Oxalursäure 418.
Oxazole 435.
Oxoniumsalze 302.
Oxydation (Lavoisier) 149.
— kathodische O., 455.
— organischer Stoffe 326.
Oxysäuren, organische 398.
— Konstitution der O., (Kolbe) 282.
Ozon 360.

Paarlinge 252, 279 ff.
Palladium 368.
Panacee 25, 40.
Papierfabrikation 523.
Parabansäure 418.
Paraffinindustrie 537.
Parallelosterismus 445.
Pasteurisieren 526.
Pentamethylendiamin 429.
Pentit 392.
Pepsin 491.
Peptone 491.
Perioden der Elemente 332.
Periodisches System der Elemente 331.
Perkins Violett 528.
Persulfcoyansäure 425.
Petroleumindustrie 539.
Pflanzensäuren (Scheele) 136.
Pharmazeutische Präparate der alten Zeit 16, der alchem. Zeit 44, der iatrochem. Zeit 83, der neuen Zeit 535.
Pharmazie, Beziehungen der Ph. zur Chemie 502 ff.
— Lehrbücher der Ph. 502, 503.
Phasenregel 471.
Phenanthren 389.
Phenole 393.
Phenylhydrazin 422.
— als spezif. Reagens 325, 403, 413.
Phenylhydroxylamine 417.
Phenylpropiolsäure 396.
Philippium 371.
Philosophical Transactions 551.
Phlogistisches Zeitalter 90—140.
— Würdigung desselben 139, 140.
Phlogistisierte Luft (Stickstoff) 117.
Phlogiston, Annahme des Phl. 99, Identifizierung des Phl. mit Wasserstoff 109, 116.
Phlogistontheorie, Allgemeines 3, 91, Anfänge der Phl. (Becher) 98, Ausbildung der Phl. (Stahl) 99, Weitere Entwicklung der Phl. 103, Zusammenbruch der Phl. 150.
Phloroglucin, Tautomerie des Ph., 315.
Phosphine 419.
Phosphoniumbasen 419.
Phosphor 133, 520.
— allotropische Arten des Ph. 361, 520.
Phosphorpentafluorid 302, 378.
Phosphorsäure 104, 134.
Phosphorverbindungen 375 ff.
Photochemie 460.
Photochemische Induktion 461.
Photographie, Geschichtliches über Ph. 460.
Photographische Präparate 535.
Physik, Einfluß der älteren Ph. auf die Chemie 91.
Physikalische Chemie, allgemeine Be-

deutung der ph. Ch. 335 ff., Geschichte der ph. Ch. 437—472.
Phytochemie 486.
Pikrinsäure 412.
Piperidin 429.
Planeten, Beziehungen der Pl. zu den Metallen 24.
Platin 133, 368.
Platinbasen 383.
Platinmetalle 383 ff.
— Atomgewichte der P. 384.
Platinverbindungen 383.
Pneumatische Chemie 114.
Polonium 370.
Polymerie 224.
Polymorphie 456.
Porzellan 15, 58, 131.
Präparate, technische in phlogistischer Zeit 131.
— neue Technik d. chemischen Pr., 533 ff.
Prinzip der größten Arbeit 459.
Principe oxygine 149.
Probierkunst (mit Lötrohr) 346.
Progressionsgesetz (Richter) 164.
Propiolsäure 396.
Proportionen, chemische P. (Richter) 162 ff.
– Befestigung der Lehre von den multiplen P. (Berzelius), 189 ff.
— konstante P. (Proust), 166.
— multiple P., 169 ff.
Proportionszahlen (Davy) 177.
Protyl (Crookes) 334.
Proutsche Hypothese 180.
Pseudargyros 14, 43.
Pseudobasen 316.
Pseudoformen 315.
Pseudosäuren (Hantzsch) 316.
Ptomaine 499.
Ptyalin 491.
Purinderivate 419.
Putrescin 500.
Pyrazin 431.
Pyrazol 434.
Pyrazolon 422.
Pyren 389.
Pyridin 428.
— Konstitution des P., 311.
Pyridinbasen 428.
Pyrimidin 431.
Pyrogallol 536.
Pyrrol 433.
Pyrrolidin 433.
Pyrrolin 433.

Quecksilber 14, 43.
— als Bestandteil der Metalle 36 ff.
Quecksilbersalze 49, 86.
Quercetin 406.
Quinta essentia 7.

Radikale, Chemie der zusammengesetzten R., 230.
— Präzisierung des Begriffs R., 231.
— sauerstoffhaltige R., 226, 228.
— Veränderlichkeit der R., 228, 249 ff.
Radikalisomerie 308.
Radikaltheorie, ältere R., 225—233.
— Grundpfeiler der R., 232.
— neuere R., 275 ff.
— Niederlage der älteren R., 253.
— Verschmelzung der älteren R. mit der Typentheorie (Laurent u. Gerhardt) 254 ff.
— Vorstufen der R., 221.
Radioaktive Stoffe 370, 461.
Radioaktivität 461.
Radium 370, 461.
Räumliche Anordnung der Atome 317 ff.
Rauchloses Pulver 520.
Reagentien, Einführung von R. zur Analyse, 125 ff.
Reaktionen, spezifische R. 325.
Reaktionsgeschwindigkeit 471.
Reduktion organ. Verbindungen 326.
— kathodische R., 455.
Reform der Chemie (Lavoisier) 147 ff., 150.
Refraktionsäquivalente 448.
Regeneratoren 540.
Reibung 450.
Reihen, heterologe R., 269.
— homologe R., 268.
— isologe R., 269.
Reste, Theorie der R. (Gerhardt), 255.
Reten 389.
Rhodium 368.
Riechstoffe 536.
Rosanilinfarbstoffe 528.
Rubidium 362.
Rubin, Synthese des R. 479.
Rübenzuckerfabrikation 524.
Ruthenium 369.

Saccharide 406 ff.
Saccharin 535.
Sättigungskapazität der Elemente (Frankland) 286 ff., 289, Annahme einer konstanten S., (Kekulé) 301.
— des Kohlenstoffs 290 ff.
Säureamide 397.
Säurechloride 397.
Säuren 47, 83.
— Fabrikation v. organischen S., 534.
— immer sauerstoffhaltig (Lavoisier) 149, Widerspruch dagegen 176, 215.
— Konstitution der S., 218.
Safranin 530.

Sal anglicum 138.
Sal polychrestum Glasers 138.
Salicin 404.
Salicylsäure 283, 400, 534.
Salmiak 48, 133.
Salpeter 48, 84.
Salpeterregie (Lavoisier) 144.
Salpetersäure 47, 518.
— Fabrikation der S., 132.
— Zusammensetzung der S., 134.
Salpetrige Säure 134, 376.
Salz als vermeintlicher Bestandteil der Metalle 37.
Salze 46 ff.
— Präzisierung des Begriffs S., 75, 106, 122.
Salzsäure 47, 83, 516.
Santonin 400.
Sarkosin 418.
Sauerstoff, Atomgewicht des S., 357.
— Aktivierung des S., 361.
— als Einheit bei Bestimmung der Atomgewichte (Berzelius) 95, 357.
— Bedeutung des S. für das antiphlogistische System 149, 153, für die Atomtheorie 190 ff.
— Entdeckung des S., 117 ff., 147.
— Vierwertigkeit des S., 302.
Sauerstoffgesetz (Berzelius) 191.
Sauerstoffsäuren, Theorie der S., 149, 176, 214.
Sauerstoffverbindungen der Metalle 379.
— des Phosphors u. ähnl. Elemente 375.
— d. Halogene 372, d. Schwefels 374.
Scheidewasser 47.
Schießbaumwolle 519.
Schießpulver 519.
Schlagwetterkommissionen 540.
Schleimsäure 137.
Schmelzpunkte 446.
Schminke, altägyptische S., *mesdem* 17.
Schnellessigfabrikation 527.
Schwefel, allotropische Modifikationen des S., 361.
— als hypothetischer Bestandteil der Metalle, 36, 51.
— Atomgewicht des S., 359.
— Verbindungen des S., 373.
Schwefeläther 136.
Schwefeläthyl 414.
Schwefelcyan 424.
Schwefelfarbstoffe (Vidal) 531.
Schwefelkohlenstoff 379.
Schwefelmetalle 51.
Schwefelsäure 47, 83.
— Fabrikation der S., 132, 512, der wasserfreien S., 513.
— rauchende S., 132.
Schwefelstickstoff 376.
Schwefelverbindungen, organ. S., 414.

Schwefelverbindungen, unorgan. S., 373.
Schwefelwasserstoff 115.
— als Nebentypus 269.
Schweflige Säure 17, 115, 514.
Schweinfurter Grün 511.
Seife 16, 133.
— Fabrikation von S., 520.
Seignettesalz 88.
Selen (Berzelius) 185, 359.
Selenverbindungen 374.
— organische S., 414.
Senföle 418, 426.
Sicherheitslampe (Davy) 176, 540.
Siedepunkt von Lösungen 452.
Siedepunkte, Regelmäßigkeiten der S., 445 ff.
— im Vakuum 446.
Silber 11, 42, 80, 509.
— Allotropie des S., 362.
Silbersalze 49, 87.
Silicium 362, 378.
Silikate, Aufschließung der S., 345.
Skandium 333, 365.
Smalte 81.
Soda 15.
— Fabrikation des S. aus Steinsalz 132, 514.
Sodaindustrie 514.
Sodarückstände 515.
Spagirische Kunst 23.
Spannungsreihe der Elemente (Berzelius) 207.
Speichel 491.
Spektralanalyse 342, 443.
Spektroskop 342.
Spezifische Wärme (Lavoisier-Laplace) 145.
— der Metalle etc., Beziehung der sp. W. zu den Atomgewichten der M. (Dulong-Petit) 197 ff.
Spiritus 46.
— *fumans Libavii* 86.
— *igno-aëreus* (Mayow) 96.
— *Mindereri* 85.
— *tartari* 88.
Spiritusfabrikation 526.
Stärke 18, 133, 524.
Stärkezucker 524.
Stahl 130, 507.
Stearinkerzen, Industrie der St., 521.
Stein der Weisen 29 ff., **38 ff.**
Stellung der Elemente im System 332.
Stellungsisomerie 313 ff.
Stereochemie 317 ff., 449.
— des Stickstoffs 320 ff., 423.
Stereochromie 522.
Stereoisomerie 317, 396.
Stickoxyd 115.
Stickoxydul (Davy) 175.
Stickstoff 117 (Entdeckung).

Sachregister

Stickstoff, Assimilierung des S. durch Pflanzen 485.
— Asymmetrischer S., 320.
— Bestimmung des S., 352.
— Valenz des S., 288, 290.
Stickstoffgruppe, Atomgewichte der Elemente der St., 359, Verbindungen der Elemente der St., , 375.
Stickstoffoxyde 376.
Stickstoffverbindungen, organische St., 416 ff.
Stickstoffwasserstoff 377.
Stöchiometrie (Richter) 164.
Stoffwechsel der Pflanzen 483 ff.
— der Tiere 489, 494.
Strontium 363.
Struktur, chemische St., 295 ff.
Strukturformeln (Couper) 297.
Strukturidentität, Isomerie trotz St., 315 ff.
Strukturtheorie, Entwicklung der St., (Kekulé, Couper u. a.) **295 ff**.
— Ergebnisse und Ziele der St., 306 ff.
Substitution, erste Beobachtungen von S., 246.
— Theorie der S. (Laurent), 247.
Substitutionsform (Gerhardt) 256.
Substitutionsregeln (Dumas) 246.
Sulfine 415.
Sulfinsäuren 415.
Sulfitcellulose 514, 524.
Sulfonal 415.
Sulfone 415.
Sulfonsäuren 414.
Sulfoxyde 415.
Superoxyde organischer Säuren 398.
Symbole, chem. S. (Dalton), 172, (Berzelius) 209.
— durchstrichene S. (Berzelius), 210.
Synthese organischer Verbindungen 321 ff.
Syrische Kultur (Nestorianer) 26.
System, natürliches S. der Elemente 331 ff.
— periodisches S. der Elemente 331 ff.
Systematik der unorgan. Verbindungen 328.
— der organischen Verbindungen 386.
Système unitaire (Gerhardt) 270.

Tantal (Marignac) 329, 367.
Tartarus 88.
Tautomerie 315, 316.
Teerfarbenindustrie 528 ff.
Teerprodukte 536.
Tellur 359.
Tellurverbindungen, organische T. 414.
Terbium 365.
Terpene 389.
Terra pinguis (Becher) 99.

Thallium 364.
Thermochemie, Geschichte der T., 457.
— im Dienste der Verwandtschaftslehre 467.
Thiacetsäure 414.
Thiazole 435.
Thioaldehyde 403.
Thioamide 419.
Thionylamine 416.
Thiophen 311, 433.
Thomasprozeß 508.
Thorium 365.
Thorerde 511.
Tinktur 25.
Titan 160, 367.
Titrimetrie 179, 347 ff.
Töpferkunst 15, 44, 78, 81.
Toxine 500.
Traubensäure, Isomerie der T. mit Weinsäure 224.
Triamine 416.
Triazine 431.
Trichloressigsäure 249.
Trimethylamin 417.
Trimethylkarbinol 391.
Triphenylmethan 389.
Triphenylmethyl (Gomberg) 303, 390.
Triphenylphosphinoxyd 302.
Tropäoline 530.
Typen, Dumas' 249.
— Gerhardts 268.
— chemische T., 249.
— gemischte T., 272.
— kondensierte T., 273.
— mechanische T., 249.
— mehrfache T., 268.
— reale T., 284.
Typentheorie, ältere T. (Dumas) 249.
— neuere T. (Gerhardt), 267 ff., (Kekulé) 273 ff., (Sterry Hunt) 267, (Williamson) 265 ff.
— Vorarbeiten für die neuere T. 262 ff.

Überschwefelsäure 374.
Ultramarin 521.
Ungesättigte Verbindungen 306.
Unitarismus, Entwicklung d. U., 212 ff., **250 ff.**
Universalmedizin 40.
Universitäten, Einfluß der U. im 16. Jahrhundert 59.
Unterricht, chemischer U., 235, 240, 276.
— chemischer U. im Laboratorium 157, 173 (Note), 183.
— Entwicklung desselben **542—553**.
— in Laboratorien 544 ff.
— technisch-chemischer 505 ff.
Untersalpetersäure 376.
Uran 160, 366, 382.
Urmaterie, Annahme einer U., 6, 334.

Valenz s. auch Sättigungskapazität.
— bestimmte V., 301.
— konstante oder wechselnde V., 299 ff.
— der Radikale 280, 281.
— wechselnde V., 289, 299.
— Wesen der V., 303.
Valenzlehre, Anwendung der V. auf unorganische Stoffe 327 ff.
— Einfluß der V. auf die Entwicklung der Chemie **294** ff.
Vanadium (Roscoe) 328, 367, 383.
Vanillin 402.
Verbindung, chemische V., Begriff bei den Alten 8, Begriff bei den Phlogistikern 120.
Verbindungsgewichte (L. Gmelin) 203, 262.
Verbindungsverhältnisse (Proust) 167.
Verbrennung (nach Mayow) 96, (nach Stahl) 100, (nach Hoffmann) 102.
— richtige Erklärung der V. (Lavoisier) 148 ff.
Verbrennungserscheinungen 378.
Verbrennungstheorie Lavoisiers 146 ff.
Verbrennungswärme 457 ff.
Verdauung 491.
Verdoppelung der Metalle 24.
Verflüssigung von Gasen 540.
Verkalkung der Metalle 118.
Verkettung der Atome 295 ff., 305.
Verwandtschaft, chemische V. (nach Boyle) 94, Ansichten der Phlogistiker über V., 122 ff.
Verwandtschaftslehre Bergmans 464, Berthollets 464, 468, Guldberg-Waage 468, neueste Entwicklung der V., 469 ff.
Verwandtschaftstafeln (Geoffroy) 105, 123, 463.
Vitriole 48.
Volumatome (Berzelius) 194.
Volume, spezifische V., 444.
Volumgesetz (Gay-Lussac) **192** ff., 412.
— Erweiterung des V. durch Avogadro 193.
— Verwertung des V. durch Berzelius 194 ff.
Volumtheorie (Berzelius) 194.

Wärme, spezifische W. fester Stoffe 446.
Wärmekapazität der Atome 197 ff.
Wärmesummen, Konstanz d. W. (Hess) 457.
Wage, Bedeutung der W. (Lavoisier) 144, 151.
Wasser, Analyse des W., 505.
— als Typus 269.
— Zusammensetzung des W., 109, 149.
Wasserbäder 548.

Wassergas 540.
Wasserglas 85, 522.
Wasserluftpumpe 548.
Wasserstoff (Cavendish) 109.
— als Einheit bei Bestimmung der Atomgewichte (Dalton) 172, 357.
— als Typus 269.
— als Urmaterie (Prout) 180.
— Bestimmung des W., 351.
— Verbindungen des W., 372.
Wasserstoffsäuren 215.
— Theorie der W. (Davy, Dulong), 215 ff.
Wasserstoffsuperoxyd 372.
Weingeist 52, 89, 135.
Weinsäure 136.
Weinsäuren, optisch-isomere W., 399.
Weinstein 87.
Wismut 81.
Wismutpräparate 85.
Wolfram 366, 382.
Wolframsäure 134.
Wollfett 18.

Xanthon 406.
Xenon 329, 370.
X-Strahlen 462.

Ytterbium 365.
Yttererde 365.

Zeichensprache, chem. Z. (Dalton) 173; (Berzelius) 210.
Zeitalter, Charakteristik der verschiedenen Z. der Chemie 1—4.
Zeitschrift f. analytische Chemie 346.
— für Chemie 552.
— f. anorgan. Chemie 355.
— f. physikalische Chemie 438.
Zeitschriften, chemische Z., 160, 551 ff.
Zement 523.
Zimtsäure, isomere Z., 396.
Zink 14. 43, 81, 510.
— Gewinnung des Z., 130.
Zinkalkyle 435.
Zinn 13, 81.
Zinnchlorid 86.
Zinnoxyde, isomere Z., 223.
Zinnverbindungen 383.
Zirkonerde 160.
Zirkonium 366.
Zitronensäure 136.
Zoochemie 489 ff.
Zucker (aus Zuckerrohr) 89.
— (aus Rüben) 104, 524 ff.
Zündhölzer 520.
Zündwaren 520.
Zusammensetzung, Unterscheidung empirischer und rationeller Z. (Berzelius) 208.
Zymase 498.